SI UNITS

Engineering Mechanics

STATICS

정역학

McGraw-Hill Korea

MEDIA JIPHIL
(주)지필미디어

The McGraw-Hill Companies

Engineering Mechanics: Statics, 1st Edition.

1 2 3 4 5 6 7 8 9 10 Jiphil 20 12

Original : Engineering Mechanics: Statics, 1st Edition.
By Michael Plesha, Gary Gray, Francesco Costanzo
ISBN 978-0-07-727553-2

This book is exclusively distributed by Jiphil Media.

When ordering this title, please use ISBN 978-89-9739-408-1

Printed in Korea

정역학 Engineering Mechanics *STATICS* SI UNITS

발 행 일 2012년 8월 31일 초판 인쇄
저 자 MICHAEL E. PLESHA | GARY L. GRAY | FRANCESCO COSTANZO
역 자 김성동 | 박창용 | 여태인 | 이경식 | 주병윤 | 정해일 | 한규택
발 행 인 고현희

발 행 처 (주)지필미디어
주 소 서울시 서대문구 미근동 72-3호 미근빌딩 101호
전 화 (02) 362-4504
팩 스 (02) 393-4509
이 메 일 book@jiphil.co.kr
홈페이지 www.jiphil.co.kr

등록번호 제 312-1997-000043호 (1997년 7월 16일)
I S B N 978-89-97394-08-1 (93550)
디 자 인 디자인 콤마
인 쇄 성신 프린팅
가 격 34,000원

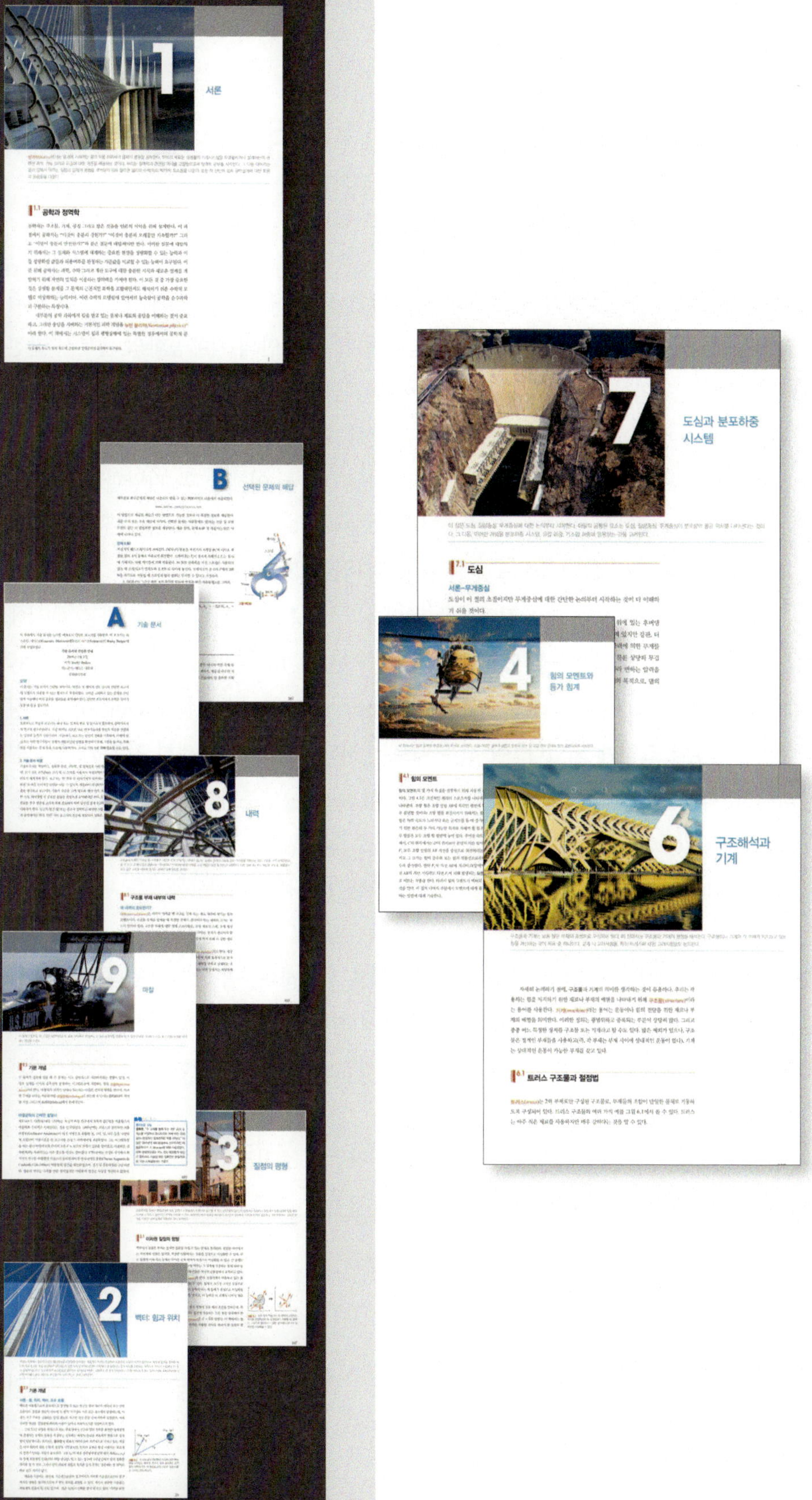

ABOUT THE TRANSLATORS

역자소개

김성동	금오공과대학교
박창용	금오공과대학교
여태인	울산대학교
이경식	울산대학교
주병윤	한국기술교육대학교
정해일	한국기술교육대학교
한규택	부경대학교

역자서문

아리스토텔레스에서 시작하여 뉴턴에 의해 정립된 정역학은 기계공학에서 가장 오래되고, 가장 기본적이며, 따라서 가장 중요한 학문이다. 그 동안의 기계공학의 눈부신 발전에도 불구하고 정역학에서 다루는 원리는 예나 지금이나 변함이 없다. 따라서 정역학 교재는 타 교재에 비해 초판이 비교적 오래된 것이 대부분이고, 그 종류도 매우 많다.

정역학을 공부하는 최선의 방법은 기본 원리를 충분히 이해한 후, 다양한 문제에 대하여 원리를 적용해보는 것이다. 그러나 기존 교재에서 다루는 예제와 연습문제는 대부분 고전적인 것이어서, 학생들이 공부를 할 때 흥미를 잃기 쉬웠다.

따라서 역자들은 오랫동안 정역학을 강의하면서, 중요한 개념을 포함하는 동시에 최신 기계를 소재로 한 문제에 대한 필요성을 느끼는 중, M.E. Plesha 교수, G.L. Gray 교수, F. Costanzo 교수가 최근에 저술한 『공업역학(Engineering Mechanics)』 중 『정역학(Statics)』을 접하게 되었다. 이 책은 때로는 지나칠 정도로 상세히 기본 개념을 설명하면서, 학생들의 입장에서 오해하거나 실수하기 쉬운 부분까지 별도로 다루는 친절함을 보이고 있다. 그러면서도 일상생활에서 자주 발견할 수 있는 다양한 공학 문제들을 소개하여, 학생들이 호기심을 가지고 스스로 생각해 볼 수 있는 동기를 부여하는 좋은 교재이다.

번역 의뢰를 받고 여러 교수들이 번역 작업을 시작하여, 귀중한 겨울과 여름 방학을 이용하여 번역을 마무리 할 수 있었다. 원문에 최대한 충실하게 번역하여 원 저자의 의도를 정확하게 전달하도록 노력하였으며, 우리말로 표현이 어색한 것은 자연스럽게 의역하였다.

끝으로, 이 책이 나오기까지 적극적으로 도와주신 ㈜지필미디어에게 감사를 드리며, 지금 이 책을 손에 들고 있는 독자가 미래에 유능한 기계공학자가 되기를 진심으로 바란다.

2012년 무더운 여름 방학을 보내며

역자 일동

BRIEF CONTENTS

정역학

TABLE OF CONTENTS 세부 목차

머리말

정역학의 세계에 온 것을 환영한다. 아마 여러분은 공학과 과학에 관심이 있기 때문에 정역학을 공부하려고 결심했을 것이다. 이 책의 목표는 독자에게 다음에 대해 도움을 주는데 있다. 즉,

1. 정역학의 기본 원리를 배우며
2. 이러한 원리들을 실제 문제의 모델링에 적용하고, 공학설계를 할 수 있도록 하는 기술을 익힌다.

기본 원리를 철저하게 익히는 것은 매우 필요하다. 그러므로 이 책의 많은 부분이 기본 원 리의 습득에 할당되어 있다. 한편으로, 문제를 해결하는 기술을 키우는 것도 똑같이 중요하므로, 실제 문제를 통한 기술의 습득에도 많은 중점을 두었다. 사실, 문제풀이 기술에 중점을 두는 것이야 말로 정역학을 다루는데 있어서 공학과 과학 사이의 주요한 차이이다. 기본 원리에 대한 올바르고 깊이 있는 이해가 되기 위해서는 이러한 기술들을 반드시 숙달하여야 한다. 실제 문제에 정역학의 개념을 적용하는 능력은 완벽해야 한다. 실수를 하게 되면, 구조물이나 기계가 파손될 수 있고, 돈이나 시간을 잃게 되며, 최악의 경우 사람이 다치거나 죽을 수도 있다.

이 책에서 무엇을 얻어야 하나?

우선, 기본 원리를 철저히 이해해야 한다. 최소한, 기본 원리의 요점은 평생 동안 기억 속에 남아있어야 한다. 물론, 여러분 중 어떤 사람은 정역학과 전혀 관련이 없는 직업을 가지게 될 것이다. 그러나 최종 직업에 관계없이, 정역학에 대한 기본 지식은 여러분이 기술적인 사실을 이해할 수 있도록 해줄 것이다. 반면, 공학이나 과학 분야의 직업을 갖게 된다면, 단순히 기술적인 내용을 이해하는 것 이상을 필요로 할 것이다. 기본을 이해하는 것은 물론, 적용하는 것에도 능란해야 한다. 이러한 능력이 필요한 이유는, 정역학에 기초한 고급 주제를 이해하거나, 직업적 활동에서 정역학의 개념을 적용시켜야 하기 때문이다.

다른 출판사의 정역학과 동역학 책 시리즈 ?

이런 책들은 정역학과 동역학에 전통적으로 관련된 적절한 주제 모두를 완벽히 포함하고 있다. 사실, 요즘의 많은 책들이 이러한 것들을 제공하는 것은 사실이다. 그러나 Plesha/Gray/Costanzo의 새 책들은 이 주제에 대하여 학습목표 및 그 결과를 증대시키는 여러 가지 주요한 혁신적 사항들을 제공한다.

Plesha/Gray/Costanzo의 책과 다른 기계공학책의 주요 차이점은?

다른 출판사의 정역학 교재도 정역학에 관련된 적절한 주제들을 포함하고 있다. 사실, 요즘의 많은 교재가 이러한 것들을 제공하는 것은 사실이다. 그러나 이 교재는 이러한 주제들에 대하여 학습목표 및 그 결과를 증대시키는 여러 가지 주요한 혁신적 사항들을 제공한다.

문제풀이에 대한 일관성 있는 접근 방법

이 교재의 예제들은 구조화된 다섯 단계 문제풀이 방법론을 따르고 있어서, 단지 정역학 및 동역학 뿐 만 아니라, 앞으로 모든 역학주제를 다룰 때 문제풀이 기술을 발전시키는데 도움을 줄 것이다. 이 구조화된 문제풀이 방법은 다음의 단계로 이루어져 있다: 로드맵, 모델링, 지배방정식, 계산, 그리고 논의 및 검증. 로드맵은 문제의 목표를 제공해주고, 풀이방법에 대한 전략을 발전시킬 수 있도록 한다. 다음 단계의 모델링에서 실제 문제는 모델로 이상화된다. 이 단계에서는 자유물체도가 작성되고, 문제를 풀기 위한 균형법칙이 필요하다. 지배방정식 단계에서는 문제를 풀기위한 모든 수식을 적는다. 이 식들은 주로 평형방정식이고, 문제에 따라 힘의 법칙(스프링 법칙, 파단 기준, 미끄럼마찰 기준)과 운동학 방정식들도 포함하게 된다. 계산 단계에서는 지배방정식의 해를 구한다. 마지막 단계인, 논의 및 검증에서는 해가 물리적으로 타당하고 정확한 지를 조사한다. 이 다섯 단계의 문제풀이는 평형개념을 포함하는 모든 문제에 적용된다. 평형개념을 포함하고 있지 않은 문제들은(예를 들면, 물체의 질량중심 결정) 모델링 단계가 필요하지 않다.

현장감 있는 예제, 연습문제 및 적용

예제, 문제, 디자인 문제들은 정역학의 다양한 주제들이 어떻게 공학 현장에서 사용되는가를 보여주기 위해 신중하게 구성되어 있다. 정역학은 현대의 공학 및 과학에서 지극히 주요한 주제이므로, 이들 주제 및 여러분의 장래 직업에 대하여 여러분에게 자극을 주는 것이 우리 목표 중의 하나이다.

디자인의 주안점

이 교재와 여타의 교재들과의 큰 차이점은 책 전반에 걸친 현실감 있는 문제에 대한 체계적인 설계와 모델링이다. 또한, 디자인, 윤리, 직업적인 책임에 관한 주요한 논의도 다룬다. 이 교재는 의미 있는 공학적 설계가 정역학 개념의 사용으로 가능하다는 것을 보여준다. 설계능력은 그 자체로도 만족스러울 뿐 아니라, 기본 개념을 이해하고 적용시키는 능력을 연마하는데 도움이 된다. 정역학과 동역학 교재들의 주안점은 기본 개념의 확고한 이해와 올바른 문제풀이 기술의 정립에 있어야 하므로, 설계 주제들은 과도하게 많이 있지 않고 적절한 곳에만 포함되어 있다. 디자인에 관한 검토는 상식선에서 이루어지는 경우도 있지만, 이렇게 되면 적절한 쟁점을 검토하는 중요성과 필요성을 간과할 수 있다. 즉, 안전, 하중 계산의 불확실성, 사용을 예측하는 설계자의 의무, 심지어 의도하지 않은 사용, 의사소통, 윤리, 제작 과정의 불확실성 등이다. 이 책에서 설계와 모델링을 다루는 가장 중요한 이유는 여러분에게 공학이란 무엇이며, 자신이 공학에서 추구할 방향이 어디인가에 대하여 약간의 이해를 하게 하는 것이다. 설계 주제와 설계문제가 다양한 곳에서 제시되어, 설계를 효과적으로 다루는 때와 장소의 선택이 가능하도록 구성되어 있다.

문제에 기초한 도입부

많은 주제가 문제에 기초한 소개를 통해 제시된다. 이러한 방법을 통해 실생활에서 의미가 있으며, 물리적 현상에 대한 통찰력을 제공할 수 있는 문제를 다루어 여러분의 흥미와 호기심을 끌 수 있기를 기대한다. 흥미로운 문제를 구름판으로 사용함으로써 문제를 기술하는데 필요한 이론과 도구가 발전된다. 문제에 기초한 소개는 주제를 가시화하거나 이해하기가 어려울 때와 같이 특별히 효과적일 때 사용된다.

계산 도구

어떤 예제나 문제는 컴퓨터 소프트웨어를 사용하여 해를 구하기에 적합하다. 컴퓨터를 사용하면 방정식의 해를 구하는 노력을 감소시켜, 풀 수 있는 문제의 종류를 많게 한다. 더구나, 그러한 예제와 문제는 독자에게 컴퓨터라는 도구의 힘을 인식하고, 공학현장에서 정역학과 동역학이 어떻게 사용되는지에 대한 안목을 갖도록 한다.

현대적인 교수법

수많은 현대적인 교수법의 요소가 포함되었다. 이 요소들은 개념을 강화하거나 이해하는데 도움이 되는 추가적인 정보를 제공한다. 여백의 주석(유용한 정보, 빠지기 쉬운 함정, 흥미로운 사실, 개념 정리)은 주제, 아이디어, 예제를 일반적인 관점에서 설명하는데 도움이 된다. 이 주석들은 때로는 공부하는 데 도움을 주고(즉, 유용한 정보, 빠지기 쉬운 함정), 정역학의 다양한 요소가 사용되는 실제 문제의 예를 들기도 하며(흥미로운 사실), 중요한 개념을 유도하거나 오해를 풀기도 한다(즉, 개념 정리, 빠지기 쉬운 함정). 논점이나 개념을 제때 빨리 이해시키기 위해 간단한 예제가 사용되어, 각 절의 끝에 나오는 예제까지 기다릴 필요가 없도록 하였다.

문제에 대한 답

대부분의 짝수 번호 문제의 답은 www.mhhe.com/plesha/em에서 PDF 파일로 무료 다운로드 받을 수 있다. 이런 식으로 답을 제공하는 것은 다른 방식보다 훨씬 복잡한 정보를 포함할 수 있도록 한다. 어떤 문제들에 대해서는 숫자나 부호로 된 최종적인 답 이외에도, 자유물체도, 전단력 및 모멘트 선도 등과 같은 훨씬 자세한 정보를 가지고 있다. 이러한 특징은 어떤 상황에서는 완벽한 풀이를 제공할 뿐만 아니라, 학생이 숙제를 할 수 있도록 시동을 걸어주는 것이기도 하다. 더구나, 여러 개의 자유물체도 풀이는 학생 스스로 자유물체도를 그리는 연습을 할 수 있는 충분한 기회를 제공한다. 부록 B는 특정 문제에 대하여 제공되는 추가적인 정보의 예를 보여준다.

정역학 담당 교수님들에게

정역학은 공학 학부과정에서 많은 학생들이 수강하는 과목이다. 따라서 교재를 선택할 때 많은 갈등에 직면하게 된다. 정역학은 공학 교과과정 및 업무수행에 기본이기 때문에, 교재는 정확하고, 철저하며, 이해하기 쉬워야 한다. 정역학은 학업의 초기단계에 학생들을 자극하고 공학의 실체에 대한 것을 보여주는 기회를 준다. 더구나 이 기회를 놓쳐 그들이 장래에 할 일에 대한 정확한 그림을 이해하지 못하게 되면, 잘못된 정보에 의해 공학이 아닌 전공을 택할 수도 있다. 이러한 사실은 현재의 공학인증원(ABEEK) 기준에 반영되어 있으며, 공학 프로그램 인증을 받기위해서는 설계가 공학 교과과정 전반에 포함되어야 한다. 본 교재는 정역학의 모든 원리를 다루고 있다. 또한 본 교재는 정역학의 이론과 어려운 부분에 대한 토론을 포함하고 있다. 이러한 토론은 보통 특정주제에 대한 소개 다음에 나오기 때문에, 학생들은 개념과 적용을 확실히 습득한 다음, 더 어려운 주제로 넘어가게 된다. 예를 들면, 질점의 평형에 대한 개념은 3.1절에서 다루어지는데, 케이블은 비신축성이고 풀리는 마찰이 없다. 이 절에서는 자유물체도 작성, 평형방정식 수립, 방정식의 풀이, 파손조건의 적용, 해의 검토 등에 중점을 두고 있다. 3.2절에서는 일반적으로 사용되는 가정에 대한 근거를 상세하게 다루고 있는데, 실제 문제를 모델링 할 때 이 가정의 한계도 다룬다. 이렇게 함으로써 학생들은, 이런 가정에도 불구하고 정역학은 매우 유용하며 광범위하게 적용할 수 있는 주제라는 것을 깨닫는다. 또한 3.2절에서는 스프링과 부정정 같은 고급주제도 제시되어 있다.

디자인 주제는 윤리, 직업적 책임, 적절한 코드와 표준 이외에도 많은 것을 다루고 있다. 디자인 문제는 개방형(open−ended)이고, 학생들이 중요하고도 실질적인 문제에 대한 해결안을 찾아내는데 있어 창의력을 발휘할 수 있도록 한다. 학생들이 이 교재의 설계문제를 완성하기 위해서는 많은 시간을 요한다. 학생들은 엔지니어가 읽을 수 있는 간단한 보고서를 작성하기를 추천한다. 대부분의 학생들이 아직 기술보고서 작성법에 대하여 배우지 않았기 때문에 부록 A에 간단히 이것에 대하여 언급하였다. 이 교재에서 설계와 모델링을 다루는 가장 중요한 이유는 학생들에게 공학이란 무엇이며, 자신이 공학에서 추구할 방향이 어디인가에 대하여 약간의 이해를 하게 하는 것이다. 설계 주제와 설계문제가 다양한 곳에서 제시되어, 설계를 효과적으로 다루는 때와 장소의 선택이 가능하도록 구성되어 있다.

장의 도입부

각 장은 도입절을 두어, 그 장의 취지와 목표를 설정한다.

C h a p t e r

4

힘의 모멘트와 등가 힘계

이 장에서는 힘과 힘계의 개념에 대해 추가로 논의한다. 이들 개념은 물체의 평형과 운동의 해석 및 고급 역학 문제에 있어 광범위하게 사용된다.

4.1 힘의 모멘트

힘의 모멘트의 몇 가지 특징을 설명하기 위해 자동차 조향 휠(wheel)의 예를 고려할 것이다. 그림 4.1은 고전적인 페라리 스포츠카를 나타내고 그림 4.2는 이 차의 조향 휠을 나타낸다. 조향 휠은 조향 칼럼 AB에 직각인 평면에 놓여 있고(만약 직각이 아니면 매우 불편할 것이다) 조향 휠을 회전시키기 위해서는 힘이 필요하다(대부분의 차에서 이 힘은 차의 속도가 느리거나 혹은 급커브를 돌 때 증가한다). 그림 4.2는 조향 휠을 돌리기 위한 왼손의 두 가지 가능한 위치와 가해야 할 힘 F_1과 F_2의 방향을 보여 준다. 이들 두 힘들은 모두 조향 휠 평면에 놓여 있다. 주어진 속도와 커브에서 조향 휠을 돌리기 위해서는 C의 위치에서 D의 위치보다 분명히 작은 힘이 요구된다(즉, $F_1 < F_2$). 두 힘 F_1, F_2 모두 조향 칼럼의 AB 직선을 중심으로 회전하려는 모멘트(즉, 비틂 작용)를 발생시키고 그 크기는 힘이 클수록 또는 힘의 작용선으로부터 직선 AB까지의 거리 수록 증가한다. 만약 F_1 이 직선 AB에 직각이고(앞에서 가정한 바와 같이) 선 AB의 최단 거리라고 하면 F_1에 의해 발생되는 **모멘트**는 F_1d이고 직선 로 비트는 작용을 한다. 따라서 우리는 힘의 모멘트가 벡터의 성질, 즉 크기와 진다는 것을 안다. 이 절의 나머지 부분에서 우리는 모멘트에 대해 좀 더 정 하고 그 값을 구하는 방법에 대해 기술한다.

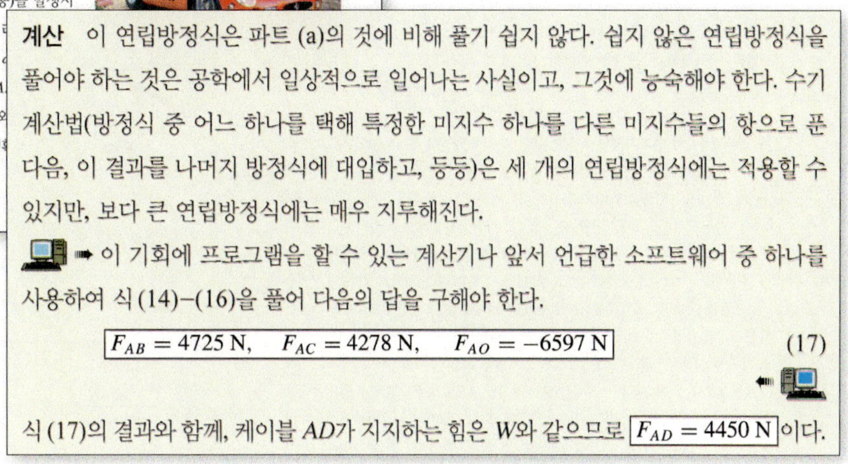

계산 이 연립방정식은 파트 (a)의 것에 비해 풀기 쉽지 않다. 쉽지 않은 연립방정식을 풀어야 하는 것은 공학에서 일상적으로 일어나는 사실이고, 그것에 능숙해야 한다. 수기 계산법(방정식 중 어느 하나를 택해 특정한 미지수 하나를 다른 미지수들의 항으로 푼 다음, 이 결과를 나머지 방정식에 대입하고, 등등)은 세 개의 연립방정식에는 적용할 수 있지만, 보다 큰 연립방정식에는 매우 지루해진다.

➡ 이 기회에 프로그램을 할 수 있는 계산기나 앞서 언급한 소프트웨어 중 하나를 사용하여 식 (14)–(16)을 풀어 다음의 답을 구해야 한다.

$$\boxed{F_{AB} = 4725\text{ N},\quad F_{AC} = 4278\text{ N},\quad F_{AO} = -6597\text{ N}} \tag{17}$$

⬅

식 (17)의 결과와 함께, 케이블 AD가 지지하는 힘은 W와 같으므로 $\boxed{F_{AD} = 4450\text{ N}}$이다.

컴퓨터 응용 풀이

어떤 문제에 대해서는 컴퓨터를 응용한 해법을 사용하는데, 이것이 언제인지를 독자가 쉽게 인지하는 것이 중요하다. 그러므로 컴퓨터가 문제풀이에 사용될 때는, 기호를 보게 될 것이다. 이 기호가 예제나 설명에 나타나면, 컴퓨터의 사용을 요하는 부분은 다음의 기호 ➡ ⬅ 로 에워싸인다. 만약 어떤 연습문제의 해를 구하기 위해 컴퓨터를 필요로 하면, 컴퓨터 이미지가 문제의 머리부의 양쪽에 나타날 것이다.

간단한 예제

간단한 예제는 요점이나 개념을 제때 빨리 설명하기위해 본문 중간에 도입되므로, 각 장의 끝에 있는 예제풀이를 기다릴 필요가 없다.

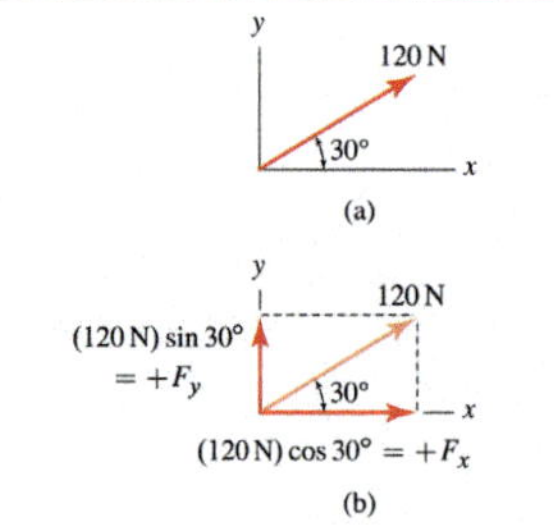

그림 2.13 120 N 힘 벡터의 직교좌표 성분을 결정함.

■ **간단한 예제.** 직교 좌표계를 이용하여 그림 2.13(a)의 벡터를 표현하라.

풀이 그림 2.13(a)에서 보여주는 120 N 크기의 힘 벡터를 $\vec{F}$로 표기하고, F_x와 F_y를 x 방향과 y 방향의 성분으로 표기한다. 성분 F_x와 F_y는 각각 x 축과 y 축에 빛으로 투영한 길이로 얻어지며, 그 크기가(120 N)cos 30°와 (120 N)sin 30°이다. 이것을 그림 2.13(b)에서 보여준다. 이러한 투영들을 x 방향과 y 방향의 벡터 성분으로 설정한다. 이 과정에서 투영이 양의 x 방향과 y 방향에 놓이면 F_x와 F_y는 양의 값이며, 음의 x 방향과 y 방향에 놓이면 F_x와 F_y는 음의 값이다. 그러므로

$$F_x = (120\text{ N})\cos 30° = 104\text{ N}$$
$$F_y = (120\text{ N})\sin 30° = 60\text{ N} \qquad (2.15)$$

$\vec{F}$의 직교 좌표 표현은

$$\vec{F} = (104\,\hat{\imath} + 60\,\hat{\jmath})\text{N} \qquad (2.16)$$

유용한 검사 벡터를 직교 좌표 성분으로 분해 과정에 발생하는 오류를 피하는 유용한 방법이 있다. 먼저 수행해야 할 것은 그 성분들이 합리적인 수준의 크기를 가지며 올바른 방향인지를 검사하는 것이다. 그 다음에 벡터 성분들이 올바른 크기인지를 검사한다. 식 (2.16)의 경우에는 $\sqrt{(104\text{ N})^2 + (60\text{ N})^2} = 120\text{ N}$이 바르게 성립하는 것인지를 검사한다. 이러한 검사 결과가 올바르다 하더라도 벡터 성분들이 정확하다는 것을 완벽하게 보증하는 것은 아니다. 하물며, 부정확한 크기가 발견된다면 풀이 과정에 오류가 있 … 하다.

예제 3.10 공학설계

대형 건설회사가 그림 1과 같이 자사 보유 트럭의 후면에 60 L 용량의 플라스틱 냉각수조를 설치하려고 한다. 그림 2에 나타난 모델을 사용하여 높이 h와 부재 AB, AC, 그리고 AD에 사용할 원형 강철막대의 지름을 결정하도록 상급자로부터 지시가 내려졌다. 5장에서 설명될 개념을 사용하면, 훨씬 세련된 모델도 가능하지만, 그림 2의 모델도 이 설계문제에는 유용하다. 이 모델에서 하중 P는 수직이고 부재 AB는 y 축에 평행하다. 동적인 힘을 근사적으로라도 고려하기위해 수조 무게의 2배의 하중을 받을 수 있도록 하고, 표 3.2의 허용하중을 사용하도록 상급자로부터 지시를 받았다.

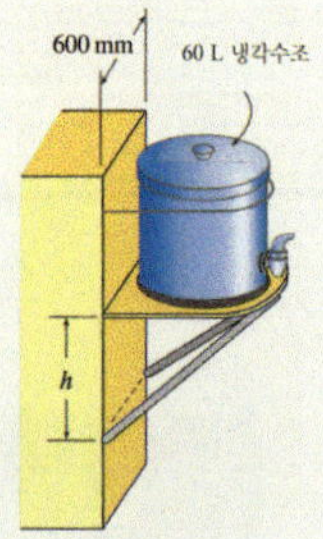

그림 1

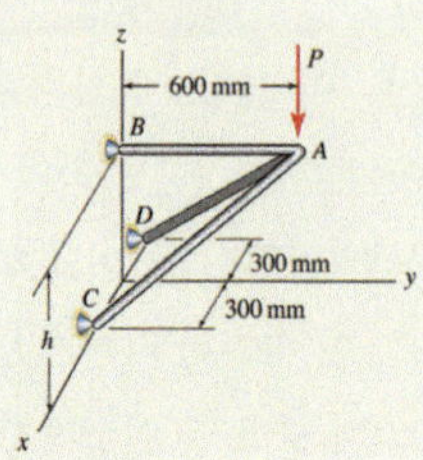

그림 2 그림 1의 냉각수조에 대한 모델.

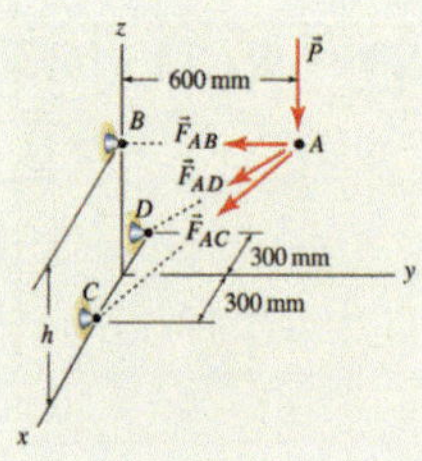

그림 3 점 A에 대한 자유물체도.

풀이 SOLUTION

로드맵 이 문제에서 가장 소홀하게 정의된 부분은 냉각수조의 지지대가 받는 하중이다. 따라서 하중의 크기에 대한 가정을 하여야한다. 그 외에, 다른 하중조건도 고려할 필요가 있으며, 설계는 이 모든 것에 대해 안전해야 한다. 결국 이 설계문제의 답은 유일하지 않다. 다시 말하자면, 유일한 h 값은 없다. 오히려 몇 개의 변수에 대하여 합리적인 값을 가정하여, 이것을 기초로 다른 것들을 계산할 필요가 있다.

모델링 가득찬 냉각수조의 물의 무게는 다음으로 구해진다.[14)]

$$W = \underbrace{1000\,\frac{\text{kg}}{\text{m}^3}}_{\rho}\;\underbrace{60\text{ L}\,\frac{(0.1\text{ m})^3}{\text{L}}}_{V}\;\underbrace{9.81\,\frac{\text{m}}{\text{s}^2}}_{g} = 589\text{ N} \qquad \text{식 (1)}$$

다음에, 위의 값에 수조 자체의 무게를 고려하기 위해 60 N을 우리의 판단으로 더한다. 따라서 지지해야 할 전체 무게는 589 N + 60 N = 649 N이다.

무게를 두 배(또는 다른 배수 값)로 취하는 것은 트럭이 도로의 범프를 지나갈 때 발생되는 관성력을 고려하기 위해, 정확하지는 않지만 자주 쓰는 방법이다. 따라서 근사적 하중값 P = 1300 N을 얻는다. 이 하중으로 설계를 계속하기 전에 하중 상황에 대하여 다른 가능성을 고려해야 한다. 예를 들면, 냉각수조가 제거되면 지지대는 작업자가 트럭을 오르내릴 때 계단으로 편리하게 사용할 수도 있다. 예를 들어 890 N의 몸무게를 가진 사람을 생각하라. 트럭이 주행하면서 범프를 지나갈 때 지지대 위에 사람이 서있을 가능성은 거의 없으므로, 이 값을 앞에서와 같이 증가시킬 필요는 없다. 사람의 몸무게가 앞서 구해진 힘보다 작으므로, P = 1300 N을 사용하여 설계를 계속할 것이다.

h가 작으면 부재의 힘은 커지는 반면, h가 크면 이 값은 감소한다. 그러나 표 3.2의 허용하중에 의하면, 압축 허용하중은 부재의 길이 증가에 따라 급격히 감소한다. 그러므로 초기 설계 값으로 h = 250 mm를 선택하고, 이 경우 부재 AB, AC의 길이는 716 mm이다.

점 A에 대한 FBD는 그림 3에 있다.

14) 1 리터(1 L)는 수은주 760 mm의 압력에서 4 ℃의 순수한 물의 체적으로 정의된다. 그러나 실제로는 1 L = 1000 cm^3 = 0.001 m^3의 변환식을 0.003 % 이하의 오차범위 내에서 사용할 수 있다.

예제

일관성 있는 문제풀이 방법 본문에 있는 모든 예제는 신중하게 정의된 문제풀이 방법을 택하였다. 그러므로 문제의 체계적인 정리를 가능하게 하고, 올바르고 현실감 있는 풀이에 도달하는데 필요한 단계들을 강화시킨다.

각 예제는 다음의 5 단계로 구성된다.

- 로드맵
- 모델링
- 지배방정식
- 계산
- 논의 및 검증

어떤 예제는 확대경(기호 🔎로 표시)이 표시되어 있으며 예제에 대한 추가적인 정보를 준다.

개념 정리와 개념문제

추가된 두 가지 특징은 개념정리와 개념문제이다. 학생들이 과학이나 공학 수업시간에서는 좋은 성적을 받는다 하더라도 개념적인 이해도는 낮을 수 있기 때문에 이 두 가지가 사용된다. **개념 정리**는 여백 주석인데, 본문에 설명된 것과 관련된 중요한 개념을 환기하기 위해 사용된다. **개념 문제**는 각 절의 끝에 나오는 문제와 섞여있다. 이들은 그 절에서 다루어진 개념이나 아이디어의 적용에 대하여 생각해 볼 수 있도록 고안된 질문이다. 이에 대한 계산은 필요가 없으며 단지 몇 줄만의 문장으로 된 대답만을 요구한다.

개념 정리

중력에 의한 힘. 두 물체간의 중력에 의해 중력에 의해 당기는 힘은 벡터이고 따라서 크기와 방향을 가진다. 식 (1.6)은 크기를 제공하고 방향은 두 물체의 무게 중심을 연결하는 직선 방향이다.

문제 2.94

두 벡터 $\vec{A}$와 $\vec{B}$가 서로 수직하는 것인지를 조사하기 위해서 외적 계산을 어떻게 적용하여야 하는지에 대해서 설명하라. 이러한 방법은 내적에 근거하여 조사하는 방법만큼 용이한가? 여러분의 설명을 예시하는 예를 들어서 설명하라.

주의 개념 문제는 계산이 아닌 설명을 요구하는 문제이다.

문제 2.95

문제 풀이 과정에서 부주의하여 왼손 좌표계를 적용하였다고 상상하라. 즉, 먼저 x 방향과 y 방향을 선택한 후에 z 방향을 오른손 좌표계에 위배된 방향으로 설정하였다. 내적과 외적에 대해서 어떠한 결과가 초래되는가? 여러분의 설명을 예를 들어서 설명하라.

빠지기 쉬운 함정

벡터 덧셈과 스칼라 상수의 덧셈.
셈은 스칼라 상수의 덧셈과는 완전
복잡하다. 쉽게 범하게 되는 실수는
셈을 마치 스칼라 상수의 덧셈과
하려는 것이다.

흥미로운 사실

표준기어. 미국 기어제조협회(AGMA)는 기어의 제조, 성능 및 용도에 관한 표준을 개발
들의 조직이다. 공학자는
있는 형상과 크기에서 기
것이다. 때때로 특수 목적
이 경우 주문 설계와 주

유용한 정보

극좌표 벡터표현. 2차원 평면에서 벡터의 표현에 자주 사용되는 방법으로서 극좌표 표현방법이 있다. 이 표현 방법도 벡터의 크기와 방향에 관한 정보로 나타내는데, 방향 정보는 수평 기준선으로부터 시계 회전의 반대 방향으로 측정되는 각도로 표현된다. 예를 들어

$\vec{F} = 450\text{ N} @ 30°\measuredangle \qquad \vec{r} = 6\text{ m} @ 150°\measuredangle$

여백 주석

여백의 주석은 토픽, 아이디어, 예제를 일반적인 관점에서 설명하는 데 도움을 주기 위해 첨부 되었다. 「유용한 정보, 빠지기 쉬운 함정」은 학생들이 공부하는 데 도움을 주고 「흥미로운 사실」은 정역학의 다양한 부분이 사용되는 실제 문제의 예를 들기도 한다.

절과 절 요약

각 장은 여러 개의 절로 이루어져 있고. 각 절에는 예제, 연습문제, 여백의 주석, 그 외에 보조 교수법 등을 포함하여 풍부한 정보와 기능들이 있다. 각 절은 그 절을 간단명료하게 요약하는 절 요약부로서 종결된다. 학생들이 예제나 숙제 문제를 하기 전에, 복습이나 보충학습 효과를 위해 상호 참조된 중요한 수식들을 다시 보여주는 경우가 많다.

2.3 3차원 벡터의 직교 좌표 표현

3차원 문제에서 벡터는 매우 유용하다. 만약 벡터 기법을 이용하지 않으면 풀이 과정이 까다로운 경우가 많다. 3차원 문제는 2차원 문제보다 벡터 표현과 처리 과정이 복잡해지지만 기본 개념은 2차원 경우와 동일하다. 여기에는 오른손 법칙 좌표계와 방향각, 방향 코사인(cosine)에 관한 정의가 필요하다.

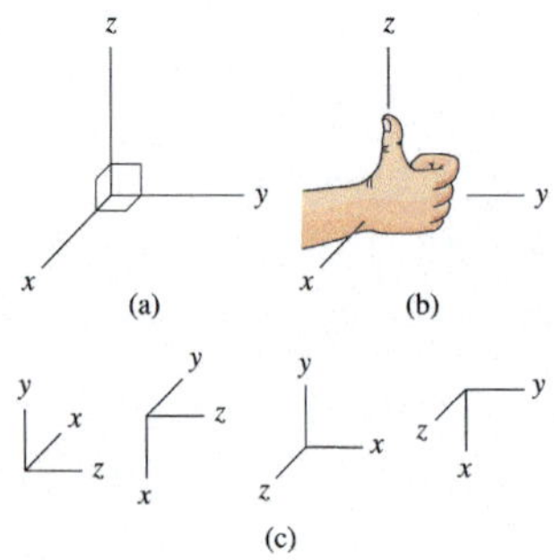

그림 2.17 (a) 3차원 직교 좌표계. (b) 오른손 법칙 좌표계를 구성하는 방법. 양의 x 방향이 오른손의 바닥을 통과하도록 하며, 양의 y 방향이 손가락의 방향과 일치하도록 오른손을 위치시킨다. 이 상태에서 엄지손가락의 방향이 양의 z 방향이 된다. (c) 오른손 법칙 좌표계의 다양한 모습.

오른손 법칙 직교 좌표계

3차원 공간에 대한 직교 좌표계는 서로 직교하는 세 개의 기준 방향을 사용한다. 그림 2.17(a)의 x, y, z 방향이 그것이다. 2.5절에서 설명할 벡터 외적(cross product)과 같은 벡터 연산들은 일관된 방법으로 배열되는 x, y, z 방향을 필요로 한다. 예를 들어서 그림 2.17(a)에 그려진 좌표계를 구성할 때에 먼저 x 방향과 y 방향이 선택되었다면 나머지 z 방향은 그림의 방향이어야 할까 아니면 그림과 반대 방향이어야 할까? 기계역학과 일반 벡터 수학에서 z 방향은 그림과 같이 되어야 하며, 이와 같이 구성된 좌표계는 **오른손 법칙 직교 좌표계**(*right-hand coordinate system*)라 한다. 그림 2.17(b)는 오른손 법칙 좌표계를 구성하는 방법을 보여준다.

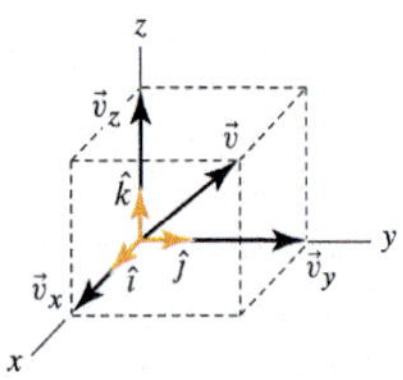

그림 2.18 x, y, z 방향과 단위 벡터 $\hat{\imath}, \hat{\jmath}, \hat{k}$로 표현되는 오른손 법칙 직교 좌표계와 벡터 $\vec{v}$를 $\vec{v}_x$, $\vec{v}$...

직교좌표 벡터 표현

$\hat{\imath}, \hat{\jmath}, \hat{k}$를 각각 양의 x, y, z 방향의 단위벡터로 정의한다. 벡터 $\vec{v}$는 다음과 같이 기술된다.

$$\vec{v} = \vec{v}_x + \vec{v}_y + \vec{v}_z$$
$$= v_x\,\hat{\imath} + v_y\,\hat{\jmath} + v_z\,\hat{k} \tag{2.23}$$

$\vec{v}$를 x, y, z 성분들로 분해된 모습이 그림 2.18에 그려져 있다. $\vec{v}$의 **크기**는

$$|\vec{v}| = \sqrt{v_x^2 + v_y^2 + v_z^2} \tag{2.24}$$

... 구성으로부터 식 (2.24)는 다음과 같이 유도된다. 먼저 xy 평면상에 있는 벡... 한다. v_x, v_y와 v_a가 직각 삼각형을 이루므로 피타고라스 정리로부터 $v_a^2 = v_x^2$ ... 다. 다음에 v_a, v_z와 v도 직각 삼각형을 이루며, 피타고라스 정리로부터 $v^2 =$ ... 피타고라스 정리에서 얻은 두 식에서 v_a^2항을 소거하면 $v^2 = v_x^2 + v_y^2 + v_z^2$ ... 결과는 식 (2.24)과 동일하다.

방향 코사인(cosine)

...을 표현하는 효과적인 방법은 **방향각**(*direction angles*)을 사용하는 것이다. ... 그려진 방향각 $\theta_x, \theta_y, \theta_z$는 각각 양의 x, y, z 방향을 기준으로 측정된 각이다.

절 요약

본 절에서 직교 좌표계와 3차원 벡터의 직교 좌표 표현이 정의되었다. 주요 사항은 다음과 같다.

- x, y, z 좌표계는 **오른손 법칙 좌표계**여야 한다. 여러 종류의 벡터 연산은 오른손 법칙 좌표계를 사용하여야 적절한 계산이 가능하다.
- **방향각**은 3차원 공간에서 벡터의 방향을 규정하는 유용한 방법이다. 벡터는 θ_x, θ_y, θ_z의 세 가지 방향각을 가지지만, 단지 두 개만 독립이며 나머지 방향각은 두 개로부터 계산될 수 있다.
- 케이블, 로프, 막대와 같은 구조물 부재는 부품이 형상과 동일한 방향의 작용선을 가지는 힘을 지탱한다. 그러므로 만약 $\vec{r}$이 부품의 형상을 나타낸다면, 그 부품에 작용되는 힘은 $\vec{F} = F\vec{r}/|\vec{r}|$으로 표현될 수 있다.

문제 PROBLEMS

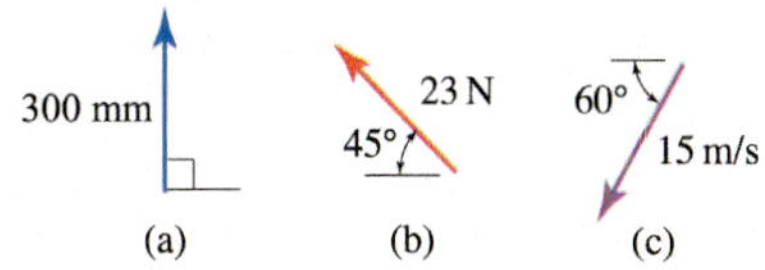

그림 P2.1

문제 2.1

각각의 벡터를 두 가지 극좌표 방식으로 표현하라. 첫째 방법은 θ의 양의 값을 사용하는 것이며, 두 번째 방법은 θ의 음의 값을 사용하는 것이다. 여기서 θ는 오른손 법칙 직교 좌표계의 수평 방향으로부터 시계회전의 반대 방향으로 측정한 각도이다.

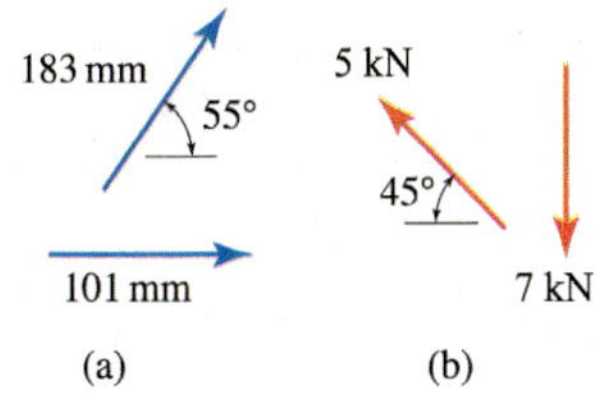

그림 P2.2

문제 2.2, 2.3

두 벡터를 더하여 결과 벡터 $\vec{R}$을 얻고, 그 결과를 극좌표 방법으로 표현하라.

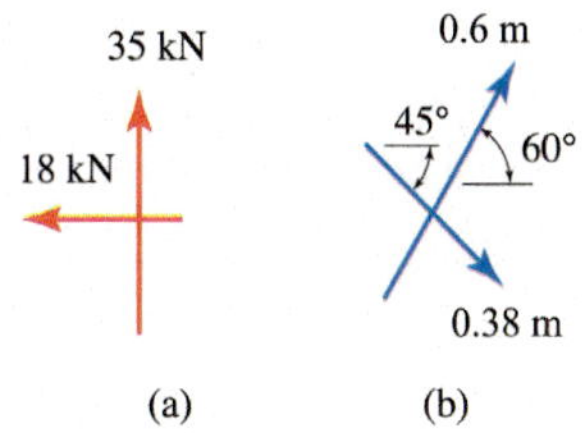

그림 P2.3

문제 2.4

$\vec{A} = 2\text{ m} @ 0° \measuredangle$이며 $\vec{B} = 6\text{ m} @ 90° \measuredangle$이다. 다음 표현들에서 벡터 다각형을 그려서 $\vec{R}$을 구하고, 그 결과를 극좌표 방법으로 표현하라.

(a) $\vec{R} = \vec{A} + \vec{B}$

(b) $\vec{R} = 2\vec{A} - \vec{B}$

(c) $\vec{R} = |\vec{A}|\,\vec{B} + |\vec{B}|\,\vec{A}$

(d) $\vec{R} = \dfrac{\vec{A}}{|\vec{A}|} + \dfrac{\vec{B}}{|\vec{B}|}$

그림 P2.5

문제 2.5

견인 트럭이 자동차 범퍼에 두 힘 $\vec{F}_1$과 $\vec{F}_2$를 작용하는데, $\vec{F}_1$은 수평 방향으로 작용한다. 두 힘의 합력이 수직으로 작용하게 하는 $\vec{F}_2$ 힘의 크기와 합력의 크기를 구하라.

문제 2.6

로봇 팔 OA의 위치와 자세가 그림과 같이 주어진다. O 지점에서 구동부의 B 지점까지 거리가 650 mm가 되도록 하는 각도 α를 구하라.

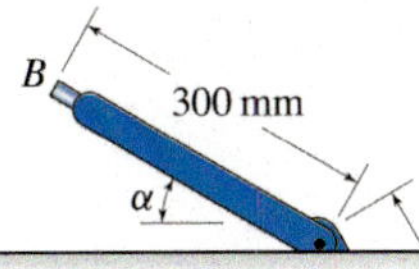

최신 문제

각 절의 마지막에는 다양한 난이도의 문제들이 있다. 이 문제들을 통하여 학생들이 스스로 개념을 적용할 수 있는 능력을 키울 수 있도록 한다. 정 · 동역학은 쉬운 과목이 아니므로 학생들의 질문 대부분은 "이 문제 어떻게 시작해요?"이다. 이 질문이 정말로 의미하는 바는 "이 문제에 대한 수학적 모델을 어떻게 만들어요?"이다. 이 능력을 키우는 유일한 방법은 수많은 문제를 연습해 보는 것이다. 짝수 문제 해답의 대부분은 www.mhhe.com/plesha/em에 무료 다운로드 가능한 PDF 파일로 올려져 있다. 해답을 이렇게 제공하면 다른 방법에 비해 더 복잡한 정보제공이 가능하다. 숫자나 기호로 표기된 최종 정답뿐만 아니라, 일부 선별된 문제들은 자유물체도, 전단력과 모멘트 선도등과 같은 더 자세한 자료를 가지고 있다. 이러한 방식은 보다 완벽한 풀이를 제공할 뿐만 아니라, 학생들이 숙제를 시작하는 데 필요한 시동을 거는 역할을 한다. 더구나, 여러 개의 자유물체도를 포함하는 풀이는 학생들이 스스로 FBD를 작성하는 기회를 준다. 이 책의 모든 문제에는 그 난이도를 표시하는 온도계가 있다. "소개" 정도라고 생각되는 문제는 로 표시되고, "대표"적인 문제는 , 그리고 "난제"로 생각되는 문제에는 표시가 되어 있다.

공학설계와 설계문제

이 책 전반에 걸쳐서 적절하다고 판단되는 곳에 설계방법, 직업적 책임과 윤리 등의 주제를 포함하는 공학설계에 대하여 논의하고 있고, 설계문제 또한 제시되어 있다. 이러한 문제는 개방형이어서, 중요하고 현실적인 실제 공학문제를 해결하는데 있어서 학생들의 창의성을 발휘할 수 있도록 한다.

설계 문제

일반적 지시사항 강철 케이블, 막대, 파이프의 크기의 결정을 요구하는 문제는, 표 3.1−3.3에서 선정이 되어야 한다. 모든 문제에 대하여 부록 A의 지침에 따라 관련된 모든 정보를 체계적으로 요약하는 간략한 보고서를 작성하라. 보고서는 다른 공학자가 알기 쉽게 적절하고 간단한 언어로 작성되어야 한다. 적절한 곳에 주요부위의 치수와 함께 그림이 포함되어야 한다. 설계에서 고려된 목표와 제한조건, 최종 설계를 도출하는데 사용된 과정, 필요하면 안전에 관한 쟁점 등도 기술하라. 본론 부분은 타이핑해야하고, 필요하다면 그림은 컴퓨터로 그리거나 손으로 깨끗이 그려야 한다. 보고서의 본론 부분에서 참고할 수 있도록 부록에 모든 보조 계산을 첨부하라. 보고서의 크기는 부록 외에 몇 장으로 충분하다.

설계문제 3.1

상업용 제빵 작업에서 재료의 무게를 신속히 측정하는 저울이 그림에 나타나 있다. 먼저 빈 용기가 저울에 놓여진다. 전기 접촉이 점 A에서 일어나 용기의 내용물이 미달임을 표시하는 빛을 낸다. 밀가루 등의 제빵용 재료를 용기에 조금씩 넣으면 충분한 양이 채워졌을 때 점 A의 접촉이 떨어진다. 너무 많으면 B에서 접촉이 일어나 초과임이 표시된다. 내용물의 무게를 80 N ±1 N로 하려고 할 때, h와 d의 치수, 스프링 강성 k, 그리고 스프링의 원래 길이 L_0의 값을 정하라. 용기와 그것을 놓는 받침대의 무게 합은 2.2 kg이다. 가이드 또는 기구장치에 의해 용기를 놓는 저울대는 항상 수평으로 유지된다고 가정하라.

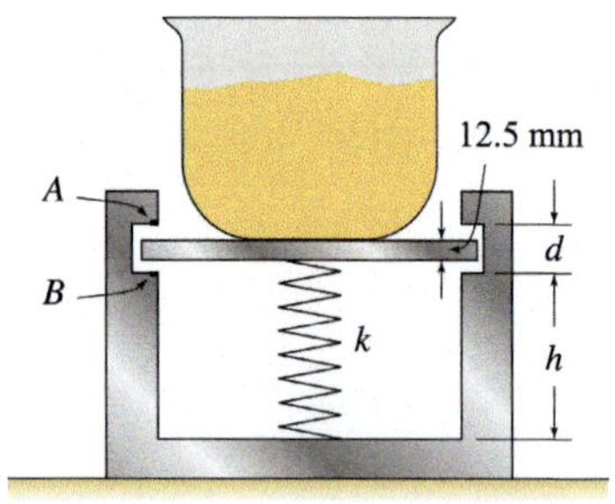

그림 DP3.1

설계문제 3.2

그림은 식당의 셀프 셀러드 바의 접시 수납 장치를 나타낸다. 접시를 접시 더미위에 쌓거나 들어낼 때, 접시가 항상 테이블의 위판에서 약 60 mm로 올라오도록 스프링 힘과 강성이 맞춰져야 한다. 접시 하나의 질량이 0.509 kg이고, 받침대 A 또한 0.509 kg의 질량을 가질 때, 스프링의 강성 k와 원래 길이 L_0를 결정하라. 스프링의 코일이 서로 접촉하지 않고 최대로 압축되는 변형량은 원래 길이의 40%라고 가정하라. 수납할 수 있는 접시의 개수도 명시하라. 지지대 A가 항상 수평을 유지하도록 가이드나 다른 기구장치가 수납 장치에 있다고 가정하라.

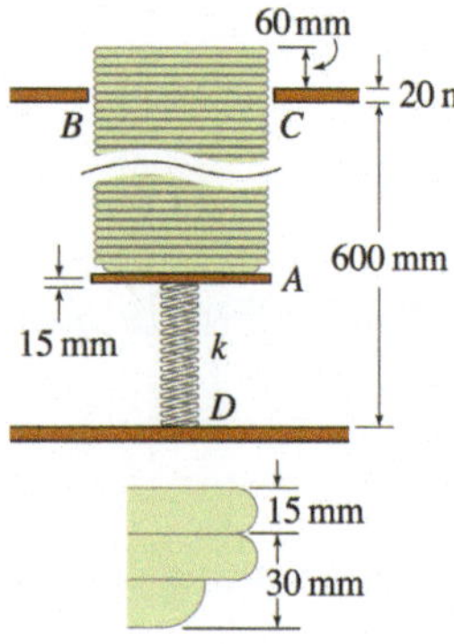

그림 DP3.2, DP3.3

설계문제 3.3

설계문제 3.2에서 스프링은 더 많은 접시를 수납할 수 있는 귀중한 공간을 차지하고 있다. 설계문제 3.2를 다시 풀되, 더 많은 접시를 수납할 수 있도록, 하나 이상의 스프링과 조합하여 케이블 및 풀리를 사용하는 새로운 장치를 설계하라. 풀리, 케이블, 스프링은 표면 A, B, C, D에 고정할 수 있다. 스프링의 코일이 서로 접촉하지 않고 최대로 압축되는 변형량은 원래 길이의 40%라고 가정하라.

3.5 장 복습

이 장에서 설명된 주요한 정의, 개념, 수식들이 요약된다. 명확히 이해되지 않은 수식이나 개념들에 대하여는, 자세한 사항을 위해 인용된 수식의 원래 번호를 참고하라.

질점의 평형 하나의 질점은 다음이 만족할 때 정적 평형(*static equilibrium*)에 있다.

식 (3.20) p. 145

$$\sum \vec{F} = \vec{0},$$

$$\text{또는} \quad \left(\sum F_x\right)\hat{\imath} + \left(\sum F_y\right)\hat{\jmath} + \left(\sum F_z\right)\hat{k} = \vec{0},$$

$$\text{또는} \quad \sum F_x = 0, \qquad \sum F_y = 0, \qquad \sum F_z = 0$$

위 식에서 합은 그 질점에 작용하는 모든 힘들을 포함하여야 한다. 질점들로 구성된 계의 평형에 대하여는, 위의 평형방정식을 각각의 질점에 대하여 적용하고, 결과적으로 얻어진 연립방정식을 푼다.

자유물체도 자유물체도(*free body diagram, FBD*)는 평형방정식을 기술할 때, 질점에 작용하는 모든 힘이 고려되었다는 것을 확실히 하는데 도움을 주는 필수불가결한 보조물이다. FBD를 그릴 때, 이차원에서는 그 질점을 완전히 둘러싸는 폐곡선을, 삼차원에서는 폐곡면을 상상하는 것이 도움이 된다. 절단이 구조물의 부재를 가로지르는 지점에는, 그 부재에 의해 지지되는 힘이 FBD에 반드시 포함되어야 한다. 절단이 지지대를 통과하면, 그 지지대가 질점에 가하는 반력이 FBD에 반드시 포함되어야 한다.

케이블과 막대 케이블과 곧은 막대는 자신의 축과 동일 선상에 있는 힘을 지지하는 구조용 부재이다. 케이블은 인장력만 지지할 수 있고, 풀리에 감겨 있을 때와 같은 경우 자유롭게 구부려진다고 가정한다. 일반적으로 케이블은 무게가 없는 것으로 가정한다. 막대는 인장력과 압축력 둘 다 지지할 수 있다.

풀리 풀리는 케이블의 방향을 바꾸어, 결과적으로 그것이 지지하는 힘의 방향을 바꾸는 장치이다. 풀리의 마찰이 없고 케이블의 무게가 없다면, 케이블 전체에 걸쳐 힘의 크기는 같다.

스프링 선형 탄성 스프링(*linear elastic spring*)의 거동이 그림 3.22에 나타나 있으며, 이것은 다음의 스프링 법칙(*spring law*)으로 표현된다.

식 (3.18) p. 134

$$\begin{aligned} F_s &= k\delta \\ &= k(L - L_0) \end{aligned}$$

유용한 정보

스프링 법칙의 부호 약속. 식 (3.18)의 스프링 법칙에 대한 부호 약속은 다음과 같다.

$F_s > 0$ 인장,
$F_s < 0$ 압축,
$\delta = 0$ 원래 위치,
$\delta > 0$ 신장
$\delta < 0$ 수축

174 | CHAPTER 3 질점의 평형

복습 문제

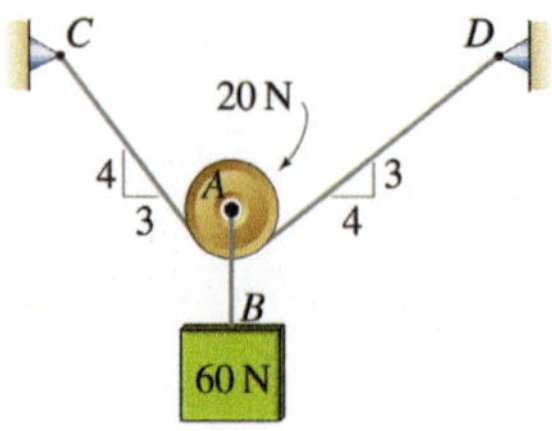

그림 P3.72

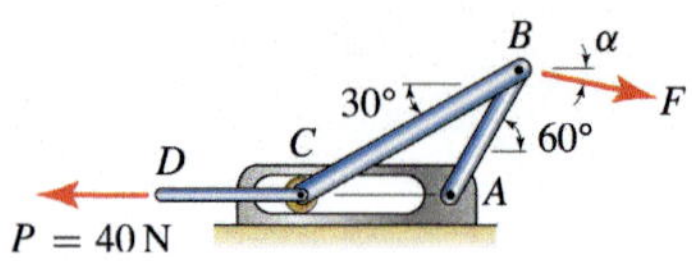

그림 P3.73

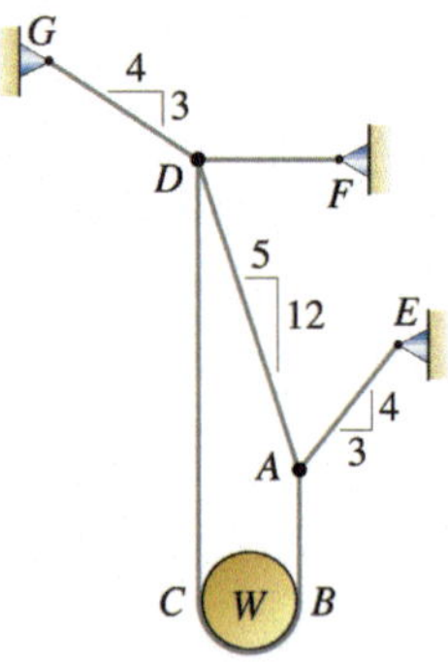

그림 P3.74

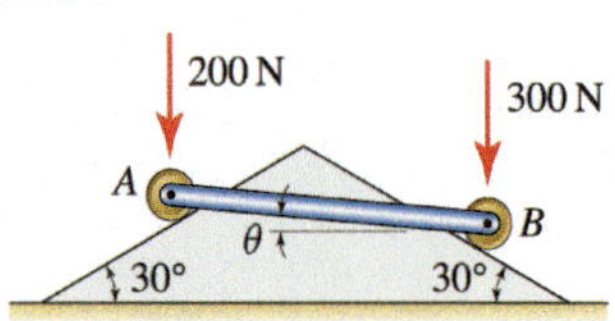

그림 P3.75

문제 3.71

케이블과 막대로만 구성된 문제를 생각하라. 하중이 가해지기 전의 구조물 형상에 대하여 $\sum \vec{F} = \vec{0}$을 적용시켜 얻어진 해는 정확한 것인가 아니면 근사적인 것인가? 아래의 조건에 대하여 설명하라.

(a) 케이블은 늘어나지 않고, 막대는 강체로 모델링된다.

(b) 케이블과 막대 모두 선형 탄성 스프링으로 모델링된다.

주의: 개념문제는 설명하는 것이고, 계산하는 것은 아니다.

문제 3.72

마찰 없는 풀리 A의 무게는 20 N이고, 60 N에 달하는 상자 B를 지지한다. 케이블 CD의 힘에 대하여 풀 때, 어떤 문제가 발생한다. 이 문제와 그것의 물리적 의미를 설명하라.

문제 3.73

어떤 기계의 수평 부재에 $P = 40$ N의 힘을 발생시키기 위해, 작업자가 손잡이 B에 힘 F를 가한다. 최소한의 힘 F와 그 때의 각도 α를 구하라.

문제 3.74

그림의 구조물은 5개의 케이블로 구성되어있다. 케이블 $ABCD$는 질량 $m = 90$ kg의 드럼을 지지하고 있다. 케이블 DF는 수평이고, 케이블 AB와 AD는 수직이다. 드럼과 케이블 $ABCD$ 사이에 마찰이 없을 때, 각 케이블에 걸리는 힘을 구하라.

문제 3.75

문제 3.74에서, 케이블 $ABCD$의 파단강도는 2700 N이고, 그 외의 모든 케이블은 900 N의 파단강도를 가지고 있을 때, 매달 수 있는 최대 W를 구하라.

문제 3.76

무게가 없는 막대로 연결된 두 개의 마찰 없는 풀리가 그림과 같이 200 N과 300 N의 힘을 지지한다. 풀리는 고정된 쐐기에 놓여 있다. 계의 평형이 유지될 때 각도 θ와 막대 AB의 힘을 구하라.

서론

정역학(*Statics*)에서는 물체에 가해지는 힘의 작용 하에서의 물체의 평형을 공부한다. 우리의 목표는 실생활의 기계시스템을 모델링하거나 설계하는데 관련된 과학, 기능 그리고 기술에 대한 개론을 제공하는 것이다. 우리는 정역학과 관련된 역사를 고찰함으로써 정역학 공부를 시작한다. 그 다음 이어지는 절과 장에서 우리는 질점과 강체의 평형을 해석하기 위해 필요한 물리와 수학(특히 벡터)의 요소들을 다룬다. 또한 책 전반에 걸쳐 공학설계에 대한 토론과 응용들을 다룬다.

1.1 공학과 정역학

공학자는 구조물, 기계, 공정 그리고 많은 것들을 인류의 이익을 위해 설계한다. 이 과정에서 공학자는 “이것이 충분히 강한가?” “이것이 충분히 오래동안 지속할까?” 그리고 “이것이 충분히 안전한가?”와 같은 질문에 대답해야만 한다. 이러한 질문에 대답하기 위해서는 그 설계와 시스템에 내재하는 중요한 현상을 정량화할 수 있는 능력과 이들 정량화한 값들과 허용여부를 판정하는 기준값을 비교할 수 있는 능력이 요구된다. 이를 위해 공학자는 과학, 수학 그리고 계산 도구에 대한 충분한 지식과 새로운 설계를 개발하기 위해 자연의 법칙을 이용하는 창의력을 가져야 한다. 이 모든 것 중 가장 중요한 것은 실생활 문제를 그 문제의 근본적인 과학을 포함하면서도 해석하기 쉬운 수학적 모델로 이상화하는 능력이다. 이런 수학적 모델링에 있어서의 능숙함이 공학을 순수과학과 구분하는 특징이다.

대부분의 공학 과목에서 힘을 받고 있는 물체나 재료의 응답을 이해하는 것이 중요하고, 그러한 응답을 지배하는 기본적인 과학 개념을 뉴턴 물리학(*Newtonian physics*)[1]이라 한다. 이 책에서는 시스템이 힘의 평형상태에 있는 특별한 경우에서의 공학적 문

1) 물체의 속도가 빛의 속도에 근접하면 상대론적인 물리학이 요구된다.

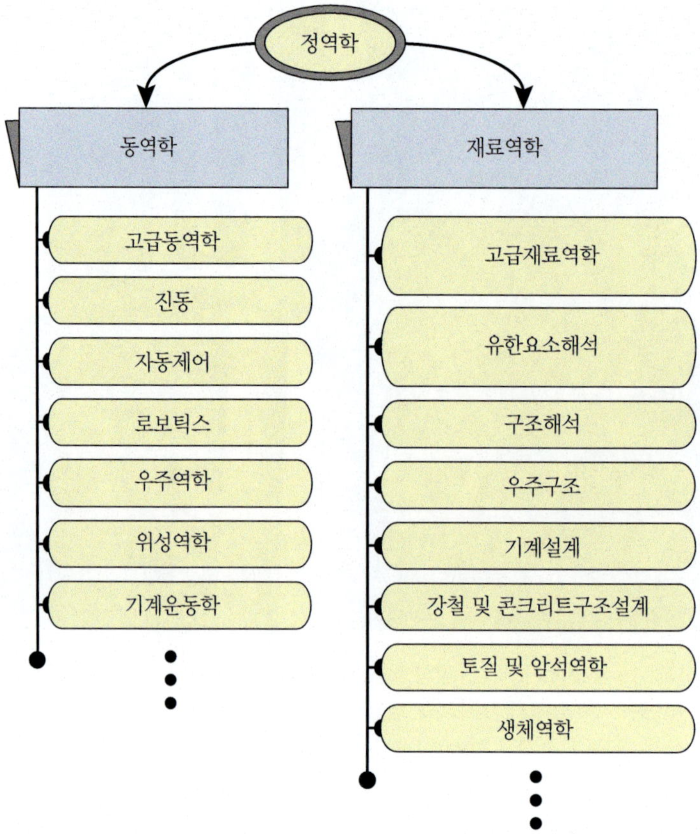

그림 1.1 공학도가 공부하는 과목들의 계통도. 정역학, 동역학, 재료역학 과목들은 기본적인 개념을 제공하고 고급 과목들의 기초이다. 진동학과 유한요소해석과 같은 많은 과목들은 상당 부분 동역학과 재료역학의 개념들로부터 유래한다.

제에 뉴턴 물리학을 적용하는 것을 조사한다. 그리고 이러한 부분을 정역학(*statics*)이라 한다. 따라서 정역학은 일반적으로 학생들이 수강하는 최초의 공학 과목이다. 정역학은 당연히 중요한 과목이고 좀 더 진보된 연구를 위한 근본적인 토대를 개발한다.

지금까지 이 책을 읽었다면, 우리는 당신이 이 책을 이용하여 정역학 공부를 시작한다고 추정한다. 그림 1.1은 과목들의 계통도를 보여 준다. 이들 중 많은 과목들을 독자는 공학교육 과정에서 공부할 것이다. 정역학에 이어지는 과목들은 동역학(*dynamics*)과 재료역학(*mechanics of materials*) 등의 입문과목들이다. 동역학은 평형을 이루지 않는 힘들이 작용하는 질점과 물체의 운동을 공부한다. 재료역학은 재료의 거동에 대한 모델과 구조물에 있어서의 변형과 응력을 계산하는 방법을 소개한다. 이들 세 과목에서 배우는 개념들은 구조물과 재료들의 기계적인 응답에 관심을 가진 거의 모든 공학자들에 의해 매일 사용된다! 이들 기초 과목에 이어 진동학, 응력해석, 로보틱스, 유한요소해석, 기계설계, 강철 및 콘크리트구조설계 등과 같은 다양한 고급 과목들이 있다.

이 책의 목적은 독자들에게 견실하고 이해하기 쉬운 정역학 교육을 제공하는 것이다. 많은 경우 공학적 문제들은 그들의 근본적인 요소들로 요약될 경우 그들을 해석하는 것이 현저히 단순해진다. 사실 이 책 전반에 걸쳐 문제를 해석하기 위해 필요한 수학은 간단하다. 일반적으로 보다 어려운 부분은 보통의 실생활 문제를 모델로 이상화시키는데 있다. 그리고 이 책이 독자의 이러한 능력을 키우는데 도움이 되길 희망한다.

1.2 정역학의 간략한 역사[2)]

정역학의 역사는 동역학과 재료역학의 발달과 얽혀 있어 별개의 주제가 아니다. 초기 과학자와 공학자들은 보통 **철학자**로 불리었고, 그들의 고상한 업무는 주의 깊은 추리를 통하여 자연 현상을 설명하는 것이었다. 그들의 초점 대다수는 물체의 평형과 천체의 운동을 이해하고 설명하는 것이었다. 몇몇 예외를 제외하고 그들의 연구는 본질적으로 훌륭하고 또한 그 시대와 지역에서의 주된 종교와도 조화되는 결과들을 산출하였다. 다음은 정역학에서 특히 중요한 역학의 핵심 개념들의 발전에 심오한 영향을 끼친 주요 인물들의 간략한 역사적 개관이다.

수세기 동안 철학자들은 충분히 이해하지 못하거나 경우에 따라서는 부정확하게 이해하면서 물체의 평형과 운동을 연구하였다. 유명한 초기 공헌자들은 다음과 같다.

- 아리스토텔레스(Aristotle, 384−322 B.C.)는 과학, 정치학, 경제학 그리고 생물학에 대하여 저술하였고, 소위 말하는 "상식의 물리학"을 제안하였다. 그는 지레를 연구하였고 비록 지레의 효율이 원의 "이상한" 성질에 기인한다고 생각하였지만 힘의 모멘트에 대한 몇 가지 기본 개념들과 그것이 평형에 미치는 효과를 이해하였다. 그는 물체들을 가볍거나 혹은 무거운 것으로 분류하였고 가벼운 물체는 무거운 물체보다 천천히 떨어진다고 믿었다. 그는 물체가 위아래가 아닌 방향으로 움직일 수 있다는 것을 알아내고 그러한 운동은 물체의 자연적인 운동에 위배되며 또한 물체가 그러한 운동을 하기 위해서는 힘이 지속적으로 그 물체에 작용하여야만 한다고 말하였다. 무엇보다 중요한건 그가 물체의 자연적인 상태는 물체가 정지한 상태라고 말한 것이었다.
- 아르키메데스(Archimedes, 287−212 B.C.)는 지레의 평형에 대한 실험적 관찰에 근거한 몇 가지 원리를 가정하였고, 이를 이용하여 몇 가지 명제들을 증명하였다. 그의 연구는 힘의 모멘트가 평형에 미치는 영향에 대해 좀 더 깊은 이해를 보여 주었다. 아르키메데스는 아마도 정수력학에 대한 개척적인 연구로 가장 잘 알려져 있을 것이다. 정수력학에 관한 그의 발견 중 하나는 유체 내에 떠있는 물체는 그 물체의 무게와 같은 무게의 유체를 밀어낸다는 것이다. 최근에 그가 미적분학의 기본 개념을 밝혔다고 하는 증거가 발견되었다.

흥미로운 사실

초기의 구조설계 규약. 우리 토론의 대부분이 철학자들의 업적에 초점이 맞추어져 있지만 수천 년에 걸쳐 구조설계 규약의 발전에 중요한 업적들도 있었다. 이들 업적 중에는 고대 에제키엘과 비트루비우스의 책들과 중세 프리메이슨 지부들의 비밀 책 등이 포함된다. 베치(A. Becchi), 코라디(M. Corrady), 포스(F. Foce), 페더몬트(O. Pedermonte) 등이 편집한 '역학의 역사에 관한 수필'(Birkhauser, Boston, 2003) 중 하이만(J. Heyman)이 쓴 "트루스델과 구조이론의 역사"에서도 역사적인 개관을 찾아볼 수 있다. 이들 규약들은 대부분 석조 구조물의 효과적인 설계와 건축을 위해 제공된 경험적 비례식들이었다. 거대한 그리스 사원, 로마의 수도관, 고딕 대성당 등은 규약의 효과에 대한 입증이다. 비록 이들 규약의 저자가 철학자는 아니었지만 그들의 공학적 업적은 인상적이었다.

그리스 아테네의 파르테논 신전은 기원전 438년에 완성되었고 초기 석조 기둥과 보 건축의 표본이다.

2) 이 역사는 트루스델(C. Truesdell)의 '역학의 역사속 수필'(Springer−Verlag, Berlin, 1968), 버나드 코헨(I. Bernard Cohen)의 '새로운 물리학의 탄생'(개정판, W.W. Norton & Company, New York, 1985), 두가스(R. Dugas)의 '역학의 역사'(Dover, Mineola, NY, 1988), 제임스 윌리암스 2세(James H. Williams, Jr.)의 '응용 동역학의 기초' (John Wiley & Sons, New York, 1996) 등의 뛰어난 저서로부터 발췌한 것이다.

그림 1.2 1636년 유스투스 수스터만스가 그린 갈릴레오의 초상화.

- 레오나르도 다 빈치(Leonardo da Vinci, 1452–1519)는 분방한 상상력을 가졌고 넓고 다양한 문제들과 씨름하였다. 그는 힘의 모멘트를 정확하게 이해하였고 요즘 우리가 **모멘트 팔**이라고 부르는 것을 설명하기 위해 **잠재적 지레의 팔**이라는 용어를 사용하였다. 비록 그의 결론은 틀렸지만, 그는 2개의 줄에 의해 지지된 물체의 평형을 연구하였다. 또한 그는 구조재료의 강도에 대한 실험을 수행하였다.

이들과 이들 외에 많은 초기 철학자들의 발전에 이어 갈릴레오와 뉴턴의 연구가 나타났다. 그들의 연구로 인하여 물체의 운동에 대한 이론의 핵심적인 요소들이 빨리 완성되었고, 그들의 업적들은 아인슈타인의 연구가 나타나기까지 역학의 역사에 있어 가장 중요한 이정표라고 말할 수 있다. 이 절의 나머지 부분에서 갈릴레오와 뉴턴의 기여에 대해 자세히 논의한다.

갈릴레오 갈릴레이(Galileo Galilei, 1564–1642)

갈릴레오 갈릴레이는 수학, 역학, 천문학, 열 그리고 자기학에 대해 매우 관심을 가졌다. 그는 지구가 우주의 중심이 아니라는 코페르니쿠스의 이론을 지지하여 교회로부터 박해를 받았음에도 불구하고 그의 생애에 걸쳐 중요한 기여를 하였다. 그의 가장 중요한 기여 중 하나는 자연 상태, 즉 지구상에서 운동하는 물체는 모두 **동일한 속도**를 가진다고 결론을 내린 사고실험이었다. 갈릴레오는 자유 낙하하는 물체에 대한 정확한 법칙, 즉 물체가 낙하한 거리는 시간의 제곱에 비례한다는 것을 발견하였다. 또한 그는 무게가 다른 두 물체는 동일한 비율(속도)로 낙하하며 약간의 차이는 공기저항으로 인한 것이라고 결론을 내렸다. 갈릴레오는 그림 1.3과 같은 보의 강도에 대한 이론(약간의 미미한 오류를 포함)을 발전시켰다. 그는 지지대에 가하는 하중의 기본적인 척도로서 응력의 개념을 최초로 사용하였고, 재료역학의 아버지로 간주된다. 그는 또한 구조물의 강도가 직선적으로 비례하지 않는다는, 즉 보의 치수가 두 배가 되더라도 보가 지지할 수 있는 하중은 두 배가 안 된다는 것을 밝혀냈다. 그는 나무나 동물 등이 그들 신체의 무게로 인하여 신체가 부러지지 않도록 자연적인 치수의 한계를 가지는 것도 이 이유 때문이라고 추측하였다. 무엇보다 중요하게 그의 연구는 성공적으로 지어진 작은 구조물의 크기를 단순히 확대함으로써 더 큰 구조물을 지을 수 없다는 것을 보여주었다.

그림 1.3 1638년 출판된 갈릴레오의 마지막 저서 '두 개의 새로운 과학에 관한 강연'에 포함된 삽화. 그는 이 책에서 몇 가지 연구 주제 중 보의 강도를 연구하였다.

아이작 뉴턴(Isaac Newton, 1643[3]–1727)

뉴턴은 모든 시대의 가장 위대한 과학자들 중 한 명이었다. 그는 광학, 천문학, 수학 그리고 역학에 중요한 기여를 하였다. 또한 1687년 출판된 3권으로 구성된 '프린키피아(Principia, 원제: Philosopiae Naturalis Principia Mathematica)'는 많은 사람들이 지금껏 저술된 과학 책들 중 가장 위대한 것으로 여기고 있다.

프린키피아에서 뉴턴은 "저항물질"과 "비저항물질" 안에 있는 물체의 운동을 해석하였고, 그 결과를 궤도운동을 하는 물체, 발사체, 진자, 그리고 지구 근처에서 낙하하는 물체에 적용하였다.

3) 이 연도는 그레고리력에 의한 것이다. 그 시절 영국에서 사용되던 율리우스력에 의하면 뉴턴의 탄생은 1642년이다.

뉴턴은 그의 "원심력의 법칙"을 케플러(Kepler)의 행성운동 3법칙과 비교함으로써 행성들이 거리의 제곱에 반비례하는 힘으로 태양에 끌린다는 것을 설명하였고, 모든 천체는 같은 방식으로 서로 당긴다는 것으로 일반화하였다. 뉴턴은 **프린키피아** 1권에서 운동의 3법칙을 밝혔고, 2권에서는 유체역학, 파동 그리고 물리학의 다른 분야에서의 몇가지 개념을 밝혔으며, 3권에서는 만유인력의 법칙을 발표하였다. 1권과 3권을 통해 뉴턴이 한 기여는 정역학과 동역학에서 특별히 중요하다.

뉴턴의 **프린키피아**는 물체의 운동을 지배하는 법칙의 **기초**를 완성하였다. 우리가 **기초**란 단어를 사용하는 것은 프린키피아가 다니엘 베르누이(Daniel Bernoulli, 1700-1782), 요한 베르누이(Johann Bernoulli, 1667-1748), 달랑베르(Jean le Rond d'Alembert, 1717-1783), 라그랑쥬(Joseph-Louis Lagrange, 1736-1813) 그리고 오일러(Leonhard Euler, 1707-1783) 등의 연구들로 하여금 동역학 이론을 요즘 사용되는 형태로 명료하게 다듬고 발전시키도록 하였기 때문이다. 뉴턴의 연구를 이용하여 강체 동역학 이론을 밝혀낸 오일러의 업적은 특히 탁월하다.[4] 뉴턴의 연구는 갈릴레오의 연구와 더불어 흔히 재료역학이라 하는 변형체의 기계적 거동 이론에 대한 기초도 제공하였다. 그의 연구는 쿨롱(Chales−Augustin Coulomb, 1736−1806), 나비에(Claude Louis Marie Henri Navier, 1785−1857) 그리고 코시(Augustin Cauchy, 1789−1857) 등의 연구들로 하여금 응력의 개념을 요즘 사용되는 형태로 다듬게 하였고, 후크(Robert Hooke, 1635−1703)와 영(Thomas Young, 1773−1829)의 연구들이 재료의 탄성 변형에 대한 이론을 밝혀 내게 하였고, 오일러의 연구가 구조물의 변형(특히 띠 모양의 탄성체)을 고려하게 하였다.[5]

그림 1.4 1689년 고프리 넬러경이 그리고 현재 10번째 포츠머스의 백작이 소유하고 있는 뉴턴의 초상화. 뉴턴이 왕립 조폐국을 맡기 위해 런던으로 가기 전이고 가장 학문적인 정점에 있을 때의 모습이다.

1.3 기본 이론

공간과 시간 독자들은 이미 공간과 시간의 개념에 대하여 직관적으로 잘 이해하고 있을 것이다. 사실 공간과 시간의 개념을 다듬는 것은 쉽지 않고 우리가 원하는 명확성을 제공하지 않을 수도 있다. 공간(*space*)은 어떤 한 점이 차지하는 우주 안의 모든 위치들의 집합이다. 한 점의 위치는 보통 어떤 기준 위치로부터 좌표계 기준방향으로 측정이 이루어지는 좌표계를 사용하여 나타낸다. 기준 위치와 방향의 선택이 임의적이지만 보통은 편의성에 기초하여 선택한다. 공간이 3차원이므로 공간에서 어떤 점의 위치를 나타내기 위해서는 세 개의 정보, 즉 좌표(*coordinates*)가 필요하다. 흔히 우리는 어떤 점까지의 거리를 기준 위치로부터 서로 직각인 세 방향으로 측정하는 직각좌표계를 사용할 것이다. 다른 좌표계, 예를 들면 구좌표계와 원통좌표계(2차원에서는 극좌표계라고 함)들이 경우에 따라서는 더 편리하다. 모든 공학문제들은 3차원이지만 우리는 종종 그러한 3차원 문제를 2차원 혹은 1차원 문제로 이상화시킬 수 있다. 시간(*time*)은 어떤 사건, 혹은 일련의 사건들이 언제 일어나는지에 대한 기준을 제공한다.

4) 동역학과 관련된 역학의 역사에 관한 추가적인 설명은 개리(G.L. Garry), 코스탄조(F. Costanzo), 플레샤(M.E. Plesha)의 저서 '공업 역학: 동역학(McGraw−Hill, New York, 2009)'에서 찾을 수 있다.

5) 재료역학과 관련된 역학의 역사에 관한 추가적인 설명은 베이블(M. Vable)의 저서 '재료역학(Oxford University Press, New York, 2002)'에서 찾을 수 있다.

질량과 힘 질량(*mass*)은 물체 내의 물질 혹은 재료의 양이다. 힘은 물체를 움직이게 할 수 있는 작용이다. 힘은 물체 간의 접촉 혹은 상호작용, 지구의 인력, 자기의 인력 등으로부터 생긴다. 1.6절에서 논의하는 바와 같이 질량과 힘에 대한 해석과 정량화는 뉴턴의 제2 운동법칙과 같은 관계가 있다고 보아야만 한다. 힘에 대해서는 1.4절에서 좀 더 논의한다.

질점 질점(*particle*)은 그 질량이 한 점에 집중되어 있는 물체이다. 이런 이유로 질점은 점질량(*point mass*)이라고도 하고, 체적이 0이라고 말한다. 이 정의의 중요한 결론은 '질점의 회전운동에 대한 개념은 의미없다'라는 것이다. 사실상 진정한 질점은 없지만, 적절한 상황 하에서는 실생활의 물체를 질점으로 이상화시키는 것이 가능하다. 다른 물체나 혹은 주어진 문제의 크기에 비해 매우 작은 물체는 종종 질점으로 이상화될 수 있다. 예를 들면 지구 주위를 도는 위성의 궤도를 결정하기 위하여 위성을 질점으로 이상화하는 것은 합리적이다. 물체가 정확히 질점으로 이상화되기 위해서 반드시 작을 필요는 없다. 예를 들면 지구를 도는 위성에 대해 지구는 작지 않지만 여러 가지 목적상 지구도 질점으로 이상화될 수 있다.

물체와 강체 물체(*body*)는 질량을 가지고 일정 체적의 공간을 차지한다. 사실상 모든 물체는 변형될 수 있다. 즉, 물체에 힘이 작용하면 물체 내부의 두 점 간의 거리는 변할 수 있다. 강체(*rigid body*)는 변형될 수 없는 물체이고 따라서 강체 내부의 어떤 두 점 간의 거리는 변하지 않는다. 사실상 진정한 강체는 없지만, 우리는 종종 어떤 사물을 강체로 이상화시킨다. 이러한 이상화는 해석에 있어 물체의 변형에 대한 복잡한 세부사항을 고려할 필요가 없게 함으로써 문제를 매우 단순화시킨다. 더군다나 정역학에서 우리는 강체의 거동에 대하여 정확하게 서술할 수 있을 것이고 정확한 해석 방법을 확립할 것이다.

> 개념 정리
> **벡터.** 벡터는 크기와 방향을 가진 개체이다. 벡터는 역학에서 매우 유용하고 벡터를 이용하여 힘, 위치 그리고 다른 양들을 표시하는 능력은 필수적이다.

스칼라와 벡터 스칼라(*scalar*)는 하나의 수로 완전히 특징지을 수 있는 양이다. 예를 들면 온도, 길이 및 밀도는 스칼라이다. 이 책에서는 스칼라는 s와 같이 이탤릭 부호로 나타낸다. 벡터(*vector*)는 크기와 방향을 가지는 개체이다. 2장에서 벡터에 대해 자세히 다루겠지만, 벡터의 기본적인 개념은 필요할 것이다. "나의 아파트는 공학관 북동쪽 1 km에 있다" 또는 "나는 시속 3 km로 북쪽으로 걷고 있다"와 같은 말은 벡터량을 말하는 것이다. 첫 번째 예에서는 어떤 한 지점의 다른 지점에 대한 상대 위치를 말하고 있고, 반면 두 번째 예에서는 속도를 말하고 있다. 두 개의 예에서 일반적으로 사용되는 동과 북이라는 기준 방향이 사용된다. 벡터는 역학의 많은 개체(물리량)들을 설명하는데 매우 유용하다. 벡터를 이용하여 간결하게 표시하고 또한 쉽게 조작할 수 있다. 그리고 벡터는 변환이 가능하다. 즉, 만약 한 좌표계에 대한 벡터를 안다면 벡터 변환 법칙을 사용하여 다른 좌표계에 대한 벡터를 알 수 있다. 이 책에서 벡터는 $\vec{v}$과 같이 기호 위에 화살표를 사용하여 나타낸다.

위치, 속도 및 가속도 위치, 속도 그리고 가속도는 모두 벡터의 예들이다. 어떤 지점에 대한 위치(*position*) $\vec{r}$을 가지는 입자(질점)를 고려할 때 그 입자의 속도(*velocity*)는 위치의 시간 변화율이다.

$$\vec{v} = d\vec{r}/dt \tag{1.1}$$

여기서 $\frac{d}{dt}$는 시간에 대한 미분을 나타낸다.[6] 마찬가지로 가속도(*accleration*)는 속도의 시간 변화율이다.

$$\vec{a} = d\vec{v}/dt \tag{1.2}$$

정역학에서는 가속도 $\vec{a} = 0$인 상태와 관련이 있으므로 식 (1.1), (1.2)에 대해 간단하게 논하고자 한다. 입자의 가속도가 0이면 식 (1.2)의 적분으로부터 속도가 일정하다는 것을 알 수 있고, 그 속도는 0일 수도 혹은 0이 아닐 수도 있다. 만약 속도가 0이라면 식 (1.1)로부터 입자의 위치가 변하지 않고, 속도가 0이 아니면 식 (1.1)을 적분함으로써 입자의 위치가 시간의 1차함수로 변한다는 것을 알 수 있다. 가속도가 0이 아니라면 입자는 시간에 따라 속도와 위치가 변하는 운동을 한다.

뉴턴의 운동 법칙

갈릴레오와 그 이전 연구자들의 연구를 바탕으로 뉴턴은 1687년 운동에 대한 3법칙을 제시하였다.

제1법칙 질점에 불균형력이 작용하지 않는다면 그 질점은 정지해 있거나 일정 속도로 직선운동을 계속한다.

제2법칙 질점의 가속도는 질점에 작용하는 합력(resultant force)에 비례하고 방향은 합력의 방향과 같다. 이 법칙의 수학적 표현은[7]

$$\vec{F} = m\vec{a} \tag{1.3}$$

여기서 $\vec{F}$는 입자에 작용하는 합력, $\vec{a}$는 입자의 가속도 그리고 비례상수는 입자의 질량 m이다. 식 (1.3)에서 $\vec{F}$와 $\vec{a}$는 벡터로서 크기와 방향을 가진 양이다. 벡터에 대해서는 2장에서 자세하게 논의한다.

제3법칙 상호작용하는 물체간의 작용력과 반작용력은 크기는 같고 방향은 동일직선상에서 반대이다.

> **개념 정리**
> **뉴턴의 제2법칙.** 뉴턴의 제2법칙, $\vec{F} = m\vec{a}$은 정역학, 동역학, 그리고 일반 역학들의 기초가 되는 매우 중요하고 기본적인 원리이다.

뉴턴의 운동법칙들, 특히 식 (1.3)은 역학의 기본이다. 뉴턴의 운동법칙들은 그들의 타당성과 정확도가 300년 이상 수없는 실험과 응용에 의해 증명된 가정들이다. 불행하게도 그들의 타당성에 대한 근본적인 증명이 없어 우리는 이들 가정을 자연의 법칙으로 받아들여야 한다. 제1법칙은 갈릴레오가 최초로 제시하였다. 세 법칙 중 제2, 제3법칙들만 서

6) 식 (1.1), (1.2)는 벡터를 어떻게 표현하더라도 유효하다. 그러나 어떻게 시간 미분값을 계산하는가에 대한 세부 사항은 벡터의 표현법(예를 들면, 직교좌표계, 구좌표계 등)에 의존한다. 동역학에서 이들 세부사항에 대해 좀 더 탐구한다.

7) 사실 뉴턴은 그의 제2법칙을 $\vec{F} = d(m\vec{v})$와 같이 좀 더 일반적인 형태로 제시하였다. 여기서 $\vec{v}$는 입자의 속도이고 $d(m\vec{v})/dt$는 입자의 운동량으로 불리는 $m\vec{v}$의 시간에 대한 변화율을 나타낸다. 질량이 일정하면 이 식은 식 (1.3)이 된다. 많은 연료를 연소하는 로켓의 운동과 같이 질량이 일정하지 않은 문제에 대해서는 좀 더 일반적인 형태의 뉴턴 제2법칙이 요구된다.

흥미로운 사실

힘의 측정. 힘은 지지되지 않은 물체를 가속할 수 있을 뿐 아니라 물체를 변형, 즉 모양을 바꾸게 한다. 이것은 힘을 측정하는 두 가지 방식을 시사한다. 첫째, 질량 m을 알고 있는 가속 중인 물체에 대해 가속도 $\vec{a}$를 측정함으로써 뉴턴의 법칙 $\vec{F} = m\vec{a}$를 이용하여 그 물체에 가해진 힘 $\vec{F}$를 구할 수 있다. 이러한 방법은 천체 역학과 발사체 운동에서 일반적이지만 정적인 평형상태에 있는 물체에 대해서는 사용할 수 없다.

정역학과 동역학을 응용한 보다 일반적인 방법인 두 번째 방법은 변형 거동이 알려진 물체의 힘에 의한 변형을 측정함으로써 구하는 것이다. 한 예가 아래에 나타낸 바나나의 무게를 재는 데 사용되는 스프링 저울이다.

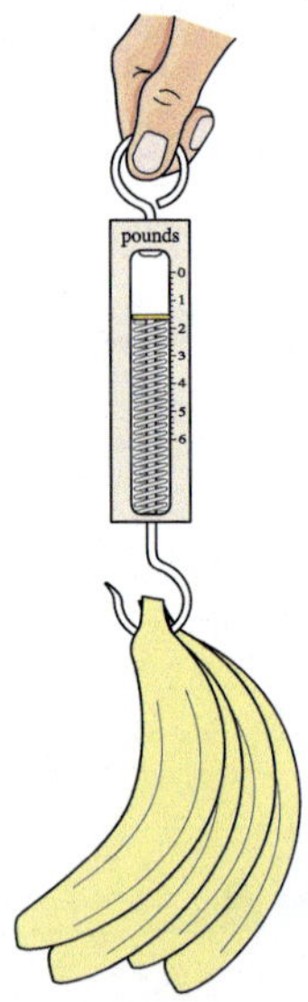

바나나의 무게는 스프링의 길이를 변하게 하고 스프링상수를 알고 있으므로 바나나가 저울에 가한 힘을 구할 수 있다. 질량과 힘의 측정에 관한 짧고 역사적 논의는 J.C. Maxwell의 '물체와 운동'(Matter and Motion, Dover Publication Inc., New York, 1991)이라는 동역학에 관한 저서에 나와있다. 이 책의 서문의 연대는 1877년이다. 힘의 측정(일반적으로 측정)에 관한 좀 더 최신의 논의는 미국 표준연구소(National Institute of standards and Technology, NIST, http://www.nist.gov)에서 구할 수 있다.

로 독립적이다. 식 (1.3)에서, 질점에 작용하는 합력 $\vec{F}$가 0이면 가속도가 0이고 따라서 입자는 일정 속도로 운동할 것이고 그 값은 0일 수도 0이 아닐 수도 있다는 것을 알 수 있다. 따라서 가속도가 없다면(즉, $\vec{a} = 0$) 질점은 정적 평형(*static equilibrium*)상태에 있다고 한다. 제3법칙은 자유물체도를 그릴 때 중요한 역할을 할 것이고 자유물체도는 $\vec{F} = m\vec{a}$를 적용하기 위해서는 필수적이라는 것을 알게 될 것이다.

1.4 힘

힘은 아주 중요한 개념이다. 정역학에서는 보통 구조물에 가해지는 힘들을 구조물이 어떻게 지지하는가, 그리고 그러한 힘들을 지지하는 목적을 완수하기 위하여 어떻게 구조물을 설계하는가에 관심이 있다. 동역학에서는 보통 물체에 가해진 힘으로 인한 운동에 관심이 있다. 이 절에서는 힘에 대해 좀 더 자세히 논의하고, 몇 가지 형태의 힘들을 검토하고, 어떻게 힘이 생성되는지를 논의한다.

간단히 말해 힘(*force*)이란 지지되지 않는 물체를 가속시킬 수 있는 어떤 작용이다.[8] 이러한 정의는 모호해 보일 수도 있지만 포괄적이다. 모든 힘은 두 개 혹은 그 이상의 물체들(혹은 물질의 집합체)의 상호 작용으로부터 발생하고, 물체들 간의 상호작용은 몇 가지 형태를 취할 수 있다.

여러가지 목적을 위해 힘은 **접촉력**이나 **비접촉력**으로 분류된다.

- **접촉력** 두 물체가 접촉하면 접촉력(*contact forces*)이 발생한다. 일반적으로 접촉력은 한정된 접촉 면적에 걸쳐 분포하고 따라서 접촉력은 힘/면적의 차원을 가지는 분포하중(*distributed forces*)이다. 만약 두 물체가 작은 영역에서만 접촉하면, 혹은 분포하중을 7장에서 논의할 등가 집중하중으로 대체하면 접촉력은 한 점에 집중된다고 할 수 있다. 접촉력은 두 개의 성분으로 구성된다. 수직방향의 힘과 마찰력(*friction force*) 이라고도 불리는 접선방향의 힘이다. 접촉력의 예는 서있을 때 발과 지면 사이에 작용하는 힘과 바람이 불 때 공기에 의해 건물에 가해지는 힘 등이다.
- **비접촉력** 두 물체 사이의 공간을 통하여 작용하는 힘을 비접촉력(*field force*)이라고 한다. 비접촉력은 물체의 전체에 걸쳐 작용하고 따라서 힘/부피의 차원을 가진다. 비접촉력은 종종 물체력(*body forces*)이라고도 한다. 많은 경우 우리는 비접촉력을 한 점에 작용하는 집중하중으로 표현할 수 있다. 비접촉력의 예는 물체의 무게, 지구와 달사이의 인력, 그리고 자석과 철 사이의 인력 등이다.

접촉력과 비접촉력의 몇가지 예를 그림 1.5에 나타낸다.

위에서 말한 접촉력의 정의가 유용하지만 원자 크기 규모에서의 접촉을 좀더 주의깊게 고려하면 접촉력은 사실 하나의 특별한 비접촉력이라 할 수 있다. 한쪽 표면의 원자가 상대 표면의 원자에 매우 가까이 접근할수록 원자들은 서로 접촉하지 않고 두 원자가 가까워질수록 급격히 증가하는 반발력이 발생한다. 그러나 이들 반발력이 작용하

8) 어떤 물체가 가속하거나 혹은 가속하지 않는 것은 그 물체에 작용하는 모든 힘의 결합된 작용에 의존한다.

는 거리의 범위는 매우 좁고(원자 크기 정도) 따라서 거시적인 응용에서는 우리의 접촉력에 대한 정의는 유용하다.

1.5 단위

단위는 어떤 정량화할 수 있는 척도의 필수적인 부분이다. 스칼라 형태로 나타낸 뉴턴의 법칙 $F = ma$는 일관되고 명백한 단위 체계의 공식화를 규정한다. 우리는 표 1.1에 나타낸 SI 단위(국제 단위계[9])를 사용한다.

표 1.1 SI 단위 체계

기본차원	SI 단위
질량	킬로그램(kg)
길이	미터(m)
시간	초(s)
힘	뉴턴[a](N) ≡ kg · m/s^2

a : 유도단위

단위계는 세 개의 기본 단위(*base units*)와 네 번째의 유도 단위(*derived units*)를 가진다. SI 단위 체계에서 기본 단위는 질량, 길이, 시간을 각각 kg, m, s를 이용하여 측정한다. 그리고 유도 단위는 힘의 단위가 kg · m/s^{2}임을 말해 주는 $F = ma$ 식으로부터 얻어지고, 1 kg · m/s^2 = 1 N으로 정의된다. 우리는 종종 어떤 단위에 대해서는 다르지만 일관된 도량형 단위를 사용한다. 예를 들면 초 대신 분을, 킬로그램 대신 그램 등을 사용한다. 그럼에도 불구하고 1 뉴턴(*newton*)의 정의는 항상 표 1.1에 나타낸 것과 같다.

차원 동질성과 단위 변환

부호 "="는 물론 부호의 좌변에 있는 것이 부호의 우변에 있는 것과 같다는 것을 뜻한다. 그러므로 표현이 정확하려면 수치적으로도 또한 차원적으로도 정확해야 한다. 보통 이것은 좌변과 우변이 같은 수치값과 같은 단위를 가져야 한다는 것을 의미한다.[10] 종종 계산과정 중에 단위를 표시하지 않고 마지막에 부정확하게 가정하는 경우가 많다. 모든 식에 적절한 단위를 사용할 것을 강력하게 추천한다. 그러한 연습은 커다란 실수를 피하는데 도움이 되고 풀이의 정확성을 검사하는데 도움이 된다. 왜냐하면 만약 식이 차원적으로 부정확하면 틀림없이 실수가 발생했다는 것을 뜻하기 때문이다.

접두사

접두사는 매우 크거나 혹은 매우 작은 숫자를 나타내기 위한 과학적 표현의 유용한 대안이다. 보통의 접두사와 그 사용 규칙에 대한 요약이 표 1.2에 주어진다.

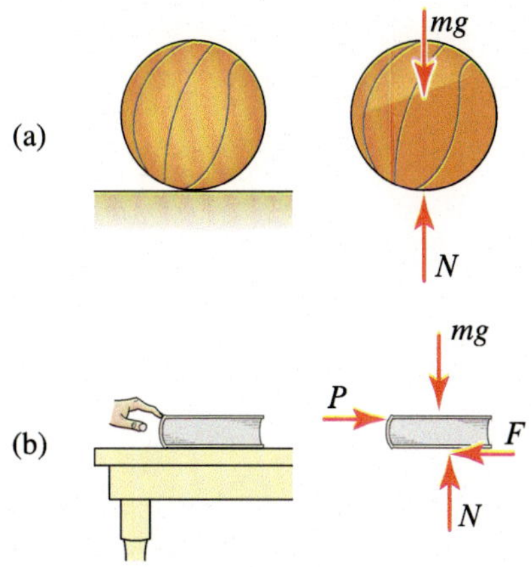

그림 1.5 접촉력과 비접촉력의 예. (a) 농구공이 단단한 수평면에 놓여 있다. (b) 책이 손가락에 의해 테이블을 가로질러 밀리고 있다. 두 예 모두에서 비접촉력은 물체의 무게 $W = mg$, 접촉력은 수직력 N, 마찰력 F 그리고 손가락이 책에 가하고 있는 힘 P 등이다. 농구공의 경우 지면과의 접촉이 매우 작은 면적에 걸쳐 일어나므로 접촉부를 점으로 가정해도 타당하다. 책의 경우 접촉이 책 표면 전체에 걸쳐 일어나지만 그럼에도 불구하고 접촉력을 한 점에 작용하는 집중하중으로 나타내는 것이 가능하다.

빠지기 쉬운 함정

무게와 질량은 다르다. 유감스럽게도 사람들, 특히 보통 사람들은 무게를 질량의 단위로 말한다. 예를 들면, "나는 70 kg 나간다"고 말할 때 실제로는 "나의 질량은 70 kg이다"라는 뜻이다. 공학 전반에 걸쳐서 뿐만 아니라 이 책에서 우리는 용어의 사용에 정확해야만 한다. 무게와 힘은 항상 적절한 힘의 단위로 기록될 것이고, 질량은 적절한 질량의 단위로 기록될 것이다.

유용한 정보

차원과 단위. 차원과 단위는 다르다. 단위는 차원을 측정하기 위해 사용되는 반면, 차원은 측정할 수 있는 어떤 종류의 양이다. 예를 들면, 길이와 시간은 모두 차원이고, 미터와 초는 각각 이들 차원을 측정하기 위해 사용되는 단위이다.

9) SI 는 프랑스어 *Le Système International d'Unités*의 약자로 채택되었다.

10) 이에 대한 예외의 간단한 예는 식 1000 mm = 1 m이다. 이러한 식들은 단위 변환을 수행하는데 있어 중심 역할을 한다.

접두사 사용 규칙

1. 거의 예외없이 단위 조합의 분자에만 접두사를 사용한다. 한 가지 예외는 kg으로 분자와 분모 모두에 사용한다.
2. 단위의 곱을 표시하기 위해 점이나 대시를 사용한다. 예를 들면, N·m 혹은 N-m을 사용한다.
3. 지수는 단위와 접두사 모두에 적용된다. 예를 들면, $mm^2 = (mm)^2$.
4. 소숫점 양쪽의 자리수가 4보다 크면 보통 3자리씩 묶어 쉼표 혹은 좁은 여백으로 구분하여 나타낸다. 많은 나라에서 쉼표를 소숫점으로 사용하기 때문에 좁은 여백이 더 바람직하다. 예를 들면, 1234.0은 현재 표시대로 쓰고, 12345.0은 12,345.0 혹은 12 345.0으로 써야 한다.

표 1.2 SI 단위 체계에서 사용되는 접두사

곱셈 인자		접두사	부호
1 000 000 000 000 000 000 000 000	10^{24}	yotta	Y
1 000 000 000 000 000 000 000	10^{21}	zetta	Z
1 000 000 000 000 000 000	10^{18}	exa	E
1 000 000 000 000 000	10^{15}	peta	P
1 000 000 000 000	10^{12}	tera	T
1 000 000 000	10^{9}	giga	G
1 000 000	10^{6}	mega	M
1 000	10^{3}	kilo	k
100	10^{2}	hecto	h
10	10^{1}	deka	da
0.1	10^{-1}	deci	d
0.01	10^{-2}	centi	c
0.001	10^{-3}	milli	m
0.000 001	10^{-6}	micro	μ
0.000 000 001	10^{-9}	nano	n
0.000 000 000 001	10^{-12}	pico	p
0.000 000 000 000 001	10^{-15}	femto	f
0.000 000 000 000 000 001	10^{-18}	atto	a
0.000 000 000 000 000 000 001	10^{-21}	zepto	z
0.000 000 000 000 000 000 000 001	10^{-24}	yocto	y

종종 접두사를 사용할 수 있지만, 접두사로 식을 표시하는 규칙들은 이 절의 예에서 보여준 것과 같이 단위 변환을 수행하는 규칙들과 동일하다.

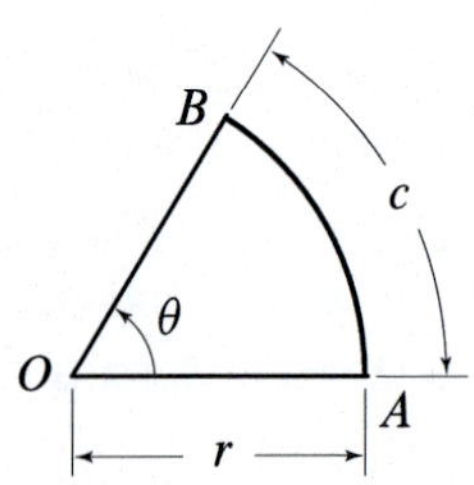

그림 1.6 각도에 대한 라디안 단위의 정의

$$\theta = \frac{c}{r}$$

라디안 단위의 정의

각도 측정

각도는 보통 라디안(rad) 혹은 도(°)를 사용하여 측정된다. 그림 1.6에 보인 각도 θ의 라디안 단위는 원호의 반경 r에 대한 원호의 원주길이 c의 비로 정의된다. 따라서 그림 1.7의 예에서 보는 바와 같이 1/4 원호에 대한 각은 $\theta = \pi/2$ rad (즉, 1.571 rad)이고, 전체 원호에 대한 각은 $\theta = 2\pi$ rad (즉, 6.283 rad) 이다. 도(°) 단위는 전체 원호에 대한 각도를 임의로 360°로 선택한다. 이 경우 1°는 전체 원호의 1/360에 해당하는 원호의 각도이다. 따라서 라디안과 도(°) 간의 변환은 식 (1.4)와 같다.

$$2\pi \text{ rad} = 360° \tag{1.4}$$

변환은 이 절에서 기술하는 방법을 사용하여 수행된다. 예를 들면, $\theta = 12°$를 라디안으로 변환하기 위해 식 (1.4)를 사용한다.

$$\theta = (12°)\,\frac{2\pi \text{ rad}}{360°} = 0.209 \text{ rad} \tag{1.5}$$

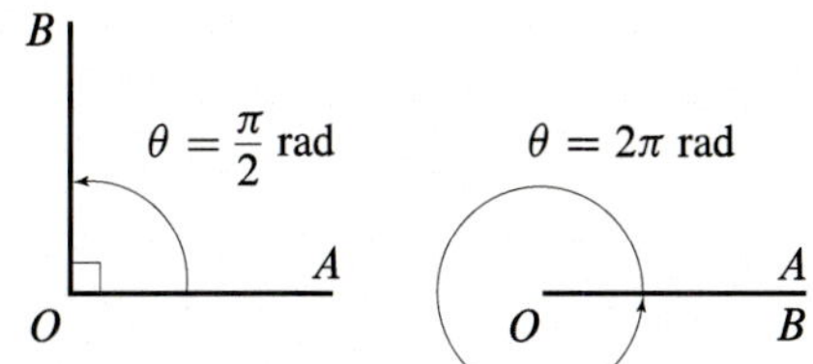

그림 1.7 라디안으로 측정된 각도 예

라디안은 수학과 과학 전반에 걸쳐 널리 사용되는 각도의 단위이고 기본 원리들로부터 유도되는 대부분의 식들은 라디안 단위를 사용한다. 그럼에도 불구하고 도(°) 단위는 직관적인 매력이 있어 널리 사용된다.

각도를 표시할 때 우리는 항상 라디안 혹은 도(°)라고 표시할 것이다. 그러나 라디안과 도(°)는 앞에서 논의한 것과 같은 단위가 아니고 아마도 헷갈릴 수도 있겠지만 라디안과 도(°) 모두 무차원이다. 이것은 그림 1.6에 나타낸 각도 측정의 정의, 즉 $\theta = c/r$을 살펴 보면 알 수 있다. c와 r모두 같은 길이의 단위를 가지므로 θ는 명확하게 무차원이다. 따라서 라디안과 도(°)는 실제로 단위가 아니고 오히려 각도를 측정하기 위해 사용된 관습의 용어이다. 그럼에도 불구하고 실제로 이들을 단위로 간주해도 되고 보통의 방법을 사용하여 그들을 변환할 것이다. 더구나 만약 무차원이라고 기대하는 식을 유도하고 그 식이 라디안 혹은 도(°)의 단위를 가진다는 것을 안다고 해도 놀랄 필요는 없다.

계산의 정확성

어떤 특정한 문제에 대한 답의 정확성은 문제 해석에 사용된 가장 정확하지 않은 정보의 정확성과 같다. 예를 들면, 1.23과 45.67이란 수는 각각 세 자리와 네 자리수로 표시됨으로써 이들 수는 각각 유효숫자 세 자리와 네 자리수임을 뜻한다. 이들 수의 곱은 56.1741이다. 그러나 이 곱의 유효숫자가 여섯 자리라고 하는 것은 틀린 것이다. 오히려 곱의 유효숫자는 곱을 한 수들의 가장 작은 유효숫자와 같다고 말하는 것이 적절하다. 따라서 우리는 곱을 유효숫자 세 자리로 반올림해서 56.2로 답해야 한다.

위에서 시사한 바와 같이 수의 정확성을 나타내기 위해 자리수를 사용하는 것은 모호하다. 6000이란 수를 생각해 보자. 이 수의 유효숫자가 한 자리, 두 자리, 세 자리 혹은 네 자리인지 분명하지 않다. 수의 정확도를 구체적으로 표현하기 위해 우리는 과학적 표기법을 사용한다. 따라서 만약 6000이란 수의 유효숫자가 세 자리라고 하면 수의 자릿수의 정확도를 나타내기 위해 6.00×10^3으로 쓸 수 있다. 이 책에서 우리는 좀 더 실제적인 접근법을 사용할 것이고 데이터의 유효숫자는 세 자리라고 가정할 것이다. 계산을 수행할 때 중간 계산 과정에서는 두 세 자리 큰 유효숫자로 계산하는 것이 좋다. 그리고 계산기나 컴퓨터를 사용할 경우 가능한 최대한의 정확도로 계산하기를 원하겠지만 마지막 해답은 계산 과정에 사용된 데이터의 정확도와 같은 정도의 정확도를 가진다고 생각해야만 한다. 이 페이지의 방주에 이 책에서 수행되는 계산에서 사용되는 수의 정확도에 대한 약속을 설명한다.

유용한 정보

계산에 있어 수의 정확성. 이 책의 문제에서 주어진 데이터의 유효숫자는 일반적으로 세 자리라고 가정한다. 예제 문제에서의 계산을 수행할 때 모든 중간 과정 결과는 계산기나 컴퓨터의 메모리에 이들 장치가 제공하는 최대한의 정확도로 저장된다. 그러나 이들 중간과정 결과를 나타낼 때에는 유효숫자 네 자리로 반올림하여 나타낸다. 최종 답은 보통 유효숫자 세 자리로 나타낸다. 만약 이 책에서 반올림한 숫자로 기술한 계산을 검증하고자 하면 종종 이 책에서 주어진 값과 약간 다른 결과를 계산할 수도 있을 것이다.

예제 1.1 단위 변환

속도 s = 5.6m/s를 km/h로 변환하라.

풀이 SOLUTION

로드맵 s = 5.6 m/s로 시작하여 이 식의 우변에 원하는 단위를 얻기 위하여 적절한 변환 요소를 곱한다.

지배방정식과 계산 주어진 속도는,

$$s = 5.6 \text{ m/s} \tag{1}$$

km/h 단위의 속도를 구하기 위하여 아래 식 (1)과 같이 변환을 수행한다.

$$s = 5.6 \frac{\cancel{\text{m}}}{\cancel{\text{s}}} \underbrace{\frac{\text{km}}{10^3 \ \cancel{\text{m}}}}_{=1} \underbrace{\frac{60 \ \cancel{\text{s}}}{\cancel{\text{min}}}}_{=1} \underbrace{\frac{60 \ \cancel{\text{min}}}{\text{h}}}_{=1} = \boxed{20.16 \frac{\text{km}}{\text{h}}} \tag{2}$$

논의 및 검증 가능하면 해답들은 그것이 합당한지 검증하기 위해 확인되어야 한다.

빠지기 쉬운 함정

식에서 단위의 생략. 일반적으로 식을 쓸 때뿐만 아니라 단위 변환을 할 때 행하는 가장 심각한 실수는 단위를 생략하는 것이다. 식에 단위를 기입하는 것이 약간의 시간이 더 걸릴지라도 단위를 기입하는 것이 이러한 훈련을 하지 않으면 반드시 생길 오류를 막는 데 도움이 된다.

1.6 뉴턴의 중력의 법칙

중력에 의해 생기는 무게는 어디든 존재하기 때문에 그러한 힘의 근원을 자세히 조사하는 것과 물체의 무게 W, 물체의 질량 m, 그리고 중력가속도 g 사이의 관계를 나타내는 보통의 식 $W = mg$에 대한 한계를 이해하는 것은 가치 있는 일이다. 1666년 뉴턴은 만유인력의 법칙(*law of universal gravitational attraction*)을 아래 식 (1.6)과 같이 전개하였다.

$$F = G\frac{m_1 m_2}{r^2} \tag{1.6}$$

여기서,

m_1, m_2 = 질점 1, 2의 질량;
r = 두 질점 사이의 거리;
G = 만유인력상수,
근사치는 $66.74 \times 10^{-12}\ \mathrm{m^3/(kg \cdot s^2)}$;
F = 두 질점 사이의 인력

나무에서 떨어지는 사과의 운동에서 영감을 받았다고 널리 알려져 왔지만 뉴턴은 이 법칙이 천체의 행성들 간에 작용하는 인력에도 적용되어야 한다는 것도 알고 있었다. 뉴턴은 1666년 이 법칙을 가정하였지만 1687년 프린키피아(Principia)에서 그의 이론을 발표하였다. 이렇게 지연된 이유 중 하나는 지구(둥글고 균질하다고 가정한)와 같은 물체는 주위의 질점에 미치는 중력 효과에 대해 하나의 점 질량(질점)으로 취급할 수 있다는 것을 증명할 필요가 있었기 때문이고, 또 다른 이유는 증명과정에서 뉴턴이 미적분학을 개발하였기 때문이다.[11] 1798년 만유인력상수 G를 최초로 정확하게 측정한 사람은 캐번디쉬(Lord Cavendish)였고 이 값은 지난 2세기 동안 보다 주의 깊은 실험을 통해 정확하게 다듬어져 이 책에서 주어진 값에 이르렀다. 만유인력법칙은 하나의 가정이다. 그리고 뉴턴의 운동의 3법칙과 같이 우리는 이것을 그 타당성에 대한 근본적인 증명 없이 자연이 순응하는 규칙으로 받아 들여야만 한다.

개념 정리

중력에 의한 힘. 두 물체간의 중력에 의해 중력에 의해 당기는 힘은 벡터이고 따라서 크기와 방향을 가진다. 식 (1.6)은 크기를 제공하고 방향은 두 물체의 무게 중심을 연결하는 직선 방향이다.

지구상의 응용문제 대부분에 대하여 식 (1.6)은 다음과 같이 간단하고 편리한 $W = mg$의 형태를 취한다. 식 (1.6)의 m_1을 물체의 질량 m이라고 하고 m_2를 지구의 질량(대략 $m_{\text{Earth}} = 5.9736 \times 10^{24}$ kg)이라고 하자. 물체는 지구의 표면 위 혹은 근처에 놓여 있다면 그것의 위치 r은 지구의 평균 반경(대략 6.371×10^6 m)이다. 식 (1.6)의 힘 F를 물체의 무게(*weight*) W라 하고 식 (1.6)을 다음과 같이 다시 쓸 수 있다.

$$W = mg \quad \text{여기서} \quad g \equiv Gm_{\text{Earth}}/r^2 \tag{1.7}$$

11) 미적분학은 빌헬름 라이프니쯔(Gottfried William Leibniz, 1646–1716)에 의해서도 별도로 개발되었고 그와 뉴턴 사이에는 진정한 창시자가 누구인가에 대한 긴 논쟁이 있었다. 역사적 기록에 의하면, 뉴턴은 미적분학을 최초로 알아내었고(라이프니쯔보다 약 10년 먼저), 라이프니쯔는 사진의 발견을 최초로 출판하였다(뉴턴보다 약 15년 먼저). 어떤 면에서는 현재 우리가 미적분학에서 사용하는 그의 뛰어난 표기법 때문에 라이프니쯔가 이겼다고 할 수 있다.

식 (1.7)에서 g는 r의 값에 따라 변하므로 상수가 아님을 알 수 있다. 그러나 물체가 지구의 표면 근처에 놓여 있는 대부분의 응용문제에서 r 값의 작은 변화에 의한 영향은 무시할 수 있으므로 보통 사용되는 **중력에 의한 가속도**(*acceleration due to gravity*)에 대한 값은 다음과 같다.

$$g = 9.81 \text{ m/s}^2 \tag{1.8}$$

만약 위에서 주어진 만유인력상수 G에 대한 값, 지구의 질량 그리고 지구의 평균 반경을 식 (1.7)에 대입한다면 계산된 중력가속도 g의 값은 9.81 m/s²과 약간 다르다. 중력가속도 g의 공인된 값과 식 (1.7)로 주어지는 이론적 계산값이 차이가 나는 이유는 지구가 완전한 구가 아니며 질량이 균질하게 분포하지 않는다는 것과 지구의 자전으로 인한 구심 가속도의 영향이 고려되지 않았다는 것을 포함해 여러 원인들이 있다. 이러한 원인들로 인하여 실제 중력가속도는 식 (1.8)로 주어진 값과 비교하여 적도에서는 약 0.3% 작고 극에서는 0.3% 크다. 식 (1.8)로 주어진 값은 북위 45°와 남위 45° 해수면상에서의 중력가속도 값이다. 게다가 지형의 영향으로 인하여 중력가속도 값에 약간의 국부적인 변화가 있을 수 있다. 그럼에도 불구하고 우리는 이 책에서 주어진 중력가속도 g에 대한 표준값을 식 (1.8)로 사용할 것이다.

> **유용한 정보**
>
> **무게 중심.** 무게 중심이란 물체, 혹은 물체들의 집합체의 무게가 그 점을 통하여 작용한다고 생각할 수 있는 점이다. 그림에서 우리는 종종 무게 중심을 부호 ◐로 나타낸다. 예를 들면, 식당에서 웨이터가 쟁반 위에 놓인 와인과 파스타를 가져 온다고 상상하라. 분명히 웨이터는 쟁반과 그 위의 모든 것의 합쳐진 무게가 그의 손 위에 위치하도록 해야만 한다.
>
> 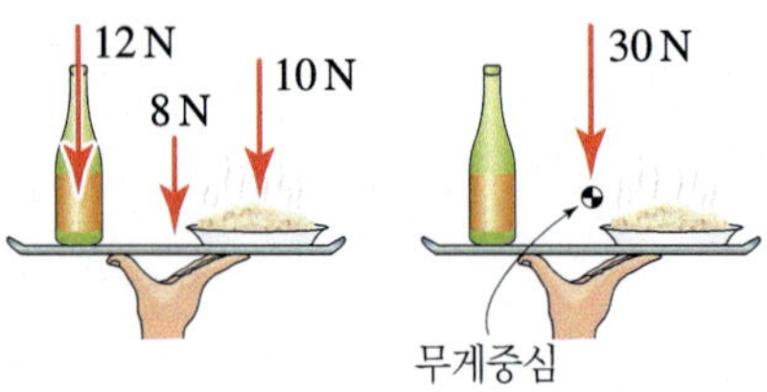
>
>
> 와인(12 N), 파스타(10 N) 그리고 쟁반(8 N)들의 무게는 이들의 집합체에 대한 무게 중심을 통하여 작용하는 하나의 힘 30 N으로 생각할 수 있다. 무게 중심과 그 위치를 결정하는 방법에 대해서는 7장에서 자세하게 논의될 것이고, 또한 위 그림에 보인 2개의 힘계(force system)는 등가라는 것을 알게 될 것이다. 당분간 이 정의의 실용적 지식이 유용할 것이다.

비중과 밀도 사이의 관계

몇가지 일반적인 재료들의 밀도를 표 1.3에 나타낸다. **밀도**(*density*)는 재료의 단위 체적당 질량으로 정의된다. 강의 경우 밀도는 $\rho = 7850$ kg/m³이다. 재료의 밀도는 비중을 사용하여 나타낼 수도 있다(비중을 때로는 무게 밀도 혹은 단위 무게라고도 한다). 비중과 밀도 사이의 관계식은 다음과 같이 식(1.7)을 이용하여 구할 수 있다. 체적이 V,

표 1.3 몇가지 일반적인 재료들의 밀도. 물과 얼음을 제외하고 표에 주어진 값들은 일반적으로 20°C에서의 값들이다. 데이터는 재료의 조성, 합금, 온도, 나무의 경우 수분양 등에 따라 달라질 수 있다.

재료	밀도 ρ (kg/m³)
순철	7860
주철	7210 ± 240
순주 알루미늄	2710
알루미늄 합금	2710 ± 160
강철	7850
스테인레스강	8010
황동	8610 ± 130

(계속)

재료	밀도 ρ (kg/m^3)
티타늄	4480
고무	1120 ± 160
나일론	1120
콘크리트	2400
바위(마른 화강암)	2640
피질골(어른)	1900
목재(마른 더글라스 전나무)	510 ± 30
물(깨끗한, 4℃, 1 기압)	1000
얼음	920
JP-4 제트 연료	770

(지구상에서)무게가 W, 질량이 m인 재료가 있다고 하자. 식 (1.7)을 체적 V로 나누면

$$\frac{W}{V} = \frac{m}{V} g \tag{1.9}$$

이 식에서 W/V는 비중 γ의 정의이고 m/V는 밀도 ρ의 정의이다. 따라서 식 (1.9)는 다음과 같이 된다.

$$\gamma = \rho g \quad \text{또는} \quad \rho = \frac{\gamma}{g} \tag{1.10}$$

예제 1.2 무게와 인력

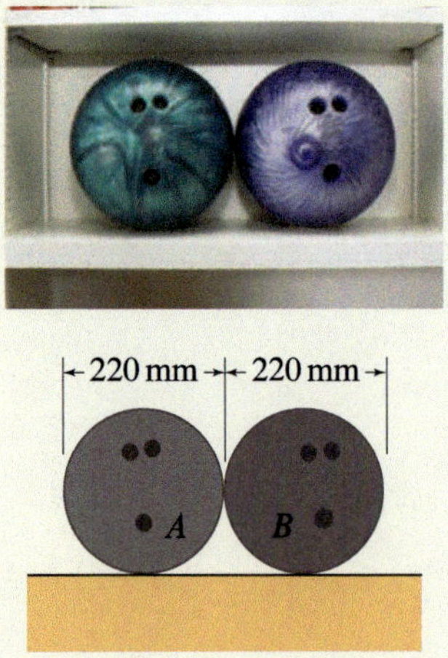

그림 1

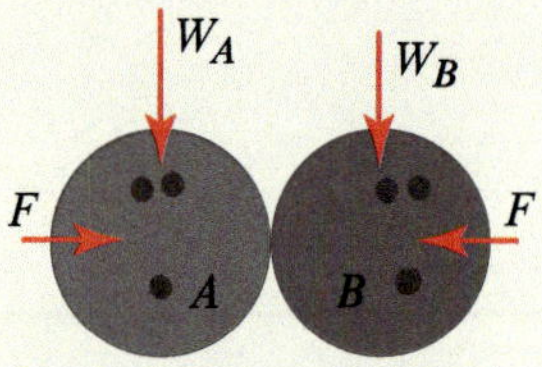

그림 2 각 볼의 무게와 서로 당기는 힘은 그림에 표시된 방향을 가지는 벡터들이다.
중요한 참고 볼링 공들은 위 그림에 나타나지 않은 힘들도 받고 있다(아래의 유용한 정보를 보라).

유용한 정보
추가적인 힘들. 그림 2의 공들은 그림에 나타나지 않은 추가적인 힘들을 받고 있다. 예를 들면, 선반은 각 볼들에게 힘을 가하고 있고, 두 개의 볼이 접촉하면 볼들 사이에 아마도 접촉력이 있을 것이다. 분명히 이들 힘이 없다면 볼링공들은 정적 평형상태에 있을 수 없다. 3장에서 이들 추가적인 힘들과 그들을 구하는 방법에 대해 자세하게 논의한다.

2 개의 볼링공이 서로 접촉하며 선반에 놓여 있다. 볼의 직경은 220 mm이고 볼 A는 밀도 $\rho_A = 1170\ \text{kg/m}^3$인 플라스틱으로 제작되었고 볼 B는 밀도 $\rho_B = 980\ \text{kg/m}^3$인 플라스틱으로 제작되었다. 각각의 볼의 무게와 서로 당기는 힘을 구하라.

풀이 SOLUTION

로드맵 구해야 할 힘들이 그림 2에 나타나 있다. 볼 A와 B의 무게는 각각 크기 W_A와 W_B를 가지는 힘(벡터)이고 이들은 수직 아래 방향으로 작용한다. 2 개의 볼 사이에 서로 당기는 힘은 크기가 F이고 방향은 그림 2에 나타낸 것과 같다. 뉴턴의 제3법칙에 따라 서로 당기는 힘은 크기가 같고 방향은 반대라는 것을 주의하라. 우리는 2개의 볼이 모두 균질하다고(즉, 볼 전체에 걸쳐 밀도가 같다고) 가정하고, 손가락 구멍은 무시한다. 우리는 처음 각 볼의 질량을 구한 다음 각 볼의 무게를 $W_A = m_A g$와 $W_B = m_B g$ 식을 이용하여 구할 것이다. 다음으로 뉴턴의 만유인력법칙을 사용하여 서로 당기는 힘을 구할 것이다.

지배방정식과 계산 볼 A의 질량 m_A는 재료의 밀도 ρ_A와 체적 V_A의 곱이고 볼 B에 대해서도 동일하다. 따라서

$$m_A = \rho_A V_A = \left(1170\ \frac{\text{kg}}{\text{m}^3}\right)\frac{4}{3}\pi\left(\frac{0.220\ \text{m}}{2}\right)^3 = 6.523\ \text{kg} \tag{1}$$

$$m_B = \rho_B V_B = \left(980\ \frac{\text{kg}}{\text{m}^3}\right)\frac{4}{3}\pi\left(\frac{0.220\ \text{m}}{2}\right)^3 = 5.464\ \text{kg} \tag{2}$$

각 볼의 무게는

$$W_A = m_A g = (6.523\ \text{kg})\left(9.81\ \frac{\text{m}}{\text{s}^2}\right) = 64.0\ \frac{\text{kg}\cdot\text{m}}{\text{s}^2} = \boxed{64.0\ \text{N}} \tag{3}$$

$$W_B = m_B g = (5.464\ \text{kg})\left(9.81\ \frac{\text{m}}{\text{s}^2}\right) = 53.6\ \frac{\text{kg}\cdot\text{m}}{\text{s}^2} = \boxed{53.6\ \text{N}} \tag{4}$$

서로 당기는 힘은 식 (1.6)에 의해 다음과 같이 주어진다(첨자 1과 2를 A와 B로 대체하여).

$$F = G\frac{m_A m_B}{r^2} = \left(66.74\times10^{-12}\ \overbrace{\frac{\text{m}^3}{\text{kg}\cdot\text{s}^2}}^{\text{m}^2\cdot\text{m}}\right)\frac{(6.523\ \text{kg})(5.464\ \text{kg})}{(0.220\ \text{m})^2}$$

$$= 4.91\times10^{-8}\ \frac{\text{kg}\cdot\text{m}}{\text{s}^2} = \boxed{4.91\times10^{-8}\ \text{N}} \tag{5}$$

식 (5)에서 $r = 0.220$ m는 각 볼의 중심 간 거리이다.

논의 및 검증 독자가 예상하였을 수도 있는 것처럼 2 개의 볼 사이에 서로 당기는 힘은 볼들의 무게에 비해 매우 작다(10^9배 작다). 공학문제에 대한 모형을 개발할 때 서로 당기는 힘은 보통 다른 힘에 비해 작고, 그런 경우 그 힘은 무시될 것이다.

1.7 파손

구조물과 기계를 설계할 때 엔지니어가 직면하는 목표 가운데 가장 중대한 목표는 가능한한 안전하게 설계하는 것이다. 불행하게도 이 목표를 이루기 위한 인간의 모든 노력에도 불구하고 종종 이를 이루지 못하고 또한 거의 항상 예기치 못한 원인으로 인하여 파손이 일어난다. 파손이 일어나면 그 파손을 통하여 앞으로는 같은 실수나 선견 지명의 부족이 다시 되풀이 되지 않도록 배워야만 한다.[12] 이 절에서는 몇몇 공학적인 파손의 예를 살펴본다.

- **타코마 해협 다리** 1940년 개통한지 불과 4개월 만에 워싱턴주의 타코마 해협 다리는 충분히 예견되지 않았고 설계에서 고려되지 않았던 공기역학적 힘에 의한 심한 진동으로 인하여 격렬하게 붕괴되었다(그림 1.8 참조). 흥미롭게도 메인주의 해변을 따라 설치된 디어 섬 다리는 작지만 유사한 구조였다. 그 다리는 1년 먼저 개통하였고 마찬가지로 바람으로 인한 심한 진동을 경험하였다. 그러나 이 다리의 설계자는 바람에 의한 진동을 예측하였고 충분한 시간을 가지고 공기역학적 성질을 향상시키기 위해 다리의 길이를 따라 윈드 페어링(wind fairing)을 설치하였으며 다리의 강성을 증가시키기 위하여 대각선 방향의 케이블 지주를 추가로 설치하였다. 이 다리는 요즘에도 사용 중이다.[13]

그림 1.8 1940년 67 km/h 바람에 의한 심한 진동으로 인하여 파손된 워싱턴주 타코마시의 타코마 해협 다리.

- **에스캄비아 만 다리** 2004년 9월 플로리다주 펜사콜라의 에스캄비아 만을 가로지르는 10번 고속도로 다리의 76개 상판이 허리케인 이반에 의해 위치를 벗어났고 그 중 많은 상판은 완전히 바다 속으로 사라져 버렸다(그림 1.9 참조). 이들 상판의 무게는 각 220 톤이었다. 국립기상청은 허리케인의 강도를 1에서 5까지의 등급으로 분류한다. 이반이 에스캄비아 만 다리를 강타했을 때 177-208 km/h의 풍속을 가진 3등급 허리케인이었다. 이 분류에 따르면 이반은 극심한 허리케인은 아니었지만 에스캄비아 만 다리에 입힌 피해는 극심하였다.

그림 1.9 2004년 9월 이반 허리케인에 의해 파손된 플로리다주 펜사콜라의 에스캄비아 만 다리.

- **에어버스 A300 파손** 2001년 11월 12일 아메리칸 항공 587편, 에어버스 A300 항공기가 뉴욕주 벨 하버의 주택지역으로 추락하였다. 이 사고의 원인은 항공기 동체와 꼬리 날개의 연결부 파손으로 인하여 비행 중 수직 꼬리 날개가 분리되었기 때문이었다(그림 1.10 참조). 탑승자 260명 전원과 지상의 5명이 사망하였다. 국립운송안전국(National Transportation Safety Board, NTSB)[14]이 사고를 조사하였고 원인은 다

12) 파손에 대한 흥미로운 사례 연구와 이들로부터 어떻게 배울 수 있는가에 대한 것이 페트로스키(H. Petroski)의 저서 '설계 범례: 공학에서의 실수와 판단의 사례 역사'(캠브리지대학 출판사, 뉴욕, 1944)에 나와 있다.

13) 더 자세히 알기를 원하면 모란(B. Moran)의 논문 "무너지지 않은 다리"(*Invention and Technology*, 15(2), pp. 10–18, 1999)를 보라.

14) 국립운송안전국은 미국 내에서의 모든 민간항공사고와 철도, 고속도로, 해상 및 파이프라인을 포함하는 다른 형태의 중요한 운송사고를 조사하고 미래 사고를 예방하기 위하여 안전에 대한 권고사항을 발행하는 국회로부터 임무를 부여 받은 독립연방기구이다. 국립안전수송국의 권고사항을 지키는 것이 강제조항은 아니지만 그들의 권고사항 80% 이상이 채택되고 있다.

그림 1.10 비행 중 분리된 에어버스 A300의 수직 꼬리날개. 충돌 지역에서 1.6 km 떨어진 자메이카 만에서 회수하였다.

른 항공기에 의해 생긴 난류를 대처하기 위해 주기장이 방향타 페달을 불필요하고 과다하게 조작함으로써 발생한 높은 공기역학적 하중 때문이라고 하였다. 비행기 조정사 훈련 프로그램과 비행기 방향타 설계 역시 원인이라고 하였다. NTSB가 권고하는 것들 중에는 높은 속도에서 위험한 방향타 페달 입력으로 인한 큰 힘으로부터 보호하기 위하여 방향타 제어 시스템을 변경하는 것도 있었다.

- **캔자스시 하이얏트 리전시 호텔** 1981년 7월 17일 캔자스시 하이얏트 리전시 호텔에 있던 2 개의 고가 통로가 댄스 파티 중 무너져 114명이 사망하고 많은 사람이 심하게 다쳤다. 붕괴의 원인은 그림 1.11(a)에 나타낸 바와 같이 파손된 연결부 때문이었다. 그림 1.11(b)에 나타낸 최초의 연결부 설계는 시공 중에 참여한 모든 구성원들의 동의하에 그림 1.11(c)에 나타낸 설계로 변경되었다. 최초의 설계는 충분한 강도를 가졌었지만 보다 쉽게 구할 수 있는 짧은 막대로 구성된 변경된 설계는 제작하기 쉬웠고 상당히 복잡한 최초의 설계 보다 더 간단하였다. 그러나 변경된 설계는 그의 적합성을 규명하기 위한 분석이 전혀 수행되지 않았다.[15]

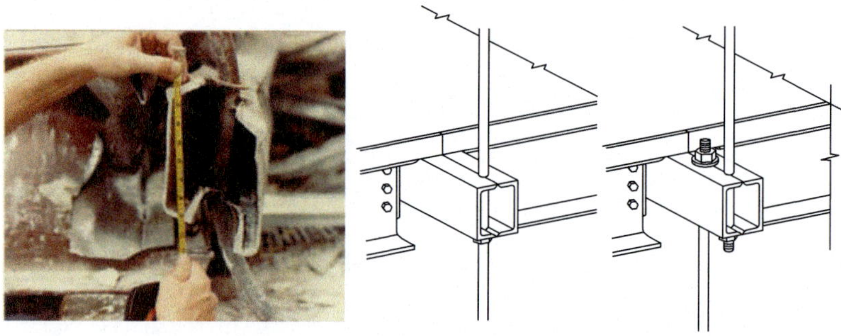

(a) (b) 최초의 설계 (c) 시공된 상태

그림 1.11 (a) 캔자스시 하이얏트 리전시 호텔의 인도를 지지하는 연결부의 파손. 지지막대가 상자 빔을 관통하여 뽑혀졌고 그로 인해 인도가 붕괴되었다. (b) 충분한 강도를 가진 최초의 설계. (c) 제작하기 쉽게 변경된 설계.

그림 1.12 조사관들이 2003년 10월 30일 뉴저지주 애틀란틱시 트로피카나 카지노 리조트에서 건축 중이던 주차건물의 붕괴된 5개 층 부분을 조사하고 있다.

- **트로피카나 카지노 주차 건물** 2003년 10월 30일 뉴저지주 애틀란틱시에 있는 트로피카나 카지노 리조트에서 건축중이던 10층 주차 건물이 붕괴하여 4명이 사망하고 21명이 다쳤다(그림 1.12 참조). 파손은 위층 바닥 중 한 곳에 콘크리트를 붓는 중에 일어났다. 직업안전건강청(Occupational Safety and Health Administration, OSHA)[16]이 사고를 조사했고, 고의적으로 안정규정을 무시하고 공사 중 정상적으로 예상되는 모든 수직 및 수평 하중을 지지할 수 있는 뼈대를 세우고, 지지하고, 보강하고, 유지하는 데 실패한 것에 대해 콘크리트 도급자에게 벌금을 부과하였다. 건물 자체 설계는 적당하였지만 시공을 위한 구조물의 설계는 적당하지 않았다. 콘크리트는 붓고 난 후 충분한 설계 강도에 도달하기 위해 시간(통상 28일)이 필요하다는 것에 주의하라.

15) 이 파손의 추가적인 견해들이 페트로스키(H. Petroski)의 저서 '설계 범례: 공학에서의 실수와 판단의 사례 역사'(캠브리지대학 출판사, 뉴욕, 1944)에서 논의되고 있다.

16) 직업안전건강청의 임무와 조정권은 313쪽에서 기술한다.

1.8 장 복습

이 장의 중요한 정의, 개념 및 식들을 요약한다. 명확하지 않은 식과 개념에 대해서는 추가적인 상세 설명을 위해 인용된 본래의 식을 참조하라.

스칼라와 벡터 스칼라는 하나의 수(크기)로 그 양의 특성을 완전히 나타낼 수 있는 양이다. 벡터는 크기와 방향을 가진다. 이 책에서는 스칼라는 s와 같이 이탤릭체 기호로 나타낸다. 벡터는 $\vec{v}$와 같이 그 벡터에 대한 기호 위에 화살표를 그려 나타낸다.

위치, 속도 및 가속도 위치, 속도 및 가속도는 모두 벡터양이다. $\vec{r}$이 질점의 어떤 장소에 대한 상대 위치라면 속도와 가속도는 다음과 같이 정의된다.

식 (1.1) p. 7

$$\vec{v} = d\vec{r}/dt$$

식 (1.2) p. 7

$$\vec{a} = d\vec{v}/dt$$

가속도 $\vec{a} = \vec{0}$일 때 질점은 정적 평형상태에 있다고 하며 그 질점은 공간에서 일정한 속도로 운동하거나 정지해 있다. 만약 가속도 $\vec{a} \neq \vec{0}$이면 질점은 시간에 따라 변하는 속도와 위치를 가지고 운동한다.

운동의 법칙 뉴턴의 운동의 3법칙은 다음과 같다.

제 1 법칙 만약 질점에 불평형력이 작용하지 않으면 그 질점은 계속 정지해 있거나 일정한 속도로 일직선으로 계속 운동한다.

제 2 법칙 질점의 가속도는 질점에 가해진 합력에 비례하고 방향은 합력의 방향과 같다.

식 (1.3) p. 7

$$\vec{F} = m\vec{a}$$

제 3 법칙 상호작용하는 물체 간의 작용력과 반작용력은 크기는 같고 방향은 동일직선상에서 반대이다.

정적 평형 식 (1.3)에서 만약 질점에 작용하는 합력 $\vec{F}$가 0이면 질점의 가속도는 0이고 따라서 질점은 일정한 속도(0일 수도 아닐 수도 있는)를 가지고 일직선으로 운동할 것이다. 그러므로 가속도가 없으면(즉, $\vec{a} = \vec{0}$) 질점은 정적 평형상태에 있다고 한다.

뉴턴의 만유인력의 법칙 뉴턴의 만유인력의 법칙은

식 (1.6) p. 13

$$F = G\frac{m_1 m_2}{r^2}$$

여기서

m_1, m_2 = 질점 1, 2의 질량
r = 두 질점 사이의 거리
G = 만유인력상수,
근사치는 $66.74 \times 10^{-12}\ \mathrm{m^3/(kg \cdot s^2)}$
F = 두 질점 사이의 인력.

지구의 표면 근처에 놓여 있는 물체에 대해 기술하면 이 법칙은 간단하고 유용한 형태를 취한다.

식 (1.7) p. 13

$$W = mg$$

여기서 m은 물체의 질량, g는 중력에 의한 가속도($g = 9.81\ \mathrm{m/s^2}$), W는 물체의 무게이다.

비중과 밀도 사이의 관계 재료의 밀도 ρ는 재료의 단위 부피당 질량으로 정의된다. 재료의 비중 γ (종종 무게 밀도 혹은 단위 무게라고 불리는)는 재료의 단위 부피당 지구상에서의 무게로 정의된다. 이들 사이의 관계는

식 (1.10) p. 15

$$\gamma = \rho g \quad \text{또는} \quad \rho = \frac{\gamma}{g}$$

단위에 대한 주의 모든 식에는 항상 적절한 단위를 쓰는 것을 강력히 추천한다. 그러한 연습은 커다란 실수를 피하는 데 도움이 되고 해의 정확성을 검사하는데 도움이 된다. 왜냐하면 만약 식이 차원적으로 부정확하면 틀림없이 실수가 발생했다는 것을 뜻하기 때문이다.

복습 문제

문제 1.1

(a) 질량 m인 질점에 작용하는 힘 F가 0인 경우를 고려하라. 식 (1.2)의 스칼라 형식(즉, $a = dv/dt$)에 dt를 곱하라. 그리고 양변을 적분하여 속도 $\boldsymbol{v}$(역시 스칼라)가 일정하다는 것을 보여라. 그런 다음 식 (1.1)을 사용하여 위치 r(스칼라)이 시간의 1차 함수임을 보여라.

(b) 질점에 작용하는 힘이 0이 아닌 경우에 문제 1.1(a)를 되풀이하여 속도와 위치가 각각 시간의 1차, 2차 함수임을 보여라.

문제 1.2

식 (1.7)을 사용하여 중력가속도 g의 이론적 값을 계산하라. 그리고 이 값을 식 (1.8)로 주어진 값보다 0.3% 크다는 극에서의 실제 중력가속도 값과 비교하라. 두 값의 일치함에 대한 의견을 기술하라.

문제 1.3

2개의 동일한 소행성이 서로 접촉하면서 나란히 이동한다. 만약 소행성이 균질한 순철(pure iron)로 구성되어 있고 구(球)라고 하면 소행성간의 인력이 4.5 N이 되기 위해서는 소행성의 직경이 몇 m인가?

문제 1.4

달의 질량은 대략 7.35×10^{22} kg이고 지구로부터의 거리는 약 3.80×10^{8} km이다. 지구와 달 사이의 인력을 N 단위로 구하라. 구한 답에 비추어 왜 달이 지구에 충돌하지 않는가에 대해 토론하라.

문제 1.5

시카고에 있는 시어스 타워(Sears Tower) 1층 입구에 서있는 사람이 정확히 68 kg이라면 442 m 높이의 건물 꼭대기에 서 있을 때의 체중을 구하라. 체중이 1층 입구에서의 체중의 99%가 되기 위해서는 건물 꼭대기는 얼마나 높아야 하는가?

문제 1.6

수퍼볼은 젝트론(Zectron)이라는 합성고무로 만들어진 장난감 공이다. 이 재료는 매우 높은 반발계수를 가지고 있어 일정한 높이에서 단단한 고정면에 떨어뜨리면 처음 높이의 상당한 부분까지 튀어 오른다. 수퍼볼의 직경이 50 mm이고 젝트론의 밀도가 1500 kg/m^{3}이라면 수퍼볼의 무게는 얼마인가?

문제 1.7

아이스하키 퍽은 직경이 76 mm, 두께가 25 mm, 무게는 156~170 g인 경화고무로 만들어진 짧은 원통, 즉 디스크이다. 이 사양을 만족하기 위한 경화고무의 밀도 범위를 SI 단위로 계산하라.

문제 1.8

주어진 각도를 지시한 대로 변환하라.

(a) $\theta = 35.6°$를 rad로 변환하라.

(b) $\theta = (1.08 \times 10^{-3})$를 mrad로 변환하라.

(c) $\theta = 4.65$ rad를 도(°)로 변환하라

(d) $\theta = 0.254$ mrad을 도(°)로 변환하라.

문제 1.9

1.7절에서 논의한 많은 파손의 예들은 예기치 못한 하중, 재료 강도의 과대 평가, 예기치 않았던 사용 등 공통의 원인을 가지고 있다. 공통의 파손 원인을 가진 예들을 확인하고 이들 원인이 무엇인지 논의하라.

주의 개념 문제는 계산이 아닌 설명이 필요하다.

Chapter 2 벡터: 힘과 위치

벡터는 역학에서 필요한 다양한 물리량들을 표현함에 있어 매우 유용하다. 벡터는 간결하게 표현되며, 수학적 처리가 용이하며, 확립된 법칙을 통하여 하나의 좌표계 성분 표현 방식에서 다른 좌표계 성분 표현 방식으로 변환이 가능하다. 본 장에서는 힘과 위치를 표현하는 목적으로 벡터가 사용된다. 이 후의 장들에서도 여러 가지 종류의 물리량들을 표현하는 목적으로 벡터가 사용된다. 이 장의 전반부에서 2차원 벡터에 초점이 맞추어지며, 후반부에서는 3차원 벡터를 다룬다. 벡터의 내적 연산과 외적 연산도 함께 다루어진다.

2.1 기본 개념

서론 – 힘, 위치, 벡터, 조수 흐름

벡터를 이용함으로써 효과적으로 설명될 수 있는 현상들 중의 하나가 바다의 조수 간만 흐름이다. 밀물과 썰물이 하루에 두 번씩 지구상의 거의 모든 장소에서 발생하는데, 이것은 지구 주위를 선회하는 달의 궤도와 지구의 자전 운동 등에 의하여 설명된다. 이제 이러한 현상을 설명함에 벡터의 이용이 얼마나 효과적인지를 설명하고자 한다.

그림 2.1은 O점을 원점으로 하는 좌표계에서 지구와 달의 위치를 표현한다(태양계에 존재하는 물체의 운동을 측정하는 경우에는 태양의 중심을 좌표계의 원점으로 설정함이 일반적이다). 위치라는 **물리량**에 대해서 여러분들이 직관적으로 가지고 있는 개념은 아마 **위치**에 대한 수학적 정의에 가깝겠지만, 위치의 표현은 항상 사용되는 좌표계와 관련이 있다는 사실이 중요하다. 그림 2.1의 예를 생각한다면 달의 위치 좌표(x_M, y_M)와 함께 좌표계의 원점(아마 태양 중심)도 알고 있는 경우에 우주공간에서 달의 정확한 위치를 알 수 있다. 그러나 만약 좌표계 원점의 위치를 알지 못하는 경우에는 달 위치의 좌표 값은 의미가 없다.

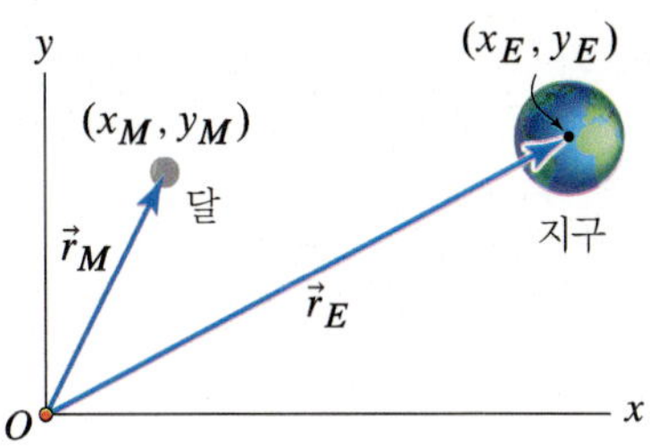

그림 2.1 지구와 달의 위치뿐만 아니라 위치 벡터들을 보여주는 좌표계. 지구와 달의 상대적인 크기들은 정확하지만, 각 행성들 간의 거리는 일정 비율로 그려진 것이 아니다.

좌표를 사용하는 대신에, 기준점으로부터 점 P까지의 거리와 기준점으로부터 점 P까지의 방향을 명시함으로써 P 점의 위치를 표현할 수 있다. 여기서 언급된 기준점은 좌표계의 원점이 될 수도 있으며, 혹은 임의로 선택한 점이 될 수도 있다. 이러한 표현

은 크기 정보와 방향 정보를 가지며, 벡터로 호칭되는 수학 도구와 동일한 특성을 가진다. **크기**와 **방향**의 정보를 가지는 **벡터**(*vector*)의 성질을 강조하기 위하여 본 교재[1]에서는 $\vec{r}$ 과 같이 벡터 기호 문자 위에 화살표를 그려 넣는다. 그림 2.1에서는 지구와 달의 위치 벡터 $\vec{r}_E$와 $\vec{r}_M$을 표현하는 화살표가 사용되었으며, 이 벡터들은 좌표계의 원점으로부터 그려졌다. 그림 2.2에서 벡터를 설명함에 유용한 명칭들이 정의되었다. 벡터는 **머리**(*head*) 와 **꼬리**(*tail*)를 가질 뿐만 아니라 **작용선**(*line of action*)을 가진다. 여기서 작용선이라 함은 벡터의 표시선을 무한히 연장한 직선을 의미한다. 작용선의 개념은 특별히 힘 벡터에서 더욱 중요하게 사용되며, 본 교재에서도 자주 언급된다. 벡터 $\vec{r}$ 의 **크기**(*magnitude*)는 적절한 단위와 함께 정량적 크기를 나타내며, $|\vec{r}|$으로 표현된다. 벡터의 크기는 양의 스칼라 값이 되는데, 크기가 없는 영 벡터에서만 영의 값이 된다. 벡터 크기는 결코 음의 값이 될 수 없다.

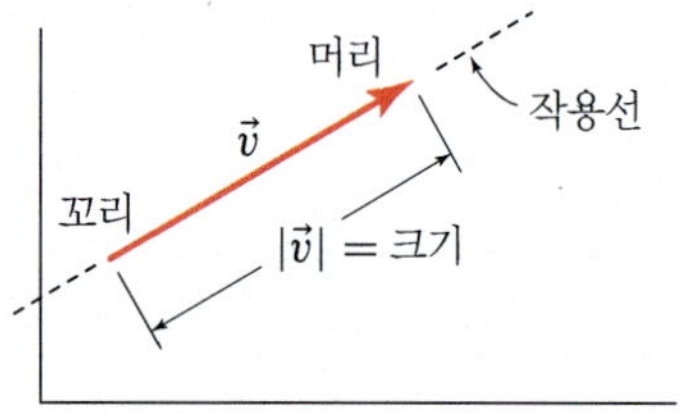

그림 2.2 벡터 기호와 명칭.

뉴턴 만유인력의 법칙인 식 (1.6)의 힘이 지구와 달 사이에 어떻게 작용하는지 살펴본다. 두 물체 사이의 인력(서로 당기는 힘)은 질량의 곱에 비례하며, 떨어진 거리의 제곱에 반비례한다. 식 (1.6)의 만유인력 공식은 그 크기에 대한 정보를 제공하고 있으나, 힘의 작용 방향에 관한 정보를 주지 않는다. 지구와 달 사이의 만유인력의 방향은 그림 2.3(a)에 도시된 바와 같이 지구와 달의 무게중심을 향한다. 그러므로 만유인력의 힘은 벡터 특성으로서 크기와 방향을 가진다. 1.3절에서 설명되었던 뉴턴 제3법칙은 지구와 달의 두 물체 사이에서 서로 잡아당기게 되는 두 힘은 크기가 같고, 방향이 반대이며, 동일한 작용선에서 작용한다. 이제까지 설명한 이론적 배경을 이해한 상태에서 지구와 달의 위치와 만유인력이 어떻게 지구 해양의 조수 간만 현상에 영향을 미치는지에 대해서 살펴본다.

> **흥미로운 사실**
>
> **왜 지구와 달은 서로 충돌하지 않는가?** 만약 지구와 달이 상호간에 운동을 하지 않는다면, 그림 2.3에서 $\vec{F}_{ME}$와 $\vec{F}_{EM}$의 힘에 의하여 지구와 달은 서로 끌어 당겨서 가속 운동하게 되며, 궁극적으로 서로 충돌할 것이다. 그러나 지구와 달이 정지되어 있지 않으며, 서로 충돌하지도 않는다. 서로 충돌하지 않는 이유는 동역학 이론에서 배우게 된다. 만약 지구와 달 사이에 서로 끌어당기는 인력이 작용하며, $\vec{F} = m\vec{a}$으로 표현되는 뉴턴 제2법칙에 따라 가속하는 운동을 하더라도 지구와 달은 그들 공동의 질량중심의 주위를 선회하는 운동을 하게 된다.

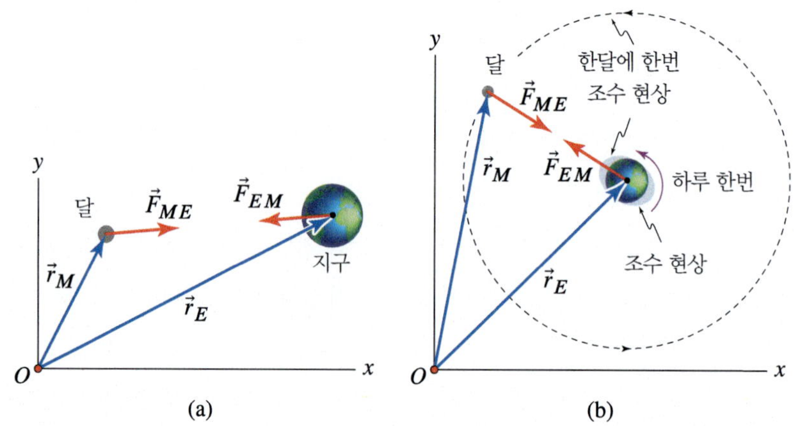

그림 2.3 (a) 지구와 달 사이의 만유인력의 힘. 힘 $\vec{F}_{ME}$는 E가 M에 가한 힘이고, 힘 $\vec{F}_{EM}$은 M이 E에 가한 힘이다. (b) 궤도면 위에서 본 지구에 대한 달의 공전과 지구의 자전. 지구와 달의 위치와 지구와 달 사이 만유인력, 달에 의한 지구의 조수현상(굉장히 과장됨)을 볼 수 있다.

1) 기술문헌들에서 벡터를 표현하는 기호 방식은 다양하다. 그 방식에는 $\bar{r}$ 혹은 $\underline{r}$와 같이 벡터 기호문자 위나 아래에 막대 기호를 표시하는 것도 있으며, **r**와 같이 볼드체로 표시하는 경우도 있다.

그림 2.3(b)에 도시된 바와 같이 달은 지구 주위를 한 달에 한 번 공전하며, 지구는 하루에 한 번 자전 운동을 한다. 지구에서 바라본 달의 위치[2)]가 달이 지구에 작용하는 만유인력 $\vec{F}_{EM}$의 크기와 방향을 결정한다. 여러분이 기대하듯이 달과 가장 가까운 지구 표면의 바다가 부풀어 오른다. 하지만 달로부터 가장 멀리 위치한 지구 표면의 바다도 부풀어 오르는 것은 이해하기 어려울 것이다. 왜 이런 현상이 발생할까? 달과 반대 방향의 지구 표면의 바다가 부풀려지는 것은 달의 인력으로 인하여 지구의 형상이 인력의 방향으로 늘어나기 때문이다. 달에 가까운 지구 표면의 물질(예를 들어 토양, 바위, 마그마, 바닷물)은 반대편 표면의 물질보다 더 큰 힘을 받게 된다. 이러한 힘의 차이는 힘 $\vec{F}_{EM}$의 작용선의 양 쪽으로 지구를 늘어나게 하며, 이 작용선에 수직한 방향으로는 압축되어 진다. 이러한 이유로 인하여 달과 마주한 지구 표면의 바다뿐만 아니라 달과 반대 방향의 바다도 부풀어 오르게 된다. 지구가 자전축을 중심으로 하루에 한 번 자전하지만, 달의 인력 방향의 양 쪽 지구 표면이 동시에 조수 현상이 나타나므로 하루에 두 번씩 조수 현상이 나타난다. 보다 세밀하게 설명하면 극 지방의 일부 지역은 하루에 한 번 조수 현상이 나타나는 지역도 있으며[3)], 달의 공전과 지구의 자전이 거의 같은 방향으로 이루어지기 때문에 날마다 50분씩 늦게 조수 현상이 나타난다(그림 2.3(b) 참조).[4)]

이제 여러분들이 지구 대부분의 장소에서 매일 두 번씩 밀물과 썰물이 발생하는 이유를 이해하였으며, 이러한 조수 현상의 이해에 힘 벡터와 위치 벡터의 개념이 중요하다는 사실을 깨달았을 것이다.

흥미로운 사실

조수 현상에 관한 보충 정보. 지구의 조수 현상은 주로 달에 의하여 발생하지만 태양에 의해서도 영향을 받는다. 태양이 지구에 미치는 인력은 달의 인력의 180배에 이른다. 하지만 달이 지구에 무척 가깝기 때문에 달이 지구에 작용하는 차별력(differential force)은 태양의 차별력 보다 두 배 정도 크다.

보름달(지구가 태양과 달 사이에 위치한 경우)과 초승달(달이 지구와 태양 사이에 위치한 경우)의 시기에 태양, 지구와 달이 일직선으로 정렬하게 되면 보통의 조수 간만보다 간만의 차이가 더 크다(사리로 호칭됨). 달이 상현달과 하현달로 반달이 되는 시기에 간만의 차이가 가장 작은 조금이 된다. 달의 공전 궤도가 정확한 원이 아니며, 달이 지구에 가장 가까이 근접한 시기에 조수 간만의 차이가 증가한다. 또, 달이 근접한 시기에 사리의 시기와 중복하게 되면 조수 간만의 차이는 더욱 더 커진다. 또 한 가지 흥미로운 사실은 달의 영향으로 하루의 시간적 길이가 길어지고 있다는 것이다. 달이 지구를 계속적으로 변형하고 있으며, 그로 인하여 지구의 자전 에너지가 감소하여 100년에 약 1.5 미리 초씩 하루의 시간이 길어진다.

일부 문헌과 웹사이트에서 지구의 자전과 지구–달 시스템의 회전에 의하여 바닷물에 작용하는 원심력이 조수 발생의 원인으로 주장하고 있다. 하지만 이러한 주장은 사실이 아니다. 동역학 이론에서 원심력의 효과는 만유인력의 효과보다 미미한 수준인 것으로 알려져 있다.

그림에서 벡터의 표현

그림에서 화살표를 사용하여 벡터를 표현한다. 또, 벡터 표현의 물리량에 따라서 색상을 달리한다. 예를 들어 힘 벡터는 붉은색으로 나타내고, 위치 벡터는 푸른색을 사용하며, 기타 물리량의 벡터는 검정색, 자주색, 또는 회색 등의 색상을 사용함으로써 그림의 이해를 돕는다. 벡터 표현의 화살표 옆에 문자 기호를 사용하거나 벡터의 크기를 표현하는 수치를 단위와 함께 표기한다.

그림 2.4(a)를 예로 설명한다. 두 사람이 힘을 가하여 상자는 경사면 위에서 평형 상태를 유지한다. 상자의 왼쪽 사람은 110 N 크기로 수평면과 25° 방향으로 줄을 당기고 있으며, 오른쪽 사람은 힘의 크기는 모르지만 수평 방향으로 상자를 밀어 주고 있다. 그림 2.4(b)에서 두 사람이 상자에 작용하는 힘들이 다음과 같이 설명된 벡터의 이름과 표현 방법에 따라 그려져 있다.[5)]

2) 본 절의 후반에서 벡터의 뺄셈 연산에 대해서 배울 것이며, 지구에서 바라본 달의 위치가 $\vec{r}_M - \vec{r}_E$로 주어짐을 이해하게 될 것이다.

3) 지구의 자전축에 대해서 달의 공전 평면이 기울어져 있기 때문에 지구의 일부 지역(주로 높은 위도 지역)은 하루에 한 번만 조수 현상이 발생한다.

4) 달의 공전 주기는 29.5일이어서 지구 표면의 동일한 위치에 도달하는 시간이 24/29.5시간(혹은 48.8분)씩 매일 늦어진다.

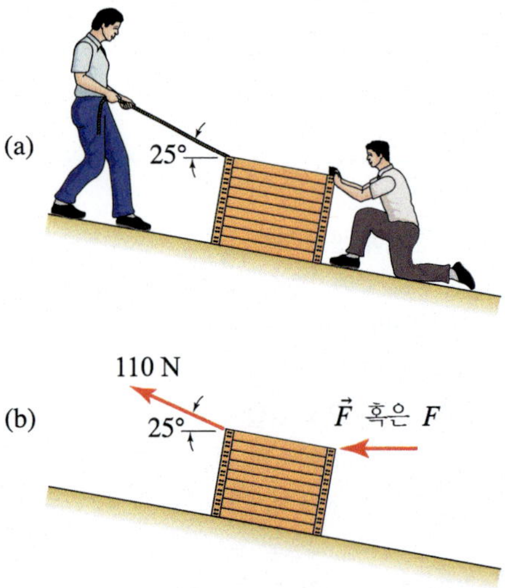

그림 2.4 그림에 사용된 벡터 표현 방법. (a) 상자를 평형 상태로 유지하기 위하여 두 사람이 상자에 힘을 작용한다. 줄을 당기는 사람은 수평면과 25° 방향으로 110 N의 힘으로 당기며, 상자를 밀어 주는 사람은 힘의 크기가 알려져 있지 않은 상태에서 수평으로 밀어준다. (b) 두 사람이 상자에 작용하는 힘은 다양한 방식으로 표현된다. 이와 같이 다양한 힘의 표현 방법들을 비교하며, 뉴턴 제3법칙의 의미를 이해하는 예로서 예제 2.4의 그림 2와 예제 2.10의 그림 3을 비교해 보라.

유용한 정보

전문 용어. 다음의 문장 표현을 생각해 보자. "그 장치는 123 N의 크기를 가진 힘을 받고 있다." 이 문장은 정확히 표현된 것이다. 하지만 보통의 현장 기술자들은 다음과 같이 표현한다. "그 장치는 123 N의 힘을 받고 있다." 두 번째 문장은 언어학적으로 부정확하다. 왜냐하면 벡터인 힘과 스칼라인 123 N이 동등하게 표현되었을 뿐만 아니라 그 힘이 123 N의 크기를 가진다고 외형적으로 언급한 것이 아니기 때문이다. 그럼에도 불구하고 두 번째 문장의 표현이 기술자들 사이에 널리 사용되며, 그 문장이 힘의 크기가 123 N인 것으로 이해되고 있다.

- 줄에 의하여 상자에 작용하는 힘은 그 크기가 110 N으로 알려져 있다. 이러한 경우에는 벡터 표현의 화살표 옆에 크기의 숫자를 기록하며, 화살표의 방향이 힘의 작용 방향을 보여준다.
- 그림에서 벡터 기호(예 $\vec{F}$)가 사용되는 경우에는 그 기호가 벡터의 크기와 방향의 의미를 모두 담고 있다. 이러한 표현 방법은 특정한 벡터의 방향이 확정되지 않았음을 강조하고자 할 경우에 많이 사용된다.
- 스칼라 기호(예 F)가 사용되는 경우는 그림에서 그려진 화살표의 방향으로 방향이 주어진 상태에서 그 방향의 성분을 의미한다. 성분이라는 용어에 대한 완전한 정의는 이후에 주어질 것인데, 화살표의 전후 방향으로 작용할 수 있는 벡터의 크기라고 이해하기 바란다. 이러한 정의에 의하면 F와 같은 기호는 양의 값, 영, 혹은 음의 값이 될 수 있다. 만약 F가 양의 값이면 벡터의 실제 작용 방향이 그림에 그려져 있는 화살표의 방향과 동일하다. 만약 F가 음의 값이면 그림의 화살표 방향과 반대 방향으로 작용함을 의미한다. 크기가 영인 경우에는 $F = 0$이다.

기호 F는 $|\vec{F}|$와 같지 않으나 밀접하게 연관되어 있는 것을 유의하라. 앞에서 설명한 바와 같이 그림 2.4의 F는 양의 값, 영, 혹은 음의 값이 될 수 있는데 반하여, $|\vec{F}|$는 벡터의 크기만을 의미하여 음의 값이 될 수 없다. 기호 F의 표현 방식은 힘의 작용선은 알고 있으나 작용선 위에서 힘의 방향을 잘 모르는 경우에 유용하다. 그림 2.4(b)를 이용하여 다시 설명하면, 기호 $\vec{F}$는 오른쪽 사람이 상자를 밀어 주는 방향으로 지정하는 것이다. 그러나 이 사람이 상자가 평형을 이루기 위하여 실제로는 당기는 것일 수도 있다. 당기는 것인지 밀어주는 것인지에 대한 최종 결정은 상자의 무게와 상자와 경사면 사이에 작용하는 마찰력뿐만 아니라 경사면의 경사각도 등을 고려하여 평형 방정식을 푼 이후에야 결정된다. 즉 평형방정식 결과에 따라서 F의 값과 부호가 결정된다. 그림 2.4(b)에서 F가 양의 값이면 사람은 상자를 미는 것이며, F가 음의 값이면 상자를 당기는 것이다.

기본 벡터 연산

등가 벡터, 벡터 덧셈, 벡터 뺄셈, 벡터에 상수(스칼라) 곱하기에 관한 다음의 설명은 벡터 표현 방법에 상관없이 항상 성립하는 사실이다. 그러나 이러한 연산들의 구체적인 수행 방법은 벡터 표현 형태에 의하여 영향을 받는다. 보다 용이한 연산 방법을 이루게 하는 벡터 표현 방법에 관하여 살펴본다.

등가 벡터

두 벡터의 크기와 방향이 같으면, 두 벡터는 등가(*equivalent*) 벡터 혹은 동일 벡터로 호칭된다. 두 등가 벡터는 작용선이 평행하다면 다른 작용선을 가질 수도 있다는 것을 명심하라.

5) 그림 2.4(b)에 그려져 있는 힘들 외에 그림에는 나타나있지 않는 상자의 무게와 경사면이 상자에 작용하는 힘 등이 존재한다.

벡터 덧셈

$\vec{A}$와 $\vec{B}$ 두 벡터의 덧셈(혹은 합성)은 새로운 벡터 $\vec{R}$을 만들게 되며, $\vec{R} = \vec{A} + \vec{B}$으로 표현된다. 그림 2.5는 두 벡터의 덧셈 연산을 도식적으로 설명한 것이다.

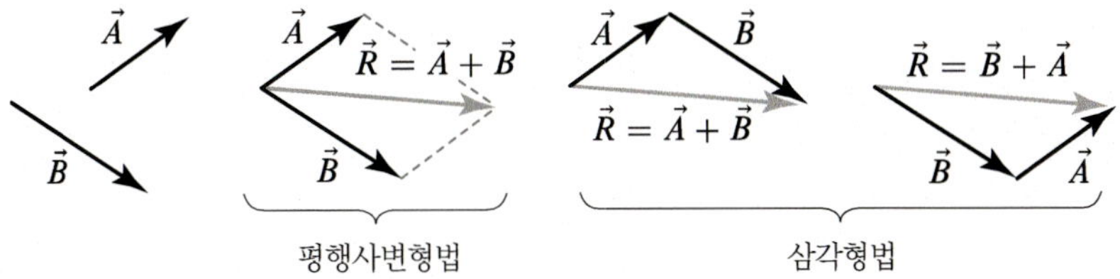

그림 2.5 평행사변형법과 삼각형법에 의한 벡터 덧셈

평행사변형 법칙(*parallelogram method*)에 의하면, $\vec{A} + \vec{B}$의 합성은 $\vec{A}$와 $\vec{B}$의 두 벡터의 꼬리와 꼬리를 연결하여 평행사변형을 형섬함으로써 얻어진다. $\vec{R} = \vec{A} + \vec{B}$ 벡터는 $\vec{A}$와 $\vec{B}$ 벡터의 꼬리에 시작하여 평행사변형의 반대 꼭짓점까지 그려지는 벡터이다. 대체 방법으로 **삼각형법(*head-to-tail method*)**을 적용하면, $\vec{R}$은 $\vec{A}$의 머리에 $\vec{B}$의 꼬리를 연결하도록 평행이동함으로써 얻어진다. 또는 $\vec{B}$의 머리에 $\vec{A}$의 꼬리를 연결하여 얻어지는 삼각형도 동일한 $\vec{R}$을 제공한다.

벡터 덧셈은 다음의 특성을 가진다.

$$\vec{A} + \vec{B} = \vec{B} + \vec{A} \qquad \text{교환 법칙} \qquad (2.1)$$

$$(\vec{A} + \vec{B}) + \vec{C} = \vec{A} + (\vec{B} + \vec{C}) \qquad \text{결합 법칙} \qquad (2.2)$$

여기서 $\vec{A}$, $\vec{B}$와 $\vec{C}$는 임의의 벡터이다. 식 (2.1)과 (2.2)는 벡터 덧셈의 결과는 덧셈의 실행 순서에는 무관함을 의미한다. 두 개 이상 임의의 개수의 벡터에 삼각형법을 적용하면 각 벡터들의 머리에 다른 벡터의 꼬리를 단순히 연결함으로써 덧셈을 할 수 있다. 이러한 방법으로 얻어진 연산의 결과는 **벡터 다각형**으로 그려지는데, 벡터의 배열을 시각적으로 보여주는 용도로 유용하다. 이러한 설명은 예제 2.1에서 자세히 설명될 것이다.

> **유용한 정보**
>
> **극좌표 벡터표현.** 2차원 평면에서 벡터의 표현에 자주 사용되는 방법으로서 극좌표 표현 방법이 있다. 이 표현 방법도 벡터의 크기와 방향에 관한 정보로 나타내는데, 방향 정보는 수평 기준선으로부터 시계 회전의 반대 방향으로 측정되는 각도로 표현된다. 예를 들어
>
> 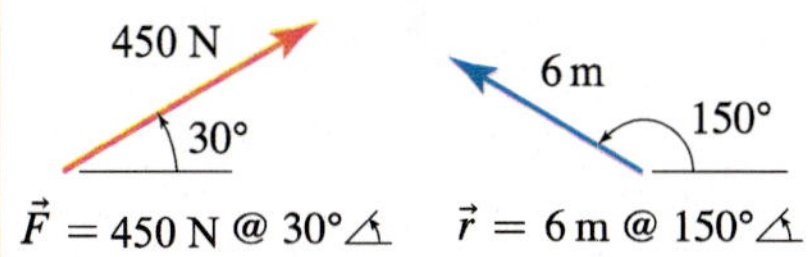
>

> **빠지기 쉬운 함정**
>
> **벡터 덧셈과 스칼라 상수의 덧셈.** 벡터의 덧셈은 스칼라 상수의 덧셈과는 완전히 다르며 복잡하다. 쉽게 범하게 되는 실수는 벡터 덧셈을 마치 스칼라 상수의 덧셈처럼하려는 것이다.

스칼라 상수에 의한 벡터 곱셈

벡터 $\vec{A}$와 스칼라 s의 곱셈은 $\vec{R} = s\vec{A} = \vec{A}s$으로 표현되는 벡터 $\vec{R}$이 된다. $\vec{R}$의 크기는 $\vec{A}$의 크기에 $|s|$를 곱한 것과 같다. $\vec{R}$의 방향은 s가 양의 값이면 $\vec{A}$와 동일한 방향이며, s가 음의 값이면 $\vec{A}$와 반대 방향이다. 스칼라 상수와 벡터의 곱은 벡터의 크기를 변화시키지만 벡터의 작용선은 변화시키지 않는다. 그러나 스칼라 상수가 음의 값이면 벡터의 방향이 반대가 된다. 그림 2.6에서 그 예를 보여준다.

$\vec{A}$와 $\vec{B}$는 벡터이며, s와 t는 스칼라 상수이다. 벡터와 스칼라 상수의 곱셈은 다음의 특성을 가진다.

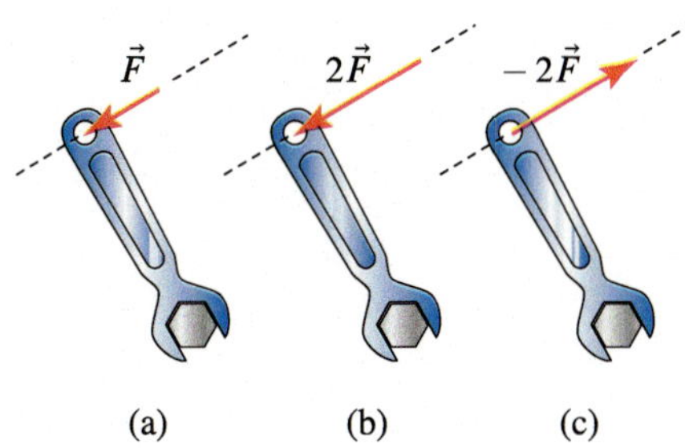

그림 2.6 벡터와 스칼라 상수의 곱셈의 예. (a) 힘 $\vec{F}$가 렌치의 손잡이에 작용됨. (b) $\vec{F}$에 2가 곱해지며, 결과 벡터의 크기가 2배로 늘어난다. (c) $\vec{F}$에 −2가 곱해지며, 그 결과 벡터의 크기가 늘어나며 방향이 반대가 된다.

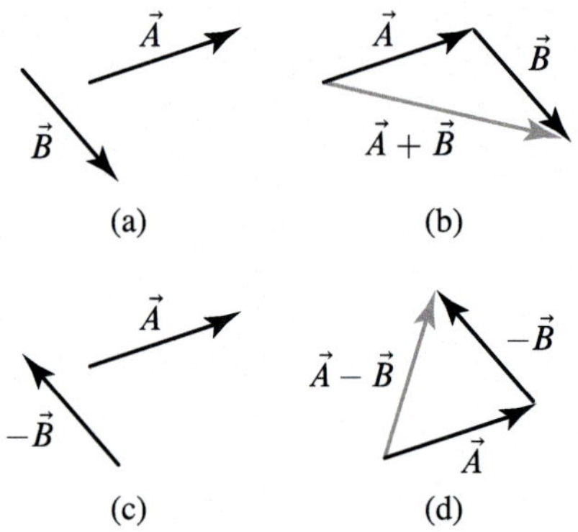

그림 2.7 두 벡터의 덧셈과 뺄셈의 비교. (a) 벡터 $\vec{A}$와 $\vec{B}$가 정의된다. (b) $\vec{A}+\vec{B}$ 연산이 삼각형법으로 더해진다. (c) $\vec{B}$의 방향이 −1을 곱하여 반대로 바뀐다. (d) $\vec{A}-\vec{B}$의 연산이 삼각형법으로 수행된다.

$$s(\vec{A}+\vec{B}) = s\vec{A}+s\vec{B} \quad \text{벡터 덧셈에 대한 배분 법칙} \tag{2.3}$$

$$(s+t)\vec{A} = s\vec{A}+t\vec{A} \quad \text{스칼라 상수의 덧셈에 대한 배분 법칙} \tag{2.4}$$

$$(st)\vec{A} = s(t\vec{A}) \quad \text{스칼라 상수의 곱셈에 대한 결합 법칙} \tag{2.5}$$

식 (2.3)은 $\vec{A}$와 $\vec{B}$가 먼저 더해지고, 이후에 s가 곱해지는 것과 각각의 벡터에 s를 먼저 곱하고 이후에 더하는 것이 동일함을 의미한다. 식 (2.4)와 식 (2.5)에 대해서도 유사한 설명이 적용된다.

벡터 뺄셈

$\vec{A}$ 벡터로부터 $\vec{B}$ 벡터를 뺄셈하는 것은 $\vec{A}-\vec{B}$로 표현되며, 다음과 같이 정의된다.

$$\vec{A}-\vec{B} = \vec{A}+(-1)\vec{B} \tag{2.6}$$

이러한 정의에 의하면, 첫째 $\vec{B}$에 −1을 곱해줌으로써 방향이 반대가 되며, 그 결과를 $\vec{A}$에 더한다. 그림 2.7에서 벡터의 덧셈과 뺄셈을 대비시켜서 보여준다.

벡터 연산의 실행

평행사변형법이나 삼각형법을 적용한 벡터 덧셈은 자와 각도기를 사용하여 정밀하게 제도함으로써 도식적으로 산출할 수 있다. 그러나 정확하게 계산하기 위해서 해석적인 방법이 필요하다. 벡터 덧셈은 삼각형과 평행사변형의 복잡한 기하학 지식을 필요한데, **사인 법칙**과 **코사인 법칙**이 유용하다. 그림 2.8에서 보여주는 일반적인 삼각형에 대하여 사인 법칙과 코사인 법칙은 다음과 같이 표현된다.

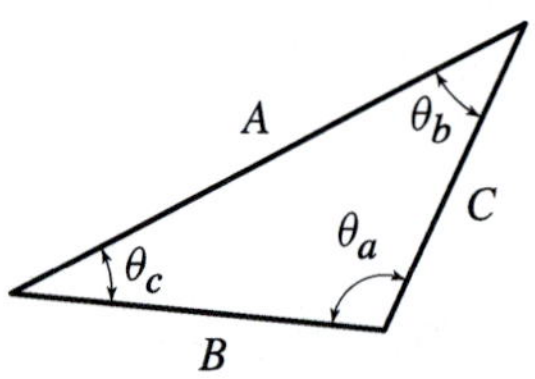

그림 2.8 일반적인 삼각형.

$$\frac{\sin\theta_a}{A} = \frac{\sin\theta_b}{B} = \frac{\sin\theta_c}{C} \quad \text{사인 법칙} \tag{2.7}$$

$$\begin{aligned} A &= \sqrt{B^2+C^2-2BC\cos\theta_a} \\ B &= \sqrt{A^2+C^2-2AC\cos\theta_b} \\ C &= \sqrt{A^2+B^2-2AB\cos\theta_c} \end{aligned} \quad \text{코사인 법칙} \tag{2.8}$$

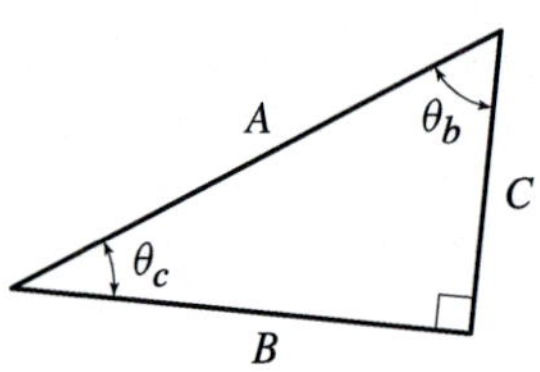

그림 2.9 직각 삼각형.

그림 2.9에서 보여주듯이 $\theta_a = 90°$인 직각 삼각형에서는 사인 법칙과 코사인 법칙은 다음과 같이 단순화된다.

$$\begin{aligned} B &= A\cos\theta_c = A\sin\theta_b \\ C &= A\sin\theta_c = A\cos\theta_b \end{aligned} \tag{2.9}$$

$$A = \sqrt{B^2+C^2} \quad \text{피타고라스 정리} \tag{2.10}$$

만약 여러분들이 삼각법을 오래 전에 사용했다면, 식 (2.7)-(2.10)에 대해 다시 철저히 익숙해져야 한다.

벡터 성분 분해

$\vec{F}$를 힘, 위치, 혹은 임의의 물리량을 표현하는 벡터로 생각한다. $\vec{F}$가 둘 이상의 벡터들의 합으로 표현되면, 합하여지는 벡터들은 $\vec{F}$의 **성분 벡터**(*vector component*)라 한다. $\vec{F}$를 성분 벡터들의 합으로 표현하는 과정을 **$\vec{F}$를 벡터 성분으로 분해**(*resolution of $\vec{F}$ into vector components*)한다고 말한다. 예를 들어, "두 벡터 $\vec{A}$와 $\vec{B}$가 더해져서 $\vec{F}$ 벡터가 되는 두 벡터가 무엇이냐?" 하는 질문을 자주 접하게 될 것이다. 이 질문에 대한 해답으로서 찾게 되는 두 벡터 $\vec{A}$와 $\vec{B}$는 $\vec{F}$의 벡터 성분이라고 한다. 그림 2.10에서 보여 주듯이 이 문제에 대한 해답이 하나만 존재하는 것이 아니며, $\vec{A}+\vec{B}=\vec{F}$를 만족하는 무한히 많은 $\vec{A}$와 $\vec{B}$ 벡터가 존재한다. 그러나 어떤 특정한 방향을 설정한다든지 특정한 크기를 설정하는 조건을 부여한다면 $\vec{F}$의 성분 벡터 $\vec{A}$와 $\vec{B}$는 하나만의 해를 가진다. 정역학의 일반적인 문제에서는 구조물을 이루는 부재의 방향이 주어지거나 좌표계의 기준축의 방향이 주어지는 형식으로 주어진 방향에 대한 벡터 성분을 구한다.

그림 2.10을 살펴보면, 한 벡터와 그 벡터의 두 성분은 일반적인 삼각형을 이룰 수 있으며, 혹은 직각 삼각형을 이룰 수도 있다. $\vec{A}_1$과 $\vec{B}_1$의 조합과 $\vec{A}_2$와 $\vec{B}_2$의 조합과 같이 일반적인 삼각형을 이루는 경우에는 사인 법칙과 코사인 법칙의 삼각법이 벡터 성분을 구하는 과정에서 필요하다. 만약 두 벡터 성분의 방향이 직각을 이루면, $\vec{A}_3$와 $\vec{B}_3$의 조합과 $\vec{A}_4$와 $\vec{B}_4$의 조합에서 관찰되는 바와 같이 직각 삼각형을 구성한다. 직각 삼각형의 경우, 기본적인 삼각법으로 충분하며 벡터를 벡터 성분으로 분해하는 것이 간단하다. 이것이 바로 2.2절에서 설명될 직교 벡터 표현 방법이 편리하며 효과적인 이유이다.

빠지기 쉬운 함정

사인 법칙과 둔각. 둔각에 대해서는 사인 법칙을 직접 적용하는 것을 피함으로써 실수를 줄일 수 있다. 함정은 전자계산기에서 제공되는 사인 함수의 역함수는 −90°에서 +90° 사이의 예각 범위에서만 적용된다는 점이다. 예를 들어, 그림 2.8에서 $A = 9$ mm, $B = 6$ mm이고 $\theta_b = 30°$의 경우를 고려하자. 식 (2.7)의 사인 법칙을 적용하면 $\sin\theta_a = (A/B)\sin\theta_b = 0.7500$이다. $\theta_a = \sin^{-1}(0.7500)$의 계산을 전자계산기로 수행하면 그 결과가 48.59°로 표기될 것인데, 이 결과는 틀린 결과이다. $\theta_a = \sin^{-1}(0.7500)$의 식은 무한히 많은 개수의 해답이 존재하며, 그 중에서 정답은 둔각에 해당하는 $\theta_a = 131.4°$이다.

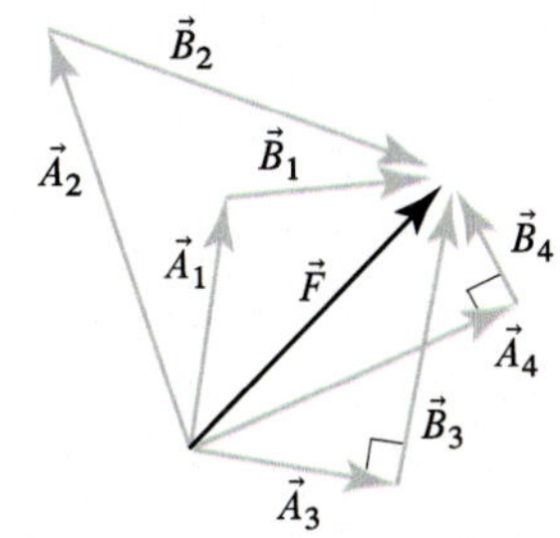

그림 2.10 $\vec{A}+\vec{B}=\vec{F}$를 만족하는 두 벡터로서 $\vec{F}$ 벡터의 성분 분해의 네 가지 예.

절 요약

본 절에서 아래에 열거한 벡터의 기본적인 특성과 연산이 설명되었다.

- 벡터의 덧셈, 뺄셈, 그리고 스칼라 상수에 의한 곱셈
- 하나의 벡터를 **성분 벡터**들로 분해
- 벡터 풀이 과정에 필요한 사인 법칙과 코사인 법칙

예제 2.1 벡터 덧셈

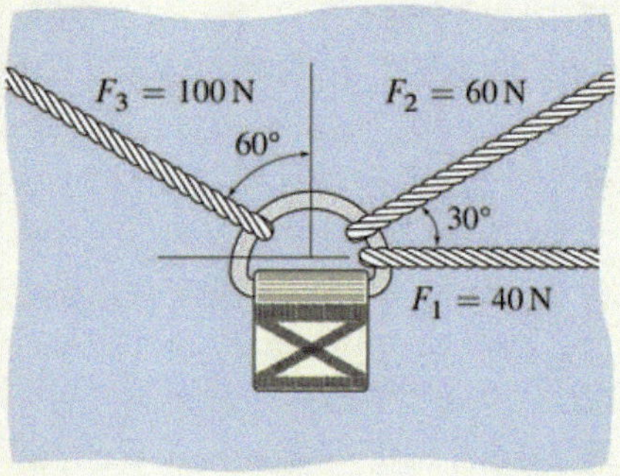

그림 1

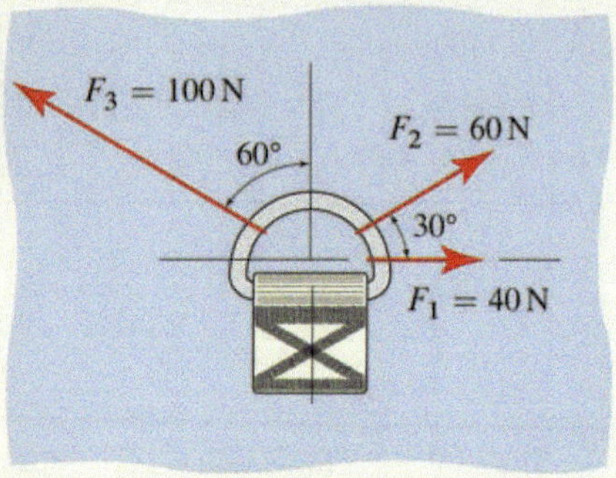

그림 2 D 링에 부착된 줄을 통하여 작용하는 힘.

배낭의 바깥 면에 다양한 물건들을 부착하는 목적으로 D 링이 박음질되어 있다. D 링에 세 개의 줄이 묶어져 물건들을 잡아 주는 힘의 합력을 구하라.

풀이 SOLUTION

로드맵 첫째, 줄에 의해 작용되는 힘을 줄이 늘어진 방향으로 표기하여 그림 2와 같이 그린다. D 링에 작용하는 세 힘의 합력은 세 힘 벡터의 합이 된다. 그러므로 삼각형법을 적용하여 벡터 덧셈의 결과를 정량적으로 계산한다.

지배방정식과 계산 결과로 생기는 힘 벡터는

$$\vec{R} = \vec{F}_1 + \vec{F}_2 + \vec{F}_3 \tag{1}$$

벡터 덧셈의 도식적인 과정이 그림 3에서 그려져 있다. 첫째 그림은 $\vec{F}_1 + \vec{F}_2 + \vec{F}_3$의 순서로 더해지며, 세 번째 그림은 $\vec{F}_1 + \vec{F}_3 + \vec{F}_2$의 순서로 더해진다. 식 (2.2)에 의하여 세 가지 순서로 이루어진 합은 동일한 합력 $\vec{R}$을 얻게 된다. 그림 3의 다각형들을 힘 다각형(혹은 보다 일반화한 관점에서 벡터 다각형)이라 한다. 힘 다각형은 정역학뿐만 아니라 여러 종류의 기계역학에서 유용하며, 또한 계산 과정뿐만 아니라 힘들이 작용하는 공간에서 서로의 관계를 시각적으로 보여주는 용도로도 사용된다.

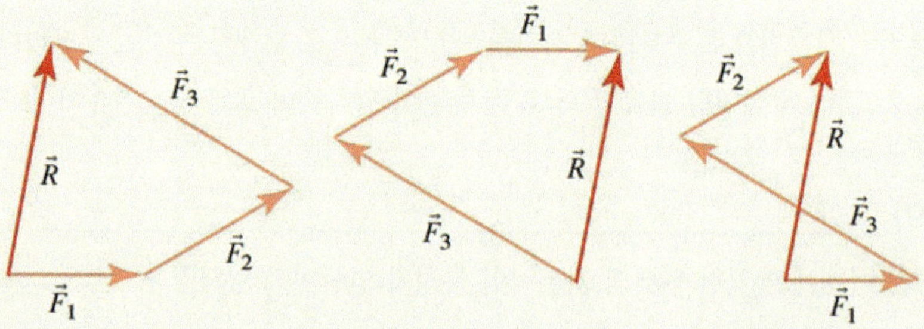

그림 3 $\vec{F}_1$, $\vec{F}_2$와 $\vec{F}_3$의 순서를 달리하여 삼각형법으로 덧셈한 벡터 다각형들의 모습. 모든 경우에서 동일한 합력 벡터 $\vec{R}$이 얻어진다.

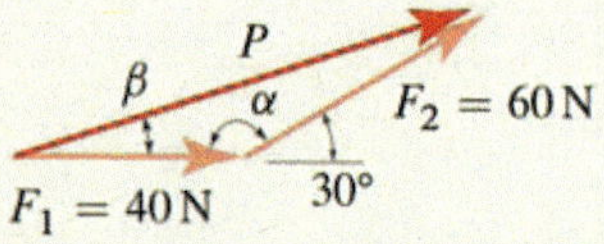

그림 4 $\vec{F}_1$와 $\vec{F}_2$를 더하여 중간 단계 합력인 $\vec{P}$를 얻음 (즉 $\vec{P} = \vec{F}_1 + \vec{F}_2$).

그림 3의 첫 번째 힘 다각형을 이용하여 합력 $\vec{R}$을 구한다. 불행하게도 일반적인 다각형에 대해 직접 기하학적으로 $\vec{R}$을 구하기에는 너무 복잡하다. 그러므로 다각형을 작은 요소인 삼각형으로 분할하여야 하며, 분할된 각각의 삼각형에 대해서 식 (2.7)과 (2.8)의 사인 법칙과 코사인 법칙을 적용하여 해석할 수 있다. 만약 삼각형이 직각 삼각형인 경우에는 식 (2.9)와 (2.10)을 적용한다. 그러므로 그림 4에서 보여 주는 바와 같이 중간 단계의 벡터 합으로서 $\vec{P} = \vec{F}_1 + \vec{F}_2$를 생각한다. 코사인 법칙으로 크기 P를 구한다.

$$\begin{aligned} P &= \sqrt{F_1^2 + F_2^2 - 2F_1F_2\cos\alpha} \\ &= \sqrt{(40\text{ N})^2 + (60\text{ N})^2 - 2(40\text{ N})(60\text{ N})\cos(150°)} = 96.73\text{ N} \end{aligned} \tag{2}$$

여기서 그림 4의 α 각도는 $\alpha = 180° - 30° = 150°$이다. 크기 P를 알고 있는 상태에서 식 (2.7)의 사인 법칙을 적용하여 그림 4의 β 각도를 구한다.

$$\frac{P}{\sin\alpha} = \frac{F_2}{\sin\beta} \tag{3}$$

따라서

$$\sin\beta = \frac{F_2}{P}\sin(150°) = \frac{60\text{ N}}{96.73\text{ N}}\sin(150°) = 0.3101 \tag{4}$$

식 (4)를 풀어 β를 구한다.

$$\beta = \sin^{-1}(0.3101) = 18.1° \tag{5}$$

다음으로 그림 5와 같이 $\vec{P} + \vec{F}_3$를 연산하여 $\vec{R}$을 구한다. γ 각도를 힘 벡터 $\vec{P}$와 $\vec{F}_3$ 사이의 각으로 정의하며, 그림 2의 기하 조건과 앞에서 구한 β 값을 적용하면 $\gamma = 90° - 60° + 18.1° = 48.1°$를 얻는다. 코사인 법칙을 사용하면

$$\begin{aligned} R &= \sqrt{P^2 + F_3^2 - 2PF_3\cos\gamma} \\ &= \sqrt{(96.73\text{ N})^2 + (100\text{ N})^2 - 2(96.73\text{ N})(100\text{ N})\cos(48.1°)} \\ &= 80.23\text{ N} \end{aligned} \tag{6}$$

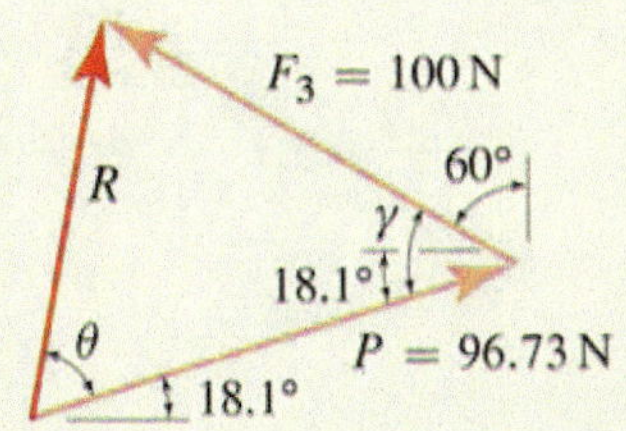

그림 5 $\vec{P}$와 $\vec{F}_3$를 더하여 최종 합력인 $\vec{R}$을 얻음 (즉 $\vec{R} = \vec{P} + \vec{F}_3$).

사인 법칙을 사용하면

$$\frac{F_3}{\sin\theta} = \frac{R}{\sin\gamma} \tag{7}$$

따라서

$$\sin\theta = \frac{F_3}{R}\sin\gamma = \frac{100\text{ N}}{80.2\text{ N}}\sin 48.1° = 0.928 \tag{8}$$

식 (8)로부터

$$\theta = \sin^{-1}(0.928) = 68.1° \tag{9}$$

풀이를 완료하기 위해 극좌표계 벡터 표현방법으로 $\vec{R}$을 표현한다. $\vec{R}$의 크기 R = 80.2 N이며, 벡터 방향 각도는 $\theta + \beta = 68.1° + 18.1° = 86.2°$로서 오른손 수평방향으로부터 반시계 방향이다. 그러므로

$$\boxed{\vec{R} = 80.2\text{ N} \ @\ 86.2° \measuredangle} \tag{10}$$

논의 및 검증

- 지금까지 설명된 벡터 덧셈 방법은 지루하며 장황하다. 덧셈의 벡터 개수가 늘어남에 따라 벡터 다각형의 변의 개수도 늘어난다. 2.2절에서 소개될 직교좌표 벡터 표현 방법은 벡터 덧셈의 과정을 간단화시킨다. 그럼에도 불구하고 벡터 다각형을 그리는 것은 때때로 유용하게 사용되는데, 벡터들 사이의 공각적인 관계를 시각적으로 보여주며 해석 과정의 단순화에 도움을 주기 때문이다.
- 본 문제는 세 개의 줄을 통하여 D 링에 작용하는 힘들의 합력을 구하는 것에 초점이 주어졌다. 하지만 배낭과 D 링 사이의 섬유조각도 D 링에 힘을 작용한다. 제3장에서 본 예제의 D 링과 같은 물체에 작용하는 모든 힘들의 종합적인 효과를 고려한다.

예제 2.2 벡터를 성분으로 분해

두 사람이 어린이 놀이 기구에 힘을 가해서 밀고 있다. A에 있는 여자는 a의 음 방향으로 힘을 가하고, B에 있는 남자는 b의 방향으로 힘을 가하여 결과로서 c 방향으로 250 N의 합력을 작용시키는 것이 목적이다. 두 사람이 가해야 할 힘을 벡터로 표현하라.

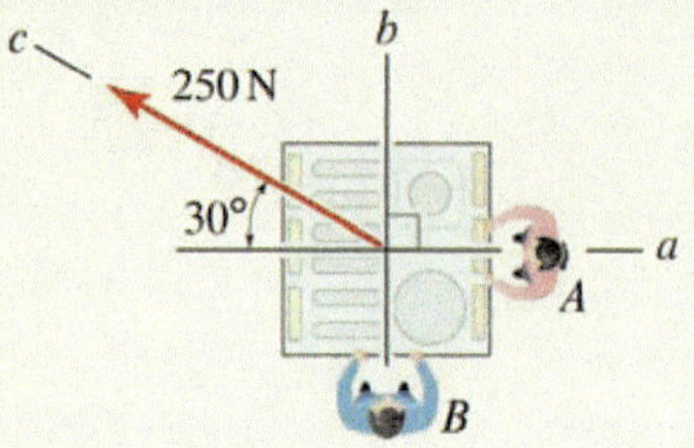

그림 1

풀이 SOLUTION

로드맵 A에서 여자가 가하는 힘을 $\vec{F}_a$라 하고, B에서 남자가 가하는 힘을 $\vec{F}_b$라 하면 이 두 힘의 합력 벡터는 그림 2와 같이 크기가 250 N인 $\vec{F}$가 된다.

$$\vec{F} = \vec{F}_a + \vec{F}_b \tag{1}$$

그러므로 본 문제의 목적은 $\vec{F}$를 성분 벡터 $\vec{F}_a$와 $\vec{F}_b$로 나누는 것이다. a 방향과 b 방향이 직교하므로 벡터 성분은 기본적인 삼각법으로부터 직접 구해진다.

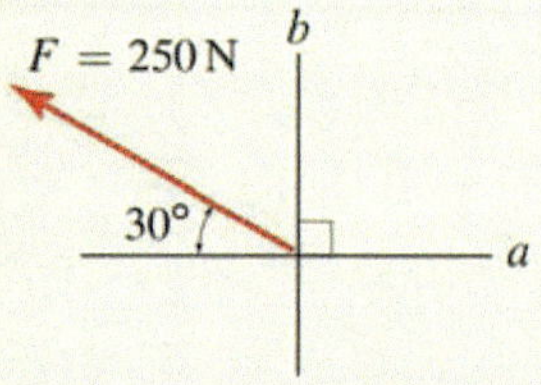

그림 2 두 사람이 놀이 기구에 가하는 힘들을 합성한 합력의 크기는 250 N이다.

지배방정식과 계산 $\vec{F}_a$와 $\vec{F}_b$, 두 벡터가 모두 방향만 알고 크기를 모른다. 그림 3에서 벡터 성분은 구하는 과정을 보여준다. 그림 3에서, 먼저 $\vec{F}$ 벡터의 꼬리를 지나며 a 방향에 평행한 점선을 그린다. 두 번째로 $\vec{F}$ 벡터의 머리를 지나며 b 방향에 평행한 점선을 그린다. 이를 점선들은 그림 3(b)에서 보이는 삼각형을 형성한다. 기본 삼각법으로부터 벡터 성분들의 절대 값은

$$|F_a| = (250\text{ N})\cos 30° = 216.5\text{ N} \tag{2}$$

$$|F_b| = (250\text{ N})\sin 30° = 125.0\text{ N} \tag{3}$$

식 (2)와 (3), 그리고 그림 3에서 절대 값 기호가 사용된다. 왜냐하면 a 방향과 b 방향의 음과 양에 상관없이 벡터 성분의 크기만을 표현하기 때문이다. 벡터 성분들은 다음과 같다.

$$\boxed{\begin{aligned} \vec{F}_a &= -217\text{ N} \quad a\text{ 방향} \\ \vec{F}_b &= 125\text{ N} \quad b\text{ 방향} \end{aligned}} \quad \begin{matrix}(4)\\(5)\end{matrix}$$

식 (4)에서 음 부호가 사용되었는데, 그림 3(b)에서 관찰되는 바와 같이 이 성분이 음의 a 방향으로 작용하기 때문이다. 250 N 힘에 대한 a 방향과 b 방향의 스칼라 성분(혹은 단순히 성분)은 각각 −217 N과 125 N이다.

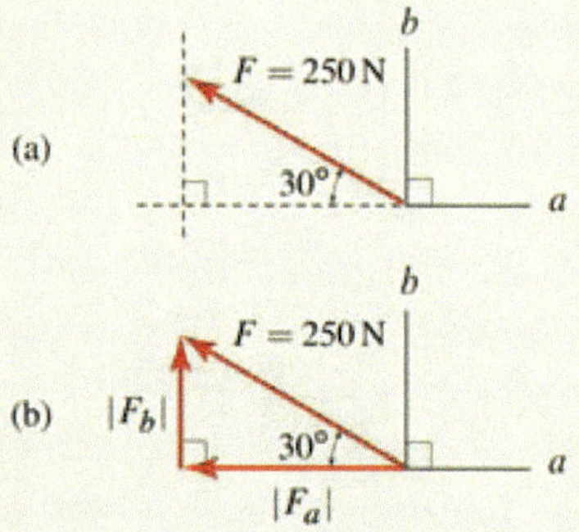

그림 3 250 N의 힘을 a방향 성분과 b방향 성분으로 분해.

식 (4)와 (5)는 크기와 방향을 모두 표현하므로 벡터 표현이다. 이러한 결과를 극좌표 방법으로 표현하면 다음과 같다.

$$\boxed{\begin{aligned} \vec{F}_a &= 217\text{ N} @ 180° \measuredangle \\ \vec{F}_b &= 125\text{ N} @ 90° \measuredangle \end{aligned}} \quad \begin{matrix}(6)\text{식}\\(7)\text{식}\end{matrix}$$

논의 및 검증 그림 3 (b)를 살피면서 F_a와 F_b의 계산 결과가 정확한 것인지에 대한 검증이 필요하다. $\vec{F}_a$의 길이는 $\vec{F}$의 길이보다 짧아야 하며, 정량적으로 250 N보다 작아야 한다(217 N으로 산출되었다). 마찬가지로 $\vec{F}_b$의 길이는 $\vec{F}$의 길이보다 짧아야 하며, 정량적으로 250 N보다 작아야 한다(125 N으로 산출되었다). 그림 3 (b)의 힘 삼각형은 직각 삼각형이므로, 식 (2.10)의 피타고라스 법칙을 적용할 수 있는데, $\sqrt{F_a^2 + F_b^2} = 250$ N으로써 검증된다.

예제 2.3 벡터를 성분으로 분해

두 사람의 작용력을 구하는 예제 2.2를 반복한다. 합력이 그림 1의 c 방향으로 250 N 크기를 가지도록 하되, 두 사람의 힘은 새로운 a 방향과 b 방향으로 작용한다.

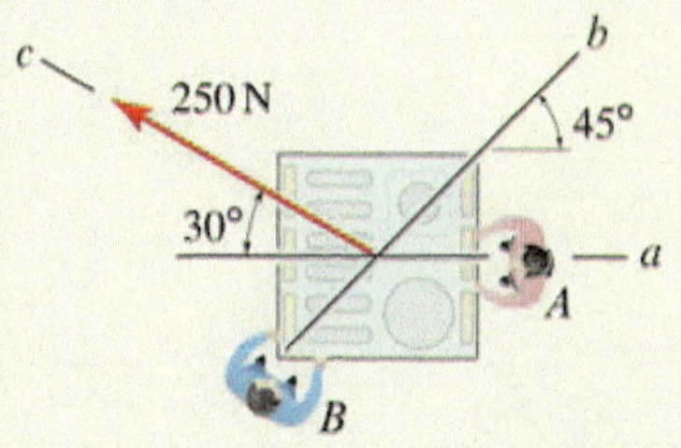

그림 1

풀이 SOLUTION

로드맵 A와 B에서 어린이 놀이 기구에 각각 $\vec{F}_a$와 $\vec{F}_b$를 작용하여, 이들 두 힘의 합력이 그림 2의 250 N힘 $\vec{F}$가 된다.

$$\vec{F} = \vec{F}_a + \vec{F}_b \tag{1}$$

본 문제의 목적은 $\vec{F}$를 분해하여 성분 벡터 $\vec{F}_a$와 $\vec{F}_b$를 구하는 것이다. a 방향과 b 방향이 서로 수직이 아니므로 성분 벡터를 구하는 과정이 예제 2.2의 과정보다 복잡하며, 사인 법칙과 코사인 법칙을 사용해야 한다.

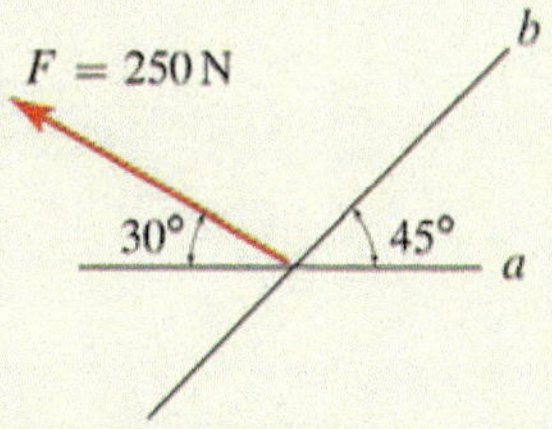

그림 2 두 사람이 놀이 기구에 가하는 힘들을 합성한 합력의 크기는 250 N이다.

지배방정식과 계산 예제 2.2의 경우와 마찬가지로, 벡터 $\vec{F}_a$와 $\vec{F}_b$의 방향은 주어지지만 그 크기는 모른다. 벡터 성분을 구하기 위해서 그림 3에 그려진 과정을 이용한다. 그림 3(a)에서 먼저 $\vec{F}$ 벡터의 꼬리를 지나며 a 방향에 평행한 점선을 그린다. 이어서 $\vec{F}$ 벡터의 머리를 지나며 b 방향에 평행한 점선을 그린다. 두 점선들은 그림 3(b)에 그려진 바와 같이 삼각형을 형성한다. 그림 3 (b)에서 각도 α는 $\alpha = 180° - 30° - 45° = 105°$로 주어진다. 사인 법칙을 이용하면 성분의 절대 값 $|F_a|$와 $|F_b|$는 다음과 같이 주어진다.

$$\frac{250\text{ N}}{\sin 45°} = \frac{|F_a|}{\sin\alpha} = \frac{|F_b|}{\sin 30°} \tag{2}$$

그러므로

$$|F_a| = 341.5\text{ N}, \quad |F_b| = 176.8\text{ N} \tag{3}$$

식 (2), (3)과 그림 3에서 절대 값 기호가 사용되었는데, 그 이유는 a 방향과 b 방향의 음과 양에 상관없이 벡터 성분의 크기만을 표현하기 때문이다. 벡터 성분들은 다음과 같다.

$$\vec{F}_a = -342\text{ N} \quad a\text{ 방향} \tag{4}$$

$$\vec{F}_b = 177\text{ N} \quad b\text{ 방향} \tag{5}$$

식 (4)에서 음의 부호가 필요한 이유는 그림 3(b)에서 보듯이 이 성분이 음의 a 방향으로 작용하기 때문이다. 250 N 힘에 대한 a 방향과 b 방향의 스칼라 성분(혹은 단순히 성분)은 각각 −342 N과 177 N이다. 식 (4)와 (5)를 극좌표 방법으로 표현하면 다음과 같다.

$$\vec{F}_a = 342\text{ N @ } 180° \measuredangle \tag{6}$$

$$\vec{F}_b = 177\text{ N @ } 45° \measuredangle \tag{7}$$

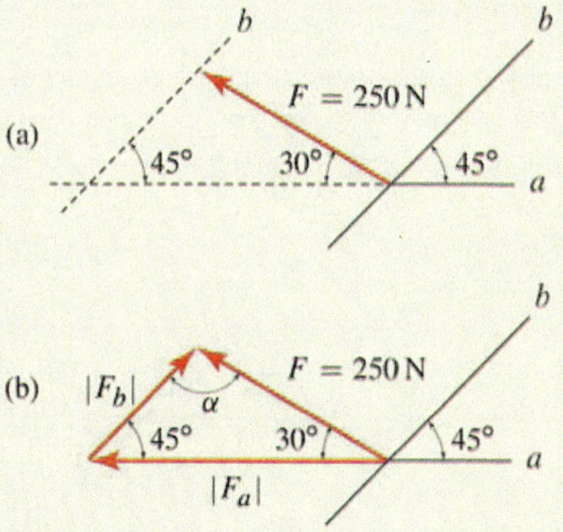

그림 3 250N의 힘을 a 방향 성분과 b 방향 성분으로 분해.

논의 및 검증

- 그림 3(b)를 관찰하면서 F_a와 F_b의 결과 값이 합리적인지 검증하여야 한다. F_a는 250 N보다 어느 정도 커야 하며 F_b는 250 N보다 꽤 작아야 한다.
- 그림1의 c 방향으로 250 N 힘을 형성하기 위해서 A에 있는 여자가 가해야 하는 힘은 이전의 예제보다 더 큰 힘이어야 한다(342 N 대비 217 N). 명확히, 본 예제에서 B에 있는 남자가 주어진 방향으로 가하는 힘은 예제 2.2의 경우만큼 효율적이지 않다.

예제 2.4 벡터의 수평 성분과 수직 성분

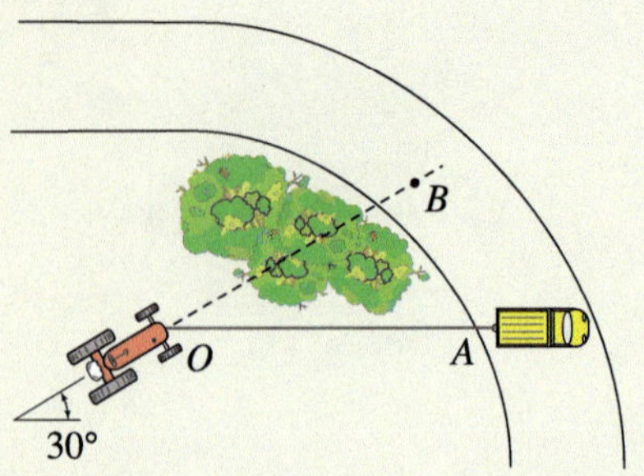

그림 1 진흙탕에 빠진 트랙터를 견인하기 위하여 트럭을 사용함.

트랙터가 진흙탕에 빠져서 움직이지 못한다. 작업자가 그림 1의 A 지점에 있는 트럭으로 트랙터를 끌어내려고 한다.

(a) 트랙터를 끌어내기 위해서 차대(chassis)의 방향(O에서 B를 향한 방향)으로 1800 N의 힘이 필요한 경우에 트럭이 견인 케이블에 가해야 할 힘을 구하라. 또한 트랙터에 수직한 방향의 케이블 작용력 성분을 구하라. 이 성분은 트랙터가 불안정한 상태에서 케이블이 잡아당기는 경우에, 트랙터의 자세가 틀어지는 경향을 유발한다.

(b) 만약 나무가 없다면 트럭이 위치해야 할 이상적인 지점을 결정하라.

풀이 SOLUTION

로드맵 트럭이 트랙터에 가하는 힘은 F_{OA}로 표기하며, 그림 2에 그려져 있다. 뉴턴 제3법칙에 따라서 트랙터로부터 트럭에 작용하는 힘은 그 크기가 같고 방향이 반대인데, 역시 그림 2에 그려져 있다. 2차원 문제로 접근하기 위하여 O, A, B의 세 점은 수평면에 위치하는 것으로 가정한다. 그렇지 않은 경우에는 3차원 공간에 대한 벡터 표현이 필요하다.

트럭이 A에 위치한 상태에서 트랙터 방향(선 OB)의 성분이 1800 N이 되도록 하는 케이블 견인력 F_{OA}를 구해야 한다. $\vec{F}_{OA}$의 벡터 성분을 $\vec{F}_\parallel$와 $\vec{F}_\perp$으로 표현한다면 $\vec{F}_\parallel + \vec{F}_\perp = \vec{F}_{OA}$이다. 여기서 $\vec{F}_\parallel$는 OB 방향의 힘이며, $\vec{F}_\perp$는 OB에 수직한 방향의 힘이다. 본 문제에서 $\vec{F}_\parallel$은 크기가 1800 N이며 방향이 OB 방향으로 주어져 있다. $\vec{F}_\perp$ 벡터는 그 크기는 모르지만 방향이 OB에 수직한다. 또 $\vec{F}_{OA}$도 그 크기를 모르고 방향은 OA 방향으로 주어져 있다. (b) 부분에서는 $\vec{F}_\perp$의 크기가 영이 되며 트랙터를 끌어내는 과정에서 방향이 틀어지지 않도록 하는 트럭의 견인 위치를 결정한다.

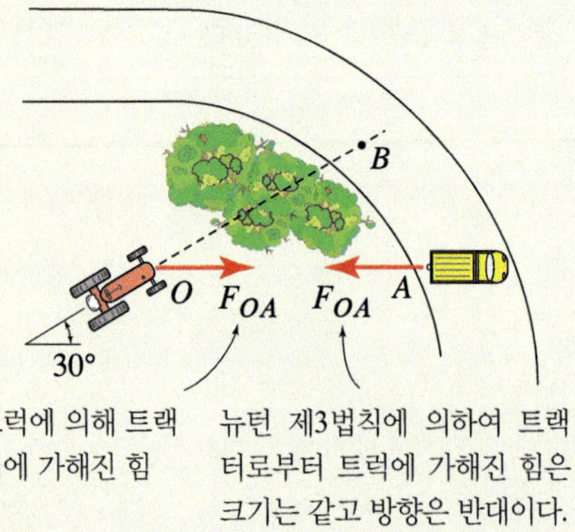

그림 2 트럭이 트랙터에 가하는 힘은 F_{OA}이다. 본 문제의 풀이에 필요하지 않지만, 트랙터에 의해서 트럭에 가해지는 힘도 그려져 있다.

(a) 부분

지배방정식과 계산 $\vec{F}_\parallel + \vec{F}_\perp = \vec{F}_{OA}$의 덧셈에 대한 힘 다각형이 그림 3에 주어진다 (대체 방법으로$\vec{F}_\perp + \vec{F}_\parallel = \vec{F}_{OA}$의 힘 다각형이 사용될 수도 있다). 힘 다각형이 직각 삼각형이기 때문에 식 (2.9)의 기본 삼각법을 이용할 수 있다.

$$F_{OA}\cos 30° = 1800\text{ N} \quad \Rightarrow \quad \boxed{F_{OA} = 2078.5\text{ N}} \tag{1}$$

그리고

$$F_\perp = F_{OA}\sin 30° = \boxed{1039.3\text{ N}} \tag{2}$$

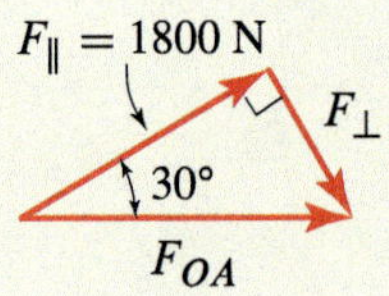

그림 3 트럭이 트랙터에 가하는 힘에 대한 힘 다각형.

논의 및 검증 그림 3의 힘 다각형을 살펴보면서 F_{OA}와 $F_\perp$의 값이 적합한 것인지 검증한다. F_{OA}의 값은 1800 N보다 커야 하며, $F_\perp$의 값은 1800 N보다 상대적으로 작아야 한다. 또한 그림 3의 힘 다각형이 직각 삼각형이므로 피타고라스 정리를 적용하여 $\sqrt{(1800\text{ N})^2 + (F_\perp)^2} = F_{OA}$가 성립하는지를 검증한다.

(b) 부분

논의 및 검증 만약 나무 장애물이 없다면 트럭의 최적 위치는 B 지점 일 것이다. 그림 3을 이용하여 이것이 사실인 것이지 검증한다. 만약 트럭이 B 지점에 위치한다면 $F_\perp = 0$이며, 장력 F_{OA}는 트랙터의 방향으로 작용한다. 그러므로 트랙터를 끌어내는 힘 $F_{OA} = F_\parallel = 1800\ N$이며, 이 힘은 식 (1)의 값보다 작다. 또한 $F_\perp = 0$이므로 트랙터를 전복시키는 힘도 없다.

예제 2.5 벡터 성분과 최적화

그림 1과 같이 두 트럭을 사용하여 트랙터를 견인하는 경우에 대하여 예제 2.4의 문제를 풀이하라. 두 대의 트럭을 사용함으로써 트랙터를 전복시키는 경향을 제거할 수 있다. 트랙터를 견인하기 위해서 트랙터의 차대 방향(즉 O에서 B로의 방향)으로 1800 N의 힘이 되도록 두 트럭의 작용력이 합성되어야 한다.

(a) 한 트럭은 A 지점에 위치하며 두 번째 트럭은 C 지점에 위치한다. 트랙터에 수직한 방향의 힘이 발생하지 않도록(즉 전복시키는 힘이 존재하지 않도록) 각각의 트럭 견인력을 구하라.

(b) 트랙터에 수직한 방향의 힘이 없을 뿐만 아니라 C 지점 트럭의 견인력이 최소가 되도록 하는 C' 지점을 구하라.

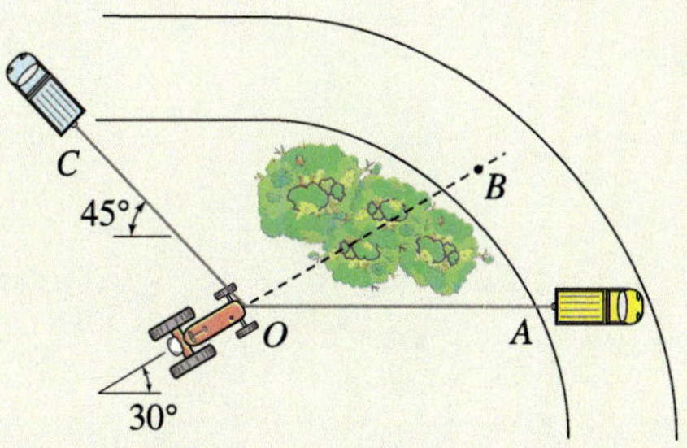

그림 1 진흙탕에 빠진 트랙터를 견인하기 위해서 두 대의 트럭을 사용함.

풀이 SOLUTION

로드맵 트랙터를 견인하기 위하여 두 대의 트럭을 사용하는 주된 이점은 트랙터의 진행 방향으로 1800 N 힘을 형성하면서 동시에 트랙터에 수직한 방향의 힘을 제거할 수 있다는 것이다. 그림 2에 보여 주듯이 두 트럭의 견인력을 각각 F_{OA}와 F_{OC}로 표기한다. 본 예제의 풀이에 필요하지 않지만, 트랙터가 트럭들에 작용하는 힘들도 그림 2에 그려져 있는데, 뉴턴 제3법칙을 적용한 결과이다. 본 문제를 2차원 문제로 단순화하기 위하여 O, A, B와 C 점들은 하나의 수평면에 위치하는 것으로 가정한다. 만약 동일 평면상의 점들이 아닌 경우에는 3차원 공간의 벡터가 필요하게 된다.

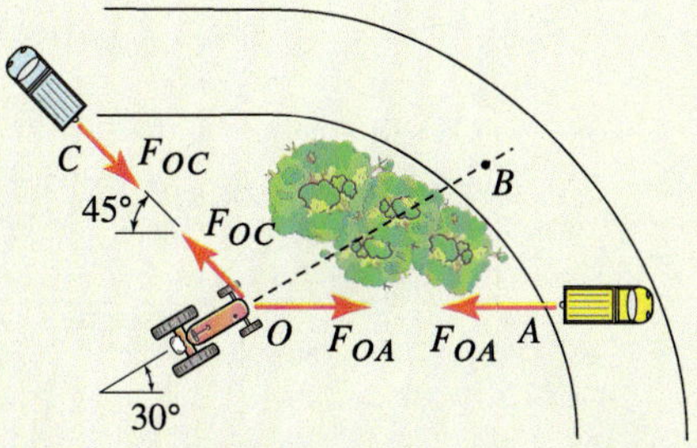

그림 2 트럭이 트랙터에 가는 힘들은 F_{OA}와 F_{OC}이다. 본 예제의 풀이에 필요하지 않지만 트랙터에 의해서 트럭에 작용하는 힘들도 표기되었다.

본 예제의 (a)와 (b) 부분 모두에서 $\vec{F}_{OA} + \vec{F}_{OC} = \vec{F}_{\parallel}$를 만족시키는 OA 방향의 힘과 OC 방향의 힘을 구하는 것이다. (a)부분에서 $\vec{F}_{OA}$와 $\vec{F}_{OC}$는 방향은 알고 있지만 그 크기를 모르며, $\vec{F}_{\parallel}$는 크기와 방향을 모두 알고 있다. (b)부분에서는 $\vec{F}_{OA}$의 방향과 $\vec{F}_{\parallel}$의 크기와 방향이 주어져 있다.

(a) 부분

지배방정식과 계산 그림 3에서 보여 주는 힘 다각형은 일반적인 삼각형이다(즉 직각 삼각형이 아니다). 먼저, 각도 α는 $\alpha = 180° - 30° - 45° = 105°$로부터 쉽게 구해진다. 사인 법칙에 의하여

$$\frac{1800\text{ N}}{\sin 45°} = \frac{F_{OA}}{\sin\alpha} = \frac{F_{OC}}{\sin 30°} \tag{1}$$

그러므로

$$\boxed{F_{OA} = 2459\text{ N}, \quad F_{OC} = 1273\text{ N}} \tag{2}$$

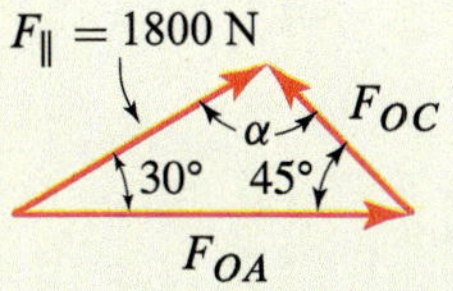

그림 3 트럭으로부터 트랙터에 작용하는 힘들의 다각형.

논의 및 검증 그림 3의 힘 다각형을 살펴보면서 F_{OA}와 F_{OC}의 값들이 적합한 것인지 검증해야 한다. F_{OA}는 1800 N보다 어느 정도 커야 하며, F_{OC}는 1800 N보다 작아야 한다.

(b) 부분

지배방정식과 계산 이 부분에서 C지점의 트럭에 대한 최적 위치 C'를 구하는 것이다. 최적화하는 요구 조건은 견인력을 최소화하며, 트랙터의 진행 방향이(O지점에서 B지점으로의 방향)으로 1800 N의 힘이 필요하며, 트랙터에 수직한 방향의 힘이 발생하지 않는 것이다. (a)부분과 마찬가지로 $\vec{F}_{OA} + \vec{F}_{OC'} = \vec{F}_{\parallel}$를 만족하는 벡터 $\vec{F}_{OA}$와 $\vec{F}_{OC}$를 구하는 것이다. $\vec{F}_{\parallel}$는 알고 있으며, $\vec{F}_{OA}$는 방향은 알고 있으나 그 크기는 모른다. $\vec{F}_{OC'}$의

크기와 방향, 모두를 모르기 때문에 조금 더 복잡하다. 미분학을 이용하여 최적 위치 C'를 찾을 수 있다(문제 2.16 참조). 하지만 힘 다각형으로부터 기하학적으로 $\vec{F}_{OA}$와 $\vec{F}_{OC'}$를 찾을 수 있다. 그림 4에서 $\vec{F}_{\parallel}$의 크기와 방향, 모두를 알고 있으므로 먼저 그린다. $\vec{F}_{OA}$의 방향을 알고 있으므로 방향이 설정된 상태에서 크기를 달리하는 후보 벡터들을 그려본다. 그림 4에는 세 가지 선택을 보여준다. 각각의 $\vec{F}_{OA}$에 대해 힘 다각형을 완성시키는 $\vec{F}_{OC'}$ 벡터들을 그린다. 그림 4의 $\vec{F}_{OC'}$ 벡터들 중에서 최소 크기의 벡터는 $\vec{F}_{OC'}$가 $\vec{F}_{OA}$에 수직하는 경우에서 얻어지는 것은 명백하다. 그러므로 견인줄 OC′에 작용하는 힘을 최소화하기 위해서 그림 5의 C' 지점으로 이동되어야 한다. 이제 $\vec{F}_{OC'}$의 방향을 알고 있으므로 $\vec{F}_{OA}$와 $\vec{F}_{OC'}$의 크기도 구해진다. 여기서는 힘 다각형이 직각 삼각형이므로 식 (2.9)와 (2.10)이 이용되는 점 외에는 (a)부분의 풀이 과정과 유사하다. 이와 같이 하여서 $F_{OA} = 1559$ N이며 $F_{OC'} = 900$ N이다.

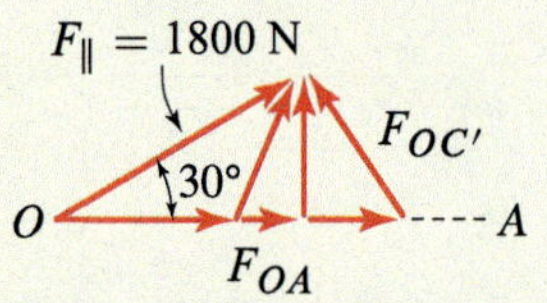

그림 4 한 힘의 방향을 최적화하기 위한 힘 다각형의 사용. $\vec{F}_{OA}$에 대한 세 가지 가능한 선택이 그려지며, 그와 함께 힘 다각형을 완성하는 $\vec{F}_{OC'}$ 벡터들이 그려진다.

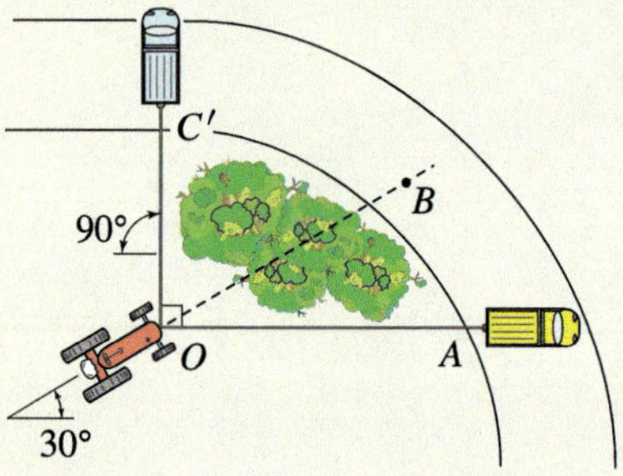

그림 5 원래 C 지점에 있던 트럭의 새로운 C'지점. C' 지점에서 트랙터에 수직한 방향으로 힘이 작용하지 않으며, 견인줄 OC'의 장력이 가장 작다.

논의 및 검증

- **힘 다각형의 유용성** (b)부분의 풀이는 크기와 방향이 모두 주어지지 않는 벡터(즉 $\vec{F}_{OC'}$)를 결정하는 것이다. 문제 2.16에서 설명된 바와 같이 미적분학을 이용하여도 풀이가 가능하지만, 비선형 방정식을 풀어야 한다. 하지만 힘 다각형을 이용하는 경우에는 구하고자 하는 힘 $\vec{F}_{OC'}$의 최적 방향을 시각적 관찰로부터 결정할 수 있으며, 그 힘의 크기도 간단하게 구하였다.
- **보충정보** 원칙적으로는 벡터의 순서에 상관없이 더해질 수 있지만, 실용적 관점에서는 힘 다각형을 구성할 때에 크기와 방향을 알고 있는 힘 벡터부터 시작하여야 한다. 크기와 방향을 모르는 힘 벡터는 최후에 더해져야 한다. 예를 들어 (b)부분에서, 벡터 덧셈을 위한 힘 다각형은 그림에 있어서 먼저 $\vec{F}_{OC'}$를 그리고, 그 다음에 $\vec{F}_{OA}$를 그리고 마지막으로 $\vec{F}_{\parallel}$를 그린다면 그림 4에서 그려진 것보다 훨씬 복잡할 것이다.

문제 PROBLEMS

문제 2.1

각각의 벡터를 두 가지 극좌표 방식으로 표현하라. 첫째 방법은 θ의 양의 값을 사용하는 것이며, 두 번째 방법은 θ의 음의 값을 사용하는 것이다. 여기서 θ는 오른손 법칙 직교 좌표계의 수평 방향으로부터 시계회전의 반대 방향으로 측정한 각도이다.

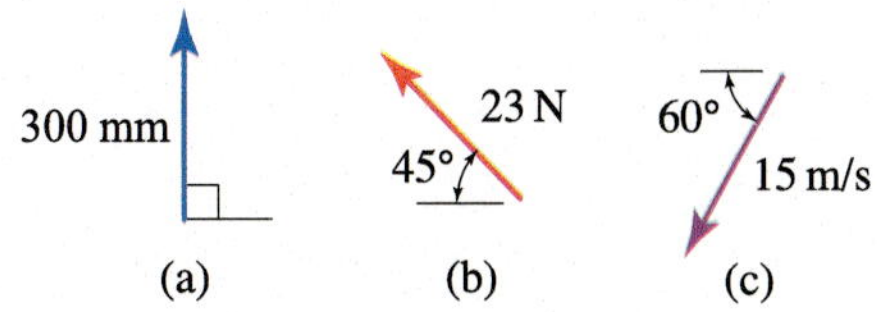

그림 P2.1

문제 2.2, 2.3

두 벡터를 더하여 결과 벡터 $\vec{R}$을 얻고, 그 결과를 극좌표 방법으로 표현하라.

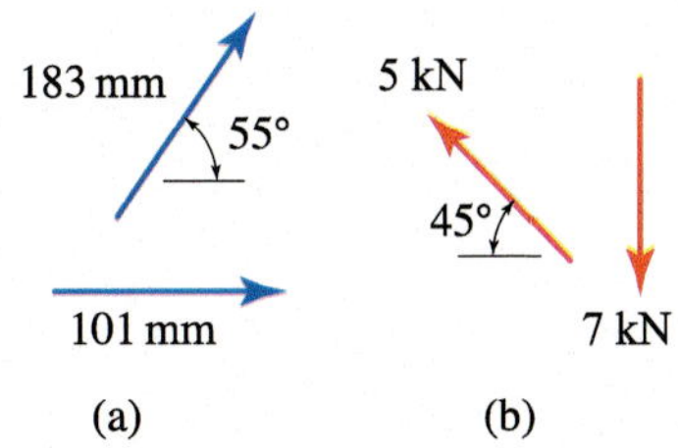

그림 P2.2

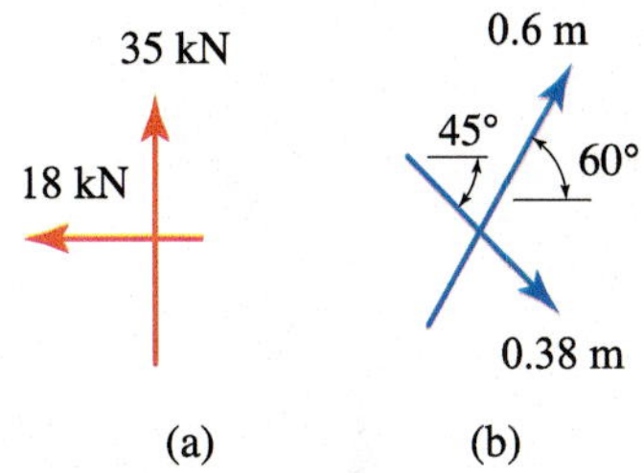

그림 P2.3

문제 2.4

$\vec{A} = 2\text{ m} @ 0^\circ \measuredangle$이며 $\vec{B} = 6\text{ m} @ 90^\circ \measuredangle$이다. 다음 표현들에서 벡터 다각형을 그려서 $\vec{R}$을 구하고, 그 결과를 극좌표 방법으로 표현하라.

(a) $\vec{R} = \vec{A} + \vec{B}$

(b) $\vec{R} = 2\vec{A} - \vec{B}$

(c) $\vec{R} = |\vec{A}|\,\vec{B} + |\vec{B}|\,\vec{A}$

(d) $\vec{R} = \dfrac{\vec{A}}{|\vec{A}|} + \dfrac{\vec{B}}{|\vec{B}|}$

문제 2.5

견인 트럭이 자동차 범퍼에 두 힘 $\vec{F}_1$과 $\vec{F}_2$를 작용하는데, $\vec{F}_1$은 수평 방향으로 작용한다. 두 힘의 합력이 수직으로 작용하게 하는 $\vec{F}_2$ 힘의 크기와 합력의 크기를 구하라.

그림 P2.5

문제 2.6

로봇 팔 OA의 위치와 자세가 그림과 같이 주어진다. O 지점에서 구동부의 B 지점까지 거리가 650 mm가 되도록 하는 각도 α를 구하라.

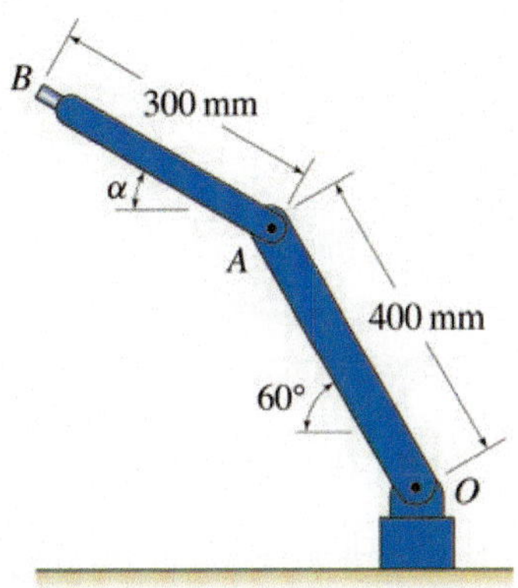

그림 P2.6

문제 2.7

세 벡터를 더하여 결과 벡터인 $\vec{R}$을 구하고, 극좌표 방법으로 표현하라.

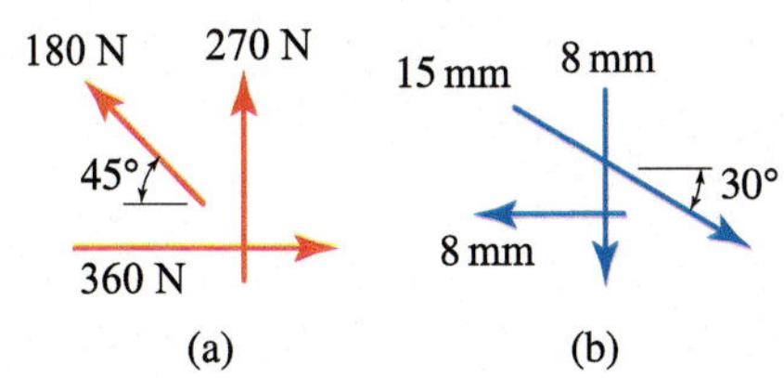

그림 P2.7

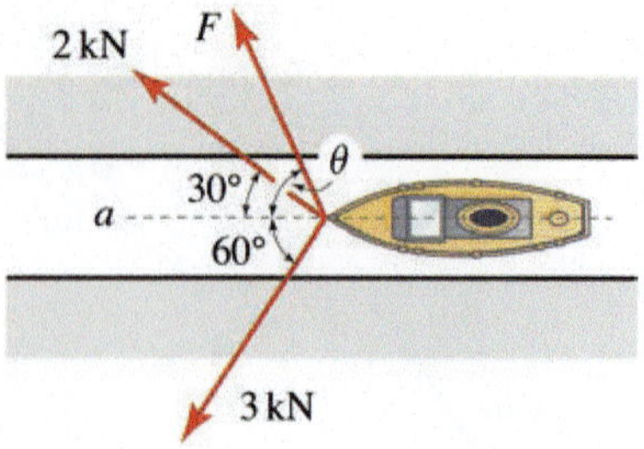

그림 P2.8

문제 2.8

세 개의 견인줄로 배를 견인하여 좁은 운하를 전진한다. 세 힘을 합한 합력이 a 방향을 향하며, $\vec{F}$의 크기를 가장 작게 하는 힘 $\vec{F}$의 크기와 방향각 θ를 결정하라.

문제 2.9

한 조사관이 지금 현재 그녀가 서 있는 위치로부터 정확히 북동 방향에 표식을 설치하려 한다. 장애물을 피하기 위하여 그녀는 동쪽으로 200 m 걷고, 북쪽으로 400 m 움직인 다음에 북동쪽으로 300 m 나아갔다. 이 지점에서 처음 출발 지점에서 북동 방향으로 뻗어진 직선상의 위치로 최단 경로로 돌아오고자 한다. 그녀는 어느 방향으로 어느 거리만큼 움직여야 하는가? 또 최종 지점은 처음 출발점으로부터 얼마나 떨어져있는가?

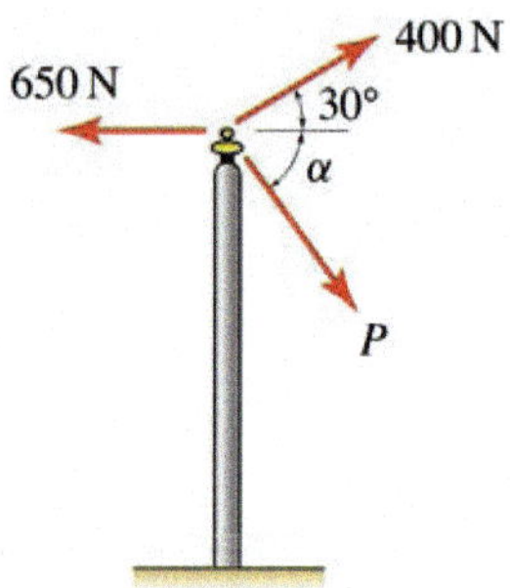

그림 P2.10

문제 2.10

전봇대에 세 개의 전기 줄을 연결되어 있는데, 그림과 같이 400 N과 650 N의 힘이 작용하며, 작업자가 힘 $\vec{P}$로 당긴다.

(a) $\vec{P} = 0$인 경우에 세 전기 줄에 의한 합력을 구하고 극좌표로 표현하라.

(b) $P = 500$ N이고 $\alpha = 60°$인 경우에 (a)의 풀이를 반복하라.

(c) $\alpha = 60°$로 주어지는 경우에 합력이 수직 방향으로 작용하게 되는 P의 값을 구하라.

(d) 합력이 수직 방향으로 작용하며, P의 크기가 가장 작게 되도록 하려 한다. P의 크기와 α 각도를 구하라.

문제 2.11

세 힘 F_1, F_2, F_3를 더한 합력이 수직 방향으로 작용하게 하는 힘 F_1 중에서 그 크기가 가장 작은 힘의 크기와 방향각 α를 구하라.

문제 2.12

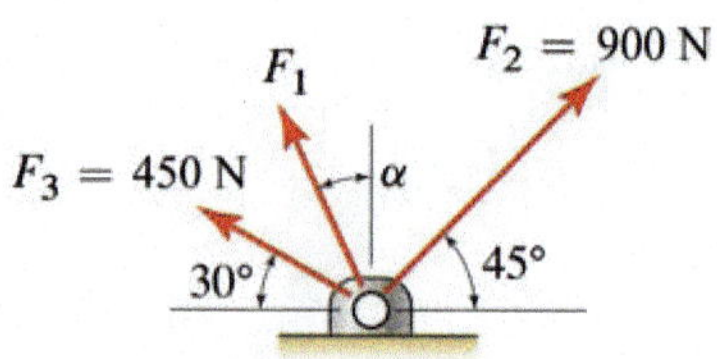

그림 P2.11

경사면 토양에 박혀 있는 막대를 뽑아내기 위하여 세 힘 F_1, F_2, F_3이 가해진다. F_2가 수직 방향이며 F_3가 수평 방향이다. 막대에 작용하는 세 힘의 합력이 막대의 축 방향인 a 방향으로 작용하게 하는 힘 F_1의 최소 크기와 그 때의 각도 α를 구하라.

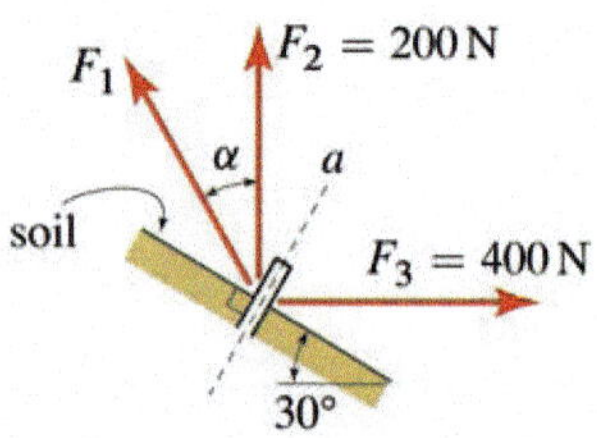

그림 P2.12

문제 2.13

a 방향과 b 방향 상의 두 위치 벡터 $\vec{r}_a$와 $\vec{r}_b$를 서로 합한 결과 벡터가 다음 그림과 같이 2 km 위치 벡터가 된다. 두 벡터 $\vec{r}_a$, $\vec{r}_b$를 구하라.

문제 2.14

a 방향과 b 방향 상의 두 힘 벡터 $\vec{F}_a$와 $\vec{F}_b$를 서로 합한 결과 벡터가 다음 그림과 같이 450 N 힘 벡터가 된다. 두 벡터 $\vec{F}_a$, $\vec{F}_b$를 구하라.

문제 2.15

평상시에는 노를 저어서 카누를 추진시키지만, 배 뒤쪽에서 순풍이 불어 올 경우에는 돛을 펼치기도 한다. 그림과 같이 카누는 북서 방향으로 항해하며 바람은 180 N의 힘으로 작용한다. 바람에 의한 힘을 카누 진행방향(a방향)의 성분과 진행 방향에 수직한 성분을 각각 구하라.

문제 2.16

미적분학의 최적화 방법을 이용하여 예제 2.5의 (b) 부분을 풀이하라. 그림 P2.16에 정의된 β를 사용하여 예제 2.5의 그림 3에 해당하는 힘 다각형을 새로이 구성하라. 또 예제 2.5의 식 (1)에 해당하는 사인 법칙을 다시 적용하라. 이 식을 변형하여 $F_{OC'}$를 β의 함수로 표현하고, $dF_{OC'}/d\beta = 0$를 만족하는 β 값을 구하라. 여기서 설명한 방법대로 수작업으로 계산할 수 있지만, 다른 방법으로서 Mathematica나 Maple의 기호(symbolic) 대수학 프로그램을 이용하는 방법도 고려할 수 있다.

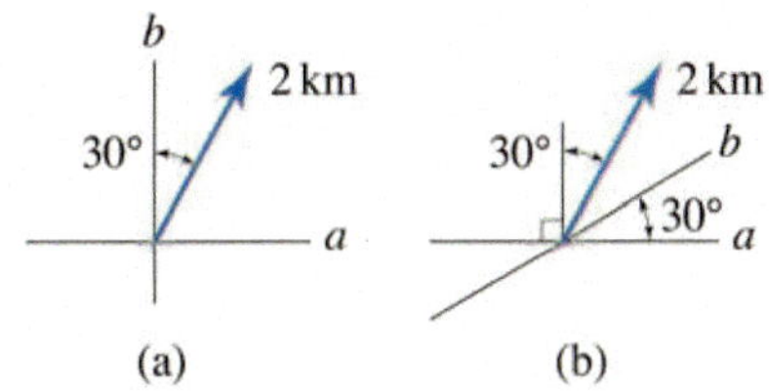

그림 P2.13

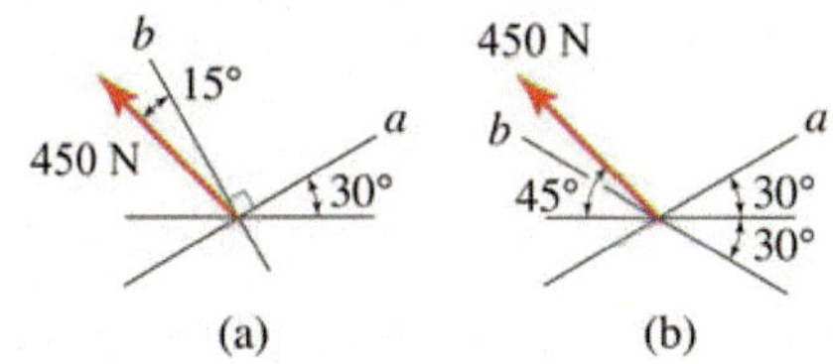

그림 P2.14

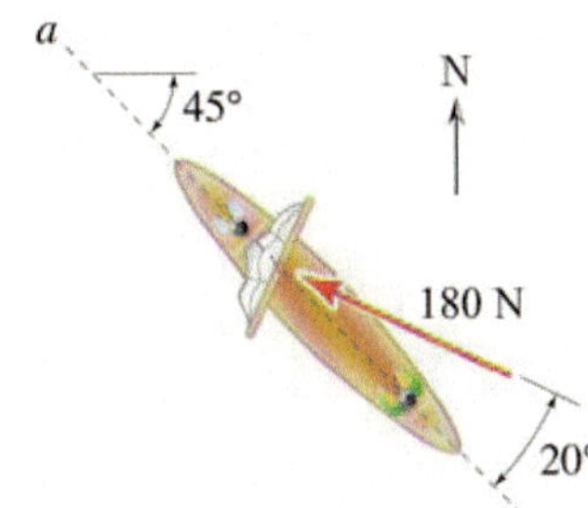

그림 P2.14

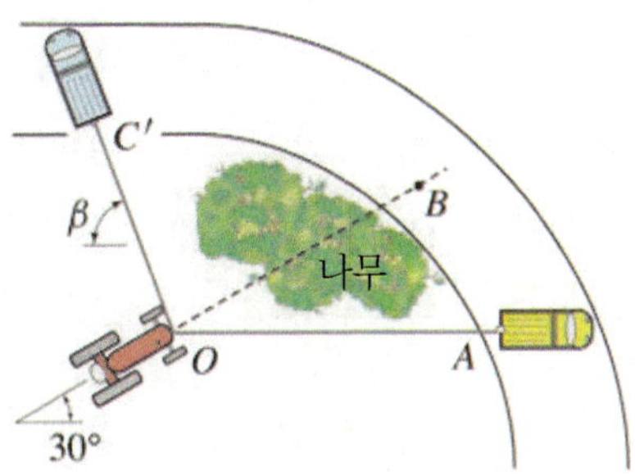

그림 P2.16

2.2 2차원 벡터의 직교 좌표 표현

벡터 표현에서 크기와 방향의 정보를 표현하는 방법에는 다양한 방법들이 존재한다. 벡터의 직교 좌표 표현 방법은 간단하며 가장 널리 사용된다. 물체와 운동의 형상이 원이거나 구형인 특수한 형태의 문제에서는 직교 좌표가 아닌 다른 형태의 벡터 표현 방법이 더 편리할 수 있다. 일부 다른 표현 방법들은 동역학에서 주로 다루어진다.

서론 – 직교 좌표 표현과 출근 경로

그림 2.11(a)의 지도를 보면서 집에서 직장까지 출근하기 위하여 동쪽으로 2 km 걸은 후에 북쪽으로 1 km 움직이는 것을 상상해본다. 이 간단한 문장이 직교 좌표계와 단위 벡터, 또 여러분의 집을 기준으로 직장의 위치를 표현하는 위치 벡터 등에 관한 개념을 함축하고 있다. 그림 2.11(b)가 이러한 요소들을 직접 보여준다. 방향을 기술하기 위하여 동향과 북향이 사용되며(일반적인 경우에는 서향과 남향도 사용될 수 있다), 이 두 방향이 직교(즉 교차 각이 직각)하기 때문에 직교 좌표계(*cartesian coordinate system*)를 구성한다. 이 좌표계의 원점(*origin*)은 임의의 지점으로 선택될 수 있는데, 한 번 원점이 결정되면 다른 지점들의 위치는 좌표(*coordinate*)를 이용하여 정량적으로 표현된다. 예를 들어, 만약 좌표계의 원점으로 그림 2.11(b)와 같이 여러분의 집을 선택하였다면, 직장의 좌표는(2 km, 1 km)이다. 여기서 숫자 쌍으로 일정한 순서로 표현되는데, 첫 번째 숫자가 항상 동향 좌표이며 두 번째 숫자가 항상 북향 좌표이다. 원점으로부터 서쪽과 남쪽에 위치한 지점은 음의 좌표 값을 가진다. 방향으로서 "동향"과 "북향"은 단위 벡터(*unit vector*)를 정의한다. 집으로부터 직장의 위치를 표현하는 위치 벡터는 '$\vec{r}_{HW}$ = 2 km 동향 + 1 km 북향'으로 기술되거나, 조금 더 함축적으로 표현한다면 '$\vec{r}_{HW} = 2\ \text{km}\hat{\imath} + 1\ \text{km}\hat{\jmath}$'으로 기술된다. 여기서 $\hat{\imath}$는 동향을 의미하며 $\hat{\jmath}$는 북향을 뜻한다. 본 예에서 소개한 개념들이 본 절의 나머지 내용에서 자세히 언급된다.

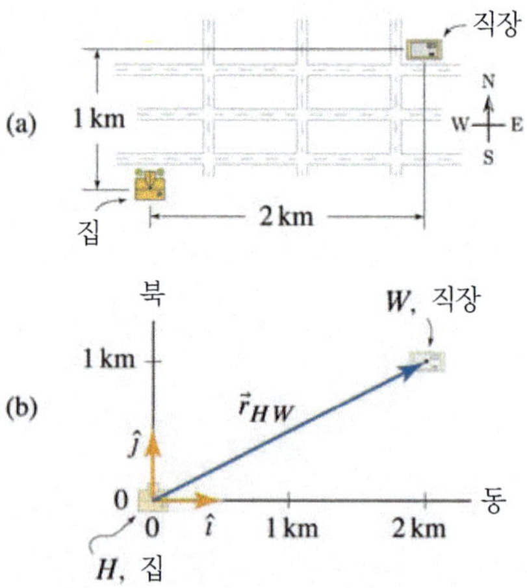

그림 2.11 (a) 집과 직장의 위치를 보여주는 지도, (b) 위치와 벡터를 기술하기 위하여 직교 좌표계가 사용된다.

단위 벡터

단위 벡터의 개념은 유용하다. 단위 벡터는 크기가 1인 무차원 벡터로 정의된다. 크기를 가지는 벡터 $\vec{v}$와 동일한 방향을 가지는 단위 벡터 $\hat{u}$는 다음과 같이 표현 된다.

$$\hat{u} = \frac{\vec{v}}{|\vec{v}|} \tag{2.11}$$

단위 벡터의 상부에 "모자(hat)" 기호(ˆ)를 사용하여 화살표 기호(→)를 사용하는 일반 벡터와 차별하여 표기한다. 벡터 $\vec{v}$와 벡터의 크기인 $|\vec{v}|$은 동일한 단위를 가지므로 단위 벡터 $\hat{u}$는 무차원이다. 본 교재에서 단위 벡터의 표현으로 $\vec{v}/|\vec{v}|$의 형태로도 사용할 수 있지만 $\hat{u}$의 기호를 더 많이 사용한다. 그림들에서 단위 벡터는 오렌지색을 사용하여 구분한다.

직교 좌표계

이미 여러분들은 직교 좌표계를 어느 정도로 경험하였다. 하지만 보다 깊이 있게 학습하기 위하여 다시 살펴본다. 2차원 **직교 좌표계**는 서로 직교하는 두 개의 기준 방향을 사용한다. 그림 2.12(a)에 그려진 바와 같이 기준 방향을 x 방향과 y 방향으로 호칭한다. 기준 방향들의 교점이 좌표계의 **원점**이 되며, xy 평면 위의 한 지점은 x 좌표와 y 좌표로 기술된다. P 점의 **좌표**는(x_P, y_P)의 숫자 쌍으로 표기되는데, x_P와 y_P는 각각 원점으로부터 측정된 x 좌표와 y 좌표이다. 일반적으로 x 방향으로 수평 방향을 취하며 y 방향으로 수직 방향을 취하지만, 해석의 편이에 따라서 다른 방향들이 선택될 수도 있다.

직교 좌표 벡터 표현

그림 2.12(a)에서 $\hat{\imath}$와 $\hat{\jmath}$는 양의 x 방향과 y 방향을 가리키는 단위 벡터이다. $\hat{\imath}$와 $\hat{\jmath}$는 물리적 단위가 없는 무차원이며, 앞에서 사용하였던 동향과 북향과 같이 방향을 표현한다. 이제 xy 평면에서 있는 벡터 $\vec{v}$를 생각해 보자. 2.1절에서 사용되었던 개념과 같이 $\vec{v}$ 벡터를 x 축과 y 축에 평행한 방향의 두 성분 벡터로 나눌 수 있으며, 다음과 같이 표현된다.

$$\vec{v} = \vec{v}_x + \vec{v}_y \tag{2.12}$$

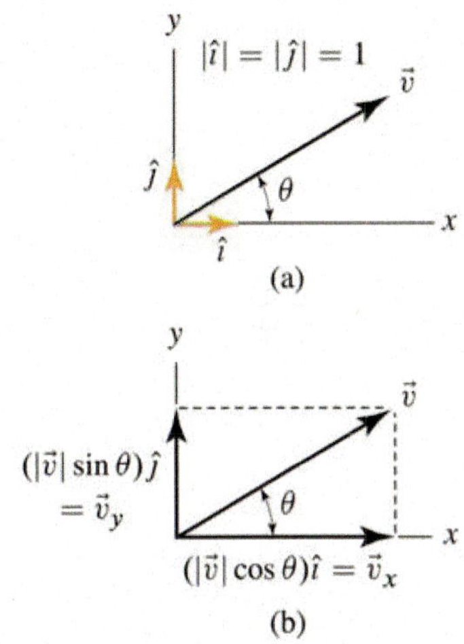

그림 2.12 (a) x, y 방향의 단위 벡터 $\hat{\imath}$, $\hat{\jmath}$를 사용하는 직교 좌표계. (b) 벡터 $\vec{v}$를 x, y 방향의 성분 벡터 $\vec{v}_x$, $\vec{v}_y$으로 분해.

여기서 $\vec{v}_x$와 $\vec{v}_y$는 그림 2.12(b)에서 보여주는 바와 같이 각각 x 축과 y 축에 평행한 벡터이다. 벡터 $\vec{v}_x$와 $\vec{v}_y$를 $\vec{v}$의 **성분 벡터**라 한다. $\vec{v}_x$와 $\hat{\imath}$는 서로 평행하며(서로 반대 방향이 될 수 있음), $\vec{v}_x = v_x\,\hat{\imath}$로 쓸 수 있다. 마찬가지로 $\vec{v}_y = v_y\,\hat{\jmath}$로 쓸 수 있다. 그러므로 식 (2.12)는

$$\vec{v} = v_x\hat{\imath} + v_y\hat{\jmath} \tag{2.13}$$

식 (2.13)의 형태로 표현하는 것이 벡터 $\vec{v}$의 **직교 좌표계 표현**(*cartesian representation*)이다. 스칼라인 v_x와 v_y를 **스칼라 성분**(*scalar components*)(단순히 성분)이라 하며, 양의 값과 영, 음의 값이 될 수 있다. 벡터 성분 $\vec{v}_x$와 $\vec{v}_y$는 항상 서로 직각을 이루므로, 삼각법의 기본 공식과 피타고라스 정리, 식 (2.9)와 (2.10) 등을 이용하여서 간단히 직교 좌표 성분을 구한다.

벡터의 크기와 방향 2차원 벡터의 경우에는 그 크기 $|\vec{v}|$와 수평 방향($\pm x$ 방향)으로부터 측정된 방향각 θ는 직교 좌표 성분들의 함수로 다음과 같이 주어진다.

$$|\vec{v}| = \sqrt{v_x^2 + v_y^2}, \quad \theta = \tan^{-1}\left(\frac{v_y}{v_x}\right) \tag{2.14}$$

벡터의 크기는 양의 값이거나 **영**(*zero vector*)(모든 성분이 영인 영벡터)이다. 그림 2.4에서 언급한 바와 같이 단순히 벡터 크기를 사용하기보다 스칼라 기호 v로 표기되는 벡터의 스칼라 기호가 더 유용할 수 있다. 스칼라 기호 v는 **주어진 방향에 대한 벡터의 성분**(*the component of the vector in an assumed direction for the vector*)으로서 양의 값과 영뿐만 아니라 음의 값도 가질 수 있다. 만약 v가 양의 값이거나 영이면 v는 그 벡터

의 크기와 동일하며, $\vec{v}$ 벡터의 실제 방향도 우리가 가정하여 설정한 $\vec{v}$ 벡터의 방향과 일치한다. 만약 v가 음의 값이면 $-v$가 원래 벡터의 크기와 동일하며, $\vec{v}$ 벡터의 실제 방향은 우리가 가정한 방향과 반대이다. 종합하는 의미에서 v의 절대 값이 그 벡터의 크기와 동일하다. 스칼라 기호의 주된 이점으로서 벡터 작용선의 방향은 알고 있으나, 작용선에서 전진 방향인지 후진 방향인지에 대하여는 모르는 경우에 편리하다는 것이다. 처음에 벡터 $\vec{v}$의 방향을 작용선에서 전진 방향으로 설정하고 문제를 풀었는데, 풀이의 결과로서 v 값이 음수인 경우에 그 벡터의 실제 방향은 처음에 가정하여 설정한 방향과 반대인 후진 방향이 된다. v와 $|\vec{v}|$는 서로 다르게 정의된다는 것에 유의하라. 본 교재에서는 v가 음이 아닌 것을 확신하는 경우에만 벡터의 크기라고 호칭한다.

참고사항 식 (2.14)에서 정의된 각도 θ는 벡터의 x 성분이 양인 경우(즉 $v_x > 0$)에는 양의 x 방향으로부터 측정된 각도이며, 벡터의 x 성분이 음인 경우(즉 $v_x < 0$)에는 음의 x 방향으로부터 측정된 각도이다. 만약 $v_x = 0$이면 $\theta = \pm 90°$이다.

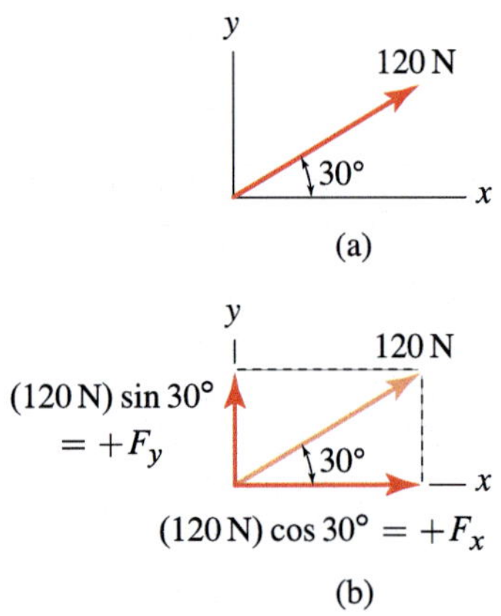

그림 2.13 120 N 힘 벡터의 직교좌표 성분을 결정함.

■ 간단한 예제 직교 좌표계를 이용하여 그림 2.13(a)의 벡터를 표현하라.

풀이 그림 2.13(a)에서 보여주는 120 N 크기의 힘 벡터를 $\vec{F}$로 표기하고, F_x와 F_y를 x 방향과 y 방향의 성분으로 표기한다. 성분 F_x와 F_y는 각각 x 축과 y 축에 빛으로 투영한 길이로 얻어지며, 그 크기가(120 N)cos 30°와 (120 N)sin 30°이다. 이것을 그림 2.13(b)에서 보여준다. 이러한 투영들을 x 방향과 y 방향의 벡터 성분으로 설정한다. 이 과정에서 투영이 양의 x 방향과 y 방향에 놓이면 F_x와 F_y는 양의 값이며, 음의 x 방향과 y 방향에 놓이면 F_x와 F_y는 음의 값이다. 그러므로

$$F_x = (120\text{ N})\cos 30° = 104\text{ N}$$
$$F_y = (120\text{ N})\sin 30° = 60\text{ N} \tag{2.15}$$

$\vec{F}$의 직교 좌표 표현은

$$\vec{F} = (104\,\hat{\imath} + 60\,\hat{\jmath})\,\text{N} \tag{2.16}$$

유용한 검사 벡터를 직교 좌표 성분으로 분해 과정에 발생하는 오류를 피하는 유용한 방법이 있다. 먼저 수행해야 할 것은 그 성분들이 합리적인 수준의 크기를 가지며 올바른 방향인지를 검사하는 것이다. 그 다음에 벡터 성분들이 올바른 크기인지를 검사한다. 식 (2.16)의 경우에는 $\sqrt{(104\text{ N})^2 + (60\text{ N})^2} = 120\text{ N}$이 바르게 성립하는 것인지를 검사한다. 이러한 검사 결과가 올바르다 하더라도 벡터 성분들이 정확하다는 것을 완벽하게 보증하는 것은 아니다. 하물며, 부정확한 크기가 발견된다면 풀이 과정에 오류가 있는 것은 확실하다. ■

■ **간단한 예제** 그림 2.14(a)의 벡터를 직교 좌표계로 표현하라.

풀이 그림 2.14 (a)의 12 m 위치 벡터는 형상이 3-4-5인 삼각형이다. 먼저 각도 θ를 구하고, 이후의 과정은 바로 앞에서 설명한 미니 예제와 유사하다. 그림 2.14(a)의 벡터의 방향은 수평으로 3 단위를 움직일 때마다 수직으로 4단위씩 상승하는 것으로 생각할 수 있으며, 총 움직임은 $\sqrt{3^2+4^2}=5$ 단위이다. 이 5 단위의 3 부분은 음의 x 방향으로 수평이며, 4 부분은 양의 y 방향으로 수직이다. 이상의 설명으로부터 벡터 성분은 그림 2.14(b)와 같이 주어진다. 그러므로

$$\vec{r}=(12\text{ m})\left(\frac{-3}{5}\,\hat{\imath}+\frac{4}{5}\,\hat{\jmath}\right) \tag{2.17}$$

식 (2.17)에서 음의 부호와 그림 2.14(b)는 벡터의 수평 성분이 음의 x 방향 성분임을 보여준다. 식 (2.17)의 우측 항의 괄호 속에 있는 벡터는 단위 벡터이므로 $\vec{r}$은 12 m의 크기를 가진다.

참고사항 본 예제에서 형상이 3-4-5의 직각 삼각형으로 특별히 간단하였다. 하지만 직각 삼각형은 수평 이송과 수직 상승, 경사변 길이가 정수가 아니더라도 벡터의 직교 좌표 성분을 계산하는 것은 매우 간단하다. 만약 그림 2.14(a)에서 각도 θ에 관한 정보를 알면, 식 (2.18)과 같이 표현할 수 있다.

$$\begin{aligned}\vec{r}&=-(12\text{ m})(\cos\theta)\hat{\imath}+(12\text{ m})(\sin\theta)\,\hat{\jmath}\\&=(12\text{ m})(-\cos\theta\hat{\imath}+\sin\theta\,\hat{\jmath})\end{aligned} \tag{2.18}$$

3-4-5 삼각형을 이해되는 벡터 방향의 형상 정보로부터 $\cos\theta=\frac{3}{5}$이며 $\sin\theta=\frac{4}{5}$인데, 이들을 식 (2.18)에 대입하여 식 (2.17)과 동일한 결과를 얻는다.

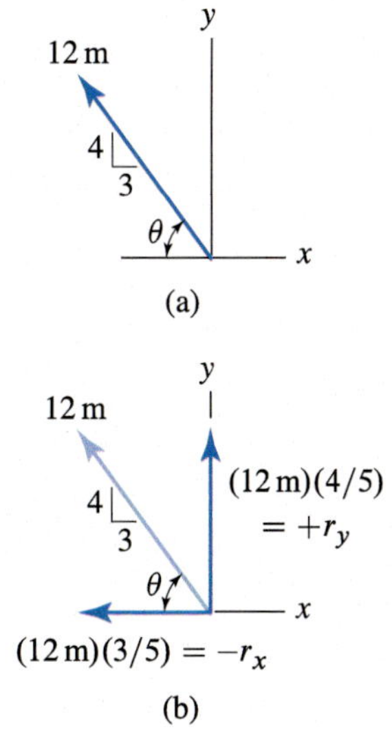

그림 2.14 12 m 위치 벡터의 직교 좌표 성분의 계산

직교 좌표 성분을 이용한 벡터 덧셈

그림 2.15(a)에 그려진 두 벡터의 덧셈을 생각한다. 먼저 직교 좌표 성분을 이용하여 벡터들을 나타내면

$$\begin{aligned}\vec{v}_1&=v_{1x}\,\hat{\imath}+v_{1y}\,\hat{\jmath}\\\vec{v}_2&=v_{2x}\,\hat{\imath}+v_{2y}\,\hat{\jmath}\end{aligned} \tag{2.19}$$

$\vec{v}_1$과 $\vec{v}_2$를 더한 결과 벡터 $\vec{R}$은

$$\begin{aligned}\vec{R}&=\vec{v}_1+\vec{v}_2\\&=(v_{1x}\,\hat{\imath}+v_{1y}\,\hat{\jmath})+(v_{2x}\,\hat{\imath}+v_{2y}\,\hat{\jmath})\\&=(v_{1x}+v_{2x})\hat{\imath}+(v_{1y}+v_{2y})\,\hat{\jmath}\end{aligned} \tag{2.20}$$

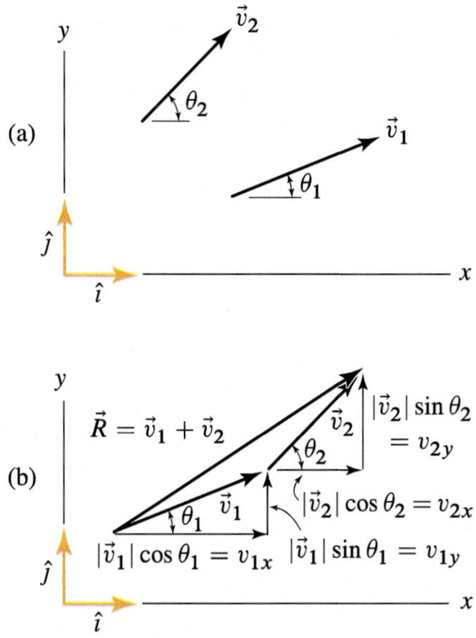

그림 2.15 (a) 서로 더해지는 두 벡터 $\vec{v}_1$과 $\vec{v}_2$ (b) 벡터 덧셈의 결과 벡터 $\vec{R}$

기하적인 덧셈과정은 그림 2.15(b)에 나와있다. 삼각형 법칙을 이용하여 $\vec{v}_1$과 $\vec{v}_2$를 합성하여 합 벡터 $\vec{R}$을 구한다. $\vec{R}$의 x 성분은 더하여지는 벡터들의 x 성분들의 합으로 이루어

지며, 마찬가지로 $\vec{R}$의 y 성분도 덧셈의 대상 벡터들의 y 성분들의 합이다. 그림 2.15(b)에서 주어진 크기 $|\vec{v}_1|$과 $|\vec{v}_2|$, 방향 각 θ_1과 θ_2를 이용하여 $v_{1x}, v_{1y}, v_{2x}, v_{2y}$의 벡터 성분들을 계산한다. 임의 개수인 n 개의 벡터에 대한 덧셈은 식 (2.20)을 확장시켜서 다음과 같이 일반화된다.

$$\vec{R} = \vec{v}_1 + \vec{v}_2 + \cdots + \vec{v}_n = \left(\sum_{i=1}^{n} v_{ix}\right)\hat{\imath} + \left(\sum_{i=1}^{n} v_{iy}\right)\hat{\jmath} \tag{2.21}$$

식 (2.21)의 의미는 더해질 모든 벡터들의 x 성분들을 합한 값이 최종 결과 벡터의 x 성분이 되며, 더해질 벡터들의 y 성분들을 합한 값이 결과 벡터의 y 성분이 된다는 것이다.

위치 벡터

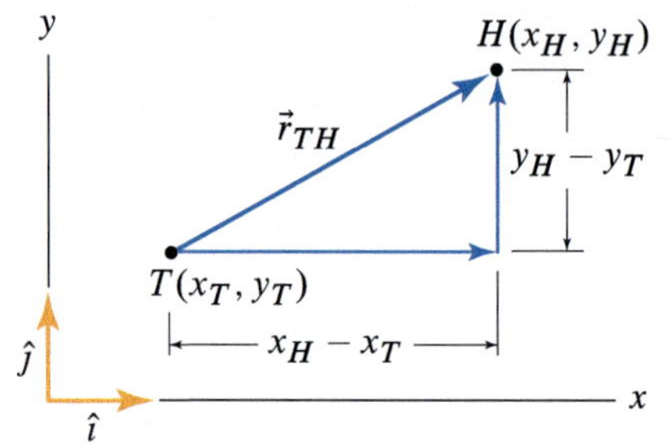

그림 2.16 벡터의 머리와 꼬리의 좌표를 이용한 위치 벡터의 구성.

공간의 한 점(벡터의 꼬리)에 대하여 상대적인 다른 점(벡터의 머리)의 위치는 위치 벡터(*position vector*)로 표현된다. 그림 2.16의 예에서 두 지점 T와 H는 위치 벡터의 꼬리와 머리를 표시하며, 각각 좌표(x_T, y_T)와 (x_H, y_H)를 가진다. T로부터 H로 향하는 위치 벡터는 $\vec{r}_{TH}$로 표시되며, 그림 2.16에 보여주는 x 성분과 y 성분을 가진다.

$$\vec{r}_{TH} = (x_H - x_T)\hat{\imath} + (y_H - y_T)\hat{\jmath} \tag{2.22}$$

식 (2.22)에서 위치 벡터의 성분은 "**머리 좌표 빼기 꼬리 좌표**"으로 주어지며, 이 문구는 암기할 가치가 있다. 위치 벡터를 구성하는 다른 방법은 자신이 T 지점에 있다고 가정하고 H 지점에 도달하기 위하여 x 방향과 y 방향으로 얼마의 거리를 이동해야 하는 것인지 구하는 것이다. 이 방법도 역시 식 (2.22)의 결과에 이른다.

위치 벡터가 진정으로 무엇을 말하고 있는가? 위치 벡터는 상대적인 위치 정보만을 제공한다. 즉, 위치 벡터의 꼬리를 기준으로 머리가 상대적으로 어디에 위치하는 것인가에 대한 정보를 준다. 위치 벡터는 머리와 꼬리에 대한 절대 위치를 말해 주지는 않는다. 즉 머리와 꼬리가 어디에 있다는 것은 말해 주지 않는다.

예를 들어서, 서향으로 1 km 걷고 북향으로 2 km 걷는 것은 위치 벡터의 문장이다. 이 위치 벡터로부터 우리의 여행이 시작한 곳에서부터 여행이 끝나는 지점의 거리와 방향만을 알게 된다. 하지만 처음 위치와 마지막 위치가 정확히 어디에 있는지에 대한 정보는 위치 벡터에 들어 있지 않다. 반면에, 만약 우리가 서울 광화문에서 여행을 시작하였는데, 서향으로 1 km 움직이고 북향으로 2 km 움직였다면, 시작 지점의 좌표와 함께 위치 벡터가 주어지므로 최종 도착 지점의 절대 위치와 좌표 정보를 알 수 있다.

절 요약

본 절에서 2차원 벡터에 대한 직교 좌표계와 직교 좌표 표현 방법이 정의되었다. 주요 요점은 다음과 같다.

- 직교 좌표계의 기준 x 방향과 y 방향은 임의로 선택될 수 있지만, 반드시 서로 직각을 이루어야 한다.
- 벡터 $\vec{v}$의 직교 좌표 표현은 $\vec{v} = \vec{v}_x + \vec{v}_y = \vec{v}_x\hat{\imath} + \vec{v}_y\hat{\jmath}$이다. 이러한 표현에서 $\vec{v}_x$와 $\vec{v}_y$는 $\vec{v}$의 **벡터 성분**이라 하며, v_x와 v_y는 $\vec{v}$의 **스칼라 성분**(혹은 단순히 성분)이라 한다.
- 직교 좌표 방법을 이용한 벡터 덧셈은 더해지는 모든 벡터들의 x 성분들을 합하여 결과 벡터의 x 성분으로 하고, 마찬가지로 더해지는 벡터의 y 성분들을 합하여 결과 벡터의 y 성분으로 한다. 아무리 많은 갯수의 벡터를 더한다고 할지라도 동일한 과정이 반복된다.
- **위치 벡터**는 한 지점에 대한 다른 지점의 상대적인 위치의 정보를 제공한다. 위치 벡터의 꼬리와 머리의 좌표가 주어지는 경우에는 식 (2.22)를 적용하여 위치 벡터를 구성한다. 식 (2.22)를 쉽게 암기하는 방법은 위치 벡터의 성분은 "**머리 좌표 빼기 꼬리 좌표**"로 주어진다는 문구를 암기하는 것이다. 위치 벡터를 구성하기 위한 다른 유용한 방법은 자신이 벡터의 꼬리에 있다고 가정하고 벡터의 머리에 도달하기 위해서 x 방향과 y 방향으로 이동해야 할 거리를 물어보는 것이다.

예제 2.6 벡터 덧셈과 부하 용량

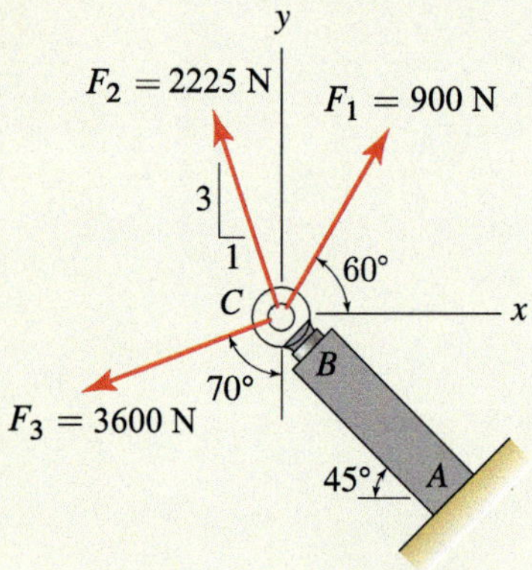

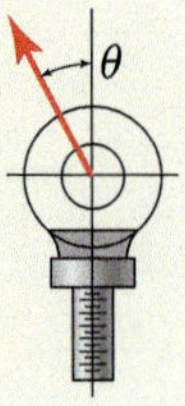

θ	사용 부하 계수
0°	100%
30°	60%
45°	33%
90°	20%

그림 1

짧은 기둥 AB의 끝단에 고리 볼트가 장착되어 있다. 그림과 같이 세 개의 케이블이 부착되어 힘을 가한다.

(a) 직교 좌표 표현 방법으로 세 개 힘의 합력을 구하라.

(b) 고리 볼트 제조업체는 이 고리 볼트의 축 방향부하 용량[6]을 9300 N으로 명시하였다. 부하 힘의 방향이 볼트 축 방향에 기울어진 경우에는 그림 1에 명시한 계수를 곱하여 부하 용량을 감소시킨다. 주어진 고리 볼트의 부하 용량이 충분한 것인지 여부에 대해서 판단하라.

풀이 SOLUTION

로드맵 합력은 고리 볼트에 가해지는 세 힘 벡터의 합이다. 첫째, 세 힘을 직교 좌표로 표현하고, 좌표계의 방향 성분별로 합산하여 합력을 구한다. (b) 부분에서는 이 합력과 고리 볼트의 허용 부하용량과 비교한다.

(a) 부분

지배방정식과 계산 세 힘의 직교 좌표 표현은 다음과 같다.

$$\vec{F}_1 = (900\text{ N})(\cos 60°\,\hat{\imath} + \sin 60°\,\hat{\jmath}) \tag{1}$$

$$\vec{F}_2 = (2225\text{ N})(-1/\sqrt{10}\,\hat{\imath} + 3/\sqrt{10}\,\hat{\jmath}) \tag{2}$$

$$\vec{F}_3 = (3600\text{ N})(-\sin 70°\,\hat{\imath} - \cos 70°\,\hat{\jmath}) \tag{3}$$

$\vec{F}_2$와 $\vec{F}_3$를 (2)와 (3)으로 구성하는 것은 이전 예제에서 설명한 바와 같다. 힘 $\vec{F}_3$의 70° 방향각은 수직 방향으로 측정한 것이기 때문에 사인 함수가 x 성분의 계산에 사용되고 코사인 함수가 y 성분 계산에 사용되었다. $\vec{F}_1$도 $\vec{F}_3$의 경우와 유사한 방법을 사용한다. 먼저 $\vec{F}_1$을 $\vec{F}_1 = (900\text{ N})\hat{u}_1$으로 표현하는데 $\hat{u}_1$은 힘 $\vec{F}_1$의 작용 방향의 단위 벡터이다. 단위 벡터 $\vec{v}_1$은 양의 x 방향으로 cos60°를 성분으로 하며, 양의 y 방향으로 sin60°를 성분으로 한다. 그러므로 $\hat{u}_1 = \cos 60°\hat{\imath} + \sin 60°\hat{\jmath}$이다. 임의의 각 θ에 대해서 $(\cos\theta)^2 + (\sin\theta)^2 = 1$이 성립하므로 $\hat{u}_1$은 단위 벡터이며 $\vec{F}_1$은 식 (1)과 같이 표현된다. 힘 벡터들을 더하여 얻어지는 결과 힘 벡터 $\vec{R}$은 다음과 같다.

$$\begin{aligned}\vec{R} &= \vec{F}_1 + \vec{F}_2 + \vec{F}_3 \\ &= \left[900\cos 60° + 2225(-1/\sqrt{10}) + 3600(-\sin 70°)\right]\text{ N}\,\hat{\imath} \\ &\quad + \left[900\sin 60° + 2225(3/\sqrt{10}) + 3600(-\cos 70°)\right]\text{ N}\,\hat{\jmath} \\ &= \boxed{(-3636.5\,\hat{\imath} + 1659\,\hat{\jmath})\text{ N}}\end{aligned} \tag{4}$$

6) 부하 용량은 기계적 장치가 반복적으로 하중을 받더라도 안전하도록 설계하는 부하 크기이다. 이러한 부하는 실제 파단 강도에 안전율을 고려하여 설정된다. 여기에서 적용된 고리 볼트의 실제 파단 하중은 볼트 축 방향으로 43500 N에 이른다. 9300 N의 부하 용량은 안전 여유가 크다고 느껴지겠지만, 피로 현상을 감안 한다면 그렇게 여유가 많은 것이 아니다. 반복 하중을 견디어야 하는 장치와 재료는 일회성 부하의 허용 값보다 매우 작게 잡아야 한다. 고리 볼트의 부하 용량 사양이 안전율 여유를 가진다고 하더라도, 이 크기를 초과한 부하에 사용하는 것은 위험하며 또한 무책임하다.

벡터 직교 좌표 표현을 대체하는 방법으로서 합력의 크기와 방향을 표현하는 식 (2.14)를 사용할 수 있는데, 그림 2에 그려져 있다.

$$R = \sqrt{(-3636.5\,\text{N})^2 + (1659\,\text{N})^2} = \boxed{3997\,\text{N},} \text{ 과} \tag{5}$$

$$\theta = \tan^{-1}\left(\frac{1659\,\text{N}}{-3636.5\,\text{N}}\right) = \boxed{-24.52°,} \tag{6}$$

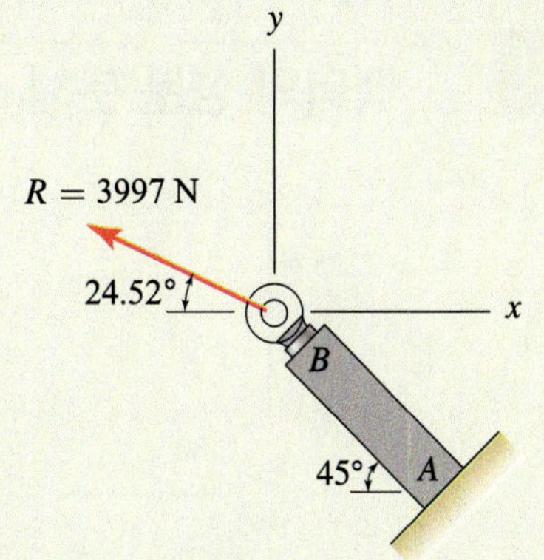

그림 2 힘 $\vec{F}_1$, $\vec{F}_2$, $\vec{F}_3$의 합력 $\vec{R}$.

(b)부분

지배방정식과 계산 고리 볼트가 3997 N 하중을 지탱하기에 적합한 것인지를 판단하기 위해서 고리 볼트의 축 방향에 대한 합력 $\vec{R}$의 방향 각도를 알아야 한다. 그림 3에서 AB 방향을 n으로 설정하고 AB에 수직인 방향을 t로 설정한 새로운 직교 좌표계 tn을 정의한다. n에 대한 $\vec{R}$의 방향각 θ는 $\theta = 45° - 24.52° = 20.48°$이다. 그림 1에서 부하 각도가 30°까지는 부하 계수는 60%인데, 이 계수를 적용하여서 (9300 N)(60%) = 5580 N의 유효 부하 용량을 얻는다. 이 부하 용량이 실제 부하인 합력 R = 3997 N보다 크므로 적용된 고리 볼트는 적합하다고 판단한다.

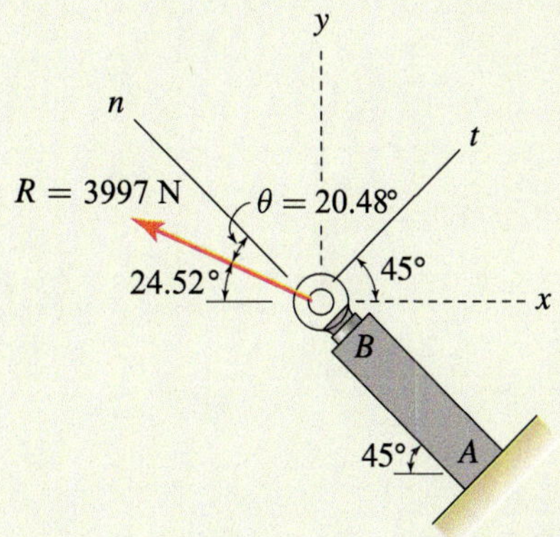

그림 3 t 방향과 n 방향에 대한 합력 $\vec{R}$의 방향각.

논의 및 검증 지금까지의 해석의 결과에서 $\vec{F}_1$, $\vec{F}_2$, $\vec{F}_3$의 세 힘이 동시에 작용하더라도 고리 볼트는 안전하였다. 하지만 다양한 작업 부하가 여러 가지 순서로 작용하는 경우에, 한 순간이라도 실제 부하가 제조업체가 제시한 허용 부하 사양을 초과하지 않아야 한다. 설명을 명확히 하기 위하여 크기가 같은 두 개의 힘이 반대 방향으로 작용하는 예를 생각한다. $\vec{F}_1 = P\hat{\imath}$이면 $\vec{F}_2 = -P\hat{\imath}$이므로 합력은 영이며 P의 크기가 아무리 크더라도 합력은 부하 용량을 넘지 않는다. 그러나 P가 너무 크다면 파단이 발생할 것이다. 그러므로 다양한 부하 형태에 대하여 또다른 기준이 존재하는지 여부를 제조업체에 문의하여야 하며, 별도의 기준이 존재하지 않는 경우에는 보다 세밀한 해석과 판단이 뒤따라야 한다.

그림 4 단조 강철로 제조된 고리 볼트의 모양.

예제 2.7 벡터의 성분 분해

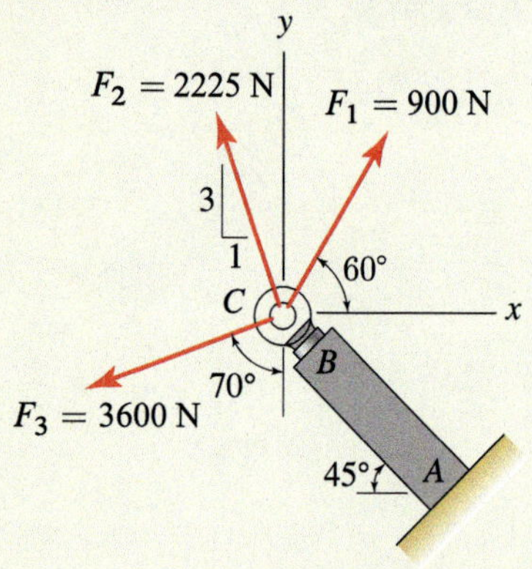

그림 1 예제 2.6의 기둥과 하중(반복).

예제 2.6에서 기둥 AB가 작용된 힘들을 견딜 수 있는지를 결정하는 것이 필요하였다. 이러한 문제(본 교재의 뒷 부분에서도 다루어짐)를 위해서 기둥에 작용하는 힘들을 기둥의 축 방향에 평행한 방향의 성분과 수직한 방향의 성분으로 나눌 필요가 있다. 그러므로 $\vec{F}_1$, $\vec{F}_2$, $\vec{F}_3$와 합력을 축 방향 성분과 수직 방향 성분으로 분해하라.

풀이 SOLUTION

로드맵 다양한 풀이 전략이 있을 수 있는데, 여기서는 두 가지 방법을 생각한다. 첫 번째 방법은 예제 2.6과 동일한 방법이지만, 기둥 축 방향 n과 수직 방향 t의 tn 수직 좌표계를 사용하였다. 두 번째 풀이는 예제 2.6의 결과를 변환시키는 것이다.

풀이 1

지배방정식과 계산 그림 1의 형상을 이용하여 각 힘들이 t와 n 방향과 이루는 방향각을 계산한다. 그 결과는 그림 2에 나타나 있다.

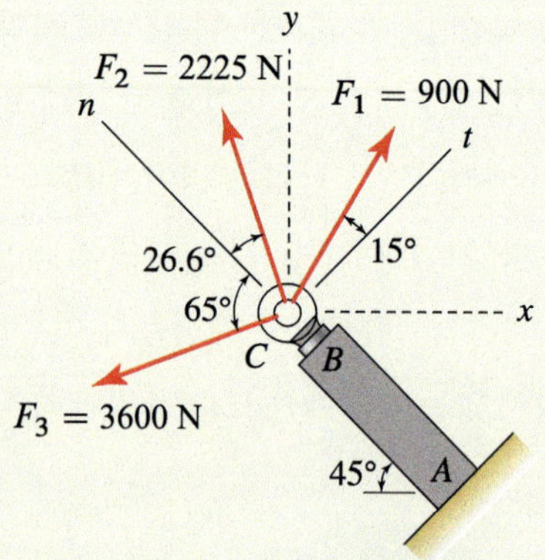

그림 2 그림 1의 힘들을 t 방향과 n 방향에 대한 방향각에 대해 표시함.

그림에서 15°와 65°의 계산은 간단한다. $\vec{F}_2$의 방향각을 위해서, 먼저 음의 x 방향에 대한 $\vec{F}_2$의 방향각으로 $\tan^{-1}(3/1) = 71.56°$를 계산한다. 이어서 n 방향에 대한 $\vec{F}_2$의 방향각은 $71.56° - 45° = 26.56°$로 계산된다. tn 직교 좌표계로 힘들을 다음과 같이 표현한다.

$$\vec{F}_1 = (900\ \text{N})(\cos 15°\ \hat{t} + \sin 15°\ \hat{n}) \tag{1}$$

$$\vec{F}_2 = (2225\ \text{N})(\sin 26.56°\ \hat{t} + \cos 26.56°\ \hat{n}) \tag{2}$$

$$\vec{F}_3 = (3600\ \text{N})(-\sin 65°\ \hat{t} + \cos 65°\ \hat{n}) \tag{3}$$

여기서 $\hat{t}$와 $\hat{n}$은 t 방향과 n 방향의 단위 벡터로 정의된다. 합력 $\vec{R}$은

$$\begin{aligned}\vec{R} &= \vec{F}_1 + \vec{F}_2 + \vec{F}_3 \\ &= [900\cos 15° + 2225\sin 26.56° + 3600(-\sin 65°)]\,\hat{t}\,\text{N} \\ &\quad + [900\sin 15° + 2225\cos 26.56° + 3600(\cos 65°)]\,\hat{n}\,\text{N} \\ &= \boxed{(-1398\,\hat{t} + 3744\,\hat{n})\,\text{N}} \end{aligned} \tag{4}$$

그러므로 합력은 t 성분 $R_t = -1398$ N과 n 성분 $R_n = 3744$ N을 가지며, 그림 3에 그려져 있다. 풀이 결과에 대한 검증으로서 크기 $R = \sqrt{(-1398\text{ N})^2 + (3744\text{ N})^2} = 3997$ N의 결과는 예제 2.6의 결과와 일치함을 알 수 있다.

풀이 2

지배방정식과 계산 이 풀이 방법은 예제 2.6의 결과를 이용하는 것인데, 예제 2.6 식 (4)의 $\vec{R}$을 t 성분과 n 성분으로 분해하는 것이다. 예제 2.6 그림 3에서 각도 θ는 $\theta = 45° - 24.52° = 20.48°$로 쉽게 얻어진다. 그러므로 $\vec{R}$의 t 방향 성분과 n 방향 성분은

$$R_t = -(3997\text{ N})(\sin 20.48°) = \boxed{-1398\text{ N}} \tag{5}$$

$$R_n = (3997\text{ N})(\cos 20.48°) = \boxed{3744\text{ N}} \tag{6}$$

이 결과는 본 예제 그림 (3)의 결과와 일치한다.

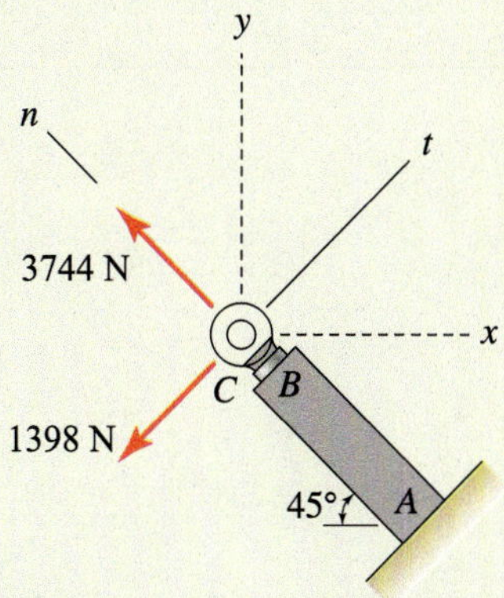

그림 3 합력의 t 방향 성분과 n 방향 성분.

논의 및 검증

- 본 예제의 R_t와 R_n과 같이 직각 성분으로 분해한 결과의 정확도를 검사하는 방법은 $\sqrt{R_t^2 + R_n^2}$을 계산하고, 그 결과 값과 원래 벡터의 크기를 서로 비교하는 것이다.
- 풀이 1의 단점은 몇 가지 다른 좌표계로 합력을 표시하는 경우에 매번 동일한 과정을 반복하여야 하는 것이다. 풀이 2의 장점은 한 가지 좌표계로 힘이 표현된 후에는 그 결과를 다른 좌표계로 변환하는 것이 간단하다는 것이다.
- 여기에서 설명되지 않는 세 번째 풀이는 문제 2.35에서 다루어진다. 이 방법은 풀이 2의 방법과 유사한데, 보다 우아하며 효율적이다. 이것은 예제 2.6의 결과인 $\vec{R}$의 x 성분과 y 성분을 t 성분과 n 성분으로 벡터 변환하는 것이다.

예제 2.8 위치 벡터

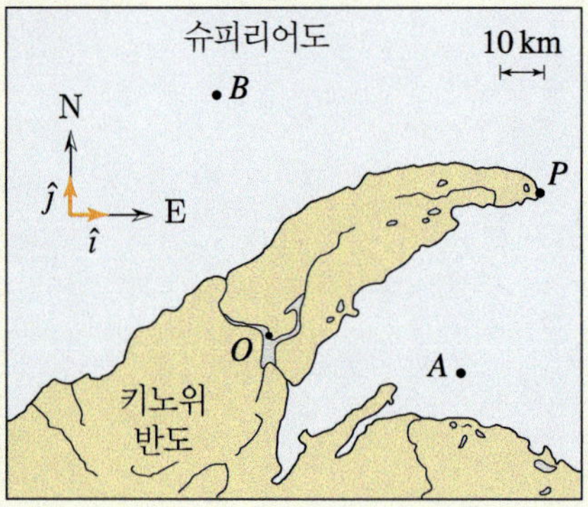

그림 1

그림 1은 슈피리어호(Lake Superior) 남쪽 연안에 있는 키위노 반도(Keweenaw Peninsula)이다. 지점 O에 미국 해안 경비대 본부가 위치하며, 지점 A는 해안 경비 구조 선박과 헬리콥터의 위치이며, 지점 B에는 구조를 요청한 선박이 있으며, 지점 P는 키위노 반도의 끝단이다. $\hat{\imath}$와 $\hat{\jmath}$를 동향과 북향의 단위 벡터로 설정하여 각 지점의 위치 벡터를 표현하면

$$\vec{r}_{OA} = (44\hat{\imath} - 9\hat{\jmath})\,\text{km}, \quad \vec{r}_{OP} = (61\hat{\imath} + 31\hat{\jmath})\,\text{km}, \quad \vec{r}_{OB} = (-12\hat{\imath} + 53\hat{\jmath})\,\text{km} \qquad (1)$$

(a) 헬리콥터로 구조할 경우에 지점 A로부터 지점 B의 선박으로 비행하는 최단 거리를 계산하라.

(b) 구조 선박을 이용하여 경우에 지점 A로부터 지점 B의 선박으로 항해하는 최단 거리를 계산하라.

(c) (b)부분에서 구조 선박이 지점 A에서 출발하여 지점 P를 향하여 20 km 항해하였다면, 경비대 본부 O 점을 기준으로 상대적인 선박의 좌표와 위치 벡터를 구하라.

풀이 SOLUTION

로드맵 본 예제의 세 문제에서 공통으로 사용될 수 있는 전략으로서, 먼저 A, B, P 지점의 좌표를 결정하고, 다음에 예제 2.2의 식 (2.22)를 이용하여 $\vec{r}_{AB}$ 등과 같은 위치 벡터들을 구한다. 여기서 이러한 위치 벡터들의 크기로서 각 문제에서 주어진 지점 사이의 거리를 구할 수 있다. 이보다 더 좋은 전략은 얻고자 하는 위치 벡터들을 구하기 위해 벡터 덧셈 연산을 사용하는 것으로, 이 방법을 사용하여 문제를 풀이한다.

(a) 부분

지배방정식과 계산 헬리콥터의 최단 경로는 A 지점에서 B 지점으로 그은 직선이다. AB의 직선에 해당하는 위치 벡터 $\vec{r}_{AB}$는 다음과 같이 표현된다.

$$\vec{r}_{AB} = \vec{r}_{AO} + \vec{r}_{OB} \qquad (2)$$

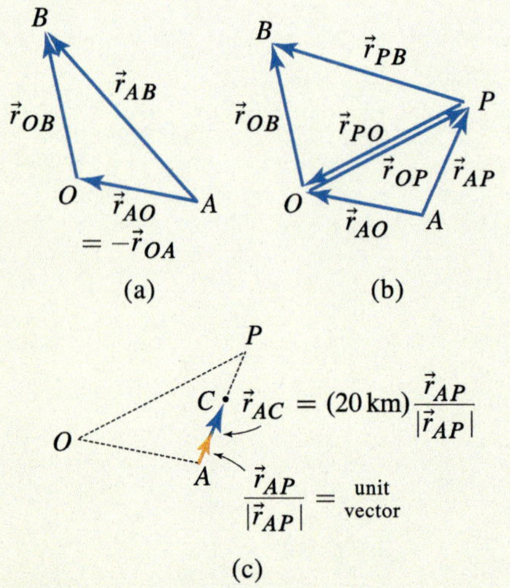

그림 2 벡터 덧셈. 그림 (a)는 본 예제 (a) 부분의 해를 얻는데 사용된다. 벡터 $\vec{r}_{AO}$와 $\vec{r}_{OB}$가 더해져서 $\vec{r}_{AB}$를 얻는다. 그림 (b)는 (b) 부분의 해를 얻기 위하여 더해지는 다양한 벡터들을 보여준다. 그림 (c)는 (c) 부분의 해를 얻는데 사용되는데, 위치 벡터 $\vec{r}_{AC}$는 단위 벡터 $\dfrac{\vec{r}_{AP}}{|\vec{r}_{AP}|}$를 이용하여 구성된다.

식 (2)의 이해에 도움을 주도록 그림 2(a)이 그려져 있다. A에서 B로 직접 날아가지 않고, 먼저 A에서 O로 가서 다시 O에서 B로 간다. 물론 이 경로가 실제 헬리콥터가 비행하는 경로는 아니다. 단지 이러한 경로의 결과가 A에서 B를 직접 날아간 결과와 동일한 것이며, 우리가 궁극적으로 얻고자 하는 결과를 얻을 수 있다는 것이다. 식 (2)는 우리가 잘 알고 있는 두 벡터를 이용한다는 장점이 있다. $\vec{r}_{OB}$는 식 (1)에서 기술되어 있으며, $\vec{r}_{AO} = -\vec{r}_{OA}$이며 $\vec{r}_{OB}$도 식 (1)에 기술되어 있다. 그러므로 식 (2)는 다음과 같이 변환된다.

$$\begin{aligned}\vec{r}_{AB} &= -\vec{r}_{OA} + \vec{r}_{OB} \\ &= -(44\hat{\imath} - 9\hat{\jmath})\,\text{km} + (-12\hat{\imath} + 53\hat{\jmath})\,\text{km} \\ &= (-56\hat{\imath} + 62\hat{\jmath})\,\text{km}\end{aligned} \qquad (3)$$

그리고 비행 거리는 결과 벡터의 크기이다.

$$r_{AB} = \sqrt{(-56\,\text{km})^2 + (62\,\text{km})^2} = \boxed{83.5\,\text{km}} \qquad (4)$$

(b) 부분

지배방정식과 계산 구조 선박의 최단 경로는 A에서 P로의 직선 경로와 P에서 B로의 직선경로를 더하는 것이다. 그림 2(b)에 그려진 개념을 사용하여 $\vec{r}_{AP}$와 $\vec{r}_{PB}$를 구하면

$$\vec{r}_{AP} = \vec{r}_{AO} + \vec{r}_{OP} \quad (5)$$

$$\vec{r}_{PB} = \vec{r}_{PO} + \vec{r}_{OB} \quad (6)$$

벡터 $\vec{r}_{OP}$와 $\vec{r}_{OB}$는 문제 설명에서 주어져 있으며, $\vec{r}_{AO} = -\vec{r}_{OA}$이고, $\vec{r}_{PO} = -\vec{r}_{OP}$이다. 그러므로

$$\begin{aligned}\vec{r}_{AP} &= -\vec{r}_{OA} + \vec{r}_{OP}\\ &= -(44\,\hat{\imath} - 9\,\hat{\jmath})\,\text{km} + (61\,\hat{\imath} + 31\,\hat{\jmath})\,\text{km}\\ &= (17\,\hat{\imath} + 40\,\hat{\jmath})\,\text{km} \end{aligned} \quad (7)$$

$$\begin{aligned}\vec{r}_{PB} &= -\vec{r}_{OP} + \vec{r}_{OB}\\ &= -(61\,\hat{\imath} + 31\,\hat{\jmath})\,\text{km} + (-12\,\hat{\imath} + 53\,\hat{\jmath})\,\text{km}\\ &= (-73\,\hat{\imath} + 22\,\hat{\jmath})\,\text{km} \end{aligned} \quad (8)$$

식 (7)과 (8)의 벡터의 크기는

$$r_{AP} = \sqrt{(17\,\text{km})^2 + (40\,\text{km})^2} = 43.5\,\text{km} \quad (9)$$

$$r_{PB} = \sqrt{(-73\,\text{km})^2 + (22\,\text{km})^2} = 76.2\,\text{km} \quad (10)$$

그러므로 구조선박이 항해한 총 거리는 $r_{AP} + r_{PB} = 119.7$ km이다. 해의 정확도를 검사하기 위하여 $\vec{r}_{AP} + \vec{r}_{PB} = \vec{r}_{AB}$식의 양변을 정량적으로 비교할 수 있다.

(c) 부분

지배방정식과 계산 그림 2(c)의 C점을 구조선박이 P를 향하여 A를 출발하여 20 km 항해한 지점으로 생각한다. A에서 C로 향한 위치 벡터 $\vec{r}_{AC}$는 $\vec{r}_{AP}$와 동일 작용선에 위치하므로 그림 2(c)에서 보여주는 바와 같이 구할 수 있다.

$$\vec{r}_{AC} = (20\,\text{km})\,\frac{\vec{r}_{AP}}{r_{AP}} = (20\,\text{km})\,\frac{(17\,\hat{\imath} + 40\,\hat{\jmath})\,\text{km}}{\sqrt{(17\,\text{km})^2 + (40\,\text{km})^2}} \quad (11)$$

$$= (7.8\,\hat{\imath} + 18.4\,\hat{\jmath})\,\text{km} \quad (12)$$

식 (11)의 $\vec{r}_{AC}/r_{AP}$는 구조 선박이 움직인 20 km 거리의 방향을 나타내는 단위 벡터라는 사실을 유의하라. 위치 벡터 $\vec{r}_{OC}$는 다음의 벡터 덧셈으로 표현된다.

$$\vec{r}_{OC} = \vec{r}_{OA} + \vec{r}_{AC} \quad (13)$$

식의 우변에 있는 벡터들이 주어져 있으므로 식 (13)은

$$\begin{aligned}\vec{r}_{OC} &= (44\,\hat{\imath} - 9\,\hat{\jmath})\,\text{km} + (7.8\,\hat{\imath} + 18.4\,\hat{\jmath})\,\text{km}\\ &= \boxed{(51.8\,\hat{\imath} + 9.4\,\hat{\jmath})\,\text{km}}\end{aligned} \quad (14)$$

마지막으로 C 지점의 좌표를 식 (2.22)를 이용하여 작성하면

$$\vec{r}_{OC} = (x_C - x_O)\,\hat{\imath} + (y_C - y_O)\,\hat{\jmath} \quad (15)$$

O 점 좌표로 (0, 0)을 선택하고, 식 (14)와 식 (15)를 같다고 놓으면

$$(51.8\,\hat{\imath} + 9.4\,\hat{\jmath})\,\text{km} = x_C\,\hat{\imath} + y_C\,\hat{\jmath} \quad (16)$$

식 (16)은 벡터 식이다. 방정식을 만족시키기 위하여 $\hat{\imath}$ 항의 계수가 같아야 하며, 마찬가지로 $\hat{\jmath}$ 항의 계수가 같아야 한다. 그러므로,

$$\boxed{x_C = 51.8\,\text{km}, \quad y_C = 9.4\,\text{km}} \quad (17)$$

논의 및 검증 본 예제에서 예시한 바와 같이 위치 벡터를 얻기 위하여 사용되는 벡터 덧셈은 효과적인 활용이다. 이러한 기법이 본 교재의 모든 부분과 주제에서 사용될 것이다.

문제

문제 2.17-2.24까지

다음 문제들에 대해서 x가 수평이며 오른쪽이 양이고, y가 수직이고 위쪽이 양인 xy 직교 좌표계를 사용하라. 벡터 표현이 필요한 문제들의 벡터를 직교 좌표로 표현하라.

문제 2.17 2.1절의 문제 2.2를 반복하라

문제 2.18 2.1절의 문제 2.3를 반복하라

문제 2.19 2.1절의 문제 2.7를 반복하라

문제 2.20 2.1절의 문제 2.8를 반복하라

문제 2.21 2.1절의 문제 2.9를 반복하라

문제 2.22 2.1절의 문제 2.10를 반복하라

문제 2.23 2.1절의 문제 2.11를 반복하라

문제 2.24 2.1절의 문제 2.12를 반복하라

문제 2.25

$\vec{A} = (675\hat{\imath} - 900\hat{\jmath})$ N이고 $\vec{B} = (900\hat{\imath} + 2200\hat{\jmath})$ N이다. 다음을 계산하고, 각각 $\vec{R}$의 크기를 구하라.

(a) $\vec{R} = \vec{A} + \vec{B}$

(b) $\vec{R} = 2\vec{A} - \frac{1}{2}\vec{B}$

(c) $\vec{R} = s\vec{A} + \vec{B}$가 x 성분만을 가지게 하는 스칼라 상수 s를 구하라.

(d) $\vec{B} - \vec{A}$의 방향이며 무차원인 단위 벡터를 결정하라.

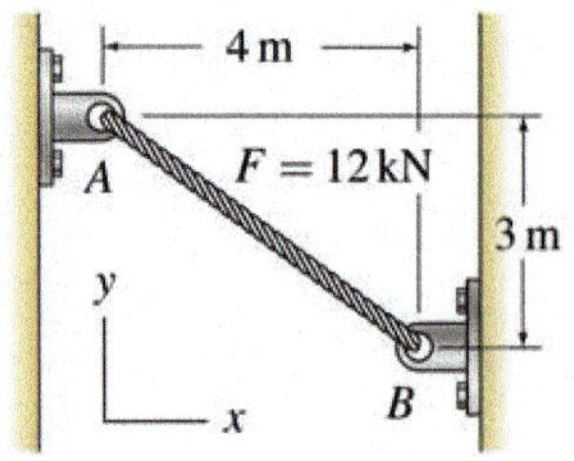

그림 P2.26

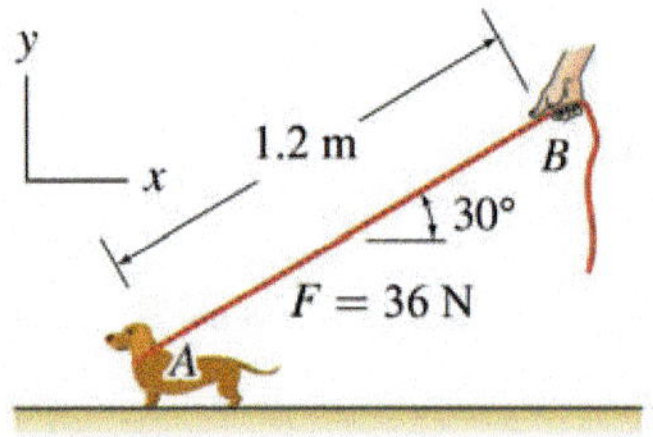

그림 P2.27

문제 2.26, 2.27

A와 B를 연결하는 로프가 그림과 같이 힘 F를 지지하고 있다. 다음에 대해 직교좌표계로 표현하라.

(a) $\vec{r}_{AB}$: A에서 B까지 위치 벡터

(b) $\vec{r}_{BA}$: B에서 A까지 위치 벡터

(c) $\hat{u}_{AB}$: A에서 B로 향하는 단위 벡터

(d) $\hat{u}_{BA}$: B에서 A로 향하는 단위 벡터

(e) $\vec{F}_{AB}$: 로프가 A에 작용하는 힘 벡터

(f) $\vec{F}_{BA}$: 로프가 B에 작용하는 힘 벡터

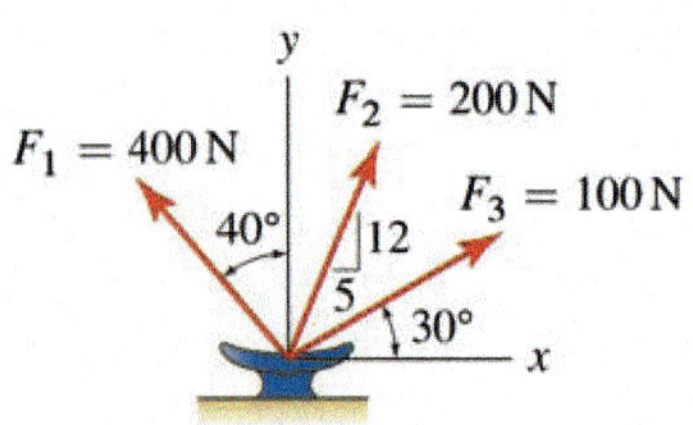

그림 P2.28

문제 2.28

그림 P2.28과 같이 배의 로프 고정대에 세 개의 로프에 의해 힘이 작용하고 있다. 직교좌표계로 합력 벡터 $\vec{R}$을 표현하고, 그 크기 R을 구하라. 또 $\vec{R}$을 벡터의 극좌표로 표현하라.

문제 2.29

그림 P2.29의 인체 팔 모형이 인간 공학의 연구에 사용된다. 각 부위 사이의 거리는 $r_{AB} = 350$ mm이고, $r_{BC} = 280$ mm이며, $r_{CD} = 190$ mm이다.

(a) 위치 벡터 $\vec{r}_{AD}$를 표현하고 그 크기 r_{AD}를 계산하라.

(b) 극좌표로 $\vec{r}_{AD}$ 벡터를 표현하라. 방향각은 오른손 수평방향으로부터 반시계 방향으로 회전하는 것을 양의 방향으로 측정하라.

(c) A에서 D로의 방향을 가지는 단위 벡터 $\hat{u}_{AD}$를 결정하라.

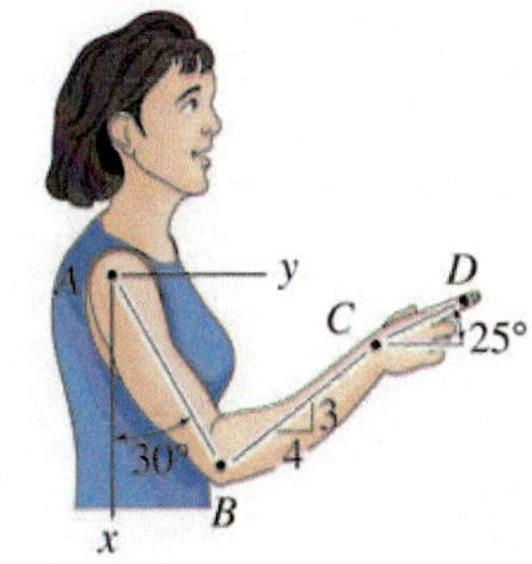

그림 P2.29

문제 2.30

그림 P2.30과 같이 여러 개의 파이프가 복잡하게 놓인 상태에서 한 파이프에 두 개의 로프로 힘이 작용한다. $\vec{F}_1$과 $\vec{F}_2$의 합력이 수직으로 향하게 하는 F_2/F_1의 비를 계산하라.

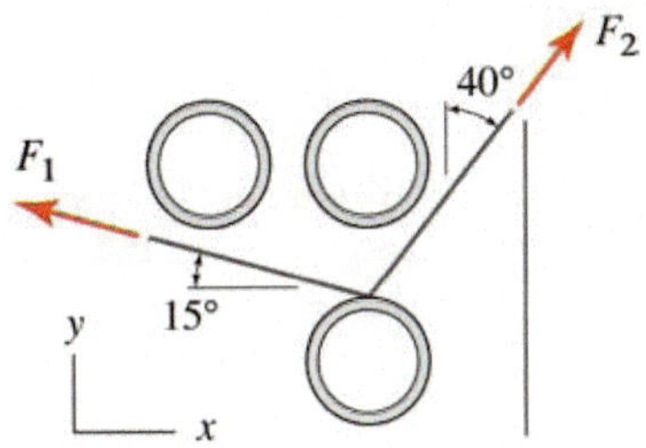

그림 P2.30

문제 2.31

그림 P2.31의 강철 고리에 힘 P와 F가 작용한다. F = 4500 N이며, 두 힘의 합력의 크기가 6700 N을 초과하지 않아야 할 경우에 힘 P의 최대값을 결정하라.

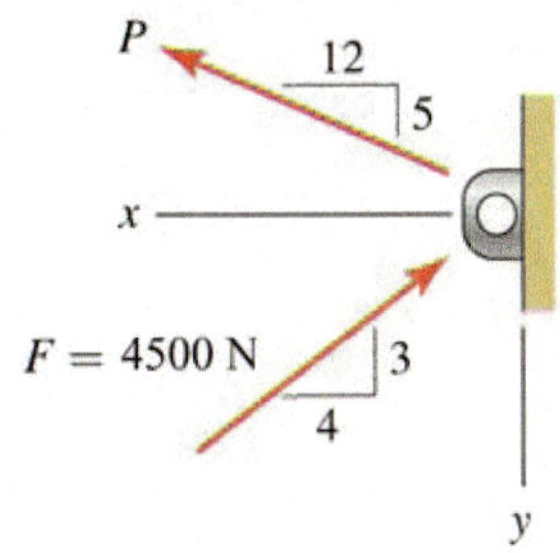

그림 P2.31

문제 2.32

그림의 짧은 외팔보에 세 힘이 작용한다. 세 힘의 합력의 크기를 최소로 되게 하는 α를 구하라. 또 그 합력의 크기도 계산하라.

문제 2.33

그림의 외팔보에 세 힘이 작용한다. α = 45°인 경우에 세 힘의 합력 크기를 최소로 되게 하는 힘 F의 크기를 계산하라.

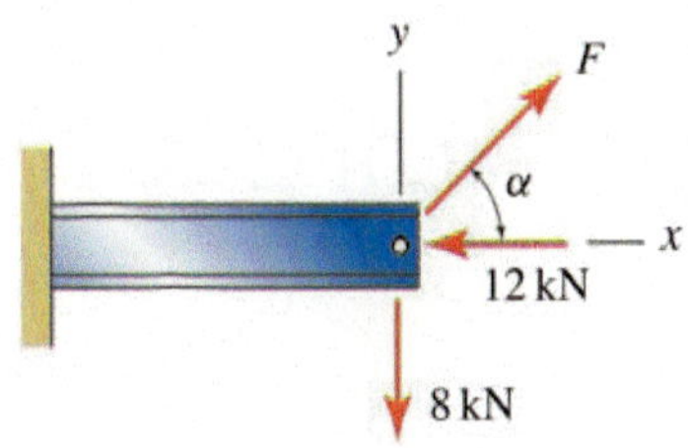

그림 P2.32, P2.33

문제 2.34

그림 P2.34의 고리 볼트에 F_1과 F_2 힘이 작용한다. 고리 볼트의 허용 최대 부하(부하 용량)가 500 N인 경우에 다음의 부하 조건에 대하여 안전 여부를 판단하라. 여기서 예제 2.6의 그림 1에 주어진 작업 부하 계수를 사용한다.

(a) 힘 F_1만 작용한다.

(b) 힘 F_2만 작용한다.

(c) 힘 F_1과 F_2가 동시에 작용한다.

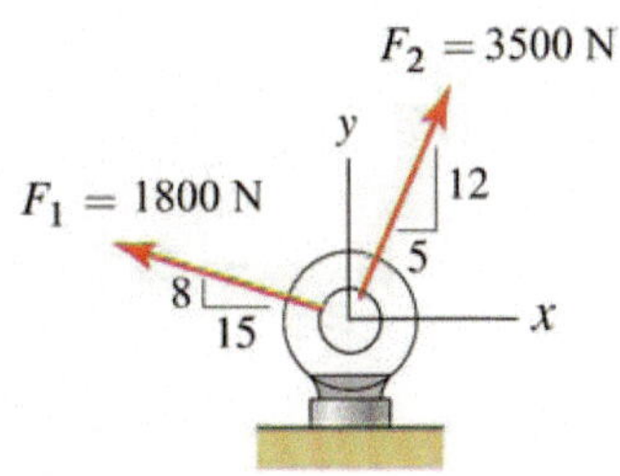

그림 P2.34

문제 2.35

벡터의 한 가지 직교 좌표계 표현으로부터 다른 직교 좌표계로 변환이 용이하다. 그림 P2.35의 좌표계에서 x 성분과 y 성분이 주어져 있으면 다음의 공식들을 사용하여 t 성분과 n 성분을 구할 수 있다. 반대로 t와 n 성분에서 x와 y 성분도 구해진다.

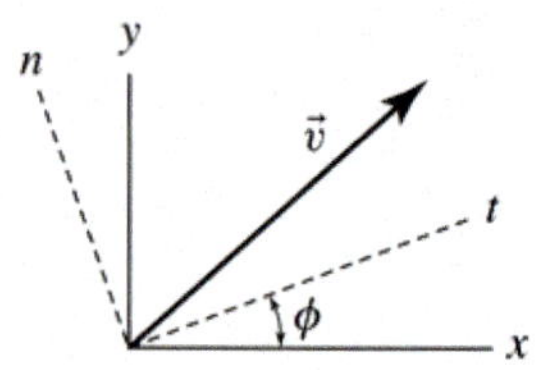

그림 P2.35

$$\vec{v} = v_x\,\hat{\imath} + v_y\,\hat{\jmath} = v_t\,\hat{t} + v_n\,\hat{n} \tag{1}$$

여기서
$$v_t = v_x \cos\phi + v_y \sin\phi \tag{2}$$

$$v_n = -v_x \sin\phi + v_y \cos\phi \tag{3}$$

혹은
$$v_x = v_t \cos\phi - v_n \sin\phi \tag{4}$$

$$v_y = v_t \sin\phi + v_n \cos\phi \tag{5}$$

이들 식에서 $\hat{t}$와 $\hat{n}$은 t와 n 방향의 단위 벡터이다. 각 ϕ는 양의 x 축에서 양의 t 축으로 반시계 방향으로 측정한 각도이다. y 축과 n 축은 각각 양의 x 축과 t 축에서 반시계 방향으로 90° 회전한 방향의 축이다.

(a) $\boldsymbol{v}_t$와 $\boldsymbol{v}_n$를 $\boldsymbol{v}_x$와 $\boldsymbol{v}_y$의 항으로 표현하는 변환 공식을 유도하라.

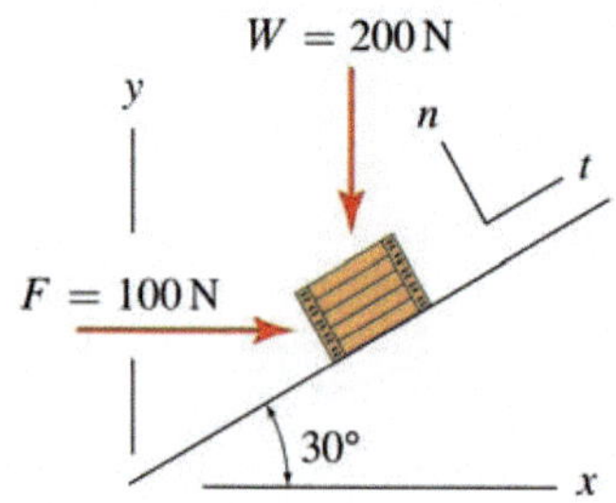

그림 P2.36

힌트 먼저 x 방향의 벡터 $\vec{v}_x$를 t 방향 성분과 n 방향 성분으로 분해한다. 또 y 방향의 벡터 $\vec{v}_y$를 t와 n 방향의 성분으로 분해한다. 이들 결과를 벡터 덧셈하면 변환 공식을 얻는다.

(b) 예제 2.7의 기둥에 장착된 고리 볼트에 작용하는 합력은 예제 2.6의 식 (4)에 주어져 있다. 상기의 변환 공식을 사용하여 합력의 x, y 성분으로부터 t, n 성분을 계산하라. 또, 이 결과가 예제 2.7의 식 (4)와 동일한 것인지 비교하여 검증하라.

문제 2.36

무게 200 N의 상자가 경사면에 놓여 있다. 작업자가 상자를 미끄러지지 않도록 수평 방향으로 힘을 가한다. 힘 W와 F을 합한 합력의 x 성분과 y 성분을 계산하라. 합력의 t 성분과 n 성분도 구하고, t와 n 성분이 유용한 이유를 설명하라.

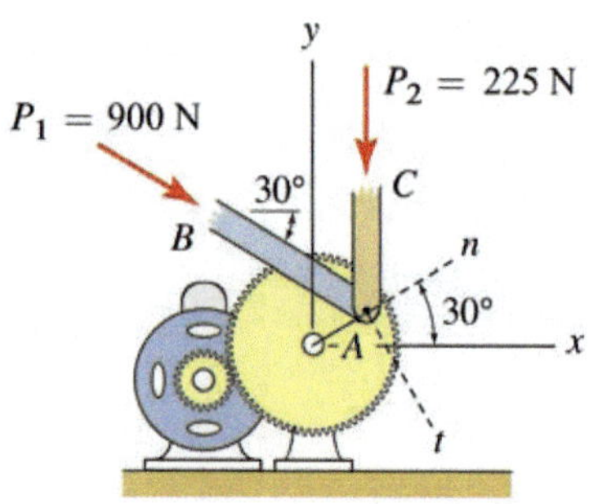

그림 P2.37

문제 2.37

모터로 구동되는 기어가 부재 AB에 힘 P_1을 작용하고, 부재 AC에 P_2를 작용한다.

(a) 힘 P_1과 P_2의 합력으로 A점의 힘에 대한 x 성분과 y 성분을 구하라.

(b) 그 합력으로 t 성분과 n 성분을 구하고, 이 성분들이 유용한 이유를 서술해 보라.

문제 2.38

그림 P2.38과 같이 두 사람이 렌치 손잡이에 P_1과 P_2의 힘을 가한다.

(a) 렌치 손잡이에 작용하는 합력의 x 성분과 y 성분을 계산하라.

(b) 그 합력의 t 성분과 n 성분을 구하고, 이 성분들이 유용한 이유를 설명하라.

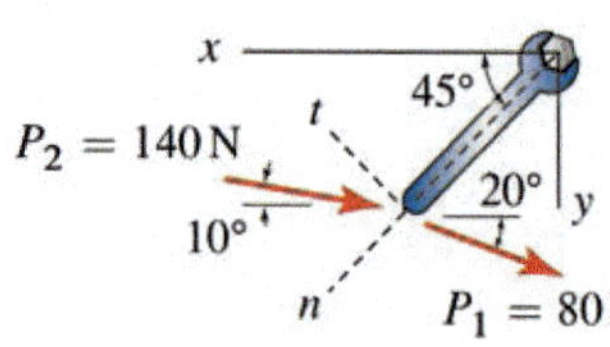

그림 P2.38

문제 2.39

직선 모양의 부품 AC의 길이는 2.7 m이며, 풀리 B에 힘 W와 F가 작용한다. W는 수직 방향이며, t 축은 부품 AC에 평행한다.

(a) F = 660 N이고 α = 30°인 경우에 F와 W에 대한 합력의 t 성분이 영이 되도록 하는 C점의 좌표를 구하라.

(b) F = 660 N이고 C점의 좌표가 (1.4, 2.4) m인 경우에 F와 W의 합력의 t 성분이 영이 되도록 하는 각도 α를 구하라.

(c) C점이 좌표(1.4, 2.4) m에 위치하며, α = 30°인 경우에 F와 W에 대한 합력의 t 성분이 영이 되도록 하는 힘 F의 크기를 계산하라.

힌트 각각의 문제에 대하여, 먼저 합력의 x 성분과 y 성분을 구하고, 문제 2.35에 주어진 변환공식을 이용하여 t 성분을 구한다.

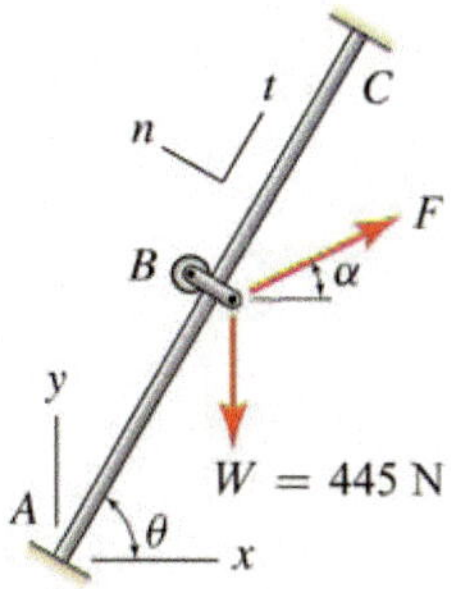

그림 P2.39

문제 2.40

스크루 AC가 장치상의 D 점의 위치를 조절하는데 사용된다. A 점과 C 점의 좌표는 (185, 0) mm와 (125, 144) mm이다. B 점이 A 점으로부터 52 mm 떨어져 있다면, 위치 벡터 $\vec{r}_{AB}$와 B 점의 좌표를 구하라.

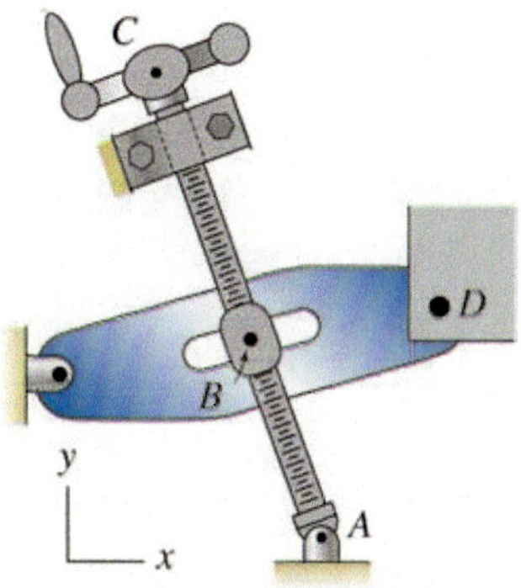

그림 P2.40, P2.41

문제 2.41

B 점이 A 점으로부터 39 mm 떨어져 있을 경우에 문제 2.40을 반복하라.

문제 2.42

스크루 AC가 장치상의 D 점의 위치를 조절한다. A 점의 좌표가 (185, 0) mm에 고정되어 있다. 스크루 너트의 B 점은 레버 ED에 지지되며 그 좌표는 (160, 60)mm이다. A에서 C까지의 스크루 길이가 130 mm인 경우에 위치 벡터 $\vec{r}_{AC}$와 C 점의 좌표를 구하라.

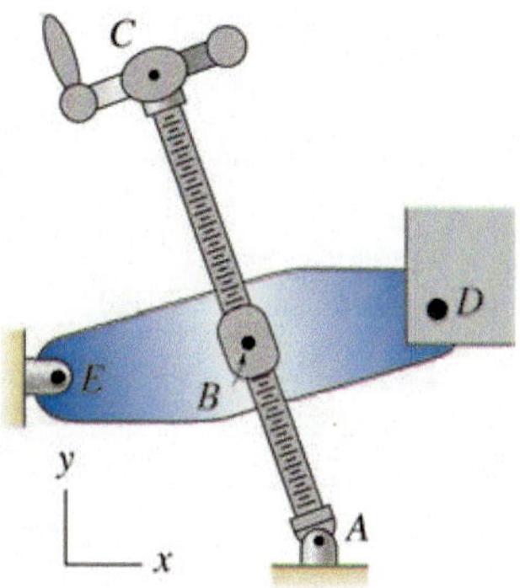

그림 P2.42, P2.43

문제 2.43

문제 2.42에서 B 점은 A 점과 C 점의 중간 위치이며 $\vec{r}_{EA} = (185\hat{\imath} - 50\hat{\jmath})$ mm이고, $\vec{r}_{EB} = (155\hat{\imath} + 22\hat{\jmath})$ mm인 경우에 위치 벡터 $\vec{r}_{AC}$를 구하라.

문제 2.44

그림 P2.44의 부품에 가늘고 긴 홈을 CNC 밀링기로 가공한다. 절삭공구가 A 점에서 시작하여 B 점까지 가공한 후에 절삭 깊이를 더 깊게 한 후에 C 점까지 진행한다. A 점 좌표가 (95, 56) mm이며, C 점 좌표가 (17,160) mm이고, B 점이 A 점으로부터 45 mm 거리에 위치한 경우에 위치 벡터 $\vec{r}_{OA}$, $\vec{r}_{OB}$, $\vec{r}_{OC}$와 B 점의 좌표를 구하라.

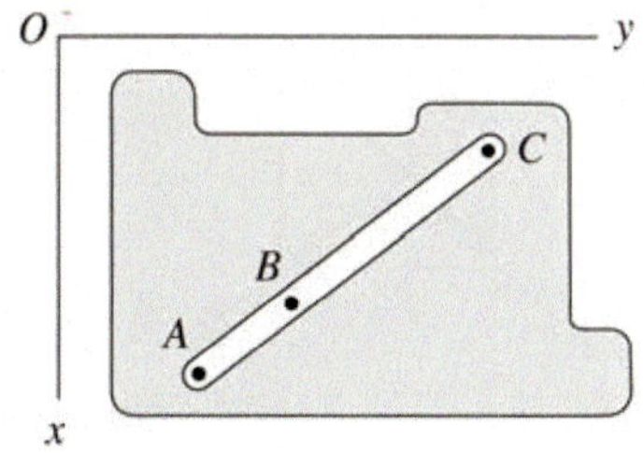

그림 P2.44

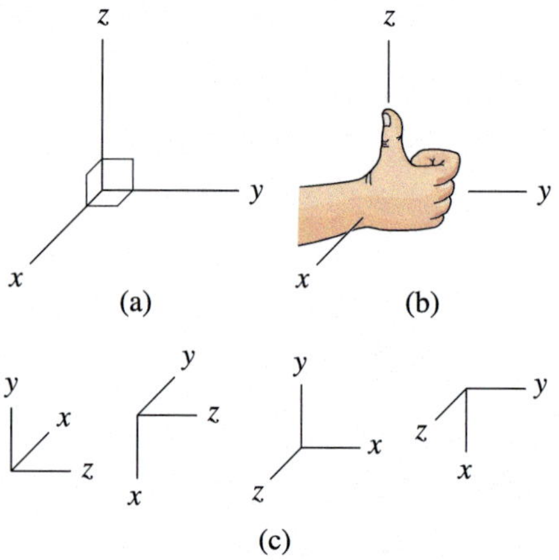

그림 2.17 (a) 3차원 직교 좌표계. (b) 오른손 법칙 좌표계를 구성하는 방법. 양의 x 방향이 오른손의 바닥을 통과하도록 하며, 양의 y 방향이 손가락의 방향과 일치하도록 오른손을 위치시킨다. 이 상태에서 엄지손가락의 방향이 양의 z 방향이 된다. (c) 오른손 법칙 좌표계의 다양한 모습.

2.3 3차원 벡터의 직교 좌표 표현

3차원 문제에서 벡터는 매우 유용하다. 만약 벡터 기법을 이용하지 않으면 풀이 과정이 까다로운 경우가 많다. 3차원 문제는 2차원 문제보다 벡터 표현과 처리 과정이 복잡해지지만 기본 개념은 2차원 경우와 동일하다. 여기에는 오른손 법칙 좌표계와 방향각, 방향 코사인(cosine)에 관한 정의가 필요하다.

오른손 법칙 직교 좌표계

3차원 공간에 대한 직교 좌표계는 서로 직교하는 세 개의 기준 방향을 사용한다. 그림 2.17(a)의 x, y, z 방향이 그것이다. 2.5절에서 설명할 벡터 외적(cross product)과 같은 벡터 연산들은 일관된 방법으로 배열되는 x, y, z 방향을 필요로 한다. 예를 들어서 그림 2.17(a)에 그려진 좌표계를 구성할 때에 먼저 x 방향과 y 방향이 선택되었다면 나머지 z 방향은 그림의 방향이어야 할까 아니면 그림과 반대 방향이어야 할까? 기계역학과 일반 벡터 수학에서 z 방향은 그림과 같이 되어야 하며, 이와 같이 구성된 좌표계를 오른손 법칙 직교 좌표계(*right-hand coordinate system*)라 한다. 그림 2.17(b)는 오른손 법칙 좌표계를 구성하는 방법을 보여준다.

직교좌표 벡터 표현

$\hat{\imath}, \hat{\jmath}, \hat{k}$를 각각 양의 x, y, z 방향의 단위벡터로 정의한다. 벡터 $\vec{v}$는 다음과 같이 기술된다.

$$\begin{aligned}\vec{v} &= \vec{v}_x + \vec{v}_y + \vec{v}_z \\ &= v_x\,\hat{\imath} + v_y\,\hat{\jmath} + v_z\,\hat{k}\end{aligned} \tag{2.23}$$

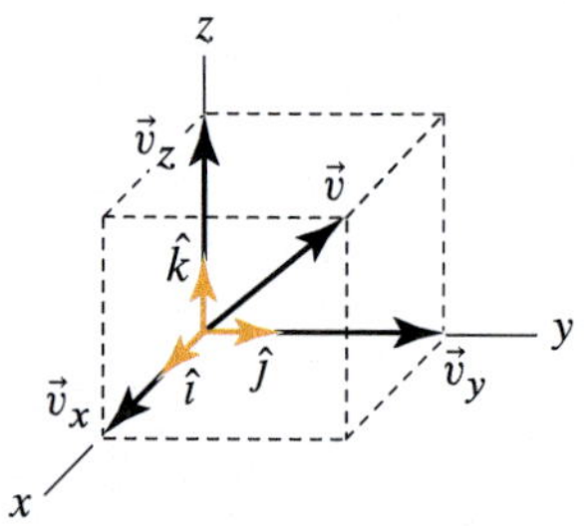

그림 2.18 x, y, z 방향과 단위 벡터 $\hat{\imath}, \hat{\jmath}, \hat{k}$로 표현되는 오른손 법칙 직교 좌표계와 벡터 $\vec{v}$를 $\vec{v}_x$, $\vec{v}_y$, $\vec{v}_z$로 분해.

$\vec{v}$를 x, y, z 성분들로 분해된 모습이 그림 2.18에 그려져 있다. $\vec{v}$의 크기는

$$|\vec{v}| = \sqrt{v_x^2 + v_y^2 + v_z^2} \tag{2.24}$$

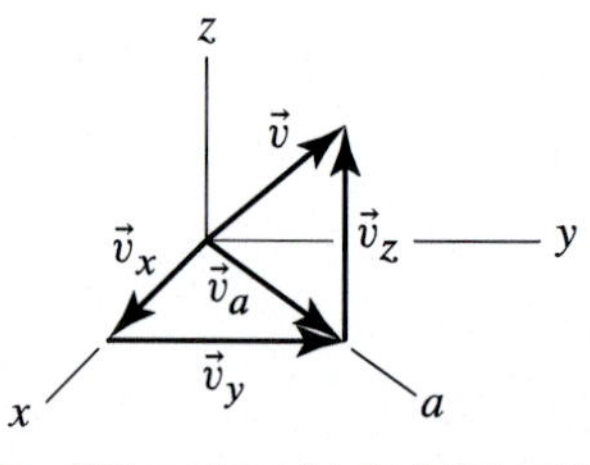

그림 2.19 벡터 크기와 성분의 관계를 표현한 그림.

그림 2.19의 구성으로부터 식 (2.24)는 다음과 같이 유도된다. 먼저 xy 평면상에 있는 벡터 $\vec{v}_a$를 정의한다. v_x, v_y와 v_a가 직각 삼각형을 이루므로 피타고라스 정리로부터 $v_a^2 = v_x^2 + v_y^2$을 얻는다. 다음에 v_a, v_z와 v도 직각 삼각형을 이루며, 피타고라스 정리로부터 $v^2 = v_a^2 + v_z^2$이다. 피타고라스 정리에서 얻은 두 식에서 v_a^2 항을 소거하면 $v^2 = v_x^2 + v_y^2 + v_z^2$이 된다. 이 결과는 식 (2.24)과 동일하다.

방향각과 방향 코사인(cosine)

벡터의 방향을 표현하는 효과적인 방법은 방향각(*direction angles*)을 사용하는 것이다. 그림 2.20에 그려진 방향각 θ_x, θ_y, θ_z는 각각 양의 x, y, z 방향을 기준으로 측정된 각이다.

방향각은 벡터 성분을 구하는데 사용되며, 역으로 성분으로부터 벡터 크기를 구하는 경우에도 사용된다. 그림 2.21에 그려진 벡터 다각형은 직각 삼각형이며, 이 삼각형의 세 변은 벡터 크기 $|\vec{v}|$와 y 성분 v_y, 또 우리가 관심을 갖지 않는 성분으로 구성된다. 여기서 $v_y = |\vec{v}|\cos\theta_y$이다. 마찬가지로 $|\vec{v}|$, v_x와 θ_x 각으로 구성되는 새로운 직각 삼각형으로부터 $v_x = |\vec{v}|\cos\theta_x$를 얻는다. 마지막으로 $|\vec{v}|$, v_z와 θ_z 각으로 구성되는 직각 삼각형으로부터 $v_z = |\vec{v}|\cos\theta_z$ 얻는다. 이상의 결과를 종합하면

$$\begin{aligned}\vec{v} &= v_x\,\hat{\imath} + v_y\,\hat{\jmath} + v_z\,\hat{k} \\ &= |\vec{v}|\,\cos\theta_x\,\hat{\imath} + |\vec{v}|\,\cos\theta_y\,\hat{\jmath} + |\vec{v}|\,\cos\theta_z\,\hat{k} \\ &= |\vec{v}|\,(\cos\theta_x\,\hat{\imath} + \cos\theta_y\,\hat{\jmath} + \cos\theta_z\,\hat{k}) \end{aligned} \tag{2.25}$$

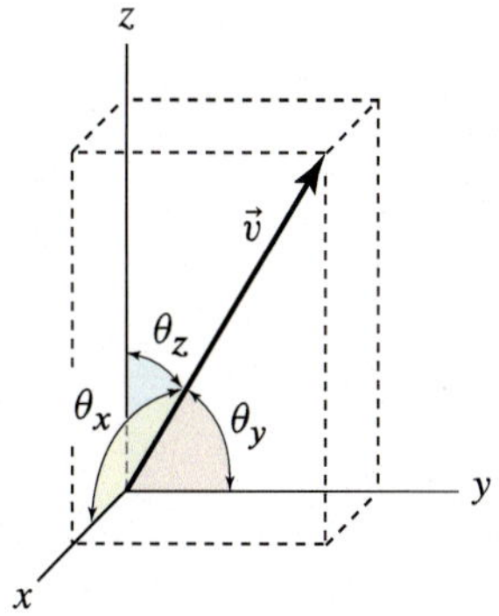

그림 2.20 방향각 θ_x, θ_y, θ_z의 정의.

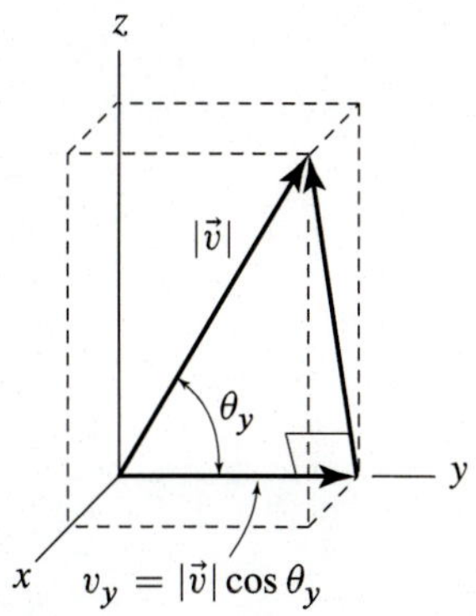

그림 2.21 방향각 θ_y와 벡터 성분 v_y의 관계. 방향각 θ_x와 θ_y를 이용한 삼각형으로부터 $v_x = |\vec{v}|\cos\theta_x$와 $v_z = |\vec{v}|\cos\theta_z$를 얻음.

식 (2.25)에서 $(\cos\theta_x\hat{\imath} + \cos\theta_y\hat{\jmath} + \cos\theta_z\hat{k})$는 $\vec{v}$의 방향을 가리키는 단위 벡터임을 유의하라. 식 (2.25)에서 방향각의 코사인 함수 값은 매우 중요한 의미를 가지는데, 이와 같은 $\cos\theta_x$, $\cos\theta_y$, $\cos\theta_z$는 **방향 코사인**(*direction cosines*)이라 불린다.

식 (2.25)에서 방향 코사인들은 단위 벡터의 성분을 구성한다. 즉, 식 (2.25)를 식 (2.24)에 대입하면

$$\cos^2\theta_x + \cos^2\theta_y + \cos^2\theta_z = 1 \tag{2.26}$$

여기서 $\cos^2\theta = (\cos\theta)^2$이다. 방향각에 대한 세밀한 사항 중 하나는 세 개의 방향각이 존재하지만 그 중 두 개만이 독립이라는 것이다. 예를 들어, θ_x와 θ_y가 주어지면 나머지 θ_z는 식 (2.26)으로부터 결정된다는 것이다. 이 경우에 식 (2.26)은 다수의 해를 가지는데 적합한 해를 선택해야 한다. 이러한 섬세함을 다루는 예제들이 본 절에서 소개된다. 벡터 $\vec{v}$에 대한 방향각과 방향 코사인들은 다음과 같이 요약된다.

요약상자

θ_x = 양의 x 방향과 벡터가 이루는 각

θ_y = 양의 y 방향과 벡터가 이루는 각

θ_z = 양의 z 방향과 벡터가 이루는 각

$$\vec{v} = |\vec{v}|\,(\cos\theta_x\hat{\imath} + \cos\theta_y\hat{\jmath} + \cos\theta_z\hat{k})$$

$$\cos^2\theta_x + \cos^2\theta_y + \cos^2\theta_z = 1$$

$$\cos\theta_x = v_x/|\vec{v}|, \quad \cos\theta_y = v_y/|\vec{v}|, \quad \cos\theta_z = v_z/|\vec{v}| \tag{2.27}$$

위치 벡터

3차원 위치 벡터의 구성은 앞의 절에서 설명한 내용과 유사한 방법으로 이루어진다. 그림 2.22에 그려진 바와 같이 T 점과 H 점이 (x_T, y_T, z_T) 좌표와 (x_H, y_H, z_H) 좌표를 가지면 꼬리 T에서 머리 H로 향하는 **위치 벡터**는 $\vec{r}_{TH}$로 표기되며 다음과 같이 기술된다.

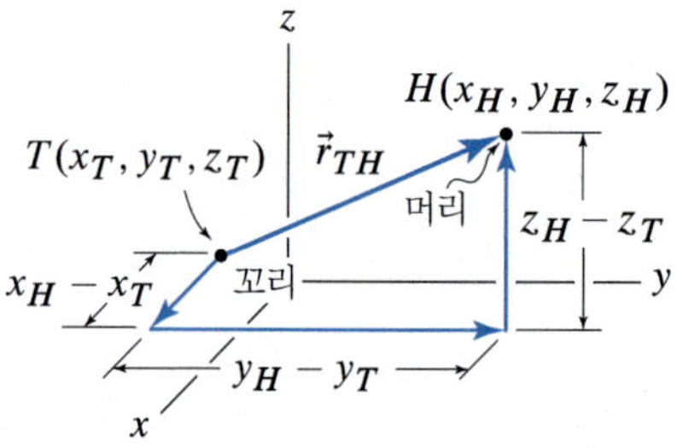

그림 2.22 벡터의 머리와 꼬리의 좌표를 이용한 위치 벡터의 구성.

$$\boxed{\vec{r}_{TH} = (x_H - x_T)\hat{\imath} + (y_H - y_T)\hat{\jmath} + (z_H - z_T)\hat{k}} \tag{2.28}$$

위치 벡터의 성분은 "**머리 좌표 빼기 꼬리 좌표**"로 주어지는데, 암기할 가치가 있는 유용한 구절이다.

힘 벡터의 표현에 사용되는 위치 벡터

위치 벡터는 힘 벡터를 표현하는 목적으로 사용되는 경우가 있다. 힘 벡터 $\vec{F}$가 위치 벡터 $\vec{r}$의 작용선에서 작용하거나 위치 벡터에 평행한 경우에는 힘 벡터 $\vec{F} = F\vec{r}/|\vec{r}|$으로 표현될 수 있다는 것이 기본 개념이다. 여기서 $\vec{r}/|\vec{r}|$는 $\vec{F}$의 방향을 가리키는 단위 벡터이며 F는 $\vec{r}$의 방향을 가지는 힘 $\vec{F}$의 성분이다. 종종 힘의 작용선에 존재하는 두 점의 위치가 주어진 경우에 $\vec{r}$의 성분들은 식 (2.28)에 주어진 것과 같이 위치 벡터의 머리와 꼬리의 좌표의 차이 값으로 표현된다. $\vec{F} = F\vec{r}/|\vec{r}|$의 표현에서 $F > 0$이면 힘 벡터의 방향이 $\vec{r}$의 방향과 동일하며, $F < 0$이면 힘의 방향이 $\vec{r}$의 방향과 반대이다.

그림 2.23 강철 케이블의 절단면. 수많은 개개의 가닥으로 케이블이 구성되어 있다.

정역학에서 이러한 개념은 4장 이후의 힘 벡터 표현에 적용되며, 모멘트 벡터에서도 적용된다. 그러나 이러한 개념은 힘 벡터 이외의 일반적인 벡터에도 적용될 수 있다. 벡터의 종류에 상관없이 어떠한 두 벡터라도 동일한 작용선을 가지거나 서로 평행한 경우에는 한 벡터가 다른 벡터의 구성에 사용될 수 있다. 예를 들어, 정지 상태에 있는 물체가 일정한 방향으로 작용하는 힘 $\vec{F}$를 받는 경우에 그 물체는 가속도 $\vec{a}$이며 속도 $\vec{v}$의 운동을 하는데 힘과 가속도, 속도의 세 벡터의 작용선이 동일하다. $\vec{F}$가 주어져 있으므로 $\vec{a}$ 벡터와 $\vec{v}$ 벡터는 $\vec{a} = a\vec{F}/|\vec{F}|$와 $\vec{v} = v\vec{F}/|\vec{F}|$으로 표현될 수 있다. 여기서 a와 v는 시간에 대한 함수로서 별도로 정해져야 한다.

간단한 구조 부재

기계 역학에서 다루어지는 힘들의 한 부류는 구조 부재들의 내부에 형성되는 힘이다. 이러한 힘을 **내력**(*internal foreces*)이라 하며 본 교재의 뒷 부분에서 많이 언급된다. 구조 부재들은 구조물을 구성하여 내력을 발생시킬 수 있고, 이 구조물은 작용하는 **외력**(*internal foreces*)을 지지할 수 있어야 한다. 여기서 생각할 수 있는 간단한 질문은 '어떠한 종류의 구조물 부재가 그들의 정렬방향과 지탱하는 힘(내력)의 방향이 서로 동일한 특성을 가지는가?' 하는 것이다.

그림 2.24 다리를 지지하는 강철 케이블 옆에 인부가 서 있다.

그림 2.25에서 케이블(혹은 로프, 끈, 줄), 와이어와 직선형 막대[7] 등의 구조물 부재들의 모습을 보여준다. 가벼운 줄의 양쪽을 당기는 실험을 생각한다. 줄의 양쪽에 인장력이 작용하는 경우에 줄의 형상은 직선인 것으로 가정한다. 줄의 인장력은 줄의 한쪽 끝에서 다른 끝으로 향하는 것으로 추측할 수 있다. 또 다른 실험으로서 줄의 한쪽 끝에

7) 막대의 형상은 곡선이거나 직선이 아닐 수 있다. 하지만 여기서 설명은 직선형 막대에만 적용한다.

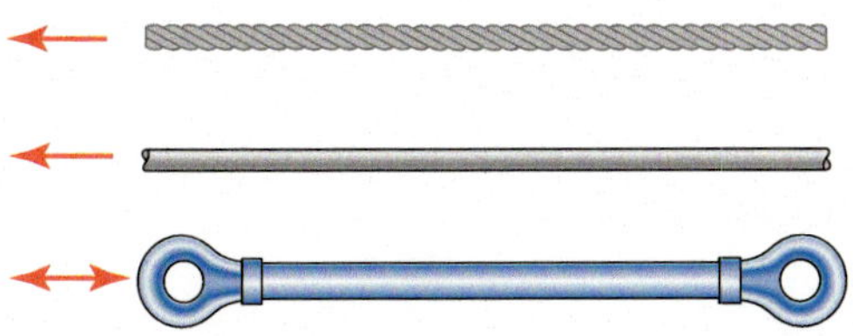

그림 2.25 내력과 기하적 모양의 방향이 동일 선상에 있는 구조물 부재.

물체를 묶어 놓아서 줄의 다른 쪽을 들어 올리는 경우를 생각한다. 줄의 형상은 수직으로 곧게 직선이다. 뉴턴의 만유인력 법칙으로부터 벡터인 물체 무게는 물체로부터 지구의 중심으로 수직 방향으로 작용한다. 무게의 수직 방향은 줄의 정렬 방향과 동일하며, 줄 내부에 작용하는 내력도 줄의 양 끝을 연결하는 직선과 동일한 방향이다. 케이블, 로프, 와이어와 같은 부품들은 이상의 설명과 동일하게 생각할 수 있다. 나아가서 이러한 모든 부재들은 압축력은 지지할 수 없는데 압축력은 부재들을 휘게 하거나 좌굴(buckling)하기 때문이다. 직선 막대 형상의 부재(bar)는 그림 2.25에서 보여주는 바와 같이 양쪽 끝에 작용하는 힘을 받을 수 있다. 직선 막대형 부재에 인장력이 작용하는 거동은 케이블이나 로프의 거동과 유사한데, 압축력도 수용할 수 있다는 것이 차이점이다.

이상을 요약하면, 구조물 부재로 중요한 요소들이 그림 2.25에 그려져 있는데, 그들이 지지하는 힘들은 $\vec{F} = F\vec{r}/|\vec{r}|$로 표현할 수 있다. 여기서 $\vec{r}$은 부품의 정렬 방향을 표현하는 위치 벡터이다. 이러한 구조물 부재들은 2력 부재로 분류되며, 5장에서 자세히 검토된다.

절 요약

본 절에서 직교 좌표계와 3차원 벡터의 직교 좌표 표현이 정의되었다. 주요 사항은 다음과 같다.

- x, y, z 좌표계는 오른손 법칙 좌표계여야 한다. 여러 종류의 벡터 연산은 오른손 법칙 좌표계를 사용하여야 적절한 계산이 가능하다.
- 방향각은 3차원 공간에서 벡터의 방향을 규정하는 유용한 방법이다. 벡터는 θ_x, θ_y, θ_z의 세 가지 방향각을 가지지만, 단지 두 개만 독립이며 나머지 방향각은 두 개로부터 계산될 수 있다.
- 케이블, 로프, 막대와 같은 구조물 부재는 부재의 형상과 동일한 방향의 작용선을 가지는 힘을 지탱한다. 그러므로 만약 $\vec{r}$이 부재의 형상을 나타낸다면, 그 부재에 작용하는 힘은 $\vec{F} = F\vec{r}/|\vec{r}|$로 표현될 수 있다.

예제 2.9 방향각

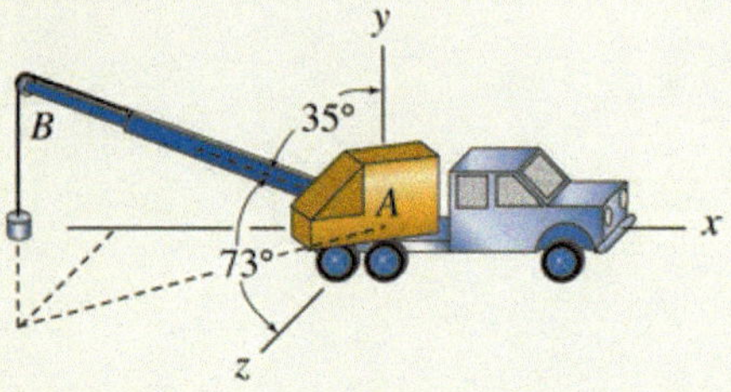

그림 1

크레인의 붐(boom) AB에 대한 방향각을 구하라.

풀이 SOLUTION

로드맵 A에서 B로 향하는 크레인 붐의 위치 벡터는 $\vec{r}_{AB}$로 표현한다. 그림에 표기된 35°와 73°의 각은 그 자체로 방향각이다. 35° 각은 양의 y 방향으로부터 $\vec{r}_{AB}$ 방향으로 측정된 각이며, 73° 각은 양의 z 방향으로부터 $\vec{r}_{AB}$ 방향으로 측정된 각이다. 그러므로 $\theta_y = 35°$이며 $\theta_z = 73°$이다. 나머지 방향각 θ_x는 식 (2.26)에 의해 결정된다.

지배방정식과 계산 $\theta_y = 35°$와 $\theta_z = 73°$를 식 (2.26)에 대입하면

$$\cos^2\theta_x = 1 - \cos^2\theta_y - \cos^2\theta_z \tag{1}$$

$$\cos\theta_x = \pm\sqrt{1 - \cos^2\theta_y - \cos^2\theta_z}$$

$$\theta_x = \cos^{-1}\left(\pm\sqrt{1 - \cos^2\theta_y - \cos^2\theta_z}\right)$$

$$= \cos^{-1}\left(\pm\sqrt{1 - \cos^2 35° - \cos^2 73°}\right) \tag{2}$$

$$= \cos^{-1}(\pm 0.493) \tag{3}$$

전자계산기의 코사인의 역함수를 적용하면 $\theta_x = \cos^{-1}(+0.493) = 60.4°$의 해와 $\theta_x = \cos^{-1}(-0.493) = 119.6°$의 해를 얻는다. 사실 무한한 개수의 해가 존재하지만, $0° \le \theta_x \le 180°$의 영역에서는 60.4°와 119.6° 두 개만 해이다. 이들 둘 중에서 어느 것이 주어진 문제의 올바른 해인지는 그림 1을 관찰함으로써 알 수 있다. 만약 최종 해를 결정함에 불확실한 요소가 존재한다고 가정한다면, 방향각들의 두 가지 조합에 상응하는 단위 벡터를 계산한 후에 이들 두 방향 벡터 중에서 어느 쪽이 올바른 방향을 가리키는지를 살펴볼 수 있다. 이러한 과정을 예시하기 위하여 단위 벡터를 계산한다.

$$\theta_x = 60.4°: \quad \hat{u}_1 = \cos(60.4°)\,\hat{\imath} + \cos(35.0°)\,\hat{\jmath} + \cos(73.0°)\,\hat{k}$$

$$= 0.493\,\hat{\imath} + 0.819\,\hat{\jmath} + 0.292\,\hat{k} \tag{4}$$

$$\theta_x = 119.6°: \quad \hat{u}_2 = \cos(119.6°)\,\hat{\imath} + \cos(35.0°)\,\hat{\jmath} + \cos(73.0°)\,\hat{k}$$

$$= -0.493\,\hat{\imath} + 0.819\,\hat{\jmath} + 0.292\,\hat{k} \tag{5}$$

식 (4)와 (5)의 $\hat{u}_1$과 $\hat{u}_2$ 사이에 유일한 차이는 x 성분의 부호이다. 그림 1은 $\vec{r}_{AB}$가 음의 x 성분을 가짐을 명확히 보여준다. 그러므로 식 (4)에서 $\hat{u}_1$과 θ_x의 해는 물리적으로 의미가 없으며 폐기되어야 한다. 그러므로 붐 AB의 방향각은

$$\boxed{\theta_x = 119.6°, \quad \theta_y = 35.0°, \quad \theta_z = 73.0°} \tag{6}$$

논의 및 검증 해의 정확도에 관한 간단한 검증으로서 식 (6)의 θ_x, θ_y, θ_z의 값들이 $\cos^2\theta_x + \cos^2\theta_y + \cos^2\theta_z = 1$을 만족하는지 계산한다. 만약 이 방정식이 만족되지 않으면 적어도 하나의 방향각이 잘못된 것이며 오류가 존재하는 것이다.

> **빠지기 쉬운 함정**
> **제곱근.** 제곱근을 구하는 경우에 음의 해를 누락하기 쉽다. 예를 들어 $s^2 = 9$의 식에 대한 해 s는 항상 $s = \pm\sqrt{9} = \pm 3$이 되어야 한다. 문제의 물리적 특성에 따라서 두 개의 s 값이 모두 의미를 가지거나 단지 하나만 해가 될 수도 있다. 여러분들이 방향각과 방향 코사인이 합리적인지를 항상 검증한다면 심각한 실수나 오류를 피할 수 있다.

예제 2.10 위치 벡터와 힘 벡터

케이블 AB는 $P = 2$kN 크기의 인장력을 지지하며, 케이블 CD는 $F = 1$ kN 크기의 인장력을 지지한다. I형 외팔보에 작용하는 $\vec{W}$, $\vec{F}$, $\vec{P}$를 표현하라.

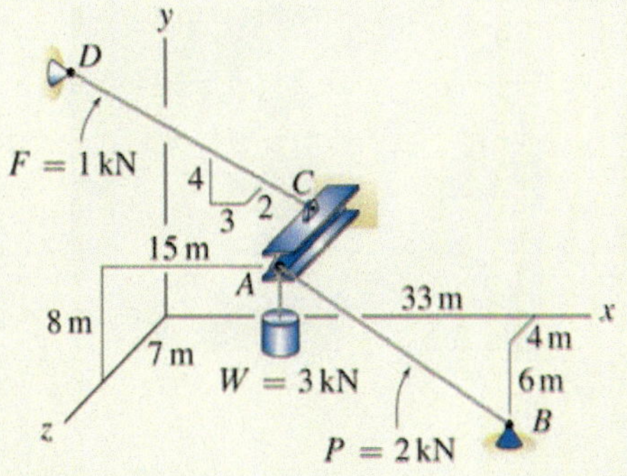

그림 1

풀이 SOLUTION

로드맵 그림 2에서 I형 보에 작용하는 무게와 케이블 인장력의 방향이 그려져 있다. y축이 수직이며 중력에 의한 무게도 수직 아래쪽을 향하므로 무게 $\vec{W}$는 간단히 표현된다. A 점과 C 점에 작용하는 케이블 인장력은 먼저 각 케이블의 방향을 나타내는 위치 벡터를 구한 후에 이 위치 벡터를 이용하여 표현한다.

지배방정식과 계산 3 kN 크기의 무게는 수직 아래 방향이며 $-y$ 방향이다. 그러므로

$$\boxed{\vec{W} = -3\,\hat{\jmath}\ \mathrm{kN}} \tag{1}$$

케이블 AB의 2 kN 인장력은 I형 보의 A 점에서 B 점으로 작용한다. 다시 말해서 케이블 AB의 힘은 A 점을 B 점 쪽으로 가깝게 당기는 힘이며, $\vec{P}$로 표기한다. A에서 B로 향하는 위치 벡터 $\vec{r}_{AB}$와 $\vec{P}$는 동일한 방향을 가진다. 그림 1에서 A 점과 B 점의 좌표로서 A(15, 8, 7) m이며 B(33, −6, 4) m인데, 식 (2.28)에 대입한다.

$$\begin{aligned}\vec{r}_{AB} &= [(33-15)\,\hat{\imath} + (-6-8)\,\hat{\jmath} + (4-7)\,\hat{k}]\ \mathrm{m} \\ &= (18\,\hat{\imath} - 14\,\hat{\jmath} - 3\,\hat{k})\ \mathrm{m}.\end{aligned} \tag{2}$$

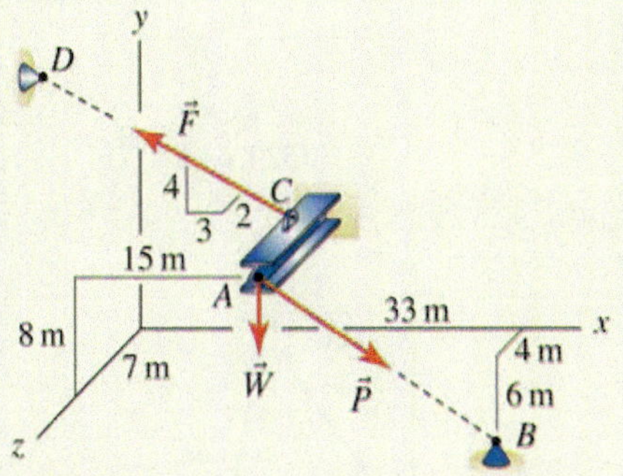

그림 2 I 형 보에 작용하는 무게와 케이블 인장력의 방향.

$\vec{r}_{AB}$를 구성하기 위한 대체 방안으로 자신이 위치 벡터의 꼬리인 A 점에 위치한다고 가정하고 벡터의 머리에 해당하는 B 점에 도달하기 위하여 x, y, z 방향으로 이동해야 하는 거리를 구하는 방안을 생각하여 식 (2)를 얻을 수도 있다. $\vec{r}_{AB}$를 이용하여 $\vec{P}$ 벡터를 다음과 같이 구한다.

$$\begin{aligned}\vec{P} &= (2\ \mathrm{kN})\frac{\vec{r}_{AB}}{|\vec{r}_{AB}|} = (2\ \mathrm{kN})\frac{(18\,\hat{\imath} - 14\,\hat{\jmath} - 3\,\hat{k})\ \mathrm{m}}{23\ \mathrm{m}} \\ &= \boxed{(1.57\,\hat{\imath} - 1.22\,\hat{\jmath} - 0.261\,\hat{k})\ \mathrm{kN}}\end{aligned} \tag{3}$$

여기서 $\vec{r}_{AB}$의 크기는 $|\vec{r}_{AB}| = \sqrt{(18)^2 + (-14)^2 + (-3)^2}\ \mathrm{m} = 23\ \mathrm{m}$이다.

케이블 CD의 1 kN 인장력은 I형 보의 C 점에서 D 점으로 작용한다. 다시 말해서 케이블 CD는 C 점을 D 점 쪽으로 당긴다. 이 힘을 $\vec{F}$로 표기한다. 그림 2에서 이 힘의 방향은 양의 z 방향으로 2 단위이며, 여기에 음의 x 방향으로 3 단위를 더하고, 양의 y 방향으로 4 단위를 더하는 벡터의 방향과 동일하다. $\vec{F}$ 벡터는 다음과 같이 표현된다.

$$\vec{F} = (1\ \mathrm{kN})\frac{(-3\,\hat{\imath} + 4\,\hat{\jmath} + 2\,\hat{k})}{\sqrt{29}} = \boxed{(-557\,\hat{\imath} + 743\,\hat{\jmath} + 371\,\hat{k})\ \mathrm{N}} \tag{4}$$

식 (4)는 $(-3\,\hat{\imath} + 4\,\hat{\jmath} + 2\,\hat{k})/\sqrt{29}$의 단위 벡터를 사용하여 $\vec{F}$의 방향을 표기하고, 1 kN의 항이 $\vec{F}$의 크기와 단위를 제공한다.

논의 및 검증 간단히 검증하기 위하여 각 힘 벡터가 올바른 방향으로 작용하는지 검토하고 $\vec{P}$와 $\vec{F}$가 2 kN과 1 kN의 크기를 가지는지 검사한다.

유용한 정보

뉴턴 제3법칙에 관한 설명. 여러분이 얻은 해로서 $\vec{P}$는 케이블 AB가 I형 보에 작용하는 힘 벡터이다. 이 케이블은 B 지점에도 힘을 작용하는데, 뉴턴 제3법칙에 의하면 이 힘은 $-\vec{P}$로 표기되며 그림 3에 도시한 바와 같다.

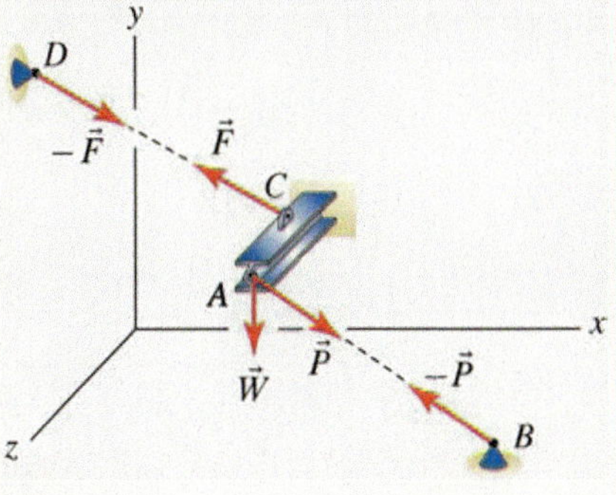

그림 3

예제 2.11 방향각과 위치 벡터

지구 표면의 A 점과 B 점에서 관측자들이 공간상의 C 점에 있는 우주선을 관측한 방향각은 다음과 같다.

$$\vec{r}_{AC}: \quad \cos\theta_x = 0.360, \quad \cos\theta_y = 0.480, \quad \cos\theta_z = 0.800 \tag{1}$$

$$\vec{r}_{BC}: \quad \cos\theta_x = -0.515, \quad \cos\theta_y = -0.606, \quad \cos\theta_z = 0.606 \tag{2}$$

우주선의 xyz 좌표 값을 구하라.

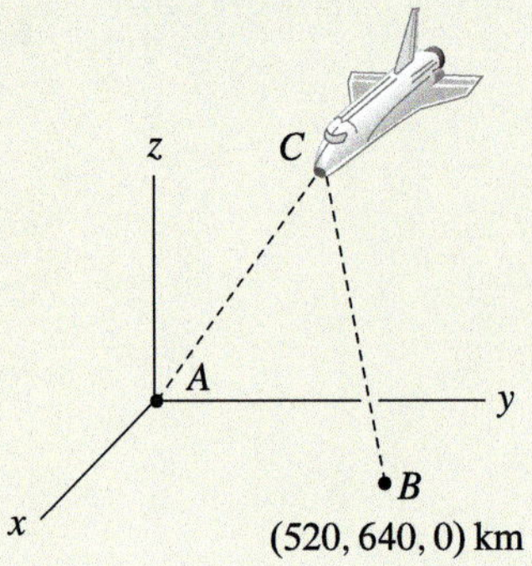

그림 1

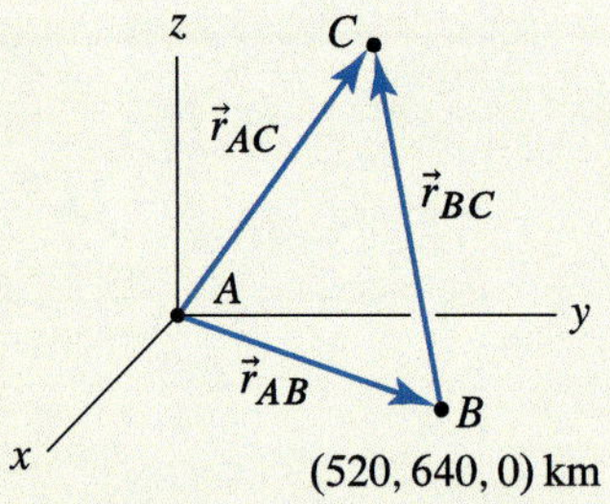

그림 2 벡터 덧셈으로 C의 위치를 결정함.

풀이 SOLUTION

로드맵 효과적인 풀이 전략을 생각한다. 위치 벡터 $\vec{r}_{AC}$와 $\vec{r}_{BC}$의 방향정보는 주어져 있지만 크기는 모른다. 방향 코사인이 위에서 주어진 상태에서 만약 A 점과 B 점의 두 관측자 사이의 거리(r_{AB}로 표기함)가 증가한다면 $\vec{r}_{AC}$와 $\vec{r}_{BC}$의 크기도 증가할 것이다. 그러므로 풀이 과정에 A, B 두 지점의 상대 거리를 이용하는 방법을 생각한다. 벡터 방정식 $\vec{r}_{AC} = \vec{r}_{AB} + \vec{r}_{BC}$로 풀이한다.

지배방정식과 계산 그림 2에 $\vec{r}_{AC} = \vec{r}_{AB} + \vec{r}_{BC}$의 벡터 덧셈이 그려져 있다. 이 벡터 방정식은 세 개의 스칼라 식을 포함한다. 즉 x, y, z 성분 별로 독립된 방정식을 얻는다. 세 개의 방정식으로부터 C 점의 미지 좌표 값들을 결정할 수 있을 것으로 기대한다. 벡터 $\vec{r}_{AC}$와 $\vec{r}_{BC}$의 크기를 r_{AC}와 r_{BC}로 표기하고 주어진 방향 코사인 값을 적용하여 $\vec{r}_{AC}$와 $\vec{r}_{BC}$를 표현한다.

$$\vec{r}_{AC} = r_{AC}\,(0.360\,\hat{\imath} + 0.480\,\hat{\jmath} + 0.800\,\hat{k}) \tag{3}$$

$$\vec{r}_{BC} = r_{BC}\,(-0.515\,\hat{\imath} - 0.606\,\hat{\jmath} + 0.606\,\hat{k}) \tag{4}$$

A 점과 B 점의 좌표는 그림 1에 주어져 있으며 $\vec{r}_{AC}$는 다음과 같다.

$$\vec{r}_{AB} = (520\,\hat{\imath} + 640\,\hat{\jmath})\,\text{km} \tag{5}$$

그러므로

$$\vec{r}_{AC} = \vec{r}_{AB} + \vec{r}_{BC}$$

$$r_{AC}(0.360\,\hat{\imath} + 0.480\,\hat{\jmath} + 0.800\,\hat{k}) = (520\,\hat{\imath} + 640\,\hat{\jmath})\,\text{km} + r_{BC}(-0.515\,\hat{\imath} - 0.606\,\hat{\jmath} + 0.606\,\hat{k}) \tag{6}$$

앞에서 언급한 바와 같이 식 (6)은 다음의 세 스칼라 식을 포함한다.

$$r_{AC}(0.360) = 520\,\text{km} + r_{BC}(-0.515) \tag{7}$$

$$r_{AC}(0.480) = 640\,\text{km} + r_{BC}(-0.606) \tag{8}$$

$$r_{AC}(0.800) = r_{BC}(0.606) \tag{9}$$

r_{AC}에 대하여 식 (9)를 풀이하면 $r_{AC} = r_{BC}(0.606/0.800)$을 얻는다. 이 결과를 식 (7)(대체 방법으로 식 (8)이 이용될 수 있음)에 대입하고, r_{BC}에 대하여 정리하면

$$r_{BC} = \frac{520\,\text{km}}{(0.606/0.800)(0.360) + 0.515} = 660\,\text{km} \tag{10}$$

그리고 식 (9)(대체 방법으로 식 (7) 혹은 식 (8)이 이용될 수 있음)에 대입하여 AC를 구한다.

$$r_{AC} = r_{BC}(0.606/0.800) = 500 \text{ km} \tag{11}$$

C 점에 있는 우주선의 좌표를 결정하기 위하여 식 (2.28)을 이용하여 $\vec{r}_{AC}$(대체 방법으로 $\vec{r}_{BC}$의 표현이 이용될 수도 있음)를 표현한다.

$$\vec{r}_{AC} = x_C\,\hat{\imath} + y_C\,\hat{\jmath} + z_C\,\hat{k} \tag{12}$$

식 (11)의 $r_{AC} = 500$ km를 식 (3)에 대입하여 얻은 $\vec{r}_{AC}$의 표현과 식 (12)를 등가시키면

$$500 \text{ km}\,(0.360\,\hat{\imath} + 0.480\,\hat{\jmath} + 0.800\,\hat{k}) = x_C\,\hat{\imath} + y_C\,\hat{\jmath} + z_C\,\hat{k} \tag{13}$$

x, y, z 항 별로 등가시켜서 C 점의 좌표를 얻는다.

$$x_C = (500 \text{ km})(0.360) = 180 \text{ km} \tag{14}$$

$$y_C = (500 \text{ km})(0.480) = 240 \text{ km} \tag{15}$$

$$z_C = (500 \text{ km})(0.800) = 400 \text{ km} \tag{16}$$

논의 및 검증 식 (1)과 (2)에 주어진 방향 코사인과 그림 2에 주어진 A와 B의 좌표를 식 (14)-(16)에 주어진 좌표와 비교함으로써 검증할 수 있다. 나아가서, z_C는 우주선의 고도인데(지표면의 굴곡 효과는 본 문제에서 상대적으로 미소하므로 무시한다.), 그 결과 $z_C = 400$ km는 우주선의 고도로 합리적인 값이다.

심층분석 여러분들이 왜 이 예제가 미지수의 개수보다 식의 개수가 더 많은지 의아해 할 것이다. 즉, 활용 가능한 식이 식 (7)-(9)으로 3개인데 이 수식의 미지수는 r_{AC}와 r_{BC}의 두 개에 불과하다. 보통 이러한 상황은 과잉규정 문제임을 의미하는데, 미지의 정보를 결정함에 필요한 정보보다 활용 가능한 정보가 더 많은 것이다. 일반적으로 과잉규정 문제는 각각의 미지수에 대해서 하나의 유일한 해를 가지지 않는다. 그러한 상황은 정역학에서 거의 발생하지 않는데, 유일하게 발생 가능한 경우가 방향각(앞에서 설명한 바와 같이 한 벡터에 세 개의 방향각이 존재하지만 그 중에서 둘만이 독립이다)에 관한 문제이다. 본 예제에서 식 (7)-(9)는 과잉으로 규정되지 않는다. 오히려 식 (7)-(9)에서 두 식만이 독립이다. 이것을 확인하기 위하여 식 (7)과 식 (8)에 각각 −640과 520을 곱한 후에 서로 더하면 그 결과 식은 식 (9)와 정확히 일치한다. 수학 용어로 표현하면 세 식 중에서 두 식만이 선형 독립(linearly independent)이라고 말한다.

여기서 말하고자 하는 바는 방향각과 방향 코사인의 문제를 다루는 경우에 여기서 설명한 바와 같은 미묘한 문제에 당면하게 되더라도 놀랄 필요가 없다는 것이다.

예제 2.12 힘 벡터와 벡터 덧셈

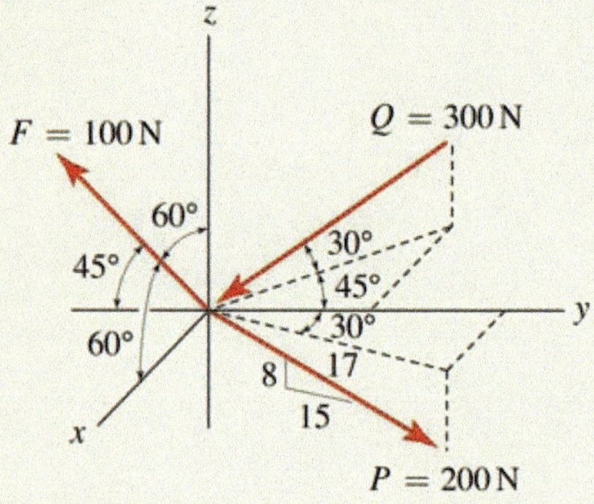

그림 1

힘 $\vec{F}$, $\vec{P}$, $\vec{Q}$의 방향에 관한 정보가 다양한 형태로 주어져 있다.

(a) 각 힘을 벡터로 기술하라. (b) 세 힘의 합력을 구하라. (c) 합력의 방향각을 계산하라.

풀이 SOLUTION

로드맵 벡터를 기술하는데 사용되는 전략은 제공되는 형상 정보에 따라서 결정된다. 세 힘 벡터가 결정되면 서로 더하여 합력 벡터를 얻는다. 합력 벡터로부터 방향각을 계산한다.

(a) 부분

지배방정식과 계산

힘 $\vec{F}$: 그림 1의 $\vec{F}$에 대한 각들을 관측하면서 방향각인지 판단한다. 실제, 두 개의 60° 각은 양의 x 방향과 z 방향에서 $\vec{F}$의 방향으로 측정된 각도이다. 그러므로 이들 모두 방향각에 해당하며, $\theta_x = 60°$이고, $\theta_z = 60°$이다. 나머지 각 45°는 음의 y 방향에서 힘 벡터 방향으로 측정된 각이므로 방향각이 아니다. 하지만 양의 y 방향으로 측정되는 올바른 방향각은 $\theta_y = 180° - 45° = 135°$로 쉽게 계산된다. 지금까지 결과에 대한 검사로서 식 (2.26)을 적용하면 $\cos^2 60° + \cos^2 135° + \cos^2 60° = 1$이 성립한다. 그러므로 세 각들이 실제 방향각임이 검증되었다. 하지만 만약 여러분이 θ_y 값으로 45°을 틀리게 선정하였다고 하더라도 식 (2.26)이 여전히 성립하게 되어서 오류를 발견하지 못할 수 있다. 그러나 결과의 벡터 $\vec{F}$는 올바른 해에 해당하는 음의 y 성분을 가지지 않고, 양의 y 성분을 가진다는 것을 파악하여 오류를 발견할 수 있을 것이다. 방향각들을 이용하여 $\vec{F}$ 벡터를 다음과 같이 표현한다.

$$\vec{F} = (100\text{ N})(\cos 60°\,\hat{\imath} + \cos 135°\,\hat{\jmath} + \cos 60°\,\hat{k})$$
$$= \boxed{(50.00\,\hat{\imath} - 70.71\,\hat{\jmath} + 50.00\,\hat{k})\text{ N}} \quad (1)$$

힘 $\vec{P}$: 그림 1의 $\vec{P}$에 대한 각도 30°는 방향각이 아니다. 왜냐하면 이 각은 양의 y 방향으로부터 측정되었지만, 힘 벡터의 방향으로 측정된 것이 아니다. 기하형상이 이와 같이 주어지는 경우에는 두 단계의 계산 과정으로 벡터 성분을 결정한다. 첫째 단계에서 그림 2(a)에서 8-15 상승-전진의 기하로부터 성분 P_z와 P_a를 구한다.

$$P_z = -(200\text{ N})\frac{8}{17} = -94.12\text{ N}, \qquad P_a = (200\text{ N})\frac{15}{17} = 176.5\text{ N} \quad (2)$$

P_z의 값이 음의 부호로 표현되는 이유는 이 힘 성분이 음의 z 방향으로 작용하기 때문이다. 둘째 단계에서 그림 2(b)의 각 30°를 사용하여 P_a를 x 성분과 y 성분으로 분해한다. 그러므로

$$P_x = P_a \sin 30° = 88.24\text{ N}, \qquad P_y = P_a \cos 30° = 152.8\text{ N} \quad (3)$$

P_x, P_y, P_z에 대한 결과를 종합하면

$$\boxed{\vec{P} = (88.24\,\hat{\imath} + 152.8\,\hat{\jmath} - 94.12\,\hat{k})\text{ N}} \quad (4)$$

중간 점검으로 식 (4)으로 표현된 벡터의 크기를 계산하면

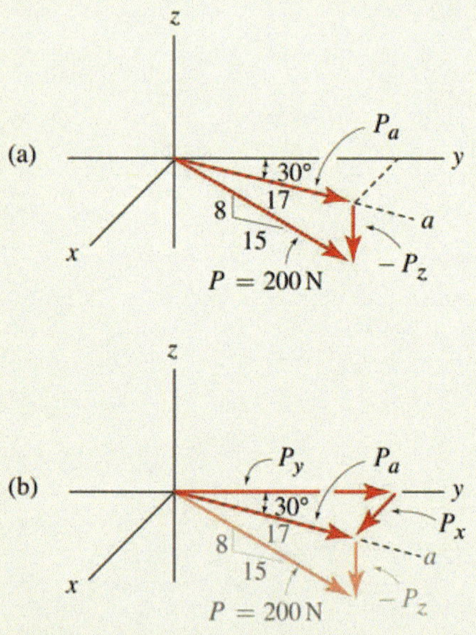

그림 2 (a) 힘 P를 z 방향과 a 방향의 성분들로 분해함 (b) a 방향 성분을 x 방향과 y 방향의 성분으로 분해함.

$P = \sqrt{(88.24\ \text{N})^2 + (152.8\ \text{N})^2 + (-94.12\ \text{N})^2} = 200.0\ \text{N}$이다. 이 결과는 기대한 결과이다.

힘 $\vec{Q}$: 그림 1의 $\vec{Q}$에 대한 각도 30°와 45°는 방향각이 아니다. 각 45°는 힘 벡터의 방향으로 측정된 각이 아니며, 각 30°는 좌표계 축 방향으로부터 측정된 각이 아니다. 이 경우에도 두 단계로 벡터 성분들을 계산하여야 한다. 첫째 단계로 그림 3(a)의 각 30°를 이용하여 $\vec{Q}$를 z 방향 성분과 b 방향 성분으로 분해한다.

$$Q_z = -(300\ \text{N}) \sin 30° = -150.0\ \text{N} \tag{5}$$

$$Q_b = (300\ \text{N}) \cos 30° = 259.8\ \text{N} \tag{6}$$

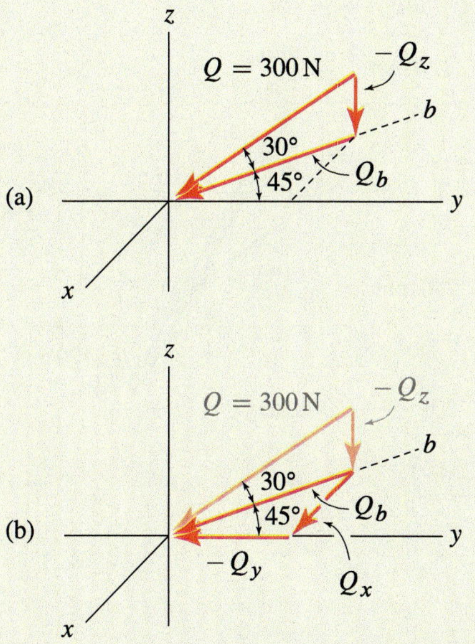

그림 3 (a) 힘 Q를 z 방향 성분과 b 방향 성분으로 분해함 (b) b 성분을 x 성분과 y 성분으로 분해함.

Q_z 표현에 음의 부호가 포함된 이유는 이 성분이 음의 z 방향으로 작용하기 때문이다. Q_b의 경우에도 음의 b 방향으로 작용하므로 음의 부호가 포함되어야 한다. 하지만 이어지는 단계로 Q_b를 분해하는 단계에서 적절한 방향을 부여할 수 있기 때문에 첫째 단계에서는 부호를 생략하였다. 둘째 단계에서 그림 3(b)의 각 45°를 사용하여 Q_b를 x 성분과 y 성분으로 분해한다.

$$Q_x = Q_b \sin 45° = 183.7\ \text{N}, \qquad Q_y = -Q_b \cos 45° = -183.7\ \text{N} \tag{7}$$

Q_x, Q_y, Q_z를 종합하면

$$\boxed{\vec{Q} = (183.7\,\hat{\imath} - 183.7\,\hat{\jmath} - 150.0\,\hat{k})\ \text{N}} \tag{8}$$

이 부분에 대한 점검으로 식 (8)로 표현되는 벡터의 크기를 계산하여 300 N이 되는 것인지를 확인한다.

(b) 부분

지배방정식과 계산 세 힘을 합한 합력은

$$\begin{aligned}\vec{R} = \vec{F} + \vec{P} + \vec{Q} &= (50.00\,\hat{\imath} - 70.71\,\hat{\jmath} + 50.00\,\hat{k})\ \text{N} \\ &\quad + (88.24\,\hat{\imath} + 152.8\,\hat{\jmath} - 94.12\,\hat{k})\ \text{N} \\ &\quad + (183.7\,\hat{\imath} - 183.7\,\hat{\jmath} - 150.0\,\hat{k})\ \text{N} \\ &= \boxed{(321.9\,\hat{\imath} - 101.6\,\hat{\jmath} - 194.1\,\hat{k})\ \text{N}}\end{aligned} \tag{9}$$

그리고 합력의 크기는

$$|\vec{R}| = \sqrt{(321.9\ \text{N})^2 + (-101.6\ \text{N})^2 + (-194.1\ \text{N})^2} = 389.4\ \text{N} \tag{10}$$

(c) 부분

지배방정식과 계산 정확한 $\vec{R}$이 주어지면 그것의 방향각을 구하는 과정은 간단하다. 방정식 $\cos\theta_x = R_x/|\vec{R}|$, $\cos\theta_y = R_y/|\vec{R}|$와 $\cos\theta_z = R_z/|\vec{R}|$을 적용하면.

$$\cos\theta_x = 321.9\ \text{N}/389.4\ \text{N} \Rightarrow \theta_x = \cos^{-1}(321.9/389.4) = \boxed{34.2°} \tag{11}$$

$$\cos\theta_y = -101.6\ \text{N}/389.4\ \text{N} \Rightarrow \theta_y = \cos^{-1}(-101.6/389.4) = \boxed{105.1°} \tag{12}$$

$$\cos\theta_z = -194.1\ \text{N}/389.4\ \text{N} \Rightarrow \theta_z = \cos^{-1}(-194.1/389.4) = \boxed{119.9°} \tag{13}$$

논의 및 검증 결과의 정확도에 대한 간단한 검사로 $\vec{F}$, $\vec{P}$, $\vec{Q}$가 올바른 방향을 가리키며, 정확한 크기를 가지는 것인지를 검증해야 한다. 더해지는 힘 벡터들의 크기와 갯수에 부합되게 $\vec{R}$ 성분들의 일부(혹은 모두)가 적절한 방향과 크기를 가지는 것인지 검증한다.

예제 2.13 위치 벡터와 힘 벡터

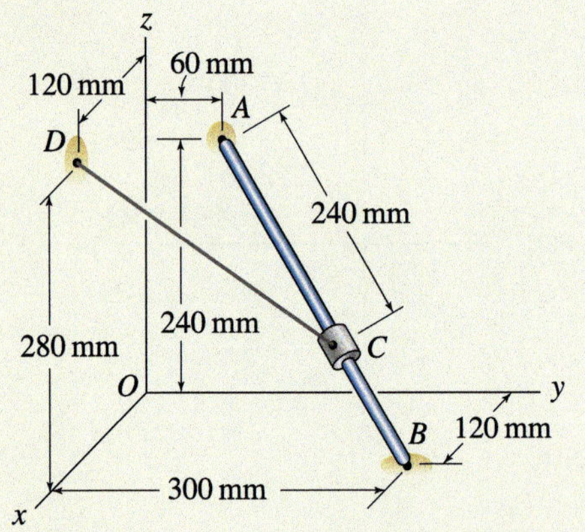

그림 1

칼라 C는 직선 부재 AB 위에서 미끄럼 운동을 하며, D 점에 케이블로 지지되어 있다.

(a) C 점의 좌표를 구하라.

(b) 케이블의 인장력이 150 N으로 주어질 경우에 C 점에 작용하는 힘과 D 점에 작용하는 힘을 각각 직교 좌표계로 표현하라.

풀이 SOLUTION

로드맵 C 점의 좌표를 결정하기 위해서 A 점에서 B 점으로 향하는 위치 벡터를 먼저 구한다. 이 벡터를 이용하여 A 점에서 C 점으로 향하는 위치 벡터를 결정한다. C 점과 D 점의 좌표가 주어진 상태에서 위치 벡터 $\vec{r}_{CD}$를 구하여 얻고자 하는 힘 벡터 $\vec{F}_{CD}$와 $\vec{F}_{DC}$를 구하는데 이용한다.

(a) 부분

지배방정식과 계산 A에서 B로 향하는 위치 벡터를 구성하기 위해서 여러분이 A 점에 있다고 가정하고 B 점까지 가기 위해서 x, y, z 방향으로 이동해야 할 거리를 생각한다. 그림 1을 참조하면 이동 거리가 x 방향으로 120 mm이며, y 방향으로 300 mm − 60 mm = 240 mm이며, z 방향으로 −240 mm이다. 그러므로 이 위치 벡터와 크기는 다음과 같다.

$$\vec{r}_{AB} = (120\,\hat{\imath} + 240\,\hat{\jmath} - 240\,\hat{k})\,\text{mm} \tag{1}$$

$$|\vec{r}_{AB}| = \sqrt{(120)^2 + (240)^2 + (-240)^2}\,\text{mm} = 360\,\text{mm} \tag{2}$$

대체 방법으로 B 점과 A 점의 좌표를 표로 만들고, 위치 벡터의 머리로 B 점을 설정하고 꼬리로 A 점을 설정한 후에 식 (2.28)을 적용하더라도 동일한 결과를 얻는다.

위치 벡터 $\vec{r}_{AC}$와 $\vec{r}_{AB}$가 동일한 방향을 가지므로

$$\vec{r}_{AC} = (240\,\text{mm})\frac{\vec{r}_{AB}}{|\vec{r}_{AB}|} = (240\,\text{mm})\frac{120\,\hat{\imath} + 240\,\hat{\jmath} - 160\,\hat{k}}{360}$$

$$= (80\,\hat{\imath} + 160\,\hat{\jmath} - 160\,\hat{k})\,\text{mm} \tag{3}$$

$\vec{r}_{AC}$가 주어져 있으므로 $\vec{r}_{AC}$의 머리 좌표와 꼬리 좌표의 차이를 평가하여 C 점 좌표를 구한다. 여기서 C 점은 머리이며, A 점은 꼬리이다. A 점 좌표가 그림 1로부터 (0, 60, 240) mm로 주어지며 C 점 좌표는(x_C, y_C, z_C)로 표현한다. 식 (2.28)을 적용하면

$$\vec{r}_{AC} = (80\,\hat{\imath} + 160\,\hat{\jmath} - 160\,\hat{k})\,\text{mm}$$

$$= (x_C - 0\,\text{mm})\,\hat{\imath} + (y_C - 60\,\text{mm})\,\hat{\jmath} + (z_C - 240\,\text{mm})\,\hat{k} \tag{4}$$

x, y, z의 각 성분별로 등식이 성립해야 한다. 그러므로 해는

$$x_C = \boxed{80\,\text{mm}} \tag{5}$$

$$y_C = 160\,\text{mm} + 60\,\text{mm} = \boxed{220\,\text{mm}} \tag{6}$$

$$z_C = -160\,\text{mm} + 240\,\text{mm} = \boxed{80\,\text{mm}} \tag{7}$$

(b) 부분

지배방정식과 계산 그림 2에 그려진 바와 같이 케이블 CD는 C 점에서 D 점 방향으로 150 N 크기의 힘 $\vec{F}_{CD}$를 C 점에 작용한다. D 점 좌표(120, 0, 280) mm를 위치 벡터의 머리로 설정하고, C 점 좌표를(80, 220, 80) mm를 꼬리로 설정하여 위치 벡터를 구한다.

$$\vec{r}_{CD} = [(120-80)\hat{\imath} + (0-220)\hat{\jmath} + (280-80)\hat{k}]\,\text{mm}$$

$$= (40\hat{\imath} - 220\hat{\jmath} + 200\hat{k})\,\text{mm} \tag{8}$$

$$|\vec{r}_{CD}| = \sqrt{(40)^2 + (-220)^2 + (200)^2}\,\text{mm} = 300\,\text{mm} \tag{9}$$

C 점에 작용하는 케이블 힘은

$$\vec{F}_{CD} = (150\,\text{N})\frac{\vec{r}_{CD}}{|\vec{r}_{CD}|} = (150\,\text{N})\frac{40\hat{\imath} - 220\hat{\jmath} + 200\hat{k}}{300}$$

$$= \boxed{(20\hat{\imath} - 110\hat{\jmath} + 100\hat{k})\,\text{N}} \tag{10}$$

D 점에 작용하는 케이블 힘은 $\vec{F}_{DC}$로 표기하는데, 뉴턴 제3법칙에 따라서 C 점에 작용하는 케이블 힘과 그 크기는 동일하며 방향은 반대이다. 그러므로 $\vec{F}_{DC} = -\vec{F}_{CD}$이며, 다음과 같이 표현된다.

$$\boxed{\vec{F}_{DC} = (-20\hat{\imath} + 110\hat{\jmath} - 100\hat{k})\,\text{N}} \tag{11}$$

논의 및 검증 해의 정확도를 간단히 검증하기 위해서 $\vec{r}_{AC}$와 $\vec{F}_{CD}$가 올바른 방향을 가리키며, 그 크기가 합리적인 수준인지 검사한다.

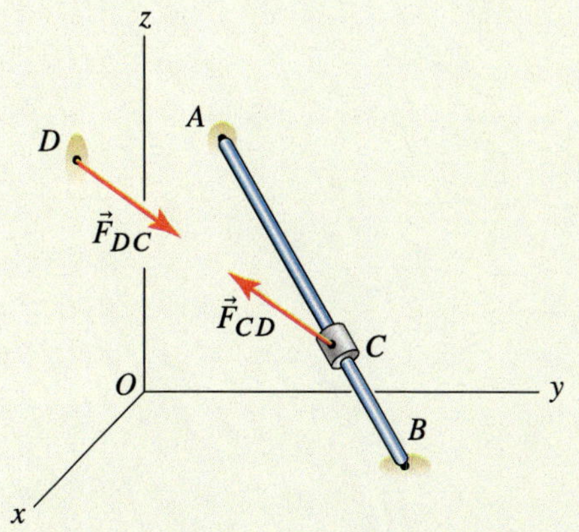

그림 2 케이블이 칼라 C에 작용하는 힘은 $\vec{F}_{CD}$이며, D 지지점에 작용하는 힘은 $\vec{F}_{DC}$이다. 뉴턴 제3법칙에 의하면 $\vec{F}_{DC} = -\vec{F}_{CD}$이다.

문제

문제 2.45

위치 벡터 $\vec{r}$은 방향각 $\theta_x = 36°$와 $\theta_y = 72°$를 가진다. 방향각 θ_z의 가능한 값들을 열거하고, $\vec{r}$의 방향의 차이를 설명하라. 이들 다른 벡터의 모습을 그림으로 표현하라.

문제 2.46-2.49

각 힘을 직교 좌표계로 표현하고, 이 힘들을 합한 합력을 구하라. *xyz* 좌표계에서 합력을 스케치하라.

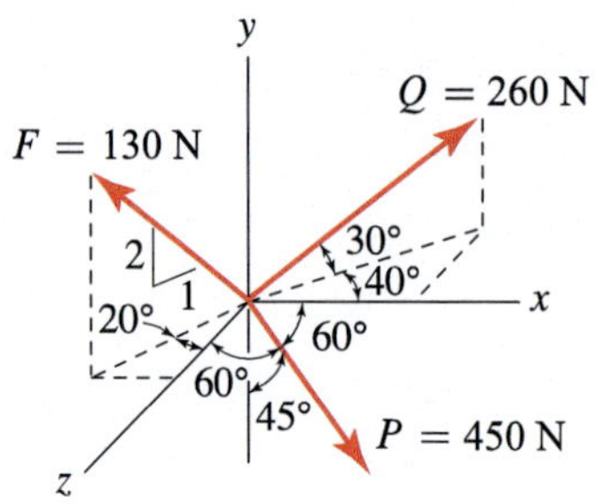

그림 P2.46

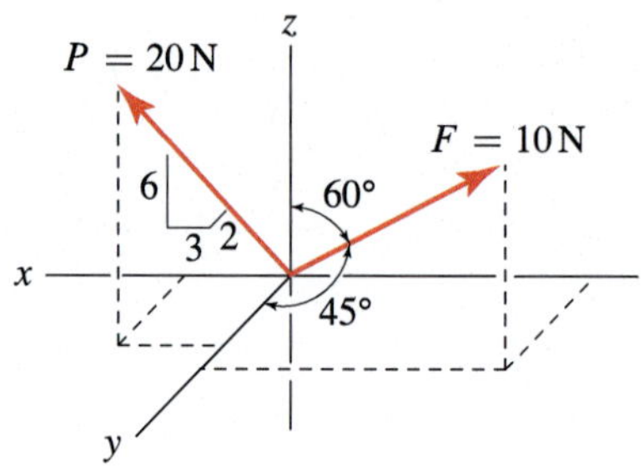

그림 P2.47

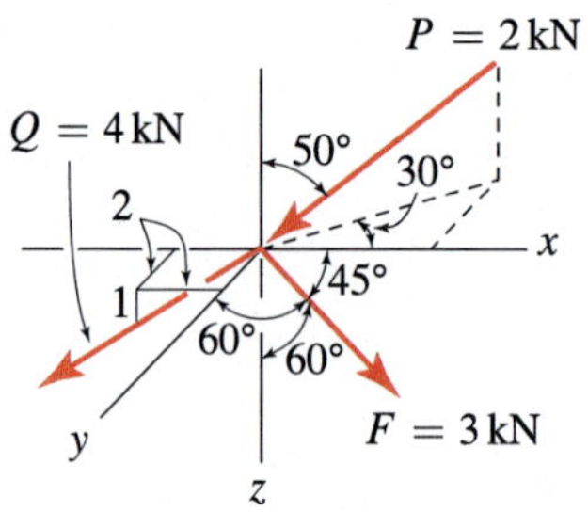

그림 P2.48

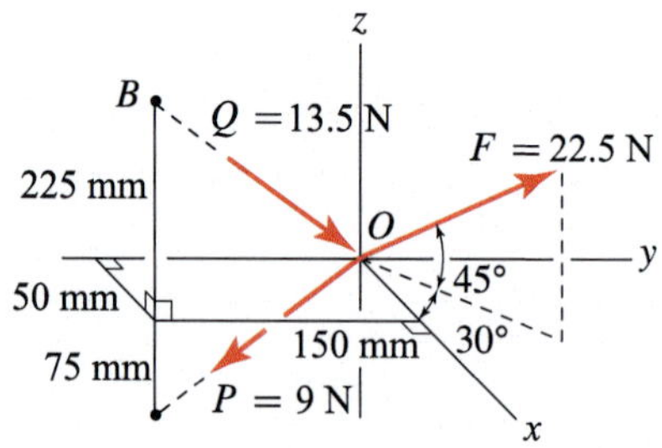

그림 P2.49

문제 2.50, 2.51

각 벡터에 대해서 방향각을 구하고, 직교 좌표계로 표현하라. 이들 두 벡터의 합을 구하여 합력과 방향각을 각각 보고하라. 합력을 *xyz* 좌표계로 스케치하라.

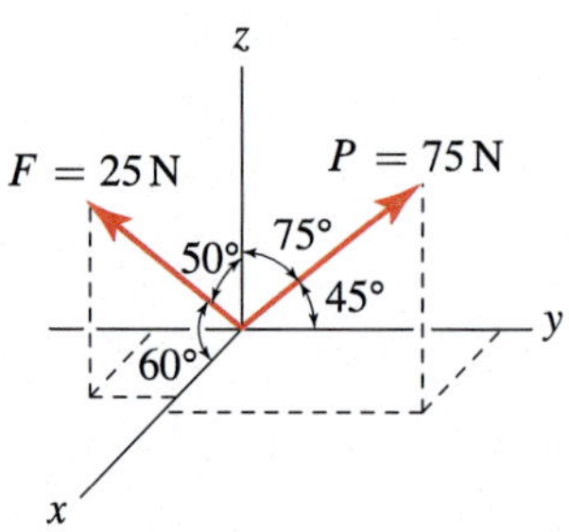

그림 P2.50

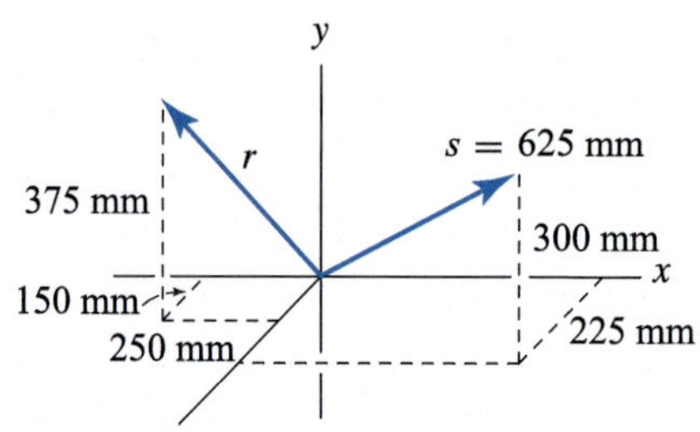

그림 P2.51

문제 2.52

우주선이 자신으로부터 위성 A와 B로의 위치 벡터의 크기와 방향 코사인을 레이더로 측정하였는데, 그 값들은 다음과 같다.

$\vec{r}_{OA}$에 대해: $|\vec{r}_{OA}| = 2$ km, $\cos\theta_x = 0.768$, $\cos\theta_y = -0.384$, $\cos\theta_z = 0.512$

$\vec{r}_{OB}$에 대해: $|\vec{r}_{OB}| = 4$ km, $\cos\theta_x = 0.743$, $\cos\theta_y = 0.557$, $\cos\theta_z = -0.371$

두 위성 사이의 거리를 구하라.

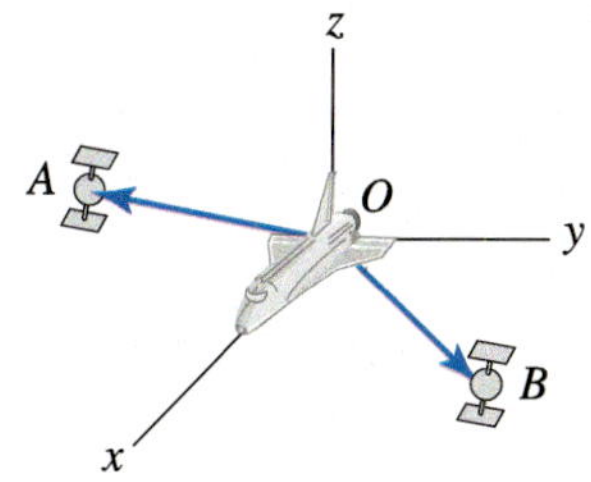

그림 P2.52

문제 2.53

모서리 길이가 1 mm의 입방체 재료를 전자 현미경으로 관찰한다. P 점에서 조그만 함유물(예. 공동)이 발견되었다. A 점에서 P 점으로 향하는 벡터의 방향 코사인은 $\cos\theta_x = -0.485$, $\cos\theta_y = 0.485$, $\cos\theta_z = -0.728$이다. B 점에서 P 점으로 향하는 벡터의 방향 코사인은 $\cos\theta_x = -0.667$, $\cos\theta_y = -0.667$, $\cos\theta_z = 0.333$이다. P 점의 좌표를 구하라.

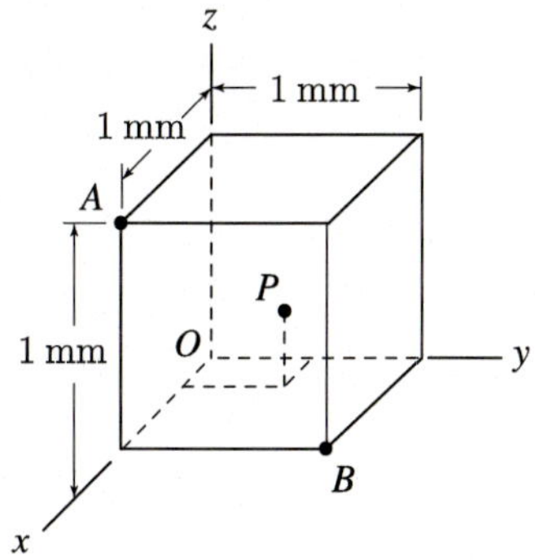

그림 P2.53

문제 2.54

각도 계측기는 관측기 시선 방향의 수평각과 수직각을 측정하는 기구이다. 관측경 시선 방향은 광학적인 방법이나, 레이저에 의한 방법으로 결정된다. 다양한 종류의 각도계측기가 탐사, 건설, 천문학과 제조 과정에서 사용된다. 그림은 간단한 광학적 각도계측기의 모습이다. 먼저 계측기의 기준이 수평 평면과 희망 방향(예를 들어서 탐사 작업인 경우 정북 방향)에 일치하도록 설정한다. 이후에 관측경 시선을 목표지점에 맞추어서 수평 방향각 θ_h와 수직 방향각 θ_v를 측정한다.

(a) θ_h와 θ_v가 주어지는 경우에 관측경 시선의 방향각 θ_x, θ_y, θ_z를 θ_h와 θ_v의 함수로 유도하라.

(b) $\theta_h = 30°$이고, $\theta_v = 60°$인 경우에 (a) 부분의 θ_x, θ_y, θ_z를 구하라.

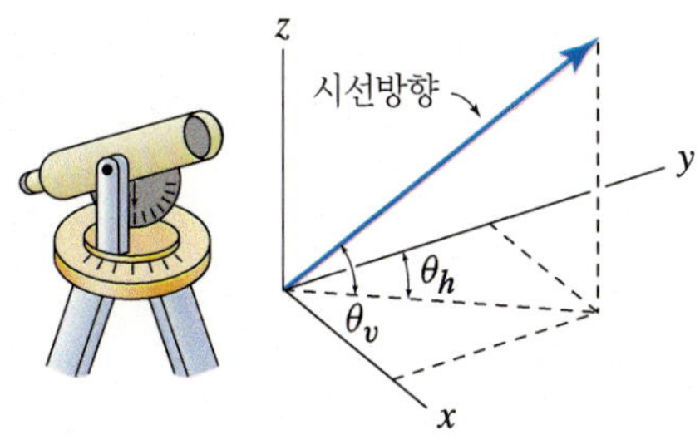

그림 P2.54

문제 2.55

관찰자는 A 지점에서 레이저 관측경을 가진 각도계측기를 사용하여 B 지점에 둥지를 친 희귀새 한 쌍의 방향각으로 $\theta_x = 53°$, $\theta_y = 81°$, $\theta_z = 38°$임을 알았고, A 점에서 B 점으로 향한 위치 벡터의 거리가 224 m임을 알았다. 이어지는 관측에 의하여 A 점에서 C 점으로 향한 위치 벡터의 방향각으로 $\theta_x = 135°$, $\theta_y = 47°$, $\theta_z = 79°$이며, 거리가 507 m임을 알게 되었다. C 점에서 둥지가 있는 B 점을 관측하는 경우에 C에서 B를 향한 벡터의 방향각과 거리를 구하라.

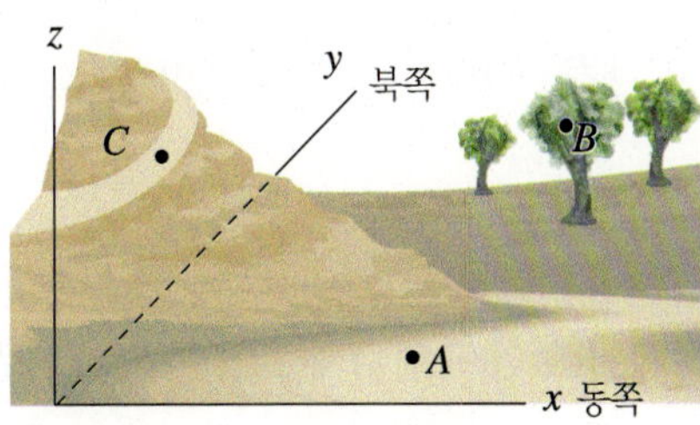

그림 P2.55

문제 2.56

위성 안테나의 방향 코사인이 $\cos\theta_x = 0.286$, $\cos\theta_y = 0.429$, $\cos\theta_z = 0.857$인 경우에 각 θ_h와 θ_v를 구하라.

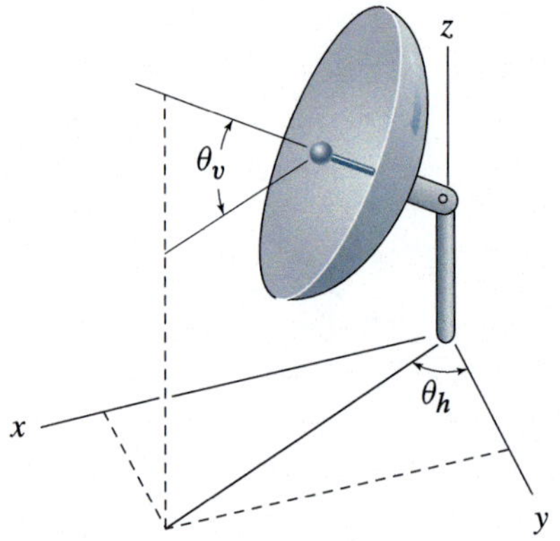

그림 P2.56

문제 2.57

θ_x, θ_y, θ_z 방향각에 대한 일반적인 표현은 0°에서 180° 사이의 각도로 이루어지며, 이것으로 어떠한 벡터의 방향이라도 기술하기에 충분하다. 방향각을 이와 같은 방법으로 표현하는 경우에 어떠한 두 방향각을 선택하여 더하더라도 항상 그 합은 90°와 같거나 더 크다. 이러한 설명이 사실임이라는 근거를 제시해보라.

문제 2.58, 2.59

막대부재 AC와 DG는 직선 형상이며 x 축과 y 축에 각각 평행하다. 두 부재를 연결하는 케이블의 인장력은 450 N이다. 주어진 치수 정보를 이용하여 케이블이 B에 작용하는 인장력과 E에 작용하는 인장력을 각각 직교 좌표계로 표현하라.

문제 2.58 $x = 100$ mm이고 $y = 175$ mm이다.

문제 2.59 $x = 150$ mm이고 $y = 300$ mm이다.

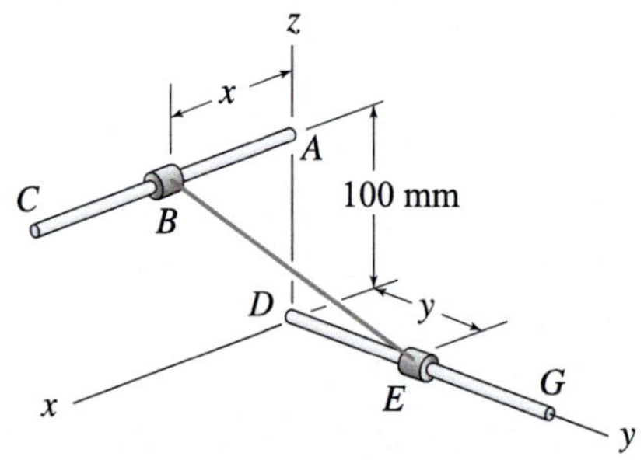

그림 P2.58, P2.59

문제 2.60, 2.61

구조물에서 1/4 원형 로드 AB는 xy 평면에 고정되어 있으며 중심 O에 대한 반지름이 150 mm이다. CD는 직선형 로드인데 원형 로드에 연결된 점 D는 원형 AB 상에서 이동이 가능하다. GE는 늘어날 수 있는 탄성 줄인데, yz 평면의 G 점에 연결되어 있다. E 점의 구슬도 움직임이 가능하며 d가 변수이다. b, h, d와 z의 값이 주어질 경우에 E의 좌표를 구하라. 또 탄성 줄의 인장력이 100 N일 때에 구슬 E에 작용하는 힘 벡터 $\vec{F}_{EG}$를 직교 좌표계 벡터 표현으로 기록하라.

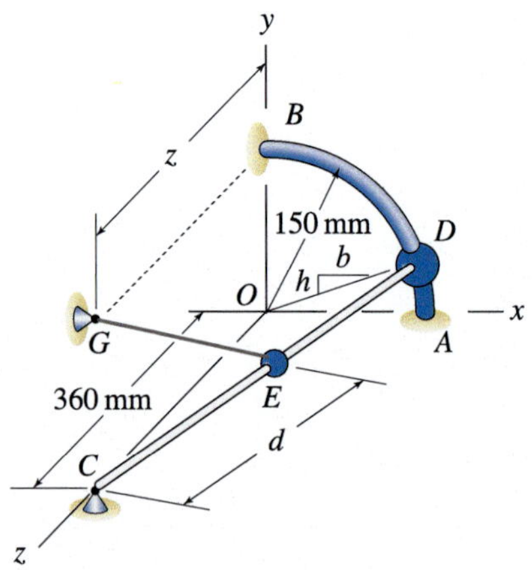

그림 P2.60, P2.61

문제 2.60 b=4, h=3, d=260 mm이고 z=240 mm임

문제 2.61 b=3, h=4, d=195 mm이고 z=270 mm임

문제 2.62

다단 변속기 자전거의 뒷바퀴 모습이 그려져 있다. 32개의 바퀴살이 있으며 바퀴의 양쪽 측면에 각각 16개씩 부착되어 있다(측면 A와 B에 부착된 바퀴살을 각각 검정색과 붉은 색으로 구분하였다). 타이어가 자전거 프레임의 중앙에 위치하기 위해서 바퀴통

(hub)의 A 점과 B 점은 타이어의 중앙 위치로부터 동일한 거리 d에 위치해야 한다. 스프로켓 조립체(sprocket cluster)의 공간을 조성하기 위해서 자전거 제조업자는 A 측의 바퀴살과 다른 방향으로 B 측의 바퀴살을 조립한다. 다음의 질문에서 A 측의 모든 바퀴살은 동일한 힘 F_A를 받으며 B 측의 모든 바퀴살도 동일한 힘 F_B를 받도록 타이어가 제조된다고 가정한다.

(a) 32개 모든 바퀴살에 의해 바퀴통에 작용하는 합력의 x 방향 성분이 영이 되도록 하는 F_B/F_A, 바퀴살 힘의 비율을 결정하라.

힌트 각각의 바퀴살의 방향이 다르지만, A 측의 모든 바퀴살은 길이가 같고 동일한 x 성분의 힘을 가진다. 마찬가지로 B 측의 모든 바퀴살도 길이가 같고 동일한 x 성분의 힘을 가진다.

(b) 바퀴에서 어느 쪽의 바퀴살이 더 큰 하중을 받게 되나?

(c) 바퀴의 양 쪽에 있는 바퀴살들이 동일하게 힘을 받으며 A 점과 B 점에서 타이어 중앙까지의 거리가 동일하게 d인 새로운 설계 방법을 간단히 설명하라.

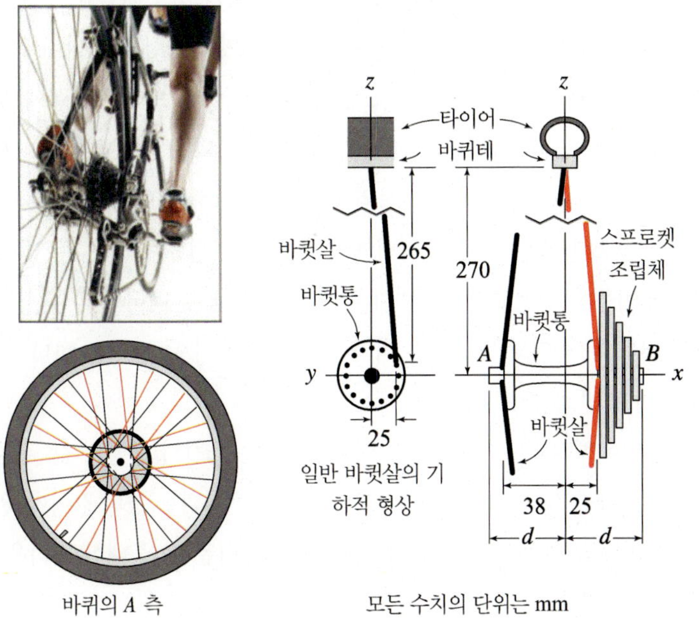

그림 P2.62

2.4 벡터 내적

두 벡터 사이의 내적은 두 가지 용도로 사용될 수 있다. (1) 두 벡터의 작용선 사이 각도의 결정과 (2) 한 벡터의 방향으로 작용하는 다른 벡터의 성분의 결정이다. 정역학의 전반적 내용에서 벡터 내적의 연산은 앞에 설명한 두 가지 문제를 간단히 해결하게 하며, 특히 3차원 벡터에서 더욱 유용하다.

두 벡터 $\vec{A}$와 $\vec{B}$ 사이의 **내적(*dot product*)**은 다음과 같이 정의되는 연산이다.

$$\vec{A}\cdot\vec{B} = |\vec{A}||\vec{B}|\cos\theta \tag{2.29}$$

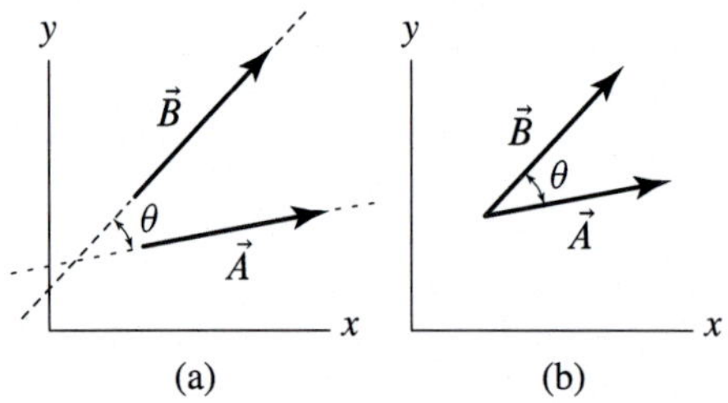

그림 2.26 (a) 2차원 벡터 $\vec{A}$와 $\vec{B}$. 내적 연산에 필요한 각 θ는 두 벡터의 작용선의 교차로 정의한다. (b) 경우에 따라서 두 벡터를 평행 이동시켜서 꼬리에 꼬리를 연결하는 것을 연상하는 것이 필요하다.

여기서 θ는 $\vec{A}$와 $\vec{B}$ 사이의 각을 의미하며, θ의 각도 범위는 $0 \leq \theta \leq 180°$으로 주어진다.[8)]

식 (2.29)에서 "$\vec{A}$ 내적(dot) $\vec{B}$"는 $\vec{A}$의 크기와 $\vec{B}$의 크기를 곱하고, 또 $\vec{A}$와 $\vec{B}$의 두 작용선이 이루는 각 θ에 대한 코사인 함수 값을 곱한 결과를 의미한다. 내적의 결과는 스칼라이며, 그래서 때때로 스칼라 곱으로 호칭되기도 한다. 내적 결과의 단위는 $\vec{A}$ 단위와 $\vec{B}$의 단위를 곱한 것이다. 그림 2.26은 2차원 벡터인 $\vec{A}$와 $\vec{B}$의 내적을 그림으로 보여준다. 각 θ는 두 벡터 작용선의 교차로 정의한다. 두 벡터가 공간에서 어디에 위치하느냐에 상관이 없으며, 두 벡터가 교점에서 만나느냐 혹은 만나지 않느냐의 사실에도 상관없이, 두 벡터를 평행 이동하여서 꼬리와 꼬리가 만날 때 형성되는 각이 θ이다.

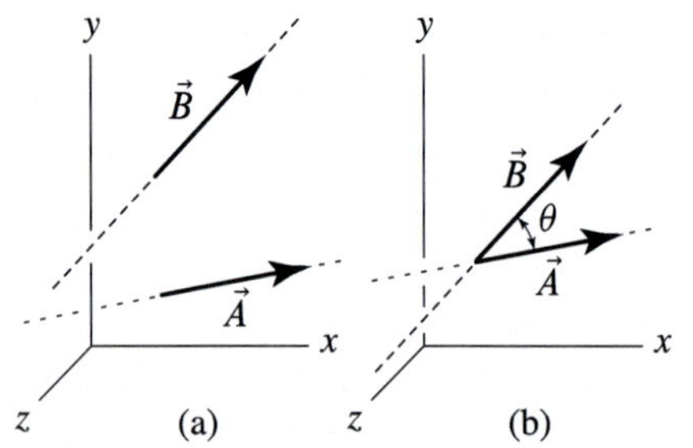

그림 2.27 (a) 3차원 벡터 $\vec{A}$와 $\vec{B}$. (b) 벡터 내적 연산을 위하여 벡터를 평행 이동시켜서 꼬리에 꼬리를 연결하여 각 θ를 정의한다. 꼬리와 꼬리가 연결된 두 벡터는 평면을 형성하며, θ는 이 평면에서 측정된다.

그림 2.27에서 3차원의 두 벡터인 $\vec{A}$와 $\vec{B}$ 사이의 내적을 보여준다. 내적 연산이 성립하기 위해서 두 벡터가 반드시 한 평면에 존재해야 할 필요는 없다. 두 벡터를 임의의 방향으로 평행 이동하여서 꼬리와 꼬리가 만나게 한 후에 두 벡터의 작용선이 이루는 각을 θ로 정의한다. 두 벡터의 꼬리와 꼬리가 만난 상태에서 두 벡터는 하나는 평면을 이루며, 각 θ도 이 평면에서 측정된다.

θ 값에 따라서 벡터 내적의 연산 결과로 얻어지는 스칼라는 양의 값, 혹은 영, 음의 값이 될 수 있다. 예를 들어 $0 \leq \theta \leq 90°$(예각)이면 내적 결과는 양의 값이며, $\theta = 90°$(직각 혹은 수직)의 내적 결과는 영이며, 또 $90° < \theta \leq 180°$(둔각)에 대한 내적은 음의 값이 된다. 벡터 내적은 다음의 특성을 가진다.

$$\vec{A}\cdot\vec{B} = \vec{B}\cdot\vec{A} \qquad \text{교환법칙} \tag{2.30}$$

$$s(\vec{A}\cdot\vec{B}) = (s\vec{A})\cdot\vec{B} = \vec{A}\cdot(s\vec{B}) \qquad \text{스칼라 곱에 관한 결합법칙} \tag{2.31}$$

$$(\vec{A}+\vec{B})\cdot\vec{C} = (\vec{A}\cdot\vec{C}) + (\vec{B}\cdot\vec{C}) \qquad \text{벡터 덧셈에 관한 분배 법칙} \tag{2.32}$$

지금까지 설명은 벡터의 종류와 표현 형식에 상관없이 적용된다. 예를 들어, 그림 2.28(a)에서 보여주는 두 위치 벡터를 생각한다. 첫째, 두 벡터를 평행이동 시켜서 그림 2.28(b)와 같이 꼬리와 꼬리를 연결한다. 둘째 $\vec{A}$와 $\vec{B}$ 사이의 각을 60°로 측정한다. 식 (2.29)를

---

8) 내적 뿐만 아니라 2.5절에서 설명될 외적에서도 $0 \leq \theta \leq 180°$이외의 영역에 대하여 정의될 수 있다. 하지만 외적의 방향에 대한 기술이 한층 더 복잡해진다. 그러므로 $0 \leq \theta \leq 180°$ 영역에 대하여 두 연산이 정의되는 것이 편리하며, 이 경우에도 일반성은 거의 손실되지 않는다.

$\vec{A}$와 $\vec{B}$에 적용하면

$$\vec{A}\cdot\vec{B} = (2\ \mathrm{m})(3\ \mathrm{m})\cos 60^\circ = 3\ \mathrm{m}^2 \tag{2.33}$$

연산 결과는 스칼라이며, m^2의 단위를 가짐에 유의하라. 여기서 내적 결과는 면적의 단위를 가지지만, 일반적인 벡터의 내적 결과가 항상 면적의 단위일 필요는 없다. 내적 결과의 물리적 의미와 중요성에 대해 잠시후에 자세히 다루기로 한다.

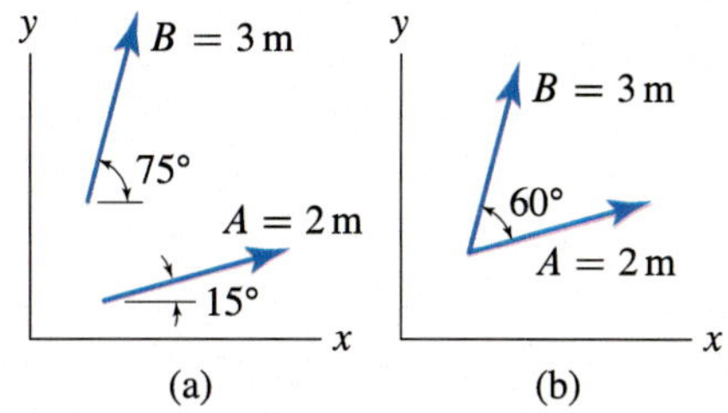

그림 2.28 두 벡터의 내적.

직교 좌표 성분을 이용한 내적

벡터 $\vec{A}$와 $\vec{B}$가 직교 좌표로 표현되어 있는 경우에는 다음과 같은 편리한 계산으로 내적 연산이 이루어질 수 있다.

$$\boxed{\vec{A}\cdot\vec{B} = A_xB_x + A_yB_y + A_zB_z} \tag{2.34}$$

간단히 설명하면, 직교 좌표로 표현된 두 벡터 사이의 내적은 각 성분들의 곱의 합이다. 식 (2.34)는 다음의 유도과정으로 얻어진다. 먼저 $\vec{A}$와 $\vec{B}$를 직교 좌표로 표현한다.

$$\vec{A} = A_x\,\hat{\imath} + A_y\,\hat{\jmath} + A_z\,\hat{k} \tag{2.35}$$

$$\vec{B} = B_x\,\hat{\imath} + B_y\,\hat{\jmath} + B_z\,\hat{k} \tag{2.36}$$

그리고 $\vec{A}$와 $\vec{B}$ 사이에 벡터 연산을 실시하는데, 식 (2.32)의 분배 법칙을 적용하여 다음과 같이 각 항별로 전개한다.

$$\begin{aligned}\vec{A}\cdot\vec{B} &= (A_x\,\hat{\imath} + A_y\,\hat{\jmath} + A_z\,\hat{k})\cdot(B_x\,\hat{\imath} + B_y\,\hat{\jmath} + B_z\,\hat{k})\\ &= (A_x\,\hat{\imath}\cdot B_x\,\hat{\imath}) + (A_x\,\hat{\imath}\cdot B_y\,\hat{\jmath}) + (A_x\,\hat{\imath}\cdot B_z\,\hat{k})\\ &\quad + (A_y\,\hat{\jmath}\cdot B_x\,\hat{\imath}) + (A_y\,\hat{\jmath}\cdot B_y\,\hat{\jmath}) + (A_y\,\hat{\jmath}\cdot B_z\,\hat{k})\\ &\quad + (A_z\,\hat{k}\cdot B_x\,\hat{\imath}) + (A_z\,\hat{k}\cdot B_y\,\hat{\jmath}) + (A_z\,\hat{k}\cdot B_z\,\hat{k})\end{aligned} \tag{2.37}$$

이 과정을 계속 진행하기 위해서 단위 벡터들의 각각의 조합에 대한 내적을 조사해야한다. 식 (2.29)은 $\hat{\imath}\cdot\hat{\imath} = (1)(1)\cos 0^\circ = 1$임을 보여주며, 유사하게 $\hat{\jmath}\cdot\hat{\jmath} = 1$이고, $\hat{k}\cdot\hat{k} = 1$이다. 하지만 서로 다른 종류의 단위 벡터 사이의 내적은 그들 벡터가 서로 수직이므로 항상 영이 된다. 예를 들어 $\hat{\imath}\cdot\hat{\jmath} = (1)(1)\cos 90^\circ = 1$이다. 정리하면, 단위 벡터를 사이의 내적은 다음과 같다.

$$\begin{aligned}&\hat{\imath}\cdot\hat{\imath} = 1 \quad \hat{\imath}\cdot\hat{\jmath} = 0 \quad \hat{\imath}\cdot\hat{k} = 0\\ &\hat{\jmath}\cdot\hat{\imath} = 0 \quad \hat{\jmath}\cdot\hat{\jmath} = 1 \quad \hat{\jmath}\cdot\hat{k} = 0\\ &\hat{k}\cdot\hat{\imath} = 0 \quad \hat{k}\cdot\hat{\jmath} = 0 \quad \hat{k}\cdot\hat{k} = 1\end{aligned} \tag{2.38}$$

식 (2.38)을 식 (2.37)에 대입하면, 식 (2.34)를 얻는다.

> **유용한 정보**
>
> **벡터 내적의 대체 계산 방법.** 벡터를 표현하는 방법에 상관없이, 식 (2.29)는 내적을 계산하는데 항상 사용될 수 있다. 직교 좌표로 표현된 벡터에 대해서는 식 (2.29) 혹은 식 (2.34) 중에서 어느 방법이라도 사용할 수 있지만, 후자의 방법이 일반적으로 더 편리하다. 사실, 경우에 따라서는 두 가지 방법을 모두 사용하여 필요한 정보를 결정하기도 한다. 예를 들어서 뒤에 설명될 식 (2.39)를 이용하여 두 벡터 사이의 각을 결정한다.

두 벡터의 사이각 결정

두 벡터 $\vec{A}$와 $\vec{B}$가 직교 좌표로 표현된 경우에 식 (2.29)의 좌변 항을 얻는 목적으로 식 (2.34)의 내적을 사용할 수 있다. 이러한 결과로부터 두 벡터의 사이각 θ를 얻을 수 있으며 다음과 같이 정리된다.

$$\cos\theta = \frac{\vec{A}\cdot\vec{B}}{|\vec{A}||\vec{B}|} = \frac{A_xB_x + A_yB_y + A_zB_z}{|\vec{A}||\vec{B}|}$$
$$\theta = \cos^{-1}\frac{\vec{A}\cdot\vec{B}}{|\vec{A}||\vec{B}|} = \cos^{-1}\frac{A_xB_x + A_yB_y + A_zB_z}{|\vec{A}||\vec{B}|} \tag{2.39}$$

벡터의 특별한 방향 성분의 결정

때로는 하나의 벡터 $\vec{r}$이 주어지고 벡터 $\vec{A}$에 대하여 $\vec{r}$ 벡터 방향의 성분을 구해야 하는 경우가 있다. 다시 말해, 벡터 $\vec{A}$가 특별한 방향으로 얼마만큼의 크기로 작용하는지 혹은 그 방향으로 $\vec{A}$의 얼마만큼의 비율로 작용하느냐를 결정하는 것이다. 만약 그 특별한 방향이 양의 x, y, 혹은 z 방향이면 풀이 과정은 매우 쉽다. 하지만 불행하게도 복잡하게 설정된 방향의 성분을 찾아야 하는 경우도 있는데, 이러한 경우에는 벡터 내적을 적용하는 것이 가장 효과적인 방법이 될 것이다.

개념 정리

내적. 정역학에서 내적을 가장 중요하게 또 자주 사용하는 경우는 벡터에서 주어진 방향의 성분이나 양을 구하는 경우이다. 관심의 방향이 단위 벡터로 주어져야 한다는 것은 필수적인 사항이다. [즉, 식 (2.40)에서 $\vec{F}$의 내적이 단위 벡터와 이루어져야 한다.]

복잡한 상황의 예로, 힘 벡터 $\vec{F}$와 방향을 표시하는 용도의 $\vec{r}$을 생각한다. $\vec{F}$의 $\vec{r}$ 평행성분(*parallel component of* $\vec{F}$), 혹은 다시 말해서, $\vec{r}$의 방향으로 작용하는 $\vec{F}$의 성분량은 $F_\parallel$로 표기한다. 아래첨자 $\parallel$는 "$\vec{r}$에 평행"을 의미한다.[9]

$$F_\parallel = \vec{F}\cdot\frac{\vec{r}}{|\vec{r}|} \tag{2.40}$$

위의 표현에서 $\vec{F}$는 통상적인 의미로서 힘이며, N 단위를 가질 수 있다. $\vec{r}$은 여러분이 관심이 있는 방향을 규정하는 것 외의 특별한 의미와 중요성을 갖지 않는다. 종종 $\vec{r}$은 위치 벡터일 수 있지만, 다른 물리적 의미를 가질 수 있다. 식 (2.40)에서 $\vec{r}$의 물리적 중요성에 관계없이, 이 벡터의 크기로 나누어지면 무차원의 단위 벡터로 전환된다. 그러므로 $\vec{r}$ 혹은 $\vec{r}/|\vec{r}|$의 유일한 목적은 방향을 규정하는 것이다. $F_\parallel$는 스칼라이며, 양의 값, 영, 혹은 음의 값이 될 수 있다. 양의 값은 $F_\parallel$가 $\vec{r}$과 동일한 방향임을 가리키며, 영의 값은 $\vec{F}$가 $\vec{r}$에 수직(혹은 직각)임을 의미하며, 음의 값은 $F_\parallel$가 $\vec{r}$과 반대 방향임을 가리킨다. 식 (2.40)은 힘의 특별한 방향 성분을 찾는 용도로 사용되는 것이 일반적이지만, 임의의 다른 물리량의 벡터에서도 유사하게 적용될 수 있다.

어떻게 식 (2.40)이 '한 벡터가 특별한 방향으로 얼마의 크기로 작용하는가'를 찾을 수 있는가? 이는 다음의 이야기에서 알 수 있다. 이야기의 시작은 내적과 상관이 없는데, 그림 2.29(a)에 주어진 2차원 예를 생각한다. 여기서 $\vec{r}$의 방향으로 작용하는 $\vec{F}$의 성분을 결정하고자 한다. $\vec{F}$와 $\vec{r}$을 꼬리에 꼬리를 연결하여서 그림 2.29(b)를 얻는다. 두 벡터의 각 θ를 기본삼각법에 적용하면 $\vec{F}$의 $\vec{r}$ 방향 성분은 다음과 같다.

9) "$\vec{r}$에 평행"하다는 의미를 나타내기 위하여 아래 첨자 $\parallel$를 사용하는 대신 아래 첨자 t로 종종 표기한다. 아래 첨자 t는 "$\vec{r}$에 접한다(tangent)"를 의미한다. 유사한 개념으로서, "$\vec{r}$에 수직"한다는 의미를 나타내기 위하여 아래 첨자 $\perp$를 사용하는 대신 아래 첨자 n으로 종종 표기한다. 아래 첨자 n은 "$\vec{r}$에 수직한다(normal)"를 의미한다.

$$F_{\|} = |\vec{F}|\cos\theta \tag{2.41}$$

이제 $\vec{F}$와 $\vec{r}$ 사이에 내적 연산으로 식 (2.29)를 적용하여 얻은 결과를 스칼라 s로 생각한다.

$$s = \vec{F}\cdot\vec{r} = |\vec{F}||\vec{r}|\cos\theta \tag{2.42}$$

식 (2.42)의 s가 식 (2.41)의 $F_{\|}$와 동일하게 되고, 또 식 (2.42)의 내적이 $\vec{r}$ 방향으로 작용하는 $\vec{F}$의 부분임을 말할 수 있기 위해서는 $\vec{r}$이 단위 벡터이어야 하며, 식 (2.42)에서 $|\vec{r}| = 1$이 되어야 한다. 더 자세히 설명하여서, 만약 식 (2.40)에서 단위 벡터가 사용되지 않으면, 내적 연산의 결과값 s는 부적합한 단위를 가지며, 물리적 설명이 불확실하다. 요약하여, 여러분이 내적 연산으로 주어진 벡터가 특별한 방향으로 어느 정도로 작용하는 것인지의 성분을 결정하고자 한다면, 그 방향은 단위 벡터로 표현되어야 한다.

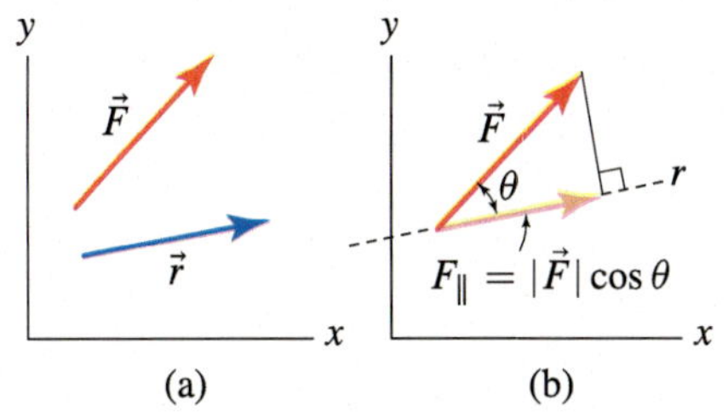

그림 2.29 $\vec{F}$의 $\vec{r}$ 방향 성분을 결정하기 위하여 기본 삼각법을 이용함.

빠지기 쉬운 함정

단위 벡터를 사용하지 않음. 여러분들이 벡터 내적을 이용하여 벡터의 특별한 방향 성분을 얻고자 할 때에 가장 흔한 오류는 단위 벡터를 사용하지 않는 것이다. 예를 들어, 식 (2.40)의 계산을 $\vec{F}\cdot\vec{r}$로 하게 되면 틀린 결과를 얻는다.

유용한 정보

힘 벡터의 작용선. 여러분이 물체의 평형을 해석할 때에 각 힘의 작용선의 위치는 중요하다. 내적 연산을 위하여 벡터의 작용선을 변경할 수 있지만, 물체의 평형은 각각 힘의 작용선의 실제 위치에 따라 결정된다. 그러므로, 물체 평행의 해석에서는 힘의 작용선은 변화하지 말아야 한다.

벡터의 주어진 방향에 수직한 성분의 결정

일단 특별한 방향인 $\vec{r}$ 방향에 평행한 성분이 결정되고 나면 $\vec{r}$에 직각 혹은 **수직 방향의 성분**(*perpendicular component of the vector*)을 구하는 것은 간단하다. 그림 2.30의 (a)와 (b)에서 $\vec{F}$를 $\vec{r}$에 수평한 성분과 수직한 성분으로 분해하는 모습을 보여준다. 피타고라스 정리를 적용하면

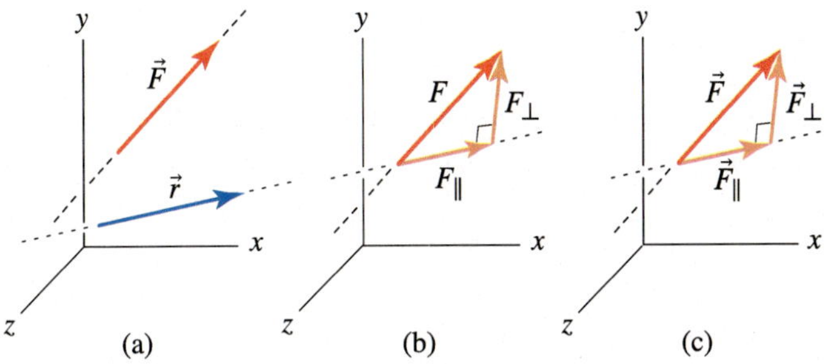

그림 2.30 (a) 3차원 벡터 $\vec{F}$와 $\vec{r}$ (b) $\vec{r}$에 평행한 스칼라 성분과 수직한 스칼라 성분으로 $\vec{F}$를 분해함. (c) $\vec{r}$에 평행한 방향과 수직한 방향의 벡터 성분으로 $\vec{F}$를 분해함.

$$F^2 = F_{\|}^2 + F_{\perp}^2 \tag{2.43}$$

일단 식 (2.40)으로부터 $F_{\|}$가 결정되고 나면, 수직 성분은 식 (2.43)으로부터 다음과 같이 얻어진다.

$$F_{\perp} = \sqrt{F^2 - F_{\|}^2} \tag{2.44}$$

그러므로, 수직 성분의 크기는 쉽게 결정될 수 있다. 그러나 수직 성분의 방향은 아직 결정되지 않았다. 실제 많은 경우에서 이 방향은 필요하지 않다. 만약 수직성분의 방향이 필요하다면, 그림 2.30(c)에 보여주는 $\vec{F}$를 평행 벡터 성분과 수직 벡터 성분으로 분해하는 것을 이용할 수 있다. 벡터 덧셈으로 표현하면

$$\vec{F} = \vec{F}_{\parallel} + \vec{F}_{\perp} \tag{2.45}$$

만약 $F_{\parallel}$을 알고 있다면, $\vec{F}_{\parallel} = F_{\parallel}(\vec{r}/|\vec{r}|)$이 되며, 식 (2.45)를 $\vec{F}_{\perp}$에 대하여 정리할 수 있다.

$$\vec{F}_{\perp} = \vec{F} - \vec{F}_{\parallel} \tag{2.46}$$

벡터 내적을 이용하여 $\vec{F}$를 $\vec{r}$ 방향에 평행한 성분과 수직한 성분으로 나누는 과정에서 중요한 식들을 아래의 요약 상자에 정리하였다.

요약상자(그림 2.30 참조)

$F_{\parallel} =$ $\vec{r}$ 방향으로 작용하는 $\vec{F}$의 성분

$\vec{F}_{\parallel} =$ $\vec{r}$ 방향으로 작용하는 $\vec{F}$의 벡터성분

$F_{\perp} =$ $\vec{r}$에 수직한 방향으로 작용하는 $\vec{F}$의 성분

$\vec{F}_{\perp} =$ $\vec{r}$ 수직한 방향으로 작용하는 $\vec{F}$의 벡터 성분

$$F_{\parallel} = \vec{F} \cdot \frac{\vec{r}}{|\vec{r}|}, \qquad \vec{F}_{\parallel} = F_{\parallel}\frac{\vec{r}}{|\vec{r}|},$$
$$F_{\perp} = \sqrt{F^2 - F_{\parallel}^2}, \qquad \vec{F}_{\perp} = \vec{F} - \vec{F}_{\parallel}. \tag{2.47}$$

절 요약

본 절에서 두 벡터 사이의 내적을 규정하였다. 주요 내용은 다음과 같다.

- 두 벡터 $\vec{A}$와 $\vec{B}$를 내적 연산한 결과는 스칼라 s이다. s의 단위는 $\vec{A}$ 단위와 $\vec{B}$ 단위의 곱이며, s는 양의 값, 영, 음의 값이 될 수 있다.
- 내적 연산은 두 벡터의 작용선 사이의 각을 구하는 목적으로 이용될 수 있다.
- 내적 연산은 한 벡터에 대하여 다른 벡터 $\vec{r}$의 방향에 평행한 성분을 구하는 목적으로 이용될 수 있다. 이 성분을 평행 성분이라 한다. 이 결과를 활용하여 $\vec{r}$ 방향에 수직하는 수직 성분을 결정할 수 있다.

예제 2.14 두 벡터 사이의 각

막대 AB가 끝단 B에서 두 케이블을 지지한다. A에서 B로 향하는 위치 벡터는 $\vec{r}_{AB}$이며, B에서 케이블 1의 길이 방향으로 향하는 위치 벡터는 $\vec{r}_1$이고, B에서 케이블 2의 길이 방향으로 향하는 위치 벡터는 $\vec{r}_2$이다. 막대 AB와 케이블들 사이의 각을 구하라.

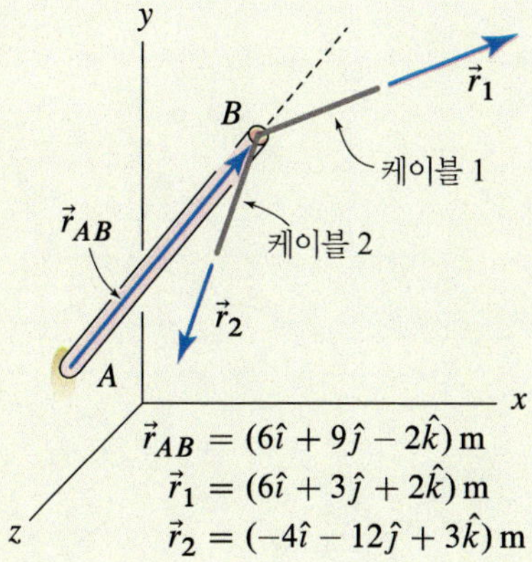

그림 1

풀이 SOLUTION

로드맵 막대와 케이블 사이의 각을 구하기 위하여 식 (2.39)의 내적을 이용한다.

지배방정식과 계산 그림 1에 주어진 벡터들의 크기를 계산하면, r_{AB}= 11 m이고, r_1 =7 m이며, r_2 = 13이다. 구하고자 하는 각은 식 (2.39)로부터 다음과 같이 계산된다.

$$\begin{aligned}\theta_1 &= \cos^{-1}\frac{\vec{r}_{AB}\cdot\vec{r}_1}{|\vec{r}_{AB}|\,|\vec{r}_1|}\\ &= \cos^{-1}\frac{(6\,\text{m})(6\,\text{m})+(9\,\text{m})(3\,\text{m})+(-2\,\text{m})(2\,\text{m})}{(11\,\text{m})(7\,\text{m})}\\ &= \cos^{-1}\frac{59}{77} = \boxed{40°} \qquad (1)\end{aligned}$$

$$\begin{aligned}\theta_2 &= \cos^{-1}\frac{\vec{r}_{AB}\cdot\vec{r}_2}{|\vec{r}_{AB}|\,|\vec{r}_2|}\\ &= \cos^{-1}\frac{(6\,\text{m})(-4\,\text{m})+(9\,\text{m})(-12\,\text{m})+(-2\,\text{m})(3\,\text{m})}{(11\,\text{m})(13\,\text{m})}\\ &= \cos^{-1}\frac{-138}{143} = \boxed{164.8°} \qquad (2)\end{aligned}$$

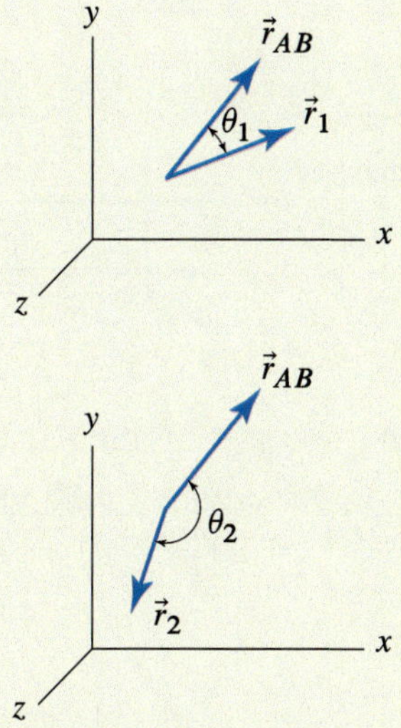

그림 2 $\vec{r}$와 케이블 1($\vec{r}_1$)의 각 θ_1은 예상과 같이 예각이고, $\vec{r}_{AB}$와 케이블 2($\vec{r}_2$)의 각 θ_2는 예상과 같이 둔각이다.

논의 및 검증

- 그림 2에 그려져 있고, 기대한 바와 같이, θ_1은 예각이며 θ_2는 둔각이다.
- A에서 B로 향하는 방향과 케이블 사이의 각은 본 문제에서 구하고자 하는 것이며 식 (1), (2)에 주어져 있다. 이 각들은 B에서 A로 향하는 방향과 케이블 사이의 각과 다르다. B에서 A로 향하는 방향과 케이블이 이루는 각은 아래에 열거한 방법들 중에 하나로 결정할 수 있다.
  - 식 (2)의 결과인 θ_2를 이용하면 180° − 164.8° = 15.2°이다.
  - $\vec{r}_{BA}$벡터를 먼저 기술하고, $\vec{r}_{BA}\cdot\vec{r}_2$의 연산을 수행하여 사이각을 구한다.
  - $\vec{r}_{BA} = -\vec{r}_{AB}$이므로 $-\vec{r}_{AB}\cdot\vec{r}_2$의 연산을 수행하여 사이각을 구한다.

예제 2.15 두 벡터 사이의 각

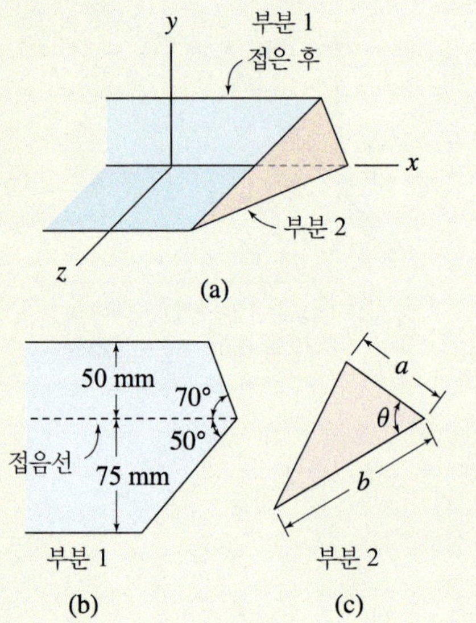

그림 1

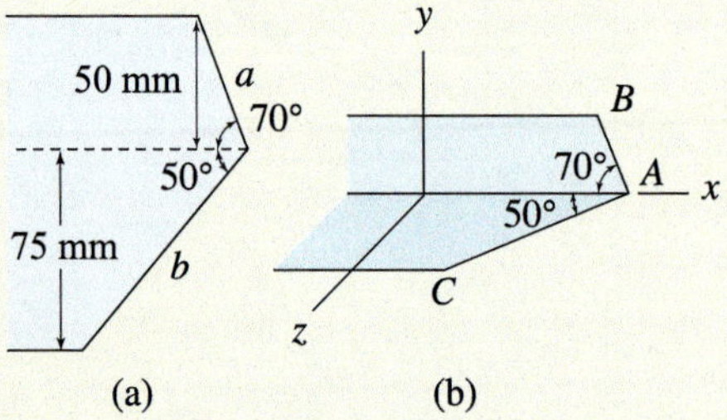

그림 2 금속 판재 수로의 부분 1에서 (a) 굽힘 전의 모서리 a와 b의 길이가 명시된 모습과 (b) 굽힘 후 모습.

그림의 금속 판재 수로가 다음과 같이 제작된다. 부분 1은 그림 1(b)과 같이 절단하여 접음선을 따라 90°로 굽힌다. 부분 2는 부분 1의 끝 모서리에 용접된다. 두 부분이 서로 잘 맞도록 부분 2에서 a와 b의 치수와 θ 각을 구하라.

풀이 SOLUTION

로드맵 부분 2의 모서리 a와 b의 길이는 기본 삼각법으로부터 간단히 계산된다. 각 θ는 먼저 굽혀진 부분 1의 두 모서리에 대한 위치 벡터를 구한 후에 내적을 이용하여 결정한다.

지배방정식과 계산 부분 2의 a, b 모서리의 길이는 그림 2(a)의 형상에 기본 삼각법을 적용하여 정한다.

$$a \sin 70° = 50\,\text{mm} \quad \Rightarrow \quad a = 50\,\text{mm}/\sin 70° = \boxed{53.2\,\text{mm}} \tag{1}$$

$$b \sin 50° = 75\,\text{mm} \quad \Rightarrow \quad b = 75\,\text{mm}/\sin 50° = \boxed{97.9\,\text{mm}} \tag{2}$$

θ의 계산은 쉽지 않다. 설명의 편의를 위하여, 그림 2(b)에서 수로의 꼭짓점을 A, B, C로 표기한다. 만약 A에서 B로 향하는 벡터와 A에서 C로 향하는 벡터를 구하면, 이들 두 벡터에 대한 벡터 내적으로부터 각 θ를 결정할 수 있다. 모서리 AB에 평행한 벡터는 먼저 A 점에서 음의 x 방향으로 cos70°의 거리를 움직이고, 다음에 양의 y 방향으로 sin70°의 거리를 움직이는 것으로 구성할 수 있다. 이 벡터를 $\hat{u}_{AB}$로 표기하고 다음과 같이 주어진다.

$$\hat{u}_{AB} = -\cos 70°\,\hat{\imath} + \sin 70°\,\hat{\jmath} \tag{3}$$

유사한 방법으로 A 점을 출발하여 음의 x 방향으로 cos50°의 거리를 움직이고, 양의 z 방향으로 sin50°의 거리를 움직이는 것으로 A에서 C로 향하는 부분의 벡터를 구한다. 이 벡터를 $\hat{u}_{AC}$로 표기하고 다음과 같이 주어진다.

$$\hat{u}_{AC} = -\cos 50°\,\hat{\imath} + \sin 50°\,\hat{k} \tag{4}$$

$\hat{u}_{AB}$와 $\hat{u}_{AC}$는 단위 벡터임을 유의하라. 이들 단위 벡터 대신에 A에서 시작하여 B에 끝나는 위치 벡터 $\vec{r}_{AB} = (53.2\text{ mm})\hat{u}_{AB}$와 A에서 시작하여 C에 끝나는 위치 벡터 $\vec{r}_{AC} = (97.9\text{ mm})\hat{u}_{AC}$를 이용할 수도 있다. 마지막으로 식 (2.39)를 이용하여 θ를 계산한다.

$$\begin{aligned}\theta &= \cos^{-1}\frac{\hat{u}_{AB}\cdot\hat{u}_{AC}}{|\hat{u}_{AB}||\hat{u}_{AC}|}\\ &= \cos^{-1}\frac{(-\cos 70°)(-\cos 50°)+(\sin 70°)(0)+(0)(\sin 50°)}{(1)(1)}\\ &= \cos^{-1} 0.220 = \boxed{77.3°}\end{aligned} \tag{5}$$

논의 및 검증 식 (1), (2)과 (5)에서 a, b와 θ의 값들은 합리적인 것으로 판단된다. 즉, a 값은 50 mm보다 조금 크고, b의 값은 75 mm보다 조금 크고, θ는 90°보다 조금 작을 것으로 기대하였을 텐데, 모두가 부합된다.

예제 2.16 힘의 특정 방향 성분

진흙탕에 빠진 트랙터를 끌어내기 위하여 그림과 같이 케이블을 $\vec{r}_1$ 방향으로 연결하여 당긴다. $\vec{r}_2$로 표기되는 트랙터의 차대(chassis) 방향으로 1800 N 힘이 작용한다면 트랙터를 끌어낼 수 있을 것으로 추정한다. 케이블의 인장력 F를 결정하고, 트랙터 차대에 수직한 방향의 성분도 계산하라.

참고 이 문제 힘과 위치 벡터가 수평면에 존재하지 않는다는 것 외에는 예제 2.4와 유사하다.

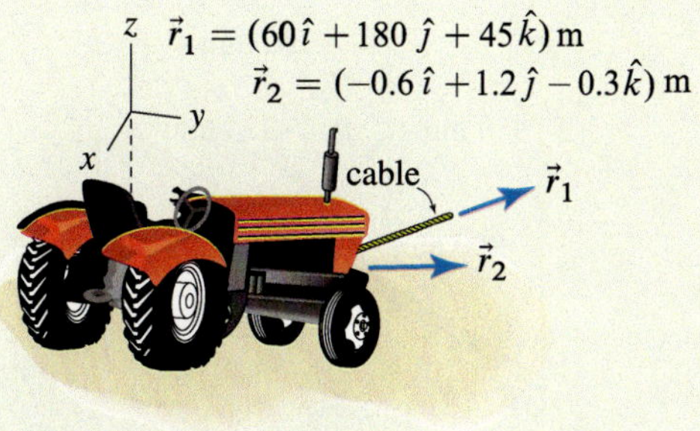

그림 1

풀이 SOLUTION

로드맵 케이블 인장력의 방향은 알고 있지만 그 크기는 모른다. 그러므로 힘 $\vec{F}$는 $\vec{F} = F(\vec{r}/|\vec{r}|)$으로 표현되며, 여기서 F는 크기를 모르는 변수이다. 트랙터의 방향에 대한 케이블 힘의 성분은 내적으로부터 결정되며, 그 값이 1800 N이 되어야 한다.

지배방정식과 계산 케이블 인장력 $\vec{F}$와 트랙터 방향의 단위 백터사이의 내적은 1800 N이 되어야 한다.

$$F_{\parallel} = \vec{F}\cdot\frac{\vec{r}_2}{|\vec{r}_2|} = F\frac{\vec{r}_1}{|\vec{r}_1|}\cdot\frac{\vec{r}_2}{|\vec{r}_2|}$$

$$1800\text{ N} = F\frac{(60\hat{\imath} + 180\hat{\jmath} + 45\hat{k})\text{ m}}{195\text{ m}}\cdot\frac{(-0.6\hat{\imath} + 1.2\hat{\jmath} - 0.3\hat{k})\text{ m}}{1.375\text{ m}}$$

$$= F(0.621) \tag{1}$$

상기 식을 계산하여 케이블 힘을 구하면

$$\boxed{F = 2899\text{ N}} \tag{2}$$

케이블 힘에서 트랙터 방향에 수직한 성분은 식 (2.44)의 피타고라스 정리로부터 구해진다.

$$F_{\perp} = \sqrt{F^2 - F_{\parallel}^2} = \sqrt{(2899\text{ N})^2 - (1800\text{ N})^2} = \boxed{2272\text{ N}} \tag{3}$$

만약 수직 성분의 방향도 구하려고 하면, 식 (2.46)의 벡터 덧셈 연산을 이용한다.

$$\vec{F}_{\perp} = \vec{F} - \vec{F}_{\parallel} = F\frac{\vec{r}_1}{|\vec{r}_1|} - F_{\parallel}\frac{\vec{r}_2}{|\vec{r}_2|}$$

$$= (2899\text{ N})\frac{(60\hat{\imath} + 180\hat{\jmath} + 45\hat{k})\text{ m}}{195\text{ m}} - (1800\text{ N})\frac{(-0.6\hat{\imath} + 1.2\hat{\jmath} - 0.3\hat{k})\text{ m}}{1.375\text{ m}}$$

$$= (1677\hat{\imath} + 1105\hat{\jmath} + 1062\hat{k})\text{ N} \tag{4}$$

논의 및 검증 해에 대한 부분적 검증으로, 식 (4)의 크기는 $|\vec{F}_{\perp}| = \sqrt{(1677)^2 + (1105)^2 + (1062)^2}\text{ N} = 2272$ N으로 계산되는데, 식 (3)의 결과와 일치한다.

예제 2.17 힘의 특정 방향 성분

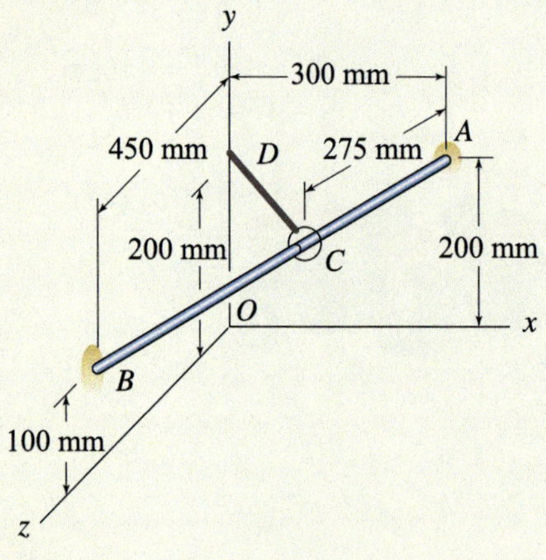

그림 1

로드 AB는 직선 형상이며, 점 C에 구슬이 있다. 늘어날 수 있는 탄성 줄이 점 D에 고정되고 점 C의 구슬에 연결된다. 탄성 줄의 인장력은 12 N이다.

(a) 탄성 줄의 힘에서 로드 AB에 평행한 성분과 수직한 성분을 구하라.

(b) 탄성 줄의 힘에서 로드 AB에 평행한 벡터 성분과 수직한 벡터 성분을 구하라.

(c) 만약 점 C의 구슬이 고정 상태로부터 미끄러진다면 탄성 줄의 인장력은 구슬을 A와 B 중에서 어느 쪽으로 움직이게 하는가?

풀이 SOLUTION

로드맵 위치 벡터와 힘 벡터를 구한 후에 탄성 줄의 힘에서 로드 방향의 성분을 구하기 위하여 내적을 이용한다. 로드에 수직한 방향의 힘 성분을 구하기 위해서 피타고라스 정리를 적용한다. 이들 두 결과는 모두 스칼라이다. 부분 (b)에서 로드에 평행한 벡터 성분과 수직한 벡터 성분을 구한다. 내적 연산의 결과로 얻은 로드에 평행한 힘 성분의 부호에 따라서 막대에 연결된 구슬이 움직이는 방향이 결정된다.

(a) 부분

지배방정식과 계산 그림 1의 점 A에 위치한다고 가정하고 점 B에 도달하기 위해서 x, y, z 방향으로 움직여야 할 거리를 구하면, A에서 B까지의 위치 벡터를 알 수 있고, 또 벡터 크기도 구할 수 있다.

$$\vec{r}_{AB} = (-300\,\hat{\imath} - 100\,\hat{\jmath} + 450\,\hat{k})\,\text{mm} \tag{1}$$

$$|\vec{r}_{AB}| = \sqrt{(-300)^2 + (-100)^2 + (450)^2}\,\text{mm} = 550\,\text{mm} \tag{2}$$

A에서 C로 향한 위치 벡터는 그 크기가 275 mm이며, $\vec{r}_{AB}$와 동일한 방향이므로

$$\vec{r}_{AC} = (275\,\text{mm})\frac{\vec{r}_{AB}}{|\vec{r}_{AB}|} = (275\,\text{mm})\frac{-300\,\hat{\imath} - 100\,\hat{\jmath} + 450\,\hat{k}}{550}$$

$$= (-150\,\hat{\imath} - 50\,\hat{\jmath} + 225\,\hat{k})\,\text{mm} \tag{3}$$

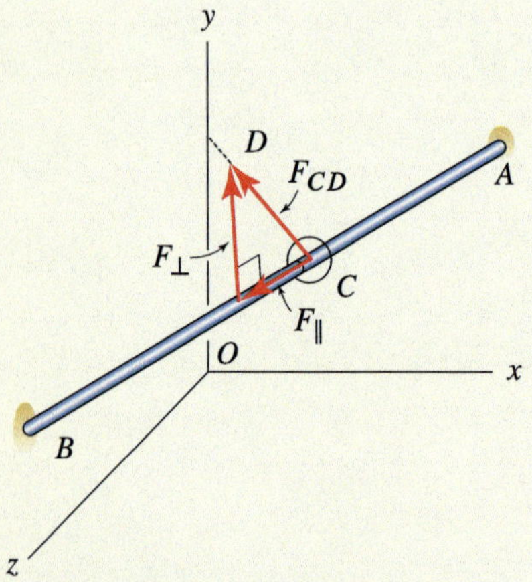

그림 2 탄성 줄의 힘은 그림의 방향으로 F_{CD}의 크기를 가진다. 줄 인장력의 성분으로 A에서 B로 향하는 방향의 성분은 $F_\parallel$으로 표기되며, A에서 B의 방향에 수직한 방향의 성분은 $F_\perp$으로 표기된다.

C에서 D로 향하는 줄의 인장력을 구하기 위하여, 먼저 C에서 D로 향하는 위치 벡터 $\vec{r}_{CD}$를 구한다. $\vec{r}_{CD}$를 구하기 위해서 점 D와 C의 좌표를 구하고, 벡터 머리인 점 D 좌표와 꼬리인 점 C 좌표의 차를 얻는 방법으로 $\vec{r}_{CD}$를 구할 수 있다. 하지만 여기서는 대체 방법으로서 아래의 벡터 덧셈을 이용하여 $\vec{r}_{CD}$를 구한다.

$$\vec{r}_{CD} = \vec{r}_{CA} + \vec{r}_{AD} = -\vec{r}_{AC} + \vec{r}_{AD}$$

$$= -(-150\,\hat{\imath} - 50\,\hat{\jmath} + 225\,\hat{k})\,\text{mm} + (-300\,\hat{\imath})\,\text{mm}$$

$$= (-150\,\hat{\imath} + 50\,\hat{\jmath} - 225\,\hat{k})\,\text{mm}, \tag{4}$$

$$|\vec{r}_{CD}| = \sqrt{(-150)^2 + (50)^2 + (-225)^2}\,\text{mm} = 275\,\text{mm} \tag{5}$$

그림 2에 그려져 있는 줄의 힘 $\vec{F}_{CD}$는

$$\vec{F}_{CD} = (12\text{ N})\frac{\vec{r}_{CD}}{|\vec{r}_{CD}|} = (12\text{ N})\frac{-150\,\hat{\imath} + 50\,\hat{\jmath} - 225\,\hat{k}}{275}$$
$$= (-6.545\,\hat{\imath} + 2.182\,\hat{\jmath} - 9.818\,\hat{k})\text{N} \tag{6}$$

힘 $\vec{F}_{CD}$에서 $F_{\|}$로 표기하는 A에서 B로 향하는 방향의 성분은 A에서 B 방향의 단위 벡터와 $\vec{F}_{CD}$의 내적으로 주어진다.

$$F_{\|} = \vec{F}_{CD}\cdot\frac{\vec{r}_{AB}}{|\vec{r}_{AB}|}$$
$$= (12\text{ N})\frac{-150\,\hat{\imath} + 50\,\hat{\jmath} - 225\,\hat{k}}{275}\cdot\frac{-300\,\hat{\imath} - 100\,\hat{\jmath} + 450\,\hat{k}}{550} = \boxed{-4.859\text{ N}} \tag{7}$$

식 (7)에서 $\vec{r}_{AB}/|\vec{r}_{AB}|$대신에 $\vec{r}_{AC}/|\vec{r}_{AC}|$를 이용할 수도 있다. $\vec{F}_{CD}$에서 AB에 수직한 성분을 구하기 위하여 식 (2.44)의 피타고라스 정리를 적용하면

$$F_{\perp} = \sqrt{F_{CD}^2 - F_{\|}^2} = \sqrt{(12\text{ N})^2 - (-4.859\text{ N})^2} = \boxed{10.972\text{N}} \tag{8}$$

부분 (b)

지배방정식과 계산 일단 $\vec{F}_{CD}$에서 평행성분 $F_{\|}$가 식 (7)로부터 결정된 후에는 벡터 성분 $\vec{F}_{\|}$은 다음과 같이 구해지며, 수직한 방향의 벡터 성분 $\vec{F}_{\perp}$도 구해진다.

$$\vec{F}_{\|} = F_{\|}\frac{\vec{r}_{AB}}{|\vec{r}_{AB}|} = (-4.859\text{ N})\frac{-300\,\hat{\imath} - 100\,\hat{\jmath} + 450\,\hat{k}}{550}$$
$$= \boxed{(2.650\,\hat{\imath} + 0.884\,\hat{\jmath} - 3.976\,\hat{k})\text{N}} \tag{9}$$

$$\vec{F}_{\perp} = \vec{F}_{CD} - \vec{F}_{\|}$$
$$= (12\text{ N})\frac{-150\,\hat{\imath} + 50\,\hat{\jmath} - 225\,\hat{k}}{275} - (2.65\,\hat{\imath} + 0.884\,\hat{\jmath} - 3.976\,\hat{k})\text{N}$$
$$= \boxed{(-9.195\,\hat{\imath} + 1.298\,\hat{\jmath} - 5.842\,\hat{k})\text{N}} \tag{10}$$

부분 (c)

지배방정식과 계산 부호가 C 점의 구슬이 미끄러지는 방향을 결정한다. 양의 $F_{\|}$는 내적 연산에 사용된 위치 벡터와 동일한 방향임을 의미하는데, 그림 2에서 보듯이 A에서 B로 향한다. 음의 $F_{\|}$는 그 힘의 평행성분이 위치 벡터와 반대 방향임을 가리킨다. $F_{\|}$가 영인 경우는 줄 힘의 방향이 AB에 수직한다. 식 (7)에 따르면 $F_{\|} = -4.859$ N으로 음의 값이기 때문에 줄 힘에서 평행한 성분은 B에서 A로 향한다. 즉, 구슬은 A쪽으로 미끄러진다.

논의 및 검증 부분 (a)와 (b)의 해에 대한 부분적 검증으로 식 (9)과 (10)의 $\vec{F}_{\|}$와 $\vec{F}_{\perp}$의 크기를 계산하고, 그 크기가 식 (7)과 (8)의 값과 일치하는지 알아본다. 여러분들은 $\vec{F}_{\|}$과 $\vec{F}_{\perp}$이 올바른 방향과 크기를 가지는지 알아보기 위하여 $\vec{F}_{\|}$와 $\vec{F}_{\perp}$의 성분을 검토할 수 있다. $\vec{F}_{\|}$의 성분을 조사하는 것은 불확실한데 반하여, $\vec{F}_{\perp}$의 성분은 올바른 방향으로 보인다. $\vec{F}_{\|}$의 방향을 보다 정확히 조사하기 위하여 그림 2를 다시 세밀히 그린다면, $\vec{F}_{\perp}$의 실제 방향은 점 C에서 점 A로 향하는 것임을 알 수 있다.

유용한 정보

구슬의 실제 미끄러지는 방향. 부분 (c)에서 여러분들은 줄에 의한 힘에 의해서만 구슬이 미끄러지는 방향을 생각할 것이다. 실제는 줄의 힘 외에 구슬 무게, 반작용력, 그리고 구슬과 로드 AB 사이의 마찰력 등이 구슬에 작용하며, 구슬의 운동도 또한 이들 힘의 영향을 받는다. 이러한 힘들은 이어지는 장들에서 다루어진다.

그럼에도 불구하고, 구슬 무게가 미미하고, 구슬이 로드에서 마찰없이 미끄러지며, 초기 속도가 영이라면, 부분 (c)에서 결정된 바와 같이 구슬은 A 쪽으로 미끄러진다.

예제 2.18 점과 선 사이의 최단거리

예제 2.17의 로드와 구슬에서 점 D와 로드 AB 사이의 최단거리를 구하라.

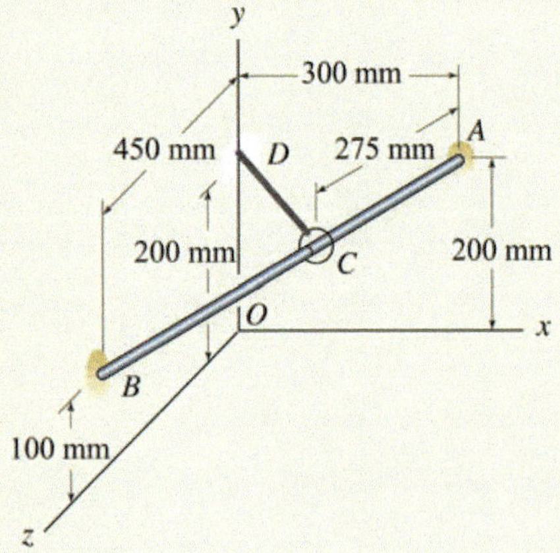

그림 1

풀이 SOLUTION

로드맵 점 D와 로드 AB 사이의 최단거리를 구하는 방법에는 다양한 방법이 있을 수 있다. 여기서 생각하는 방법은 예제 2.17의 부분 (b)에서 사용된 개념과 동일한데, 단지 위치 벡터가 사용된다는 것이 다르다. 먼저, 로드 AB상의 임의의 한 점에서 점 D로 향하는 위치 벡터를 표현한다. 여기서 로드 AB상의 한 점을 B로 선택한다. 이 위치 벡터를 내적 연산을 이용하여서 AB에 평행한 성분과 수직한 성분으로 나눈다(그림 2 참조). 평행 성분의 크기는 AB 상에서 선택된 점에 따라 변화하지만, 수직 성분은 선택된 점에 상관없이 일정하며, 점 D에서 로드 AB까지의 최단 거리이다.

지배방정식과 계산 로드 AB 상의 편리한 점으로 B를 선택하고, $\vec{r}_{BD}$와 그 크기를 구하면

$$\vec{r}_{BD} = (100\,\hat{\jmath} - 450\,\hat{k})\,\text{mm} \tag{1}$$

$$|\vec{r}_{BD}| = \sqrt{(100)^2 + (-450)^2}\,\text{mm} = 461\,\text{mm} \tag{2}$$

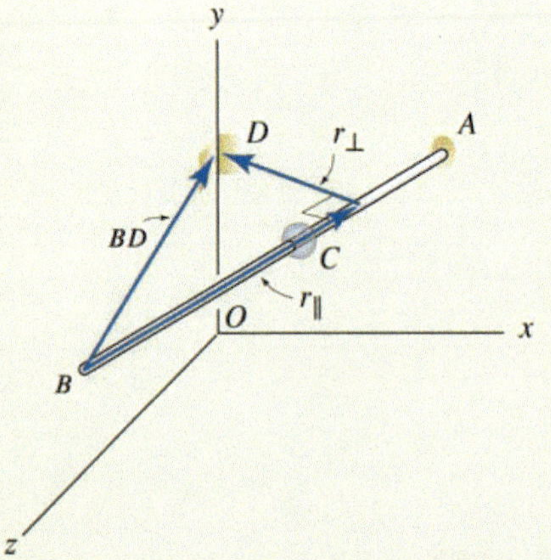

그림 2 점 D와 로드 AB 사이의 최단거리를 구하기 위하여 $\vec{r}_{BD}$를 평행 성분과 수직 성분으로 분해함.

이제 그림 1로부터 위치 벡터 $\vec{r}_{BA}$를 구성하고(혹은 예제 2.17의 식 (1)을 사용하여 $\vec{r}_{BA} = -\vec{r}_{AB}$로 얻을 수도 있다), 내적을 적용하여 $\vec{r}_{BD}$에서 BA에 평행한 성분을 다음과 같이 구한다.

$$r_\parallel = \vec{r}_{BD} \cdot \frac{\vec{r}_{BA}}{|\vec{r}_{BA}|} = [(100\,\hat{\jmath} - 450\,\hat{k})\,\text{mm}] \cdot \frac{300\,\hat{\imath} + 100\,\hat{\jmath} - 450\,\hat{k}}{550} = 386.4\,\text{mm} \tag{3}$$

그리고 피타고라스 정리를 이용하여 수직 성분을 구한다.

$$r_\perp = \sqrt{r_{BD}^2 - r_\parallel^2} = \sqrt{(461)^2 - (386.4)^2}\,\text{mm} = 251.4\,\text{mm} \tag{4}$$

그러므로 **점 D에서 로드 AB 사이의 최단거리는 251.4 mm이다.** 여러분은 본 문제를 다른 벡터 $\vec{r}_{AD}$를 사용하여 풀이하는 경우에도 동일한 결과인 251.4 mm 거리가 얻어지는 사실을 확인해 보기 바란다.

논의 및 검증 해를 검증하기 위하여 $\vec{r}_{AD}$와 같이 다른 위치 벡터에 대하여 동일한 절차를 반복한 결과로 251.4 mm 거리를 얻는지 확인한다. 본 예제에서 최단거리는 점 A와 B를 연장한 직선과 점 D 사이의 거리이며, 반드시 선분 AB 상의 한 점과의 거리일 필요는 없다. 본 예제에서 얻은 최단 거리가 로드 AB 상에 있는 한 점과 점 D 사이의 거리인지 확인한다. 부재 AB의 길이는 550 mm인데, 식 (3)에서 주어진 $r_\parallel$의 크기는 386.4 mm이므로 최단 거리는 실제로 로드 AB 상에 한 점과의 거리이다. 만약 $r_\parallel$의 크기가 550 mm보다 크거나, 음의 값이면 로드 AB를 연장한 선의 한 점에서 최단 거리가 된다.

문제

문제 2.63, 2.64

(a) 벡터 $\vec{A}$와 $\vec{B}$ 사이의 각을 구하라.

(b) 벡터 $\vec{A}$에서 $\vec{B}$에 평행한 성분과 수직한 성분을 구하라.

(c) 벡터 $\vec{A}$에서 $\vec{B}$에 평행한 벡터 성분과 수직한 벡터 성분을 구하라.

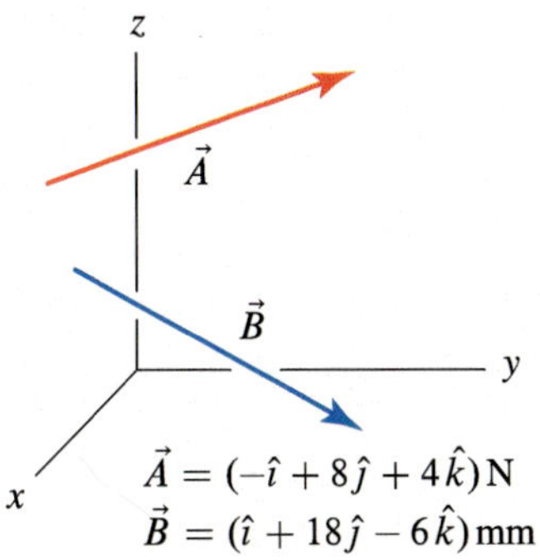

그림 P2.63

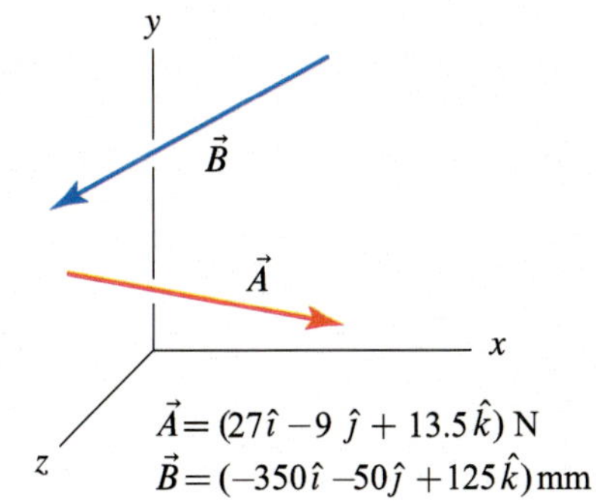

그림 P2.64

문제 2.65

어린이 놀이기구의 미끄럼대가 버팀목 CD로 지지된다. 버팀목의 한 쪽 끝 C는 A와 B의 정중앙에 위치한다. 버팀목의 다른 쪽 끝 D는 y 축 상에 위치하며, 미끄럼대와 버팀목의 각 $\angle ACD$가 직각을 이룬다. 점 D가 위치한 점과 좌표계 원점 사이 거리 h를 구하라.

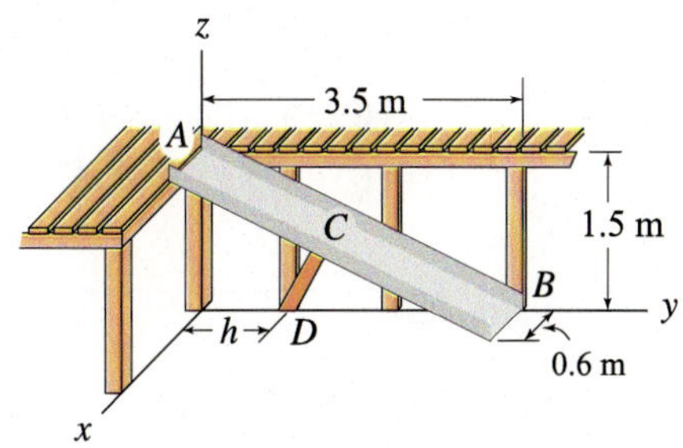

그림 P2.65

문제 2.66

그림과 같이 사각 튜브의 모서리에 V자 홈을 만들고, 그 홈에 소리 차단막(baffle)을 납땜하여 피리를 만든다. 소리 차단막에서 치수 d와 각 θ를 계산하라.

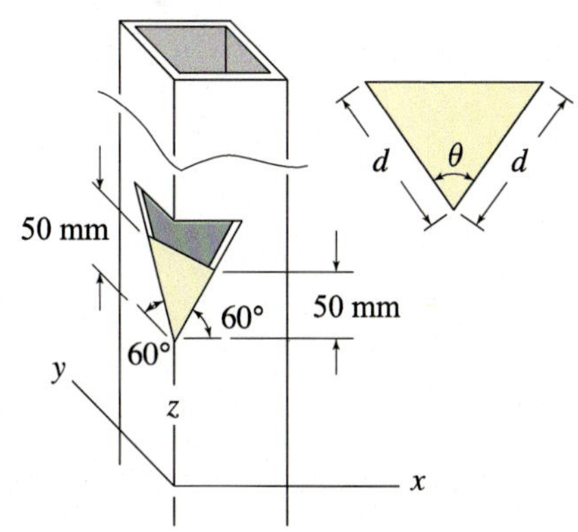

그림 P2.66

문제 2.67

비행기 조종석의 박판 삼각형 창의 꼭지점 좌표가 그림에 주어져 있다. 창의 각 θ_A, θ_B, θ_C와 치수 d_A, d_B, d_C를 구하라.

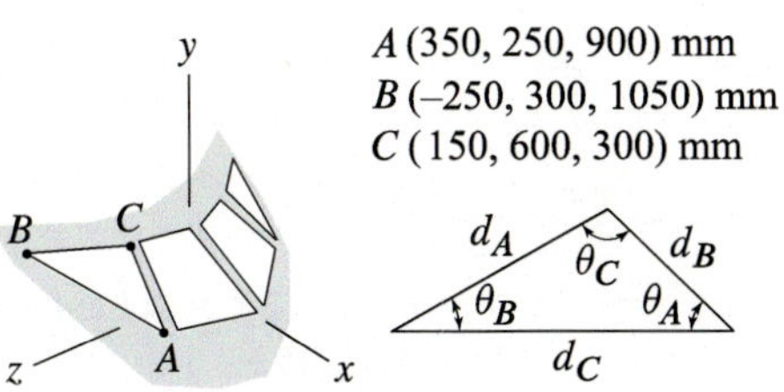

그림 P2.67

문제 2.68

유아용 요람의 한쪽 구석 모서리 부위이다. 옆 부분과 끝 부분을 조립할 때에 서로 잘 들어맞도록 각 α 와 β, 그리고 치수 a와 b를 구하라.

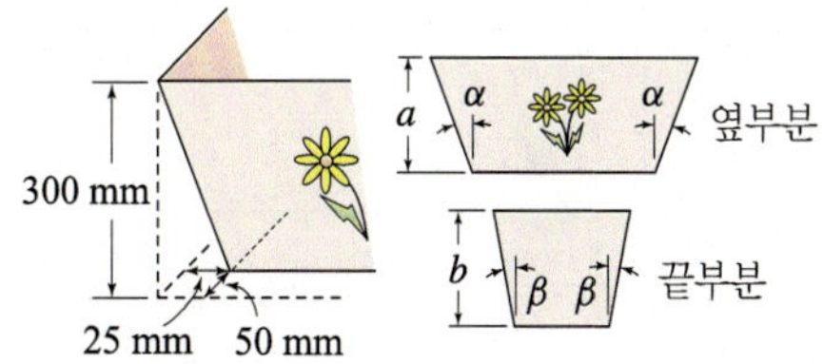

그림 P2.68

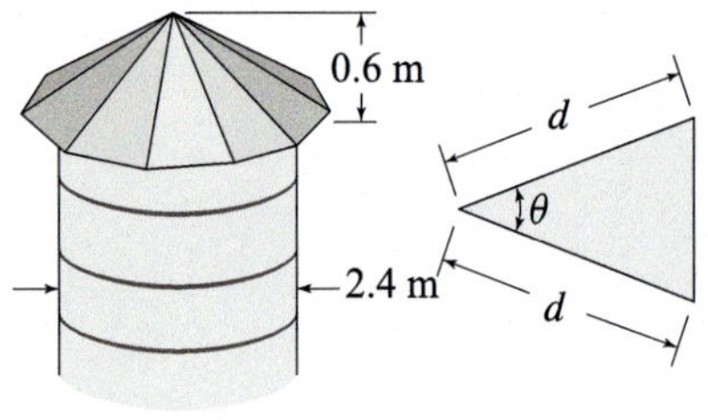

그림 P2.69

문제 2.69

곡물 격납고의 지붕이 같은 모양을 가진 12개의 삼각형 판자로 구성된다. 사용될 수 있는 d의 최소값과 각 θ를 구하라.

문제 2.70, 2.71

아래에서 가리키는 그림과 수치를 사용하여, 줄의 장력의 로드 CD에 평행한 성분과 수직한 성분을 계산하라. 정지 상태로 잡고 있다가 놓으면 줄의 장력은 구슬의 C 쪽과 D 쪽 중 어디로 작용하나?

문제 2.70 문제 2.60의 그림과 수치를 사용하라.

문제 2.71 문제 2.61의 그림과 수치를 사용하라.

문제 2.72-2.75

I형 외팔보의 끝단 B에 케이블이 걸려서 힘 $\vec{F}$를 작용한다. $\vec{r}_{AB}$는 보의 한쪽 끝 A에서 다른 끝 B로 향하는 위치 벡터이다. 위치 벡터 $\vec{r}_1$과 $\vec{r}_2$는 각각 I형 단면의 플랜지(flange)와 웨브(web)에 평행하다. 보의 내력을 구하고, 재료역학 해석을 위하여, 내력 성분으로서 보의 축 방향 (AB)의 성분과 웨브에 평행한 성분과 플랜지에 평행한 성분을 구해야 한다.

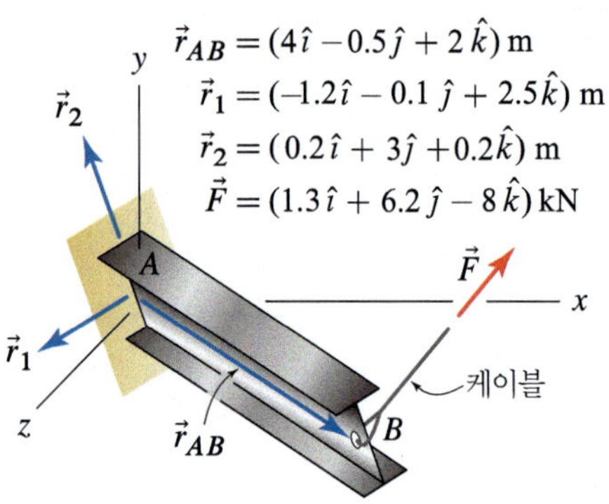

그림 P2.72-P2.75

문제 2.72 내적을 이용하여 $\vec{r}_1$, $\vec{r}_2$와 $\vec{r}_{AB}$가 서로 수직함을 보여라.

문제 2.73 $\vec{F}$에 대하여 $\vec{r}_{AB}$에 평행하는 스칼라성분과 벡터 성분을 구하라.

문제 2.74 $\vec{F}$에 대하여 $\vec{r}_1$에 평행하는 스칼라 성분과 벡터 성분을 구하라.

문제 2.75 $\vec{F}$에 대하여 $\vec{r}_2$에 평행하는 스칼라 성분과 벡터 성분을 구하라.

문제 2.76

스포츠카의 변속기용 변속 레버 AB가 위치 벡터 $\vec{r}$로 표기되는데, 이 벡터의 작용선이 점 A와 B를 통과한다. 운전자가 변속하기 위하여 레버 손잡이에 힘 $\vec{F}$를 작용한다. 만약 변속에 필요한 힘 크기로서 변속 레버에 수직한 $\vec{F}$ 성분이 5 N인 경우에 힘의 크기 F를 구하라.

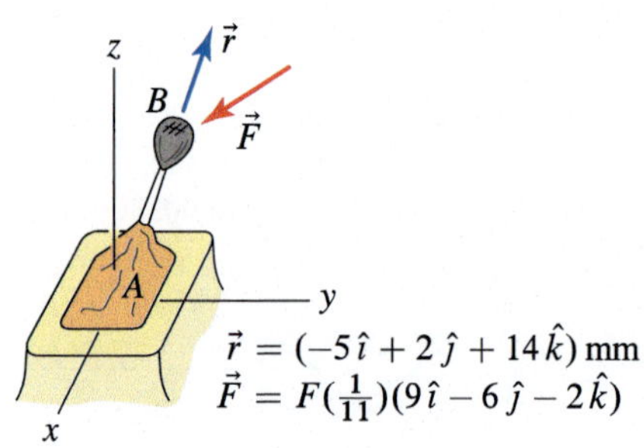

그림 P2.76

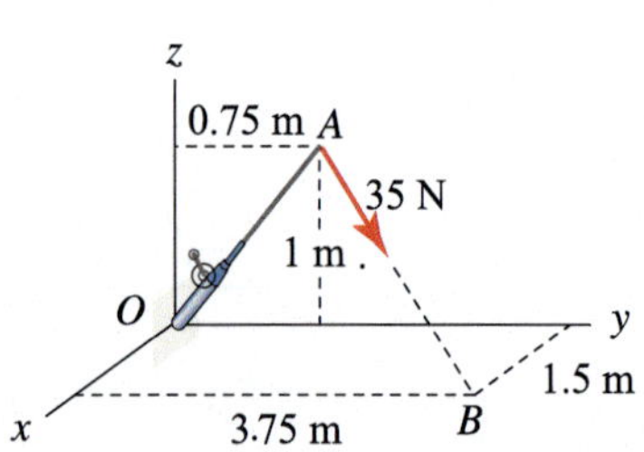

그림 P2.77

문제 2.77

낚싯대 OA에 낚싯줄 AB가 35 N 크기의 힘을 작용한다. 35 N 힘의 벡터 성분으로서 낚싯대에 평행한 벡터 성분과 수직한 벡터 성분을 구하라.

문제 2.78

로드 AB는 다탄두 대포의 발사점화 핀이다. 발사 점화를 위해서 끝단 A에 해머로 충격을 가하여 핀에 힘 F가 작용한다. 힘 F는 xy 평면에 평행한 평면에 위치하지만 발사점화 핀은 그림에서 보여 주듯이 3차원의 방향으로 표현된다. F의 성분으로서 점화 핀에 평행한 방향의 성분과 수직한 방향의 성분을 구하라.

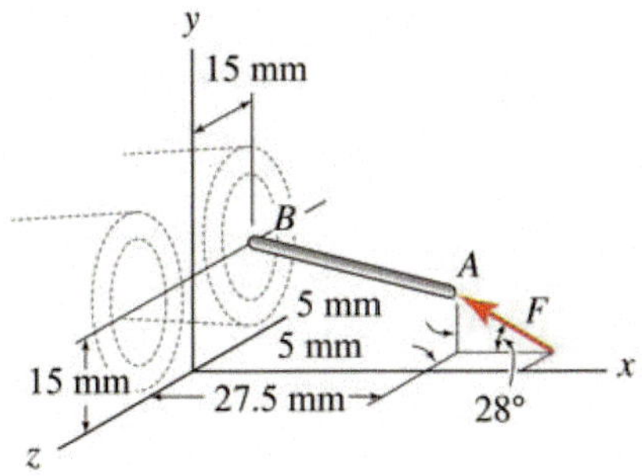

그림 P2.78

문제 2.79

로드 AB에 고정된 칼라 C가 음의 z 방향으로 작용하는 무게 W = 15 N을 지지한다. 무게의 벡터 성분으로서 로드 AB에 평행한 벡터 성분과 수직한 벡터 성분을 구하라.

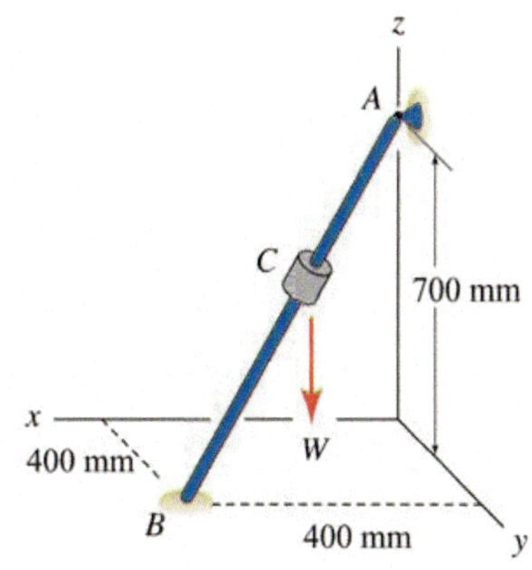

그림 P2.79, P2.80

문제 2.80

로드 AB에 칼라 C가 로드 축에 평행한 방향으로 최대 35 N까지 견딜 수 있는 접착제로 고정되었다. 칼라는 음의 z 방향으로 작용하는 무게를 가진다. 접착 상태가 파괴되도록 하는 최소 칼라 무게를 구하라.

문제 2.81

그림 P2.81과 같이 반경 150 mm의 1/4−원형 로드 AB가 xy 평면에 고정되어 있다. 100 N 인장력을 가지는 탄성 줄이 D 지지점과 C 구슬에 연결되어 있다. 점 C에 작용하는 줄 장력의 성분으로서 곡선형 로드 AB의 접선 방향 성분과 법선 방향 성분을 구하라.

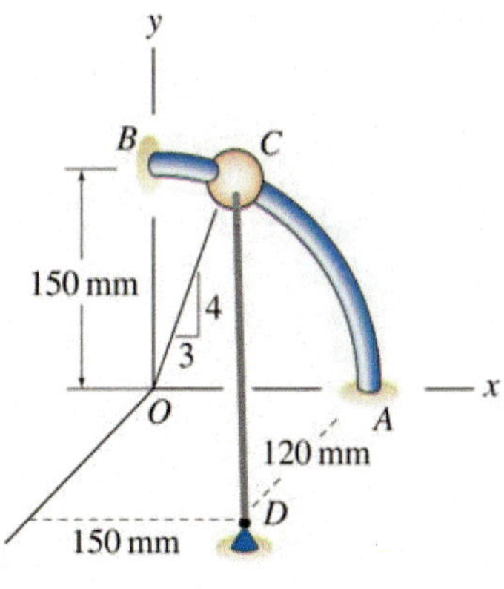

그림 P2.81

문제 2.82

구슬 B는 그 무게가 무시할 정도로 작으며, 견고하게 고정된 막대 AC에서 마찰이 없이 미끄러진다. 60 N 인장력을 가지는 탄성 줄이 구슬에 연결되어 있다. 그림에 그려져 있는 순간에 구슬의 속도는 영이며, A와 B 사이의 정중앙에 놓여 있다. 탄성 줄의 인장력의 막대 AC에 평행한 성분과 수직한 성분을 구하라. 줄의 인장력으로 인하여, 구슬은 A와 B 중에서 어느 쪽으로 미끄러지는가?

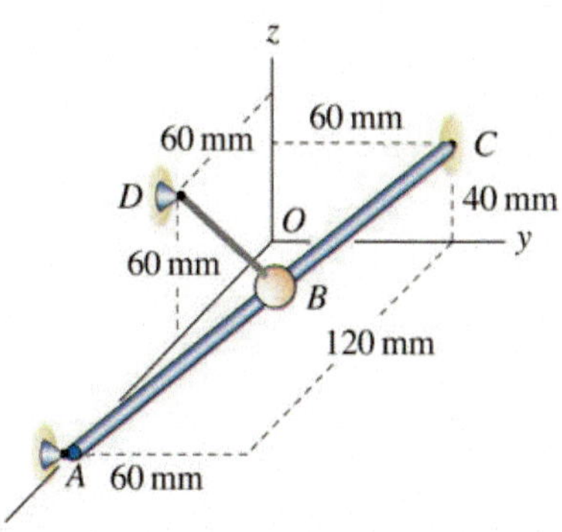

그림 P2.82

문제 2.83

어느 야구팀의 관리자가 오른손 투수가 던진 공의 속력을 측정하기 위하여 지점 A에 설치된 레이다 측정기를 사용한다. 만약 공의 투구 지점 B에서 포수의 포구지점 C까지 거리의 1/3을 이동한 지점에서 야구공의 속력이 s로 측정되었다고 하면, 실제 투구의 속도는 얼마인가? 던져진 공은 직선 경로를 움직인다고 가정하고, s를 사용하여 답하라. 레이다 측정기로 측정된 속력 s는 점 A와 공 사이의 거리의 변화율을 측정한 것이다.

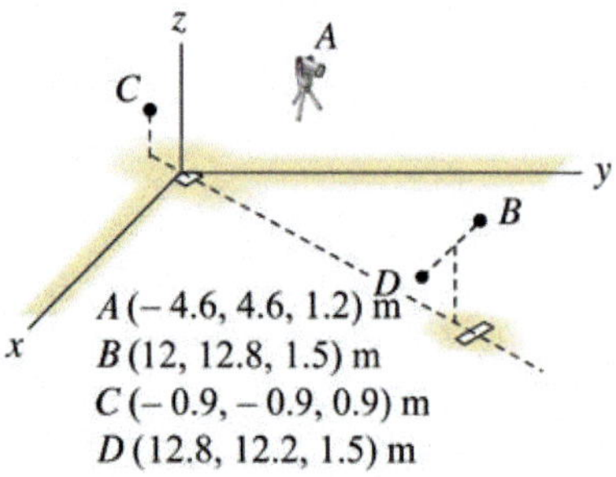

그림 P2.83, P2.84

문제 2.84

왼손 투수가 지점 D에서 투구한다고 가정하고, 문제 2.83을 반복하라.

문제 2.85

구조용 부재 AB에 버팀목 CD가 지지되어 있다. CD의 최소길이를 구하고, 최소길이의 버팀목이 부재 AB와 연결되는 점 D를 구하라.

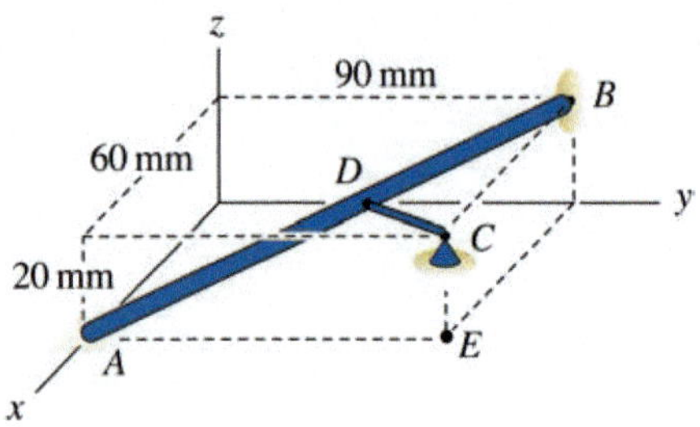

그림 P2.85, P2.86

문제 2.86

부재 AB와 점 E 사이의 최소 거리를 구하라.

문제 2.87

예제 2.13에서 점 A와 B를 통과하는 연장선과 점 D 사이의 최단 거리를 구하라. 이 최단 거리는 로드 AB의 최단거리와 동일한가? 설명하라.

문제 2.88

예제 2.18에서 점 A와 B를 통과하는 연장선과 점 O 사이의 최단 거리를 구하라. 이 최단 거리는 로드 AB의 최단 거리와 동일한가? 설명하라.

문제 2.89

빌딩 지붕의 전면은 "6 상승−12 전진"의 경사를 가지며, 측면은 "8 상승−12 전진"의 경사를 가진다. 전면 판재와 측면 판재가 지붕 모서리 AB에 잘 들어맞도록 하는 전면 판재 절단각 α와 측면 판재 절단각 β를 구하라.

힌트 먼저 위치 벡터 $\vec{r}_{AB}$(여기서 B는 지붕 모서리에 있는 임의의 점이다)를 두 가지 방법으로 얻는다. $\vec{r}_{AB} = \vec{r}_{AC} + \vec{r}_{CB}$와 $\vec{r}_{AB} = \vec{r}_{AC} + \vec{r}_{DB}$이다. $\vec{r}_{CB}$와 $\vec{r}_{DB}$를 표현하기 위하여 지붕 경사를 사용하고, $\vec{r}_{AB}$에 관한 두 가지 표현을 등가시킨다.

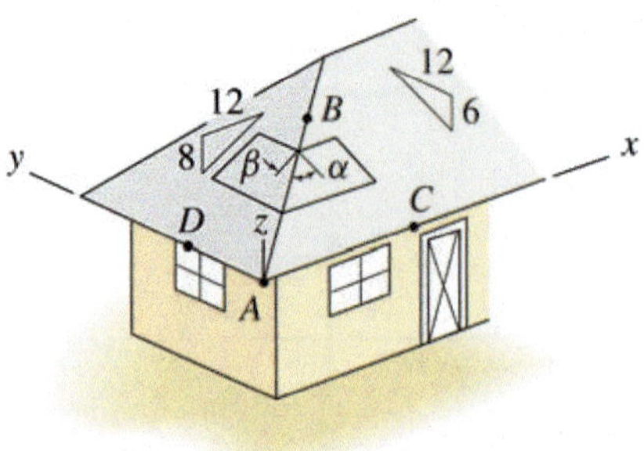

그림 P2.89

2.5 벡터 외적

두 벡터 사이의 외적(cross product)은 세 가지 목적으로 사용될 수 있다. (1) 두 벡터가 포함된 평면에 수직한 방향의 결정, (2) 두 벡터로 형성되는 평행사변형의 면적 계산, (3) 힘에 의한 모멘트 계산이 그 목적이다. 모멘트 계산과 용도는 정역학과 기계역학에서 매우 중요하며, 4장에서 심도 있게 다루어진다. 내적과 비교하여 외적의 연산이 더 복잡하다. 본 절에서 외적의 연산 방법과 그 결과에 대한 분석에 대해서 학습한다.

두 벡터 $\vec{A}$와 $\vec{B}$의 외적(*cross product*)은 다음과 같이 정의되는 연산이다.

$$\vec{A} \times \vec{B} = (|\vec{A}||\vec{B}| \sin\theta)\,\hat{u} \tag{2.48}$$

여기서

θ = $\vec{A}$ 와 $\vec{B}$의 작용선이 이루는 각이며, $0 \le \theta \le 180°$이다.

$\hat{u}$ = 오른손 법칙에 따르며, $\vec{A}$와 $\vec{B}$를 포함한 평면에 수직한 단위 벡터이다.

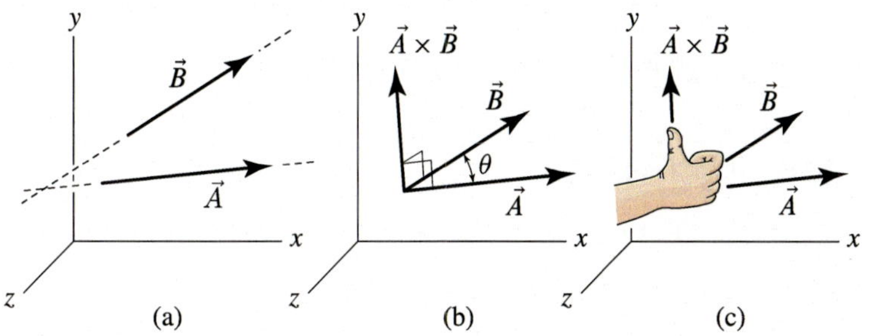

그림 2.31 (a) 3차원 벡터 $\vec{A}$와 $\vec{B}$. (b) 벡터 $\vec{A}$와 $\vec{B}$를 연산하기 위하여 벡터의 꼬리와 꼬리를 연결하여 각 θ를 규정한다. 각 θ는 두 벡터가 포함되는 평면에서 측정된다. (c) $\vec{A} \times \vec{B}$의 연산 결과는 벡터인데, 그 벡터의 방향은 오른손 법칙에 의하여 규정된다.

> **개념 정리**
> **외적의 응용.** 두 벡터 사이의 외적은 연산 결과가 벡터이다. 외적은 평면에 수직한 방향을 찾거나, 두 벡터로 형성되는 평행사변형의 면적을 구하거나, 힘의 모멘트를 계산하는 용도로 사용된다. 힘의 모멘트 계산은 정역학과 기계역학에서 매우 중요하다.

"$\vec{A}$ 외적 $\vec{B}$" 혹은 "$\vec{A}$ 크로스(cross) $\vec{B}$"로 언급되는 식 (2.48)의 결과는 벡터이다. 이 벡터의 크기는 $\vec{A}$의 크기, $\vec{B}$의 크기와 $\vec{A}$, $\vec{B}$의 작용선이 이루는 각 θ에 사인 함수를 취한 값을 모두 곱한 값이 된다. 또 이 벡터의 방향은 오른손 법칙에 따르며, $\vec{A}$와 $\vec{B}$를 포함한 평면에 수직한 방향이다. 식 (2.48)의 θ에 대한 정의는 내적 연산에 사용되었던 θ의 정의와 동일하다. 외적 연산의 결과가 벡터이기 때문에 외적은 때때로 벡터적으로 불리기도 한다. 외적의 단위는 $\vec{A}$와 $\vec{B}$의 단위들의 곱과 같다.

그림 2.31은 두 벡터 $\vec{A}$와 $\vec{B}$ 사이의 외적을 도식으로 보여준다. 매우 자주 발생하는 현상으로서, $\vec{A}$와 $\vec{B}$의 외적 연산을 위해서 두 벡터가 동일한 평면에 존재해야 할 필요는 없다. 외적의 방향은 오른손 법칙에 따라 결정되는데, 그림 2.31에서 보여주듯이 첫째 벡터인 $\vec{A}$가 여러분의 오른 손바닥을 관통하도록 하고, 둘째 벡터인 $\vec{B}$가 오른 손가락을 통과하도록 하면, 엄지손가락이 $\vec{A} \times \vec{B}$의 올바른 방향을 가리킨다. 만약 $\vec{B}$를 첫째 벡터로 하며 $\vec{A}$를 둘째 벡터로 취하여 오른손 법칙을 적용하면 그 결과는 $\vec{A} \times \vec{B}$의 방향에 반대되는 $\vec{B} \times \vec{A}$의 방향이 된다. 그러므로 외적 연산에서 벡터의 순서는 중요하다.

외적은 다음의 특성을 가진다.

$$\vec{A} \times \vec{B} = -\vec{B} \times \vec{A} \qquad \text{비교환법칙} \qquad (2.49)$$

$$s(\vec{A} \times \vec{B}) = (s\vec{A}) \times \vec{B} = \vec{A} \times (s\vec{B}) \qquad \text{스칼라 곱에 관한 결합법칙} \qquad (2.50)$$

$$(\vec{A} + \vec{B}) \times \vec{C} = (\vec{A} \times \vec{C}) + (\vec{B} \times \vec{C}) \qquad \text{벡터 덧셈에 관한 분배법칙} \qquad (2.51)$$

여기까지의 설명은 벡터의 종류나 표현 방법에 상관없이 항상 성립된다. 예를 들어, 그림 2.32(a)에 그려진 두 벡터 $\vec{A}$와 $\vec{B}$가 xy 평면에 놓인 경우를 생각한다. 그림 2.32(b)와 같이 두 벡터를 평행이동시켜 꼬리와 꼬리를 연결하여 $\vec{A}$와 $\vec{B}$의 사이각 60°를 얻고, $\vec{A}$와 $\vec{B}$ 사이에 식 (2.48)을 적용하여 다음의 결과를 얻는다.

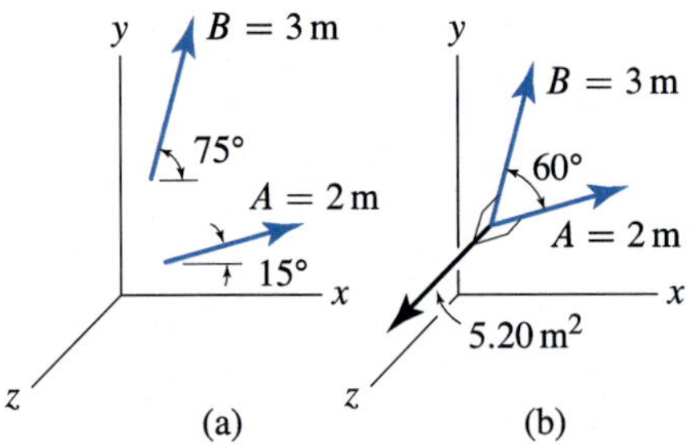

그림 2.32 xy 평면에 존재하는 두 벡터 $\vec{A}$와 $\vec{B}$의 외적. $\vec{A} \times \vec{B}$의 연산 결과는 z 방향으로 크기가 5.20 m²인 벡터이다.

$$\vec{A} \times \vec{B} = (2\text{ m})(3\text{ m})\sin 60°\, \hat{u} = 5.20\text{ m}^2\, \hat{u} \qquad (2.52)$$

여기서 $\hat{u}$는 $\vec{A}$와 $\vec{B}$를 포함하는 평면에 수직한 단위 벡터인데, 그것의 방향은 오른손 법칙에 의하여 그림 2.32(b)에서 보여 주듯이 z 방향이 된다. 외적 결과의 단위는 m²임을 유의하라. 여기까지 설명 내용에서 명확히 알 수 있는 것은 아니지만, 외적 결과의 크기는 $\vec{A}$와 $\vec{B}$에 의하여 형성되는 평행사변형의 면적이라는 물리적 의미를 가진다. 벡터 외적의 이러한 특성들에 관해서 더 자세히 다루기도 한다.

직교 성분을 이용한 외적

직교 좌표로 기술된 두 벡터 $\vec{A}$와 $\vec{B}$ 사이에 외적을 적용하면 결과는 다음과 같이 주어진다.

$$\vec{A} \times \vec{B} = (A_y B_z - A_z B_y)\hat{\imath} + (A_z B_x - A_x B_z)\hat{\jmath} + (A_x B_y - A_y B_x)\hat{k} \qquad (2.53)$$

> **유용한 정보**
>
> **외적 연산의 대체 방법들.** 벡터로 표현하는 방법에 상관없이, 식 (2.48)은 항상 외적 연산에 사용 될 수 있다. 직교 좌표로 표현된 벡터의 경우에는 식 (2.48) 혹은 식 (2.53)중에서 어느 것이나 사용 될 수 있는데, 식 (2.53)의 방법이 일반적으로 더 편리하다. 사실 경우에 따라서는 두 가지 방법을 모두 사용하여 효과적으로 계산하기도 한다.

식 (2.53)은 다음 유도 과정으로부터 얻어진다. 먼저 $\vec{A}$와 $\vec{B}$를 직교 좌표계의 벡터로 표현한다.

$$\vec{A} = A_x\hat{\imath} + A_y\hat{\jmath} + A_z\hat{k} \qquad (2.54)$$

$$\vec{B} = B_x\hat{\imath} + B_y\hat{\jmath} + B_z\hat{k} \qquad (2.55)$$

$\vec{A}$와 $\vec{B}$ 사이의 외적 연산에서 식 (2.51)의 분배 법칙을 적용하여서 각 항들을 전개하면

$$\begin{aligned}\vec{A} \times \vec{B} &= (A_x\hat{\imath} + A_y\hat{\jmath} + A_z\hat{k}) \times (B_x\hat{\imath} + B_y\hat{\jmath} + B_z\hat{k}) \\ &= (A_x\hat{\imath} \times B_x\hat{\imath}) + (A_x\hat{\imath} \times B_y\hat{\jmath}) + (A_x\hat{\imath} \times B_z\hat{k}) \\ &\quad + (A_y\hat{\jmath} \times B_x\hat{\imath}) + (A_y\hat{\jmath} \times B_y\hat{\jmath}) + (A_y\hat{\jmath} \times B_z\hat{k}) \\ &\quad + (A_z\hat{k} \times B_x\hat{\imath}) + (A_z\hat{k} \times B_y\hat{\jmath}) + (A_z\hat{k} \times B_z\hat{k})\end{aligned} \qquad (2.56)$$

연산을 계속하기 위해서 단위 벡터들 사이의 외적에 대한 특성을 파악하여야 한다. 식 (2.48)로부터 $\hat{\imath} \times \hat{\imath}$는 $(1)(1)\sin 0° = 0$임을 알 수 있고, 마찬가지로 $\hat{\jmath} \times \hat{\jmath}$와 $\hat{k} \times \hat{k}$도

영의 크기를 가진다. 서로 다른 종류의 단위 벡터에 대한 외적은 그 크기가 (1)(1)sin90° = 1이 되며, 방향은 연산되는 단위 벡터의 순서에 따라 변화한다. 예를 들어, $\hat{\imath} \times \hat{\jmath} = \hat{k}$ 이며 $\hat{\jmath} \times \hat{\imath} = -\hat{k}$이다. 요약하면, 단위 벡터들 사이의 외적은 다음과 같다.

$$\begin{aligned} &\hat{\imath} \times \hat{\imath} = \vec{0} \quad && \hat{\imath} \times \hat{\jmath} = \hat{k} \quad && \hat{\imath} \times \hat{k} = -\hat{\jmath} \\ &\hat{\jmath} \times \hat{\imath} = -\hat{k} && \hat{\jmath} \times \hat{\jmath} = \vec{0} && \hat{\jmath} \times \hat{k} = \hat{\imath} \\ &\hat{k} \times \hat{\imath} = \hat{\jmath} && \hat{k} \times \hat{\jmath} = -\hat{\imath} && \hat{k} \times \hat{k} = \vec{0}, \end{aligned} \tag{2.57}$$

여기서 $\vec{0} = 0\hat{\imath} + 0\hat{\jmath} + 0\hat{k}$는 **영 벡터**로 호칭된다. 식 (2.57)을 식 (2.56)에 대입하면 식 (2.53)을 얻는다. 식 (2.53)은 직교 좌표로 표현된 벡터들의 외적을 계산함에 항상 적용될 수 있지만, 공식을 외워서 적용하는 것은 미숙한 방법이다. 하지만 여러분들이 외적 연산 과정을 컴퓨터나 전자계산기로 프로그램 하고자 할 경우에는 식 (2.53)이 이상적이다. 그러나 수작업으로 계산하는 경우에는 다음에 소개하는 절차가 더 용이하다.

행렬식을 이용한 외적 연산

벡터 $\vec{A}$와 $\vec{B}$를 일정한 순서로 정렬하여서 행렬(matrix)을 구성하고, 이 행렬의 행렬식 (determinant)으로 $\vec{A} \times \vec{B}$를 계산할 수 있다. 행렬은 행과 열의 개수가 같은 정사각형 배열로 배열된다. 행렬 이론은 기본적이고 광범위한 내용을 포함하지만, 여기서는 외적 연산에 필요한 부분만을 소개한다.

벡터 $\vec{A}$와 $\vec{B}$의 외적을 계산하기 위해서, 다음 행렬에 대한 행렬식을 계산한다.

$$\vec{A} \times \vec{B} = \det \begin{bmatrix} \hat{\imath} & \hat{\jmath} & \hat{k} \\ A_x & A_y & A_z \\ B_x & B_y & B_z \end{bmatrix} = \begin{vmatrix} \hat{\imath} & \hat{\jmath} & \hat{k} \\ A_x & A_y & A_z \\ B_x & B_y & B_z \end{vmatrix} \tag{2.58}$$

여기서 det는 행렬에 대한 행렬식(determinant)의 약자이다. 식 (2.58)에서 가장 오른쪽에 있는 수직 기호는 기호 속에서 포함된 행렬의 행렬식을 가리키는 기호이다. 본 교재에서는 수직 기호를 주로 사용하여 행렬식을 표현한다. 식 (2.58)에서 행렬의 첫째 행은 직교 좌표계의 기준 벡터인 $\hat{\imath}$, $\hat{\jmath}$와 $\hat{k}$로 구성된다. 두 번째 행은 $\vec{A}$의 성분들로 구성되고 세 번째 행은 $\vec{B}$의 성분들로 구성된다. 만약 $\vec{B} \times \vec{A}$를 계산한다면, 행렬의 두 번째 행은 $\vec{B}$의 성분을 포함하고, 세 번째 행은 $\vec{A}$의 성분들로 구성된다. 행렬의 행렬식을 계산하는 다양한 방법이 존재하지만, 효과적인 두 가지 방법만 소개한다.

행렬식 계산방법 1 행렬식을 계산하는 보조 방법으로, 기본 행렬을 기록한 후에 첫 번째 열과 두 번째 열을 차례로 반복하여 기록한다. 그리고 다음의 요령으로 대각선 항들의 곱들을 더하거나 빼준다. 대각선 1에 있는 세 항들을 곱하고 [즉 $\hat{\imath}(A_y)(B_z)$], 이 결과에 대각선 2의 세 항들을 곱한 결과를 더하며, 차례로 대각선 3의 세항들을 곱한 결과를 더

유용한 정보

조그만 기교. 다음 그림은 $\hat{\imath}$, $\hat{\jmath}$, $\hat{k}$ 단위 벡터들 사이의 외적을 신속하게 계산하는 유용한 도구이다.

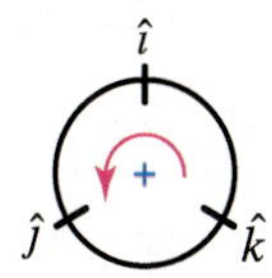

반시계 회전방향(양의 방향)의 순서로 나열되는 외적은 "양"의 결과를 주게 되며, 반면에 시계 회전 방향(음의 방향)으로 움직이는 외적은 "음"의 결과로 된다. 예를 들어, $\hat{\imath} \times \hat{\jmath}$의 연산은 그 결과가 반시계 방향이며, 그러므로 $\hat{\imath} \times \hat{\jmath} = +\hat{k}$이다. $\hat{\jmath} \times \hat{\imath}$의 경우에는 시계 회전 방향이며, $\hat{\jmath} \times \hat{\imath} = -\hat{k}$이다.

하고, 대각선 4와 5, 6의 세 항들을 곱한 결과들을 각각 뺄셈하여 최종 행렬식의 결과를 구한다. 이러한 계산 과정은 다음과 같이 표현된다.

$$\vec{A}\times\vec{B} = \begin{vmatrix} \hat{\imath} & \hat{\jmath} & \hat{k} \\ A_x & A_y & A_z \\ B_x & B_y & B_z \end{vmatrix} = \begin{matrix} \hat{\imath} & \hat{\jmath} & \hat{k} & \hat{\imath} & \hat{\jmath} \\ A_x & A_y & A_z & A_x & A_y \\ B_x & B_y & B_z & B_x & B_y \\ 4 & 5 & 6 & 1 & 2 & 3 \end{matrix}$$

$$= \underbrace{\hat{\imath}\, A_y B_z}_{\text{대각선 1}} + \underbrace{\hat{\jmath}\, A_z B_x}_{\text{대각선 2}} + \underbrace{\hat{k}\, A_x B_y}_{\text{대각선 3}} - \underbrace{\hat{k}\, A_y B_x}_{\text{대각선 4}} - \underbrace{\hat{\imath}\, A_z B_y}_{\text{대각선 5}} - \underbrace{\hat{\jmath}\, A_x B_z}_{\text{대각선 6}}$$

$$= (A_y B_z - A_z B_y)\,\hat{\imath} + (A_z B_x - A_x B_z)\,\hat{\jmath} + (A_x B_y - A_y B_x)\,\hat{k} \tag{2.59}$$

식 (2.59)는 식 (2.53)과 동일한 것에 유의하라.

행렬식 계산 방법 2 여기서는 소행렬식으로 행렬식을 전개한다. 소행렬식은 식 (2.60)에서 보이는 바와 같이 특별한 요소에 상응하는 행과 열을 제거한 부분 행렬의 행렬식을 의미한다. 부분행렬에 대한 소행렬식의 계산도 방법 1에서 설명한 행렬식의 계산 절차와 유사하다. 즉, 식 (2.60)에서 $\hat{\imath}$가 곱해지는 행렬의 행렬식은 대각선 1의 두 항을 곱한 것에서 대각선 2의 두 항을 곱한 것을 뺄셈한 값이다. $\hat{\jmath}$와 곱해지는 행렬의 행렬식은 대각선 3의 두 요소를 곱한 것에서 대각선 4의 두 요소를 곱한 것을 뺄셈한 값이다. 유사하게, $\hat{k}$와 곱해지는 행렬의 행렬식은 대각선 5의 두 요소를 곱한 값에서 대각선 6의 두 요소를 곱한 값을 뺄셈한 값이다.

$$\begin{vmatrix} \hat{\imath} & \hat{\jmath} & \hat{k} \\ A_x & A_y & A_z \\ B_x & B_y & B_z \end{vmatrix} \quad \begin{vmatrix} \hat{\imath} & \hat{\jmath} & \hat{k} \\ A_x & A_y & A_z \\ B_x & B_y & B_z \end{vmatrix} \quad \begin{vmatrix} \hat{\imath} & \hat{\jmath} & \hat{k} \\ A_x & A_y & A_z \\ B_x & B_y & B_z \end{vmatrix}$$

$$\vec{A}\times\vec{B} = \begin{vmatrix} \hat{\imath} & \hat{\jmath} & \hat{k} \\ A_x & A_y & A_z \\ B_x & B_y & B_z \end{vmatrix} = \hat{\imath}\begin{vmatrix} A_y & A_z \\ B_y & B_z \end{vmatrix} - \hat{\jmath}\begin{vmatrix} A_x & A_z \\ B_x & B_z \end{vmatrix} + \hat{k}\begin{vmatrix} A_x & A_y \\ B_x & B_y \end{vmatrix}$$

$$= \hat{\imath}\,(\underbrace{A_y B_z}_{\text{대각선 1}} - \underbrace{A_z B_y}_{\text{대각선 2}}) - \hat{\jmath}\,(\underbrace{A_x B_z}_{\text{대각선 3}} - \underbrace{A_z B_x}_{\text{대각선 4}}) + \hat{k}\,(\underbrace{A_x B_y}_{\text{대각선 5}} - \underbrace{A_y B_x}_{\text{대각선 6}}) \tag{2.60}$$

식 (2.60)에서 유념해야 할 사항은 $\hat{\jmath}$에 연관된 부분에 음의 부호가 표기되어야 한다는 것이다. 쉽게 범하는 오류가 이 음의 부호를 잊어버리는 것이다.

참고사항 여러분들은 여기서 설명한 두 가지 방법을 모두 사용해 보고 여러분이 선호하는 방법을 정할 것을 추천한다. 두 번째 방법의 장점은 각 항들이 벡터 $\hat{\imath}$, $\hat{\jmath}$, $\hat{k}$에 관련되어서 자동적으로 그룹 지어지는 것이다. 고급 수학과 역학에서는 여기서 다루어진 행렬보다 큰 행렬의 행렬식을 계산해야 하는 경우가 있다. 방법 1은 많아야 3개의 행과 열을 가진 행렬에만 적용될 수 있는 한계를 가진다. 방법 2는 행과 열의 수가 큰 행렬에 적용

빠지기 쉬운 함정
$\hat{\jmath}$에서 음의 부호를 잊지 말 것. 여러분들이 방법 2로 행렬식을 계산할 경우에 자주 범하는 오류가 $\hat{\jmath}$의 음의 부호를 잊는 것이다.

될 수 있지만 많은 수의 소행렬식을 계산해야 한다. 여기서는 소개하지 않았지만 효과적인 다른 방법이 존재함을 밝혀 둔다.

평면에 수직한 방향 결정

외적은 $\vec{C} = \vec{A} \times \vec{B}$의 연산으로부터 두 벡터 $\vec{A}$와 $\vec{B}$를 포함하는 평면에 수직한 방향의 $\vec{C}$를 결정하는 용도로 사용될 수 있다. 만약 수직 방향의 단위 벡터를 구하고자 하면 $\hat{u} = \vec{C}/\|\vec{C}\|$의 연산으로부터 얻는다. 참고로 $\vec{A}$와 $\vec{B}$가 단위 벡터일지라도 $\vec{A}$와 $\vec{B}$가 서로 수직이 아닌 경우에는 이들 벡터에 대한 외적은 단위 벡터가 아니다. $\vec{B} \times \vec{A}$를 연산하더라도 수직 방향은 얻어지는데, $\vec{A} \times \vec{B}$에 반대 방향으로 수직이다. 수직 방향을 구하는 많은 문제에서 수직 정방향과 수직 역방향 중에서 어느 쪽이든 무관한 경우이지만, 경우에 따라서는 이들 사이에 구분이 필요한 경우도 있다.

평행사변형 면적 결정

외적의 크기는 $\vec{A}$와 $\vec{B}$의 꼬리에 꼬리를 연결하여 생성되는 평행사변형의 면적에 해당한다. 이러한 사실을 그림 2.32에서 예시한다. 식 (2.52)으로부터 외적의 크기는 5.20 m^2으로 도출되는데, 그림 2.33(a)에서 보여주는 면적과 동일하다. 이 설명이 사실이라는 것을 확인하기 위해서 그림 2.33(b)에서 음영 처리된 삼각형을 고려한다. 이 삼각형의 밑변 길이는 A이며 높이는 $B \sin\theta$이다. 그러므로 이것의 면적은 (밑변길이)(높이)/2 $= AB(\sin\theta)/2$이다. 그림 2.33(b)에서 나머지 삼각형을 음영 처리된 삼각형과 동일한 밑변 길이와 높이를 가지며, 그러므로 면적도 동일하다. 그러므로 평행사변형의 면적은 식 (2.48)로 주어지는 외적 크기(그림의 예에서 $AB \sin\theta = 5.20\ m^2$)와 동일하다.

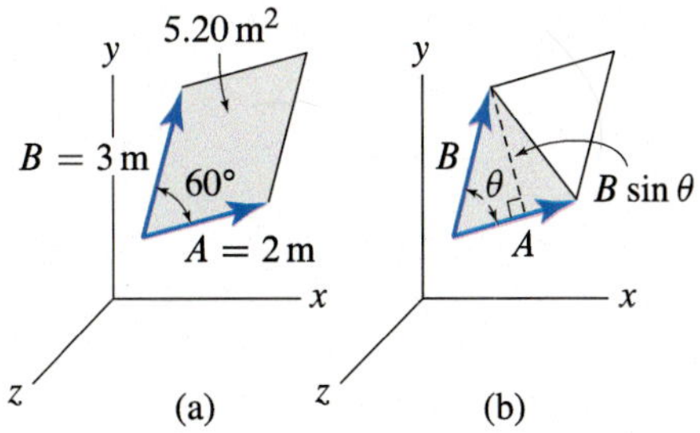

그림 2.33 $\vec{A} \times \vec{B}$의 크기 5.20 m^2은 꼬리-연결-꼬리의 두 벡터 $\vec{A}$와 $\vec{B}$에 의해 형성된 평행사변형의 면적에 해당한다.

스칼라 3중곱

가끔 두 벡터 $\vec{A}$와 $\vec{B}$의 외적은 세 번째 벡터 $\vec{C}$와의 내적으로 이어지기도 하는데, 이러한 $(\vec{A} \times \vec{B}) \cdot \vec{C}$는 **스칼라 3중곱**(*scalar triple product*) 혹은 **혼합 3중곱**으로 호칭된다.[10) 물론 3중곱은 먼저 외적 연산을 수행하여 결과 벡터를 얻고, 이 결과 벡터와 $\vec{C}$ 사이에 내적 연산을 수행하여 최종 스칼라 결과를 얻는다. 스칼라 3중곱에 대한 대체 연산 방법으로 다음과 같이 계산되기도 한다.

$$(\vec{A} \times \vec{B}) \cdot \vec{C} = \begin{vmatrix} C_x & C_y & C_z \\ A_x & A_y & A_z \\ B_x & B_y & B_z \end{vmatrix} \tag{2.61}$$

비록 다음 사실을 증명하진 않았지만, $(\vec{A} \times \vec{B}) \cdot \vec{C}$의 연산 결과 값은 그림 2.34에서 보여주듯이 $\vec{A}, \vec{B}, \vec{C}$의 세 벡터로 규정되는 평행육면체의 체적이 된다. 문제 2.105에서 스칼라 3중곱의 벡터 나열 순서를 변화하는 것의 의미를 조사한다.

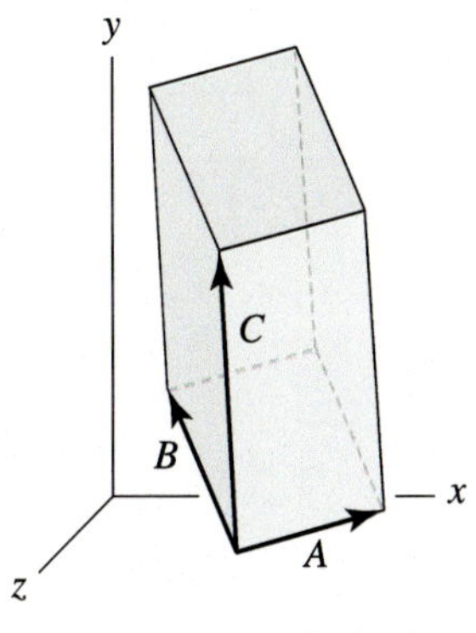

그림 2.34 정렬된 세 벡터 $\vec{A}, \vec{B}, \vec{C}$에 의해 형성되는 평행육면체의 체적은 스칼라 3중곱으로 계산될 수 있다.

---

10) 벡터 3중곱으로 호칭되는 $\vec{A} \times \vec{B} \times \vec{C}$의 3중곱과 차별하는 의미에서 스칼라 3중곱의 용어가 혼합 3중곱보다 더 선호된다.

절 요약

본 절에서 두 벡터 사이의 외적이 정의되었다. 주요 사항은 다음과 같다.

- 두 벡터 $\vec{A}$와 $\vec{B}$ 사이의 외적은 $\vec{C} = \vec{A} \times \vec{B}$으로 표기될 수 있으며, 연산 결과는 벡터인 $\vec{C}$가 된다. $\vec{C}$의 단위는 $\vec{A}$ 단위와 $\vec{B}$ 단위를 곱한 것이며, $\vec{C}$의 방향은 $\vec{A}$와 $\vec{B}$를 포함하는 평면에 수직한 방향이고, 오른손 법칙에 따라 결정된다.
- 외적은 한 평면에 수직한 방향을 찾는 목적으로 사용될 수 있다.
- 외적은 평행사변형의 면적과 평행육면체의 체적을 결정하는 용도로 사용될 수 있다.
- 외적 연산의 가장 중요한 용도는 힘의 모멘트를 계산하는 것인데, 이러한 내용은 4장에서 자세하게 설명된다.

예제 2.19 외적 계산

다음과 같이 주어진 벡터 $\vec{A}$와 $\vec{B}$의 외적을 계산하라.

$$\vec{A} = (3\hat{\imath} + 5\hat{\jmath} + \hat{k})\,\text{mm}$$
$$\vec{B} = (-4\hat{\imath} + 6\hat{\jmath} + 2\hat{k})\,\text{mm}$$

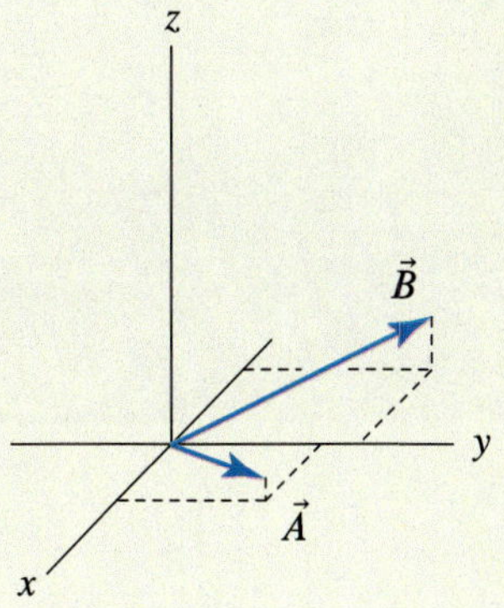

그림 1

풀이 SOLUTION

로드맵 외적을 계산하기 위하여 식 (2.53)을 이용할 수 있지만, 여기에서 보여주는 방법 1과 방법 2 중에서 선택하는 것이 일반적으로 효과적이다.

방법 1

지배방정식과 계산 식 (2.59)의 방법 1을 사용하여 $\vec{A}$와 $\vec{B}$의 외적을 계산하면

$$\vec{C} = \vec{A}\times\vec{B} = \begin{vmatrix} \hat{\imath} & \hat{\jmath} & \hat{k} \\ 3 & 5 & 1 \\ -4 & 6 & 2 \end{vmatrix}\,\text{mm}^2 = \begin{matrix} \hat{\imath} & \hat{\jmath} & \hat{k} & \hat{\imath} & \hat{\jmath} \\ 3 & 5 & 1 & 3 & 5 \\ -4 & 6 & 2 & -4 & 6 \end{matrix}\ \text{mm}^2 \tag{1}$$

$$= [\hat{\imath}\,(5)(2) + \hat{\jmath}\,(1)(-4) + \hat{k}\,(3)(6) - \hat{k}\,(5)(-4) - \hat{\imath}\,(1)(6) - \hat{\jmath}\,(3)(2)]\,\text{mm}^2$$

$$= \boxed{(4\hat{\imath} - 10\hat{\jmath} + 38\hat{k})\,\text{mm}^2} \tag{2}$$

식 (1)에서 mm^2 항은 $\vec{A}$와 $\vec{B}$의 두 벡터에서 각각 mm 차원을 인수로 추출한 결과이다. 외적의 결과인 벡터 $\vec{C}$는 그림 2에서 보여준다.

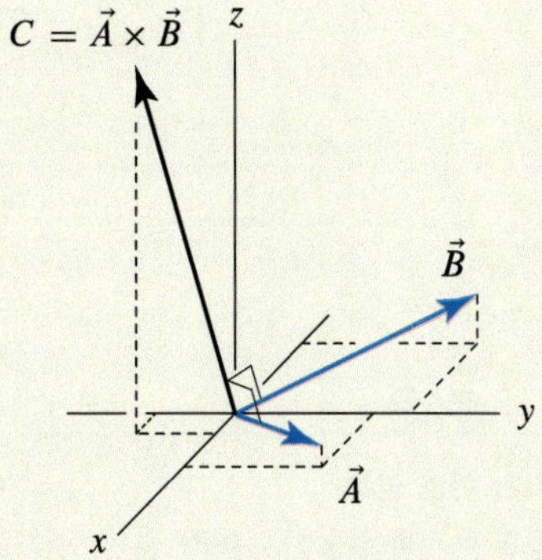

그림 2 두 벡터 $\vec{A}$와 $\vec{B}$ 사이의 외적 계산.

방법 2

지배방정식과 계산 식 (2.60)에서 설명된 방법 2를 사용하여 $\vec{A}$와 $\vec{B}$의 외적을 계산하면

$$\vec{C} = \vec{A}\times\vec{B} = \begin{vmatrix} \hat{\imath} & \hat{\jmath} & \hat{k} \\ 3 & 5 & 1 \\ -4 & 6 & 2 \end{vmatrix}\,\text{mm}^2$$

$$= \hat{\imath}\begin{vmatrix} 5 & 1 \\ 6 & 2 \end{vmatrix}\text{mm}^2 - \hat{\jmath}\begin{vmatrix} 3 & 1 \\ -4 & 2 \end{vmatrix}\text{mm}^2 + \hat{k}\begin{vmatrix} 3 & 5 \\ -4 & 6 \end{vmatrix}\text{mm}^2 \tag{3}$$

$$= \hat{\imath}\,[(5)(2) - (1)(6)]\,\text{mm}^2 - \hat{\jmath}\,[(3)(2) - (1)(-4)]\,\text{mm}^2 + \hat{k}\,[(3)(6) - (5)(-4)]\,\text{mm}^2$$

$$= \boxed{(4\hat{\imath} - 10\hat{\jmath} + 38\hat{k})\,\text{mm}^2} \tag{4}$$

이 결과는 방법 1로부터 얻어진 결과와 동일하다.

논의 및 검증 $\vec{C}$가 실제 $\vec{A}$와 $\vec{B}$를 포함하는 평면에 수직하는 것인지를 검증하기 위해서, 여러분들은 $\vec{C}\cdot\vec{A}$의 내적과 $\vec{C}\cdot\vec{B}$의 내적이 모두 영이 되는지를 알아보면 된다. 또한 $\vec{B}\ \times\vec{A}$의 연산 결과가 $-\vec{C}$가 되는지도 검증할 수 있다.

예제 2.20 평면에 접선 방향의 힘 성분과 법선 방향의 힘 성분

점 A, B, C로 규정되는 급경사면에 95 Mg 질량의 집이 위치한다. 경사면의 붕괴(진흙 붕괴사태)의 가능성을 평가하기 위하여, 다음에 열거한 작업이 필요하다.

(a) 경사면에 평행한 방향(접선 방향)과 법선 방향의 무게 성분을 계산하라.

(b) 경사면에 평행한 방향(접선 방향)과 법선 방향의 성분 벡터를 구하라.

(c) 점 O로부터 경사면까지 최소 거리를 구하라.

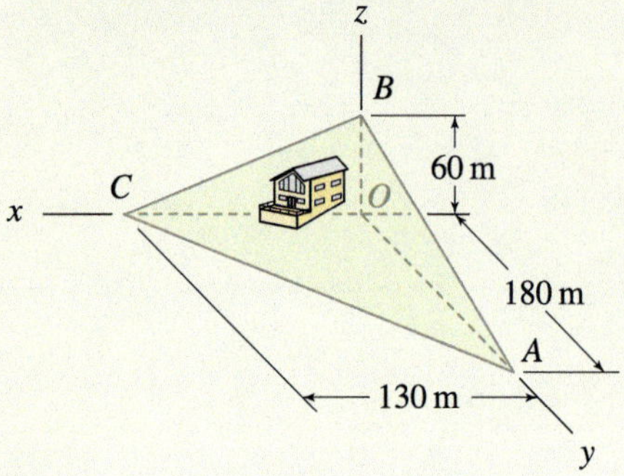

그림 1

풀이 SOLUTION

로드맵 집 무게는 (95 Mg)(9.81 m/s^2) = 932.0 kN으로 그림 2에 그려진 바와 같다.

$$\vec{W} = (-932.0\,\text{kN})\,\hat{k} \tag{1}$$

(a) 부분에 대한 효과적 풀이 방법은 경사면에 수직한 방향을 결정하기 위하여 외적을 이용하는 것이다. 그리고 무게 벡터와 경사면에 수직한 방향 벡터 사이에 내적을 적용하면 무게의 수직 성분을 얻는다. 수직 성분이 결정되고 나면, 경사면에 평행한 혹은 접선 방향의 성분은 피타고라스 정리로부터 결정될 수 있다. (b) 부분에서 무게의 성분 벡터로서 경사면에 수직한 성분 벡터와 평행한 성분 벡터를 구한다. (c) 부분에서 점 O에서 경사면 위에 임의의 편리한 점으로 향하는 위치 벡터를 생각한다. 이 벡터를 경사면에 수직한 단위 벡터와 내적을 연산하여 경사면에 수직한 성분을 구한다. 이 결과가 점 O로부터 경사면까지의 최소거리다.

(a) 부분

빠지기 쉬운 함정

질량과 무게를 혼동하지 마라. 흔한 오류로서 질량을 무게로 잘못 생각하는 것이다. 질량에 중력가속도를 곱한 결과가 무게이다. 그림 1과 2에서 여러분들이 집의 무게를 95로 그릇되게 생각한다면, 이어지는 모든 답들의 크기가 한 차수 정도 작게 되며, 그들의 물리적 차원도 틀린다.

지배방정식과 계산 수직 방향은 여러 가지 벡터들 사이의 외적으로부터 구할 수 있다. 여기서는 A에서 B까지의 위치 벡터와 A에서 C까지의 위치 벡터를 생각한다.

$$\vec{r}_{AB} = (-180\,\hat{\jmath} + 60\,\hat{k})\,\text{m} \tag{2}$$

$$\vec{r}_{AC} = (130\,\hat{\imath} - 180\,\hat{\jmath})\,\text{m} \tag{3}$$

경사면에 수직한 벡터 $\vec{n}$과 그것의 크기 $|\vec{n}|$은

$$\vec{n} = \vec{r}_{AB} \times \vec{r}_{AC} = \begin{vmatrix} \hat{\imath} & \hat{\jmath} & \hat{k} \\ 0 & -180 & 60 \\ 130 & -180 & 0 \end{vmatrix}\,\text{m}^2$$

$$= (10,800\,\hat{\imath} + 7800\,\hat{\jmath} + 23,400\,\hat{k})\,\text{m}^2 \tag{4}$$

$$|\vec{n}| = \sqrt{(10,800)^2 + (7800)^2 + (23,400)^2}\,\text{m}^2 = 26,930\,\text{m}^2 \tag{5}$$

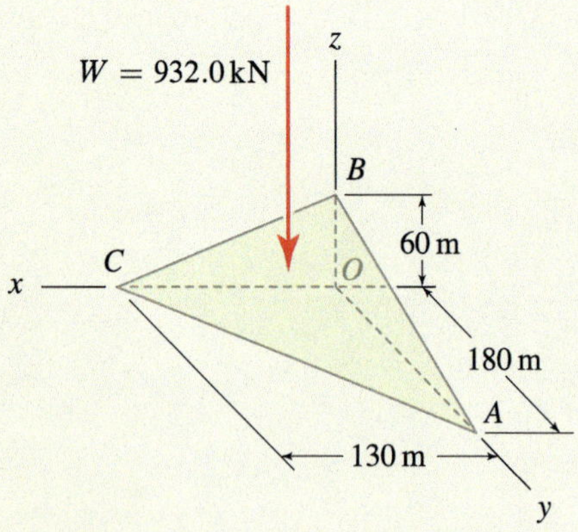

그림 2 집의 무게는 수직 아래 방향으로 경사면에 작용한다.

식 (4)에서 $\vec{r}_{AB}$와 $\vec{r}_{AC}$의 단위가 행렬 표현과 분리되어 표현되었다. 이렇게 분리하는 것이 행렬식을 전개하는 과정에서 단위를 반복하여 기록하는 번거로움을 경감시킨다. 또한, 외적 연산 순서에서 첫째 벡터로 $\vec{r}_{AB}$를 선택하고, 둘째 벡터로 $\vec{r}_{AC}$를 선택하였는데, 결과의 수직 벡터는 경사면에 "외향" 방향(즉, 하늘을 향하는 방향)이 된다. $\vec{r}_{BC} \times \vec{r}_{BA}$ 혹은 $\vec{r}_{CA} \times \vec{r}_{CB}$의 연산에서도 동일한 방향의 결과를 얻는다. 대체방법으로서, $\vec{r}_{AC} \times \vec{r}_{AB}$ 혹은 $\vec{r}_{BA} \times \vec{r}_{BC}$ 혹은 $\vec{r}_{CB} \times \vec{r}_{CA}$로 주어지는 "내향" 수직 방향을 이용할 수도 있다. "내향" 수직 방향은 땅 속으로 향하는 방향이다.

다음으로, 무게 벡터 $\vec{W}$의 $\vec{n}$ 방향 성분을 W_n으로 표기하고, 그 값은 다음과 같이 주어진다.

$$W_n = \vec{W}\cdot\frac{\vec{n}}{|\vec{n}|} = \frac{(0)(10,800\,\text{m}^2)+(0)(7800\,\text{m}^2)+(-932.0\,\text{kN})(23,400\,\text{m}^2)}{26,930\,\text{m}^2}$$

$$= \boxed{-809.9\ \text{kN}} \tag{6}$$

$\vec{n}$이 외향 수직 방향이므로 W_n의 음 부호는 $\vec{W}$의 수직 성분이 땅 속으로 작용함을 의미하는데, 기대한 결과이다. 만약 내향 수직 벡터가 대신해서 사용되었다면, W_n의 부호는 양이었을 것이다. 경사면에 평행한 혹은 접선 방향의 성분 W_t를 구하기 위하여 피타고라스 정리를 적용하면

$$W_t = \sqrt{W^2 - W_n^2} = \sqrt{(-932.0\,\text{kN})^2 - (-810.7\,\text{kN})^2} = \boxed{461.1\ \text{kN.}} \tag{7}$$

접선 방향의 무게 성분 W_t의 크기를 안다고 하더라도, 그 성분이 점 A, B, C를 규정되는 평면에 위치한다는 것 이외에 정확한 방향은 여전히 모른다.

(b) 부분

지배방정식과 계산 식 (6)으로부터 W_n이 주어지면, 다음과 같이 벡터 성분 $\vec{W}_n$과 $\vec{W}_t$를 구한다.

$$\vec{W}_n = W_n\frac{\vec{n}}{|\vec{n}|} = \boxed{(-325\,\hat{\imath} - 235\,\hat{\jmath} - 704\,\hat{k})\,\text{kN}} \tag{8}$$

$\vec{W} = \vec{W}_n + \vec{W}_t$이므로

$$\vec{W}_t = \vec{W} - \vec{W}_n = \boxed{(325\,\hat{\imath} + 235\,\hat{\jmath} - 228\,\hat{k})\,\text{kN}} \tag{9}$$

그림 3에서 성분 W_n과 W_t가 올바른 방향으로 표기되었다. 해에 대한 중간 검증으로서, 식 (8), (9)의 크기를 계산하고 그 결과가 식 (6), (7)의 결과와 부합되는지 확인할 수 있다.

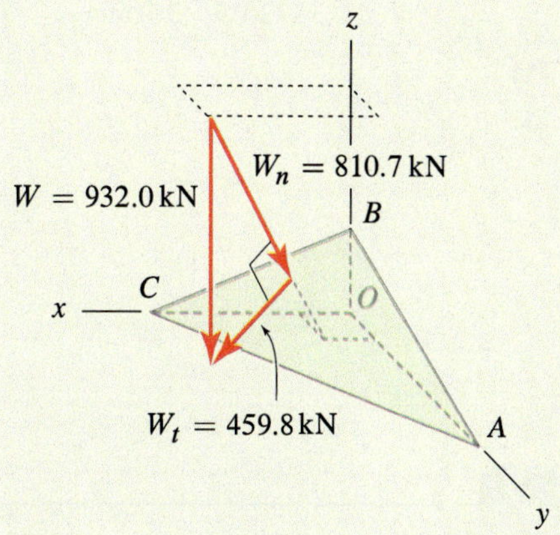

그림 3 집 무게는 경사면에 수직한 성분 W_n과 접하는 성분 W_t로 분해된다.

(c) 부분

지배방정식과 계산 점 O로부터 점 A, B, C로 규정되는 평면까지 최소거리를 찾는 과정을 2.4절에서 요약된 과정과 유사하다. 먼저 점 O에서 경사면의 임의의 점으로 향하는 위치 벡터를 생각한다. 이 벡터를 경사면에 수직한 방향의 단위 벡터와 내적을 연산한다. 내적 결과의 스칼라가 점 O에서 경사면까지의 최소 거리이다. O에서 C까지의 위치 벡터는

$$\vec{r}_{OC} = (130\,\text{m})\,\hat{\imath} \tag{10}$$

$\vec{r}_{OC}$에서 경사면에 수직한 성분은

$$r_n = \vec{r}_{OC}\cdot\frac{\vec{n}}{|\vec{n}|} = \frac{(130\,\text{m})(10,800)+(0)(7800)+(0)(23,400)}{26,930} = 52.1\,\text{m} \tag{11}$$

그러므로 **점 O에서 경사면까지 최소거리는 52.1 m** 이다.

논의 및 검증 (c) 부분의 해는 점 O에서 점 A, B, C를 포함하는 무한 평면까지의 최소거리를 구하는 것이다. 그러나 만약 질문의 표면의 크기가 한정된다면, 벡터 $\vec{r}_n = r_n\,\vec{n}/|\vec{n}|$의 머리 좌표를 구하고, 이 좌표가 질문의 표면에 존재하는지, 아니면 표면의 바깥 영역에 위치하는지에 대해 판단해야 한다.

예제 2.21 평면에 수직한 방향의 결정

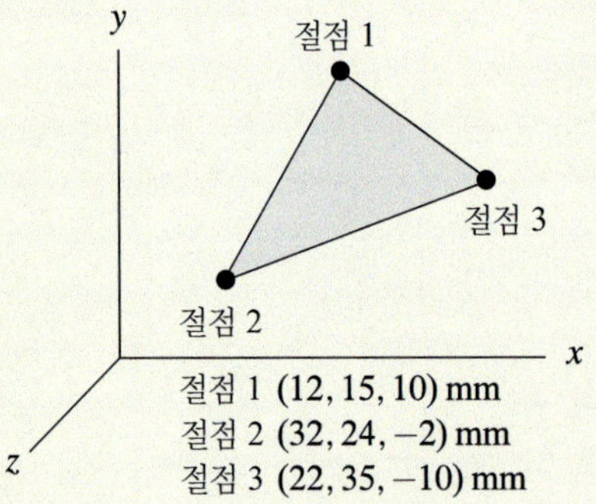

그림 1

유한 요소법은 구조 공학의 방법에 대변혁을 가져온 컴퓨터 기술이다. 이 해석법에서 복잡한 형상의 구조물을 유한 요소라 불리는 작은 요소로 나누게 된다. 이 요소는 단순한 형상을 가지며, 요소의 거동도 쉽게 구할 수 있다. 그림 1의 요소는 삼–절점 평판 유한 요소이다. 이 요소의 형상은 절점으로 호칭되는 꼭지점의 좌표로 완전하게 표현된다. 요소 평면에 수직하는 방향의 단위 벡터와 요소 면적을 구하라.

풀이 SOLUTION

로드맵 수직 방향 벡터 $\vec{n}$을 구하기 위하여 삼각형의 모서리 방향의 두 벡터에 대해서 외적을 적용한다. 세 점은 유일한 평면을 규정하기 때문에 외적의 피 연산자 벡터의 종류에 상관없이 항상 동일한 수직 방향의 벡터 $\vec{n}$(혹은 외적에서 적용되는 벡터의 순서에 따라서 $-\vec{n}$)이 얻어진다.

지배방정식과 계산 절점 1에서 2로 향한 위치 벡터와 절점 1에서 3으로 향한 위치 벡터 사이에 외적을 적용한다. 벡터의 머리 좌표와 꼬리 좌표의 차를 취하여 위치 벡터를 구한다.

$$\vec{r}_{12} = (20\,\hat{\imath} + 9\,\hat{\jmath} - 12\,\hat{k})\,\text{mm}, \qquad |\vec{r}_{12}| = 25\text{ mm} \tag{1}$$

$$\vec{r}_{13} = (10\,\hat{\imath} + 20\,\hat{\jmath} - 20\,\hat{k})\,\text{mm}, \qquad |\vec{r}_{13}| = 30\text{ mm} \tag{2}$$

수직한 방향의 벡터와 그 크기는

$$\vec{n} = \vec{r}_{12} \times \vec{r}_{13} = \begin{vmatrix} \hat{\imath} & \hat{\jmath} & \hat{k} \\ 20 & 9 & -12 \\ 10 & 20 & -20 \end{vmatrix}\,\text{mm}^2 = (60\,\hat{\imath} + 280\,\hat{\jmath} + 310\,\hat{k})\,\text{mm}^2 \tag{3}$$

$$|\vec{n}| = 422\,\text{mm}^2 \tag{4}$$

수직 방향의 단위 벡터 $\hat{u}$는 식 (3)의 $\vec{n}$을 자신의 크기를 나누어줌으로써 얻어진다.

$$\hat{u} = \frac{\vec{n}}{|\vec{n}|} = \boxed{0.142\,\hat{\imath} + 0.664\,\hat{\jmath} + 0.735\,\hat{k}} \tag{5}$$

유한 요소의 면적을 구하기 위하여, 식 (3) 외적의 크기가 $\vec{r}_{12}$와 $\vec{r}_{13}$로 형성되는 평행 사변형의 면적이 된다는 것을 주목한다. 이 평행사변형의 면적은 두 위치 벡터에 의해 형성되는 삼각형 면적의 두 배이다. 그러므로 삼각형 면적 A는

$$\boxed{A = \frac{422\,\text{mm}^2}{2} = 211\,\text{mm}^2} \tag{6}$$

논의 및 검증 일상적인 검증으로는 수직 벡터의 각 성분이 합리적인지 관찰하여서 확인한다. 그러나 본 예제의 형상이 너무 복잡하여 일상적 검증 방법을 사용하기 어렵다. 엄밀한 검증 방법으로서 $\hat{u} \cdot \vec{r}_{12} = 0$이고 $\hat{u} \cdot \vec{r}_{13} = 0$인 것에 대한 조사를 통하여 $\vec{n}$이 $\vec{r}_{12}$와 $\vec{r}_{13}$에 수직한다는 것을 검증하는 방법이 있다. 대부분의 유한 요소법 컴퓨터 프로그램에서 각 요소마다 이와 같은 계산을 수행한다.

흥미로운 사실

유한 요소법. 이 컴퓨터 해석법의 특성에 관해서 본 예제의 질문 서술에서 설명되었다. 아래 그림은 자동차 충돌 가상 실험에 사용되는 인체 모형을 수천 개의 유한 요소로 구성한 모습이다.

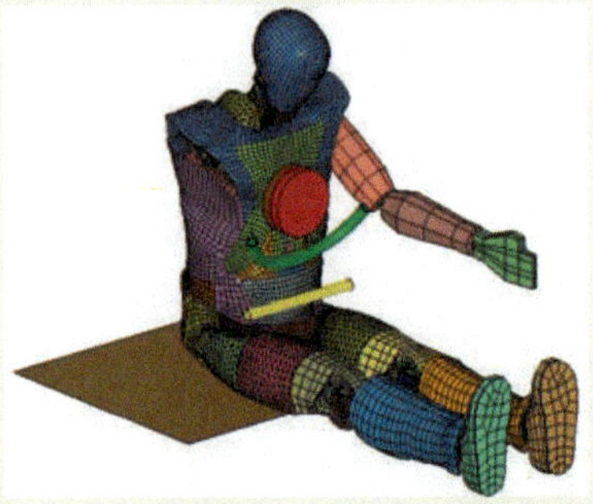

문제

문제 2.90, 2.91

벡터 $\vec{A}$와 $\vec{B}$는 xy 평면에 위치한다.

(a) 2.5절 식 (2.48)을 사용하여 $\vec{A} \times \vec{B}$를 계산하고, 그 결과 벡터를 직교 좌표계로 표현하라.

(b) 행렬의 행렬식을 계산하는 방법 1이나 방법 2를 사용하여 $\vec{A} \times \vec{B}$를 계산하라.

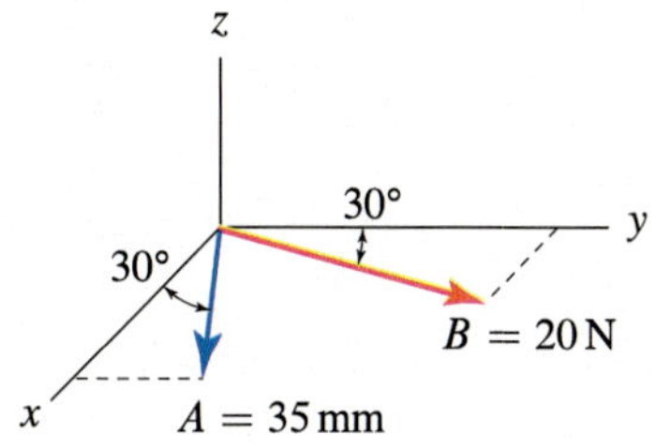

그림 P2.90

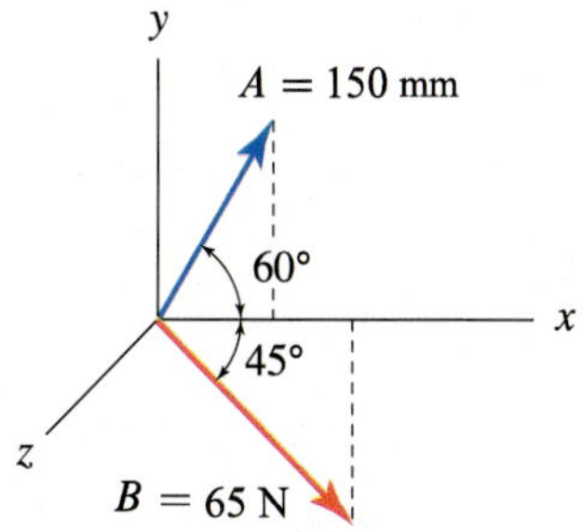

그림 P2.91

문제 2.92, 2.93

(a) $\vec{A} \times \vec{B}$ 를 계산하라.

(b) $\vec{B} \times \vec{A}$ 를 계산하라.

(c) (a)와 (b) 사이의 차이점을 설명하라.

(d) (a)의 결과가 벡터 $\vec{A}$와 $\vec{B}$에 수직한다는 것을 보이기 위해서 내적을 사용하라.

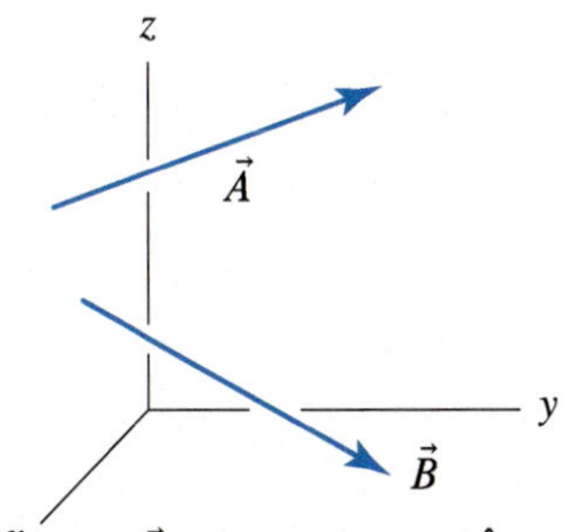

$\vec{A} = (-\hat{\imath} + 8\hat{\jmath} + 4\hat{k})$ mm

$\vec{B} = (\hat{\imath} + 18\hat{\jmath} - 6\hat{k})$ mm

그림 P2.92

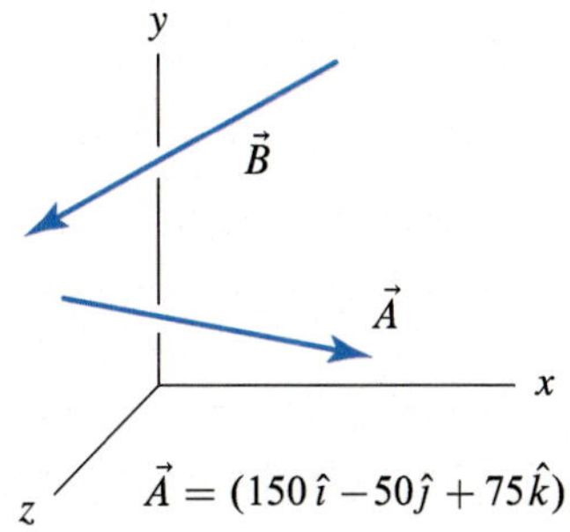

$\vec{A} = (150\hat{\imath} - 50\hat{\jmath} + 75\hat{k})$ mm

$\vec{B} = (-350\hat{\imath} - 50\hat{\jmath} + 125\hat{k})$ mm

그림 P2.93

문제 2.94

두 벡터 $\vec{A}$와 $\vec{B}$가 서로 수직하는 것인지를 조사하기 위해서 외적 계산을 어떻게 적용하여야 하는지에 대해서 설명하라. 이러한 방법은 내적에 근거하여 조사하는 방법만큼 용이한가? 여러분의 설명을 예시하는 예를 들어서 설명하라.

주의 개념 문제는 계산이 아닌 설명이 필요하다.

문제 2.95

문제 풀이 과정에서 부주의하여 왼손 좌표계를 적용하였다고 상상하라. 즉, 먼저 x 방향과 y 방향을 선택한 후에 z 방향을 오른손 좌표계에 위배된 방향으로 설정하였다. 내적과 외적에 대해서 어떠한 결과가 초래되는가? 여러분의 설명을 예를 들어서 설명하라.

주의 개념 문제는 계산이 아닌 설명이 필요하다.

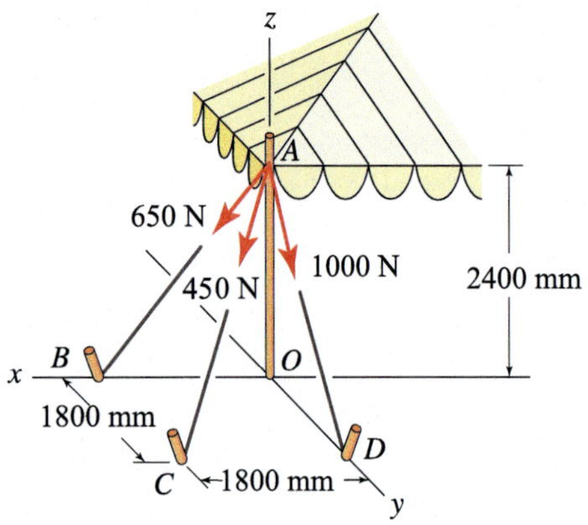

그림 P2.96

문제 2.96

그림과 같이 천막 모서리를 세 로프로 지탱하고 있다. $\vec{M}_O = \vec{r}_{OA} \times \vec{F}_{AB} + \vec{r}_{OA} \times \vec{F}_{AC} + \vec{r}_{OA} \times \vec{F}_{AD}$으로 외적들의 합을 구하고자 한다. 여기서 $\vec{r}_{OA}$는 점 O에서 점 A로 향하는 위치 벡터이며, $\vec{F}_{AB}$는 점 A에서 점 B로 향하는 힘 벡터이며, 나머지 두 힘도 유사하게 표기되었다.

(a) 세 번의 분리된 외적을 계산하여 $\vec{M}_O$를 구하지 않고, 외적의 어떤 성질을 이용하여 단 한 번의 외적으로 $\vec{M}_O$를 계산하는 것이 가능한가? 설명해 보라.

(b) $\vec{M}_O$를 계산하라.

문제 2.97

2.4절의 문제 2.67의 삼각형 창에 대하여 수직으로 외향하는 단위 벡터(즉 원점에서 바깥으로 가리키는 벡터)와 창의 면적을 구하기 위하여 외적을 사용하라.

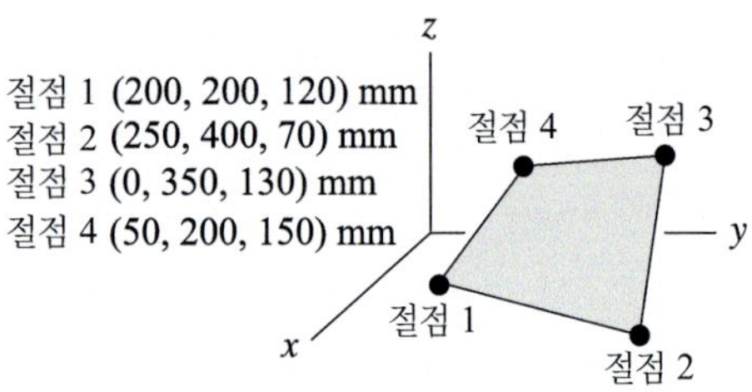

그림 P2.98

문제 2.98

사변형 판재 요소가 그려져 있다.

(a) 두 번의 외적을 이용하여 네 절점이 모두 동일 평면에 존재하는 것인지를 검증하라.

(b) 평면에 수직으로 외향하는(즉 원점에서 바깥으로 가리키는) 단위 벡터를 구하라.

(c) 요소의 표면 면적을 계산하라.

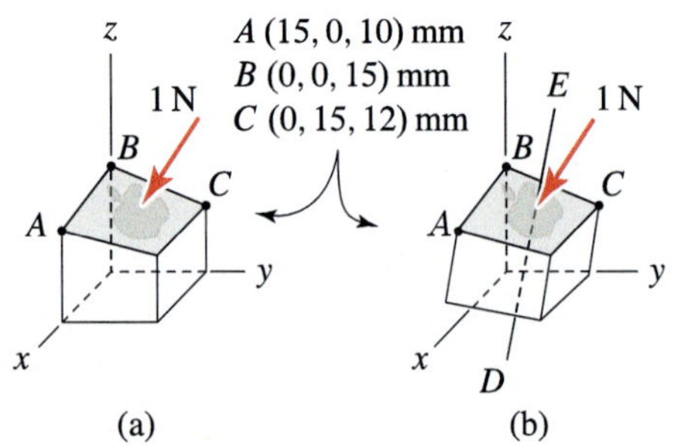

그림 P2.99

문제 2.99

컴퓨터 자판에서 인간공학적으로 설계된 문자키는 점 A, B, C로 정의되는 거의 평탄한 표면을 가지며, 이 키는 표면에 수직한 방향으로 1 N 힘을 받는다.

(a) 그림 P2.99(a)에서 키는 z 방향으로 움직인다. 키의 운동에 수직한 방향과 접하는 방향에 대하여 힘의 성분을 계산하라. 이러한 성분들을 아는 것이 왜 중요한지 그 이유를 설명하라.

(b) 그림 P2.99(b)에서 키의 운동 방향이 점 D와 E를 연결하는 방향으로 되도록 기구가 다시 설치되었다. 여기서 D와 E를 연결하는 직선은 0.123, 0.123, 0.985의 x, y, z 방향 코사인을 가진다. 힘의 성분에 있어서, 키의 운동에 수직한 성분과 접선 방향의 성분을 각각 계산하라. 이 설계가 (a)의 설계보다 더 효과적인 이유를 설명하라.

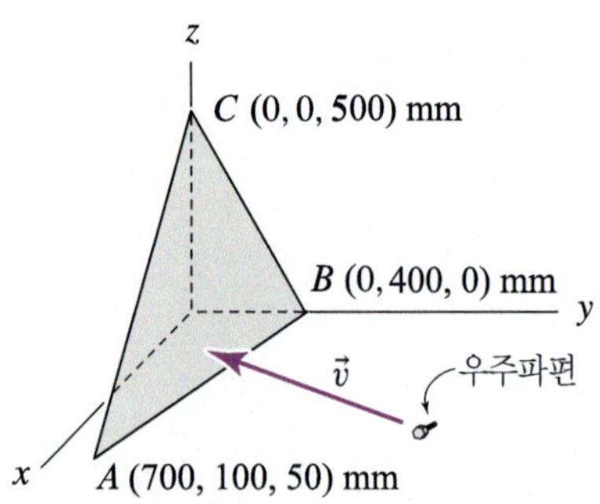

$\vec{v} = (12\,\text{km/s})(-5.45\,\hat{\imath} - 8.18\,\hat{\jmath} - 1.82\,\hat{k})$

그림 P2.100

문제 2.100

우주선에 우주 파편의 충격은 심각한 위험을 초래한다. 우주선의 창은 조그만 물체의 충돌로 인한 파손 때문에 정기적으로 교체된다. 또한 더욱 큰 물체와 충돌을 피하기 위하여 NASA가 우주선의 궤도를 계속 감시하며 우주선의 비행을 교묘히 조종한다. 그림의 창에 대해 상대 속도 $\vec{v}$로 물체가 접근한다. 속도 성분에 있어서 창에 수직한 방향의 성분과 접선 방향의 성분을 구하라. 참고로 이러한 정보는 충격으로 인한 손상의 정도를 해석하기 위해서 필요하다.

문제 2.101

항공기의 방향타에 접근하는 공기의 속도는 275 m/s의 크기를 가지며, y 방향이다. 방향타는 축 OA를 중심으로 회전한다.

(a) B에서 C까지의 위치 벡터는 x, y, z의 방향 코사인으로 각각 $\sin\alpha$, $(\cos\alpha)(\cos 20°)$, 그리고 $(-\cos\alpha)(\sin 20°)$이다. 방향타가 $\alpha = 10°$로 회전한 경우에, 공기 속도의 성분에서 방향타 표면에 수직한 방향의 성분과 접하는 방향의 성분을 각각 구하라.

(b) 그림 P2.101에 주어진 형상 치수 정보를 이용하여서 (a)에서 주어진 방향 코사인을 검증하라.

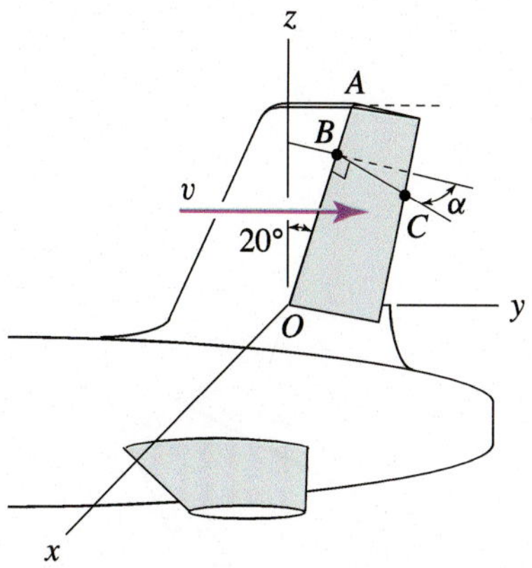

그림 P2.101

문제 2.102

점 O에서 점 A, B, C를 포함하는 무한 평면까지의 최소 거리를 계산하라.

문제 2.103

점 O에서 P까지의 벡터는 40 mm의 크기를 가지며, 또 x, y, z 축과 이루는 방향각이 모두 동일하다. 점 P에서 점 A, B, C를 포함하는 무한 평면까지의 최소 거리를 계산하라.

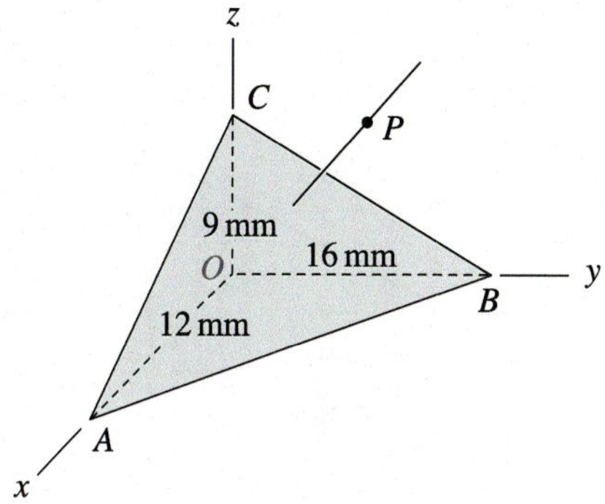

그림 P2.102, P2.103

문제 2.104

$\vec{r}_1 \times \vec{F}$ 의 연산 결과는 벡터 $\vec{M}$이다. $\vec{M}\cdot\vec{r}_2/|\vec{r}_2|$는 $\vec{M}$의 $\vec{r}_2$ 방향 스칼라 성분인 $M_{\|}$를 얻는다.

1. 먼저 $\vec{M}$을 구하고, 내적 연산으로 $M_{\|}$을 계산하라.
2. 스칼라 3중곱을 이용하여 $M_{\|}$을 계산하라.

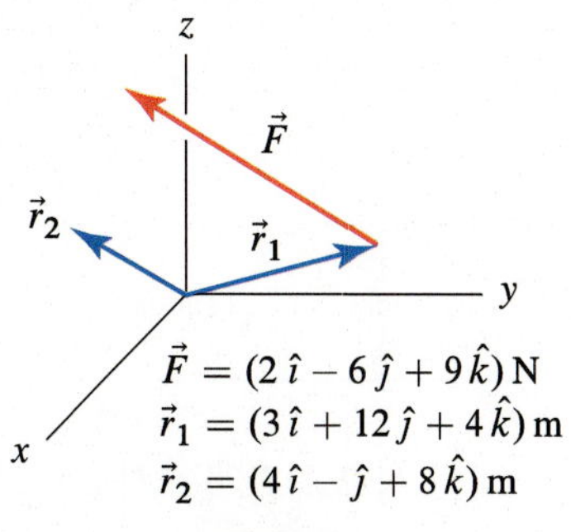

그림 P2.104

문제 2.105

2.5절의 그림 2.34에 연관된 설명에서 $(\vec{A}\times\vec{B})\cdot\vec{C}$의 스칼라 삼중곱은 $\vec{A}, \vec{B}, \vec{C}$로 형성되는 평행육면체의 체적 값을 도출한다. 다음에 열거한 3중곱들의 결과를 $(\vec{A}\times\vec{B})\cdot\vec{C}$의 값과 비교하고, 차이점에 대해 설명하라.

(a) $(\vec{A}\times\vec{C})\cdot\vec{B}$

(b) $(\vec{B}\times\vec{C})\cdot\vec{A}$

(c) $(\vec{C}\times\vec{B})\cdot\vec{A}$

(d) $(\vec{C}\times\vec{A})\cdot\vec{B}$

주의 개념 문제는 계산이 아닌 설명이 필요하다.

2.6 장 복습

본 장에서 사용된 중요한 정의와 개념, 그리고 식들이 요약된다. 여러분에게 모호한 식과 개념들을 본문 중의 원래 식과 내용을 다시 한 번 참조하여 정리하기 바란다.

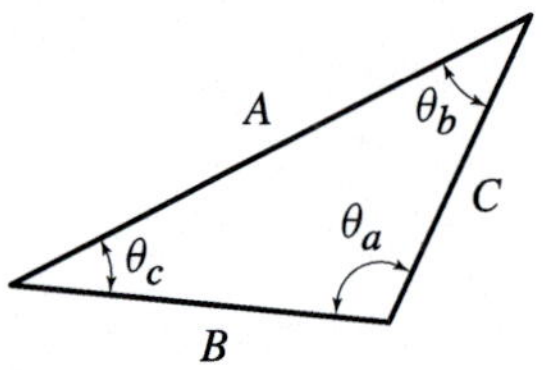

그림 2.35 일반 삼각형.

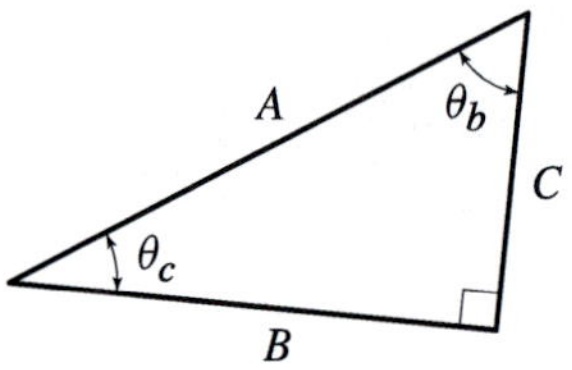

그림 2.36 직각 삼각형.

사인 법칙과 코사인 법칙 그림 2.35와 2.36을 참조하라.

식 (2.7), (2.8) p. 28

일반 삼각형에서

$$\frac{\sin\theta_a}{A} = \frac{\sin\theta_b}{B} = \frac{\sin\theta_c}{C} \qquad \text{사인 법칙}$$

$$A = \sqrt{B^2 + C^2 - 2BC\cos\theta_a}$$
$$B = \sqrt{A^2 + C^2 - 2AC\cos\theta_b} \qquad \text{코사인 법칙}$$
$$C = \sqrt{A^2 + B^2 - 2AB\cos\theta_c}$$

식 (2.9), (2.10) p. 28

직각 삼각형에서

$$B = A\cos\theta_c \qquad\qquad B = A\sin\theta_b$$
$$C = A\sin\theta_c \qquad \text{또는} \qquad C = A\cos\theta_b$$
$$A = \sqrt{B^2 + C^2} \qquad \text{피타고라스 정리}$$

단위 벡터 단위 벡터는 1(단위)의 크기를 가지며, 무차원이다. 영이 아닌 크기를 가지는 임의의 벡터 $\vec{v}$에 대해서 $\vec{v}$ 방향의 단위 벡터 $\hat{u}$는 다음과 같이 얻어진다.

식 (2.11) p. 40

$$\hat{u} = \frac{\vec{v}}{|\vec{v}|} \qquad \text{단위 벡터}$$

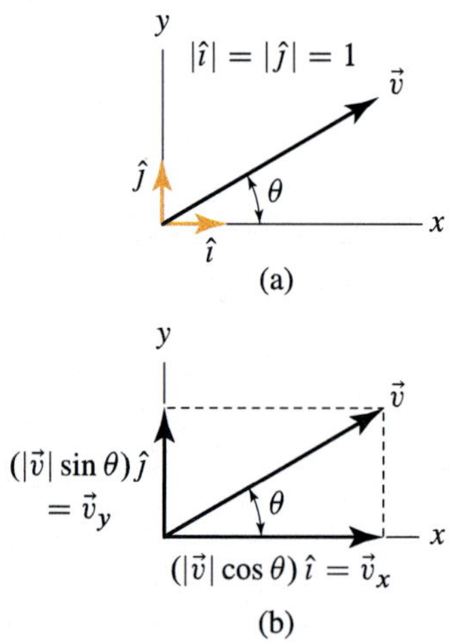

그림 2.37 (a) x 방향의 단위 벡터 $\hat{\imath}$와 y 방향 단위 벡터 $\hat{\jmath}$의 직교 좌표계 시스템 (b) 벡터 $\vec{v}$에 대한 x와 y 방향의 벡터 성분으로 분해.

2차원 직교 좌표 벡터 표현 2차원 직교 좌표계는 서로 수직인 x 축과 y 축을 사용한다. 그림 2.37에서 보여주는 바와 같이 벡터 $\vec{v}$는 직교 좌표 성분으로 표현된다.

식 (2.12), (2.13) p. 41

$$\vec{v} = \vec{v}_x + \vec{v}_y$$
$$= v_x\,\hat{\imath} + v_y\,\hat{\jmath}.$$

$\vec{v}_x$와 $\vec{v}_y$를 $\vec{v}$의 벡터 성분이라 하며, v_x와 v_y는 $\vec{v}$의 스칼라 성분(혹은 단순히 성분)으로 불린다. 벡터의 크기와 $\pm x$ 방향으로부터 측정된 방향각은

식 (2.14) p. 41

$$|\vec{v}| = \sqrt{v_x^2 + v_y^2}, \quad \theta = \tan^{-1}\left(\frac{v_y}{v_x}\right) \qquad \text{크기와 방향}$$

3차원 직교 좌표 벡터 표현과 방향각 3차원 벡터의 표현에 관하여 요약한다. 2차원 벡터는 다음의 식들에 대하여 $v_z = 0$이고 $\theta_z = 90°$인 특별한 경우이다.

식 (2.24) p. 56

$$|\vec{v}| = \sqrt{v_x^2 + v_y^2 + v_z^2} \qquad \text{크기}$$

식 (2.25) p. 57

$$\begin{aligned}\vec{v} &= \vec{v}_x + \vec{v}_y + \vec{v}_z \\ &= v_x\,\hat{\imath} + v_y\,\hat{\jmath} + v_z\,\hat{k} \\ &= |\vec{v}|\cos\theta_x\,\hat{\imath} + |\vec{v}|\cos\theta_y\,\hat{\jmath} + |\vec{v}|\cos\theta_z\,\hat{k} \\ &= |\vec{v}|\,(\cos\theta_x\,\hat{\imath} + \cos\theta_y\,\hat{\jmath} + \cos\theta_z\,\hat{k}).\end{aligned}$$

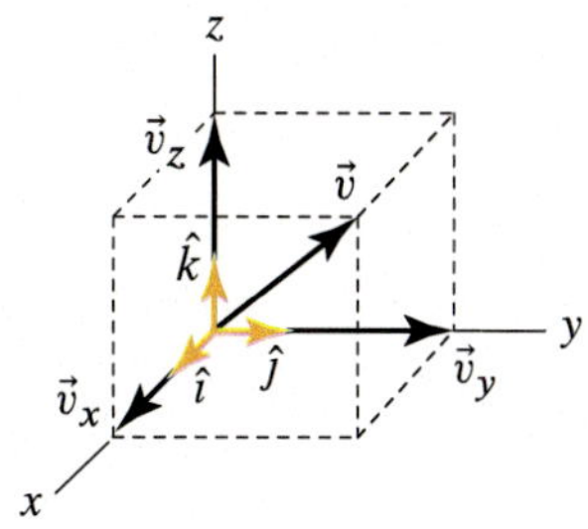

그림 2.38 x, y, z 방향과 단위 벡터 $\hat{\imath}$, $\hat{\jmath}$, $\hat{k}$로 표현되는 오른손 직교 좌표계와 벡터 $\vec{v}$를 $\vec{v}_x$, $\vec{v}_y$, $\vec{v}_z$로 분해.

식 (2.27) p. 57

요약상자

θ_x = 양의 x 방향과 벡터가 이루는 각

θ_y = 양의 y 방향과 벡터가 이루는 각

θ_z = 양의 z 방향과 벡터가 이루는 각

$$\vec{v} = |\vec{v}|\,(\cos\theta_x\hat{\imath} + \cos\theta_y\hat{\jmath} + \cos\theta_z\hat{k}),$$

$$\cos^2\theta_x + \cos^2\theta_y + \cos^2\theta_z = 1,$$

$$\cos\theta_x = v_x/|\vec{v}|, \quad \cos\theta_y = v_y/|\vec{v}|, \quad \cos\theta_z = v_z/|\vec{v}|.$$

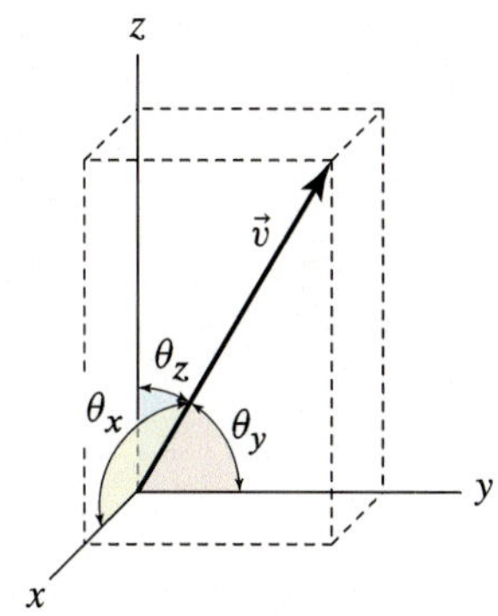

그림 2.39 방향각 θ_x, θ_y, θ_z의 정의.

만약 두 개의 방향각(혹은 방향 코사인)이 주어지면 세 번째 방향각은 $\cos^2\theta_x + \cos^2\theta_y + \cos^2\theta_z = 1$의 식으로부터 계산된다.

위치 벡터 점 T(꼬리)로부터 점 H(머리)까지의 위치 벡터는 그림 2.40과 같이 그려지며, 다음 식과 같이 기술된다.

식 (2.28) p. 58

$$\vec{r}_{TH} = (x_H - x_T)\,\hat{\imath} + (y_H - y_T)\,\hat{\jmath} + (z_H - z_T)\,\hat{k}$$

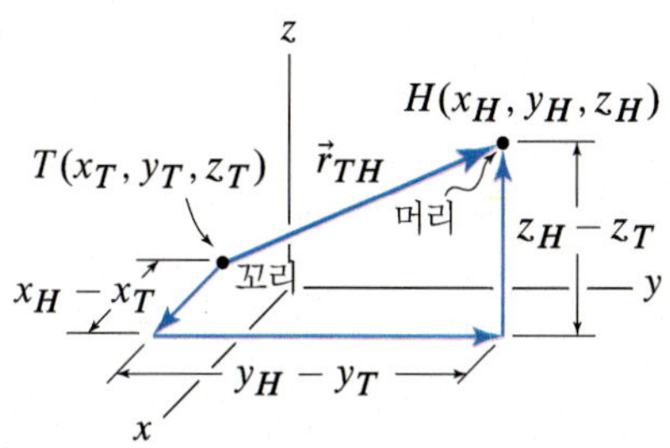

그림 2.40 벡터의 머리와 꼬리의 좌표를 이용한 위치 벡터의 구성.

여기서 x_T, y_T와 z_T는 꼬리의 좌표이며, x_H, y_H와 z_H는 머리의 좌표이다. 2차원 문제에 적용할 경우에는 식 (2.28)에 $z_H - z_T = 0$ 를 대입하면 된다(이 결과는 식 (2.22)와 동일하다).

내적 두 벡터 $\vec{A}$와 $\vec{B}$ 사이의 내적은 스칼라 s가 되며, 다음과 같이 정의된다.

식 (2.29) p. 72, 식 (2.34) p. 73

$$\begin{aligned}s = \vec{A}\cdot\vec{B} &= |\vec{A}||\vec{B}|\cos\theta \\ &= A_xB_x + A_yB_y + A_zB_z\end{aligned}$$

내적은 다음 식과 같이 두 벡터 사이의 각을 결정할 수 있다.

식 (2.39) p. 74

$$\cos\theta = \frac{\vec{A}\cdot\vec{B}}{|\vec{A}||\vec{B}|} = \frac{A_xB_x + A_yB_y + A_zB_z}{|\vec{A}||\vec{B}|}$$

$$\theta = \cos^{-1}\frac{\vec{A}\cdot\vec{B}}{|\vec{A}||\vec{B}|} = \cos^{-1}\frac{A_xB_x + A_yB_y + A_zB_z}{|\vec{A}||\vec{B}|}$$

벡터의 성분 분해 벡터 $\vec{F}$를 $\vec{r}$ 방향에 평행한 성분과 수직한 성분으로 분해하는 목적으로 내적을 사용할 수 있으며, 이것과 관련된 식들이 아래에 정리되었다.

식 (2.47) p. 76

요약상자(그림 2.41 참조)

$F_{\parallel}$ = $\vec{r}$ 방향으로 작용하는 $\vec{F}$의 성분

$\vec{F}_{\parallel}$ = $\vec{r}$ 방향으로 작용하는 $\vec{F}$의 벡터성분

$F_{\perp}$ = $\vec{r}$에 수직한 방향으로 작용하는 $\vec{F}$의 성분

$\vec{F}_{\perp}$ = $\vec{r}$ 수직한 방향으로 작용하는 $\vec{F}$의 벡터 성분

$$F_{\parallel} = \vec{F}\cdot\frac{\vec{r}}{|\vec{r}|}, \qquad \vec{F}_{\parallel} = F_{\parallel}\frac{\vec{r}}{|\vec{r}|},$$

$$F_{\perp} = \sqrt{F^2 - F_{\parallel}^2}, \qquad \vec{F}_{\perp} = \vec{F} - \vec{F}_{\parallel}.$$

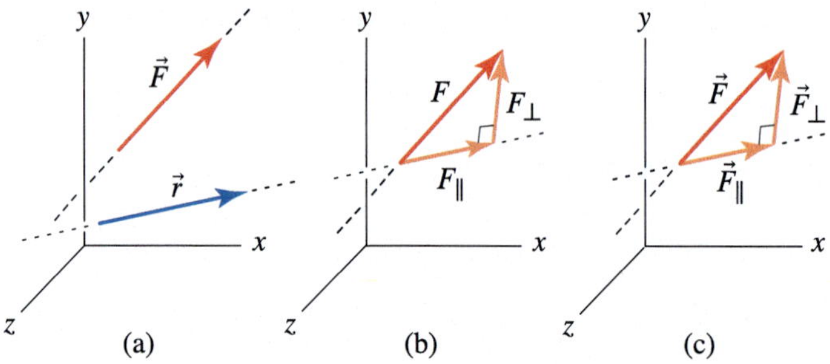

그림 2.41 (a) 3차원 벡터 $\vec{F}$와 $\vec{r}$. (b) $\vec{F}$의 성분으로서, $\vec{r}$에 평행한 방향의 성분과 수직한 방향의 성분으로 분해함. (c) $\vec{F}$의 벡터 성분으로서, $\vec{r}$에 평행한 벡터 성분과 수직한 벡터 성분으로 분해함.

외적 두 벡터 $\vec{A}$와 $\vec{B}$ 사이에 외적은 그림 2.42에서 보여주는 바와 같은 벡터 $\vec{C}$를 형성하며, 다음과 같이 정의된다.

식 (2.48) p. 87, 식 (2.53) p. 88

$$
\begin{aligned}
\vec{C} &= \vec{A} \times \vec{B} \\
&= (|\vec{A}||\vec{B}| \sin\theta)\, \hat{u} \\
&= (A_y B_z - A_z B_y)\, \hat{\imath} + (A_z B_x - A_x B_z)\, \hat{\jmath} + (A_x B_y - A_y B_x)\, \hat{k}
\end{aligned}
$$

직교 좌표로 표현된 벡터에 대한 외적은 2.5절에서 소개된 방법 1 혹은 방법 2의 행렬식을 전개하는 방법으로 편리하게 계산된다. 또한 $\vec{A} \times \vec{B}$의 크기는 $\vec{A}$와 $\vec{B}$를 그림 2.33과 같이 정렬하여 형성된 평행사변형의 면적에 해당한다.

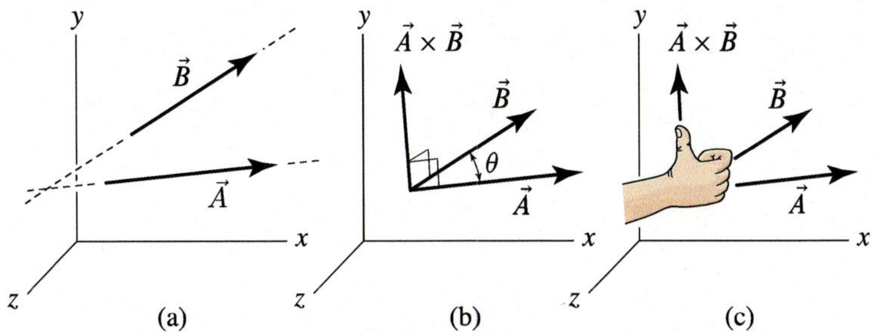

그림 2.42 (a) 3차원 벡터 $\vec{A}$와 $\vec{B}$. (b) $\vec{A}$와 $\vec{B}$ 사이에 외적을 계산하기 위하여, 두 벡터는 꼬리끼리 연결하여 정렬되고, 각 θ가 두 벡터를 포함하는 평면에서 정의된다. (c) $\vec{A} \times \vec{B}$의 결과는 오른손 법칙에 따라 방향이 정해지는 벡터이다.

식 (2.58) p. 89

$$
\vec{A} \times \vec{B} = \det \begin{bmatrix} \hat{\imath} & \hat{\jmath} & \hat{k} \\ A_x & A_y & A_z \\ B_x & B_y & B_z \end{bmatrix} = \begin{vmatrix} \hat{\imath} & \hat{\jmath} & \hat{k} \\ A_x & A_y & A_z \\ B_x & B_y & B_z \end{vmatrix}
$$

스칼라 3중곱 외적한 후에 이어서 내적하는 연산은 스칼라 3중곱을 이용하여 한 번에 계산된다.

식 (2.61) p. 91

$$
(\vec{A} \times \vec{B}) \cdot \vec{C} = \begin{vmatrix} C_x & C_y & C_z \\ A_x & A_y & A_z \\ B_x & B_y & B_z \end{vmatrix}.
$$

스칼라 3중곱의 결과는 스칼라이다. $(\vec{A} \times \vec{B}) \cdot \vec{C}$ 연산의 결과는 $\vec{A}$와 $\vec{B}$, $\vec{C}$를 꼬리끼리 연결하여 정렬하였을 경우에 형성되는 평행육면체의 체적에 해당된다(그림2.34 참조).

복습 문제

문제 2.106

용접된 강재 브래킷의 제조업자가 작업 부하를 R_n과 R_t로 그려서 명시한다. R_n과 R_t의 값이 음영 처리된 영역 이내에 존재해야 한다. 이러한 그림은 상호작용 다이아그램이라 불리는데, 부품의 강도에 미치는 다양한 부하에 대한 복합 효과를 규정하기 때문이다. 그림의 부하와 기하 조건에 대해서, 제조업자의 복합 부하 기준을 만족하는 부하 P의 허용 범위를 구하라.

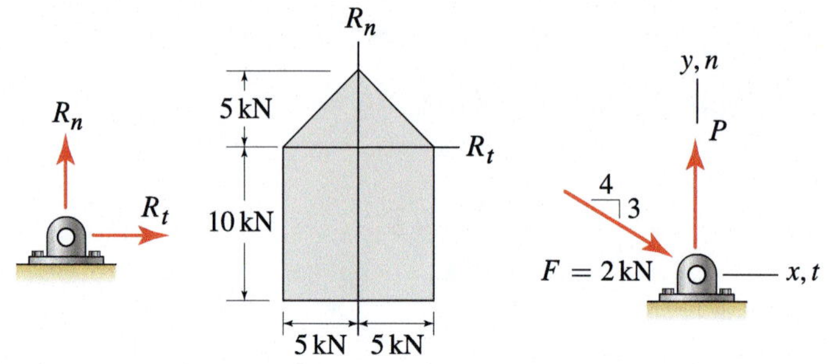

그림 P2.106

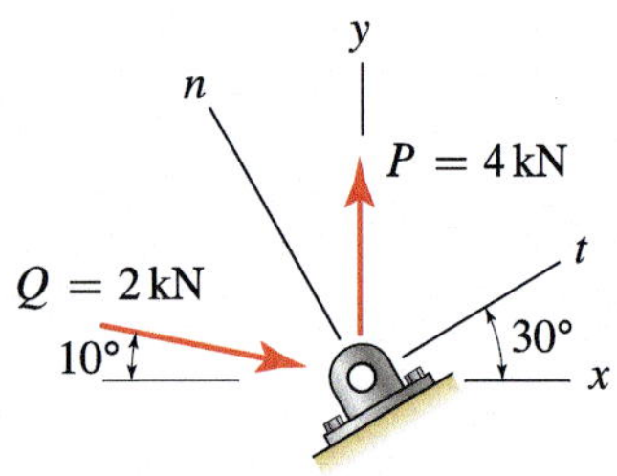

그림 P2.107

문제 2.107

그림에 주어진 부하와 형상에 대해서, 문제 2.106의 상호작용 다이아그램에 주어진 복합 부하 기준을 만족하는지 판단하라.

문제 2.108, 2.109

(a) 세 힘 벡터의 합 $\vec{F} + \vec{P} + \vec{Q}$의 결과 $\vec{R}$을 구하라.

(b) (a)의 결과에 $\pm x$ 방향으로 힘 $\vec{T}$를 추가하여 그 합력의 크기가 최소가 되도록 한다. 이때 $\vec{T}$의 크기를 결정하라.

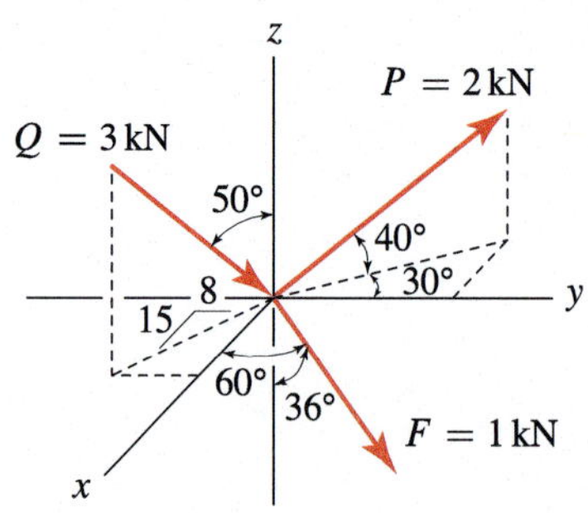

그림 P2.108

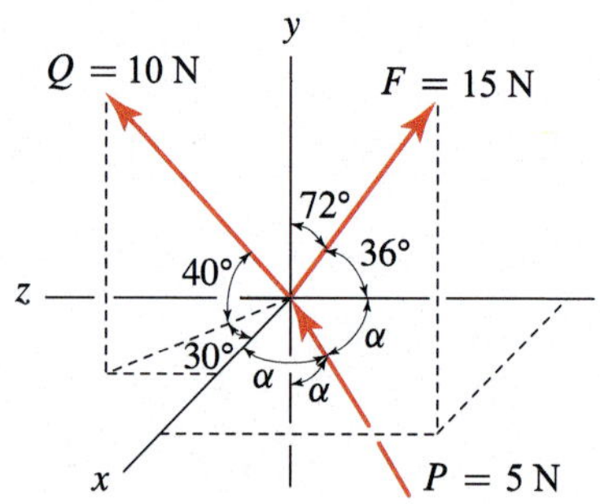

그림 P2.109

문제 2.110, 2.111

건축 설계사가 빌딩 지붕의 형상을 그림과 같이 설계하였다. EAB, BD, DCG, EG와 AC의 모든 선들은 직선이다. 크기 P와 Q의 두 힘이 $-y$ 방향으로 그림의 위치에 작용한다.

문제 2.110 힘 P의 성분으로서 점 A의 지붕 부분에 수직 방향 성분과 평행 방향 성분을 구하라. 해를 P의 항으로 나타내라.

문제 2.111 힘 Q의 성분으로서 점 C의 지붕 부분에 수직 방향 성분과 평행 방향 성분을 구하라. 해를 Q의 항으로 나타내라.

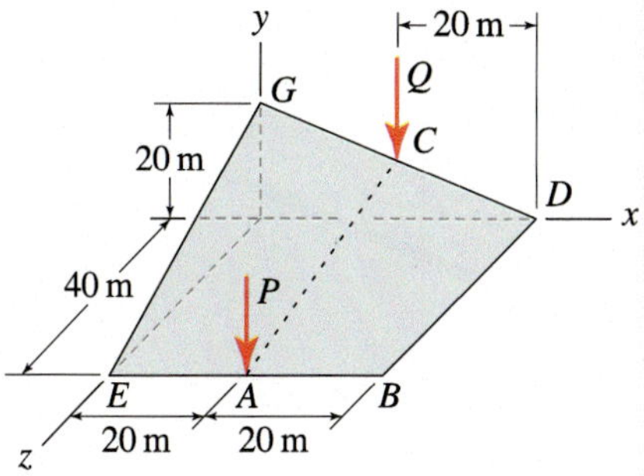

그림 P2.110, P2.111

문제 2.112

세라믹 매트릭스와 단방향 세라믹 섬유 보강재로 구성된 복합재료의 시편에 압축 하중을 작용하는 시험을 하고 있다. 10 KN 힘이 $-z$ 방향으로 작용하는 경우에, 섬유 방향 f에 평행한 방향과 수직한 방향에 대해서, 압축력의 스칼라 성분과 벡터 성분을 각각 구하라. 여기서 섬유방향 f의 한 방향각은 $\theta_z = 40°$이며, 나머지 두 방향각은 동일하다(즉, $\theta_x = \theta_y$).

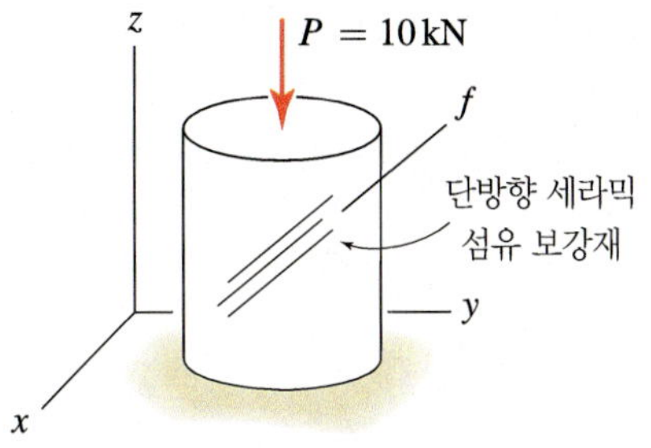

그림 P2.112

문제 2.113

자동차 몸체 판재가 보강재로부터 힘 $\vec{F}$를 받는다. 판재의 ABC 부분이 평탄하다고 가정하고, 판재에 수직한 방향과 평행한 방향에 대해서 힘 $\vec{F}$의 성분과 벡터 성분을 각각 구하라.

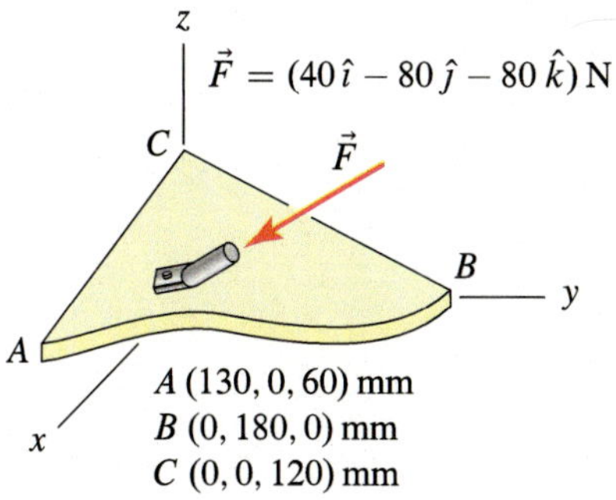

그림 P2.113

문제 2.114

I 형 보가 점 A에서 B까지 위치한다. 보 단면에서 웨브 길이 방향 축에 대한 굽힘 강도와 변형의 특성은 플랜지 방향 축에 대한 굽힘 강도와 변형의 특성과 서로 다르다. 그러므로 이들 두 축 방향을 기술하는 것이 필요하다. 이것은 A에서 C로 향하는 웨브 방향의 방향각들 중에서 하나만 기술하는 것으로 충분하다. 왜냐하면 선 AC가 선 AB에 수직하는 성질을 이용할 수 있기 때문이다.

(a) 선분 AC의 방향각으로서 $\theta_z = 30°$인 경우, 이 선분의 나머지 방향각을 구하라.

(b) 보의 웨브에 수직하는 방향(즉, 직선 AB와 AC에 수직한 방향)을 가지는 단위 벡터를 구하라.

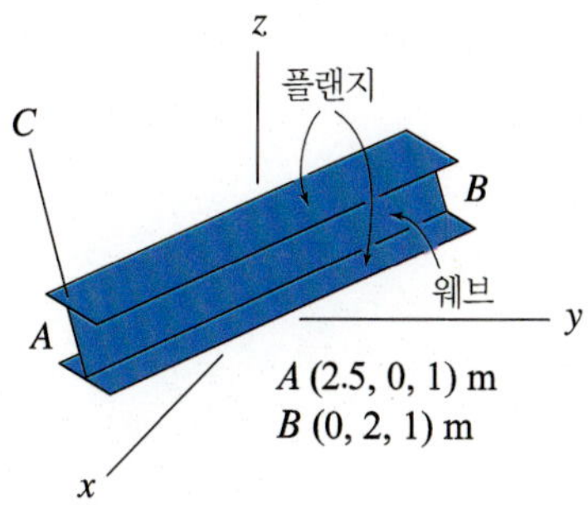

그림 P2.114

문제 2.115

막대 AB와 CD를 연장한 무한 직선들 사이의 최소거리를 구하라.

문제 2.116

그림의 사면체에서 네 평면의 면적들 사이에 상관관계를 구하려 한다. 평면 ABC의 면적이 A이고, 이 평면에 수직한 벡터 $\vec{n}$의 방향 코사인이 $\cos\theta_x$, $\cos\theta_y$, $\cos\theta_z$인 경우에 A_x

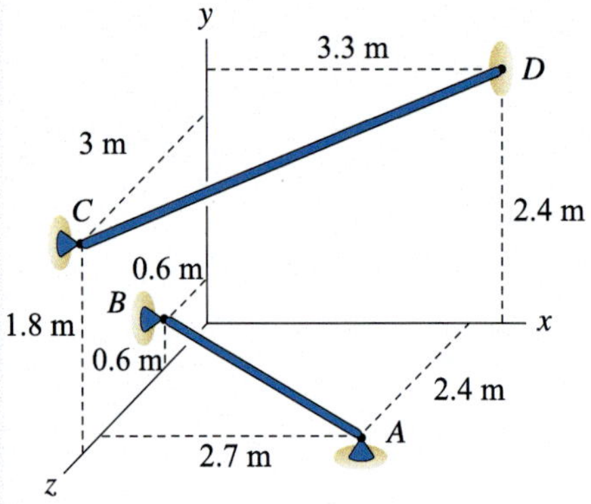

그림 P2.115

$= A\cos\theta_x$이고 $A_y = A\cos\theta_y$이며, 또 $A_z = A\cos\theta_z$임을 보여라.

힌트 모서리 AB, AC, BC의 벡터들 사이에 외적을 적용하여 수직 벡터 $\vec{n}$을 구한 후에 이 벡터의 크기가 $2A$인 점을 이용한다. 다음에 A, A_y, A_z를 구하여(예를 들어, $A_x = yz/2$) A와 비교한다.

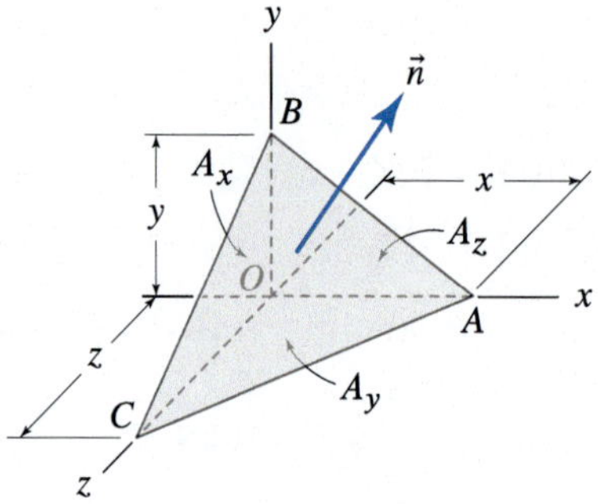

그림 P2.116

질점의 평형

공학문제들 중에는 평형상태에 있는 질점이나 질점계로 정확하게 묘사할 수 있는 것이 많이 있다. 이 장에서는 질점이나 질점계가 평형상태에 있을 때의 조건을 논의하고, 일반적인 문제에 적용할 수 있는 체계적인 해석 절차를 제시한다. 이 장의 앞부분은 이차원 문제에 집중하고, 후반부에서는 삼차원 문제를 다룬다. 공학설계에 적용하는 것도 논의된다.

3.1 이차원 질점의 평형

역학에서 질점은 부피는 없지만 질량을 가질 수 있는 물체로 정의된다. 엄밀한 의미에서는 자연계에 질점은 없지만, 적절한 상황에서는 실물을 질점으로 이상화할 수 있다. 다른 물체에 비해 작은 물체는 주어진 문제 내에서 질점으로 이상화될 수 있다. 큰 물체도 종종 질점으로 이상화될 수 있는데, 그 가능성 여부는 그 물체에 작용하는 힘에 따라 달라진다. 그림 3.1의 예제에서, 모든 힘의 작용선들은 하나의 공통점에서 교차하고 있다. 이러한 것을 **공점력계**(*concurrent force system*)라 한다. 공점력계가 작용하고 있는 물체는 그림과 같이 하나의 질점으로 이상화될 수 있다. 물체가 크기가 크지만 질점으로 이상화될 수 있는 또 다른 상황들도 있다. 이 장에서 어느 때 물체가 질점으로 이상화될 수 있는지를 인지하는 능력이 생기기 시작할 것이고, 이 능력은 이 교재의 나머지 장들을 공부함에 따라 더욱 연마될 것이다.

1장에서 논의된 뉴턴의 법칙은 질점이 정적 평형에 있을 때의 조건을 알려준다. 특히, 뉴턴의 2법칙 $\sum \vec{F} = m\vec{a}$에서 합 표시는 질점에 작용하는 모든 힘을 망라해야 한다는 것을 강조한다. **정적 평형**(*static equilibrium*)은 $\vec{a} = \vec{0}$을 말한다. 이 책에서는 **정적 평형**을 의미하기 위해 간단히 **평형**이란 용어를 사용할 것이다. 따라서 한 질점의 평형조건은 다음과 같다.

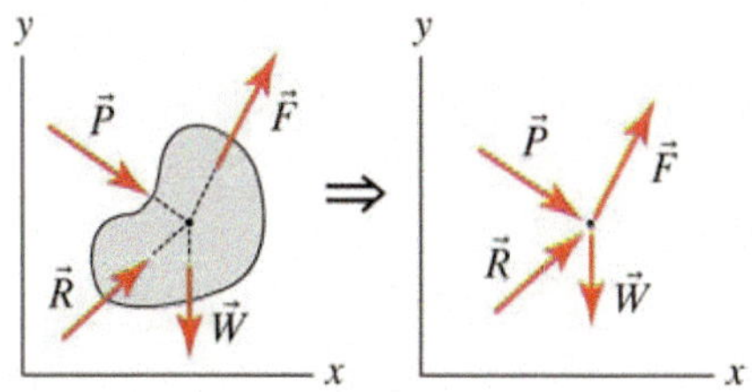

그림 3.1 모든 힘의 작용선이 한 점에서 교차하는 이차원 공점력계의 예. 공점력계가 작용할 때, 물체는 —크기가 클지라도— 많은 경우에서 하나의 질점으로 이상화될 수 있다.

$$\begin{aligned}&\sum \vec{F} = \vec{0}\\ \text{또는 } &\left(\sum F_x\right)\hat{\imath} + \left(\sum F_y\right)\hat{\jmath} = \vec{0}\\ \text{또는 } &\sum F_x = 0, \qquad \sum F_y = 0\end{aligned} \tag{3.1}$$

> **유용한 정보**
>
> **정적 평형에 관한 추가 사항.** 질점의 가속도가 영이면($\vec{a} = \vec{0}$), 그 질점은 정적 평형에 있다. 그러므로 질점의 운동이 없거나(즉, 정지해 있거나), 일정한 속도로 움직이면(즉, 일정한 속력과 일정한 방향을 가지고 있으면), 그 질점은 정적 평형에 있다. 속도가 변하는(즉, 변하는 속력 또는 변하는 방향을 가진) 질점은 정적 평형에 있지 않으며, 이때는 동역학으로 질점의 응답을 구해야 한다.

식 (3.1)에서 식 $\sum \vec{F} = \vec{0}$은 사용된 벡터의 종류에 관계없이 유효하지만, 나머지 식들은 직교좌표계에 대한 것이다. 식 $\sum \vec{F} = \left(\sum F_x\right)\hat{\imath} + \left(\sum F_y\right)\hat{\jmath} = \vec{0}$은 **벡터 형태**로 평형을 표시하는 반면, 식 $\sum F_x = 0$과 $\sum F_y = 0$은 **스칼라 형태**로 평형을 표시한다. 벡터와 스칼라 형태 둘 다 완벽히 동등한 것이며, 어떤 문제에 어느 식을 사용하는가 하는 것은 편의성의 문제이다. 벡터 형태는 평형을 간단하게 표현할 수 있다. 특히 3차원이나, (나중에 설명될) 강체가 포함된 복잡한 문제에는 이 형태를 사용하는 것이 유리할 때가 많다. 대부분의 문제, 특히 힘의 형태가 단순한 이차원에서는 스칼라 식이 효율적이다. 이때는 x, y 방향으로의 힘 성분을 계산한 다음, 각각의 방향으로 힘들을 합한다.

질점과 힘 질점의 평형문제에서 분석 대상의 질점은 물체나 구조물을 구성하고 있는 질점 각각을 대표하거나, 물체나 구조물의 어느 한 부분을 대표하거나(그림 3.1의 예제에서와 같이), 물체나 구조물의 전체를 대표할 수도 있다. 이 질점에 $\sum \vec{F} = \vec{0}$을 적용시키기 위해서는 이 질점에 작용하고 있는 모든 힘을 고려하여야 한다. 이 힘들은 다음과 같이 다양한 원인에서 발생한다.

- 어떤 힘들은 중력에 의한 무게, 구조물에 부는 바람의 힘, 근처에 있는 물체에서 발생하는 자기력과 같이 질점 주위와의 상호작용에 의해 발생한다.
- 어떤 힘들은 질점에 연결된 구조물(또는 질점이 속해있는 구조물)에 의해 발생한다. 예를 들면, 어떤 질점에 케이블이 부착되어 있으면, 그 케이블은 대부분의 경우 그 질점에 힘을 작용시키고 있다.
- 어떤 힘들은 지지대에 의해 발생한다. 예를 들면, 어떤 질점(또는 그 질점이 의미하는 물체)이 표면에 접착되어 있으면, 접착제는 일반적으로 그 질점에 힘을 작용시킬 것이다. 이러한 힘을 **반력**이라 하며, 이 절의 후반부에서 더 자세히 설명할 것이다.

자유물체도(FBD)

자유물체도(*free body diagram, FBD*)는 물체 또는 물체의 일부분을 그린 스케치이다. 이때, 그 자유물체의 주위 환경이나 그것이 속한 구조물의 다른 부분은 격리시켜 보이지 않아야 하고, 그 자유물체에 작용하는 모든 힘들은 그림에 표시되어야 한다. 자유물체가 주위 환경에서 떨어져 나오는 궤적을 지칭하기 위해 **절단**이란 용어를 사용한다. 이 장에서 FBD는 평형상태에 있는 하나의 질점이 될 것이다. 다음 장에서는 FBD가 평형상태에 있는 유한한 크기의 물체가 될 수도 있다.

FBD는 뉴턴의 운동법칙을 적용하기 위한 필수 불가결한 보조물이다. FBD는 자유물체도에 적용하는 모든 힘이 방향을 포함하여 올바르게 고려되는 것을 확실히 하는데 도움을 주는 도구이다. 일단 FBD가 그려지면, $\sum \vec{F} = m\vec{a}$를 적용한다. 정역학에서는 $\vec{a} = \vec{0}$인 조건을 찾는 반면, 정역학 다음의 과목인 동역학이나 진동학에서는 $\vec{a}$를 구하고, 물체나 구조물의 운동이 시간이 경과함에 따라 변화해 가는 것을 알아본다. 여러분이 최종적으로 아무리 고급 과목을 공부한다 할지라도, FBD를 정확히 그릴 수 있는 능력이야말로 역학에서 배우는 모든 개념 중에서도 가장 중요한 기술 중의 하나이다. 학생들이나 공업기술자 모두 FBD를 항상 사용하게 된다.

유용한 정보

자유물체도(FBD). FBD는 뉴턴의 운동법칙 $\sum \vec{F} = m\vec{a}$을 적용하기 위한 필수적인 보조, 즉 도구이다. 정역학 및 관련 과목에 정통하기 위해서는 FBD를 정확히 그릴 수 있는 능력이 가장 필수적인 기술이다. 부정확한 FBD는 해석에서 발생하는 실수의 일반적 원인이다.

FBD 그리는 순서

1. 평형을 분석할 질점을 결정한다.
2. 이 질점이 물체, 구조물, 그리고 주위 환경에서 완전히 격리되도록 "절단"되었다고 가정한다.
   - 이차원에서는 그 질점을 완전히 둘러싸는 폐곡선을 생각하라.
   - 삼차원에서는 그 질점을 완전히 에워싸는 폐곡면을 생각하라.
3. 그 질점을 그린다(즉, 한 점을 그린다).
4. 힘들을 그린다.
   (a) 주위 환경에서 그 질점에 작용하는 힘들을 그린다(예를 들면, 무게).
   (b) 절단이 구조물의 부재를 통과하게 되면, 그 곳에서 발생하는 힘을 그린다.
   (c) 절단이 구조물의 지지대를 통과하게 되면, 그 곳에서 발생하는 반력을 그린다.
5. 사용할 좌표계를 그린다. 힘이 작용하는 위치와 방향을 완전하게 정의하기 위해 FBD에 적절한 치수와 각도를 추가로 그린다.

이 장은 질점의 평형을 다루기 때문에 위의 절차에서 단계 3은 간단한 부분이다. 그러나 약간의 수정만 가하면 강체의 평형에도 동일한 절차를 사용할 수 있는데, 이때 단계 3은 약간의 기교를 요한다. 단계 4에서 힘이 그려지는 순서는 아무 상관없다. 복잡한 FBD에는 단계 5에서 모든 치수와 각도를 그리는 것이 어려울 지도 모른다. 이 경우, 이들 정보들은 별도의 그림에 표시할 수 있다.

대부분의 문제에서는 FBD를 그리는데 어떠한 질점이 사용되어야 하는지 비교적 명확할 것이다. 복잡한 문제에서는 질점의 선택을 위해서 적절한 판단과, 때로는 시행착오를 요한다. 이차원상에 있는 하나의 질점에 대하여 식(3.1)은 두 개의 스칼라 식 $\sum F_x = 0$과 $\sum F_y = 0$을 제공한다. FBD가 두 개의 미지수를 포함하고 있으면, 이 평형방정식들은 해를 구하는데 충분하다.[1)] 보다 복잡한 문제에서는 FBD가 종종 두 개 이상의 미지수를 포함하고 있다. 이 경우 또 다른 질점에 대하여 그려진 FBD에 평형방정식을 적용시켜, 최종적으로 전체 미지수의 개수와 같은 수의 방정식을 도출하여야 한다.

■ **간단한 예제** 스키어가 언덕 꼭대기에 오르기 위하여 그림 3.2(a)에서와 같이 견인 로프를 사용한다. 사람의 질량이 68.3 kg이고, 눈으로 덮여있는 경사면은 마찰이 없고, 스키어 뒤 부분의 견인 로프는 느슨하다고 할 때[2], 스키어를 일정한 속도로 끌기 위해 견인 로프가 필요로 하는 힘을 구하라.

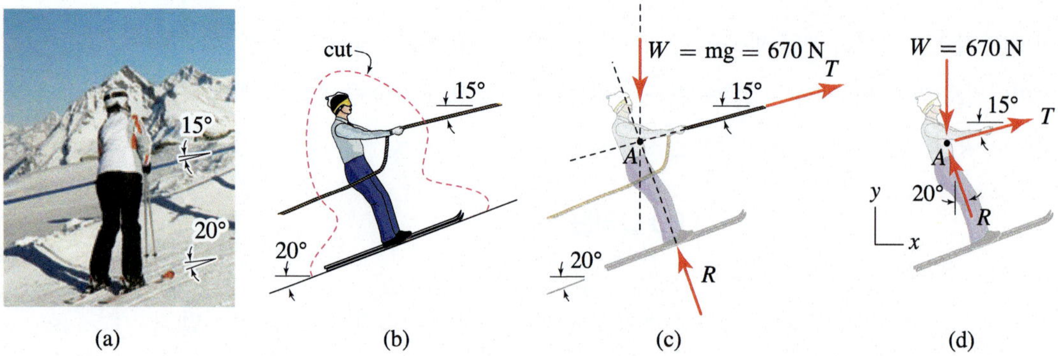

그림 3.2 (a) 눈으로 덮여있는 경사면을 일정한 속도로 견인되어 올라가고 있는 스키어의 사진 (b) 경사면의 각도, 견인 로프, 그리고 FBD를 그리기 위해 사용된 절단을 보여주는 스키어의 그림 (c) 모든 힘의 작용선이 하나의 공통점에서 교차하는 것을 보여주는 스키어의 자유물체도 (d) 스키어가 하나의 질점으로 이상화된 자유물체도. 모든 FBD에서 스키어 뒤의 견인 로프는 느슨하다고 가정한다.

풀이

FBD 그리기 FBD를 그린 후, 스키어가 하나의 질점으로 이상화될 수 있는지를 판단하기 위해, 그림 3.2(b)와 같이 절단을 이용하여 스키어를 주위 환경에서 분리시킨다. 절단 외부의 주위 환경에 의해 스키어에 작용하는 힘이 그림 3.2(c)에 다음과 같이 나타나 있다. 670 N의 힘은 스키어의 무게를 나타낸다. 절단이 스키어의 앞의 로프를 통과하여 지나가는 지점에는 견인 로프가 스키어의 손에 힘 T를 가한다. 절단이 스키어 뒤의 로프를 통과하여 지나가는 지점에는 힘이 없는데, 이것은 로프가 느슨하다고 가정하였기 때문이다. 절단이 스키와 경사면 사이를 통과하는 곳에서는 반력 R이 있다. 스키와 경사면 사이에 실제로 작용하는 힘은 스키의 접촉면적 전체에 걸쳐 분포되어 있고, 이 분포는 아마도 매우 복잡할 것임에 주목하라. 그림 3.2(c)에서 이 분포를 하나의 힘 R로 모델링한다.

그림 3.2(c)에서 표시된 것과 같이, 절단 바깥의 외부 환경에 의해 스키어에 작용하는 모든 힘은 하나의 공통점(점 A)에서 교차한다. 그러므로 스키어의 몸은 하나의 질점으로 이상화될 수 있다. 이것의 사실 여부는 5장에서 강체를 설명할 때 더욱 철저하게 검토될 것이다. 더구나 스키어는 일정한 속도로 움직이고 있으므로, 스키어의 가속도는 영이고, 따라서 이것은 질점의 평형 문제이다. 최종적으로 좌표계를 선정하여 FBD를 완성한다. 15°와 20° 방향은 수평 방향을 기준으로 한 것이므로, x와 y가 수평과 수직인 좌표계가 편리하다.

---

1) 이 말에 대하여 약간의 예외적인 경우는 구조물이 부정정일 때이다. 이러한 예외적인 것은 이 책의 후반에 논의된다.
2) 문제 3.4에서는 스키어 뒤의 견인 로프는 팽팽하다고 할 것이다.

일단 적절한 질점이 파악되고 그에 대한 FBD가 그려지면, 평형방정식을 쓸 수 있고, 이것들을 풀면 미지수들(즉, 견인 로프의 힘 T와 스키와 경사면 사이의 반력 R)을 결정할 수 있다. 지금부터 벡터 풀이법을 보여준 다음, 스칼라 풀이법을 보여주겠다. 그리고 다른 좌표계를 사용할 때의 장점에 대하여 언급을 하겠다.

벡터 해법에 의한 평형방정식 벡터 해법을 실행하기 위해서는 다음과 같이 모든 힘에 대한 벡터 표현을 적는 것부터 시작한다:

$$\vec{W} = -670\ \mathrm{N}\hat{\jmath} \tag{3.2}$$

$$\vec{T} = T\,(\cos 15^\circ\,\hat{\imath} + \sin 15^\circ\,\hat{\jmath}) \tag{3.3}$$

$$\vec{R} = R\,(-\sin 20^\circ\,\hat{\imath} + \cos 20^\circ\,\hat{\jmath}) \tag{3.4}$$

그 다음, 뉴턴의 법칙 $\vec{a} = \vec{0}$을 적용하면 다음과 같다.

$$\sum \vec{F} = \vec{0}: \quad \vec{W} + \vec{T} + \vec{R} = \vec{0} \tag{3.5}$$

$$(T\cos 15^\circ - R\sin 20^\circ)\,\hat{\imath} + (-670\ \mathrm{N} + T\sin 15^\circ + R\cos 20^\circ)\,\hat{\jmath} = \vec{0} \tag{3.6}$$

위의 벡터 식이 성립하기 위해서는 x와 y 성분이 각각 영이 되어야 하므로 두 개의 스칼라 식을 얻는다. 두 개의 미지수 T와 R이 존재한다는 것을 주목하면, 연립방정식은 **결정적**이다. 이 말의 의미는 식의 개수와 미지수의 개수가 같으므로, 유일한 해가 얻어진다는 것이다. 식 (3.6)에 포함된 두 개의 스칼라 식을 적어보면

$$T\cos 15^\circ - R\sin 20^\circ = 0 \tag{3.7}$$

$$T\sin 15^\circ + R\cos 20^\circ = 670\ \mathrm{N} \tag{3.8}$$

이다. 기본적인 연산을 사용하면 이 식을 풀 수 있다. 예를 들면, 식 (3.7)에 cos 20°를 곱하고, 식 (3.8)에 sin 20°를 곱하여, 두 결과 식들을 합하면 R을 포함하고 있는 항들은 소거되고 다음을 얻는다.

$$T(\cos 15^\circ \cos 20^\circ + \sin 15^\circ \sin 20^\circ) = (670\ \mathrm{N})\sin 20^\circ \tag{3.9}$$

$$\Rightarrow \quad T = 230\ \mathrm{N} \tag{3.10}$$

일단, 미지수 중에서 하나(이 경우는 T)가 얻어지면, 식 (3.7) 이나 식 (3.8) 중 어느 하나를 사용하여 나머지 미지수를 구할 수 있다. 식 (3.7)을 이용하면

$$R = \frac{T\cos 15^\circ}{\sin 20^\circ} = 650\ \mathrm{N} \tag{3.11}$$

이고, 이것으로 풀이가 완결되었다.

스칼라 해법에 의한 평형방정식 그림 3.2(d)를 관찰하여 x와 y 성분의 힘들의 합을 각각 구하면 다음과 같다.

$$\sum F_x = 0: \quad T\cos 15^\circ - R\sin 20^\circ = 0 \tag{3.12}$$

$$\sum F_y = 0: \quad T\sin 15^\circ + R\cos 20^\circ - 670\ \mathrm{N} = 0 \tag{3.13}$$

유용한 정보

어떠한 힘이 FBD에 포함되어야 하나? FBD를 그릴 때, FBD 외부의 (즉, FBD를 그릴 때 사용한 절단 바깥에 있는) 힘만 FBD에 포함되어야 한다. 자주하는 실수는 FBD 내부의 힘을 포함시키는 것이다. 예를 들면, 스키어의 부츠는 스키에 부착되어 있고, 이 둘을 결합시키는 힘이 부츠와 스키 사이에 존재한다. 그러나 이 힘은 FBD 내부에 있다. 왜냐하면, FBD를 그릴 때 사용한 절단은 부츠를 스키에서 분리시키지 않았기 때문이다. 같은 개념으로 한 단계 더 나아가면, 스키어의 몸이나 옷을 구성하고 있는 물질의 원자는 이웃의 원자에 힘을 가한다. 그러나 이 모든 힘은 FBD의 내부에 있으므로 FBD에 표시하지 않는다.

유용한 정보

해의 확인에 유용한 사항. 직관적으로 우리는 스키어의 앞 쪽의 견인 로프는 인장력을 받는다는 것을 안다, 그림 3.2(c)의 FBD에서 T는 양의 값이 인장력에 해당하도록 T의 방향이 설정되어 있음을 관찰하라. 그러므로 이 문제의 해에서 T는 양의 값을 가진다는 것을 예상할 수 있고, 결과도 그렇다. 또한, 반력 R은 압축일 때 양의 값이다. 그러므로 우리는 이 문제의 해에서 R은 양의 값을 가진다는 것을 예상할 수 있고, 결과도 그렇다. T나 R이 음의 값을 가지면, 풀이 과정에 실수가 있음을 의심해야 한다.

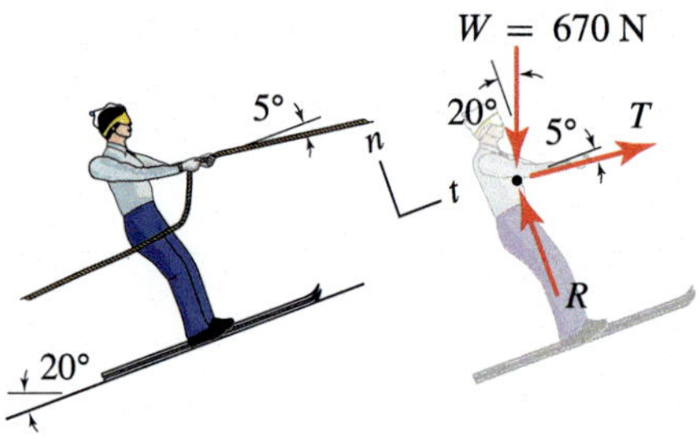

그림 3.3 (a) 눈으로 덮여있는 경사면을 일정한 속도로 견인되어 올라가고 있는 스키어 (b) $t\,n$ 좌표계에 대하여 힘의 방향이 그려진 FBD. t 및 n은 경사면에 각각 평행이고 수직이다. 이 FBD에서 스키어 뒤의 견인 로프는 느슨하다고 가정한다.

이 식들은 식 (3.7)과 (3,8)과 동일하다. 따라서 답은 벡터 접근법을 사용하여 얻은 것과 같다.

다른 좌표계를 사용한 해법 앞의 풀이에서는 수평-수직 직교 좌표계를 선택하여 사용하였다. 그러나 이러한 선택은 임의로 취한 것이고, 다른 문제에서는 다른 방향의 좌표계가 더욱 편리할 수 있다. 예를 들면, 그림 3.3에 나타난 바와 같은 *tn* 좌표계를 생각해 보자. 스칼라 해법을 사용해서, t 및 n 방향으로의 힘을 합하면 다음을 얻는다.

$$\sum F_t = 0: \qquad -(670\text{ N})\sin 20^\circ + T\cos 5^\circ = 0 \tag{3.14}$$

$$\sum F_n = 0: \quad -(670\text{ N})\cos 20^\circ - T\sin 5^\circ + R = 0 \tag{3.15}$$

좌표계의 선택으로 인해, 식 (3.14)는 이제 오직 하나의 미지수만 갖고 있음에 주목하라. 이 경우, 그 값은 쉽게

$$T = \frac{(670\text{ N})\sin 20^\circ}{\cos 5^\circ} = 230\text{ N} \qquad \text{식 (3.16)}$$

로 구해진다. 식 (3.15)를 사용하면 나머지 미지수 R은

$$R = (670\text{ N})\cos 20^\circ + T\sin 5^\circ = 650\text{ N} \qquad \text{식 (3.17)}$$

로 얻어진다. 예상한 바와 같이 두 개의 답은 이전에 구해진 것들과 동일함을 알 수 있다.

> **유용한 정보**
>
> **지배방정식에 관한 추가 사항.** 이 책의 어떤 예제는 파손 조건, 변형 부재, 마찰, 그리고 구조계의 물리적 거동에 관련된 조건 등을 포함하고 있다. 이 경우, 우리의 구조화된 문제풀이 방법에서 지배방정식은 다음으로 분류될 수 있다.
>
> - 평형방정식
> - 힘의 법칙
> - 운동학 방정식
>
> 힘의 법칙과 운동학 방정식의 특징적인 의미는 이 장과 다음 장에서 설명된다.

모델링과 문제풀이

FBD를 그리는 과정은 모델링(*modeling*)을 포함한다. 이때 실제 문제는 이상화된 것으로 대체된다. 예를 들면, 그림 3.2에서 스키와 경사면 사이에 실제로 분포되어 있는 힘은 하나의 반력으로 모델링된다. 스키와 경사면 사이의 마찰력은 무시하고, 스키어 뒤의 견인 로프 부분은 느슨하다고 가정하는 등등이다. 모델링을 할 때, 어떤 계에서 물리적으로 중요한 것과 그렇지 않은 것에 대하여 합당한 가정을 하여 알맞은 모델을 개발하는 것이 목표이다. 이 모델은 수학적인 해를 얻을 수 있을 정도로 단순하지만, 본질적인 물리적 현상은 포함하고 있어야 한다. 효과적인 모델링은 예술인 동시에 과학이다. 문제에 따라서, 때로는 좋은 모델을 만들기 위해 여러 번의 반복 작업을 거쳐야 할 때도 있다. 일단 모델이 확보되면, 다음 단계는 주로 수학적 작업으로 볼 수 있다. 이 책에서 평형 개념을 다루고 있는 예제에서는[3],다음의 구조화된 문제풀이 방법이 사용될 것이다.

3) 1장과 2장에서와 같이 평형개념을 다루지 않는 예제에는 모델링 단계가 필요하지 않다.

> **구조화된 문제풀이법**
>
> - **로드맵**: 문제풀이를 위한 전반적인 전략을 검토한다.
> - **모델링**: 합리적인 가정을 세워, 문제에 대한 FBD를 작성한다.
> - **지배방정식**: 평형방정식을 적는다. 때로는 문제에 따라 물리적인 현상에 대한 적절한 식도 적는다.
> - **계산**: 문제에 대한 모델을 지배하는 지배방정식을 푼다.
> - **논의 및 검증**: 문제에 대한 결과를 정밀하게 검토하고 해석한다.
>
> 경우에 따라, 위의 단계들 중 일부는 한꺼번에 행해질 수 있다.

케이블과 막대

앞 예제의 그림 3.2에서, 양의 T 값은 스키어를 경사면 위로 끄는 견인 로프의 인장에 해당하도록 FBD가 구성되어 있다. 이 말이 사실인지 분명하지 않을 수도 있다. 그러나 대부분의 문제에 있어서 FBD의 구성과 풀이 결과의 해석을 위해서는 이 점을 확실히 이해할 필요가 있다. 그림 3.4(a)에 있는 구조물을 생각하라. 이것은 100 N 무게의 물통을 지지하고 있는 하나의 막대와 두 개의 케이블로 구성되어 있다. 2.3절에서 설명되

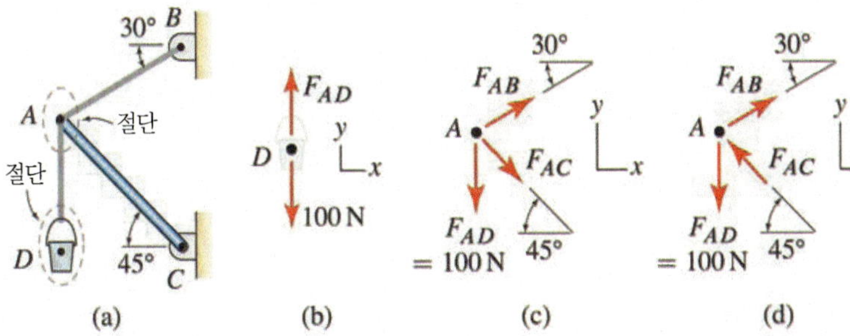

그림 3.4 (a) 하나의 막대와 두 개의 케이블로 구성된 구조물이 100 N의 물통을 지지하고 있다. 두 개의 FBD를 그리기 위해 두 개의 절단을 취한다. (b) 물통의 FBD. (c) 점 A에 대한 FBD에서 F_{AC}는 인장이 양의 값을 갖도록 정의된다. (d) 점 A의 FBD에서 F_{AC}는 압축이 양의 값을 갖도록 정의된다.

었듯이, 막대와 케이블이 지지하는 힘들은 그들 각각의 축과 동일한 선상에 있다. 그림 3.4(a)의 구조물을 모델링할 때 물통부터 고려할 수 있다. 즉, 물통의 무게가 100 N이라면 케이블 AD의 힘도 100 N이 되어야 한다는 직관적이고도 명확한 결론에 도달할 것이다. 이러한 결론은 그림 3.4(a)에서 점 D를 공점력계가 놓여있는 지점으로 인식함으로써 도달할 수 있다. 점 D를 주위 환경에서 분리시키기 위해 절단을 행하면, 이 절단은 케이블 AD를 통과하게 되고 그림 3.4(b)의 FBD가 만들어진다. 이 FBD에 대하여, $\sum F_y = 0$을 적용하면 $F_{AD} - 100\ N = 0$을 얻고, 이것의 해는 $F_{AD} = 100\ N$이다. 따라서 케이블 힘들 중 하나는 구해졌다.

막대 및 다른 케이블에 의해 지지되는 힘을 구하기 위해 그림 3.4(a)를 다시 관찰해보면 점 A는 하나의 공점력계가 있는 지점으로 볼 수 있다. 그러므로 점 A를 주위 환경과 분리시키기 위해 절단을 취하면, 이 절단은 막대 하나와 케이블 두 개를 통과하게 된다. 두 개의 FBD가 가능하며 그림 3.4(c)와 (d)에 나타나 있는데, 모두 $F_{AD} = 100\ N$인 결과를 이용하였다. 그림 3.4(c)와 그림 3.4(d) 모두에서, 케이블 힘 F_{AB}의 방향은 양의 값이 케이블의 인장력에 해당하도록 되어 있다. 한편, 막대의 힘에 대하여 살펴보면, 그림 3.4(c)의 FBD에서 막대의 힘 F_{AC}의 방향은 양의 값이 막대의 인장력에 해당하도록 되어있는 반면, 그림 3.4(d)의 FBD에서는 양의 값이 막대의 압축력에 해당하도록 정의되어 있다.

이 설명이 명확하지 않다면, FBD를 하나 더 그려보면 확연해질 것이다. 사실 특정 케이블이나 막대에 대하여 양의 값을 가지는 힘이 인장인지 압축인지 의심스러우면, FBD를 하나 더 구성해보면 확실해 질 수 있다. 예를 들면, 그림 3.5(b)에 점 A의 FBD가 그려져 있으며, 케이블과 막대의 FBD도 덧붙여 그려져 있다. 이들 FBD를 그릴 때, 뉴턴의 제3법칙을 적용하였는데, 이것은 힘의 작용과 반작용의 크기는 같고, 방향은 반대이며, 동일 선상에 있다는 것이다. 그림 3.5(b)의 케이블 AB의 FBD를 관찰해 보면 F_{AB}의 양의 값은 케이블의 인장에 해당한다는 것을 명확히 확인할 수 있다. 그림 3.5(b)에서 막대 AC의 FBD를 관찰해보면 F_{AC}의 양의 값은 막대의 인장에 해당한다는 것을 확인할 수 있다. 그림 3.5(c)의 막대 AC의 FBD를 관찰해 보면 이 경우는 F_{AC}의 양의 값은 막대의 압축에 해당한다는 것을 확인할 수 있다.

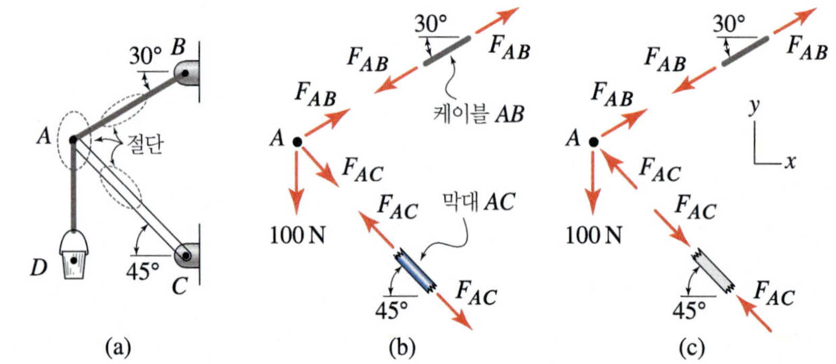

그림 3.5 (a) 막대에 의해 지지되는 힘에 대한 상이한 부호 약속을 명확히 설명하기 위해 그림 3.4를 더 자세한 FBD들과 함께 보여준다. (b) F_{AC}의 양의 값은 막대 AC의 인장에 해당한다. (c) F_{AC}의 양의 값은 막대 AC의 압축에 해당한다.

그림 3.6 풀리의 적용 사례.

케이블은 매우 작은 압축력을 받아도 좌굴하므로, 일반적으로 케이블은 인장력만 지지한다고 가정한다. 따라서 FBD에서 케이블의 힘은 양의 값이 인장에 해당하도록 정한다. 만약 어떤 문제의 해석 결과, 케이블이 압축하중을 지지하고 있는 것으로 되면, 여러분이 실수를 하였거나, 아니면 그 구조물에 중대한 결함이 있는 것이다. 다시 말해 그 구조물의 평형은 실현 불가능한 케이블의 압축력에 의해 유지된다는 것이다.

케이블과 달리, 막대는 인장력과 압축력 둘 다 지지할 수 있다. 따라서 FBD를 그릴 때, 막대가 지지하는 힘의 표시를 어느 방향으로 하여야 하는지의 질문에 항상 부딪히게 된다. 그에 대한 대답은 다음과 같다. 즉, 하나의 특정한 문제에 있어서 FBD들이 일관성이 있고, 본인이 계산한 힘을 올바르게 해독할 수만 있으면 어느 쪽을 취하든지 상관없다는 것이다. 그림 3.4(a)와 같이 구조물의 부재의 개수가 적고 하중이 단순한 문제에서는 케이블은 인장상태이고, 막대는 압축상태인 것은 아마도 확연히 알 수 있을 것이다. 따라서 대부분 그림 3.4(d)와 같이 막대의 힘은 압축력이 양의 값을 갖도록 그릴 것이다. 그러나 복잡한 문제에서는 어느 막대가 인장하중을 받고, 어느 막대가 압축하중을 받는지를 미리 인지하는 것이 아마 불가능할 것이다. 그러므로 FBD를 그리는 좋은 연습 방법은, 모든 막대가 지지하는 힘을 양의 값이 인장에 해당하도록 정하는 것이다. 어떤 막대에는 인장력이 양의 값을, 어떤 막대는 압축력이 양의 값을 가지는 뒤섞인 부호 약속은 간단한 문제에서는 다룰 수 있을지 모르지만, 복잡한 문제에서는 매우 귀찮은 결과를 가져오게 될 것이다. 왜냐하면, 이 경우 힘의 부호만으로는 그 부재가 인장상태인지 압축상태인지 판명하기가 충분하지 않아 항상 본래의 FBD를 참고해야 하기 때문이다.

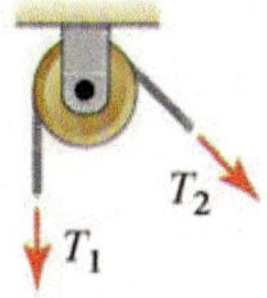

그림 3.7 풀리를 두르고 있고, 무게를 무시할 수 있는 케이블.

풀리

케이블은 종종 풀리와 함께 사용된다. 그림 3.6과 3.7의 풀리는 케이블의 방향을 바꾸어, 그 케이블이 지지하는 힘의 방향을 바꾸는 단순한 기구이다. 풀리는 마찰이 없는 것으로 이상화되고(즉, 베어링에 의해 마찰 없이 회전할 수 있다면), 케이블의 무게가 무시될 수 있다면, 풀리를 둘러싸고 있는 케이블이 지지하는 힘의 크기는 케이블 전체에 걸쳐 일정하다. 현재로서는 이 말을 증명없이 받아들여야 한다. 5장에서 강체에 대하여 설명할 때, 이 말이 사실임을 보여줄 것이다. 이 개념을 더 전개시켜, 그림 3.8(a)에 그려진 바와 같이 무게를 무시할 수 있는 하나의 케이블이 여러 개의 풀리를 둘러싸고 있다면, 그림 3.8(b)에서와 같이 케이블 전체에 걸쳐 힘의 크기는 같다. 그림 3.8(b)에서 풀리의 그림은 FBD가 아니란 것에 주의하라. 그 이유는 풀리가 주위환경에서 완전히 분리되지 않아, 풀리에 작용하는 나머지 힘들이 표시되지 않았기 때문이다. 무마찰 풀리인 경우라 할지라도, 케이블의 무게를 무시할 수 없다면, 케이블이 지지하는 힘은 케이블 전체에 걸쳐 달라질 것이다. 이 교재 전체에 걸쳐, 케이블은 무시해도 좋은 무게를 가졌고, 풀리는 마찰이 없다고 가정한다.

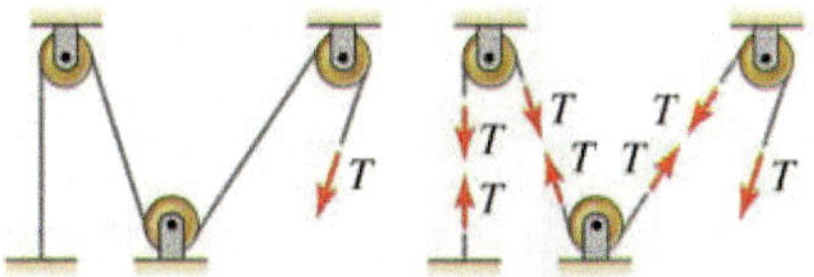

그림 3.8 (a) 여러 개의 풀리를 지나가고 있으며 한쪽 끝에서 힘 T를 받고 있는 단일 케이블. (b) 풀리의 마찰이 없고, 케이블의 무게를 무시해도 되면, 케이블 전체에 걸쳐 힘의 크기는 동일하다.

FBD를 그릴 때와 같이, 풀리를 하나의 질점으로 이상화하기 위해 풀리에 작용하는 모든 힘의 교차점을 찾거나, 다음과 같이 케이블의 힘을 풀리 베어링에 단순히 이동시키는 것이 좋다. 그림 3.9(a)에서 굴레에 의해 지지되는 풀리가 있다. 풀리와 굴레가 이상화되는 과정을 보기위해, 풀리를 굴레에서 제거시켜, 각각의 FBD를 그림 3.9(b)와 (c)에 그린다. 그림 3.9(b)에서 케이블 힘 T와 크기는 같으나 방향이 반대인 두 개의 힘을 풀리의 베어링에 도입하였다. 또한, 이 두 개의 같은 힘들은 뉴턴의 제3법칙에 의해 그림 3.9(c)에서와 같이 굴레의 FBD에서 점 A에 그려진다. 그러므로 그림 3.9(c)에서와 같이 굴레에 작용하는 모든 힘은 풀리의 베어링 A에서 교차하는 하나의 공점력계이고, 따라서 풀리는 하나의 질점으로 쉽게 모델링된다.

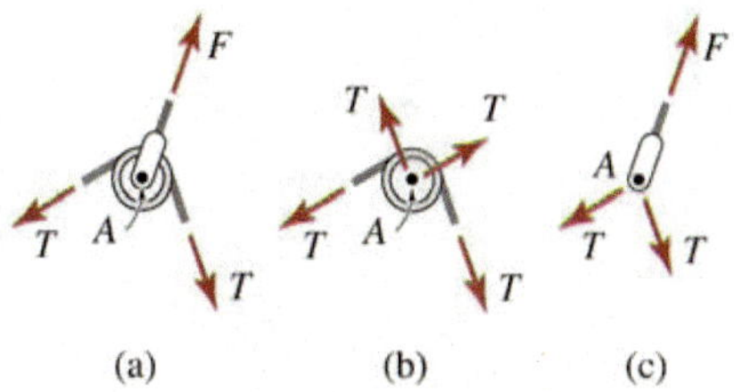

그림 3.9 풀리가 하나의 질점으로 이상화되는 것을 보여주는 과정. (a) 굴레에 의해 지지되고 있는 무마찰 풀리. (b) 굴레에서 제거된 풀리의 자유물체도 (c) 풀리에서 제거된 굴레의 자유물체도. 풀리의 케이블 힘이 점 A로 평행 이동된 것을 보여준다.

반력

앞서 언급한 바와 같이, **반작용력(*reaction force*)** 또는, 간단히 줄여서 **반력(*reaction*)**은 지지대가 물체나 구조물에 가하는 힘을 말한다. 나중에 지지대의 반력에 대하여 상세히 공부할 것이지만, 이미 논의된 것에 덧붙여 몇 가지를 지금 언급할 필요가 있다. 쉽게 관련지을 수 있는 예제를 예로 들어보자. 그림 3.10(a)와 같이 사람이 서 있다고 생각하라. 사람이 평형을 유지하고 있는 것은 바닥이 사람의 몸에 힘을 가하고 있기 때문이다. 즉, 바닥은 크기 R의 수직력을 사람 몸에 가하고, 사람 몸은 크기 R의 수직력을 바닥에 가한다. 바닥의 가장 주요한 특징은 사람 몸의 수직운동을 막기 위해 필요한 힘을 얼마이든 발생시킬 수 있다는 것이다. 사람이 바닥에 서 있을 때, 배낭을 메고 있다면, 바닥은 사람이 수직운동을 하지 않도록 더 큰 힘을 작용할 것이다.

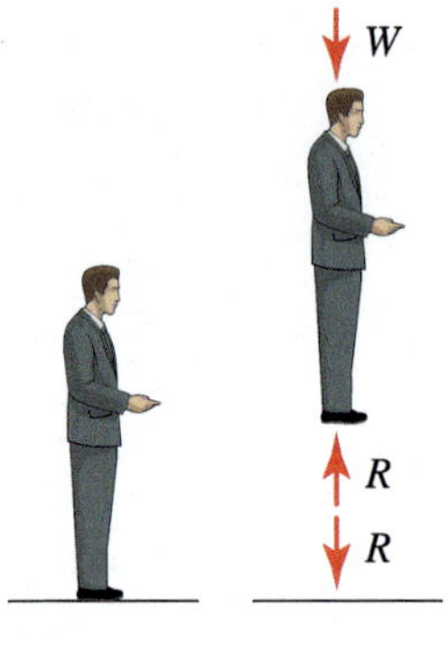

그림 3.10 (a) 수평면에 서있는 사람. (b) 사람의 자유물체도. 바닥이 사람의 몸에 작용하는 반력을 보여준다.

그림 3.11에 그려진 예에서, 완만한 언덕을 올라가는 보행자 길과 같은 경사면에 사람이 서 있다고 가정하자. 그 길은 충분히 거칠어서 발이 미끄러지지 않아, 두 가지 성분의 반력이 그림과 같은 방향으로 존재한다고 가정하자. 반력 R은 보도가 사람 몸이 표면에 대하여 수직방향으로 움직이지 않도록 발생하는 힘이며, 접선 성분 F는 보도가 발이 미끄러지지 않도록 하는 힘이다. 보도는 두 방향의 운동을 억제하므로, 이들 방향으로 두 개의 반력이 존재하게 된다. 만약 보도가 얼음으로 덮여 마찰이 없다면, 보도는 더 이상 미끄럼을 막지 못하고, 즉 $F = 0$이 되고, 사람은 불쾌한 상황에 처하게 될 것이다! 얼음으로 덮여있을 때, 보도는 오직 한 방향으로만 운동을 제한하고, 따라서 오직 하나의 반력 R만 있다.

그림 3.11 (a) 표면이 거친 경사면에 서있는 사람. (b) 사람의 자유물체도. 표면이 사람의 몸에 작용하는 반력을 보여준다.

앞의 예들에서, 특정한 지지대에 연관된 반력의 개수와 방향을 규명할 수 있도록 생각하는 과정을 설명하였다. 다시 말하면, 어떤 지지대가 특정 방향으로의 운동을 막기 위한 유일한 방법은 그 방향으로 반력을 가하는 것이다. 질점의 평형 문제를 풀 때, 그림 3.12에 나타난 바와 같은 지지대와 그에 따른 반력이 존재한다. 이러한 반력들을 기억할 필요는 없다; 그것보다는 필요할 때마다 이들을 재구성 할 수 있어야 한다. 예를 들어, 표면에 핀으로 지지된 질점을 생각하라. 이 질점은 그림과 같이 F_1, F_2, F_3를 받고 있는데, 이 힘들은 외력이거나, 케이블이나 막대들 사이의 연결부에서 발생한 힘일 수 있다. 그 질점이 고정된 표면은 질점의 y 방향으로의 운동을 구속하므로, 이 방향으로의 반력이 존재하여야 한다. 또한 표면은 질점의 x 방향으로의 운동도 구속하므로, 이 방향으로의 반력도 존재하여야 한다. 그림 3.12의 매끄러운 막대를 따라 움직이는 슬라이더에서, 고정 막대는 막대에 수직 방향의 슬라이더 운동을 억제한다. 따라서 이 방향으로 반력이 있어야 한다. 한편 슬라이더는 매끄러운 막대를 따라 자유롭게 움직일 수 있으므로, 그 방향으로의 반력은 없다.

절 요약

이 절에서는 질점의 정적 평형을 지배하는 식에 대하여 논의하였고 해석과정을 설명하

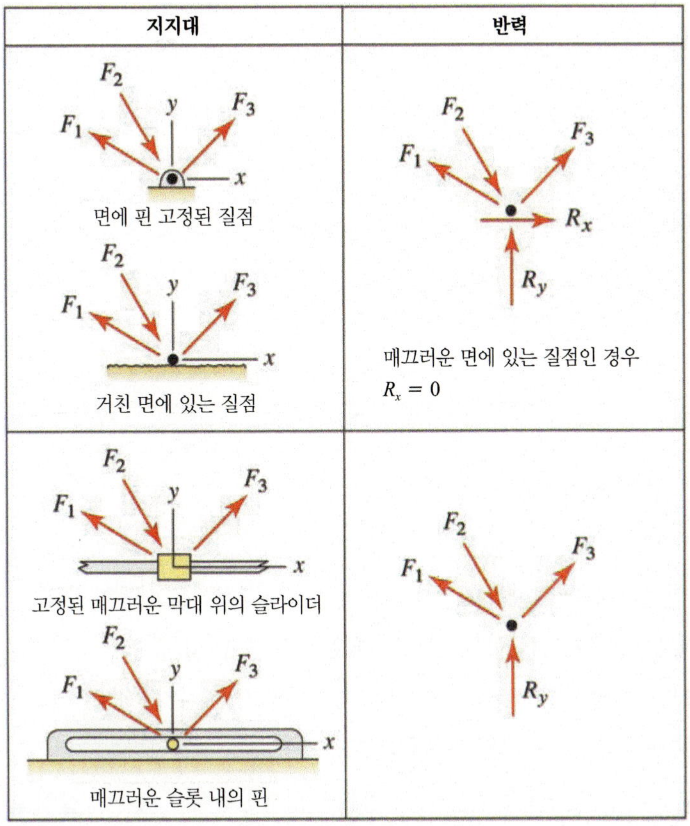

그림 3.12 이차원 질점의 평형문제에서 자주 나오는 지지대와 반력. 힘 F_1, F_2, F_3는 질점에 부착된 케이블이나 막대에 의해 질점에 작용하는 가상적인 힘이며, 힘 R_x, R_y는 반력이다.

였다. 요점은 다음과 같다.

- 이차원상에 있는 하나의 질점에 대하여 벡터 형태의 평형방정식은 $\sum \vec{F} = \vec{0}$이고, 스칼라 형태로는 $\sum F_x = 0$와 $\sum F_y = 0$이다. 이 식에서 더할 때 그 질점에 작용하는 모든 힘을 고려하여야 한다.
- **자유물체도**는 하나의 질점과 그 질점에 작용하는 모든 힘을 나타낸 그림이다. FBD는 평형방정식을 기술할 때 모든 힘이 고려되는 것을 확실히 하는데 도움을 주는 필수적인 도구이다.
- 복잡한 문제는 하나 이상의 FBD가 필요할지도 모른다. 이차원에서 각각의 FBD는 두 개의 평형방정식을 제공하므로 (즉, $\sum \vec{F} = \left(\sum F_x\right)\hat{\imath} + \left(\sum F_y\right)\hat{\jmath} = \vec{0}$ 또는 $\sum F_x = 0$와 $\sum F_y = 0$), 더 많은 미지수를 결정할 수 있다.
- 케이블과 곧은 막대는 구조물을 구성하는 부재로서, 그 부재의 기하학적 형상과 동일한 방향 및 작용선을 가지는 힘을 지지할 수 있다.
- 풀리는 케이블의 방향을 바꾸는데 사용되므로, 케이블에 의해 지지되는 힘의 방향을 바꿀 수 있다. 무게를 무시할 수 있는 하나의 케이블이 마찰이 없는 다수의 풀리를 둘러싸고 있다면, 케이블 전체에 걸쳐 힘의 크기는 같다.

예제 3.1 케이블, 막대 그리고 파손 조건

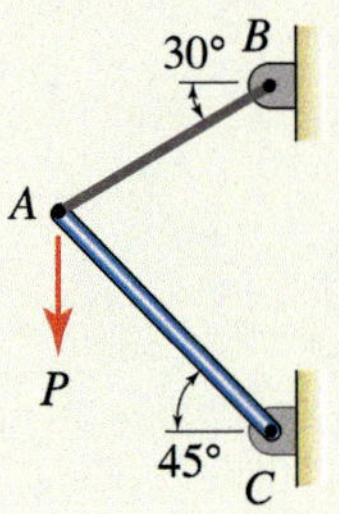

그림 1

이 절의 앞부분에서 논의된 구조물(그림 3.4와 3.5)이 그림 1에 다시 나타나 있다. 하중은 점 A에 작용하는 수직력 P이다.

(a) P = 100 N일 때, 케이블 AB와 막대 AC에 의해 지지되는 힘들을 구하라.

(b) 케이블 AB가 1200 N의 인장력에 파단되고, 막대 AC는 1600 N에서 좌굴한다면, 가할 수 있는 P의 최대값을 구하라.

풀이 SOLUTION

(a) 부분

로드맵 점 A의 자유물체도는 3개의 힘을 가지고 있다: 구조물에 작용된 힘 P, 그리고 케이블과 막대에 의해 지지되는 힘들. P의 값은 100 N으로 주어져 있으므로, FBD는 나머지 두 개의 미지수만 포함하게 된다. 두 개의 평형방정식을 사용할 수 있으므로, 케이블과 막대에 의해 지지되는 힘을 결정할 수 있음을 알 수 있다.

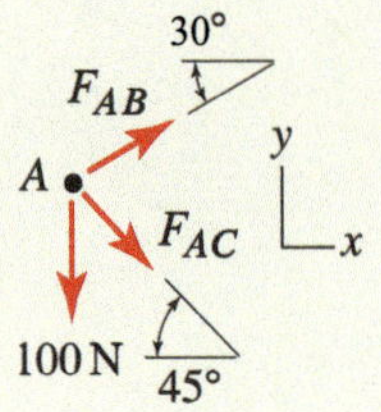

그림 2 P = 100 N 일 때 점 A의 자유물체도

모델링 그림 2와 같이 FBD를 그린다. 이때, F_{AB}와 F_{AC}의 양의 값은 각각 케이블과 막대의 인장력에 해당한다. 또한 그림과 같이 xy 좌표계를 선정한다.

지배방정식 x와 y 방향으로 힘을 각각 더하면 평형방정식은 다음과 같이 쓸 수 있다.

$$\sum F_x = 0: \qquad F_{AB}\cos 30° + F_{AC}\cos 45° = 0 \qquad (1)$$

$$\sum F_y = 0: \qquad F_{AB}\sin 30° - F_{AC}\sin 45° - 100\ \text{N} = 0 \qquad (2)$$

계산 식 (1)과 (2)는 쉽게 풀 수 있으며 다음을 얻는다.

$$\boxed{F_{AB} = 73.2\ \text{N}} \qquad (3)$$

$$\boxed{F_{AC} = -89.7\ \text{N}} \qquad (4)$$

(b) 부분

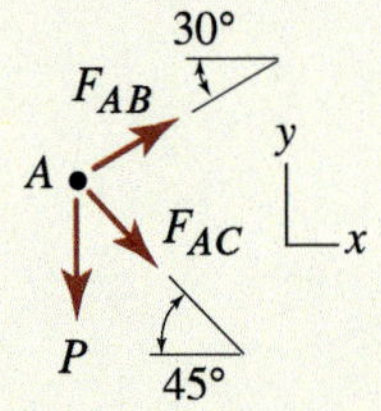

그림 3 P의 크기를 모를 때 점 A의 자유물체도

로드맵 케이블과 막대가 최대로 지지할 수 있는 힘이 주어져 있다. 케이블과 막대가 동시에 각자의 파손 하중에 도달할 가능성은 별로 없다는 것을 이해하는 것이 중요하며, 이 점은 이 예제 끝의 여백의 주석에서 더 설명되어 있다. 문제를 푸는 하나의 전략은 다음의 설명과 같이 파트 (a)의 결과로부터 비례 관계를 이용하여 구조물이 지지할 수 있는 최대 하중을 구하는 것이다. 다시 말하면, 파트 (a)에서 P = 100 N을 사용하여 F_{AB}와 F_{AC}를 구하였다. 만약 P가 두 배, 세 배가 되면 F_{AB}와 F_{AC}도 두 배, 세 배가 될 것이다. 이때, 하중이 증가하여도 그림 2의 각도는 변하지 않는다고 가정한다. 그러므로 F_{AB} = 1200 N 이거나 F_{AC} = 1600 N 이 되도록 하중 P를 증가시킨다.

여러 개의 파손 조건을 가지는 문제를 풀 때, 일반적으로 바람직한 방법은 각각의 부재가 지지하는 힘을 P의 함수로 구하는 것이다. 이때, P는 아직 결정되지 않은 값이다. 여기에서는 이 방법을 사용할 것이다. 이 방법의 특성은 어느 부재가 먼저 파손될지 추측할 필요가 없다는 것이다.

모델링 그림 3에 있는 FBD는 P가 미지수라는 것을 제외하면 파트 (a)의 것과 동일하다.

지배방정식과 계산

평형방정식 평형방정식은 100 N이 P로 바뀌었다는 것 외에는 식 (1), (2)와 동일하다.

$$\sum F_x = 0: \qquad F_{AB}\cos 30° + F_{AC}\cos 45° = 0 \tag{5}$$

$$\sum F_y = 0: \qquad F_{AB}\sin 30° - F_{AC}\sin 45° - P = 0 \tag{6}$$

식 (5), (6)을 풀면 다음과 같다.

$$F_{AB} = (0.7321)\,P \tag{7}$$

$$F_{AC} = (-0.8966)\,P \tag{8}$$

힘의 법칙 이제 식 (7), (8)을 이용하여 다양한 파손 조건을 적용시킬 수 있다:

$$F_{AB} = 1200\text{ N 이면,} \quad P = 1640\text{ N} \tag{9}$$

$$F_{AC} = -1600\text{ N 이면,} \quad P = 1790\text{ N} \tag{10}$$

식 (9), (10)중에서 작은 P의 값만이 막대와 케이블 두 개의 파손 조건을 동시에 만족시킨다. 따라서 P가 취할 수 있는 최대값은

$$\boxed{P_{\max} = 1640\text{ N}} \tag{11}$$

이고, 케이블 AB가 먼저 파손될 것이다.

논의 및 검증 직관적으로 알 수 있듯이, 이 예제의 두 부분에 대한 풀이는 F_{AB}가 양의 값이고, 이는 케이블이 인장을 받는다는 것을 보여준다. 또한, F_{AC}는 음의 값이고, 막대는 압축을 받는다는 것을 의미한다. 이러한 검토가 끝난 후, F_{AB}와 F_{AC}의 값을 본래의 평형방정식에 대입해 본다; 파트 (a)에서 식 (1), (2)가 동시에 만족되어야 하고, 파트 (b)에서는 식 (5), (6)이 동시에 만족되어야 한다. 이렇게 하는 것은 산술적인 계산의 잘못을 피하는데 도움이 되는 확인법이지만, 불행히도 FBD와 평형방정식을 적는 과정 중의 실수는 잡아내지 못한다.

빠지기 쉬운 함정

파손하중. 이 예제의 파트 (b)와 같은 파손 조건을 가진 문제를 풀 때 자주 하는 실수는 모든 부재가 동시에 파손 하중에 도달한다고 가정하는 것이다. 그림 3의 FBD를 참고하여 설명하면, F_{AB} = 1200 N과 F_{AC} = −1600 N를 동시에 취한다면 잘못된 것이다. 사실 이렇게 되면, $\sum F_x = 0$(식 (5))가 만족되지 않는다! 이 문제를 설명하는 다른 방법은 힘 P가 영에서 부터 천천히 증가한다고 상상하는 것이다. 결국, 부재들 중 하나는 자신의 파손 하중에 도달하게 되지만, 나머지는 파손 하중 이하에 있을 것이다.

예제 3.2 케이블, 풀리 그리고 파손 조건

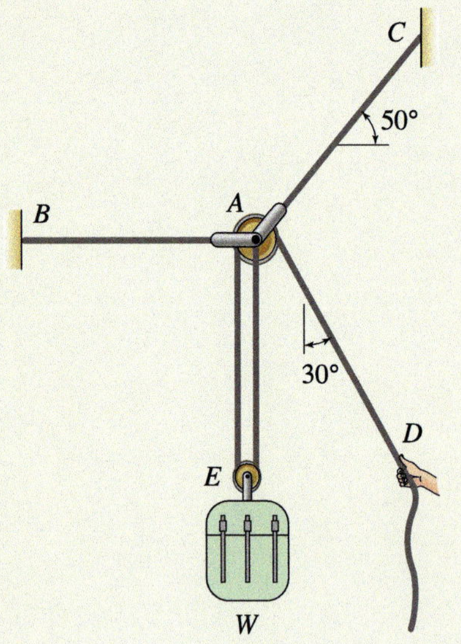

그림 1

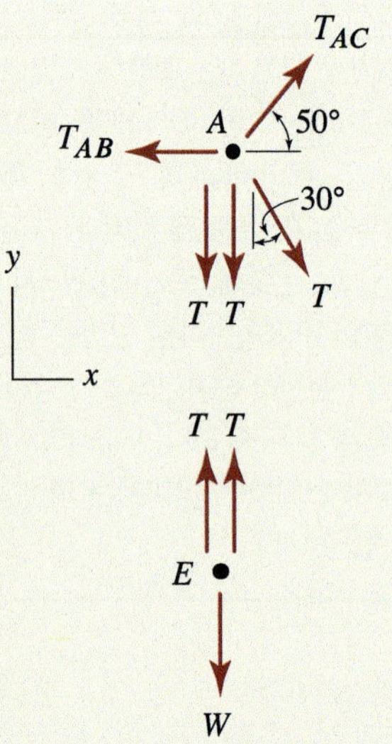

그림 2 점 A와 E의 자유물체도. 명확하게 보이기 위해 몇 개의 힘들은 약간 떨어져 있지만, 점 A와 E에 대한 힘계는 모두 공점력계이다.

유용한 정보

힘의 표기. 부재에 의해 지지되는 양의 힘이 인장을 나타내도록 하는 문제에서는, 이 예제의 T, T_{AB}, T_{AC}와 같이 변수 T를 사용하여 양의 값이 인장(tension)임을 강조하는 것이 좋다.

야영자들은 배낭을 곰으로부터 보호하기 위해 케이블과 풀리를 사용하여, 그림과 같이 배낭을 나무에 매단다. 케이블 AB와 AC가 900 N의 파단 강도를 가지고 있으며, 케이블 DAE는 450 N의 파단 강도를 가지고 있을 때, 들어 올릴 수 있는 가장 큰 무게 W를 구하라.

풀이 SOLUTION

(a) 부분

로드맵 우리의 전략은 각 케이블의 힘을 무게 W의 항으로 구한 다음, 파단 기준을 적용시켜 W가 취할 수 있는 최대치를 구하는 것이다.

모델링 야영자가 점 D에 가하는 힘을 T라 하자. 케이블의 무게를 무시하면, 이 힘의 방향은 케이블 선분의 방향각 30°와 같다. 케이블 DAE는 하나의 연속된 것이므로, 풀리와 케이블의 무게를 무시하면, 이 케이블 전체의 인장력은 T와 같다. 점 A와 점 B에 대한 FBD가 그림 2[4]에 나타나 있다. 여기에서 그림 3.9에 설명된 바와 같이, 풀리 A에 작용하는 케이블 힘은 풀리의 베어링으로 평행이동되었으며, 풀리 E에 대하여도 마찬가지이다.

지배방정식과 계산

평형방정식 점 A에 대한 평형방정식은

$$\sum F_x = 0: \qquad -T_{AB} + T_{AC}\cos 50° + T\sin 30° = 0 \qquad (1)$$

$$\sum F_y = 0: \qquad T_{AC}\sin 50° - T - T - T\cos 30° = 0 \qquad (2)$$

이다. 식 (1), (2)는 세 개의 미지수(T, T_{AB}, T_{AC})를 가진 두 개의 연립방정식이므로, 하나의 식이 더 필요하다. 그러므로 그림 1의 점 E에 대한 FBD를 이용하여 평형방정식을 쓰면 다음과 같다.

$$\sum F_y = 0: \quad T + T - W = 0 \quad \Rightarrow \quad T = \frac{W}{2} \qquad (3)$$

식 (3)에서 얻어진 해 $T = W/2$를 사용하여, 식 (1), (2)의 해를 구하면 다음과 같다.

$$T_{AB} = 1.452W \qquad (4)$$

$$T_{AC} = 1.871W \qquad (5)$$

힘의 법칙 식 (3)–(5)를 이용하면, 여러 파단 기준을 적용할 수 있다:

$$T = 450\text{ N 이면,} \quad W = 900\text{ N} \qquad (6)$$

$$T_{AB} = 900\text{ N 이면,} \quad W = 619.8\text{ N} \qquad (7)$$

$$T_{AC} = 900\text{ N 이면,} \quad W = 481\text{ N} \qquad (8)$$

식 (6)–(8) 중에서 가장 작은 W만이 세 개의 파단 기준 모두를 동시에 만족시킬 수 있다. 따라서, W가 취할 수 있는 가장 큰 값은

$$\boxed{W_{max} = 481\text{ N}} \qquad (9)$$

이고, 케이블 AC가 제일 먼저 끊어질 것이다.

논의 및 검증 예상한 바와 같이, 식 (3)–(5)에서 모든 케이블의 힘은 인장임을 알 수 있다. 이것을 확인한 후에, 모든 해를 평형방정식에 대입시켜 각각의 식이 만족되는지를 검증하여야 한다. 이런 유형의 문제에서 자주 발생하는 실수는 모든 케이블이 파단하중에 동시에 도달한다고 가정하는 것이다.

4) 점 A에 대한 평형방정식에서 미지수의 개수가 너무 많다는 것을 알기 전에는 E의 자유물체도에 대한 필요성은 명확하지 않을 수 도 있다.

예제 3.3 다수의 FBD를 필요로 하는 문제

승객이 강을 건너게 하기 위해 작은 케이블 카를 사용한다. 승객을 포함한 케이블 카의 질량이 400 kg일 때, 케이블 AC와 ED, 그리고 막대 AB의 힘을 구하라. 점 A는 핀이다.

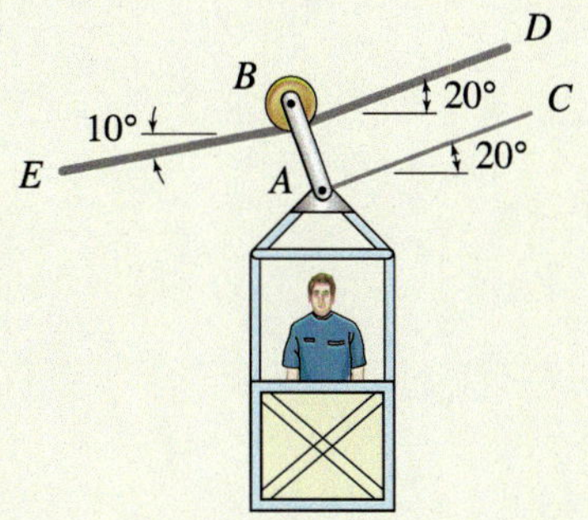

그림 1

풀이 SOLUTION

로드맵 평형을 해석할 적절한 질점 또는 질점들을 찾는 것으로 이 문제를 시작한다. 점 A와 B가 그럴듯한 후보들이다. 사실 해를 구하기 위해서는 이 둘 모두 필요하다는 것을 알게 된다.

모델링 그림 2에 점 A와 B에 대한 FBD가 있는데, 풀리 B의 경우 케이블 힘은 베어링으로 이동되었다. 내용물을 포함한 케이블 카의 무게는 (400 kg)(9.81 m/s^2) = 3924 N = 3.924 kN이다. 풀리 B는 무게가 없기 때문에 케이블 ED 전체에 있어서 인장력은 동일하다고 가정한다. 막대 AB의 방향은 모른다는 사실에 주목하라. xy 좌표계를 선택할 것이다.

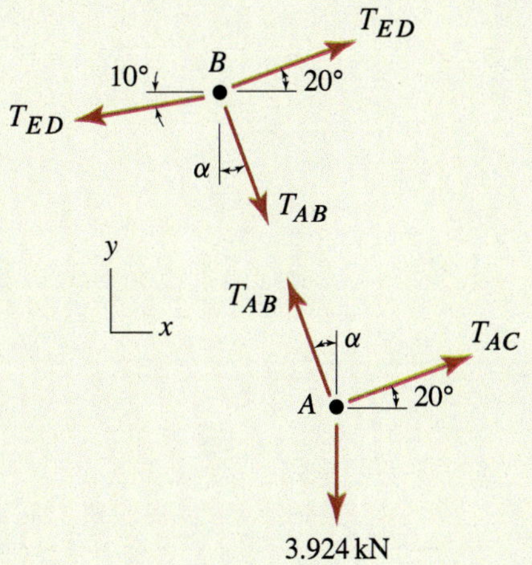

그림 2 점 A와 B의 자유물체도.

지배방정식 점 A에 대한 평형방정식은

$$\sum F_x = 0: \quad -T_{AB}\sin\alpha + T_{AC}\cos 20° = 0 \tag{1}$$

$$\sum F_y = 0: \quad T_{AB}\cos\alpha + T_{AC}\sin 20° - 3.924\text{ kN} = 0 \tag{2}$$

이다. 이 식들을 당장 풀고 싶지만 세 개의 미지수 T_{AB}, T_{AC}, α가 있다. 따라서 평형방정식들이 더 필요하며, 이것을 만들기 위해 점 B의 평형을 또한 고려해야 한다. 그림 2에 있는 점 B의 FBD에서 다음과 같다.

$$\sum F_x = 0: \quad T_{AB}\sin\alpha - T_{ED}\cos 10° + T_{ED}\cos 20° = 0 \tag{3}$$

$$\sum F_y = 0: \quad -T_{AB}\cos\alpha - T_{ED}\sin 10° + T_{ED}\sin 20° = 0 \tag{4}$$

계산 이제 네 개의 미지수 T_{AB}, T_{AC}, T_{ED}, α를 포함하는 네 개의 식이 완성되었다. 4개의 연립방정식을 푸는 것은 재미없고 지루한 일이다. 특히 미지수가 삼각함수 형태로 포함되었을 경우 더욱 그렇다. Mathematica나 Maple과 같은 소프트웨어를 사용하면 이 일을 줄여 주지만, 식을 자세히 관찰하면 간단히 해를 구할 수 있는 전략을 세울 수 있는 문제들도 많이 있다. 따라서 이 글을 더 이상 읽기 전에 여러분 스스로가 그러한 전략을 찾기 위해 이 식들을 관찰해 보아야 한다.

식 (1)에서 항 $T_{AB}\sin\alpha$에 대하여 풀면,

$$T_{AB}\sin\alpha = +T_{AC}\cos 20° \tag{5}$$

이다. 식 (2)에서 항 T_{AB}cso α에 대하여 풀면,

$$T_{AB}\cos\alpha = 3.924\text{ kN} - T_{AC}\sin 20° \tag{6}$$

이다. 식 (5)를 식 (3)에, 식 (6)을 식 (4)에 대입하면, 미지수 T_{AC}, T_{ED}에 대한 두 개의 연립방정식을 얻는다. 즉,

$$T_{AC}\cos 20° - T_{ED}\cos 10° + T_{ED}\cos 20° = 0 \tag{7}$$

$$-3.924\text{ kN} + T_{AC}\sin 20° - T_{ED}\sin 10° + T_{ED}\sin 20° = 0$$

이다. 식 (7)과 (8)을 풀어 다음의 T_{AC}, T_{ED}를 얻는다.

$$\boxed{T_{AC} = 1.019\text{ kN}, \quad T_{ED} = 21.23\text{ kN}} \tag{8}$$

> **빠지기 쉬운 함정**
>
> **질량과 무게를 혼동하지 말라.** 자주 하는 실수는, 특히 SI 단위를 사용할 때 질량을 무게로 혼동하여 FBD를 그리고, 평형방정식을 적는 것 등이다. 무게를 얻기 위해서는 질량에 중력가속도를 곱해야 한다. 그림 2를 참조하면, 잘못하여 케이블 카와 내용물의 무게로 400의 값을 취하면 T_{AB}, T_{AC}, T_{ED}는 너무 작은 자리수의 값으로 구해질 것이다.

이제 식 (1), (2)를 사용하여, 비율 $T_{AB}\sin\alpha/(T_{AB}\cos\alpha)$을 계산하면 $\tan\alpha$에 대한 값을 구할 수 있다.

$$\alpha = 15.00° \tag{9}$$

마지막으로, T_{AB}는 식 (1)–(4) 중 어느 것을 사용하더라도 구할 수 있다.

$$\boxed{T_{AB} = 3.70\ \text{kN}} \tag{10}$$

논의 및 검증 예상한 바와 같이, 풀이는 케이블이 인장을 받고 있다는 것을 보여준다. 나아가, 직관적으로 막대 AB에 의해 지지되는 힘 또한 인장임을 예측할 수 있다. 이것을 확인한 후에, 모든 해를 평형방정식에 대입시켜 각각의 식이 만족되는지를 검증하여야 한다.

예제 3.4 반력과 힘의 다각형

그림의 구조물은 고정된 곧은 막대 AC를 따라 자유롭게 미끄러질 수 있는 칼라(collar) B로 이루어져 있다. 칼라에 고정되어 있는 마찰이 없는 풀리에는 2.25 kg의 질량을 매달고 있는 케이블이 감겨있다. 칼라는 막대 BD에 의해서도 지지되고 있다.

(a) $\alpha = 0°$일 때, 이 계의 평형을 유지하는 데 필요한 막대 BD의 힘을 구하라.

(b) 막대 BD의 힘을 최소로 하는 α 값을 구하고, 이 힘의 크기를 계산하라.

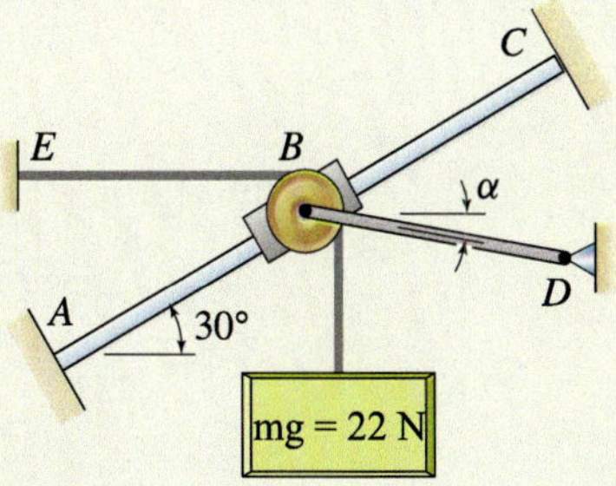

그림 1

풀이 SOLUTION

로드맵 파트 (a)에는 두 개의 미지수가 있는데, 하나는 막대 BD의 힘이고, 다른 하나는 칼라와 고정막대 사이의 반력이다. 사용할 수 있는 평형방정식이 두 개이므로, 풀이는 비교적 간단하다고 예상할 수 있다. 파트 (b)는 다소 어렵다. 여기에는 3개의 미지수가 존재하므로, 두 개의 평형방정식 이외에도 하나의 최소화 기준이 필요할 것이다.

(a) 부분

모델링 칼라에 대한 FBD를 그릴 때, 케이블을 두 번, 막대 BD를 한 번 가로질러 절단하여 칼라를 막대 AC에서 분리한다. 풀리의 마찰이 없고, 케이블의 무게가 없다고 가정하면, 케이블 전체에 걸쳐 인장력은 동일하다. 또한 칼라와 막대 AC 사이에 반력이 존재한다. 그림 3.12를 참고하여 이 반력의 방향을 정할 수 있지만, 다음과 같이 생각하는 것이 쉽다. 칼라는 막대 AC에 수직으로 움직이지 못하므로, 이 방향으로 반력이 존재하여야 한다. 칼라는 막대 AC를 따라 자유롭게 움직일 수 있으므로, 이 방향으로 반력이 없어야 한다. 따라서 그림 2의 FBD가 된다.

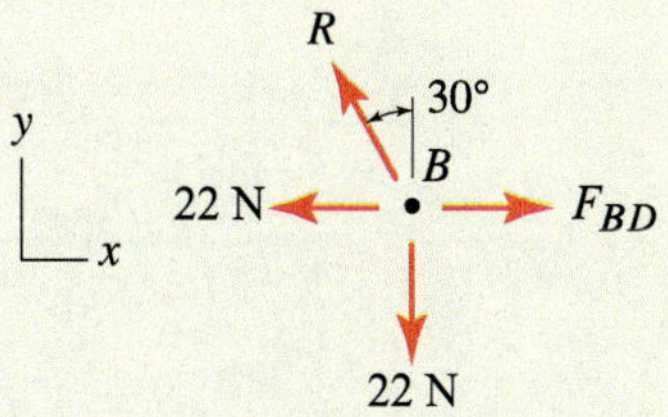

그림 2 $\alpha = 0°$ 일 때 점 B의 자유물체도.

지배방정식 점 B에 대한 평형 방정식은 다음과 같다.

$$\sum F_x = 0: \quad -R \sin 30° + F_{BD} - 22\text{ N} = 0 \tag{1}$$

$$\sum F_y = 0: \quad R \cos 30° - 22\text{ N} = 0 \tag{2}$$

계산 식 (1), (2)에서 다음을 구한다.

$$\boxed{R = 25.4\text{ N}, \quad F_{BD} = 34.7\text{ N}} \tag{3}$$

(b) 부분

모델링 부재 BD의 방향을 모르기 때문에 점 B의 FBD는 그림 3과 같다. 부재 BD의 힘이 가장 작게 되는 방향 α를 구하는 방법 중 가장 쉽고 통찰적인 것은 2.1절[5]의 힘의 다각형의 개념을 사용하는 것이다. 뉴턴의 법칙 $\sum \vec{F} = \vec{0}$은 닫힌 힘 다각형을 형성하여 적용된다. 따라서 그림 4에서 점 B에 작용하는 모든 힘을 다각형법으로 합하여 닫힌 다각형을 형성하였다. 원칙적으로 힘이 더해지는 순서는 중요하지 않다. 그러나 크기와 방향을 알고 있는 힘을 먼저 더하고, 미지의 크기 또는 방향을 가진 힘을 나중에 더하는 것이 시각적으로나 계산상으로나 아주 쉽다. 따라서 그림 4(a)에 22 N의 케이블 힘 두 개

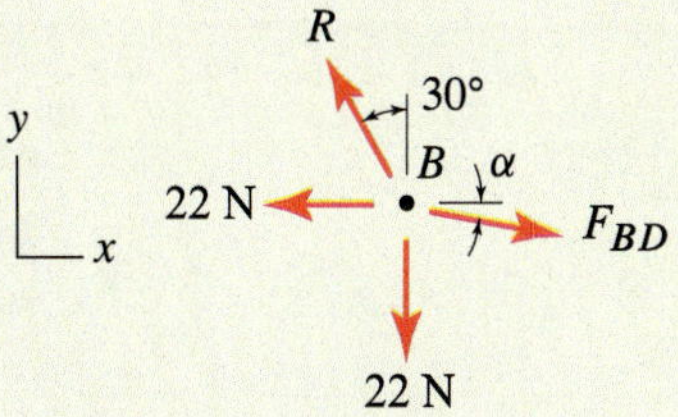

그림 3 $\alpha \neq 0°$ 일 때 점 B의 자유물체도.

5) 문제 3.32에서는 미적분학을 사용하여 이 문제를 다른 방법으로 풀도록 한다.

를 먼저 조합한다. 나머지 두 개 중에서 반력 R은 방향은 알고 있지만 크기는 모른다. 반면 F_{BD}는 방향과 크기 모두 모른다. 따라서 R을 조합한 후에 마지막으로 F_{BD}를 조합하는 것이 좋다. $\alpha = 0^{\circ}$이면, 다각형은 파트 (a)에 있는 힘들에 대응한다는 것에 주목하라.

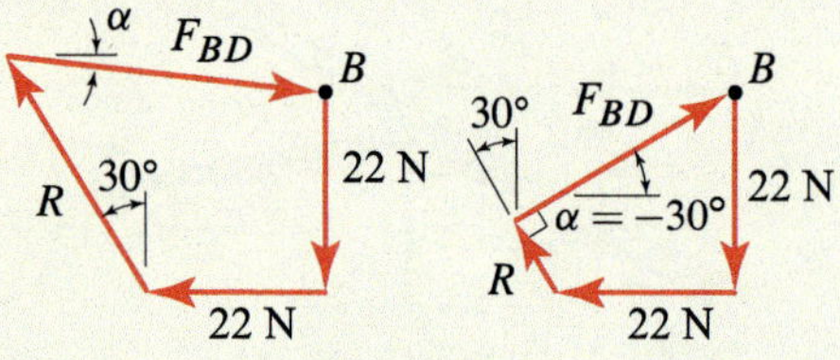

(a) (b)

그림 4 점 B의 평형을 위한 힘 다각형

지배방정식과 계산 이제 그림 4(a)의 힘 다각형을 검토하여, 어떤 방향각 α가 F_{BD}를 최소로 할 것인가를 살펴보자. 명백히, 그러한 방향은 F_{BD}가 R의 방향에 수직일 때이고, 이 경우의 힘 다각형은 그림 4(b)에 나타나 있다. 따라서 $\alpha = -30^{\circ}$이며, 이때 음의 부호[6]는 얻어진 각이 그림 1에서 정의된 방향과 반대이기 때문이다.

R과 F_{BD}를 구하기 위해 그림 4(b)의 힘 다각형의 기하학적 형상을 이용할 수도 있지만, 그림 3의 FBD에 대한 평형방정식을 쓰는 것이 더 쉽다.

$$\sum F_x = 0: \qquad -R\sin 30^{\circ} + F_{BD}\cos\alpha - 22\ \text{N} = 0 \tag{4}$$

$$\sum F_y = 0: \qquad R\cos 30^{\circ} - F_{BD}\sin\alpha - 22\ \text{N} = 0 \tag{5}$$

$\alpha = -30^{\circ}$를 위 식에 대입하여, 다음을 얻는다.

$$\boxed{R = 8\ \text{N}, \quad F_{BD} = 30\ \text{N}} \tag{6}$$

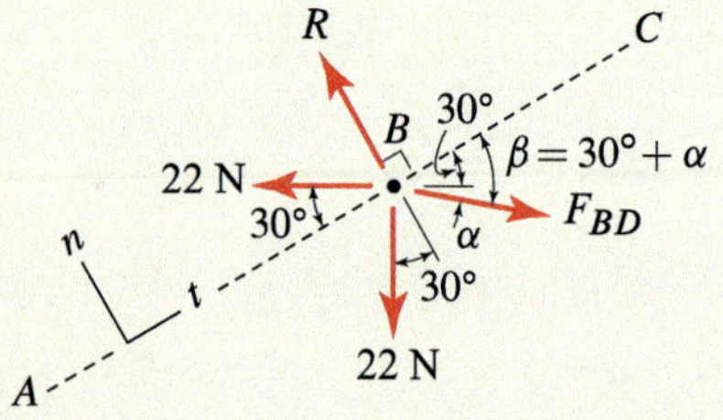

그림 5 tn 좌표계를 사용한 점 B의 자유물체도

다른 풀이 t와 n이 각각 막대에 접선과 직각 방향인 $t\,n$ 좌표계를 사용하면, 이 경우에 효과적인 대체 풀이방법이 된다. 점 B에 대하여 $t\,n$ 방향을 사용한 FBD가 그림 5에 나타나 있다. 여기서 편의성을 위해 각 β는 $\beta = 30^{\circ} + \alpha$로 정의된다. 평형방정식은 다음과 같다.

$$\sum F_t = 0: \qquad -(22\ \text{N})\cos 30^{\circ} - (22\ \text{N})\sin 30^{\circ} + F_{BD}\cos\beta = 0 \tag{7}$$

$$\sum F_n = 0: \qquad R + (22\ \text{N})\sin 30^{\circ} - (22\ \text{N})\cos 30^{\circ} - F_{BD}\sin\beta = 0 \tag{8}$$

$t\,n$ 좌표계를 사용하여 얻는 장점은 식 (7)이 즉각적으로 풀어진다는 것이다.

$$F_{BD} = \frac{1}{\cos\beta}(22\ \text{N})(\cos 30^{\circ} + \sin 30^{\circ}) \tag{9}$$

식 (9)를 살펴보면 F_{BD}는 $\cos\beta = 0$ 일 때 최소가 된다. 따라서 $\beta = 0$이고, $\beta = 30^{\circ} + \alpha$에서 $\alpha = -30^{\circ}$가 된다. 이 결과는 그림 4의 힘 다각형으로 얻어진 것과 같다. 풀이를 완성하기위해 식 (9)에서 $\beta = 0$를 사용하면 $F_{BD} = 30\ N$를 얻는다. 그 다음 식 (8)을 풀어 $R = 8\ N$을 얻는다. 이 두 결과는 식 (6)의 해와 일치한다.

논의 및 검증 로드맵에서 설명한 바와 같이 파트 (a)는 비교적 간단한 반면에, 파트 (b)는 특정한 힘을 최소화하라는 주문 때문에 다소 어려웠다. 파트 (b)에서는 세 개의 식이 필요하였다. 문제 3.32에 서술된 미분법을 사용하여 이 문제를 다시 풀어본다면, 추가될 식은 $dF_{BD}/d\alpha = 0$인 최적화 조건임을 알 수 있을 것이다. 힘 다각형 방법을 사용할 때의 특징은 그림을 꼼꼼하게 살펴보는 것으로도 α에 대한 해를 구할 수 있으므로, 쉽게 풀 수 있는 두 개의 평형방정식만 남게 된다는 것이다.

6) $\alpha = -30^{\circ}$ 대신 $\alpha = 330^{\circ}$을 사용할 수 도 있다.

문제

일반적 지시사항 모든 문제에 대하여 FBD를 그려, 모든 미지수를 표시하라. 케이블과 막대의 힘에 대하여 양의 값이 인장이 되도록 정의하는 것을 추천한다. 중력에 의한 힘이 존재하는 문제에서는 다른 언급이 없는 한, 이 힘은 주어진 그림에서 아래 수직방향을 향한다. 팁: 여분의 문제를 빨리 풀어보고자 할 때에는, FBD를 그려 평형방정식을 쓰되, 미지수를 풀지는 말라.

문제 3.1

아래 서술된 비행기의 운동을 생각해보라. 각 경우에 비행기가 정적 평형에 있는지의 여부를 간단히 설명하라.

(a) 비행기가 일정한 속도로 같은 고도에서 직선상을 비행한다.

(b) 비행기가 일정한 속도로 고도를 높이면서 직선상을 비행한다.

(c) 비행기가 일정한 속도로 같은 고도에서 원으로 회전하며 비행한다.

(d) 착륙시에 활주로에 착지한 후, 비행기가 일정한 속도로 직선상을 주행한다.

(e) 착륙시에 활주로에 착지한 후, 비행기가 제동장치를 작용시켜 속도를 줄이면서 직선상을 주행한다.

주의 개념 문제는 계산이 아닌 설명이 필요하다.

문제 3.2, 3.3

기계장치에서 질량이 9 kg인 공작물 B가 고정된 V 블록 E와 죔쇠 A에 의해 지지된다. 모든 표면에서의 마찰은 없으며, 죔쇠는 150 N의 수직력을 공작물에 가한다. V 블록과 공작물 사이의 점 C와 D에서의 반력을 구하라.

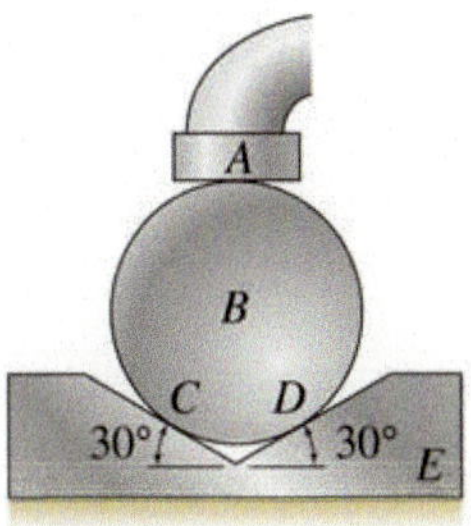

그림 P3.2

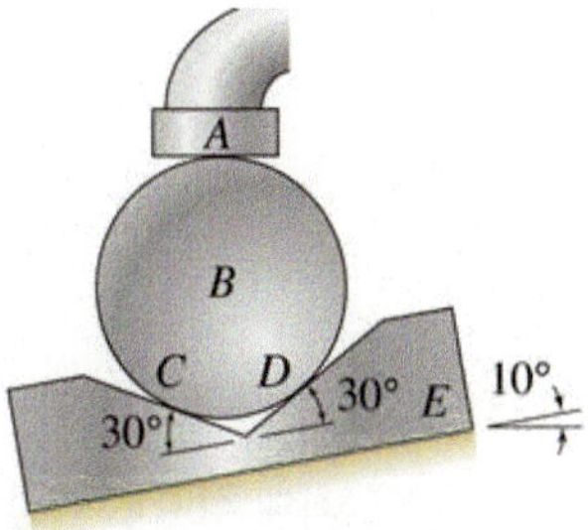

그림 P3.3

문제 3.4

스키어가 팽팽한 견인 로프를 사용하여 언덕 위로 올라간다. 스키어의 질량은 70 kg이고, 눈 덮인 경사면은 마찰이 없으며, 견인 로프는 경사면에 평행하다.

(a) T_2 = 900 N일 때, 경사면 위로 스키어를 일정한 속도로 움직이게 하는데 필요한 힘 T_1과 스키어와 경사면 사이의 반력을 구하라.

(b) T_1 = 900 N일 때, 경사면 위로 스키어를 일정한 속도로 움직이게 하는데 필요한 힘 T_2와 스키어와 경사면 사이의 반력을 구하라.

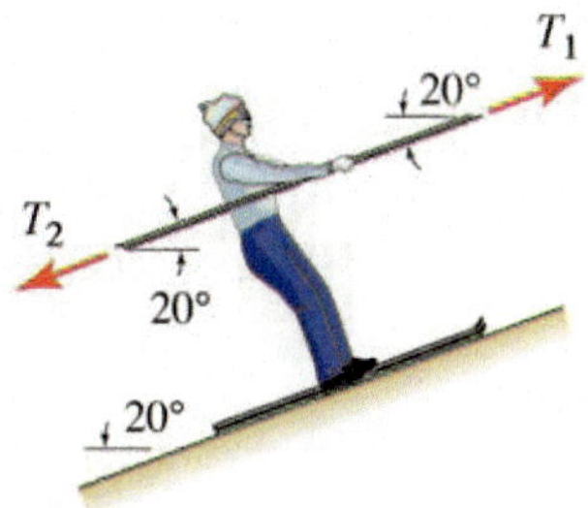

그림 P3.4

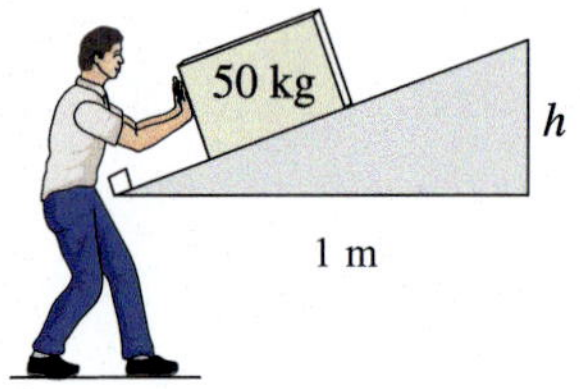

그림 P3.5

문제 3.5

작업자가 질량이 50 kg에 달하는 상자를 매끄러운 경사대의 아래위로 미끄러지게 할 수 있는 높이 h를 구하고자 한다. 작업자가 상자에 200 N의 수평력을 가할 수 있다면, h의 가장 큰 값은 얼마인가?

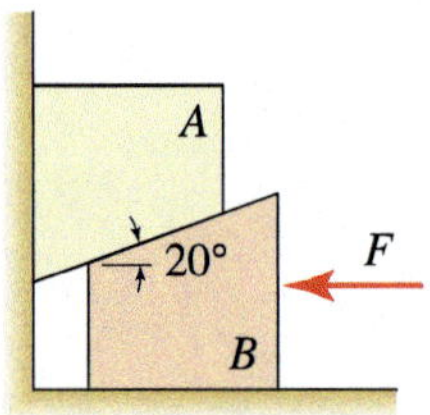

그림 P3.6

문제 3.6

블록 A와 B는 각각 5 kg의 질량을 갖고 있으며 모든 접촉면은 마찰이 없다.

(a) 블록의 정적 평형을 유지하는데 필요한 힘 F와 모든 접촉면에서의 반력을 구하라.

(b) 파트 (a)에서 구한 F 값이 가해지면 블록은 움직이는가? 설명하라.

(c) F가 파트 (a)에서 구한 값보다 크다면 어떤 일이 일어나는가를 설명하라.

문제 3.7

구슬 A는 1 kg의 질량을 가지고 있고 막대 BC를 마찰 없이 미끄러질 수 있다.

(a) 구슬의 정적 평형을 유지하는데 필요로 하는 힘 및 구슬과 막대 사이의 반력을 구하라.

(b) 파트 (a)에서 구한 F 값이 가해지면 구슬은 움직이는가? 설명하라.

(c) F가 파트 (a)에서 구한 값보다 크다면, 어떤 일이 일어나는가를 설명하라.

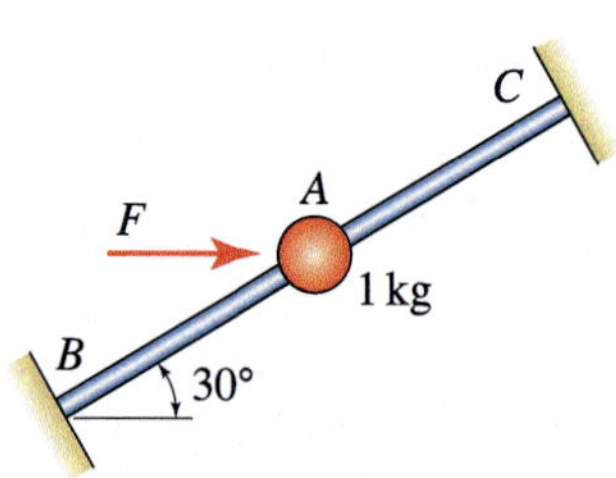

그림 P3.7

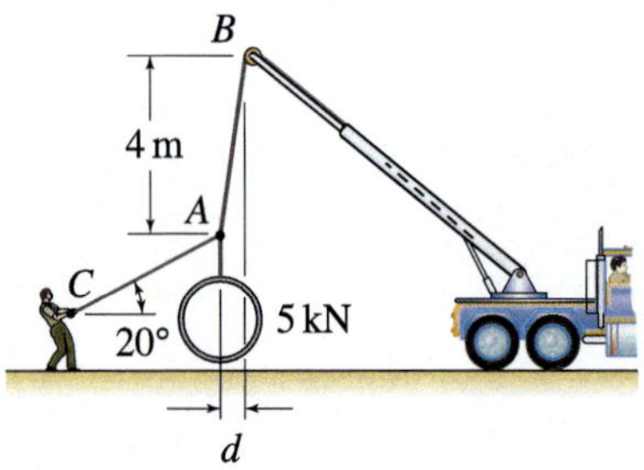

그림 P3.8, P3.9

문제 3.8

크레인이 무게가 5 kN인 콘크리트 파이프를 들어올린다. $d = 0.25$ m일 때, 케이블 AB와 AC의 장력을 구하라.

문제 3.9

크레인이 무게가 5 kN인 콘크리트 파이프를 들어올린다. 정확한 위치잡기를 위해 작업자 C는 케이블 AC에 최대 400 N의 힘을 가할 수 있다. 콘크리트 파이프가 움직일 수 있는 가장 큰 거리 d를 구하라.

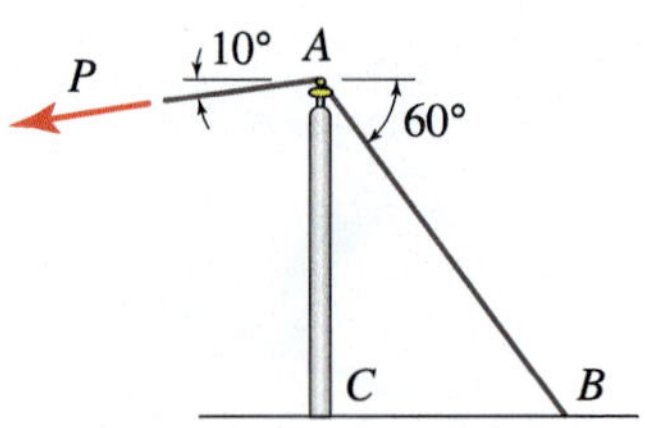

그림 P3.10, P3.11

문제 3.10

당김줄 AB를 사용하여 만능기둥 AC를 지탱한다. 만능기둥에 의해 지지되는 힘이 직선 AC 방향으로 있다고 가정하고[7], $P = 800$ N일 때 줄 AB와 기둥 AC의 힘을 구하라.

7) 이 말의 사실 여부는 끝단 C에서 만능기둥이 어떠한 방식으로 지지되는 가에 달려있다. 이러한 주제는 5장에서 배운다.

문제 3.11

당김줄 AB를 사용하여 만능기둥 AC를 지탱한다. 당김줄 AB가 최대 2 kN의 인장력을 지지할 수 있고, 기둥 AC는 좌굴 없이 최대 3.5 kN까지 지지할 수 있다면, 최대 힘 P를 구하라.

문제 3.12

실외 현관 지붕에 여러 개의 화분을 옆으로 나란히 매달기 위해 두 가지 계획이 나타나 있다. 화분의 간격은 600 mm로 하려고 하며, 각 화분의 무게는 175 N이다.

(a) 줄 AB의 힘을 구하라.

(b) 줄 CD와 CE의 힘을 구하라.

(c) 하나의 줄을 사용하는 안에 비해, 두 개의 줄을 사용하는 안은 강한 바람으로 인해 옆의 화분끼리 부딪치는 것을 방지하는데 더 효과적 일 것 같다. 이 말이 사실인가? 설명하라. 힌트: 수평 풍력 P가 점 A와 C에 작용한다고 생각하라. 그 다음, 예를 들면 10 mm의 동일한 수평변위를 발생시키는데 필요로 하는 힘 P를 구하라.

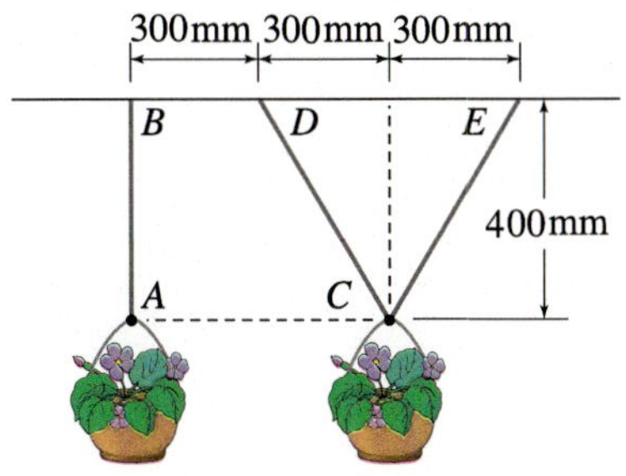

그림 P3.12

문제 3.13

유압 실린더 AB가 20 kN의 압축력을 발생시킨다. 부재 BD와 BC의 힘을 구하라.

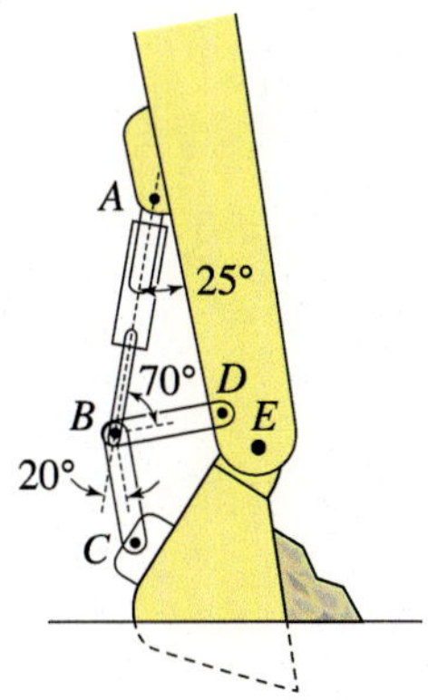

그림 P3.13

문제 3.14

풀리는 마찰이 없으며, 모든 무게는 무시하라.

(a) $\theta = \alpha$임을 보여라

(b) 풀리의 FBD를 그리고, 얻어진 평형방정식을 풀어서 힘 F를 힘 T와 각도 θ의 함수로 구하라. $0 \leq \theta \leq 90°$에서 F/T 대 θ의 그래프를 그려라.

(c) 그림과 같이 풀리와 케이블이 배치된 구조물에 대하여 θ와 α를 정확히 측정한 결과, 두 값이 같지 않다고 상상하라. 이러한 일이 일어날 수 있는 상황을 설명하라.

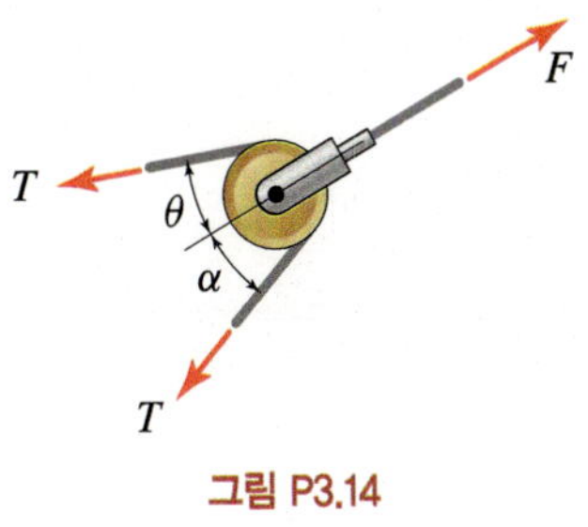

그림 P3.14

문제 3.15

지반의 침하 때문에 최근에 옮겨 심은 나무가 기울기 시작한다. 나무를 바로 세우기 위해 그림과 같이 케이블을 사용하는데, 이때 나무가 점차적으로 세워짐에 따라 케이블을 팽팽하게 하기위해 케이블 AB에 있는 턴버클(turnbuckle)을 사용한다. 케이블의 힘 AB가 450 N일 때, 케이블 CBD의 힘을 구하라.

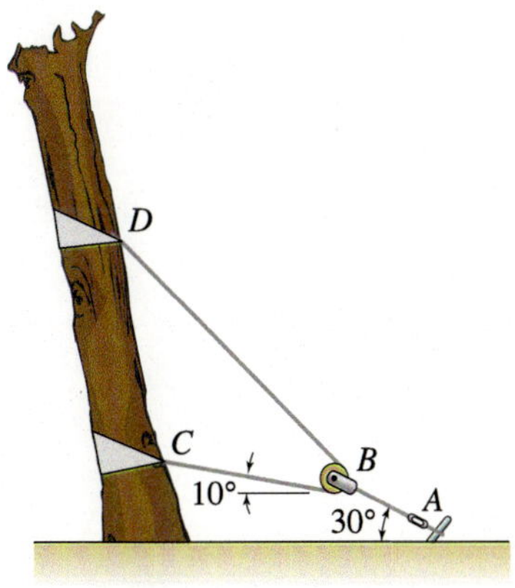

그림 P3.15

문제 3.16, 3.17

케이블과 풀리를 대칭으로 사용하여 그림과 같이 깨지기 쉬운 건축용 석재 보를 들어올린다. 그림의 계에서 800 kg인 석재 보 이외의 다른 것은 무게를 무시할 수 있다. 케이블 *ACB*와 *CDE*의 힘을 구하라.

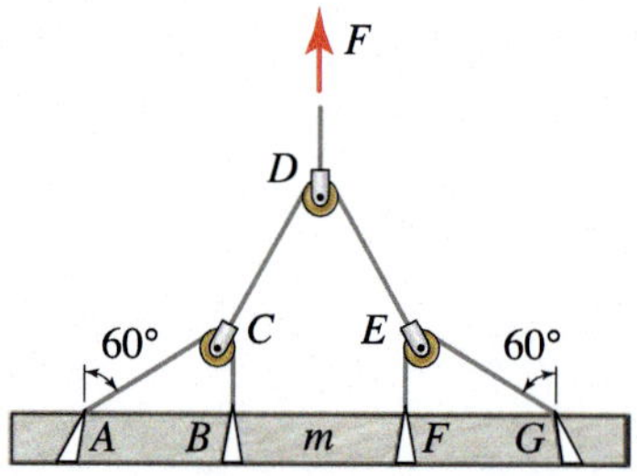

그림 P3.16

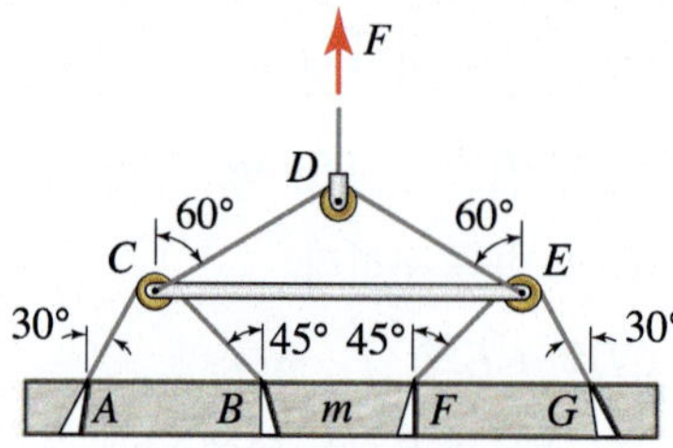

그림 P3.17, P3.18

문제 3.18

케이블 *ACB*와 *FEG*는 최대 3 kN의 힘을 지지할 수 있다. 케이블 *CDE*는 최대 9 kN의 힘을 지지할 수 있다. 가로 막대 *CE*는 최대 5 kN의 압축력을 지지할 수 있다. 석재 보의 무게만을 중요한 것으로 가정하고, 들어 올릴 수 있는 석재 보의 최대 질량을 구하라.

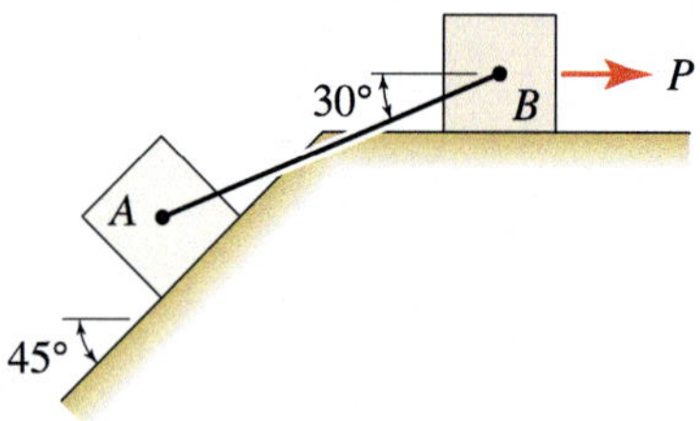

그림 P3.19

문제 3.19

하나의 질량이 50 kg인 동일한 블록 *A*와 *B*가 마찰이 없는 표면에 놓여 있다. 이 둘은 케이블에 의해 서로 연결되어 있다. 블록들을 이 위치에서 평형을 유지하는데 필요한 힘 *P*를 구하고, 블록과 표면 사이의 반력들도 구하라.

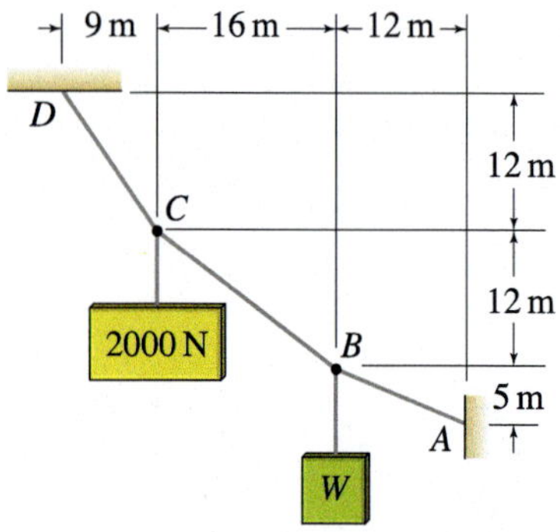

그림 P3.20

문제 3.20

두 개의 상자가 케이블 *ABCD*에 그림의 위치에서 매달려 있다. 하나의 무게가 2000 N일 때, 다른 상자의 무게와 케이블의 장력들을 구하라.

문제 3.21

그림의 계는 케이블 *AB*와 *AC*, 수평 케이블 *CE*, 그리고 수직 막대 *CD*로 구성되어 있다. 케이블과 막대가 표에 주어진 파단 강도를 가지고 있을 때, 계가 지지할 수 있는 최대 하중 *P*를 구하라.

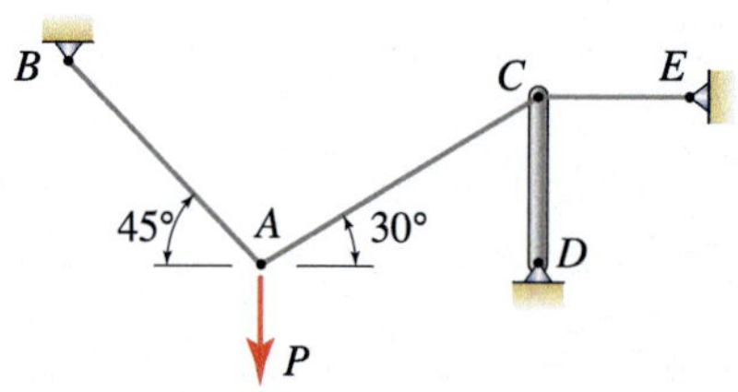

부재	강도
AB	1300 N
AC	1300 N
CE	900 N
CD	900 N 압축

그림 P3.21

문제 3.22

그림의 케이블–풀리 계를 사용하여 무게 W를 지지하고자 한다.

(a) 풀리 사이의 케이블 부분은 수직이라 가정하여, 케이블 장력 T를 W의 함수로 구하라.

(b) 풀리 사이의 케이블 부분이 정확히 수직이 아니면, 파트 (a)의 답은 달라지는가? 설명하라.

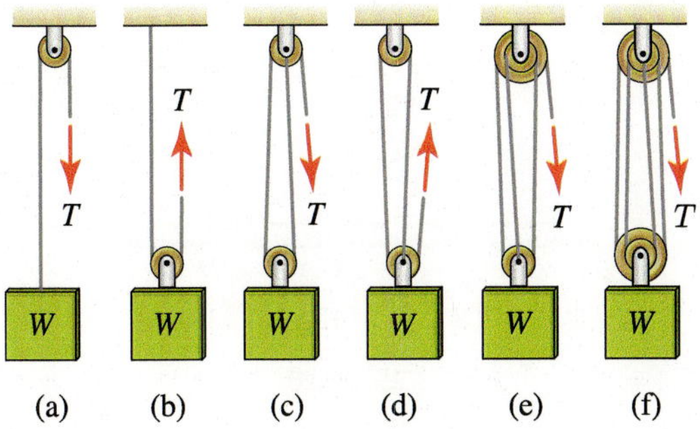

그림 P3.22

문제 3.23

그림의 케이블–풀리 계를 사용하여 무게 W를 지지하고자 한다. 케이블 장력 T를 W의 함수로 구하라.

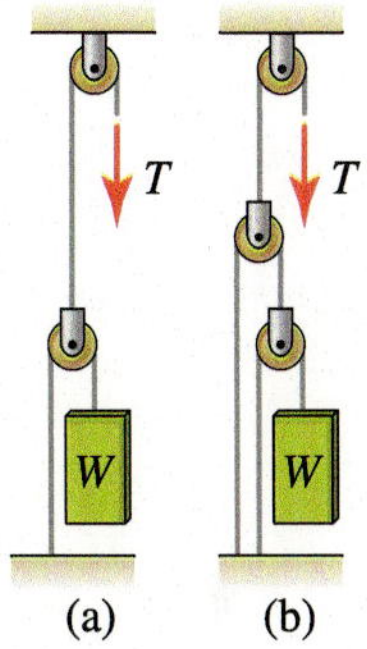

그림 P3.23

문제 3.24

그림의 기중기는 공작선반에 무거운 공작물의 위치를 잡기 위해 사용된다. 풀리 A와 B 사이의 케이블이 1.2 kN의 힘을, 다른 케이블들은 2.2 kN의 힘을, 그리고 막대 CE는 2.6 kN의 압축력을 지지할 수 있을 때, 들어 올릴 수 있는 최대 무게 W를 구하라.

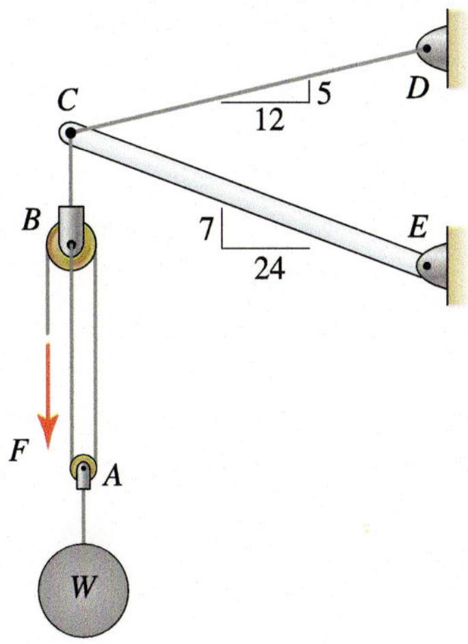

그림 P3.24

문제 3.25

그림의 케이블 계는 작은 강을 건너는 송수 파이프를 지지하는데 사용된다. 송수관이 케이블 AB와 DE의 끝단에 힘 W_A와 W_D를 각각 가하며, $W_A + W_D = 3.5$ kN 임을 알고 있다. 케이블 BE가 수평이고, 케이블 AB와 DE는 수직이라면, 각 테이블의 장력과 힘 W_A 및 W_D는 얼마인가?

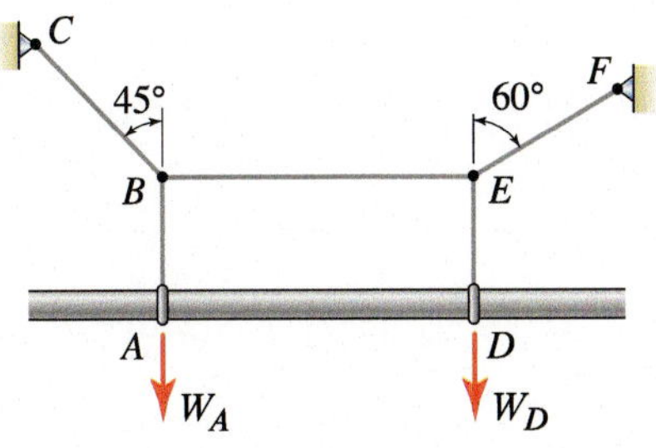

그림 P3.25

문제 3.26

문제 3.25의 케이블 계에 비해, 작은 강을 건너는 송수관을 더 균일하게 지지할 수 있도록 다음 그림의 계를 사용한다. 송수관이 케이블 *AB*, *DE*, 그리고 *GH*의 끝단에 힘 W_A, W_D, 그리고 W_G를 각각 가하며, $W_A + W_D + W_G = 3.5$ kN임을 알고 있다. 케이블 *AB*, *DE*, 그리고 *GH*가 수직이라면, 각 케이블의 장력과 힘 W_A, W_D 및 W_G는 얼마인가?

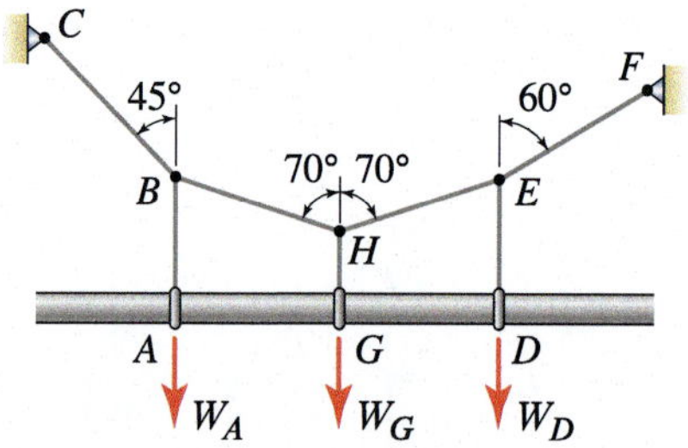

그림 P3.26

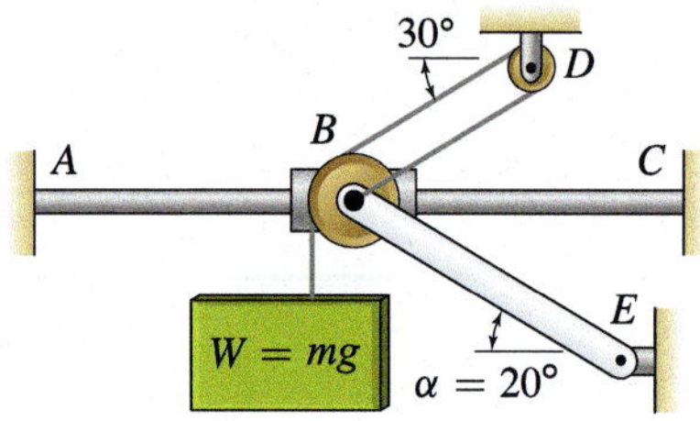

그림 P3.27

문제 3.27

매끄러운 슬라이더 *B*에 마찰이 없는 풀리가 고정되어 있다. 풀리에 $m = 13$ kg을 매달고 있는 케이블이 지나가고 있다. 풀리 *D* 또한 마찰이 없으며 부재 *BE*는 막대이다.

(a) $\alpha = 20^\circ$ 일 때, 막대 *BE*의 힘과 슬라이더와 막대 *AC* 사이의 반력을 구하라.

(b) 막대 *BE*의 힘을 최소로 하는 α 값을 구하고, 이 힘의 크기를 계산하라.

문제 3.28

$W = 225$ N일 때, 케이블 *BCA*의 장력과 각도 θ를 구하라.

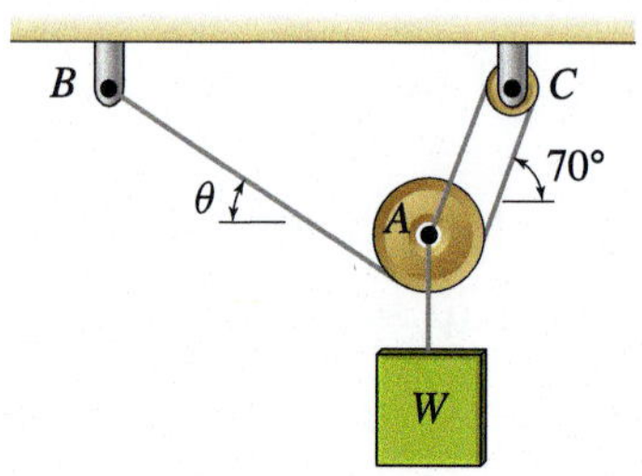

그림 P3.28, P3.29

문제 3.29

$\theta = 30^\circ$ 일 때의 배치를 생각하라. 이러한 배치가 가능한가? 설명하라.

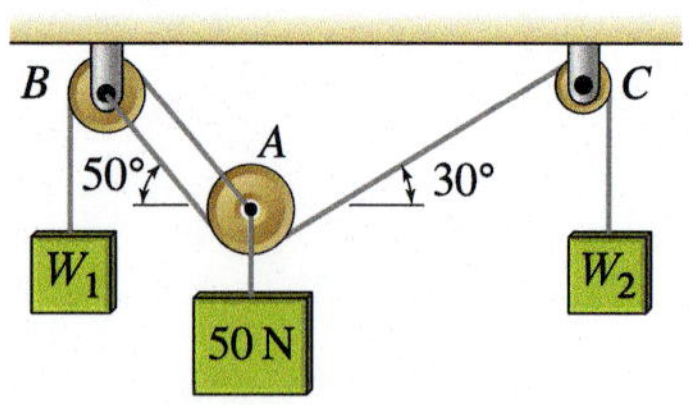

그림 P3.30

문제 3.30

풀리–케이블 구조물이 그림과 같은 배치에서 평형을 이루기 위해 필요로 하는 무게 W_1과 W_2를 구하라.

문제 3.31

하중 P가 케이블 AB, AC, 그리고 AD에 의해 지지된다. 케이블 AC는 수직이다. 케이블 장력을 계산하려고 할 때, 문제가 발생한다. 무엇이 문제인지, 또한 가능하다면 물리적으로 무슨 의미를 가지는지를 설명하라.

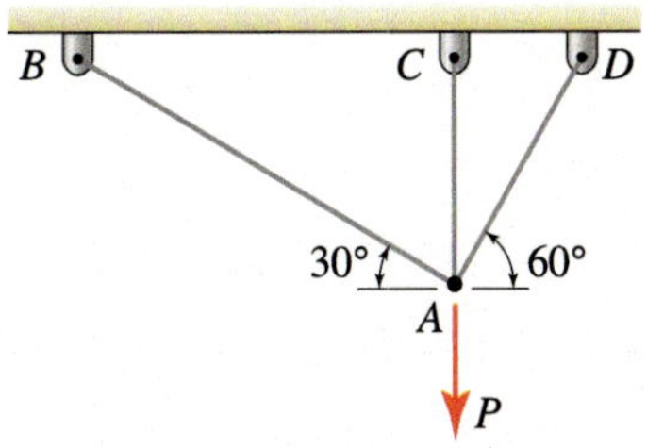

그림 P3.31

문제 3.32

예제 3.4의 파트 (b)를 다시 풀되, 미적분학의 최적화 방법을 사용하라.

힌트: 예제 3.4의 식 (3)과 (4)를 풀어 F_{BD}를 α의 함수로 구한다. 그 다음, $dF_{BD}/d\alpha = 0$이 되도록 하는 α의 값을 구한다(이 식은 해석적으로 풀기는 어려우므로, 그래프를 사용하거나 다른 근사적인 방법으로 해를 구해야 할 것이다). 또한 이런 문제는 Mathematica Maple과 같은 전산 수학 프로그램을 사용하면 효과적으로 풀 수 있다.

3.2 케이블, 막대, 그리고 스프링의 거동

이제 앞 절에서 논의한 평형해석의 이론적 기초를 더욱 철저히 검토함으로써 이 절을 시작한다. 그 다음 스프링을 소개하고 변형 부재가 있는 평형문제를 소개한다. 마지막으로, 예제에서 정역학적으로 풀 수 없는 문제를 보여준다.

구조물의 평형 형상

뉴턴의 법칙 $\sum \vec{F} = \vec{0}$에 의해 힘을 합하여 평형을 분석할 때, 평형 형태에서의 힘의 방향을 사용해야 한다. 이 말의 일반적인 의미는, 하중이 작용하고 난 이후의 구조물의 배치나 모양이 주어져 있거나 결정될 수 있어야 한다는 것이다. 이 말의 세세한 부분을 파헤치기 위해, 앞의 예제 3.1에서 해석한 그림 3.13의 예제를 다시 고려해보자. 결정적으로 중요한 질문은 다음과 같다. 그림에 나타난 30°와 45°의 각도는 *P*가 작용하기 전의 구조물의 형상에 대한 것인가, 작용 후의 것인가, 아니면 둘 다의 것인가?

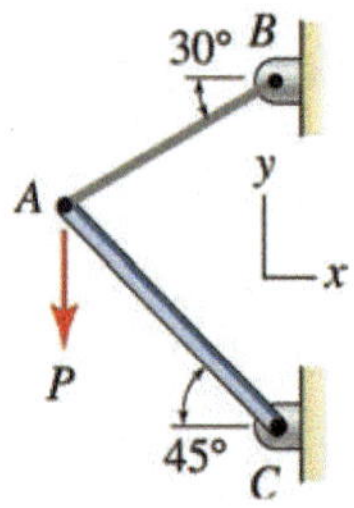

그림 3.13 하나의 케이블과 막대로 구성되며 힘 *P*를 받고 있는 구조물. 이 구조물은 예제 3.1에서 해석하였다.

이 질문에 대한 답을 구하기 위해, 먼저 모든 재료는 변형(*deformable*)한다는 것에 주목하자. 즉, 어떤 재료가 힘을 받으면, 그 재료는 모양을 변화시킨다. 그림 3.13에서 힘 *P*가 작용하면, 케이블 *AB*는 인장력을 지지하므로 늘어날, 즉 **인장**할 것이고, 막대 *AC*는 압축력을 지지하므로 줄어들, 즉 **수축**할 것이다. 이 말은 케이블과 막대의 재료와 단면적의 크기에 상관없이 항상 사실이다.[8] 그러므로, 30°와 45°의 각도 *P*가 작용하기 전의 형상에 해당한다면, *P*가 작용한 후의 구조물의 형상은 다를 것이고, 아니면 그 반대 경우일 것이다.

전형적인 경우는 힘이 작용하기 전의 구조물의 형상을 알고 있을 때이다. 예를 들면 그림 3.13에 표시된 구조물을 제작할 때, 케이블과 막대를 미리 정해진 길이로 자른 후 그것들을 조립하므로, 초기 형상을 알고 있는 구조물이 제작된다. 그러나 하중이 가해지면, 구조물의 형상은 변하므로 모르는 것이 된다. 그러므로 $\sum F_x = 0$와 $\sum F_y = 0$을 적용할 때, 즉각적인 의문에 부딪히게 된다. 즉, 힘을 *x*와 *y* 성분으로 분해하려면 어떤 각도를 사용해야 하는가?

다행히도, 대부분의 문제에서는 구조물을 구성하고 있는 부재는 충분히 단단하고 적절히 배열되어 있어서, 하중이 작용한 후에도 구조물의 형상은 거의 변하지 않는다. 다시 말해, 하중이 작용하기 전후의 구조물의 형상을 동일하게 보아도 충분히 정확한 결과를 얻을 수 있다. **충분히 단단하다든지, 적절히 배열된다든지** 하는 용어는 불명확하고 정량화하기 어렵다. 따라서 정역학에서는 보통 다음의 소절에서 설명되었듯이 재료를 **불변형**인 것으로 이상화한다.

케이블

일반적으로 케이블은 비신축성(*inextensible*)이고, 완전히 유연한(*perfectly flexible*) 것으로 가정한다. 다시 말하자면, 인장하중이 아무리 크다 할 지라도 케이블의 길이는 변

9) 어떤 재료는 다른 종류에 비해 본질적으로 형상 변화에 대한 저항이 더 크다. 케이블이나 막대의 단면적 크기를 증가시키면 변형에 대한 저항도 증가한다.

하지 않는다고 가정한다. 또한 케이블은 완전히 유연하여 풀리에 감겨있는 것과 같은 경우에 자유롭게 구부려진다고 가정한다. 완전히 유연한 케이블은 압축하중을 받으면 즉시 좌굴한다. 그 외에 케이블은 인장하중의 최대한도가 있어, 이 값을 초과하면 케이블은 안전하지 못하고 끊어진다.

막대

일반적으로 막대는 인장 및 압축하중에 대해서 비신축성인 것으로 가정한다. 다른 말로 표현하면, 인장 또는 압축하중이 아무리 크다고 할지라도 막대의 길이는 변하지 않는다고 가정한다. 5장에서는, 막대의 거동 중에서 몇 가지 특징이 강체의 맥락에서 검토된다. 그 외에, 막대는 최대 인장 및 압축하중 한도가 있어, 이 값을 초과하면 막대는 안전하지 못하고 파단된다.

모델링 이상화와 $\sum \vec{F} = \vec{0}$의 해

위에서 논의된 재료의 거동을 이상화함으로써, 실제의 문제를 수학적 모델로 근사화하는 것이 가능하다. 이 모델에 대하여 해를 얻기 위해서는 단지 평형방정식 $\sum \vec{F} = \vec{0}$만 필요하다. 이상화 단계의 가정들 덕분에, 하중이 작용한 후의 구조물의 형상을 안다고 볼 수 있으므로, 이 책에서 설명된 해석방법을 사용하여 구조물의 부재의 힘과 지지대의 반력을 구할 때 정확한 결과를 얻을 수 있다.

스프링

스프링(*spring*)은 변형이 되면 힘을 발생시키는 기계요소이다. 스프링은 무수히 많은 모양, 크기, 그리고 재료로 만들어진다. **코일 스프링**(*coil spring*)은 강선(또는 다른 재료)을 (일반적으로) 나선의 형태로 감아 만든 특별한 종류의 스프링이다. 그림 3.14는 여러 종류의 코일 스프링을 보여준다. 다른 종류의 스프링을 몇 가지 예로 들면 탄력 밴드, 고무줄, 그리고 가스 스프링 등이다. 가스 스프링은 힘을 가하면 압축되도록 가스를 밀봉된 실린더에 넣은 것이다.

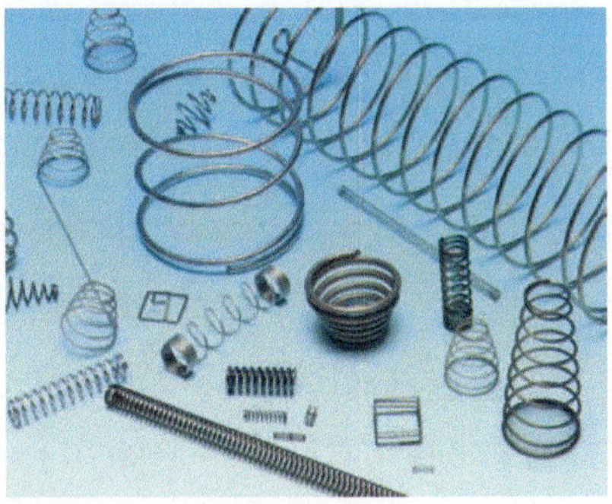

그림 3.14 강선으로 제작된 소형 코일 스프링의 종류. 일반적으로 코일 스프링은 나선형으로 감겨 있지만, 그림에 있는 두 개의 스프링은 정사각형의 형태로 감겨있다.

그림 3.14에 표시한 것과 같은 스프링은 구조용 부재로서 중요하면서 흔한 것들이다. 그러나 케이블이나 막대도 스프링이다. 구조물의 변형이 큰 문제에서는, 보통 그 구조물의

부재, 특히 아주 유연한 부재를 스프링으로 모델링하여야 한다. 변형이 작은 경우에도, 구조물의 변형을 계산할 필요가 있을 때가 있으며, 이 경우 부재는 스프링으로 모델링된다.

선형 탄성 스프링의 거동은 그림 3.15와 같은 특성을 가진다.

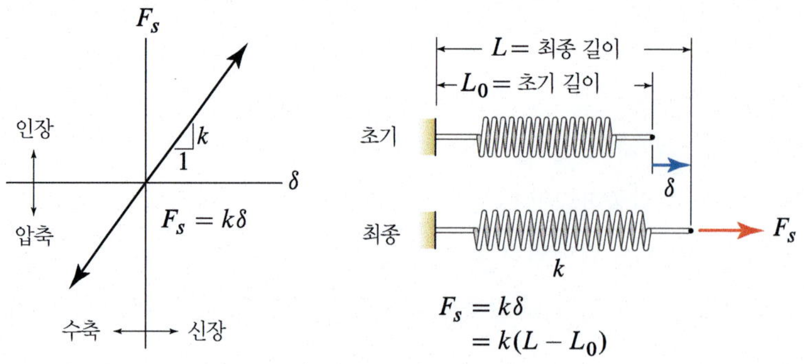

그림 3.15 선형 탄성 스프링의 스프링 법칙.

유용한 정보

스프링 법칙의 부호 약속. 식 (3.18)의 스프링 법칙에 대한 부호 약속은 다음과 같다.

$$\begin{aligned} &F_S > 0 \text{ 인장,} \\ &F_S < 0 \text{ 압축,} \\ &\delta = 0 \text{ 원래 위치,} \\ &\delta > 0 \text{ 신장} \\ &\delta < 0 \text{ 수축} \end{aligned} \tag{3.19}$$

선형(*linear*)이란 스프링이 지지하는 힘 F_S와 자신의 길이 변화 δ 사이에 선형관계가 있는 것을 뜻한다. 탄성(*elastic*)이란 힘 F_S가 제거된 후에 스프링이 자신의 본래 길이, 즉 원래 모양으로 회복된다는 것을 뜻한다. 스프링의 거동을 지배하는 수식을 스프링 법칙(*spring law*)이라고 흔히 말하며,

$$\begin{aligned} F_s &= k\delta \\ &= k(L - L_0) \end{aligned} \tag{3.18}$$

이고, 이 때

F_S는 스프링에 의해 지지되는 힘이다;

δ는 원래 길이, 즉 변형되지 않은 길이를 기준으로 측정한 스프링의 늘어난 길이이다;

k는 스프링의 강성이다(단위: 힘/길이);

L_0는 스프링의 초기(원래) 길이이다;

L은 스프링의 마지막 길이이다.

흥미로운 사실

스프링. 스프링은 그 자체로도 주요한 구조물의 부재이지만, 정역학 다음의 과목에서 공부하게 될, 보다 일반적인 공업재료와 부재를 특징짓기 위한 근본 원리를 위해서도 중요하다. 간단히 말하자면, 거의 모든 재료는 그림 3.15에 표시한 것 보다 더 복잡할지라도, 적어도 어떤 범위의 힘에 대하여는 스프링으로 이상화 된다.

난외 주석인 유용한 정보의 식 (3.19)와 같이, 스프링 법칙의 약속에 따르면 힘 F_S의 양의 값은 인장에, 음의 값은 압축에 해당한다. 또한 δ의 양의 값은 신장에, 음의 값은 수축에 해당한다. 상수 k는 스프링 강성(*spring stiffness*)이라 한다: 그 값은 항상 양이고, 큰 값은 스프링이 딱딱함을 의미하고 작은 값은 유연함을 의미한다. 힘이나 변형의 양의 값에 대하여 다른 약속을 사용할 수 있다. 예를 들면, F_S와 δ의 양의 값이 압축과 수축을 각각 의미하면, 스프링 법칙은 여전히 식 (3.18)로 주어진다. F_S와 δ의 양의 값이 각각 압축과 인장을 의미하면, 스프링 법칙은 $F_S = -k\delta$이다.

스프링은 공학문제에서 여러 종류의 변형체를 나타내기 위해 사용된다. 케이블과 막대의 변형이 고려되어야 하는 경우에, 이들은 주로 스프링으로 대표되는데 이때, 강성은 케이블이나 막대의 재료, 길이, 그리고 단면적에 따라 다르다.[9] 구조물의 다른 변형 부

9) 케이블과 막대 모두에 대하여, 스프링의 강성은 $k = AE/L$이다. 이때, A와 L은 각각 단면적과 길이이고, E는 재료 자

재는 그림 3.16과 같이 단순 스프링으로 특징지을 수 있다.

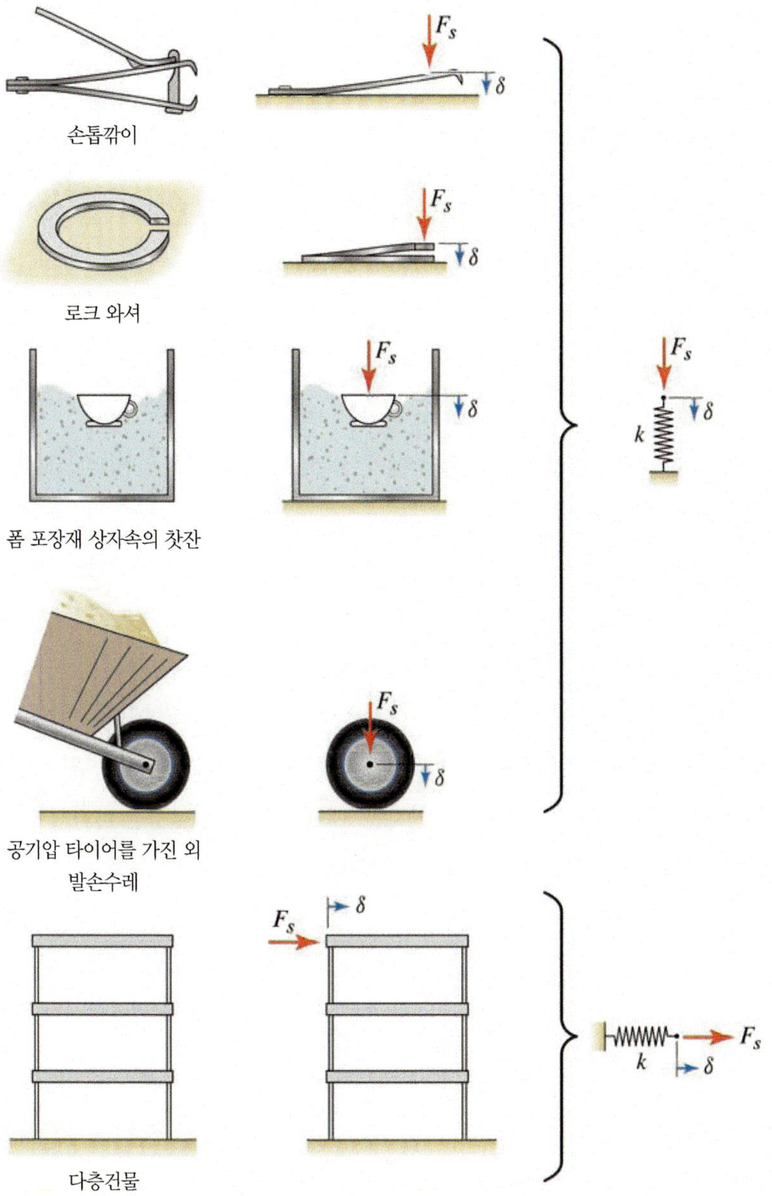

그림 3.16 스프링으로 이상화될 수 있는 구조물이나 장치의 예.

손톱깎이나 로크 와셔는 힘이 작용하면 변형하는 금속 부위가 있다. 찻잔은 발포제 포장 완충재에 싸여 있는데, 이는 운반과정에서 진동에 의해 발생하는 힘에 의해 변형한다. 외발손수레의 타이어는 자체의 모양을 바꾸어 내부의 공기를 압축함으로서 하중을 지지한다. 다층건물은 풍력과 같은 힘이 작용하면 그림과 같이 변형된다. 여기에서 예로 든 모든 경우에 있어서, 선형 탄성 스프링 법칙 $F_s = k\delta$는 응답영역 전체 중의 최소한 한 부분에서는 사용될 수 있다. 이때, k 값을 결정하는 것은 통상적으로 추가적인 해석을 요한다. 이 모든 문제에서, 변형 δ가 특정 값을 초과하여 증가하면, 응답은 필히 비

체의 본질적인 강성을 나타내는 재료의 특성으로 탄성계수라 부르며 힘/면적의 단위를 가진다. 예를 들면, 나일론은 $E = 2.8$ GPa의 값을 가지며, 철은 훨씬 큰 $E = 206$ GPa의 값을 가진다.

선형(*nonlinear*)이 된다는 것에 주목하라. 예를 들면 손톱깎이는 자르는 두 칼날이 접촉하면 매우 강성이 커진다. 한편 다층건물은 δ가 어떤 한도 값을 초과하여 증가하면, 건물의 구조용 부재들이 과도하게 하중을 받아 손상을 입기 때문에 강성이 줄어들 것이다.

때로는, 그림 3.17의 트럭의 현가장치에 사용되는 겹판 스프링처럼, 스프링을 비선형이 되도록 설계하기도 한다. 차축에 의해 지지되는 힘이 작으면, 스프링의 판중에서 몇 개만이 접촉하여 강성은 낮다. 하중이 증가함에 따라, 더 많은 판이 접촉되어, 강성은 점진적으로 높아진다. 겹판 스프링은 하중이 제거되면 본래의 모양으로 회복되므로, 비선형이지만 여전히 탄성적이다.

절 요약

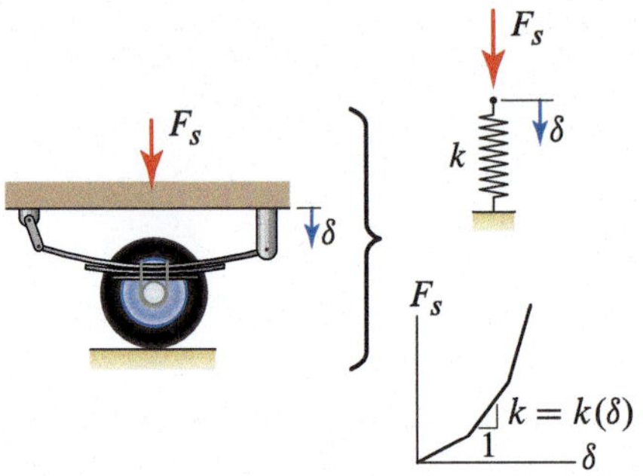

그림 3.17 겹판 스프링 현가장치의 트럭 차축. 이 스프링은 탄성적이지만 비선형이다.

이 절에서는, 정적 평형에 관련하여 더욱 세세한 점들을 검토하였으며, 스프링을 자세히 설명하였다. 요점은 다음과 같다.

- 평형방정식 $\sum \vec{F} = \vec{0}$를 사용할 때, 평형이 유지된 자세의 구조물에 대한 기하학적 형상이 사용되어야 한다.
- 스프링은 변형되는 부재로서 힘을 받으면 길이의 변화를 일으킨다. 스프링 법칙은 $F_s = k\delta$이고, 여기서 k는 스프링 강성이라 하며, $k \geq 0$이다. 이 식을 사용할 때, 힘 F_s와 변위 δ는 같은 방향으로 양의 값을 갖는다. 힘 F_s와 변위 δ가 서로 반대 방향으로 양의 값을 가질 수 있지만, 이때는 앞에서 설명한 바와 같이, 스프링 법칙에 음의 부호를 반드시 넣어야 한다(즉, $F_s = -k\delta$).

예제 3.5 스프링

서류가방의 자물쇠에 대한 모델이 나타나 있다. 스프링 AB의 강성은 $k = 0.3$ N/mm이고, 60 mm의 원래 길이를 가지고 있다.

(a) 자물쇠를 그림과 같은 열림 위치에서 잠그기 시작하는데 필요로 하는 힘 F를 구하라.

(b) 부재 BC가 수평일 때, 자물쇠를 그림과 같은 잠금 위치에서 열기 시작하는데 필요로 하는 힘 F를 구하라.

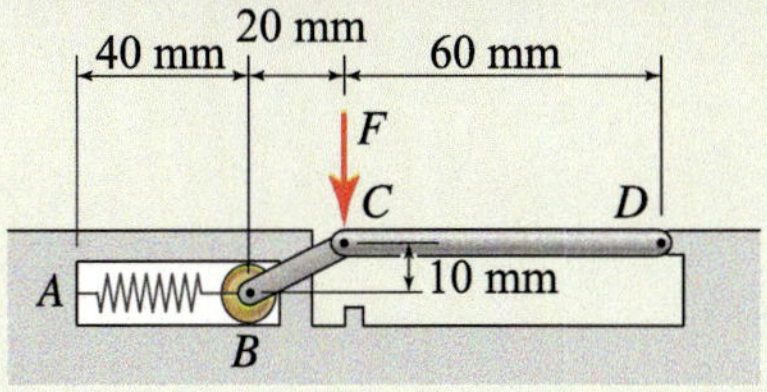

그림 1 열림 위치의 서류가방 자물쇠

풀이 SOLUTION

로드맵 이 문제는 스프링을 포함하고 있고, 그것이 지지하는 힘을 계산하기 위해서는 식 (3.18)의 스프링 법칙을 사용할 필요가 있으며, 이 식은 평형방정식에 추가된다.

(a) 부분

모델링 그림 2는 점 B와 C에 대한 자유물체도를 보여준다. B에 대한 FBD에는 두 개의 반력 R_x와 R_y가 롤러 B와 궤도 사이에 있음에 주의하라. 그러나 자물쇠가 잠기기 시작하는 순간, 롤러와 수직면과의 접촉이 없어지므로 $R_x = 0$이다.

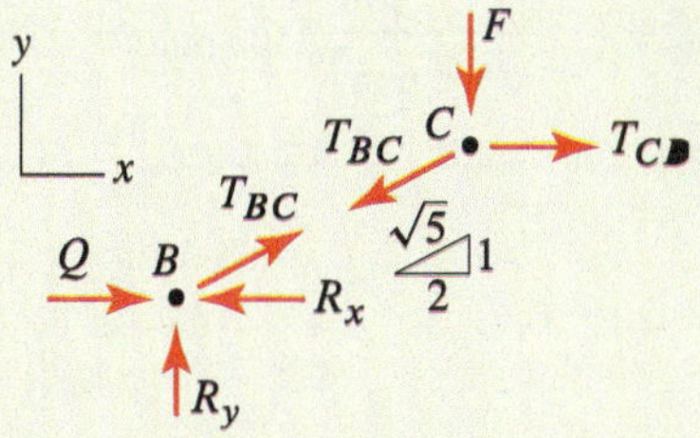

그림 2 열림 위치에서 자물쇠를 잠글 때의 점 B와 C의 자유물체도

지배방정식과 계산

힘의 법칙 스프링 힘을 구할 때, 식 (3.18)의 어느 것이든 적용할 수 있으며, 그 선택은 문제에서 제공되는 자료의 형태에 달려있다. 여기서는 스프링의 초기 길이가 $L_0 = 60$ mm이고, 최종 길이는 그림 1에서 $L = 40$ mm이다. 그러므로 이 문제에는 식 (3.18)의 두 번째 식이 더 유용하다. 그림의 위치에서 자물쇠가 잠기기 시작하며, 스프링 힘 F_S는 다음과 같다.

$$F_s = \left(0.3\,\frac{\text{N}}{\text{mm}}\right)(40\text{ mm} - 60\text{ mm}) = -6\text{ N} \tag{1}$$

식 (3.18)을 유도할 때, 즉 식 (1)을 사용할 때, 스프링 힘 F_S는 인장일 때 양의 값이 되는 것을 상기하라. 그러므로 식 (1)의 부호는 스프링이 압축 상태에 있음을 나타낸다. 그러나 점 B의 FBD에서 스프링이 점 B에 가하는 힘 Q는 압축 상태가 양이 되도록 취해졌다. 그러므로 $Q = -F_S = 6$ N이다. 부호는 이런 식으로 쉽게 암산된다. 그러나 만약 헷갈리면, 그림 3과 같이 스프링과 점 B의 FBD를 합하면 모든 것이 명확해진다. 이 그림에서 뉴턴의 제3법칙에 의해 $Q = -F_S$임을 알 수 있다.

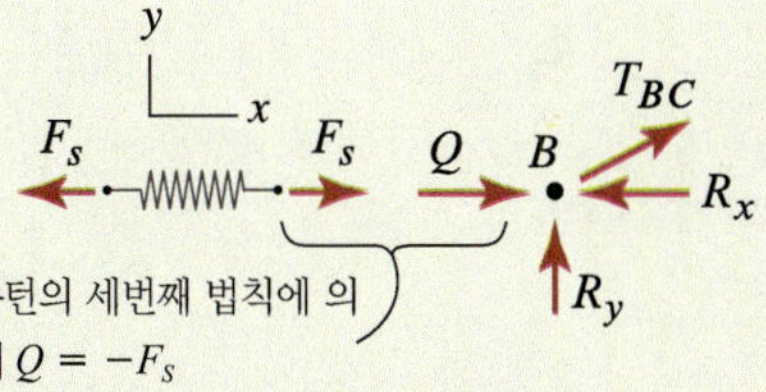

그림 3 점 B와 스프링의 자유물체도. 뉴턴의 세 번째 법칙에 의해 힘 Q와 스프링 힘 F_S의 관계는 $Q = -F_S$이다.

평형방정식 점 B에 대한 평형방정식을 쓰면

$$\sum F_x = 0: \qquad Q - R_x + T_{BC}(2/\sqrt{5}) = 0 \tag{2}$$

$$\sum F_y = 0: \qquad R_y + T_{BC}(1/\sqrt{5}) = 0 \tag{3}$$

이다. $R_x = 0$이고 $Q = 6$ N이므로, 식 (2)에서 T_{BC}를 얻는다.

$$6 - 0 + T_{BC}(2/\sqrt{5}) = 0$$

$$T_{BC} = -6.708\text{ N} \tag{4}$$

$T_{BC} = -6.708$ N을 식 (3)에 적용하면, R_y가 계산된다.

$$R_y - 6.708(1/\sqrt{5}) = 0$$

$$R_y = 3\text{ N} \tag{5}$$

점 C에 대한 평형방정식은 다음과 같다.

$$\sum F_x = 0: \qquad -T_{BC}(2/\sqrt{5}) + T_{CD} = 0 \qquad (6)$$

$$\sum F_y = 0: \qquad -T_{BC}(1/\sqrt{5}) - F = 0 \qquad (7)$$

식 (4)의 T_{BC}에 대한 결과를 이용하여, 식 (6)과 (7)을 풀 수 있다.

$$T_{CD} = -6.000\ \text{N}, \qquad F = 3.000\ \text{N} \qquad (8)$$

그러므로 아래 방향의 힘 $\boxed{F = 3.00\ \text{N}}$은 자물쇠를 잠그기 시작한다.

(b) 부분

모델링 부재 BC는 장금 위치에서 그림 4와 같이 수평이다. 그림 5에 점 B와 C의 FBD가 나타나 있는데, 자물쇠를 열기 위해서는 위 방향으로 힘을 가하는 것이 자명하므로, 여기서는 편의성을 위해 F를 위 방향이 양이 되도록 다시 지정하였다. C에 대한 FBD에는 점 C와 그것의 접촉면 사이에 반력 R_C가 존재함에 주의하라. 그러나 자물쇠가 열리기 시작하는 순간, 이 접촉은 사라지므로 $R_C = 0$이다.

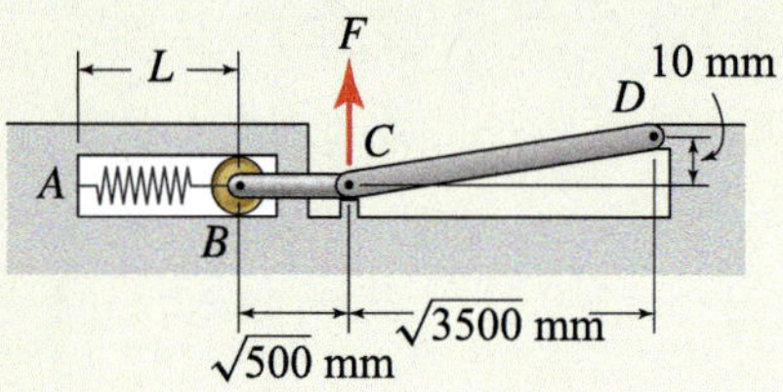

그림 4 잠금 위치의 서류가방 자물쇠.

지배방정식과 계산

힘의 법칙 T_{BC}를 구하기 위해 스프링이 점 B에 가하는 힘 Q가 필요하다. 스프링 AB의 초기 길이는 주어져 있으므로, 최종 길이 L은 그림 1과 4의 기하학적 모양을 사용하여 구할 수 있다.

$$L = 40\ \text{mm} + 20\ \text{mm} + 60\ \text{mm} - (\sqrt{500}\ \text{mm} + \sqrt{3500}\ \text{mm}) = 38.48\ \text{mm} \qquad (9)$$

식 (9)의 40 mm + 20mm + 60 mm은 그림 1에서 점 A와 점 D 사이의 수평거리이며, $\sqrt{500}$ mm + $\sqrt{3500}$ mm은 그림 4의 점 B와 점 D 사이의 수평거리이다. 식 (3.18)의 두 번째 식은 다음과 같이 된다.

$$F_s = \left(0.3\ \frac{\text{N}}{\text{mm}}\right)(38.48\ \text{mm} - 60\ \text{mm}) = -6.456\ \text{N} \qquad (10)$$

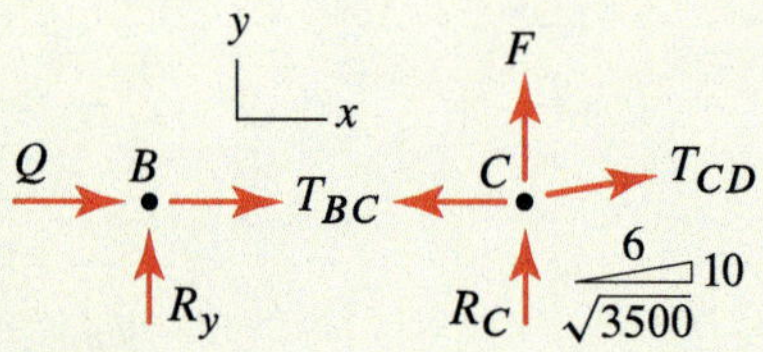

그림 5 잠금 위치에서 자물쇠를 열 때의 점 B와 C의 자유물체도.

평형방정식 그림 5에 그려진 점 B의 FBD에서 평형방정식은 다음과 같다.

$$\sum F_x = 0: \qquad Q + T_{BC} = 0 \qquad (11)$$

$$\sum F_y = 0: \qquad R_y = 0 \qquad (12)$$

그림 3에서 설명된 바와 같이, $Q = -F_S = 6$ N이므로, 식 (11)과 (12)의 해를 각각 결정할 수 있다.

$$T_{BC} = -6.456\ \text{N}, \qquad R_y = 0 \qquad (13)$$

점 C에 대한 평형방정식은

$$\sum F_x = 0: \qquad -T_{BC} + T_{CD}\frac{\sqrt{3500}}{60} = 0 \qquad (14)$$

$$\sum F_y = 0: \qquad F + T_{CD}\frac{10}{60} + R_C = 0 \qquad (15)$$

이다. 식 (13)의 T_{BC}에 대한 결과와 $R_C = 0$을 사용하여 식 (14)와 (15)를 풀면

$$T_{CD} = -6.548\ \text{N} \qquad F = 1.091\ \text{N} \qquad (16)$$

이다. 그러므로 $\boxed{F = 1.09\ \text{N}}$의 힘은 자물쇠를 열기 시작한다.

논의 및 검증 이 예제에서는, 재료 모델(즉 스프링 법칙)을 평형방정식과 무관하게 다루었다. 예제 3.6과 같은 예제에서는 재료 모델과 평형방정식이 연계되어 있으므로 이들을 연립하여 풀어야 한다.

예제 3.6 부정정 문제의 소개

금속 판재의 성형 및 단조공정에서는 낙하 해머를 사용한다. 이 기계에서 다이 B는 다이 A 위로 낙하한다. 충격력에 의해 A와 B 사이의 공작물은 두드려져, 그 사이에 놓여있는 구멍이나 다이의 형상이 된다. 두 개의 다이는 알맞은 정렬을 유지하도록, 저 마찰 수직기둥 위에서 미끄러진다. 다이 스프링이라 불리는 특수 코일 스프링 CD와 EF는 다이에서 발생하는 진동을 절연하여, 기계가 놓여있는 바닥으로 진동이 전달되지 않도록 한다. 지금 이 기계의 사용자는 진동 절연을 위해 강성이 더 필요하다고 판단하였다. 다이 스프링을 보다 강한 스프링으로 대체할 수 있지만, 이렇게 하기 위해서는 기계를 해체하여야 한다. 이보다는 GH와 IJ와 같이 추가적인 수직 스프링을 사용하는 것이 설치하기 훨씬 쉽고, 더 이상 필요 없을 때 떼어낼 수 있다. 이들 스프링의 강성은 $k_1 = 875$ N/mm이고 $k_2 = 262$ N/mm이다. 모든 스프링이 변형되지 않았을 때 $\delta = 0$이다. 다이 A가 아래로 향하는 수직하중 $P = 4.5$ kN을 받을 때, 변형 δ를 구하라.

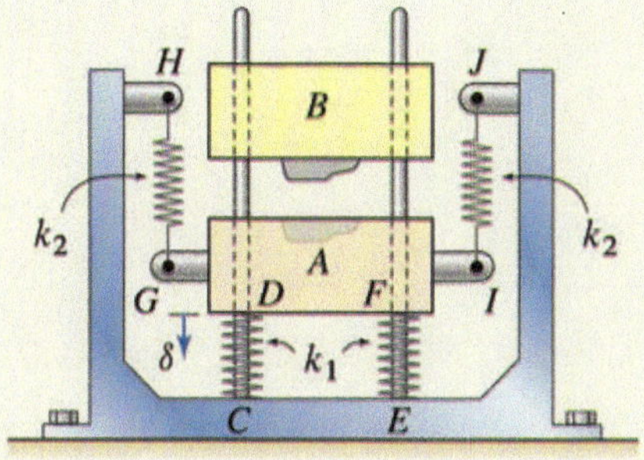

그림 1

풀이 SOLUTION

로드맵 이 문제의 풀이 과정에서는 미지수 개수만큼의 식이 필요하다. 여백 주석에서 설명되어 있듯이 평형방정식 만으로는 수가 부족하므로, 스프링의 거동을 묘사하는 추가적인 식이 필요하다.

모델링 수직기둥으로 인해서 다이 A는 회전 없이 수직운동만 한다고 가정하자. 그러면, A의 아래에 있는 스프링 두 개는 동일하게 압축되고, 따라서 동일한 힘 Q_1을 발생시킨다. 마찬가지로, A의 양 옆에 있는 두 개의 스프링은 동일한 힘 Q_2를 발생시킨다. 그림 2는 다이 A를 하나의 질점으로 이상화시켜 만든 FBD이다. 이때 Q_1은 압축일 때, Q_2 인장일 때 양의 값을 갖는다.

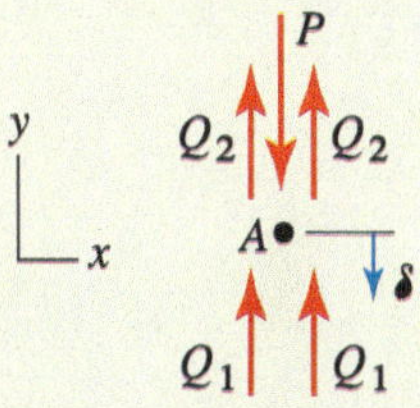

그림 2 질점으로 모델링된 다이 A의 자유물체도.

평형방정식 A에 대한 평형방정식은

$$\sum F_y = 0: \quad 2Q_1 + 2Q_2 - P = 0 \tag{1}$$

이다. x 방향으로는 힘이 작용하지 않으므로, Q_1, Q_2, 그리고 P에 관계없이 식 $\sum F_x = 0$는 저절로 만족되므로, 이 식은 유용한 정보를 주지 못한다.

식 (1)은 지금까지 본 식과 다르다. $P = 4.5$ kN이지만, 두 개의 미지수가 있으며, 사용할 수 있는 식은 하나뿐이다. 이러한 문제는 유일한 해를 가지고 있지 않다. 오히려 식 (1)을 만족시키는 Q_1, Q_2의 해는 무한히 많다. 이러한 문제에서는 정적 평형방정식만으로는 미지수를 결정하는데 충분하지 않으므로 부정정(*indeterminate*)이라 한다. 무한히 많은 수의 해들 중에서 올바른 해를 결정하기 위해서는, 더 많은 정보가 필요하다. 이 문제의 경우, 이 정보는 곧 설명될 스프링의 변형을 묘사하는 것에 해당한다.

힘의 법칙 스프링은 $\delta = 0$일 때 원래 길이이므로, 식 (3.18)의 첫 번째 형식을 각 스프링 세트에 적용하면 다음과 같다.

$$Q_1 = k_1\delta = (875 \text{ N/mm})\,\delta \tag{2}$$
$$Q_2 = k_2\delta = (262 \text{ N/mm})\,\delta \tag{3}$$

식 (2)에서, Q_1이 압축이면 양의 값을 가지고, δ가 양이면 아래쪽 스프링의 수축을 의미한다. 따라서 스프링 법칙에서 이 둘의 음의 값은 서로 상쇄된다. 이것은 양의 스프링 힘이 인장력을 의미하고, 양의 변형이 늘어남을 의미하는 일반적인 부호 약속과 비교된다.

유용한 정보

부정정 구조물. 부정정 구조물의 특징은 가해진 힘을 지지하는 하중 경로가 지나치게 많다는 것이다. 이 예제에서는 하부의 스프링만으로도 가해진 하중을 적절히 지지할 수 있으므로, 평형방정식을 사용하면 각각의 스프링이 지지하는 힘을 구할 수 있다. 역으로, 양쪽 스프링만으로도 가해진 하중을 적절히 지지할 수 있으며, 평형방정식에 의해 각각의 스프링이 지지하는 힘을 구할 수 있다. 두 세트의 스프링이 설치되어 있으면, 평형방정식만으로는 전체 하중의 어느 정도가 어느 한 세트의 스프링에 의해 지지되는 지 명확하지 않다. 두 세트의 어느 한쪽도 여분의 부하 경로로 볼 수 있다.

부정정은 해석이 어렵지만, 구조물이 가져야 할 바람직한 성질이기도 하다. 예를 들면, 부정정 구조물의 어느 한 부하 경로가 사고나 파손으로 인해 없어진다면, 나머지 부하 경로가 구조물의 평형을 유지할 수 있다. 부정정은 이 교재 후반부의 장에서 보다 자세히 공부할 것이다.

계산 식 (1)-(3)을 연립하면 식 (4)를 얻는다.

$$2\left(875\frac{\text{N}}{\text{mm}}+262\frac{\text{N}}{\text{mm}}\right)\delta-P=0 \tag{4}$$

$P = 4500$ N이므로, 식 (4)는 하나의 미지수와 하나의 식이 되므로, 이것을 풀면 다음과 같다.

$$\boxed{\delta = 1.979\ \text{mm}} \tag{5}$$

δ가 구해지면, 필요하다면 식 (2)와 (3)을 이용하여 각 스프링 세트가 지지하는 힘을 구할 수 있다.

$$Q_1 = 1732\ \text{N}, \qquad Q_2 = 518\ \text{N} \tag{6}$$

논의 및 검증 다이가 아래로 움직이면, 계산 결과와 같이 $\delta > 0$이어야 함을 예측할 수 있다. 이때 스프링 CD와 EF는 압축될 것이며, Q_1은 압축이면 양의 값을 가지도록 정의되었기 때문에, 풀이 결과와 같이 $Q_1 > 0$ 임을 예측할 수 있다. 유사하게, 스프링 GH와 IJ는 인장될 것이며, Q_2은 인장이면 양의 값을 가지도록 정의되었기 때문에 풀이 결과와 같이 $Q_2 > 0$ 임을 예측할 수 있다. 간단한 확인이 끝나면, 해 δ, Q_1, Q_2를 식 (1)의 평형식과 식 (2), (3)의 힘의 법칙으로 구성된 지배방정식들을 만족시키는지 검증해야 한다.

그림 3 금속 판재 성형에 사용되는 낙하 해머. 가공품이 왼쪽 아래 모서리에 보인다.

문제

문제 3.33

비디오 카세트 녹화기의 녹화 테이프에 장력을 가하는 장치는 그림과 같다. 테이프는 조그만 핀 *A*, *B*, 그리고 *C*를 감아 돈다. 핀 *A*와 *C*는 고정되어 있고, 핀 *B*는 스프링에 연결되어 마찰이 없는 홈을 따라 수직운동을 한다. 테이프와 핀 사이의 마찰은 무시한다. 스프링은 $h = 25$ mm일 때 원래 길이를 가지고, 강성은 $k = 0.5$ N/mm이다. 핀의 크기를 무시하고, 다음의 경우에 대하여 테이프의 인장력을 구하라.

(a) $h = 18$ mm

(b) $h = 10$ mm

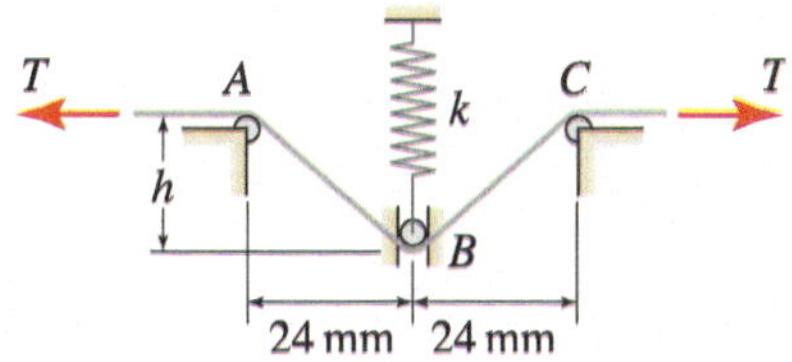

그림 P3.33

문제 3.34

자동차 브레이크의 링크 장치는 기본적으로 공압 실린더 *AB*에 의해 작동된다. 실린더 *AB*, 스프링 *CD*, *EF*, *GH*, 그리고 궤도 홈 *A*, *C*, *E*, *G* 모두 평행하다. 궤도 홈은 마찰이 없고, 실린더 *AB*는 53 kN의 인장력을 발생한다. 부재 *AC*, *AE*, 그리고 *AG*의 힘을 구하라. 모든 스프링은 $\delta = 0$일 때, 원래의 길이를 가진다.

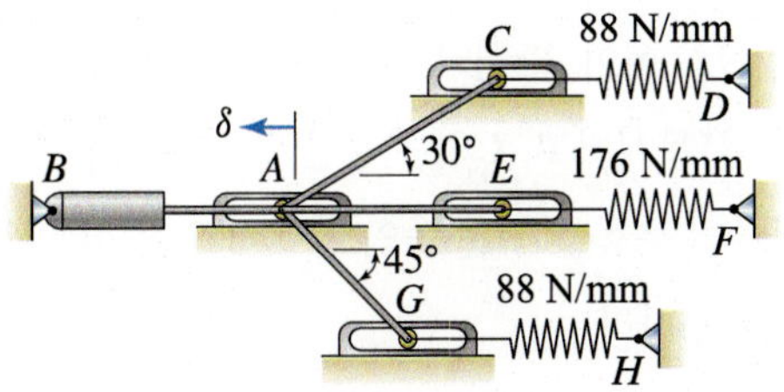

그림 P3.34

문제 3.35

무게를 무시할 수 있는 칼라 *A*가 수직 막대 *CD* 위에서 마찰 없이 미끄러진다. 다음의 경우에 대하여 $\theta = 30°$가 되도록 하는 수직력 *F*를 구하라.

(a) 스프링 *AB*가 $\theta = 0°$ 일 때 원래 길이를 가진다.

(b) 스프링 *AB*의 원래 길이는 0.6 m이다.

(c) 스프링 *AB*의 원래 길이는 1.6 m이다.

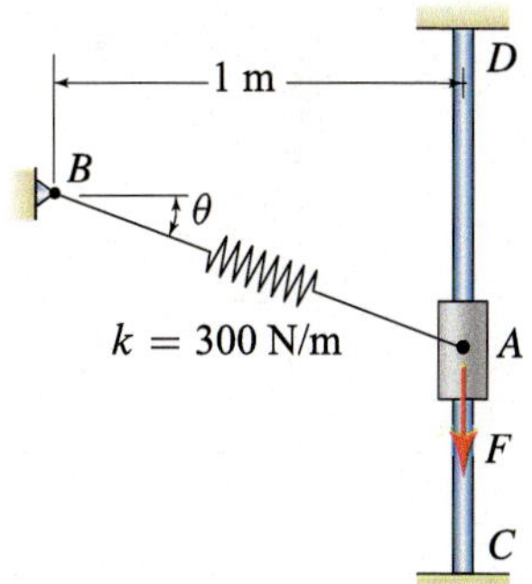

그림 P3.35

문제 3.36

점 *A*는 스프링 *BC*와 *DE*, 케이블 *AB*와 *AD*에 의해 지지된다. 스프링과 케이블의 무게는 무시한다. 두 스프링은 동일하며 강성은 $k = 1000$ N/m이고, 초기 길이는 200 mm이다. $F = 225$ N일 때, 구조물은 그림과 같은 형상이 된다.

(a) 케이블 *AB*와 *AD*의 길이를 구하라.

(b) $F = 0$일 때, 점 *A*의 좌표를 구하라.

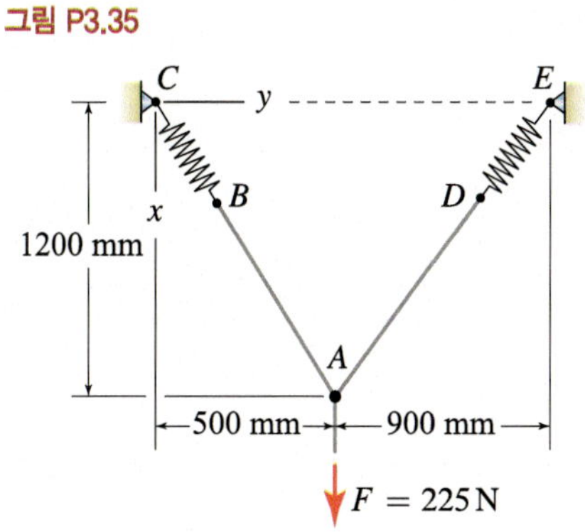

그림 P3.33

문제 3.37

스프링 AB는 마찰 없는 롤러 B에 의해 지지되어 항상 수직을 유지한다. $\theta = 0°$ 일 때, 스프링이 늘어나지 않았다면, F가 다음의 값을 가질 때, θ와 스프링 AB와 막대 AC의 힘을 구하라. 힌트: $\theta < 90°$ 일 때 막대 AC가 지지하는 힘은 없으며, $\theta = 90°$ 일 때 영이 아닌값을 가진다.

(a) $F = 110$ N

(b) $F = 220$ N

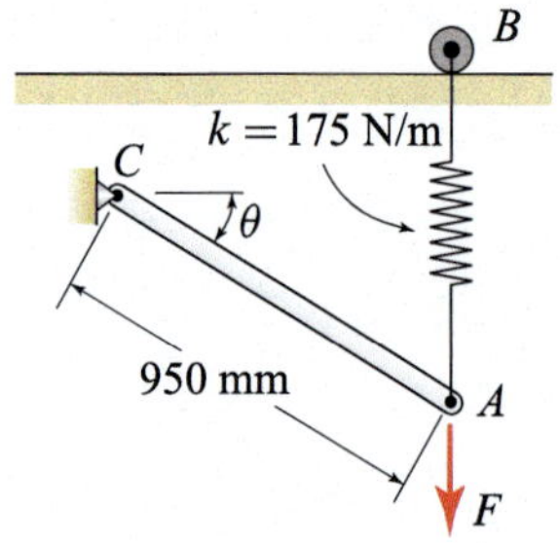

그림 P3.37

문제 3.38

그림의 기계는 분말을 압축하는데 사용된다. 칼라 C는 (그림에 나타나 있지 않은) 모터에 의해 구동되며, 플런저 AB 위를 미끄러지면서 $\delta = (10\text{ mm})(\sin \pi t)$로 진동하는 수직운동을 하며, 이때 시간 t는 초의 단위이다. 플런저 AB의 무게는 4 N이고 스프링에 의해 힘을 받아 분말을 압축한다. 스프링의 한쪽 끝은 칼라 C의 운동에 의해 구동된다. 스프링의 강성은 $k = 0.1$ N/mm이고, 원래 길이는 100 mm이다.(분말 사이의 마찰은 제외한) 기계의 모든 마찰을 무시하고, C의 운동은 동적 효과를 무시할 정도로 느리다고 가정하라. C가 한 사이클의 운동을 하는 동안 플런저가 분말에 가하는 최대 및 최소 힘을 다음의 경우에 대하여 구하라.

(a) 분말 기둥의 초기 높이가 $h = 110$ mm이다.

(b) 분말 기둥의 압축된 높이가 $h = 80$ mm이다.

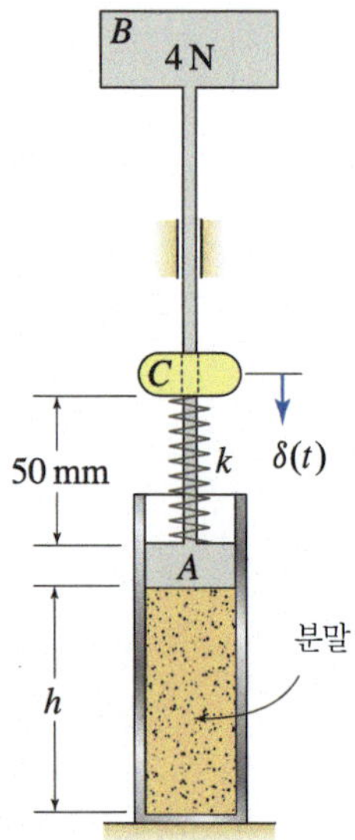

그림 P3.38

문제 3.39

연료 펌프가 모터에 의해 힘을 받는 플라이휠에 의해 구동된다. 펌프는 하나의 스프링으로 볼 수 있으며, 이 스프링은 $\alpha = \pm 60°$ 일 때 원래 길이를 가지며, $k = 2$ N/mm의 강성을 가진다고 이상화한다. 모든 동적 효과는 무시하라.

(a) 플라이휠이 한번 회전하는 동안 스프링 AB에 발생하는 최대 인장 및 압축력을 구하고, 이때의 위치 α를 계산하라.

(b) 크랭크 암 BC의 최대 인장 및 압축력은 파트 (a)에서 구한 것과 같은 위치 α에서 발생하는 것이 확실한가? 계산하지 않고 설명하라.

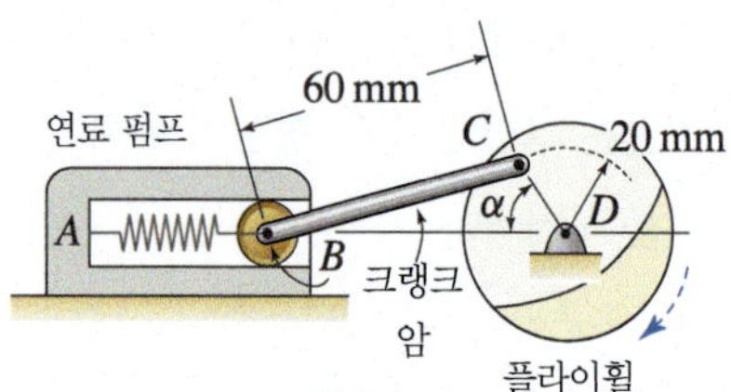

그림 P3.39

문제 3.40

항공기 착륙장치의 현가장치가 그림에 있다. 바퀴는 막대 BC에 달려있으며, 막대는 항공기 프레임에 고정된 하우징 A 내에서 마찰 없이 수직운동 한다. 스프링은 착륙장치에 의해 가해지는 힘이 충분히 클 때까지는 추가적인 변형이 되지 않도록 미리 압축되어 있다. 또한 착륙장치에 가해지는 힘이 어느 한도를 넘으면 현가장치가 바닥에 닿아 스프링의 변형은 더 이상 없다. $F \leq 2200$ N일 때 $h = 450$ mm이고, $F \geq 6600$일 때 $h = 300$ mm이다. 스프링 강성과 초기 길이를 결정하라.

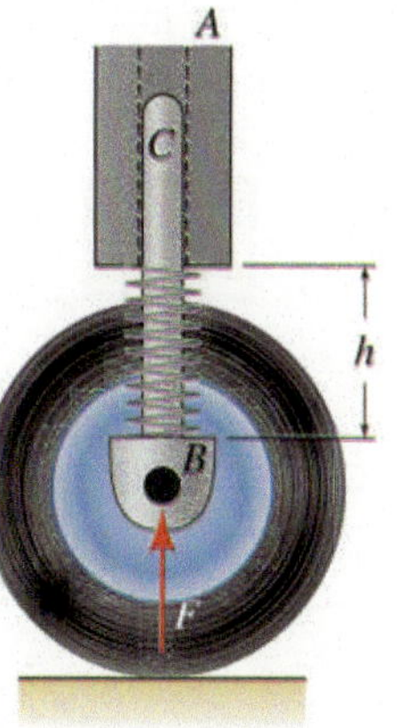

그림 P3.40

문제 3.41

코드 보강된 고무로 만들어진 고리는 제한된 변형량을 가지는 스프링 지지물로서 다양한 곳에 적용될 수 있다. 고리의 비선형 강성의 특성을 알아내는 효과적인 방법은 시제품을 실험실에서 시험하는 것이다. 이를 위해서는, 크기를 알고 있는 힘을 작용시키고, 그때의 변형량을 측정하는 것이다. 이 결과 그림 P3.41의 표에 주어진 하중–변형 자료를 얻었다고 상상하라.

(a) 일반적인 이차 다항식 $F = a + b\delta + c\delta^2$을 고리의 하중–변형량 자료에 곡선맞춤 시키는 상수 a, b, c를 결정하라.

(b) 파트 (a)에서 결정된 하중–변형량 곡선을 그려라.

(c) 파트 (a)에서 얻어진 관계식이 비교적 잘 맞는 F의 범위를 제시하라.

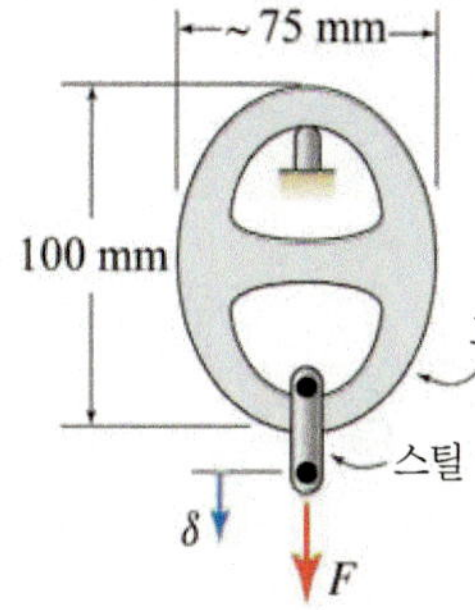

F	δ
0 N	0 mm
450 N	12.5 mm
1350 N	25 mm

그림 P3.41

문제 3.42

문제 3.41의 고리의 하중–변형량 자료가 $F = (18\ \text{N/mm})\delta + (1.44\ \text{N/mm}^2)\delta^2$이라 하자. 그림과 같이 고저가 있는 천정에서 곧은 파이프를 매달기 위해 3개의 고리를 사용한다. 파이프는 수직운동만 한다고 가정하라. 고리 2는 고리 1과 3보다 12.5 mm 더 변형된다. 대칭성에 의해 고리 1과 3이 지지하는 힘은 같다. 또한 3개의 고리가 지지하는 힘의 합은 파이프와 그 내용물 무게의 합 2650 N과 같다. 파이프의 변위와 세 개 고리 각각의 지지력을 구하라.

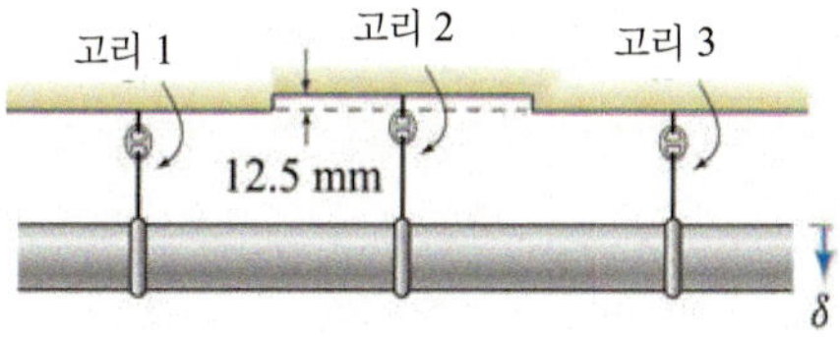

그림 P3.42

문제 3.43, 3.44

$k = 5$ N/mm이고 $W = 100$ N일 때, δ를 구하라. $\delta = 0$일 때, 스프링은 원래 길이를 가진다.

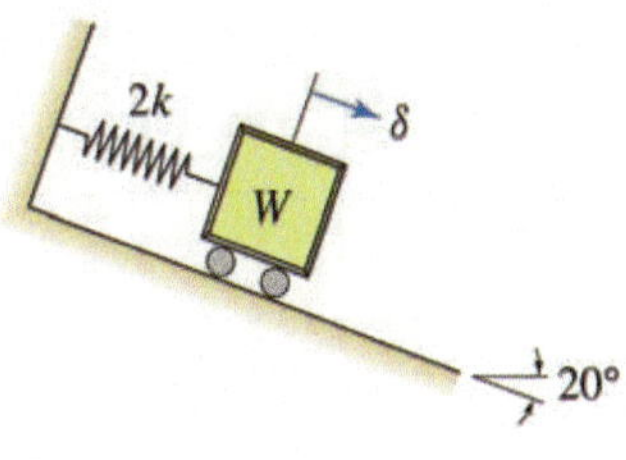

그림 P3.43

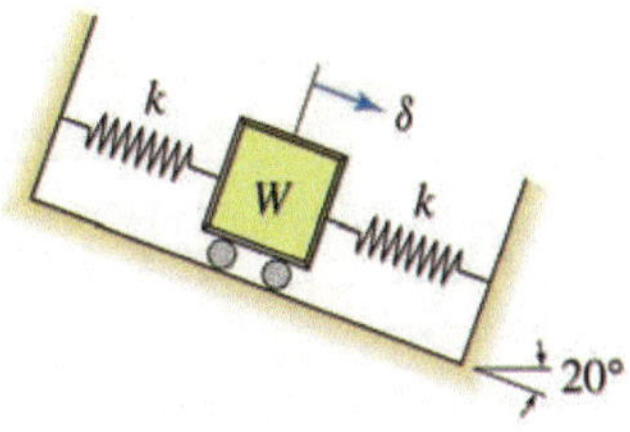

그림 P3.43

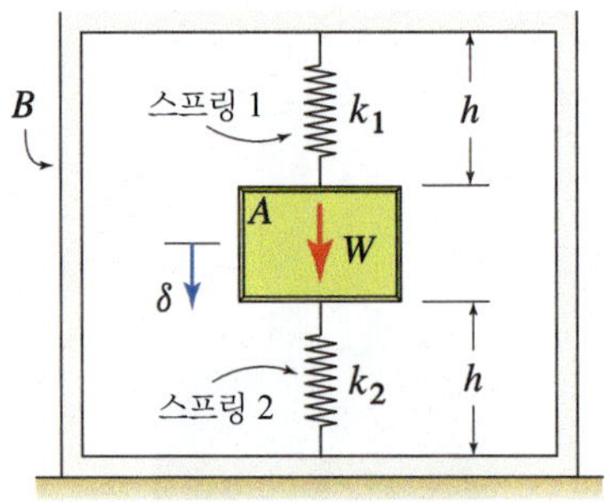

그림 P3.45

문제 3.45

무게 W의 깨지기 쉬운 물체 A는 그림과 같이 수직 스프링 현가를 사용하는 상자 B에 넣어져 선적된다. 스프링 1과 2는 각각 강성 k_1과 k_2를, 원래 길이 L_1과 L_2를 가지고 있다. 두 개의 스프링은 동일한 길이 h로 늘려져서 물체 A에 고정되어 설치된다. 수직변형 δ는 A가 상자 B의 중앙에 위치할 때 $\delta = 0$이 되도록 측정한다.

(a) W와 δ의 관계는 $\delta = \dfrac{W - k_1(h - L_1) + k_2(h - L_2)}{k_1 + k_2}$ 임을 보여라.

(b) $W = 0$일 때, $\delta \neq 0$임을 설명하라.

(c) 파트 (a)의 수식의 정확성을 규명하기 위한 수학적 확인방법을 제안하라. 예를 들면, $\delta = 0$이고 $k_2 = 0$이면, W가 예측된 값을 취함을 보여라.

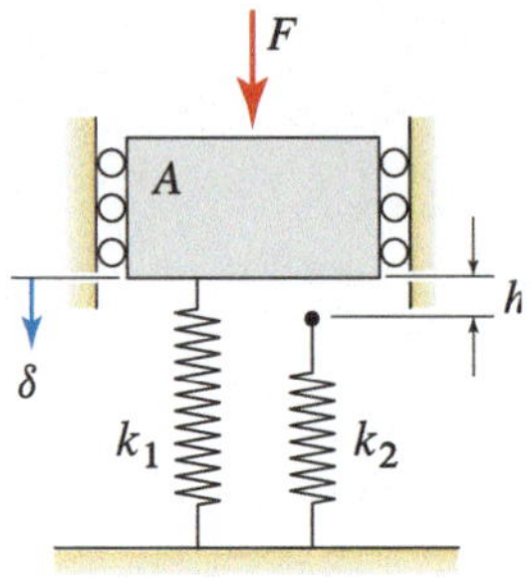

그림 P3.46

문제 3.46

그림은 트럭의 현가장치 모델이다. 블록 A는 트럭의 섀시를 나타내며, 회전 없이 수직운동만 할 수 있다. 힘 F는 현가장치가 지지하는 트럭의 일부분과 적재 화물의 무게이다. F에 의해 블록 A는 δ의 변위를 가진다. $F = 0$일 때, 두 개의 스프링은 원래 길이를 가지며, 이 때 두 번째 스프링과 섀시 사이의 간격은 h이다. δ가 h 보다 작으면 하나의 스프링만 F를 지지한다. δ가 h 보다 크면, 두 번째 스프링이 작용하여 F를 지지하는데 도움을 준다. $k_1 = 210$ N/mm, $k_2 = 105$ N/mm, $h = 32.5$ mm이다.

(a) $F = 6250$ N일 때, δ를 구하라.

(b) $F = 12500$ N일 때, δ를 구하라.

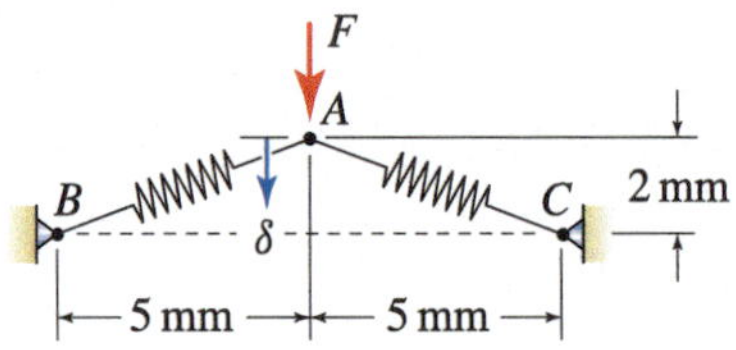

그림 P3.47

문제 3.47

계산기나 컴퓨터 키보드 등에 사용되는 누름단추나 키의 모델이 그림에 나타나 있다. 이 모델의 특징은 F가 충분히 크면 점 A가 찰칵하며 반대쪽으로 가기 때문에 키를 제대로 쳤다는 것을 알려주는 양의 피드백을 촉감으로 알 수 있다는 것이다. 스프링 둘 다 $k = 2$ N/mm의 강성을 가지고 있다. $F = 0$이면 이 장치는 그림의 위치에 있고, 이때 모든 스프링은 원래의 길이를 가진다.

(a) F를 δ의 함수로 표현하는 식을 유도하라.

(b) $0 \le \delta \le 5$ mm에 대하여 $F - \delta$ 그래프를 그려라.

(c) $0 \le \delta \le 2$ mm에 대하여 F가 취할 수 있는 최대값을 구하라.

(d) 누름단추를 표현하는 데 있어서, 이 모델의 결점은 무엇인가?

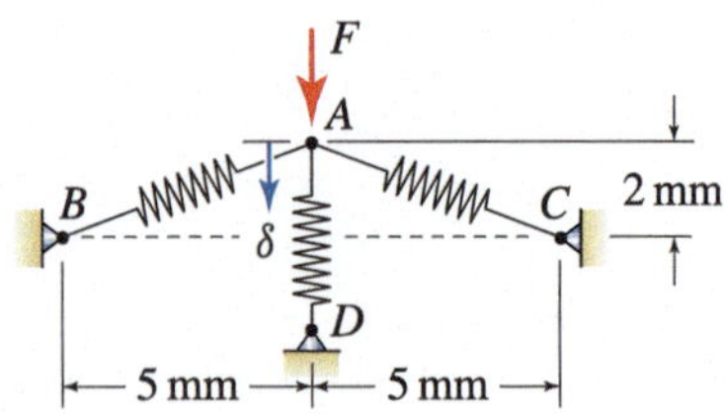

그림 P3.48

문제 3.48

그림 3.47의 모델의 변경을 위해 세 번째 스프링이 추가된다. 스프링 AB와 AC는 2 N/mm의 강성을 가지며, 스프링 AD의 강성은 0.3 N/mm이다. $F = 0$일 때, 이 장치는 그림의 위치에 있고, 이때 모든 스프링은 원래의 길이를 가진다.

(a) F를 δ의 함수로 표현하는 식을 유도하라.

(b) $0 \le \delta \le 5$ mm에 대하여 $F - \delta$ 그래프를 그려라.

(c) $0 \le \delta \le 2$ mm에 대하여 F가 취할 수 있는 최대값을 근사적으로 구하라.

(d) 스프링 AD가 이 모델에 유용한 역할을 하는가? 설명하라.

3.3 삼차원 질점의 평형

3차원 질점의 정적 평형조건은 다음과 같다.

$$\sum \vec{F} = \vec{0}$$
$$\text{또는} \quad \left(\sum F_x\right)\hat{\imath} + \left(\sum F_y\right)\hat{\jmath} + \left(\sum F_z\right)\hat{k} = \vec{0} \tag{3.20}$$
$$\text{또는} \quad \sum F_x = 0, \qquad \sum F_y = 0, \qquad \sum F_z = 0$$

식 (3.20)의 처음 두 식은 벡터 형태로 평형조건을 기술한 것인 반면에, 마지막 표현은 스칼라 형태로 조건을 기술한 것이다. 3차원 문제에서는 벡터 형태를 사용하는 것이 유리할 때가 많다.

기본적으로, 앞 장의 2차원 질점의 평형에 대하여 설명된 것 모두가 3차원 평형에도 적용될 수 있지만, 이제부터는 모든 벡터는 일반적으로 3개의 성분을 가지고 있음에 유의해야 한다. 하나의 질점에 대한 FBD를 그리는 과정은, 절단을 그 질점을 완전히 둘러싸는 하나의 폐곡면으로 생각한다는 것을 제외하고는 3.1절에 기술한 것과 같다. 해석과정에서 이제 z 방향으로의 힘의 합도 영이 되어야 한다는 것을 제외하고 3.1절에 설명된 것과 같다. 막대, 케이블, 그리고 스프링이 지지하는 힘과 풀리에 관한 사항들 모두 여기서도 적용된다. 여기서는 반력과 대수학적 방정식의 풀이에 관하여 언급하는 것이 도움이 될 것이다.

(a)

(b)

그림 P3.47 (a) 스코틀랜드의 에딘버러 성에 세워진 관람석 (b) 여러 개의 부재가 조인트에서 교차하는 것을 보여주는 근접 사진. 각각의 조인트는 평형 상태의 질점으로 모델링될 수 있다.

반력

3.1절에서 기술된 것과 같은 사고 과정을 통하여 3차원 질점에 대한 반력을 구성한다. 다시 말해, 어떤 지지대가 특정 방향으로의 운동을 막기 위한 유일한 방법은 그 방향으로 반력을 가하는 것이다. 질점의 평형문제를 풀 때, 그림 3.19의 지지대와 그것에 동반된 반력이 자주 나타난다. 이러한 반력들을 기억할 필요는 없다. 그것보다는 필요할 때마다 이들을 재구성할 수 있어야 한다. 예를 들어 고정된 막대를 슬라이더가 마찰 없이 미끄러지는 경우를 생각하라. 막대는 y와 z 방향으로의 슬라이더 운동을 제한하므로, 이 두 방향으로의 반력이 분명히 존재한다. 슬라이더는 x 방향으로 자유롭게 움직일 수 있으므로, 이 방향으로는 반력이 없다.

대수학적 방정식의 풀이

3차원 상의 한 질점에 대한 평형해석은 주로 3개의 미지수를 가진 3개의 선형 대수방정식(평형방정식)을 만들어 낸다. 복잡한 문제에는 여러 개의 FBD가 필요하며, 각각의 FBD에 일반적으로 3개의 식과 3개의 미지수가 존재한다. 만약 문제에서 편리한 형상이나 대칭성이 있으면, 이 문제를 푸는 것은 간단할지 모른다. 그러나 일반적으로 서너 개의 연립방정식을 푸는 것은 지루한 일이다.

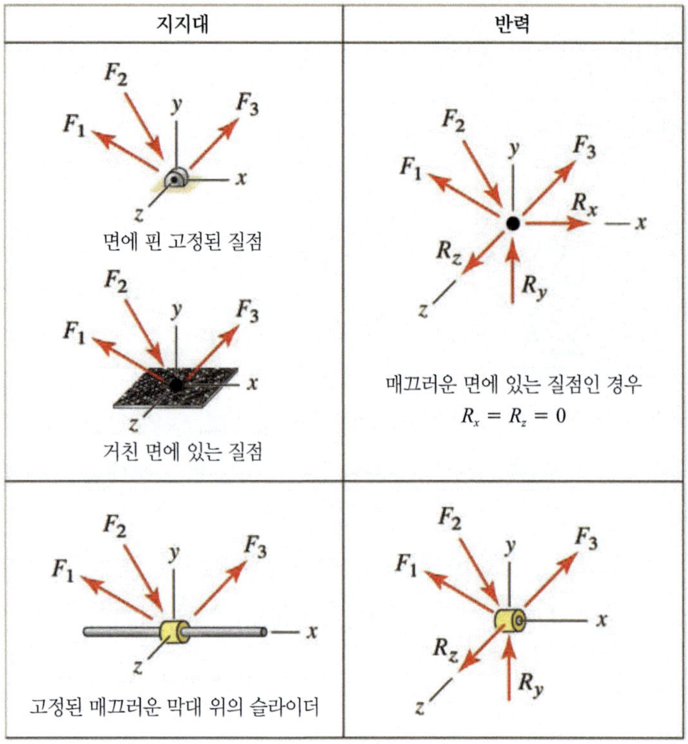

그림 3.19 삼차원 질점의 평형문제에서 자주 나오는 지지대와 반력. 힘 F_1, F_2, F_3는 질점에 부착된 케이블이나 막대에 의해 질점에 작용하는 가상적인 힘이며, 힘 R_x, R_y, R_z는 반력이다.

다행히, 대수학적 연립방정식을 효과적으로 풀 수 있는 기술이 개발되었다. 대부분의 휴대용 계산기에는 이러한 방정식을 풀 수 있는 프로그램이 내장되어 있다. 이 기능의 사용에 익숙해지기 위해서는 계산기의 사용설명서를 읽어보면 된다. 또한 Mathematica, Maple, Mathcad, EES(Engineering Education Solver), MATLAB 등과 같은 프로그램을 PC나 워크스테이션에서 사용할 수 있다. 이 계산 도구들은 정역학과 관련 과목, 그리고 더 나아가 당신의 직업적 업무에서 도움을 줄 것이므로, 이 중 몇 개의 사용에 익숙해질 것을 강력히 조언한다.

계산 도구들은 공학에서 필수불가결한 것이지만, 계산기나 컴퓨터에서 나온 답이 맞는 것인지를 확인하는 것은 본인의 책임이다. 오류는 여러 가지의 이유로 발생한다. 예를 들면 잘못된 모델링, 입력 자료 및 선택한 프로그램 옵션의 오류, 간혹 생기는 소프트웨어의 오류(아주 드물지만 발생한다), 터무니없는 실수 등등이다. 컴퓨터로 계산하였든, 손으로 계산하였든 얻어진 답은 철저히 조사하여 올바른 답이라는 것을 확신할 수 있어야 한다. 이를 위해서는, 얻어진 답을 그 문제의 모든 지배방정식(즉, 평형방정식 및 관련된 다른 식)에 대입하여, 모든 식이 만족되는지를 검증하여야 한다. 이러한 검증은 FBD가 정확하게 그려졌고 식이 올바르게 적용되었다는 것을 보장하는 것은 아니다. 그러므로 해가 물리적으로 타당하다는 것을 확인하기 위해 해를 세밀하게 살펴볼 필요가 있다. 이 말은 2차원과 3차원 모두에 해당한다. 그러나 3차원 문제에 대하여 해의 타당성을 증명하는 것은 일반적으로 더 어렵다.

x, y, z 이외의 방향으로 힘의 합성

주어진 문제에 대해 편리한 기하학적 형상 묘사를 위해, 대부분 x, y, z의 좌표방향을 선택한다. 결과적으로, 힘을 벡터로 표현하여 각 방향들로 힘을 합하는 것은 매우 간단한 일이다. 그러나 때로는 x, y, z 이외의 방향으로 힘을 합성할 필요도 있다. 이 목적을 위해, 관심이 있는 방향과 좌표축 하나가 일치하는 새로운 좌표계를 사용할 수도 있지만, 때로는 이것이 불편할 수도 있다. 왜냐하면 새로운 좌표계에서 벡터를 표현하는데 필요한 기하학적 정보가 없거나 얻기 어려울 수 있기 때문이다. 쉬운 방법은 내적을 사용하는 것이다.

벡터 형태의 뉴턴 법칙은

$$\sum \vec{F} = \vec{0}: \quad \vec{F}_1 + \vec{F}_2 + \cdots + \vec{F}_n = \vec{0} \tag{3.21}$$

이다. 물론 식 (3.21)의 힘 벡터는 x, y, z 성분들의 항으로 나타내어지므로, 식 (3.21)은 x, y, z 방향에 대한 힘의 합성이 된다. 힘을 합하고 싶은 방향을 $\vec{r}$이라고 하자. $\vec{r}$은 주로 위치 벡터일 때가 많고, 단지 힘을 합하는데 사용되는 방향을 표시한다는 것 외에 물리적 의미는 없다. $\vec{r}$의 방향으로 힘을 합하기 위해 식 (3.21)의 양변을 단위 벡터[10] $\vec{r}/|\vec{r}|$로 내적시키면 다음의 스칼라 평형식을 얻는다.

> **유용한 정보**
> **벡터 식과 스칼라 식.** 식 (3.21)과 식 (3.22)를 대조해보면, 처음 것은 벡터 식이고 두 번째 것은 스칼라 식임을 알 수 있다.

$\vec{r}$ 방향으로 힘의 합

$$\sum F_r = 0: \quad \vec{F}_1 \cdot \frac{\vec{r}}{|\vec{r}|} + \vec{F}_2 \cdot \frac{\vec{r}}{|\vec{r}|} + \cdots + \vec{F}_n \cdot \frac{\vec{r}}{|\vec{r}|} = 0 \tag{3.22}$$

위의 수식에서, $\vec{F}_1 \cdot \vec{r}/|\vec{r}|$은 $\vec{r}$ 방향으로 작용하는 힘 $\vec{F}_1$의 부분(또는 성분)이고, $\vec{F}_2 \cdot \vec{r}/|\vec{r}|$은 $\vec{r}$ 방향으로 작용하는 힘 $\vec{F}_2$의 부분(또는 성분)이며, 나머지도 유사하다. 등호의 오른쪽은 스칼라인데, 이것은 당연히 $\vec{r}$ 방향으로 작용하는 벡터 $\vec{0}$의 부분(또는 성분)이다. 특별히, 힘들 중에서 일부가 $\vec{r}$에 수직인 것을 알고 있는 문제에서, 이 힘들과 $\vec{r}$의 내적은 영이므로, 식 (3.22)를 사용하면 편리하다. 이 방법은 예제 3.8에서 설명된다.

절 요약

이 절에서는, 3차원 질점의 정적 평형을 지배하는 식에 대하여 논의하였다. 2차원 평형과 비교하여 큰 차이점은 반력이 더 복잡하고, FBD는 3차원 힘을 표시하며, 풀어야 할 연립방정식이 더 많다는 것이다. 요점은 다음과 같다.

- 단순한 기하학적 형상의 3차원 문제는 종종 스칼라 접근법을 사용하여도 효과적으로 풀 수 있다. 그러나 대부분의 경우 벡터 접근법이 더 쉽다.
- x, y, z 좌표계의 선택은 주어진 문제의 기하학적 형상에 따라 정해진다. 종종 x, y, z 방향 이외의 방향에 대한 힘의 합성이 효과적일 때도 있다. 식 (3.22)에 주어진 바와 같이 내적을 사용함으로써 이 계산을 쉽게 할 수 있다.

10) 식 (3.22)의 오른 쪽은 영이므로 $\vec{r}$ 방향의 단위 벡터는 필요하지 않고, 단지 $\vec{F}_1 \cdot \vec{r} + \vec{F}_2 \cdot \vec{r} + \cdots + \vec{F}_n \cdot \vec{r} = 0$만 계산하면 된다.

- 대수학적 연립방정식을 풀기 위해 소프트웨어를 사용하는 것이 큰 도움이 된다. 주어진 문제에 대하여 해를 어떤 방법으로 구하였든, 그 해가 수학적으로나 물리적으로나 올바르다는 것을 검증하는 것은 본인의 책임이다.

예제 3.7 케이블, 막대, 그리고 파손 조건

무게 추 W가 붐 AO와 3개의 케이블에 의해 지지된다. 케이블 AB, AC, AD는 그림과 같이 각각 x, y, z에 평행하다.

(a) 케이블 AB와 AC가 각각 최대 22240 N의 장력을, 붐 AO가 좌굴 없이 최대 35580 N의 압축력을 지지할 수 있다면, 이 구조물이 지지할 수 있는 최대 무게 W를 구하라. 케이블 AD는 충분히 튼튼하여 W를 지지할 수 있다고 가정하라.

(b) 점 B와 C의 지지대가 점 B'과 C'으로 각각 재배치되고, W = 4450 N일 때, 붐 AO와 케이블 AB, AC, AD의 힘을 구하라.

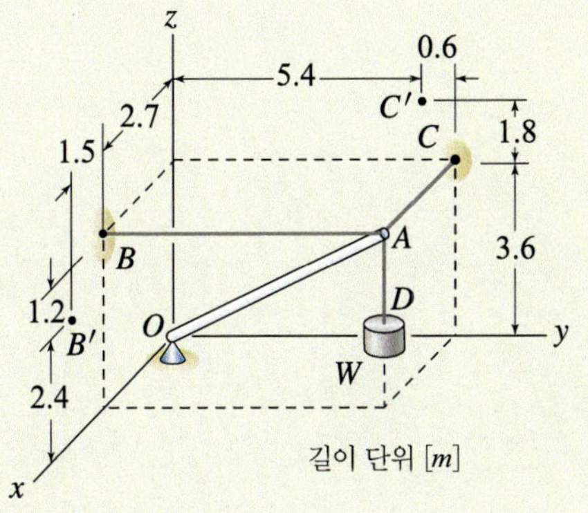

그림 1

풀이 SOLUTION

로드맵 이 문제의 두 파트에 대한 접근법은 동일하다: 적절한 모델을 결정한 후 FBD를 그린 다음, 힘에 대한 벡터 표현을 나타내고, 평형식을 쓰고, 이 식들을 푼다. 파트 (a)에서 각 부재에 파손 조건을 적용하여 지지할 수 있는 최대 힘 W를 결정한다. 파트 (b)에서는, W = 4450 N이 주어져 있고, 각 부재에 의해 지지되는 힘을 구한다. 관찰에 의해[11] 케이블 AD에 걸리는 힘은 W라는 것을 알 수 있다.

(a) 부분

모델링 그림 2에 점 A의 FBD가 나타나 있으며, 케이블과 붐에 걸리는 힘은 인장일 때 양이 되도록 정의되어 있다. 케이블 장력과 추 무게에 대한 벡터 표현은 관찰에 의해 쓰고, 붐이 지지하는 힘은 위치 벡터 $\vec{r}_{AO}$를 이용하여 쓰면 다음과 같다.

$$\vec{W} = W(-\hat{k}), \qquad \vec{F}_{AB} = F_{AB}(-\hat{\jmath}), \qquad \vec{F}_{AC} = F_{AC}(-\hat{\imath})$$
$$\vec{F}_{AO} = F_{AO}\frac{\vec{r}_{AO}}{|\vec{r}_{AO}|} = F_{AO}\frac{-2.7\hat{\imath} - 6\hat{\jmath} - 3.6\hat{k}}{7.5} \tag{1}$$

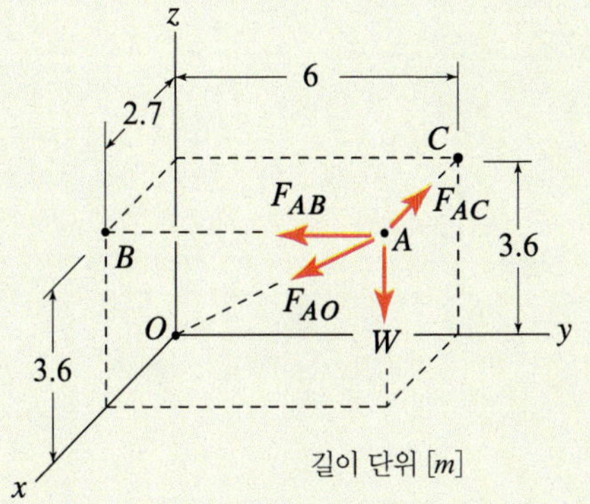

그림 2 점 A의 자유물체도. 관찰에 의해, 케이블 AD의 힘은 무게 W와 같다.

지배방정식과 계산

평형방정식 뉴턴의 법칙을 적용하여 방향별로 항을 합하면 다음과 같다.

$$\sum\vec{F} = \vec{0}: \quad \left(F_{AO}\frac{-2.7}{7.5} - F_{AC}\right)\hat{\imath} + \left(F_{AO}\frac{-6}{7.5} - F_{AB}\right)\hat{\jmath} + \left(F_{AO}\frac{-3.6}{7.5} - W\right)\hat{k} = \vec{0} \tag{2}$$

식 (2)가 만족되기 위해서는 각 항이 독립적으로 영이 되어야 하므로, 다음의 연립방정식이 성립된다.

$$F_{AO}\frac{-2.7}{7.5} - F_{AC} = 0 \tag{3}$$
$$F_{AO}\frac{-6}{7.5} - F_{AB} = 0 \tag{4}$$
$$F_{AO}\frac{-3.6}{7.5} - W = 0 \tag{5}$$

식 (3)–(5)에 대한 해는 다음과 같이 쉽게 얻어진다.

11) 이 말이 명확하지 않다면, 점 D의 FBD를 그려서 $\sum F_z = 0$을 사용하면 이 결론에 도달할 수 있다.

$$F_{AO} = -\frac{7.5}{3.6}W, \quad F_{AB} = \frac{6}{3.6}W, \quad F_{AC} = \frac{2.7}{3.6}W \tag{6}$$

추 무게 W는 양의 수이므로, 식 (6)에서 두 개의 케이블에 의해 지지되는 힘은 양의 값이고 인장이다. 또한 붐에 의해 지지되는 힘은 음의 값이고 압축임을 알 수 있다.

힘의 법칙 식 (6)에 다음과 같이 여러 가지의 파손 조건을 적용할 수 있다:

$$F_{AO} = -35580\text{ N} \text{이면}, \quad W = 17078.4\text{ N} \tag{7}$$

$$F_{AB} = 22240\text{ N} \text{이면}, \quad W = 13344\text{ N} \tag{8}$$

$$F_{AC} = 22240\text{ N} \text{이면}, \quad W = 29653.3\text{ N} \tag{9}$$

식 (7)-(9)에서 최소값만 3개의 파손 조건 모두를 동시에 만족시키므로, W의 최대값은 $\boxed{13344\text{ N}}$이다.

(a) 부분

모델링 점 A의 FBD는 F_{AB}와 F_{AC}의 방향이 약간 다르다는 것을 제외하고는 그림 2와 같다. 추 무게, 붐 및 케이블의 힘에 대한 벡터 표현은 다음과 같다.

$$\vec{W} = 4450\text{ N}(-\hat{k}) \tag{10}$$

$$\vec{F}_{AB} = F_{AB}\frac{\vec{r}_{AB}}{|\vec{r}_{AB}|} = F_{AB}\frac{1.5\hat{\imath} - 6\hat{\jmath} - 1.2\hat{k}}{6.3} \tag{11}$$

$$\vec{F}_{AC} = F_{AC}\frac{\vec{r}_{AC}}{|\vec{r}_{AC}|} = F_{AC}\frac{-2.7\hat{\imath} - 0.6\hat{\jmath} + 1.8\hat{k}}{3.3} \tag{12}$$

$$\vec{F}_{AO} = F_{AO}\frac{\vec{r}_{AO}}{|\vec{r}_{AO}|} = F_{AO}\frac{-2.7\hat{\imath} - 6\hat{\jmath} - 3.6\hat{k}}{7.5} \tag{13}$$

지배방정식 $\sum \vec{F} = \vec{0}$은 다음의 연립방정식을 제공한다.

$$F_{AB}\frac{1.5}{6.3} - F_{AC}\frac{2.7}{3.3} - F_{AO}\frac{2.7}{7.5} = 0 \tag{14}$$

$$-F_{AB}\frac{6}{6.3} - F_{AC}\frac{0.6}{3.3} - F_{AO}\frac{6}{7.5} = 0 \tag{15}$$

$$-F_{AB}\frac{1.4}{6.3} + F_{AC}\frac{1.8}{3.3} - F_{AO}\frac{3.6}{7.5} = 4450\text{ N} \tag{16}$$

계산 이 연립방정식은 파트 (a)의 것에 비해 풀기 쉽지 않다. 쉽지 않은 연립방정식을 풀어야 하는 것은 공학에서 일상적으로 일어나는 사실이고, 그것에 능숙해야 한다. 수기 계산법(방정식 중 어느 하나를 택해 특정한 미지수 하나를 다른 미지수들의 항으로 푼 다음, 이 결과를 나머지 방정식에 대입하고, 등등)은 세 개의 연립방정식에는 적용할 수 있지만, 보다 큰 연립방정식에는 매우 복잡해진다.

프로그램을 할 수 있는 계산기나 앞서 언급한 소프트웨어 중 하나를 사용하여 식 (14)-(16)을 풀면 다음의 답을 구할 수 있다.

$$\boxed{F_{AB} = 4725\text{ N}, \quad F_{AC} = 4278\text{ N}, \quad F_{AO} = -6597\text{ N}} \tag{17}$$

식 (17)의 결과와 함께, 케이블 AD가 지지하는 힘은 W와 같으므로 $\boxed{F_{AD} = 4450\text{ N}}$이다.

논의 및 검증 이 예제의 두 파트에 대하여 케이블은 인장이고, 붐은 압축이라고 예상한 바와 같이, 실제 풀이 결과도 이렇게 됨을 보여준다. 파트 (a)와 같이 각 부재에 대한 파손 조건이 모두 다른 문제에서 저지르기 쉬운 실수는 모든 부재가 동시에 파손 하중에 도달한다고 가정하는 것이다.

예제 3.8 *x, y, z* 이외의 방향에 대한 힘의 합성

곧은 막대 *AB*는 공간상에 고정되어 있다. 스프링 *CD*는 3 N/mm의 강성을 가지고 있으며, 원래 길이는 200 mm이다. 칼라 *C*와 막대 *AB* 사이에 마찰이 없을 때, 다음을 구하라.

(a) 그림과 같은 위치에서 평형상태를 이루는 칼라의 무게 *W*

(b) 칼라와 막대 *AB*의 반력

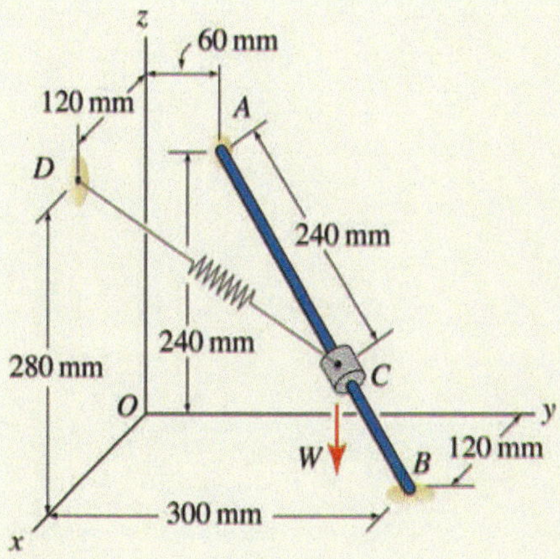

그림 1

풀이 SOLUTION

로드맵 스프링의 원래 길이가 주어져 있고, 최종 길이도 구할 수 있도록 충분한 정보가 주어져 있다. 따라서 우선 스프링의 힘을 구한다. 그 다음, 내적을 이용하여 칼라에 작용하는 힘을 막대 *AB* 방향으로 합성한다. 파트 (b)에서는, 칼라와 막대 사이의 반력을 구하기 위해 평형방정식을 사용한다.

(a) 부분

모델링 그림 2에 칼라 C에 대한 FBD가 나타나 있다. 그림 3.19를 참조하면, 칼라와 막대 사이에 두 개의 반력 성분이 존재한다. $\vec{r}_{AB}$ 방향인 막대 *AB*에 수직하도록 $\vec{R}_1$의 방향을 잡으면, 나머지 반력 $\vec{R}_2$는 $\vec{R}_1$과 $\vec{r}_{AB}$ 모두에 수직하여야 한다. $\vec{R}_1$의 방향은 $\vec{r}_{AB}$에 수직이면 되므로 무한히 많은 선택을 할 수 있음에 유의하라. 일단 $\vec{R}_1$이 선택되고 나면, $\vec{R}_2$는 $\vec{R}_1$과 $\vec{r}_{AB}$ 모두에 수직해야 하므로 오직 하나의 방향만 취할 수 있게 된다. 따라서 $\vec{R}_1$과 $\vec{R}_2$의 방향은 알지만 크기는 미지수이다. 다른 방법은, 반력을 단순히 $\vec{R}$로 두는 것이다. $\vec{R}$은 $\vec{r}_{AB}$에 수직이지만 방향과 크기가 미지수이다. 이 방법은 이 예제의 후반부에 사용된다.

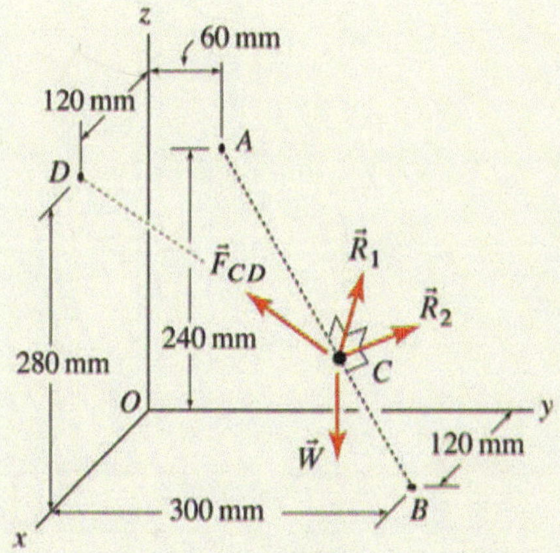

그림 2 칼라 *C*의 자유물체도.

지배방정식

힘의 법칙 스프링의 최종 길이는 *C*에서 *D*로(또는 거꾸로) 향하는 위치 벡터의 크기이다. 점 *C*의 위치는 구할 수 있으므로, 점 *D*의 좌표를 이용하면 $\vec{r}_{CD}$를 알 수 있다. 그러나 여기서는 다음의 방법을 이용한다:

$$\begin{aligned}\vec{r}_{CD} &= \vec{r}_{CA} + \vec{r}_{AD} = (240\text{ mm})\frac{\vec{r}_{BA}}{|\vec{r}_{BA}|} + \vec{r}_{AD} \\ &= (240\text{ mm})\frac{-120\hat{\imath} - 240\hat{\jmath} + 240\hat{k}}{360} + (120\hat{\imath} - 60\hat{\jmath} + 40\hat{k})\text{ mm} \\ &= (40\hat{\imath} - 220\hat{\jmath} + 200\hat{k})\text{ mm}\end{aligned} \tag{1}$$

그러므로 스프링의 최종 길이는 $L = |\vec{r}_{CD}| = 300$ mm이며, 식 (3.18)을 이용하면, 스프링에 의해 지지되는 힘은 다음과 같이 구해진다.

$$F_{CD} = k(L - L_0) = \left(3\,\frac{\text{N}}{\text{mm}}\right)(300\text{ mm} - 200\text{ mm}) = 300\text{ N} \tag{2}$$

평형방정식 그림 2의 FBD에서 칼라에 대한 뉴턴의 법칙은

$$\sum \vec{F} = \vec{0}: \quad \vec{F}_{CD} + \vec{R}_1 + \vec{R}_2 + \vec{W} = \vec{0} \tag{3}$$

이고, 무게와 스프링 힘에 대한 벡터 표현은

$$\vec{W} = W(-\hat{k}), \qquad \vec{F}_{CD} = F_{CD}\frac{\vec{r}_{CD}}{|\vec{r}_{CD}|} = (300\text{ N})\frac{40\hat{\imath} - 220\hat{\jmath} + 200\hat{k}}{300} \tag{4}$$

이다. $\vec{R}_1$과 $\vec{R}_2$에 대한 벡터 표현은 다양한 방법으로 구할 수 있다.[12] 그러나 곰곰이 생각해보면 파트 (a)에서는 이 벡터 모두를 사용하지 않을 수도 있다! 그림 2의 FBD을 관찰해 보면, $\vec{R}_1$과 $\vec{R}_2$는 모두 BA 방향에 수직임을 알 수 있다. 따라서 칼라에 작용하는 힘들을 BA 방향으로 합하면 $\vec{R}_1$과 $\vec{R}_2$는 이 방향으로 성분이 없으므로 결과식에서 사라지도록 할 수 있다. 이것은 내적을 사용하여 각 힘의 BA 방향으로 크기, 즉 성분을 구함으로써 가능하다. 그러므로 식 (3.22)와 관련하여 설명되었듯이, 식 (3)의 양변을 단위 벡터 $\vec{r}_{BA}/|\vec{r}_{BA}|$로 내적을 취하면 다음을 얻는다.

$$\vec{F}_{CD}\cdot\frac{\vec{r}_{BA}}{|\vec{r}_{BA}|}+\underbrace{\vec{R}_1\cdot\frac{\vec{r}_{BA}}{|\vec{r}_{BA}|}}_{=0}+\underbrace{\vec{R}_2\cdot\frac{\vec{r}_{BA}}{|\vec{r}_{BA}|}}_{=0}+\vec{W}\cdot\frac{\vec{r}_{BA}}{|\vec{r}_{BA}|}=\underbrace{\vec{0}\cdot\frac{\vec{r}_{BA}}{|\vec{r}_{BA}|}}_{=0} \tag{5}$$

식 (5)에서 오른쪽의 영 벡터와의 내적은 영이다. $\vec{R}_1$과 $\vec{R}_2$는 $\vec{r}_{AB}$와 수직이므로, 그들의 내적도 또한 영이며, 이것을 알고 있기 때문에 식 (5)에서 이 항들의 내적 계산을 하지 않아도 된다. 식 (5)에서 나머지 두 개의 내적을 계산하면 다음과 같다.

$$0=(300\text{ N})\frac{40\hat{\imath}-220\hat{\jmath}+200\hat{k}}{300}\cdot\frac{-120\hat{\imath}-240\hat{\jmath}+240\hat{k}}{360} \tag{6}$$

$$+W(-\hat{k})\cdot\frac{-120\hat{\imath}-240\hat{\jmath}+240\hat{k}}{360}$$

$$=(300\text{ N})\left[\left(\frac{40}{300}\right)\left(\frac{-120}{360}\right)+\left(\frac{-220}{300}\right)\left(\frac{-240}{360}\right)+\left(\frac{200}{300}\right)\left(\frac{240}{360}\right)\right]$$

$$+W(-1)\left(\frac{240}{360}\right) \tag{7}$$

$$=(300\text{ N})(0.8889)-W(0.6667) \tag{8}$$

계산 식 (8)은 스칼라 식이며, 그 해는

$$\boxed{W=400\text{ N}} \tag{9}$$

이다. 전제하였듯이, 이 재치있는 방법을 사용하면 칼라와 막대 사이의 반력을 계산하지 않아도 된다.

> **유용한 정보**
> **내적을 이용한 힘의 합.** 좌표축의 방향과 다른 방향으로 힘을 합하기 위해 내적을 사용하면, 이 예제와 같이 매우 편리하다. 이 예제는 식 (3)(즉, $\sum\vec{F}=\vec{0}$)을 직접 풀어도 되지만, $\vec{R}_1$, $\vec{R}_2$에 대한 표현식과 지루한 연산을 요한다.

(b) 부분

계산 칼라와 막대 사이의 반력 $\vec{R}=\vec{R}_1+\vec{R}_2$을 식 (3)에서 구하면,

$$\vec{R}=-\vec{F}_{CD}-\vec{W}$$

$$=(-300\text{ N})\frac{40\hat{\imath}-220\hat{\jmath}+200\hat{k}}{300}-(400\text{ N})(-\hat{k})$$

$$=(-40\hat{\imath}+220\hat{\jmath}-200\hat{k})\text{ N}+400\hat{k}\text{ N} \tag{10}$$

$$=\boxed{(-40\hat{\imath}+220\hat{\jmath}+200\hat{k})\text{ N}} \tag{11}$$

이고, 크기는 다음과 같다.

$$\boxed{|\vec{R}|=300\text{ N}} \tag{12}$$

12) 하나의 방안은 외적 $\vec{r}_{BA}\times\vec{r}_{CD}$을 계산하고, 이 결과를 이용하여 단위 벡터 $\hat{u}_1$을 만들어 $\vec{R}_1=R_1\hat{u}_1$을 구하는 것이다. 그 다음, $\vec{r}_{BA}\times\vec{R}_1$을 계산하고, 이 결과를 이용하여 단위 벡터 $\hat{u}_2$을 만들어 $\vec{R}_2=R_2\hat{u}_2$을 구한다.

논의 및 검증 해를 부분적으로 확인하는 방법은, $\vec{R} \cdot \vec{r}_{BA} = 0$임을 보임으로써 식 (10)에 주어진 $\vec{R}$이 막대 BA에 수직임을 증명하는 것이다. 평형이 되기 위해서는 $\vec{R}$이 식 (10)으로 주어져야 한다. 그러나 막대 AB에 수직이고, 합이 $\vec{R}$인 동시에 서로 수직인 벡터 $\vec{R}_1$과 $\vec{R}_2$는 수많이 존재한다. 앞 페이지의 각주에 제시된 대로 $\vec{R}_1$과 $\vec{R}_2$를 구성하면, 그 중 하나의 조합을 얻을 수 있다. 문제 3.66에서 이런 방식으로 해석해 본다.

문제

문제 3.49

D의 물체는 붐 AO와 케이블 AB, AC, 그리고 AD에 의해 지지된다. 케이블은 x, y, z에 각각 평행하다. 물체 D의 질량이 $m_D = 100$ kg일 때, 붐과 세 개의 케이블에 작용하는 힘을 구하라.

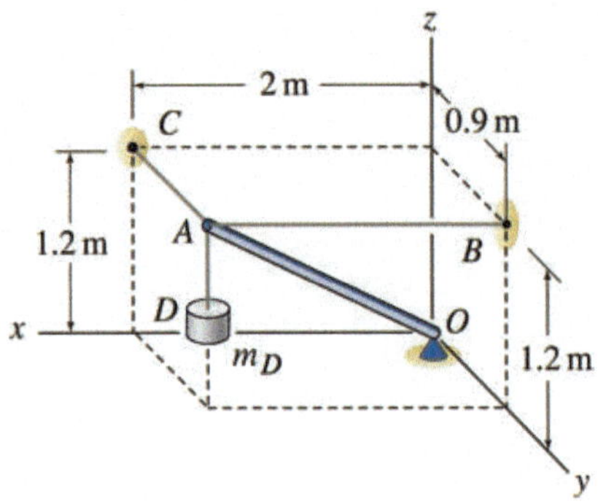

그림 P3.49, P3.50

문제 3.50

문제 3.49의 케이블과 붐은 아래와 같은 파단강도를 가지고 있다. 지지할 수 있는 최대 질량 m_D를 구하라.

부재	강도	
AO	2000 N	압축
AB	1500 N	
AC	1500 N	
AD	2000 N	

문제 3.51

무게 W가 막대 AB, AD와 케이블 AC에 의해 A에서 지지된다. 막대 AB와 AD는 y와 x에 각각 평행하다. $W = 1000$ N일 때, 각 막대와 케이블에 걸리는 힘을 구하라.

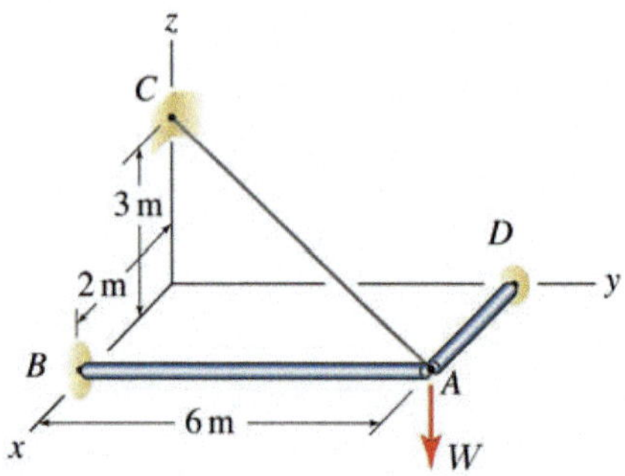

그림 P3.51

문제 3.52

문제 3.51에서 케이블이 최대 2 kN의 힘을, 막대 AB, AD는 최대 1 kN과 3kN의 압축력을 각각 지지할 수 있다면, 지지할 수 있는 최대 무게 W는 얼마인가?

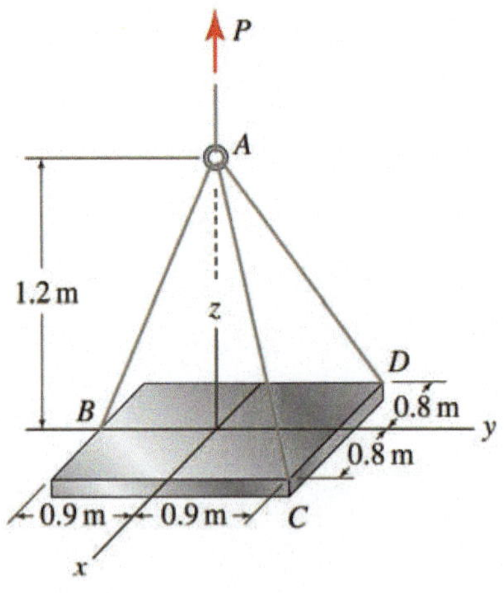

그림 P3.53

문제 3.53

평형상태에서 평판 BCD는 수평이다. 평판의 무게가 1.6 kN일 때, 케이블 AB, AC, 그리고 AD에 걸리는 힘을 구하라.

문제 3.54

강성이 k이고, $d = 0$일 때 원래 길이를 가지는 3개의 동일한 스프링이 무게 W, 안쪽 반경 r인 원형 링을 지지한다. 평형상태에서 링은 수평이다.

(a) 무게 W를 d 및 r과 관계짓는 식을 유도하라.

(b) $W = 1350$ N, $k = 4.4$ N/mm, $r = 500$ mm일 때, d를 계산하라(근사법에 의한 해도 허용된다).

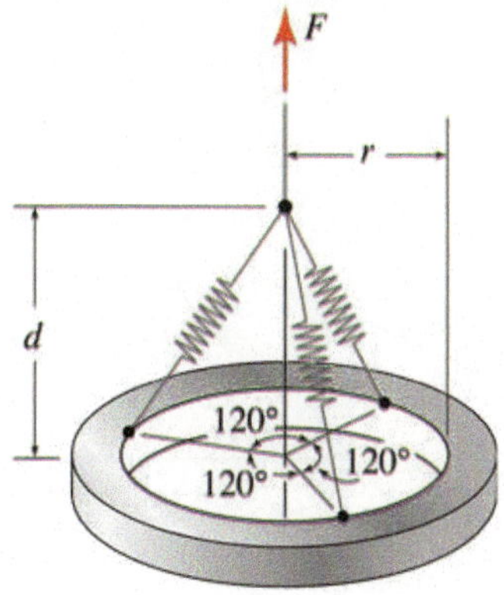

그림 P3.54

문제 3.55

그림의 케이블 계에서, 점 D는 yz 평면에 놓여있고, 힘 P는 z 축에 평행하다. $P = 2200$ N일 때, 케이블 AB, AC, AD, AE에 걸리는 힘을 구하라.

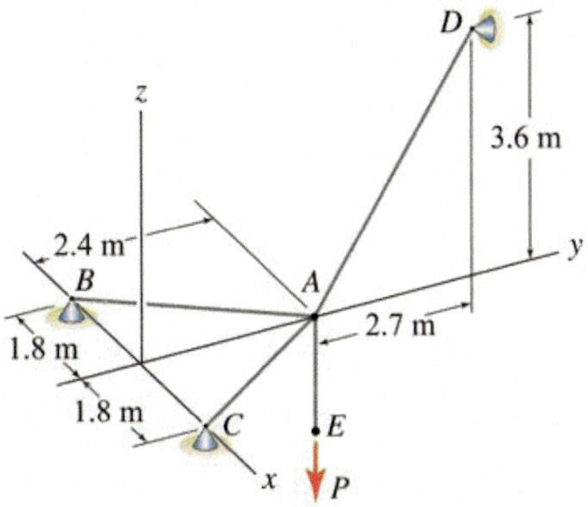

그림 P3.55, P3.56

문제 3.56

그림의 케이블 계에서, 점 D는 yz 평면에 놓여있고, 힘 P는 z 축에 평행하다. 케이블 AB와 AC는 2200 N의 파단강도를, 케이블 AD와 AE는 4400 N의 파단강도를 가지고 있다. 모든 케이블이 파단에 대하여 1.5의 안전계수[13]를 가질 때, 지지할 수 있는 최대 힘 P를 구하라.

문제 3.57

점 A의 좌표를 A (0.3, 2.4, 0) m로 하고, 문제 3.55를 다시 풀어라.

문제 3.58

점 A의 좌표를 A (0.3, 2.4, 0) m로 하고, 문제 3.56를 다시 풀어라.

13) 파단에 대한 안전계수는 부재의 최대하중을 허용하중으로 나눈 값으로 정의된다. 따라서 부재가 받는 힘은 파단하중을 안전계수로 나눈 값이다.

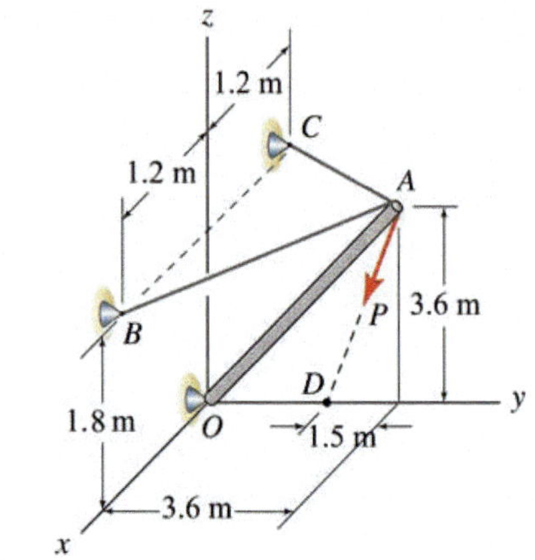

그림 P3.59, P3.60

문제 3.59

두 개의 케이블과 하나의 막대가 힘 P를 지지하고 있다. 점 A는 yz 평면에 놓여있고, 점 B, C는 xz 평면에 놓여있다. P = 13.5 kN일 때, 케이블과 막대가 지지하는 힘을 구하라.

문제 3.60

두 개의 케이블과 하나의 막대가 힘 P를 지지하고 있다. 점 A는 yz 평면에 놓여있고, 점 B, C는 xz 평면에 놓여있다. 막대의 좌굴을 일으키는 압축력과 케이블의 파단강도는 다음과 같다. 파손에 대한 안전계수(문제 3.56의 각주를 보라)로 케이블과 막대에 대하여 1.7과 2.0을 각각 사용할 때, 허용되는 힘 P를 구하라.

부재	강도	
AO	13500 N	압축
AB	27000 N	
AC	22500 N	

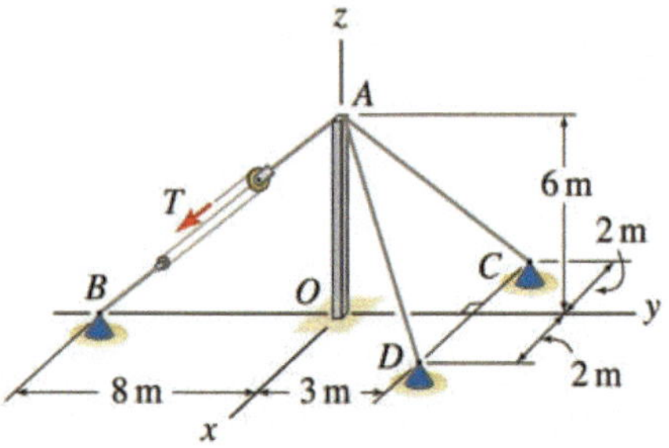

그림 P3.61

문제 3.61

부재 OA는 자신이 지지하는 힘이 400 N에 도달하면 좌굴된다. 케이블 AC와 AD는 300 N의 파단강도를 가지고 있다. A와 B사이의 케이블은 충분히 강하다고 가정하고 구조물을 붕괴시키는 힘 T를 구하라. 풀리는 마찰이 없으며, 지름이 작아 A와 B 사이의 케이블은 모두 선분 AB와 평행하다고 가정하라.

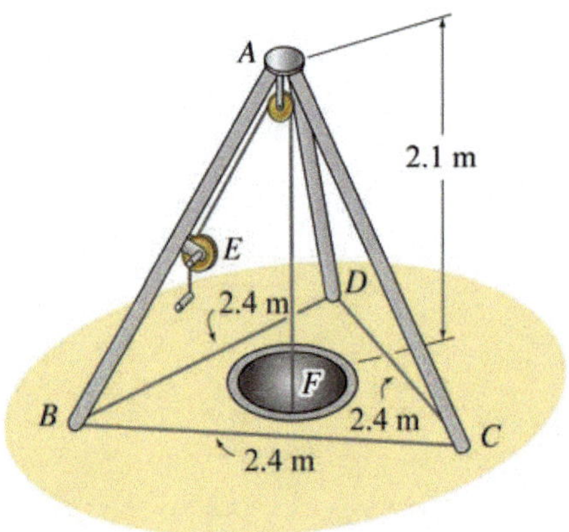

그림 P3.62

문제 3.62

그림은 맨홀에서 물체를 옮기는데 사용하는 이동식 삼각 호이스트를 보여주고 있다. 호이스트는 동일한 길이의 막대 AB, AC, AD로 구성되어 있으며, 막대는 A에서 소켓으로 연결되어 있다. 2.4 m의 동일한 케이블 BC, BD, CD는 막대의 끝 B, C, D가 미끄러지는 것을 방지한다. 케이블 FAE는 마찰 없는 풀리 A를 지나서, 막대 AB에 고정된 윈치 E에서 도달한다. 점 A와 E를 질점으로 이상화하여 막대와 케이블에 걸리는 힘 모두가 이 점들을 지나도록 하라. 삼각대가 지면에 놓여있고, 높이가 2.1 m이며, 맨홀에서 옮길 물체의 질량이 135 kg일 때,

(a) 막대 AC와 AD, 그리고 막대 AB의 AE 구간에 작용하는 힘을 구하라.

(b) 막대 AB의 EB 구간에 작용하는 힘을 구하라.

힌트: x와 y 방향이 점 B, C, 그리고 D에 의해 정의된 평면에 놓여 있고, x 또는 y 방향이 케이블 BC, BD, 또는 CD 중 어느 하나와 일치하는 xyz 좌표계를 설정하라. 점 B, C, D의 좌표를 구하라. 그러면 점 A의 x와 y 좌표는 점 B, C, D 좌표의 평균으로 주어진다.

문제 3.63

트럭위에 서있는 작업자가 로프 *AB*를 사용하여 물체 *B*를 활송장치로 천천히 내리고 있다. 물체의 질량은 45 kg이며, 활송장치에 여유있게 맞아 마찰 없이 미끄러진다. 그림의 위치에서 물체 *B*의 중심은 활송장치의 한가운데 위치하고 있다. 사람의 손 *A*는 *xy* 평면에 있으며, 활송장치는 *yz* 평면과 평행한 평면에 놓여있다.

(a) 로프 *AB*의 장력과 물체와 활송장치 사이의 반력을 구하라.

(b) 작업자가 물체를 활송장치 위로 천천히 당기고자 하면, 파트 (a)의 답이 어떻게 달라져야 할지를 설명하라.

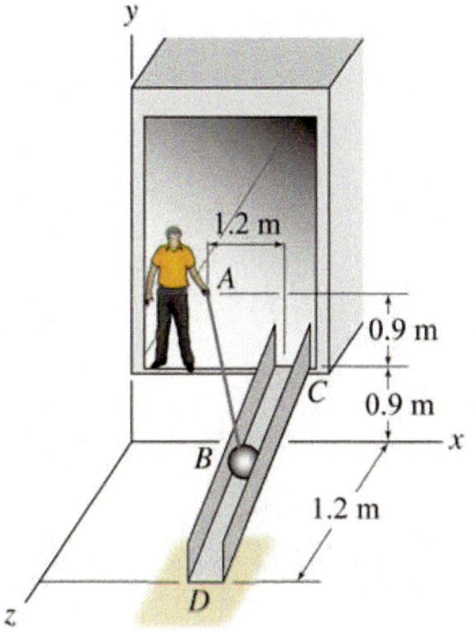

그림 P3.63

문제 3.64

잘못 설계된 바닥 기초로 인해서, 조각상 *A*가 잔디로 덮인 경사면을 천천히 미끄러져 내려가고 있다. 더 이상의 미끄럼을 방지하기위해, 점 *B*와 *C* 각각에서 조각상에 케이블을 연결하였다. 조각상의 질량은 450 kg이다. 조각상이 놓여있는 표면은 마찰이 없다고 이상화하라. 각 케이블이 가져야 할 최소 인장강도를 결정하고, 조각상과 경사면 사이의 반력을 구하라.

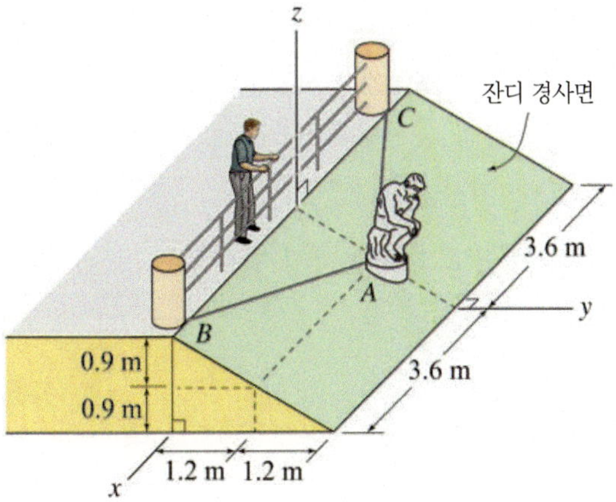

그림 P3.64

문제 3.65

수로 *AB*는 공간상에 고정되어 있으며 중심선은 *xy* 평면에 놓여있다. 가장자리 *AC*와 *AD*를 포함하는 평면은 *xz* 평면에 평행하다. 수로의 표면은 마찰이 없고, 구 *E*의 질량이 2 kg일 때, 줄 *EF*가 지지하는 힘을 구하라. 구와 옆면 *C* 사이의 반력 R_C, 구와 옆면 *D* 사이의 반력 R_D를 구하라.

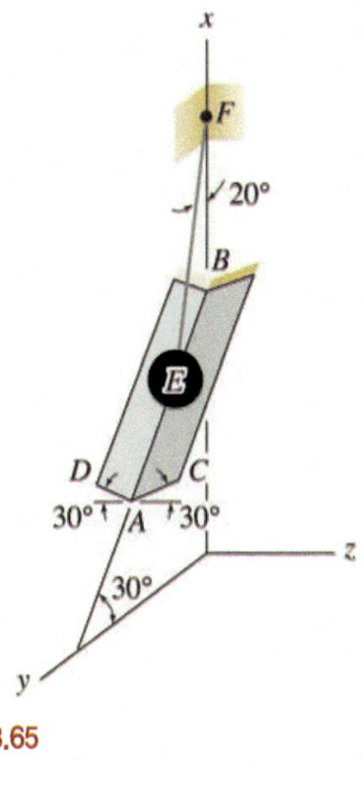

그림 P3.65

문제 3.66

예제 3.8의 각주에 기술된 제안을 따라 $\vec{R}_1$과 $\vec{R}_2$를 벡터로 표기하라. 그리고 $\sum \vec{F} = \vec{0}$를 적용하여 이들의 크기와 무게 $\vec{W}$를 구하라. $\vec{W}$의 크기와 벡터 합 $\vec{R}_1+\vec{R}_2$가 예제 3.8의 결과와 일치함을 보여라.

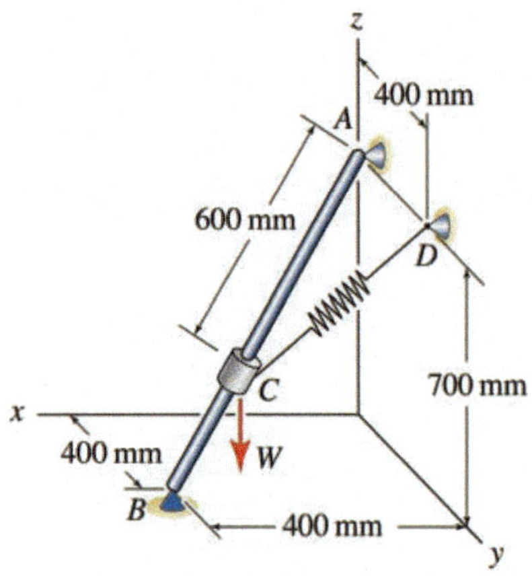

그림 P3.67

문제 3.67

막대 AB는 공간상에 고정되어 있다. 스프링 CD의 강성은 1.5 N/mm이고, 원래 길이는 400 mm이다. 칼라와 막대 사이에 마찰이 없을 때, 그림의 평형 상태를 이루는 칼라의 무게 W를 구하고, 칼라와 막대 사이의 반력을 구하라.

문제 3.68

문제 2.81에서, 탄성 줄 CD의 강성은 $k = 2$ N/mm이고, 원래 길이는 100 mm이다. 무게를 무시할 수 있는 구슬 C에 작용하는 힘 P는 그림의 위치에서 xy 평면에 놓여있으며 굽은 막대 AB에 접한다. 평형을 이루기 위한 P의 값을 구하고, 그 때 구슬과 막대 AB 사이의 반력을 구하라.

문제 3.69

문제 2.82에서, 탄성 줄 BD의 스프링 상수는 $k = 3$ N/mm이고, 원래 길이는 20 mm이다. 구슬 B에는 BC 방향으로 크기가 P인 힘이 작용한다. 그림의 위치에서 평형에 필요한 P의 값을 구하고, 그 때 구슬 B와 막대 AC 사이의 반력을 구하라.

문제 3.70

각각의 질량이 54 kg인 두 개의 동일한 교통신호등을 케이블을 사용하여 교차로 위에 매달려고 한다. 점 E와 F의 좌표가 그림에 표시된 값을 갖기 위해서, 신호등 중 하나에 무게를 더 추가할 필요가 있다. 어느 신호등에 얼마의 무게를 추가하여야 하는지를 구하고, 그때의 각 케이블의 장력도 구하라.

주의 연립방정식을 손으로 풀어도 되지만, 계산기나 컴퓨터로 해를 구하는 것을 추천한다.

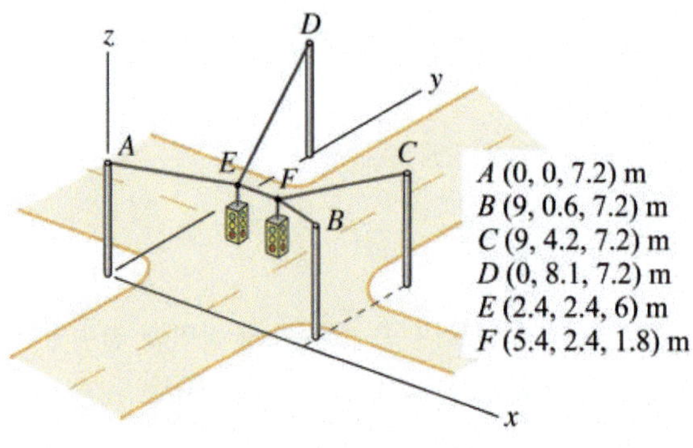

그림 P3.70

3.4 공학설계

공학설계를 정의하는 데에는 많은 방식이 있지만, 다음에 기술하는 것은 그 요점들을 모두 포함하고 있다. **공학설계(*engineering design*)**는 구조물, 기계, 장치, 공정 등등에 대하여 필요성 및 인지된 조건을 달성하기 위한 과정으로서, 최종적으로는 그들을 구성하는 방법에 대한 기술과 세부항목으로 귀결된다. **공학**이란 용어는 자연의 법칙, 수학, 계산이 설계의 중심에 있다는 것을 의미한다. 설계는 창조적이고 흥미 있는 행위이며, 개략적으로 말하자면, 설계에 능통하다는 것이야말로 공학을 과학과 구별하는 것이다. 사실, 설계 능력은 공학자의 확실한 긍지라고 할 수 있다.

위의 정의에서 **과정**이란 단어는 중요하다. 설계는 단순히 반복적인 시행착오로만 되는 것이 아니라, 필요성을 인식하여 우선순위를 매기고, 가치 결정을 하며, 자연의 법칙을 찾아내어, 인지된 제한조건을 만족시키는 한편, 목표한 모든 것을 최적화시키는 훌륭한 해결 방안을 개발하는 것이다. 공부의 진전에 따라, 설계에 대한 구조화된 절차와 알고리즘을 배우게 되는데, 적절한 성능 표준, 안전 표준 및 설계 코드가 포함된다.

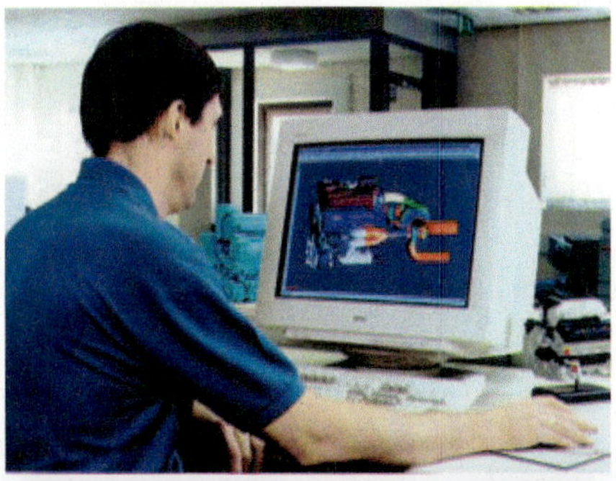

그림 3.20 Cosworth XF Champ 자동차 엔진의 설계를 검토하고 있는 엔지니어. 생산된 엔진의 사진. 이것은 전적으로 컴퓨터 응용 설계(CAD)를 사용하여 설계된 최초의 Cosworth 엔진이다. CAD는 복잡한 계산을 해야 하는 부담을 줄여주지만, 이 도구를 사용하는 엔지니어는 모델링, 결과의 해석, 그리고 설계 방법에 정통해야한다. 또한 복잡한 모델에 대한 결과를 검증하기 위해 보다 간단한 모델에 대하여 손으로 계산을 할 수 있는 능력도 갖추어야 한다.

설계의 목표

설계의 목표와 설계 과정을 이 절에서 간단하게 소개한다. 5장에서 더 논의한다. 구조물, 기계, 기계장치 등은 최소한 다음의 기준을 달성하도록 설계되어야 한다.

1. 정상적인 사용 중에 고장이 없어야 한다.
2. 목표 성능이 적절하게 만족되어야 한다.
3. 위험 요소를 적절하게 기술하여야 한다.
4. 가능하고 합리적인 범위까지 사용을 예측하고 고려해야 한다.
5. 설계 작업은 철저하게 문서화되고 보관되어야한다.

이외에, 훌륭한 설계는 다음의 사항도 고려하여야 한다.

6. 비용
7. 제작과 조립의 편의성
8. 제작과 사용상의 에너지 효율성
9. 제작, 사용, 그리고 폐기할 때 환경에 미치는 영향

항목 1에 대한 필요성은 자명하다. 설계에서는 불필요한 위험요소를 배제하여야 한다. 좋은 설계를 위해서는 위험요소를 제거하거나 감소시켜야 한다. 어떤 장치는 본질적으로 피할 수 없는 위험요소를 내포하고 있다. 종이를 절단하는 기계를 예로 들면, 단순한 가위이든, 탁상용 절단기이든, 매우 큰 종이 롤을 절단하는 장비이든, 이들은 모두 예리한 칼날이 있다. 그림 3.21에 있는 두 종류의 탁상용 절단기를 생각하라. 그림 3.21(a)의 구형 절단기는 사용자의 손가락과 손에 필연적으로 노출된 길고 무거운 강철 칼날을 사용하는 반면, 그림 3.21(b)에 있는 최근의 절단기는 조그만 원형 절단 바퀴를 사용하므로 칼날이 적게 노출되어 손을 보호하기 쉬우며, 더 잘 절단된다. 위험요소가 필수적

으로 존재하면, 최대한 조심해야 하고, 사용자에게 어떤 위험요소가 있는지 그림으로 알려주는 경고가 있어야 한다. 그러므로 위험요소를 관리하는 체계는 다음과 같다: 설계를 통해 위험요소를 제거하거나 감소시키고, 위험요소에서 사용자를 보호하고, 최종적으로 사용자에게 위험요소에 대한 경고를 하라.

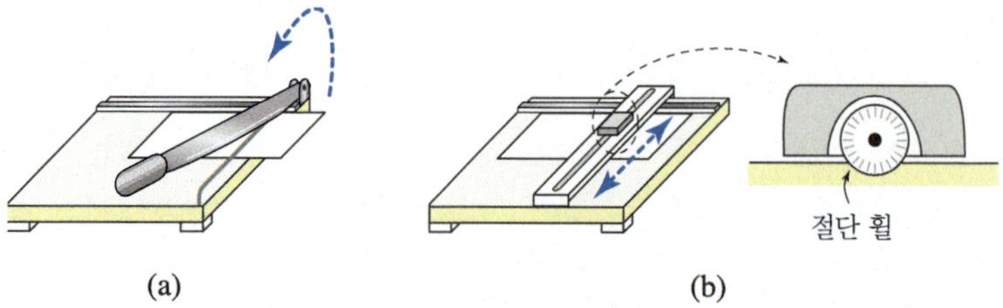

그림 P3.21 두 대의 탁상용 종이 절단기.

불행히도 설계에서 종종 간과되곤 하는 지극히 중요한 양상은, 애초 의도하지 않은 용도로 구조물, 기계, 기계장치 등을 사용하는 것을 예견하고 고려하여야 하는 것이다. 기계를 악의적으로 남용하는 것까지도 때로는 고려해야 할 필요도 있지만, 여기서는 어떤 업무를 마치기 위해 제품의 한계까지 밀어붙이는 좋은 의도의 사용자에게 관심이 있다. 예를 들어, 타이어를 교환하기 위해 자동차를 들어 올리는 잭을 설계한다고 가정하자. 잭의 용량이 9000 N으로 설계되어 있더라도, 분명 어떤 사람은 9000 N 이상의 자동차를 들어 올리려고 할 것이다. 오차를 고려하여 9000 N에 어느정도의 여유분을 더한 값보다 더 큰 용량으로 설계할 필요까지는 없지만, 주요한 문제는 그 이상을 들어 올리려고 할 때 어떤 결과가 초래하는가 하는 것이다. 잭이 부서져서, 자동차가 떨어지고, 심하면 사람이 다칠 것인가, 아니 덜 치명적인 결과가 되도록 설계할 수 있는가?

본인의 상상력과 창의력이 아무리 풍부하다 할지라도, 다른 공학자, 과학자, 전문가, 그리고 일반인과의 사이에 구두나 서면으로 효과적인 의사소통을 하지 못하면, 그 아이디어가 영향을 주기 힘들 것이다. 설계 및 해석 작업은 문서화하여 보관하여야 한다. 설계가 어떻게 행해졌는가를 본다든지, 제품 수정이나 특허출원을 한다든지, 그 외의 여러 행위를 하는데 있어 이러한 정보는 차후 본인 자신이나 다른 사람에게 필요할 것이다. 공학자에 대한 기대는 상당히 높으므로 업무를 착오 없이 수행하고, 보다 높은 수준의 윤리관과 전문성을 가지고 행동해야 한다.

질점의 평형 관련 설계문제

이 절의 문제를 다룰 때, 본인이 어떤 공학자의 관리 아래서 인턴으로 고용되었다고 가정하라. 그리고 설계에 대한 기획을 하거나, 이제 막 시작된 설계에 대한 상세 부분을 추가하라는 지시를 받았다고 상상하라. 그는 독자의 지식수준에 맞는 문제를 적절한 자료와 함께 제시할 것이다. 그러나 교과서에 나오는 대부분의 숙제와 달리, 제공된 정보는 완전하지 않을 수 있으며, 할 일에 대한 모든 것이 다 지시되지 않을 수도 있다. 이렇게 하는 것은 문제를 일부러 모호하게 하려고 하는 것이 아니라, 실제 상황에서 설계와 모델링이 어떻게 실시되는지를 반영하고자 하는 것이다. 전형적으로, 설계는 어떤 것을 이루려는 착상이나 욕망으로 시작된다. 필요로 하는 정보와 수행해야 할 해석 작업은 종종 시작 시에는 모르지만, 설계와 해석이 진행함에 따라 드러난다. 이 절에 있는 문제는 이러한 철학으로 제시되어 있으므로, 합당한 가정을 하고 본인 스스로 필요한 정보를 찾아야 할 필요가 있다. 최종 작품은 공학자가 읽기에 알맞은 짧은 기술보고서로 귀결되어야 하며, 여기에는 설계, 가정 등이 제시되어 있어야 한다. 이 교재의 부록 A에 도움이 될 수 있도록, 기술적인 작문에 대한 간단한 설명이 있다.

강철 케이블, 막대, 그리고 파이프의 강도

이 절에는 강철 케이블, 막대, 그리고 파이프와 관련된 문제가 많다. 이 문제에 표 3.1–3.3의 허용하중을 사용하라. 이 표는 하중이 가해지고 제거되는 것이 여러 번 반복되는 상황에서 일반적으로 적용할 수 있는 값들을 보여준다.

표 3.2 원형 강철막대의 허용하중. 반복하중을 고려한 안전계수가 포함된 값이다.

강철막대[a]				
SI 단위				
공칭지름	허용 인장하중	허용 압축하중: 다음 중 작은 값[b]		
3 mm	0.85 kN	0.85 kN	또는	$3.9(10)^6$ N · mm²/L^2
6 mm	3.5 kN	3.5 kN	또는	$62(10)^6$ N · mm²/L^2
12 mm	14 kN	14 kN	또는	$1(10)^6$ N · mm²/L^2
18 mm	30 kN	30 kN	또는	$5(10)^6$ N · mm²/L^2
24 mm	55 kN	55 kN	또는	$16(10)^6$ N · mm²/L^2

a 허용 인장하중과 허용 압축하중의 첫째 열은 250 MPa 강의 항복강도에 안전계수를 2로 하여 얻어진 값이다. 허용 압축하중의 둘째 열은 단면의 도심에서 하중을 받는 양단 핀 지지 막대의 이론적 좌굴하중에 안전계수를 2로 하여 얻어진 값이다.
b L은 부재의 길이를 mm로 나타낸 값이다.

표 3.3 표준 강관의 허용하중. 반복하중을 고려한 안전계수가 포함된 값이다.

강관[a]				
SI 단위				
공칭지름	허용 인장하중	허용 압축하중: 다음 중 작은 값[b]		
13 mm	20 kN	20 kN	또는	$6.9(10)^6$ N · mm²/L^2
25 mm	40 kN	40 kN	또는	$36(10)^6$ N · mm²/L^2
28 mm	60 kN	60 kN	또는	$120(10)^6$ N · mm²/L^2
51 mm	85 kN	85 kN	또는	$270(10)^6$ N · mm²/L^2

a 허용 인장하중과 허용 압축하중의 첫째 열은 250 MPa 강의 항복강도에 안전계수를 2로 하여 얻어진 값이다. 허용 압축하중의 둘째 열은 단면의 도심에서 하중을 받는 양단 핀 지지 막대의 이론적 좌굴하중에 안전계수를 2로 하여 얻어진 값이다. 허용하중에 사용된 기하학적 자료는 강구조 매뉴얼(Manual of Steel Construction–Load and Resistance Factor Design, vol. I, American Institute of Steel Construction, 1988)과 이것의 미터 단위 판(1999)에서 얻어졌다.
b L은 부재의 길이를 mm로 나타낸 값이다.

허용하중(*allowable loads*) 또는 **사용하중**(*working loads*)은 부품이 안전하게 지지할 수 있는 힘을 지칭하는데, 이 값은 그 부품의 파단 강도를 **안전계수**(*factor of safety*)로 나

표 3.1 강철 케이블의 허용하중. 반복하중을 고려한 안전계수가 포함된 값이다.

강철 케이블[a]	
SI 단위	
공칭지름	허용하중
6 mm	6 kN
10 mm	13 kN
13 mm	20 kN
16 mm	35 kN
19 mm	50 kN
22 mm	70 kN
25 mm	90 kN

a 6과 10 mm 지름의 케이블은 6 × 9 구조이다; 나머지는 6 × 26 구조이다. 허용하중은 제조자인 Wire Rope Industries, Ltd.에 의해 제공된 Performance Series 620 Rope의 파손하중에 안전계수 5를 사용하여 얻어진 값이다. 풀리와 같이 사용된다면, 적어도 케이블 공칭직경의 34배 이상의 풀리 직경을 사용해야 하며, 51배를 추천한다.

누어 구해진다. 즉,

$$\text{허용하중} = \frac{\text{파단하중}}{\text{안전계수}} \quad \text{또는} \tag{3.23}$$

$$\text{안전계수} = \frac{\text{파단하중}}{\text{허용하중}}$$

이다. 파단하중은 여러 가지 방법으로 정의될 수 있다. 어떤 적용분야에서는, 부재가 부서지거나 파열되는 하중인 반면, 다른 적용분야에서는 부재가 항복하기 시작하거나(즉, 영구변형을 일으키기 시작하거나) 제대로 작동하지 못하기 시작하는 하중일 수 있다. 안전계수는 하중과 강도의 불확실성, 파손이 초래하는 결과 및 그 외의 다른 걱정들을 고려하는데 도움이 된다. 안전계수를 결정하기 위해서는 여러 가지 결정을 내릴 필요가 있다. 때로는 적절한 안전계수를 그 부품의 제조자가 추천하기도 하는데, 제조자가 제공하는 허용하중 자료에 반영되어 있거나 산업계의 표준이나 설계 코드에 명시되어 있을 수 도 있다. 때로는 설계자 자신이 그 결정을 내려야 할 수도 있다. 적절한 안전계수를 결정하는 것은 문제에 따라 달라지고, 산업계나 정부의 표준이 있으면 이것을 사용하도록 요구받을 수도 있다. 이것의 사용은 자발적이라 할지라도, 최소 기준으로 맞추는 것이 분명히 현명하다. 표 3.1−3.3의 자료들은 실제 적용에 안전하고 합리적이지만, 특정 적용분야에는 보다 엄격한 안전을 요구할 수 있다. 그러나 과도한 안전계수는 부품의 크기를 키우는 효과를 가져와, 비용이 증대되고 성능을 떨어뜨릴 수 있기 때문에 무분별하게 사용해서는 안 된다.

케이블, 막대, 파이프는 인장력을 지지할 수 있고, 표 3.1−3.3에 나열된 허용 인장하중을 초과하여 사용해서는 안 된다. 파이프와 막대는 다음과 같이 압축력도 지지할 수 있다. 부재의 길이가 짧으면, 허용 압축하중은 허용 인장하중과 비슷하거나 같다. 그러나 부재가 길면, 좌굴에 의해 파손될 수 있다. 좌굴에 취약한 정도는 길이의 증가에 따라 급격히 증가한다. 그러므로 막대와 파이프에 대한 허용하중은 표 3.2와 3.3에 나열된 두 개의 값 중에서 작은 것이다. 이 표들에서, 좌굴하중은 부재 길이의 제곱에 반비례함을 알 수 있다. 막대와 파이프가 압축력을 받고 있을 때는, 허용하중을 결정할 때 주로 좌굴에 대한 고려가 지배적인 역할을 한다. 좌굴은 6장에서 보다 자세히 설명되어 있다.

때로는 와이어 로프라고 부르는 케이블은 복잡한 복합 구조물인데, 와이어를 꼬아 만든 줄을 여러 가닥으로 합쳐 다시 꼬아 만든 것인데, 때로는 유연성이나 성능을 증가시킬 목적으로 이종재료로 된 중심부가 있을 수도 있다. 케이블은 다양한 목적을 위해 매우 많은 종류의 재료, 크기, 구조로 만들어진다. 풀리에 사용되는 케이블은 정적인 구조용 인장 부재로만 사용되는 곧은 케이블에 비해 훨씬 심각한 하중을 받는다. 케이블이 풀리 주위에 감겨있을 때, 매우 큰 굽힘 하중을 받게 되므로, 풀리의 직경이 매우 작으면 케이블의 수명은 상당히 감소된다. 표 3.1에 표시된 허용하중은 아주 일반적인 구조용 강철 케이블에 대한 것이며, 곧은 케이블의 파단에 안전계수 5를 사용한 것이다. 이 하중은 풀리와 같이 사용될 때도 적용할 수 있으며, 이때 풀리 직경이 적어도 케이블 공칭 직경의 34배 이상이 되어야 하며, 51배를 추천한다. 그러나 이 안전계수도 아주 여유가 있는 것은 아니다. 안전계수를 더 높여 적용할 때도 많다. 예를 들어, 승객용 엘리베이터에는 적어도 10 이상의 안전계수가 사용된다.

예제 3.9 공학설계

그림 1과 같이 두 개의 교통신호등을 수평 간격을 유지하면서 도로 위 5.8 m의 동일한 높이에 매다는 케이블 설치 설계를 하고자 한다. 지지하는 기둥의 높이는 6.7 m이다. 강철 케이블을 기둥에 고정시키는 위치 h_1과 h_2를 결정하라. 그리고 두 교통신호등의 무게를 안전하게 지지할 수 있는 단일 강철 케이블의 지름을 표 3.1에서 선정하라.

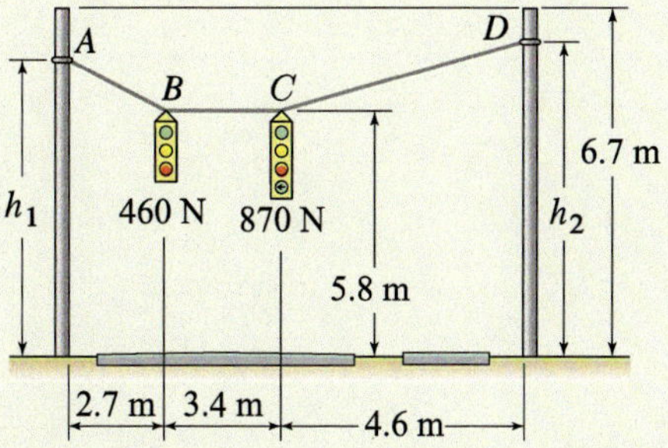

그림 1

풀이 SOLUTION

로드맵 h_1과 h_2의 값은 5.8과 6.7 m 사이에서 가능하다. 또한 이 값들은 독립적이지 않다. 즉, h_1과 h_2에 대하여 특정한 값들을 가정하면, 두 신호등은 5.8 m의 동일한 높이에서 평형상태로 있지 못한다. h_1에 대해 특정 값을 가정하면, 평형방정식에 의해 h_2를 결정할 수 있고, 그 반대도 사실이다. 이 문제의 경우, 케이블 설치비용은 작아서 큰 문제가 아니고, 설계상의 우선 순위는 주로 기능적인 목표에 의해 좌우된다. h_1과 h_2를 가능한 크게 하는 장점은 케이블의 장력이 작아진다는 것이다. 그러나 이때 그림 1의 배치에서 생각해보면, 주로 바람에 의해 공기역학적으로 발생된 힘 때문에 신호등은 수직방향으로 진동하고, 이때 하나는 위로 다른 하나는 아래로 요동할 것으로 예상된다. 반대로, h_1과 h_2의 작은 값을 선택하면 케이블 길이가 짧아지고 상하운동의 진폭은 최소화된다. 따라서 초기 설계로 $h_2 = 6.1$ m를 선택한다.

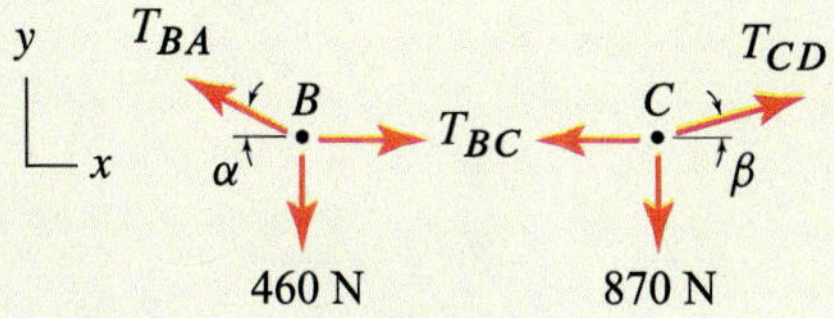

그림 2 점 *B*와 *C*의 자유물체도.

모델링 케이블의 무게를 무시하면 FBD는 그림 2와 같다.

지배방정식과 계산 점 *C*에 대한 평형방정식은

$$\sum F_y = 0: \qquad T_{CD}\sin\beta - 870\text{ N} = 0 \tag{1}$$

$$\sum F_x = 0: \qquad -T_{BC} + T_{CD}\cos\beta = 0 \tag{2}$$

이고, 이때

$$\cos\beta = \frac{4.6\text{ m}}{\sqrt{(4.6\text{ m})^2 + (h_2 - 5.8\text{ m})^2}} = 0.9979 \tag{3}$$

$$\sin\beta = \frac{h_2 - 5.8\text{ m}}{\sqrt{(4.6\text{ m})^2 + (h_2 - 5.8\text{ m})^2}} = 0.0651 \tag{4}$$

이다. 식 (1)과 (2)를 풀면 다음을 얻는다.

$$T_{CD} = 13364\text{ N} \tag{5}$$

$$T_{BC} = 13336\text{ N} \tag{6}$$

점 B에 대한 평형방정식은

$$\sum F_y = 0: \qquad T_{BA}\sin\alpha - 460\text{ N} = 0 \tag{7}$$

$$\sum F_x = 0: \qquad -T_{BA}\cos\alpha + T_{BC} = 0 \tag{8}$$

이고, 이 식들을 풀면

$$\tan\alpha = \frac{460\text{ N}}{T_{BC}} \quad \Rightarrow \quad \alpha = 1.98° \tag{9}$$

$$T_{BA} = 13344\text{ N} \tag{10}$$

이다. 그림 1의 배치에서,

$$\tan\alpha = \frac{h_1 - 5.8\text{ m}}{2.7\text{ m}} \tag{11}$$

이고, 따라서 $h_1 = 5.89$ m이며, 이 값은 최대 허용치 6.7 m보다 작다.

적당한 케이블을 선장하기 위해, 케이블의 최대 인장력은 구간 CD에서 13364 N임을 주목하라. 따라서 표 3.1을 찾아보면 케이블 장력은 10 mm 케이블의 허용하중 13 kN 보다 큰 13364 N 이므로, 지름 13 mm의 크기를 선택한다. 초기 설계의 결과를 요약하면 다음과 같다.

$$T_{BA} = 13344\text{ N},\quad T_{BC} = 13336\text{ N},\quad T_{CD} = 13364\text{ N}, \tag{12}$$

$$h_1 = 5.89\text{ m},\quad h_2 = 6.1\text{ m},\quad \text{케이블지름} = 13\text{ mm} \tag{13}$$

논의 및 검증 초기 디자인의 케이블 장력은 매우 크다. 이 값도 채택 가능하지만, 지지하는 기둥이 이 힘을 받을 수 있는가 의문이 들 수 있다. 게이블 지지 기둥 자체는 충분히 강하다 하더라도 기둥을 지지하는 지반은 그렇지 않을 수 있다는 것에 주의하라. 이러한 사항들은 지금 주어진 정보와 해석 능력을 벗어난다. 그럼에도 불구하고, $h_2 = 6.4$ m로 가정하여 재설계하면 다음 결과를 얻는다.

$$T_{BA} = 6688\text{ N},\quad T_{BC} = 6672\text{ N},\quad T_{CD} = 6729\text{ N}, \tag{14}$$

$$\boxed{h_1 = 5.98\text{ m},\quad h_2 = 6.4\text{ m},\quad \text{케이블지름} = 10\text{ mm}} \tag{15}$$

비록 주관적인 결정이지만, 지지 기둥이 받는 힘이 상당히 낮아지기 때문에 식 (15)의 설계가 식 (13)의 것에 비해 낫다.

설계를 완성하기 위해, 부록 A의 지침을 따라서 적절한 정보 모두를 요약한 짧은 기술 보고서를 작성한다. 이 보고서는 적절하고, 간단하고 읽기 쉬운 언어로 되어야 한다. 그림도 주요한 치수와 함께 포함되어야 한다. 설계에서 고려된 목표, 제한 조건 및 최종 설계에 도달하기까지의 과정을 논의해야 한다, 식 (1)−(11)과 같은 자세한 계산 과정은 보고서의 본문에 포함되지 않고 부록에 포함되어야 한다. 교통신호등을 세우는데 당장 이 보고서를 사용할 뿐 아니라, 향후의 참고를 위해 이 보고서를 보관하여야 한다.

예제 3.10 공학설계

대형 건설회사가 그림 1과 같이 자사 보유 트럭의 후면에 60 L 용량의 플라스틱 냉각수조를 설치하려고 한다. 그림 2에 나타난 모델을 사용하여 높이 h와 부재 AB, AC, 그리고 AD에 사용할 원형 강철막대의 지름을 결정하도록 상급자로부터 지시가 내려졌다. 5장에서 설명될 개념을 사용하면, 훨씬 세련된 모델도 가능하지만, 그림 2의 모델도 이 설계문제에는 유용하다. 이 모델에서 하중 P는 수직이고 부재 AB는 y 축에 평행하다. 동적인 힘을 근사적으로라도 고려하기위해 수조 무게의 2배의 하중을 받을 수 있도록 하고, 표 3.2의 허용하중을 사용하도록 상급자로부터 지시를 받았다.

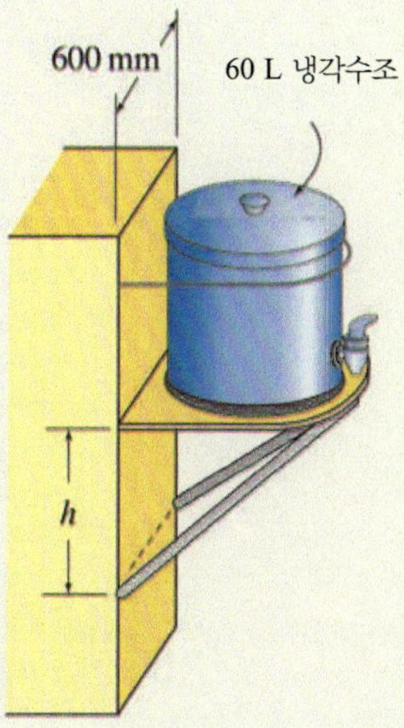

그림 1

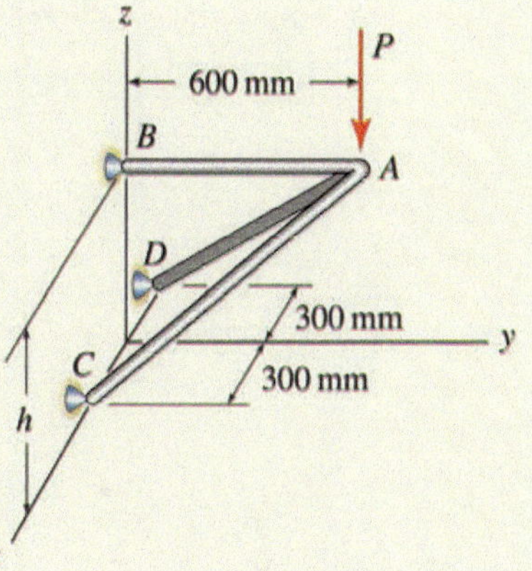

그림 2 그림 1의 냉각수조에 대한 모델.

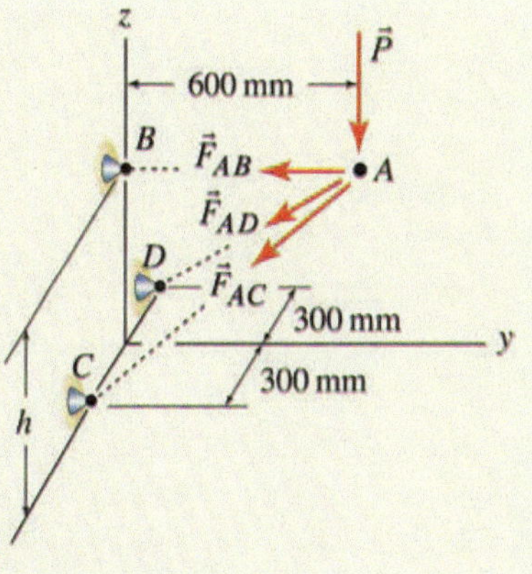

그림 3 점 A에 대한 자유물체도.

풀이 SOLUTION

로드맵 이 문제에서 가장 소홀하게 정의된 부분은 냉각수조의 지지대가 받는 하중이다. 따라서 하중의 크기에 대한 가정을 하여야한다. 그 외에, 다른 하중조건도 고려할 필요가 있으며, 설계는 이 모든 것에 대해 안전해야 한다. 결국 이 설계문제의 답은 유일하지 않다. 다시 말하자면, 유일한 h 값은 없다. 오히려 몇 개의 변수에 대하여 합리적인 값을 가정하여, 이것을 기초로 다른 것들을 계산할 필요가 있다.

모델링 가득찬 냉각수조의 물의 무게는 다음으로 구해진다.[14)]

$$W = \underbrace{1000\,\frac{\text{kg}}{\text{m}^3}}_{\rho}\;\underbrace{60\,\text{L}\,\frac{(0.1\,\text{m})^3}{\text{L}}}_{V}\;\underbrace{9.81\,\frac{\text{m}}{\text{s}^2}}_{g} = 589\,\text{N} \qquad \text{식 (1)}$$

다음에, 위의 값에 수조 자체의 무게를 고려하기 위해 60 N을 우리의 판단으로 더한다. 따라서 지지해야 할 전체 무게는 589 N + 60 N = 649 N이다.

무게를 두 배(또는 다른 배수 값)로 취하는 것은 트럭이 도로의 범프를 지나갈 때 발생되는 관성력을 고려하기 위해, 정확하지는 않지만 자주 쓰는 방법이다. 따라서 근사적 하중값 P = 1300 N을 얻는다. 이 하중으로 설계를 계속하기 전에 하중 상황에 대하여 다른 가능성을 고려해야 한다. 예를 들면, 냉각수조가 제거되면 지지대는 작업자가 트럭을 오르내릴 때 계단으로 편리하게 사용할 수도 있다. 예를 들어 890 N의 몸무게를 가진 사람을 생각하라. 트럭이 주행하면서 범프를 지나갈 때 지지대 위에 사람이 서있을 가능성은 거의 없으므로, 이 값을 앞에서와 같이 증가시킬 필요는 없다. 사람의 몸무게가 앞서 구해진 힘보다 작으므로, P = 1300 N을 사용하여 설계를 계속할 것이다.

h가 작으면 부재의 힘은 커지는 반면, h가 크면 이 값은 감소한다. 그러나 표 3.2의 허용하중에 의하면, 압축 허용하중은 부재의 길이 증가에 따라 급격히 감소한다. 그러므로 초기 설계 값으로 h = 250 mm를 선택하고, 이 경우 부재 AB, AC의 길이는 716 mm이다.

점 A에 대한 FBD는 그림 3에 있다.

14) 1 리터(1 L)는 수은주 760 mm의 압력에서 4 ℃의 순수한 물의 체적으로 정의된다. 그러나 실제로는 1 L = 1000 cm^3 = 0.001 m^3의 변환식을 0.003 % 이하의 오차범위 내에서 사용할 수 있다.

지배방정식 힘에 대한 벡터 표현은

$$\vec{P} = 1300\,\mathrm{N}\,(-\hat{k}) \tag{2}$$

$$\vec{F}_{AB} = F_{AB}\,(-\hat{\jmath}) \tag{3}$$

$$\vec{F}_{AC} = F_{AC}\frac{300\hat{\imath} - 600\hat{\jmath} - 250\hat{k}}{716} \tag{4}$$

$$\vec{F}_{AD} = F_{AD}\frac{-300\hat{\imath} - 600\hat{\jmath} - 250\hat{k}}{716} \tag{5}$$

이다. $\sum \vec{F} = \vec{0}$을 쓰고, x, y, z 방향으로 항을 분류하면 다음의 연립방정식을 얻는다.

$$F_{AC}\frac{300}{716} + F_{AD}\frac{-300}{716} = 0 \tag{6}$$

$$F_{AB}(-1) + F_{AC}\frac{-600}{716} + F_{AD}\frac{-600}{716} = 0 \tag{7}$$

$$F_{AC}\frac{-250}{716} + F_{AD}\frac{-250}{716} = 1300\,\mathrm{N} \tag{8}$$

계산 식 (6), (8)을 풀면, F_{AC}와 F_{AD}를 얻는다.

$$F_{AC} = -1861.6\,\mathrm{N} \qquad F_{AD} = -1861.6\,\mathrm{N} \tag{9}$$

식 (9)를 식 (7)에 대입하면 F_{AB}는 다음과 같다.

$$F_{AB}(-1) - 1861.6\left(\frac{-600}{716}\right) - 1861.6\left(\frac{-600}{716}\right) = 0$$

$$F_{AB} = 3120\,\mathrm{N} \tag{10}$$

이 하중들을 지지하기에 알맞은 부재를 선정하기 위해 표 3.2를 참고한다. 부재 AB의 인장하중에는 지름 6 mm 이상의 막대가 가능하다. 부재 AC와 AD의 압축하중을 위해 6 mm 막대의 적격성을 확인한다. 이 막대가 지지할 수 있는 최대 압축력은 3500 N과 $62(10)^6\ \mathrm{N}\cdot\mathrm{mm}^2/L^2 = 62(10)^6\ \mathrm{N}\cdot\mathrm{mm}^2/(716\ \mathrm{mm})^2 = 120.9\ \mathrm{N}$의 둘 중 작은 값에 해당한다. 따라서 이 막대는 적격하지 않다. 다음 크기의 막대는 12 mm의 지름을 가지고 있다. 이것이 허용하는 최대 압축력은 14 kN과 1.95 kN 둘 중 작은 값이다. 따라서 부재 AC와 AD로는 이 막대가 적격이다.

논의 및 검증 지금까지의 설계 결과는 다음을 요구한다.

$h = 250$ mm

부재 AB: 지름 6 mm 또는 그 이상의 강철막대 사용 (11)

부재 AC와 AD: 지름 12 mm 또는 그 이상의 강철막대 사용

제작의 용이함을 위해 세 부품 모두 동일한 크기의 막대 사용을 추천한다. 따라서 12 mm 또는 더 큰 막대를 사용한다. 먼저, 직경 12 mm 보다 더 큰 막대를 사용하는 것이 안전에 대하여 보증이 되는가를 생각해본다. 이것은 설계를 할 때, 안전계수에 더 큰 값을 사용하는 것과 유사하므로 이 경우 불필요하다. 왜냐하면 막대의 허용하중과 구조물이 받는 힘에 이미 충분한 안전계수가 사용되었기 때문이다. 더구나 냉각수조의 전체 무게를 점 A에 작용시켰는데, 실제로는 이 무게의 일부분은 점 B에도 가해진다.

최종적인 설계 결과를 요약하면 다음과 같다.

$h = 250$ mm

부재 AB, AC, 그리고 AD: 지름 12 mm의 강철막대 사용 (12)

부록 A에 제시된 지침에 따라 간략한 보고서를 준비하여 이 일을 완성하도록 한다.

설계 문제

일반적 지시사항 강철 케이블, 막대, 파이프의 크기의 결정을 요구하는 문제는, 표 3.1–3.3에서 선정이 되어야 한다. 모든 문제에 대하여 부록 A의 지침에 따라 관련된 모든 정보를 체계적으로 요약하는 간략한 보고서를 작성하라. 보고서는 다른 공학자가 알기 쉽게 적절하고 간단한 언어로 작성되어야 한다. 적절한 곳에 주요부위의 치수와 함께 그림이 포함되어야 한다. 설계에서 고려된 목표와 제한조건, 최종 설계를 도출하는데 사용된 과정, 필요하면 안전에 관한 쟁점 등도 기술하라. 본론 부분은 타이핑해야하고, 필요하다면 그림은 컴퓨터로 그리거나 손으로 깨끗이 그려야 한다. 보고서의 본론 부분에서 참고할 수 있도록 부록에 모든 보조 계산을 첨부하라. 보고서의 양은 부록 외에 몇 장으로 충분하다.

설계문제 3.1

상업용 제빵 작업에서 재료의 무게를 신속히 측정하는 저울이 그림에 나타나 있다. 먼저 빈 용기가 저울에 놓여진다. 전기 접촉이 점 A에서 일어나 용기의 내용물이 미달임을 표시하는 빛을 낸다. 밀가루 등의 제빵용 재료를 용기에 조금씩 넣으면 충분한 양이 채워졌을 때 점 A의 접촉이 떨어진다. 너무 많으면 B에서 접촉이 일어나 초과임이 표시된다. 내용물의 무게를 80 N ±1 N로 하려고 할 때, h와 d의 치수, 스프링 강성 k, 그리고 스프링의 원래 길이 L_0의 값을 정하라. 용기와 그것을 놓는 받침대의 질량 합은 2.2 kg이다. 가이드 또는 기구장치에 의해 용기를 놓는 저울대는 항상 수평으로 유지된다고 가정하라.

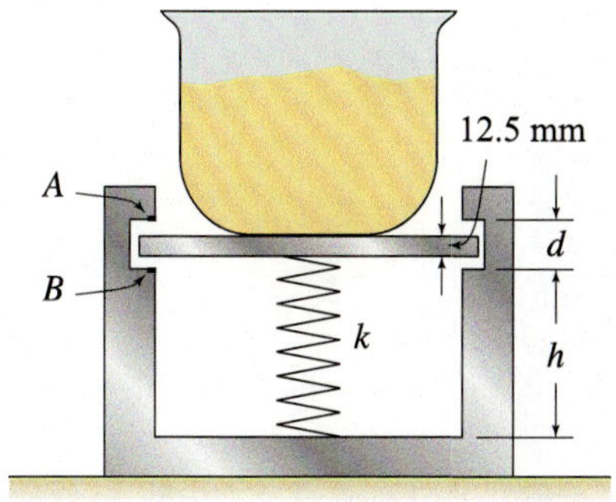

그림 DP3.1

설계문제 3.2

그림은 식당의 셀프 셀러드 바의 접시 수납 장치를 나타낸다. 접시를 접시 더미 위에 쌓거나 들어낼 때, 접시가 항상 테이블의 위판에서 약 60 mm로 올라오도록 스프링 힘과 강성이 맞춰져야 한다. 접시 하나의 질량이 0.509 kg이고, 받침대 A 또한 0.509 kg의 질량을 가질 때, 스프링의 강성 k와 원래 길이 L_0를 결정하라. 스프링의 코일이 서로 접촉하지 않고 최대로 압축되는 변형량은 원래 길이의 40%라고 가정하라. 수납할 수 있는 접시의 개수도 명시하라. 지지대 A가 항상 수평을 유지하도록 가이드나 다른 기구장치가 수납 장치에 있다고 가정하라.

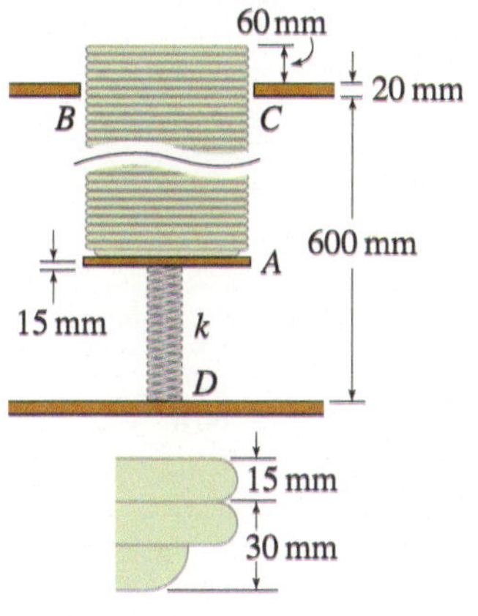

그림 DP3.2, DP3.3

설계문제 3.3

설계문제 3.2에서 스프링은 더 많은 접시를 수납할 수 있는 귀중한 공간을 차지하고 있다. 설계문제 3.2를 다시 풀되, 더 많은 접시를 수납할 수 있도록, 하나 이상의 스프링과 조합하여 케이블 및 풀리를 사용하는 새로운 장치를 설계하라. 풀리, 케이블, 스프링은 표면 A, B, C, D에 고정할 수 있다. 스프링의 코일이 서로 접촉하지 않고 최대로 압축되는 변형량은 원래 길이의 40%라고 가정하라.

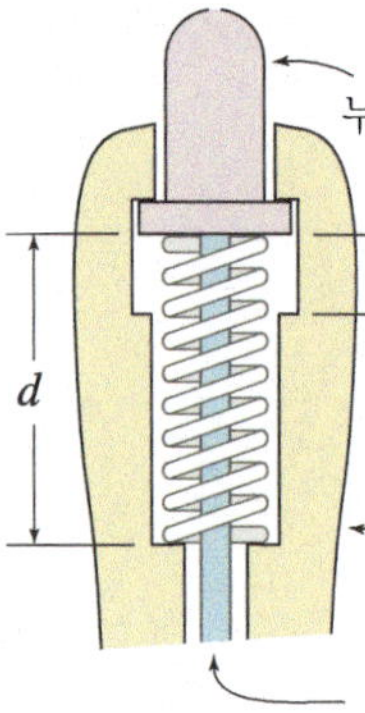

그림 DP3.4

설계문제 3.4

그림은 볼펜의 누름단추의 단면이다. 누름단추를 밀었다가 놓으면 잉크 카트리지를 전진시켜 펜을 사용할 수 있게 된다. 한번 더 누름단추를 밀었다가 놓으면 잉크 카트리지를 후퇴시켜 펜을 보관할 수 있게 된다. 잉크 카트리지를 전진 또는 후퇴시키는 기구장치는 나타나 있지 않다. 펜의 스프링을 설계하되 스프링 강성 k(단위: N/mm), 스프링의 원래 길이 L_0, 치수 d와 t(L_0, d, t의 단위: mm)를 명시하라. 스프링의 코일이 서로 접촉하는 것을 방지하기 위해, 스프링은 원래 길이의 50% 이상으로 압축되지 않아야 한다.

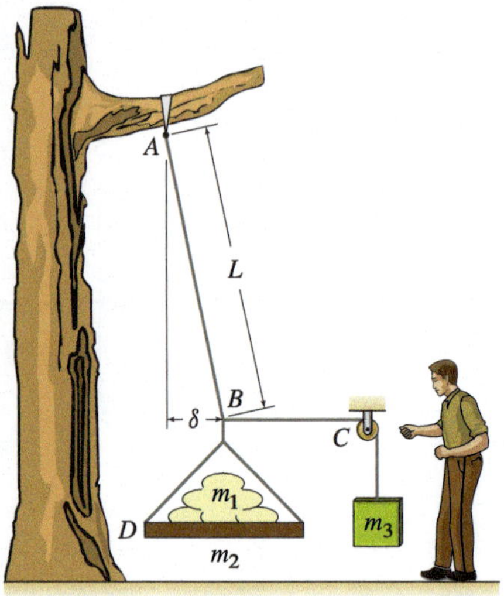

그림 DP3.5

설계문제 3.5

도움을 필요로 하는 가난한 나라에서 본인이 평화봉사단으로 일한다고 가정하자. 본인의 업무는 대량의 음식이나 건축재료 등의 무게를 잴 수 있는, 간단하면서도 정확한 저울을 설계하는 것이다. 가능성 있는 착상은 케이블 AB에 의해 지지되는 적재 저울대 D를 사용하는 것인데, 케이블의 한쪽 끝 A는 큰 나무가지에 걸려있다. 저울대 D에 적재한 후 질량 m_3 를 가하면, 점 B가 작은 거리 δ 만큼 수평으로 움직이고 이것은 막대자로 측정된다.

가정:

m_2 = 적재 저울대의 질량 = 45 kg

m_1 = 측정할 재료의 질량 ≤ 225 kg

케이블 BC는 수평이다.

풀리 C는 마찰이 없다.

다음의 제원을 정하라.

L = 케이블 AB의 길이, 3 m ≤ L ≤ 4.5 m

m_3 = 평형추의 질량, m_3 ≤ 18 kg

결정된 L과 m_3의 값에 대하여, W_1과 δ를 각각 수직과 수평축으로 하는 그래프를 그려라. δ를 측정하면, 사용자는 그래프에서 질량 m_1을 알 수 있다.

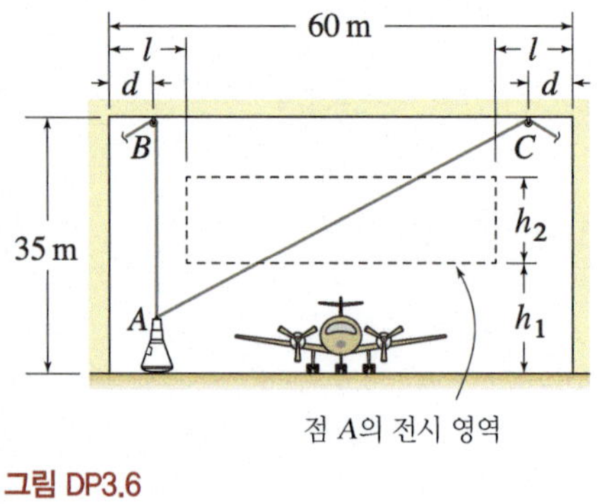

그림 DP3.6

설계문제 3.6

항공기 박물관의 전시장은 폭이 60 m이고 높이가 35 m이다. 새로운 전시물인 머큐리 우주선 캡슐을 매달기 위해 케이블 계를 설계하고자 한다. 이 케이블 계에 의해 점 A(두 케이블에 캡슐이 고정되어 있는 위치)는 그림 DP3.6에 표시된 전시 영역의 최종 위치로 천천히 옮겨진다. 케이블 계는 충분히 튼튼하여 파단에 대한 안전계수가 캡슐이 옮겨지는 동안에는 최소 5이고, 캡슐이 영구적인 전시 위치에 있는 동안에는 최소 10이어야 한다. 옮겨지는 동안 일반에게 전시되지 않으므로, 옮기는 과정의 안전계수는 최종 안전계수보다 작을 수 있음에 주목하라. 해석 시에 B와 C의 풀리 크기는 무시해도 좋다. 최소 케이블 지름을 선정하고 치수 d, l, h_1, h_2를 명시하라.

설계문제 3.7

만능기둥이 그림과 같이 꼭대기에서 최대 2200 N의 수평력을 가하는 줄을 지지한다. 기둥의 한쪽 끝 A를 땅에 파묻지만, 평면내의 거동을 위해 이 지지점을 핀으로 이상화하는 것이 보수적인 설계이다. 따라서 기둥이 지지하는 순수한 힘은 기둥의 축 방향이다. 기둥이 혼잡한 지역에 위치한다는 것을 고려하여 기둥을 지지하는 시스템을 설계하라. 강철 케이블 또는 강관을 설계에 사용하라. 어떤 부재들을 사용하든, 만능기둥에는 고리볼트 C의 위치에 오직 하나의 부재만 고정되어야 한다. 사용할 고리볼트의 크기를 결정하라(필요하다면, 2.2절의 하중계수에 대한 정의를 보라). 설계할 지지계는 이웃한 건물, 인도, 도로에 고정되지 않아야 한다. 인도의 보행자에 대한 안전이 고려되어야 한다.

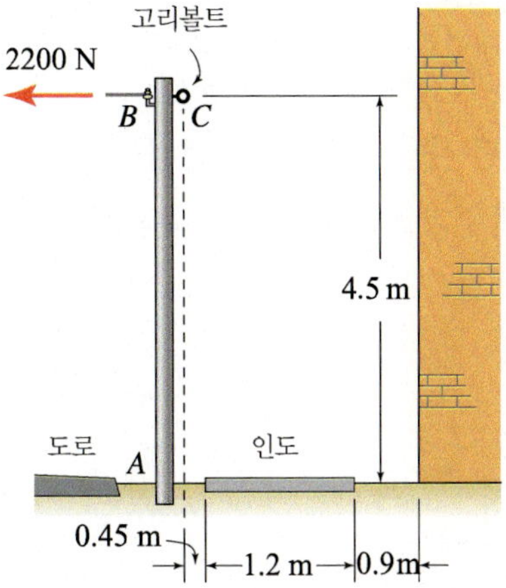

고리볼트의 사용하중

공칭치수	몸체에 평행한 사용하중
19 mm	2160 N
25 mm	5400 N
37.5 mm	21600 N
50 mm	38250 N
62.5 mm	80100 N

θ	사용하중 계수
0°	100%
30	60%
45	33%
90	20%

그림 DP3.7

설계문제 3.8

강한 유속의 조그만 강을 건너는 나룻배를 설계하고자 한다. 나룻배는 엔진이 없고 강철 케이블 $ABCA$로 지지된다. 케이블은 B에서 윈치에 감겨있어 미끄러지지 않으며 C에서 마찰이 없는 풀리 주위를 지나간다. 케이블의 양쪽 끝은 나룻배 A에 고정되어 있다. 강물이 나룻배에 작용하는 힘은 강의 한복판에서 가장 강하고 강둑에서 가장 약하며, $F(x) = (4\text{ kN})[1 + \sin(\pi x/98\text{m})]$로 주어진다. 윈치는 나룻배를 천천히 움직이므로 F와 케이블 장력 외의 힘은 평면내에 존재하지 않는다. 케이블 $ABCA$에 요구되는 지름을 결정하라. 또한 나룻배의 소유주는 케이블 장력이 최대로 되는 위치 x를(± 몇 미터 이내로) 알기를 원한다.

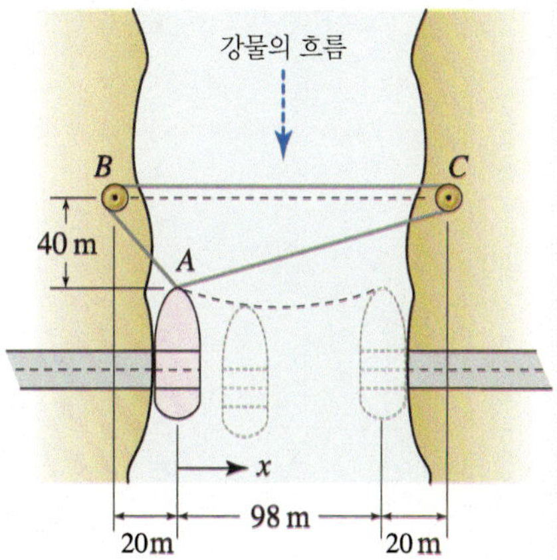

그림 DP3.8

설계문제 3.9

어떤 기업체가 픽업 트럭에 장착할 수 있는 호이스트를 설계하고자 한다. 호이스트의 크기는 트럭의 적재함의 사용 가능한 공간에 의해 대부분 결정된다. 호이스트는 두 개의 강관 *AC*와 *AD*, 그리고 두 개의 케이블 *AE*와 *FABA*로 구성되어 있다. 호이스트는 최대 1800 kg을 들 수 있어야 한다. 다음을 구하라.

강철 로프 *FABA*의 지름,
강철 로프 *AE*의 지름,
강관 *AC*와 *AD*의 지름,
윈치 *F*의 토크 용량(케이블 *FABA*가 지지하는 힘에 150 mm를 곱한 것과 같다.)

케이블 *AB*는 수직이고 적재함은 수평이라 가정하라. 비록 호이스트의 용량을 최대 1800 kg으로 설계하려고 하지만, 분명 어떤 사용자는 이 값을 초과하여 들어 올리려고 할 것이다. 보고서에서 이러한 시도는 어떤 결과를 초래하는지를 논의하고, 구해진 제원에 대해 이 가능성이 어떻게 처리되는지 기술하라.

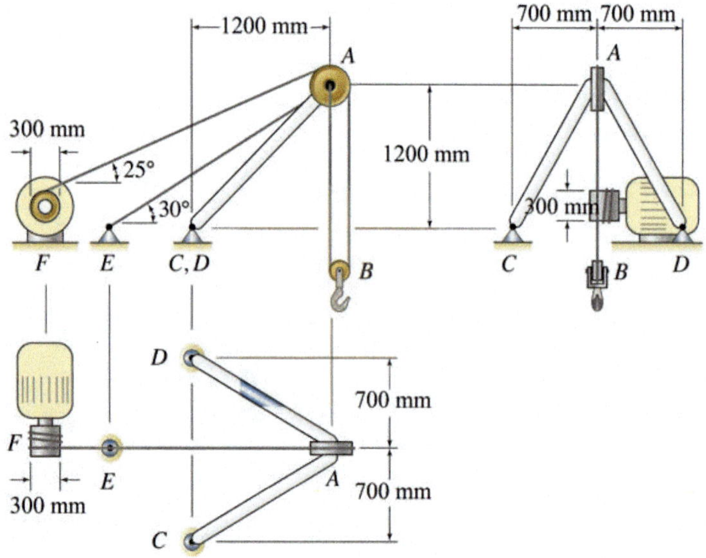

그림 DP3.9

설계문제 3.10

하나의 막대와 케이블로 구성된 계를 설계하여 점 *A*에 무게 *W*를 매달고자 한다. 무게 *W*를 다루어 위치를 조정하기 위해 *W*의 10%의 힘을 수평으로 점 *D*에 가한다. $W = 5$ kN 일 때, 다음을 명시하라.

- 치수 *d*와 *h*, 여기서 $d \le 1.0$ m이고 $h \le 1.4$ m
- 강철 로프 *AB*와 *AC*의 지름
- 강관 *AO*의 지름

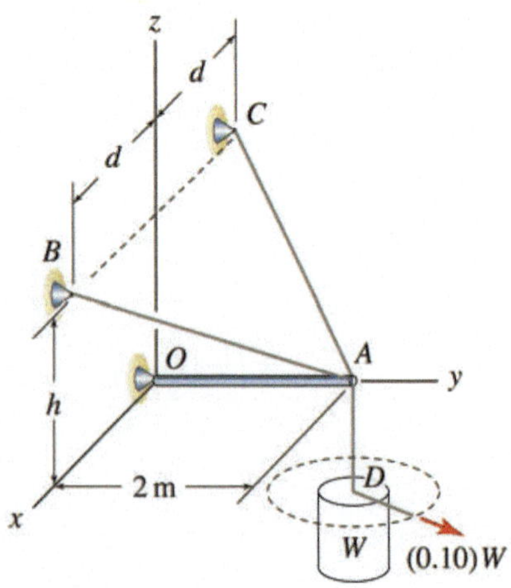

그림 DP3.10

설계문제 3.11

25 m 높이의 라디오 방송탑의 케이블 지지계를 설계하라. 지지점 *B*, *C*, *D*의 (탑의 받침에서 측정한)반경과 강철 케이블의 지름에 대한 제원도 설계에 포함되어야 한다.

주의:

- 모든 지지대는 수평인 지면 위에 세워진다.
- ∠BOC = ∠BOD = ∠COD = 120°가 되도록 지지점 *B*, *C*, *D*은 탑의 받침(점 *O*)에서 동일한 반경 *R*에 놓여진다.
- 케이블은 모든 방향에서 오는 최대 $F = 18$ kN의 수평적인 폭풍을 지지하여야 한다.
- 계산시에 케이블의 무게는 무시하라.
- 케이블 중 하나는 언제나 느슨하여 힘을 지지 못한다고 가정하라. 예를 들면, 힘 *F*가 부채꼴(그림과 같이) *CAD*에 놓여 있으면, 케이블 *AB*는 느슨하다.

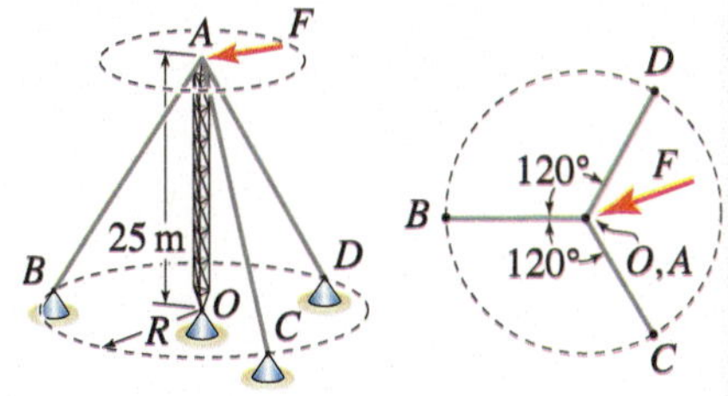

그림 DP3.11

*R*이 작을 때와 비교하여 클 때의 장점과 *R* 값을 어떻게 선정하였는지를 보고서에 기술하라. 케이블 하중을 가장 크게 발생시키는 풍력의 방향 *F*와 이 방향을 어떻게 구하였는지를 서술하라.

3.5 장 복습

이 장에서 설명된 주요한 정의, 개념, 수식들이 요약된다. 명확히 이해되지 않은 수식이나 개념들에 대하여는, 자세한 사항을 위해 인용된 수식의 원래 번호를 참고하라.

질점의 평형 하나의 질점은 다음을 만족할 때 정적 평형(*static equilibrium*)에 있다.

식 (3.20) p. 145

$$\sum \vec{F} = \vec{0},$$

$$\text{또는} \quad \left(\sum F_x\right)\hat{\imath} + \left(\sum F_y\right)\hat{\jmath} + \left(\sum F_z\right)\hat{k} = \vec{0},$$

$$\text{또는} \quad \sum F_x = 0, \qquad \sum F_y = 0, \qquad \sum F_z = 0$$

위 식에서 합은 그 질점에 작용하는 모든 힘들을 포함하여야 한다. 질점들로 구성된 계의 평형에 대하여는, 위의 평형방정식을 각각의 질점에 대하여 적용하고, 결과적으로 얻어진 연립방정식을 푼다.

자유물체도 자유물체도(*free body diagram, FBD*)는 평형방정식을 기술할 때, 질점에 작용하는 모든 힘이 고려되었다는 것을 확실히 하는데 도움을 주는 필수불가결한 보조물이다. FBD를 그릴 때, 이차원에서는 그 질점을 완전히 둘러싸는 폐곡선을, 삼차원에서는 폐곡면을 상상하는 것이 도움이 된다. 절단이 구조물의 부재를 가로지르는 지점에는, 그 부재에 의해 지지되는 힘이 FBD에 반드시 포함되어야 한다. 절단이 지지대를 통과하면, 그 지지대가 질점에 가하는 반력이 FBD에 반드시 포함되어야 한다.

케이블과 막대 케이블과 곧은 막대는 자신의 축과 동일 선상에 있는 힘을 지지하는 구조용 부재이다. 케이블은 인장력만 지지할 수 있고, 풀리에 감겨 있을 때와 같은 경우 자유롭게 구부려진다고 가정한다. 일반적으로 케이블은 무게가 없는 것으로 가정한다. 막대는 인장력과 압축력 둘 다 지지할 수 있다.

풀리 풀리는 케이블의 방향을 바꾸어, 결과적으로 그것이 지지하는 힘의 방향을 바꾸는 장치이다. 풀리의 마찰이 없고 케이블의 무게가 없다면, 케이블 전체에 걸쳐 힘의 크기는 같다.

> **유용한 정보**
> **스프링 법칙의 부호 약속.** 식 (3.18)의 스프링 법칙에 대한 부호 약속은 다음과 같다.
>
> $F_S > 0$ 인장,
> $F_S < 0$ 압축,
> $\delta = 0$ 원래 위치,
> $\delta > 0$ 신장
> $\delta < 0$ 수축

스프링 선형 탄성 스프링(*linear elastic spring*)의 거동이 그림 3.22에 나타나 있으며, 이것은 다음의 스프링 법칙(*spring law*)으로 표현된다.

식 (3.18) p. 134

$$F_s = k\delta$$
$$= k(L - L_0)$$

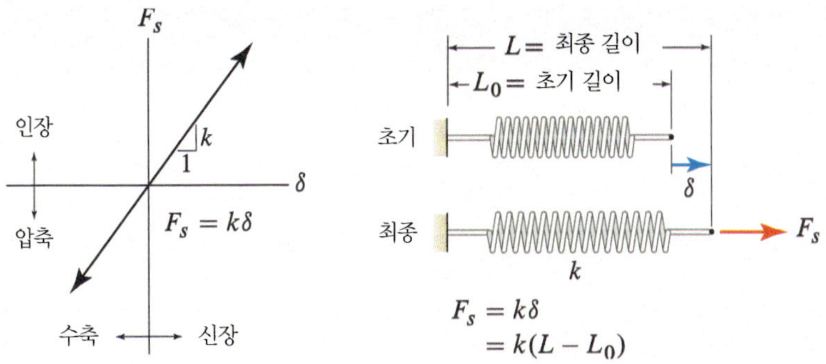

그림 3.22 선형 탄성 스프링의 스프링 법칙

여기서 k는 스프링 강성(단위: 힘/길이)이고, δ는 스프링이 원래 길이에서 늘어난 양이며, L_0는 스프링의 (늘어나지 않은) 원래 길이이고, L은 스프링 최종 길이이다. 스프링에 관한 문제를 풀 때는, 주어진 자료에 따라서 식 (3.18) 중에서 편리한 형태를 사용한다. 이 식들의 규약에 따르면, 양의 F_S 값은 인장력을 표시하고, 양의 δ 값은 신장에 해당한다. 양의 F_S 값이 압축력을 표시하거나, 양의 δ 값이 수축에 해당하는 규약도 가능하지만, 2.2절에 설명된 바와 같이 식 (3.18)의 오른편에 음을 부호를 도입하여야 한다.

x, y, z 이외의 방향으로 힘의 합성 $\vec{r}$ 방향으로 힘을 합할 때, 수식 $\sum \vec{F} = \vec{0}$에 있는 모든 힘을 단위 벡터[15] $\vec{r}/|\vec{r}|$와 내적시켜 다음을 얻는다.

식 (3.22) p. 147

$\vec{r}$ 방향으로 힘의 합

$$\sum F_r = 0: \quad \vec{F}_1 \cdot \frac{\vec{r}}{|\vec{r}|} + \vec{F}_2 \cdot \frac{\vec{r}}{|\vec{r}|} + \cdots + \vec{F}_n \cdot \frac{\vec{r}}{|\vec{r}|} = 0$$

$\sum F_r = 0$을 사용하면, $\vec{r}$에 수직인 힘이 여러 개 있을 때 편리하다.

허용하중 허용하중(*allowable loads*)은 때로는 사용하중(*working loads*)으로 부르며 구조물의 부품이 안전하게 지지할 수 있는 힘을 지칭하며, 다음과 같이 부품의 파단강도를 안전계수로 나누어 얻는다.

식 (3.23) p. 162

$$\text{허용하중} = \frac{\text{파단하중}}{\text{안전계수}}$$

$$\text{안전계수} = \frac{\text{파단하중}}{\text{허용하중}}$$

15) 식 (3.22)의 오른쪽은 영이므로 $\vec{r}$ 방향의 단위 벡터는 필요하지 않으므로, 단지 $\vec{F}_1 \cdot \vec{r} + \vec{F}_2 \cdot \vec{r} + \cdots + \vec{F}_n \cdot \vec{r} = 0$ 만 계산하면 된다.

복습 문제

문제 3.71

케이블과 막대로만 구성된 문제를 생각하라. 하중이 가해지기 전의 구조물 형상에 대하여 $\sum \vec{F} = \vec{0}$을 적용시켜 얻어진 해는 정확한 것인가 아니면 근사적인 것인가? 아래의 조건에 대하여 설명하라.

(a) 케이블은 늘어나지 않고, 막대는 강체로 모델링된다.

(b) 케이블과 막대 모두 선형 탄성 스프링으로 모델링된다.

주의 개념 문제는 계산이 아닌 설명이 필요하다.

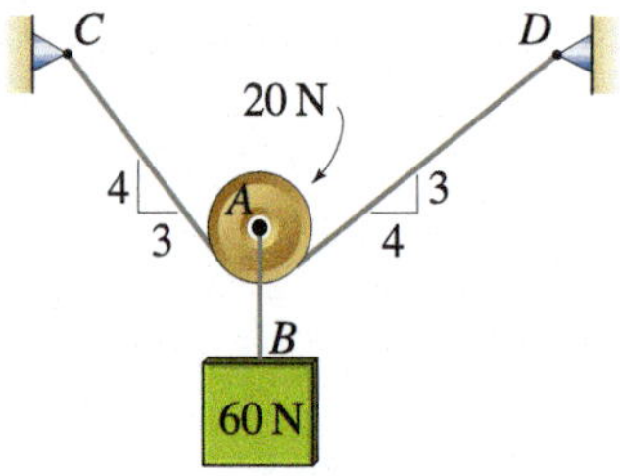

그림 P3.72

문제 3.72

마찰 없는 풀리 A의 무게는 20 N이고, 60 N에 달하는 상자 B를 지지한다. 케이블 CD의 힘에 대하여 풀 때, 어떤 문제가 발생한다. 이 문제와 그것의 물리적 의미를 설명하라.

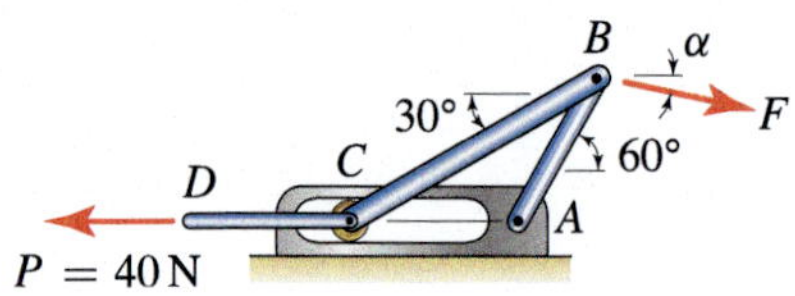

그림 P3.73

문제 3.73

어떤 기계의 수평 부재에 $P = 40$ N의 힘을 발생시키기 위해, 작업자가 손잡이 B에 힘 F를 가한다. 최소한의 힘 F와 그 때의 각도 α를 구하라.

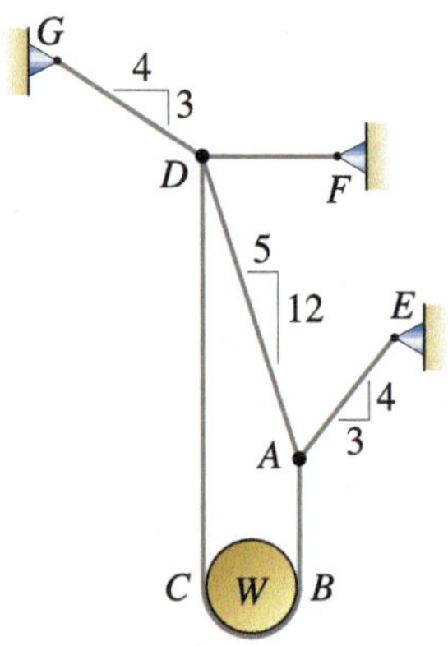

그림 P3.74

문제 3.74

그림의 구조물은 5개의 케이블로 구성되어있다. 케이블 $ABCD$는 질량 $m = 90$ kg의 드럼을 지지하고 있다. 케이블 DF는 수평이고, 케이블 AB와 AD는 수직이다. 드럼과 케이블 $ABCD$ 사이에 마찰이 없을 때, 각 케이블에 걸리는 힘을 구하라.

문제 3.75

문제 3.74에서, 케이블 $ABCD$의 파단강도는 2700 N이고, 그 외의 모든 케이블은 900 N의 파단강도를 가지고 있을 때, 매달 수 있는 최대 W를 구하라.

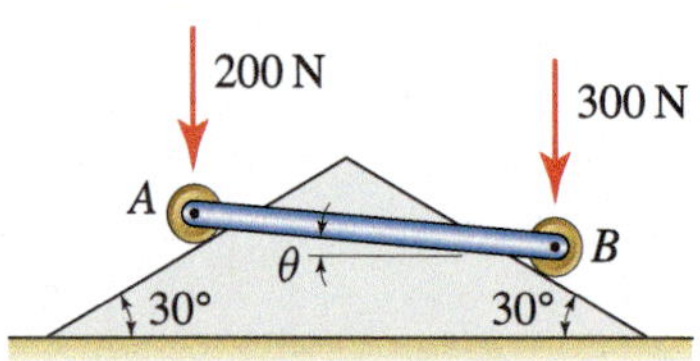

그림 P3.75

문제 3.76

무게가 없는 막대로 연결된 두 개의 마찰 없는 풀리가 그림과 같이 200 N과 300 N의 힘을 지지한다. 풀리는 고정된 쐐기에 놓여 있다. 계의 평형이 유지될 때 각도 θ와 막대 AB의 힘을 구하라.

문제 3.77

원형 테이블의 가장자리에 얇은 띠를 접착시키기 위해 테이블의 둘레에 n개의 죔쇠를 균등하게 위치시킨다(그림에서 $n = 8$). 각 죔쇠에는 작은 풀리가 있으며, 풀리에는 케이블이 감겨져 있다. 턴버클을 사용하여 케이블을 팽팽하게 당겨 장력 T를 발생시킨다. 모든 풀리의 지름은 작다고 가정하고 각 죔쇠가 테이블의 가장자리에 가하는 힘 R은 $R = 2T \cos[(n - 2(180°/(2n))]$임을 보여라. 이 식은 $n = 2$와 $n = \infty$일 때, 예상되는 답을 주는가? 설명하라.

힌트: m개의 모서리를 가진 다각형의 내각의 합은$(m - 2)180°$ 이다.

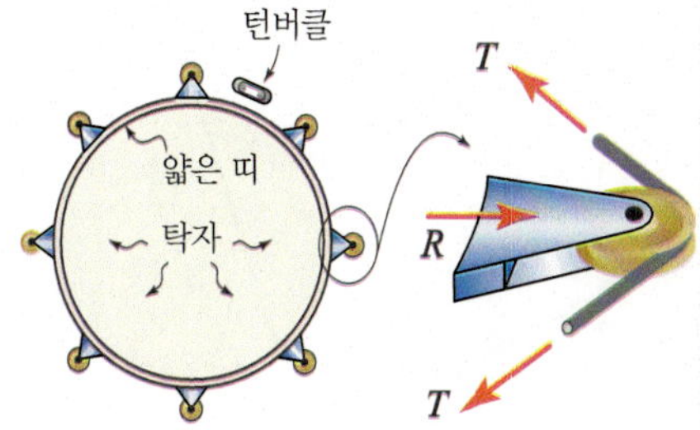

그림 P3.77

문제 3.78

스프링 AC는 $\theta = 0$일 때 원래 길이를 가진다. 힘 F는 막대 AB에 항상 수직이다. $\theta = 45°$일 때 평형을 유지하기 위한 F의 값을 구하라.

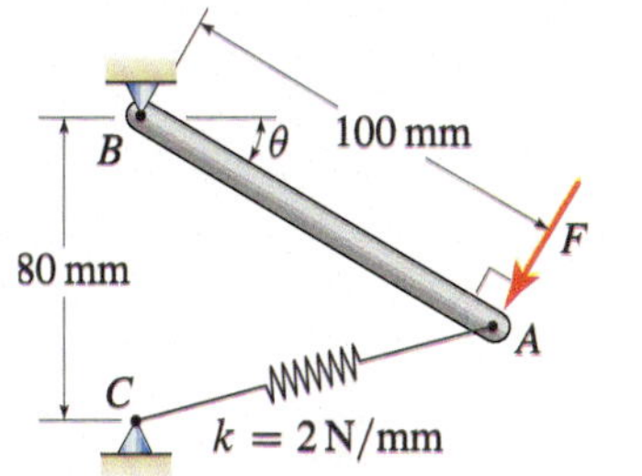

그림 P3.77

문제 3.79, 3.80

$W = 100$ N이고 $k = 5$ N/mm일 때, δ_1과 δ_2를 구하라. 스프링은 $\delta_1 = \delta_2 = 0$일 때 원래 길이를 가진다.

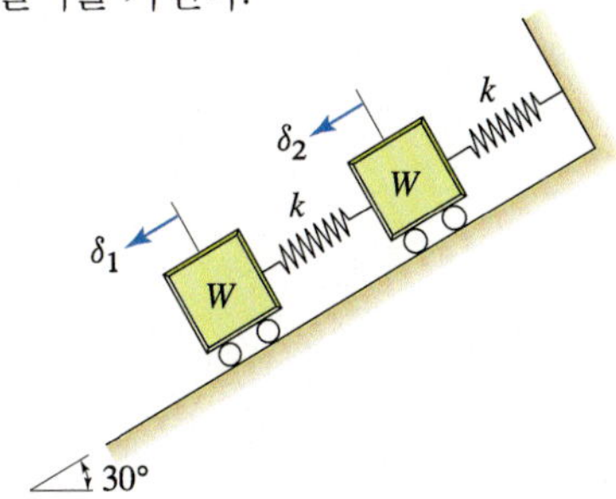

그림 P3.79

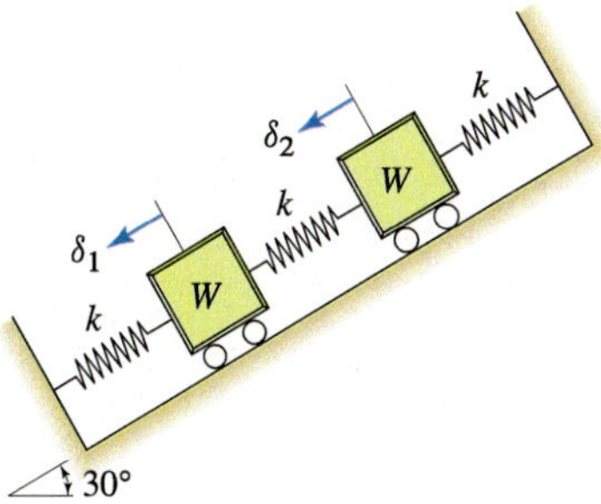

그림 P3.80

문제 3.81

마찰 없는 풀리가 있는 매끄러운 슬라이더 B 및 C는 강성 $k = 12$ N/mm의 스프링으로 연결되어 있다. 풀리에 감겨 있는 케이블은 $W = 100$ N의 무게를 지지한다. 부재 CE는 막대이다.

(a) $\alpha = 30°$ 일 때, 막대 CE의 힘과 슬라이더 B의 변위 δ를 구하라.

(b) 막대 CE의 힘을 최소로 하는 α와 그 힘을 계산하라.

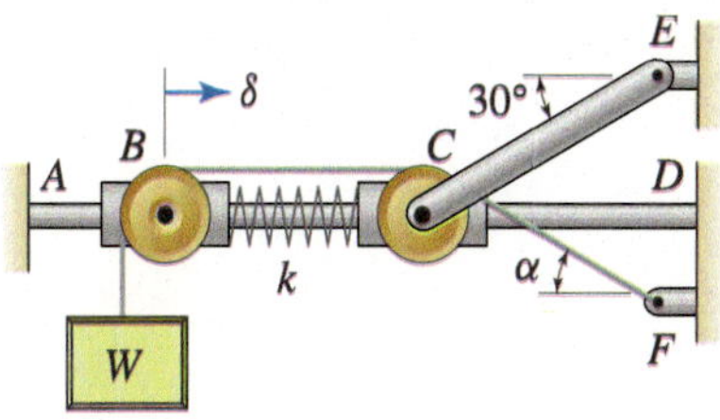

그림 P3.81

문제 3.82

무게 W가 4개의 케이블에 의해 지지되고 있다. 점 B와 C는 yz 평면상에 있다. $W = 8$ kN일 때, 각 케이블에 의해 지지되는 힘을 구하라.

문제 3.83

무게 W가 4개의 케이블에 의해 지지되고 있다. 점 B와 C는 yz 평면상에 있다. 각 케이

케이블	강도
AB	12 kN
AC	10 kN
AD	5 kN
AE	15 kN

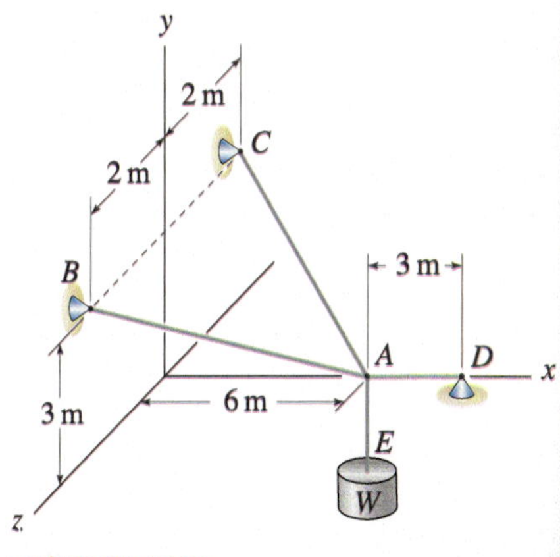

그림 P3.82, P3.83

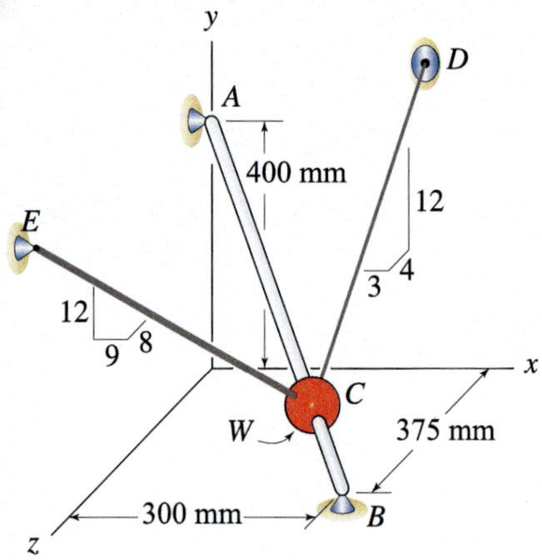

그림 P3.86, P3.87

블의 허용강도는 표와 같다. 지지할 수 있는 최대 허용 무게 W를 구하라.

문제 3.84

점 B 및 C의 좌표가 $B(0, 6, 3)$ m이고 $C(0, 6, -7)$ m일 때, 문제 3.82를 다시 풀어라.

문제 3.85

점 B 및 C의 좌표가 $B(0, 6, 3)$ m이고 $C(0, 6, -7)$ m일 때, 문제 3.83을 다시 풀어라.

문제 3.86

구슬 C는 1 kg의 질량을 가지고 있으며 곧은 막대 AB를 마찰 없이 미끄러질 수 있다. 탄성줄 CD와 CE의 인장력은 각각 2.2, 6.6 N이다. 그림의 위치에서 구슬을 초기 속도 없이 놓으면, 구슬은 점 A 또는 B로 미끄러질까, 아니면 제자리에 있을까?

문제 3.87

구슬 C는 1 kg의 질량을 가지고 있으며 곧은 막대 AB를 마찰 없이 미끄러질 수 있다. 탄성줄 CE의 인장력은 4 N이다. 구슬을 평형상태로 하기 위한 탄성줄 CD에 필요한 힘을 구하라. 구슬과 막대 AB 사이의 반력의 크기를 구하라.

Chapter 4 힘의 모멘트와 등가 힘계

이 장에서는 힘과 힘계의 개념에 대해 추가로 논의한다. 이들 개념은 물체의 평형과 운동의 해석 및 고급 역학 문제에 있어 광범위하게 사용된다.

4.1 힘의 모멘트

힘의 모멘트의 몇 가지 특징을 설명하기 위해 자동차 조향 휠(wheel)의 예를 고려할 것이다. 그림 4.1은 고전적인 페라리 스포츠카를 나타내고 그림 4.2는 이 차의 조향 휠을 나타낸다. 조향 휠은 조향 칼럼 *AB*에 직각인 평면에 놓여 있고(만약 직각이 아니면 매우 불편할 것이다) 조향 휠을 회전시키기 위해서는 힘이 필요하다(대부분의 차에서 이 힘은 차의 속도가 느리거나 혹은 급커브를 돌 때 증가한다). 그림 4.2는 조향 휠을 돌리기 위한 왼손의 두 가지 가능한 위치와 가해야 할 힘 F_1과 F_2의 방향을 보여 준다. 이들 두 힘들은 모두 조향 휠 평면에 놓여 있다. 주어진 속도와 커브에서 조향 휠을 돌리기 위해서, *C*의 위치에서는 *D*의 위치보다 분명히 작은 힘이 요구된다(즉, $F_1 < F_2$). 두 힘 F_1, F_2 모두 조향 칼럼의 *AB* 직선을 중심으로 회전하려는 모멘트(즉, 비틂 작용)를 발생시키고 그 크기는 힘이 클수록 또는 힘의 작용선으로부터 직선 *AB*까지의 거리가 증가할수록 증가한다. 만약 F_1이 직선 *AB*에 직각이고(앞에서 가정한 바와 같이) *d*가 F_1과 직선 *AB*의 최단 거리라고 하면 F_1에 의해 발생되는 **모멘트**는 F_1d이고 직선 *AB*를 중심으로 비트는 작용을 한다. 따라서 힘의 모멘트가 벡터의 성질, 즉 크기와 방향을 가진다는 것을 안다. 이 절의 나머지 부분에서 모멘트에 대해 좀 더 정확하게 정의하고 그 값을 구하는 방법에 대해 기술한다.

그림 4.1 페라리 250 GTO 스포츠카, 1962–1964년 경.

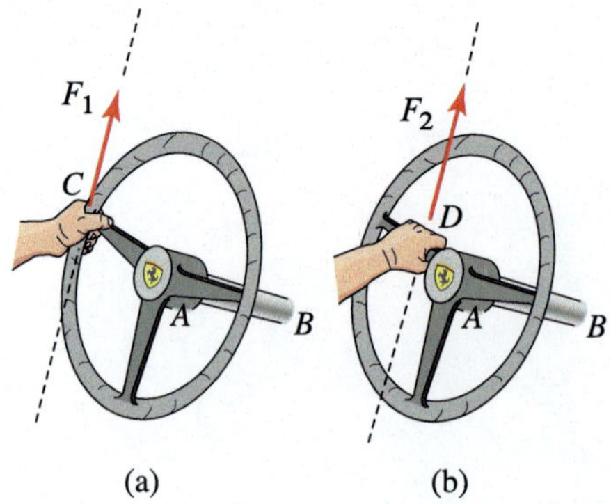

그림 4.2 페라리 250 GTO의 Nardi Anni '60 조향 휠의 상세 스케치. 휠을 돌리기 위한 왼손의 두 가지 가능한 위치를 보여 준다.

힘의 모멘트(*moment of force*), 혹은 단순히 모멘트(*moment*)는 비틀림을 발생시키는 즉, 한 점을 중심으로 회전시키는 힘의 능력에 대한 척도이다. 모멘트는 크기와 방향을 가지므로 벡터량이다. 예를 들어 그림 4.3에 나타낸 바와 같이 파이프를 비틀기 위해 렌치를 사용하는 경우를 생각해 보자. 렌치의 핸들에 힘을 가하면 그 힘은 파이프를 비틀리게 한다. 파이프가 비틀릴지 아닐지는 파이프가 어떻게 고정되어 있느냐에 달려 있다. 파이프를 좀 더 많이 비틀기 위해서 우리는 더 큰 힘을 가하거나 혹은 더 긴 핸들을 가진 렌치를 사용할 수 있다. 모멘트는 다음과 같이 스칼라 접근법과 벡터 접근법으로 구할 수 있다.

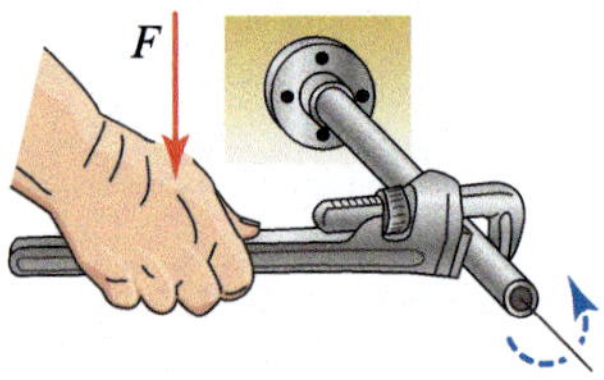

그림 4.3 파이프를 비틀기 위해 렌치에 가하는 힘.

스칼라 접근법

힘의 모멘트는 벡터이고 이 절에서 설명하는 스칼라 접근법으로 구할 수 있다. 크기가 F인 힘 $\vec{F}$를 생각하자. 그림 4.4에서 보듯이 이 힘은 O 점에 대한 모멘트 벡터(그림에서 보인 비틂 작용)를 발생시키고 그 크기 M_O는 아래 식으로 주어진다.

$$M_o = Fd \tag{4.1}$$

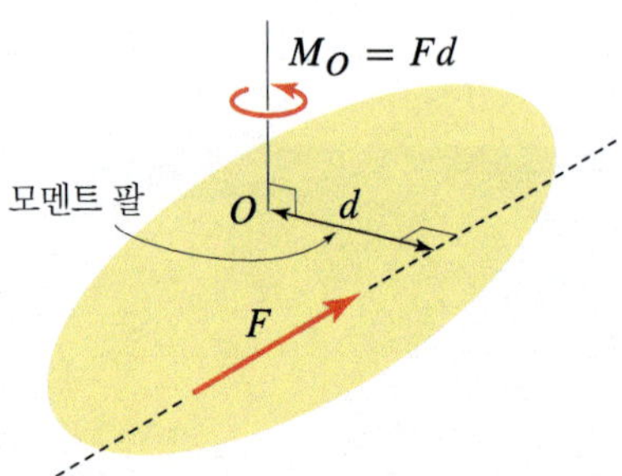

그림 4.4 힘의 모멘트를 구하는 스칼라 접근법.

여기서

F는 힘의 크기이다.

d는 O 점으로부터 힘 $\vec{F}$의 작용선까지의 수직거리이고 모멘트 팔(*moment arm*)이라고 한다.

M_O는 힘과 거리의 곱의 차원을 가진다.

힘의 모멘트는 벡터이고 크기와 방향을 가진다. 모멘트의 스칼라 계산에서 크기는 식 (4.1)을 이용하여 쉽게 구할 수 있다. 방향은 식 (4.1)로 주어지지 않으나 다음과 같이 생각한다. 모멘트의 작용선은 $\vec{F}$와 모멘트 팔을 포함하는 평면에 직각이고 O 점를 지나는 축과 평행하다. 작용선상에서 모멘트의 방향은 오른손 손가락을 모멘트의 비트는 방향으로 구부렸을 때 엄지손가락이 가리키는 방향이다. 다수의 모멘트를 합할 경우 뒤에 설명할 간단한 예제 및 예제 4.1과 4.2에서와 같이 식 (4.1)은 각각의 모멘트에 대한 적절한 방향이 추가되어야만 한다.

벡터 접근법

모멘트의 크기와 방향은 이 절에서 설명하듯이 벡터의 외적을 이용하여 구할 수 있다. 그림 4.5에 나타낸 바와 같이 힘 $\vec{F}$의 O 점에 대한 모멘트를 $\vec{M}_O$로 나타내고 다음 식과 같이 주어진다.

$$\vec{M}_O = \vec{r} \times \vec{F} \tag{4.2}$$

여기서

$\vec{F}$는 힘 벡터

$\vec{r}$은 O 점으로부터 힘 $\vec{F}$의 작용선상에 있는 임의의 점까지의 위치벡터[1)]

스칼라 접근법에 대한 식 (4.1)과 달리 식 (4.2)는 모멘트의 크기와 방향을 모두 제공한다.

유용한 정보

모멘트 단위. 모텐트의 차원은 힘과 거리의 곱이다. 모멘트의 단위는 N·m이다. 단위는 힘의 단위를 먼저 쓰고 뒤에 길이의 단위를 쓴다.

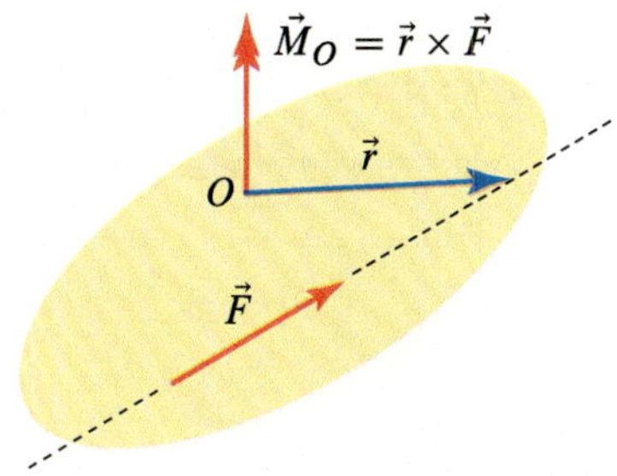

그림 4.5 힘의 모멘트를 구하는 벡터 접근법.

주의

- 벡터의 외적 계산 시 벡터의 순서는 중요하다, 따라서 식 (4.2)에서 벡터 $\vec{r}$과 $\vec{F}$의 순서는 바뀌면 안 된다.
- 그림 4.5에서 우리는 모멘트 벡터를 머리가 하나인 화살표로 나타낸 벡터와 비교하여 물리적 차이점를 강조하기 위하여 머리가 두 개인 화살표로 나타내었다. 즉 힘과 위치를 기술하는 벡터는 그 선을 따라 향하는 물리적 현상을 나타내고 머리가 하나인 화살표로 표시한다. 모멘트 벡터는 선 주위로 향하는(선을 중심으로 비트는) 물리적 현상을 나타내고 머리가 두 개인 화살표로 표시한다. 머리가 두 개인 화살표의 방향과 비트는 방향 사이의 규약은 그림 4.6에서 보인 바와 같이 오른손 법칙에 따른다.
- 힘의 모멘트는 모멘트를 계산하는 기준점 즉, O 점의 위치에 의존한다는 것에 주의하라. 따라서 일반적으로 한 힘 $\vec{F}$의 두 개의 다른 점에 대한 모멘트는 크기와 방향에 있어 다르다.

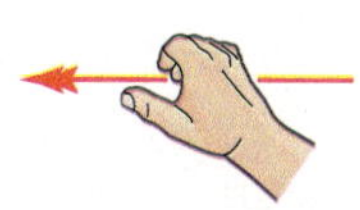

그림 4.6 머리가 두 개인 화살표의 벡터에 대한 비틀림 방향을 결정하기 위한 오른손 법칙의 사용. 오른손 엄지를 화살표 방향으로하면 나머지 손가락들이 비틀림 방향을 나타낸다. 만약 비틀림 방향을 안다면 손가락들을 이 방향으로 감았을 때 엄지가 벡터의 방향을 가리킨다.

■ **간단한 예제** 그림 4.7(a)에 나타낸 저울 기구(balance mechanism)에 대하여 O 점에 대한 모든 힘의 합 모멘트가 0이 되도록 하는 F의 값을 구하라.

풀이 먼저 스칼라 접근법을 사용하면 각 힘은 구조물을 O 점을 중심으로 시계방향 혹은 반시계방향으로 회전시키려 한다는 것을 알 수 있다. 다시 말하면, 각 힘의 O 점에 대한 모멘트는 그림 4.7의 평면 속으로 혹은 평면으로부터 나오는 방향의 벡터이다. 뿐만 아니라 우리는 반시계방향을 양의 방향으로 취하여(여백의 '유용한 정보'를 참조) 이들 모멘트를 구분할 수도 있다.

1) 위치벡터 $\vec{r}$의 머리가 힘 $\vec{F}$의 작용선상에 있는 어떤 점이라도 될 수 있기 때문에 위치벡터의 선택에 상당한 융통성이 있다. 문제 4.25에서 이것이 사실임을 증명한다.

따라서

$$M_O = -(8\,\text{kN})(3\,\text{m}) + (4\,\text{kN})(4\,\text{m}) + (5\,\text{kN})(2\,\text{m}) - F(3\,\text{m}) = 0 \quad (4.3)$$

$$\Rightarrow \quad F = 0.667\,\text{kN} \quad (4.4)$$

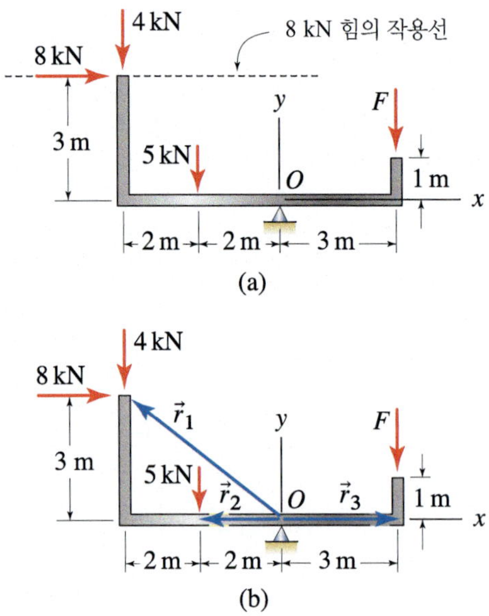

그림 4.7 여러 힘을 받고 있는 저울 기구

식 (4.3)의 각 항은 힘의 크기와 그 힘의 모멘트 팔의 곱이고, 모멘트 팔은 O 점으로부터 힘의 작용선까지의 최단(수직)거리이다. 예를 들면 그림 4.7에서 8 kN 힘의 작용선이 나타나 있고 O 점으로부터 이 작용선까지의 최단거리는 3 m이다. 각 항의 부호는 O 점 주위로 반시계방향으로 회전하면 양(+)이고, 시계방향이면 음(−)이다.

벡터 접근법도 아래의 힘과 위치벡터(그림 4.7(b) 참조)를 이용하여 이 문제에 사용될 수 있다:

$$\vec{F}_1 = (8\hat{\imath} - 4\hat{\jmath})\,\text{kN}, \qquad \vec{r}_1 = (-4\hat{\imath} + 3\hat{\jmath})\,\text{m} \quad (4.5)$$

$$\vec{F}_2 = -5\hat{\jmath}\,\text{kN}, \qquad \vec{r}_2 = -2\hat{\imath}\,\text{m} \quad (4.6)$$

$$\vec{F}_3 = -F\hat{\jmath}\,\text{kN}, \qquad \vec{r}_3 = 3\hat{\imath}\,\text{m} \quad (4.7)$$

$$\vec{M}_O = \vec{r}_1 \times \vec{F}_1 + \vec{r}_2 \times \vec{F}_2 + \vec{r}_3 \times \vec{F}_3$$

$$= [2\,\text{kN}\cdot\text{m} - \text{F}(3\,\text{m})]\,\hat{k} = \vec{0} \quad (4.8)$$

$$\Rightarrow F = 0.667\,\text{kN} \quad (4.9)$$

유용한 정보

2차원 문제에서의 모멘트에 대한 방향. 그림 4.7과 같은 2차원 문제에서는 어떤 주어진 점에 대한 모멘트는 시계방향 혹은 반시계방향이다. 즉, 주어진 점에 대한 힘의 모멘트는 $-z$ 혹은 $+z$ 방향의 벡터이다. 2차원 문제에서 스칼라 접근법을 사용할 때는 항상 반시계방향을 모멘트에 대한 양(+)의 방향으로 취한다.

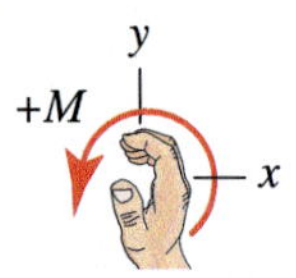

그림 4.8

이 선택은 위 그림에 보인 xy 좌표계에 대한 오른손 법칙과 일치한다. 여기서 z 방향, 따라서 양의 모멘트 벡터에 대한 방향은 그림의 지면으로부터 나오는 방향이다.

참고사항

- 모든 힘과 O 점이 xy 평면상에 있으므로 힘들은 오직 z 축을 중심으로 회전하는 모멘트를 발생시키므로 스칼라 접근법이 매우 간단하다. 3차원 문제에서는 스칼라 접근법은 사용하기 어려울 수 있고 벡터 접근법이 더 효과적이다.
- 벡터접근법에서 8 kN과 4 kN은 동일한 점에 작용하므로 식 (4.5)에서 하나의 힘 $\vec{F}_1$으로 합성되었다. 따라서 그들 힘의 모멘트는 한 번의 외적 계산으로 얻어질 수 있다.
- 벡터 접근법에서 양의 모멘트 방향은 양의 z 방향이고 이 예제에서는 오른손 법칙에 의해 주어지듯이 그림의 평면(지면)으로부터 나오는 방향이다. 이것이 사실인지를 보기 위해 오른손 엄지가 양의 z 방향을 가리키도록 하라. 그러면 나머지 손가락들이 감는 방향이 양의 모멘트의 비트는 방향을 보여 준다.
- 벡터 접근법에서는 위치벡터 선정에 있어 융통성이 많다. 이 예제에서 $\vec{r}_1$과 $\vec{r}_2$는 O 점으로부터 실제로 힘 $\vec{F}_1$과 $\vec{F}_2$가 작용하는 점까지의 벡터로 취한 반면 $\vec{r}_3$는 O 점으로부터 힘 $\vec{F}_3$의 작용선상에 있는 편리한 점까지의 벡터로 취하였다. 예를 들어 $\vec{r}_3 = (3\hat{\imath} + \hat{\jmath})$이나 $\vec{r}_3 = (3\hat{\imath} - \hat{\jmath})$을 사용하여 계산한 $\vec{M}_O$도 동일한 값을 가진다.
- 일반적으로 모든 힘의 O 점에 대한 모멘트의 합이 0이어야 하는 이유는 없다. 이 예제에서 만약 $F = 1.0$ kN이면 스칼라 접근법에 의해 $M_O = -1$ kN·m, 벡터 접근법에 의해 $\vec{M}_O = -1.0$ kN·m$\hat{k}$이 얻어진다. O 점에 대한 모멘트의 합이 0이 아니므로 저울 기구는 O 점을 중심으로 회전하려 할 것이다. 이 주제는 5장에서 자세히 다룬다.

바리뇽(Varignon)의 정리

모멘트의 원리(*principle of moments*) 라고도 알려진 바리뇽의 정리(*varignon's theorem*)는 '힘의 모멘트는 힘의 벡터 성분의 모멘트 합과 같다'이다. 따라서 $\vec{F}$가 $\vec{F}_1$, $\vec{F}_2$ 등의 벡터 성분을 가진다면 A 점에 대한 $\vec{F}$의 모멘트는 식 (4.10)으로 주어진다.

$$\begin{aligned}\vec{M}_A &= \vec{r}\times\vec{F}\\ &= \vec{r}\times(\vec{F}_1+\vec{F}_2+\cdots)\\ &= \vec{r}\times\vec{F}_1+\vec{r}\times\vec{F}_2+\cdots \end{aligned}\tag{4.10}$$

여기서 $\vec{r}$은 A 점으로부터 $\vec{F}$의 작용선상의 한 점까지의 위치벡터이다. 이 원리는 단순히 벡터 외적의 분배법칙을 고쳐 말한 것에 불과하지만 바리뇽(1654-1722)에 대해 공평하게 말하자면 그는 식 (4.10)에 내재된 개념을 벡터 수학과 외적 이론이 만들어지기 훨씬 이전에 발견하였다. 바리뇽의 정리는 특히 스칼라 접근법으로 모멘트를 구할 때 매우 유용하다. 힘의 성분들이 직교성분인 경우($\vec{F}_1$, $\vec{F}_2$, $\vec{F}_3$를 보통 $\vec{F}_x$, $\vec{F}_y$, $\vec{F}_z$로 표시하는 경우)인 경우가 종종 있지만 일반적으로 힘의 벡터 성분은 서로 직각일 필요는 없고 또한 성분의 수도 임의적일 수 있다.

■ **간단한 예제** 그림 4.9와 그림 4.10을 참고로 하여 A 점에 대한 힘 $\vec{F}$의 모멘트를 스칼라 접근법과 벡터 접근법을 사용하여 구하라.

풀이 힘 $\vec{F}$의 크기는 F이고 성분은 F_x, F_y이다. A 점에 대한 모멘트의 크기는 그림 4.9에 보인 바와 같이 두 가지 스칼라 접근법으로 구할 수 있다. 첫 번째 방법은 식 (4.1)에서 주어진 정의를 사용하여 모멘트의 크기를 계산한다. 여기서 모멘트 팔 d는 A 점으로부터 힘의 작용선까지의 수직 거리이고 M_A의 양의 값은 반시계방향으로 취한다. 두 번째 방법에서는 힘의 x, y 성분을 이용하여 각 성분의 모멘트를 계산하여 더하고, 양의 모멘트 방향은 반시계방향으로 한다. 실제로 모멘트 팔 d를 구하기 쉬운 경우는 첫 번째 방법을, 힘의 각 성분에 대한 모멘트 팔을 구하기 쉬운 경우는 두 번째 방법을 사용하여야 한다.

그림 4.10에 나타낸 벡터 접근법들도 사용할 수 있다. 위치벡터는 A 점으로부터 $\vec{F}$의 작용선상에 있는 어떤 점까지도 취할 수 있지만 첫 번째 방법에서는 A 점으로부터 $\vec{F}$의 꼬리까지로 취한다. 두 번째 방법에서는 힘 $\vec{F}$를 각 성분 $\vec{F}_x$, $\vec{F}_y$로 분해하여 각 성분의 모멘트를 계산하고 합한다. 실제로 첫 번째 방법이 대부분의 경우 더 편리하다. ■

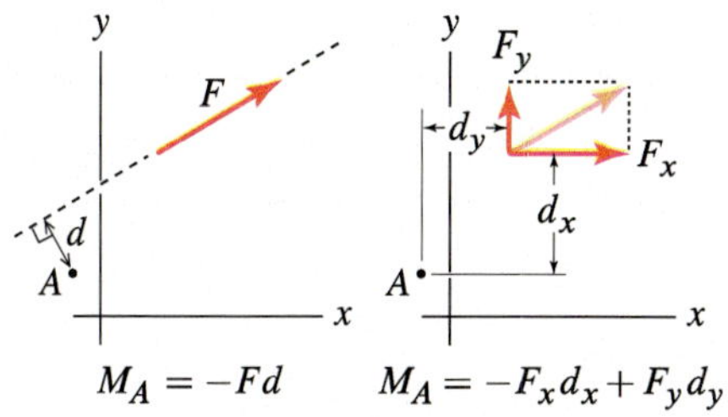

그림 4.9 바리뇽 정리에 대한 스칼라 표현. 이 책의 부호 규약에 따라 양의 모멘트는 반시계방향이다.

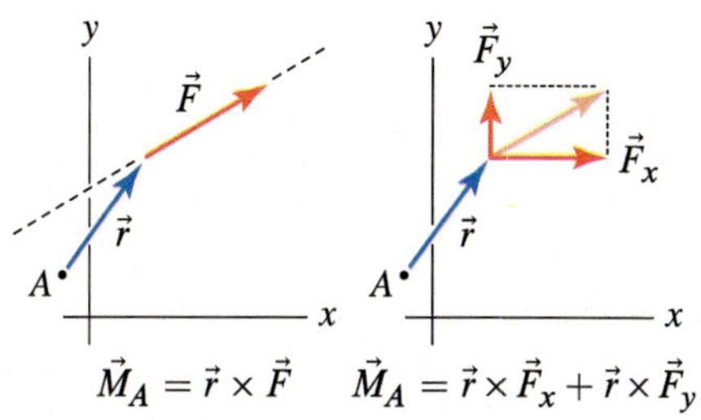

그림 4.10 바리뇽 정리에 대한 벡터 표현.

어떤 방법을 사용해야 하나: 스칼라 혹은 벡터?

모든 힘들이 동일 평면(*coplanar*)상에 놓여 있고 따라서 그 평면에 직각인 동일 축 중심의 모멘트를 발생시키는 2차원 문제와 같이 단순한 문제에서는 스칼라 접근법이 더 쉽고 빠르며 모멘트의 방향을 구분하기 위해 시계방향 혹은 반시계방향을 사용하는 것이 효과적이다. 3차원 문제와 같이 복잡한 문제에서는 스칼라 접근법이 효과적으로 사용될 수도 있지만 일반적으로는 벡터 접근법이 더 효과적이다. 어떤 특정한 문제에 대한 보다 쉬운 방법을 선택하는 능력을 다듬기 위하여 뒤에 설명할 예제 문제에 대한 스칼라 풀이와 벡터 풀이를 대조해 보아야 한다.

절 요약

이 절에서는 힘의 모멘트, 혹은 단순히 모멘트를 정의하고 계산을 위한 스칼라 접근법과 벡터 접근법을 설명하였다. 몇가지 중요한 점은 다음과 같다.

- 모멘트는 벡터양이다.
- 스칼라 접근법을 이용하여 모멘트를 계산할 때 힘 $\vec{F}$의 P 점에 대한 모멘트의 크기는 $M_P = Fd$로 주어진다. 여기서 d는 P 점으로부터 힘의 작용선까지의 수직거리인 모멘트 팔이다. 스칼라 접근법에서는 모멘트의 방향이 자동으로 주어지지 않고 모멘트의 방향으로 판단하여 일일이 지정해 주어야만 한다.
- 벡터 접근법을 이용하여 모멘트를 계산할 때 힘 $\vec{F}$의 P 점에 대한 모멘트의 크기는 $\vec{M}_P = \vec{r} \times \vec{F}$로 주어진다. 여기서 $\vec{r}$은 P 점으로부터 $\vec{F}$의 작용선상에 있는 임의의 점까지의 위치벡터이다. $\vec{M}$의 방향은 이 접근법에 의해 자동으로 주어진다.
- 힘의 모멘트는 힘과 모멘트가 계산되는 기준점의 위치에 의존한다. 힘의 중요한 특성들은 크기, 방향 그리고 작용선의 공간에서의 위치 등이다.
- 모멘트의 원리라고도 알려진 바리뇽의 정리는 '힘의 모멘트는 힘의 벡터 성분의 모멘트 합과 같다'이다.

빠지기 쉬운 함정

모멘트는 무엇에 의존하나? 흔히 잘못 생각하는 것은 힘의 모멘트가 힘 고유의 성질이라는 것이다. 힘의 모멘트는 힘과 모멘트가 계산되어지는 기준점의 위치에 의존한다. 예를 들면, 힘 $\vec{F}$의 점 A와 B에 대한 모멘트를 고려해 보라.

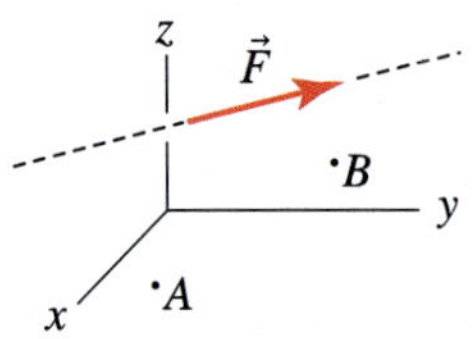

일반적으로 $\vec{F}$의 이들 두 점에 대한 모멘트는 다르다. 즉, $\vec{M}_A \neq \vec{M}_B$

예제 4.1 2차원 문제에 대한 스칼라 풀이와 벡터 풀이

구조물의 일부분이 그림 1과 같이 45 N과 99 N의 힘을 받고 있다. A 점에 대한 이들 힘의 합 모멘트를 구하라.

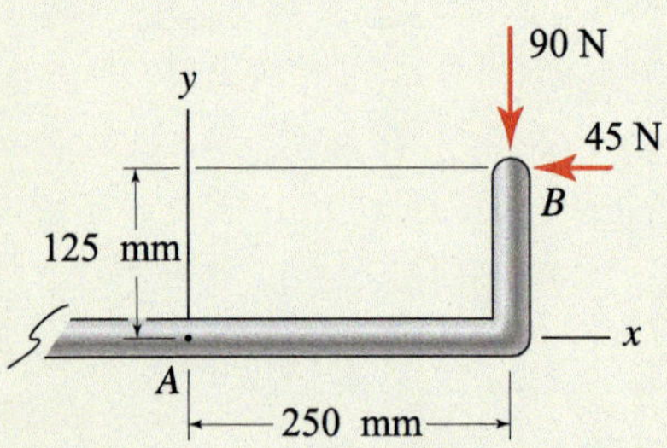

그림 1

풀이 SOLUTION

로드맵 이 문제에 대해서는 스칼라 접근법과 벡터 접근법 모두 효과적이다. 스칼라 접근법에서는 각 힘에 대한 모멘트 팔을 구하여 각 힘의 모멘트를 계산한 다음 양의 모멘트에 대한 부호 규약에 따라 주의 깊게 합을 계산하여야 한다. 벡터 접근법에서는 힘과 위치를 벡터로 표시해야 하고 모멘트를 구하기 위해 외적 계산을 수행해야 한다. 2차원 문제에 대해서 벡터 접근법은 더 많은 계산을 요하지만 스칼라 접근법에서와 같이 주의 깊게 그림으로 나타낼 필요는 없다.

스칼라 풀이

지배방정식과 계산 그림 2에서 45와 90N 힘들의 모멘트 팔은 구해진다. 각 힘에 식 (4.1)을 적용하여 모멘트를 구하고 양의 모멘트 방향은 반시계방향이라는 규약을 사용하여 각 힘의 모멘트를 합하여 구한 A 점에 대한 합 모멘트는 식 (1)과 같다.

$$M_A = (45\,\text{N})(125\,\text{mm}) - (90\,\text{N})(250\,\text{mm}) = \boxed{-16875\,\text{N}\cdot\text{mm}} \tag{1}$$

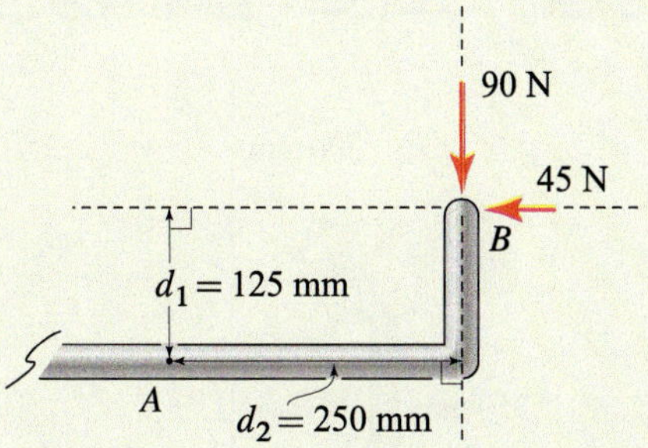

그림 2 각 힘의 작용선을 표시한 스케치. 45 N 힘에 대한 모멘트 팔 d_1은 A 점으로부터 작용선까지의 최단 거리, 따라서 d_1 = 125 mm이다. 90 N 힘에 대한 모멘트 팔 d_2는 A 점으로부터 작용선까지의 최단거리, 따라서 d_2 = 250 mm이다.

식 (1)을 쓸 때 45 N 힘에 대한 모멘트를 (45 N)(125 mm)로 계산하기 위하여 식 (4.1)을 사용하였고 그 이전에 이 힘은 A 점을 중심으로 반시계방향의 모멘트를 발생시키고 따라서 부호 규약에 따라 양의 모멘트라는 것을 정하기 위해 그림 1을 조사하였다. 그런 다음 90 N 힘에 대하여 모멘트의 크기가 −(90 N)(250 mm)를 구하기 위해 같은 과정을 반복하였다. 여기서 90 N 힘은 A 점을 중심으로 시계방향 모멘트를 발생시키므로 부호는 음이다. 식 (1)의 계산을 수행하여 최종 답을 얻는다. A 점에 대한 두 힘의 모멘트는 반시계 방향으로 −16875 N · mm 이다.

원한다면 A 점에 대한 합 모멘트에 대한 벡터 식을 식 (2)와 같이 쓰기 위해 식 (1)의 결과를 사용할 수 있다.

$$\boxed{\vec{M}_A = -16875\,\hat{k}\,\text{N}\cdot\text{mm}} \tag{2}$$

여기서 − 부호는 방향을 규정하며 극 벡터 식에서 사용되는 ∡ 부호와 유사하다.

벡터 풀이

지배방정식과 계산 그림 3에 보인 $\vec{F}$와 $\vec{r}_{AB}$를 사용한 벡터 접근법도 쓸 수 있다. $\vec{F}$와 $\vec{r}_{AB}$는 식 (3)과 같다.

$$\vec{F} = (-45\,\hat{\imath} - 90\,\hat{\jmath})\,\text{N}, \quad \vec{r}_{AB} = (250\,\hat{\imath} + 125\,\hat{\jmath})\,\text{mm} \tag{3}$$

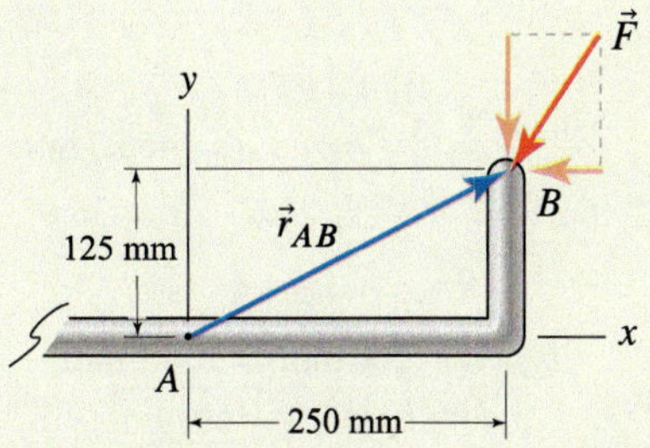

그림 3 A 점에 대한 $\vec{F}$의 모멘트를 구하기 위해 사용된 힘벡터와 위치벡터.

식 (4.2)를 사용하여 계산된 두 힘의 모멘트 벡터는 다음과 같다.

$$\vec{M}_A = \vec{r}_{AB} \times \vec{F} \tag{4}$$

$$= \begin{vmatrix} \hat{\imath} & \hat{\jmath} & \hat{k} \\ 250 & 125 & 0 \\ -45 & -90 & 0 \end{vmatrix}$$

$$\vec{M}_A = -16875\,\hat{k}\,\text{N}\cdot\text{mm} \tag{5}$$

논의 및 검증 스칼라와 벡터 접근법 모두 능숙하게 사용해야 하지만 특정 문제에 대해 어느 것이 더 효율적인지를 알 수 있도록 2가지 해법을 대조하여야만 한다. 어떤 특정한 문제에 대한 해의 정확성을 검증하는데 도움이 되도록 2가지 방법을 모두 사용할 수도 있다.

예제 4.2 모멘트: 힘의 작용선상에 있는 다른 점들도 사용될 수 있다

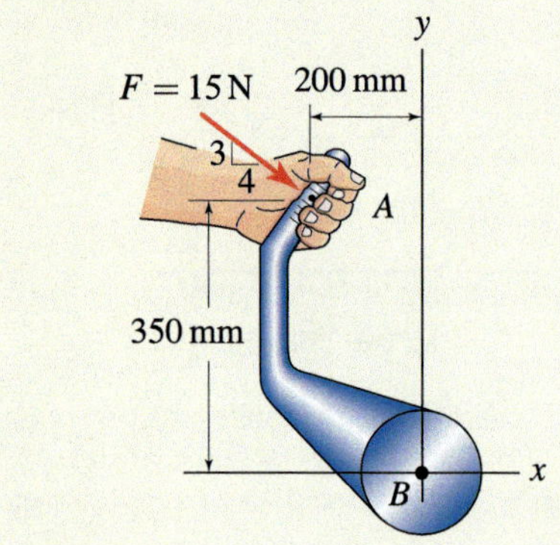

그림 1

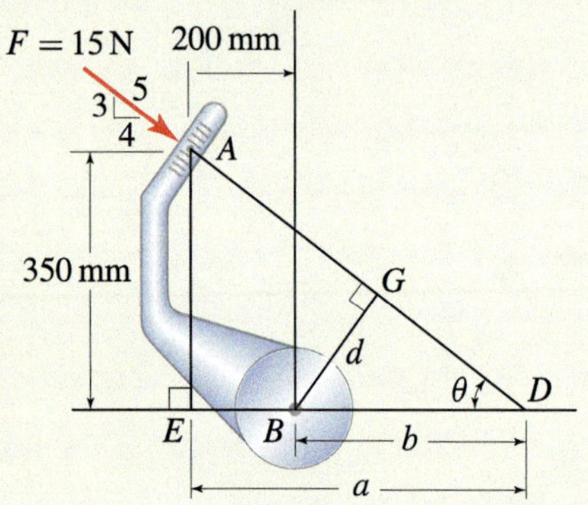

삼각형 AED:

$$\frac{350\,\text{mm}}{a} = \frac{3}{4} \quad \Rightarrow \quad a = 466.7\,\text{mm}$$

$$\tan\theta = \frac{350\,\text{mm}}{a} \quad \Rightarrow \quad \theta = 36.9°$$

삼각형 BGD:

$$b = a - 200\,\text{mm} = 266.7\,\text{mm}$$

$$d = b\sin\theta = \boxed{160\,\text{mm}}$$

그림 2 풀이 1에서 필요한 모멘트 팔 d를 구하기 위해 닮은꼴 삼각형과 삼각법의 사용. d를 구하는 다른 전략도 가능하다.

그림 1과 같이 기계 핸들이 B 점에서 축에 연결되어 있다. B 점에 대한 15 N 힘의 모멘트를 구하라.

풀이 SOLUTION

로드맵 스칼라 접근법과 벡터 접근법 모두 이 문제에 대해 효과적이다. 여러 가지 해법을 제시하고 서로 대조할 것이다. 만약 스칼라 접근법을 사용하면 힘의 처리와 모멘트 팔의 결정에 대한 몇 가지 선택들이 있다. 만약 벡터 접근법을 사용하면 위치벡터의 결정에 대한 선택들이 있다. 방법에 상관없이 결과는 동일해야 하지만 어떤 풀이는 다른 풀이보다 계산이 더 쉽다.

풀이 1

지배방정식과 계산 주어진 기하학적 형상에서 그림 3(a)에 보인 바와 같이 모멘트 팔 d = 160 mm임을 결정하기 위하여 닮은꼴 삼각형과 삼각법을 사용할 수 있다(상세한 계산은 그림 2에 주어진다). 반시계방향 모멘트가 양이라는 규약에 따라 B 점에 대한 모멘트는

$$M_B = -(15\,\text{N})(160\,\text{mm}) = \boxed{-2400\,\text{N}\cdot\text{mm}} \tag{1}$$

풀이 2

지배방정식과 계산 15 N 힘을 그림 3(b)와 같이 x, y 성분으로 분해하고 각 성분에 의한 모멘트의 합을 구하기 위하여 바리뇽의 정리를 사용한다. 양의 모멘트는 반시계방향이라는 규약에 따라

$$M_B = -(12\,\text{N})(350\,\text{mm}) + (9\,\text{N})(200\,\text{mm}) = \boxed{-2400\,\text{N}\cdot\text{mm}} \tag{2}$$

풀이 3

지배방정식과 계산 힘의 모멘트는 힘이 작용하는 위치에 의존하지 않고 힘의 작용선의 위치와 방향에 의존한다. 따라서 15 N 힘이 작용선상에 있는 임의의 점에 작용한다고 생각할 수 있고 그림 3(c)에 보인 바와 같이 C 점을 모멘트 계산이 편리한 점으로 선택한다(C 점의 좌표를 독자 스스로 검증해야만 한다−그림 2가 도움이 될 수 있다). 양의 모멘트는 반시계방향이라는 규약에 따라

$$M_B = -(12\,\text{N})(200\,\text{mm}) + (9\,\text{N})(0\,\text{mm}) = \boxed{-2400\,\text{N}\cdot\text{mm}} \tag{3}$$

풀이 4

지배방정식과 계산 그림 4(d)에 보인 바와 같이 힘을 D 점으로 이동한 것을 제외하고는 풀이 3에서 사용한 방법을 사용한다. 양의 모멘트는 반시계방향이라는 규약에 따라

$$M_B = (12\,\text{N})(0\,\text{mm}) - (9\,\text{N})(266.7\,\text{mm}) = \boxed{-2400\,\text{N}\cdot\text{mm}} \tag{4}$$

풀이 5

지배방정식과 계산 그림 3(e)에 보인 힘과 위치벡터를 이용한 벡터 접근법도 쓸 수 있다. 힘과 위치벡터는 식 (5)와 같다.

$$\vec{F} = (12\hat{\imath} - 9\hat{\jmath})\,\text{N}, \qquad \vec{r}_{BA} = (-200\hat{\imath} + 350\hat{\jmath})\,\text{mm} \tag{5}$$

$$\vec{M}_B = \vec{r}_{BA} \times \vec{F} \tag{6}$$

$$= \begin{vmatrix} \hat{\imath} & \hat{\jmath} & \hat{k} \\ -200 & 350 & 0 \\ 12 & -9 & 0 \end{vmatrix}$$

$$\vec{M}_B = -2400\hat{k}\,\text{N·mm} \tag{7}$$

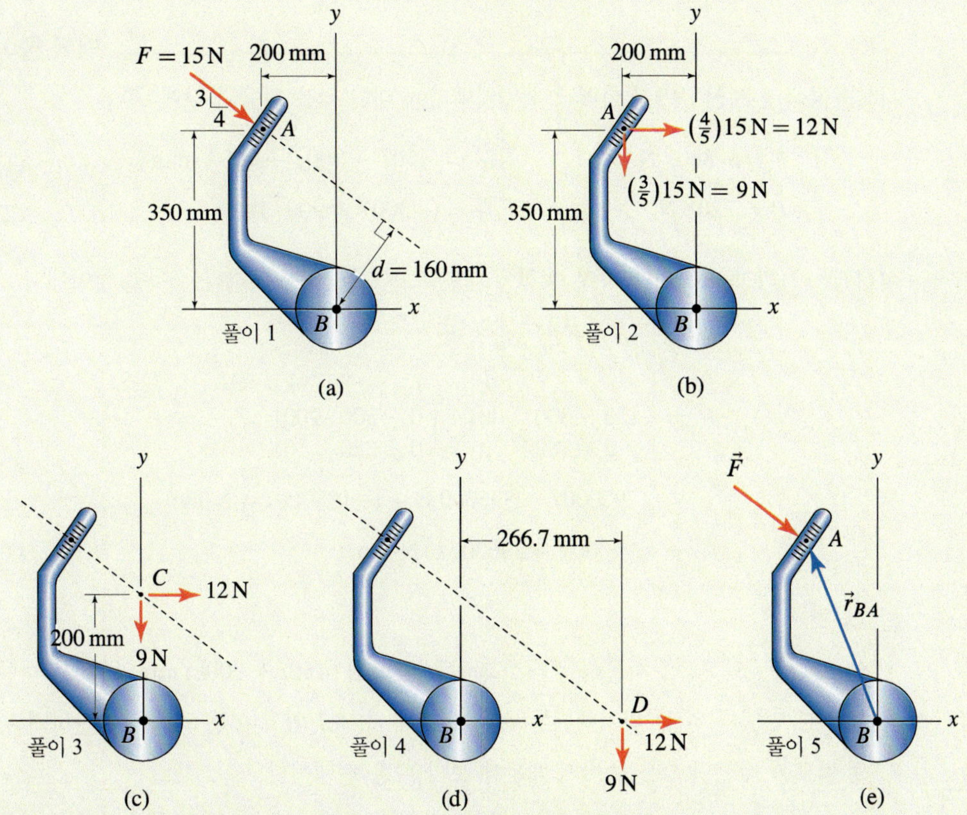

그림 3 (a)-(d) *B* 점에 대한 15 N 힘의 모멘트를 구하기 위하여 스칼라 접근법이 사용될 수 있도록 하기 위한 힘의 배치와 성분으로 분해 (e) 벡터 접근법에서 사용되는 힘벡터와 위치벡터.

$\vec{r}_{BA}$를 사용하는 대신 위치벡터 $\vec{r}_{BC}$와 $\vec{r}_{BD}$들을 대신 사용하여 계산할 수도 있었다. 모멘트 계산은 다음과 같다.

$$\vec{M}_B = \vec{r}_{BA} \times \vec{F} = \boxed{-2400\hat{k}\,\text{N·mm}} \tag{8}$$

논의 및 검증 예상대로 모든 풀이는 동일한 결과를 산출하였다. 이 예제에 대해 풀이 1은 모멘트 팔을 구하는 것이 복잡하기 때문에 특별히 편리하지는 않다. 풀이 2-5는 모두 효과적이며 풀이 2와 풀이 5가 가장 간단하다고 할 수 있다.

유용한 정보

유용한 팁. 가끔 그림 2의 *d*와 같이 점과 힘의 작용선(혹은 벡터)사이의 거리가 요구된다. 이 예제에서와 같이 *d*를 직접 구하는 것이 복잡할 경우에 *B* 점에 대한 힘의 모멘트(즉 −2400 N · mm)를 구하기 위한 풀이 2-5 중 하나를 사용할 수도 있다. 그러면 식 (1)을 $M_B = -(15\text{ N})d = -2400$ N · mm로 쓰고 그런 다음 이 식을 풀어 $d = 160$ mm를 구한다.

예제 4.3 모멘트: 3차원 문제에 대한 벡터와 스칼라 계산

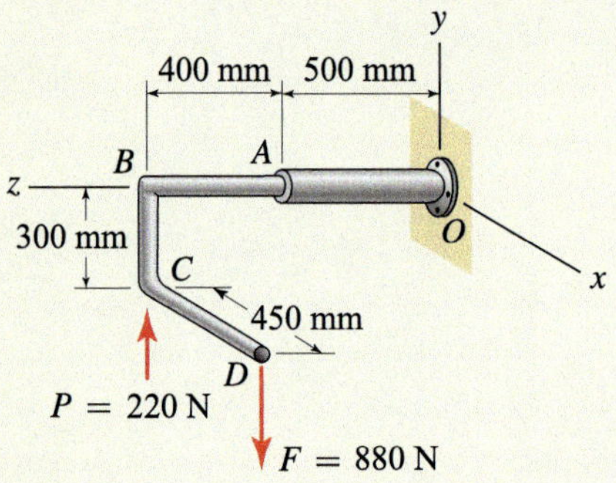

그림 1

구조물은 수직력 $F = 880$ N과 $P = 220$ N을 지지한다. 파이프 구간 BC와 CD는 각각 y와 x 축에 평행하다. O 점에 대한 두 힘의 합 모멘트를 구하라.

풀이 SOLUTION

로드맵 벡터와 스칼라 접근법 모두 가능하다. 두 방법 모두 설명하고 비교할 것이다. 벡터 접근법은 단순하다. 먼저 힘벡터와 위치벡터에 대한 식을 쓴 다음 원하는 모멘트를 얻기 위하여 외적 계산을 수행한다. 스칼라 접근법은 적절한 모멘트 팔과 모멘트에 대한 일관된 부호 규약을 확인하기 위하여 그림으로 잘 나타내는 것이 필요하다.

벡터 풀이

지배방정식과 계산 먼저 힘벡터와 위치벡터에 대한 식을 다음과 같이 쓴다.

$$\vec{F} = -880\hat{\jmath}\ \text{N}, \qquad \vec{r}_{OD} = (450\hat{\imath} - 300\hat{\jmath} + 900\hat{k})\ \text{mm} \tag{1}$$

$$\vec{P} = 220\hat{\jmath}\ \text{N}, \qquad \vec{r}_{OC} = (-300\hat{\jmath} + 900\hat{k})\ \text{mm} \tag{2}$$

식 (1)과 (2)의 벡터를 이용하여 O 점에 대한 모멘트는 다음과 같다는 것을 알아낸다.

$$\vec{M}_O = \vec{r}_{OD} \times \vec{F} + \vec{r}_{OC} \times \vec{P}$$

$$= \begin{vmatrix} \hat{\imath} & \hat{\jmath} & \hat{k} \\ 450 & -300 & 900 \\ 0 & -880 & 0 \end{vmatrix} + \begin{vmatrix} \hat{\imath} & \hat{\jmath} & \hat{k} \\ 0 & -300 & 900 \\ 0 & 220 & 0 \end{vmatrix}$$

$$= \left[(792000\hat{\imath} - 396000\hat{k}) + (-198000\hat{\imath})\right]\ \text{N}\cdot\text{mm}$$

$$\vec{M}_O = (594000\hat{\imath} - 396000\hat{k})\ \text{N}\cdot\text{mm} \tag{3}$$

참고사항

- 식 (3)의 $\vec{r}_{OD}$와 $\vec{r}_{OC}$를 사용하는 대신 각각 위치벡터 $(450\hat{\imath} + 900\hat{k})$ mm와 $\vec{r}_{OB}$를 사용할 수도 있었다. 이들 위치벡터는 적은 성분을 가지고 있고 이는 외적을 계산하기 위해 필요한 계산의 수를 줄이기 때문에 보다 나은 선택이다.
- 식 (3)의 $\vec{M}_O$에 대한 결과는 x와 z성분을 가지고 있고 이는 그림 2(a)에 나타낸 바와 같이 $\vec{F}$와 $\vec{P}$가 합성하여 O 점을 지나는 x와 z 축을 중심으로 비트는 작용을 발생시킨다는 것을 의미한다. 대신 x와 z 성분들을 합하여 그림 2(b)에 나타낸 바와 같이 크기가 M_O인 하나의 모멘트 벡터로 주어질 수도 있다.

스칼라 풀이

지배방정식과 계산 스칼라 풀이가 가능하지만 적절한 모멘트 팔과 모멘트에 대한 일관된 부호 규약을 확인하기 위하여 그림으로 잘 나타내는 것이 필요하다. 3차원 문제에서는 시계방향과 반시계방향 같은 단어로 모멘트를 명확하게 분류하는 것은 매우 어렵다. 따라서 우리는 항상 양의 모멘트를 정의하기 위하여 양의 좌표 방향을 취한다(즉, 오른손 법칙이 양의 모멘트의 방향을 좌우한다).

> **빠지기 쉬운 함정**
>
> **시계방향 혹은 반시계방향?** 이 절의 대부분의 예제들은 모두 각 문제의 힘을 포함하는 평면 안으로 들어가는 혹은 평면으로부터 나오는 모멘트를 가진다. 그리고 스칼라 접근법을 사용할 때 모멘트 방향을 기술하기 위해 시계방향 혹은 반시계방향을 사용하는 것이 효과적이었다. 3차원 모멘트에 대해서 시계방향 혹은 반시계방향은 모호하고 별 의미가 없다. 3차원 모멘트를 구하기 위해 스칼라 접근법을 사용할 경우 이 예제에서 보인 것과 같이 양의 모멘트를 정의하기 위해 양의 좌표 방향과 오른손 법칙을 사용하여야만 한다.

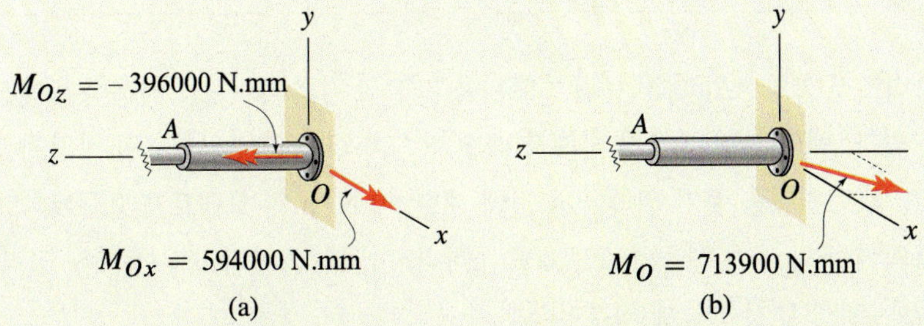

그림 2 힘 F와 P의 O 점에 대한 모멘트 $\vec{M}_O$를 나타낸다. (a) $\vec{M}_O$의 성분을 나타낸다. (b) 올바른 위치에 있는 벡터 $\vec{M}_O$를 나타낸다.

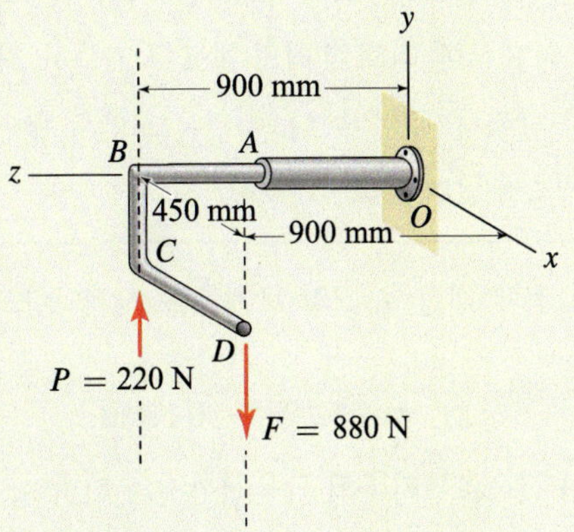

그림 3 O 점에 대한 힘 F와 P의 모멘트를 구하기 위한 스칼라 접근법에서 사용되는 모멘트 팔.

그림 3에서와 같이 적절한 모멘트 팔을 확인하는 것을 돕기 위해 각 힘의 작용선을 연장한다. 힘 F는 x 축을 중심으로 양의 모멘트를 발생시키고 모멘트 팔은 900 mm이다. 또한 z 축을 중심으로 음의 모멘트를 발생시키고 모멘트 팔은 450 mm이다. 힘 F는 y 축에 평행하므로 y 축에 대한 모멘트는 발생시키지 않는다. 힘 P는 x 축을 중심으로 음의 모멘트를 발생시키고 모멘트 팔은 900 mm이다. 다른 두 축에 대해서는 모멘트를 발생시키지 않는다. 따라서

$$M_{Ox} = (880\,\text{N})(900\,\text{mm}) - (220\,\text{N})(900\,\text{mm}) = \boxed{594000\,\text{N}\cdot\text{mm}} \tag{4}$$

$$M_{Oy} = \boxed{0} \tag{5}$$

$$M_{Oz} = -(880\,\text{N})(450\,\text{mm}) = \boxed{-396000\,\text{N}\cdot\text{mm}} \tag{6}$$

논의 및 검증 예상대로 스칼라 접근법으로 구한 O 점에 대한 모멘트의 x, y, z 성분들이 벡터 접근법을 사용하여 구한 각 성분들과 일치한다. 만약 스칼라 접근법에서 양의 모멘트를 양의 좌표 방향으로 취하지 않았다면 모멘트 성분들의 부호는 벡터 접근법으로 구한 성분들의 부호와 일치하지 않을 수 있다는 것을 주의하라. 권장사항은 항상 양의 모멘트는 양의 좌표 방향으로 취하는 것이다.

예제 4.4 모멘트의 최대화

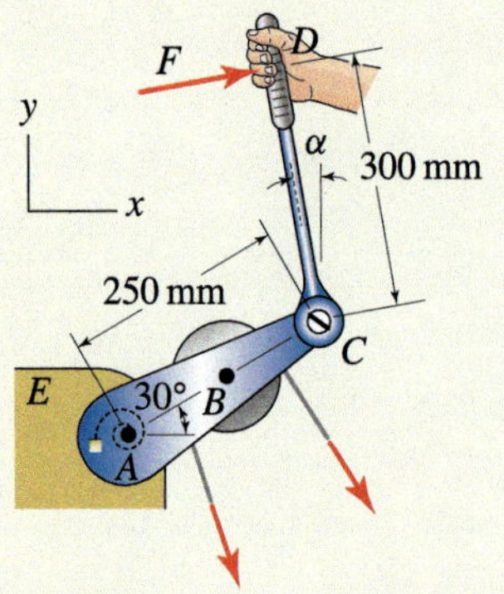

그림 1

벨트 장력조절 장치 ABC가 비틀림 스프링을 가진 A 점의 베어링을 사용하여 엔진에 부착되어 있다. 벨트 장력을 풀기 위해서 래칫 렌치가 C 점에서 장력조절 장치에 연결되어 있다. 벨트 장력을 풀기 위하여 A 점에 대한 50 N·m의 모멘트가 요구된다면 필요한 최소의 힘 F와 렌치 핸들의 각도 α를 구하라. 아래의 2 가지 경우에 대해 고려하라.

(a) 힘 F는 항상 렌치 핸들에 직각이다.

(b) 힘 F는 항상 수평방향이다(x 축에 평행).

풀이 SOLUTION

로드맵 스칼라와 벡터 접근법 모두 효과적이지만 여기서는 스칼라 접근법만 사용한다. 이 문제의 2가지 경우 모두에 대해 우리의 목표는 가능한 최소의 힘으로 A 점에 대해 50 N·m의 모멘트를 발생시키는 것이다. 이것은 모멘트 팔이 가능한 최대가 되도록 렌치 핸들을 위치시킴으로써 달성될 수 있다.

(a) 부분

지배방정식과 계산 A 점에 대한 힘 F의 모멘트는 시계방향으로 50 N·m이어야 한다. 따라서

$$M_A = -Fd = -50 \text{ N}\cdot\text{m} \tag{1}$$

여기서 모멘트 팔 d는 A 점으로부터 F의 작용선까지의 거리이고 F는 A 점을 중심으로 시계방향 모멘트를 발생시키므로 − 부호가 포함되었다. F를 최소화하기 위하여 모멘트 팔 d가 최대가 되는 렌치 핸들의 위치 D를 찾아야 한다. 그림 2에 나타낸 것은 D 점의 가능한 위치에 대한 원주 궤적이고, 여기에 3개의 견본 위치(점 D_1, D_2, D_3)와 각 경우에 대한 모멘트 팔(d_1, d_2, d_3)을 나타낸다. 이 그림을 조사함으로써 렌치의 핸들이 D_2에 있을 때 최대 모멘트가 얻어짐을 알 수 있다. 따라서 $\boxed{\alpha = -60°}$이고 $d = d_2 = 550$ mm이다. 식 (1)을 풀어 다음의 결과를 얻는다.

$$F = \frac{-M_A}{d} = \frac{50 \text{ N}\cdot\text{m}}{0.550 \text{ m}} = \boxed{90.9 \text{ N}} \tag{2}$$

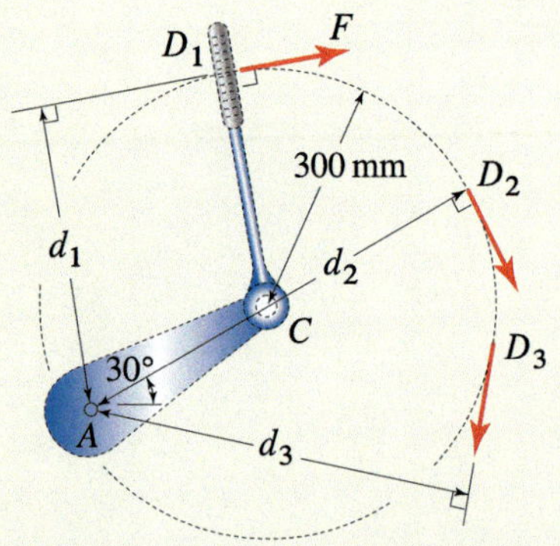

그림 2 각도 α에 따라 가능한 D 점 위치와 과 힘 F의 수는 무한하다. 가능한 3개의 위치 D_1, D_2, D_3와 각 경우에 대한 모멘트 팔 d_1, d_2, d_3 를 나타낸다.

(b) 부분

지배방정식과 계산 (a) 부분과 마찬가지로 힘 F가 항상 수평인 경우에 대하여 식 (1)의 d를 최대화하기를 원한다. D 점의 가능한 위치에 대한 궤적을 3개의 예시된 견본 위치(점 D_1, D_2, D_3)와 함께 그림 3에 나타내었다. 명확히 렌치의 핸들이 수직일 때 d가 최대이다. 이 위치에 대해 $\boxed{\alpha = 0°}$이고 모멘트 팔 $d = (0.250 \text{ m})\sin 30° + 0.300 \text{ m} = 0.425$ m이다. 식 (1)을 풀면

$$F = \frac{-M_A}{d} = \frac{50 \text{ N}\cdot\text{m}}{0.425 \text{ m}} = \boxed{118 \text{ N}} \tag{3}$$

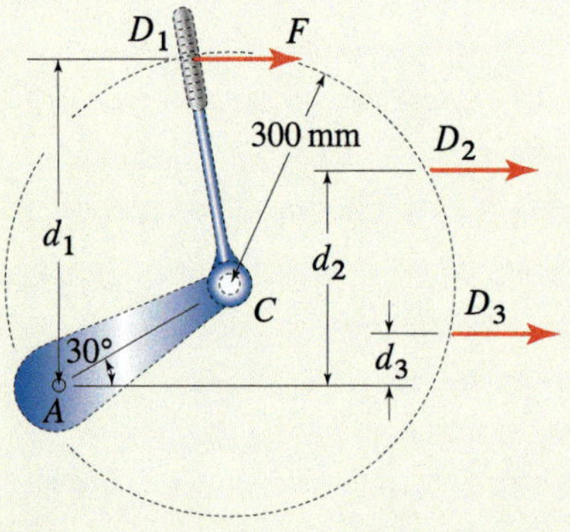

그림 3 D 점에 대한 무한수의 가능한 위치들 중 D_1, D_2, D_3로 나타낸 3개의 가능한 위치들을 나타낸다.

논의 및 검증 그림 2와 그림 3과 같은 스케치는 특정한 점에 대한 힘의 모멘트를 최대화 혹은 최소화하는 문제에 있어 매우 유용하다. 이들 그림이 제공하는 통찰력이 없었다면 이 문제는 다른 방법으로는 좀 더 어려웠을 것이다.

문제

일반적 지시사항 따로 언급하지 않으면 다음 문제에서 스칼라 접근법, 벡터 접근법 혹은 이들을 결합한 방법을 사용해도 좋다.

문제 4.1, 4.2

다음의 절차를 사용하여 힘 F의 B 점에 대한 모멘트를 계산하라.

(a) 모멘트 팔 d를 정하고 $M_B = Fd$ 의 값을 구하라.

(b) 힘 F를 x, y 성분으로 분해하고 모멘트의 원리를 이용하라.

(c) C 점에 작용하는 힘 F에 대해 모멘트의 원리를 이용하라.

(d) D 점에 작용하는 힘 F에 대해 모멘트의 원리를 이용하라.

(e) 벡터 접근법을 사용하라.

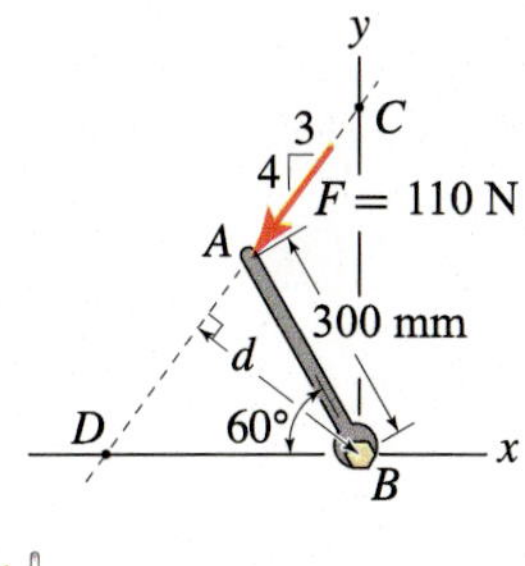

그림 P4.1

문제 4.3, 4.4

컴퓨터 마우스의 두껑은 클릭할 수 있도록 B 점에서 힌지로 연결된다. B 점에 대한 모멘트를 구하기 위하여 문제 4.1을 반복하라.

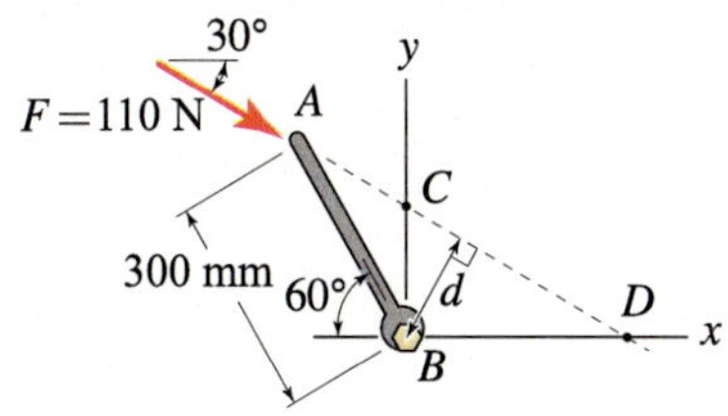

그림 P4.2

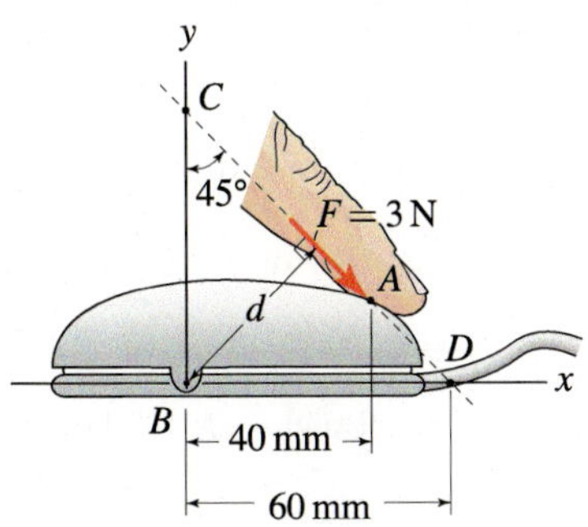

그림 P4.3

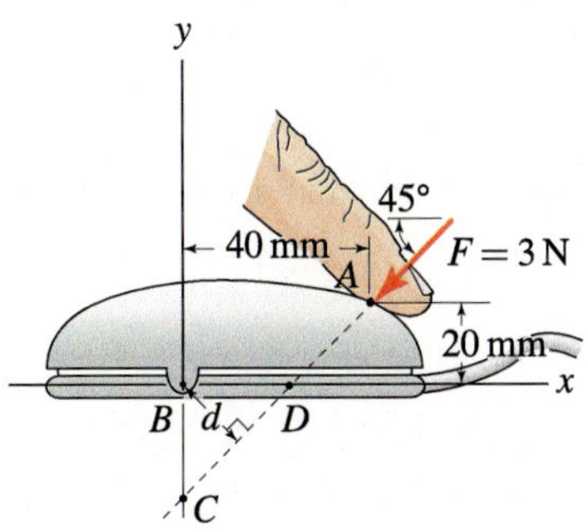

그림 P4.4

문제 4.5

원자력간현미경(atomic force microscope, AFM)은 원자 크기만큼 작은 스케일로 표면의 기계적 성질과 위상적 성질을 연구하기 위해 사용되는 최신 장치이다. 그 장치는 연구 대상 표면과 접촉하는 매우 날카롭고 단단한 팁 BC를 가진 유연한 외팔보 AB를 사용한다. C 점에서의 접촉력 때문에 외팔보는 휘어진다. AFM의 팁이 그림에 보여진 힘들을 받게 될 때 A 점에 대한 두 힘의 합 모멘트를 구하라. 스칼라 접근법과 벡터 접근법을 모두 사용하라.

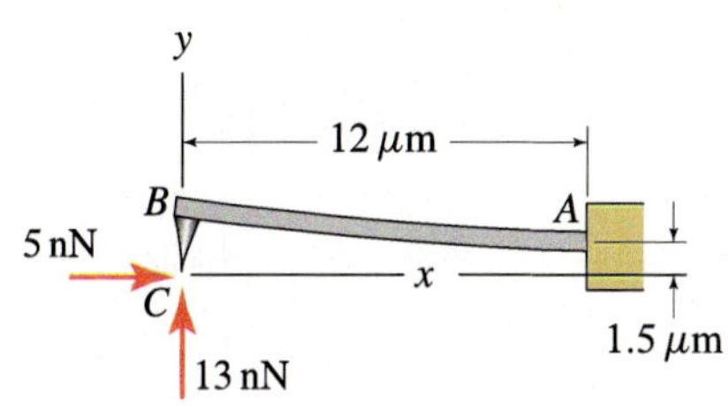

그림 P4.5

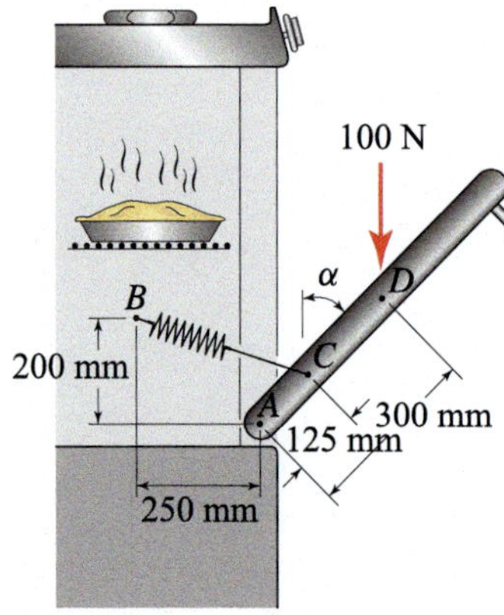

그림 P4.6

문제 4.6

오븐 문의 무게는 100 N이고 D점을 지나 수직으로 작용한다. 문은 A 점에서의 힌지와 문 양쪽에 대칭으로 위치한 2개의 스프링에 의해 지지된다. 아래 주어진 위치에 대해 A 점에 대한 문의 무게와 스프링 힘의 합 모멘트가 0이 되기 위해 필요한 각 스프링의 힘을 구하라.

(a) $\alpha = 45°$

(b) $\alpha = 90°$

(c) (a)와 (b)의 답에 근거하여 스프링에 대한 적당한 강성(스프링상수)을 구하라.

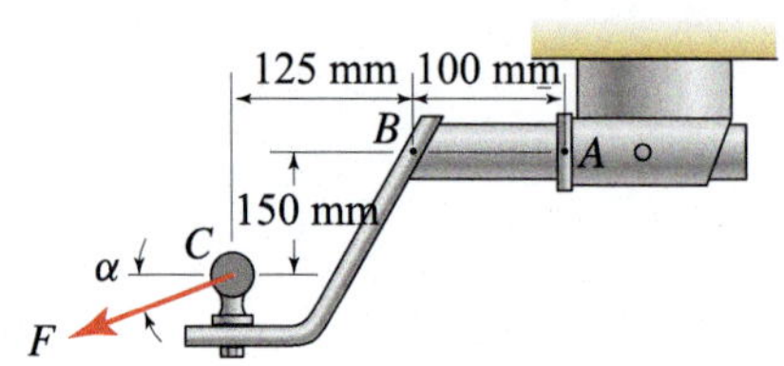

그림 P4.7, P4.8

문제 4.7

트레일러 연결부의 볼이 힘 F를 받고 있다. 만약 A 점에 대한 힘 F의 모멘트가 1125 N·m에 도달할 때 파손이 일어난다면 F의 최대값과 A 점에 대한 모멘트가 최대가 되는 α의 값을 구하라. 구한 F의 A 점에 대한 모멘트는 어떤 α의 값에 대해서도 1125 N·m를 초과해서는 안 된다는 것을 주의하라.

문제 4.8

B 점에서의 모멘트가 562 N·m를 초과해서는 안 될 경우에 대해 문제 4.7을 다시 풀어라.

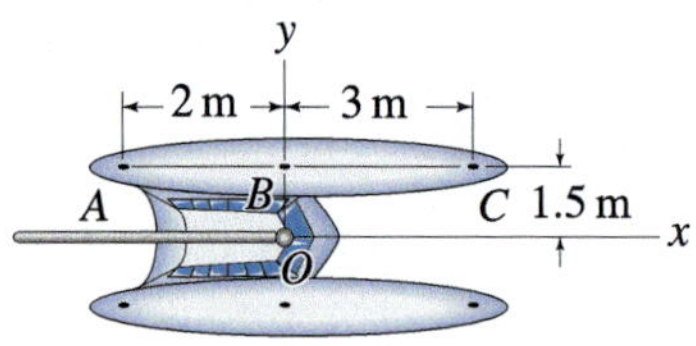

그림 P4.9

문제 4.9

쌍동선(그림 P4.9는 위에서 본 모습)의 부두 측 선체의 A, B, C 지점에 밧줄걸이가 있다. 100 N의 장력을 가진 로프를 이들 밧줄걸이 중 하나에 부착할 예정이다. 만약 로프 장력이 O 점에 대하여 가능한 최대의 반시계방향 모멘트를 발생시키고자 한다면 로프가 부착되어야 하는 밧줄걸이와 로프를 당겨야 할 방향을 정하라(x 축으로부터 반시계방향을 양으로 측정한). 또한 발생되는 모멘트 M_O의 값을 구하라. 모든 밧줄걸이와 O 점은 동일 평면상에 있다고 가정하라.

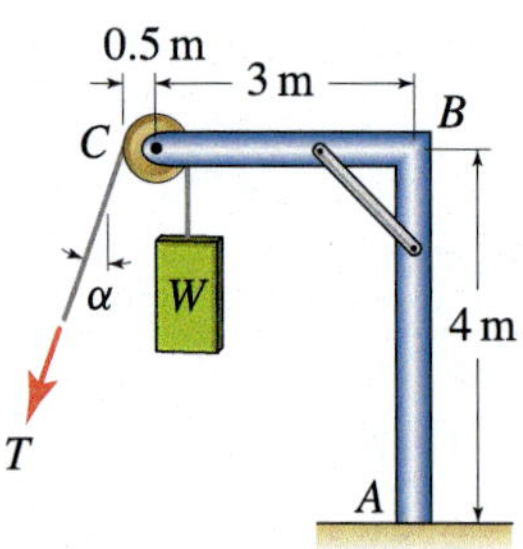

그림 P4.10, P4.11

문제 4.10

프레임 ABC는 C 점에서 케이블이 감겨진 마찰 없는 도르레를 가지고 있다. 만약 W = 5 kN이라면 아래 각 경우에 대하여 A 점에 대한 케이블 장력들의 합 모멘트를 구하라.

(a) $\alpha = 0°$

(b) $\alpha = 90°$

(c) $\alpha = 30°$

문제 4.11

프레임 ABC는 C 점에서 케이블이 감겨진 마찰 없는 도르래를 가지고 있다. 만약 A 점에 대한 케이블 장력들의 합 모멘트가 20 kN·m를 초과해서는 안 된다고 하면 이 프레임으로 지지할 수 있는 최대 무게 W와 그에 상응하는 α의 값을 구하라.

문제 4.12

문제 4.11의 프레임이 지지할 수 있는 하중은 그림 P4.12에 보인 바와 같이 평형추(counterweight) Q를 D 점에 둠으로써 증가될 수 있다. 케이블의 장력과 Q의 A점에 대한 합 모멘트는 20 kN·m를 초과할 수 없다.

(a) 평형추 Q의 최대값을 구하라.

힌트 W를 0으로 놓고 M_A = 20 kN·m가 되도록 Q를 정하라.

(b) (a)에서 구한 Q의 값에 대하여 지지할 수 있는 최대 무게 W와 그에 상응하는 α의 값을 구하라.

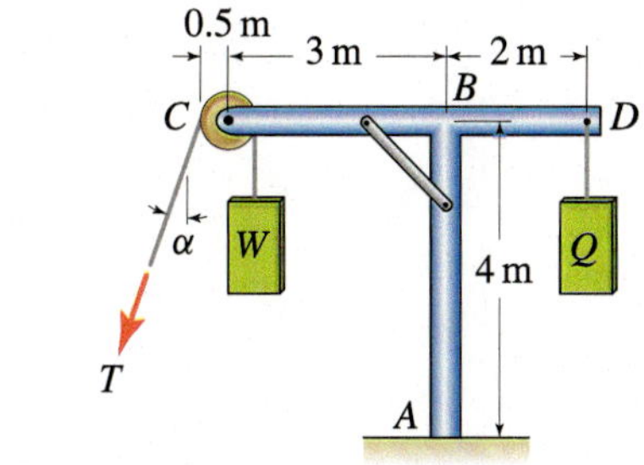

그림 P4.12

문제 4.13

사각형 평판이 그림에 보인 바와 같이 x 축과 y 축에 평행한 힘들을 받고 있다. 만약 F = 200 N이고 P = 300 N일 때 다음 축에 대한 모든 힘의 합 모멘트를 구하라.

(a) z 축

(b) z 축에 평행한 a 축

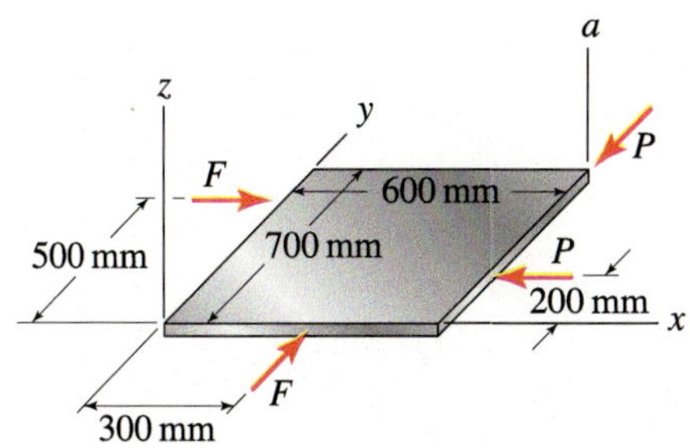

그림 P4.13-P4.15

문제 4.14

P = 300 N일 때 z 축에 대한 합 모멘트 M_z = −100 N·m이 되기 위한 F를 구하라.

문제 4.15

a 축에 대한 모든 힘의 합 모멘트 M_a = −100 N·m인 경우, 문제 4.14를 풀어라.

문제 4.16

구조물 $OBCD$는 O 점에 고정되어 있고 C 점에서 220 N의 케이블 장력을 지지하고 있고 B, D 점에서 각각 440 N과 880 N의 수직 하중을 받고 있다. 벡터 접근법을 사용하여 이들 힘의 다음 점에 대한 모멘트를 구하라.

(a) B 점

(b) O 점

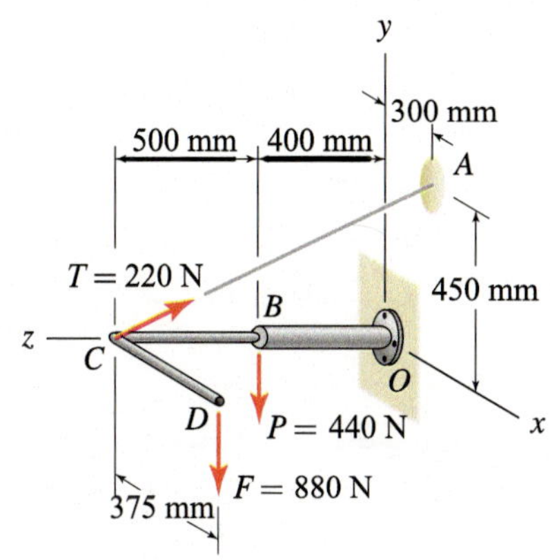

그림 P4.16, P4.17

문제 4.17

문제 4.16을 스칼라 접근법으로 풀어라.

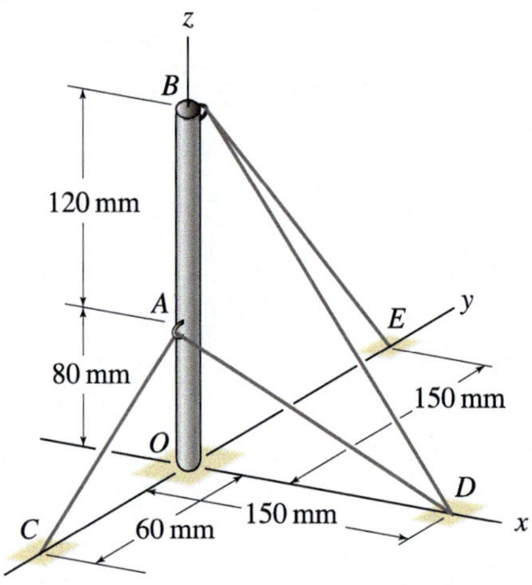

그림 P4.18, P4.19

문제 4.18

구조물 OAB는 O 점에 고정되어 있고 2개의 케이블 장력을 지지하고 있다. 케이블 CAD는 A 점의 마찰 없는 링을 지나고 있고 케이블 DBE는 B 점의 마찰 없는 링을 지나고 있다. 케이블 CAD의 장력이 250 N, 케이블 DBE의 장력이 100 N일 때 벡터 접근법을 사용하여 다음을 구하라.

(a) A 점에 대한 모든 케이블 장력의 모멘트

(b) O 점에 대한 모든 케이블 장력의 모멘트

문제 4.19

스칼라 접근법을 사용하여 문제 4.18을 풀어라.

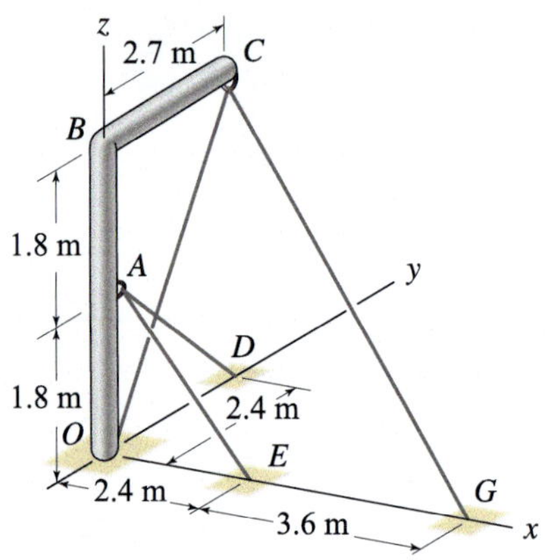

그림 P4.20, P4.21

문제 4.20

구조물 $OABC$는 O 점에 고정되어 있고 2개의 케이블 장력을 지지하고 있다. 케이블 EAD는 A 점의 마찰 없는 링을 지나고 있고 케이블 OGC는 C 점의 마찰 없는 링을 지나고 있다. 케이블 EAD의 장력이 3600 N, 케이블 OGC의 장력이 1800 N일 때 다음을 구하라.

(a) B 점에 대한 케이블 OGC 장력의 모멘트

(b) A 점에 대한 모든 케이블 장력의 모멘트

(c) O 점에 대한 모든 케이블 장력의 모멘트

문제 4.21

스칼라 접근법을 사용하여 문제 4.20을 풀어라.

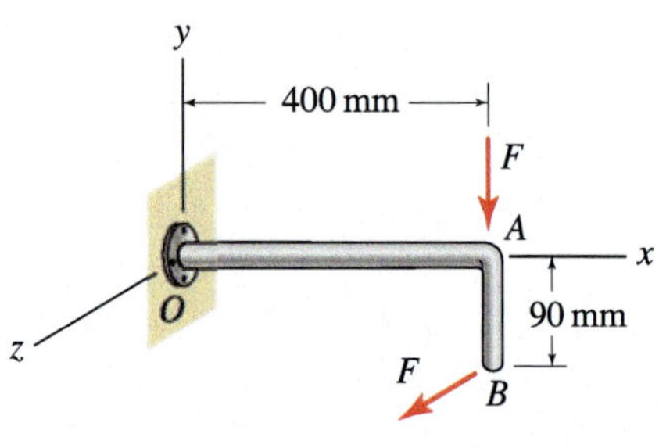

그림 P4.22, P4.23

문제 4.22

구조물 OAB는 O 점에 고정되어 있고 y 축과 z 축에 평행하고 크기가 F인 두 개의 힘을 지지한다. 만약 O 점에 대한 모멘트의 크기가 1.0 kN · m를 초과할 수 없는 경우 F가 취할 수 있는 최대값을 구하라.

문제 4.23

O 점에 대한 모멘트의 x 성분(비틀림 성분)이 0.5 kN · m를 초과할 수 없고 y와 z 성분의 합이 0.8 kN · m를 초과할 수 없는(즉, $\sqrt{M_y^2 + M_z^2} \leq 0.8\ \text{kN} \cdot \text{m}$) 경우에 대해 문제 4.22를 풀어라.

문제 4.24

헬리콥터 주 회전익의 B 점과 C 점에 3 kN과 200 N의 힘들이 작용하고 있고 꼬리 회전익의 D 점에 힘 F가 작용하고 있다. 3 kN 힘들은 z 축과 평행이고 200 N 힘들은 주 회전익에 직각이고 xy 평면에 평행이다. 힘 F는 y 축에 평행이고 $\alpha = 45°$이다.

(a) 회전익에 작용하는 모든 힘들의 O 점에 대한 모멘트의 z 성분이 0이 되도록 F 값을 구하라.

(b) (a)에서 구한 F 값을 사용하여 회전익에 작용하는 모든 힘들의 O 점에 대한 합 모멘트를 구하라.

(c) 만약 α가 45°가 아니라면 (a)와 (b)에서 구한 답들이 변하는가? 설명하라.

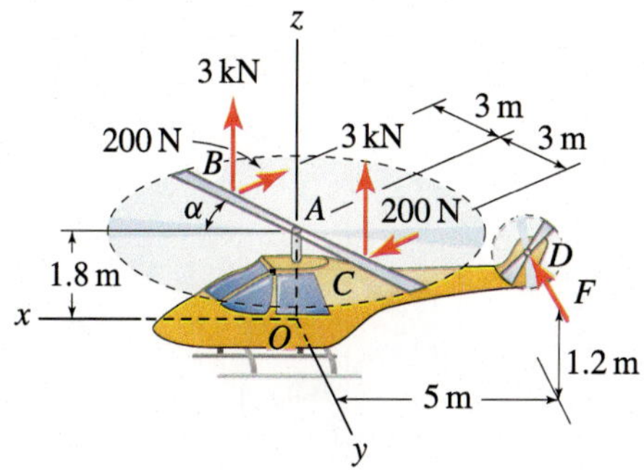

그림 P4.24

문제 4.25

힘 $\vec{F}$의 A 점에 대한 모멘트는 $\vec{M}_{A,1} = \vec{r}_{AB} \times \vec{F}$를 사용하거나 $\vec{M}_{A,2} = \vec{r}_{AC} \times \vec{F}$를 사용하여 계산할 수 있다. 여기서 B 점과 C 점은 $\vec{F}$의 작용선상에 있는 점들이다. $\vec{r}_{AC} = \vec{r}_{AB} + \vec{r}_{BC}$임을 이용하여 $\vec{M}_{A,1} = \vec{M}_{A,2}$임을 보여라.

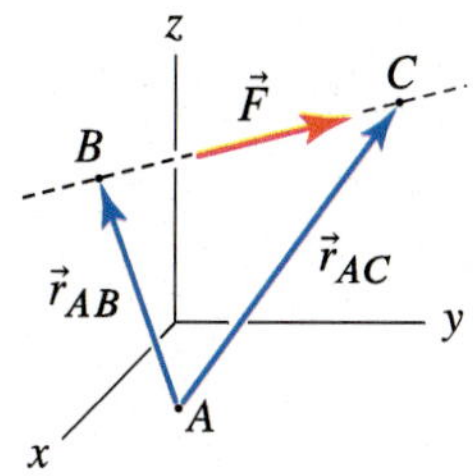

그림 P4.25

4.2 직선(축)에 대한 힘의 모멘트

앞 절의 주요 결과들을 요약하는 것으로 이 절을 시작한다. 어떤 점에 대한 힘의 모멘트(단순히 모멘트라고도 함)는 모멘트가 계산되는 어떤 점을 비틀려고 하는 힘의 작용이다. 어떤 점에 대한 힘의 모멘트는 그 자체로 벡터양이다. 이것과 대비하여 종종 직선 혹은 특정한 방향에 대한 힘의 모멘트를 구하는 것이 유용하거나 필요하다. 어떤 직선에 대한 힘의 모멘트는 어떤 직선을 중심으로 비틀려는 힘의 작용이다. 설명을 위하여 그림 4.11에 다시 나타낸 페라리 스포츠카의 조향 핸들을 다시 고려한다. 여기서는 운전자가 가하는 힘의 방향이 임의의 방향이란 점이 앞의 경우와 다르다. 명확히 조향핸들을 돌리기 위한 $\vec{F}$의 효과는 $\vec{F}$의 방향에 크게 좌우된다. 사실 만약 운전자가 $\vec{F}$의 방향이 조향 칼럼 AB와 같게(즉, $\vec{F} = F\vec{r}_{AB}/|\vec{r}|_{AB}$ 여기서 $\vec{r}_{AB}$는 A 점으로부터 B 점에 이르는 위치 벡터이다) 조향 핸들을 민다면 조향 핸들은 전혀 돌려고 하지 않을 것이다. 문제 4.26에서 이 경우를 더 살펴본다.

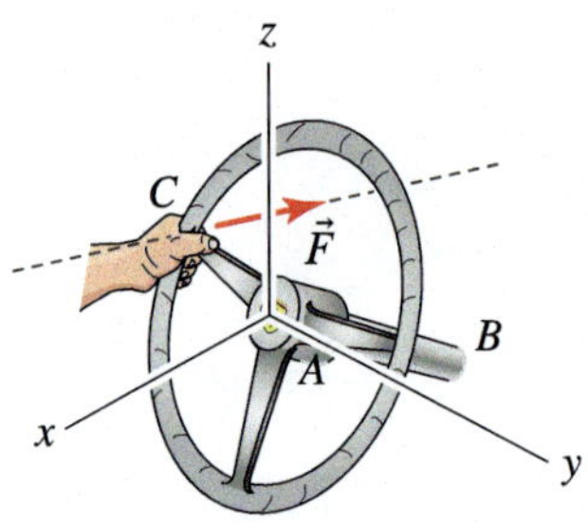

그림 4.11 페라리 250 GTO(이 장 시작 부분의 토의를 참조)의 조향 핸들. 운전자는 조향 핸들을 돌리기 위하여 C 점에 힘 $\vec{F}$를 가한다.

직선에 대한 힘의 모멘트(*moment of a force about a line*)**는 모멘트의 직선 방향으로의 성분**으로 정의된다. 만약 그 직선이 좌표축과 평행하면 답은 아래 설명과 같이 쉽게 구해진다. 만약 직선이 좌표축과 평행하지 않으면 답을 구하는 것이 좀 더 복잡하고 다음과 같이 벡터 접근법과 스칼라 접근법 모두 사용할 수 있다.

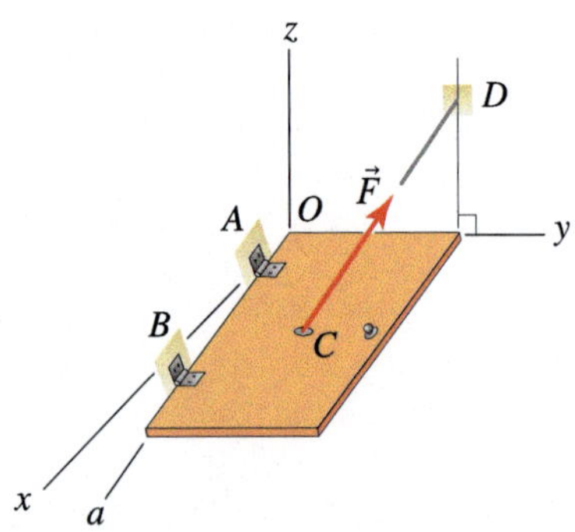

그림 4.12 A 점과 B 점에서 힌지(hinge)로 고정되고 로프로 지지되고 있는 문.

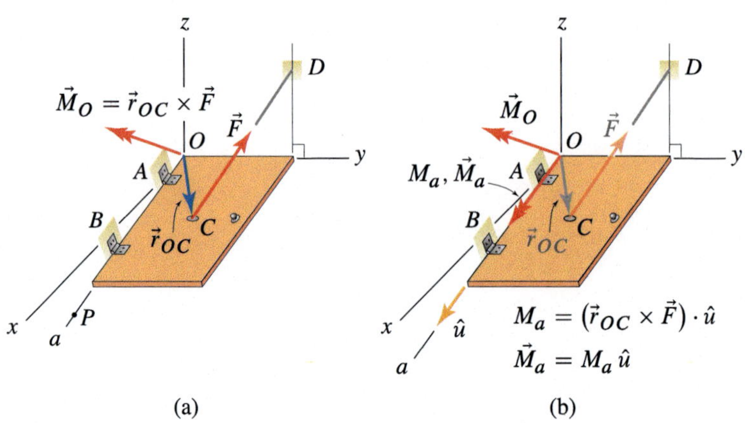

그림 4.13 직선 a에 대한 힘의 모멘트를 구하기 위한 벡터 접근법. (a) 힘 $\vec{F}$의 직선 a 상의 모멘트 계산이 편리한 점(여기서 O 점)에 대한 모멘트를 계산한다. (b) 직선 a 방향의 성분 M_a를 구하기 위하여 내적을 사용한다.

벡터 접근법

그림 4.12에 나타낸 예제를 고려하자. 사각형 문은 xz 평면상의 직선 a 방향 축을 따라 힌지로 고정되어 있다. 또한 장력의 크기가 F이고 C 점과 D점 사이에 연결된 케이블에 의해 지지되고 있다. 종종 힌지들을 지나는 직선에 대한 F의 모멘트를 구할 필요가 있다. 벡터 접근법을 사용하기 위하여 먼저 직선 a에 대한 모멘트 계산이 편리한 점에 대

한 모멘트를 구할 것이다. O, A, B 점 등이 우선적으로 선택될 수 있지만 그림 4.13(a)에 보인 바와 같이 직선 a 상의 어떠한 점 P도 사용될 수 있다(문제 4.33에서 증명할 것이다). 만약 O 점을 사용한다면 먼저 $\vec{M}_O = \vec{r}_{OC} \times \vec{F}$를 계산한다. 그리고 직선 a 방향으로 작용하는 $\vec{M}_O$의 성분을 구하기 위하여 내적을 사용하여 $M_a = \vec{M}_O \cdot \hat{u}$를 계산한다. 여기서 $\hat{u}$는 그림 4.13(b)에 나타낸 바와 같이 직선 a 방향의 단위벡터이다. 직선 a에 대한 모멘트를 벡터로 표시하기 위해서는 $\vec{M}_a = M_a\hat{u}$ 라고 쓰면 된다. 원한다면 M_a를 계산하기 위하여 외적과 내적이 동시에 계산되는 스칼라 3중곱을 사용해도 된다.

스칼라 접근법

스칼라 접근법을 사용하기 위하여 먼저 힘 F를 그림 4.14에 나타낸 바와 같이 직선 a를 포함하는 평면에 직각인 성분과 평행한 성분, 즉 $F_\perp$과 $F_\parallel$으로 분해한다. 그 다음에 직각 성분의 직선 a에 대한 모멘트(평행한 성분은 직선 a에 대해 모멘트를 발생시키지 않는다), 즉 $M_a = F_\perp d$를 계산한다. 여기서 d는 직선 a로부터 $F_\perp$의 작용선까지의 수직(최단) 거리이다. 복잡한 형상을 가진 문제에 대해서는 $F_\perp$와 d를 구하는 것이 복잡할 수 있다.

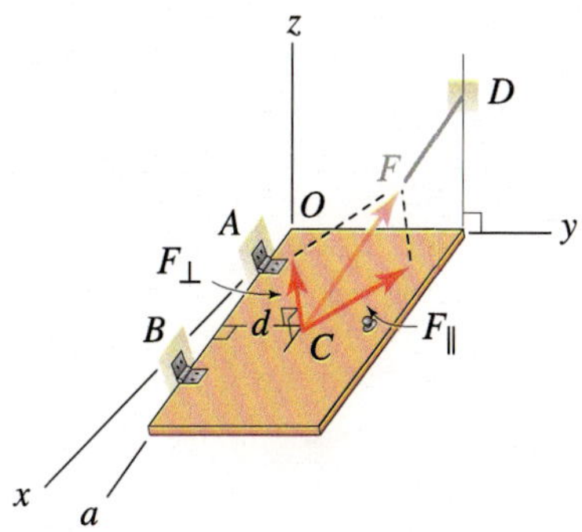

그림 4.14 직선 a에 대한 모멘트를 구하기 위한 스칼라 접근법.

주의

- 만약 직선 a가 x 축과 평행하고 양의 a 방향과 양의 x 방향이 같다면 직선 a에 대한 모멘트는 단지 직선 a 상에 있는 어떤 임의의 점에 대한 모멘트의 x 성분이다. 만약 직선 a가 x 축과 평행하고 양의 a 방향과 양의 x 방향이 반대이면 직선 a에 대한 모멘트는 단지 직선 a 상에 있는 어떤 임의의 점에 대한 모멘트의 x 성분의 음의 값이다. 직선 a가 y, z 축에 평행한 경우도 마찬가지이다.
- 그림 4.12의 예제에서 직선에 대한 모멘트는 $M_a = \vec{M}_P \cdot \hat{u}$를 계산함으로써 구할 수도 있다. 여기서 M_P는 직선 a 상의 임의의 점 P에 대한 모멘트이다. P 점으로 어떤 점을 선택하더라도 M_a는 동일한 값을 가지는 반면 모멘트 M_P는 직선 a 상의 점의 위치에 따라 달라진다. 따라서 그림 4.13(a)에 대해 $\vec{M}_O \neq \vec{M}_A \neq \vec{M}_B \neq \vec{M}_P$이지만 $\vec{M}_O \cdot \hat{u} = \vec{M}_A \cdot \hat{u} = \vec{M}_B \cdot \hat{u} = \vec{M}_P \cdot \hat{u}$이다.
- 스칼라 접근법을 사용하여 직선에 대한 모멘트를 구할 때 힘의 직각성분과 모멘트 팔에 대한 값은 유일하지 않고 이들의 값은 선택한 특별한 면에 좌우된다. 한 가지 요구되는 사항은 이 평면이 구하고자 하는 모멘트의 기준이 되는 직선 즉 직선 a를 포함해야만 한다. 예를 들면, 그림 4.15에 직선 a에 대한 모멘트를 구하기 위한 2개의 가능한 평면을 나타낸다. 명확히 2개의 평면에 대한 힘 F의 직각 성분은 다르고 $(F_{\perp,1} \neq F_{\perp,2})$ 모멘트 팔도 다르다$(d_1 \neq d_2)$. 그럼에도 불구하고 직선 a에 대한 F의 모멘트는 같다$(M_a = F_{\perp,1}\, d_1 = F_{\perp,2}\, d_2)$.

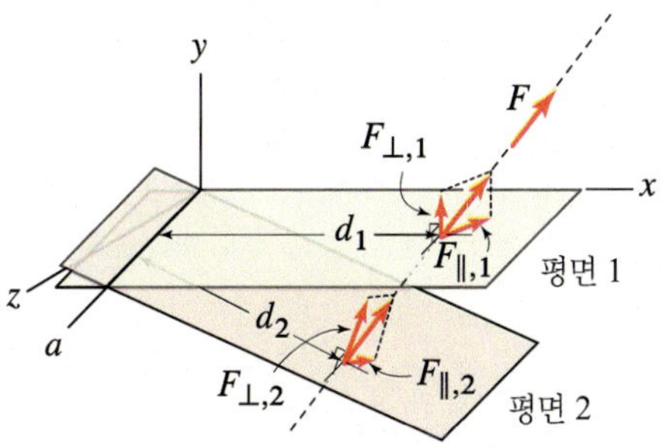

그림 4.15 직선 a에 대한 힘 F의 모멘트를 구하기 위해 사용될 수 있는 무한히 많은 평면 중 두 개의 평면. 모멘트 팔과 F의 직각 성분은 선택된 평면에 좌우된다는 것을 관찰하라. 그러나 어떤 평면을 선택하든 직선 a에 대한 F의 모멘트는 같다.

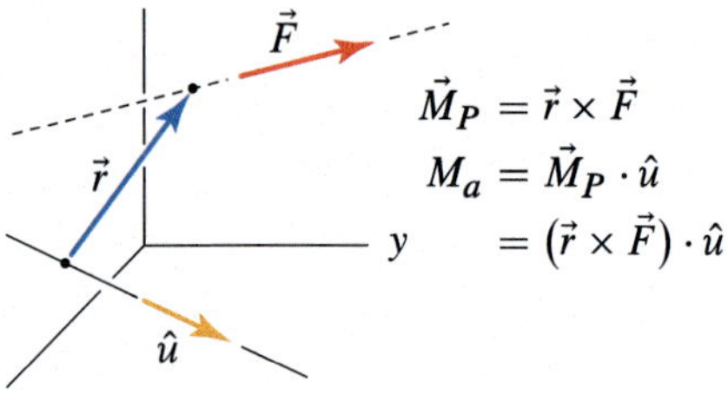

(a) 벡터 접근법

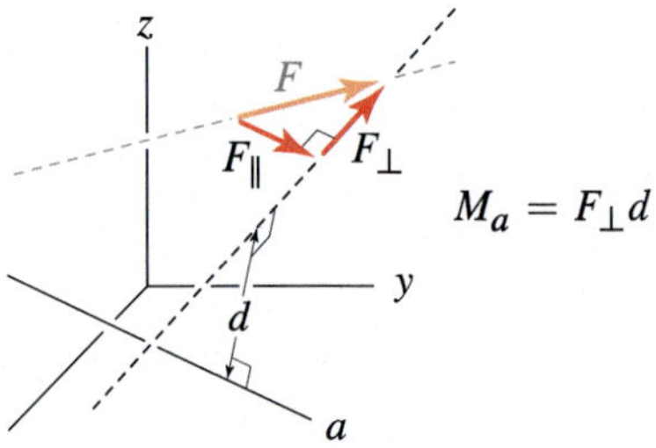

(b) 스칼라 접근법

그림 4.16 직선에 대한 힘의 모멘트를 구하기 위한 벡터와 스칼라 접근법

절 요약

이 절에서 **직선에 대한 힘의 모멘트**는 직선 방향으로의 모멘트 성분으로 정의된다. 직선에 대한 힘의 모멘트는 다음과 같이 벡터 접근법과 스칼라 접근법을 사용하여 계산될 수 있다.

그림 4.16에 보인 바와 같이 직선 a(혹은 a 방향)에 대한 힘 F의 모멘트 M_a를 구하기 위하여

벡터 접근법

1. 직선 a 상의 모멘트 계산이 편한 점 P를 선택하라. P에 대한 $\vec{F}$의 모멘트를 $\vec{M}_P = \vec{r} \times \vec{F}$를 이용하여 구하라. 여기서 $\vec{r}$은 P로부터 $\vec{F}$의 작용선 상에 있는 임의의 점까지의 위치벡터이다.[2)]
2. $M_a = \vec{M}_P \cdot \hat{u}$, 여기서 $\hat{u}$는 직선 방향의 단위벡터이다. 이 모멘트를 벡터량으로 표시하면 $\vec{M}_a = M_a\hat{u}$가 된다.

주의 스칼라 3중곱을 사용하여 M_a를 직접 구하기 위하여 단계 1과 단계 2는 합쳐질 수 있다.

스칼라 접근법

1. 힘 F를 직선 a를 포함하는 평면에 직각인 성분과 평행한 성분, 즉 $F_\perp$과 $F_\parallel$으로 분해한다.
2. $M_a = F_\perp d$, 여기서 d는 직선 a와 F의 작용선 사이의 모멘트 팔(최단 거리)이다.

주의 $F_\parallel$는 직선 a에 대한 모멘트를 발생시키지 않으므로 그 계산은 모두 생략해도 된다.

2) $\vec{M}_P$를 구하기 위해 외적을 사용하는 것에 대한 대안으로, 특히 단순한 기하학적 형상을 가진 문제에 대해, 스칼라 접근법을 사용하여 $\vec{M}_P$에 대한 벡터 식을 구한 후 단계 2에서 설명한 바와 같이 내적을 취함으로써 구할 수도 있을 것이다.

예제 4.5 직선에 대한 힘의 모멘트–벡터 풀이와 스칼라 풀이

사각형 문은 xz 평면상의 직선 a 방향 축을 따라 힌지로 고정되어 있다. 또한 장력의 크기가 $F = 100$ N인 케이블에 의해 지지되고 있다. 힘 F의 직선 a에 대한 모멘트를 구하라.

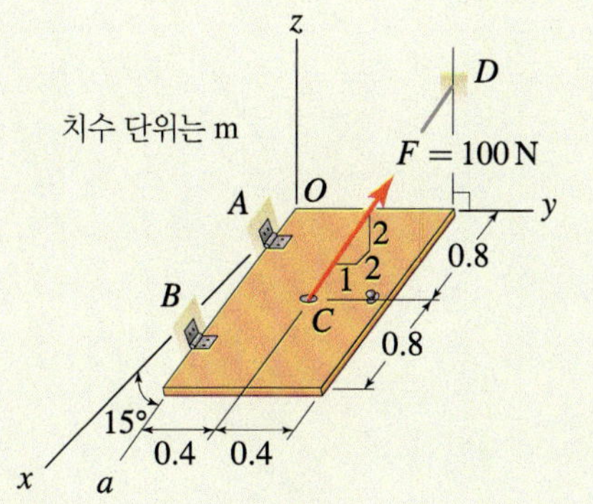

그림 1

풀이 SOLUTION

로드맵 직선에 대한 힘의 모멘트를 구하는 것은 본질적으로 3차원 문제이고 벡터 접근법과 스칼라 접근법 모두 사용할 수 있지만 벡터 접근법이 좀 더 간단하고 질서정연하다. 그럼에도 불구하고 두 가지 접근법을 모두 사용한다.

벡터 접근법

지배방정식과 계산 F의 모멘트를 계산하기 위해 먼저 직선 a 상의 O 점을 모멘트 계산이 편리한 위치로 선택한다. 필요한 벡터는

$$\vec{F} = (100\,\text{N})\,\frac{-2\hat{\imath} + \hat{\jmath} + 2\hat{k}}{3}$$
$$= (-66.667\hat{\imath} + 33.333\hat{\jmath} + 66.667\hat{k})\,\text{N}\cdot\text{mm} \tag{1}$$

$$\vec{r}_{OC} = (0.8\text{ m})(\cos 15°)\hat{\imath} + (0.4\text{ m})\hat{\jmath} - (0.8\text{ m})(\sin 15°)\hat{k}$$
$$= (0.773\hat{\imath} + 0.4\hat{\jmath} - 0.207\hat{k})\,\text{m} \tag{2}$$

O 점에 대한 $\vec{F}$의 모멘트는 $\vec{M}_O = \vec{r}_{OC} \times \vec{F}$

$$= \begin{vmatrix} \hat{\imath} & \hat{\jmath} & \hat{k} \\ 0.773 & 0.4 & -0207 \\ -66.667 & 33.333 & 66.667 \end{vmatrix} \tag{3}$$

$$\vec{M}_O = (33.57\hat{\imath} - 37.73\hat{\jmath} + 52.43\hat{k})\,\text{N}\cdot\text{m} \tag{4}$$

마지막으로 식 (4)의 $\vec{M}_O$와 a 방향의 단위벡터, $\hat{u}_a = \cos 15°\hat{\imath} - \sin 15°\hat{\jmath}$ 의 내적을 계산하여 다음을 얻는다.

$$M_a = \vec{M}_O \cdot \hat{u}_a \tag{5}$$
$$= (33.57)(\cos 15°) + (52.43)(-\sin 15°) = 18.9\,\text{N}\cdot\text{m} \tag{6}$$

따라서 a 방향으로 작용하는 $\vec{M}_O$의 성분, 즉 F의 a 축에 대한 모멘트는 18.9 N · m 이다. 결과 값이 양이라는 사실은 힘 F의 직선 a에 대한 모멘트는 오른손 법칙에 따라 양의 a 방향으로 향한다는 것을 의미한다.

스칼라 접근법

지배방정식과 계산 이 문제의 기하학적 형상은 충분히 복잡하여 삼각법을 이용하여 $\vec{F}$의 직각 성분을 스칼라 계산하는 것은 복잡하다. 대신 식 (1)의 $\vec{F}$와 문에 직각인 단위벡터 $\hat{u}_n = \sin 15°\hat{\imath} + \cos 15°\hat{k}$과의 내적을 취함으로써 $\vec{F}$의 직각 성분(이 벡터의 크기는 그림 2에 보인 $F_\perp$)을 얻기 위한 벡터 접근법으로 시작하려고 한다. 이 내적 계산의 결과는 다음과 같다.

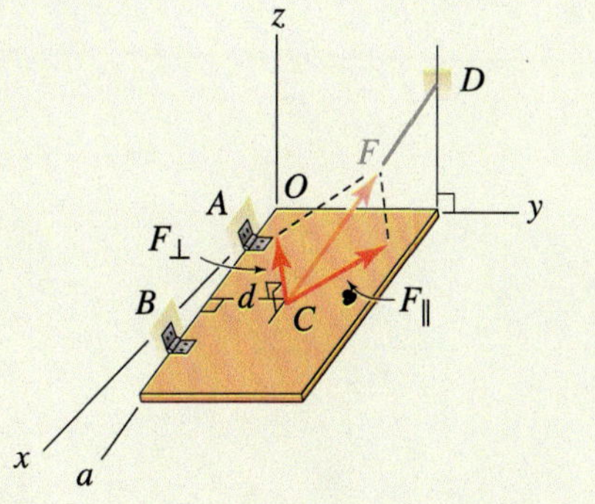

그림 2 힘 $\vec{F}$의 직각 성분과 평행 성분, $F_\perp$과 $F_\parallel$으로 분해.

$$F_\perp = \vec{F} \cdot \vec{u}_n$$
$$= (-66.667)\sin 15° + (66.667)\cos 15° \tag{7}$$
$$F_\perp = 47.14\,\text{N} \tag{8}$$

직선 a에 대한 $F_\perp$의 모멘트를 계산하기 위하여 필요한 모멘트 팔은 직선 a로부터 $F_\perp$의 작용선까지의 수직 거리, 즉 $d = 0.4$ m이다. 따라서

$$M_a = F_\perp d = (47.14\,\text{N})(0.4\,\text{m}) = \boxed{18.9\,\text{N}\cdot\text{m}} \tag{9}$$

스칼라 접근법에 있어서 M_a에 대한 부호는 모멘트 방향으로 판단하여 지정해야 한다. 그림 2를 조사함으로써 $F_\perp$는 직선 a 주위로 비틀림 작용을 발생시키고 오른손 법칙에 따라 양의 a 방향이다. 따라서 $M_a = +18.9\ \text{N}\cdot\text{m}$이다.

논의 및 검증 예상대로 두 접근법 모두 동일한 결과를 준다.

예제 4.6 직선에 대한 힘의 모멘트–벡터 풀이와 스칼라 풀이

판지 한 조각을 테이블의 모서리를 따라 구부린다. a 축은 xy 평면에 놓여 있고 힘 F는 yz 평면에 놓여 있다. F의 a 축에 대한 모멘트를 구하라.

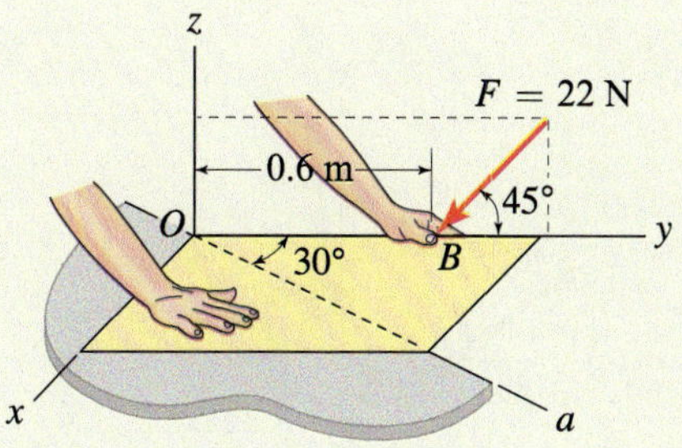

그림 1

풀이 SOLUTION

로드맵 벡터 접근법과 스칼라 접근법이 모두 가능하고 두 접근법으로 설명한다.

벡터 접근법

지배방정식과 계산 그림 2에 보인 바와 같이 O 점을 모멘트 계산이 편한 점으로 선택하면 필요한 벡터는

$$\vec{r}_{OB} = 0.6\hat{\jmath}\ \text{m}, \tag{1}$$

$$\vec{F} = (22\,\text{N})(-\cos 45°\,\hat{\jmath} - \sin 45°\,\hat{k}).$$
$$= (-15.556\hat{\jmath} - 15.556\hat{k})\text{N} \tag{2}$$

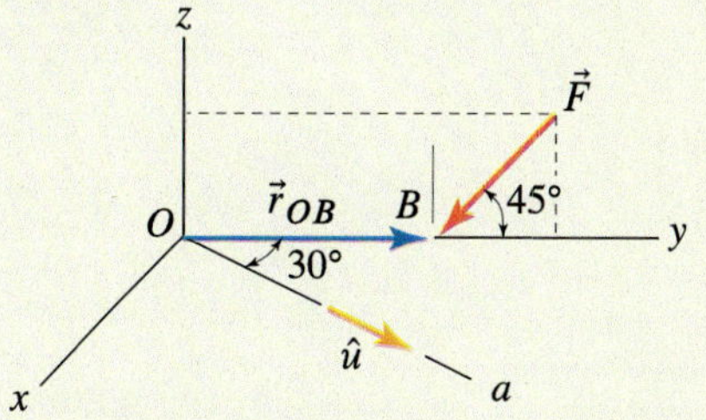

그림 2 벡터 풀이에서 사용할 힘과 위치벡터.

$\vec{F}$의 O 점에 대한 모멘트는

$$\vec{M}_O = \vec{r}_{OB} \times \vec{F} \tag{3}$$

$$= \begin{vmatrix} \hat{\imath} & \hat{\jmath} & \hat{k} \\ 0 & 0.6 & 0 \\ 0 & -15.556 & -15.556 \end{vmatrix}$$

$$\vec{M}_O = (-9.33)\hat{\imath}\ \text{N}\cdot\text{m}. \tag{4}$$

마지막으로 a 방향을 나타내는 단위벡터 $\hat{u} = \sin 30°\hat{\imath} + \cos 30°\hat{\jmath}$를 이용하여 a 축에 대한 모멘트 M_a를 구하면

$$M_a = \vec{M}_O \cdot \hat{u}$$
$$= (-9.33)(\sin 30°)$$
$$= -4.67\,\text{N}\cdot\text{m} \tag{5}$$

M_a에 대한 음의 부호는 축에 대한 힘 F의 비트는 방향은 오른손 법칙에 따라 음의 a 방향임을 뜻한다. 원한다면 F의 직선 a에 대한 모멘트는 다음 식 (6)을 계산함으로써 벡터로 표현될 수도 있다.

$$\vec{M}_a = M_a\hat{u}$$
$$= (-4.67\,\text{N}\cdot\text{m})(\sin 30°\,\hat{\imath} + \cos 30°\,\hat{\jmath})$$
$$= \boxed{(-2.34\hat{\imath} - 4.04\hat{\jmath})\,\text{N}\cdot\text{m}} \tag{6}$$

스칼라 접근법

지배방정식과 계산 F를 직각 성분과 평행 성분으로 분해하고 a 축으로부터 $F_\perp$의 작용선까지의 수직 거리로 모멘트 팔 d를 구한다. 그러면

$$M_a = F_\perp d = (22\,\text{N})(\sin 45°)(0.6\,\text{m})(\sin 30°)$$
$$= 4.67\,\text{N}\cdot\text{m} \tag{7}$$

스칼라 접근법에서는 결과에 대한 부호를 모멘트 방향으로 판단하여 지정해 주어야만 한다. 그림 3으로부터 $F_\perp$의 직선 a에 대한 비틂 작용은 오른손 법칙에 따라 음의 a 방향임을 알 수 있다. 따라서 $\boxed{M_a = -4.67\,\text{N}\cdot\text{m}}$이다.

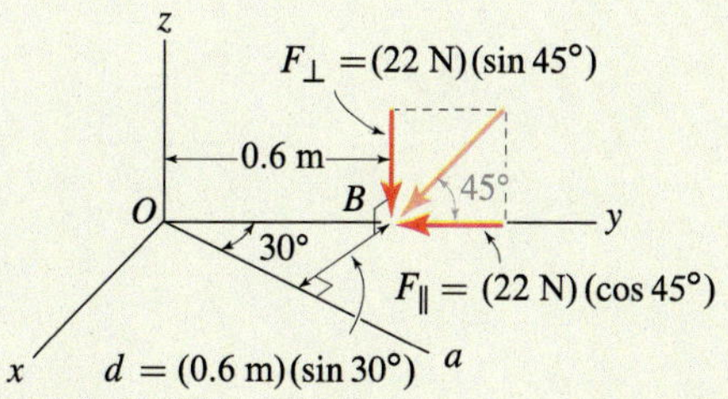

그림 3 스칼라 풀이에서 사용할 힘의 성분과 모멘트 팔.

논의 및 검증 예상대로 두 접근법의 결과는 같다.

예제 4.7 직선에 대한 힘의 모멘트—벡터 풀이

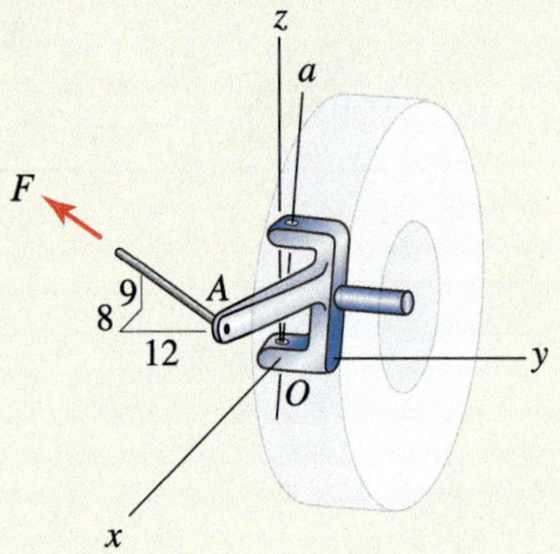

그림 1

그림 1은 오프로드 차량의 앞바퀴 차축과 조향 링크장치의 조립품을 나타낸다. 힘 F는 차량이 방향을 바꿀 수 있도록 a 축을 중심으로 조립품을 회전시킨다. A 점은 주어진 좌표계에서(160, −20, 100) mm의 위치에 놓여 있다. 다음 각 경우에 대하여 a 축을 중심으로 10 N · m 모멘트를 발생시키기 위해 필요한 힘 F의 크기를 구하라.

(a) 직선 a는 yz 평면상에 있고 z 축과 이루는 각 $\theta_z = 10°$이다.

(b) 직선 a가 z 축과 일치한다.

풀이 SOLUTION

로드맵 이 경우 기하학적 형상이 다소 복잡하므로 벡터 접근법을 이용한다. 직선 a에 대한 모멘트를 구하기 위해 먼저 직선 a 상의 모멘트 계산이 편한 점에 대한 모멘트를 구한다(O 점을 선택할 것이고 구한 결과는 벡터이다). 다음으로 이 모멘트 벡터의 a 축 방향으로 작용하는 성분을 벡터 내적으로 구할 것이고 이 값은 문제에서 주어진 대로 10 N · m가 되어야만 한다. 이로부터 F의 값이 구해질 수 있다.

(a) 부분

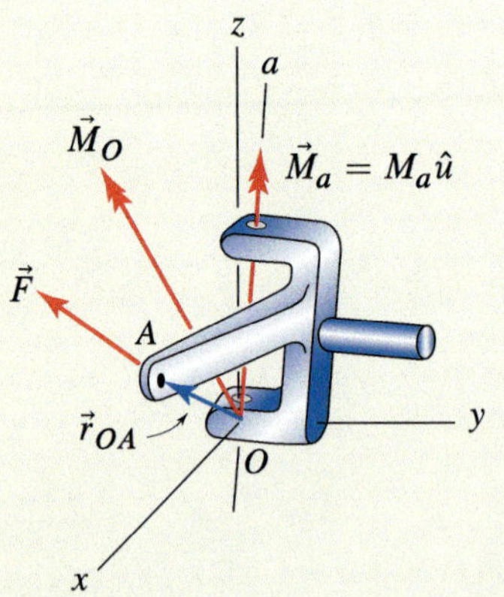

그림 2 $\vec{F}$의 O 점과 직선 a에 대한 모멘트를 구하기 위한 힘 벡터 $\vec{F}$와 위치벡터 $\vec{r}_{OA}$.

지배방정식과 계산 직선 a에 대한 F의 모멘트를 구하기 위하여 직선 a 상의 한 점으로부터 F의 작용선상의 한 점까지의 위치벡터가 필요하고 그림 2에 나타낸 바와 같이 $\vec{r}_{OA}$는 당연한 선택이다. 필요한 벡터는 다음과 같고

$$\vec{r}_{OA} = (160\hat{\imath} - 20\hat{\jmath} + 100\hat{k})\,\text{mm} \tag{1}$$

$$\vec{F} = F\frac{-8\hat{\imath} - 12\hat{\jmath} + 9\hat{k}}{17}$$
$$= F(-0.471\hat{\imath} - 0.706\hat{\jmath} + 0.529\hat{k}) \tag{2}$$

O 점에 대한 $\vec{F}$의 모멘트는 다음과 같이 구해진다.

$$\vec{M}_O = \vec{r}_{OA} \times \vec{F} \tag{3}$$

$$= F\begin{vmatrix} \hat{\imath} & \hat{\jmath} & \hat{k} \\ 160 & -20 & 100 \\ -0.471 & -0.706 & 0.529 \end{vmatrix}$$

$$\vec{M}_O = F(60.02\hat{\imath} - 131.74\hat{\jmath} - 122.38\hat{k})\,\text{N}\cdot\text{mm} \tag{4}$$

a 방향으로의 $\vec{M}_O$의 성분은 $\vec{M}_O$과 a 방향의 단위벡터의 내적에 의해 주어진다.

$$\hat{u}_a = \sin 10°\hat{\imath} + \cos 10°\hat{k}$$

$$M_a = \vec{M}_O \cdot \hat{u}_a \tag{5}$$

$$= F[(-131.74)\sin 10° + (-122.38)\cos 10°]\,\text{N}\cdot\text{mm}$$

$$M_a = -F(143.4\text{ mm}) \tag{6}$$

위 결과의 음의 부호는 양의 힘 F가 음의 a 방향으로 작용하는 모멘트를 발생시킨다는 것을 보인다. 이 문제를 마치기 위해 직선 a에 대한 모멘트는 10 N · m = 10,000 N · mm의 크기를 가져야 한다. 따라서 식 (6)의 절대값을 이용하여 아래의 답을 얻는다.

$$F(143.4\text{ mm}) = 10{,}000\,\text{N}\cdot\text{mm} \quad \Rightarrow \quad \boxed{F = 69.7\text{ N}} \tag{7}$$

(b) 부분

지배방정식과 계산 직선 a가 z 축과 일치하는 경우에도 힘 F의 방향과 A 점의 위치가 변하지 않는다고 가정하면 힘 F의 O 점에 대한 모멘트는 변하지 않고 식 (3)으로 주어진다. 식 (5)에서 사용된 단위벡터 $\hat{u}$는 z 축의 단위벡터 $\hat{k}$이고 식 (5)를 계산하면 단순히 식 (8)로 주어지는 $\vec{M}_O$의 z 성분을 얻는다.

$$M_a = M_{Oz} = -F(122.4\,\text{mm}) \tag{8}$$

위 결과의 절대값이 10,000 N · mm가 되어야 한다는 요구조건을 만족하려면 F의 크기는 다음과 같다.

$$\boxed{F = 81.7\,\text{N}} \tag{9}$$

논의 및 검증 이 예제의 두 가지 경우에 대한 주된 차이점은 직선 a의 방향이다. 직선 a가 z 축과 일치하는 (b)부분에서는 내적은 모멘트 벡터의 z 성분을 구하는 평범한 계산이다. 195쪽의 첫 번째 주의는 추가적인 설명을 제공한다.

문제

일반적 지시사항 별다른 언급이 없으면 다음 문제를 풀 때 벡터 접근법, 스칼라 접근법 또는 이들 방법의 결합 등을 사용해도 좋다.

문제 4.26

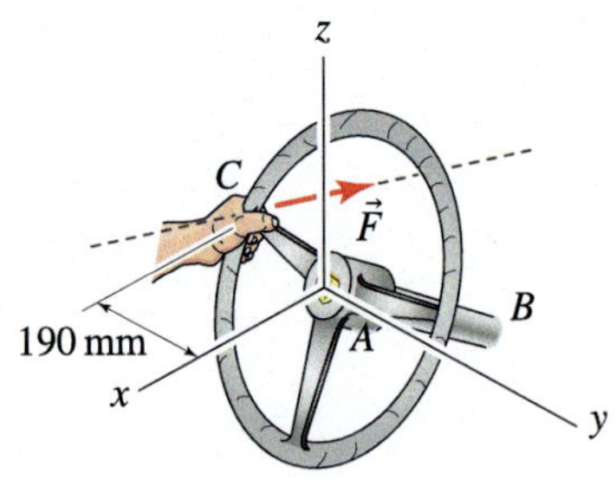

그림 P4.26

페라리 스포츠카의 조향 핸들은 반경 190 mm의 원형이고 조향 칼럼 AB에 직각인 평면에 놓여 있다. 운전자의 손이 조향 핸들에 힘 $\vec{F}$를 가하는 C 점은 y 축상에 위치하고 y 좌표는 $y_C = -190$ mm이다. A 점은 좌표계의 원점이고 B 점의 좌표는 $B(-120, 0, -50)$ mm이다. 다음의 각 경우에 대하여 조향 칼럼의 직선 AB에 대한 $\vec{F}$의 모멘트를 구하라.

(a) $\vec{F}$는 10 N의 크기를 가지고 조향 핸들의 평면에 놓여 있으며 직선 AB에 대한 모멘트 팔이 190 mm가 되는 방향을 가진다. 이 힘에 대한 벡터 식도 구하라.

(b) $\vec{F} = (10\text{ N})\dfrac{18\hat{\imath} - 3\hat{\jmath} + 14\hat{k}}{23}$

(c) $\vec{F} = (10\text{ N})\dfrac{-12\hat{\imath} - 5\hat{k}}{13}$

문제 4.27

금속판재의 사각형 조각이 브레이크라고 불리는 기계에서 모서리 AB를 따라 고정되어 있다. 판재는 y 방향 힘 F를 가함으로써 직선 AB를 따라 굽어진다. $F = 900$ N일 때 직선 AB에 대한 모멘트를 구하라. 벡터와 스칼라 접근법을 모두 사용하라.

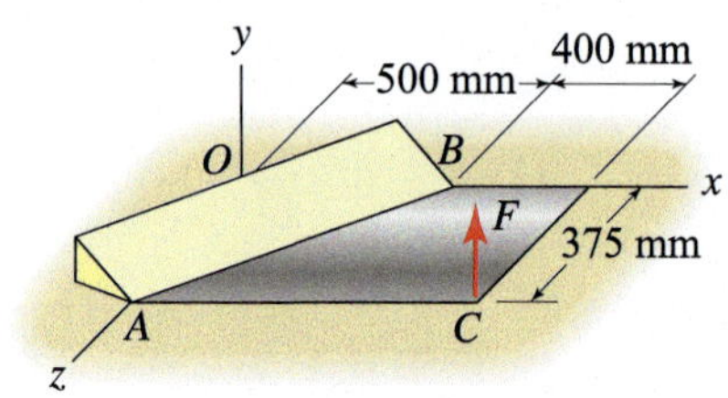

그림 P4.27, P4.28

문제 4.28

문제 4.27에서 직선 AB에 대한 모멘트가 225 N · m일 때 힘 F의 크기를 구하라.

문제 4.29

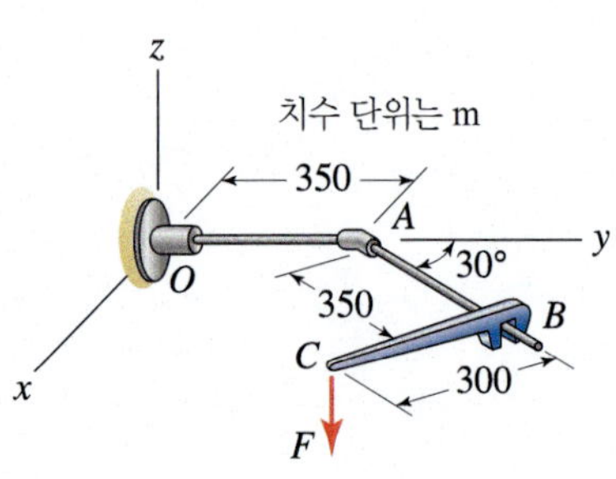

그림 P4.29, P4.30

그림과 같은 파이프 조립체에서 B 점과 C 점은 xy 평면에 놓여 있고 힘 F는 z 축에 평행하다. 만약 $F = 150$ N이라면 직선 OA와 AB에 대한 F의 모멘트를 구하라. 벡터와 스칼라 접근법을 모두 사용하라.

문제 4.30

그림과 같은 파이프 조립체에서 B 점과 C 점은 xy 평면에 놓여 있고 힘 F는 z 축에 평행하다. 만약 50 N·m의 비틀림 모멘트(토크)가 가해질 경우 O 점의 플랜지 연결부나 A 점의 엘보우 연결부 양단에서 파이프가 비틀리기 시작한다면 제일 먼저 비틀리기 시작하는 연결부와 그것을 일으키는 힘 F의 크기를 구하라.

문제 4.31, 4.32

다음과 같이 직선 AB에 대한 힘 F의 모멘트를 구하라.

(a) F의 A 점에 관한 모멘트 $\vec{M}_A$를 구한 다음 이 모멘트의 직선 AB 방향 성분을 구하라.

(b) F의 B 점에 관한 모멘트 $\vec{M}_B$를 구한 다음 이 모멘트의 직선 AB 방향 성분을 구하라.

(c) $\vec{M}_A$와 $\vec{M}_B$ 그리고 (a)와 (b)에서 구한 직선 AB에 대한 모멘트들 사이의 차이와 혹은 일치에 대해 의견을 말하라. 또한 직선 AB에 대한 모멘트의 부호(양 혹은 음)의 의미에 대해서도 의견을 말하라.

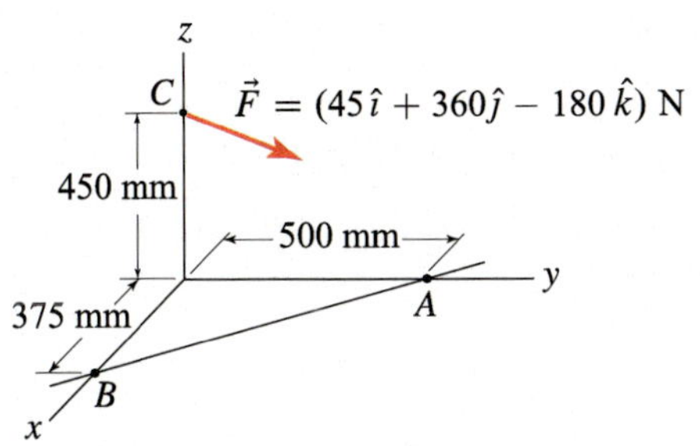

그림 P4.31

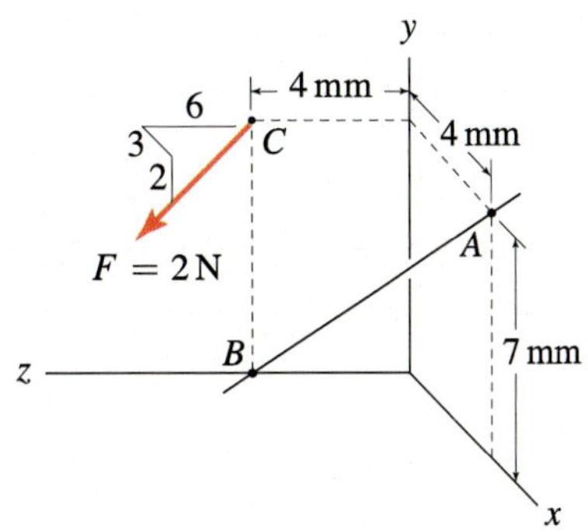

그림 P4.32

문제 4.33

직선 AB에 대한 힘 $\vec{F}$의 모멘트는 다음 식으로 주어지는 $M_{AB,1}$ 혹은 $M_{AB,2}$로 계산될 수 있다.

$$M_{AB,1} = (\vec{r}_{AC} \times \vec{F}) \cdot \frac{\vec{r}_{AB}}{|\vec{r}_{AB}|},\ M_{AB,2} = (\vec{r}_{BC} \times \vec{F}) \cdot \frac{\vec{r}_{AB}}{|\vec{r}_{AB}|}$$

여기서 C 점은 $\vec{F}$의 작용선상의 한 점이다. $\vec{r}_{AC} = \vec{r}_{AB} + \vec{r}_{BC}$임을 유의하여 $M_{AB,1} = M_{AB,2}$임을 보여라.

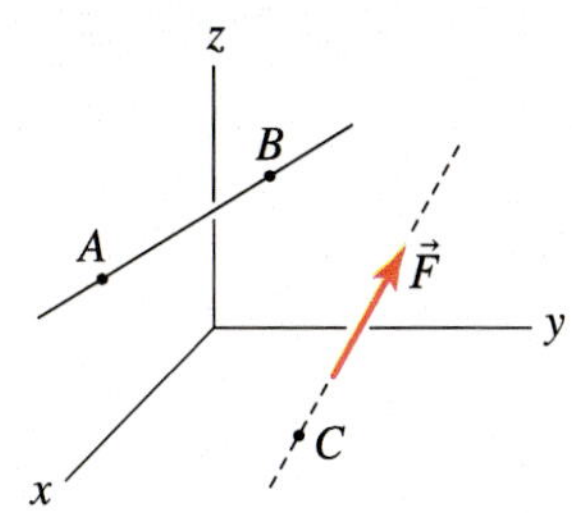

그림 P4.33

문제 4.34

자동차 앞 유리 와이퍼는 힘 $\vec{F} = (120\hat{\imath} - 50\hat{\jmath})$ N에 의해 작동된다. 이 힘의 OB 축에 대한 모멘트를 구하라.

문제 4.35

문제 4.34에서 힘 $\vec{F}$의 크기가 130 N이라면 OB 축에 대한 모멘트가 가능한 최대가 되기 위한 이 힘의 방향을 구하라. 또한 이 경우에 대한 모멘트의 값을 구하라.

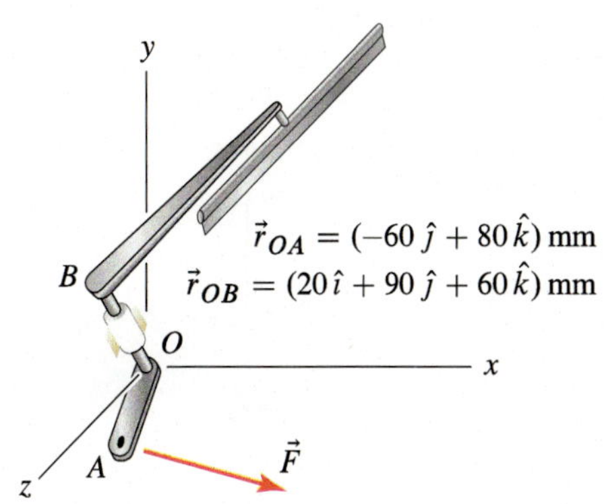

그림 P4.34, P4.35

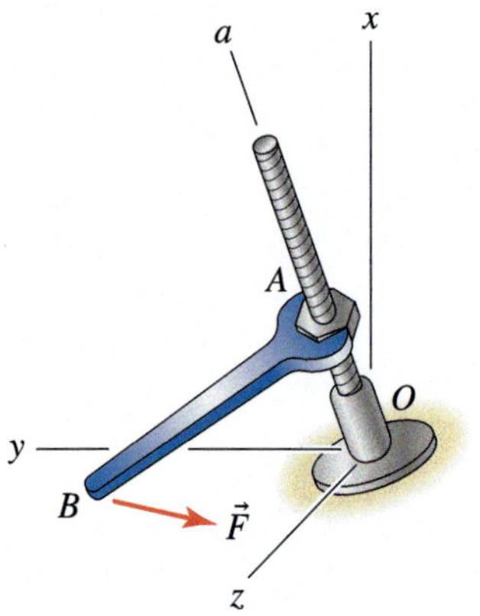

그림 P4.36

문제 4.36

렌치 AB는 나사축상의 너트를 비틀기 위해 사용된다. A 점은 O 점으로부터 120 mm 위치에 있고 직선 a의 x, y, z 방향각은 각각 36°, 60°, 72°이다. B 점은 (0, 300, 100) mm에 위치하고 힘은 $\vec{F} = (-80\hat{\imath} + 20\hat{k})$ N 이다.

(a) $\vec{F}$의 A 점에 대한 모멘트 $\vec{M}_A$를 구한 다음 이 모멘트의 직선 a에 대한 모멘트 M_a를 구하라.

(b) $\vec{F}$의 O 점에 대한 모멘트 $\vec{M}_O$를 구한 다음 이 모멘트의 직선 a에 대한 모멘트 M_a를 구하라.

A (0, 700, 300) mm
B (600, 100, 300) mm
C (0, 100, 1500) mm
D (– 1000, 600, 500) mm
E (– 250, 600, 500) mm
G (– 250, 200, 1300) mm
H (– 1000, 200, 1300) mm

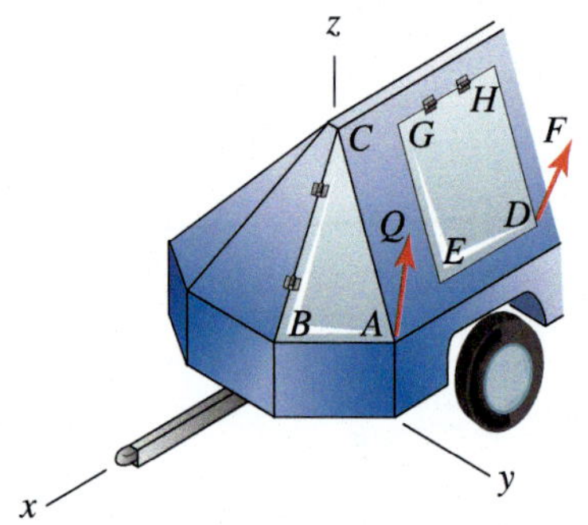

그림 P4.37-40

문제 4.37

트레일러가 모서리 GH에 힌지로 고정된 사각형 문 $DEGH$를 가진다. 만약 $\vec{F} = (-9\hat{\imath} + 22\hat{\jmath} + 63\hat{k})$라면 모서리 GH에 대한 힘 F의 모멘트를 구하라.

문제 4.38

문제 4.37의 트레일러에서 $F = 68$ N이라면 모서리 GH에 대한 모멘트가 가능한 최대가 되기 위한 이 힘의 방향을 구하라. 또한 이 경우에 대한 모멘트의 값을 구하라.

문제 4.39

트레일러가 모서리 BC에 힌지로 고정된 삼각형 문 ABC를 가진다. 만약 $\vec{Q} = (4.5\hat{\imath} + 18\hat{\jmath} + 3.6\hat{k})$ N이라면 모서리 BC에 대한 힘 Q의 모멘트를 구하라.

문제 4.40

문제 4.39의 트레일러에서 $Q = 40$ N이라면 모서리 BC에 대한 모멘트가 가능한 최대가 되기 위한 이 힘의 방향을 구하라. 또한 이 경우에 대한 모멘트의 값을 구하라.

문제 4.41

불안정하게 수평을 맞춘 크레인이 xy 평면상에 있고 5°의 y 방향각을 가진 직선 a를 중심으로 회전한다. 직선 AB는 xz 평면상에 놓여 있다. 크레인이 $W = 22.5$ kN의 무게를 지지하고 $\alpha = 45°$일 때 직선 a에 대한 W의 모멘트를 구하라.

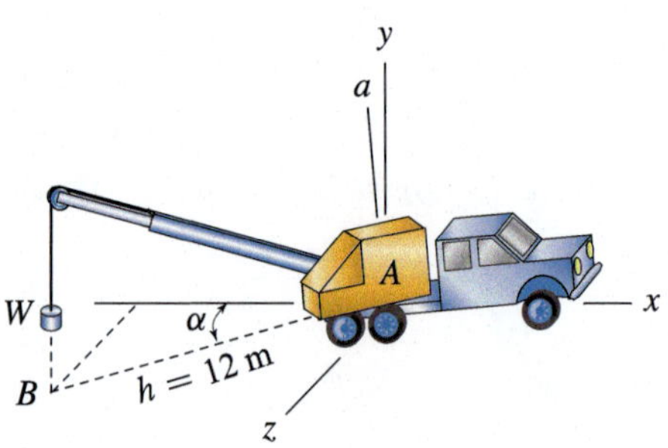

그림 P4.41, P4.42

문제 4.42

만약 문제 4.41의 불안정하게 수평을 맞춘 크레인이 $0° \le \alpha \le 135°$의 범위에서 어떤 값도 가질 수 있다면 직선 a에 대한 $W = 22.5$ kN의 최대 모멘트를 구하고 이 경우 직선 AB의 각도 α를 구하라. 어떤 α의 값에서도 $h = 12$ m라고 가정하라(이 가정은 크레인이 직선 a를 중심으로 회전할 때 운전자가 붐(boom)의 높이와 혹은 길이를 약간 조정할 것을 요구한다).

문제 4.43

아래 그림은 세 바퀴와 네 바퀴 전 지형 차량(all-terrain vehicles, ATVs)을 나타낸다. 두 ATV 모두에 대해 운전자와 차량의 합친 무게는 $W = 2600$ N이다. 급회전하는 동안 음의 y 방향으로 작용하는 힘 F에 의하여 ATV가 전복하려는 경향을 모델링[3]한다. 직선 AB에 대한 힘 F와 무게 W의 합 모멘트가 0이 되기 위한 F의 크기를 구하라. 급회전 중 어느 ATV가 더 전복하기 쉬운지에 대한 의견을 말하라.

주의 이들 ATV모델 중 하나는 안전 기록이 나빠 더이상 생산되지 않는다.

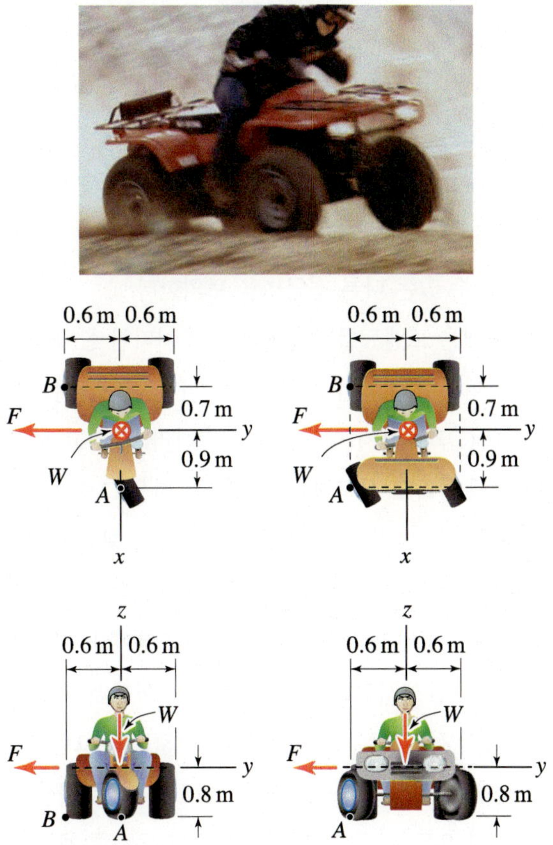

그림 P4.43

3) ATV가 커브길에서 움직이는 경우 그것은 동력학 문제이다. 이 문제에서 모델링한 것과 같이 관성력을 외력으로 취급함으로써 이 문제를 정역학 문제로 모델링할 수 있다. 이것이 조잡한 근사이지만 그럼에도 불구하고 이것은 보통의 모델링 접근법이다. 이들 문제를 좀 더 정확하게 정식화하는 방법을 동역학에서 배울 것이다.

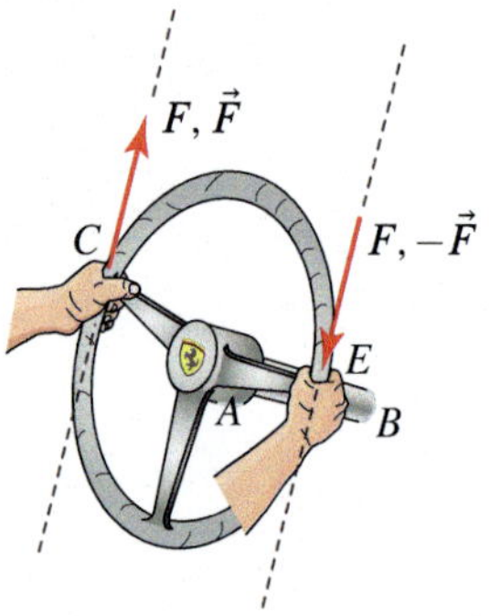

그림 4.17 페라리 250 GTO의 조향 핸들(177쪽에서 시작하는 토의를 참조). 운전자는 크기가 같고 방향이 반대인 두 힘을 조향 핸들에 가하기 위해 양 손을 사용한다. 이러한 힘계를 우력이라고 정의한다.

> **유용한 정보**
>
> **벡터 표기.** 그림 4.17에서 두 종류의 벡터 표기를 보이고 있음을 인지하라(이들은 2장에서 설명하였다). 힘들을 F와 같이 스칼라로 명칭을 붙일 경우 그림의 화살표 방향이 힘의 방향을 나타낸다. 힘들을 $\vec{F}$와 같이 벡터로 명칭을 붙일 경우 기호 $\vec{F}$는 힘에 대한 크기와 방향 모두를 구체적으로 표현한다. 그러므로 이 그림에서 C 점의 힘이 $\vec{F}$라고 명칭을 붙이면 E 점의 힘은 $-\vec{F}$라고 명칭을 붙여야만 한다.

4.3 우력의 모멘트

우력(*couple*, 짝힘)은 크기가 같고 방향은 반대이며 힘의 작용선들은 일정 거리 떨어져 있는 두 힘으로 구성되는 힘계로 정의된다. 우력이 무엇인지를 좀 더 잘 이해하기 위해 그림 4.17에 다시 나타낸 페라리 스포츠카의 조향 핸들을 다시 고려하자. 이 그림에서는 운전자가 조향 핸들을 돌리기 위한 힘을 가하기 위하여 두 손을 사용한다. 물론 운전자는 크기가 다르고 방향도 운전자가 원하는 어떤 두 방향의 힘들을 가할 수도 있을 것이다. 그러나 만약 그림 4.17에 보인 바와 같이 크기가 같고 방향이 반대인 힘들을 가한다면 두 힘을 우력이라 한다.

우력의 모멘트(*moment of a couple*) (종종 **우력모멘트(*couple moment*)**라고도 한다)는 우력에 의해 발생되는 모멘트이다. 즉, 크기가 같고 방향이 반대인 두 힘에 의해 발생된 모멘트이다. 우력의 모멘트는 4.1절의 과정을 사용하여 항상 계산할 수 있다. 그러나 우력의 모멘트는 몇 가지 특별한 특징을 가지고 있고 이 절에서는 4.1절의 방법에 추가하여 계산에 사용할 수 있는 다른 접근법을 토의한다.

물체에 작용하는 우력은 모멘트를 발생시키지만 어떠한 합력(net force, 알짜 힘)도 물체에 가하지 않는다. 이것이 내포하고 있는 몇 가지 의미를 설명하는데 도움을 두기 위해 그림 4.18에 나타낸 공기 하키 테이블을 고려하라. 그리고 사각형 평판이 테이블면 위에 운동 없이 정지해 있다고 상상하라.[4] 만약 두 힘을 그림 4.18(b)에 보인 바와 같이 물체에 가한다면 두 힘은 크기는 같고 방향이 반대이기 때문에 물체에 x 방향으로 가해지는 합력은 없고 따라서 평판의 x 방향으로의 운동도 없다. 그러나 두 힘은 모멘트를 발생하고 이 모멘트로 인하여 평판은 회전하기 시작할 것이다. 따라서 우력의 본질적인 특징은 우력은 모멘트만을 발생시킨다는 것이다. 뿐만 아니라 모멘트가 적절한 크기와 방향을 가진다면(아래에서 설명하는 것처럼) 그림 4.18(b)와 그림 4.18(c)에 보인 두 힘계는 등가라고 말한다. 그리고 만약 평판을 강체(rigid body)로 이상화하면 그림 4.18(b)와 그림 4.18(c)의 평판의 운동은 동일하다. 4.4절에서 등가 힘계를 자세하게 토의한다.

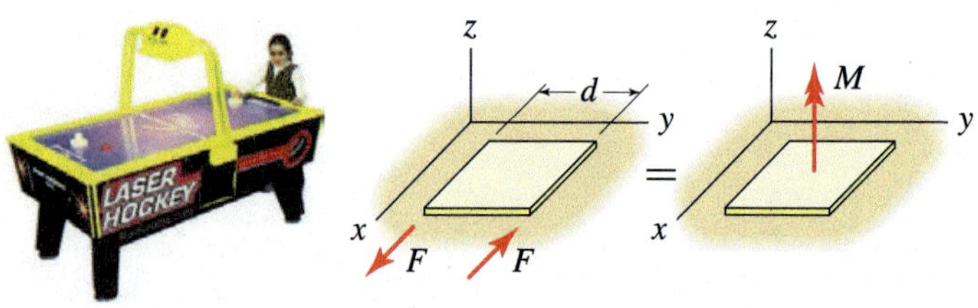

그림 4.18. (a) 공기 하키 테이블 (b) 공기 하키 테이블 위에 정지해 있는 사각형 평판에 우력, 즉 크기가 같고 방향이 반대이며 거리 d만큼 떨어진 두 힘이 작용한다. (c) 우력에 의해 발생된 모멘트. 이 절에서 토의한 것처럼 모멘트 M이 적절한 크기와 방향을 가진다면 (b)와 (c)에 나타낸 두 힘계는 **등가**이다.

4) 만약 공기 하키 테이블을 잘 모르면 대신 얼음판과 같이 마찰이 없고 수평한 어떤 평면 위에 정지해 있는 사각형 평판을 상상할 수 있다.

우력의 모멘트는 다음과 같이 벡터 접근법과 스칼라 접근법을 사용하여 계산할 수 있다.

벡터 접근법

그림 4.19를 참고하여 2개의 평행한 힘 $\vec{F}$와 $-\vec{F}$로 구성되는 우력을 고려하라. 이 우력의 모멘트 $\vec{M}$은 다음과 같다.

$$\begin{aligned}\vec{M} &= \vec{r}_{AB} \times \vec{F} \\ &= \vec{r}_{BA} \times (-\vec{F})\end{aligned} \tag{4.11}$$

여기서

$\vec{r}_{AB}$와 $\vec{r}_{BA}$는 위치벡터이고,

A는 $-\vec{F}$의 작용선상에 있는 임의의 점이고,

B는 $\vec{F}$의 작용선상에 있는 임의의 점이다.

$\vec{r}_{BA} = -\vec{r}_{AB}$이고 따라서 $\vec{M} = \vec{r}_{BA} \times -\vec{F} = -\vec{r}_{AB} \times (-\vec{F}) = \vec{r}_{AB} \times \vec{F}$이므로 식 (4.11)의 두 식이 같다는 것을 알 수 있다.

벡터 접근법을 사용하여 우력의 모멘트를 계산할 경우 우력 중 하나를 선택하여 $\vec{F}$라고 한다. 그러면 위치벡터 $\vec{r}$은 다른 하나의 힘의 작용선상 한 점으로부터 $\vec{F}$의 작용선상 어떤 한 점까지로 선택해야만 한다. 우력의 두 힘 중 어떤 힘을 $\vec{F}$로 선택하든지 상관없다. 여기서 설명한 바와 같이 적절한 위치벡터를 사용함으로써 동일한 모멘트 $\vec{M}$을 구할 수 있다.

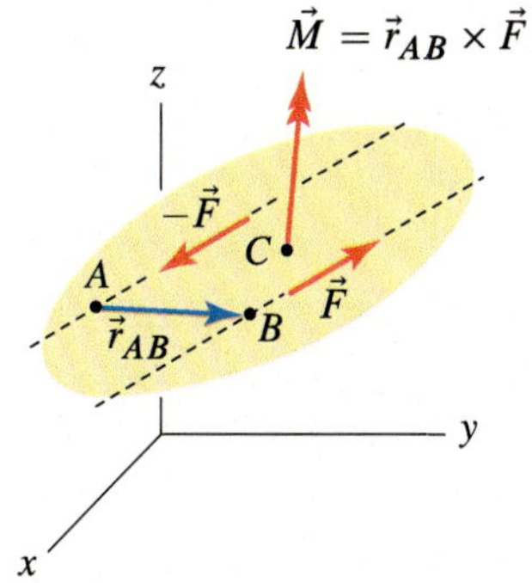

그림 4.19 우력의 모멘트: 벡터 표현.

스칼라 접근법

그림 4.20을 참조하여 같은 크기 F를 가지는 2개의 평행한 힘으로 구성되는 우력을 고려하라. 이 우력의 모멘트의 크기는 다음과 같다.

$$M = Fd \tag{4.12}$$

여기서

d는 힘의 작용선들 간 수직 거리(최단 거리)이고,

모멘트의 방향은 힘들을 포함하는 평면에 직각이다.

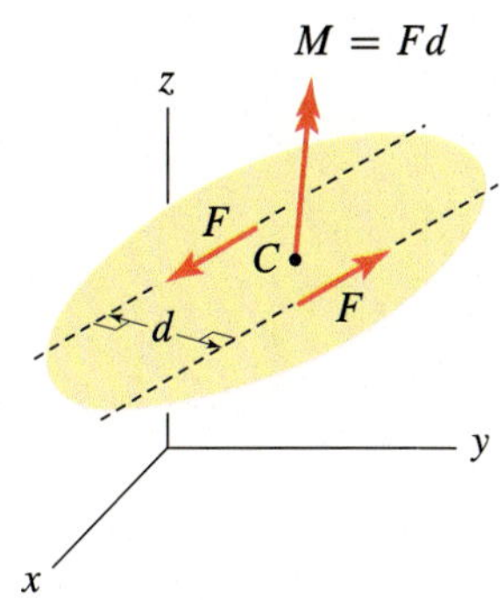

그림 4.20 우력의 모멘트: 스칼라 표현.

우력의 모멘트에 관한 설명

우력의 모멘트에 대한 벡터 설명과 스칼라 설명이 정당하고 우력과 우력 모멘트의 몇 가지 난해한 특징을 알기 위해서 그림 4.21에 나타낸 힘들을 고려하라. 임의의 위치를 가지는 C 점에 대하여 이 힘들이 발생시키는 모멘트는 다음과 같다.

$$\vec{M}_C = \vec{r}_{CA} \times (-\vec{F}) + \vec{r}_{CB} \times \vec{F} \tag{4.13}$$

$$\begin{aligned}\vec{M}_C &= \vec{r}_{CA} \times (-\vec{F}) + (\vec{r}_{CA} + \vec{r}_{AB}) \times \vec{F} \\ &= \vec{r}_{CA} \times (-\vec{F}) + \vec{r}_{CA} \times \vec{F} + \vec{r}_{AB} \times \vec{F} \\ &= \vec{r}_{AB} \times \vec{F}\end{aligned} \tag{4.14}$$

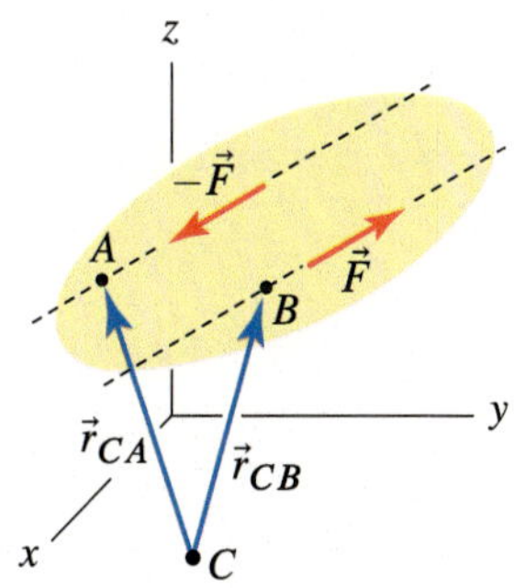

그림 4.21 C 점에 대한 $\vec{F}$와 $-\vec{F}$의 모멘트를 계산하기 위한 벡터. $\vec{F}$와 $-\vec{F}$는 우력이기 때문에 이들이 발생시키는 모멘트는 C 점의 위치에 관계없이 같다는 것을 보이고 있다.

식 (4.14)로부터 C 점에 대한 모멘트는 두 힘의 작용선들 간의 위치벡터에만 좌우되고 C 점의 위치에는 좌우되지 않는다는 것을 명심하라. 따라서 C 점이 어디에 위치하든 우력이 발생시키는 모멘트는 같다. 다시 말해서 우력은 특정한 크기와 방향을 가진 모멘트 벡터를 발생시킨다. 그러나 C 점을 공간상 어떤 점이라도 선택할 수 있기 때문에 공간상에서의 그 벡터의 위치(즉, 벡터의 작용선의 위치)는 임의적이다. 따라서 우력 모멘트가 작용하는 위치를 우리가 선택하는 어떤 임의의 위치로 생각해도 좋다. 그림 4.19와 그림 4.20의 예에서는 C 점에 대한 어떤 다른 위치도 유효하지만 C 점이 두 힘 사이에 위치하고 있음을 보인다.

앞의 이유들 때문에 우력의 모멘트는 종종 자유 벡터(*free vector*)라고 불리고 이것은 이 책에서 접한 다른 벡터들과 비교하여 매우 중요한 차이다. 자유 벡터는 특정한 크기와 방향을 가진 벡터이지만 공간상에서의 위치는 임의적이다. 예를 들면, 힘 벡터는 특정한 크기와 방향 그리고 힘의 작용선에 대한 공간상에서의 특정한 위치를 가진다. 어떤 점에 대한 힘의 모멘트도 역시 같은 특성을 가진다. 이에 비해 우력의 모멘트는 처음 두 특성, 즉 특정한 크기와 방향을 가지지만 그것의 위치, 즉 공간상에서 작용선이 어디에 위치하는지는 임의적이다.

등가 우력

2개의 우력이 발생시키는 모멘트가 동일하면 그 2개의 우력을 등가(*equivalent*)라고 말한다. 따라서 그림 4.22(a)-(c)의 예에서 보인 우력들은 같은 크기와 방향을 가진 모멘트를 발생시키므로 등가이다.

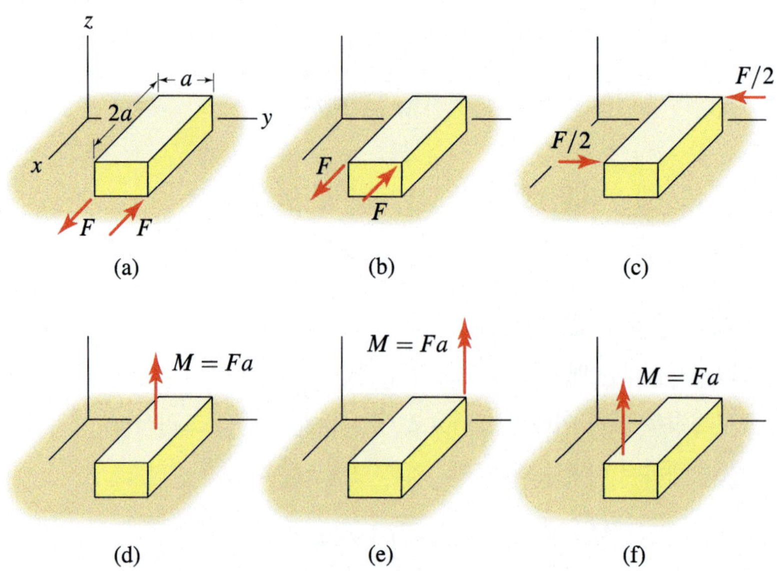

그림 4.22 등가 우력들과 그들이 발생시키는 모멘트.

등가 힘계

우력과 그것이 발생시키는 모멘트가 등가 힘계(*equivalent force system*)의 예이다. 이 중요한 개념은 다음 절에서 보다 상세히 살펴보지만 현재로서는 물체나 구조물에 가해진 등가 힘계는 많은 목적을 위해 동일한 효과를 발생시킨다고 말할 것이다. 예를 들면, 그림 4.22에 나타낸 동일한 각기둥(prism)들을 고려하라. 그림 4.22(a)에서 보인 우력은 크기가 $M = Fa$이고 z 방향으로 작용하는 모멘트를 발생시킨다. 이 모멘트는 자유 벡터이므로 그것은 각기둥 위 혹은 각기둥 밖에까지 어디라도 위치할 수 있고 세 개의 예를 그림 4.22(d)-(f)에 나타낸다. 그림 4.22(b)와 그림 4.22(c)에 보인 우력들도 그림 4.22(a)의 우력과 등가이므로 그들이 발생시키는 모멘트들도 그림 4.22(d)-(f)에 나타낸 바와 같이 위치할 수 있다. 결국 그림 4.22에 나타낸 여섯 개의 힘계 모두는 등가이다. 만약 이들 각기둥이 앞에서 논의한 공기 하키 테이블과 같이 부드럽고 마찰이 없는 수평면에 놓여 있고 초기에 운동이 없다면 그림 4.22에 보인 여섯 개의 각기둥 모두 같은 운동, 즉 직선 운동 없이 제자리에서 z 축과 평행한 축을 중심으로 회전운동을 할 것이다.

우력 모멘트의 합

우력에 의해 발생된 모멘트는 자유 벡터이므로 만약 물체에 한 개 이상의 우력이 작용한다면 각 우력에 의해 발생된 모멘트 벡터는 우력 모멘트의 합(*resultant couple moment*)을 산출하기 위해 쉽게 더해질 수 있고 그 합도 자유 벡터이다. 이 과정을 그림 4.23에서 설명한다.

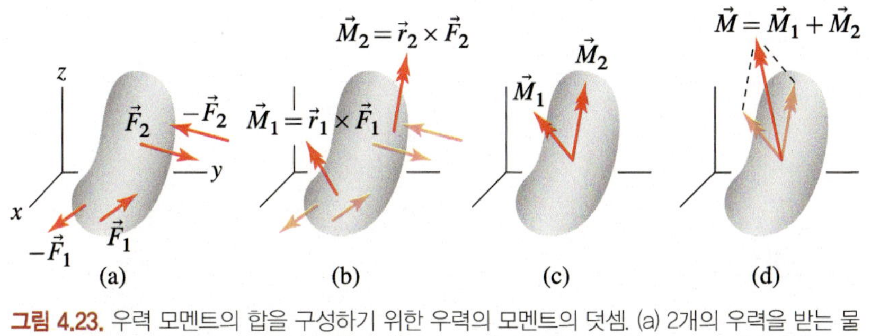

그림 4.23. 우력 모멘트의 합을 구성하기 위한 우력의 모멘트의 덧셈. (a) 2개의 우력을 받는 물체. (b) 우력에 의해 발생된 모멘트 $\vec{M}_1$과 $\vec{M}_2$. $\vec{r}_1$은 $-\vec{F}_1$의 작용선상의 한 점으로부터 $\vec{F}_1$의 작용선상의 한 점까지의 위치벡터이고 $\vec{r}_2$도 유사하게 선택한다. (c) $\vec{M}_1$과 $\vec{M}_2$는 자유 벡터이므로 그들은 어떤 위치에서도 꼬리와 꼬리를 맞대어 위치할 수 있다. (d) 우력 모멘트의 합 $\vec{M}$을 구성하기 위한 $\vec{M}_1$과 $\vec{M}_2$의 합성.

자유 벡터로서의 모멘트

그림 4.24(a)에 보인 구조물에 작용하는 모멘트를 고려하자. 비록 모멘트를 발생시키는 실제 수단은 다를지라도 모멘트는 항상 우력에 의해 발생되었다고 생각할 수 있으므로 모든 모멘트는 자유 벡터이다. 많은 목적을 위하여 모멘트를 구조물 위에, 혹은 구조물 밖에까지의 어떤 지점에 위치한다고 생각할 수 있다. 따라서 그림 4.24의 모멘트 M을 그림에 나타낸 위치들의 어디에 위치시키더라도 동등한 효과(결과)가 발생한다. 여기서 '동등한'이란 단어의 정확한 의미는 4.4절에서 토의한다.

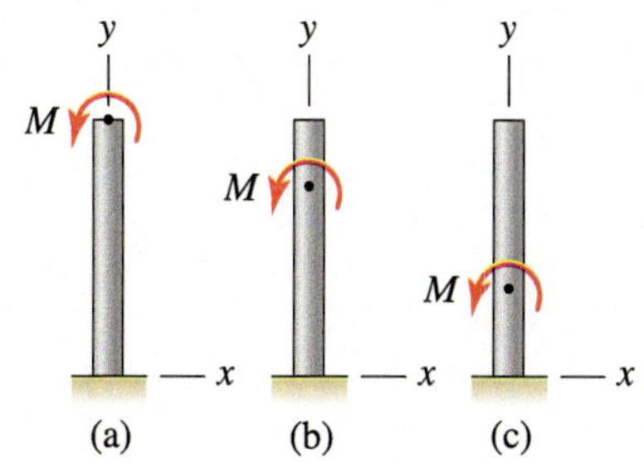

그림 4.24 모멘트는 자유 벡터이고 강체 구조물의 어떤 지점에 위치하더라도 '동등한' 결과를 발생시킨다. 동등한 결과의 충분한 의미는 4.4절에서 토의한다.

절 요약

이 절에서는 우력의 모멘트를 설명한다. 몇 가지 중요한 점은 다음과 같다.

- 우력은 크기가 같고 방향이 반대이며 그 작용선이 일정 거리 떨어진 두 힘으로 구성된 힘계(force system)로 정의된다.
- 우력의 모멘트, 혹은 우력 모멘트는 벡터이고 벡터 접근법과 스칼라 접근법으로 계산될 수 있다.
- 우력의 모멘트는 자유 벡터이고 이는 우력 모멘트 벡터의 작용선은 물체 위(혹은 밖에까지)의 어떤 지점에도 위치할 수 있다는 것을 뜻한다.
- 합 우력 모멘트는 물체에 가해진 모든 우력 모멘트들의 합이다.

예제 4.8 2차원 문제에 대한 우력의 모멘트

외팔보가 그림과 같은 우력을 받고 있다. 우력에 의한 모멘트를 구하라.

풀이 SOLUTION

로드맵 두 힘은 같은 크기와 반대 방향을 가지므로 우력이다. 우력의 모멘트를 구하기 위하여 다음과 같이 스칼라와 벡터 접근법이 사용될 수 있다.

풀이 1

지배방정식과 계산 우력의 모멘트는 식(4.12)의 스칼라 접근법을 사용하여 $M = -(10\ \text{N})d$로 구할 수 있다. d는 그림 2에 나타낸 바와 같이 힘들의 작용선 사이의 수직 거리이고 음의 부호가 포함된 것은 그림 1에 나타낸 우력은 시계방향 모멘트를 발생시키기 때문이다. 그러나 이 특별한 문제에 대해서는 d를 구하는 것이 복잡하므로 다른 풀이 방법을 선택할 것이다.

풀이 2

지배방정식과 계산 10 N 힘을 x와 y 성분으로 분해하면 그림 3과 같이 2개의 우력이 되고 $F_x = (10\ \text{N})(3/5) = 6\ \text{N}$과 $F_y = (10\ \text{N})(4/5) = 8\ \text{N}$과 함께 식 (4.12)를 사용하여 각 우력에 의한 모멘트를 구하고 이들을 시계반대방향을 양으로 취하는 부호 약속에 따라 합하면

$$M = -(8\,\text{N})(100\,\text{mm}) + (6\,\text{N})(60\,\text{mm}) = \boxed{-440\,\text{N}\cdot\text{mm}} \tag{1}$$

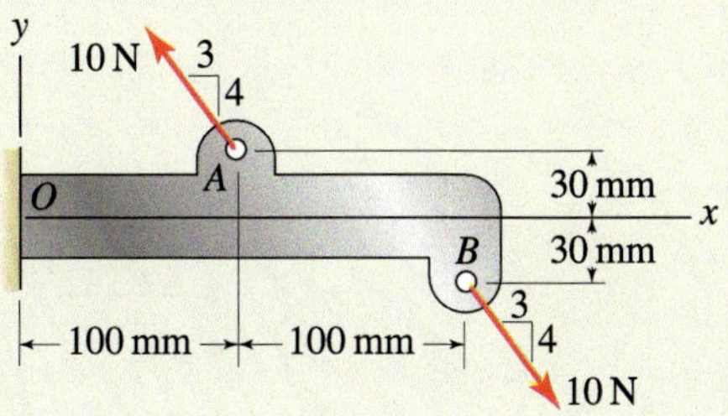

그림 1

풀이 3

지배방정식과 계산 앞의 풀이에서 설명한 것과 같이 식 (4.12)의 사용은 일반적으로 2차원 문제에 대해 편리하지만 어떤 점에 대한 모멘트를 합함으로써 우력의 모멘트를 계산할 수도 있다. 예를 들면, 시계반대방향이 양이라는 부호약속에 따라 그림 3의 O 점에 대한 모멘트를 더하면

$$\begin{aligned} M_O &= (6\,\text{N})(30\,\text{mm}) + (8\,\text{N})(100\,\text{mm}) + (6\,\text{N})(30\,\text{mm}) - (8\,\text{N})(200\,\text{mm}) \\ &= \boxed{-440\,\text{N}\cdot\text{mm}} \end{aligned} \tag{2}$$

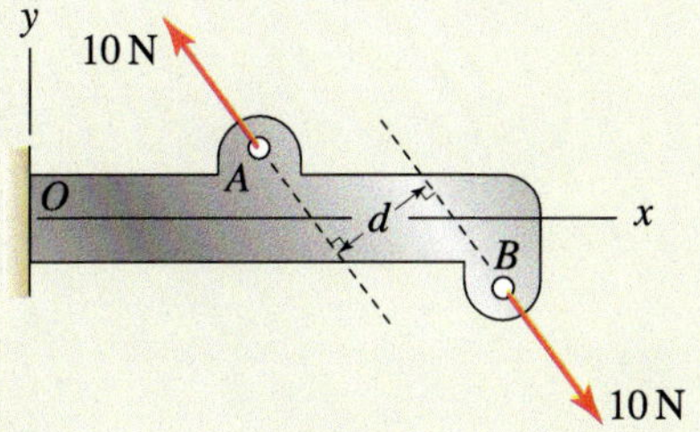

그림 2 우력의 모멘트를 구하기 위한 힘과 모멘트 팔.

M_O는 2개의 우력에 의한 모멘트라는 것을 알고 있으므로 다른 어떤 점에 대한 모멘트를 계산하여 합하더라도 같은 모멘트을 얻을 것이라는 것을 안다. 반면에 만약 이 방법을 우력이 아닌 힘에 대해 사용하면 모멘트의 합은 일반적으로 선택한 점에 따라 달라질 것이다.

풀이 4

지배방정식과 계산 벡터 접근법도 사용될 수 있다. $\vec{r}_{AB} = (100\hat{\imath} - 60\hat{\jmath})$ mm와 $\vec{F} = (6\hat{\imath} - 8\hat{\jmath})$ N와 함께 식 (4.11)을 사용하면 다음과 같이 얻어진다.

$$\vec{M} = \vec{r}_{AB} \times \vec{F} \tag{3}$$

$$= \begin{vmatrix} \hat{\imath} & \hat{\jmath} & \hat{k} \\ 100 & -60 & 0 \\ 6 & -8 & 0 \end{vmatrix}$$

$$\vec{M} = -440\,\hat{k}\ \text{N}\cdot\text{mm} \tag{4}$$

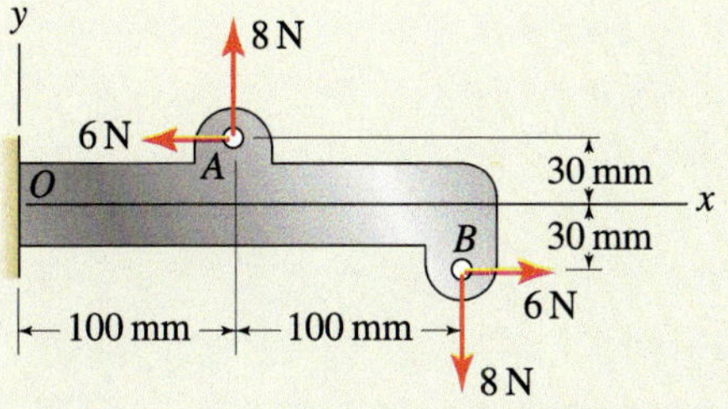

그림 3 두 우력의 합 모멘트가 구해질 수 있도록 10 N 힘을 성분으로 분해.

위 결과의 음의 부호는 모멘트가 오른손 법칙에 따라 음의 z 방향, 그림 1-3에서 시계방향으로 작용한다는 것을 나타낸다. 우력 중 다른 힘의 벡터 식과 그에 따른 위치벡터를 사용하더라도 $\vec{M}$에 대한 동일한 결과를 얻는다는 것을 검증할 수 있을 것이다.

논의 및 검증 예상대로 모든 풀이 결과가 일치한다. 이 문제에 대해 풀이 2와 3이 가장 빠른 풀이 방법이었고 풀이 4는 좀 더 시간이 소요되는 방법이었다.

예제 4.9 3차원 문제에 대한 우력의 모멘트

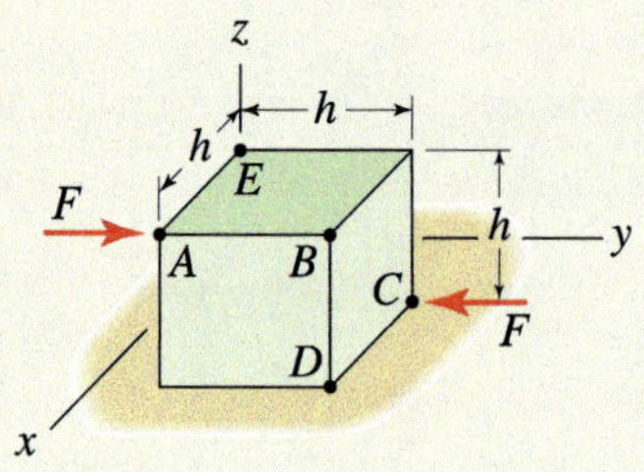

그림 1

모서리 길이가 h인 정육면체가 크기가 F인 우력을 받고 있다. 정육면체의 모서리들은 각각의 좌표 축과 평행하고 힘들은 y 축과 평행하다. 우력의 모멘트를 구하라. 답을 h와 F와 같은 변수의 항으로 표현하라.

풀이 SOLUTION

로드맵 두 힘은 크기가 같고 방향이 반대이므로 우력이다. 벡터 풀이가 일반적으로 3차원 문제에서는 가장 간단하지만 이 문제의 형상은 단순하므로 스칼라 풀이가 사용될 수 있다.

풀이 1

지배방정식과 계산 힘들의 작용선 사이의 수직거리는 B 점과 C 점 사이의 거리이고 그 거리는 $d = h\sqrt{2}$이다. 따라서 식 (4.12)를 사용하면

$$\boxed{M = F(h\sqrt{2})} \tag{1}$$

여기서 모멘트의 방향은 그림 2에 나타낸 바와 같이 두 힘을 포함하는 평면에 직각이다.

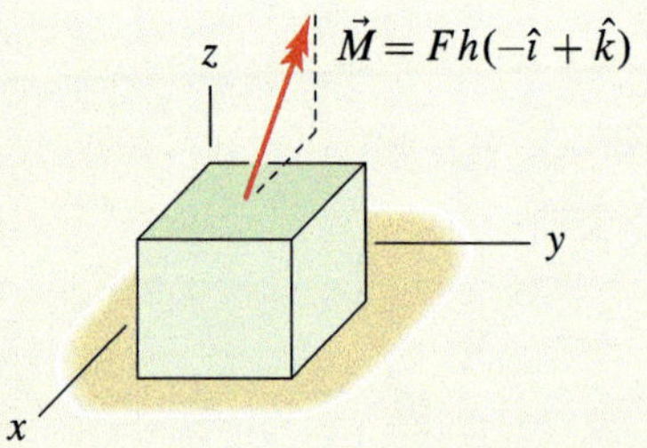

그림 2 그림 1에 나타낸 우력에 의한 모멘트.

풀이 2

지배방정식과 계산 벡터 풀이를 사용하기 위해 C 점의 힘과 A 점으로부터 C 점까지의 위치벡터를 사용한다. 식 (4.11)을 사용하면

$$\vec{M} = \vec{r}_{AC} \times \vec{F}_C = h(-\hat{\imath} + \hat{\jmath} - \hat{k}) \times (-F\hat{\jmath}) = \boxed{Fh(-\hat{\imath} + \hat{k})} \tag{2}$$

그림 2에 이 모멘트의 올바른 방향이 스케치되어 있다.

풀이 3

지배방정식과 계산 이 풀이에서는 A 점에 작용하는 힘, $\vec{F}_A = -\vec{F}_C$을 사용하고 C 점으로부터 B 점까지의 위치벡터를 선택한다. 여기서 B 점은 A 점에 작용하는 힘의 작용선상에 있다는 것을 안다. 따라서

$$\vec{M} = \vec{r}_{CB} \times \vec{F}_A = h(\hat{\imath} + \hat{k}) \times (F\hat{\jmath}) = \boxed{Fh(-\hat{\imath} + \hat{k})} \tag{3}$$

예상한 대로 결과는 식 (2)에서 얻어진 결과와 동일하다.

풀이 4

지배방정식과 계산 이 풀이에서는 어떤 힘의 작용선상에도 있지 않은 점에 대한 모멘트를 합한다. D 점을 이용하여 이 점에 대한 모멘트의 벡터 식은

$$\begin{aligned}\vec{M} &= \vec{r}_{DC} \times \vec{F}_C + \vec{r}_{DA} \times \vec{F}_A \\ &= (-h\hat{\imath}) \times (-F\hat{\jmath}) + h(-\hat{\jmath} + \hat{k}) \times (F\hat{\jmath}) \\ &= \boxed{Fh(-\hat{\imath} + \hat{k})}\end{aligned} \tag{4}$$

이 결과도 앞의 풀이에서 얻은 결과와 동일하다. 같은 결과를 얻기 위하여 E 점 혹은 다른 어떤 점에 대해서도 이 방법을 되풀이할 수 있다.

풀이 5

지배방정식과 계산 이 풀이에서는 그림 3(a)에 나타낸 바와 같이 D 점에 2개의 새로운 힘을 추가한다.

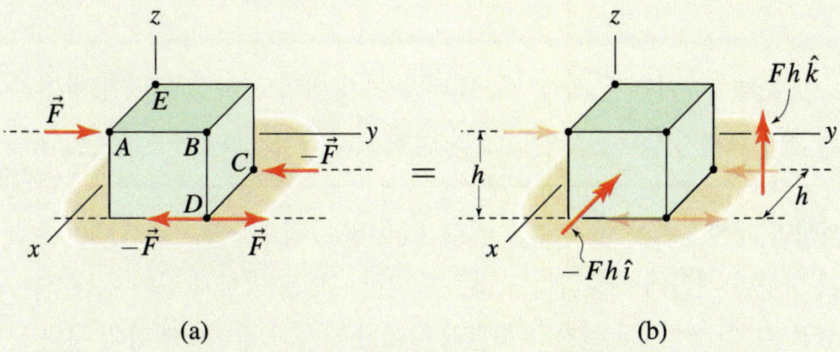

그림 3. (a) 크기가 같고 방향이 반대이며 같은 힘의 작용선을 공유하는 2개의 힘을 D 점에 추가하여 2개의 우력을 받도록 한다. (b) 각 우력의 모멘트는 직관적으로 구할 수 있다.

이렇게 힘을 추가해도 좋은 이유에 대한 논거는 크기가 같고 방향이 반대이며 동일한 힘의 작용선을 가지는 두 힘을 D 점에 추가해도 물체에 아무런 영향을 미치지 않는다는 것이다. 그림 3(a)를 보면 물체는 이제 2개의 우력을 받고 있음을 알 수 있다. 이 중 하나는 A 점과 D 점에 각각 작용하는 $\vec{F}$와 $-\vec{F}$이고 다른 하나는 C 점과 D 점에 각각 작용하는 $\vec{F}$와 $-\vec{F}$이다. 이 풀이 전략의 장점은 이들 각 우력에 대한 모멘트는 조사에 의해 쉽게 계산될 수 있고 그림 3(b)에 나타낸 결과를 준다. 그림 3(b)의 두 모멘트를 합하면

$$\vec{M} = -Fh\hat{\imath} + Fh\hat{k}$$
$$= \boxed{Fh(-\hat{\imath} + \hat{k})} \quad (5)$$

논의 및 검증 예상한 대로 식 (1)은 모멘트의 크기만을 주는 반면 다른 풀이들은 벡터이고 따라서 모멘트의 방향도 준다는 점을 제외하고는 모든 풀이가 일치한다. 풀이 4에서는 관련된 두 힘이 우력이어야 함을 요구하지 않는다. 만약 두 힘이 우력이었음을 몰랐다면 식 (4)는 단지 D 점에서의 모멘트라고 예상했을 것이다. 두 힘이 우력이기 때문에 식 (4)의 결과는 모멘트 점으로 사용될 수도 있는 어떤 다른 점에 대해서도 동일하게 구해진다.

예제 4.10 합 우력 모멘트

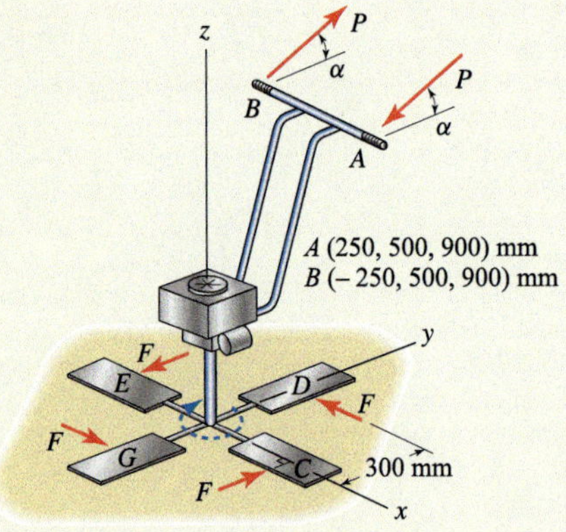

그림 1

그림 1은 젖은 콘크리트 슬라브의 표면을 다듬기 위해 사용하는 가솔린으로 작동되는 기계를 나타낸다(패들에 대한 안전장치는 제거된 모습). 콘크리트가 각 패들에 가하는 힘이 $F = 36$ N이고 모두 xy 평면상에 놓여 있다면(콘크리트가 패들에 가하는 z 방향 힘과 기계의 무게는 나타내지 않았고 이 문제에서는 필요하지 않다) 그림에 나타낸 힘들의 합 우력 모멘트가 0이 되기 위한 P의 크기와 각도 α를 구하라. P는 yz 평면에 평행이다.

풀이 SOLUTION

로드맵 이 문제는 3차원 문제이므로 벡터 풀이가 아마도 가장 간단한 방법일 것이다. 그러나 약간의 선견지명이 있으면 스칼라 풀이도 효과적으로 사용될 수 있다.

스칼라 풀이

지배방정식과 계산 만약 합 우력 모멘트가 0이면 그림 1을 조사함으로써 우력 P에 의한 모멘트 방향이 패들에 작용하는 우력들에 의한 모멘트 방향과 같기 위해서는 $\boxed{\alpha = 0}$ 이어야 함을 알 수 있다. 이 관찰로 스칼라 풀이가 다음과 같이 z 방향의 우력 모멘트 크기를 합하는 데 사용될 수 있다.

$$M = (36\,\text{N})(600\,\text{mm}) + (36\,\text{N})(600\,\text{mm}) - P(500\,\text{mm}) = 0 \Rightarrow \boxed{P = 86.4\,\text{N}} \quad (1)$$

여기서 양의 z 방향 모멘트를 양으로 취하고 A점과 B점 사이의 거리는 주어진 좌표로부터 500 mm임을 알 수 있다.

경고 식 (1)은 모든 모멘트가 동일한 방향일 경우에만 모멘트 크기를 합하기 위해 사용될 수 있다.

벡터 풀이

지배방정식과 계산 만약 $\alpha = 0°$이라는 것을 알아차리지 못하면 벡터 풀이가 더 좋다. 합 우력 모멘트는

$$\begin{aligned}
\vec{M} &= 2\left(\vec{r}_{GD} \times \vec{F}_D\right) + \vec{r}_{AB} \times \vec{P}_B \\
&= 2\left[(600\,\text{mm}\,\hat{\imath}) \times (-36\,\text{N}\,\hat{\imath})\right] + (-500\,\text{mm}\,\hat{\imath} \times P(\cos\alpha\,\hat{\jmath} + \sin\alpha\,\hat{k})) \\
&= 2\begin{vmatrix} \hat{\imath} & \hat{\jmath} & \hat{k} \\ 0 & 600 & 0 \\ -36 & 0 & 0 \end{vmatrix} + \begin{vmatrix} \hat{\imath} & \hat{\jmath} & \hat{k} \\ -500 & 0 & 0 \\ 0 & P\cos\alpha & P\sin\alpha \end{vmatrix} \\
&= 2(21600)\,\hat{k} + (500P\sin\alpha)\hat{\jmath} + (-500P\cos\alpha)\hat{k} \\
&= P(500\,\text{mm})\sin\alpha\,\hat{\jmath} + \left[43200\,\text{N}\cdot\text{mm} - P(500\,\text{mm})\cos\alpha\right]\hat{k} \qquad (2)
\end{aligned}$$

위 식에서 D 점과 G 점의 우력에 의한 모멘트를 단순히 두 배로 하였다. 이는 C 점과 E 점의 우력에 의한 모멘트의 크기와 방향이 같기 때문이다. $\vec{M}_O = 0$ 조건을 만족하기 위해서는 식 (2)의 각 항이 0이 되어야 한다. 따라서

$$y\text{ 성분:} \quad P(500\,\text{mm})\sin\alpha = 0 \qquad (3)$$

$$z\text{ 성분:} \quad 43200\,\text{N}\cdot\text{mm} - P(500\,\text{mm})\cos\alpha = 0 \qquad (4)$$

P는 0이 아니므로 식 (3)은 $\boxed{\alpha = 0}$일 경우에만 만족한다. $\alpha = 0°$을 식 (4)에 대입하여 P를 구하면 $\boxed{P = 86.4\,\text{N}}$이다.

논의 및 검증 두 풀이 모두 같은 결과를 제공한다. 만약 $\alpha = 0°$임을 알아차리지 못한다면 스칼라 풀이는 조금 더 복잡해질 수 있겠지만 여전히 가능하다.

문제

문제 4.44

개구형(open–end) 렌치가 모멘트 M을 발생시키기 위해 볼트 머리에 힘 F를 가한다. 각 힘 F는 그것이 작용하는 면에 직각이다. F = 1800 N일 때 M을 구하라.

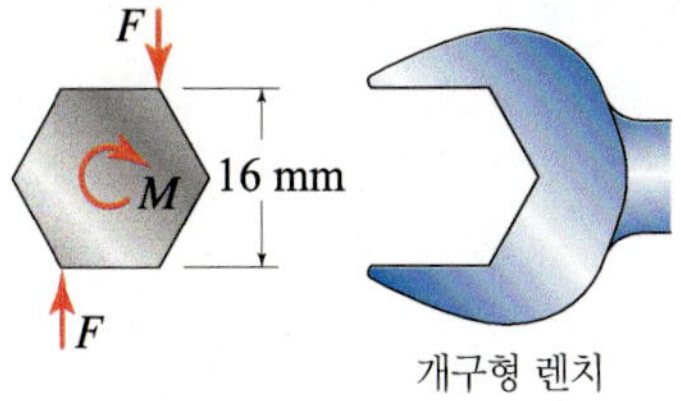

그림 P4.44

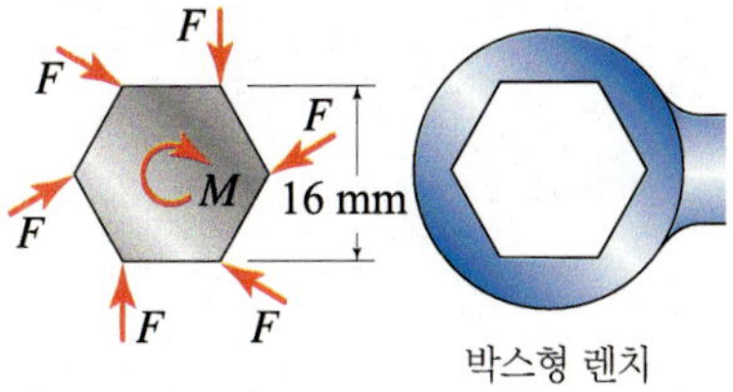

그림 P4.45

문제 4.45

박스형(box–end) 렌치가 모멘트 M을 발생시키기 위해 볼트 머리에 힘 F를 가한다. 각 힘 F는 그것이 작용하는 면에 직각이다. M = 27N · m일 때 F를 구하라.

문제 4.46

드릴 작업을 위한 고정구(fixture)에 느슨하게 끼워져 있는 공작물(workpiece)을 위에서 본 모습을 나타낸다. 드릴은 공작물에 절삭력 F를 가하는 두 개의 절삭날을 가진다.

(a) 만약 F = 600 N이라면 α = 30°일 때 합 우력 모멘트가 0이 되기 위한 공작물과 고정구 사이의 힘 Q를 구하라.

(b) 만약 α가 다른 값을 가진다면 (a)에서 구한 Q가 변하는가? 만약 그렇다면 α = 60°인 경우에 대한 Q를 구하라.

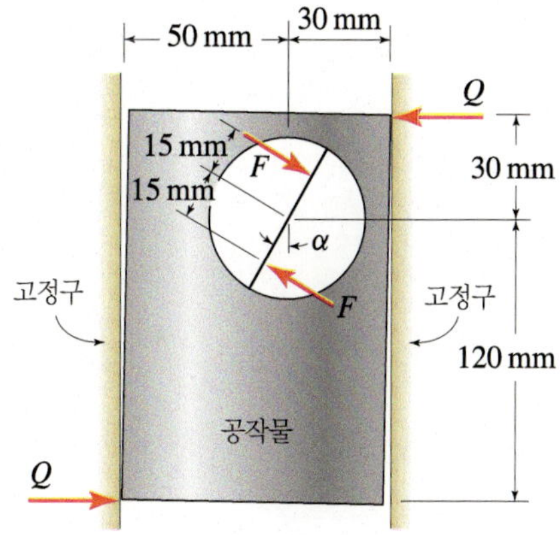

그림 P4.46

문제 4.47

세 대의 예인선이 좁은 운하 안에서 바지선을 돌리기 위해 사용된다. 바지선의 직선 운동을 피하기 위하여 가해지는 힘들은 우력이어야만 한다. A점의 예인선은 1800 N을 가한다.

(a) 오직 우력들만 작용하기 위한 F_B와 F_C를 구하라.

(b) (a)에서 구한 답을 사용하여 합 우력 모멘트를 구하라.

(c) A와 B에서의 힘을 x와 y 성분으로 분해하고 우력을 구성하는 힘의 쌍을 구하라.

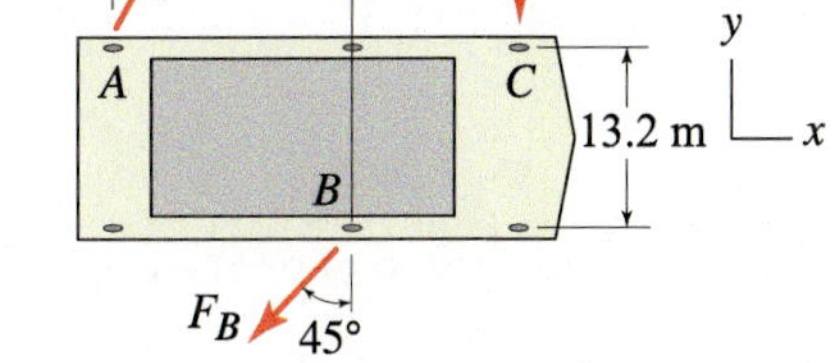

그림 P4.47

문제 4.48

그림 P4.48은 전자 데이터 저장장치 안에서 자기 테이프의 위치를 잡아 주는 도르래가 부착된 브라켓을 나타낸다. 도르래는 마찰이 없고 테이프는 $T = 20$ N의 장력을 받는다. 테이프의 두께는 무시한다.

(a) 그림 P4.48(a)의 두 힘을 사용하여 우력 모멘트를 구하라.

(b) 2개의 도르래에 작용하는 힘들을 그림 P4.48(b)에 보인 바와 같이 도르래 축에 작용하는 힘들로 대체하고 합 우력 모멘트를 구하라(도르래 힘을 베어링 힘으로 대체하는 것은 3장에서 그림 3.9와 관련하여 설명하였다).

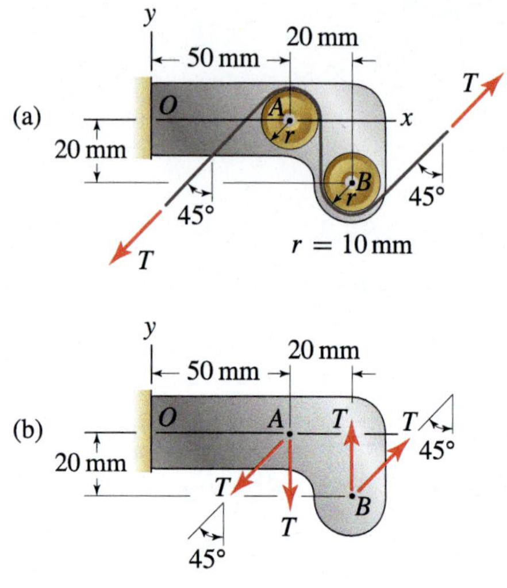

그림 P4.48

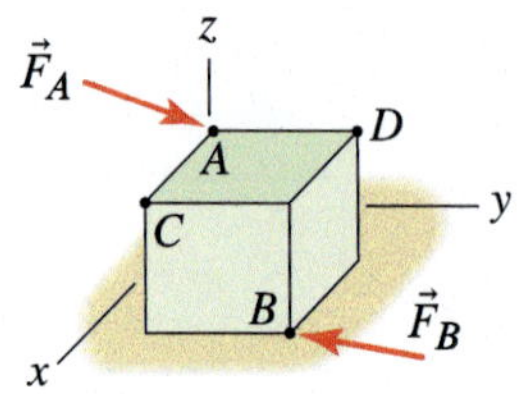

그림 P4.49

문제 4.49

$\vec{F}_A$와 $\vec{F}_B$가 작용하는 물체를 고려하라. 다음 표의 첫 번째 열은 이들 힘에 의한 여러 점에서의 합 모멘트를 열거한다. 각 문장에 대한 참(T) 혹은 거짓(F)을 선택하라.

	$\vec{F}_A$와 $\vec{F}_B$가 우력이 아닌 경우	$\vec{F}_A$와 $\vec{F}_B$가 우력인 경우
$\vec{M}_C = \vec{r}_{CA} \times \vec{F}_A + \vec{r}_{CB} \times \vec{F}_B$	T or F?	T or F?
$\vec{M}_C = \vec{r}_{AB} \times \vec{F}_B$	T or F?	T or F?
$\vec{M}_C = \vec{r}_{BA} \times \vec{F}_A$	T or F?	T or F?
$\vec{M}_A = \vec{r}_{AB} \times \vec{F}_B$	T or F?	T or F?
$\vec{M}_D = \vec{r}_{CA} \times \vec{F}_A + \vec{r}_{CB} \times \vec{F}_B$	T or F?	T or F?

주의 개념 문제는 계산이 아닌 설명이 필요하다.

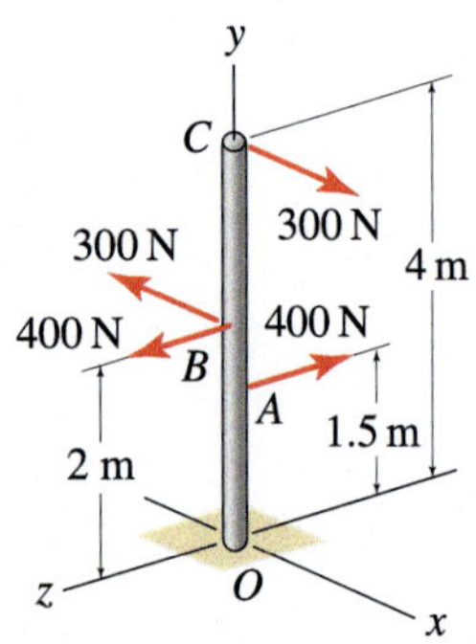

그림 P4.50

문제 4.50

O 점에 고정된 구조물이 300 N과 400 N의 우력을 지지한다. 스칼라 접근법과 벡터 접근법 모두 사용하여 합 우력 모멘트를 구하라.

문제 4.51

O 점에 고정된 구조물이 70 N과 85 N의 우력과 *E* 점에서 우력 모멘트를 지지한다. 스칼라 접근법과 벡터 접근법 모두 사용하여 합 우력 모멘트를 구하라.

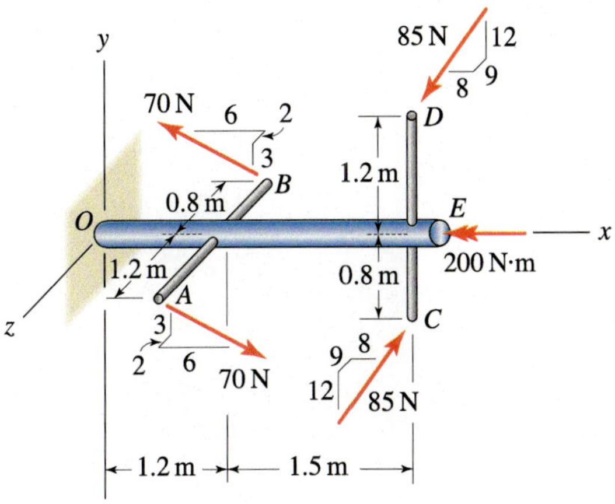

그림 P4.51-P4.53

문제 4.52

70 N 힘의 작용선들 사이의 거리를 구하라.

힌트 벡터 접근법을 이용하여 이 우력의 모멘트를 구하라. 그러면 이 우력 모멘트의 크기는 (70 N)d와 같다. 여기서 d는 두 힘의 작용선들 사이의 거리이다.

문제 4.53

85 N 힘의 작용선들 사이의 거리를 구하라. 문제 4.52의 힌트를 보라.

문제 4.54

감속기의 입력축은 200 N · m의 모멘트를 지지하고 출력축은 300 N · m와 500 N · m의 모멘트를 지지한다.

(a) 축들이 감속기에 가하는 모멘트의 합을 구하라.

(b) 만약 감속기가 *xy* 평면에 볼트로 고정된다면 이들 볼트가 감속기에 가하는 힘들의 특징에 대해 여러모로 생각해 보라. 다시 말해 이들 힘이 오직 우력만을 구성한다고 예상하는가? 혹은 좀 더 일반적일 수 있다고 예상하는가?

주의 이와 같은 문제들을 5장에서 자세하게 토의한다.

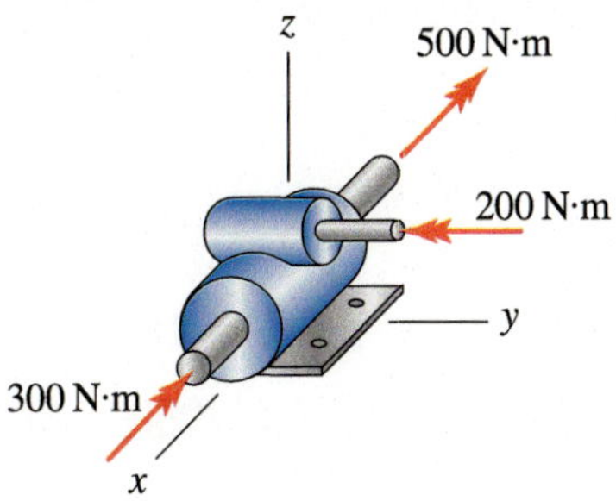

그림 P4.54

문제 4.55

위성과 우주선은 우력을 만들기 위해 쌍으로 발사되는 반동 추진엔진을 사용하여 자세 위치제어를 수행한다. 만약 A, B, C, D 점의 추진엔진이 3 N의 추진력을 발생한다면 합 모멘트와 무게 중심을 관통하는 회전 중심축, 즉 정지해 있던 위성이 그 축을 중심으로 회전하기 시작하는 축을 구하라.

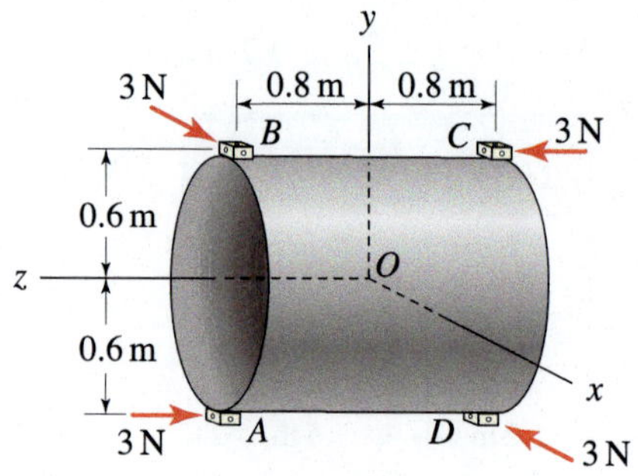

그림 P4.55

문제 4.56

그림 P4.56은 회전하는 비행기 프로펠러에 공기에 의해 가해지는 힘 F와 T를 나타낸다. 힘 F는 xy 평면에 놓여 있고 각 프로펠러 날개의 축에 직각이다. 그리고 추진력 T는 z 방향이다. 힘 F들은 우력 혹은 우력계로 표시될 수 있음을 보여라.

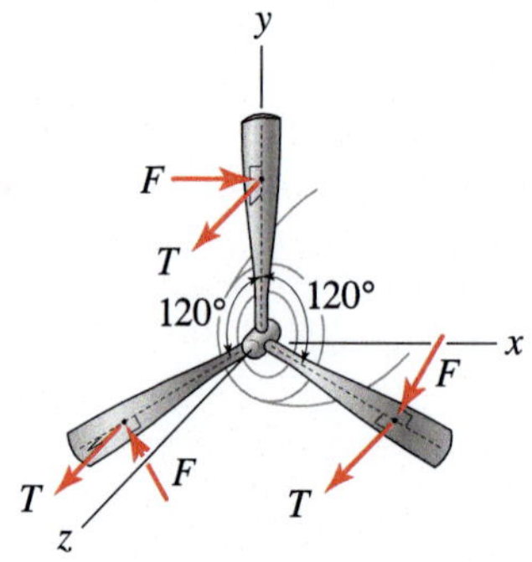

그림 P4.56

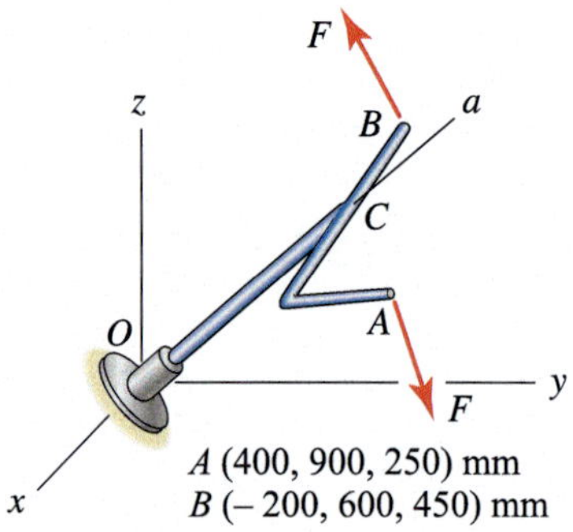

그림 P4.57, P4.58

문제 4.57

구조물이 A 점과 B 점에서 작용하는 우력을 받고 있고 A 점에 작용하는 힘은 $\vec{F} = (36\hat{\imath} + 45\hat{\jmath} - 180\hat{k})$ N일 때 직선 a에 대한 우력의 모멘트를 구하라. 직선 a의 방향각은 $\theta_x = 72°$, $\theta_y = 36°$, $\theta_z = 60°$이다.

문제 4.58

구조물은 크기가 F인 두 힘을 받고 있다. 만약 $F = 187$ N이고 두 힘이 우력이라면 직선 a에 대한 모멘트가 가능한 크게 되기 위한 힘의 방향을 구하라. 직선 a의 방향각은 $\theta_x = 72°$, $\theta_y = 36°$, $\theta_z = 60°$ 이다.

4.4 등가 힘계

등가 힘계는 역학에 있어 매우 중요하고 기술자들에 의해 매일 사용된다. 예를 들면, 그림 4.25(a)에 나타낸 펜치를 움켜쥘 때 조오(jaw)에 발생하는 힘을 구한다고 상상하라. 각 손가락과 손바닥은 그림 4.25(b)에 나타낸 바와 같이 복잡하게 분포하는 압력을 손잡이에 가하고 있다. 만약 이들 압력 분포의 복잡성이 모든 해석에서 필요하다면 매우 불행할 것이다. 조오에 발생하는 힘을 구하는 것과 같이 많은 목적을 위해서 이들 압력분포는 그림 4.25(c)와 (d)에 나타낸 바와 같이 등가 힘으로 대체될 수 있다.

이 절에서는 두 힘계가 등가이기 위한 조건을 정의하고 하나의 힘계를 다른 힘계로 대체하는 기법에 대해 설명한다. 물리학적 논거를 사용하여 등가의 개념들을 강체에 대한 정의로서 먼저 제시한다. 다음 이들 개념을 변형체에 적용한 결과에 대해 토의한다. 등가에 대한 이론적인 정당성과 개념들의 해석을 제공하는 뉴턴의 법칙에 대한 짧은 토의로 이 절을 마친다.

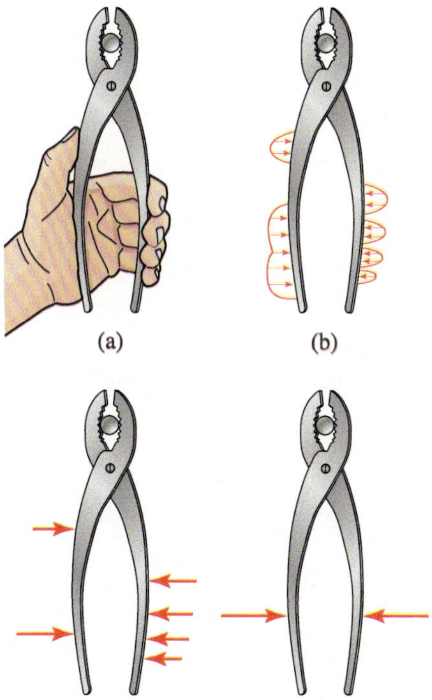

그림 4.25 (a) 사람이 펜치를 움켜 쥐기 위해 손을 사용한다. (b)-(d) 등가 힘계의 예.

힘의 전달성

힘의 전달성의 원리를 논의하기 전에 물체에 가해진 힘의 **외적인 효과**와 **내적인 효과**를 먼저 정의한다. 외적인 효과는 전체로서의 물체의 반응을 말한다. 예를 들면, 만약 물체가 지지대에 의해 공간에 고정되어 있다면 **외적인 효과(*external effects*)**는 지지대에서의 반력을 포함한다. 만약 물체가 공간에서 움직일 수 있도록 지지되어 있지 않다면 외적인 효과는 물체의 변위, 속도 그리고 가속도 등을 말한다. **내적인 효과(*internal effects*)**는 물체 내부에 발생하는 내력을 말하고 만약 물체가 변형체이면 물체가 경험하는 변형을 말한다.

전달성의 원리(*principle of transmissibility*)는 강체에 작용하는 힘이 작용선상의 어떤 점에 작용하더라도 외적인 효과는 동일하다는 것이다. 이 원리는 그림 4.26에서 다음과 같이 전개된다. 그림 4.26(a)에서 힘 벡터 $\vec{F}$가 물체 혹은 구조물 상의 A 점에 작용한다. 그림 4.26(b)에서 두 개의 추가적인 힘 $\vec{F}$와 $-\vec{F}$가 A 점에 작용하는 힘의 작용선 상에 있는 B 점에 작용한다.

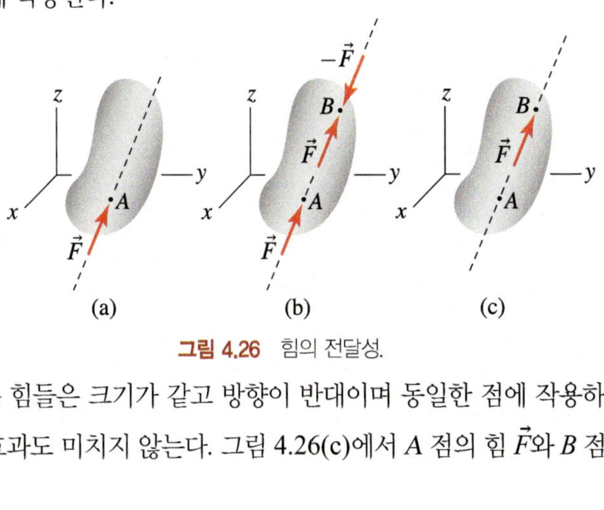

그림 4.26 힘의 전달성.

B 점에 작용하는 힘들은 크기가 같고 방향이 반대이며 동일한 점에 작용하므로 물체에 대하여 아무런 효과도 미치지 않는다. 그림 4.26(c)에서 A 점의 힘 $\vec{F}$와 B 점의 힘 $-\vec{F}$가

서로 상쇄되면 B 점의 힘 $\vec{F}$만 남게 된다. 만약 물체가 강체이면 물체에 작용하는 힘 $\vec{F}$의 외적인 효과는 $\vec{F}$가 A 점에 작용하든 B 점에 작용하든 동일하다고 추론한다.

뒤를 이을 정의들을 사용하면 힘의 전달성의 원리가 등가 힘계의 특별한 경우에 대한 조건을 말하는 것이고 그림 4.26에 나타낸 모든 힘계가 등가라는 것을 알게 될 것이다.

강체와 변형체 정확히 말하자면 전달성의 원리는 강체에 작용하는 힘에 대해서만 유효하다. 만약 강체라면 그림 4.26의 A 점과 B 점 같은 물체 내부의 어떤 두 점 사이의 거리는 물체에 작용하는 힘의 위치에 상관없이 일정하다. 물체의 기하학적 형상이 변하지 않고 힘의 작용선의 위치가 변하기 않기 때문에 힘과 모멘트의 합에 의해 강체에 미치는 외적인 효과는 같다. 전달성의 원리에는 내력에 대한 요구 사항이 없다는 것에 주의하라. 사실 내력은 특정한 힘이 작용선을 따라 작용하는 정확한 위치에 크게 좌우된다. 그러나 만약 물체가 강체라면 내력에 상관없이 형태가 바뀌지 않고 따라서 힘의 외적인 효과가 변하지 않는다.

만약 물체가 자연계에서는 늘 그렇듯이 변형체라면 힘이 작용할 경우 물체는 일반적으로 형태가 변할 것이다. 뿐만 아니라 변형된 형태는 물체 내부의 내력 분포에 좌우된다. 물체의 형태 변화는 힘의 작용선의 위치를 바뀌게 하고 따라서 힘의 외적인 효과가 달라진다. 비록 자연계의 모든 물체가 변형체이지만 많은 목적을 위하여 물체나 구조물을 강체로 이상화할 수 있고 전달성의 원리도 적용할 수 있다.

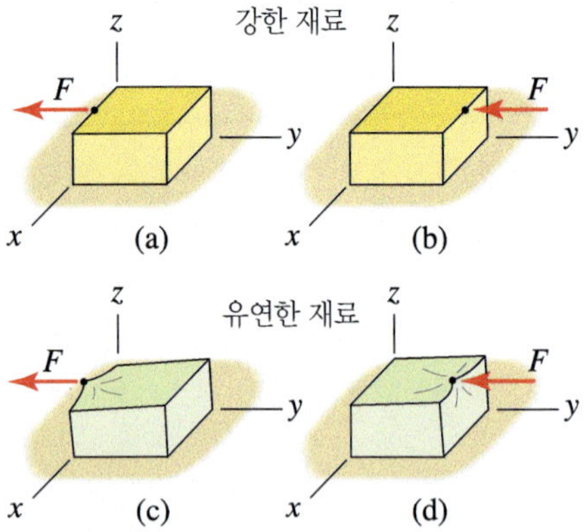

그림 4.27 힘을 받으며 거친 평면 위에 놓여 있는 블록. (a), (b) 재료가 강하여 두 하중에 대한 블록 형상에 있어서의 차가 작다. (c), (d) 재료가 유연하여 두 하중에 대한 블록의 형상이 현저하게 다르다.

좀 더 설명하기 위하여 그림 4.27에 나타낸 바와 같이 거친 평면에 자중을 받으면서 놓여 있는 블록을 고려하자. 만약 블록의 재료가 강하면 그림 4.27(a)와 (b)에 보인 하중에 대한 형상의 변화는 거의 없고 따라서 많은 실제적인 목적을 위하여 물체를 강체로 이상화할 수 있다. 전달성의 원리를 적용할 수 있고 물체를 미끄러지게 하려는 힘 F에 대한 물체의 반응은 힘의 작용선을 따라 작용하는 힘 F의 위치에 상관없이 동일하다. 만약 재료가 유연하면 그림 4.27(c)와 (d)에 나타낸 힘을 받을 때 물체는 상당한 형태의 변화를 받는다. 일어나는 변형이 물체의 반응에 큰 영향을 미치므로 그러한 물체는 강체로 이상화할 수 없다.

등가 힘계

등가 힘계에 대한 개념을 그림 4.28에서 전개한다. 그림 4.28(a)에서 강체 혹은 구조물이 A 점에 작용하는 힘 벡터 $\vec{F}$를 가진다. 그림 4.28(b)에서 두 개의 추가적인 힘 $\vec{F}$와 $-\vec{F}$가 B 점에 작용한다. B 점에 작용하는 힘들은 크기가 같고 방향이 반대이며 동일한 점에 작용하므로 물체에 대하여 아무런 효과도 미치지 않는다. A 점의 $\vec{F}$와 B 점의 $-\vec{F}$는 우력이고 모멘트 $\vec{M}_B = \vec{r} \times \vec{F}$로 대체될 수 있다. 여기서 $\vec{r}$은 B 점 힘의 작용선상에 있는 임의의 점으로부터 A 점 힘의 작용선상에 있는 임의의 점까지의 위치벡터이다(그림 4.28(b)에서는 특별한 경우로서 B 점에서 A 점까지로 나타낸다). 따라서 그림 4.28(c)에 B 점에서의 새로운 힘계가 만들어 졌고 이것은 그림 4.28(a)에 나타낸 힘계와 등가이다. 더구나 우력의 모멘트는 자유 벡터이므로 $\vec{M}_B$는 그림 4.28(d)에 나타낸 C 점과 같이 어떤 점에라도 작용할 수 있다.

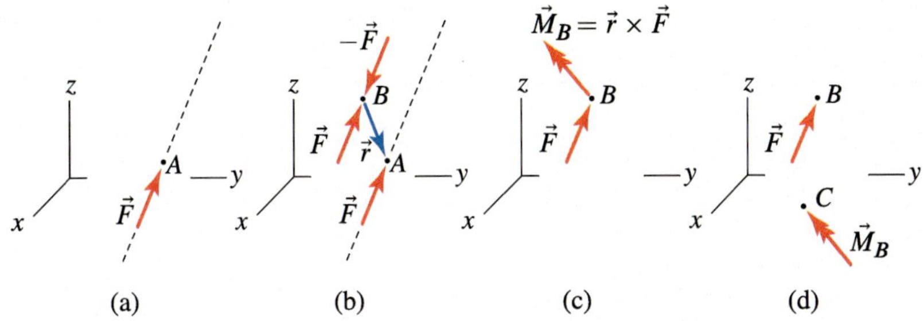

그림 4.28 *B* 점에서의 등가 힘계의 구성.

일반화하기 위하여 만약 물체 혹은 구조물이 그림 4.29에 나타낸 바와 같이 임의 개수의 힘과 모멘트를 가진다면 *A* 점에서의 **등가 힘계**는 합력 $\vec{F}_R$과 합 모멘트 $\vec{M}_R$로 구성된다.

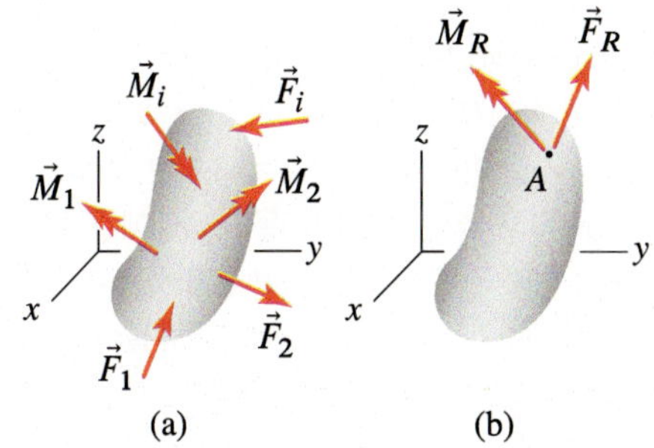

그림 4.29 *A* 점에서의 등가 힘계의 구성.

$$\vec{F}_R = \sum_{i=1}^{n} \vec{F}_i$$
$$\vec{M}_R = \sum_{i=1}^{n} \vec{r}_i \times \vec{F}_i + \sum_{i=1}^{m} \vec{M}_i \tag{4.15}$$

여기서 n은 작용하는 힘의 개수, m은 작용하는 모멘트의 개수, $\vec{r}_i$는 *A* 점으로부터 $\vec{F}_i$의 작용선상에 있는 임의의 점까지의 위치벡터이다. 앞에서 설명한대로 $\vec{M}_R$은 자유 벡터이므로 어느 점에라도 작용할 수 있다.

식 (4.15)는 **두 힘계가 등가(*two force system are equivalent*)**인가를 결정하기 위한 시험으로도 사용될 수도 있다. 즉, 만약 두 힘계가 아래 식을 만족하면 등가이다.

$$(\vec{F}_R)_{\text{system 1}} = (\vec{F}_R)_{\text{system 2}}$$
$$(\vec{M}_R)_{\text{system 1}} = (\vec{M}_R)_{\text{system 2}} \tag{4.16}$$

여기서 $(\vec{M}_R)_{\text{system 1}}$과 $(\vec{M}_R)_{\text{system 2}}$를 구하기 위해 사용된 모멘트 합산점(그림 4.29의 *A* 점)은 같아야만 한다. 식 (4.15)를 사용하여 만약 아래 조건을 만족하면 **두 힘계는 등가**라고 식 (4.16)을 좀 더 명백하게 표현할 수 있다.

$$\left(\sum_{i=1}^{n_1} \vec{F}_i\right)_{\text{system 1}} = \left(\sum_{i=1}^{n_2} \vec{F}_i\right)_{\text{system 2}}$$
$$\left(\sum_{i=1}^{n_1} \vec{r}_i \times \vec{F}_i + \sum_{i=1}^{m_1} \vec{M}_i\right)_{\text{system 1}} = \left(\sum_{i=1}^{n_2} \vec{r}_i \times \vec{F}_i + \sum_{i=1}^{m_2} \vec{M}_i\right)_{\text{system 2}} \tag{4.17}$$

여기서 n_1과 m_1은 각각 제1힘계에 대한 힘과 모멘트의 개수이고 n_2와 m_2는 각각 제2힘계에 대한 힘과 모멘트의 개수이다. 또한 양 힘계에 대하여 사용된 모멘트 합산점은 같아야만 한다.

몇 가지 특별한 힘계

힘의 작용선이 한 점에서 만나는(*concurrent*) 힘계, 모든 힘이 동일 평면상에 있는(*coplanar*) 힘계, 모든 힘이 평행인(*parallel*) 힘계 등으로 분류되는 몇 가지 특별한 힘계를 그림 4.30-4.32에 나타낸다. 이들 힘계의 각각에 대해 오직 하나의 힘만으로 등가 힘계를 구성하는 점(그림 4.30-4.32에서의 B 점)이 존재한다는 것을 관찰하라.

> **유용한 정보**
>
> **모멘트를 제거하기 위한 힘계의 위치 선정.** 동일 평면상의 힘계와 평행한 힘계를 연계 지어 토의한 것처럼 합력 $\vec{F}_R$의 작용선을 적절하게 재위치시킴으로써 그림 4.31(c)와 그림 4.32(c)에 나타낸 바와 같이 모멘트가 없는 등가 힘계를 구성하는 것이 가능하다. 그러나 가끔 이들 그림에서 d로 표시한 거리가 너무 커서 물체 혹은 구조물의 바깥에 위치해야 하는 경우가 있을 수 있다. 이것은 이론적으로는 가능하지만 어떻게 힘을 물체 혹은 구조물의 바깥에 가할 수 있나에 대한 실질적인 문제를 야기한다. 유사한 설명이 그림 4.34에 나타낸 렌치 힘계의 구성에도 적용된다.

주의

- **한 점에서 만나는 힘계** 그림 4.30에 나타낸 것과 같은 이런 힘계에서는 힘의 작용선들이 만나는 점에 대한 힘들의 합 모멘트가 발생하지 않는다. 물체가 이러한 힘계를 받을 경우 평형 해석을 위하여 물체를 질점으로 이상화할 수 있고 3장에서 이 문제를 많이 공부하였다.
- **동일 평면 힘계** 그림 4.31에 나타낸 것과 같은 이런 힘계에서는 모든 힘이 동일 평면 내에 놓여 있고 모든 모멘트는 그 평면에 직각이다. 식 (4.15)를 사용하여 그림 4.31(b)에 나타낸 바와 같이 $\vec{F}_R$과 $\vec{M}_R$로 구성되는 A 점에서의 등가 힘계를 구한다. 그림 4.31(c)에 나타낸 바와 같이 B 점에서 등가 힘계는 오직 $\vec{F}_R$만으로 구성된다. A 점에 대한 B 점의 상대적 위치는 $\vec{F}_R$가 합 모멘트 $\vec{M}_R$를 발생할 수 있도록 정해진다(즉, $M_R = F_R d \ \Rightarrow \ d = M_R/F_R$).
- **평행한 힘계** 그림 4.32에 나타낸 것과 같은 이런 힘계에서는 모든 힘은 평행하고 모든 모멘트는 힘의 방향에 직각이다. 식 (4.15)를 사용하여 그림 4.32(b)에 나타낸 바와 같이 $\vec{F}_R$과 $\vec{M}_R$로 구성되는 A 점에서의 등가 힘계를 구한다. 그림 4.32(c)에 나타낸 바와 같이 B 점에서 등가 힘계는 오직 $\vec{F}_R$만으로 구성된다. A 점에 대한 B 점의 상대적 위치는 $\vec{F}_R$가 합 모멘트 $\vec{M}_R$를 발생할 수 있도록 정해진다(즉, $M_R = F_R d \ \Rightarrow \ d = M_R/F_R$).

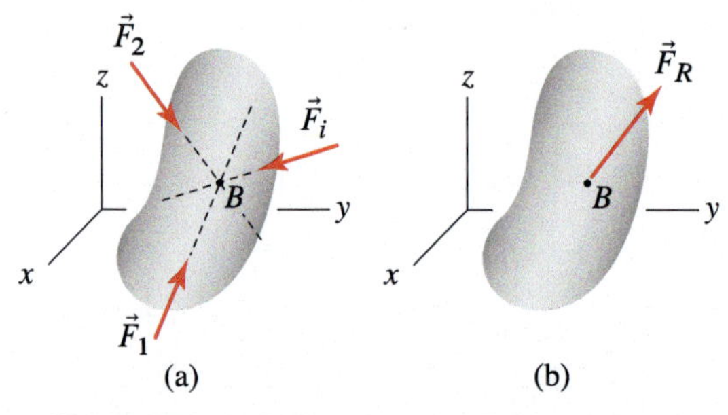

그림 4.30 한 점에서 만나는 힘계. 모든 힘의 작용선들이 공통점에서 교차한다.

렌치 등가 힘계

한 점에서 만나는, 동일 평면에 있는 그리고 평행한 힘계의 특징은 이들 힘계에 대해서 오직 힘만으로 구성되는 등가 힘계를 항상 찾을 수 있다는 것이다. 좀 더 일반적인 힘계는 보통 이정도로 단순화될 수는 없지만 다음과 같은 질문을 해 보는 것은 도움이 된다. 어떤 일반적인 힘계가 축소될 수 있는 가장 단순한 힘계는 무엇인가?

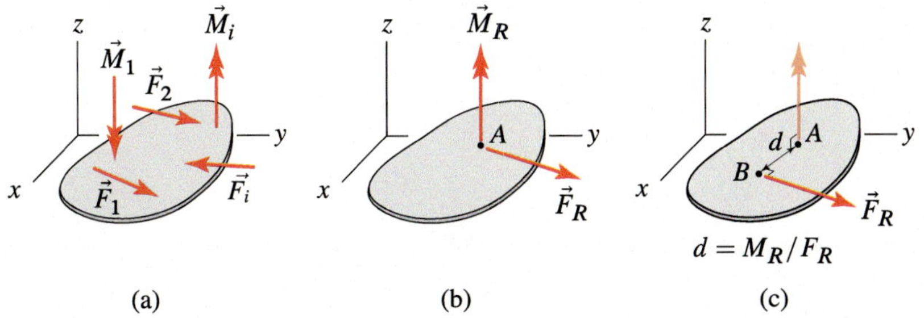

그림 4.31 **동일 평면 힘계.** 모든 힘들은 동일 평면 내에 있고 모든 모멘트는 그 평면에 직각이다.

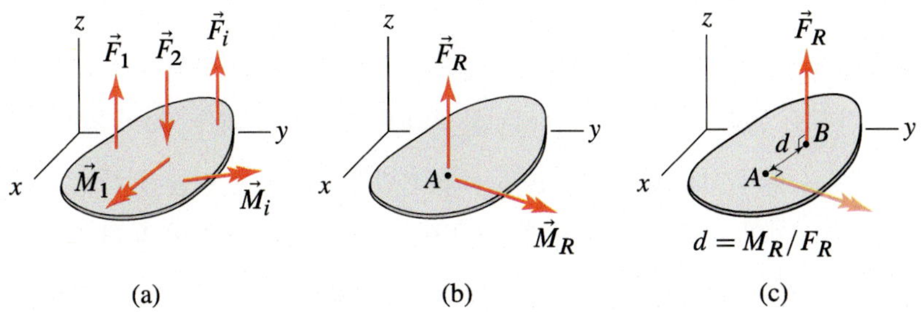

그림 4.32 **평행한 힘계.** 모든 힘들은 평행하고 모든 모멘트는 이들 힘의 방향에 직각이다.

그 답은 그림 4.33에 나타낸 바와 같이 합력 $\vec{F}_R$과 $\vec{F}_R$에 평행한 합 모멘트 $\vec{M}_R$로 구성되는 렌치(*wrench*)라고 불리는 힘계이다.

렌치 힘계는 다음과 같이 구성된다. 그림 4.34(a)에 나타낸 바와 같이 A 점에서의 힘 $\vec{F}_R$과 모멘트 $\vec{M}_R$로 시작하여 $\vec{M}_R$를 그림 4.34(b)에 나타낸 바와 같이 $\vec{F}_R$에 평행한 성분과 직각인 성분으로 분해한다. $\vec{F}_R$와 $\vec{M}_{R\perp}$은 평행한 힘계를 구성한다는 것에 주목하여 $\vec{F}_R$을 B 점으로 이동시킴으로써 $\vec{M}_{R\perp}$을 제거할 수 있다. 여기서 B 점의 A 점에 대한 상대적 위치는 $\vec{F}_R$가 모멘트 $\vec{M}_{R\perp}$를 발생하도록 정해진다(즉, $M_{R\perp} = F_R d \Rightarrow d = M_{R\perp}/F_R$). $\vec{M}_{R\parallel}$가 자유 벡터이므로 A 점으로부터 B 점으로 위치를 옮길 수 있음에 주의하라. 예제 4.15는 렌치 등가 힘계를 구하는 것에 관하여 좀 더 상세하게 설명한다.

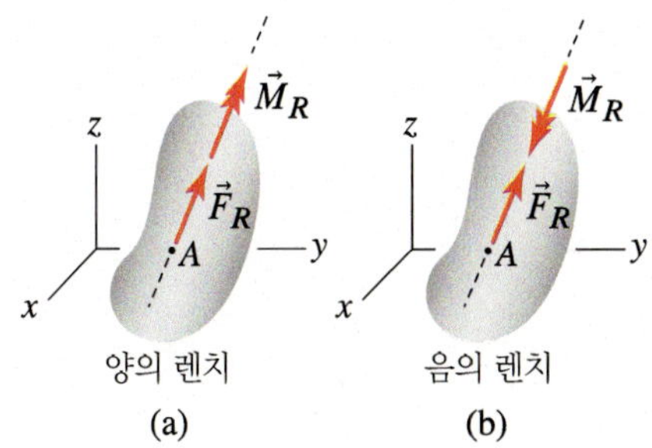

그림 4.33 렌치 힘계. **양의 렌치**는 같은 방향으로 양인 $\vec{F}_R$과 $\vec{M}_R$을 가진다. **음의 렌치**는 반대방향으로 양인 $\vec{F}_R$과 $\vec{M}_R$을 가진다.

왜 등가 힘계는 '등가'라고 불리우나?

원한다면 등가 힘계의 개념을 단순히 정의라고 생각해도 좋다. 그러나 정의 이면에는 왜 그것이 의미가 있는지에 대한 충분한 이유가 있고 이 이유는 뉴턴의 운동의 법칙으로부터 알 수 있다. 5장에서 강체의 정적 평형 조건은 $\sum \vec{F} = \vec{0}$과 $\sum \vec{M} = \vec{0}$이라는 것을 알게 될 것이다. 만약 첫 번째 식이 만족되지 않으면 물체는 직선 가속도를 가질 것이다. 만약 두 번째 식이 만족되지 않으면 물체는 회전 가속도를 가질 것이다.

유용한 정보

일반적인 힘계의 렌치로 대체. 예제 4.15는 렌치 등가 힘계를 구하는 두 단계의 과정을 제공한다.

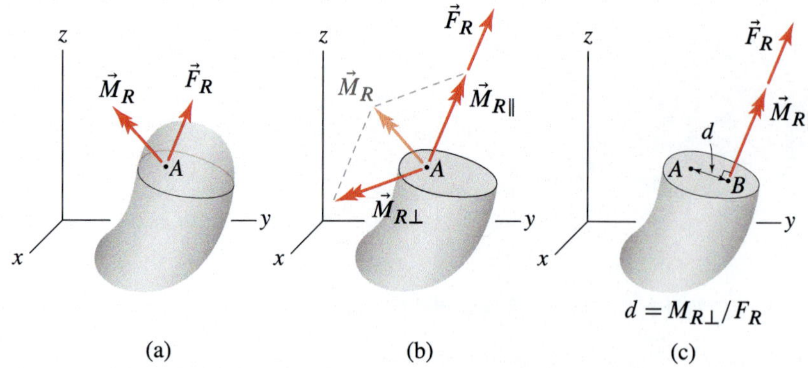

그림 4.34 렌치 힘계의 구성.

물체가 정적 평형 상태에 있든지 가속도를 받고 있든지 상관없이 외적인 효과(예를 들면, 반력, 가속도 등)의 항으로 나타나는 물체의 반응은 $\sum \vec{F}$와 $\sum \vec{M}$이 같은 모든 외력 계에 대해서 같고 식(4.15)에서 주어진 등가 힘계의 정의는 이들 조건에 대한 서술이다. 힘의 전달성의 원리는 등가 힘계의 특별한 경우이므로 이 설명은 왜 전달성의 원리가 유효한지 보여 준다.

절 요약

이 절에서는 등가 힘계의 개념들을 설명하였다. 몇 가지 중요한 점은 다음과 같다.

- 전달성의 원리는 강체에 가해지는 힘의 효과는 힘의 작용선을 따라 작용하는 힘의 위치에 상관없이 동일하다고 하는 것이다.
- 만약 두 힘계의 힘의 합이 같고 어떤 공통점에 대한 두 힘계의 힘에 의한 모멘트의 합이 같다면 두 힘계는 등가라고 말한다. 만약 두 힘계가 등가이면 강체 혹은 구조물에 미치는 그들의 외적인 효과(예를 들면, 지지반력)은 같다.
- 한 점에서 만나는 힘계, 동일 평면 힘계 및 평행한 힘계 등을 포함하여 자주 일어나는 특별한 힘계를 정의하였다. 동일 평면 힘계과 평행한 힘계는 모멘트 없이 하나의 힘만으로 구성되는 등가 힘계를 가진다는 공통의 특징을 가진다.
- 렌치 힘계는 동일 작용선을 가지는 힘과 모멘트로 구성된다. 어떠한 힘계도 렌치인 등가 힘계로 나타낼 수 있다.

예제 4.11 등가 힘계의 결정

(a) A 점에서의 등가 힘계를 구하라.

(b) B 점에서의 등가 힘계를 구하라.

(c) 하나의 힘만으로 구성되는 힘계를 구하고 그 힘의 작용선이 x 축과 만나는 점의 x 좌표를 구하라.

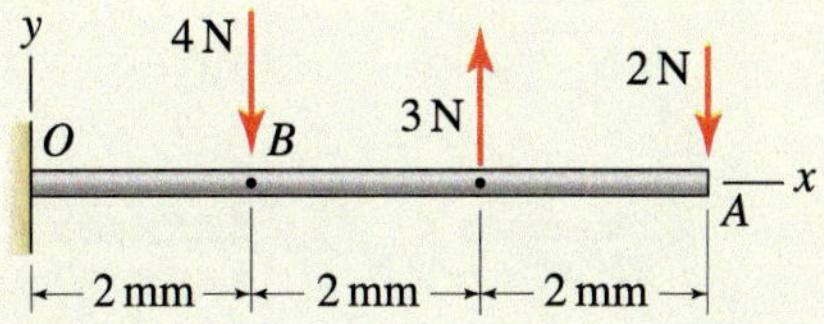

그림 1

풀이 SOLUTION

로드맵 이 문제의 세 경우 모두에 대하여 식 (4.15)를 이용하여 외력의 등가 힘계를 구할 것이다.

(a) 부분

지배방정식과 계산 스칼라 접근법으로 식 (4.15)를 적용하여 다음을 얻는다. 이 힘계를 그림 2에서 설명한다.

$$F_{Rx} = \sum F_x = \boxed{0} \tag{1}$$

$$F_{Ry} = \sum F_y = -4\,\text{N} + 3\,\text{N} - 2\text{N} = \boxed{-3\,\text{N}} \tag{2}$$

$$M_{RA} = \sum M_A = (4\,\text{N})(4\,\text{mm}) - (3\,\text{N})(2\,\text{mm}) = \boxed{10\,\text{N}\cdot\text{mm}} \tag{3}$$

(b) 부분

지배방정식과 계산 B 점에서의 등가 힘계에 대하여 합력 F_{Rx}와 F_{Ry}는 식 (1)과 (2)에서 변하지 않는다. 그림 1에 나타낸 힘들을 참조하여 B 점에 대한 합 모멘트는

$$M_{RB} = \sum M_B = (3\,\text{N})(2\,\text{mm}) - (2\,\text{N})(4\,\text{mm}) = \boxed{-2\,\text{N}\cdot\text{mm}} \tag{4}$$

이 힘계를 그림 3에서 설명한다. 여기서 M_{RB}는 반시계방향 $-2\,\text{N}\cdot\text{mm}$ 대신 시계방향 2 N·mm로 나타난다. 식 (4)를 쓰기 위하여 그림 1에 나타낸 힘들을 사용하는 대신 그림 2에 나타낸 힘들을 사용할 수도 있었을 것이다. 이 경우 $M_{RB} = \sum M_B = 10\,\text{N}\cdot\text{mm} - (3\text{N})(4\text{mm}) = -2\,\text{N}\cdot\text{mm}$이고 이는 예상한대로 식 (4)와 일치한다.

유용한 정보

보에 작용하는 반력. 그림 1에 나타낸 구조물은 O 점에서 지지되어 있고 이 지지점은 구조물이 평형을 이루도록 반력과 모멘트를 구조물에 가한다. 그러나 이 절에서 우리의 초점은 외력의 등가 힘계를 구하는데 맞추어져 있었다. 따라서 물체가 지지되든지 지지되지 않든 지는 외력의 등가 힘계를 구하는 것과는 관계가 없다.

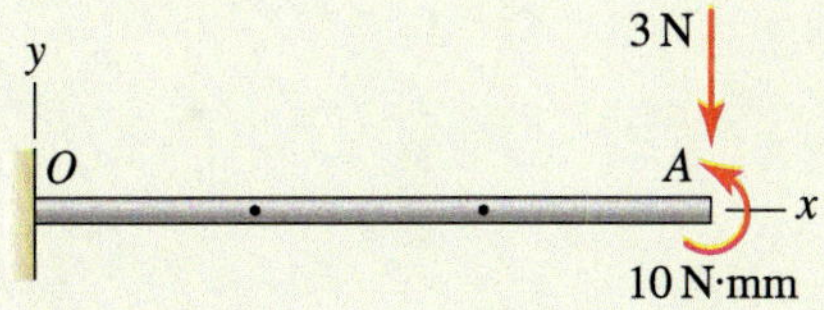

그림 2 이 힘계는 그림 1에 나타낸 힘계와 등가이다.

(c) 부분

지배방정식과 계산 하나의 힘만으로 구성되는 힘계를 그림 4에 나타낸다. 이 힘계가 그림 1-3에 나타낸 힘계와 등가이도록 거리 d가 정해진다. 따라서 그림 2와 그림 4의 힘계에 대한 합 모멘트를 구하기 편한 점 O를 선정하면

$$\left(\sum M_{RO}\right)_{\text{Fig. 2}} = \left(\sum M_{RO}\right)_{\text{Fig. 4}}$$

$$-(3\,\text{N})(6\,\text{mm}) + 10\,\text{N}\cdot\text{mm} = -(3\,\text{N})d \tag{5}$$

$$\Rightarrow \quad d = \boxed{2.67\,\text{mm}} \tag{6}$$

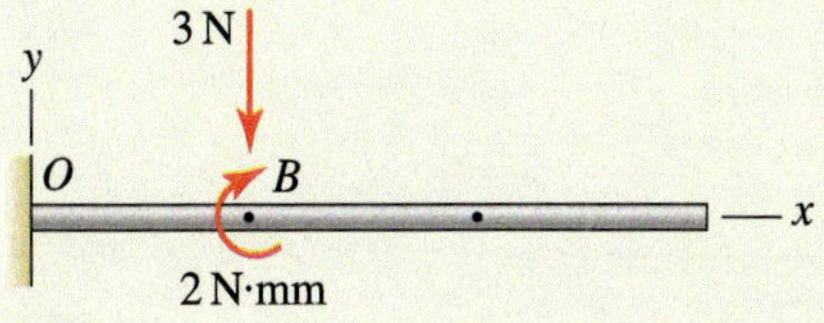

그림 3 이 힘계는 그림 1과 그림 2의 힘계와 등가이다.

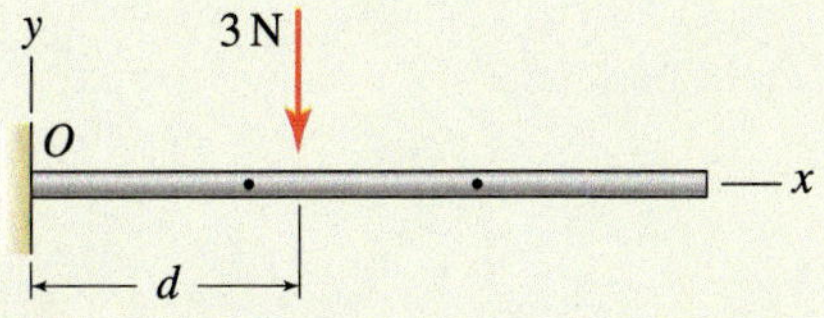

그림 4 적절한 d의 값을 가지면 힘계는 그림 1-3에 나타낸 힘계와 등가이다.

논의 및 검증 그림 1부터 3까지에 나타낸 힘계는 모두 등가이고 그림 4에 나타낸 힘계도 $d = 2.67$ mm이면 등가이다. (c) 부분과 같이 하나의 힘만으로 구성되는 등가 힘계를 구할 경우 가끔 힘의 작용선이 구조물과 교차하지 않는다는 것을 발견할 수도 있다.

예제 4.12 힘계가 등가인지를 결정

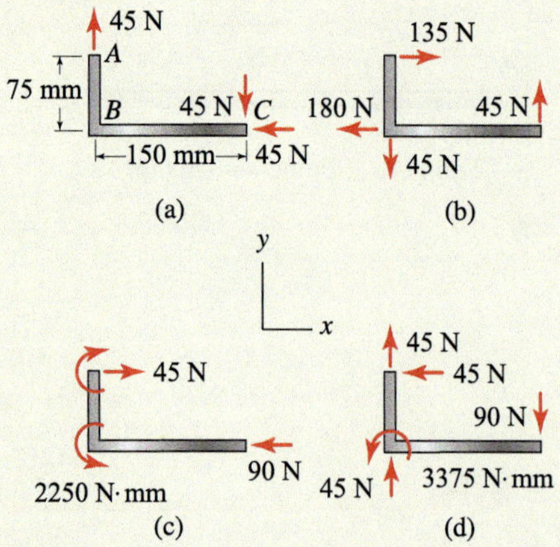

그림 1

그림 1에 나타낸 힘계 중 어느 것이 등가인지 결정하라.

풀이 SOLUTION

로드맵 두 힘계가 등가이기 위해서는 합력과 어떤 공통의 점에 대한 합 모멘트가 같아야만 한다. 따라서 각 힘계에 대해서 x와 y 방향의 합력과 합 모멘트를 계산하고 이들이 모두 같은 힘계를 등가로 결정한다.

지배방정식과 계산 B 점을 모멘트 합산을 위한 공통의 점으로 선택하고 식 (4.15)를 사용하여 다음과 같이 합력과 합 모멘트를 계산한다.

힘계 (a)

$$F_{Rx} = \sum F_x = -45\,\text{N} \quad (1)$$

$$F_{Ry} = \sum F_y = 45\,\text{N} - 45\,\text{N} = 0 \quad (2)$$

$$M_{RB} = \sum M_B = -(45\,\text{N})(150\,\text{mm}) = -6750\,\text{N·mm} \quad (3)$$

힘계 (b)

$$F_{Rx} = \sum F_x = -180\,\text{N} + 135\,\text{N} = -45\,\text{N} \quad (4)$$

$$F_{Ry} = \sum F_y = -45\,\text{N} + 45\,\text{N} = 0 \quad (5)$$

$$M_{RB} = \sum M_B = -(135\,\text{N})(75\,\text{mm}) + (45\,\text{N})(150\,\text{mm}) = -3375\,\text{N·mm} \quad (6)$$

힘계 (c)

$$F_{Rx} = \sum F_x = 45\,\text{N} - 90\,\text{N} = -45\,\text{N} \quad (7)$$

$$F_{Ry} = \sum F_y = 0 \quad (8)$$

$$M_{RB} = \sum M_B = 2250\,\text{N·mm} - 2250\,\text{N·mm} - (45\,\text{N})(75\,\text{mm}) = -3375\,\text{N·mm} \quad (9)$$

힘계 (d)

$$F_{Rx} = \sum F_x = -45\,\text{N} \quad (10)$$

$$F_{Ry} = \sum F_y = 45\,\text{N} + 45\,\text{N} - 90\,\text{N} = 0 \quad (11)$$

$$M_{RB} = \sum M_B = 3375\,\text{N·mm} + (45\,\text{N})(75\,\text{mm}) - (90\,\text{N})(150\,\text{mm}) = -6750\,\text{N·mm} \quad (12)$$

논의 및 검증 힘계 (a)와 (d)는 모두 동일한 합력과 B 점에 대한 모멘트를 가진다. 따라서 이들 힘계는 서로 등가이다. 힘계 (b)와 (c)는 동일한 합력과 B 점 대한 모멘트를 가진다. 따라서 이들 힘계는 서로 등가이다. 요약하면

힘계 (a)와 (d)는 등가이고, 힘계 (b)와 (c)는 등가이다.

예제 4.13 등가 힘계의 결정

그림 1의 테이블은 수직 방향의 힘들을 받고 있다.

(a) 테이블의 중심 O 점에서의 등가 힘계를 구하라.

(b) 하나의 힘만으로 구성되는 등가 힘계를 구하고 그 힘이 테이블과 교차하는 점의 x와 y의 좌표를 구하라.

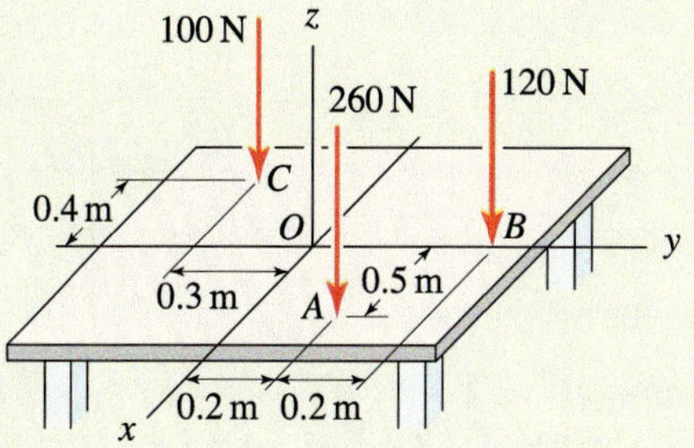

그림 1

풀이 SOLUTION

로드맵 이 문제의 (a)에 대해서는 스칼라 접근법과 벡터 접근법 모두 효과적이지만 벡터 접근법을 사용할 것이다. (b)에 대해서는 간단한 스칼라 계산이 하나의 힘만으로 구성되는 등가 힘계가 작용하여야 할 위치를 제공할 것이다.

(a) 부분

지배방정식과 계산 아래 식 (1)-(3)으로 주어지는 힘 벡터와 위치벡터와 함께 식 (4.15)를 사용하여 O 점에서의 합력과 합 모멘트를 구한다.

$$\vec{F}_A = -260\,\hat{k}\,\text{N}, \qquad \vec{r}_{OA} = (0.5\hat{\imath} + 0.2\hat{\jmath})\,\text{m} \tag{1}$$

$$\vec{F}_B = -120\,\hat{k}\,\text{N}, \qquad \vec{r}_{OB} = 0.4\hat{\jmath}\,\text{m} \tag{2}$$

$$\vec{F}_C = -100\,\hat{k}\,\text{N}, \qquad \vec{r}_{OC} = (-0.4\hat{\imath} - 0.3\hat{\jmath})\,\text{m} \tag{3}$$

이 힘계를 그림 2에서 설명한다.

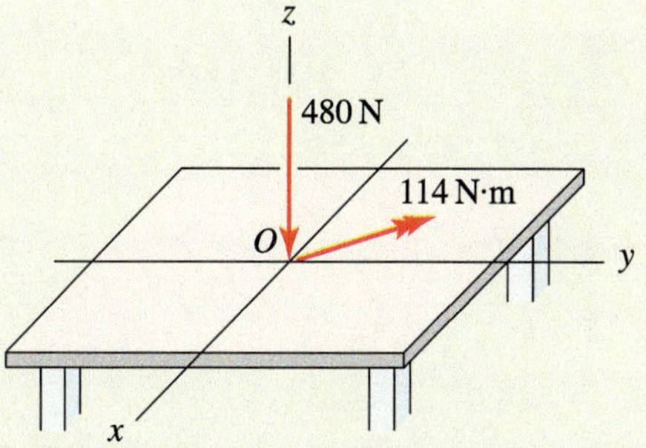

그림 2 이 힘계는 그림 1에 나타낸 힘계와 등가이다.

$$\vec{F}_R = \vec{F}_A + \vec{F}_B + \vec{F}_C = \boxed{-480\,\hat{k}\,\text{N}} \tag{4}$$

$$\vec{M}_{RO} = \vec{r}_{OA}\times\vec{F}_A + \vec{r}_{OB}\times\vec{F}_B + \vec{r}_{OC}\times\vec{F}_C$$

$$= \begin{vmatrix} \hat{\imath} & \hat{\jmath} & \hat{k} \\ 0.5 & 0.2 & 0 \\ 0 & 0 & -260 \end{vmatrix} + \begin{vmatrix} \hat{\imath} & \hat{\jmath} & \hat{k} \\ 0 & 0.4 & 0 \\ 0 & 0 & -120 \end{vmatrix} + \begin{vmatrix} \hat{\imath} & \hat{\jmath} & \hat{k} \\ -0.4 & -0.3 & 0 \\ 0 & 0 & -100 \end{vmatrix}$$

$$= (-52\hat{\imath} + 130\hat{\jmath}) + (-48\hat{\imath}) + (30\hat{\imath} - 40\hat{\jmath})$$

$$= \boxed{(-70\hat{\imath} + 90\hat{\jmath})\,\text{N·m}} \tag{5}$$

$$M_{RO} = \sqrt{(-70)^2 + (90)^2}\,\text{N·m} = 114\,\text{N·m} \tag{6}$$

(b) 부분

지배방정식과 계산 그림 4.32에서 나타낸 바와 같이 하나의 힘만으로 구성되는 등가 힘계는 $\vec{F}_R$을 새로운 위치 D 점으로 이동함으로써 얻어진다. 여기서 D 점은 $\vec{F}_R$과 $\vec{M}_{RO}$을 포함하는 평면으로부터 수직으로 d의 거리에 위치하고 d는 다음과 같이 주어진다.

$$d = \frac{M_{RO}}{F_R} = \frac{114\,\text{N·m}}{480\,\text{N}} = 0.238\,\text{m} \tag{7}$$

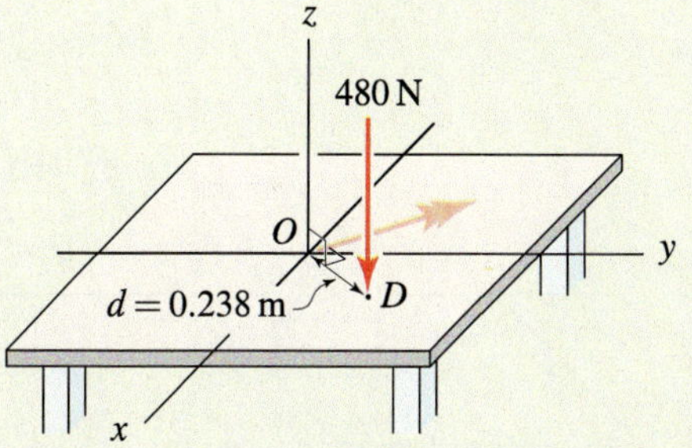

그림 3 이 힘계는 그림 1과 2에 나타낸 힘계와 등가이다.

이 힘계를 그림 3에서 설명한다. D 점의 좌표를 구하기 위해 그림 4에 나타낸 기하학적 형상을 가진 닮은꼴 삼각형이 사용될 수 있을 것이다.

$$x = (0.238\,\text{m})\frac{90}{114} = \boxed{0.188\,\text{m}} \tag{8}$$

$$y = (0.238\,\text{m})\frac{70}{114} = \boxed{0.146\,\text{m}} \tag{9}$$

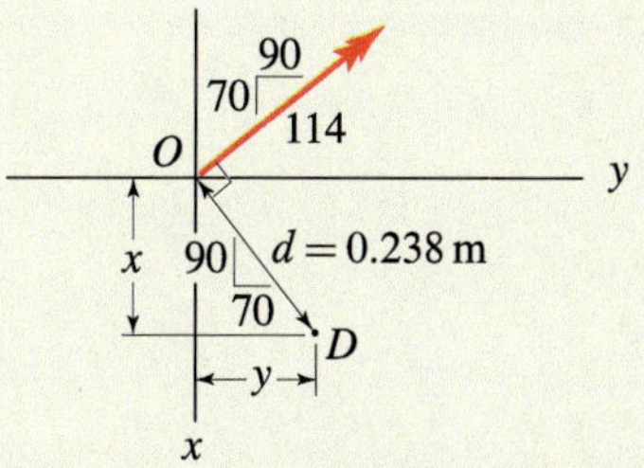

그림 4 D 점의 위치 결정을 위한 닮은꼴 삼각형의 사용.

논의 및 검증 그림 1-3에 나타낸 힘계는 모두 등가이다. (b)와 같이 하나의 힘만으로 구성되는 등가 힘계를 구할 경우 그 힘이 구조물과 교차하지 않는다는 것을 가끔 발견할 수도 있다.

예제 4.14 등가 힘계의 결정

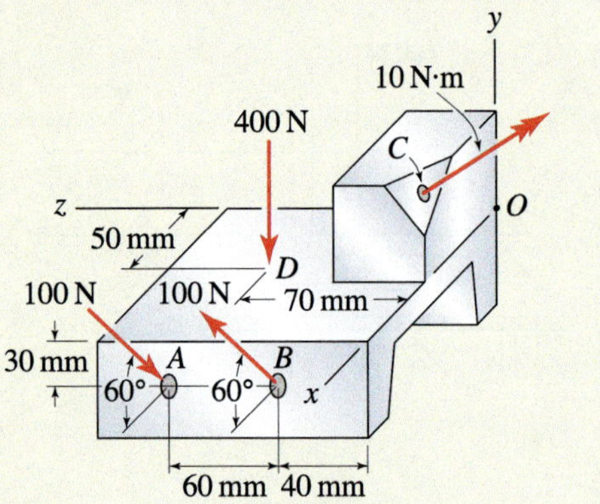

그림 1

주물 부품이 그림에 나타낸 힘과 모멘트를 받고 있다. 100 N의 힘은 xy 평면에 평행하고 C 점에 작용하는 모멘트의 방향각은 $\theta_x = 60°$, $\theta_y = 60°$, $\theta_z = 135°$이다. O 점에 작용하는 등가 힘계를 구하라.

풀이 SOLUTION

로드맵 기하학적 형상이 복잡하므로 벡터 풀이가 스칼라 풀이보다 낫다. 두 개의 100 N 힘들은 크기가 같고 방향이 반대이므로 우력이다.

지배방정식과 계산 먼저 힘 벡터, 위치벡터 및 모멘트 벡터의 식들은 다음과 같다.

$$\vec{F}_B = (100\,\text{N})(\cos 60°\,\hat{\imath} + \sin 60°\,\hat{\jmath}), \qquad \vec{r}_{AB} = -60\,\hat{k}\,\text{mm} \tag{1}$$

$$\vec{F}_D = -400\hat{\jmath}\,\text{N}, \qquad \vec{r}_{OD} = (50\hat{\imath} + 70\hat{k})\,\text{mm} \tag{2}$$

$$\vec{M}_C = (10\,\text{N}\cdot\text{m})(\cos 60°\,\hat{\imath} + \cos 60°\,\hat{\jmath} + \cos 135°\,\hat{k}) \tag{3}$$

mm 치수를 m 치수로 바꾸는 것에 주의하며 식 (4.15)를 사용하여 O 점에서의 합력과 합 모멘트를 다음과 같이 얻는다.

$$\vec{F}_R = \vec{F}_D = \boxed{-400\hat{\jmath}\,\text{N}} \tag{4}$$

$$\begin{aligned}
\vec{M}_{RO} &= \vec{r}_{AB} \times \vec{F}_B + \vec{r}_{OD} \times \vec{F}_D + \vec{M}_C \\
&= 100\begin{vmatrix} \hat{\imath} & \hat{\jmath} & \hat{k} \\ 0 & 0 & -60 \\ \cos 60 & \sin 60 & -0 \end{vmatrix} + \begin{vmatrix} \hat{\imath} & \hat{\jmath} & \hat{k} \\ 50 & 0 & 70 \\ 0 & -400 & 0 \end{vmatrix} \\
&\quad + 10 \times 10^3(\cos 60\hat{\imath} + \cos 60\hat{\jmath} + \cos 135\hat{k}) \\
&= 100(51.96\hat{\imath} - 30\hat{\jmath}) + (28000\hat{\imath} - 20000\hat{k}) \\
&\quad + 10 \times 10^3(\cos 60\hat{\imath} + \cos 60\hat{\jmath} + \cos 135\hat{k}) \\
&= (38.2\hat{\imath} + 2\hat{\jmath} - 27.1\hat{k})\,\text{N}\cdot\text{m}
\end{aligned} \tag{5}$$

$$M_{RO} = \sqrt{(38.2)^2 + (2)^2 + (-27.1)^2}\,\text{N}\cdot\text{m} = 46.9\,\text{N}\cdot\text{m} \tag{6}$$

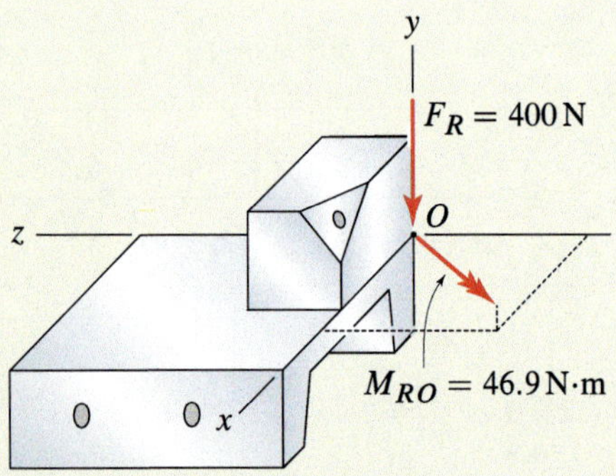

그림 2 이 힘계는 그림 1에 나타낸 힘계와 등가이다.

식 (4)와 (5)를 쓸 때 A 점과 B 점의 두 힘은 우력이란 걸 알았다. 따라서 그들의 합력은 0이고 식 (4)의 $\vec{F}_R$에 대한 식에 포함되지 않는다. O 점에서의 등가 힘계를 그림 2에서 설명한다.

논의 및 검증 그림 1과 2에 나타낸 힘계는 등가이다. 위에서 토의한 것처럼 식 (4)와 (5)에서 $\vec{F}_R$과 $\vec{M}_{RO}$에 대한 식을 쓸 때 우력의 성질을 이용하였다. 만약 이들 힘이 우력이란 것을 알지 못하면 $\vec{F}_R$에 대한 식에 두 개의 100 N 힘을 포함시킬 필요가 있었을 것이고 $\vec{M}_{RO}$에 대한 식에서 $\vec{r}_{AB} \times \vec{F}_B$를 $\vec{r}_{OA} \times \vec{F}_A + \vec{r}_{OB} \times \vec{F}_B$로 대체했어야 할 것이다. 그럼에도 불구하고 식 (4)와 (5)의 $\vec{F}_R$과 $\vec{M}_{RO}$에 대한 동일한 결과를 얻었을 것이다.

예제 4.15 렌치 등가 힘계의 결정

세 힘을 렌치 힘계로 대체하라. 렌치의 힘과 모멘트 그리고 렌치의 작용선이 xy 평면과 만나는 D 점의 좌표를 구하라.

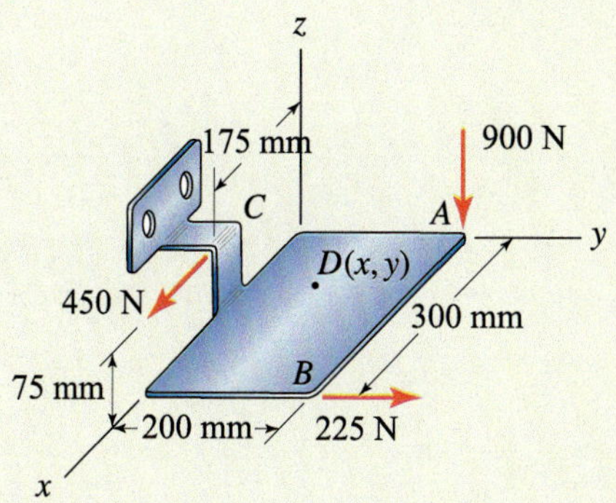

그림 1

풀이 SOLUTION

로드맵 렌치 등가 힘계의 구성은 이 예제에서 설명하는 대로 두 단계의 과정을 사용하여 이루어진다.

지배방정식과 계산

단계 1: D 점에서의 등가 힘계를 구한다. 식 (1)-(3)의 힘 벡터와 위치벡터를 사용함으로써 D 점에서의 합력과 합 모멘트를 구하면

$$\vec{F}_A = -900\,\hat{k}\,\text{N}, \qquad \vec{r}_{DA} = -x\,\hat{\imath} + (200\,\text{mm} - y)\,\hat{\jmath} \tag{1}$$

$$\vec{F}_B = 225\,\hat{\jmath}\,\text{N}, \qquad \vec{r}_{DB} = (300\,\text{mm} - x)\,\hat{\imath} + (200\,\text{mm} - y)\,\hat{\jmath} \tag{2}$$

$$\vec{F}_C = 450\,\hat{\imath}\,\text{N}, \qquad \vec{r}_{DC} = (175\,\text{mm} - x)\,\hat{\imath} - y\,\hat{\jmath} + 75\,\hat{k}\,\text{mm} \tag{3}$$

$$\vec{F}_R = \vec{F}_A + \vec{F}_B + \vec{F}_C$$
$$= (450\,\hat{\imath} + 225\,\hat{\jmath} - 900\,\hat{k})\,\text{N} \tag{4}$$

$$F_R = \sqrt{(450)^2 + (225)^2 + (-900)^2}\,\text{N} = 1031\,\text{N} \tag{5}$$

$$\vec{M}_{RD} = \vec{r}_{DA} \times \vec{F}_A + \vec{r}_{DB} \times \vec{F}_B + \vec{r}_{DC} \times \vec{F}_C$$

$$= \begin{vmatrix} \hat{\imath} & \hat{\jmath} & \hat{k} \\ -x & (200-y) & 0 \\ 0 & 0 & -900 \end{vmatrix} + \begin{vmatrix} \hat{\imath} & \hat{\jmath} & \hat{k} \\ (300-x) & (200-y) & 0 \\ 0 & 225 & 0 \end{vmatrix} + \begin{vmatrix} \hat{\imath} & \hat{\jmath} & \hat{k} \\ (175-x) & -y & 75 \\ 450 & 0 & 0 \end{vmatrix}$$

$$= \left[-900(200-y)\,\hat{\imath} - 900\,\hat{\jmath}\right] + \left[225(300-x)\,\hat{k}\right] + \left[33750\,\hat{\jmath} + 450y\,\hat{k}\right]$$

$$= [-180000\,\text{N}\cdot\text{mm} + (900\,\text{N})y]\,\hat{\imath} + [33750\,\text{N}\cdot\text{mm} - (900\,\text{N})x]\,\hat{\jmath}$$
$$+ [67500\,\text{N}\cdot\text{mm} - (225\,\text{N})x + (450\,\text{N})y]\,\hat{k} \tag{6}$$

만약 x와 y 값을 구하면 식 (4)와 (5)는 그 지점에서의 합력과 합 모멘트이다. 그러나 이들 힘과 모멘트는 같은 방향을 가질 것 같지 않고 따라서 렌치 힘계가 아닐 것이다. 이 풀이의 다음 단계에서 $\vec{F}_R$가 $\vec{M}_{RD}$과 평행하도록 D 점의 좌표를 정할 것이다.

단계 2: 등가 힘계를 렌치로 만든다. $\vec{F}_R$과 $\vec{M}_{RD}$이 평행이기 위한 조건은 $\vec{F}_R/F_R = \vec{M}_{RD}/M_{RD}$이다. 이 식의 x, y, z 성분을 분리해서 다음과 같이 쓸 수 있다.

$$x \text{ 성분:} \quad \frac{450\,\text{N}}{1031\,\text{N}} = \frac{-180000\,\text{N}\cdot\text{mm} + (900\,\text{N})y}{M_{RD}} \tag{7}$$

$$y \text{ 성분:} \quad \frac{225\,\text{N}}{1031\,\text{N}} = \frac{33750\,\text{N}\cdot\text{mm} - (900\,\text{N})x}{M_{RD}} \tag{8}$$

$$z \text{ 성분:} \quad \frac{-900\,\text{N}}{1031\,\text{N}} = \frac{67500\,\text{N}\cdot\text{mm} - (225\,\text{N})x + (450\,\text{N})y}{M_{RD}} \tag{9}$$

유용한 정보

렌치 등가 힘계의 결정. 이 예제는 렌치 등가 힘계를 구하기 위해 항상 사용되는 2단계 과정을 설명한다.

식 (7)-(9)를 연립해서 x, y, M_{RD}를 구하면

$$\boxed{x = 69\,\text{mm}, \quad y = 137\,\text{mm}, \quad M_{RD} = -130102\,\text{N}\cdot\text{mm}} \tag{10}$$

식 (5)로부터 렌치 힘계의 힘의 크기는

$$\boxed{F_R = 1031\,\text{N}} \tag{11}$$

M_{RD}에 대한 음의 값은 $\vec{M}_{RD}$가 $\vec{F}_R$의 방향과 반대임을 뜻하고 따라서 그림 4.33에서 정의한대로 음의 렌치이다. 이 렌치 힘계를 그림 2에 나타낸다.

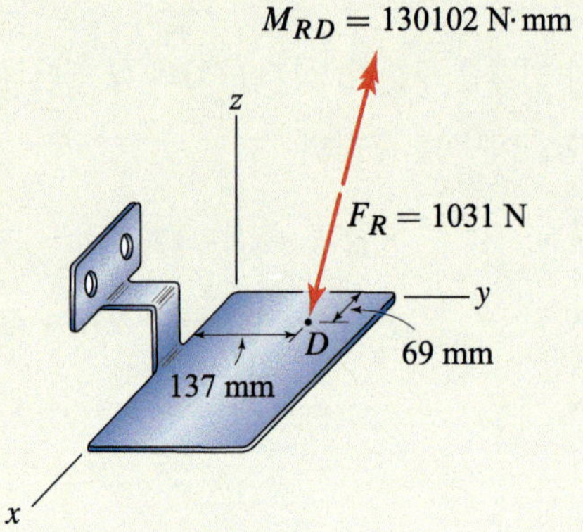

그림 2 렌치 등가 힘계.

논의 및 검증 그림 1과 2에 나타낸 힘계는 등가이다. 렌치 힘계를 구할 때는 일반적으로 렌치의 작용선상의 한 점(이 예제에서는 D 점)을 찾음으로써 렌치의 위치를 확인한다. 종종 렌치의 작용선이 xy, yz, 혹은 zx 평면과 같은 평면과 만나는 곳을 찾을 것이다. 이렇게 함으로써 렌치의 작용선상 한 점의 좌표 중 하나를 안다(이 예제에서는 D 점의 z 좌표가 0임을 안다). 흔히 하는 실수는 렌치 작용선상 한 점의 세 좌표 모두를 미지수로 두는 것이다. 그러면 미지수는 네 개이지만 방정식의 개수는 세 개이므로 유일한 해를 얻을 수 없다.

문제

문제 4.59, 4.60

아래 그림에 나타낸 힘계 중 어느 것이 등가인지 결정하라.

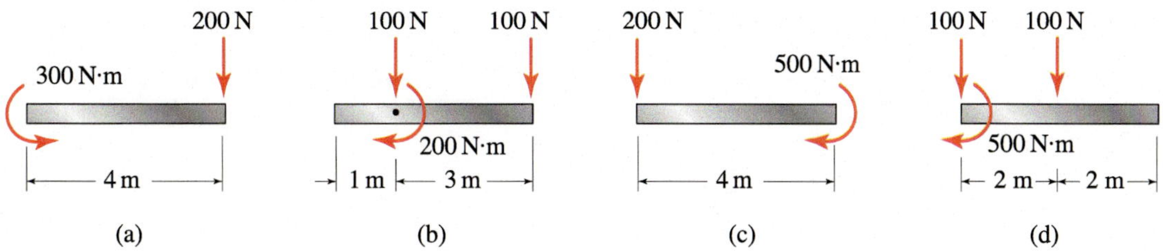

그림 P4.59

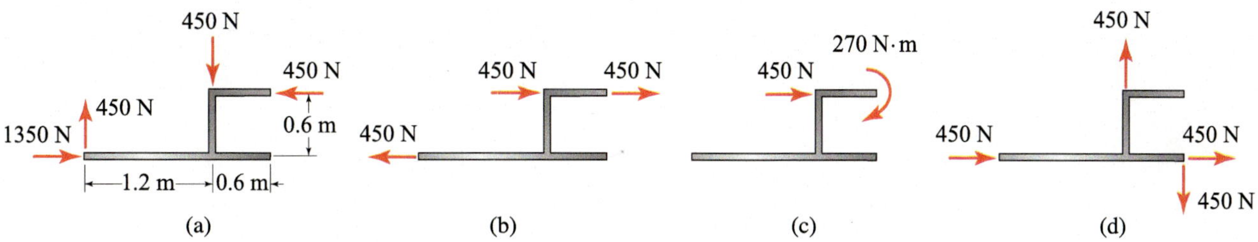

그림 P4.60

문제 4.61

그림 P4.61(b)-(d)에 나타낸 힘계가 그림 P4.61(a)에 나타낸 힘계와 등가이기 위한 F, P, M의 값이 존재한다면 그 값을 구하라.

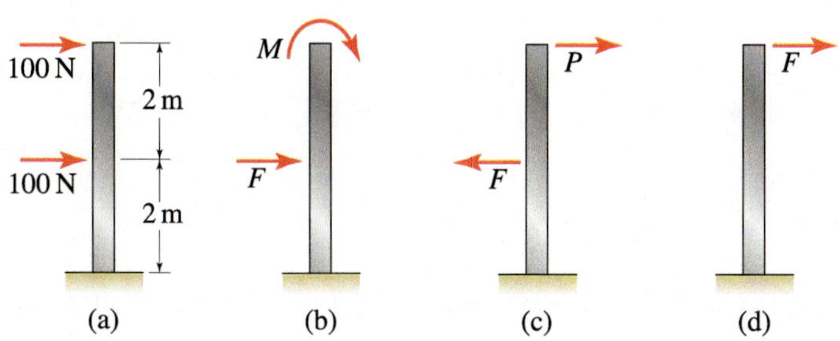

그림 P4.61

문제 4.62

그림 P4.62(b)-(d)에 나타낸 힘계가 그림 P4.62(a)에 나타낸 힘계와 등가이기 위한 F, P의 값이 존재한다면 그 값을 구하라.

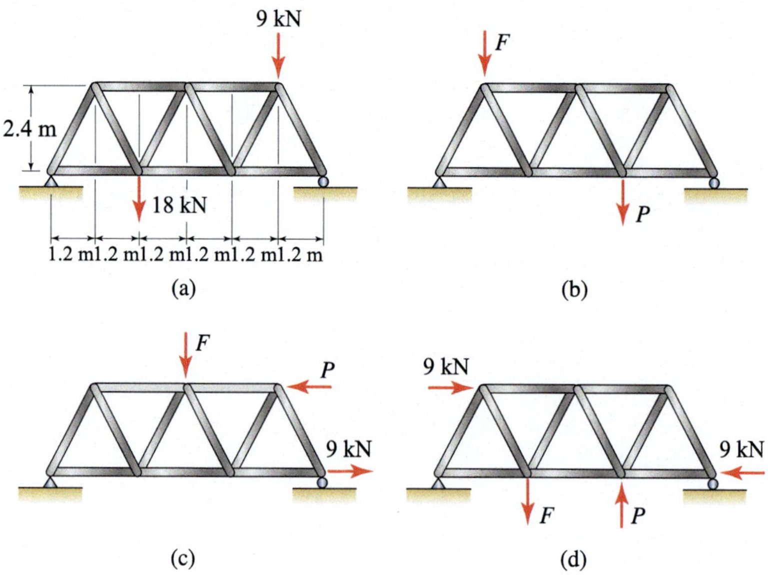

그림 P4.62

문제 4.63

그림 P4.63은 수평 위치에 있는 항공기 화물칸 바닥을 나타낸다.

(a) O 점에서의 등가 힘계를 구하라.

(b) 하나의 힘만으로 구성되는 등가 힘계를 구하고 그 힘의 작용선이 바닥과 만나는 점의 x, z 좌표를 구하라.

(c) A-D점의 위치는 그대로 유지하면서 (b)에서 기술한 힘계의 위치가 O 점에 더 접근하도록 힘들을 재배치하라.

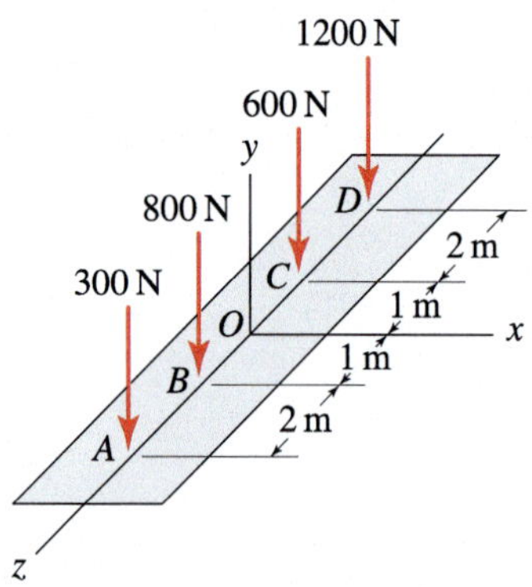

그림 P4.63

문제 4.64

차량 충돌 재구성 해석에서 기술자가 타이어에 작용하는 힘들을 그림과 같이 산정하였다. O 점에서의 등가 힘계를 구하라.

문제 4.65

문제 4.64에서 하나의 힘으로 구성되는 등가 힘계를 구하고 그 힘의 작용선이 x 축과 만나는 점의 x 좌표를 구하라.

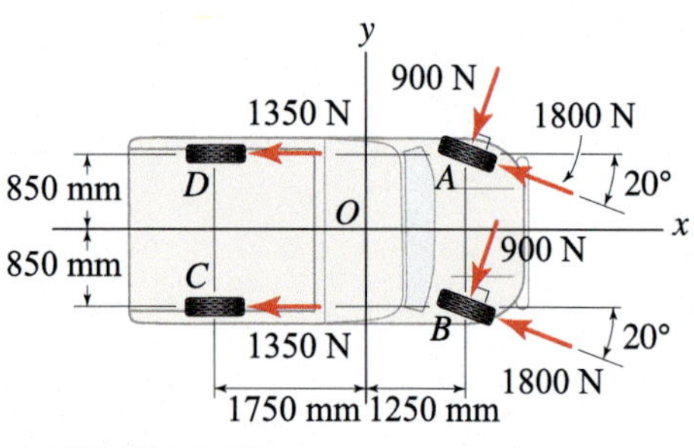

그림 P4.64, P4.65

문제 4.66

문제 4.12에서 $\alpha = 30°$, $W = 1$ kN, $Q = 2$ kN일 때 하나의 힘으로 구성되는 등가 힘계를 구하고 그 힘의 작용선이 CBD부재와 만나는 점의 C 점으로부터의 거리를 구하라.

문제 4.67

문제 4.13에서 $F = 200$ N, $P = 300$ N일 때 하나의 힘으로 구성되는 등가 힘계를 구하고 그 힘의 작용선이 x 축과 만나는 점의 x 좌표를 구하라.

문제 4.68

뜨거운 아스팔트의 기계적 성질을 측정하기 위해 사용되는 회전식 다지는 기계에 두꺼운 원판이 사용된다. 원판에는 A, B, C 지점에 로드셀(하중 측정기)이 장착되고 각 지점은 모두 O 점으로부터 반경 방향으로 80 mm의 위치에 있다. 만약 로드셀이 측정하는 힘이 각각 F_A = 500 N, F_B = 600 N, F_C = 700 N이라면

(a) O 점에서의 등가 힘계를 구하라.

(b) 하나의 힘만으로 구성되는 등가 힘계를 구하고 그 힘의 작용선이 xy 평면과 만나는 점의 x, y 좌표를 구하라.

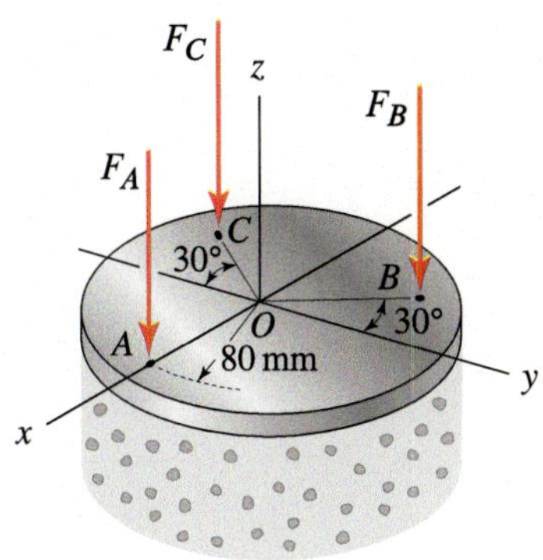

그림 P4.68

문제 4.69

보트 트레일러가 그림과 같은 힘을 받고 있다. A-E 점의 힘들은 수직 방향이고 F 점과 G 점의 힘들은 yz 평면에 놓여 있다.

(a) O 점에서의 등가 힘계를 구하라.

(b) 하나의 힘만으로 구성되는 등가 힘계를 구하고 그 힘의 작용선이 xy 평면과 만나는 점의 x, y 좌표값을 구하라.

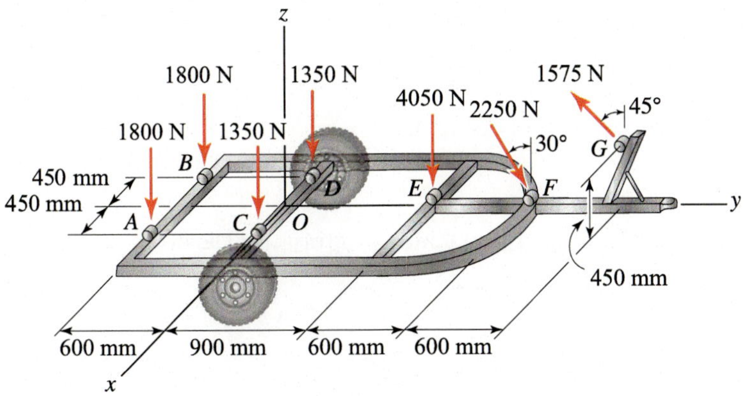

그림 P4.69

문제 4.70

원자력간현미경(AFM)의 팁(tip) A는 그림에 나타낸 힘들을 받고 있다. 벡터 접근법을 사용하여 다음을 구하라.

(a) B 점에서의 등가 힘계

(b) O 점에서의 등가 힘계

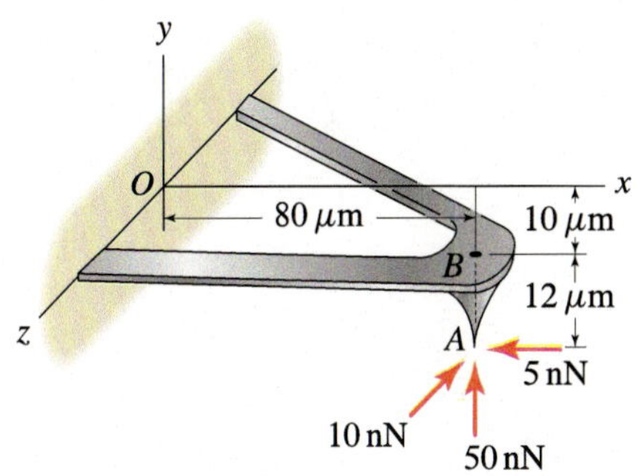

그림 P4.70, P4.71

문제 4.71

문제 4.70을 스칼라 접근법으로 풀어라.

문제 4.72

A 점에서의 등가 힘계를

(a) 벡터 접근법으로 구하라.

(b) 스칼라 접근법으로 구하라.

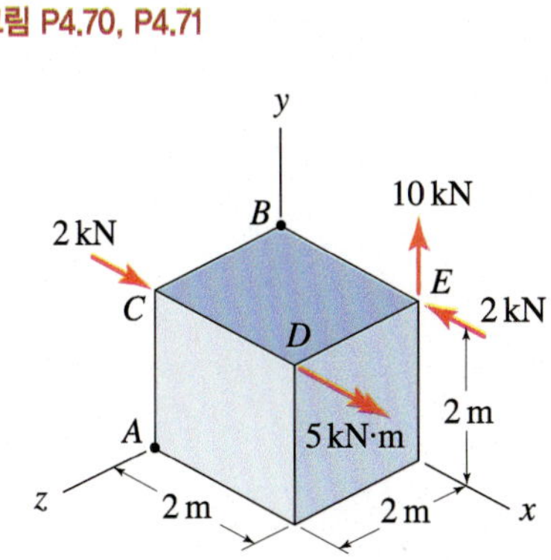

그림 P4.72, P4.73

문제 4.73

문제 4.72를 B 점에서의 등가 힘계를 구하기 위해 다시 풀어라.

문제 4.74, 4.75

가능하면 관찰을 통해 렌치 등가 힘계를 구하고 렌치의 작용선이 xy 평면과 만나는 x, y 좌표를 구하라. 답을 F, P, r과 같은 매개 변수의 항으로 표현하라.

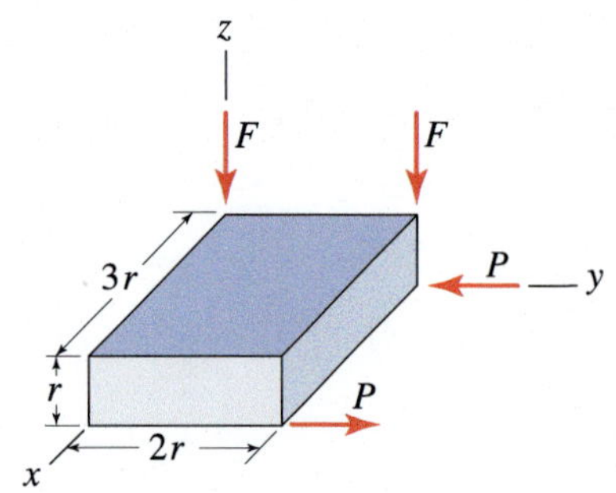

그림 P4.74

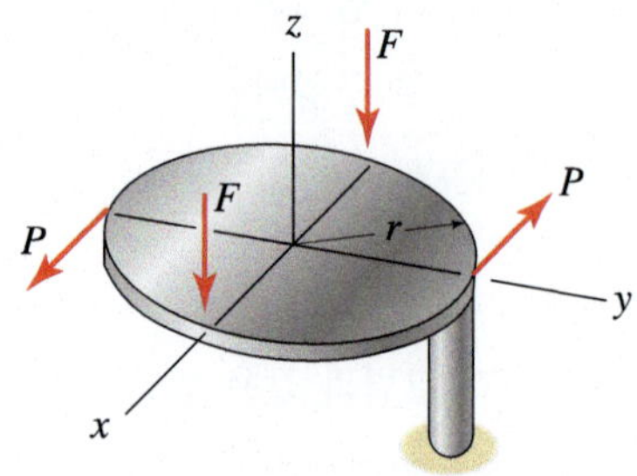

그림 P4.75

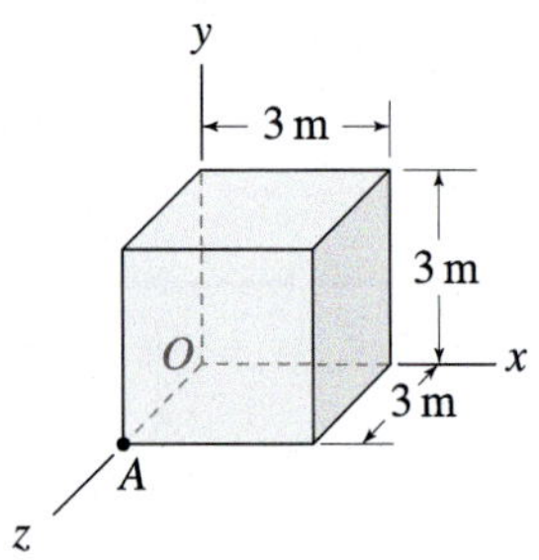

그림 P4.76

문제 4.76

그림에 나타낸 물체에 $\vec{F}_R = (2\hat{\imath} + 3\hat{\jmath} - 4\hat{k})$ N과 $\vec{M}_R = (4\hat{\imath} + 6\hat{\jmath} - 8\hat{k})$ N · m을 가지고 렌치의 작용선이 xy 평면과 $x = 2$ m, $y = 1$ m 지점에서 만나는 렌치가 작용한다. A 점에서의 등가 힘계를 구하라. 벡터로 답하라.

문제 4.77

렌치 등가 힘계를 구하고 렌치의 작용선이 xy 평면과 만나는 점의 x, y 좌표를 구하라.

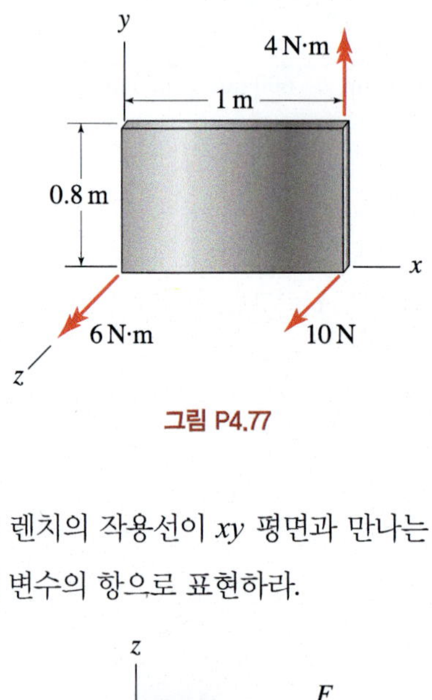

그림 P4.77

문제 4.78

렌치 등가 힘계를 구하고 렌치의 작용선이 xy 평면과 만나는 점의 x, y 좌표를 구하라. 답을 F, a, b와 같은 매개 변수의 항으로 표현하라.

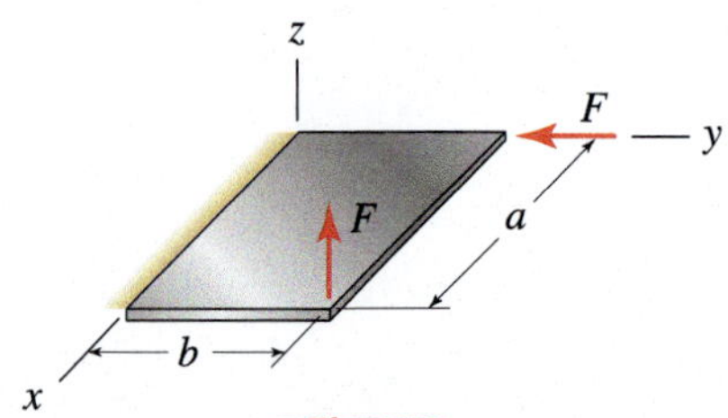

그림 P4.78

4.5 장 복습

이 장의 중요한 정의, 개념 및 식들을 요약한다. 명확하지 않은 식과 개념에 대해서는 추가적인 상세 설명을 위해 인용된 본래의 식을 참조하라.

힘의 모멘트–스칼라 접근법 그림 4.35에 나타낸 바와 같이 힘 $\vec{F}$의 O 점에 대한 모멘트는 벡터이고(비트는 작용으로 표현된) 이 모멘트의 크기 M_O는 다음 식으로 주어진다.

식 (4.1) p. 178

$$M_O = Fd$$

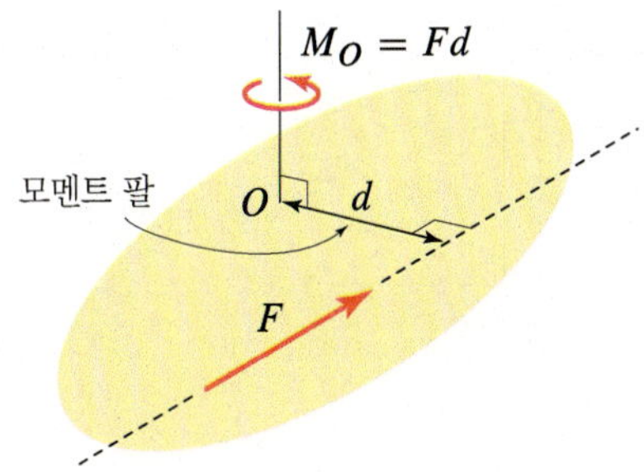

그림 4.35 힘의 모멘트의 스칼라 정의.

여기서

F는 힘의 크기이다.

d는 O 점으로부터 힘 $\vec{F}$의 작용선까지의 수직거리이고 모멘트 팔이라고 한다.

M_O는 힘과 거리의 곱의 차원을 가진다.

모멘트의 방향은 식 (4.1)로 주어지지 않으나 다음과 같이 생각한다. 모멘트의 작용선은 $\vec{F}$와 모멘트 팔을 포함하는 평면에 직각이고 O 점를 지나는 축과 평행하다. 작용선상에서 모멘트의 방향은 오른손 손가락을 모멘트의 비트는 방향으로 구부렸을 때 엄지손가락이 가리키는 방향이다.

힘의 모멘트–벡터 접근법 그림 4.36에 나타낸 바와 같이 힘 $\vec{F}$의 O 점에 대한 모멘트를 $\vec{M}_O$로 나타내고 다음 식과 같이 정의된다.

식 (4.2) p. 179

$$\vec{M}_O = \vec{r} \times \vec{F}$$

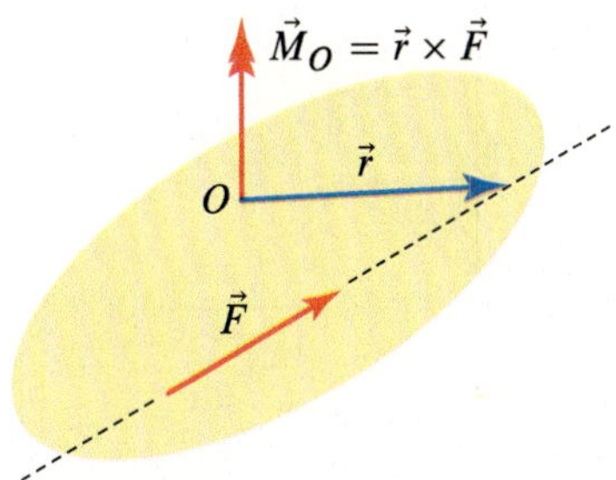

그림 4.36 힘의 모멘트의 벡터 정의.

여기서

$\vec{F}$는 힘 벡터이다.

$\vec{r}$은 O 점으로부터 힘 $\vec{F}$의 작용선상에 있는 임의의 점까지의 위치벡터이다.

바리뇽의 정리 모멘트의 원리라고도 알려진 바리뇽의 정리는 벡터 외적의 분배법칙을 고쳐 말한 것이다. 이 원리는 힘의 모멘트는 힘의 벡터 성분의 모멘트 합과 같다는 것이다. 따라서 $\vec{F}$가 $\vec{F}_1$, $\vec{F}_2$ 등의 벡터 성분을 가진다면 A 점에 대한 $\vec{F}$의 모멘트는 다음과 같이 주어진다.

식 (4.10) p. 181

$$\begin{aligned}\vec{M}_A &= \vec{r} \times \vec{F} \\ &= \vec{r} \times (\vec{F}_1 + \vec{F}_2 + \cdots) \\ &= \vec{r} \times \vec{F}_1 + \vec{r} \times \vec{F}_2 + \cdots.\end{aligned}$$

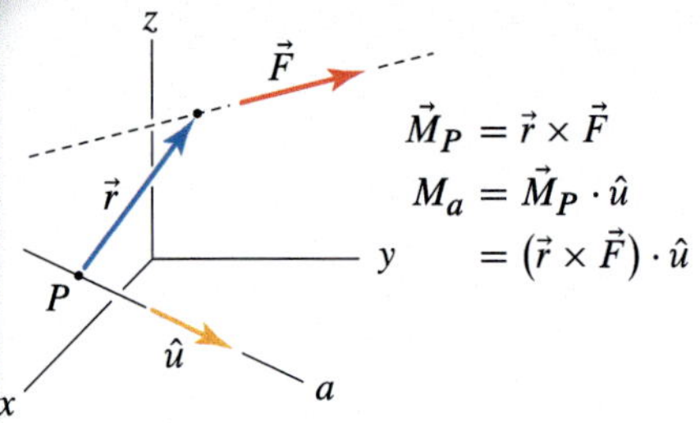

(a) 벡터 접근법

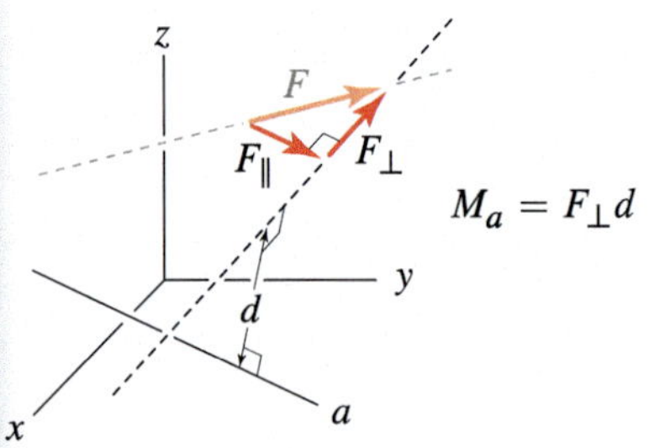

(b) 스칼라 접근법

그림 4.37 직선에 대한 모멘트를 구하기 위한 벡터 접근법과 스칼라 접근법.

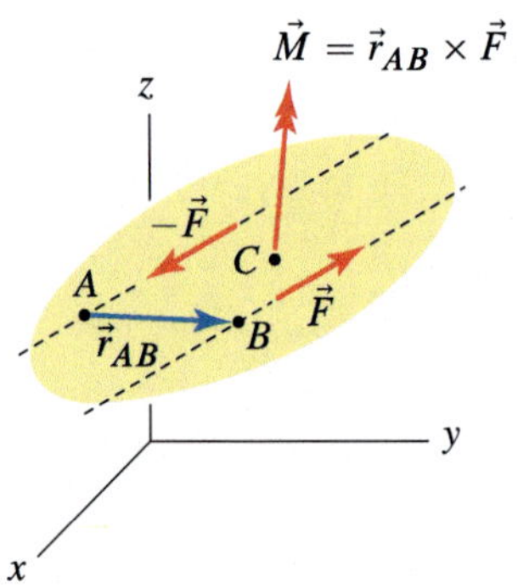

그림 4.38 우력의 모멘트: 벡터 표현.

모멘트의 원리는 스칼라 접근법으로 모멘트를 구할 때 가장 일반적으로 사용된다. 종종 벡터 성분들이 직교이지만 직교 벡터 성분이 아니어도 유효하다.

직선에 대한 힘의 모멘트 직선에 대한 모멘트는 직선 방향으로의 모멘트 성분으로 정의된다. 직선에 대한 모멘트는 4.2절에서 토의되었고 벡터 접근법과 스칼라 접근법을 사용하여 다음과 같이 계산될 수 있다.

그림 4.37에 나타낸 바와 같이 직선(혹은 방향) a에 대한 힘 F의 모멘트 M_a를 구하기 위하여:

벡터 접근법

1. 직선 a 상의 모멘트 계산이 편한 점 P를 선택하라. P에 대한 $\vec{F}$의 모멘트를 $\vec{M}_P = \vec{r} \times \vec{F}$를 이용하여 구하라. 여기서 $\vec{r}$은 P로부터 $\vec{F}$의 작용선 상에 있는 임의의 점까지의 위치벡터이다.[5]
2. $M_a = \vec{M}_P \cdot \hat{u}$, 여기서 $\hat{u}$는 직선 방향의 단위벡터이다. 이 모멘트를 벡터양으로 표시하기 위하여 $\vec{M}_a = M_a\hat{u}$를 계산하라.

주의 스칼라 3중곱($M_a = \vec{M}_P \cdot \hat{u}$)을 사용하여 M_a를 직접 구하기 위하여 단계 1과 단계 2를 합칠 수 있다.

스칼라 접근법

1. 힘 F를 직선 a를 포함하는 평면에 직각인 성분과 평행한 성분, 즉 $F_\perp$과 $F_\parallel$으로 분해한다.
2. $M_a = F_\perp d$, 여기서 d는 직선 a와 F의 작용선 사이의 모멘트 팔(최단 거리)이다.

주의 $F_\parallel$는 직선 a에 대한 모멘트를 발생시키지 않으므로 그 계산은 모두 생략해도 된다.

우력 우력은 크기가 같고 방향이 반대이며 힘의 작용선이 일정 거리 떨어진 두 힘으로 정의된다. 우력의 모멘트(가끔 우력 모멘트라고도 한다)는 우력에 의해 발생된 모멘트이다. 물체에 가해진 우력은 모멘트만 발생시키고 어떤 합력(알짜 힘)도 물체에 가하지 않는다. 우력의 모멘트는 벡터 접근법과 스칼라 접근법을 사용하여 다음과 같이 계산된다.

우력의 모멘트–벡터 접근법 그림 4.38에 나타낸 바와 같이 2개의 평행한 힘 $\vec{F}$와 $-\vec{F}$로 구성되는 우력을 고려하자. 이 우력의 모멘트 $\vec{M}$은 다음과 같다.

식 (4.11) p. 207

$$\vec{M} = \vec{r}_{AB} \times \vec{F}$$
$$= \vec{r}_{BA} \times (-\vec{F})$$

2) $\vec{M}_P$를 구하기 위해 외적을 사용하는 것에 대한 대안으로, 특히 단순한 기하학적 형상을 가진 문제에 대해, 스칼라 접근법을 사용하여 $\vec{M}_P$에 대한 벡터 식을 구한 후 단계 2에서 설명한 바와 같이 내적을 취함으로써 구할 수도 있을 것이다.

여기서

$\vec{r}_{AB}$와 $\vec{r}_{BA}$는 위치벡터이고,

A는 $-\vec{F}$의 작용선상에 있는 임의의 점이고,

B는 $\vec{F}$의 작용선상에 있는 임의의 점이다.

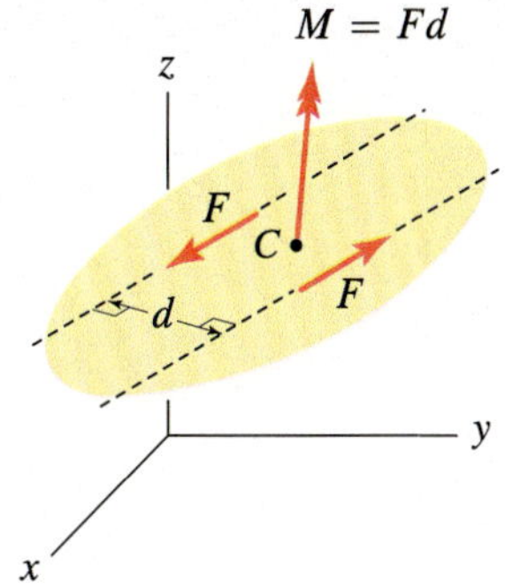

그림 4.39 우력의 모멘트: 스칼라 표현.

우력의 모멘트–스칼라 접근법 그림 4.39에 나타낸 바와 같이 같은 크기 F를 가지는 2개의 평행한 힘으로 구성되는 우력을 고려하자. 이 우력의 모멘트의 크기는 다음과 같다.

식 (4.12) p. 207

$$M = Fd$$

여기서

d는 힘의 작용선들 간 수직 거리(최단 거리)이고,

모멘트의 방향은 힘들을 포함하는 평면에 직각이다.

만약 두 우력이 발생시키는 모멘트 벡터가 동일하면(모멘트의 크기와 방향이 같아야만 한다) 두 우력은 등가라고 말한다 만약 물체 혹은 구조물에 여러 개의 우력이 작용하면 합 우력 모멘트는 각 우력 모멘트 벡터를 더함으로써 구할 수 있다. 우력의 모멘트는 자유 벡터이므로 물체 혹은 구조물의 어디라도 위치시킬 수 있다. 이 난해한 특징에 대한 대한 더 많은 설명이 4.3절에 주어진다.

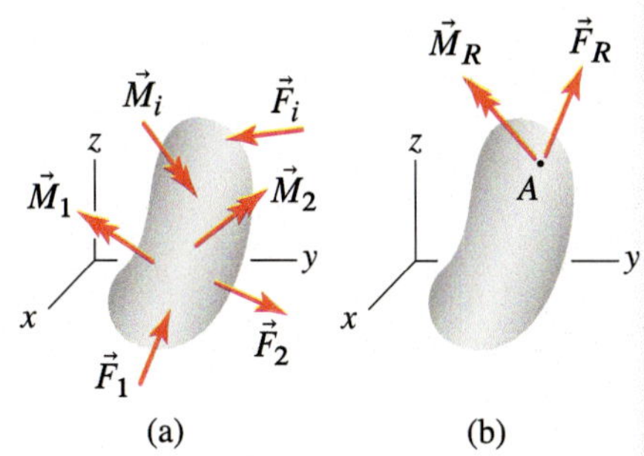

그림 4.40 A 점에서의 등가힘계의 구성.

힘의 전달성 4.4절에서 설명한 힘의 전달성의 원리는 강체에 작용하는 힘의 효과는 힘의 작용선을 따라 작용하는 힘의 위치에 상관없이 동일하다는 것이다.

등가 힘계 만약 물체 혹은 구조물이 그림 4.40에 나타낸 바와 같이 작용하는 임의 개수의 힘과 모멘트를 가진다면 A점에서의 등가 힘계는 다음과 같이 주어지는 합력 $\vec{F}_R$과 합 모멘트 $\vec{M}_R$로 구성된다.

식 (4.15) p. 221

$$\vec{F}_R = \sum_{i=1}^{n} \vec{F}_i,$$

$$\vec{M}_R = \sum_{i=1}^{n} \vec{r}_i \times \vec{F}_i + \sum_{i=1}^{m} \vec{M}_i,$$

여기서 n은 작용하는 힘의 개수, m은 작용하는 모멘트의 개수, $\vec{r}_i$는 A 점으로부터 $\vec{F}_i$의 작용상에 있는 임의의 점까지의 위치벡터이다. 앞에서 설명한대로 $\vec{M}_R$은 자유 벡터이므로 어느 점에라도 작용할 수 있다.

만약 두 힘계가 동일한 합력을 가지고 어떤 공동의 점에 대해 동일한 합 모멘트를 발생시킨다면 두 힘계는 등가이다. 따라서 다음 조건을 만족하면 힘계 1과 힘계 2는 등가이다.

식 (4.16) p. 221

$$(\vec{F}_R)_{\text{system 1}} = (\vec{F}_R)_{\text{system 2}},$$
$$(\vec{M}_R)_{\text{system 1}} = (\vec{M}_R)_{\text{system 2}}$$

여기서 $(\vec{M}_R)_{\text{system 1}}$과 $(\vec{M}_R)_{\text{system 2}}$를 구하기 위해 사용된 모멘트 합산점은 같아야만 한다. 만약 아래 조건을 만족하면 두 힘계는 등가라고 식 (4.16)을 좀 더 명백하게 표현할 수 있다.

식 (4.17) p. 221

$$\Big(\sum_{i=1}^{n_1} \vec{F}_i\Big)_{\text{system 1}} = \Big(\sum_{i=1}^{n_2} \vec{F}_i\Big)_{\text{system 2}},$$
$$\Big(\sum_{i=1}^{n_1} \vec{r}_i \times \vec{F}_i + \sum_{i=1}^{m_1} \vec{M}_i\Big)_{\text{system 1}} = \Big(\sum_{i=1}^{n_2} \vec{r}_i \times \vec{F}_i + \sum_{i=1}^{m_2} \vec{M}_i\Big)_{\text{system 2}}$$

여기서 n_1과 m_1은 각각 제1힘계에 대한 힘과 모멘트의 개수이고 n_2와 m_2는 각각 제2힘계에 대한 힘과 모멘트의 개수이다. 또한 양 힘계에 대하여 사용된 모멘트 합산점은 같아야만 한다.

몇 가지 특별한 힘계 4.4절에서 힘의 작용선이 한 점에서 만나는 힘계, 모든 힘이 동일 평면상에 있는 힘계, 모든 힘이 평행인 힘계 등을 포함하는 몇몇 특별한 힘계를 정의하고 공부하였다. 만약 특별한 힘계가 동일 평면 힘계 혹은 평행한 힘계이면 적절한 위치에 작용하는 하나의 합력만으로 구성되는 등가 힘계를 항상 찾을 수 있다. 좀 더 일반적인 힘계에 대해서는 렌치라고 불리는 등가 힘계를 항상 찾을 수 있다.

복습 문제

문제 4.79

치열 교정에서 오랜 기간 동안 이빨에 힘을 가함으로써 이빨의 위치를 바꾼다. 만약 A 점의 좌표가 (2, 7, 8) mm, $\vec{F}_1 = (0.8\hat{\imath} - 0.3\hat{\jmath} - 0.1\hat{k})$ N, $\vec{F}_2 = (-0.7\hat{\imath} - 0.1\hat{\jmath} + 0.05\hat{k})$ N, $\vec{M}_R = (0.1\hat{\imath} + 1.4\hat{\jmath} - 0.3\hat{k})$ N · m이라면 O 점에서의 등가 힘계를 구하라.

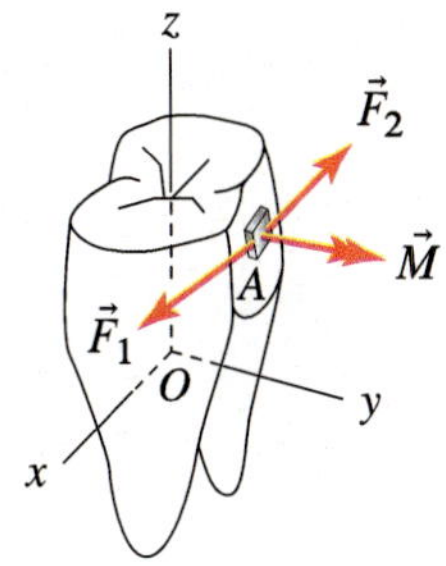

그림 P4.79

문제 4.80

60 N 힘들은 yz 평행한 평면에 놓여 있다. 그림에 나타낸 힘계의 합 우력 모멘트 벡터를 구하라.

(a) 벡터 접근법을 사용하라.

(b) 스칼라 접근법을 사용하라.

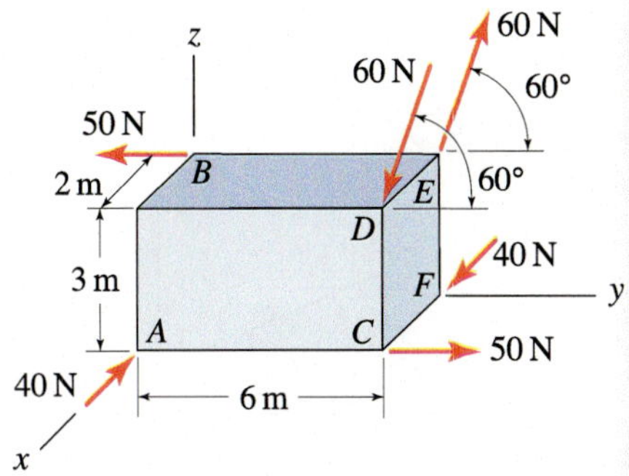

그림 P4.80

문제 4.81

두 힘계가 직각의 원형 실린더에 작용한다. A 점과 D 점은 xz 평면에 놓여 있고 E 점과 F 점은 yz 평면에 놓여 있다. 두 힘계가 등가인지를 판정하라.

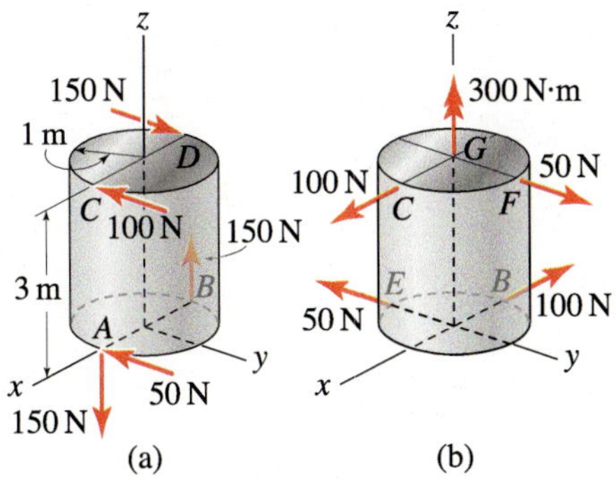

그림 P4.81

문제 4.82

전투기의 착륙장치는 동체 내부로 들어가기 위하여 직선 a를 중심으로 회전한다. A 점은 그림에 나타낸 좌표를 가지고, 직선 a는 yz 평면에 놓여 있고, $\vec{F} = (300\hat{\imath} + 400\hat{\jmath} - 200\hat{k})$ N이다.

(a) 직선 a에 대한 $\vec{F}$의 모멘트를 구하라.

(b) 직선 a에 대한 $\vec{F}$의 모멘트가 가능한 크게 되도록 직선 a의 새로운 방향을 구하라.

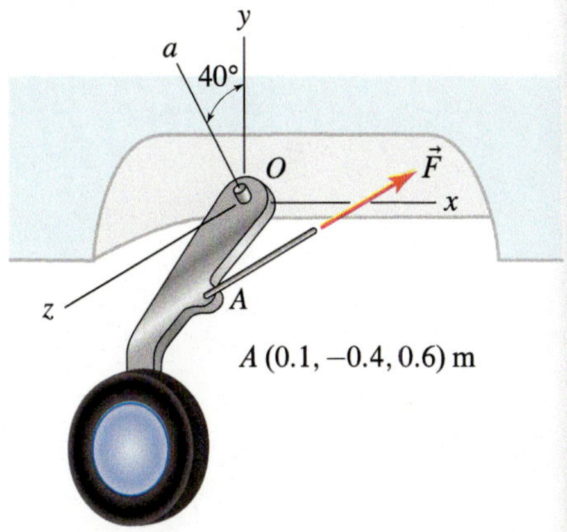

그림 P4.82

문제 4.83

그림에 나타낸 장치는 트랙터의 앞에 부착되어 작업자가 미리 파종한 씨앗들의 열에 대한 트랙터의 상대 위치를 정하는 것을 도와주는 포인터이다. 브라켓 E는 트랙터의 앞에 볼트로 고정되어 있고 트랙터는 z 방향으로 움직인다. 브라켓은 구부러진 붐 ABC를 지지하고 붐의 끝 C는 무게가 W이고 포인터 CD를 운반한다. 붐은 장애물과 부딪칠 경우 붐의 손상을 피하기 위하여 뒤쪽 위로 회전할 수 있도록 yz 평면에 놓여 있는 직선 a 주위로 회전할 수 있다. W = 225 N인 경우 붐을 직선 a 주위로 회전시키기도록 하는 $-z$ 방향의 힘 F를 구하라.

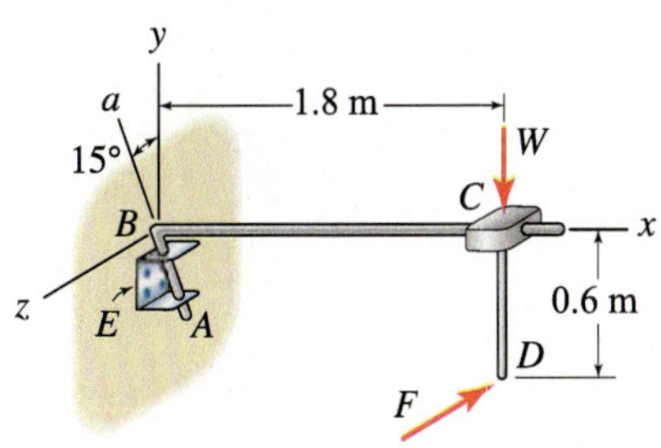

그림 P4.83

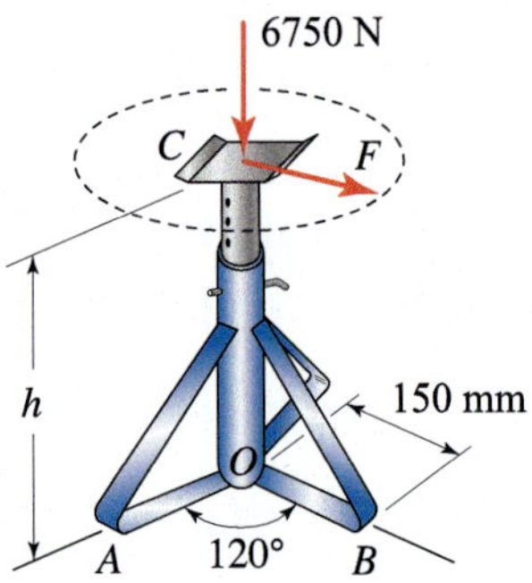

그림 P4.84

문제 4.84

그림은 자동차 혹은 트럭을 지지하기 위한 잭 스탠드를 나타낸다. 스탠드는 반경 방향으로 같은 간격에 세 개의 다리를 가진다. 스탠드의 높이 h는 225 mm와 375 mm 사이에서 조절된다. 스탠드가 지지하는 하중이 6750 N이라면 직선 AB에 대한 모멘트가 0이 되어 스탠드가 넘어지게 하는 최소한의 힘 F를 구하라.

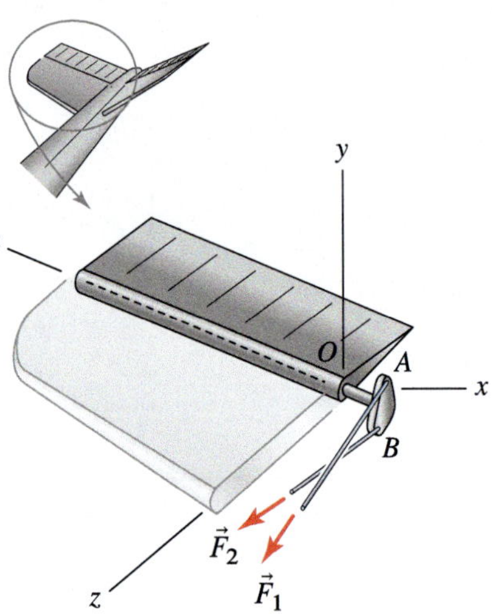

그림 P4.85

문제 4.85

전통적인 수평과 수직 꼬리 날개 대신에 보난자 35(Bonanza 35) 단기관 비행기(그림에 나타낸)와 F-117 스텔스 전투기와 같은 항공기는 V 형 꼬리 날개를 특징으로 한다. A 점과 B 점은 $A(112, 7, 0)$ mm와 $B(62, -93, 0)$ mm에 위치하고 있고 직선 a의 방향각은 $\theta_x = 150°, \theta_y = 60°, \theta_z = 90°$이다. $\vec{F}_1 = (40\hat{\imath} - 100\hat{\jmath} + 280\hat{k})$ N, $\vec{F}_2 = (50\hat{\imath} + 120\hat{k})$ N인 경우 직선 a에 대한 $\vec{F}_1$과 $\vec{F}_2$의 합 모멘트를 구하라.

문제 4.86

그림에 나타낸 두 힘계가 등가이기 위한 P, Q, R, S와 M_D의 값을 구하라.

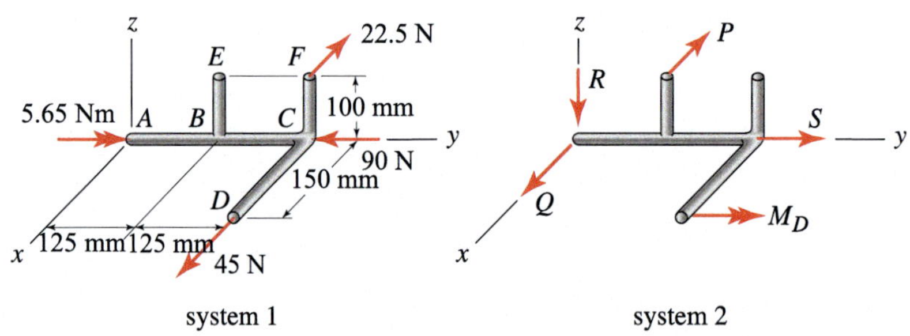

그림 P4.86

문제 4.87

보가 세 힘을 그림과 같이 받는다.

(a) 보의 중간 $x = 3$ m에서의 등가 힘계를 구하라.

(b) 하나의 힘만으로 구성되는 등가 힘계를 구하고 그 힘의 작용선이 x 축과 만나는 점의 x 좌표를 구하라.

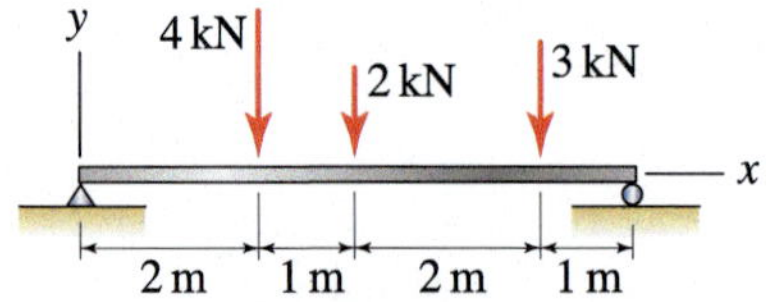

그림 P4.87

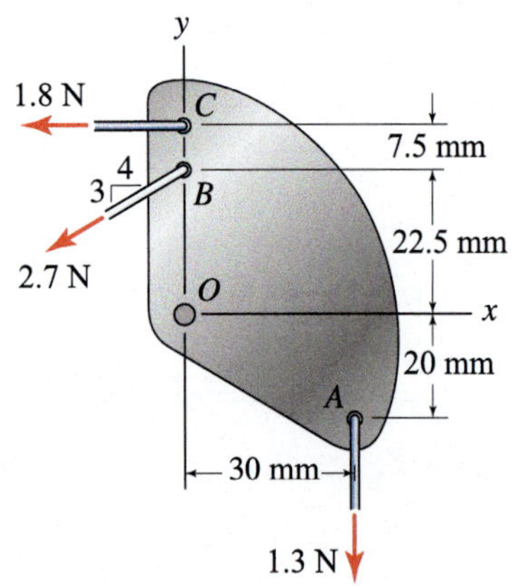

그림 P4.88

문제 4.88

소형 가솔린 엔진의 속도 조절 밸브를 나타낸다.

(a) O 점에서의 등가 힘계를 구하라.

(b) 하나의 힘만으로 구성되는 등가 힘계를 구하고 그 힘의 작용선이 y 축과 만나는 점의 y 좌표를 구하라.

문제 4.89

용접물은 조각들의 집합을 함께 용접하여 만들어진 구조물이나 부품이다. 그림에 나타낸 용접물은 세 개의 케이블 장력을 받고 있다. 하나의 힘만으로 구성되는 등가 힘계를 구하고 그 힘의 작용선이 x 축과 만나는 점의 x 좌표를 구하라.

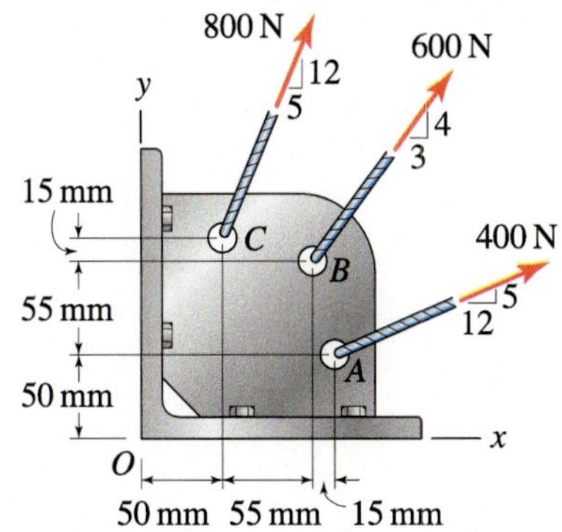

그림 P4.89

문제 4.90

제트의 날개는 엔진 무게 4050 N과 연료 무게 1350 N과 2700 N을 지지한다.

(a) A 점에서의 등가 힘계를 구하라.

(b) 하나의 힘만으로 구성되는 등가 힘계를 구하고 그 힘의 작용선이 xz 평면과 만나는 점의 x, z 좌표를 구하라.

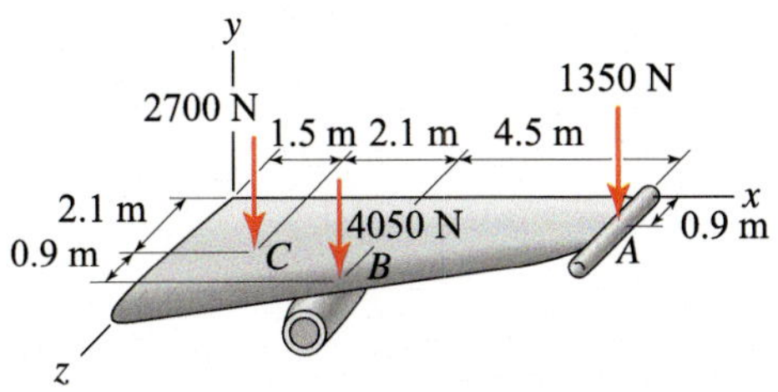

그림 P4.90

문제 4.91

얇은 사각 평판이 그림과 같이 하중을 받고 있다.

(a) O 점에서의 등가 힘계를 구하라.

(b) 렌치 등가 힘계를 구하고 렌치의 작용선이 yz 평면과 만나는 점의 y, z 좌표값을 구하라.

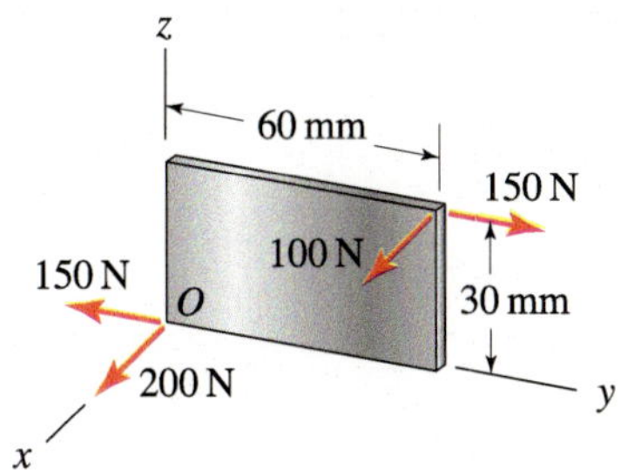

그림 P4.91

문제 4.92

롤러코스터의 의자가 회전할 때 받는 힘을 나타낸다. A 점의 힘은 수직이고 B와 C 점의 힘들은 각각 x와 z 방향과 평행이다. 그리고 D 점과 E 점의 힘들은 yz 평면과 평행한 평면에 놓여 있다. 의자가 차에 부착되는 O 점에서의 등가 힘계를 구하라.

문제 4.93

문제 4.92의 롤러코스터에 대해서 렌치 등가 힘계를 구하고 렌치의 작용선이 xz 평면과 만나는 점의 x, z 좌표값을 구하라.

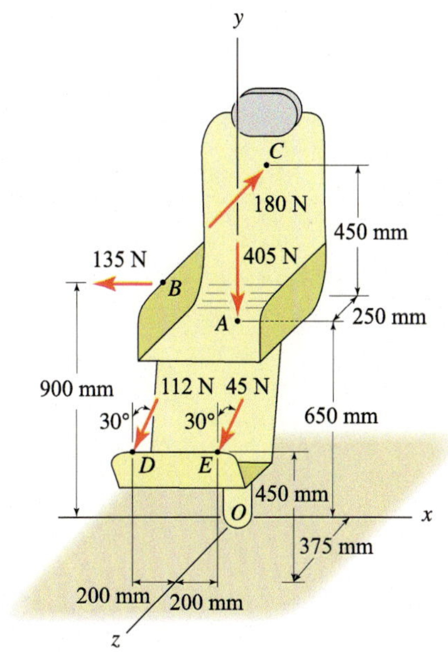

그림 P4.92-P4.93

Chapter

5 강체의 평형

이 장에서는 단일 강체의 평형에 대해 다룬다. 강체는 단일 물체이거나, 많은 요소들이 배열되어 마치 단일 강체처럼 취급할 수 있는 조합체일 수도 있다. 모든 물질들은 변형될 수 있기에 자연에서는 진정한 강체는 있을 수 없다. 그럼에도 불구하고 흔히 강체로 이상화시킬 수 있다는 것은 주목할 만하다.

5.1 평형방정식

우리는 3차원 물체의 평형방정식에 대한 일반적인 논의와 함께 이 장을 시작한다. 그 다음 절에서는 2차원과 3차원 문제에의 응용을 생각해 본다.

그림 5.1은 평형해석을 할 대상 물체이다. 그 물체는 그림 5.1(a)와 같이 고체 물질의 단일체이든지 또는 그림 5.1(b)와 같이 다수의 요소들의 배열로 구성될 수 있다. 어느 쪽이든지 모든 하중과 운동 조건 하에서 물체 내부의 두 지점 사이의 거리는 항상 일정하게 유지되는 강체로 이상화시켜 볼 수 있다. 물체에는 흔히 힘과 모멘트가 작용할 것이고 물체의 위치를 공간상에 고정시키는 지지점이 있을 것이다. 우리가 평형에 관심을 가지는 물체 중에는 지지대가 전혀 없거나 또는 운동에 대해 부분적으로 지지를 하는 물체가 많다. 예를 들면, 우주선, 선박, 고속도로 위의 자동차, 기계에서 움직이는 부품 등이 있다. 이 장에서의 목적은 단일 강체의 평형상태에서 얻어지는 조건들을 결정하는 것이다. 많은 부품들의 조합체인 경우에는 개개의 부품에 의해 지지되는 힘들에 관심이 있으며 이 주제는 6장에서 다루게 된다. 마찬가지로 고체 물질로만 구성된 물체에 대해서 재료 내부에서 일어나는 내력에도 관심이 있으며 이는 8장에서 다루게 될 것이다.

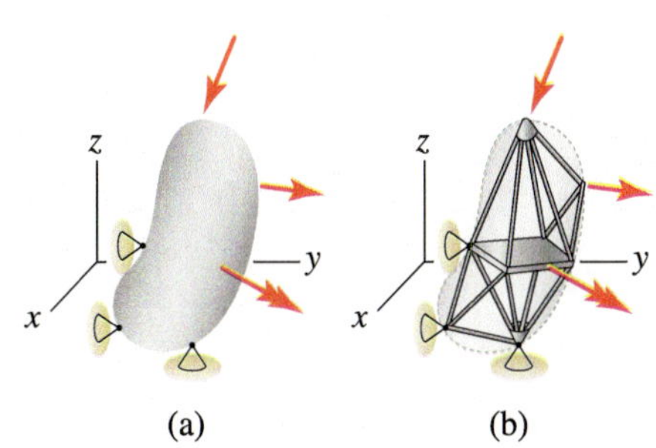

그림 5.1 강체로 간주할 수 있는 물체의 예.

물체의 정적 평형방정식은

$$\sum \vec{F} = \vec{0}, \quad \sum \vec{M}_P = \vec{0} \tag{5.1}$$

여기서 합에는 강체에 작용한 모든 힘들과 모멘트가 포함되고 모멘트는 우리가 선정한 임의의 점 P에 관해 구한 것이다. 식 (5.1)를 스칼라 형식으로 표현하면

$$\begin{aligned} \sum F_x &= 0 & \sum M_{Px} &= 0 \\ \sum F_y &= 0\,, & \sum M_{Py} &= 0 \\ \sum F_z &= 0 & \sum M_{Pz} &= 0 \end{aligned} \tag{5.2}$$

힘 평형방정식 $\sum \vec{F} = \vec{0}$은 질점의 평형방정식과 동일하다. 모멘트 평형방정식 (*moment equilibrium equations*) $\sum \vec{M}_P = \vec{0}$은 질점의 평형방정식에는 없던 항목이다. 이 식이 만족되지 않으면 모멘트의 회전시키는 작용으로 물체는 각가속도를 갖게 될 것이다. 두 식은 자명한 원리이며 그들 정당성에 관한 기본적 증명은 존재하지 않는다. 도리어 자연이 따르는 자연법칙으로 여겨야 한다.

5.2 2차원 강체의 평형

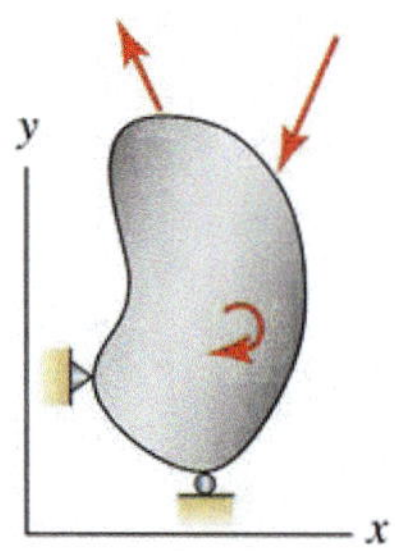

그림 5.2 평형상태의 2차원 물체.

그림 5.2에 보인 물체에서 지지부분의 반력을 포함하여 모든 힘들이 동일한 평면에 놓이고 모든 모멘트들은 이 평면에 수직방향이라고 한다면 이 물체는 2차원으로 모델링할 수 있다. 그림 5.2의 x, y 평면좌표인 2차원에서 식 (5.2) 중에서 $\sum F_z = 0$, $\sum M_{P_x} = 0$, $\sum M_{P_y} = 0$은 당연히 성립 되고 남은 식들은

$$\sum F_x = 0, \quad \sum F_y = 0, \quad \sum M_{Pz} = 0 \tag{5.3}$$

간략화하기 위해 앞으로는 2차원 문제의 모멘트 평형방정식에서 아래첨자 z를 생략하기로 한다. 앞에서 언급하였듯이 식 (5.3)의 합기호는 강체에 작용한 **모든** 힘과 모멘트 및 반력을 포함한다.

반력

반력(*reaction*)이란 구조물에서 지지대에 의해 생기는 힘 또는 모멘트를 말한다. 지지대와 이들에 의해 발생되는 반력은 그림 5.3과 같은 많은 형태가 있다. 모든 경우에 특정 지지대에 대한 반력은 그 지지대가 방해하는 운동을 고려하여 결정할 수 있다. 만약 지지대가 임의의 방향으로 병진운동(혹은 회전운동)을 방해한다면 그 방향에서의 반작용력(혹은 모멘트)을 발생하게 된다. 예를 들어, 핀지지의 경우에 핀이 x와 y 양방향으로

막대의 병진운동을 방해하고 그래서 x와 y 양방향으로 반작용력이 발생하게 된다. 그림 5.3에 보인 반력들을 외울 필요는 없지만 필요시에는 이들을 재구성할 수 있어야 한다.

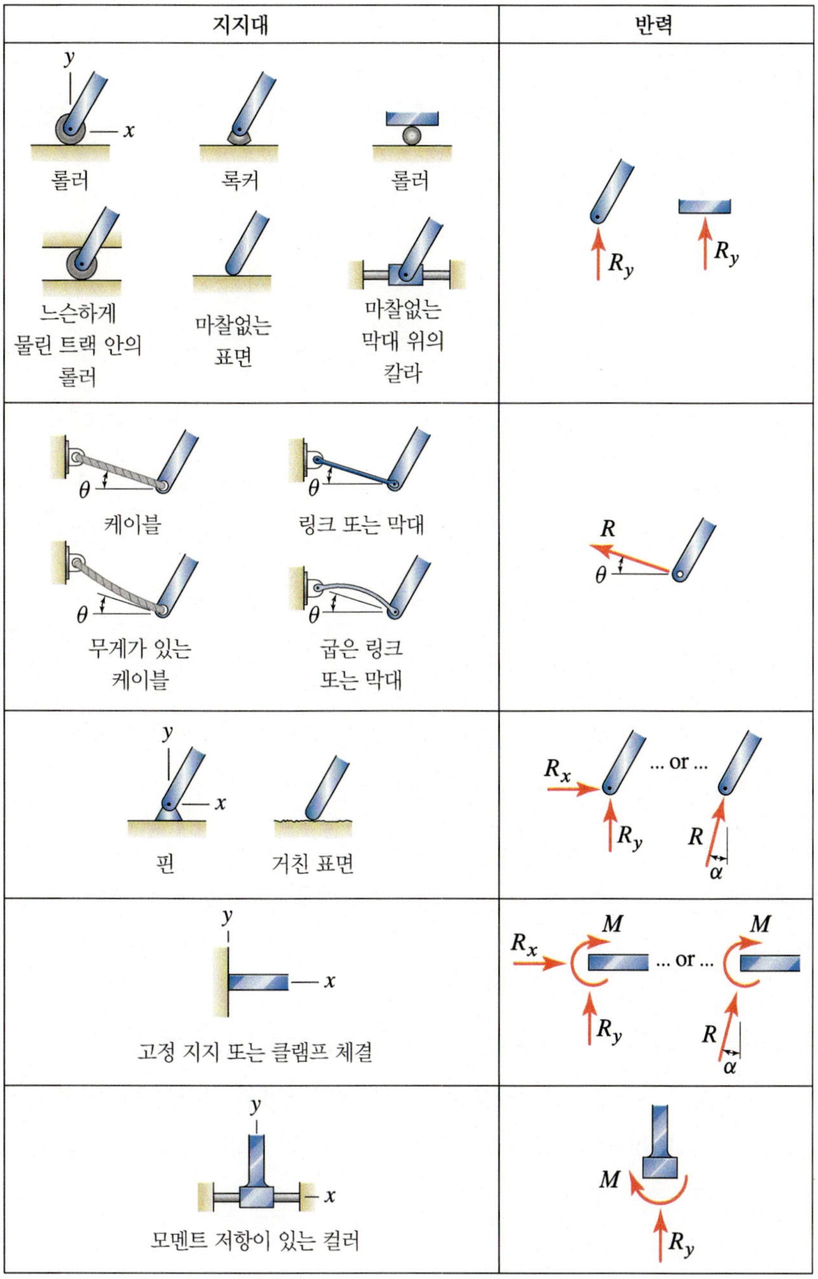

그림 5.3 2차원 물체에 대한 일반적 지지대와 이들과 연관된 반력들. 케이블, 링크 및 막대 지지대는 다른 언급이 없다면 그 무게를 무시한다.

자유물체도(FBD)

자유물체도(FBD)는 물체 또는 구조물에 작용하는 모든 힘과 모멘트를 포함하여 그린 개략도이다. 자유물체도는 평형방정식의 정확한 적용을 위한 핵심적 도구이며 3장에서 FBD에 관하여 언급한 모든 사항이 여기에 적용 가능하다.

자유물체도를 그리는 과정

1. 평형문제를 해석해야 할 물체 또는 물체의 한 부분을 결정한다.
2. 이 물체가 주위 환경으로부터 완전히 자유롭게 분리되었다고 가정한다. 즉
   - 2차원에서 물체를 완전히 둘러싼 폐곡선을 생각하라.
   - 3차원에서 물체를 완전히 에워싼 닫힌 표면을 생각하라.
3. 물체를 개략적으로 그린다.
4. 힘들을 개략적으로 그린다.
   (a) 주위 환경(예로써 하중)에 의해 물체에 작용하는 힘들을 표시한다.
   (b) 절취선이 구조물 부재를 통과하는 곳마다 그 위치에서 발생하는 힘들을 표시한다.
   (c) 절취선이 지지대를 통과하는 곳(즉, 물체로부터 지지대가 분리되는 위치)마다 그 위치에서 발생하는 힘과 모멘트를 표시한다.
5. 사용할 좌표계를 표시한다. 힘의 작용점과 방향을 나타내기 위해 적절한 치수와 각도를 자유물체도에 추가한다.

단계 4에서 힘들을 표시하는 순서는 중요하지 않다. 복잡한 자유물체도인 경우, 단계 5에서 모든 치수와 각도를 포함시키는 것은 어려운 일이다. 이런 경우에는 이 정보의 일부는 다른 개략도에서 얻을 수 있을 것이다.

이 장에서는 전체 물체 또는 구조물만의 평형을 고려한다. 여기서 자유물체도를 구성할 때, 위의 단계 2에서 택한 절취선이 대상물체의 전체를 감싸게 될 것이다. 그래서 이 장에서는 단계 4(b)에서 언급한 힘들은 생기지 않는다. 간혹 물체가 케이블이나 막대로 지지되고 자유물체도를 그리기 위해 이들 지지대를 통과해서 절단할 경우에 이들 힘들을 반력으로 분류하게 된다.

일단 적절하게 자유물체도가 완성되면 평형방정식을 기술할 수 있고, 문제의 답을 얻기 위해 풀이할 수 있다. 이런 과정에서 자유물체도를 그리는 것이 가장 중요한 단계이다. 대표적인 문제 해법과정을 아래 예제에서 볼 수 있다.

■ **간단한 예제** 그림 5.4의 구조물에서 지지 반력을 구하라.

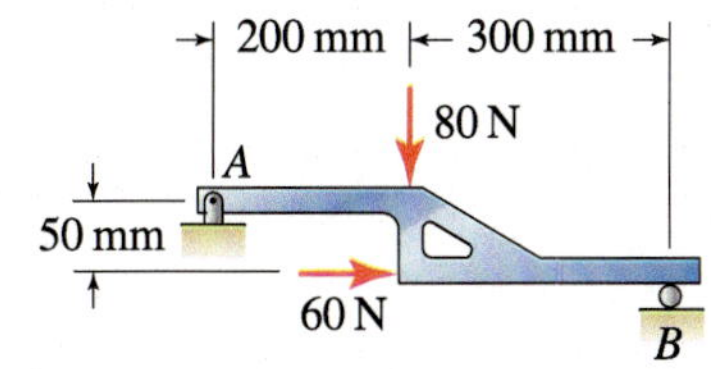

그림 5.4 A 점과 B 점에서 지지된 구조물.

풀이 그림 5.5에 완성된 자유물체도가 있다. 우선 구조물을 개략적으로 그린 다음에 xy 좌표계를 선정한다. 절단(혹은 구조물에서 제거)시킨 각 지지대에 적절한 반력을 표시한다. 따라서 핀 지지인 A 점에 대한 반력을 A_x와 A_y로 나타내고, 롤러 지지인 B 점에서의 반력을 B_y로 표시한다.

다음으로 식 (5.3)를 이용하여 평형방정식을 기술하면

$$\sum F_x = 0: \qquad A_x + 60\text{ N} = 0 \tag{5.4}$$

$$\sum F_y = 0: \qquad A_y + B_y - 80\text{ N} = 0 \tag{5.5}$$

$$\sum M_A = 0: \qquad B_y(500\text{ mm}) - (80\text{ N})(200\text{ mm}) + (60\text{ N})(50\text{ mm}) = 0 \tag{5.6}$$

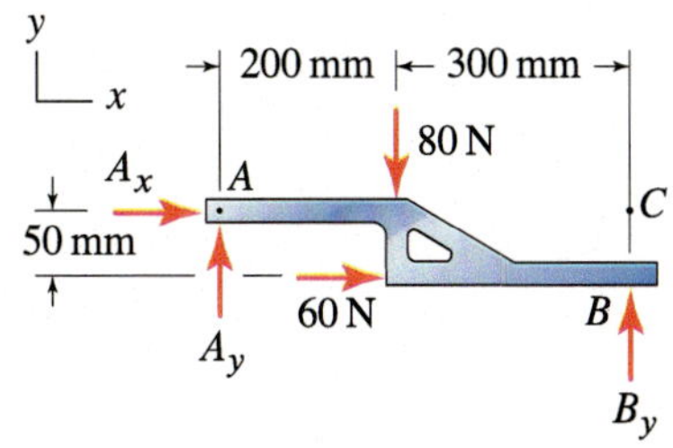

그림 5.5 물체에 작용하고 있는 모든 힘들을 표시한 자유물체도.

식 (5.4−5.6)을 풀면

$$A_x = -60\text{ N}, \quad A_y = 54\text{ N}, \quad B_y = 26\text{ N} \tag{5.7}$$

유용한 정보

모멘트 합산에 관한 지침. 식 (5.6)과 같은 2차원 문제에서 모멘트 평형방정식을 기술할 때, 반시계방향을 양의 방향으로 택한다.

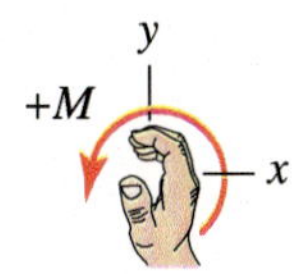

그림 5.6 이러한 선택은 그림과 같이 xy 좌표계에서의 오른손 법칙 일치한다.

참고사항 앞의 예제에는 아래 사항들이 내포되어 있다.

- **좌표계** 우리는 흔히 수평과 수직 방향의 좌표계를 사용하지만 때때로 편의상 다른 좌표계가 사용될 수 있다.
- **자유물체도에서 반력의 방향** 자유물체도에 반력과 모멘트를 표기할 경우, 평형방정식을 풀 때까지는 이 힘들의 실제 방향을 알 수 없다. 그림 5.5에서 A_x, A_y와 B_y의 양의 방향은 좌표계의 양의 방향으로 택하였다. 평형방정식을 완전히 풀면 어떤 것은 음이 나오기도 하는데 이는 그림 5.5에서 이들 힘의 방향이 반대 방향으로 작용하는 것을 의미한다. 여러분이 이런 상황을 맞게 되면 자유물체도에서 이들 반력의 방향을 수정할 필요가 없다. 수정하는 경우에는 모든 평형방정식을 수정해야 하기 때문에 실수를 하기 쉽다. 차라리 단순하게 이들 반력이 음의 값을 가진다고 생각하라.
- **미지수의 개수** 자유물체도를 완성한 후, 미지수의 개수를 확인하는 것이 좋다. 그림 5.5에서는 3개의 미지수 즉 A_x, A_y와 B_y가 있다. 그리고 3개의 평형방정식이 있기 때문에 미지수에 관한 유일해를 얻을 수 있다. 만약 자유물체도에서 미지수가 3개보다 많거나 적다면 대상 물체는 부분적으로 고정되었거나 부정정(statically indeterminate)인 모델이며 이는 다음 절에서 다루게 된다.
- **모멘트 합산점(moment summation point)의 선택** 식 (5.6)은 A 점에서 모멘트를 계산하였다. 다른 점도 사용될 수 있지만, A 점에서 모멘트를 구하는 것이 유리한 이유는 A 점의 미지 반력에 의한 모멘트가 0이라는 사실이다. 따라서 평형방정식에도 나타나지 않고 미지수 B_y만 남으며 이를 쉽게 구할 수 있다. 모멘트를 구할 때에 가급적이면 많은 미지수가 생략되는 모멘트 합산점을 사용하는 것이 유리하다.

- **대체 평형방정식들** 식 (5.5) $\sum F_y = 0$를 사용하기 보다는 그림 5.5에서 A_x와 B_y의 작용선의 교차점인 C 점에서 모멘트를 구할 수 있다.

$$\sum M_C = 0: \quad -A_y(500\text{ mm}) + (80\text{ N})(300\text{ mm}) + (60\text{ N})(50\text{ mm}) = 0 \tag{5.8}$$

모멘트 합산점은 물체 상에 있어야 할 필요는 없다. 모멘트를 구할 때에 C 점이 유리한 것은 미지수 A_y만이 방정식에 나타나기 때문이다. 식 (5.4), (5.6), (5.8)을 풀면 식 (5.7)의 결과와 동일하게 얻어진다. 대체 평형방정식에 관한 부가적인 설명은 다음과 같다.

대체 평형방정식

앞의 예제에서 언급하였듯이 $\sum F_x = 0$ 또는 $\sum F_y = 0$ 식을 다른 점에서 구한 모멘트 평형식으로 대체할 수 있다. 이렇게 하는 이유는 모멘트 합산점의 적절한 선택으로 쉽게 해를 구할 수 있는 방정식이 얻어지기 때문이다.

$\sum F_x = 0$ 또는 $\sum F_y = 0$ 식을 다른 점에서 구한 모멘트 평형식으로 대체하는 것이 식 (5.3)에서 언급한 평형에 관한 기본 원리를 위반하는 것처럼 보이지만 실제로는 적절하게 수행만 하면 다중 모멘트 평형방정식을 사용하더라도 여전히 $\sum F_x = 0$과 $\sum F_y = 0$ 식을 만족하게 된다. 좀 더 설명해보자. 3개의 평형방정식 $\sum F_x = 0$, $\sum F_y = 0$와 $\sum M_{P_z} = 0$을 고려하자. 이들 각 식들은 0이 아닌 수로 곱해질 수 있으며 그 결과 식들은 더하거나 뺄 수도 있다. 이들 작업에도 불구하고 여전히 3개의 독립된 방정식으로 남아서 원래 방정식의 해와 동일한 해를 가지게 된다. $\sum F_x = 0$(또는 $\sum F_y = 0$) 식을 모멘트 평형식인 $\sum M_A = 0$으로 대체하는 것은 $\sum F_x = 0$(또는 $\sum F_y = 0$) 식에 0이 아닌 적절한 수로 곱하고, 이를 $\sum M_P = 0$와 더한 결과와 동일하다. 앞의 예제에서 식 (5.8)인 $\sum M_C = 0$의 표현은 식 (5.5)에 500 mm를 곱한 후에 식 (5.6)에서 이를 뺀 결과와 동일하다.

식 (5.3) 대신에 아래와 같이 다양한 형식의 대체 평형방정식이 사용될 수 있다.

$$\sum F_x = 0, \quad \sum M_A = 0, \quad \sum M_P = 0 \tag{5.9}$$

점 A와 점 P는 x 좌표값이 달라야 한다.

$$\sum M_A = 0, \quad \sum F_y = 0, \quad \sum M_P = 0 \tag{5.10}$$

점 A와 점 P는 y 좌표값이 달라야 한다.

$$\sum M_A = 0, \quad \sum M_B = 0, \quad \sum M_P = 0 \tag{5.11}$$

점 A, B와 점 P는 동일한 선상에 놓이지 않아야 한다.

식 (5.9)−(5.11)에 주어진 모멘트 합산점의 위치에 대한 제한은 3개의 평형방정식이 서로 독립이고 따라서 유일한 해를 갖는다는 것을 보장한다.

기어

기어는 다양한 형태와 모습으로 제작되고 있으며 기어의 해석과 설계 방법들은 특별한 주제이다. 이 책에서 우리는 그림 5.7(a)에 보인 것처럼 가장 단순하면서 가장 일반적 형태의 기어인 평기어(*spur gear*)를 고려하자. 반경 r_A와 r_B는 기어의 유효반경이고 이를 피치 반경(*pitch radii*)이라고 부른다. 일반적으로 두 개의 물린 기어는 동시에 여러 개의 이가 접촉하고 있다. 예를 들면 그림 5.7(a)에서 기어 A가 반시계방향으로 회전하면서 기어 B에 동력을 전달할 경우에 접촉하는 이 사이의 작용하는 힘들은 그림 5.7(b)와 같다. 접촉된 이에 의한 작용하는 힘은 접촉점에서의 기어 반경에 수직이 아니도록 기어 형상이 되어 있다. 즉 그림 5.7(b)에서 각도 α는 90°가 아니다. 특정한 기어의 이에 작용하는 모든 힘들은 그림 5.7(c)에 보인 것처럼 모든 이의 힘을 나타내는 등가힘계를 얻기 위해 벡터합성을 할 수 있다. 이 힘계는 두 기어의 중심을 연결하는 선 위에 놓이게 되고 또한 각 기어의 피치반경 위에 놓이게 된다. 주목할 점은 접선방향의 힘 G와 두 기어를 분리시키려는 경향이 있는 법선력 N이 있다. 법선력 N이 접선력 G보다 작지만 무시할 수 없으며 N이 G에 비해서 크기가 얼마가 될지는 기어의 형상에 따른다.[1] 이 책에서 기어를 언급할 때에는 일반적으로 법선력 N을 무시한다. 완벽하지 않지만, 이것은 많은 목적을 위해서 유용하고 적절하며 일반적으로 단순화된 것이다. 이 절 마지막 예제 문제에서 이 주제를 더 검토할 것이다.

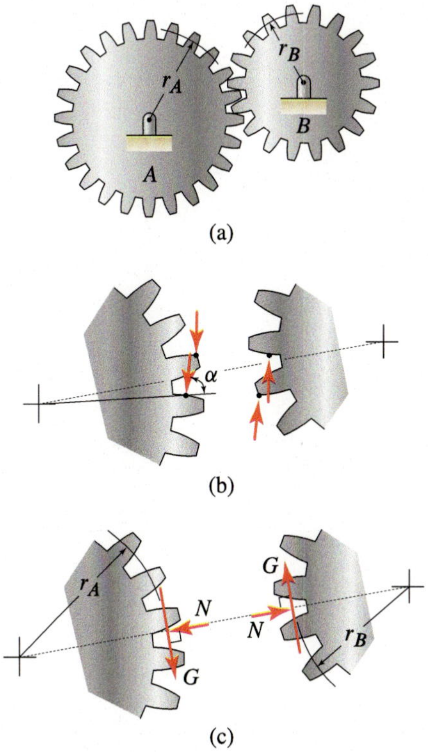

그림 5.7 (a) 피치반경 r_A와 r_B인 이가 물린 스퍼 기어. (b) 각 기어의 여러 개의 이가 동시에 접촉되며, 이 그림에서는 각 기어의 2개의 이가 동시에 접촉하고 있다. 특정 이에의 힘은 기어 반경에 대하여 직각이 아니다($\alpha \neq 90°$). (c) 동시에 몇 개의 이가 접촉하지만 기어에서 모든 이의 힘은 하나의 접선방향 힘 G과 법선방향 힘 N으로 표현할 수 있으며 이들은 양 기어의 중심을 연결하는 선상과 각 기어의 피치반경에 놓이게 된다. 많은 경우에 법선력은 무시한다.

흥미로운 사실

표준기어. 미국 기어제조협회(AGMA)는 기어의 제조, 성능 및 용도에 관한 표준을 개발하는 기어 제조업자들의 조직이다. 공학자는 시중에서 구할 수 있는 표준 형상과 크기에서 기어를 선택하게 될 것이다. 때때로 특수 목적용 기어가 필요하며 이 경우 주문 설계와 주문 제작해야 한다.

1) 기어 형상의 우선적인 측정량 중 하나가 압력각이다. 설계자는 기어가 수용할 만한 힘전달능력, 소음, 수명 등등을 갖도록 압력각을 선택할(여러 가지 산업-표준값 중에서) 것이다. 또한 압력각은 N이 G에 비해서 크기가 얼마가 될 것인지를 결정한다.

정확한 자유물체도의 예

그림 5.8은 정확하게 그려진 자유물체도의 몇 가지 예를 보여주고 있다. 이들 자유물체도의 작성에 대해 몇 가지 언급을 하였다.

게시판 게시판을 개략적으로 그린 후에 무게 중심인 C 점에 40 N의 힘을 표시한다. A 점에서 지지대는 수평운동과 수직운동을 가로막고 있으므로 2개의 반력 A_x와 A_y가 존재한다. 게시판은 나사와 행거와의 접점인 B 점에서 직각방향으로 움직일 수 없기 때문에 그림에 보인 것처럼 직각방향으로 반력 B가 생긴다.

인양장치 인양장치를 개략적으로 그린 후에 힘 900 N과 무게중심인 C 점에 무게 180 N를 표시한다. A 점에서 기어는 프레임에 접선방향의 힘 A_y를 작용하고 기어와 프레임 사이의 법선방향의 힘은 무시한다. B 점에서 지지대는 부재 AB가 수평이동과 회전을 하지 못하게 하기 때문에 힘 B_x와 모멘트 M_B의 2개의 반력이 생긴다.

접이식 책상 부재의 무게는 무시하기로 하자. 부재 AB로 인해 A 점이 선분 AB 방향으로 움직이지 못하므로 작용선 AB인 반력 F_{AB}가 생기게 된다. 비슷하게 부재 CD로 인해 작용선 CD인 반력 F_{CD}가 생긴다. 책상과 시트와의 접점인 E 점에서 접촉이 매끄럽다면 미끄럼 방향에 직각되는 방향으로 반력 E가 생기게 된다. 사람이 책상에 330 N의 힘을 가하는 동안, 이 힘의 위치 또는 방향에 관한 정보는 주어지지 않았다. 그래서 우리는 책상에 가해진 하중의 영향을 극대화하기 위해 하중의 위치와 방향을 결정해야 한다(즉 하중은 책상의 끝부분에 수직방향으로 가해져야 한다).

부정확하거나 불완전한 자유물체도의 예

그림 5.9는 부정확하거나 불완전하게 그려진 자유물체도의 몇 가지 예를 보여주고 있다. 이들 자유물체도가 어떻게 변경되어야 하는지에 관한 언급이 아래에 있지만, 이들을 읽기 전에 먼저 그림 5.9를 보고서 고쳐야 할 부분이나 추가해야 할 것이 무엇인지 스스로 찾아보길 바란다.

픽업트럭

1. 15 kN 하중이 수직이어야 한다.
2. 뒷 바퀴는 x 방향으로 반력 A_x를 가지게 된다.

손수레

1. B 점에서의 반력은 B 점에서 바퀴의 베어링을 통과하는 방향이어야 한다. 또한 바퀴의 베어링이 마찰이 없다고 가정하면 B 점에서 마찰력이 없다는 것을 의미한다.
2. 작업자의 손에 의해 작용하는 힘 F가 적절하게 나타나 있지만 그 힘의 크기와 방향은 미정인 것을 주지해야 한다.

정확한 자유물체도의 예

게시판 무게가 40 N이고 C 점에 무게 중심이 있는 게시판이 A 점과 B 점에서 나사로 벽에 걸려있다. 게시판에 대한 자유물체도를 그려라.

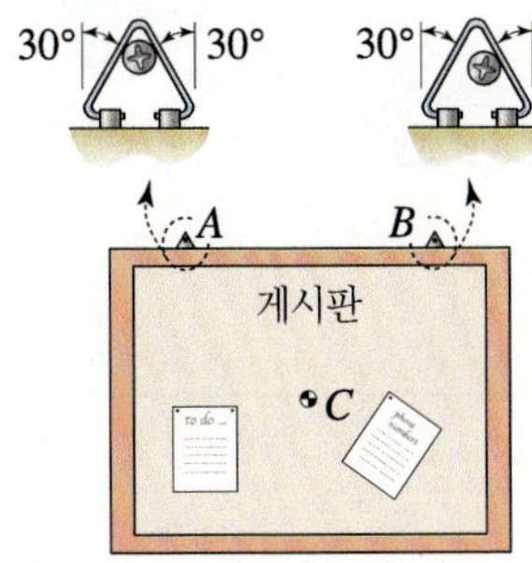

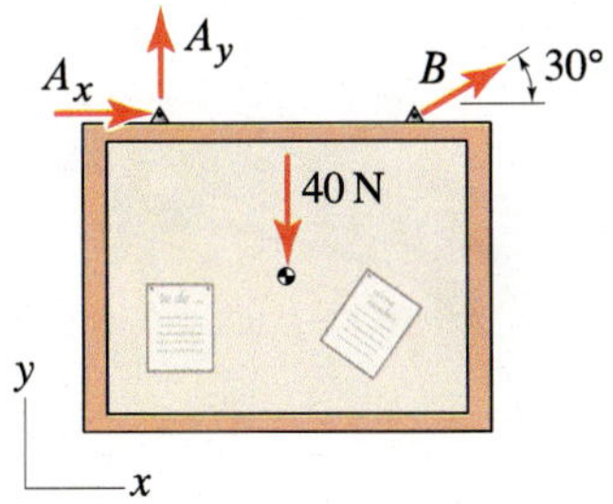

인양장치 부재 AB의 무게가 180 N이고 무게중심은 C 점이다. 부재 AB의 자유물체도를 그려라.

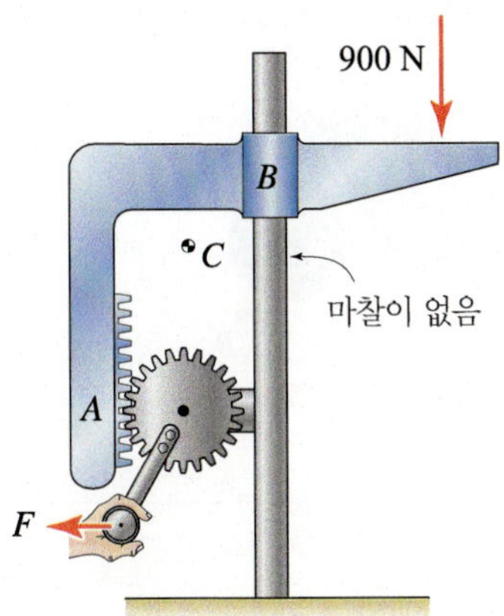

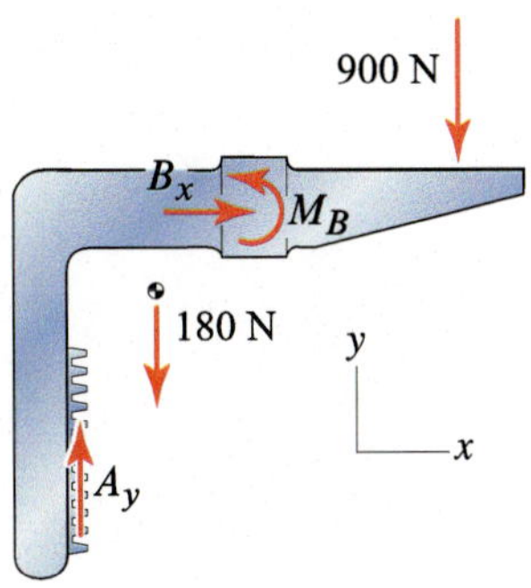

접이식 책상 접이식 책상은 대학 강의실에서 사용된다. 학생이 책상에 최대 330 N의 힘을 가한다고 하자. 부재의 무게를 무시하고 자유물체도를 그려라.

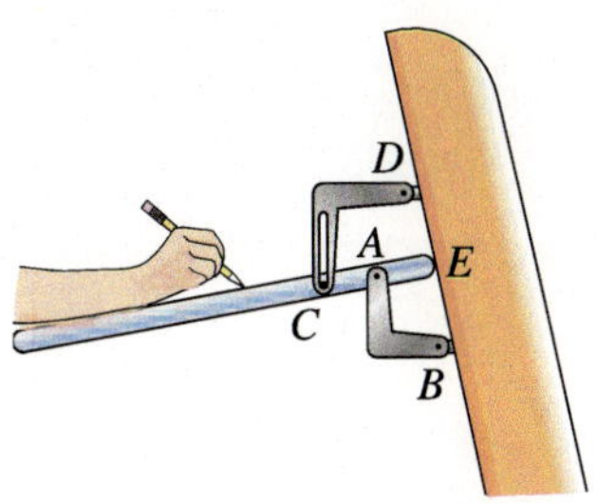

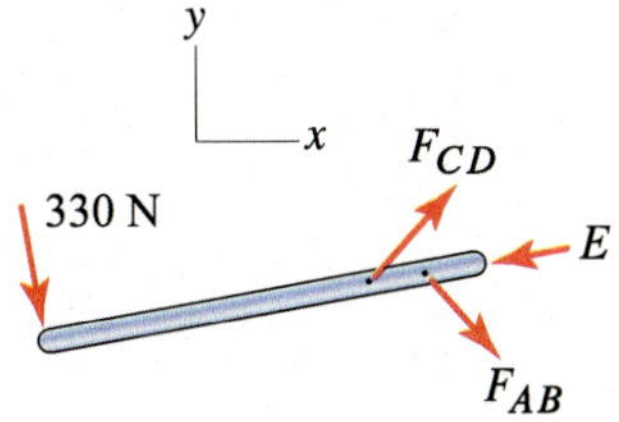

그림 5.8 정확한 자유물체도의 예.

부정확하거나 불완전한 자유물체도의 예

픽업트럭 후륜구동 픽업트럭이 일정한 속도로 경사면을 오르고 있다. 15 kN의 트럭 하중이 무게중심 C 점에 가해진다. 트럭에 대한 자유물체도를 그려라.

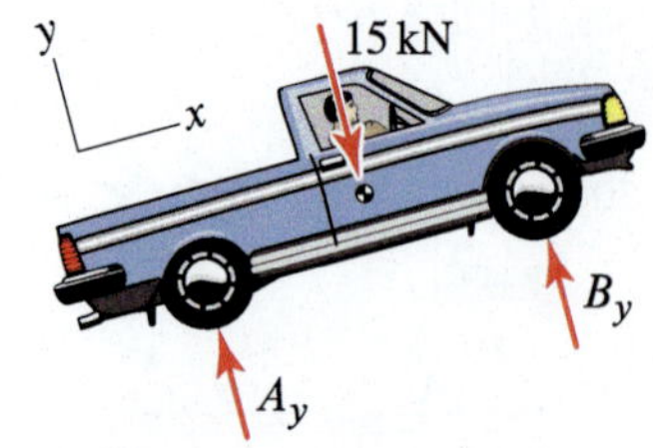

손수레 무게 75 N과 무게중심 C 점을 가진 손수레가 D 점에 무게중심을 가진 400 N의 작은 상자를 옮기는 데에 사용된다. 손수레가 B 점의 범프를 막 굴러 올라가는 순간의 자유물체도를 그려라.

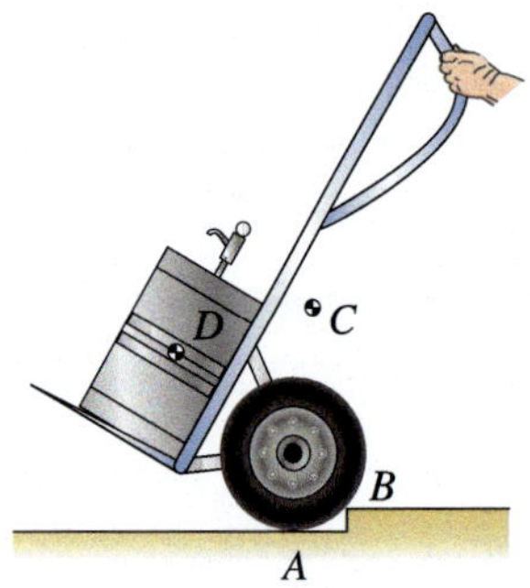

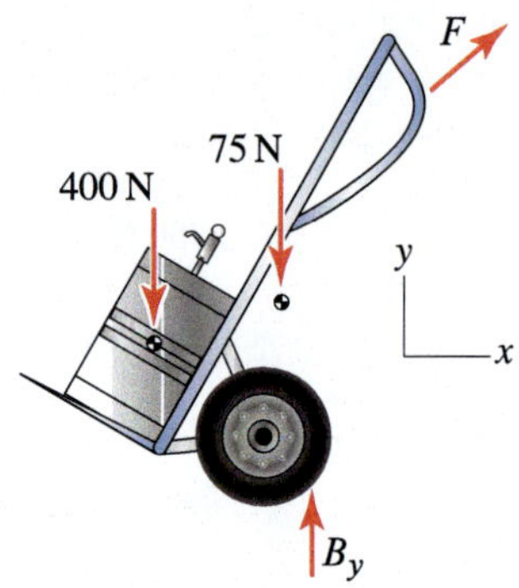

기계제어 구멍이 난 브라킷 EBD가 D 점에 있는 기계의 높이를 조절하기 위해 사용된다. 부재 EBD의 무게를 무시하고 자유물체도를 그려라.

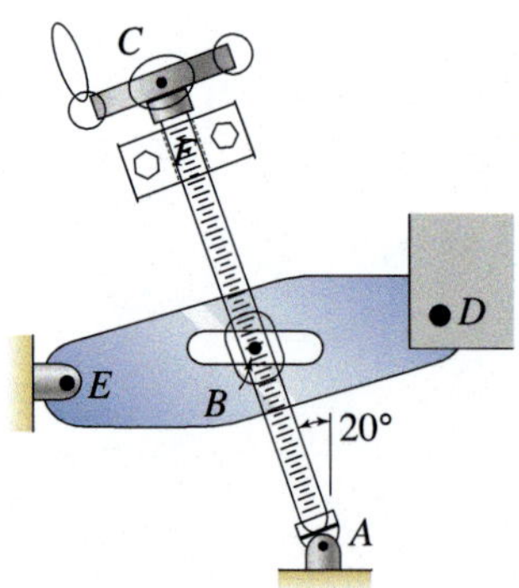

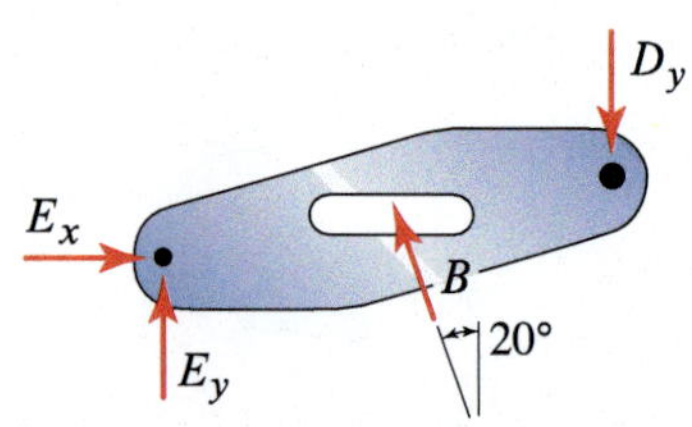

그림 5.9 정확하지 않거나 불완전한 자유물체도의 예.

기계제어

1. 자유물체도에서 실제로 결합인 것은 아니지만 좌표계를 선정해서 보여 주어야 한다.
2. B 점에서의 반력은 구멍에 직각이어야 한다(즉 수직방향).
3. D 점에서 핀은 수평방향의 힘 D_x도 가져야 한다.

절 요약

5.1절과 5.2절에서 강체의 정적 평형방정식을 살펴보았으며 2차원 강체에 대한 해석 과정을 논하였다. 몇 가지 핵심을 아래에 나열한다.

- 벡터 접근법과 스칼라 접근법, 두 가지 모두를 2차원 문제에서 사용할 수 있다. 그러나 흔히 스칼라 접근법이 가장 간단한 방법일 것이다.
- x와 y의 2차원 평면 물체에 대한 평형방정식은 $\sum F_x = 0$, $\sum F_y = 0$ 및 $\sum M_P = 0$이고, 여기서 P는 여러분이 선정한 모멘트 합산점이다.
- 모멘트 합산점의 위치에 관한 조건에 어떤 제한을 둘 경우, $\sum F_x = 0$ 및 또는 $\sum F_y = 0$인 식을 다른 모멘트 평형방정식으로 대체할 수 있다면 평형방정식으로 대체방정식을 사용하는 것이 가능하다. 어떤 문제에서는 이 대체가능한 평형방정식을 사용하므로써 미지값을 구하는 데에 필요한 계산량이 줄어들게 된다. 2차원 물체는 서로 독립인 3개의 평형방정식만을 갖는다는 것을 기억하는 것이 중요하다.
- **자유물체도**는 물체의 개략도 위에 작용하는 모든 힘들과 모멘트를 표기한 것이다. 자유물체도는 평형방정식을 기술하는 데에 모든 힘들이 고려되는지를 확인하기 위한 필수적인 도구이다.
- 기어는 많이 사용되고 축의 연결에 흔히 사용된다. 일반적으로 두 기어가 물려있을 때 몇 개의 기어 이가 동시에 접촉하게 된다. 그러나 많은 경우, 이들 힘들은 그림 5.7과 같이 접선력과 법선력으로 구성된 등가힘계로 대체될 수 있다.

예제 5.1 곡선 링크 지지대

기계공구에서 평평한 공작물을 고정하기 위한 장치를 나타낸 그림이다. 만약 200 N의 조임력이 C 점에 가해져야 하고 C 점에서의 접촉에는 마찰이 없다고 할 때, 필요한 힘 F와 반력 B를 구하라.

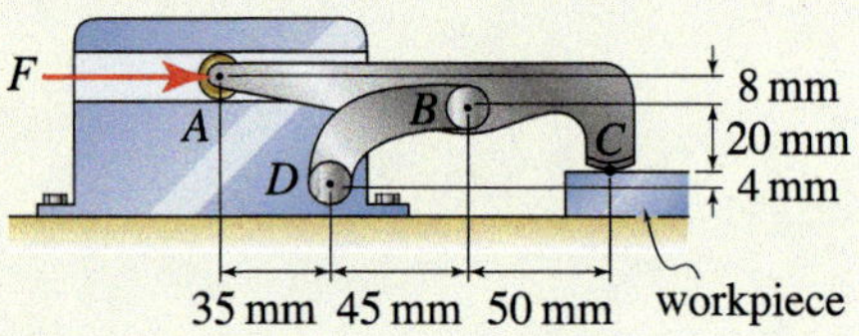

그림 1

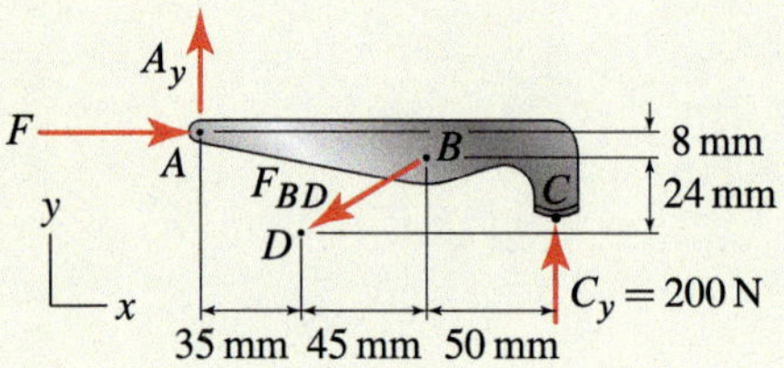

그림 2 자유물체도.

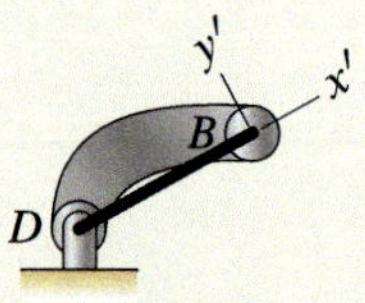

그림 3 곡선 링크는 B 점이 x' 방향으로 움직이지 못하게 하고, 그래서 링크는 그 방향으로 클램프에 반작용력을 가하게 된다. B 점이 y' 방향으로는 병진운동이 가능하므로 이 방향으로 반력이 없는 것이다. 더욱이 B 점에 대해 클램프가 회전할 수 있으므로 모멘트도 없게 된다.

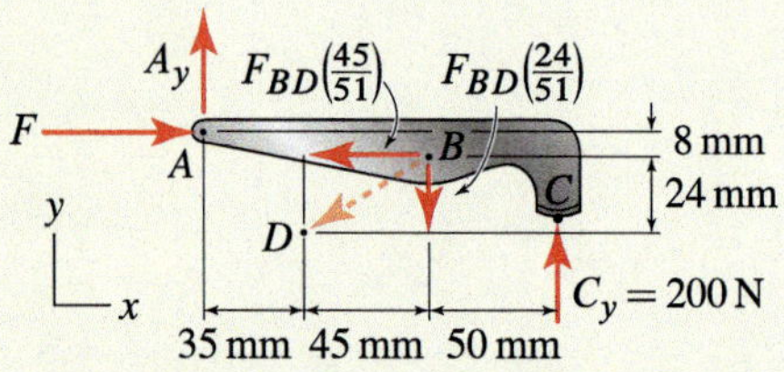

그림 4 보다 쉽게 모멘트 팔을 구하도록 F_{BD}를 수평성분과 수직성분으로 분해하여(여기서 $\sqrt{(45)^2 + (24)^2} = 51$) 수정된 자유물체도.

풀이 SOLUTION

로드맵 200 N의 조임력을 발생시키기 위해 필요한 힘 F를 구하는 데에는 클램프 ABC에 관한 평형해석을 수행해야 한다. 부재 BD는 그림 5.3에 보인 것처럼 클램프를 위한 지지대이며 따라서 BD의 평형을 명확하게 기술할 필요는 없다.

모델링 클램프의 자유물체도는 그림 2에 있고 아래와 같이 완성되었다. 우선 클램프 ABC를 개략적으로 그리고 난 후 xy 좌표계를 선정한다. A 점에서 롤러 지지대는 y 방향으로 클램프의 병진운동을 저지하고 있으므로 y 방향의 반력 A_y가 발생한다. 마찬가지로 C 점에서 미끄러운 지지대는 반력 C_y가 발생하고 200 N이어야 한다.

곡선 링크가 B 점에서 클램프를 지지하고 있으며 B 점에서의 반력 및 또는 모멘트는 그림 5.3을 참조하여 결정하든지 또는 그림 3에 주어진 논의에서 결정할 수 있다. 따라서 링크에 의한 반력은 B 점에서 D 점으로 향하는 방향의 F_{BD}가 된다.

지배방정식과 계산 평형방정식을 세우기 전에 먼저 B 점에서의 반력을 수평성분과 수직성분으로 나누어서 모멘트를 쉽게 구하도록 한다. 그림 4는 수정된 자유물체도이다.

평형방정식을 기술할 때, 일반적으로 각 식에 하나의 미지수만 포함되도록 해서 바로 미지수를 구하게 된다. 이것이 가능하면 연립 방정식을 풀 필요가 없게 된다. 그림 4에서 $\sum F_x = 0$와 $\sum F_y = 0$ 식은 각각 두 개의 미지수를 포함하기에 이들 식으로부터 시작하는 것은 특별히 편리한 것이 없다. 풀이 과정을 편리하게 하기 위하여 2개(또는 그 이상)의 미지 힘의 작용선이 교차하는 점을 찾고, 그 점에 대한 모멘트 평형식을 기술한다. 그림 4에서 A 점이 찾은 점이다.[2)] 반시계방향을 양의 값으로 하여 $\sum M_A = 0$을 기술하면 F_{BD}를 아래와 같이 바로 구하게 된다:

$$\sum M_A = 0: \quad -F_{BD}\frac{45}{51}(8\,\text{mm}) - F_{BD}\frac{24}{51}(80\,\text{mm}) + (200\,\text{N})(130\,\text{mm}) = 0 \quad \Rightarrow \quad \boxed{F_{BD} = 581.6\,\text{N}} \tag{1}$$

F_{BD}가 구해지면 나머지 미지수를 구하기 위해서 순서에 관계없이 $\sum F_x = 0$와 $\sum F_y = 0$을 풀 수 있다.

$$\sum F_x = 0: \quad F - F_{BD}\frac{45}{51} = 0 \Rightarrow \quad \boxed{F = 513.2\,\text{N}} \tag{2}$$

$$\sum F_y = 0: \quad A_y - F_{BD}\frac{24}{51} + 200\,\text{N} = 0 \Rightarrow \quad \boxed{A_y = 73.7\,\text{N}} \tag{3}$$

2) 그림 2에서 A_y와 F_{BD}의 작용선의 교차점이 F와 F_{BD}의 작용선의 교차점과 같은 또 다른 점이다. 그러나 이들 교차점의 위치를 결정하는 데에는 얼마의 노력이 필요하고 이것 때문에 A점이 최선의 선택이다.

논의 및 검증

- 직관적으로 우리는 평형방정식의 해가 $F > 0$인 것을 기대하고 실제로 이렇게 얻어진다. 만약 해 F가 음수로 얻어지면 우리는 즉시 오류가 아닌가 의심하고 해답으로 결정하기 전에 이를 수정해야 한다.
- 해가 위와 같은 간편하지만 필수적인 점검을 통과하였다고 확인하였다면 모든 미지수(F, F_{BD}와 A_y)가 모든 평형방정식을 만족하는지를 확인해야 한다. 만약 어떤 방정식을 만족하지 못하면 수학적 오류가 있는 것이다. 그러나 이 점검을 한 것이 평형방정식이 정확하게 기술되었는지를 보장하지는 않는다. 따라서 자유물체도를 정확하게 그리는 것과 자유물체도에서 구한 평형방정식에 모든 힘과 모멘트들을 포함하고 있는지가 핵심이다.
- 보통 쉽게 해를 점검하는 또다른 방법은 그림 2 또는 그림 4의 자유물체도를 사용하여 다른 점에 관한 모든 힘들의 모멘트를 구하여 모멘트 평형이 만족하는지 확인하는 것이다. 예를 들면 만약 그림 4에서 C 점에 관한 모멘트를 구하면 정확한 해답은 $\sum M_C = 0$을 만족해야 한다.

예제 5.2 3차원 문제의 2차원 이상화

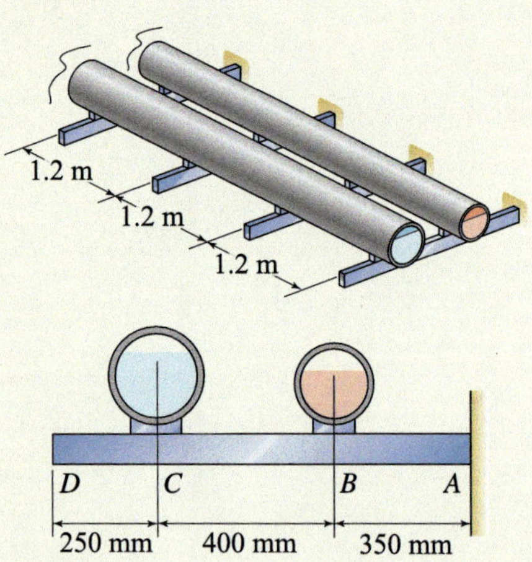

그림 1

파이프 B와 C를 지지하기 위해 1.2 m 간격으로 동일하고 균일한 외팔보가 사용되었고 외팔보의 제원은 길이 1 m, 단위 길이당 하중 146 N/m이다. 대표적인 외팔보 $ABCD$가 그림에 있다. 파이프 B, C와 그 내용물 하중이 각각 365 N/m, 510 N/m일 때, 외팔보의 고정지지단에서의 반력을 구하라.

풀이 SOLUTION

로드맵 우리는 이 문제를 외팔보에 관하여 2차원으로 이상화할 수 있고, 이 외팔보는 자체 무게에 1.2 m의 파이프의 무게를 지지하는 것으로 가정할 수 있다. 우리의 목표는 고정지지단에서 반력을 구하는 것이다.

모델링 외팔보의 자유물체도는 그림 2에 있고 아래와 같이 완성되었다. 우선 보 $ABCD$를 개략적으로 그린 후에 xy 좌표계를 설정한다. 고정지지단 A 점에서의 반력은 그림 5.3를 살펴보아 결정할 수 있지만 지지단이 제한하고 있는 운동을 고려함으로써 더욱 쉽게 이들을 완성하게 된다. 즉 A 점에서의 지지대는 보의 수평 병진운동을 제한하고 있으므로 반력 A_x가 생기게 된다. 또한 지지대는 보의 수직 병진운동을 제한하고 있으므로 반력 A_y가 생기게 된다. 마지막으로 지지대는 보의 회전운동을 제한하고 있으므로 반작용 모멘트 M_A가 생기게 된다. 보의 전체 하중은

$$W_E = \left(146\,\frac{\text{N}}{\text{m}}\right)(1\text{ m}) = 146\text{ N} \tag{1}$$

보가 균일하여 단면적과 재질이 전체 길이에서 일정하므로 이 하중은 보의 무게중심 E 점에 가해진다. 1.2 m 길이의 파이프 B와 C의 무게는 각각 다음과 같다.

$$W_B = \left(365\,\frac{\text{N}}{\text{m}}\right)(1.2\text{ m}) = 438\text{ N}, \quad W_C = \left(510\,\frac{\text{N}}{\text{m}}\right)(1.2\text{ m}) = 612\text{ N} \tag{2}$$

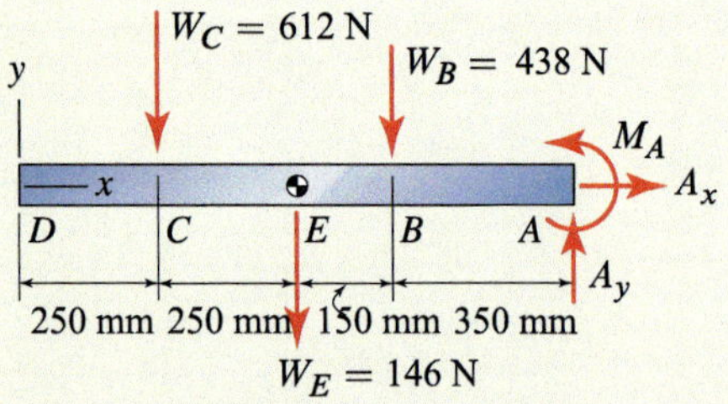

그림 2 자유물체도.

지배방정식과 계산 평형방정식을 기술하면 A 점에서의 반력을 구할 수 있다.

$$\sum F_x = 0: \quad A_x = 0 \tag{3}$$

$$\Rightarrow \boxed{A_x = 0} \tag{4}$$

$$\sum F_y = 0: \quad A_y - 612\text{ N} - 146\text{ N} - 438\text{ N} = 0 \tag{5}$$

$$\Rightarrow \boxed{A_y = 1196\text{ N}} \tag{6}$$

$$\sum M_A = 0: \quad M_A + (612\text{ N})(750\text{ mm}) + (146\text{ N})(500\text{ mm})$$

$$+ (438\text{ N})(350\text{ mm}) = 0 \tag{7}$$

$$\Rightarrow \boxed{M_A = -685300\text{ Nmm} = -685.3\text{ Nm}} \tag{8}$$

논의 및 검증

- 예상한 대로 $A_y > 0$와 $M_A < 0$이고, 또한 A_x, A_y와 M_A는 평형방정식을 만족하는 것을 확인할 수 있다.
- 가장 큰 가정은 각각 보가 1.2 m 길이의 파이프 하중만을 지지한다고 한 것이다. 이 가정이 유효하든 하지 않든지 여기서 주어진 제한된 데이터를 가지고 확인할 수는 없다. 그러나 파이프를 지지하기 위해 많은 보가 사용된 이유는 각각의 보가 동일한 하중을 분담하기 위한 것이다. 만약에 2개 파이프가 충분히 탄성이 있고 또는 모든 지지보가 정확하게 배치되었다고 한다면 이 가정은 충분한 근거가 있는 것이다.

예제 5.3 3차원 문제의 2차원 이상화

그림에서 보는 것처럼 미니밴의 뒷문은 A 점에서 힌지가 되어 있고 2개의 버팀대가 있다. 한 버팀대는 B 점과 C 점 사이에 그리고 또 하나의 버팀대는 맞은편에 놓인다. 만약 문의 무게중심인 D 점에 350 N의 하중이 작용하고 문을 닫기 위해서 E 점에 손으로 40 N의 수직력을 가해야 한다고 할 때, 2개 버팀대 각각이 지지해야 하는 힘과 힌지에서의 반력을 구하라.

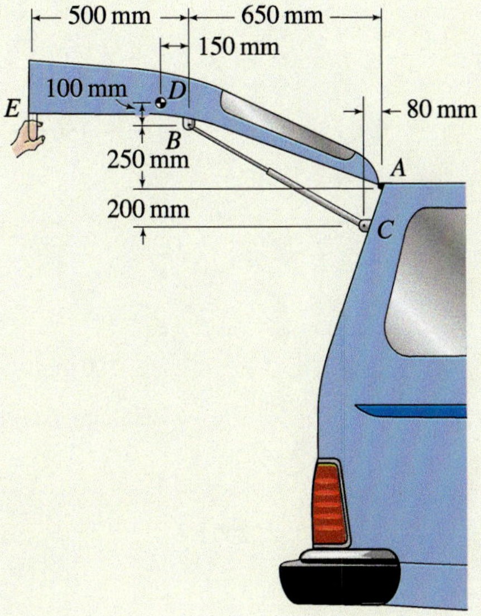

그림 1

풀이 SOLUTION

로드맵 실제 문제가 비록 3차원이지만 여기서 2차원으로 이상화하여도 충분하다. 문의 무게에 비하여 2개의 버팀대의 무게는 상대적으로 매우 작기 때문에 그 무게를 무시하기로 한다.

모델링 그림 2에 자유물체도를 도시하였고, 아래와 같이 완성하였다. 우선 문을 개략적으로 그린 후에 xy 좌표계를 설정하였다. E 점에 손으로 40 N의 힘을 아래로 가하였고, 문의 무게 350 N이 D 점을 통해 수직 아래로 작용하고 있다. A 점에서의 힌지(또는 핀)는 수평반력 A_x와 수직반력 A_y를 가지고 있다. 하나의 버팀대에서의 힘 F_{BC}는 압축상태이며 양의 값이다. 그래서 2개의 버팀대에 작용하는 전체 힘은 $2\,F_{BC}$이다. 그림 2에서 버팀대에 작용 힘의 수평성분과 수직성분은 그림에 보인 것처럼 삼각형 기하학을 사용하여 구할 수 있다.

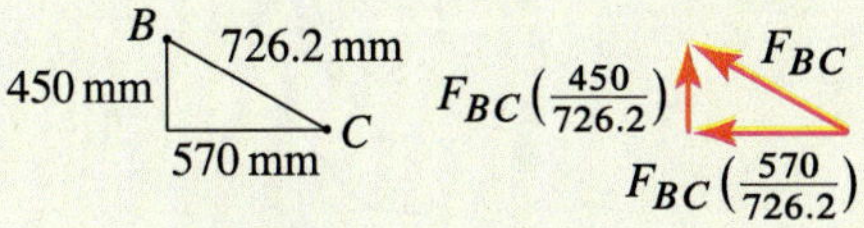

지배방정식과 계산 A 점에서 모멘트를 구하게 되면 유도된 평형방정식에서 F_{BC}만이 미지수이기에 유리하다.

$$\sum M_A = 0: \quad (40\text{ N})(1.150\text{ m}) + (350\text{ N})(0.800\text{ m})$$

$$-2F_{BC}\left(\frac{450}{726.2}\right)(0.650\text{ m}) + 2F_{BC}\left(\frac{570}{726.2}\right)(0.250\text{ m}) = 0 \tag{1}$$

$$\Rightarrow \boxed{F_{BC} = 789.1\text{ N}} \tag{2}$$

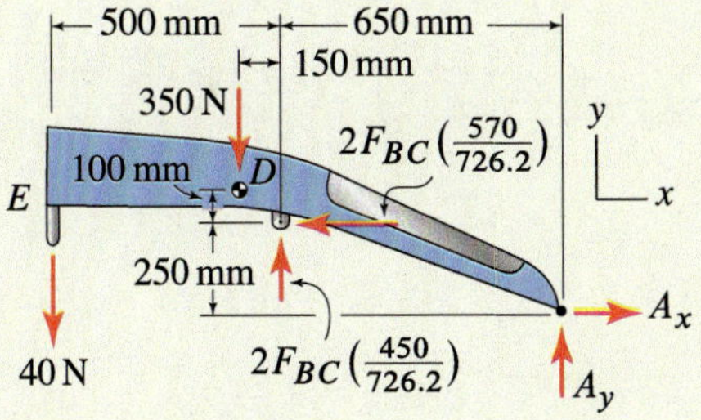

그림 2 자유물체도.

따라서 두 개의 버팀대 각각이 지지하는 힘은 $F_{BC} = 789.1$ N이다.

A 점에서의 반력은 나머지 두 개의 평형방정식을 유도하여 구하게 된다.

$$\sum F_x = 0: \quad -2F_{BC}\left(\frac{570}{726.2}\right) + A_x = 0 \tag{3}$$

$$\Rightarrow \boxed{A_x = 1239\text{ N}} \tag{4}$$

$$\sum F_y = 0: \quad -40\text{ N} - 350\text{ N} + 2F_{BC}\left(\frac{450}{726.2}\right) + A_y = 0 \tag{5}$$

$$\Rightarrow \boxed{A_y = -588.0\text{ N}} \tag{6}$$

논의 및 검증

- 직관적으로 볼 때 이 문제에서 기하학적 구조와 하중을 고려하면 버팀대는 압축으로 판단된다. 버팀대 힘 F_{BC}은 압축일 때 양의 값으므로 식(1)에서 해는 기대한 대로 $F_{BC} > 0$이다.
- 구한 해 F_{BC}, A_x 및 A_y를 각 평형방정식에 대입하여 수학적으로 해를 검증할 수가 있다. 그러나 이 검증은 평형방정식들이 정확하게 구한 것인가를 입증하는 것은 아니기 때문에 자유물체도를 정확하게 도시할 필요가 있다.

예제 5.4 여러 개의 롤러 지지대

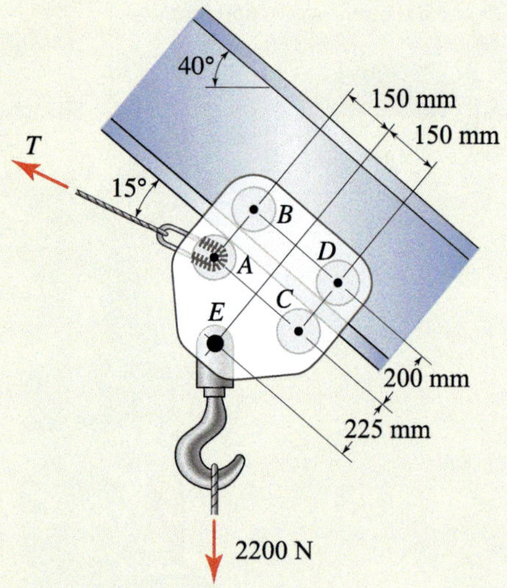

그림 1

고정 I 빔의 플랜지 위에 2200 N의 수직 하중을 이동하기 위해 트롤리가 굴러가고 있다. 트롤리는 8개의 롤러를 가지고 있다. 그림 1에서 보인 것처럼 이들 4개는 *A*, *B*, *C* 및 *D* 점에 있으며 나머지 4개는 바로 맞은 편에 놓여있다. 그래서 *A*, *B*, *C* 및 *D* 점 각각에는 한 쌍씩의 롤러가 있다. *A*와 *B* 점에서의 롤러들은 느슨하게 설치되어서 한 쌍만이 고정 I 빔의 플랜지와 접촉하도록 되어 있다. *C*와 *D* 점에서도 비슷하며 트롤리의 맞은 편에서의 롤러들도 마찬가지이다. 네 쌍의 롤러의 각각에 생긴 반력과 케이블 힘 *T*를 구하라.

풀이 SOLUTION

로드맵 문제에서 *A* 점의 롤러쌍이 접촉하는지 *B* 점의 롤러 쌍이 접촉하는지를 바로 알 수 없다. 마찬가지로 *C* 점의 롤러쌍이 접촉하는지 혹은 *D* 점의 롤러 쌍이 접촉하는지를 바로 알 수 없다. 우선 우리는 *B* 점과 *D* 점에서의 롤러가 접촉하는 것으로 가정하고(마찬가지로 *A* 점과 *C* 점에서의 롤러가 접촉하는 것으로 선택할 수도 있다), 해석을 마친 후에 실제로 접촉하고 있는 롤러를 결정할 수 있다.

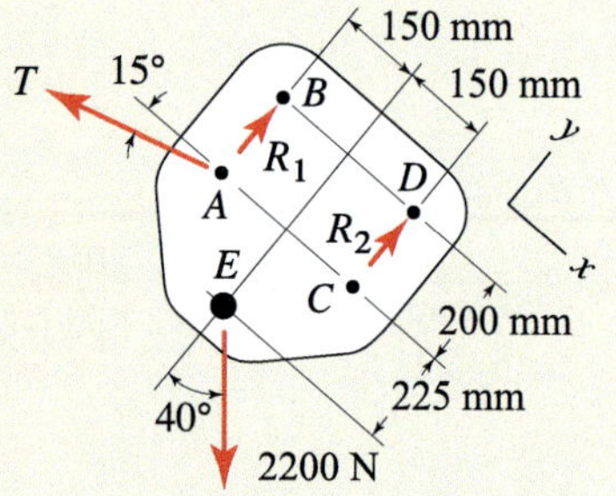

그림 2 자유물체도(롤러 쌍인 B와 D 점에서 접촉하고 있다고 가정).

모델링 그림 2에 자유물체도를 도시하였다. I 빔 자세 방향에 맞추어 *xy* 좌표계를 사용하면 모멘트 팔을 결정하기에 용이할 것이다. 자유물체도에서 *B* 점과 *D* 점에서 롤러 쌍이 접촉한 것으로 가정하였기에 반력 R_1과 R_2로 나타낼 수 있다. 해석 후에 R_1과 R_2의 부호를 조사하여 양의 값이면 가정이 옳게 된 것이고, 음의 값이면 가정이 틀린 것을 나타내므로 실제로 인접한 롤러 쌍이 I 빔의 플랜지와 접촉하고 있음을 의미한다.

지배방정식과 계산 아래 평형방정식들에서 미지수를 쉽게 구할 수 있다.

$$\sum F_x = 0: \quad -T\cos 15° + (2200\text{ N})\sin 40° = 0 \tag{1}$$

$$\Rightarrow \boxed{T = 1464\text{ N}} \tag{2}$$

$$\sum M_A = 0: \quad -(2200\text{ N})\cos 40°(150\text{ mm}) + (2200\text{ N})\sin 40°(225\text{ mm})$$

$$+ R_2(300\text{ mm}) = 0 \tag{3}$$

$$\Rightarrow R_2 = -218\text{ N} \tag{4}$$

$$\sum F_y = 0: \quad R_1 + R_2 - T\sin 15° - (2200\text{ N})\cos 40° = 0 \tag{5}$$

$$\Rightarrow R_1 = 2282\text{ N} \tag{6}$$

논의 및 검증 R_1이 양이기 때문에 *B* 점에서 한 쌍의 롤러가 접촉한다는 가정이 정확하다. 따라서 $A_y = 0$, $B_y = R_1 = 2282$ N이며 여기서 양의 B_y는 *y* 축의 양의 방향으로 측정한 것이다. R_2는 음이기 때문에 *D* 점이 아닌 *C* 점에서 한 쌍의 롤러가 접촉하게 된다. 따라서 $C_y = R_2 = -218$ N, $D_y = 0$이며 여기서 양의 C_y는 *y* 축의 양의 방향으로 측정한 것이다. 결국 케이블의 장력과 지지 롤러의 반력은 아래와 같다.

$$\boxed{\begin{array}{c} A_y = 0, \quad B_y = 2282\text{ N}, \quad C_y = -218\text{ N} \\ D_y = 0, \quad T = 1464\text{ N} \end{array}} \tag{7}$$

예제 5.5 느슨히 결합한 기어

물질을 혼합하기 위한 드럼이 A 점에서 기어가 달린 모터에 의해 시계방향으로 회전하고 있다. 드럼 질량 M_D = 145 kg이 B 점에서의 베어링에 의해 지지되고 혼합해야 할 물질의 질량 M_m = 63.5 kg의 무게중심은 D 점에 있다. 만약 기어 A가 드럼 상의 기어와 느슨히 결합되어 있다면 기계를 작동하기 위한 기어 이의 힘과 B 점에서의 반력을 구하라. 기계는 일정한 속도로 작동되며 혼합할 물질은 드럼이 회전하는 동안에 그 형상과 위치가 동일하게 유지되는 것으로 가정한다.

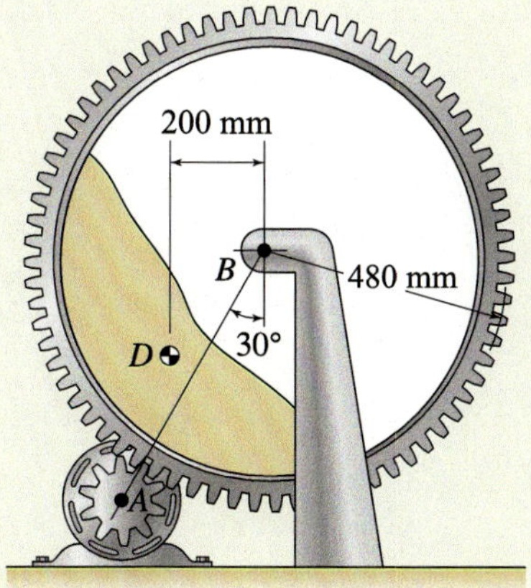

그림 1

풀이 SOLUTION

로드맵 드럼은 일정한 속도로 작동되며 혼합할 물질은 그 형상과 위치가 동일하게 유지되므로 이 문제는 정적 평형상태이다. B 점에서의 반력과 기어 이의 힘을 구하기 위해 드럼과 혼합할 물질의 평형상태를 해석해야 한다.

모델링 그림 2에 자유물체도를 도시하였으며 그림 5.7에서 언급하였듯이 기어 이의 힘을 간략화하여서 기어의 피치반경인 B 점에서 480 mm 떨어진 곳에서 접선방향의 단일 힘 G로 나타내었다. 드럼 질량 M_D = 145 kg은 B 점인 드럼 중심에 놓이고, 혼합해야 할 물질의 질량은 D 점에 있다. 드럼의 무게 W_D와 혼합물질의 무게 W_m는

$$W_D = M_D \times g = 145\,\text{kg} \times 9.81\frac{\text{m}}{\text{s}^2} = 1422\,\text{N} \tag{1}$$

$$W_m = M_m \times g = 63.5\,\text{kg} \times 9.81\frac{\text{m}}{\text{s}^2} = 623\,\text{N} \tag{2}$$

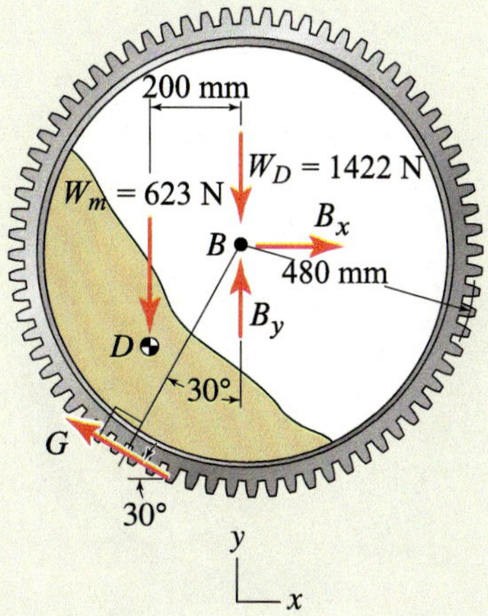

그림 2 자유물체도.

지배방정식과 계산 그림 2의 자유물체도를 사용하여 아래와 같이 평형방정식들과 해를 쉽게 구할 수 있다.

$$\sum M_B = 0: \quad -G(480\,\text{mm}) + (623\,\text{N})(200\,\text{mm}) = 0 \tag{3}$$

$$\Rightarrow \boxed{G = 260\,\text{N}} \tag{4}$$

$$\sum F_x = 0: \quad B_x - G\cos 30° = 0 \tag{5}$$

$$\Rightarrow \boxed{B_x = 225\,\text{N}} \tag{6}$$

$$\sum F_y = 0: \quad B_y - 1422\,\text{N} - 623\,\text{N} + G\sin 30° = 0 \tag{7}$$

$$\Rightarrow \boxed{B_y = 1915\,\text{N}} \tag{8}$$

논의 및 검증

- 만약 드럼이 일정한 속도로 회전하지 않는다면 가속도가 영이 아닐 것이고 B 점에서의 반력과 기어 이의 힘을 구하기 위해서는 동역학 개념이 활용되어야 한다. 만약 혼합할 물질이 드럼이 회전하는 동안에 그 형태와 위치가 동일하지 않다면 식 (3)에서의 모멘트 팔은 시간과 함께 변화하게 되고 형태와 위치도 시간에 따라서 어떻게 변화할 것이므로 이 문제도 역시 동역학 문제가 된다.
- 한 쌍의 기어가 공간상에 고정된 베어링(또는 축)위에서 회전하므로 느슨히 결합된 기어쌍에서 기어 이의 힘을 하나의 접선방향 힘으로 이상화한 것은 타당하다. 이 예제와 예제 5.6을 비교해 보기 바란다.

예제 5.6 서로 꽉 물린 기어

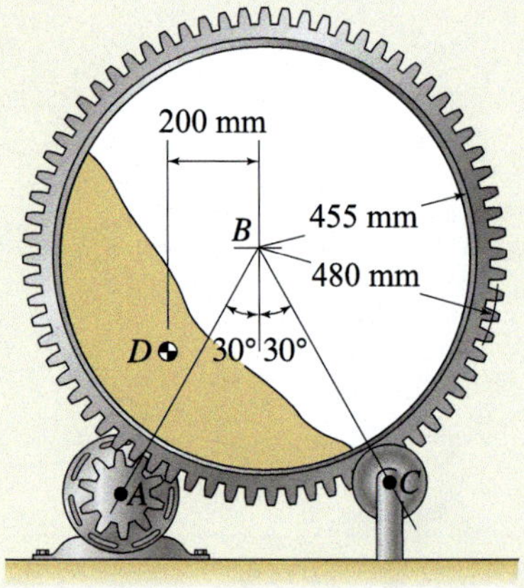

그림 1

예제 5.5에 언급한 혼합기를 수정하여 드럼을 A 점에서 모터구동의 기어로 지지하고 C 점에서는 마찰이 없는 롤러로 지지하고 있다. 혼합기를 작동하기 위한 기어 이의 힘과 C 점에서의 반력을 구하라.

풀이 SOLUTION

로드맵 드럼은 일정한 속도로 작동되며 혼합할 물질은 그 형상과 위치가 동일하게 유지되므로 이 문제는 정적 평형상태이다. 롤러 C 점에서의 지지 반력과 기어 이의 힘을 구하기 위해 드럼과 혼합할 물질의 평형상태를 해석해야 한다. 따라서 기어 이의 힘은 접선력과 법선력으로 이루어진다.

모델링 그림 2에 자유물체도를 도시하였으며 여기서 기어 이의 힘은 접선력 G와 법선력 N으로 이루어진다. 드럼의 무게 1422 N은 드럼 중심 B 점에 놓이고, 혼합해야 할 물질의 무게는 D 점에 있다.

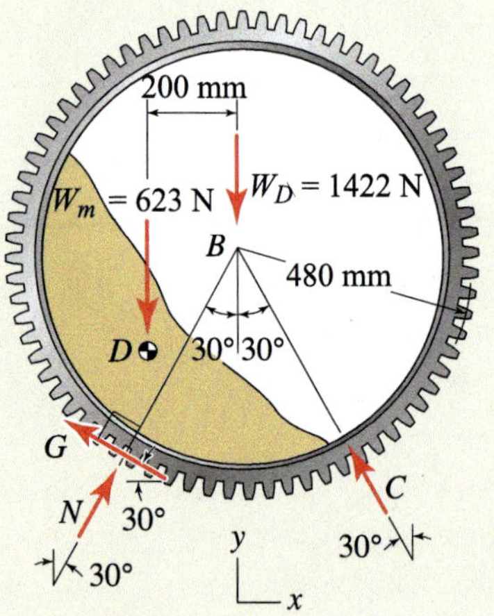

그림 2 자유물체도.

지배방정식과 계산 그림 2의 자유물체도를 사용하여 아래와 같이 평형방정식들과 해를 쉽게 구할 수 있다.

$$\sum M_B = 0: \quad -G(480\,\text{mm}) + (623\,\text{N})(200\,\text{mm}) = 0 \tag{1}$$

$$\Rightarrow \boxed{G = 260\,\text{N}} \tag{2}$$

$$\sum F_x = 0: \quad N\sin 30° - G\cos 30° - C\sin 30° = 0, \tag{3}$$

$$\sum F_y = 0: \quad N\cos 30° + G\sin 30° + C\cos 30° - 1422\,\text{N} - 623\,\text{N} = 0. \tag{4}$$

식 (1)에서 바로 G를 구하게 되고 결과는 예제 5.5와 동일하다. 이를 식 (3), (4)에 대입하면 아래와 같다.

$$\Rightarrow \boxed{N = 1331\,\text{N}, \quad C = 881\,\text{N}} \tag{5}$$

논의 및 검증 앞의 예제 5.5와의 주된 차이점은 드럼이 지지되는 방법에 있다. 그리고 그것에 따라서 기어 이의 힘을 이상화시킬 수 있다. 예제 5.5에서는 두 기어가 고정 베어링 위에서 회전하고 따라서 기어 이의 힘은 하나의 접선력만으로 이루어졌다고 모델링할 수 있다. 이번 예제에서는 A 점의 기어만이 고정 베어링위에서 회전하고, 드럼쪽 기어는 1422 N과 623 N의 힘의 작용하에 상대 기어에 힘껏 압착되고 있다. 따라서 기어 이 힘의 법선 성분인 N은 드럼을 지지하는 데에 중요한 역할을 하기 때문에 결코 무시할 수 없다.

문제

문제 5.1

냉동고가 A 점과 B 점에서 각각 한 쌍의 지지대 위에 놓여 있다. 냉동고의 각 부분들의 무게가 그림에 나타나 있다. 마찰을 무시하고 각 지지대에서의 반력을 구하라.

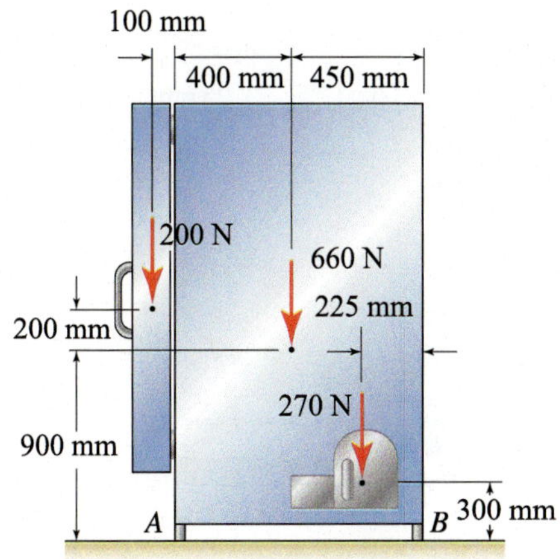

그림 P5.1

문제 5.2

컴퓨터의 각 부분의 무게가 그림에 나타나 있다. 마찰을 무시하고 A 점과 B 점 지지대에서의 반력을 구하라.

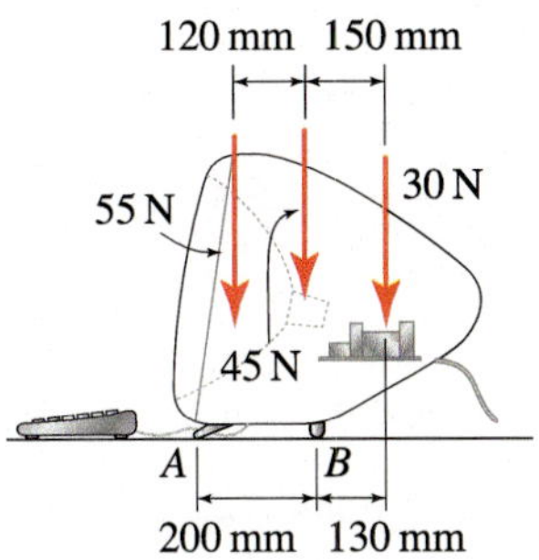

그림 P5.2

문제 5.3

그림의 도구는 두꺼운 반도체 기판에 얇은 박판을 압착하여 붙이는 작업에 사용된다. 만약 A 점과 B 점에서의 바퀴의 직경이 50 mm이고 마찰이 없는 베어링을 가지고, 90 N의 수직력이 도구의 손잡이에 작용할 때 필름의 위에 작용하는 힘과 반도체 기판 바닥에 작용하는 힘을 구하라.

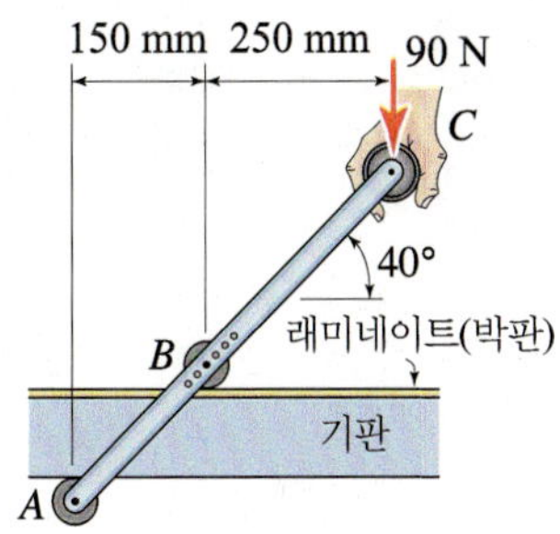

그림 P5.3

문제 5.4

에스컬레이터가 A 점에 연결된 체인으로 힘 F를 받고 있다. A 점, B 점에서의 롤러는 마찰없는 베어링이고 느슨한 물림의 트랙에서 움직인다. 만약 90 kg 질량의 사람이 일정한 속도로 이동하는 에스컬레이터 위에 서 있을 때에 다른 무게들은 무시하고 필요한 체인의 힘 F와 A 점, B 점에서의 바퀴의 반력을 구하라. 만약 사람이 변화하는 속도의 에스컬레이터 위에 있을 경우에는 필요한 힘이 앞에서 구한 힘과는 다른 힘이 될 것인가? 설명하라.

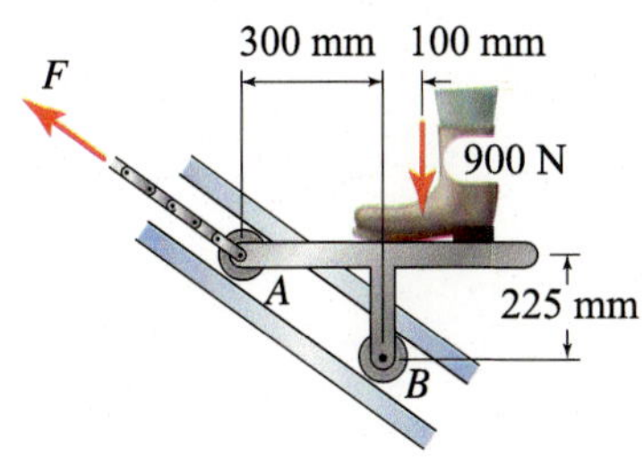

그림 P5.4

문제 5.5

막대 $ABCD$가 C 점에서 핀과 DE 사이의 케이블로 지지되고 있다. C 점에서의 반력과 케이블에 의해 지지되는 힘을 구하라.

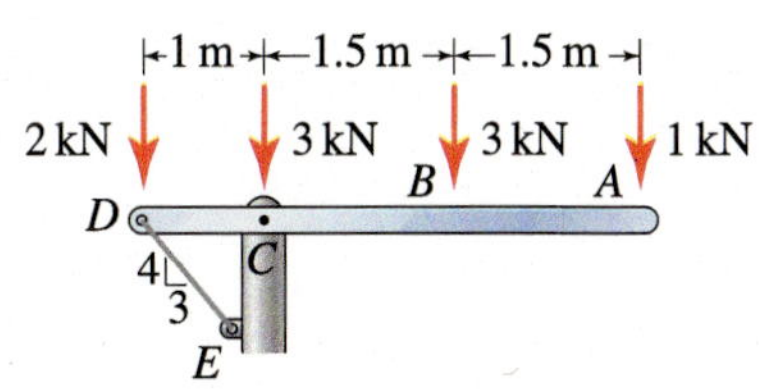

그림 P5.5

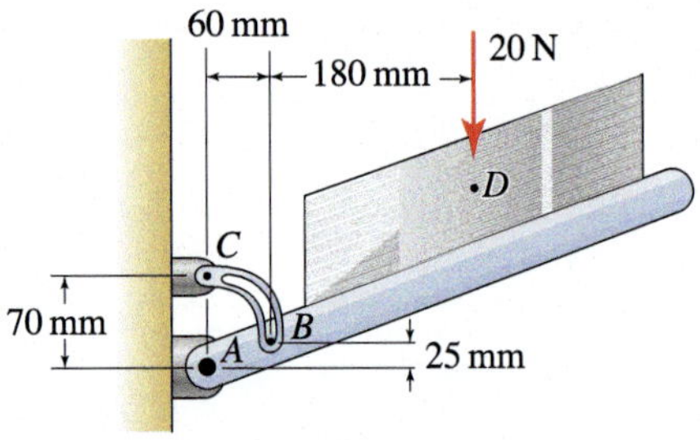

그림 P5.6

문제 5.6

복사기의 용지 공급을 위한 접힐 수 있는 트레이가 그림에 보인다. 트레이는 A 점에서 힌지와 두 개의 홈이 있는 링크(트레이의 한 쪽 면에서는 한 개)로 지지되고 있다. 만약 종이 묶음의 무게가 20 N이고 다른 무게를 무시할 때, 힌지에서의 반력과 한 링크의 B 점에서 반력을 구하라.

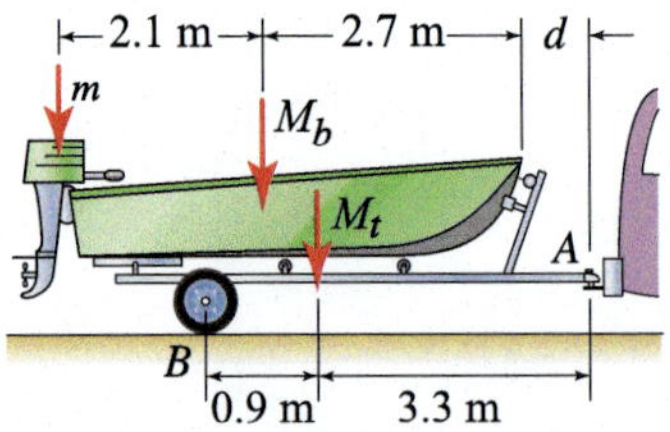

그림 P5.7

문제 5.7

보트, 모터 및 트레일러의 질량은 각각 $m_b = 270$ kg, $m_m = 56$ kg, $m_t = 135$ kg이다. 만약 보트 앞머리에서 갈고리까지의 거리 $d = 1.2$ m일 때, A 점에서의 수직 반력과 바퀴에서의 반력을 구하라.

문제 5.8

문제 5.7의 보트 트레일러에서 A 점에서의 수직 반력이 450 N 되도록 거리 d를 구하라.

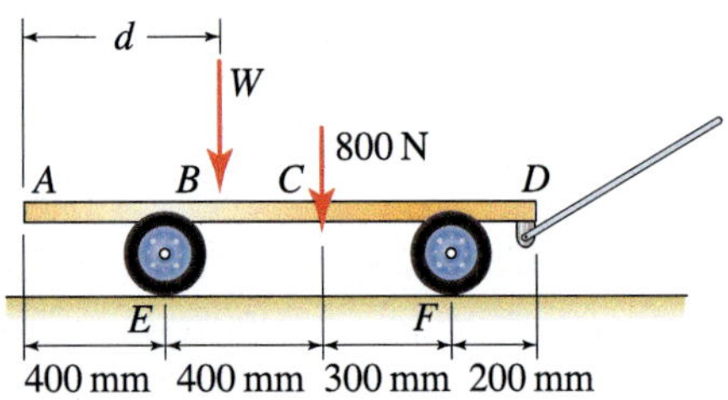

그림 P5.9

문제 5.9

무게 800 N의 손수레는 창고에서 무거운 짐을 옮기는 데에 사용된다. 만약 각 축(한 쌍의 바퀴)이 최대한 10 kN에 견딜 수 있다면 손수레가 지지할 수 있는 최대 무게와 그 무게가 가하여질 위치 d를 구하라.

문제 5.10, 5.11

그림에 핀, 롤러 및 고정지지대와 같은 다양한 구조물이 있다. 그림 P5.10(C)와 그림 P5.11(C)에서 D 점의 롤러는 수직 변위만 가능하고 수평 이동과 회전은 구속되어 있다. 모든 반력을 L, F, P 또는 M과 같은 파라미터를 사용하여 구하라.

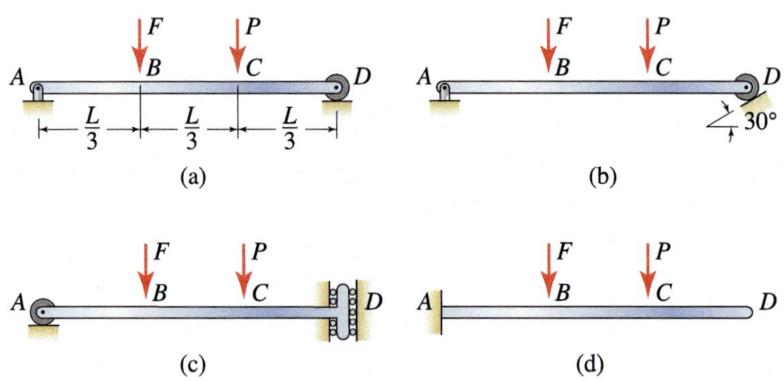

그림 P5.10

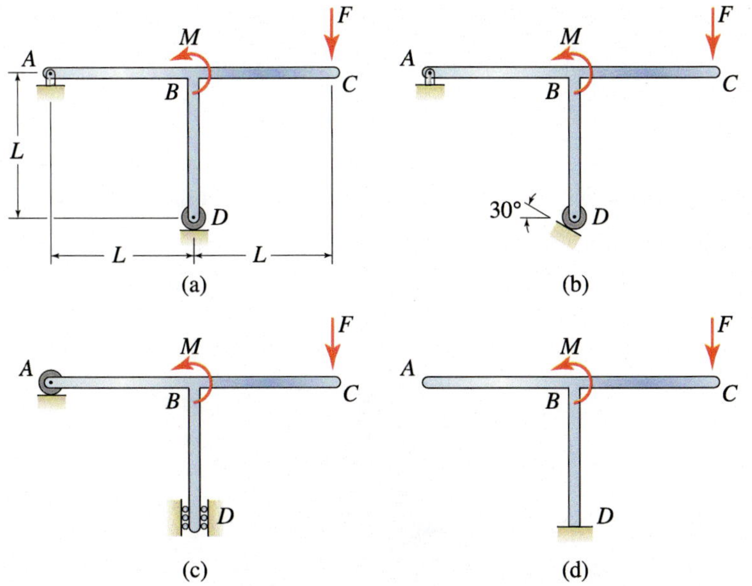

그림 P5.11

문제 5.12, 5.13

아래 구조물에서 모든 부재들은 동일하게 길이가 2 m이다. 모든 지지대에서의 반력을 구하라.

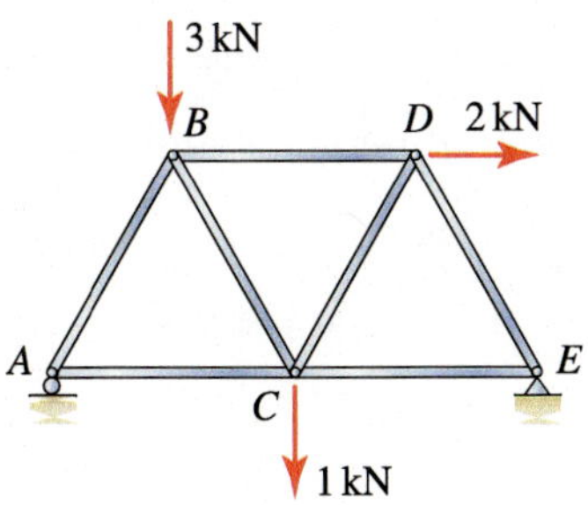

그림 P5.12

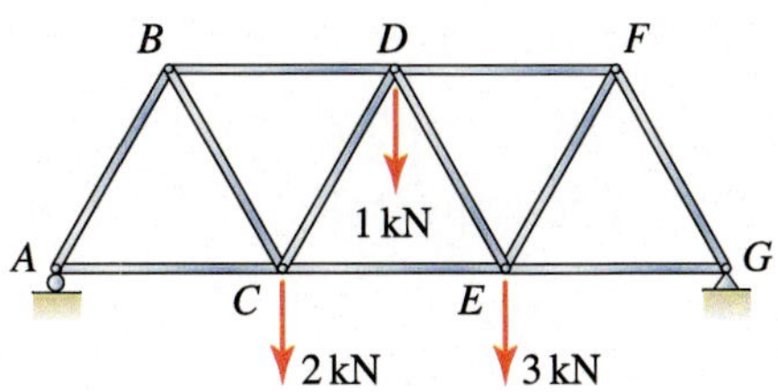

그림 P5.13

문제 5.14

트러스의 제일 위의 코드에 그림과 같이 균일한 분포하중이 작용하고 있다. $Q = 4.5$ kN 일 때 지지대의 반력을 구하라.

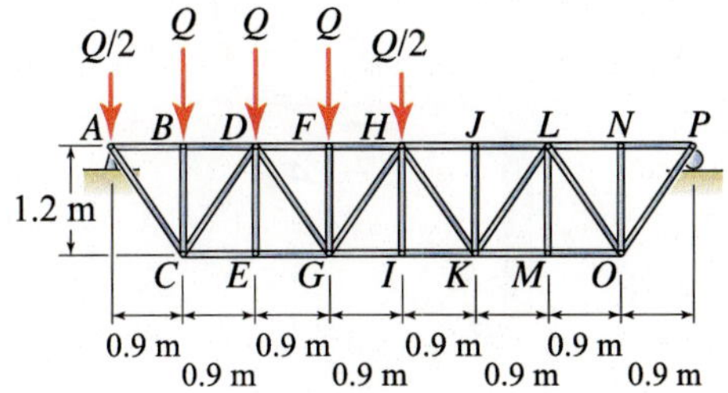

그림 P5.14

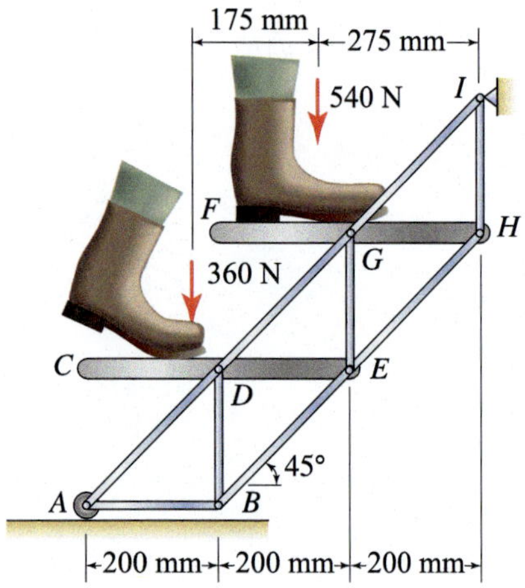

그림 P5.15

문제 5.15

그림과 같이 두 발로 힘이 가해질 때 사다리의 지지대 반력을 구하라.

문제 5.16

지게차에서 차량 질량 $m_v = 6800$ kg, 연료 질량 $m_F = 136$ kg, 운전자 질량 $m_O = 72.5$ kg이다. $P = 9000$ N일 때, 바퀴 각 쌍에서의 반력을 구하라.

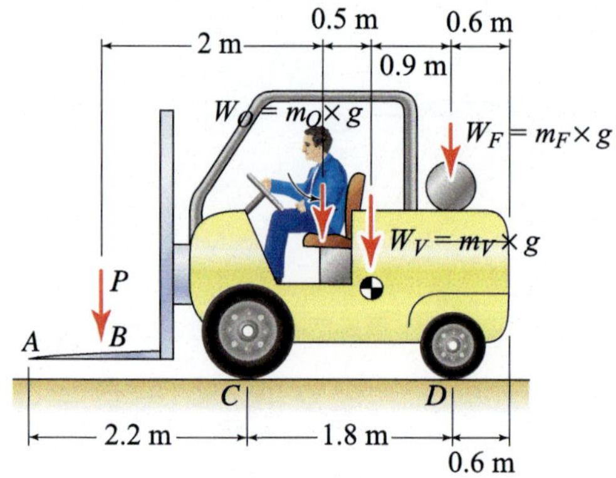

그림 P5.16

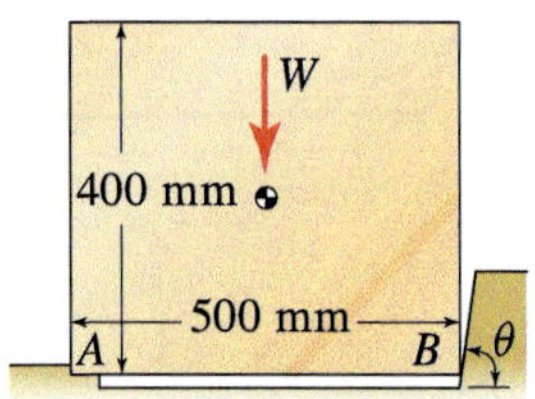

그림 P5.17

문제 5.17

포장회사에서 사용하는 무게 $W = 150$ N이고 가로와 세로가 500 mm, 400 mm인 골판지 박스를 고정시키는 고정구가 그림과 같다. 만약 박스와 그 내용물의 무게가 박스의 중앙을 통과한다고 할 때, A 점과 B 점에서의 반력의 크기가 800 N(박스가 으스러지기 시작하는 힘)을 초과하지 않도록 각도 θ의 최대값을 구하라. A 점에서의 노치(notch)는 박스가 수평과 수직방향의 이동을 막고 있으며 B 점에서의 접촉에는 마찰이 없다고 가정한다.

문제 5.18

막대 ABC가 B 점에서는 롤러에 의해 지지되어 있고, A 점에는 고정막대 DE에서 미끄러지는 마찰이 없는 이음고리에 의해 지지되어 있다. A 점과 B 점에서의 지지대 반력을 P, a과 같은 파라미터를 사용하여 구하라.

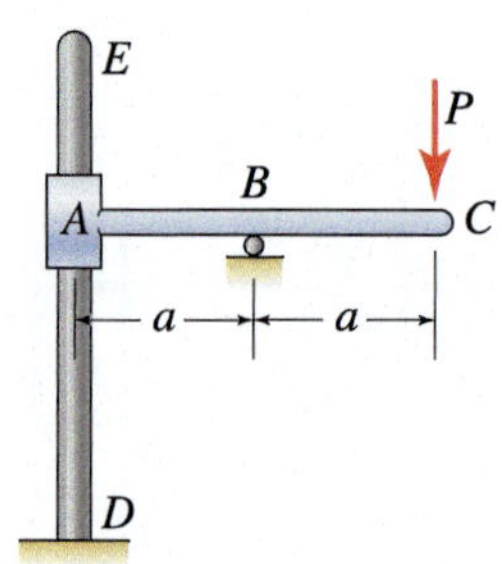

그림 P5.18

문제 5.19

구조물 $ABCDE$가 D 점에서는 롤러에 의해 지지되어 있고 A 점에는 고정막대 FG에서 미끄러지는 마찰이 없는 이음고리에 의해 지지되어 있다. A 점과 B 점에서의 지지대 반력을 P, Q, a, b, c 등과 같은 파라미터를 사용하여 구하라.

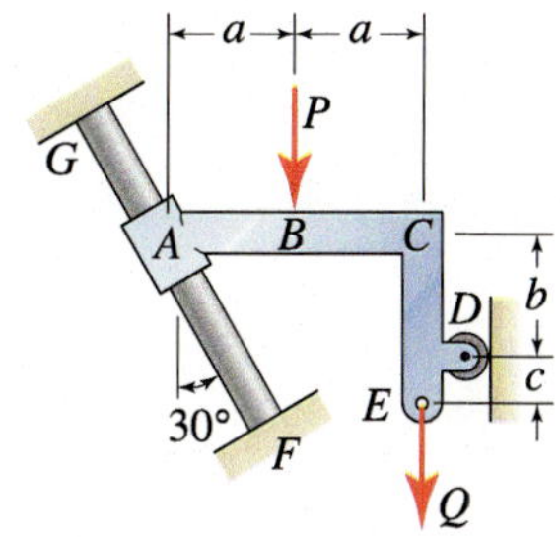

그림 P5.19

문제 5.20-5.22

모터와 설치 장비의 질량이 $m = 30$ kg이고 A, B, C, D점에서 롤러로 지지되어 있다. 롤러의 각 쌍은 느슨한 물림이 되어 있어서 한 쌍의 롤러 중에서 하나의 롤러만이 고정 레일과 접촉을 유지하게 된다. 만약 모터가 풀리에 작용하는 토크를 무시한다면 이 문제는 2 차원으로 단순화시킬 수 있을 것이다. 어느 롤러가 레일과 접촉하게 되는지 결정하고, 아래 각 경우에 이들 롤러에서의 반력을 구하라.

문제 5.20 $P = 0$, $Q = 560$ N

문제 5.21 $P = 900$ N, $Q = 0$

문제 5.22 $P = 900$ N, $Q = 560$ N

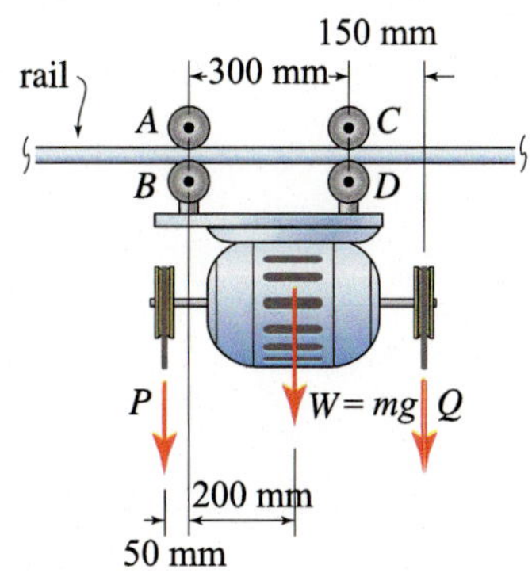

그림 P5.20, P5.22

문제 5.23

공장에서 조립하는 동안에 질량 $m = 54$ kg인 압축기가 탁상 위에 놓여 있다. 4개의 볼트를 사용하여 덮개판을 부착시킨다. 생산성을 높이기 위해 특수한 기계를 사용하여 4개의 볼트를 동시에 조이게 된다. 압축기가 넘어지지 않도록 4개의 각 볼트를 동시에 조이게 될 최대 크기의 토크 M를 구하라.

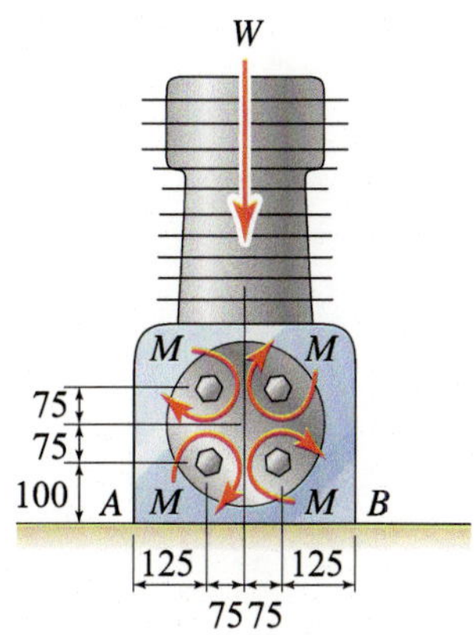

그림 P5.23

문제 5.24

트랙터에 구멍 뚫는 기계가 장착되어 있다. 트랙터의 질량 $m_V = 900$ kg, 운전자 질량 $m_O = 80$ kg이고 트랙터 앞에 있는 보충물의 질량 $m_E = 135$ kg일 때

(a) 드릴링 기계가 A 점에 작용하게 될 최대 크기의 추력을 구하라.

(b) 위의 (a)에서 구한 추력을 증가시킬 수 있는 간단한 방법들을 설명하라(즉 E 점에 보충물을 더 추가한다든지, 아니면 보충물을 제거한다든지, E 점에서 D 점까지의 질량 위치를 재배치한다든지 등등).

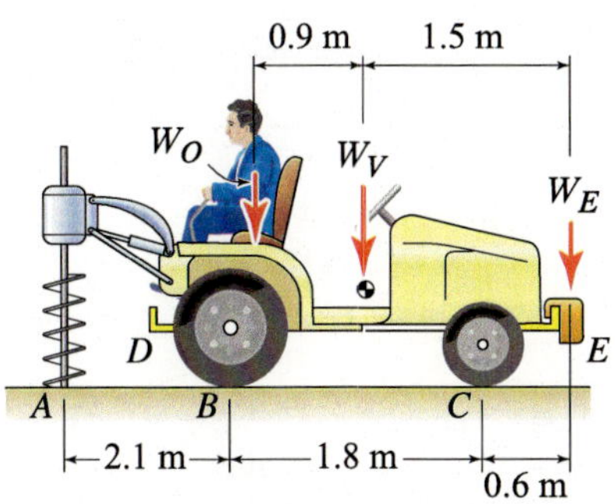

그림 P5.24

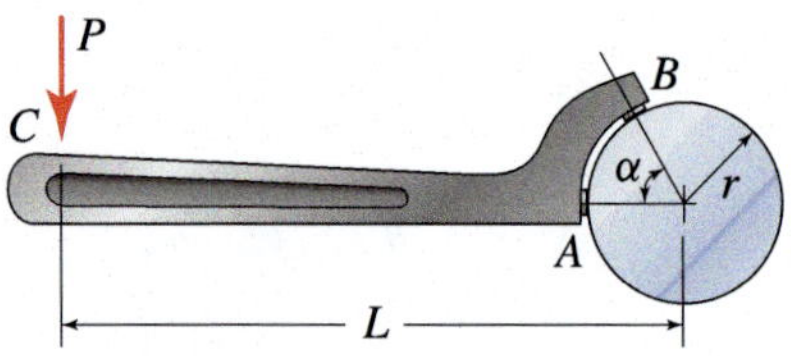

그림 P5.25, P5.26

문제 5.25

스패너 렌치는 원형 축이나 다른 비슷한 형상들에 토크를 작용시키는 데에 사용된다. 그러한 렌치들은 일반적으로 밀링이나 선반 같은 기계에 공구를 설치하기 위해 사용되고 있다. 렌치가 A 점에서 축과 마찰이 없이 접촉하고 있으며 B 점에서는 작은 핀이 축 상의 구멍에 딱 맞아 들어간다. $P = 80$ N, $L = 120$ mm, $r = 25$ mm이고 $\alpha = 120°$ 일 때, A 점과 B 점에서의 반력을 구하라.

문제 5.26

위의 문제 5.25의 스패너 렌치에서 다음 경우에서 힘 P가 작용할 때, B 점에서의 핀이 구멍 밖으로 미끄러져 나오지 않게 될 각도 α의 범위를 구하라.

(a) $L/r = 4$

(b) L/r 의 임의의 값

문제 5.27

나무 프레스기계가 C 점의 공작물에 힘을 가하기 위해 사용된다. 손잡이 DE의 길이 h는 50 mm ≤ h ≤ 250 mm 되도록 축 F에 구멍을 뚫어서 이동하면서 조정할 수 있다. 프레스 자체 하중은 $W = 350$ N이고 탁상 위의 거친 면에 놓여있다. 힘 P가 손잡이에 수직으로 작용한다.

(a) 손잡이가 수평일 때($\alpha = 0°$), 프레스가 A 점에 대해 넘어지게 되는 최소 힘 P를 구하라.

(b) 손잡이의 모든 가능한 위치에 대해서 프레스가 A 점에 대해 넘어지게 되는 최소 힘 P를 구하고 해당되는 α 값을 구하라.

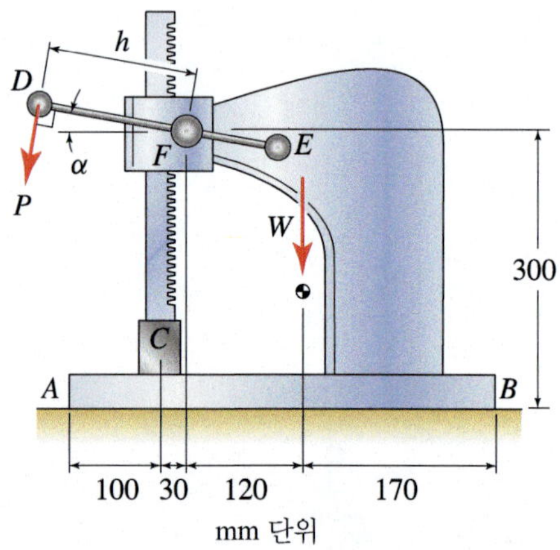

그림 P5.27

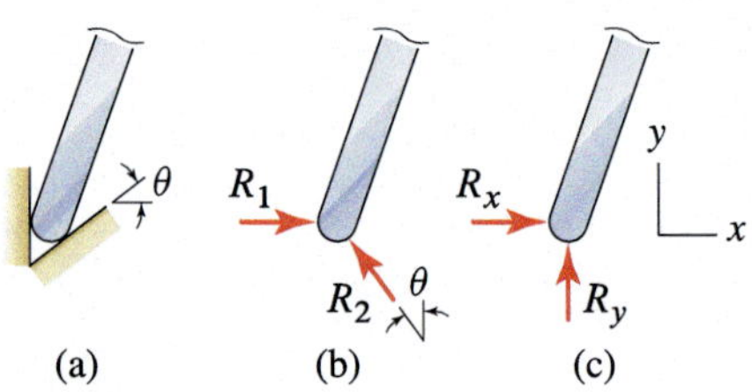

그림 P5.28

문제 5.28

구조물의 한 부분이 그림과 같은 마찰이 없는 V자 형태의 노치에 지지되고 있다. 적절한 지지반력은 어느 것인가: 그림 P5.28(b)와 같은가 혹은 그림 P5.28(c)와 같은가 또는 이들 두 가지 모두 가능한가? 설명하라.

주: 개념 문제는 계산이 아니라 설명이 필요함.

문제 5.29

대학에서 연구용으로 사용되는 안테나가 그림에 보인다. 안테나는 다른 장비와 맞추어 지도록 쉽게 올리고 내릴 수 있는 구조로 되어 있다. 안테나는 A 점에서 지지대와 핀으로 연결되고, B 점에는 수동 크랭크가 부착되어 이를 사용하여 안테나를 올리고 내릴 수가 있다. 안테나와 부채꼴 기어의 질량은 각각 135 kg, 54 kg이고 폭풍시 바람의 영향으로 C 점에 수평방향 힘 450 N이 작용하고 있다. 만약 B 점의 기어가 잠겨서 회전할 수 없을 때, 기어 이의 힘과 A 점에서 반력을 구하라.

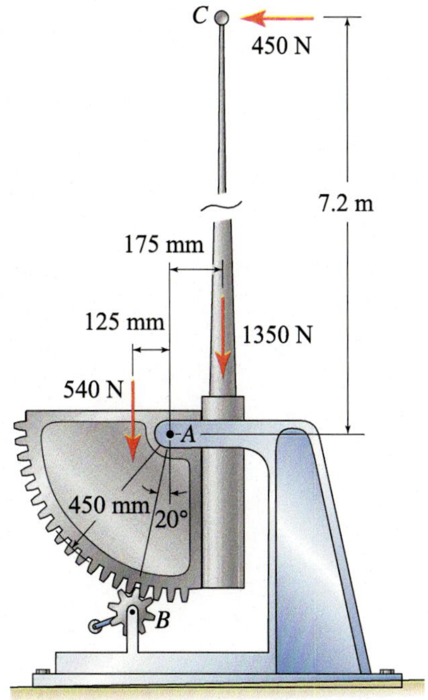

그림 P5.29

문제 5.30

프레임 $ABCD$가 기어 E에 견고하게 부착되어서 고정된, 평행한 기어 F와 G 트랙에서 이동하게 되어 있다. 기어는 100 mm 피치원을 가지고 있다. 기어 질량 $m = 3.6$ kg이고 $P = 45$ N일 때 기어 E와 각 트랙 사이의 이 힘을 구하라.

힌트: 법선력은 F 또는 G 한 쪽에서 나타나고, 동시에 두 곳은 아니다.

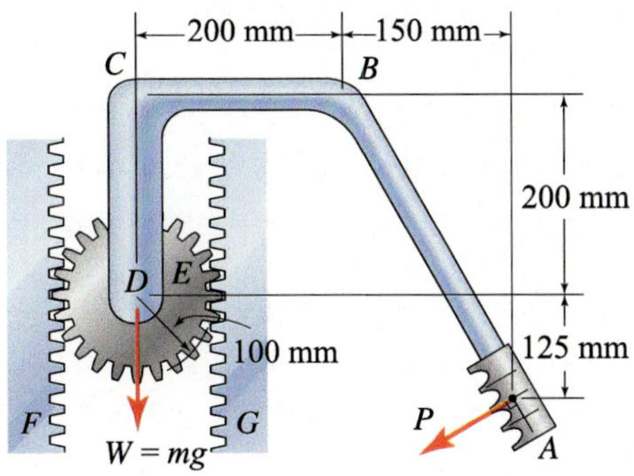

그림 P5.30

문제 5.31

프레임 BCD가 기어 A에 견고하게 부착되어서 공간상에 고정된 기어 E 트랙에서 이동하게 되어 있다. 기어는 30 mm 피치원을 가지고 있으며 프레임의 BC 부분과 CD 부분은 서로 직각이다. 만약 무게 $W = 6$ N이고 $P = 4$ N일 때 $\theta = 30°$가 되기 위한 Q 값을 구하고 기어와 트랙 사이의 반력(이의 힘)을 구하라.

문제 5.32

위의 문제 5.31에서 $W = 6$ N이고 $P = 4$ N, $Q = 8$ N 일 때 조립체가 정적 평형상태가 되기 위한 θ의 값과 기어와 트랙 사이의 반력(이의 힘)을 구하라.

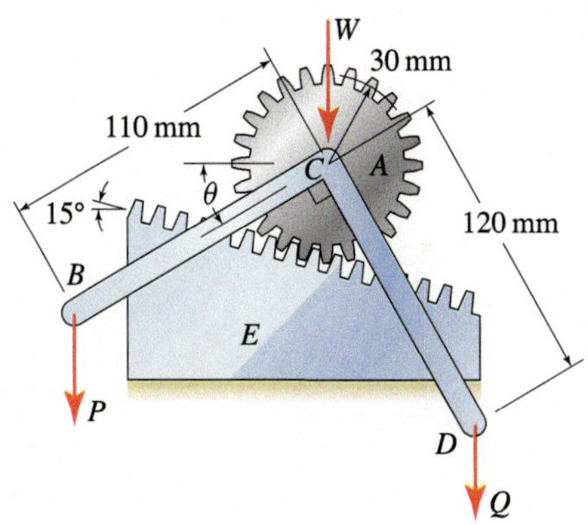

그림 P5.31, P5.32

5.3 2차원 물체의 평형 – 추가적인 주제

앞 절에서 해왔던 평형 해석의 이론적인 기초를 좀 더 철저하게 조사하면서 이 절을 시작하기로 하자. 그리고 스프링과 변형될 수 있는 부재를 포함하는 평형문제를 소개한다. 마지막으로, 우리는 부정정 문제를 예제로 짧게 소개한다.

왜 물체를 강체로 가정하는가?

정역학에서는 물체, 대상물체 또는 구조물들의 평형을 해석할 때, 이것들을 거의 대부분 강체로 추정한다(스프링은 중요한 예외다). 이 가정들은 3.2절에서 케이블과 막대가 늘어날 수 없다는 가정과 관련하여 논하였던 것과 같은 이유에서 나온 것이다. 평형방정식을 $\sum F_x = 0, \sum F_y = 0, \sum M_{P_z} = 0$로 기술할 때 힘을 임의의 성분으로 분해하고, 모멘트 팔을 결정하려면 대상물체의 기하학적 형상을 알아야 한다. 만약에 현실의 물체가 그러하듯이 물체가 변형이 된다면, 이 기하학적 형상을 알 수 없고 정적 평형방정식만으로는 미지의 반력과 변형된 기하학적 형상을 구하기에는 부족하다. 매우 딱딱한 구조물이나 대상 물체들에 힘이 가해지면 기하학적 형상에 매우 작은 변형이 생긴다. 따라서 그것을 흔히 강체로 이상화하게 된다. 신축성 있는 구조물은 그 변형성을 해석에 포함할 수 밖에 없는 것이 대부분이다. 그리고 이런 주제는 정역학과 동역학 이후에 배우는 재료역학과 같은 과목들에서 언급되어진다.

케이블과 풀리의 취급

케이블과 풀리는 구조물에서 흔한 부품이다. 해석에서 이들이 어떻게 취급될 것인가에는 여러 가지 방안이 있다. 그림 5.11(a)에서의 예를 생각해보자. 힘 W가 구체적으로 명시되면 지지대 반력들이 구해질 것이다. 풀리는 마찰이 없는 것으로 이상화하였고, 케이블들은 연속적이며 완벽히 유연하고, 무게를 무시한다면 케이블의 모든 부분들은 힘 W와 동일한 인장력을 지탱한다. 3개의 가능한 자유물체도는 그림 5.11(b)-(d)에 보인다. 첫 번째로, 그림 5.11(b)에서, 풀리는 구조물에 남겨져 있고, 자유물체도를 그리기 위해 분리할 때, 보이는 것처럼 힘들이 드러난다. 나머지 2개의 자유물체도인 그림 5.11(c)와 (d)에서는 풀리가 구조물에서 분리되어 있다. 즉 자유물체도를 그리기 위해 분리할 때, 풀리를 제거함으로써 풀리가 구조물에 가하던 힘들이 드러난다. 그림 5.11(c)에서, 풀리의 힘은 그냥 풀리의 베어링으로 이동했다. 이에 관한 정당성은 그림 511(c)의 우측에 나타나 있는 풀리 자체의 자유물체도에서 확인할 수 있다. 베어링 힘들이 구성되고 각 풀리는 평형을 이루게 된다. 그림 5.11(d)에 보이는 자유물체도는 베어링 힘들이 x와 y 성분으로 분해되는 것을 제외하고 위에 있는 것과 비슷하다. 대부분의 경우 그림 5.11(b)와 (c)의 자유물체도가 가장 유용하다는 것을 알게 될 것이다.

유용한 정보

케이블 기하학 구조. 케이블은 동일한 반경의 2개 풀리 주위로 감겨진 것이 일반적이다.

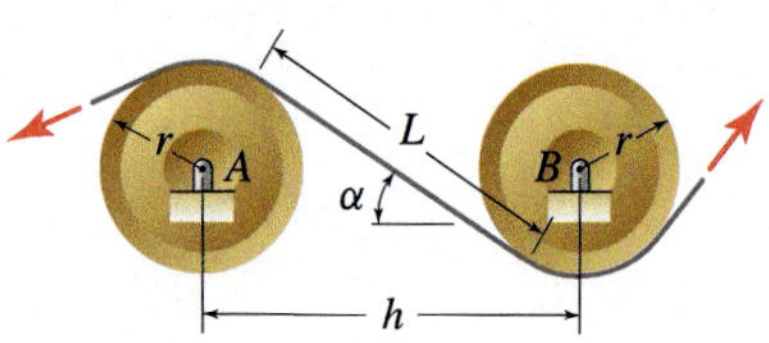

그림 5.10 r을 풀리의 반경, h는 두 풀리 베어링 사이의 거리라고 하면 방향각 α와 두 풀리 사이의 케이블 요소 길이 L은

$$\alpha = \sin^{-1}\frac{2r}{h}, \qquad L = h\cos\alpha. \tag{5.12}$$

이 식의 유도과정은 문제 5.33에 주어진다.

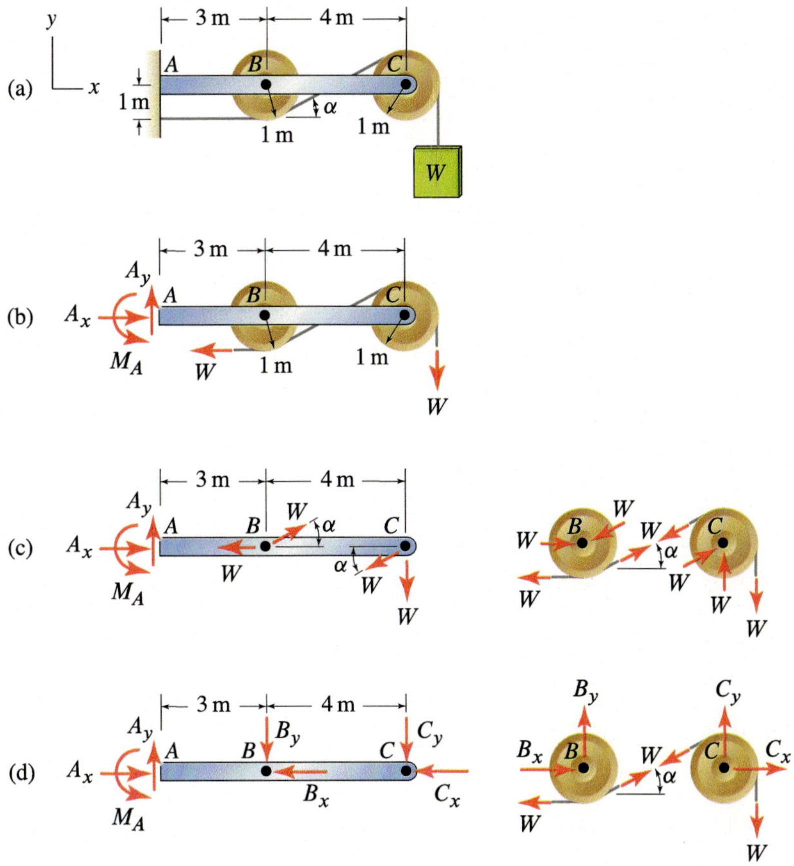

그림 5.11 (a) B 점과 C 점에 마찰없는 풀리를 가진 외팔보 구조물. (b)~(d) A 점에서 반력을 구하기 위해 사용될 자유물체도. 풀리는 동일한 반경이므로 방향각 α는 식 (5.12)에서 쉽게 구하게 된다.

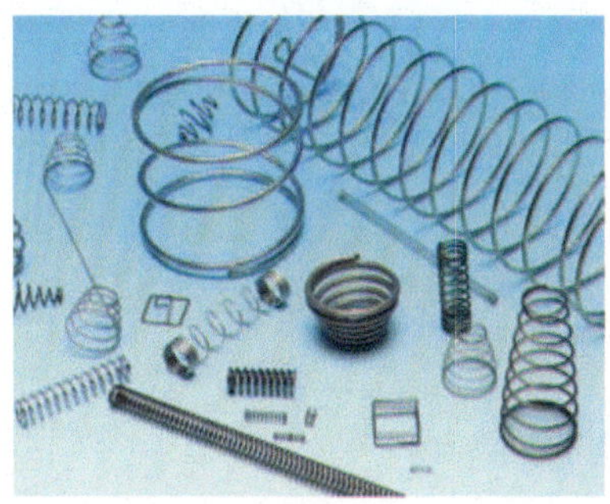

그림 5.12 와이어로 만들어진 각종 코일 스프링.

스프링

스프링들은 정역학에서 몇 개 안되는 변형 부재 중의 하나이다. 스프링의 예가 그림 5.12에 나타나있으며 그림 5.13은 개략적 도면이다. 3.2절에서 언급한 스프링에 관한 사항들이 여기서 활용할 수 있고 선형 탄성거동에 관한 스프링 법칙은

$$\boxed{\begin{aligned} F_s &= k\delta \\ &= k(L - L_0) \end{aligned}} \tag{5.13}$$

여기서

F_s는 스프링이 지탱하고 있는 힘;

δ는 스프링이 늘어나거나 변형되지 않았을 때의 길이로부터 변형량;

k는 스프링 상수(단위: 힘/길이);

L_o은 스프링의 처음 길이;

L은 스프링의 마지막 길이.

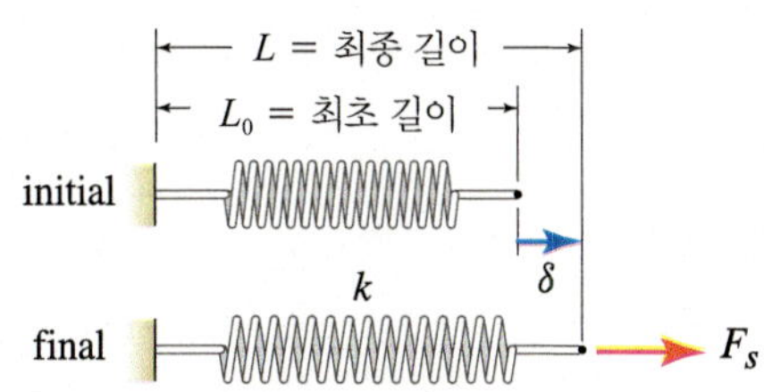

그림 5.13 스프링은 그 변형량 δ에 비례하는 힘 F_S를 발생한다. 그러한 스프링을 종종 **축방향 스프링**(*axial spring*)이라고 한다.

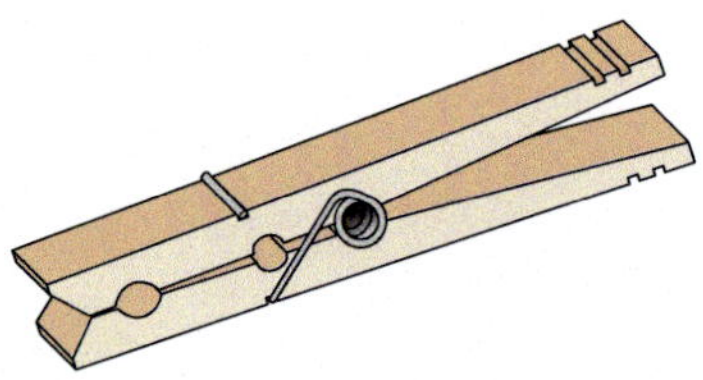

그림 5.14 빨래집게에 쓰이는 비틀림 스프링의 예.

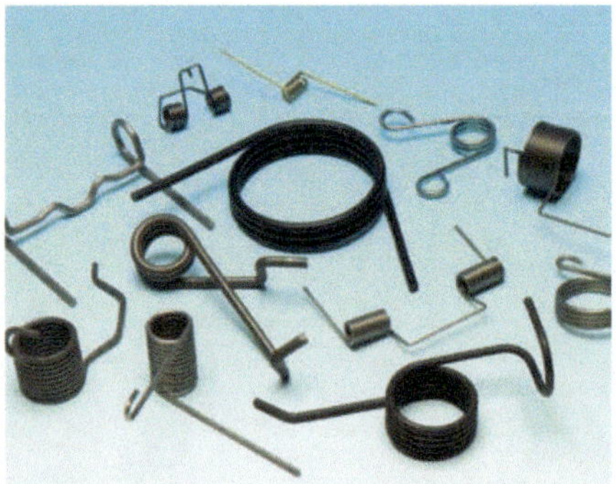

그림 5.15 철선으로 만든 소형 비틀림 스프링의 예.

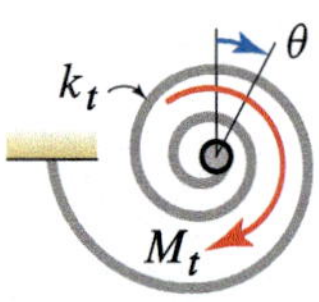

그림 5.16 비틀림 스프링은 회전각 θ에 비례하여 모멘트 M_t를 생성한다.

스프링 상수 k는 항상 양수이다. 왜냐하면 식 (5.13)의 힘 F_S와 처짐량 δ는 축선으로 향하고 있기 때문이다. 이 스프링은 다음에 설명될 비틀림 스프링(*torsional spring*)과 차별하기 위해서 축 방향 스프링이라고 불린다. 식 (5.13)에서 힘 F_S와 변형량 δ의 양의 방향을 압축력과 인장변형을 의미하는 것으로 약속할 수 있다. 이 방법의 경우에는 3.2절에서 논의된 바와 같이 식 (5.13)에 음수의 기호를 소개할 필요가 있다.

비틀림 스프링도 역시 흔하다. 이 스프링의 간단한 예가 그림 5.14의 빨래집게에서 볼 수 있다. 그림 5.15에 선으로 이루어진 작은 비틀림 스프링들이 보인다. 이것의 구조를 그림 5.12의 축 방향 스프링과 비교할 수 있다. 비틀림 스프링은 스프링의 상대 회전 또는 뒤틀림에 비례해서 모멘트를 생성한다. 비틀림 스프링의 개략적 도면은 그림 5.16에 있다. 그리고 선형 탄성거동에서의 스프링 법칙은

$$M_t = k_t\theta \tag{5.14}$$

여기서

M_t는 스프링에 의해 생성된 모멘트;

θ는 무부하 상태의 원위치로부터 라디안으로 측정된 회전된 각도;

k_t는 스프링 상수(단위: 모멘트/라디안)[1].

정의에 따라 스프링 상수는 항상 양수이다. 비틀림 스프링 상수의 단위와 축 방향 스프링 상수의 단위는 다르다는 것을 명심하라. 식 (5.14)는 M_t와 θ는 같은 방향의 양으로 가정한다. 만약 M_t와 θ를 반대 방향을 양으로 정한다면, 음의 기호가 식 (5.14)에 포함되어야 한다.

중첩

중첩(*superposition*)은 복잡한 하중들을 지닌 문제를 보다 간단한 하중을 지닌 문제들의 합(또는 중첩)으로 바꾸어서 사용할 수 있다는 개념이다. 간단한 하중을 지닌 각각의 문제들이 복잡한 하중을 가진 원래 문제보다 분석하기가 더 쉽다. 간단한 하중을 가지고 있는 문제가 원래 문제보다 해석하기가 쉽지 않을 때라도 중첩은 여전히 유용하게 쓰일 수 있다. 아래의 예들에서 중첩을 살펴보자.

■ **간단한 예제** 그림 5.17에서의 외팔보에 2개의 1 kN의 힘들이 작용하고 있다. 중첩을 사용하여 A 점의 반력모멘트를 구하라.

풀이 문제의 하중은 그림 5.17에서와 같이 2개의 보다 간단한 하중들인 하중 경우 1과 하중 경우 2로 나눌 수 있다. 이를 간단히 경우 1과 경우 2라고 하자. 자유물체도를 그리고 평형방정식을 기술하면 각 하중에 대한 A 점의 반력모멘트가 각각 $(M_A)_{\text{case1}} = 2$ kN · m이고, $(M_A)_{\text{case2}} = 4$ kN · m임을 확인할 수 있다. 반력모멘트의 합은 각각의 하중의 반력모멘트의 합과 같다. 따라서

$$\begin{aligned}(M_A)_{\text{total}} &= (M_A)_{\text{case 1}} + (M_A)_{\text{case 2}} \\ &= 2\text{ kN}\cdot\text{m} + 4\text{ kN}\cdot\text{m} \\ &= 6\text{ kN}\cdot\text{m}\end{aligned} \tag{5.15}$$

1) 비틀림 스프링 상수는 회전을 측정하는 각도(deg) 단위로 주어진다. 그러나 해석에는 라디안 단위를 사용하는 것이 가장 좋다.

다른 모든 반력들에서도 위의 내용이 적용된다. 예를 들어 A 점의 수직 반력들은 역시 각각의 하중들에 대한 반력의 합과 같다.

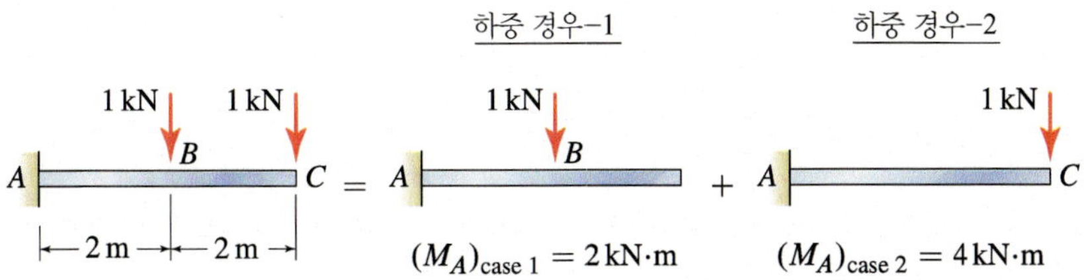

그림 5.17 중첩의 원리에 관한 예.

중첩의 활용도를 좀더 설명하기 위해 그림 5.18에서 A 점의 반력모멘트를 구하기로 하자. 처음부터 이 문제를 재분석하는 것보다는 이전에 사용했던 중첩 해석을 사용해서 각 하중에 대한 결과를 합하면 된다. 그러므로 그림 5.18에서 A 점의 모멘트 합은

$$\begin{aligned}(M_A)_{\text{total}} &= 3(M_A)_{\text{case 1}} + 5(M_A)_{\text{case 2}} \\ &= 3(2\text{ kN}\cdot\text{m}) + 5(4\text{ kN}\cdot\text{m}) \\ &= 26\text{ kN}\cdot\text{m}.\end{aligned} \tag{5.16}$$

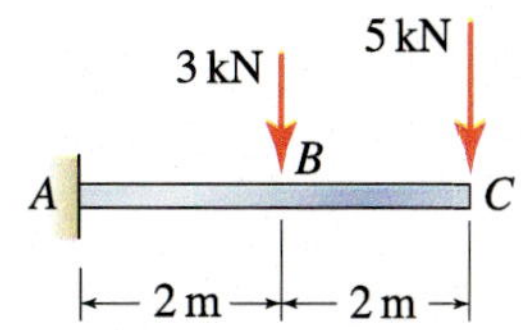

그림 5.18 그림 5.17에 대한 중첩법을 사용한 것처럼 이 예제도 매우 쉽게 해석이 된다.

지지(supports)와 고정(fixity)

물체를 지지하는 방식에 따라 고정의 형태뿐만 아니라, 정정(靜定, statically determinate)과 부정정(不靜定, statically indeterminate)의 형태가 결정된다. 이러한 개념은 아래와 같이 정의된다.

완전 고정 완전 고정된 물체는 충분한 수의 지지대와 알맞게 배열된 지지대로 인해 물체가 공간에 완벽히 고정되어 있어서 어떠한 힘이 작용하여도 아무 방향으로든지 움직임(병진 또는 회전운동)이 없는 것을 말한다.

부분 고정 부분 고정된 물체[2]는 물체가 하나 이상의 방향으로 움직임(이동 또는 회전)이 생기도록 지지를 받고 있는 것을 말한다. 이러한 움직임들은 작용하는 힘이나 또는 모멘트에 따라서 발생하기도 하며, 물체가 원래부터 운동 중인 경우에도 발생한다.

자유지지 고정하지 않는 물체는 어떠한 지지도 받지 않고, 물체에 가해진 힘의 작용으로 공간에서 자유롭게 이동 또는 회전할 수 있다.

모든 물체들은 위에 있는 3개의 분류 중 하나이다. 고정이란 말 대신에 물체가 강체운동(*rigid body motion*)을 하게 되는 능력으로 언급하는 것이 더 일반적이다. 2차원 물체는 3가지의 강체운동을 하게 된다(직각인 두 방향으로 병진 이동과 회전 또는 이들의 조합). 그러므로 완전 고정, 부분 고정 및 자유지지에 대한 동등한 설명을 한다면 각각 강체운동 능력이 전혀 없는 경우, 강체운동 능력이 일부분 있는 경우 및 강체운동능력이 완전히 있는 경우라고 할 수 있다. 2차원 물체에서, 완전 고정에서는 적절하게 배열된 3

2) 어떤 교재에서는 부분 고정을 "부적절한 지지"로 표현하였다. 그러나 그러한 표현법은 모든 물체는 완전히 고정되어야만 한다는 것을 의미하기에 바람직하지 못한 표현이다.

개 이상의 반력 또는 반력 모멘트가 작용하는 지지대가 요구된다. 부분 고정단에서는 하나 또는 2개의 반력만이 있거나, 혹은 3개 이상의 반력과 모멘트가 있지만 운동을 완벽히 저지할 충분한 배열이 안 된 경우이다.

정정과 부정정 문제

예제 3.6에서 소개한 정정(*statically determinate*)와 부정정(*statically indeterminate*)을 아래와 같이 정의한다:

정정 물체(statically determinate body) 정정 물체에서는 정적인 평형방정식들만으로도 방정식 안에 나타난 모든 미지의 힘과 다른 미지의 값들을 구할 수 있다.

부정정 물체(statically indeterminate body) 부정정 물체에서는 정적인 평형방정식만으로는 미지의 힘과 다른 미지의 값들을 구하기에 충분하지 않다.

정적 평형에 있는 모든 물체들은 위의 두 범주 중의 하나에 해당한다. 부정정 물체에서는 평형방정식보다 더 많은 미지수들이 있으며 대부분 이들 값을 찾을 수 없다. 하지만 가끔 평형방정식만으로도 부정정 문제에서 전체가 아닌 일부의 미지수들을 찾을 수 있다.

물체가 정정인가 또는 부정정인가를 판단할 수 있게 하는 간단한 경험 법칙은 미지수의 수와 평형방적식의 수를 비교하는 것이다. 이것을 방정식 계수법(*equation counting*)이라고 부른다. 만약 미지수가 n 개라면, 2차원 단일 물체에 관한 경험 법칙은 아래와 같다.

$n < 3$인 경우	물체는 정정이며, 부분고정($n = 1, 2$)이거나 자유지지 즉 고정이 안 되어 있다($n = 0$).	
$n = 3$인 경우	물체가 완전 고정이면 물체는 정정이고, 물체가 부분 고정이면 물체는 부정정이다.	(5.17)
$n > 3$인 경우	물체는 부정정이고 완전 고정되거나 부분 고정이 될 수 있다.	

이것이 그냥 법칙이 아닌 경험 법칙이라 불리는 이유는, 방정식 계수법의 성공적인 사용을 위해서 우리에게 몇 가지 올바른 판단이 필요하기 때문이다. 이 법칙은 매우 유용하며 앞으로도 계속 사용될 것이다. 방정식 계수법에 대한 이해도가 높아질수록 이것을 더욱 더 잘 활용할 수 있다. 이 경험 법칙과 정교한 것들을 활용하는 법을 다음 예에서 볼 수 있다.

■ **간단한 예제** 다양한 형태로 지지를 받고 있는 물체들이 그림 5.19에 보인다. 각 지지대에서 물체가 완정 고정 또는 부분 고정인지 그리고 물체가 정정 또는 부정정인지 알아보아라.

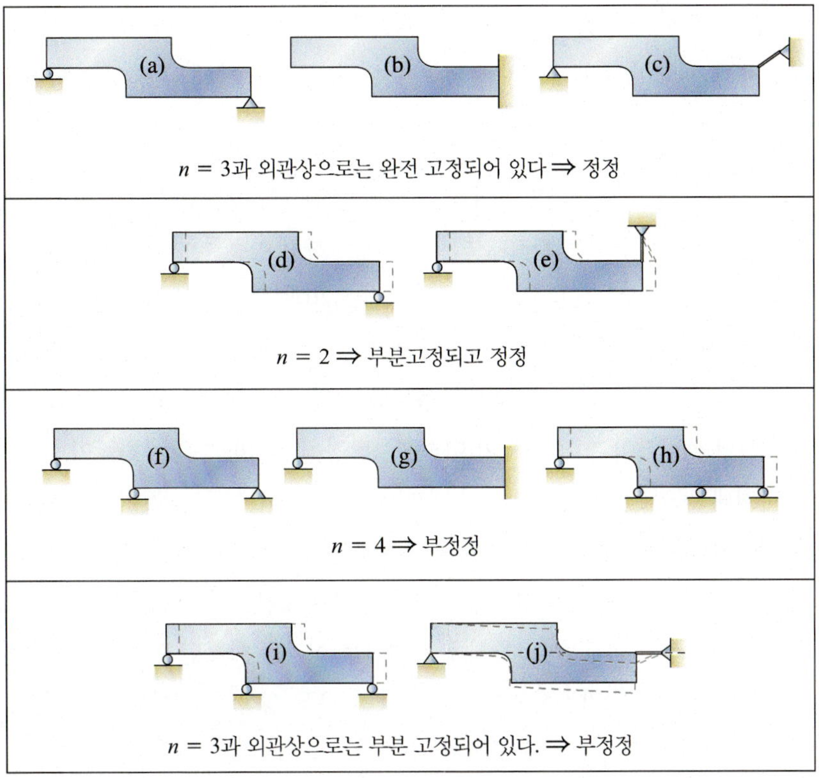

그림 5.19 물체가 정정인지 부정정인지 확인하는 방정식 계수법의 예. 완전 고정이 안 된 물체에서 이동 가능한 모습이 점선으로 표시되어 있다.

풀이 그림 5.19(a)에서 롤러는 하나의 미지의 반력이 있고 핀은 2개의 미지값이 있어서 전체는 $n = 3$이다. 물체를 살펴보면 완전 고정된 것을 알 수 있다. 물체가 수평으로 움직이거나, 수직으로 움직이거나 또는 회전할 수 없게 충분한 지지대가 놓여있다. 그러므로 식 (5.17)에서 물체는 정정임을 알 수 있다. 그림 5.19(b)와 (c)에서도 비슷하게 적용하게 된다.

그림 5.19(d)와 (e)에서의 물체들은 각각 2개의 미지의 반력이 있으며 식 (5.17)에서 이것을 부분고정된 정정이라고 한다. 그림 5.19(d)를 살펴보면 물체는 수평이동을 할 수 있고, 그림 5.19(e)에서는 수평이동과 회전이 가능하다. 우리가 물체들이 정정이라고 할 때에는, 하중이 동적이기보단 정적이라는 것을 생각하고 있어야 한다. 예를 들어, 그림 5.19(d)의 물체가 수평 힘을 받았을 때, 물체는 수평방향의 가속을 얻게 되고, 뉴턴의 법칙 $F = ma$이 사용된다.

그림 5.19(f), (g), (h)의 물체들은 각각 4개의 미지의 반력을 가지고 있으며 식 (5.17)에서 3개 물체가 모두 부정정 물체인 것을 알 수 있다. 그림 5.19(f), (g)를 살펴보면 이

물체들이 완전고정인 것을 알 수 있고, 그림 5.19(h)를 살펴보면 물체는 수평 이동할 수 있고 부분고정인 것을 알 수 있다.

그림 5.19(i)와 (j)의 물체는 각각 3개의 미지의 반력을 가지고 있지만 부분고정이 되어 있음을 알 수 있다. 그림 5.19(i)에서 움직임이 가능한 것은 분명하다; 즉 수평이동을 할 수 있다. 그림 5.19(j)의 물체의 움직임은 더욱 미세하다; 물체는 핀을 중심으로 작은 회전을 하게 되고 링크의 방향이 변화할 수 있다. 그래서 식 (5.17)을 적용하여 2개의 물체들은 부정정인 것을 알 수 있다.

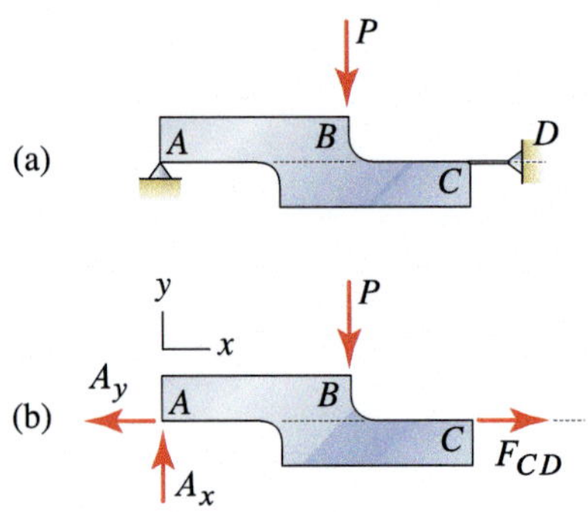

그림 5.20 물체의 고정을 결정하기 위한 힘의 사용.

참고사항 아래의 참고사항들은 그림 5.19에 있는 예들과 관계있다.

- 그림 5.19(c)와 (j)에 있는 지지대들은 매우 흡사하고 이것들 중에서 (j)가 왜 부분고정인지 파악하기 어렵다. 다른 관점으로 그림 5.20과 같이 힘 P가 작용할 때 물체의 반응을 생각하면 왜 (j)가 부분고정인지 쉽게 알 수 있다. 자유물체도와 A 점의 모멘트 합계를 구하면, $\sum M_A = 0$을 만족하는 힘 P의 유일한 값은 0인 것을 알 수 있다. 만약 0 아닌 P의 값이 가해지면, 지지대들은 평행을 유지하기 위한 반력이 생길 수 없어서 마침내 링크 CD의 형상이 변할 때까지 동적 움직임이 생길 것이다. 물체가 고정되어 있는지를 판단하는데 힘을 사용하면 효과적이지만, 실패할 확률이 없는 것은 아니다. 잘못된 위치와 방향에 있는 힘으로는 물체가 부분고정이라는 것을 알 수 없다.
- 강체운동 가능성의 여부는 그 물체에 가해지는 힘과는 아무런 연관도 없다. 하지만 만약 물체가 강체운동 가능성을 가지고 있다면, 운동 생성의 여부는 오로지 가해지는 힘 또는 모멘트의 크기에 따라서 정해진다.
- 방정식 계수법은 쉽지만 성공여부는 물체의 고정여부를 판단하는 능력에 달려있다. 본질적으로, 방정식 계수법은 오로지 지지대들의 스칼라 특성들만 제공한다. 보다 더 완벽한 성질들을 위해선 지지대의 벡터 표현인 반력들의 위치와 방향이 필요하다. 하지만 이런 해석방법은 매우 복잡하다.

2력 부재와 3력 부재

만약 물체나 구조물 부재가 아래 설명과 같이 2개 또는 3개의 점에서만 힘을 받는다면 평형상태에서 물체의 지지를 받고 있는 힘의 방향은 특별한 성질을 가진다. 이 상황들은 아래와 같이 설명된다.

2력 부재 물체가 2개의 점에서만 힘을 받는다면 2력 부재(*two-force members*)라 한다(모멘트를 발생시킬 하중이 없고 무게와 같은 분포하중이 아닐 경우). 2력 부재의 특성은 평형에서 두 힘이 동일한 작용선을 가지고 서로 반대방향이면 평형상태에 놓이며 그림 5.21에 그 예가 있다

3력 부재 물체가 3개의 점에서만 힘을 받는다면 3력 부재(*three-force members*)라 한다(모멘트를 발생시킬 하중이 없고 무게와 같이 분포하중이 아닐 경우). 3력 부재의 특성은 3개의 힘의 작용선이 같은 점을 지나면 물체는 평형상태가 된다. 만약에

3개의 힘이 평행하다면(평행력 시스템이라 부른다), 3개의 작용선의 교차점은 무한대에 있다고 생각할 수 있다. 그림 5.22에 그 예가 있다.

만약에 물체가 2력 부재나 3력 부재도 아니고 어떠한 힘에도 영향을 받지 않는다면 무부하 부재(*zero-force member*)라고 하고, 3개 이상의 힘에 영향을 받거나 모멘트 생성하는 하중이나 또는 분포하중이 있으면 일반적인 다력 부재(*general multiforce member*)라고 한다. 무부하 부재는 6장의 트러스 구조에서 보게 될 것이며 그것은 트러스 강도를 향상시키는데 중요한 역할을 하게 된다.

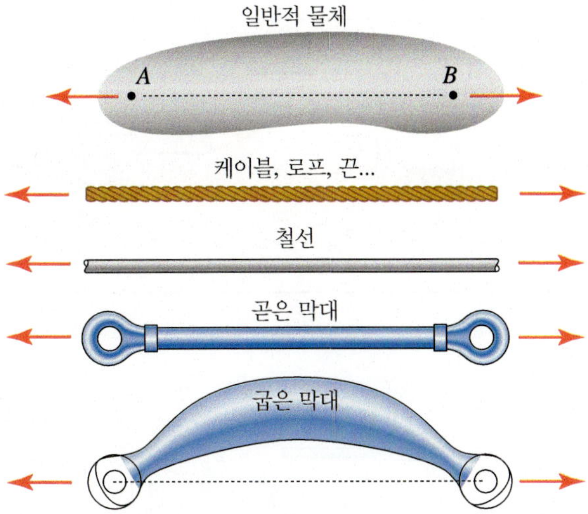

그림 5.21 2력 부재의 예. 모든 경우에 두 힘은 동일한 작용선을 가지고 크기는 같으며 방향은 서로 반대이다.

2력 부재에 관한 참고사항

- 2력 부재의 성질들은 아래의 글에서 증명할 수 있다. 그림5.21의 일반적인 물체를 생각해 보자. A 점과 B 점의 힘은 그림에 그려진 방향과 반대일 수 있다. A 점에 대한 모멘트 평형은 B 점의 힘의 작용선이 A 점을 지날 때 만족된다. 마찬가지로 B 점에 대한 모멘트 평형은 A 점의 힘의 작용선이 B 점을 지날 때 만족된다. 그러므로 두 힘은 반드시 동일한 작용선을 가지고 있어야 하며, 그 선분은 A와 B를 포함하는 선이다. A 점에서 B 점 방향으로 힘의 합은 두 힘이 같은 크기이고 방향은 반대인 것을 알 수 있다.
- 케이블, 링크와 막대의 지지반력은 그림 5.3에 나타나 있으며 그림 5.23[3]에서 반복한다. 5.2절에서 이들 부재들의 지지반력은 지지대가 구속하는 움직임을 고려하여 얻을 수 있다. 다른 방법으로 이들 부재에 대한 반력은 케이블, 링크 및 막대 지지대의 반력이 모두 2력 부재인 것에서도 얻을 수 있다; 따라서 반력 R은 이들 부재의 양 끝점 사이 방향이다.
- 2력 부재를 확인하는 능력은 중요하며 6장에서 다루게 될 프레임과 기계와 같은 복잡한 문제의 해석을 단순화할 수 있다.

빠지기 쉬운 함정

2력 부재의 형태. 흔히 잘못 생각하는 것은 2력 부재는 항상 직선형상이라는 것이다. 2력 부재는 종종 직선이지만, 곡선이거나 다른 형태를 가질 수 있다. 8장에서 직선 형태인 2력 부재와 그렇지 않은 2력 부재의 장점에 대해 설명한다(문제8.22를 참조).

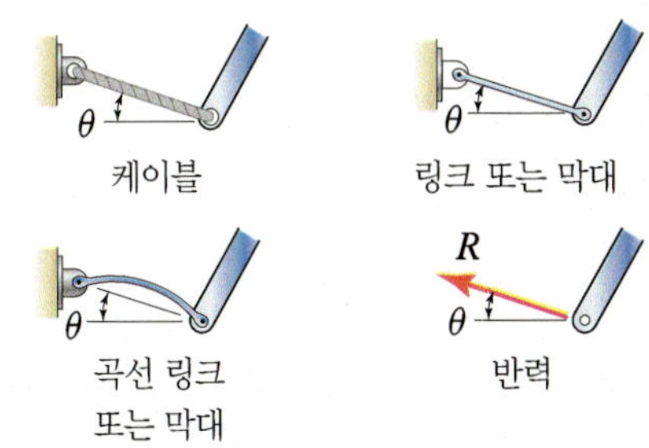

그림 5.23 그림 5.3의 케이블, 링크 및 막대의 지지반력. 모든 지지대가 2력 부재이므로 반력 R은 부재의 양 끝점 사이 방향이다.

3) 그림 5.3에서 자체 무게를 가진 케이블은 2력 부재가 아니므로 여기서는 나타내지 않았다.

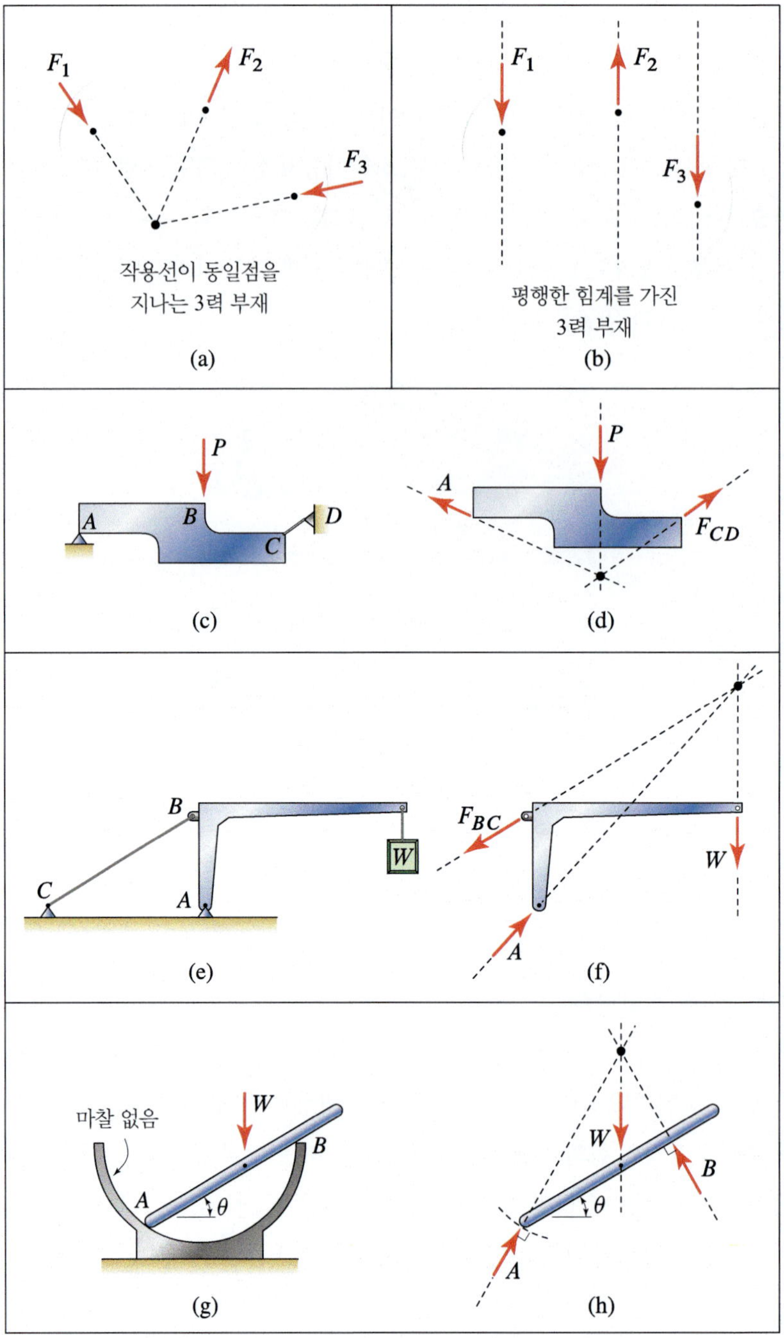

그림 5.22 3력 부재의 예. (a) 동일점에 작용하는 힘계를 가진 3력 부재: 모든 힘들의 작용선은 공통점에서 교차한다. (b) 평행한 힘계를 가진 3력 부재. (c)–(h) 동일점에 작용하는 힘계를 가진 3력 부재의 예. (g)와 (h)에서 막대의 평형위치는 모든 힘들의 작용선이 공통점에서 교차하도록 하는 θ 값을 가진다.

3력 부재에 관한 참고사항

- 동일점에 작용하는 힘계를 가진 3력 부재의 성질들은 아래의 글에서 증명할 수 있다. 그림 5.22(a)의 물체에서 힘 F_3가 보여진 방향이 아니라고 생각해 보자. 힘 F_3가 힘 F_1과 F_2의 교차점을 통과하지 않으면 회전 모멘트가 발생하여 물체가 회전할 것이며 물체는 평형상태일 수 없다. 그러므로 힘 F_1과 F_2의 작용선의 교차점에서의 모멘트 평형은 힘 F_3의 작용선이 위의 교차점을 통과할 때에만 만족한다. 힘 F_1과 F_2의 방향을 생각하면 동일한 설명이 가능하다. 따라서 동일점 힘계를 가진 3력 부재의 모멘트 평형상태는 세 힘의 작용선이 한 점에서 교차해야만 한다.
- 3력 부재에 작용한 힘들이 그림 5.22(b)와 같이 평행일 수도 있지만 이 상황에 관해 언급할 주요한 사항은 없다. 해석은 일반적 형태인 $\sum F_x = 0$, $\sum F_y = 0$ 및 $\sum M_P = 0$ 방정식으로 진행하게 된다.

절 요약

이 절에서 강체의 정적 평형에 관하여 몇 가지 세세한 점을 복습해보자. 몇 가지 핵심사항은 아래와 같다:

- 평형방정식을 기술할 때에는 구조물의 평형상태의 형상을 이용해야만 한다. 구조물 또는 물체가 강체라고 가정하면 힘이 작용하기 전이나 작용 후의 그 형상은 동일하다. 따라서 평형방정식의 해는 문제에 대한 정확한 해를 주게 된다.
- 구조물 또는 대상 물체에 풀리와 케이블이 포함되어 자유물체도를 그릴 때에는 이들을 어떻게 처리하는냐에 대해 몇 가지 선택이 있다. 만약 특정 풀리가 구조물에 남아서 자유물체도를 그리기 위해 사용될 절단면에 풀리의 케이블을 표시한다면 가장 효과적이다. 다른 경우에는 구조물에서 풀리를 제거시킨 절단면을 취급하는 것이 효과적일 수 있다. 이때에는 풀리가 구조물에 작용하는 힘을 반드시 자유물체도에 포함시켜야 한다; 흔히 이것을 케이블 힘이 풀리의 베어링에 전위되었다고 한다. 이 주제에 관한 보다 상세한 토의는 그림 5.11과 관련하여 주어진다.
- 스프링은 3.2절에서 상세하게 설명하였고 이 절에서 다시 복습하였다.
- **비틀림 스프링**은 스프링의 비틀림 각도 θ에 비례하여 모멘트 M_t를 생성하는 변형가능한 부재이다. **스프링 법칙**은 $M_t = k_t\theta$이고, 여기서 k_t는 **스프링 상수**, $k_t \geq 0$ 및 k_t의 단위는 모멘트/라디안이다. 방정식의 사용 시에 M_t와 θ는 동일한 방향을 양으로 취급한다.
- **중첩의 원리**가 설명되었다. 간단히 언급하면, 중첩의 원리는 복잡한 하중을 지닌 문제를 해석하기 수월한 2개 이상의 단순한 문제로 변환하기 위해 사용된다. 원래 문제의 해는 보다 단순화된 문제들의 해를 중첩하여 얻어진다.
- 대상 물체의 **고정**은 그 지지대의 유형, 개수, 및 배열에 의해 결정된다. 모든 물체는 **완전 고정**, **부분 고정**이나, 또는 **자유지지**를 가진다. 정역학과 동역학을 통해 물체의 고정을 결정하기 위해서 구조물과 그 지지대에 관한 시각적 검사에 의존하게 된다.

위의 용어보다도 물체의 강체 운동의 가능성을 언급하는 것이 일반적이기도 하다.

- 정정과 부정정 구조물을 언급하였다. 정정 구조물 또는 물체에 대해 평형방정식은 모든 미지수를 구하기에 충분하였다. 부정정 구조물 또는 물체에 대해 평형방정식은 모든 미지수를 구하기에 불충분하였다. 방정식 계수법은 구조물이 정정인가 또는 부정정인가를 결정하는 유효한 방법으로 설명되었다.
- 2력과 3력 부재에 관하여 언급하였다. 만약 부재가 2력 부재거나 3력 부재라면 부재가 지지하는 힘은 특별한 성질을 가진다. 2력 부재를 확인하는 능력은 매우 중요하다. 이는 2력 부재를 통해 해석을 쉽게 단순화할 수 있기 때문이다.

예제 5.7 스프링

모형 비행체의 양력 L과 항력 D를 실험적으로 구하기 위해 풍동을 사용한다. 비행체를 지지하는 브라킷은 강성 $k = 0.125$ N/mm인 축방향 스프링과 강성 $k_t = 50$ N·m/rad인 비틀림 스프링으로 설치되어 있다. 실험 중에 이들 스프링의 변형량 δ와 θ를 측정하여 양력 L과 항력 D를 구하게 된다. 만약 그림 1에 보인 것처럼 공기 흐름이 없을 때에 스프링은 $\delta = 0$와 $\theta = 0$로 조정되어 있다. 만약 $\delta = 2.51$ mm와 $\theta = 1.06°$로 측정되었을 때 양력 L과 항력 D를 구하라.

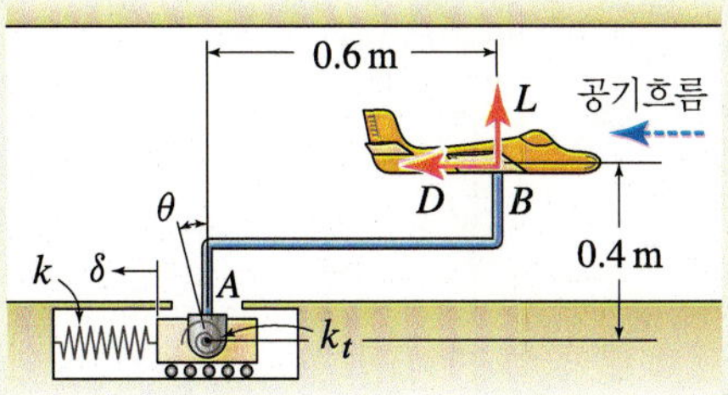

그림 1

풀이 SOLUTION

로드맵 이 문제는 스프링을 가지고 있기 때문에 하중과 변형량 사이의 관계를 지배하는 방정식을 구하게 된다. 그래서 이 문제를 해결하는 방법은 평형방정식을 위한 필요조건식 외에 스프링의 움직임을 설명하는 데에 필요한 힘 법칙을 언급하게 된다.

모델링 그림 2에 자유물체도를 도시하였으며 비행체를 지지하는 막대 AB는 충분히 가늘어서 어떠한 양력과 항력도 발생하지 않는다고 가정하자.

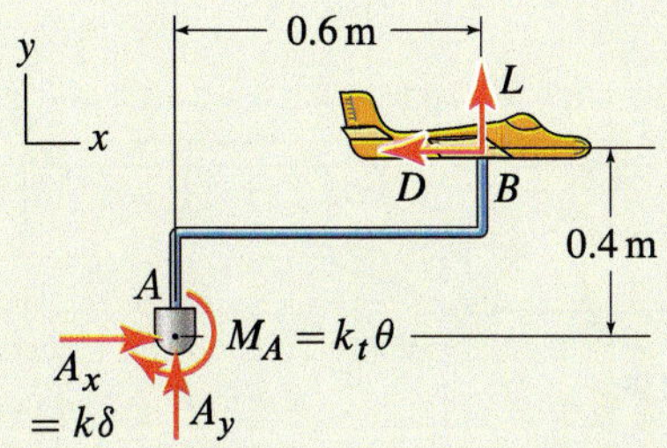

그림 2 자유물체도.

지배방정식 계산

평형방정식 x 방향의 힘의 합과 A 점에 관한 모멘트의 합을 구하면

$$\sum F_x = 0: \quad A_x - D = 0 \tag{1}$$

$$\sum M_A = 0: \quad -M_A + D(400 \text{ mm}) + L(600 \text{ mm}) = 0 \tag{2}$$

식 (2)에서 비틀림 스프링의 변형량은 너무 작아서 지지대 브라킷 AB의 모양이 변하지 않고 원래 모습을 유지한다고 가정하였다.

힘의 법칙 축방향 스프링에 의해 지지되는 힘은 그 변형량이 δ로 표현되고, 비틀림 스프링에 의해 지지되는 모멘트는 그 회전각 θ와 아래와 같은 관계가 있다.

$$A_x = k\delta, \tag{3}$$

$$M_A = k_t\theta. \tag{4}$$

계산 식 (3)를 이용하여 식 (1)에 대해서 풀이하면

$$D = k\delta = \left(0.125\frac{\text{N}}{\text{mm}}\right)(2.51 \text{ mm}) = \boxed{0.314 \text{ N}} \tag{5}$$

식 (4)와 방금 구한 D를 식 (2)에 대입하면

$$L = \frac{-D(400 \text{ mm}) + k_t\theta}{600 \text{ mm}}$$

$$= \frac{-(0.314 \text{ N})(400 \text{ mm}) + (50\ \frac{\text{N}\cdot\text{m}}{\text{rad}})(\frac{10^3 \text{ mm}}{\text{m}})(\frac{\pi \text{ rad}}{180°})1.06°}{600 \text{ mm}} = \boxed{1.33 \text{ N}} \tag{6}$$

논의 및 검증 만약 스프링이 충분한 강성이 없다고 가정하면, δ 혹은 θ가 상당히 클 것이고 식 (2)를 기술할 때에 원래의 형상을 사용할 수 없다. 부드러운 비틀림 스프링의 또 다른 불리한 점은 만약 θ가 크다고 할 때에 비행체의 접근각은 원하지 않을 정도로 변하게 된다. 이 문제에서 δ와 θ가 구해지면 원래의 형상과 변형된 형상과의 차이가 매우 작다는 것을 쉽게 입증할 수 있다. 이것에 관한 더 상세한 논의는 문제 5.53–5.56에 언급된다.

그림 3 대형 풍동 실험을 준비 중인 보잉 787 Dreamliner 모형

예제 5.8 풀리에서 자유물체도의 선택

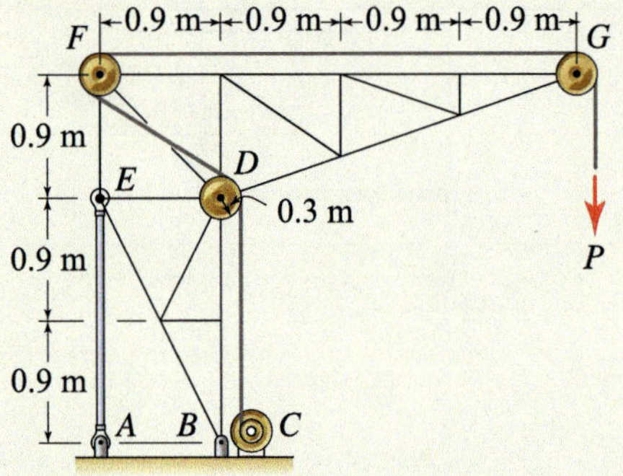

그림 1

정지되어 있는 크레인이 B 점에서 핀으로 지지되고, A 점과 E 점 사이에서는 막대로 지지되고 있다. C 점에 윈치가 물건을 올리고 내리는 데에 사용된다. D, F 및 G 점에서 각 풀리의 반경은 0.3 m이다. 수직 하중 $P = 13$ kN에 의해 생기는 지지 반력을 구하라.

풀이 SOLUTION

로드맵 구조물은 하나의 케이블이 D, F 및 G 점에서 각 풀리를 감아 지나고 있다. 이들 풀리의 마찰과 케이블 하중을 무시할 때, 케이블에 의해 지지되는 힘은 전체 길이에 걸쳐 동일한 값 P이다. 자유물체도에서 케이블과 풀리를 다루게 될 때, 우리는 자유물체도에 이들을 남겨 두게 되든지 아니면 제거하든지 아니면 이들의 조합을 선택하게 될 것이다. 우리의 선택은 케이블 힘에 대하여 어떠한 모멘트 팔을 사용하는 것이 더 편리할 것인가에 따를 것이다.

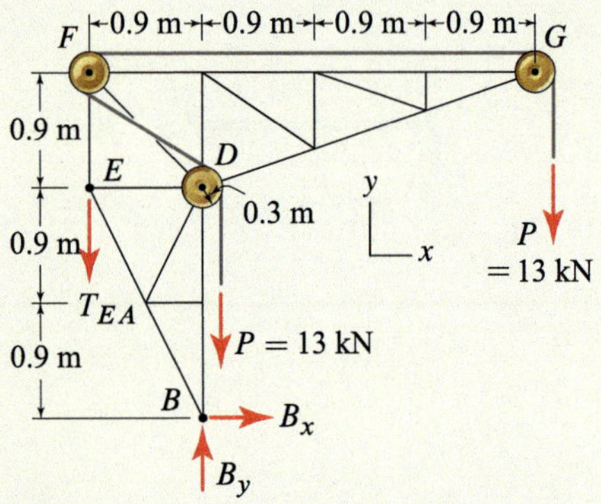

그림 2 구조물에 풀리를 남겨 둔 자유물체도.

모델링 그림 5.11과 연관지어 논의하였던 대로 자유물체도 추가 사항을 고려할 때, 우리는 먼저 구조물에서 케이블과 모든 풀리들을 남겨두고 생각해야 한다. 그 결과로 그림 2에 자유물체도를 도시하였으며 여기서 모든 모멘트 팔은 쉽게 얻어지고, 자유물체도를 그리기 위해 다른 사항들을 고려할 필요가 없다는 것을 알 수 있다.

지배방정식과 계산 그림 2의 자유물체도를 사용하여 아래와 같이 평형방정식들과 해를 쉽게 구할 수 있다.

$$\sum F_x = 0: \quad B_x = 0 \tag{1}$$

$$\Rightarrow \quad \boxed{B_x = 0} \tag{2}$$

$$\sum M_B = 0: \quad T_{EA}(0.9\,\text{m}) - (13\,\text{kN})(0.3\,\text{m}) - (13\,\text{kN})(3\,\text{m}) = 0 \tag{3}$$

$$\Rightarrow \quad \boxed{T_{EA} = 47.7\,\text{kN}} \tag{4}$$

$$\sum F_y = 0: \quad -T_{EA} + B_y - 13\,\text{kN} - 13\,\text{kN} = 0 \tag{5}$$

$$\Rightarrow \quad \boxed{B_y = 73.7\,\text{kN}} \tag{6}$$

논의 및 검증

- 그림 2의 자유물체도에서 양의 T_{EA} 값은 막대 AE의 인장에 해당되고, 양의 B_y 값은 B 점인 핀 지지대에서 수직으로 압축에 해당된다. 직관적으로 우리는 막대 AE가 인장상태이고, B 점의 핀 지지점은 압축으로 기대하고 실제로 해답은 $T_{EA} > 0$와 $B_y > 0$ 임을 보여준다.
- 이 예제에서 크레인의 무게는 무시하고 계산한 결과, 반력은 힘 P 만을 지지하는 반력이었다. 그러나 크레인의 무게는 아마 작지는 않을 것이다. 문제 5.58는 크레인의 무게만으로 인한 반력을 구하라는 문제이다. 따라서 전체 지지대 반력을 구하기 위해서는 이번 문제의 결과와 중첩하여 사용해야 할 것이다.

예제 5.9 풀리에서 자유물체도의 선택

정지되어 있는 크레인이 B 점에서 핀으로 지지되고, A 점과 E 점 사이에서는 막대로 지지되고 있다. C 점에 윈치가 물건을 올리고 내리는 데에 사용된다. D, F 및 G 점에서 각 풀리의 반경은 0.3 m이다. 수직 하중 $P = 13$ kN과 $\theta = 20°$에 의해 생기는 지지 반력을 구하라.

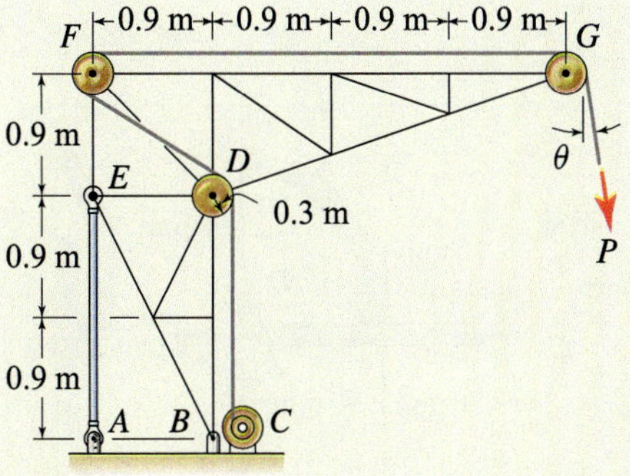

그림 1

풀이 SOLUTION

로드맵 이 문제는 풀리 G에서 케이블 부분이 수직에 대해 20° 경사진 방향인 것을 제외하면 예제 5.8과 동일하다. 구조물은 하나의 케이블이 D, F 및 G 점에서 각 풀리를 감아 지나고 있다. 이들 풀리의 마찰과 케이블 무게를 무시할 때, 케이블에 의해 지지되는 힘은 전체 길이에 걸쳐 동일한 값 P이다. 우선 모든 풀리를 구조물에 남겨 둔 상태의 자유물체도에서 모멘트 팔을 구하기 쉬운 것인가에 대해 검토한다. 만약 모멘트 팔을 구하기 쉽지 않다면 몇 개의 풀리 또는 모든 풀리를 제거시킨 자유물체도 중에서 어느 쪽이 모멘트 팔을 쉽게 구할 수 있을 것인가를 검토하게 될 것이다.

모델링 그림 5.11과 연관지어 논의하였던 대로 자유물체도 추가 사항을 고려할 때, 우리는 먼저 구조물에서 케이블과 모든 풀리들을 남겨두고 생각해야 한다. 그림 2에 자유물체도를 도시하였다. 불행하게도 이 자유물체도의 풀리 G에서 케이블 힘에 관한 모멘트 팔을 구하기가 복잡하다. 따라서 그림 3에 보인 것과 같은 새로운 자유물체도를 그린다. 여기서 풀리 G는 제거되고 모든 모멘트 팔은 쉽게 얻어지는 것을 알 수 있다. 풀리 F와 G 점에서의 수평성분 힘은 동일 작용선이 아님을 주목하라.

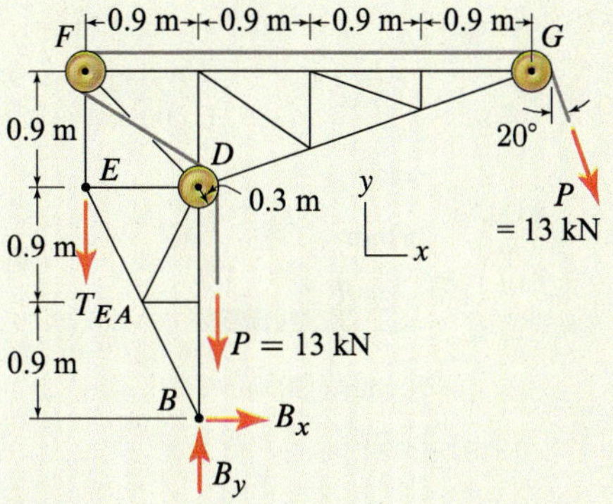

그림 2 구조물에 풀리를 남겨 둔 자유물체도.

지배방정식과 계산 그림 3의 자유물체도를 사용하여 아래와 같이 평형방정식들과 해를 쉽게 구할 수 있다.

$$\sum F_x = 0: \quad B_x + 13\text{ kN} - 13\text{ kN} + (13\text{ kN})(\sin 20°) = 0 \tag{1}$$

$$\Rightarrow \boxed{B_x = -4.4\text{ kN}} \tag{2}$$

$$\sum M_B = 0: \quad T_{EA}(0.9\text{ m}) - \underbrace{(13\text{ kN})(0.3\text{ m})}_{\text{pulley } D} - \underbrace{(13\text{ kN})(3\text{ m})}_{\text{pulley } F} + \underbrace{(13\text{ kN})(2.7\text{ m})}_{\text{pulley } G}$$

$$- \underbrace{(13\text{ kN})(\cos 20°)(2.7\text{ m})}_{\text{pulley } G} - \underbrace{(13\text{ kN})(\sin 20°)(2.7\text{ m})}_{\text{pulley } G} = 0 \tag{3}$$

$$\Rightarrow \boxed{T_{EA} = 58.7\text{ kN}} \tag{4}$$

$$\sum F_y = 0: \quad -T_{EA} + B_y - 13\text{ kN} - (13\text{ kN})(\cos 20°) = 0 \tag{5}$$

$$\Rightarrow \boxed{B_y = 83.9\text{ kN}} \tag{6}$$

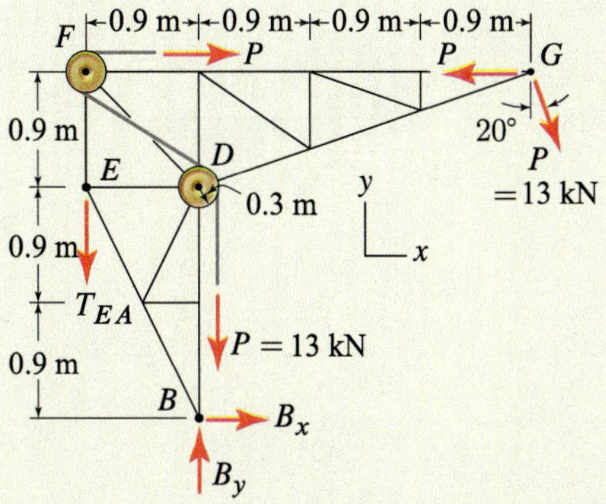

그림 3 풀리 G를 제거시킨 자유물체도. 풀리 F와 G 점에서의 수평성분 힘은 동일 작용선이 아님을 주목하라.

논의 및 검증

- 예제 5.8에서 언급한 논의 및 검증의 내용이 여기서도 적용된다. 실제로 막대 AE는 인장상태($T_{EA} > 0$)이고, B 점의 핀은 수직 압축상태($B_y > 0$)임을 알 수 있다.
- 식 (2), (4) 및 (6)의 답과 예제 5.8의 답을 비교해보면 이번 예제의 반력이 약간 큰 값임을 알게 된다. 이것은 예제 5.8에서 그림 2의 자유물체도와 이번 문제에서 그림 2의 자유물체도를 비교해보면 풀리 G에서의 힘 P에 대한 모멘트 팔이 이번 예제에서보다 크다는 것을 알게 되고 따라서 예측한대로 반력이 보다 크게 구해진다.

예제 5.10 3력 부재의 평형

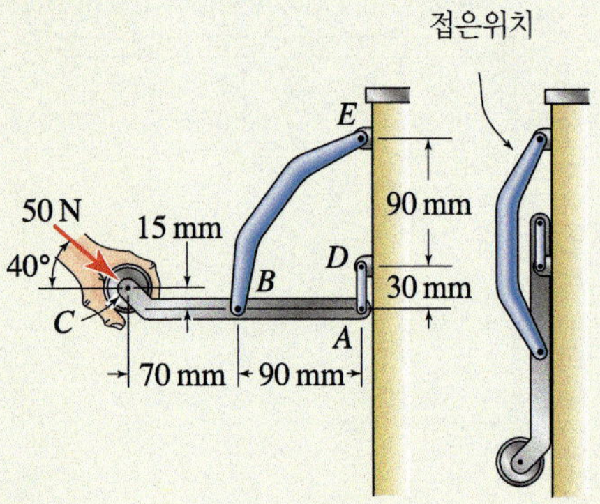

그림 1

수레를 미는 손잡이가 그림에 보인다. 손잡이는 필요가 없을 때는 수레에 쉽게 접을 수 있는 구조이다. 50 N의 힘이 작용할 때 손잡이 *ABC*를 지지하는 반력을 구하라.

풀이 SOLUTION

로드맵 이 문제는 5.2절에서 논의한 방법과 접근으로 쉽게 풀이할 수 있다. 즉 자유물체도를 그리고, 평형방정식을 작성한 후 풀어서 지지반력을 구하게 된다. 그러나 일단 자유물체도를 살펴보면 부재 *ABC*가 3력 부재이고, 두 가지 풀이방법이 있다. 두 가지 해법을 비교해 보자.

(a) 부분

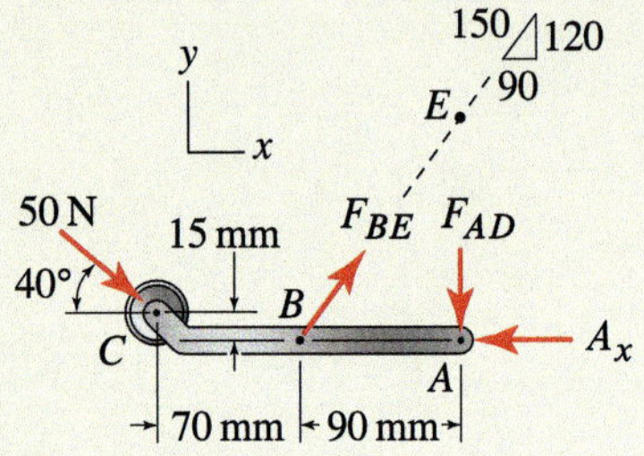

그림 2 자유물체도.

모델링 부재 *AD*와 부재 *BE*는 둘 다 2력 부재이다. 부재 *AD*에 지지대 반력은 *A* 점과 *D* 점을 연결하는 선을 따라서 작용하고 마찬가지로 부재 *BE*에 작용하는 지지대 반력도 *B* 점과 *E* 점을 연결하는 선을 따라서 작용하게 된다. 2력 부재의 이러한 특성을 고려하여 그려진 자유 물체도는 그림 2와 같다. 자유물체도에서 손잡이와 수레의 *A* 점 사이에 마찰이 없는 접촉이라고 가정하였다.

지배방정식과 계산 그림 2의 자유물체도를 사용하여 아래와 같이 평형방정식과 해를 쉽게 구할 수 있다.

$$\sum M_B = 0: \quad -(50\,\text{N})(\cos 40°)(15\,\text{mm}) + (50\,\text{N})(\sin 40°)(70\,\text{mm})$$

$$- F_{AD}(90\,\text{mm}) = 0 \tag{1}$$

$$\Rightarrow \boxed{F_{AD} = 18.61\,\text{N}} \tag{2}$$

$$\sum F_y = 0: \quad (-50\,\text{N})(\sin 40°) + F_{BE}\left(\frac{120}{150}\right) - F_{AD} = 0 \tag{3}$$

$$\Rightarrow \boxed{F_{BE} = 63.44\,\text{N}} \tag{4}$$

$$\sum F_x = 0: \quad (50\,\text{N})(\cos 40°) + F_{BE}\left(\frac{90}{150}\right) - A_x = 0 \tag{5}$$

$$\Rightarrow \boxed{A_x = 76.37\,\text{N}} \tag{6}$$

(b) 부분

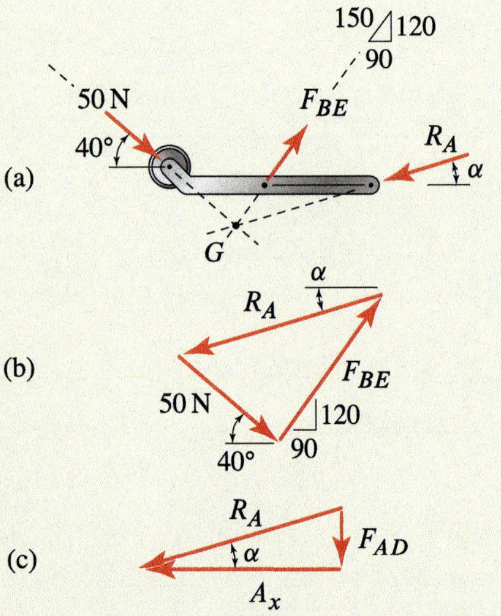

그림 3 3력 부재의 대체 해법. (a) 자유물체도 (b) 폐회로 힘 다각형이면 $\sum \vec{F} = \vec{0}$ (c) 일단 R_A이 구해지면 A_x와 F_{AD}가 얻어진다.

모델링 이 해법은 그림 2에 보인 해법 1의 자유물체도에서 고려한 사항으로부터 시작한다. 그림 2를 살펴보면 부재 *ABC*는 세 지점(*A* 점, *B* 점 및 *C* 점)에 힘이 작용하는 3력 부재임을 알 수 있다. 3력 부재의 성질을 이용하여 해를 구하기 위해서 그림 2의 *A* 점에서 두 힘 A_x와 F_{AD}를 하나의 힘 $R_A = \sqrt{A_x^2 + F_{AD}^2}$으로 합해야 한다. R_A의 크기와 방향은 미지이다. 3력 부재에서 3개 힘의 작용선들은 한 공통점에서 교차한다는 사실을 이용하면 그림 2의 자유물체도는 그림 3(a)의 자유물체도로 변환할 수 있으며 공통점은 그림 3(a)에서 *G* 점이 된다.

지배방정식과 계산 그림 3(a)의 자유물체도를 사용하여 평형방정식 $\sum M_G = 0$은 자동적으로 만족되고, 평형방정식 $\sum \vec{F} = \vec{0}$는 그림 3(b)에 보인 것처럼 세 힘을 꼬리를 물고 연결한 폐회로의 힘 다각형을 사용하여 만족할 수 있다. 그림 3(b)에서 미지수 F_{BE}, R_A 및 α를 구하는 계산은 번거롭기 때문에 우리는 그 과정만을 요약한다. 50 N 힘과 F_{BE}의 작용선은 둘 다 알고 있고 그림 3(a)의 자유물체도에서 이들 작용선의 교차점 G 점을 구해야 한다. 이 계산에는 사인 법칙 또는 코사인 법칙이 적용된다. 부재 ABC는 3력 부재이므로 R_A의 작용선은 반드시 교차점 G를 지나야 한다. 따라서 R_A의 방향 α를 구하게 된다. R_A의 크기를 구하기 위해서는 그림 3(b)에 보인 것처럼 힘 다각형(3력 부재에 대해 이것은 항상 삼각형이 될 것이다)을 완성하여야 한다. 여기서 $\sum F_x = 0$와 $\sum F_y = 0$가 성립된다. 사인 법칙 또는 코사인 법칙을 사용하여 R_A의 크기를 구한다. 마지막으로 그림 3(c)에 보인 것처럼 R_A를 분해하여서 A_x와 F_{AD}를 구하게 된다.

논의 및 검증 때때로 해법 2가 특정한 3력 부재에 대해 편리한 해법이기도 하다. 그러나 해법 1이 보다 조직적이고 아주 널리 사용된다(즉 부재가 3력 부재이든 아니든지 관계없이 항상 사용가능하다). 더욱이 3력 부재 문제조차도 일반적으로 해법 1이 해법 2보다도 간단하게 사용된다.

예제 5.11 부정정 문제의 소개

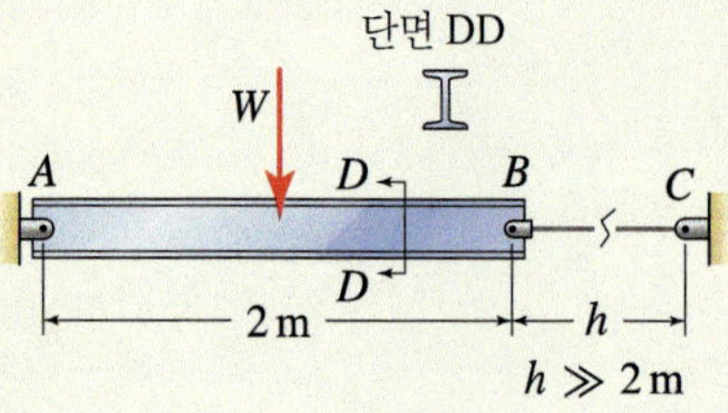

그림 1

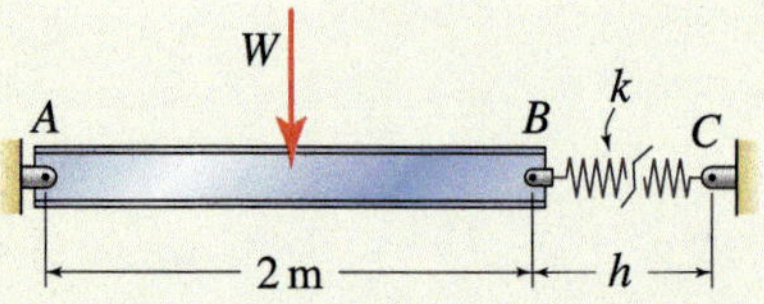

그림 2 케이블 *BC*는 강성 *k*인 스프링으로 모형.

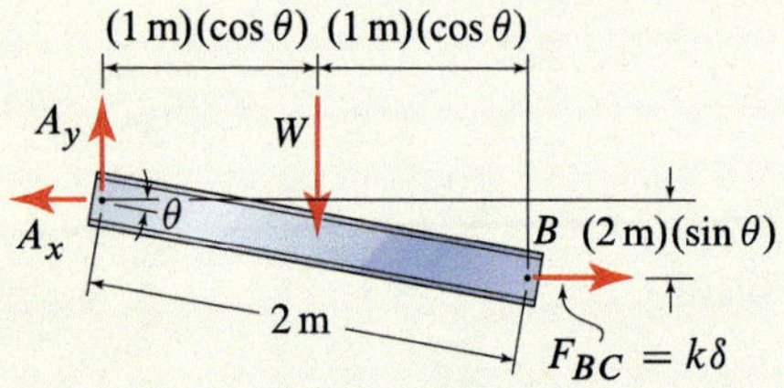

그림 3 스프링의 길이가 충분히 커서 스프링 힘이 항상 수평이 될 때의 빔의 변형된 위치.

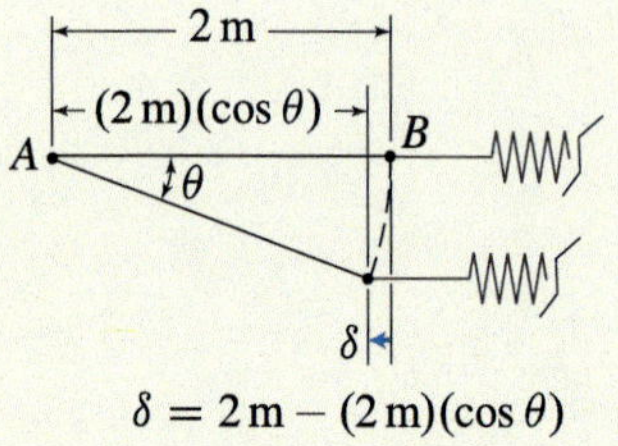

그림 4 스프링의 처짐량 δ의 계산.

무게 W가 중앙에 작용하는 I 빔이 B 점에서 C 점까지 긴 케이블로 지지되고 있다. 빔과 케이블이 수평일 때, 케이블 지지력은 0이다. $W = 1$ kN 일 때 지지 반력을 구하라.

풀이 SOLUTION

로드맵 A 점에 2개의 미지의 반력이 있으며 케이블 BC로 지지되는 힘도 미지의 값이다. 그래서 식 (5.17)에서 $n = 3$이다. 구조물을 살펴보면 부분고정의 형태임을 알 수 있다. 빔은 강체로 A 점에 대하여 작은 회전을 할 수 있다. 만약 이것이 분명하지 않으면 그림 5.20에 제시한 것처럼 자유물체도를 그리게 되면 부분고정의 형태임을 알 수 있다. 그래서 식 (5.17)는 빔이 부정정(不靜定, statically indeterminate)인 것을 나타내고, 3개의 정적 평형방정식만을 이용해서는 모든 미지수를 구할 수 없다. 부정정 문제의 해석은 일반적으로 정역학의 범위를 넘어서지만, 간혹 변형을 단순 스프링으로 모델링하여 정확한 해석을 할 수 있다.

모델링 그림 1에서 케이블은 아마 I 빔보다 상당히 변형될 수 있으며 따라서 그림 2에 보인 것처럼 빔은 강체로 간주하고 케이블은 강성 k인 스프링으로 모델링할 수 있다. 여기서 주어진 케이블의 단면적, 길이 및 재질에 따라 스프링 강성을 상세하게 규정할 수 있지만 $k = 100$ kN/m로 두기로 하자. 빔의 자유물체도는 그림 3에 있으며 여기서 스프링 길이는 충분히 길어서 그 힘이 항상 수평을 유지한다고 가정하자.

지배방정식

평형 방정식 A 점에 관한 모멘트를 구하면

$$\sum M_A = 0: \quad -W(1\,\text{m})(\cos\theta) + F_{BC}(2\,\text{m})(\sin\theta) = 0 \tag{1}$$

힘의 법칙 스프링 힘 F_{BC}는 스프링의 변형량 δ와의 관계는 아래 식과 같다.

$$F_{BC} = k\delta \tag{2}$$

지배방정식 그림 4에서 스프링의 변형량 δ와 I-빔의 회전각 θ와의 관계는 다음 식과 같다.

$$\delta = (2\,\text{m})(1 - \cos\theta) \tag{3}$$

계산 식 (1)-(3)을 풀이하면

$$W(1\,\text{m})(\cos\theta) - k(2\,\text{m})(1 - \cos\theta)(2\,\text{m})(\sin\theta) = 0 \tag{4}$$

여기서 $W = 1$ kN, $k = 100$ kN/m이고, θ는 구해야 할 값이다. 식 (4)는 컴퓨터를 사용하여 쉽게 회전각 $\boxed{\theta = 0.171\text{ rad} = 9.77^\circ}$을 구하게 된다. 다른 방법으로 구하자면 식 (4)의 왼쪽 항의 값을 θ에 관하여 간단히 도시한 후에 왼쪽 항이 0에 해당하는 θ 값을 구할 수 있다. 일단 θ에 관한 해가 구해지면 스프링의 힘과 반력을 아래와 같이 쉽게 구할 수 있다. 식 (2)와 (3)을 사용하여 스프링의 힘 $\boxed{F_{BC} = 2.903\text{ kN}}$을 구할 수 있다. 그리고 $\sum F_x = 0$와 $\sum F_y = 0$에서 $\boxed{A_x = 2.90\text{ kN},\ A_y = 1\text{ kN}}$ 이다.

논의 및 검증 여기서 든 예제와 같이 구조물에 관한 모델링 과정에서 스프링을 사용하는 것이 일반적이고 매우 유용하다.

문제

문제 5.33

식 (5.12)을 유도하라.

문제 5.34, 5.35

A 점에서의 반력과 케이블에 의해 지지되는 힘을 구하라.

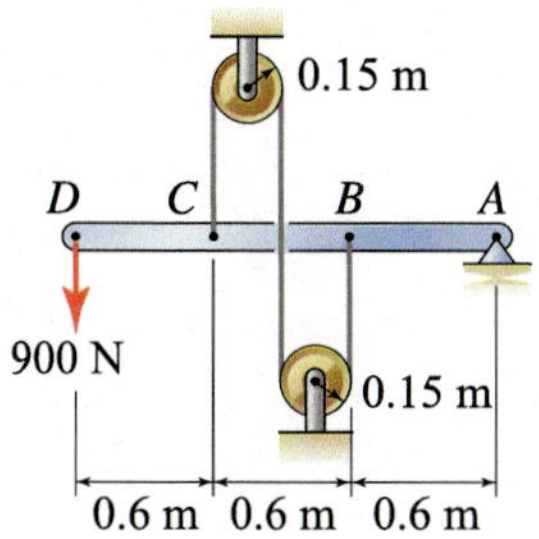

그림 P5.34

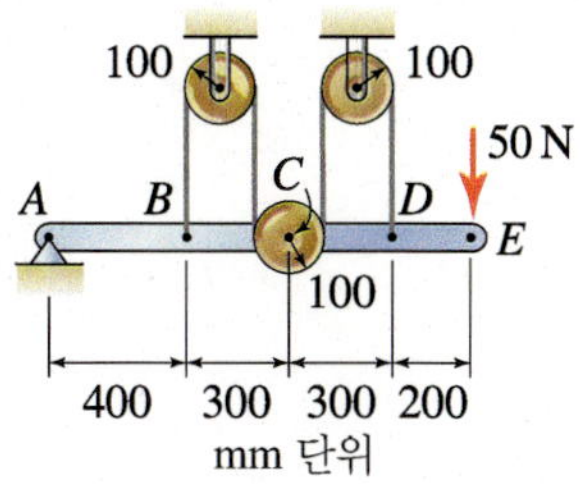

그림 P5.35

문제 5.36, 5.37

크레인이 *A* 점에서 핀과 *B* 점에서 롤러로 지지되고 있다. *C* 점에서의 윈치가 하중을 올리고 내리기 위해 사용된다. 모든 풀리의 반경은 350 mm이고, 케이블의 *ED* 부분은 수평이다. $P = 10$ kN이고 각도가 다음 두 경우일 때 지지대 반력을 구하라.

(a) $\theta = 0°$

(b) $\theta = 30°$

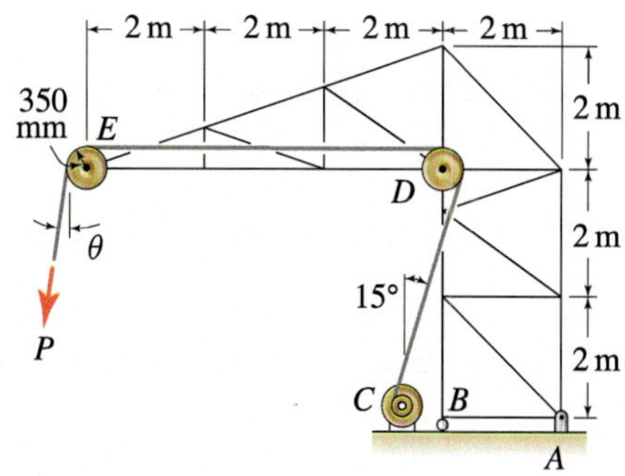

그림 P5.36

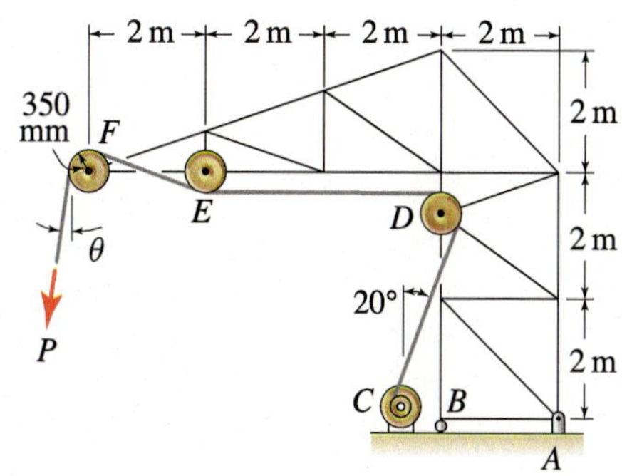

그림 P5.37

문제 5.38

부두가에서 배에 화물을 싣고 내리기 위한 통로가 그림과 같다. 통로의 높낮이는 *B* 점의 기어모터 위의 드럼에 부착된 케이블 *BCD*로 조절한다. 만약 4.5 kN 힘이 수직이고 *A* 점과 *C* 점 사이의 중간지점에 있다고 할 때 케이블 *BCD*와 *DE*에 의해 지지되는 힘과 *A* 점에서의 반력 및 막대 *DF*에 의해 지지되는 힘을 구하라.

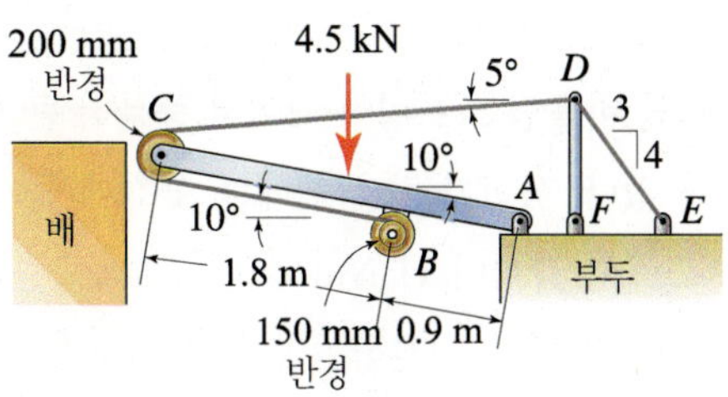

그림 P5.38

문제 5.39

수직인 4.5 kN 힘이 *C* 점인 풀리의 베어링에 가해진다고 할 때 문제 5.38을 풀어라.

문제 5.40-5.42

아래 구조물에서 부재 $ABCD$는 C 점의 핀과 풀리 E 주위로 감겨진 마찰이 없는 케이블로 지지되고 있다.

(a) 부재 $ABCD$가 완전히 고정된 것인가 아니면 부분적으로 고정된 것인가, 그리고 이 문제는 정정 문제인가 부정정 문제인가?

(b) 부재 $ABCD$의 자유물체도를 그린 후에 케이블의 장력을 힘 F와 길이 L을 사용하여 구하라. 해석과정에서 드러나는 차이점을 설명하라.

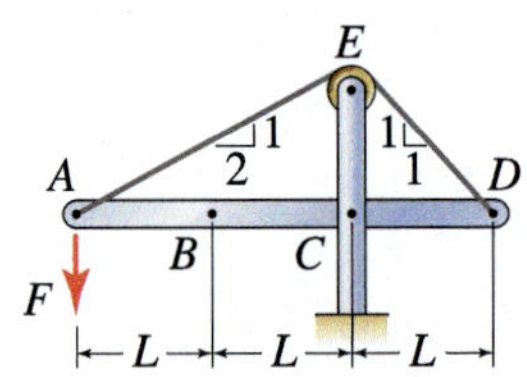

그림 P5.40

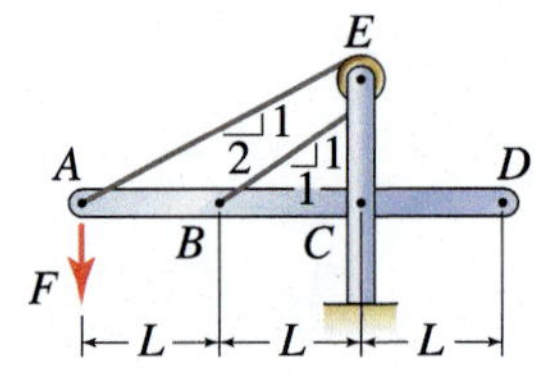

그림 P5.41

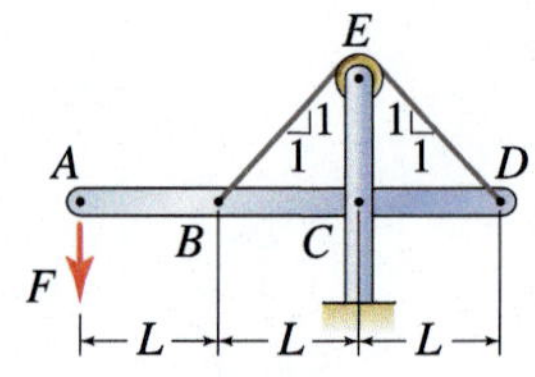

그림 P5.42

문제 5.43

사무실 의자에 압축된 스프링이 있어서 충분히 큰 힘 F가 작용할 때 등받이가 뒤로 기울어지게 되어 있다. 힘 F가 작을 때에는 A 점에 돌기가 있어서 의자가 앞으로 기울어지지 않는다. 만약 스프링 강성이 1800 N/m이고, 힘이 가해지지 않는 스프링의 길이가 375 mm 일 때, 등받이가 뒤로 기울어지기 시작하는 힘 F를 구하라.

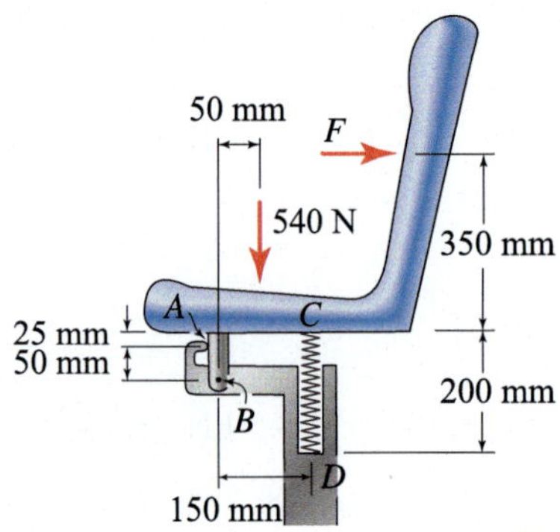

그림 P5.43

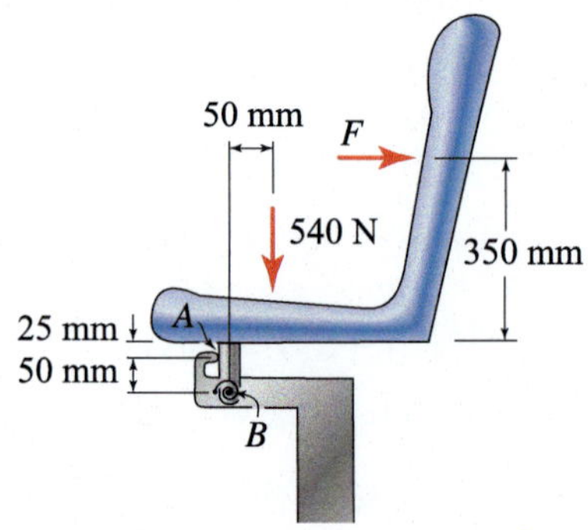

그림 P5.44

문제 5.44

사무실 의자에 미리 감겨진 비틀림 스프링이 있어서 충분히 큰 힘 F가 작용하면 등받이가 뒤로 기울어지게 되어 있다. 힘 F가 작을 때에는 A 점에 돌기가 있어서 의자가 앞으로 기울어지지 않는다. 스프링 강성이 11 Nm/rad이고, 스프링이 미리 3/4 회전되었다고 할 때, 등받이가 뒤로 기울어지기 시작하는 힘 F를 구하라.

문제 5.45

110V 전기의 벽 스위치의 모형이 그림에 있다. 만약 스위치를 작용시킬 힘 Q가 항상 수평이든가 또는 선분 BCD에 항상 수직일 때에 힘 Q에 대한 적절한 크기의 값을 구하라. 그리고 스프링 강성과 스프링 초기 길이에 대한 적절한 값을 구하라.

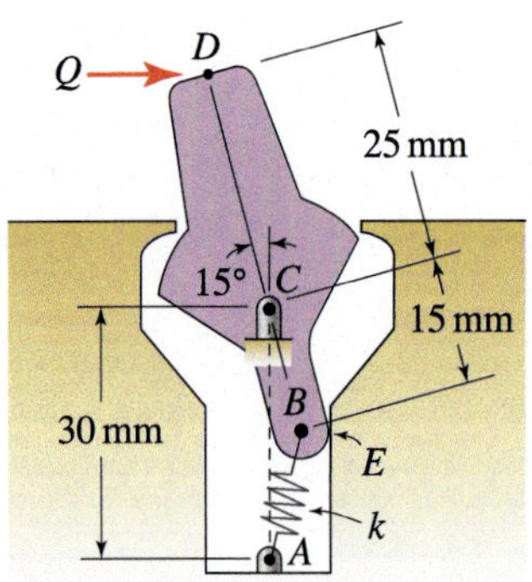

그림 P5.45

문제 5.46

딱딱한 유리섬유로 만든 안테나가 A 점에서 비틀림 스프링 상수 $k_t = 50\ \text{N}\cdot\text{m/rad}$인 감겨진 스프링으로 지지되어 있다. B 점에서의 힘 F는 항상 수평이며 바람의 힘이다. 다음 각 경우에 안테나의 회전각 θ를 구하라.

(a) $F = 5\ \text{N}$

(b) $F = 50\ \text{N}$

(c) 위에서 (b)의 해는 (a)의 해의 10배 크기가 아니다. 그 이유를 설명하라.

힌트: 이 문제에서 적절한 경우에는 평형방정식을 기술할 때 원래 기하학적 구조를 사용해야 한다. 이런 단순화를 적용할 때는 그 타당성을 검토해야 한다.

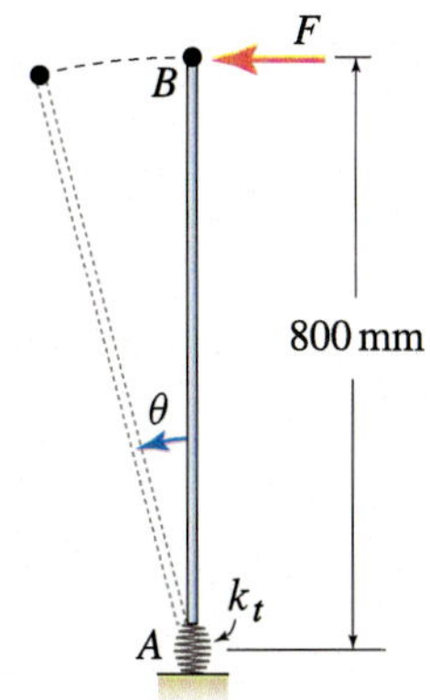

그림 P5.46

문제 5.47, 5.48

아래 구조물의 자유물체도를 그려라. 그리고 4개의 평형방정식 $\sum F_x = 0, \sum F_y = 0, \sum M_C = 0$ 및 $\sum M_D = 0$을 기술하라. 가능하다면 이들 방정식을 풀어 지지 반력을 구하라. 발생되는 차이점을 설명하라.

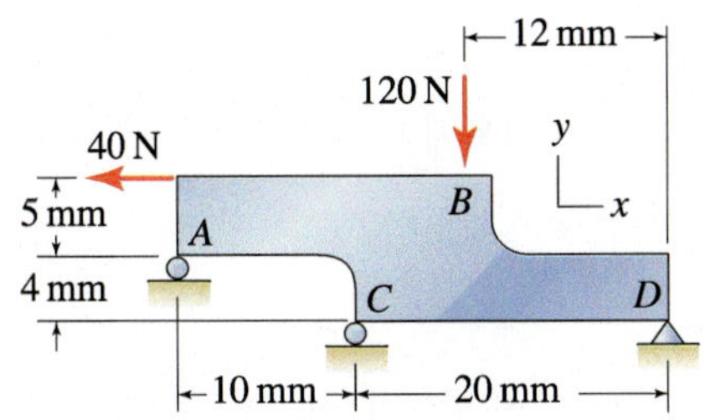

그림 P5.47

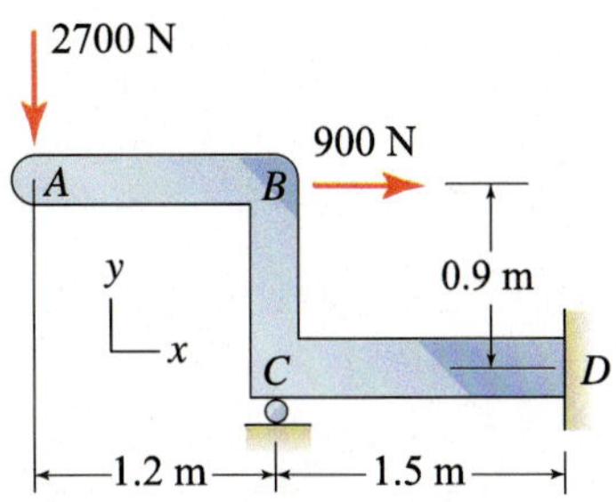

그림 P5.48

문제 5.49

다음 I 빔은 부정정 빔이다. 어떤 상황에서는 I 빔이 강체이고 B 점과 C 점의 지지 롤러를 동일한 강성을 갖고 있는 수직 스프링으로 모델링하여 지지 반력을 구할 수 있다. 이렇게 모델링하여 A 점, B 점 및 C 점에서의 반력을 구하라.

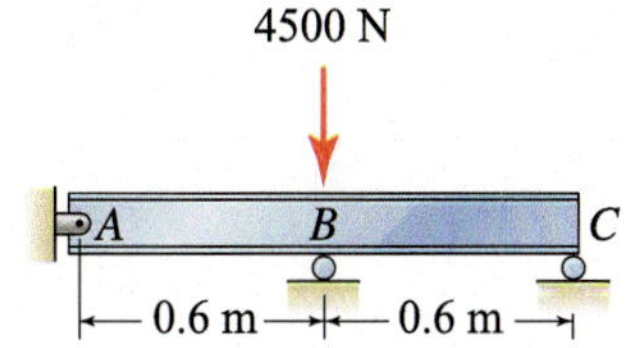

그림 P5.49

문제 5.50

그림 P5.50(a)의 I 빔은 부정정 빔이다. 어떤 상황에서는 I 빔이 강체이고 A 점의 고정지지대를 핀과 스프링 상수 k_t인 비틀림 스프링으로 대체하고 C 점에서 롤러지지대가 스프링 상수 k인 수직 스프링으로 대체하여 그림 P5.50(b)와 같이 I 빔을 모델링할 수 있다. 이 모델을 사용하여 A 점과 B 점에서의 반력을 F, L, k, k_t와 같은 파라미터의 항으로 구하라.

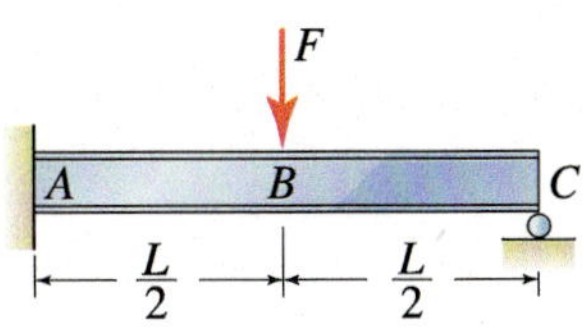

(a)

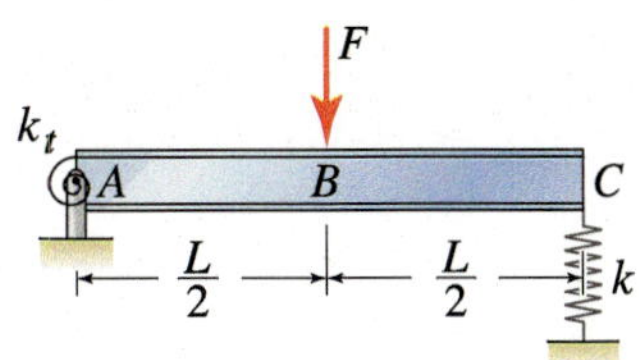

(b)

그림 P5.50

문제 5.51, 5.52

아래 보인 각 물체가 부분 고정인가 완전 고정인가? 각 물체는 정정 물체인가 부정정 물체인가를 명시하라.

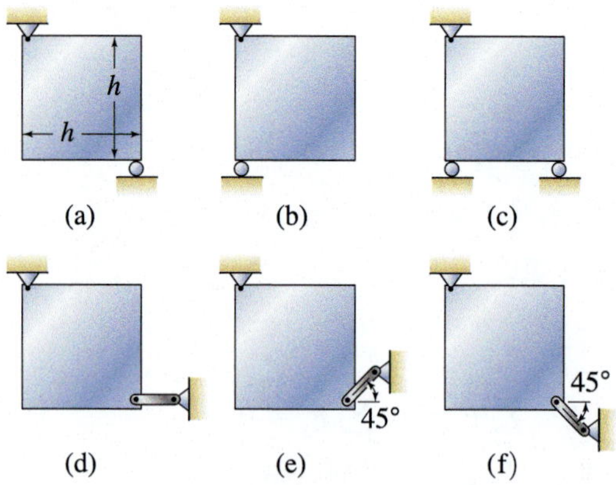

그림 P5.51

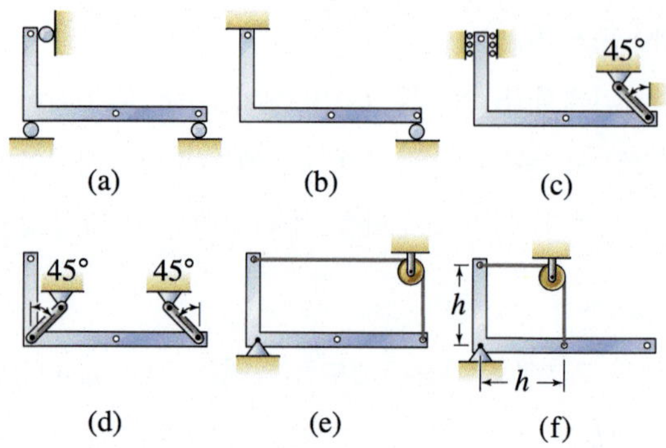

그림 P5.52

문제 5.53

풀지는 말고 문제 5.54에서 5.56까지의 각 문제의 어려움에 대하여 설명하라.

주의 개념 문제는 계산이 아닌 설명이 필요하다.

문제 5.54

예제 5.7에서 양력 L과 항력 D을 결정하기 위해 평형방정식을 기술할 때 실제 기하학적 구조를 사용하여 다시 검토하라. 양력 L는 수직이고 항력 D는 수평이다. 여기에서의 답이 예제5.7에서의 답과의 차이점은 무엇인가? 이들 차이점이 줄어들도록 예제 5.7에서 풍동 설계를 변경시킬 수 있는 방법들을 설명하라(즉 차원과 스프링 상수 등의 변경).

문제 5.55

예제 5.7에서 양력 $L = 2$ N과 항력 $D = 0.3$ N 일 때 평형방정식을 기술하면서 원래의 기하학적 구조를 사용하여 δ와 θ를 구하라.

문제 5.56

예제 5.7에서 양력 $L = 2$ N과 항력 $D = 0.3$ N 일 때 평형방정식을 기술하면서 실제 기하학적 구조를 사용하여 δ와 θ를 구하라. 양력 L은 수직이고 항력 D는 수평이다.

문제 5.57

문제 5.22의 해는 문제 5.20, 5.21에 관한 해를 중첩하므로 구할 수가 있는지 설명하라.

주의 개념 문제는 계산이 아닌 설명이 필요하다.

문제 5.58

예제 5.8에 나온 구조물을 여기서 다시 나타내보자. W는 H 점인 무게 중심에서의 구조물의 무게이다.

(a) 만약 $W = 9$ kN일 때, 구조물의 무게만으로 인한 지지 반력을 구하라(즉, $P = 0$).

(b) 위의 (a)와 예제 5.8의 결과를 중첩하여서 $W = 9$ kN, $P = 13.5$ kN일 때, 지지 반력의 전체 값을 구하라.

(c) 위의 (a)와 예제 5.8의 결과를 중첩하여서 $W = 8$ kN, $P = 18$ kN일 때, 지지 반력의 전체 값을 구하라.

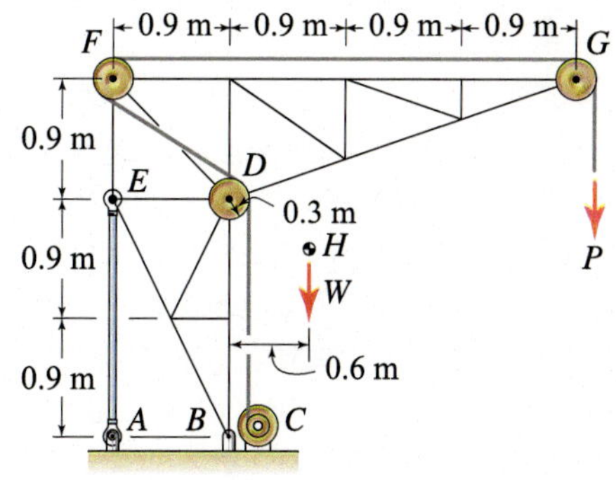

그림 P5.58

문제 5.59

그림5.19에 보인 각 지지대에 대하여 그림 5.20에 보인 것처럼 B 점에서 수직 아랫방향으로 힘 P가 작용할 때 대상물이 2력 부재, 3력 부재, 혹은 다력 부재인가 명시하라.

문제 5.60–5.72

아래 인용한 각 부재들이 무부하 부재, 2력 부재, 3력 부재, 또는 다력 부재인가 명시하라.

문제 5.60 예제5.1에서 부재 ABC와 부재 BD

문제 5.61 예제5.2에서 부재 $ABCD$

문제 5.62 예제5.3에서 문 $ABDE$와 BC

문제 5.63 예제5.4에서 판 $ABCDE$

문제 5.64 예제5.5에서 드럼과 내용물

문제 5.65 예제5.6에서 드럼과 내용물

문제 5.66 문제5.3에서 부재 ABC

문제 5.67 문제5.4에서 계단 AB

문제 5.68 문제5.5에서 부재 $ABCD$와 부재 DE

문제 5.69 문제5.6에서 트레이 AB와 링크 BC

문제 5.70 문제5.18에서 부재 ABC

문제 5.71 문제5.19에서 부재 $ABCDE$

문제 5.72 문제5.25에서 렌치 ABC

유용한 정보

스칼라 접근에서의 모멘트 방향. 2차원에서 모든 모멘트 벡터들은 문제의 평면에 대해 모두 수직이므로 서로 평행하다. 결과적으로 모멘트 방향은 시계방향과 반시계방향 같은 용어를 사용하여 설명된다. 3차원문제에서 모멘트 벡터는 일반적으로 세 가지 좌표 방향으로 구성 요소를 가지고 있고, 만약 스칼라로 사용하는 경우 이들 방향의 각각에 대해 기호를 결정해야 한다. 그래서 시계방향과 반시계방향 같은 용어는 의미가 없으며 이 절의 예들에서 보듯이 보다 적절한 방안이 사용되어야 한다.

유용한 정보

자동 중심조정 베어링. 베어링에 발생하는 반력모멘트는 종종 필요 없을 때가 있으며, 반력모멘트를 제거할 수 있는 몇 가지 방법이 있다. 자동 중심조정 베어링이라하는 특수한 형태의 베어링이 많이 사용되며 그 예는 그림 5.24와 같다.

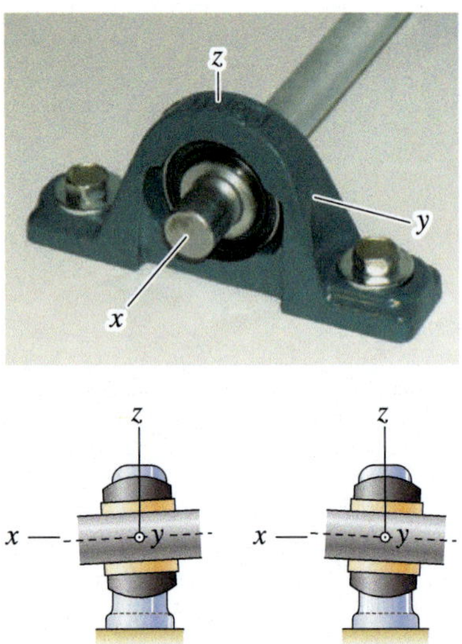

그림 5.24 자동 중심조정 베어링의 샤프트가 미세하게 y와 z 축에 대해 회전을 하기 때문에 반력모멘트 M_y와 M_z는 0이 된다.

5.4 3차원 물체의 평형

3차원 물체의 정적 평형 지배방정식은 5.1절에서 언급한대로 아래와 같다.

$$\sum \vec{F} = \vec{0}, \quad \sum \vec{M}_P = \vec{0} \tag{5.18}$$

여기서 아래 첨자 P는 모멘트 합을 구할 때에 선택한 점을 의미한다. 식 (5.18)의 스칼라 형태는

$$\begin{aligned} \sum F_x &= 0 & \sum M_{Px} &= 0 \\ \sum F_y &= 0, & \sum M_{Py} &= 0 \\ \sum F_z &= 0 & \sum M_{Pz} &= 0 \end{aligned} \tag{5.19}$$

이 절에서 보인 예와 같이, 식 (5.19)의 모멘트 합을 표현할 때에 다른 위치에 대한 표현도 가능하다. 근본적으로, 3차원 강체의 평형 해석은 2차원에서의 강체 평형 해석과 동일하다. 3차원에서의 가장 중요한 차이점은 자유물체도가 대부분 더욱 복잡하고, 반력도 더 복잡하며, 더 많은 미지수들과 방정식을 풀어야 한다는 것이다. 5.2절에 언급한 대체 평형방정식도 여기서 활용할 수 있다.

반력

일반적인 지지대들과 이에 관련된 반력들이 그림 5.25에 표시되어 있다. 모든 경우, 특정 지지대의 반력과 모멘트들은 그 지지대가 구속하는 움직임을 고려함으로써 결정할 수 있다. 예를 들어, 핀에 의해 지지된 막대의 경우, 핀은 막대의 x, y, z 방향으로의 움직임들을 구속하므로 결국 핀은 이들 방향으로 반력을 발생하게 된다. 또한 이 핀은 y와 z 축에 대한 회전도 구속하므로 이들 축에 대한 모멘트들도 고려하여야 한다. 이 핀은 x 축방향의 회전은 구속하지 않으므로 이 축에 대한 모멘트는 없다. 그림 5.25의 반력들을 외울 필요는 없지만 필요할 때에 이들을 재구성할 수 있어야 한다.

베어링에 관한 부언

그림 5.25와 같이, 베어링은 일반적으로 2개의 반력 모멘트를 가진다. 2개 이상의 베어링이 회전하는 축을 지탱하고 있을 때 베어링의 반력 모멘트는 종종 원치 않는 결과이다. 베어링의 반력을 제거하기 위한 가장 간단한 2가지 방법이 있다. 하나는 자동 중심조정(*self-aligning*) 베어링을 사용하는 것이고, 또 하나는 2개 이상의 완벽히 정렬된 베어링(*perfectly aligned bearing*)을 사용하는 것이다. 자동 중심조정 베어링은 이 절에 있는 유용한 정보란에 기재되어 있다. 완벽히 정렬된 베어링은 반력 모멘트 값이 0이 되도록 베어링들을 완벽하게 배열한 것이다.

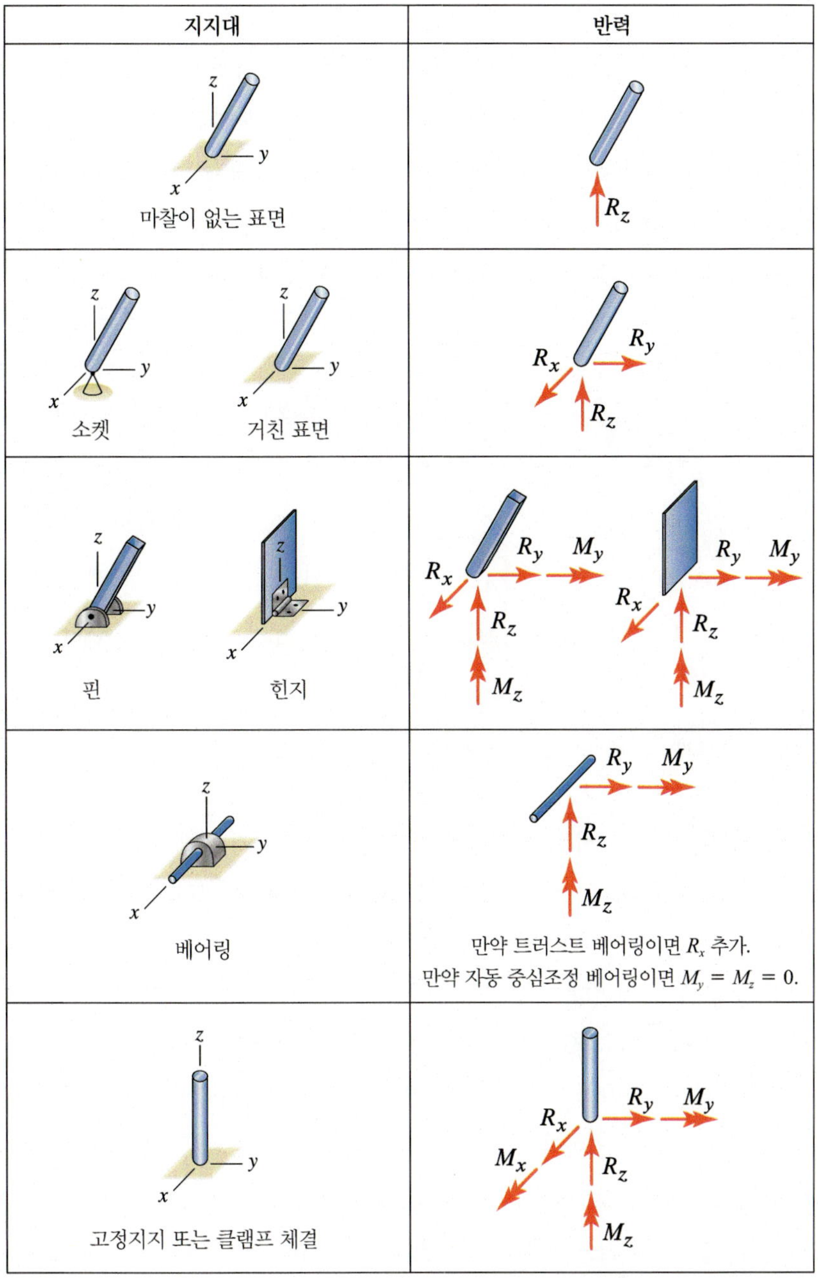

그림 5.25 3차원 강체의 일반적인 지지대와 그 반력들.

예를 들어, 그림 5.26(a)처럼 축을 지지하고 있는 2개의 베어링을 생각해보자. 일반적으로 그림 5.26(b)와 같이 자유물체도에서 베어링은 반력 모멘트를 가지게 된다. 이 자유물체도에는 8개의 미지의 반력들이 있으므로 이것은 부정정 문제이다. 왜냐하면 6개의 가능한 평형방정식만으로 모든 반력을 구할 수 없기 때문이다. 만약에 A 점과 C 점의 베어링이 **자동 중심조정 베어링**이거나 **완전조정 베어링**이라면(옆의 빠지기 쉬운 함정의 주의사항을 참조), 반력모멘트는 0이 되고 그림 5.26(c)의 자유물체도는 정정 문제가 된다.

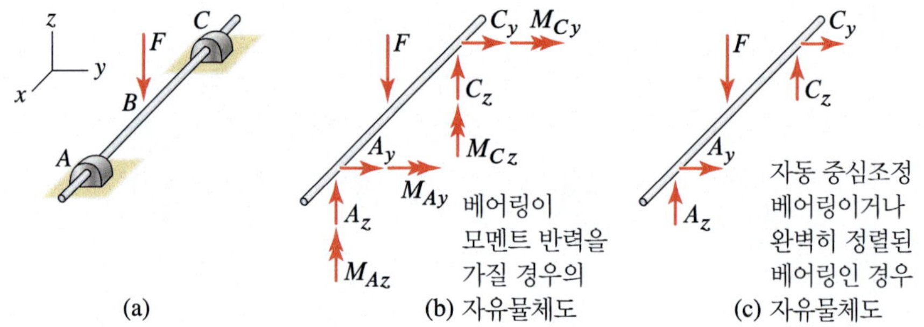

그림 5.26 (a) 두 개의 베어링으로 지지되고 있는 축. (b) 베어링이 모멘트 반력을 가질 경우의 자유물체도. (c) 자동 중심조정 베어링이거나 완벽히 정렬된 베어링인 경우의 자유물체도 – 반력 모멘트가 0인 것을 확인하라.

빠지기 쉬운 함정

주의사항: 완벽히 정렬된 베어링. 베어링이 완벽히 정렬된 전제하에서 베어링에 대한 반력모멘트는 0이라고 결정할 때에 매우 신중해야 한다. 가정에도 불구하고 베어링의 부실 제작(예상대로 베어링이 잘 정렬되지 않았음)으로 인해 반력 모멘트가 0이 아닐 수도 있다. 또한 베어링이 완벽히 정렬된 경우에도 마모나 진동에 의한 정렬 불량, 혹은 축의 큰 처짐, 혹은 반력 모멘트를 발생시킬 원인이 되는 지지된 물체로 인해 반력 모멘트가 0이 아닐 수도 있기 때문이다.

베어링들은 가끔 지지하는 물체의 축 방향 움직임을 막기 위해 제작되며, 이들을 트러스트 베어링이라고 한다. 예를 들어, 그림 5.25의 베어링이 트러스트 베어링이라면, 축이 x 방향으로 움직일 수 없을 것이다. 그래서 베어링은 그림 5.25에서 보인 것 이외에 반력 R_x를 갖게 될 것이다.

여기서 완벽히 정렬된 베어링에 대한 언급은 2개 이상의 경첩의 지지를 받고 있는 물체에도 적용된다. 특별히 그림 5.25에서 2개 이상의 경첩이 완벽히 배열되었다면 경첩에 대한 반력 모멘트는 0이라고 볼 수 있다.

스칼라 접근법인가? 또는 벡터 접근법인가?

스칼라 접근법은 뛰어난 시각화 능력을 필요로 하고, 이 기술은 모멘트 팔들을 정확히 확인하여야 하며, 모멘트의 양과 음의 방향도 일관되어야 한다. 간단한 기하학적 문제들은 스칼라 접근법을 이용하여 쉽게 풀 수 있다. 벡터 접근법은 간단한 문제들만 아니라 복잡한 문제들에서도 사용될 수 있으면서 주의 깊은 시각화도 필요치 않고, 모멘트의 양과 음의 방향들도 자동적으로 알 수 있다. 만약 특정 문제를 풀기 위하여 어떠한 접근법을 선택하더라도, 우리는 2가지 접근법 모두를 잘 사용할 수 있어야 한다. 이 절의 예제들은 2가지 접근법을 모두 사용한다. 그리고 우리는 각 접근법의 장단점을 파악하여 어떠한 문제에 어떠한 접근법을 사용하면 효과적인지 알아야 한다.

대수 방정식의 풀이

만약 스칼라 접근법이 사용된다면, 평형방정식을 기술할 순서에 관한 깊은 전략과 모멘트 합을 구할 지점 내지 축에 관한 선택은 각각의 방정식에서 미지력들의 개수가 적게 나타나는(unconpled or weekly coupled) 평형방정식을 제공할 것이다. 이와 같이 유도된 평형방정식은 최소의 대수학 풀이과정으로 풀 수 있다. 벡터 접근법을 사용하고 효과적인 모멘트 합산점을 선택하는 경우에도, 그 결과 평형방정식은 역시 각각의 식에서 적은 수의 미지력이 포함될 것이다. 스칼라 접근법이든 벡터 접근법이든, 복잡한 문제들은 다수의 미지력들이 복잡하게 얽히게 되어서 손으로 풀기 까다로운 평형방정식들을 만들게 된다. 이러한 상황에서는, 컴퓨터 소프트웨어를 사용하거나 프로그래밍이 가능한 계산기를 사용하여 평형방정식을 풀어야 한다.

정확한 자유물체도의 예

그림 5.27는 정확한 자유물체도의 예들을 보여준다. 이들 자유물체도의 완성을 위한 조언은 아래에 같다.

케이블 지지된 외팔보 구조를 스케치한 뒤에, D 점에 900 N의 힘을 가하고, 23, 13, 9 kg의 질량에 의한 무게들을 각각 OB, BC, CD에 가한다. 이 부분들은 균일하기 때문에, 이 무게들은 각 부분의 가운데 지점에 작용한다. 케이블은 마찰이 없는 고리 A를 지나고, 케이블의 무게를 무시하기 때문에, 케이블 내의 장력 T는 일정하고 양수이다. O 점에 있는 지지대는 구조물의 x, y, z 방향으로의 움직임을 구속하고 있으므로 O_x, O_y, O_z의 반력이 있다. 마찬가지로 O 점의 지지대는 구조물이 x, y, z의 축에 대해 회전하는 것도 구속하고 있으므로, M_{Ox}, M_{Oy}, M_{Oz}의 모멘트가 발생한다. 이 자유물체도는 부정정이라는 것을 관찰하라: 이 자유물체도는 7개의 미지의 힘과 모멘트가 있지만 평형방정식은 단지 6개가 있기 때문이다.

정리함 6.5 kg의 덮개를 스케치 한 뒤에, 덮개는 균일하기 때문에 그 무게 $W = mg$는 덮개의 중심 E 점에 수직으로 가해지게 된다. 끈의 장력은 T_{CD}이고, 양수로 취급한다. 각 경첩들은 3개의 좌표축방향으로의 병진운동을 구속하고, y와 z의 축에 대해 회전하는 것도 구속하고 있다. 그러므로 각 경첩들에 3개의 반력이 있고 2개의 모멘트가 발생한다. A_y, A_z, M_{Ay} 및 M_{Az}의 반력들을 사용하기보다, A_n, A_t, M_{An} 및 M_{At}의 반력들을 사용하는 것이 바람직하다. 여기서 n은 덮개에 대한 법선방향이고 t는 덮개에 대한 접선방향을 의미한다(B 점의 반력에도 적용된다). 그림 5.27의 자유물체도는 부정정 문제이다: 11개의 미지의 힘과 모멘트가 있지만 평형방정식은 단지 6개가 있다. 만약에 모든 경첩들이 완벽히 배열되어 있다면, 4개의 모멘트들은 0이라 할 수 있다. 추가로 A_x 또는 B_x가 0 이라고 가정하면(문제에서 이를 언급을 하지 않았다면 이 가정이 항상 성립하는 것이 아니다), 이 문제는 정정 문제가 된다.

항공기의 착륙 장치 착륙 장치를 스케치한 후에, 200 N과 300 N의 무게를 가한다. 부재 AB는 2력 부재이고 착륙 장치에 가하게 되는 힘 F_{AB}는 선분 AB를 따라서 작용하는

올바른 자유물체도의 예

케이블 지지된 외팔보 구조물은 O 점에 고정되고 마찰이 없는 A 점의 고리를 거쳐 하나의 케이블로 지지되고 있다. 구조물의 OB, BC, 및 CD 부재는 균질이고 그 질량이 각각 23 kg, 13 kg 및 9 kg이며 D 점의 900 N의 하중을 지지하고 있다. $OBCD$ 부재의 자유물체도를 그려라.

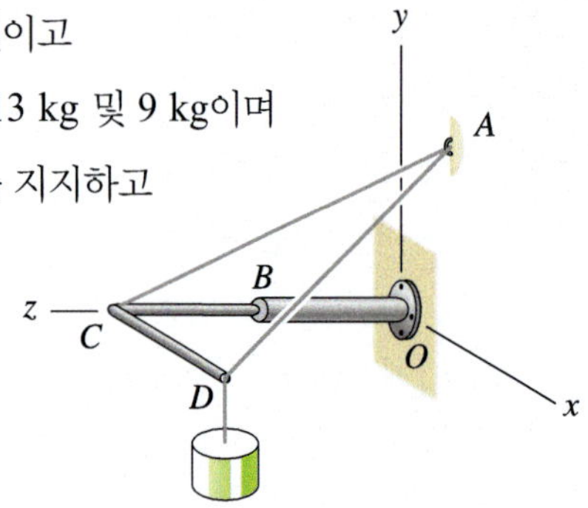

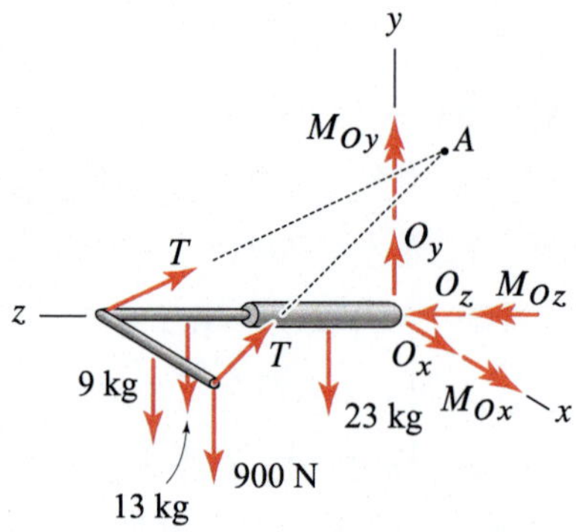

보관함 보관함의 덮개는 균질이고 6.5 kg의 질량을 가진다. A 점과 B 점에서는 힌지로 지지되고, C 점과 D 점 사이에서는 끈으로 지지되고 있다. 덮개에 대한 자유물체도를 그려라.

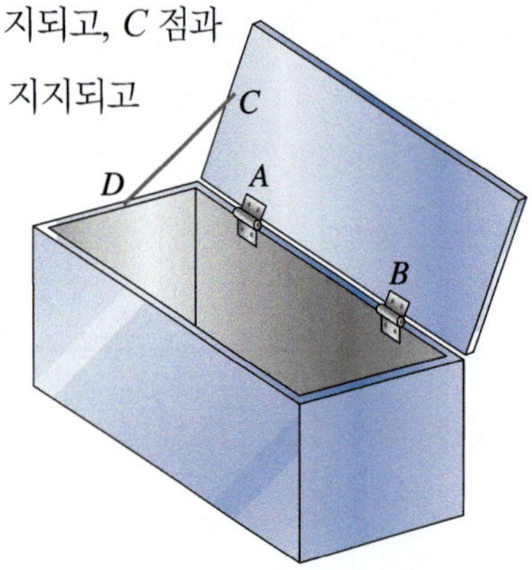

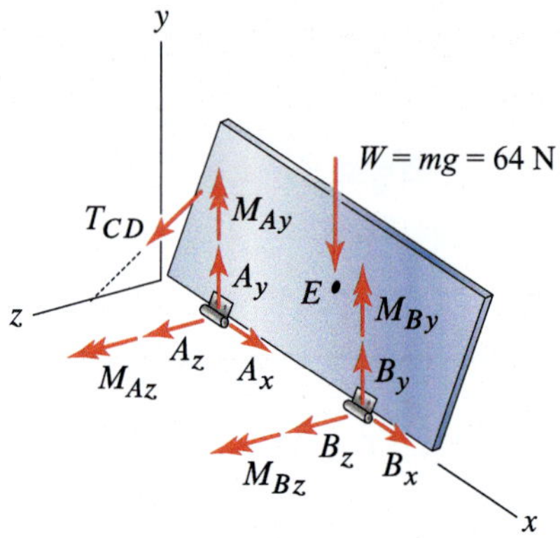

항공기의 착륙 장치 항공기 착륙 장치가 O점에서 베어링으로 고정되어 있고 2력 부재인 AB에 의해 작동된다. OCA 부재는 C 점을 통과하는 작용선상에 300 N의 하중과 타이어와 바퀴의 무게 200 N을 가진다. OCA 부재와 바퀴의 자유물체도를 그려라.

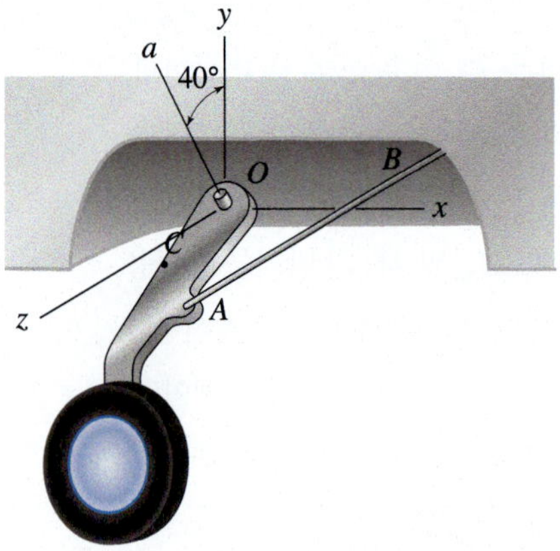

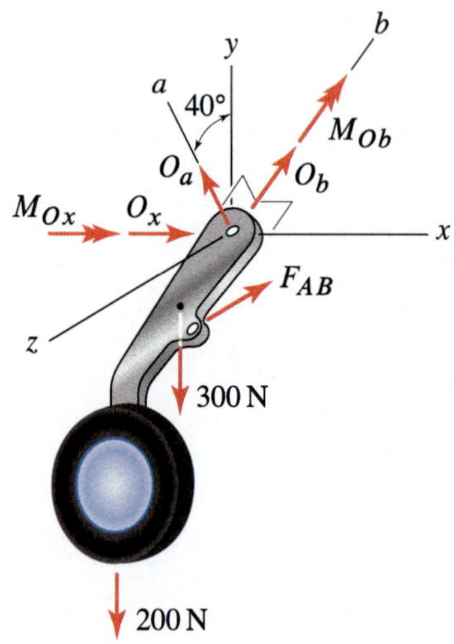

그림 5.27 올바른 자유물체도의 예.

인장력을 플러스로 설정했다. 착륙 장치의 핀의 축방향을 a라 하고, x와 a 방향에 직각되는 방향을 b라고 하면 O 점의 베어링은 각 방향의 병진운동을 구속하기 때문에 O_x, O_a 및 O_b의 반력이 생긴다. 또한 베어링은 x와 b 방향에 대한 회전운동을 구속하고 있으므로 이들 방향에 관한 모멘트가 생긴다. 따라서 이 문제는 6개의 미지수에 6개의 평형방정식이므로 정정 문제가 된다.

정확하지 않거나 불완전한 자유물체도의 예

그림 5.28는 정확하지 않거나 불완전한 자유물체도의 예들을 보여준다. 이들 자유물체도에서 고쳐야 할 사항들은 다음과 같지만, 이들을 읽기 전에 먼저 그림 5.28을 보고 무엇을 고치고 추가해야 할 것은 무엇인지 찾아보길 바란다.

보

1. B 점과 C 점에서 보인 힘들은 적절한 방향과 위치를 가지고 있으며 C 점은 A와 B의 중간지점이다. 그러나 B 점에서 힘의 크기는 (50 kg)(9.81 m/s^2) = 490.5 N이 되어야 하고, C 점에서 힘의 크기는 (25 kg)(9.81 m/s^2) = 245.3 N이 되어야 한다.
2. 보는 x 축과 y 축 방향으로 자유롭게 병진운동이 가능하므로 A_x와 A_y의 반력은 생기지 않는다.
3. 보는 z 축에 대해 자유롭게 회전운동이 가능하므로 M_{Az}의 모멘트는 생기지 않는다.
4. 지지대는 보가 x 축과 y 축에 대해 회전운동을 못하게 구속하고 있으므로 모멘트 M_{Ax}와 M_{Ay}를 추가해야 한다.

요약하면 지지대에서의 반력은 A_z, M_{Ax}와 M_{Ay}만 생긴다. 반력의 수가 평형방정식의 수보다 작기 때문에 이 보는 부분 고정이다.

변속 포크

1. G 점의 기어가 포크에 가하게 된 힘 5 N는 바르게 표시되었지만, 또한 그 위치에서 z 축 방향으로 힘 G_z이 있게 된다. 만약 G 점에서 포크와 축 사이의 물림이 느슨하지 않다면 반력과 모멘트가 추가될 수 있다.
2. H 점의 트러스트 원통칼라(thrust collar)로 인해 반력 F_x가 생긴다.
3. 변속 포크는 AB축에서 자유롭게 회전하므로 M_{Fx}가 생길 수 없다.
4. AB 축은 변속 포크가 y 축에 대해 회전운동을 못하게 구속하고 있으므로 모멘트 M_{Fy}를 추가해야 한다.

요약하면 변속 포크에서의 반력은 F_x, F_y, F_z, M_{Fy}, M_{Fz} 및 G_z만 생긴다. 미지 반력의 수와 평형방정식의 수가 각각 6개이므로 이것은 정정 문제가 된다. 이 문제는 예제 8.3에서 다시 언급하게 되며 그림 2에 정확한 자유물체도가 나온다.

파종용 포지셔너

1. E 점의 지지대는 막대가 a 축에 대해 회전하도록 허용한다; 따라서 M_{Ba}가 생길 수 없다.
2. E 점의 지지대는 막대가 b 축에 대한 회전을 막고 있다; 따라서 M_{Bb}를 추가해야 한다.

부정확하거나 불완전한 자유물체도의 예

외팔보 질량 25 kg인 균질의 보가 A 점에서 홈이 파진 블록에 의해 지지되고 있다. 슬롯은 마찰이 없어서 보가 자유롭게 미끄러진다. 보의 끝인 B 점에 50 kg의 질량을 지지하고 있다. 보의 자유물체도를 그려라.

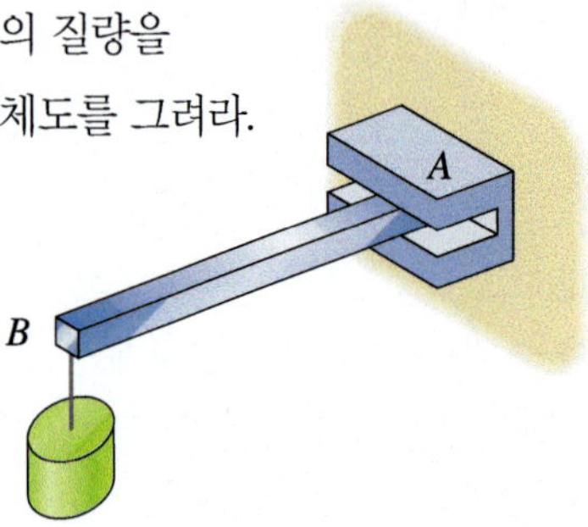

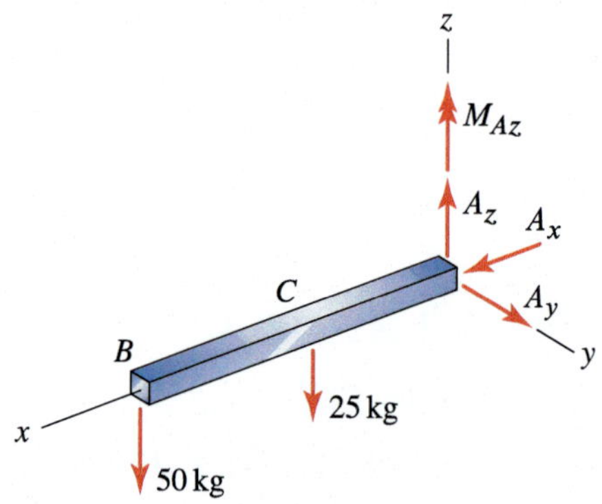

변속 포크 변속기에서 EFG 부재는 G 점의 기어를 CD 축을 따라서 이동시키기 위해 사용되는 포크이다. E 점에 10 N과 20 N의 힘을 가하고, G 점의 기어가 D에서 C 방향으로 5 N의 힘을 포크에 가하고 있다. 포크는 트러스트 원통칼라를 가진 고정된 AB 축에 의해 지지되고 있다. 포크가 G 점에서 축에 느슨한 물림이라 가정하고 변속 포크에 대한 자유물체도를 그려라.

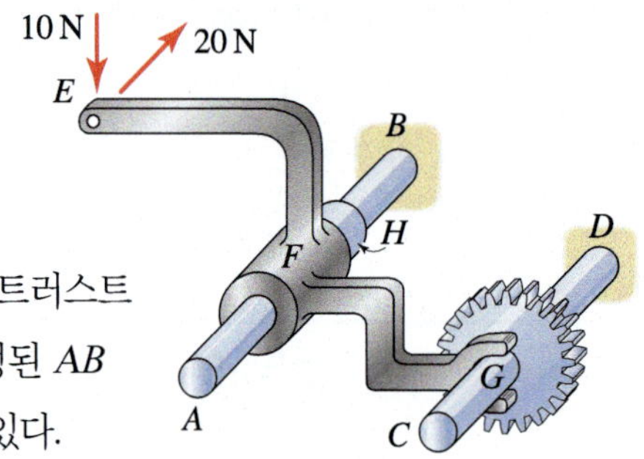

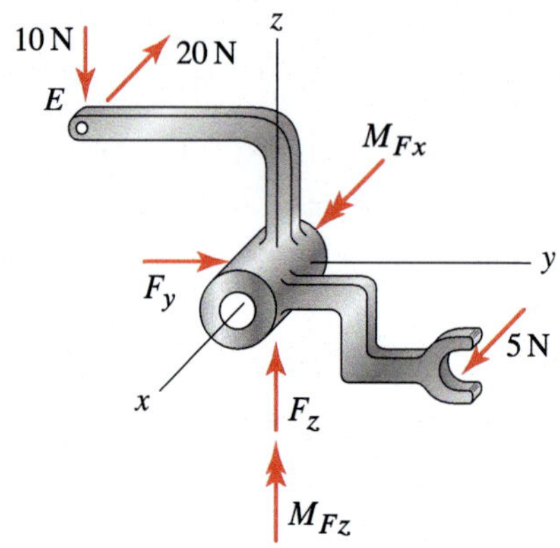

파종용 포지셔너 그림의 장치는 트랙터 앞에 부착하여 이미 씨앗이 심겨진 옆 고랑에 대한 상대위치를 지정하기 위한 포인터이다. z 축 방향으로 운전하는 트랙터 앞에 브래킷 E가 볼트로 고정되어 있다. 브래킷은 굽은 붐(boom) ABC를 지탱하며 그 끝 C 점에 무게 W와 포인터 CD가 놓여 있다. 붐은 xy 평면에 있는 선분 a에 대해 회전하도록 되어있고, 만약 장애물을 만나게 되면 막대의 손상을 피하기 위해 뒤로 회전하든지 위로 회전하게 된다. A 점과 B 점에서의 모든 반력을 B 점에서의 단일 힘계이거나 단일 모멘트계로 모아서 막대와 포인터의 자유물체도를 그려라.

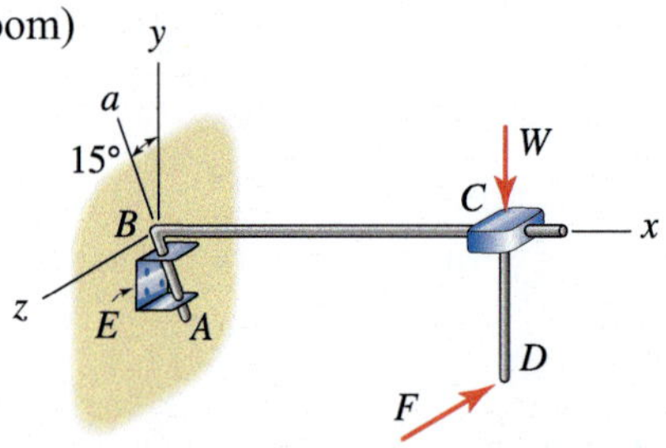

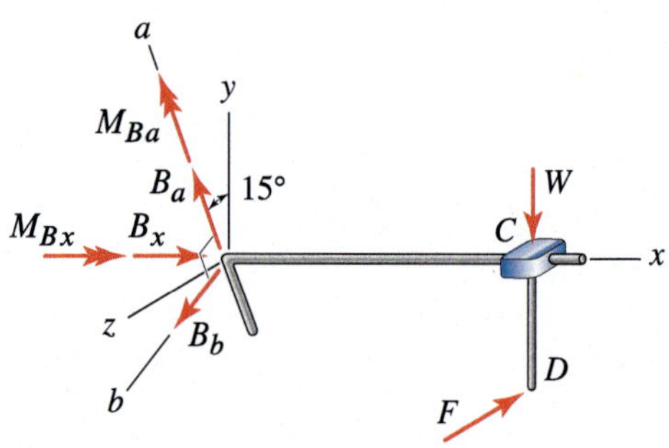

그림 5.28 부정확하거나 불완전한 자유물체도의 예.

요약하면 B 점에서의 반력은 B_x, B_a, B_b, M_{Bx} 및 M_{Bb}만 생긴다. 미지 반력의 수는 5개, 평형방정식의 수는 6개이므로 이것은 부분 고정이다.

절 요약

이 절에서 3차원 강체의 정적 평형에 관하여 논의하였다. 몇 가지 핵심사항은 아래와 같다:

- 간단한 기하학 구조의 3차원 해석문제는 스칼라 접근법을 사용하여 효과적으로 풀이할 수 있다. 그러나 일반적으로 벡터 접근법이 다루기 쉽다.
- 스칼라 접근법을 사용할 경우, 3개의 직교 좌표축에 대한 모멘트의 양 방향에 관한 부호 규정을 정해야 하고(오른손 법칙이 일반적 관례이다), 모멘트 합을 구할 때에 많은 주의가 요구된다.
- 일반적으로 베어링은 모멘트 반력을 가지게 되고, 이들은 구조물의 평형에서 중요한 역할을 하게 된다. 여러 개의 베어링 지지대를 가진 구조물의 해석을 할 때, 베어링의 모멘트는 바람직하지 못한 것으로 이를 제거하기 위해 자동중심조정(*self-aligning*) 베어링을 사용하거나, 또는 완벽히 정렬된(*perfectly aligned*) 종래의 베어링을 사용하게 된다. 만약 구조물을 설계하거나 해석하고, 완벽히 정렬된 베어링에서의 모멘트가 0이라 가정한다면 이런 가정이 유효하도록 세심한 주의가 요구된다.
- 일반적으로 단일 강체의 평형해석에는 6개의 대수방정식의 풀이가 요구되고 이를 손으로 풀기에는 복잡하다. 그러한 풀이를 위한 소프트웨어는 매우 큰 효과가 있다.

예제 5.12 소켓과 케이블 지지

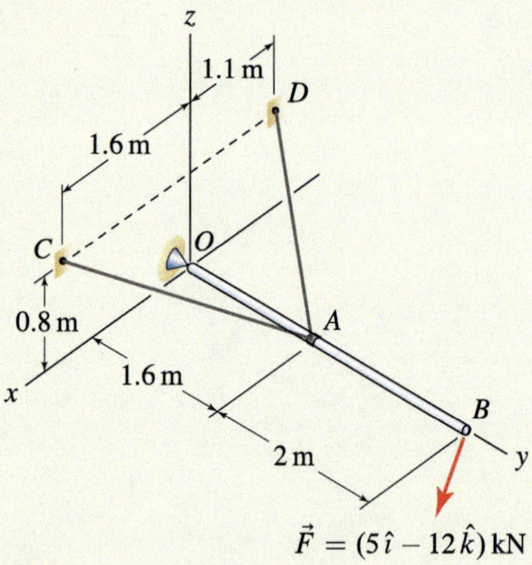

그림 1

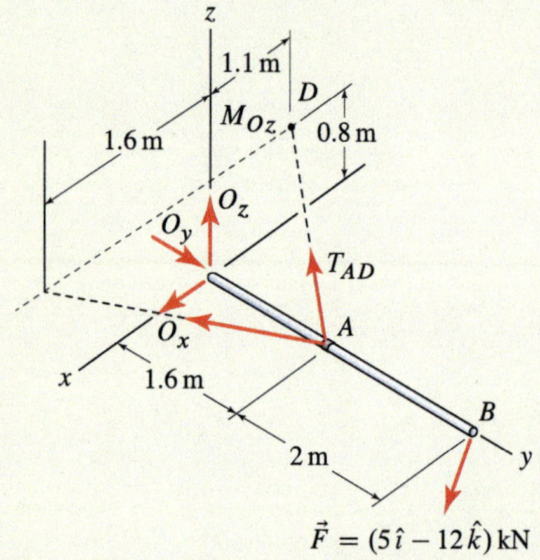

그림 2 벡터 해법을 위한 자유물체도

흥미로운 사실

부분 고정인가 혹은 완전 고정인가? 이 예제에서 평형방정식은 6개인 데에 반하여 미지수는 5개가 있다는 것에 주목해야 한다. 5.3절에서 언급한 3차원에서의 방정식 계수법을 일반화하면 예제의 돌출봉은 부분 고정인 것을 알 수 있다. 그림 2의 자유물체도를 조사해보면 어떠한 힘도 y 축에 대하여 돌출봉의 회전을 방해하지 않는 것을 보여준다. 그러나 이 부분 고정은 모델 이상화의 인위적 산물이 되며 실제 구조물은 완전 고정이 되게 만드는 작은 지지대 세부사항을 가지게 될 것이다.

돌출봉 OAB가 O 점에서 소켓과 2개의 케이블로 지지되고 있다. O 점에서의 반력과 두 케이블에 의해 지지되는 힘을 구하라.

풀이 SOLUTION

로드맵 이 문제는 벡터 해법과 스칼라 해법, 둘 다 효과적이므로 두 방법으로 풀어 본다.

벡터 풀이

모델링 그림 2에 자유물체도를 도시하였으며 장력 T_{AC}와 T_{AD}는 양의 방향이다. 소켓 지지대에서의 반력은 그림 5.25에서 얻어질 수 있지만, 지지대가 구속하고 있는 운동을 생각하여 이들을 보다 쉽게 얻게 된다. O 점의 지지대는 돌출봉이 x, y, z 축 방향으로 병진운동을 구속하고 있으므로 각 방향으로 반력 O_x, O_y, O_z가 생긴다. 소켓에서 3개의 좌표축에 관한 돌출봉의 회전이 가능하므로 모멘트 반력은 생기지 않는다.

지배방정식과 계산 사용할 평형방정식은 $\sum \vec{F} = \vec{0}$과 $\sum \vec{M}_P = \vec{0}$이다. 이들 식 중에서 무엇을 먼저 사용할 것인지, 그리고 P점을 어떻게 적절히 선택하는지에 따라 미지수에 관한 풀이할 대수식이 많이 줄어들 것이다. 이 문제에서 $\sum \vec{M}_O = \vec{0}$ 식이 효과적 선택이다: 미지수 O_x, O_y 및 O_z가 모멘트 합산점을 지나게 되고, 따라서 이들은 식에 포함되지 않는다.[3] 남은 미지수는 T_{AC}와 T_{AD}이다. 아래 벡터 표현으로

$$\vec{r}_{OA} = 1.6\hat{\jmath}\ \text{m}, \qquad \vec{T}_{AC} = T_{AC}\frac{1.6\hat{\imath} - 1.6\hat{\jmath} + 0.8\hat{k}}{2.4} \tag{1}$$

$$\vec{r}_{OB} = 3.6\hat{\jmath}\ \text{m}, \qquad \vec{T}_{AD} = T_{AD}\frac{-1.1\hat{\imath} - 1.6\hat{\jmath} + 0.8\hat{k}}{2.1} \tag{2}$$

아래 식을 얻게 된다.

$$\sum \vec{M}_O = \vec{0}: \quad \vec{r}_{OA} \times \vec{T}_{AC} + \vec{r}_{OA} \times \vec{T}_{AD} + \vec{r}_{OB} \times \vec{F} = \vec{0}, \tag{3}$$

$$\frac{T_{AC}}{2.4}\begin{vmatrix} \hat{\imath} & \hat{\jmath} & \hat{k} \\ 0 & 1.6 & 0 \\ 1.6 & -1.6 & 0.8 \end{vmatrix} + \frac{T_{AD}}{2.1}\begin{vmatrix} \hat{\imath} & \hat{\jmath} & \hat{k} \\ 0 & 1.6 & 0 \\ -1.1 & -1.6 & 0.8 \end{vmatrix} + \begin{vmatrix} \hat{\imath} & \hat{\jmath} & \hat{k} \\ 0 & 3.6 & 0 \\ 5 & 0 & -12 \end{vmatrix} = \vec{0}$$

$$[(1.28m)\hat{\imath} + (-2.56)\hat{k}]\frac{T_{AC}}{2.4} + [(1.28m)\hat{\imath} + (1.76m)\hat{k}]\frac{T_{AD}}{2.1} + [(-43.2)\hat{\imath} + (-18.0)\hat{k}]\,\text{kN}\cdot\text{m} = \vec{0} \tag{4}$$

위 식에서 $\hat{\imath}$ 항과 $\hat{k}$ 항으로 분류하면 각각 식 (5)와 식 (6)이 된다.

$$\left(\frac{1.28\,\text{m}}{2.4}\right)T_{AC} + \left(\frac{1.28\,\text{m}}{2.1}\right)T_{AD} - 43.2\,\text{kN}\cdot\text{m} = 0 \tag{5}$$

$$\left(\frac{-2.56\,\text{m}}{2.4}\right)T_{AC} + \left(\frac{1.76\,\text{m}}{2.1}\right)T_{AD} - 18.0\,\text{kN}\cdot\text{m} = 0 \tag{6}$$

식 (5)와 식 (6)을 풀이하면 해는

$$\Rightarrow \quad \boxed{T_{AC} = 23.0\,\text{kN}, \quad T_{AD} = 50.75\,\text{kN}} \tag{7}$$

이제 O 점에 관한 반력은 다음 식에서 구할 수 있다.

$$\sum \vec{F} = \vec{0}: \quad O_x\hat{\imath} + O_y\hat{\jmath} + O_z\hat{k} + \vec{T}_{AC} + \vec{T}_{AD} + \vec{F} = \vec{0} \tag{8}$$

3) 또 다른 유효한 선택으로 $\sum \vec{M}_A = \vec{0}$이 있다. 미지수인 T_{AC}, T_{AD}, O_y는 모멘트 합산점을 통과하여 식에서 사라지고, O_x와 O_z만이 미지수로 남게 된다.

$$\Rightarrow \quad \boxed{O_x = 6.25\ \text{kN}, \quad O_y = 54.0\ \text{kN}, \quad O_z = -15.0\ \text{kN}} \tag{9}$$

주의 이 문제의 보다 명확한 해는 그림 2의 자유물체도를 조사할 때, 선분 OD에 관한 모멘트 합[4], 즉 미지수 T_{AC}가 포함된 평형방정식이 0이 되어야 한다는 것을 인식하면 구할 수 있다. 풀이를 수행하기 위해 우선 O 점과 같은 선분 OD 위의 임의의 점에 대한 모멘트를 구해야 한다. 그 경우에 식 (3)을 쓸 수 있고 그래서 이들과 OD 방향의 단위벡터와 내적을 구하면 다음과 같다.

$$\sum M_{OD} = 0: \quad (\vec{r}_{OA} \times \vec{T}_{AC} + \vec{r}_{OA} \times \vec{T}_{AD} + \vec{r}_{OB} \times \vec{F}) \cdot \hat{u}_{OD} = 0 \tag{10}$$

$$(\vec{r}_{OA} \times \vec{T}_{AC} + \vec{r}_{OB} \times \vec{F}) \cdot \hat{u}_{OD} = 0 \tag{11}$$

여기서 $\vec{T}_{AD}$는 선분 OD에 대해 모멘트를 생성하지 않기 때문에 후자의 표현을 쓸 수 있다 (만약 이 진술에 대해 확신이 없다면 이것이 0되는 것을 입증하기 위해 $(\vec{r}_{OA} \times \vec{T}_{AD}) \cdot \hat{u}_{OD}$를 계산해야 한다). 문제 5.79에서 이 해법을 보다 상세하게 살펴볼 것이다.

스칼라 풀이

모델링 그림 3의 자유물체도에서 편의상 케이블 장력을 x, y, z 성분으로 분해하였다.

지배방정식과 계산 이 풀이에서 A 점을 통과하는 축에 대한 모멘트 합을 구해보자. 스칼라 해법에서는 양과 음의 모멘트에 관한 부호 규약이 절대적으로 일치할 필요가 있다. 일반적으로 오른손 법칙에 따라서 양의 축 방향으로 양인 모멘트를 구하게 된다. 그래서 아래와 같이 쓸 수 있다.[5]

$$\sum M_{Ax} = 0: \quad -O_z(1.6\ \text{m}) - (12\ \text{kN})(2\ \text{m}) = 0 \Rightarrow \boxed{O_z = -15.0\ \text{kN}} \tag{12}$$

$$\sum M_{Az} = 0: \quad O_x(1.6\ \text{m}) - (5\ \text{kN})(2\ \text{m}) = 0 \Rightarrow \boxed{O_x = 6.25\ \text{kN}} \tag{13}$$

$$\sum F_x = 0: \quad O_x + T_{AC}\left(\frac{1.6}{2.4}\right) - T_{AD}\left(\frac{1.1}{2.1}\right) + 5\ \text{kN} = 0 \tag{14}$$

$$\sum F_z = 0: \quad O_z + T_{AC}\left(\frac{0.8}{2.4}\right) + T_{AD}\left(\frac{0.8}{2.1}\right) - 12\ \text{kN} = 0 \tag{15}$$

처음 두 식에서 바로 O_z와 O_x를 구하게 되고, 나머지 두 식에서 연립으로 풀이하면

$$\Rightarrow \quad \boxed{T_{AC} = 23.0\ \text{kN}, \quad T_{AD} = 50.75\ \text{kN}} \tag{16}$$

마지막으로 남은 미지수는 아래 식에서 얻게 된다.

$$\sum F_y = 0: \quad O_y - T_{AC}\left(\frac{1.6}{2.4}\right) - T_{AD}\left(\frac{1.6}{2.1}\right) = 0 \quad \Rightarrow \quad \boxed{O_y = 54.0\ \text{kN}} \tag{17}$$

기대한대로 이들 해는 벡터 접근법의 결과와 동일하다.

논의 및 검증 두 케이블이 인장상태라고 예측하였고 실제로 해는 $T_{AC} > 0$와 $T_{AD} > 0$이다. 이 간단한 점검 후에 구한 해가 모든 평형방정식을 만족하는 것을 확인해야 한다.

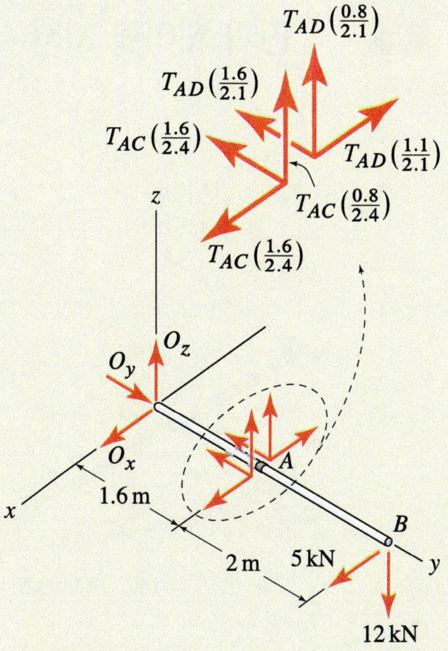

그림 3 스칼라 해법을 위한 자유물체도.

유용한 정보

+/−모멘트 방향에 관하여. 만약 스칼라 해법에서 양과 음의 모멘트 방향에 관한 규약이 명확하지 않다면 식 (13)을 보다 면밀히 살펴보자. z 축과 나란하고 A 점을 지나는 z'를 생각하자.

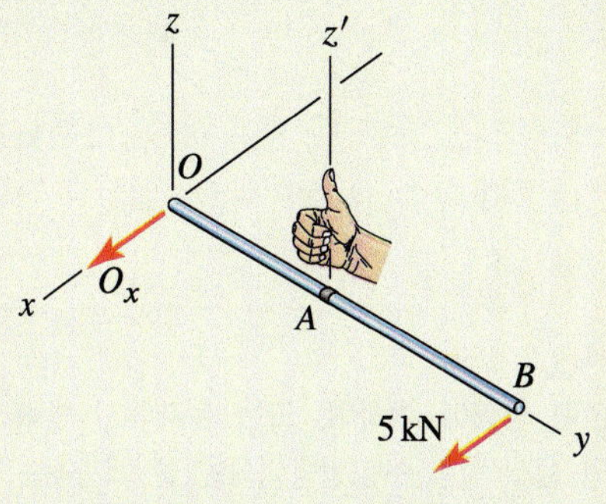

만약 오른손 엄지손가락 방향을 z' 방향이라면 나머지 손가락들 방향은 A 점을 지나는 z 축에 관한 양의 모멘트 방향으로 규정한다. 식 (13)에서 z' 축에 관한 O_x의 모멘트는 네 손가락이 회전하는 동일한 방향이므로 양의 방향이다. 반면에 5 kN에 의한 모멘트는 반대방향이므로 음의 방향이다.

4) 마찬가지로 OC 선분에 대한 모멘트의 합에는 T_{AD} 미지수만을 포함한다.

5) 수식에서 $\sum M_{Ax}$는 "A 점을 통과하는 x 축에 관한 모멘트의 합"을 의미한다.

예제 5.13 핀과 케이블 지지

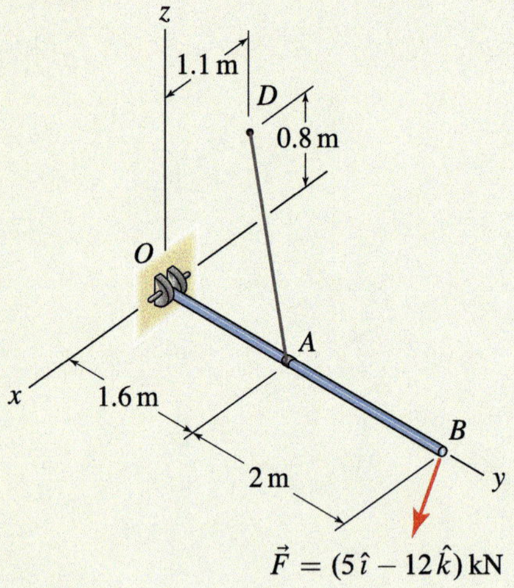

그림 1

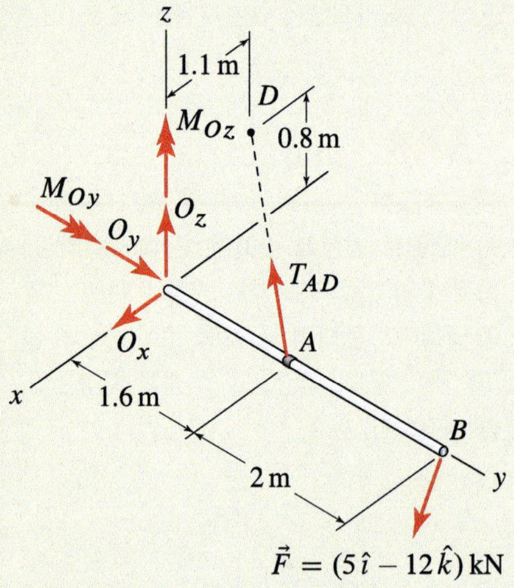

그림 2 벡터 접근법을 위한 자유물체도.

> **유용한 정보**
>
> **반력 방향에 관하여.** 모든 문제에서 반력의 실제 방향은 평형방정식을 풀 때까지는 알 수 없다. 그래서 자유물체도를 그릴 때에 그림 2에서 O 점에서 보인 것처럼 양의 좌표축 방향으로 양의 반력(힘이나 모멘트)을 간주한다. 그렇게 함으로써 벡터 표현을 사용하기가 수월하며 이 예제에서는 $\vec{O} = O_x\hat{\imath} + O_y\hat{\jmath} + O_z\hat{k}$이다. 다른 규약이 사용될 수도 있지만 벡터표현을 기술할 때에 많은 주의가 필요하다. 예를 들면 만약 O_x를 그림 2에서 보인 반대 방향을 양으로 정한다면 벡터는 $\vec{O} = -O_x\hat{\imath} + O_y\hat{\jmath} + O_z\hat{k}$가 될 것이다.

돌출봉 OAB가 O 점에서 핀과 케이블로 지지되고 있다. O 점에서의 반력과 케이블에 의해 지지되는 힘을 구하라.

풀이 SOLUTION

로드맵 이 문제는 예제 5.12와 비슷하고 차이점은 돌출봉이 지지되는 방식이다. 벡터 해법과 스칼라 해법, 둘 다 효과적이므로 두 방법으로 풀어 본다.

벡터 풀이

모델링 그림 2에 자유물체도를 도시하였다. O 점의 지지대는 돌출봉이 x, y, 및 z 축 방향으로 병진운동을 구속하고 있으므로 각 방향으로 반력 O_x, O_y 및 O_z이 생긴다. 핀은 y와 z 축에 대한 회전운동을 구속하고 있으므로 각 축 방향으로 모멘트 M_{Oy}와 M_{Oz}이 생긴다. 케이블의 힘 T_{AD}은 양의 장력으로 취급한다.

지배방정식과 계산 먼저 사용할 효과적인 평형방정식은 $\sum \vec{M}_O = \vec{0}$이다. 이 식에는 미지수 O_x, O_y 및 O_z가 포함되지 않기 때문이다. 그러나 T_{AD}와 M_{Oy}와 M_{Oz}가 식에 포함하게 된다. 그럼에도 불구하고 $\sum \vec{M}_O = \vec{0}$ 식은 3개의 미지수를 풀이할 수 있는 3개의 스칼라 식을 얻게 된다. 다음 벡터 표현으로

$$\vec{r}_{OA} = 1.6\hat{\jmath}\ \text{m}, \quad \vec{r}_{OB} = 3.6\hat{\jmath}\ \text{m}, \quad \vec{T}_{AD} = T_{AD}\frac{-1.1\hat{\imath} - 1.6\hat{\jmath} + 0.8\hat{k}}{2.1} \tag{1}$$

다음 식을 얻게 된다.

$$\sum \vec{M}_O = \vec{0}: \quad M_{Oy}\hat{\jmath} + M_{Oz}\hat{k} + \vec{r}_{OA} \times \vec{T}_{AD} + \vec{r}_{OB} \times \vec{F} = \vec{0} \tag{2}$$

$$M_{oy}\hat{\jmath} + M_{oz}\hat{k} + \frac{T_{AD}}{2.1}\begin{vmatrix} \hat{\imath} & \hat{\jmath} & \hat{k} \\ 0 & 1.6 & 0 \\ -1.1 & -1.6 & 0.8 \end{vmatrix} + \begin{vmatrix} \hat{\imath} & \hat{\jmath} & \hat{k} \\ 0 & 3.6 & 0 \\ 5 & 0 & -12 \end{vmatrix} = \vec{0}$$

$$M_{oy}\hat{\jmath} + M_{oz}\hat{k} + \left[(1.28m)\hat{\imath} + (1.76m)\hat{k}\right]\frac{T_{AD}}{2.1}$$
$$+\left[(-43.2)\hat{\imath} + (-18.0)\hat{k}\right]\text{kN}\cdot\text{m} = \vec{0} \tag{3}$$

위 식을 $\hat{\imath}$ 항, $\hat{\jmath}$ 항 및 $\hat{k}$ 항으로 분류하면 각각 식 (4), 식 (5) 및 식 (6)이 된다.

$$\left(\frac{1.28\,\text{m}}{2.1}\right)T_{AD} - 43.2\,\text{kN}\cdot\text{m} = 0 \tag{4}$$

$$M_{Oy} = 0 \tag{5}$$

$$M_{Oz} + \left(\frac{1.76\,\text{m}}{2.1}\right)T_{AD} - 18.0\,\text{kN}\cdot\text{m} = 0 \tag{6}$$

식 (4)–(6)을 풀이하면 해는

$$\Rightarrow \boxed{T_{AD} = 70.9\,\text{kN}, \quad M_{Oy} = 0, \quad M_{Oz} = -41.4\,\text{kN}\cdot\text{m}} \tag{7}$$

이제 O점에 관한 반력은 다음 식에서 구할 수 있다.

$$\sum \vec{F} = \vec{0}: \quad O_x\hat{\imath} + O_y\hat{\jmath} + O_z\hat{k} + \vec{T}_{AD} + \vec{F} = \vec{0} \tag{8}$$

$$\Rightarrow \boxed{O_x = 32.1\,\text{kN}, \quad O_y = 54.0\,\text{kN}, \quad O_z = -15.0\,\text{kN}} \tag{9}$$

스칼라 풀이

모델링 그림 3의 자유물체도에서 편의상 케이블 장력을 x, y, 및 z 성분으로 분해하였다.

지배방정식과 계산 어느 평형방정식을 먼저 사용하여 풀이할 것인가 하는 순서에 관한 다양한 계획이 이 문제에서 효과가 있다. 다음 식들에서 좌표계의 양의 방향을 힘과 모멘트의 양의 방향으로 취급하였다.

$$\sum M_{Ox} = 0: \quad T_{AD}\left(\frac{0.8}{2.1}\right)(1.6\,\mathrm{m}) - (12\,\mathrm{kN})(3.6\,\mathrm{m}) = 0, \tag{10}$$

$$\Rightarrow \boxed{T_{AD} = 70.9\,\mathrm{kN}} \tag{11}$$

$$\sum M_{Oy} = 0: \quad M_{Oy} = 0, \tag{12}$$

$$\Rightarrow \boxed{M_{Oy} = 0} \tag{13}$$

$$\sum M_{Oz} = 0: \quad M_{Oz} + T_{AD}\left(\frac{1.1}{2.1}\right)(1.6\,\mathrm{m}) - (5\,\mathrm{kN})(3.6\,\mathrm{m}) = 0, \tag{14}$$

$$\Rightarrow \boxed{M_{Oz} = -41.4\,\mathrm{kN{\cdot}m}} \tag{15}$$

$$\sum F_x = 0: \quad O_x - T_{AD}\left(\frac{1.1}{2.1}\right) + 5\,\mathrm{kN} = 0, \quad \Rightarrow \boxed{O_x = 32.1\,\mathrm{kN}} \tag{16}$$

$$\sum F_y = 0: \quad O_y - T_{AD}\left(\frac{1.6}{2.1}\right) = 0, \quad \Rightarrow \boxed{O_y = 54.0\,\mathrm{kN}} \tag{17}$$

$$\sum F_z = 0: \quad O_z + T_{AD}\left(\frac{0.8}{2.1}\right) - 12\,\mathrm{kN} = 0, \quad \Rightarrow \boxed{O_z = -15.0\,\mathrm{kN}} \tag{18}$$

기대한대로 이들 해는 벡터 해법의 결과와 동일하다.

논의 및 검증 케이블이 인장상태라고 예측하였고 실제로 해는 $T_{AD} > 0$이다. 구한 해가 모든 평형방정식을 만족하는 것을 확인해야 한다.

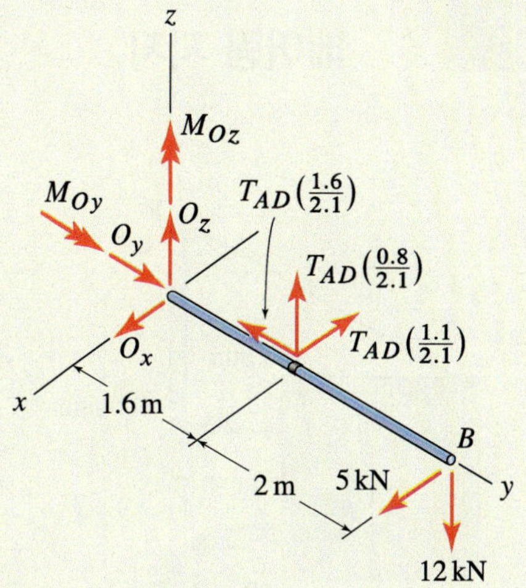

그림 3 스칼라 접근법을 위한 자유물체도.

빠지기 쉬운 함정

모멘트의 합. 벡터 접근법이나 스칼라 접근법을 적용할 때, 이 예제의 식 (2), (12) 및 (14)에서 O 점에 관한 모멘트 합산을 할 경우의 일반적인 오류는 모멘트 반력을 무시하는 것이다. 모멘트 합산점을 통과하기 때문에 아무런 기여를 하지 않을 것이라는 오해에서 기인한다.

예제 5.14 베어링 지지

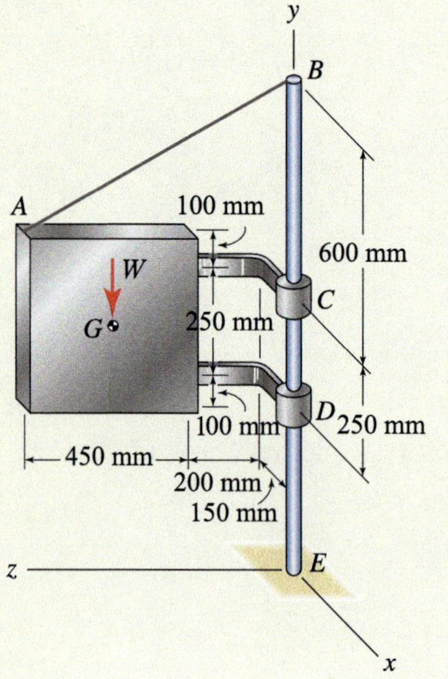

그림 1

금속부품을 열처리하는 용광로의 밀봉을 위한 무거운 문이 있다. 문의 질량 $m = 90$ kg은 가로와 세로가 각각 450 mm인 문의 중앙인 G 점을 지난다. 케이블 AB에 의해 지지되는 힘과 C 점, D 점의 베어링에서의 반력을 구하라.

풀이 SOLUTION

로드맵 우리의 목적은 용광로 문에 대하여 평형해석을 하는 것이다. 정정 문제를 얻기 위해서 베어링에 대하여 이상화하여 적절한 모델링을 하는 것이 필요하다. 벡터 해법과 스칼라 해법 둘 다 효과적이므로 두 가지 해법으로 풀이한다.

벡터 풀이

모델링 그림 2에 용광로 문의 자유물체도를 도시하였다. 여기서 두 베어링은 완벽히 정렬(혹은 자동 중심조정)되어서 모멘트 반력이 생기지 않는다고 가정하자. 만약 이 가정이 유효하지 않다면 베어링에는 모멘트 반력이 나타나고 부정정 문제로 되어서 정적인 평형방정식만을 사용해서는 풀이할 수 없다.

지배방정식 D 점에 관한 모멘트 합산을 위해서 우선 필요한 위치 벡터[6]와 힘 벡터는 아래와 같다.

$$\vec{r}_{DG} = (-150\hat{\imath} + 125\hat{\jmath} + 425\hat{k})\,\text{mm}, \quad \vec{W} = -mg\hat{\jmath} = 90\,\text{kg} \times \left(-9.81\frac{\text{m}}{\text{s}^2}\right)\hat{\jmath} = -883\hat{\jmath}\ \text{N} \tag{1}$$

$$\vec{r}_{DC} = 250\hat{\jmath}\ \text{mm}, \qquad \vec{C} = C_x\hat{\imath} + C_z\hat{k} \tag{2}$$

$$\vec{r}_{DA} = (-150\hat{\imath} + 350\hat{\jmath} + 650\hat{k})\,\text{mm} \tag{3}$$

$$\vec{T} = T\frac{150\hat{\imath} + 500\hat{\jmath} - 650\hat{k}}{\sqrt{695000}} = T(0.1799\hat{\imath} + 0.5998\hat{\jmath} - 0.7797\hat{k}) \tag{4}$$

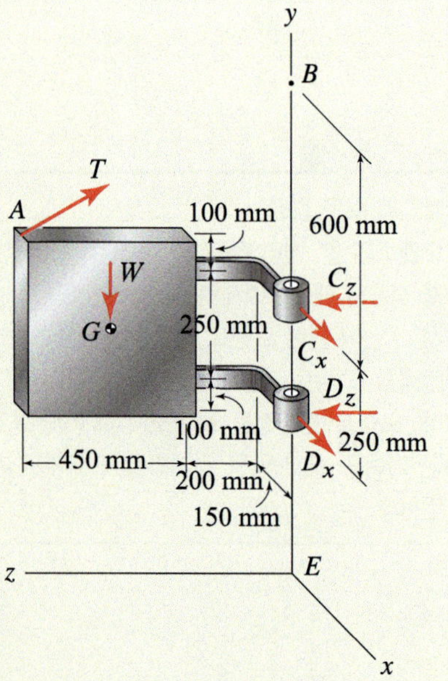

그림 2 벡터 해법을 위한 자유물체도.

D 점에 대한 모멘트[7]를 구하면

$$\sum \vec{M}_D = \vec{0}: \quad \vec{r}_{DG} \times \vec{W} + \vec{r}_{DC} \times \vec{C} + \vec{r}_{DA} \times \vec{T} = \vec{0} \tag{5}$$

$$\begin{vmatrix} \hat{\imath} & \hat{\jmath} & \hat{k} \\ -150 & 125 & 425 \\ 0 & -883 & 0 \end{vmatrix} + \begin{vmatrix} \hat{\imath} & \hat{\jmath} & \hat{k} \\ 0 & 250 & 0 \\ C_x & 0 & C_z \end{vmatrix} + T\begin{vmatrix} \hat{\imath} & \hat{\jmath} & \hat{k} \\ -150 & 350 & 650 \\ 0.1799 & 0.5998 & -0.7797 \end{vmatrix} = \vec{0}$$

$$\begin{aligned} &(375275\,\text{Nmm})\hat{\imath} + (132450\,\text{Nmm})\hat{k} + c_z(250\,\text{mm})\hat{\imath} \\ &-c_x(250\,\text{mm})\hat{k} + T(-662.8\,\text{mm}\,\hat{\imath}) + (-0.02\,\text{mm}\,\hat{\jmath}) + (-152\,\text{mm}\,\hat{k}) = \vec{0} \end{aligned} \tag{6}$$

식 (6)에서 $\hat{\jmath}$ 항은 없기 때문에 장력 T와 반력이 있더라도 y 축에 관한 모멘트 평형은 자연적으로 만족된다. 식 (6)에서 $\hat{\imath}$ 항과 $\hat{k}$ 항으로 분류하면 각각 식 (7), (8)이 된다.

$$T(-662.8\ \text{mm}) + C_z(250\ \text{mm}) + 375275\ \text{Nmm} = 0 \tag{7}$$

$$T(-152.9\ \text{mm}) - C_x(250\ \text{mm}) + 132450\ \text{Nmm} = 0 \tag{8}$$

식 (7), (8)에는 3개의 미지수를 포함하여서 이들 미지수를 구하려면 평형방정식이 추가로 필요하다. 필요한 힘의 평형방정식은

6) 벡터 $\vec{r}_{DA}$ 대신에 벡터 $\vec{r}_{DB} = 850\hat{\jmath}$ 를 사용할 수 있으며 이는 식 (5)에서 벡터곱을 보다 쉽게 만든다.

7) 식 (5)에서 $\vec{r}_{DC} \times \vec{C}$ 벡터곱을 원칙에 따라서 계산하기보다는 관찰(즉, 스칼라 접근법)에 따라서 평가하는 것이 편리하다는 것을 알 것이다.

$$\sum \vec{F} = \vec{0}: \quad \vec{W} + \vec{C} + \vec{D} + \vec{T} = \vec{0} \tag{9}$$

식 (9)에 힘 벡터들과 $\vec{D} = D_x\hat{\imath} + D_z\hat{k}$를 대입하고 $\hat{\imath}$ 항, $\hat{\jmath}$ 항 및 $\hat{k}$ 항으로 분류하면 아래와 같다.

$$(0.1799)T + C_x + D_x = 0 \tag{10}$$

$$(0.5998)T - 883\text{ N} = 0 \tag{11}$$

$$(-0.7797)T + C_z + D_z = 0 \tag{12}$$

계산 식 (11)에서 T를 바로 구할 수 있고, 이를 식 (7), (8)에 대입하면 C_x와 C_z를 구하게 된다. 이어서 식 (10), (12)로부터 D_x와 D_z를 구하면

$$\Rightarrow \quad T = 1472\text{ N}$$
$$C_x = -370\text{ N}, \quad C_z = 2401\text{ N}$$
$$D_x = 105\text{ N}, \quad D_z = -1253\text{ N} \tag{13}$$

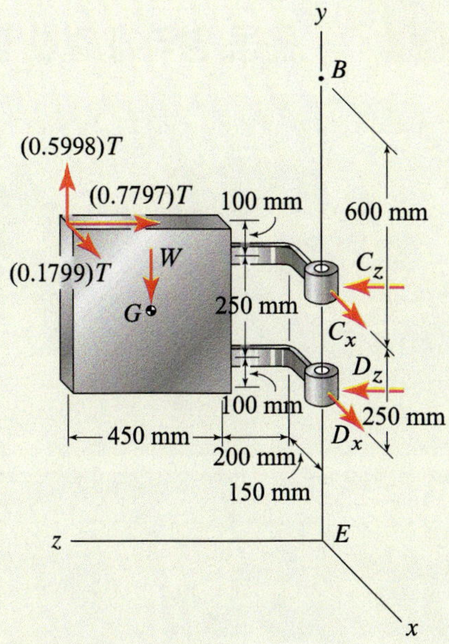

그림 3 스칼라 해법을 위한 자유물체도.

스칼라 풀이

모델링 그림 3의 자유물체도에서 두 베어링은 완벽히 정렬(혹은 자동 중심조정)되어 모멘트 반력이 생기지 않는다고 가정하자. 편의상 케이블 장력을 x, y, z 성분으로 분해하였다.

지배방정식과 계산 아래의 풀이 순서의 과정은 최소한의 계산으로 미지수를 결정하기 위한 여러 방안 중의 하나이다.

$$\sum F_y = 0: \quad (0.5998)T - 883\text{ N} = 0 \quad \Rightarrow \quad \boxed{T = 1472\text{ N}} \tag{14}$$

$$\sum M_{Dx} = 0: \quad -(0.7797)T(350\text{ mm}) - (0.5998)T(650\text{ mm})$$
$$+ (883\text{ N})(425\text{ mm}) + C_z(250\text{ mm}) = 0 \tag{15}$$
$$\Rightarrow \boxed{C_z = 2401\text{ N}} \tag{16}$$

$$\sum M_{Dz} = 0: \quad -(0.5998)T(150\text{ mm}) - (0.1799)T(350\text{ mm})$$
$$+ (883\text{ N})(150\text{ mm}) - C_x(250\text{ mm}) = 0 \tag{17}$$
$$\Rightarrow \boxed{C_x = -371\text{ N}} \tag{18}$$

$$\sum F_x = 0: \quad (0.1799)T + C_x + D_x = 0 \quad \Rightarrow \quad \boxed{D_x = 106\text{ N}} \tag{19}$$

$$\sum F_z = 0: \quad -(0.7797)T + C_z + D_z = 0 \quad \Rightarrow \quad \boxed{D_z = -1253\text{ N}} \tag{20}$$

기대한 바와 같이 이들 해는 벡터 해법의 결과와 동일하다.

논의 및 검증 케이블이 인장상태라고 예측하였고, 실제로 해는 $T > 0$ 이다. 구한 해가 모든 평형방정식을 만족하는 것을 확인해야 한다.

예제 5.15 운동 영역에 걸친 평형 해석

그림 1

대형 관절형 덤프트럭이 2개의 대칭된 위치에 유압 실린더로 작동된다. 하나의 실린더가 그림 1의 A 점과 B 점 사이에 보이지만 또 하나의 실린더는 트럭의 반대편에 있어서 보이지 않는다. 덤프의 기울기 각도 $\theta = 0°$에서 덤프는 가장 낮은 자세이고, $\theta = 80°$에서 덤프는 가장 높게 올라간 자세이다. 만약 덤프와 내용물 합한 무게 400 kN이 무게 중심인 G 점에 가해질 때, 덤프를 전체 운동 영역에 걸쳐서 올리기 위해 필요한 유압실린더의 최대 힘을 구하라. A 점, B 점, C 점의 좌표는 아래와 같다.

$$A\left[0.3\text{ m},\ -0.5\text{ m}, 3.2\text{ m}\right]$$
$$B\left[1.6\text{ m},\ (1.1\text{ m})\sin(50° + \theta),\ (1.1\text{ m})\cos(50° + \theta)\right] \tag{1}$$
$$G\left[0,\ (1.8\text{ m})\sin(30° + \theta),\ (1.8\text{ m})\cos(30° + \theta)\right]$$

풀이 SOLUTION

로드맵 2개의 유압실린더의 무게는 덤프와 내용물의 무게에 비하여 아주 작기 때문에 무시하기로 하자. 따라서 유압실린더는 2력 부재가 된다. 또한 덤프가 올라가는 동안에도 덤프의 내용물이 덤프 안에서 그 모양과 그 위치에 변함이 없이 고정되었다고 가정하자. 이 가정 하에서 덤프와 내용물의 무게는 일정하고 그 작용선은 항상 G 점을 지나게 된다. 그 위치는 식 (1)에서 경사각 θ의 함수임을 알 수 있다. 또한 트럭은 평지에 있다고 가정한다.

모델링 그림 1를 살펴보면 덤프가 C 점과 C' 점에 각 베어링으로 지지되어 있으며 여기서 두 베어링은 완벽히 정렬되어서 모멘트 반력이 생기지 않는다고 가정하자. 두 유압실린더에 의해 생긴 힘들은 동일하다고 가정하면 이 문제는 yz 평면에 대해 대칭이 된다. 그림 2에서 자유물체도를 그릴 때, C 점과 C' 점에서의 반력을 동일하게 취급한다. 그림 2에서 유압실린더 힘을 압축 시에 양으로 취급하고 A' 점과 B' 점은 각각 A 점과 B 점의 맞은편에 대칭적으로 위치하고 있다.

> **유용한 정보**
>
> **대칭에 대하여.** 대칭이라는 것은 기하학적 구조, 하중 및 지지가 대칭이어야 한다. 달리 표현하면 대칭면의 한편에 나타난 기하학적 구조, 하중 및 지지는 또 다른 한편에 나타난 완벽한 거울 이미지가 되어야 한다. 대칭의 유리한 점은 미지수의 수가 줄어들기 때문에 문제를 쉽게 만들어준다.

지배방정식 아래의 위치 벡터를 사용하여

$$\vec{r}_{AB} = [1.3\text{ m}]\hat{\imath} + [(1.1\text{ m})\sin(50° + \theta) + 0.5\text{ m}]\hat{\jmath} + [(1.1\text{ m})\cos(50° + \theta) - 3.2\text{ m}]\hat{k} \tag{2}$$

$$r_{AB} = \left\{[1.3\text{ m}]^2 + [(1.1\text{ m})\sin(50° + \theta) + 0.5\text{ m}]^2 + [(1.1\text{ m})\cos(50° + \theta) - 3.2\text{ m}]^2\right\}^{1/2} \tag{3}$$

$$\vec{r}_{A'B'} = [-1.3\text{ m}]\hat{\imath} + [(1.1\text{ m})\sin(50° + \theta) + 0.5\text{ m}]\hat{\jmath} + [(1.1\text{ m})\cos(50° + \theta) - 3.2\text{ m}]\hat{k} \tag{4}$$

$$r_{A'B'} = r_{AB} \tag{5}$$

유압실린더 힘과 400 kN 무게에 대한 벡터 표현은 아래와 같이 쓸 수 있다.

$$\vec{F}_{AB} = F_{AB}\frac{\vec{r}_{AB}}{r_{AB}}, \qquad \vec{F}_{A'B'} = F_{A'B'}\frac{\vec{r}_{A'B'}}{r_{A'B'}}, \qquad \vec{W} = -400\text{ kN}\hat{\jmath} \tag{6}$$

O점에 대한 모멘트를 구하면

$$\sum \vec{M}_O = \vec{0}: \quad \vec{r}_{OA} \times \vec{F}_{AB} + \vec{r}_{OA'} \times \vec{F}_{A'B'} + \vec{r}_{OG} \times \vec{W} = \vec{0} \tag{7}$$

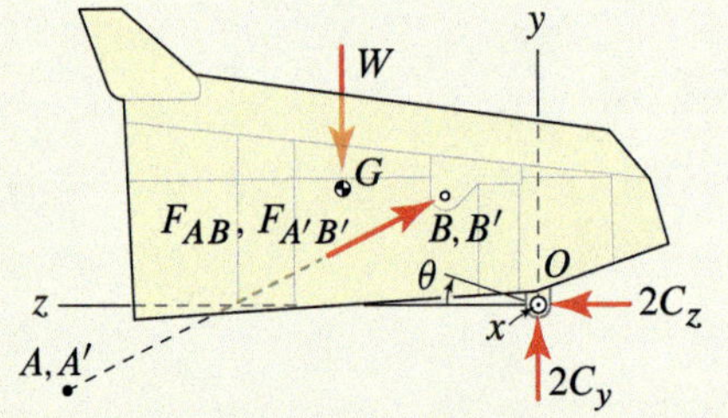

그림 2 경사각 θ = 0°일 때의 자유물체도. x 방향은 지면에 수직이다. 힘 F_{AB}와 $F_{A'B'}$는 x 방향 성분을 가지지만 2차원에서는 보이지 않는다.

여기서 위치벡터는

$$\vec{r}_{OA} = (0.3\text{ m})\hat{\imath} - (0.5\text{ m})\hat{\jmath} + (3.2\text{ m})\hat{k} \tag{8}$$

$$\vec{r}_{OA'} = (-0.3\text{ m})\hat{\imath} - (0.5\text{ m})\hat{\jmath} + (3.2\text{ m})\hat{k} \tag{9}$$

$$\vec{r}_{OG} = \left[(1.8\text{ m})\sin(30^\circ+\theta)\right]\hat{\jmath} + \left[(1.8\text{ m})\cos(30^\circ+\theta)\right]\hat{k} \tag{10}$$

이 문제에 많은 벡터식이 표현됨에도 불구하고 식 (7)을 이용하여 벡터 외적을 구하기 쉽다. $F_{AB} = F_{A'B'}$와 $r_{AB} = r_{A'B'}$ 를 사용하면 식 (7)은 $\hat{\imath}$ 항만으로 주어지고, 평형을 이루자면 $\hat{\imath}$ 항의 계수는 아래와 같이 0이 되어야 한다.

$$\frac{2F_{AB}}{r_{AB}}\left[(-0.55)\cos(50^\circ+\theta) - (3.52)\sin(50^\circ+\theta)\right] + \left(720\ \frac{\text{kN}}{\text{m}}\right)\cos(30^\circ+\theta) = 0 \tag{11}$$

계산 식 (11)에서 F_{AB}를 구하면

$$F_{AB} = \frac{r_{AB}}{2}\,\frac{(720\ \frac{\text{kN}}{\text{m}}))\cos(30^\circ+\theta)}{(0.55)\cos(50^\circ+\theta) + (3.52)\sin(50^\circ+\theta)} \tag{12}$$

여기서 r_{AB}는 식 (3)에 주어져 있다. 이 문제를 완성하기 위해서 식 (12)에서 $\theta = 0^\circ$로부터 $\theta = 80^\circ$ 까지의 θ의 값에 대한 힘 F_{AB}의 그래프를 그리면 그림 3과 같다. 여기서 유압실린더의 가장 큰 힘은 $\boxed{320\text{ kN}}$이고, $\theta = 0^\circ$에서 덤프가 열리기 시작할 때이다. 보다 정확한 F_{AB}의 값은 식 (12)에서 $\theta = 0^\circ$을 대입하여 $\boxed{F_{AB} = 318\text{ kN}}$로 구하게 된다.

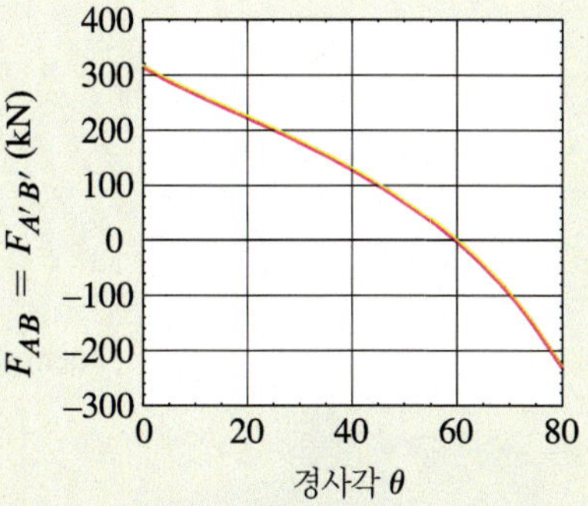

그림 3 경사각에 대한 유압실린더 AB와 $A'B'$의 힘 곡선.

논의 및 검증

- 해를 구하는 과정에서 덤프가 올라가는 동안에도 덤프의 내용물의 형상과 위치의 변화가 없다고 가정했다. 필요한 유압실린더의 가장 큰 힘을 구하자면 이런 가정이 효과적이다. 보다 정확한 모델은 덤프의 내용물의 무게가 덤프의 경사각 θ의 변화에 따라서 변화하는 경우이다. 경사각 θ에 따라 무게가 어떻게 변화하는가는 어려운 문제이다. 그러나 단순하고 유력한 모델은 이 무게가 $\theta = 0^\circ$ 일 때 최고값으로부터 $\theta = 80^\circ$ 일 때 0까지 어떤 유형(아마 선형적)으로 변할 것이다. 추가로 덤프의 내용물의 무게 중심은 경사각 θ의 함수로 변화하는 것을 고려할 수도 있다.
- 만약 필요하다면 C 점과 C' 점의 베어링에서의 반력은 아래 식에서 구할 수 있는데, 경사각 θ의 함수이다.

$$\sum \vec{F} = \vec{0}: \quad \vec{F}_{AB} + \vec{F}_{A'B'} + \vec{W} + 2\vec{C} = \vec{0} \tag{13}$$

  여기서, $\vec{C} = C_y\hat{\jmath} + C_z\hat{k}$이다.
- 여기서 언급하지 않았지만 이 문제를 위한 스칼라 해법도 또한 유효하다.
- 이 예제의 해의 정확도를 입증하기 위한 추가적인 제안이 문제 5.74에 나와있다.

문제

문제 5.73

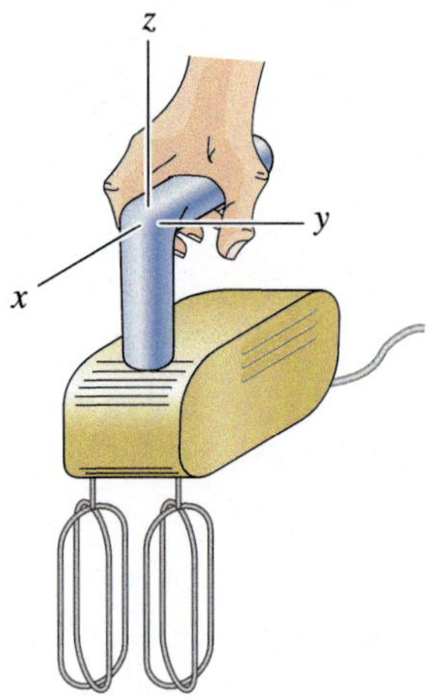

그림 P5.73

요리 재료를 혼합하기 위한 소형 믹서기가 있다. 작업자의 피로를 줄이기 위해 작업자 손의 반력이 가능한 작도록 하는 것이 필요하다. 이를 염두에 둘 때, 재료를 휘젓는 비터를 동일한 방향으로 회전시킬 것인가? 아니면 반대 방향으로 할 것인가? 각 비터(beater)는 z 축에 대한 모멘트를 생성한다고 가정하라. 그리고 만약 필요하다면 치수에 대하여 적합한 값을 가정하라. 그 이유를 설명하라.

주의 개념 문제는 계산이 아닌 설명이 필요하다.

문제 5.74

문제의 해를 평가할 때, 항상 해의 정확도를 입증하는 것이 요구된다. 가능하다면 간단한 점검으로 입증할 수 있다. 예제 5.15에서 특정 위치 $\theta = 0°$를 생각하라. 덤프를 열기 시작하는 데 필요한 유압실린더의 힘을 구하고 예제 5.15의 결과와 일치하는지 입증하기 위해 문제를 새롭게 해석하라. 또 다른 점검으로 예제 5.15의 그림 3에서 특정한 경사각에서 유압실린더 힘이 0이 되는 것을 보여라. 왜 이런 일이 발생하는지를 설명하고 만약 가능하다면 유압실린더 힘이 0이 되는 경사각 θ를 구하는 간단한 해석을 수행하라.

문제 5.75

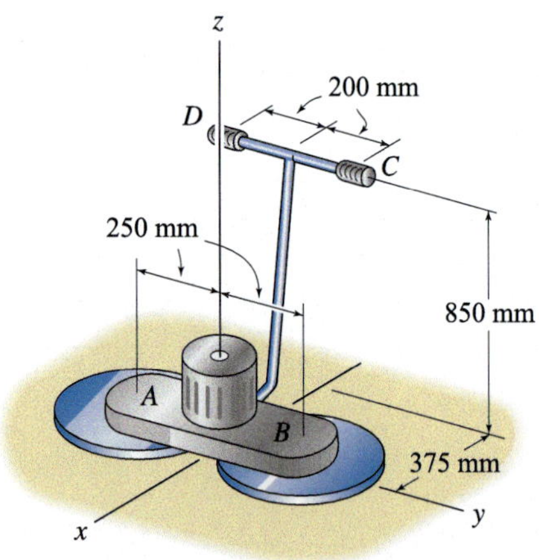

그림 P5.75

마루 바닥을 닦는 기계가 있다. 기계의 질량 36 kg이 z 축을 따라 무게 중심점에 가해진다. 닦는 각각의 드럼에는 6.75 Nm의 모멘트가 서로 반대방향으로 가해진다. C 점과 D 점에 위치한 작업자의 손이 x의 양의 방향 또는 음의 방향으로 힘을 가할 수 있다고 하자. 만약 아래와 같을 때 작업자의 손에 작용하는 힘을 구하라.

(a) 두 개의 드럼이 양의 z 축에 대해 회전한다.

(b) A 드럼과 B 드럼이 각각 양의 z 축과 음의 z 축에 대해 회전한다.

문제 5.76

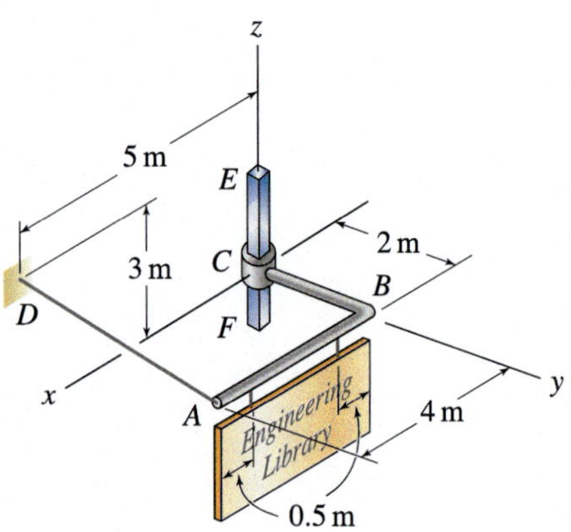

그림 P5.76

사각 단면을 가진 막대 EF가 공간에 고정되어 있다. 무게를 무시할 수 있는 ABC 구조물이 C점에 사각형 구멍의 칼라가 있어서 막대 EF에 대해서 자유롭게 미끄러진다. ABC 구조물이 무게 1 kN의 균일한 사각형 간판을 지지하고 있다(간판의 양쪽 수직 가장자리는 A점과 B점에 나란하게 정렬되었다). AD 케이블의 장력의 크기를 구하고 C점의 반력을 주어진 x, y, z 축 성분으로 구하라.

문제 5.77

막대 *ABCDE*가 케이블 *BF*와, *A* 점에서 볼-소켓으로, 그리고 *E* 점에서 자동 정렬된 베어링으로 지지되어 있다. 케이블 *BF*의 장력과 A 점, *E* 점에서의 반력을 구하라.

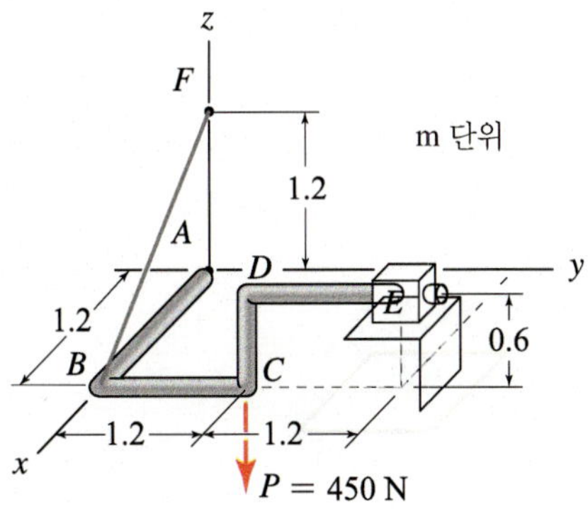

그림 P5.77

문제 5.78

원형 단면을 가진 수직 막대 *ED*가 *E* 점에 고정되어 있다. *ABC* 부재는 수평면에 놓인 단일체로 *BC* 부분은 *z* 축과 나란하고 *CD* 케이블이 *C* 점에 연결되어 있다. *A* 점에 칼라가 있어서 *y* 축 방향으로 자유롭게 미끄러지기도 하고 *y* 축에 대해 자유롭게 회전도 가능하다.

(a) *ABC* 구조물은 완전 고정인가 부분 고정인가? 그리고 정정 문제인가 부정정 문제인가를 설명하라.

(b) *B* 점에 수직 아랫방향으로 80 N의 힘이 가해질 때, 케이블에 의한 지지력과 *A* 점에서의 반력을 구하라.

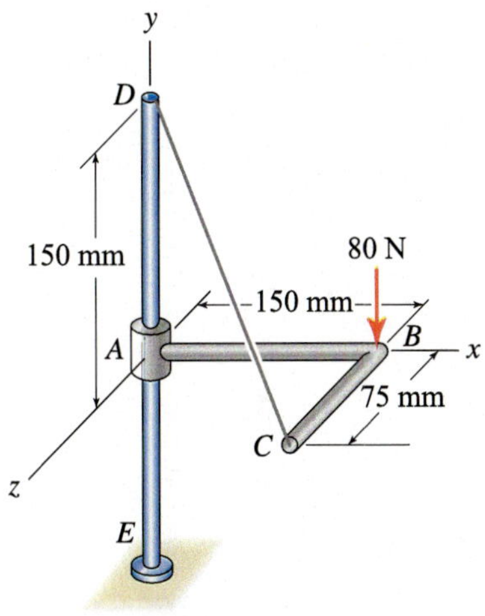

그림 P5.78

문제 5.79

예제 5.12의 식 (10), (11)에서 언급한 제안을 따라서 *OD* 선분에 관한 모멘트 합을 구하여 케이블 *AC*의 장력을 구하라.

문제 5.80

문제 5.79에서 *OC* 선분에 관한 모멘트 합을 구하여 케이블 *AD*의 장력을 구하라.

문제 5.81

AGDB 부재가 케이블 *DE*로 지지되고, *A* 점에서 자동 중심조정 베어링과, *B* 점에서 자동중심조정 트러스트 베어링으로 지지되고 있다.

(a) 모든 힘과 모멘트를 포함하여 *AGDB* 부재의 자유물체도를 그려라.

(b) 케이블 *DE*의 장력 T_{DE}를 구하기 위한 여러 가지 해법이 아래에 나열되어 있다. 가장 좋은 계획에다 숫자 1, 두 번째로 좋은 계획에다 숫자 2와 같이 등수를 매겨라. 만약 계획안이 전혀 효력이 없다면 0으로 표를 하라.

등급	해법 계획안
___	$\sum \vec{F} = \vec{0}$와 $\sum \vec{M}_B = \vec{0}$에서 T_{DE}를 구한다.
___	$\vec{r}_{AG} \times \vec{W} + \vec{r}_{AD} \times \vec{T}_{DE} = \vec{0}$에서 T_{DE}를 구한다.
___	$\sum \vec{F} = \vec{0}$와 $\sum \vec{M}_O = \vec{0}$에서 T_{DE}를 구한다. (5.14)
___	$(\vec{r}_{AG} \times \vec{W} + \vec{r}_{AD} \times \vec{T}_{DE}) \cdot \vec{r}_{OC} = 0$에서 T_{DE}를 구한다.
___	$\sum \vec{F} = \vec{0}$와 $\sum \vec{M}_A = \vec{0}$에서 T_{DE}를 구한다.

주의 개념 문제는 계산이 아닌 설명이 필요하다.

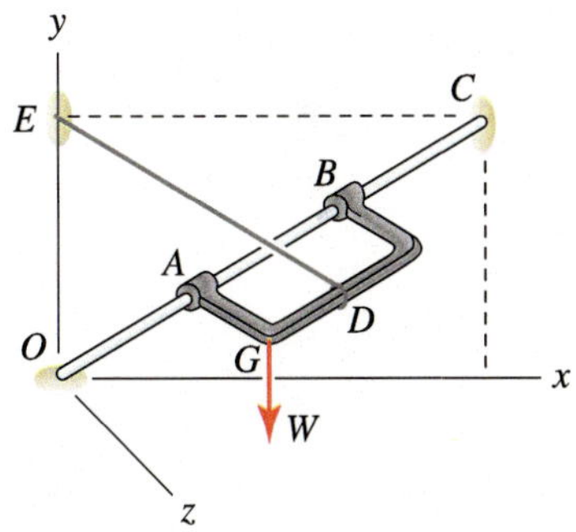

그림 P5.81

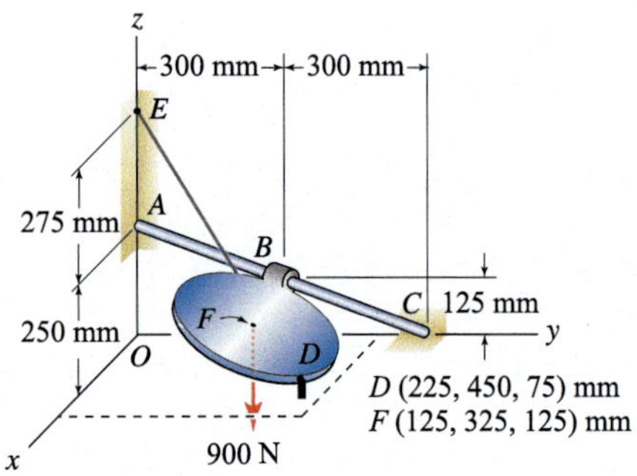

그림 P5.82

문제 5.82

원형 판의 무게 $\vec{W} = -900\,\hat{k}$ N가 판의 중심인 F 점에 작용하고, 판은 DE 끈과 B 점에서 트러스트 베어링으로 지지되고 있다. AC 축은 고정되었으며 마찰이 없다.

(a) 모든 힘과 모멘트를 포함하여 원판의 자유물체도를 그려라.

(b) 케이블 DE의 T_{DE}장력를 구하기 위한 여러 가지 해법이 아래에 나열되어 있다. 가장 좋은 계획에다 숫자 1, 두 번째로 좋은 계획에다 숫자 2와 같이 등수를 매겨라. 만약 계획안이 전혀 효력이 없다면 0으로 표를 하라.

등급	해법 계획안
___	$\sum \vec{F} = \vec{0}$와 $\sum \vec{M}_B = \vec{0}$에서 T_{DE}를 구한다.
___	$\vec{r}_{BF} \times \vec{W} + \vec{r}_{BD} \times \vec{T}_{DE} = \vec{0}$에서 T_{DE}를 구한다.
___	$\sum \vec{F} = \vec{0}$와 $\sum \vec{M}_O = \vec{0}$에서 T_{DE}를 구한다.
___	$(\vec{r}_{BF} \times \vec{W} + \vec{r}_{BD} \times \vec{T}_{DE}) \cdot \vec{r}_{AC} = 0$에서 T_{DE}를 구한다.
___	$\sum \vec{F} = \vec{0}$와 $\sum \vec{M}_D = \vec{0}$에서 T_{DE}를 구한다.

주의 개념 문제는 계산이 아닌 설명이 필요하다.

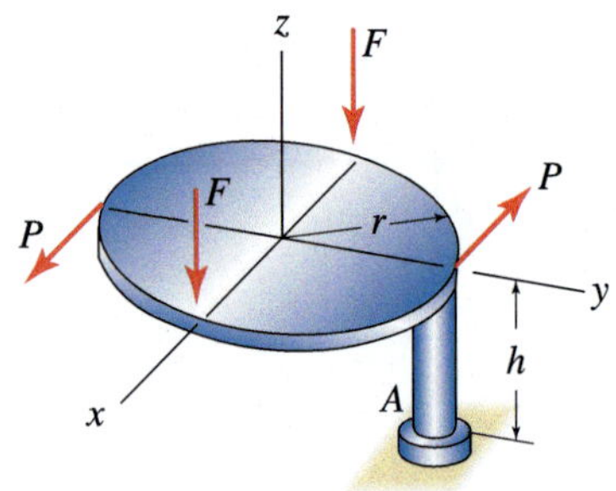

그림 P5.84

문제 5.83

문제5.82에서 케이블의 장력을 구하라.

문제 5.84

반경 r의 원판이 A 점에 고정된 길이 h인 기둥에 용접되어 있다. A 점에서의 반력을 구하라. 해는 r, h, F, P와 같은 파라미터로 표현하라.

문제 5.85

물체 $ABCDEF$는 미닫이문으로서 A 점에 마찰이 없는 베어링으로 지지되고, 또한 마찰이 없는 수평면상에 놓여있는 F 점의 바퀴로 지지되고 있다. 미닫이문의 무게 $W = 800$ N가 사각형 $BCDE$의 중앙에 가하여지고 있다. 모든 지지 반력을 구하라.

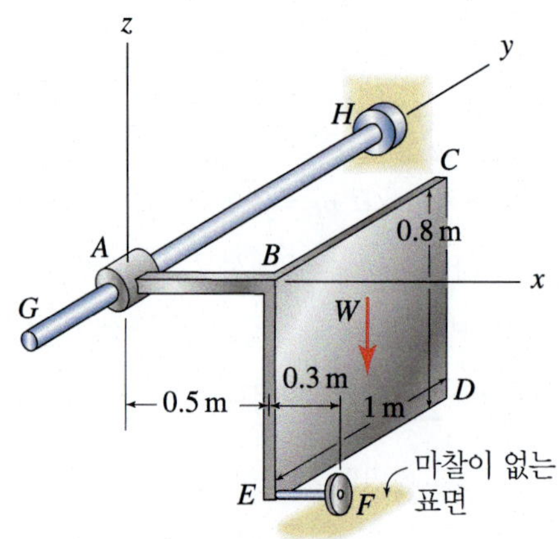

그림 P5.85

문제 5.86

비행체의 조종면(control surface)이 C 점의 트러스트 베어링으로 지지되고 A 점에 연결된 막대에 의해 구동되어진다. 1 kN의 힘이 z 축의 음의 방향으로 작용하고, A 점과 B 점을 연결하는 선분은 z 축과 나란하다. 평형을 위해 필요한 힘 F를 구하고, 모든 지지 반력을 구하라.

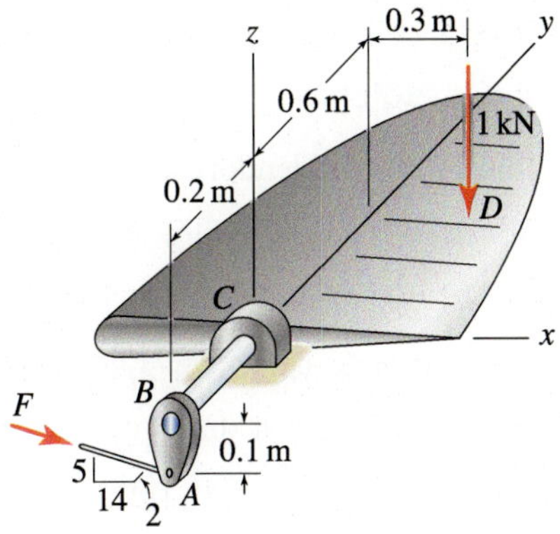

그림 P5.86

문제 5.87

L자 형태의 막대가 A 점에서는 베어링으로 지지되고, B 점에서는 매끄러운 수평면에 놓여있다. A 점과 B 점에서의 반력을 구하라.

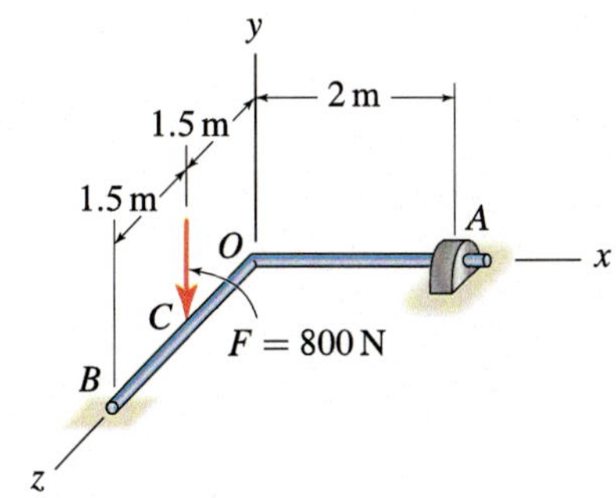

그림 P5.87

문제 5.88

고정되어 있는 마찰이 없는 막대 EF 위에서 구조물 $ABCD$가 회전하면서 막대를 따라 미끄러질 수도 있는 D 점의 칼라에 의해 지지되고 있다. 구조물 $ABCD$는 A 점과 C 점에서 매끄러운 면과 접촉하고 있다. 여기서 A 점의 표면의 법선방향 $\vec{n}$는 xy 평면과 나란한 면에 놓여있다. 힘 P는 y 축과 나란하다. 만약 P = 10 kN이라면 A, C, D 점에서 반력을 구하라.

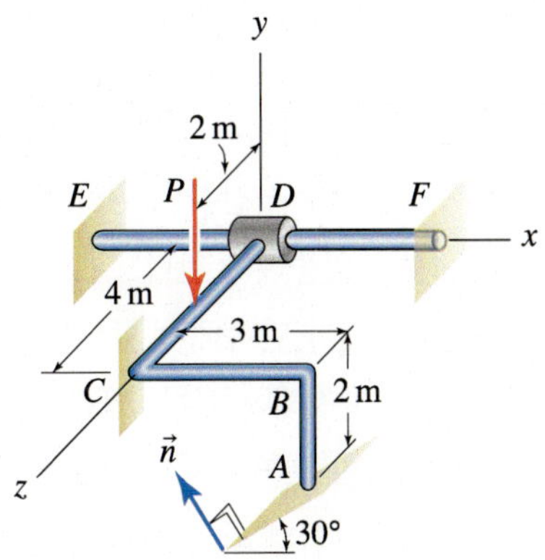

그림 P5.87

5.5 공학 설계

공학 설계는 특별한 주제이며 이 주제에 관하여 상세하게 연구하게 될 것이다. 공학 설계의 목적은 구조물, 기계, 장치, 공정 등을 어떻게 만들어서 지정한 필요와 요구 사항이 만족되도록 할 것인가에 관한 서술과 설명서 및 사양(仕様)을 개발하는 것이다. 공학 설계이론의 목적은 빠른 시일 내에 가장 효과적이고 최적 설계를 가능하도록 돕는 설계를 위한 구조적인 과정을 확립하는 것이다. 이 주제에 도움이 되는 좋은 참고서는 Ullman (2003), Dominick et al. (2001), 및 Middendorf & Engelmann (1998) 등이 있다.[8)]

설계는 반복되는 과정이다. 간단한 종이 클립을 위한 설계이거나 또는 우주선 엔진의 연료 펌프를 위한 설계이든지 반드시 준수해야 할 과정이 있다. 이 과정은 공학자 개개인 사이에 차이가 있으며 설계해야 할 대상의 특성, 프로젝트의 양 및 다른 요소들에 의존하기도 한다; 그러나 그림 5.29에 보인 과정이 일반적으로 채택되는 과정이다. 그림 5.29에 나온 각 요소들이 거의 모든 설계 활동에 나타나기도 하지만, 필요한 임무나 또는 추가적인 구성 요소들이 재차 주문되기도 한다. 예를 들면 토목공사에서 프로젝트는 흔히 제안 요청서(request for proposals, RFP)로부터 시작할 것이다. 이는 정부 기관단위에서 발급한 프로젝트에 관한 사양 설명서가 서술된 것이다. RFP에 응하게 되는 회사들은 예비 설계 작업을 수행할 것이고 전체적이 비용 분석도 할 것이다. 제안 요청서가 채택된 후에라야 상세한 설계 작업이 시작하게 된다. 동시 진행되는 설계에서 그림 5.29에 보인 과정은 다른 전문가, 소비자 등과 같은 관심있는 단체들이 끼어들게 된다. 그래서 최종 설계는 영향을 준 모든 단체들의 필요를 보다 더 만족하는 설계로 된다. 동시 진행되는 설계에서는 설계가 여전히 개발되어지는 동안에도 설계를 제작하는 데에 필요한 제조 시스템을 개발하는 것과 같은 업무들이 진행될 것이다.

그림 5.29의 몇 가지 항목에 대해 아래에서 상세하게 논하기로 하자.

- **문제 확인** 대부분의 설계는 충족되지 못한 요구사항에 대한 확인 및 판정으로부터 시작된다. 그러한 요구사항이 확인되었을 때, 요구사항과 연관된 첨단 기술의 수준과 현황을 철저하게 검토할 필요가 있다. 왜 그것이 존재하는지? 왜 이 요구사항은 사람들에게 지금까지 인식되지 못하였거나 아니면 왜 언급되지 않았는지 등을 검토해야 한다. 즉, 상당한 시간과 자원을 설계에 투자하기 전에 여러분이 기여할 기회가 있다는 것을 입증해야 한다.
- **문제 평가** 이 단계에서는 설계가 만족해야 할 새롭거나 독창적인 것만이 아닌 모든 요구사항들을 확인하고 판정해야 한다. 필요 요건에는 모든 요구 사항, 사양, 목표 등으로 설계가 만족시킬 모든 것으로 구성되어진다. 어떤 필요 요건들은 다른 필요 요건의 희생으로만 성취될 수 있다(예로 강도와 가벼운 무게). 실제적

8) D. G. Ullman, The Mechanical Design Process, 3rd ed., McGraw–Hill, New York, 2003. P. G. Dominick, J. T. Demel, W. M. Lawbaugh, R. J. Freuler, G. L. Kinzel and E. Fromm, Tools and Tactics of Design, JohnWiley&Sons, NewYork, 2001.W. H.Middendorf and R. H. Engelmann, Design of Devices and Systems, 3rd ed., Marcel Dekker, New York, 1998.

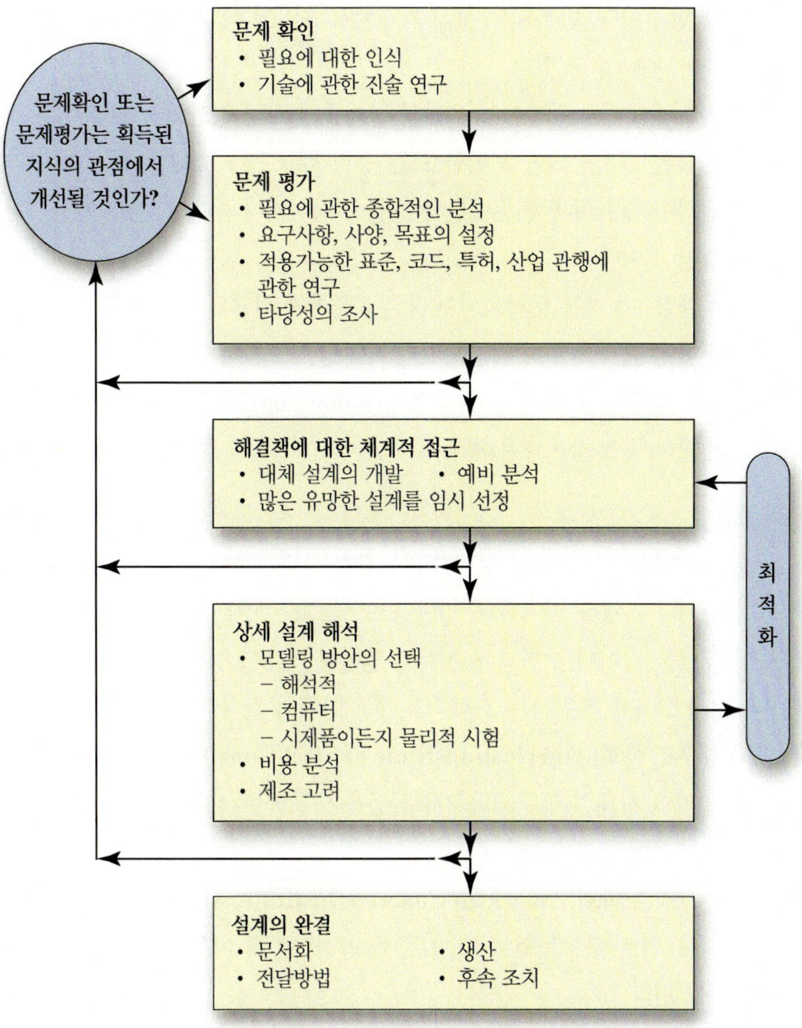

그림 5.29 공학 설계의 공정.

이고 성취 가능한 요구 요건을 결정하는 과정에서 가치공학적 결정이 필요할 수도 있다. 이를 수행하는 과정에서 우리는 적용 가능한 표준, 코드, 특허, 산업 관행 등을 검토해야만 한다. 설계하는 제품에 따라서는 법으로 주어진 표준을 따라야 할 수도 있다. 어떤 표준은 그 표준에 따를 것인지 여부를 설계자가 선택할 수 있지만 소비자가 설계 결과를 수용하는 것이 주어진 표준의 준수 여부에 따라 영향을 받을 수 있다. 표준과 코드에 관한 추가적인 조언은 이 절의 후반부에 나온다. 일단 우리의 필요와 요구사항이 파악되었다면 아이디어의 가능성을 결정하기 위한 타당성 조사를 수행할 수 있을 것이다. 타당성 조사에서 보다 주의 깊은 설계 작업이 완성되기까지 완전히 평가하기에는 어려울지 모르지만, 우리의 필요와 목적들을 만족하기에 물리적으로 가능한지 고려해야 한다. 타당성 조사에서 일반적으로 고려할 다른 주제는 회사의 제조 능력, 현존하는 생산라인과의 공존, 마케팅 및 자본 환경 등이 포함될 것이다.

- **해결책에 대한 체계적 접근** 우리는 우리의 요구를 만족할 수 있는 여러 가지의 예비 해결책을 개발하기 원할 것이다. 예비 분석에 근거하여 가장 유망한 해결책

을 선택할 것이다. 반복되는 설계 과정에서 초기에 폐기되었던 해결책이 나중에는 다시 사용될 수도 있다.

- **상세설계 해석** 이 단계에서 우리의 설계를 철저히 평가하기 위해 이론적 해석, 컴퓨터 혹은 실험방법을 포함한 모든 공학적 도구를 사용할 것이다. 만약 설계에서 심각한 결함이 발견된다면 설계를 변경하거나 이전 단계로 되돌아가는 것이 필요할 것이다.
- **설계의 완결** 설계는 문서화되어 다른 이들에게 전달되어야 한다. 이 설계문서는 미래의 어떤 변경을 위해 사용되거나 특허권에 도움이 될 수도 있으며 혹은 소송을 위해서도 필요할 것이다. 후속 조치(follow–up)는 사용자의 의견으로 개선된 설계에 관하여 언급한 내용이다.

코드와 표준

코드(*code*)는 우리가 어떤 제품을 설계하고 적용하는 과정이 성공할 수 있도록 도와주는 종합적인 설명이나 과정을 의미한다. 일반적으로 코드는 전문적 공학 협회의 지원 하에 공학자들이 개발한 것이며 수년간에 걸쳐서 얻어진 막대한 양의 지식과 지혜를 구체화한 것이다. 설계 코드를 후원하는 조직들의 예는 아래와 같다:

- **미국 강구조 학회(American Institute of Steel Construction, AISC).** 이 조직은 구조적인 강재설계 단체와 건설산업을 대표하여 강재 구조물에의 적용을 위한 코드를 발행하고 있다.
- **미국 콘크리트 학회(American Concrete Institute, ACI).** 이 조직은 설계와 건축 및 콘크리트 구조물의 유지, 보수에 기여하면서 이들의 적용을 위한 코드를 발행하고 있다.
- **미국 기계공학회(American Society of Mechanical Engineers, ASME).** 이 조직은 방대한 영역의 기계공학 전문분야에서 종합적 대표성이 있으며 수많은 코드를 발행하며 그 중의 하나는 핵반응 부품에 적용할 보일러 설계, 압력 용기 및 배관에 관한 것도 있다.

이들 설계 코드의 사용 여부는 설계자가 선택할 수 있지만(원자핵 부품에 관한 코드는 반드시 사용해야 하는 것으로 법에 정해져 있다), 만약 그들이 설계 작업에 적합하다면 그대로 따르게 될 것이다.

표준(*standard*)은 설계가 만족해야 할 최소의 성능 기준이며, 설계를 어떻게 개발하는지에 대하여는 설명하지 않는다. 앞에서 언급한 학회들 외에 아래와 같은 조직체들이 수많은 표준을 개발하고 발행하고 있다.

- **자동차 공학회(Society of Automotive Engineers, SAE).** 이 조직은 운송과 관련된 광범위한 관심을 가지고 있으며 육상, 해상, 공중 및 우주선에 적용할 표준을 개발하고 있다.
- **미국 우주항공 공학회(American Institute of Aeronautics and Astronautics, AIAA).** 이 조직은 항공 공학자와 과학자를 대표하는 단체이며 비행체와 우주선의 성능을 관장하는 수많은 표준을 발행하고 있다.

- **미국 표준협회(American National Standards Institute, ANSI).** 이 조직은 제조업자와 사용자를 포함한 영향력 있는 집단의 의견에 기초하여 안전화 표준을 개발하고 있다. ANSI 표준은 선택적으로 사용할 수 있지만 만약 적용 가능한 표준이 유효하다면 이들을 사용해야 할 것이다.
- **소비자 제품 안전 위원회(Consumer Product Safety Commission, CPSC).** 이 조직은 소비자 생산품에 관한 선택적인 안전 표준과 법에 정한 안전 표준을 규정하는 미국 연방기구이다. 그들은 논쟁이 되는 제품을 회수할 권한이 있으며 위험한 제품을 금지할 권한을 가진다.
- **직업 안전 및 보건국(Occupational Safety and Health Administration, OSHA).** 이 조직은 산업현장의 위험요소를 줄이기 위해 고용주와 고용인이 서로 협력하도록 조정하는 기구이다. 그들은 산업현장의 안전도 표준과 작업 건강도 표준과 이를 강화하는 선택적인 표준과 법에 정한 표준을 개발한다.

위에 인용한 미국 연방기구들은 미국만을 위한 표준을 세운다. 인용한 다른 기구들은 북미의 다른 지역을 걸쳐서 참여와 영향력을 가지고 있다. 세계의 다른 나라들도 그들 나름대로의 비슷한 기구들을 가지고 있다. 세계적으로 통용할 표준을 개발한 노력들이 있었으며 대표적 기구로 국제 표준화 기구(International Organization for Standardization, ISO)가 있다. 이 기구에는 대략 150개 나라의 표준 조직으로부터 모인 회원들이 있다.

때때로 코드와 표준과의 차이점이 분명치 않을 때가 있다. 우리는 설계에 영향을 줄 수 있는 모든 코드와 표준에 익숙해져야만 한다. 설계는 법에 정한 표준을 따라야만 하고 만약 임의적 표준이 유효하다면 가능한 한 이들을 따라야 할 것이다. 만약 임의적 표준을 준수하는 것이 가능하지 않거나 표준이 존재하지 않다면 적절한 성능과 안전도 측정이 수행되어야만 한다. 설계 개발을 위해 코드나 혹은 표준을 사용하든지, 하지 않든지 설계의 안전도와 성능에 대한 책임은 설계자의 몫이다.

설계 문제

이 절과 이 교재를 걸쳐서 설계 문제를 위해서 여러분이 수습사원으로 고용이 되어서 감독자의 지도하에서 설계 공부를 수행하거나 시작된 설계의 한 부분에 참가한다고 가정해 보자. 어떤 해당 사항에 따라서 여러분의 지식수준에 적합한 문제를 접하게 될 것이다. 종종 제공되는 정보가 완벽하지 않을 수 있으며 수행할 필요가 있는 모든 일들에 대해 교육이 안 되어있을 수 있다. 그림 5.29에서 보인 것처럼 이것은 고의적으로 애매하게 만들려는 것이 아니고, 도리어 실제 생활 문제의 설계와 모델링을 어떻게 수행할 것인가를 반영하기 위한 것이다. 이 교재에 걸쳐서 나오는 설계 문제는 그러한 정신에 입각해 있다. 그리고 여러분은 상당한 가정을 해야 할 필요가 있거나 스스로 추가적인 정보를 찾아야 할 필요도 있다. 무엇보다도 이 교재에서 우리의 작업은 첫 번째 원리에 입각한 설계에 초점을 두는 것이다. 일반적으로 우리는 조사하지 않고서 유효한 표준을 적용할 것이다. 독자의 작업이 공학자가 읽기에 적절한 짧은 기술 보고서 작성으로 마무리된다. 보고서에는 설계안을 제시하고, 설정한 가정 등등에 대해 기술한다. 교재의 부록 A에 기술보고서 작성에 관한 간단하고 유용한 언급이 있다.

예제 5.16 공학 설계

지게차에서 차량 질량 $m_V = 5665$ kg, 가득 채운 연료의 질량 $m_F = 136$ kg, 운전자의 질량 m_O이다. C 점의 구동 바퀴는 고정축에 의해 지지되고 D 점의 바퀴는 차량의 조향을 맡는다. 지게차가 매끄러운 기준 면에서 저속으로 운전된다고 가정할 때, 지게차의 하중용량을 구하라. 하중용량이란 지게차가 들어 올릴 수 있는 최대하중을 의미한다.

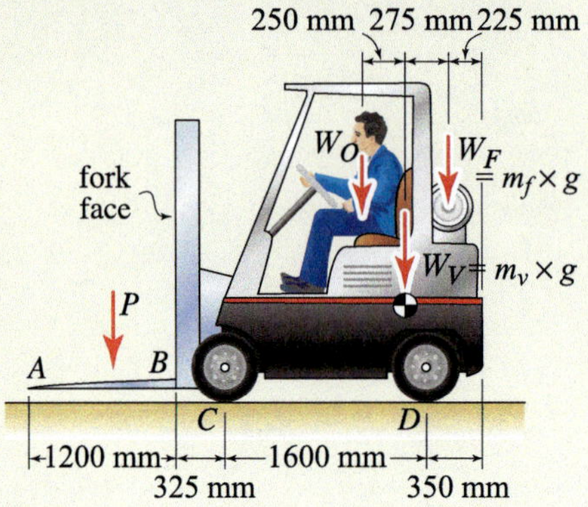

그림 1

풀이 SOLUTION

로드맵 우리가 구할 하중용량이 아래 요구사항들을 만족해야만 한다.

- 하중용량은 차량이 안전하면서 가능한한 커야 한다.
- 지게차는 하중을 지지하는 동안에 운전자가 있든지 없든지 간에 앞으로 기울어져서는 안된다.
- 뒤 타이어는 지지하는 힘이 충분하여 지게차를 조정할 수 있어야 한다. 이 요구사항은 지게차가 이동하는 동안에 적용되므로 운전자가 앉아서 운전한다고 가정한다.

모든 해석에서 연료 무게는 0이라 취급하자. 마치 연료통이 작아서 때때로 연료를 주입하여 사용하는 것처럼 생각한다. 이렇게 하면 보다 하중용량을 올릴 수 있다. 다소 임의적이지만 합리적인 것으로 D 점의 바퀴에서 지지되는 힘이 C 점[9]의 바퀴에서 지지되는 힘의 약 10%라고 한다면 조향 요구가 만족된다고 가정한다. 이 요구를 해석할 때, 운전자의 무게는 포함될 것이다. 신중한 하중용량을 얻기 위해 가능한 운전자의 최소무게를 사용해야 한다. 어떤 정밀도를 가지고 구하는가는 어려운 문제이다. 분명히 이 무게는 지게차의 무게에 비교하여 아주 작고, 그 무게를 0으로 취급하는 것이 바람직하다. 그래서 만약 조향 요구사항이 충족이 되면 기울어지지 않는 요구 사항은 자동적으로 만족되어질 것이다.

모델링 자유물체도가 그림 2와 같다. 여기서 조향 능력을 확실하게 하기 위해 $D_y = (0.1)C_y$으로 제약조건을 부과하고 연료와 운전자 무게는 0으로 두었다. 분명히 하중으로부터 포크벽면까지 거리 d가 증가할수록(d를 부하중심(load center)이라고 하자) 들어 올릴 수 있는 하중 P는 감소할 것이다. 가장 신중한 아이디어는 하중 P를 가장 나쁜 위치인 d = 1200 mm에 두는 것이다. 그러나 업계 관행에 대해 잠시 조사해 보면 하중용량을 명시하기 위해 제조회사는 관행적으로 포크의 중간지점인 d = 600 mm에 하중 P를 가한다. 공식적인 하중용량은 d = 600 mm에 하중 P를 둔 것이지만 다음 계산에서 부하중심 d의 두 가지 값에 대해 생각해 본다.

$$W_V = m_V g = 55574 \text{ N}$$
$$W_F = m_F g = 1334 \text{ N}$$
$$W_O = m_O g$$

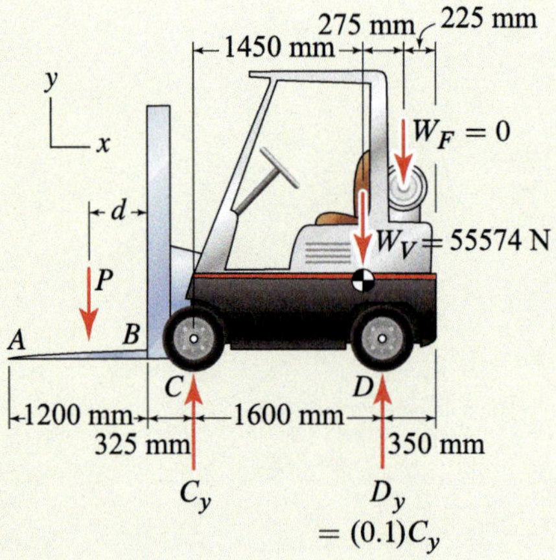

그림 2 자유물체도.

지배방정식 그림 2의 자유물체도를 이용하면 평형방정식은 아래와 같다.

$$\sum M_C = 0: \quad P(d + 325 \text{ mm}) - (55574 \text{ N})(1450 \text{ mm}) + (0.1)C_y(1600 \text{ mm}) = 0 \tag{1}$$

$$\sum F_y = 0: \quad C_y + (0.1)C_y - P - 55574 \text{ N} = 0 \tag{2}$$

9) 어떤 산업 관행의 연구조사는 확실한 조향능력을 위한 보다 좋은 영역을 제시할 수 있다.

계산 식 (1), (2)에서 P를 구하면

$$P = 55574\ \text{N}\ \frac{1450\ \text{mm} - \left(\frac{0.1}{1.1}\right)1600\ \text{mm}}{d + 325\ \text{mm} + \left(\frac{0.1}{1.1}\right)1600\ \text{mm}} \tag{3}$$

논의 및 검증 식 (3)에서 $d = 600$ mm일 때 하중 $P = 67727.6$ N이고 지게차에 대한 하중용량을 얻기 위해 반올림하여 다음과 같이 구할 수 있다.

$$\textbf{하중용량} = 6700\ \text{N} \tag{4}$$

(포크 벽면으로부터 600 mm 떨어진 곳에 하중을 둘 경우)

주의

- 식 (4)의 하중용량은 소비자들에게 지게차를 광고하고 판매하기 위해 사용될 것이다. 또한 그것은 지게차에 다른 중요한 정보들과 함께 두드러지게 광고될 것이고 운전자는 틀림없이 그것을 보고 그 의미를 이해하게 될 것이다.
- 만약 지게차에서 $d = 1200$ mm를 사용한다면 안전하게 들어 올릴 수 있는 최대 하중은 식 (3)에서 계산하면 43400 N으로 줄어들 것이다. 이 숫자는 반올림되어서 지게차에 표시될 것이다. 그러면 포크 면에서 1200 mm 떨어진 곳에 하중이 작용할 때 안전하게 들어 올릴 수 있는 최대 하중이 43000 N이라는 것을 운전자가 알 것이다.
- 풀이를 완성하기 위해서 가정과 계산 및 결론에 대해 상세하게 기록한 보고서를 작성하게 된다.

설계 문제

일반적 지시사항 모든 문제에서 부록 A의 안내에 따라서 간단한 기술 보고서를 작성하라. 질서 정연한 방식으로 모든 특정한 정보를 요약하라. 다른 공학자가 쉽게 읽을 수 있게 적절하고 쉬운 단어로 기록해야 한다. 적절하고 중요한 치수를 따라서 스케치한 것이 포함되어야 한다. 설계에서 고려한 목적과 제약 조건, 최종 설계에 이르기까지 사용된 과정, 안전도 등등에 대해 토론하라. 주된 토론은 기록되어야 하고 필요하다면 그림은 컴퓨터로 그리든가 아니면 손으로 개략적으로 그릴 수 있다. 보고서의 주된 토론에서 언급할 수 있는 모든 계산의 깔끔한 복사도 포함하라. 2~3 페이지의 길이로 부록을 추가하면 충분할 것이다.

설계 문제 5.1

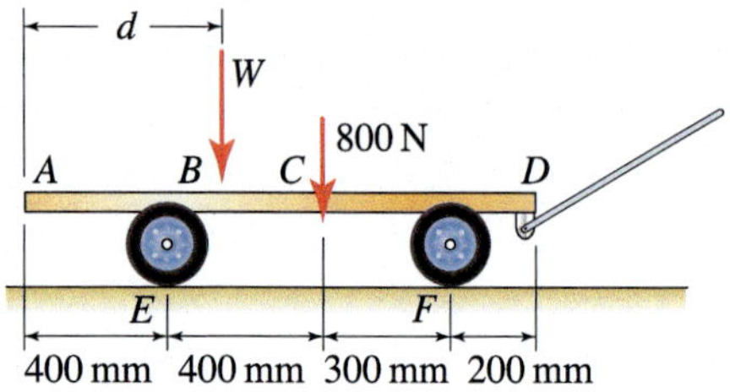

그림 DP5.1

창고에서 무거운 짐을 운반할 손수레의 그림이다. 만약 한 쌍의 바퀴에 물린 축이 최대 10 kN의 힘을 지지할 수 있으며, 바퀴가 포장된 바닥을 벗어나지 않을 때, $0 \le d \le 1.3$ m 위치에서 지지할 수 있는 최대의 힘 W를 구하라.

설계 문제 5.2

책상용 형광등의 특정한 모델의 기초에 대해 무게 W, 폭 w, 깊이 d로 규정한다. 이 램프에서 갓과 전구 조립체 C의 질량은 0.8 kg, A 점과 B 점에서의 부속품을 포함하여 움직이는 막대 AB의 질량 0.68 kg은 A 점과 B 점 사이의 중앙에 가해진다. 기초의 무게 W에 대하여 램프가 기울어지지 않게 하기 위한 폭 w, 깊이 d를 구하라.

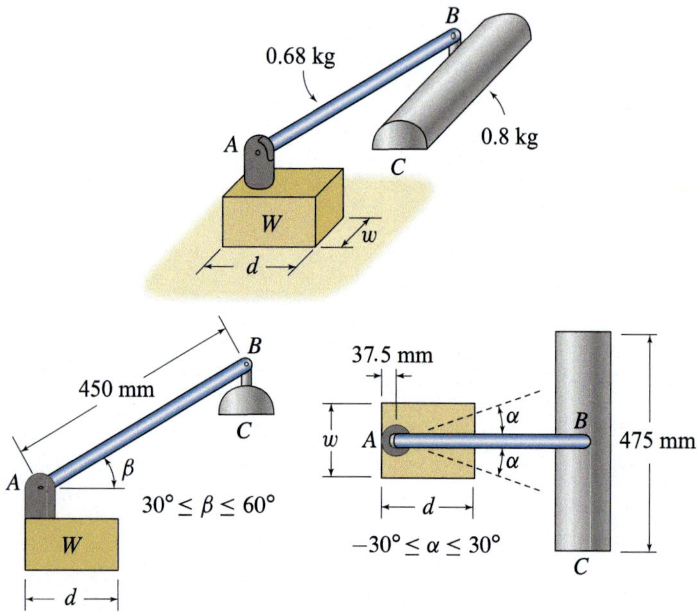

그림 DP5.2

설계 문제 5.3

그림에 보인 선풍기가 다음의 사양을 가지고 있다.

- 선풍기 전체의 질량 $m = 6.8$ kg은 그림과 같이 무게 중심에 작용하고 있다.
- 팬은 최대 추력 $T = 27$ N를 생성한다.
- 사용자는 높이 h를 600 mm에서 1200 mm까지 조정할 수 있다.
- 팬은 사용자가 원하는 임의의 수평 위치를 향해 회전할 수 있다.

같은 각도로 벌어진 3개의 다리를 가진 기초의 크기 b를 명시하라. 풀이 작업에서 다리의 질량은 이미 선풍기 전체의 질량 6.8 kg에 포함이 되었다고 가정하라. 설계에서는 선풍기가 뒤집히는 것을 대비하여 합리적인 안정한 각도를 고려해야 한다. 무게 W를 증가시키지 않거나 크기 b를 증가시키지 않고 팬의 안정도를 향상시킬 수 있는 방법을 2가지 이상 제시하라.

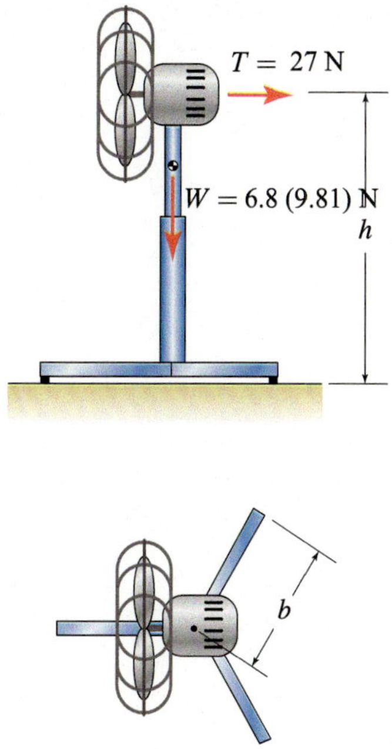

그림 DP5.3

설계 문제 5.4

그림과 같이 젖은 콘크리트를 건축현장에 전달하기 위한 콘크리트 트럭의 슈트가 있다. 슈트의 길이는 조각 BC와 CD를 첨가하거나 제거하여 변화시킬 수 있다. 슈트 조각 AB, BC, CD의 질량은 각각 22.5 kg이고, 슈트의 최대 길이는 3600 mm이다. 슈트의 단면은 내경 200 mm의 반원 형태이고, 유압실린더 GH를 사용하여서 슈트의 경사각이 $0° \le \theta \le 50°$ 되도록 하였다. 유압실린더 GH의 하중 용량을 명시하라.

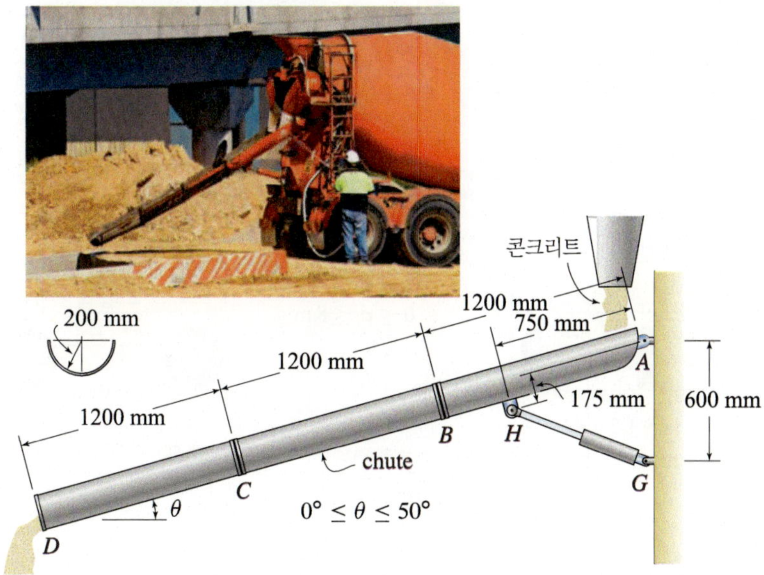

그림 DP5.4

설계 문제 5.5

고소작업차용 신축식 다단붐(telescopic boom aerial lift)이 그림에 보인다. 리프트는 한명의 작업자와 여러 종류의 필요한 도구와 물자들을 지지하며, 단단하고 평탄한 면에서 작동하도록 설계된다. 붐의 구간 BC는 신축성이 있으며 작업차 플랫폼을 지탱하고 있다. 작업차 플랫폼의 바닥은 항상 수평을 유지한다. 회전 포탑 D는 기초 E 위에서 360° 회전할 수 있다. 리프트의 설계가 기본적으로 완성되었고, 다양한 부품들의 무게가 그림과 같다. 이들 무게에 해당하는 질량은 아래와 같다.

붐 AB:	$m_{AB} = 450$ kg
붐 BC와 플랫폼:	$m_{BC} = 500$ kg
회전 포탑 D:	$m_D = 1800$ kg
기초 E:	$m_E = 1400$ kg

이들 외에 추가하여 작업자, 공구와 물자의 질량 m_C, 평형추의 질량 m_F가 있으며 평형추의 무게중심은 A 점 아래 부분에 위치하게 된다. 아래 사항에 답을 하라.

- 들려 올리는 질량 m_C를 명시하라.
- 평형추의 질량 m_F를 명시하라.
- G 점과 H 점 사이의 유압실린더의 하중 용량을 명시하라.

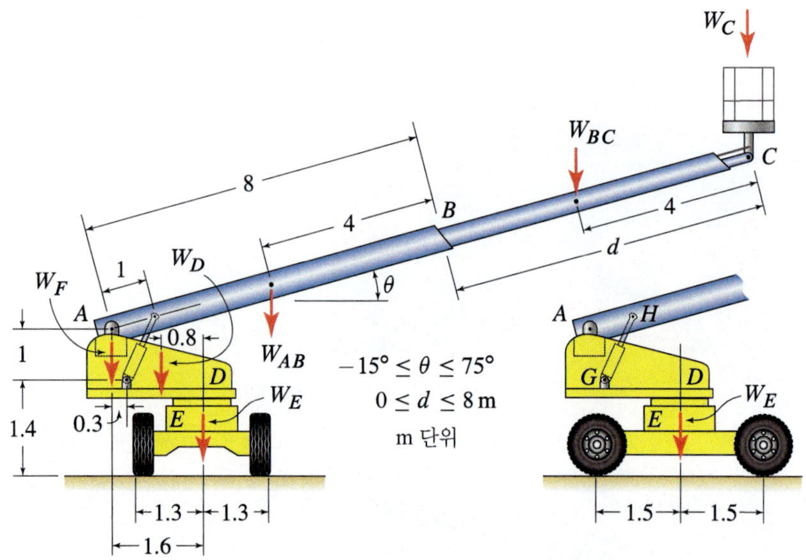

그림 DP5.5

5.6 장 복습

장의 중요한 정의, 개념, 및 방정식을 요약하였다. 명확하지 않는 식이나 또는 개념에 대해서는 추가적인 상세한 내용을 위해 원래의 식들을 참조하라.

평형 방정식 3차원에서 강체의 정적 평형을 지배하는 방정식은

식 (5.1) p. 244

$$\sum \vec{F} = \vec{0}, \quad \sum \vec{M}_P = \vec{0}$$

여기서 합산은 강체에 작용한 모든 힘과 모멘트를 포함한 것이다. 식 (5.1)를 스칼라 형식으로 표현하면

식 (5.2) p. 244

$$\begin{aligned} \sum F_x &= 0 & \sum M_{Px} &= 0 \\ \sum F_y &= 0, & \sum M_{Py} &= 0 \\ \sum F_z &= 0 & \sum M_{Pz} &= 0 \end{aligned}$$

x와 y가 포함된 평면 좌표계의 2차원에서 식 (5.2)의 $\sum F_z = 0, \sum M_{Pz} = 0, \sum M_{Py} = 0$는 항상 만족되고 나머지 평형방정식은(모멘트 식에서 아래 첨자 z를 생략함)

식 (5.3) p. 244

$$\sum F_x = 0, \quad \sum F_y = 0, \quad \sum M_P = 0$$

원한다면 식 (5.3)에서 $\sum F_x = 0$(이거나 또는 $\sum F_y = 0$)식은 5.2절에서 언급하였듯이 적절한 모멘트 합산점이 선정된다면 추가적으로 모멘트 평형방정식으로 대체될 수 있다. 3차원에서도 대체 가능한 평형방정식에 대하여 비슷하게 언급할 수 있다.

스프링 그림 5.30에 개략적으로 보인 선형 탄성 스프링은 길이의 변화 δ에 비례한 축방향으로 생성하는 힘 F_s는

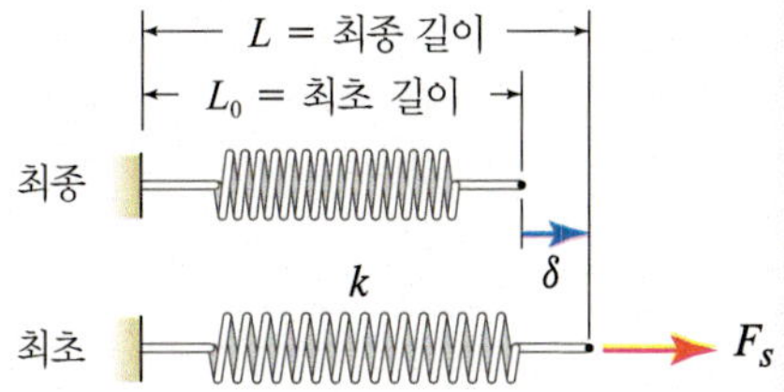

그림 5.30 스프링은 그 변형량 δ에 비례하는 힘 F_s를 발생한다. 그러한 스프링을 종종 축방향 스프링이라고 한다.

식 (5.13) p. 269

$$\begin{aligned} F_s &= k\delta \\ &= k(L - L_0) \end{aligned}$$

여기서 k는 스프링 상수(단위: 힘/길이), δ는 스프링의 늘어나지 않은 길이로부터의 길이의 변화, L_O는 초기의 스프링 길이, L는 스프링 마지막 길이이다. 식 (5.13)에서 힘 F_s와 길이의 변화인 처짐량 δ가 축방향으로 향하고 있으므로 비틀림 스프링과 구분하기 위해 축방향 스프링(*axial spring*)이라고 부른다. 스프링은 3장에서 심도 깊게 다루었으며 핵심은 5.3절에서 반복하였다.

비틀림 스프링 그림 5.31에 개략적으로 보인 선형 탄성 비틀림 스프링(*torsional spring*)은 상대 회전각 혹은 비틀림각 θ에 비례하여 모멘트 M_t를 생성한다.

식 (5.14) p. 270

$$M_t = k_t\theta$$

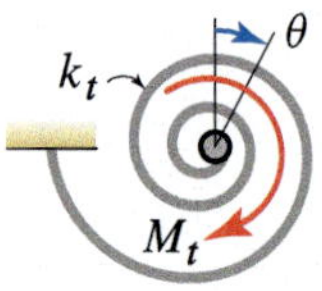

그림 5.31 비틀림 스프링은 회전각 θ에 비례하여 모멘트 M_t를 생성한다.

여기서 k_t는 스프링 상수(단위: 모멘트/라디안)이다.

지지대와 고정 고정은 어떤 물체가 강체로서 공간에서 움직이려는 능력에 관한 것이다. 모든 물체는 아래 3가지 영역 중의 한 가지에 해당된다.

완전 고정 완전 고정된 물체는 충분한 수의 지지대와 알맞게 배열된 지지대로 인해 물체가 공간에 완벽히 고정되어 있어서 어떠한 힘이 작용하여도 어느 방향으로도 움직임(병진 또는 회전운동)이 없는 것을 말한다.

부분 고정 부분 고정된 물체는 물체가 하나 이상의 방향으로 움직임(이동 또는 회전)이 생기도록 지지를 받고 있는 것을 말한다. 이러한 움직임들은 작용하는 힘이나 또는 모멘트에 따라서 그리고 물체가 원래부터 운동 중인가에 따라서 발생 여부가 결정된다.

자유 지지 자유 지지된 물체는 어떠한 지지도 없고, 물체에 가해진 힘의 작용으로 공간에서 자유롭게 이동 또는 회전할 수 있다.

정정과 부정정 문제 물체는 아래의 정정이든 부정정이든 둘 중의 하나에 해당된다.

정정 물체 정정 물체에서는 정적인 평형방정식들만으로도 방정식 안에 나타난 모든 미지의 힘과 다른 미지의 값들을 구할 수 있다.

부정정 물체 부정정 물체에서는 정적인 평형방정식만으로는 미지의 힘과 다른 미지의 값들을 구하기에 충분하지 않다.

물체가 정정인가 또는 부정정인가를 판단할 수 있게 하는 간단한 경험 법칙은 미지수의 수와 평형방적식의 수를 비교하는 것이다. 이것을 방정식 계수법라고 부른다. 만약 미지수가 n개라면, 2차원 단일 물체에 관한 경험 법칙은 아래와 같다.

식 (5.17) p. 272

$n < 3$인 경우	물체는 정정이며, 부분 고정($n = 1$ 또는 2)이거나 고정이 안 되어 있다($n = 0$).
$n = 3$인 경우	완전 고정이면 물체는 정정이고, 부분 고정이면 물체는 부정정이다.
$n > 3$인 경우	물체는 부정정이고 완전 고정되거나 부분 고정이 될 수 있다.

이것이 그냥 법칙이 아닌 경험 법칙이라 불리는 이유는, 방정식 계수법의 성공적인 사용을 위해서 우리에게 몇 가지 올바른 판단이 필요하기 때문이다.

2력 부재와 3력 부재 만약 물체나 구조물 부재가 아래 설명과 같이 2개 또는 3개의 점에서만 힘을 받는다면 평형상태에서 물체의 지지를 받고 있는 힘의 방향은 특별한 성질을 가진다. 이 상황들은 아래와 같이 설명된다.

2력 부재 물체가 2개의 점에서만 힘을 받는다면 2력 부재라 한다(모멘트를 발생시킬 하중이 없고 무게와 같은 분포하중이 아닐 경우). 2력 부재의 특성은 평형에서 두 힘이 동일한 작용선을 가지고 서로 반대방향이면 평형상태에 놓이게 된다.

3력 부재 물체가 3개의 점에서만 힘을 받는다면 3력 부재라 한다(모멘트를 발생시킬 하중이 없고 무게와 같이 분포하중이 아닐 경우). 3력 부재의 특성은 3개의 힘의 작용선이 같은 점을 지나면 물체는 평형상태가 된다. 만약에 3개의 점이 평행하다면(평행력 시스템이라 부른다), 3개의 작용선의 교차점은 무한대에 있다고 생각할 수 있다.

만약에 물체가 2력 부재나 3력 부재도 아니고 어떠한 힘에도 영향을 받지 않는다면 무부하 부재(*zero-force member*)라고 하고(무부하 부재는 6장의 트러스 구조에서 흔히 보게 된다), 3개 이상의 힘에 영향을 받거나 모멘트 생성하는 하중이나 또는 분포하중이 있으면 일반적인 다력 부재(*general multiforce member*)라고 한다.

공학 설계 공학 설계는 5.5절에서 언급하였으며 설계를 개발하는 과정이 그림 5.29에서 설명하였다. 코드와 표준에 대해 언급하였으며 코드와 표준을 후원하는 몇몇 전문가 조직과 정부 기구를 살펴보았다. 또한 성능과 안전도에 관하여 규제력을 지닌 것도 살펴보았다.

복습 문제

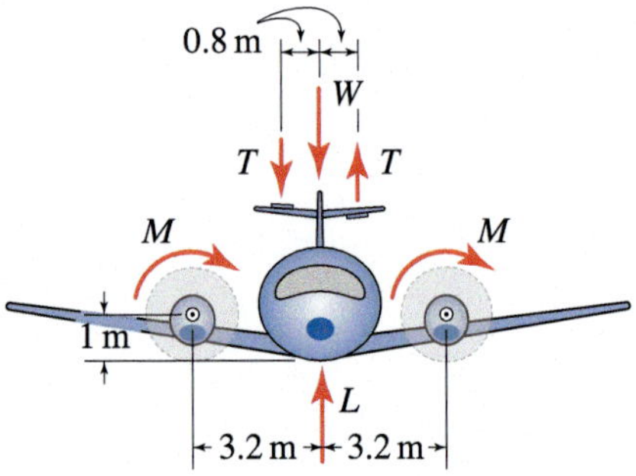

그림 P5.89, P5.90

문제 5.89

두 엔진을 가진 비행체의 두 프로펠러가 같은 방향으로 회전하고 각 프로펠러는 비행체의 날개에 모멘트 M = 1.3 kNm를 가하게 된다. 이 모멘트와 균형을 유지하기 위해 수직 안정판위에 있는 트림 탭(trim tabs,비행 고도 안정을 위해 승강타·보조날개·방향타의 뒤끝에 붙인 작은 날개)은 트림 하중 T를 생성하기 위해 사용된다. 트림 하중이 수직이라고 가정하고 트림 하중 T의 값을 구하라.

문제 5.90

문제 5.89에서 프로펠러는 어느 방향으로 회전하는가? 그림 P5.89에서 보인 그림에 대해서 시계방향인지, 혹은 반시계방향인지를 명시하고, 그 이유를 설명하라.

주의 개념 문제는 계산이 아닌 설명이 필요하다.

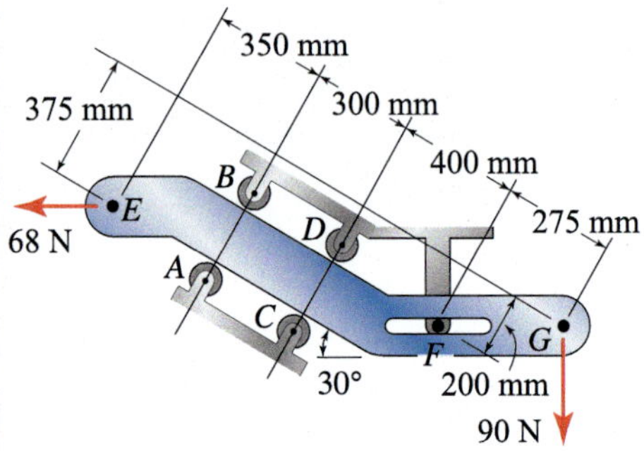

그림 P5.91

문제 5.91

브라켓이 A 점과 B 점에서 느슨한 물림으로 한 쌍의 롤러에 의해 지지되고 있으며 C 점과 D 점에서도 느슨한 물림의 한 쌍의 롤러에 의해 지지되고 F 점에서는 마찰이 없는 핀으로 지지되고 있다. E 점과 G 점에서의 힘은 각각 수평과 수직방향이다. 핀과 4개의 롤러 각각에서의 반력을 구하라.

문제 5.92

반원 형태의 기어 브라켓이 C 점에서 수직으로 80 N의 힘이 가해지고 있다. 브라켓은 A 점과 B 점에서 마찰이 없는 핀과 D 점에서는 기어로 지지되고 있다. 핀과 기어는 플레이트 E에 고정되어있고 D 점의 기어는 회전하지 못한다. D 점의 기어에 의해 지지되는 접선방향의 힘과 A 점과 B 점에서의 반력을 구하라.

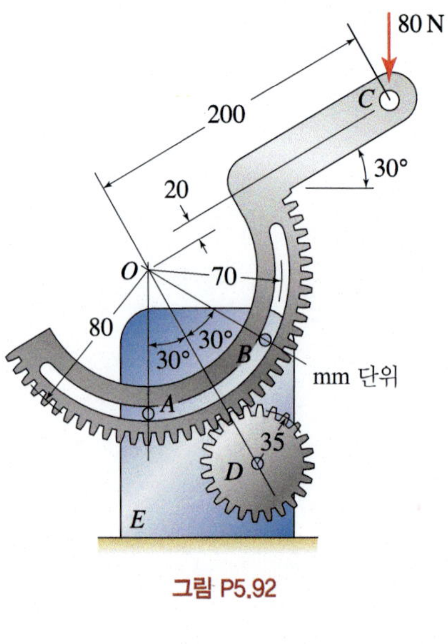

그림 P5.92

문제 5.93

프레임이 일정한 속도로 회전하는 테이프를 안내하는 마찰이 없는 3개의 풀리를 지탱하고 있다. 만약 $\alpha = \beta = 0°$ 일 때, A 지지점에서의 반력을 구하라.

문제 5.94

$\alpha = 30°, \beta = 0°$ 일 때 문제 5.93을 다시 풀어라.

문제 5.95

$\alpha = 30°, \beta = 45°$ 일 때 문제 5.93을 다시 풀어라.

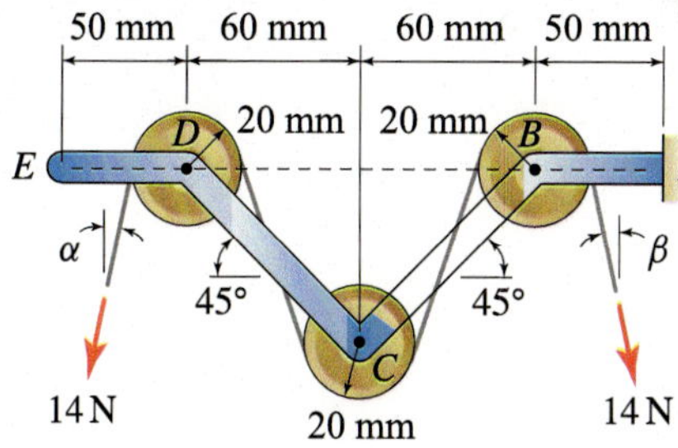

그림 P5.93–P5.95

문제 5.96

그림에 고압의 와셔 건(washer gun)의 방아쇠가 있다. A 점의 비틀림 스프링은 강성 $k_t = 1100$ N·mm/rad이고, 설치가 되었을 때(즉 방아쇠가 G 점에서 접촉하고 있을 때), 미리 6° 만큼 감아 놓았다. 축방향 스프링 DE는 강성 $k_a = 0.1$ N/mm이고, 늘어나지 않은 원 길이는 40 mm이다. $0° \le \theta \le 15°$ 일 때, 방아쇠는 낮은 압력을 와셔에 작동시키고, $15° \le \theta \le 25°$ 일 때, 방아쇠는 높은 압력을 와셔에 작용한다. 방아쇠가 어떤 위치에 있든지 힘 F의 작용선은 수평으로 유지된다고 가정하자.

(a) 방아쇠가 움직이기 시작하도록 하는 힘 F를 구하라.

(b) 방아쇠가 C 점($\theta = 15°$)에서 처음 플런저와 접촉하도록 하는 힘 F를 구하라.

(c) 방아쇠를 완전히 당기는데($\theta = 25°$) 필요한 힘 F를 구하라. $\theta = 25°$ 일 때, C 점의 플런저는 방아쇠의 뒷면과 직각으로 접한다고 가정하라.

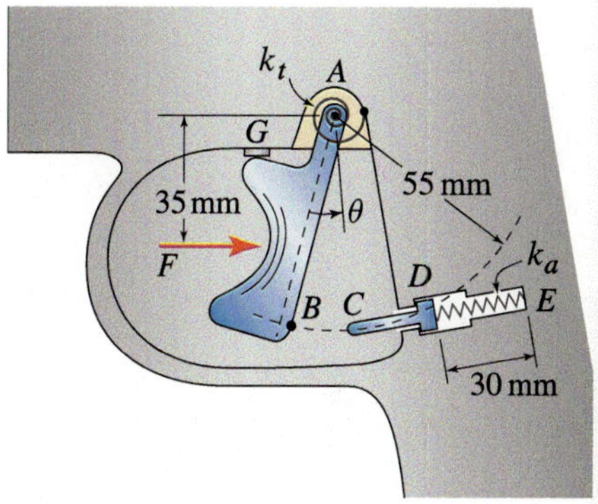

그림 P5.96

문제 5.97

$ABCD$ 부재는 무게를 무시할 수 있다.

(a) 만약 $ABCD$ 부재가 2력 부재이라면 F_B, F_D, M_C 중에서 0이 되어야 하는 것이 있다면 어느 것인가?

(b) 만약 $ABCD$ 부재가 3력 부재이라면 F_B, F_D, M_C 중에서 0이 되어야 하는 것이 있다면 어느 것인가?

(c) 만약 $F_D = 0$, $M_C = 0$, $F_B > 0$ 일 때, $ABCD$ 부재의 자유물체도를 그려라. 또한 $\sum \vec{F} = \vec{0}$에 해당하는 힘 다각형을 스케치하라.

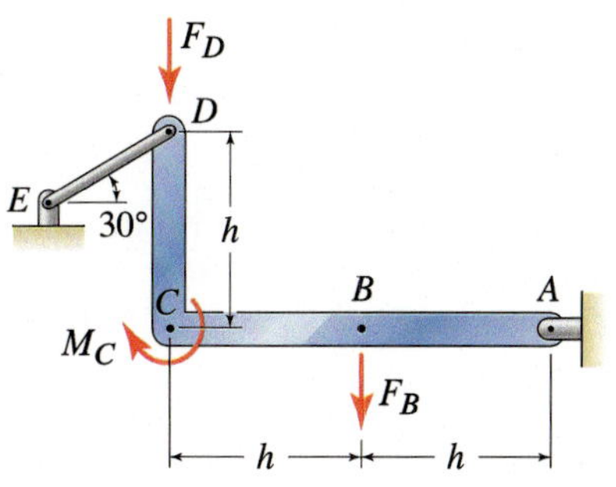

그림 P5.97

문제 5.98, 5.99

그림에 보인 물체들의 자유물체도를 그려라. 그 물체가 부분 고정인지 완전 고정인지를 명시하고 또한 물체가 정정인가 부정정인가를 명시하라. 만약 케이블이 있다면 인장으로 가정하라.

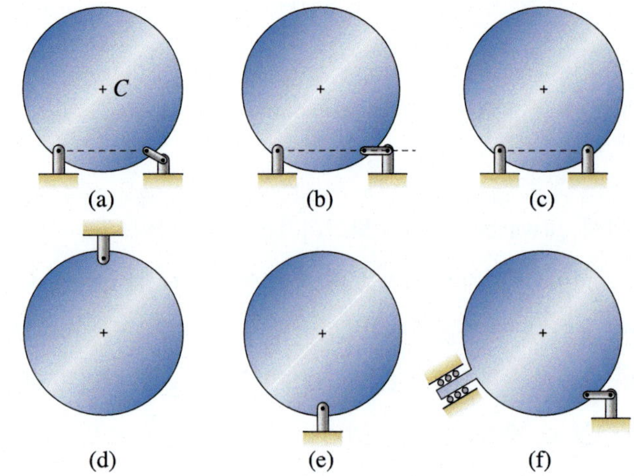

그림 P5.98

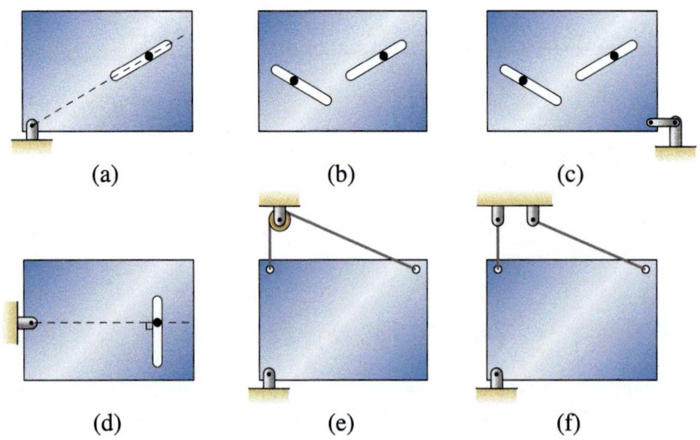

그림 P5.99

문제 5.100

붐 $OACD$가 O에서 소켓으로 지지되면서 동시에 A 점과 B 점에서 마찰이 없는 작은 고리를 통과하는 케이블 $EABF$에 의해 지지되고 있으며 또한 작용선이 C 점에서 D 점으로 향하는 힘 T_1를 지지하는 C 점에서의 케이블로 지지되고 있다. O 점과 A 점, A 점과 B 점, B 점과 C 점 사이의 거리는 전부 동일하다.

(a) 만약 $T_1 = 0$이라면 붐의 평형위치를 정성적으로 설명하라.

(b) 그림에 보인 정적 평형위치에 대하여 T_1의 값, 케이블 $EABF$에 의해 지지되는 힘 T_2, O에서의 반력을 구하라.

힌트: 평형방정식의 수치해석을 추천한다.

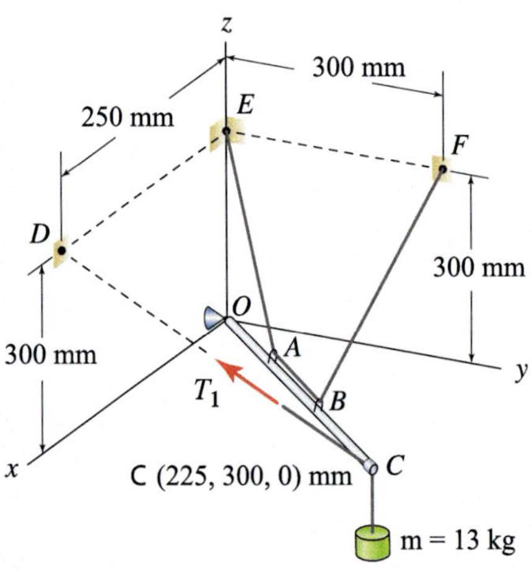

그림 P5.100

문제 5.101

콘크리트를 절단하는 기계가 그림에 있다. 기계는 C 점에서 절단공구 원판으로, A 점과 B 점에서 각각 바퀴로 지지되고 있다(B 점의 바퀴는 보이지 않는다). A 점과 B 점에서의 바퀴는 x 방향으로 0.8 m 떨어져 있다. 바퀴 A에서 지지하는 힘이 바퀴 B에서 지지하는 힘의 20%인 경우 절단공구 원판이 위치할 거리 d를 구하라.

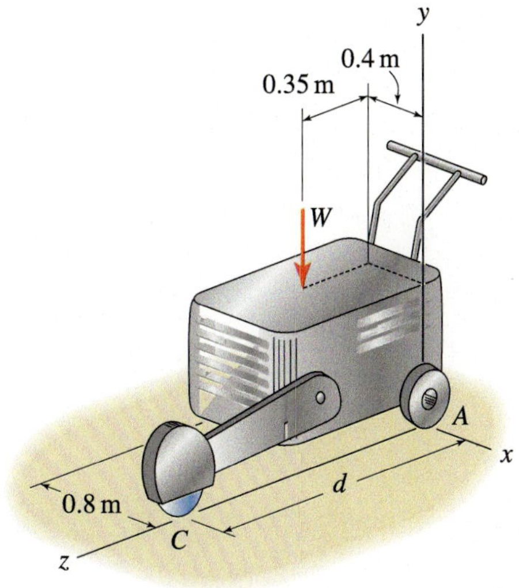

그림 P5.101

문제 5.102

구조물이 얇은 평평한 판과 A 점과 B 점의 베어링과 짧은 막대로 구성되어 있고, B 점에서의 베어링은 자동 중심조정 베어링이다. 판의 중심에 수직방향으로 450 N의 힘과 한쪽 모서리에 x 방향으로 180 N의 힘이 작용하고 있다.

(a) 판은 완전 고정인가 부분 고정인가? 또한 판이 정정인가, 부정정인가를 설명하라.

(b) A 점과 B 점에서 반력을 구하라.

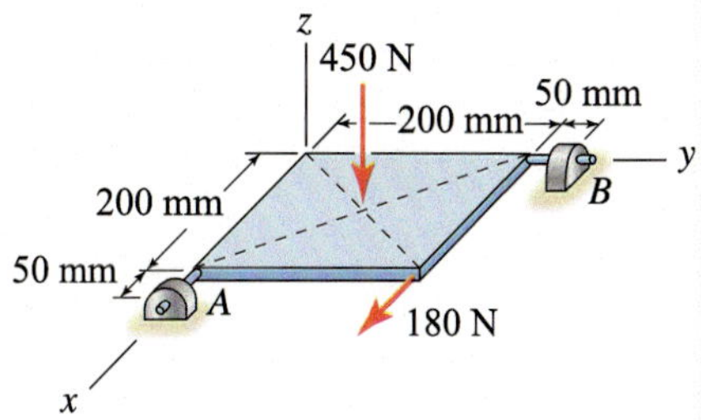

그림 P5.102

문제 5.103

막대 $ABCD$가 E 점의 마찰이 없는 풀리를 지나는 케이블 AED와, 사각 단면을 가진 수직축에서 마찰이 없이 미끄러지는 칼라 B로 지지되고 있다. 만약 A 점 끝에 수직 하중 5 kN이 작용한다면 케이블의 장력과 칼라 B에서의 모든 지지 반력을 구하라.

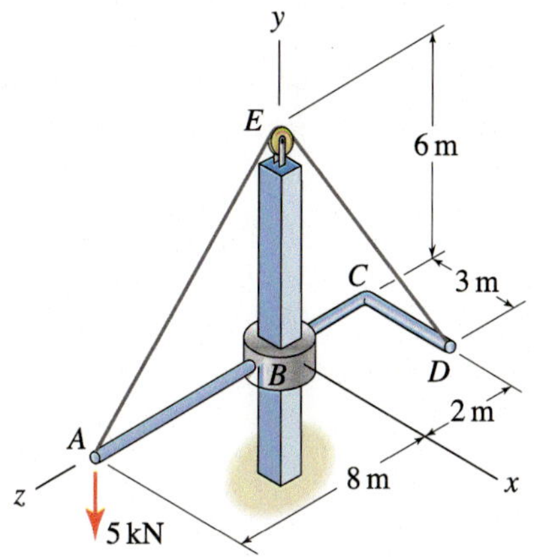

그림 P5.103

Chapter 6 구조해석과 기계

구조물과 기계는 보통 많은 부재의 조합으로 구성되어 있다. 이 장에서는 구조물과 기계의 평형을 해석한다. 구조물이나 기계의 각 부재가 지지하고 있는 힘을 계산하는 것이 목표 중 하나이다. 설계 시 고려사항들, 특히 트러스에 대한 고려사항들도 논의한다.

자세히 논의하기 전에, **구조물**과 **기계**의 의미를 생각하는 것이 유용하다. 우리는 작용하는 힘을 지지하기 위한 재료나 부재의 배열을 나타내기 위해 **구조물(*structure*)**이라는 용어를 사용한다. **기계(*machine*)**라는 용어는 운동이나 힘의 전달을 위한 재료나 부재의 배열을 의미한다. 이러한 정의는 광범위하고 중복되는 부분이 상당히 많다. 그리고 종종 어느 특정한 장치를 구조물 또는 기계라고 할 수도 있다. 많은 예외가 있으나, 구조물은 정적인 부재들을 사용하고(즉, 각 부재는 부재 사이에 상대적인 운동이 없다), 기계는 상대적인 운동이 가능한 부재를 갖고 있다.

6.1 트러스 구조물과 절점법

트러스(*truss*)는 2력 부재로만 구성된 구조물로, 부재들의 조합이 단일한 물체로 거동하도록 구성되어 있다. 트러스 구조물의 여러 가지 예를 그림 6.1에서 볼 수 있다. 트러스는 아주 적은 재료를 사용하지만 매우 강하다는 것을 알 수 있다.

(a)

(b)

그림 6.1 트러스 구조물의 예. (a) 건설 중인 고속도로 정비 건물의 지붕은 16인치 간격의 동일한 124개의 목재 트러스를 사용한다. (b) Idaho 주 Boise 시 부근의 Lucky Peak 저수지의 Mores Creek 다리.

이 절과 다음 절에서 우리는 이차원 트러스 구조물을 다룬다. 이차원 트러스 구조물을 **평면 트러스**(*plane truss*)라 한다. 이차원 구조물이 평면 트러스가 되기 위해서는 다음의 특성들을 가져야 한다:

- 모든 부재는 마찰이 없는 핀으로 서로 연결되어 있어야 한다. 이 핀의 위치를 **절점**(*joint*)이라 한다.
- 모든 부재는 최대 2개의 절점을 가진다.
- 힘은 절점에만 작용한다.
- 각 부재의 무게는 무시한다.

위의 모든 특성들이 만족된다면 구조물의 모든 부재는 2력 부재(two-force member)가 된다. 모든 부재가 2력 부재로만 구성되어 있기 때문에 구조물의 평형해석은 질점계의 평형해석이 되며, 질점의 수는 트러스의 절점의 수와 같다. 여러가지 트러스 구조물의 형태를 그림 6.2에서 볼 수 있다.

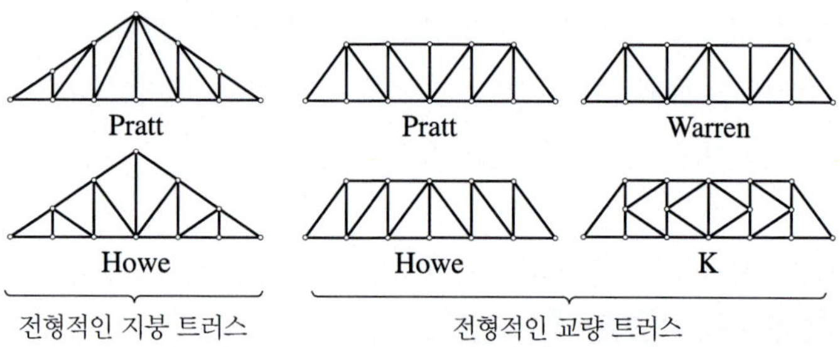

그림 6.2 여러 가지 트러스 구조물의 형태.

그림 6.3 대부분의 트러스 구조물이 직선 부재로 구성되어 있는 반면, 이 트러스는 곡선의 상현(上弦)을 사용한다.

부재가 직선인 경우에만 2력 부재가 되는 것은 아니라는 5장 내용을 명심하라. 트러스는 대부분 직선 부재로 구성되어 있지만, 곡선이거나 다른 형상의 부재를 포함할 수도 있다. 그림 6.3은 그런 예를 보여 준다.

언제 구조물을 트러스로 이상화할 수 있는가?

트러스의 정의를 완전히 만족시키는 실제 구조물은 아주 적다. 주된 이유는 부재 사이의 연결이 핀이 아니기 때문이다. 구조물의 전형적인 연결 방법의 몇 가지 예를 그림 6.4에서 볼 수 있다. 이러한 연결부는 모멘트를 지지할 수 있고, 연결부와 연결된 부재는 2력

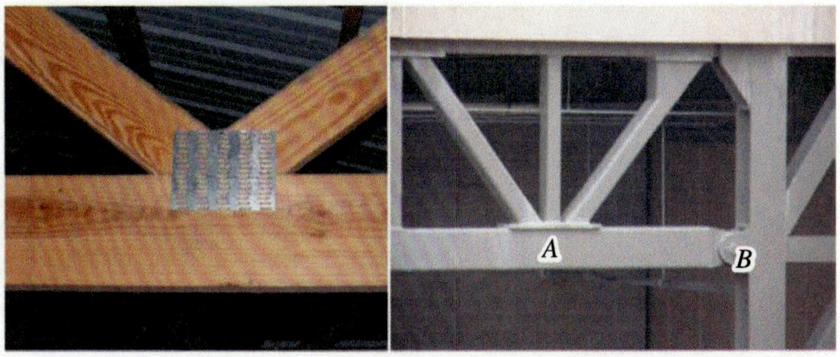

(a) (b)

그림 6.4. 구조물 부재 사이의 전형적인 연결 방법. (a) 나무 지붕 트러스에서 부재를 연결하기 위해 사각 못 판(nail plate)이 사용된다. (b) 철강 트러스에서 *A* 부는 용접이 되어 있고 *B* 부는 핀으로 연결되어 있다.

부재가 아니다. 정확한 해석을 위해서는, 이러한 연결부를 갖는 구조물은 6.4절에서 다루는 프레임 구조물(frame structure)로 모델링해야 한다. 구조물이 충분한 강성을 가진다면, 그림 6.4와 같은 연결부의 모멘트는 작아 0이라고 가정할 수 있으며 구조물은 트러스로 모델링할 수 있다. 요약하면, 특정한 구조물이 연결부를 제외한 전체 구조가 트러스라고 규정할 수 있다면, 공학적으로 이러한 구조물은 트러스로 모델링을 하고 이 절과 다음 절에서 논의하는 해석 방법들이 사용된다. 이러한 이상화는 완벽하지는 않지만, 널리 사용되고 있으며, 현명한 판단과 여유 있는 안전율을 사용하면 매우 성공적이다.

트러스의 정의와 맞지 않는 또 다른 경우는 구조물이 절점이 아닌 부위에 하중을 받는 것이다. 그러한 하중을 절점에 작용하는 등가 하중으로 대체하여 트러스 해석을 수행하는 방법이 6.2절에서 논의된다.

절점법

일반적으로, 트러스 해석의 목적은 지지 반력과 트러스의 각 부재가 지지하는 힘을 계산하는 것이다. 절점법(*method of joints*)에서는 각 절점을 질점으로 취급하여 트러스를 해석한다. 전체 트러스가 평형 상태에 있으면 트러스의 각 절점도 평형상태에 있다(사실은 트러스 내의 모든 재료가 평형상태에 있다). 트러스 내의 각 절점의 자유물체도를 그림으로써 해석을 시작한다. 각 절점의 평형방정식을 세우고 방정식을 풀어 미지력을 계산한다. 이보다 먼저 전체 트러스의 반력을 계산하는 것이 필요하거나 바람직할 수도 있다. 이를 위해 5장의 방법이 사용될 수 있다. 다음 예제는 절점법을 이용한 해석을 보여 준다.

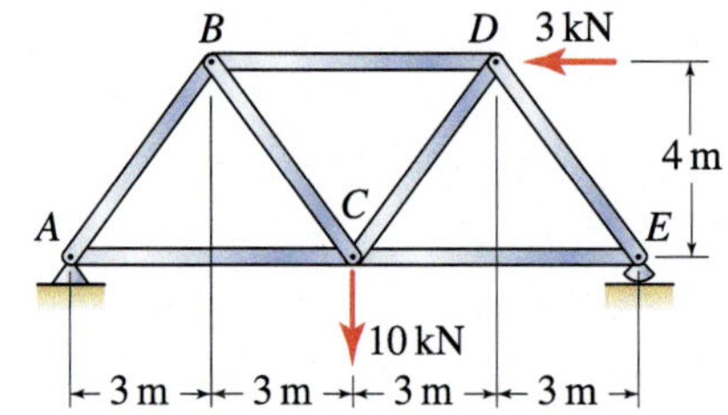

그림 6.5 평면 트러스.

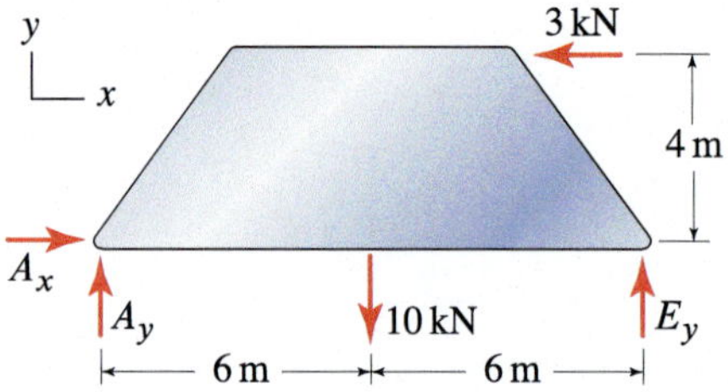

그림 6.6 지지 반력을 구하기 위한 자유물체도.

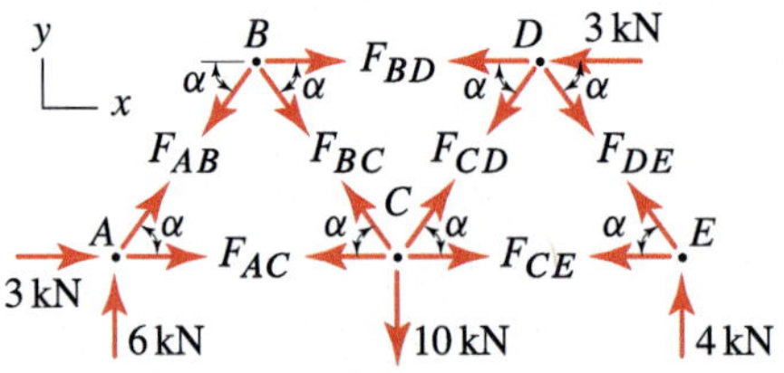

그림 6.7 트러스 내의 절점(핀)의 자유물체도. 부재에 작용하는 모든 힘은 인장력을 플러스로 정의한다. 예를 들어 F_{AB}의 플러스 값은 부재 AB에 인장력이 작용하는 것을 의미한다.

■ **간단한 예제** 절점법을 이용하여 그림 6.5의 트러스 각 부재에 걸리는 힘을 구하라.

풀이 먼저 그림 6.6과 같이 전체 구조물의 자유물체도를 작성하여 지지 반력을 구한다. 평형방정식을 적용하면

$$\sum M_A = 0: \quad -(10\text{ kN})(6\text{ m}) + E_y(12\text{ m}) + (3\text{ kN})(4\text{ m}) = 0 \quad \Rightarrow \quad E_y = 4\text{ kN} \tag{6.1}$$

$$\sum F_y = 0: \quad A_y + E_y - 10\text{ kN} = 0 \quad \Rightarrow \quad A_y = 6\text{ kN} \tag{6.2}$$

$$\sum F_x = 0: \quad A_x - 3\text{ kN} = 0 \quad \Rightarrow \quad A_x = 3\text{ kN} \tag{6.3}$$

그리고 나서 그림 6.7과 같이 각 절점(핀)의 자유물체도를 그린다. 각 절점에 작용하는 힘은 절점을 향하거나 절점에서 멀어지는 힘이기 때문에, 각 절점은 평형상태의 질점으로 취급할 수 있다. 따라서 각 절점에는 두 개의 평형방정식을 적용할 수 있다. 절점법의 요령은 트러스의 여러 절점 중 항상(가능하다면) 두 개 이하의 미지력을 갖는 절점을 선택하는 것이다. 왜냐하면 이 절점의 미지력은 즉시 구할 수 있기 때문이다. 그림 6.7의 다섯 절점 중 절점 A와 E만이 두 개의 미지력을 갖는 절점이다. $\alpha = \tan^{-1}(4/3) = 53.1°$이고, 절점 A를 선택하여 평형방정식을 적용하면[1)]

절점 A:

$$\sum F_y = 0: \quad 6\text{ kN} + F_{AB}\sin\alpha = 0 \quad \Rightarrow \quad F_{AB} = -7.5\text{ kN} \tag{6.4}$$

$$\sum F_x = 0: \quad 3\text{ kN} + F_{AB}\cos\alpha + F_{AC} = 0 \quad \Rightarrow \quad F_{AC} = 1.5\text{ kN} \tag{6.5}$$

이러한 절차를 절점 E에 적용할 수도 있으나, 절점 B도 이제는 두 개의 미지력만을 갖기 때문에 절점 B에 적용한다. 절점 B의 자유물체도를 이용하면

절점 B:

$$\sum F_y = 0: \quad -F_{AB}\sin\alpha - F_{BC}\sin\alpha = 0 \quad \Rightarrow \quad F_{BC} = 7.5\text{ kN} \tag{6.6}$$

$$\sum F_x = 0: \quad -F_{AB}\cos\alpha + F_{BC}\cos\alpha + F_{BD} = 0 \quad \Rightarrow \quad F_{BD} = -9.0\text{ kN} \tag{6.7}$$

절점 C, D와 E가 남아 있는데, 이 중에 절점 D와 E가 두 개의 미지력을 갖는다. 절점 D와 E의 자유물체도를 살펴보면 절점 E가 좀 더 계산이 쉽기 때문에 절점 E에 평형방정식을 적용한다.

절점 E:

$$\sum F_y = 0: \quad 4\text{ kN} + F_{DE}\sin\alpha = 0 \quad \Rightarrow \quad F_{DE} = -5\text{ kN} \tag{6.8}$$

$$\sum F_x = 0: \quad -F_{CE} - F_{DE}\cos\alpha = 0 \quad \Rightarrow \quad F_{CE} = 3\text{ kN} \tag{6.9}$$

이제 한 개의 미지력 F_{CD}만 남아 있는데, 절점 C나 D를 이용하여 계산할 수 있다. 절점 C의 자유물체도 보다 절점 D의 자유물체도가 힘의 개수가 하나 적기 때문에 절점 D를 선택한다. 따라서

절점 D:

$$\sum F_y = 0: \quad -F_{CD}\sin\alpha - F_{DE}\sin\alpha = 0 \quad \Rightarrow \quad F_{CD} = 5\text{ kN} \tag{6.10}$$

1) 이 트러스는 간단한 기하학적 구조를 갖기 때문에 α를 계산하는 대신 $\cos\alpha = 3/5$, $\sin\alpha = 4/5$를 이용한다.

참고사항

- 이 풀이에서는 전체 구조물의 지지 반력을 먼저 구했다. 구조물의 기하학적 구조와 지지 조건에 따라 먼저 반력을 구할 필요가 없는 경우도 있다. 살펴본 예제에서는 반력 계산이 필요했다. 반력을 계산하지 않으면 그림 6.7의 자유물체도에는 3개 이상의 미지력이 존재한다. 예제 6.3은 절점법으로 해석할 때 지지 반력을 구할 필요가 없는 구조물을 다룬다.
- 그림 6.6의 자유물체도에서 트러스는 속이 꽉찬 물체로 묘사되어 있다. 그 이유는 구조물이 가해지는 힘과 반력을 충분히 지지하는 한, 구조물 내의 부재 분포는 지지 반력 해석에 영향을 주지 않기 때문이다. 이 가정이 사실이 아닐 때는 나중에 논의하는 바와 같이, 이 해석 단계는 수정되야 한다.
- 그림 6.7의 자유물체도에서 부재에 작용하는 힘은 플러스 값이 인장력으로 정의된다. 해석 결과, 부재 *AC*, *BC*, *CE* 그리고 *CD*는 플러스 값을 갖기 때문에 인장력, 부재 *AB*, *BD* 그리고 *DE*는 마이너스 값을 갖기 때문에 압축력을 지지한다.
- 모든 미지력을 구하는 과정에서, 절점 *D*에서는 두 개의 평형방정식 중 1개만 사용되었고, 절점 *C*에서는 두 개의 평형방정식이 사용되지 않았다. 사용되지 않은 이들 세 평형방정식은 구한 결과가 정확한지 검토하는데 사용된다. 구한 값을 대입하여 방정식이 성립하면 해석 결과가 정확한 것이고, 그렇지 않다면 풀이 과정에서 실수가 있는 것이다.
- 앞의 언급을 살펴보면 유용한 평형방정식을 모두 사용하지 않았는데도 어떻게 모든 미지력이 계산되었는지 의문을 가질 수도 있다. 5.3절을 상기하면 미지수보다 평형방정식의 수가 더 많은 시스템은 일반적으로 기구(mechanism)를 의미한다. 그러나 그림 6.5의 트러스는 분명히 기구는 아니다: 트러스는 완전히 고정되어 있고 정정(statically determinate) 구조물이다. 사실 초기에 지지 반력을 계산할 때 세 개의 식 (6.1)-(6.3)이 사용되었으며, 미지력의 수와 유용한 평형방정식의 수는 동일하다. 이런 이유로, 절점 *D*와 *C*의 세 개의 "여분의" 평형방정식은 미지력을 계산하는데 필요가 없다.

유용한 정보

절점법. 절점법은 3장에서 논의한 해석법인 질점계의 평형과 동일한 개념이다.

흥미로운 사실

컴퓨터 해석. 이 교재에서 다루지는 않았지만, 절점법은 컴퓨터를 이용하여 자동화할 수 있다. 정역학, 재료역학과 행렬에 대한 지식이 있으면 그러한 소프트웨어를 아주 쉽게 이해할 수 있다. 트러스 해석을 위한 컴퓨터 프로그램은 광범위하게 사용된다.

무부하 부재(Zero-force members)

힘을 지지하지 않는 트러스 부재(혹은 힘을 지지하지 않는 모든 부재)를 무부하 부재(*zero-force member*)라 한다. 트러스에는 종종 다수의 무부하 부재가 존재한다. 무부하 부재는 트러스를 강화시키는 역할을 하지 못하는 것처럼 보이지만, 6.2절에 논의하는 바와 같이 매우 중요한 역할을 하기도 한다. 여기서는 관찰에 의해 무부하 부재를 찾아내는 방법을 논의한다. 그림 6.8의 경우를 고려해 보자: 절점 *A*는 세 개의 트러스 부재를 연결한다. 두 부재(*AB*와 *AD*)는 동일 직선상에 있고, 절점 *A*에 외력이 작용하지 않는다. 그림과 같이 *xy* 좌표축을 잡고, *y* 방향의 힘을 더하면

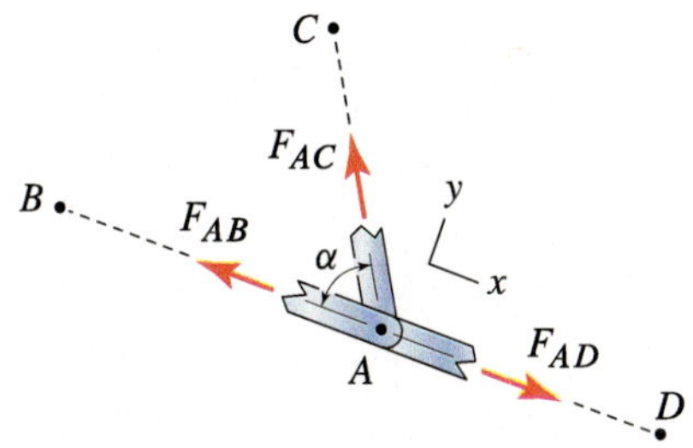

그림 6.8 관찰에 의해 무부하 부재를 찾을 수 있는 트러스 부재의 기하학적 구조.

$$\sum F_y = 0: \quad F_{AC} \sin\alpha = 0 \tag{6.11}$$

α가 0° 혹은 180°가 아닌 경우, 즉 부재 AC가 다른 두 부재와 동일 직선상에 있는 경우가 아닌 경우, F_{AC}는 0이 되고, 부재 AC는 **무부하 부재**이다. 절점 A에 외력이 가해지고, 그 힘이 그림 6.8의 y 성분을 갖고 있다면 F_{AC}는 0이 아님을 유의하라. 마찬가지로, 절점 A에 네 개 이상의 부재가 연결되어 있으면 F_{AC}는 일반적으로 0이 아니다.

무부하 부재의 식별 그림 6.8은 트러스 내의 무부하 부재를 손쉽게 알아내는 패턴을 정의한다. 트러스 내의 절점들을 조사해서 어느 절점이

- 절점에 세 개의 부재가 연결되어 있고,
- 그 중 두 개의 부재가 동일 직선상에 있으며,
- 그 절점에 외력이 작용하지 않으면,

동일 직선상에 있지 않은 부재는 무부하 부재이다.

이 목록을 기억하는 것보다는 무부하 부재의 근본적 원리, 즉 그림 6.8과 식 (6.11)을 이해하는 것이 더 쉽다. 더욱이 이러한 특성들을 이해하면 무부하 부재가 발생하는 다른 경우들도 알아낼 수 있다. 예를 들어, 그림 6.8에서 부재 AD가 없다면, y 방향의 힘을 더하면 부재 AC가 무부하 부재이고, 이어서 x 방향의 힘을 더하면 부재 AB가 무부하 부재임을 알 수 있다.

■ **간단한 예제** 그림 6.9의 트러스에서 무부하 부재를 찾아라.

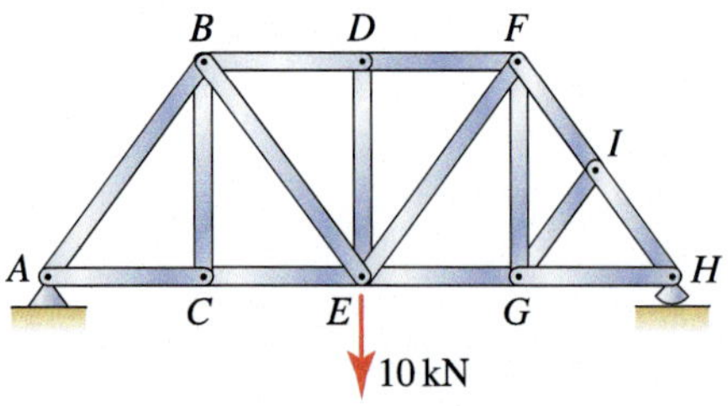

그림 6.9 다수의 무부하 부재를 갖고 있는 트러스의 예.

풀이 각 절점을 살펴보면 다음의 무부하 부재를 찾을 수 있다:

절점 C를 살펴보면 부재 BC가 무부하 부재임을 알 수 있다.

절점 D를 살펴보면 부재 DE가 무부하 부재임을 알 수 있다.

절점 I를 살펴보면 부재 GI가 무부하 부재임을 알 수 있다.

부재 GI가 무부하 부재이므로, 절점 G를 살펴보면 부재 FG가 무부하 부재임을 알 수 있다.

참고사항 절점 E에 10 kN의 힘이 작용하기 때문에, (잘못된)직관에 의하면, 부재 DE는 이 힘의 일부를 지지하고 있다고 생각할 수 있다. 부재 DE가 무부하 부재라는 결론은 절점 D의 조건에 의한 것이라는 것을 유의하라. ■

이 절을 마치기 전에, 논의의 대부분은 어느 부재가 무부하 부재가 되기 위한 **충분조건**에 집중되었다는 것을 명심하라. 즉, 특정 절점의 평형방정식을 식 (6.11)의 형태로 표시할 수 있고, α가 0° 혹은 180°가 아니면, 이 식은 어느 부재가 무부하 부재라고 결론짓는 충분조건이고, 그러한 무부하 부재는 관찰에 의해 쉽게 식별할 수 있다. 그러나 그 식은 **필요조건**은 아니다. 즉, 트러스는 다른 무부하 부재를 가질 수 있다. 예를 들어 그림 6.9의 트러스에 절점 B나 F에 적절한 크기와 방향의 힘이 작용하면 이미 언급한 네 부재 외에 다른 부재가 무부하 부재가 될 수도 있다. 그러나 그러한 무부하 부재는 관찰

에 의해서 찾아낼 수는 없다; 그러한 무부하 부재가 존재한다면, 평형방정식을 푼 후에야 무부하 부재임을 알 수 있다. 이러한 경우는 예제 6.3에 나와 있다.

전형적인 트러스 부재

거의 대분의 트러스는 곧고 가는 부재로 이루어져 있다. 그 이유는 직선 부재는 축방향의 힘을 지지하는데 매우 효율적이기 때문이다. 이런 이유로 직선부재는 보통 부재의 길이가 단면의 크기에 비해 아주 긴 **세장**부재이다. 그림 6.3과 같은 직선 부재가 아닌 부재가 포함된 트러스가 충분히 강하기 위해서는 보다 많은 재료를 사용해야 한다. 왜냐하면 곡선 부재에는 **굽힘**도 발생하기 때문에 힘을 지지하는데 덜 효과적이기 때문이다. 트러스에 곡선 부재를 사용하는 경우는 거의 대부분 구조학적인 이유가 아니고, 미적 관점이나 제작의 용이성 등의 이유 때문이다. 직선 부재와 곡선 부재의 하중 지지 효율성은 내력(internal force)과 굽힘을 다루는 8장에서 자세히 논의할 것이다(8 장의 문제 8.22를 참조하라). 직선 부재의 강도에 영향을 주는 또 다른 중요한 인자는 압축력에 의한 좌굴의 가능성이다. 좌굴(buckling)은 6.2절에서 간략히 다룬다.

절 요약

이 절에서는 **트러스 구조물**을 정의하고 트러스 각 부재가 지지하는 힘을 계산하기 위한 **절점법**이 논의된다. 주요 사항은 다음과 같다:

- 트러스는 2력 부재로만 구성된 구조물로, 부재들의 조합은 하나의 물체로 거동한다. 구조물의 모든 부재가 2력 부재가 되기 위해서는 구조물은 다음의 특성을 가져야 한다:
  - 모든 부재는 마찰이 없는 핀으로 서로 연결되어 있어야 한다. 핀의 위치를 절점이라 한다.
  - 각 부재는 두 개 이상의 절점을 갖는다.
  - 힘은 절점에만 가해진다.
  - 각 부재의 무게는 무시된다.

  실제 구조물들은 일반적으로 이런 조건 모두를 만족시키지는 못한다. 그렇지만 다수의 실제 구조물들은 트러스로 이상화된다.
- 절점법에서 트러스의 각 부재가 지지하는 힘은 각 절점의 자유물체도를 작성하고 평형방정식 $\sum F_x = 0, \sum F_y = 0$을 적용하여 구해진다.
- 힘을 지지하지 않는 트러스 부재를 무부하 부재라 한다. 트러스는 종종 다수의 무부하 부재를 가지며 무부하 부재가 트러스를 강화시키는 역할은 6.2절에서 논의한다.

유용한 정보

실험: 직선 부재와 곡선 부재의 비교. 금속이나 플라스틱 옷걸이를 그림과 같이 두 부분으로 자르고 직선이 아닌 부분에 손으로 힘을 가한다. 매우 유연하고, 굽힘이 크게 발생한다. 이제 직선 부분에 인장력을 가한다. 아주 큰 힘을 가해도 변형이 일어나지 않는다. 직선 부재는 힘을 지지하는데 매우 효율적이지만, 직선이 아닌 부재는 굽힘이 발생하기 때문에 그렇게 효율적이지 않다.

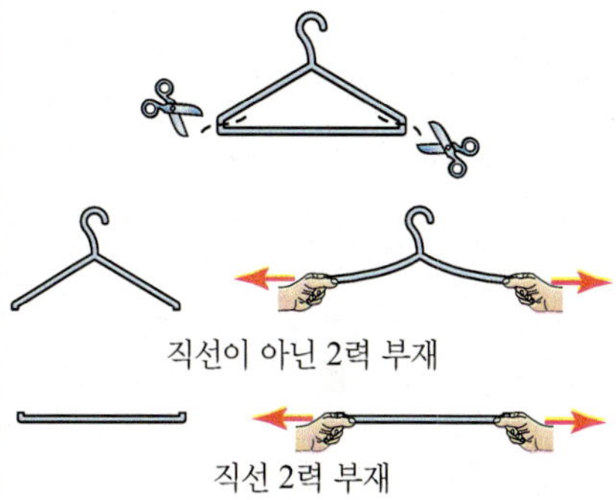

예제 6.1 절점법에 의한 트러스 해석

그림의 구조물은 13개의 부재로 구성되어 있고, 작은 원은 절점을 나타낸다. 구조물의 각 부재가 지지하는 힘을 계산하라.

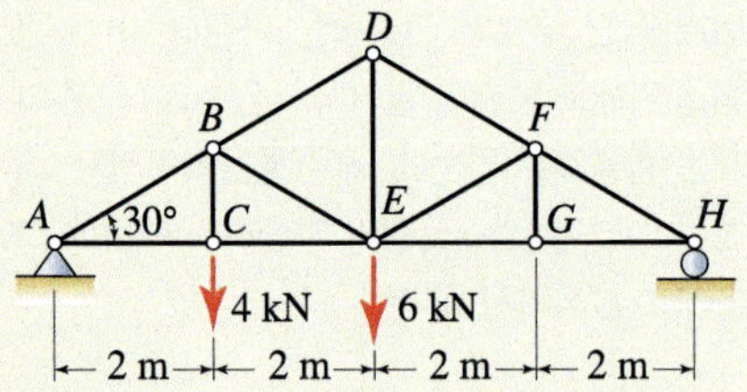

그림 1

풀이 SOLUTION

로드맵 이 구조물에서 각 부재의 무게는 4 kN과 6 kN과 비교하여 작다는 가정 아래 무시한다. 힘은 절점에만 가해지고 모든 부재는 마찰이 없는 핀으로 서로 연결되어 있으므로 구조물은 트러스이다. 이 트러스를 해석하기 위해 먼저 지지 반력을 구하고 절점법을 이용하여 각 부재가 지지하는 힘을 구한다.

모델링 트러스 전체의 반력을 구하기 위해 그림 2와 같이 전체 구조물의 자유물체도를 그린다.

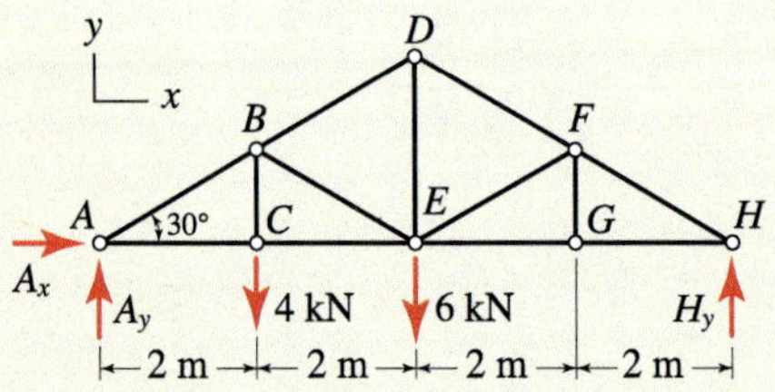

그림 2 지지 반력을 계산하기 위한 자유물체도.

지배 방정식과 계산 그림 2의 자유물체도를 이용하여 다음의 평형방정식을 세우고 방정식을 푼다:

$$\sum M_A = 0: \quad -(4\text{ kN})(2\text{ m}) - (6\text{ kN})(4\text{ m}) + H_y(8\text{ m}) = 0 \;\Rightarrow\; H_y = 4\text{ kN} \tag{1}$$

$$\sum F_y = 0: \quad A_y + H_y - 4\text{ kN} - 6\text{ kN} = 0 \;\Rightarrow\; A_y = 6\text{ kN} \tag{2}$$

$$\sum F_x = 0: \quad A_x = 0 \;\Rightarrow\; A_x = 0 \tag{3}$$

모델링 지지 반력을 구했으므로 절점법을 적용한다. 절점 G를 살펴보면 부재 FG가 무부하 부재이고, 이어서 절점 F를 살펴보면 부재 EF가 무부하 부재임을 알 수 있다. 해석 초기에 무부하 부재를 알아내면 해석이 약간 간편해지나, 다음의 해석에서는 풀이 결과를 부분적으로 검토하는데 이 정보를 사용할 것이다. 절점법을 사용하기 위해서 트러스 내 모든 절점의 자유물체도를 그림 3과 같이 작성한다. 자유물체도에서 부재에 작용하는 모든 힘은 인장력으로 가정한다. 예를 들어 F_{AB}가 플러스이면 부재 AB는 인장 상태이고, F_{AB}가 마이너스이면 부재 AB는 압축 상태이다.

지배 방정식과 계산 미지력이 두 개만 존재하기 때문에 절점 A의 평형방정식을 세운다(절점 H도 좋은 선택이다). 절점 A를 해석한 다음, 절점 C를 해석하는데, 절점 C에서는 미지력이 두 개뿐이기 때문이다. 이와 같은 방법을 반복한다.

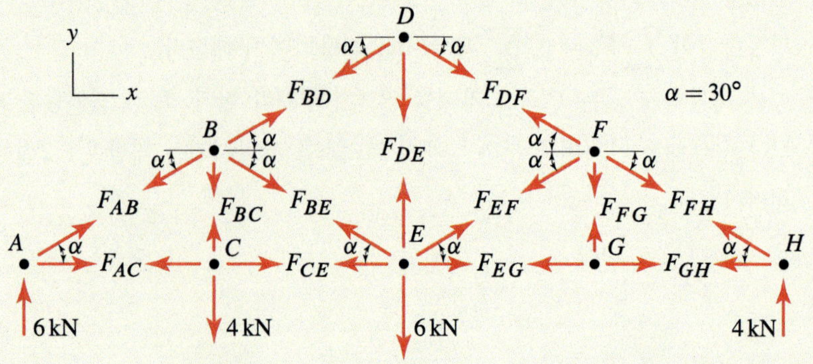

그림 3 α = 30°일 때의 절점의 자유물체도.

절점 A :

$$\sum F_y = 0: \quad F_{AB}\sin 30° + 6\text{ kN} = 0 \quad \Rightarrow \quad \boxed{F_{AB} = -12\text{ kN}} \tag{4}$$

$$\sum F_x = 0: \quad F_{AC} + F_{AB}\cos 30° = 0 \quad \Rightarrow \quad \boxed{F_{AC} = 10.39\text{ kN}} \tag{5}$$

절점 C :

$$\sum F_x = 0: \quad -F_{AC} + F_{CE} = 0 \quad \Rightarrow \quad \boxed{F_{CE} = 10.39\text{ kN}} \tag{6}$$

$$\sum F_y = 0: \quad F_{BC} - 4\text{ kN} = 0 \quad \Rightarrow \quad \boxed{F_{BC} = 4\text{ kN}} \tag{7}$$

절점 B :

$$\sum F_x = 0: \quad -F_{AB}\cos 30° + F_{BD}\cos 30° + F_{BE}\cos 30° = 0 \tag{8}$$

식 (4)의 F_{AB}를 식 (8)에 대입하면

$$F_{BD}\cos 30° + F_{BE}\cos 30° = -10.392 \tag{9}$$

$$\sum F_y = 0: -F_{AB}\sin 30° + F_{BD}\sin 30° - F_{BE}\sin 30° - F_{BC} = 0 \tag{10}$$

식 (4)의 F_{AB}와 식 (7)의 식 (4)의 F_{BC}를 식 (10)에 대입하면

$$F_{BD}\sin 30° - F_{BE}\sin 30° = -2.0 \tag{11}$$

식 (9)와 (11)을 풀어 F_{BD}와 F_{BE}를 구하면

$$\Rightarrow \quad \boxed{F_{BD} = -8\text{ kN},\quad F_{BE} = -4\text{ kN}} \tag{12}$$

절점 D :

$$\sum F_x = 0: \quad -F_{BD}\cos 30° + F_{DF}\cos 30° = 0 \Rightarrow \boxed{F_{DF} = -8\text{ kN}} \tag{13}$$

$$\sum F_y = 0: \quad -F_{BD}\sin 30° - F_{DE} - F_{DF}\sin 30° = 0 \Rightarrow \boxed{F_{DE} = 8\text{ kN}} \tag{14}$$

절점 H :

$$\sum F_y = 0: \quad F_{FH}\sin 30° + 4\text{ kN} = 0 \quad \Rightarrow \quad \boxed{F_{FH} = -8\text{ kN}} \tag{15}$$

$$\sum F_x = 0: \quad -F_{FH}\cos 30° - F_{GH} = 0 \quad \Rightarrow \quad \boxed{F_{GH} = 6.928\text{ kN}} \tag{16}$$

절점 G :

$$\sum F_y = 0: \quad F_{FG} = 0 \quad \Rightarrow \quad \boxed{F_{FG} = 0} \tag{17}$$

$$\sum F_x = 0: \quad -F_{EG} + F_{GH} = 0 \quad \Rightarrow \quad \boxed{F_{EG} = 6.928\text{ kN}} \tag{18}$$

절점 F :

$$\sum F_x = 0: \quad -F_{DF}\cos 30° - F_{EF}\cos 30° + F_{FH}\cos 30° = 0 \tag{19}$$

$$\Rightarrow \quad \boxed{F_{EF} = 0} \tag{20}$$

논의 및 검증

- 절점 F에서 하나, 절점 E에서 두 개의 평형방정식을 사용하지 않고도 모든 부재의 하중을 계산할 수 있었다. 이 세 식은 풀이 결과를 검토하는데 사용할 수 있다.
- 식 (17), (20)으로부터 두 부재가 무부하 부재임을 알 수 있었는데, 이 부재들은 해석 초기에 관찰에 의해 무부하 부재로 확인된 부재들이다. 이로부터 해석의 정확성을 부분적으로 검사할 수 있다.
- 이 풀이는 트러스의 무게를 무시했다. 트러스의 무게를 고려하는 근사적 방법은 예제 6.2에서 볼 수 있다.

예제 6.2 곡선 부재와 부재 무게를 고려한 트러스

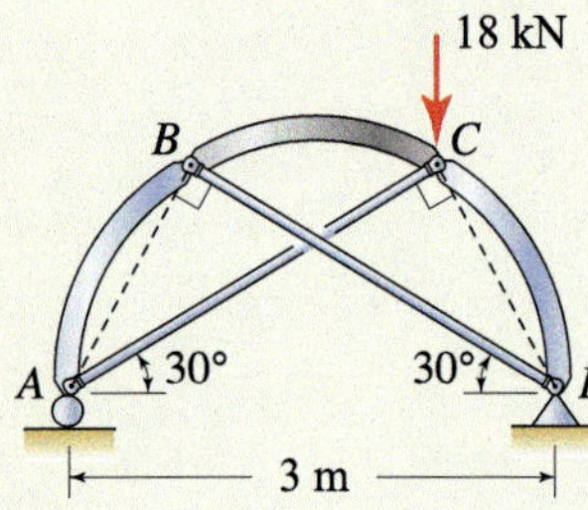

그림 1

표 6.1 각 부재의 무게

부재	무게
AB	$W_{AB} = 1800$ N
AC	$W_{AC} = 450$ N
BC	$W_{BC} = 900$ N
BD	$W_{BD} = 450$ N
CD	$W_{CD} = 1800$ N

그림의 구조물은 핀으로 연결된 다섯 개의 부재로 구성되어 있다(부재 AC와 BD는 교차하지 않는다). 18 kN의 하중이 작용하고, 각 부재의 무게가 표 6.1에 나와 있다. 구조물을 트러스로 이상화하여 각 부재가 지지하는 힘을 계산하라.

풀이 SOLUTION

로드맵 표 6.1의 무게는 분포하중이므로 이 구조물의 부재들은 2력 부재가 아니고 따라서 이 구조물은 트러스가 아니다. 그러나 부재의 무게는 절점 C에 작용하는 18 kN의 하중에 비해 작기 때문에 이 구조물을 트러스로 근사화할 수 있다.

모델링 표 6.1의 무게(분포 하중)는 다음의 절차를 거쳐 절점에 작용하는 하중으로 대체된다. 각 부재에 대해 부재의 무게는 연결된 두 절점에 균등하게 작용한다. 부재 AB 무게의 반은 절점 A에, 나머지 반은 절점 B에 작용한다. 마찬가지로 부재 AC 무게의 반은 절점 A에, 나머지 반은 절점 C에 작용한다. 각 부재에 이 방법을 적용하면 각 절점에 작용하는 힘은 다음과 같다.

$$P_A = (W_{AB} + W_{AC})/2 = 1125\text{ N} \tag{1}$$

$$P_B = (W_{AB} + W_{BC} + W_{BD})/2 = 1575\text{ N} \tag{2}$$

$$P_C = (W_{AC} + W_{BC} + W_{CD})/2 = 1575\text{ N} \tag{3}$$

$$P_D = (W_{BD} + W_{CD})/2 = 1125\text{ N} \tag{4}$$

분포 하중이 집중 하중으로 대체되기 때문에 분포하중을 이런 방법으로 취급하는 것을 때로는 **하중 집중화**(load lumping)라 한다.[2)]

트러스 전체의 반력을 구하기 위해 그림 2의 자유물체도를 그린다. 그리고 절점법을 사용하여 각 부재의 지지 하중을 구하기 위해 그림 4의 자유물체도를 그린다. 부재력은 인장력으로 가정한다.

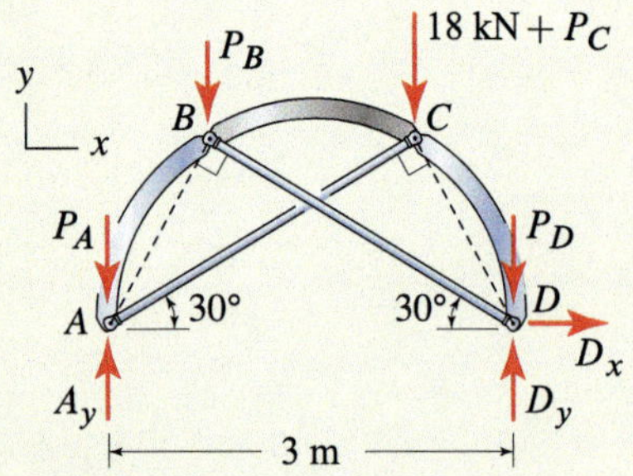

그림 2 지지 반력을 구하기 위한 자유물체도.

지배 방정식과 계산 트러스 전체의 반력을 구하기 위해 그림 2의 자유물체도를 그리고 다음과 같은 평형방정식을 적용한다(그림 3을 이용하여 모멘트 암을 계산한다).

$$\sum M_A = 0:\quad -P_B(0.75\text{ m}) - (18000\text{ N} + P_C)(2.25\text{ m}) + (D_y - P_D)(3\text{ m}) = 0 \quad\Rightarrow\quad D_y = 16200\text{ N} \tag{5}$$

$$\sum F_y = 0:\quad A_y + D_y - P_A - P_B - 18000\text{ N} - P_C - P_D = 0 \quad\Rightarrow\quad A_y = 7200\text{ N} \tag{6}$$

$$\sum F_x = 0:\quad A_x = 0 \quad\Rightarrow\quad A_x = 0 \tag{7}$$

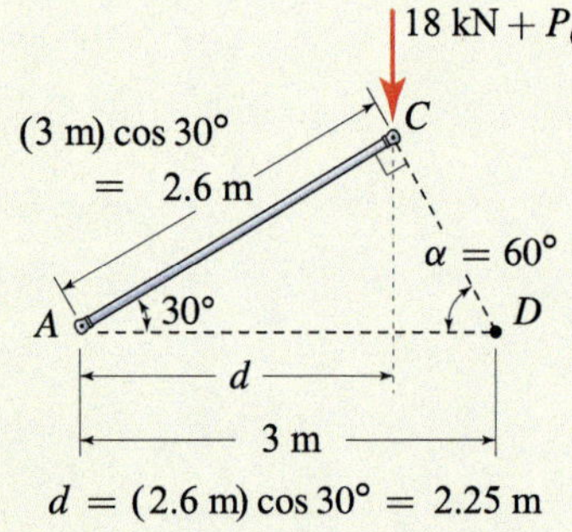

그림 3 평형방정식에 사용되는 모멘트 암을 계산하기 위한 부재 AC와 절점 A, C, D의 형상.

2) 문제 7.85은 여기서 설명한 하중 집중화 절차가 균일한 무게 분포를 가진 직선 부재에 대해 등가력계를 제공함을 보여준다. (이 예제와 같이)직선 부재가 아니거나 무게 분포가 균일하지 않는 부재의 경우는 이 하중 집중화 절차는 근사치이다. 그러나 이 방법은 많이 사용되며, 부재의 형상과 무게 분포가 직선이고 균일분포라는 가정과 많이 벗어나지 않고 부재 무게가 구조물에 가해지는 하중에 비해 작다면 좋은 결과를 얻을 수 있다.

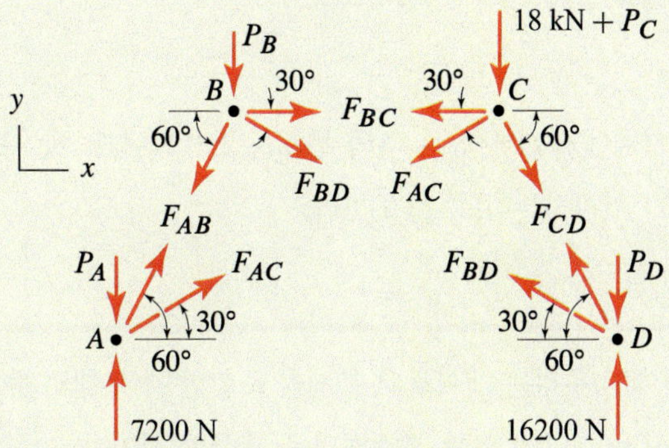

그림 4 절점의 자유물체도.

절점법을 적용하기 위해 그림 4와 같은 트러스 내의 모든 절점의 자유물체도를 이용한다. 부재력은 인장력으로 가정한다. 절점에 대해 평형방정식을 적용하면 다음과 같다:

절점 A:

$$\sum F_x = 0: \quad F_{AB}\cos 60° + F_{AC}\cos 30° = 0 \tag{8}$$

$$\sum F_y = 0: \quad F_{AB}\sin 60° + F_{AC}\sin 30° + 7200\text{ N} - P_A = 0 \tag{9}$$

$$\Rightarrow \boxed{F_{AB} = -10522\text{ N} \quad \text{and} \quad F_{AC} = 6075\text{ N}} \tag{10}$$

절점 B:

$$\sum F_y = 0: \quad -F_{AB}\sin 60° - F_{BD}\sin 30° - P_B = 0 \Rightarrow \boxed{F_{BD} = 15075\text{ N}} \tag{11}$$

$$\sum F_x = 0: \quad -F_{AB}\cos 60° + F_{BD}\cos 30° + F_{BC} = 0 \Rightarrow \boxed{F_{BC} = -18316\text{ N}} \tag{12}$$

절점 C:

$$\sum F_y = 0: \quad -F_{AC}\sin 30° - F_{CD}\sin 60° - 18000\text{ N} - P_C = 0 \tag{13}$$

$$\Rightarrow \boxed{F_{CD} = -26111\text{ N}} \tag{14}$$

논의 및 검증 절점 C에서 하나, 절점 D에서 두 개의 평형방정식을 사용하지 않고도 모든 부재의 하중을 계산할 수 있었다. 이 세 식은 풀이 결과를 검토하는데 사용할 수 있다.

예제 6.3 케이블과 풀리가 포함된 트러스

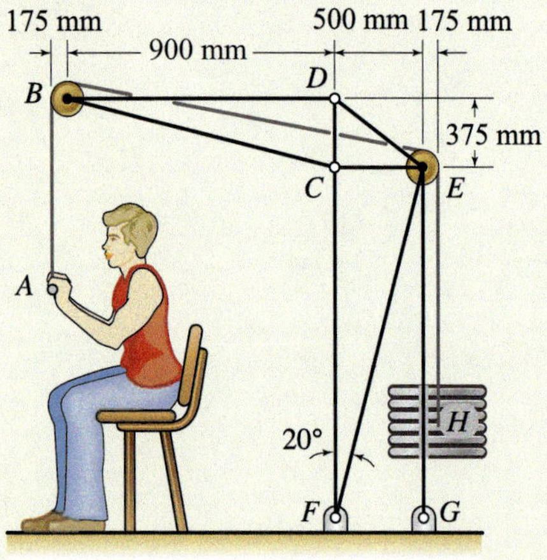

그림 1

그림과 같은 운동 기계에서 H에 있는 추의 무게는 250 N이다. 케이블 AB가 수직인 경우 기계의 각 부재가 지지하는 하중을 구하라.

풀이 SOLUTION

로드맵 이 구조물에서 우리는 케이블의 무게를 포함한 각 부재의 무게는 무시하고 250 N의 추를 들어 올리는 사람에 의한 부재력만을 계산할 것이다. 이 절의 다른 예제와는 달리 이 문제는 절점법을 적용하기 전에 미리 지지 반력을 계산할 필요가 없는 기하학적 구조를 갖고 있다. 그러한 경우를 알아내는 방법에 대해서는 문제 끝 부분에서 언급된다.

모델링 절점법을 이용하기 위해 트러스 내 모든 절점에 대해 그림 2와 같이 자유물체도를 그린다. 이 자유물체도에서 모든 부재력은 인장력으로 가정한다. 그리고 절점에 풀리도 포함되었다. 5 장의 그림 5.11에서 살펴본 바와 같이 케이블 장력을 베어링으로 옮기고, 풀리를 제거할 수도 있다. 케이블의 AB나 EH 부분이 수직이 아니면 모멘트 암의 길이를 쉽게 알 수 있기 때문에 풀리를 제거하는 방법이 더 바람직할 수도 있다. 마지막으로 풀리 B와 E는 마찰이 없다고 가정하고, 케이블의 모든 부분에서 케이블 장력이 일정하며 H에 있는 추의 무게인 250 N이 되도록 케이블의 무게는 무시한다. 풀리 B와 E의 반지름이 같기 때문에 케이블 BE 부분의 방향은 $\alpha = \tan^{-1}(375\text{mm}/1400\text{mm}) = 15°$로 주어진다.

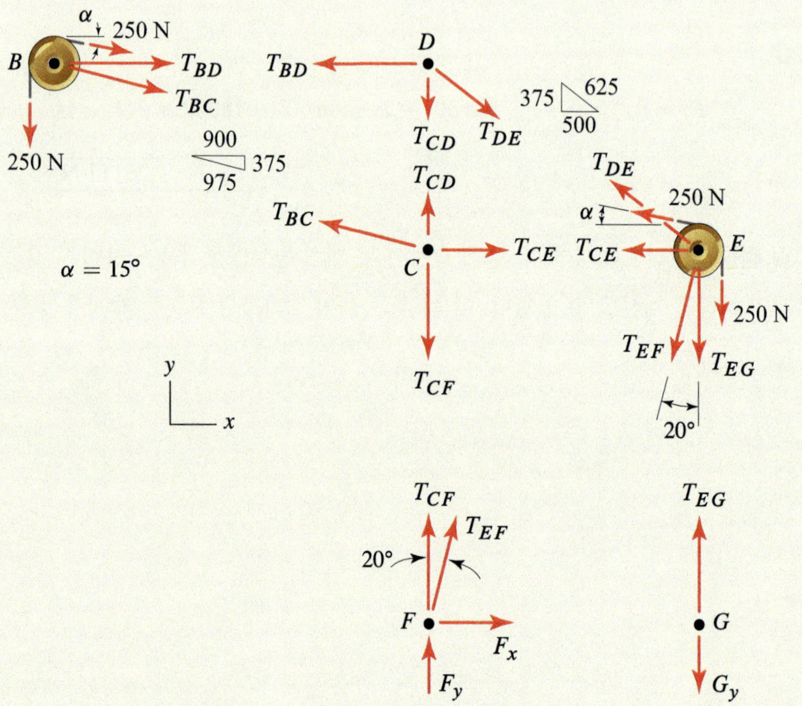

그림 2 절점의 자유물체도.

지배 방정식과 계산 절점 B만 두 개의 미지력을 갖기 때문에 절점 B의 평형방정식을 세운다. 절점 B의 자유물체도를 살펴보면 식 $\sum F_x = 0$에는 두 개의 미지력이 존재하는 반면, 식 $\sum F_y = 0$에는 하나의 미지력만 존재하기 때문에 식 $\sum F_y = 0$을 먼저 이용한다. 그리고 T_{BD}가 계산되면 절점 D에는 두 개의 미지력만 존재하기 때문에 절점 D로 이동하여 해석을 수행한다.

절점 B:

$$\sum F_y = 0: \quad -250\text{ N} - (250\text{ N})\sin\alpha - T_{BC}\left(\frac{375}{975}\right) = 0 \tag{1}$$

$$\Rightarrow \quad \boxed{T_{BC} = -818\ 23\text{ N}} \tag{2}$$

$$\sum F_x = 0: \quad (250\text{ N})\cos\alpha + T_{BC}\left(\frac{900}{975}\right) + T_{BD} = 0 \tag{3}$$

$$\Rightarrow \quad \boxed{T_{BD} = 513.81\text{ N}} \tag{4}$$

절점 D:

$$\sum F_x = 0: \quad -T_{BD} + T_{DE}\left(\frac{500}{625}\right) = 0, \quad \Rightarrow \quad \boxed{T_{DE} = 642.26\text{ N}} \tag{5}$$

$$\sum F_y = 0: \quad -T_{CD} - T_{DE}\left(\frac{375}{625}\right) = 0, \quad \Rightarrow \quad \boxed{T_{CD} = -385.36\text{ N}} \tag{6}$$

절점 C:

$$\sum F_x = 0: \quad -T_{BC}\left(\frac{900}{975}\right) + T_{CE} = 0, \quad \Rightarrow \quad \boxed{T_{CE} = -755.29\text{ N}} \tag{7}$$

$$\sum F_y = 0: \quad T_{BC}\left(\frac{375}{975}\right) + T_{CD} - T_{CF} = 0, \quad \Rightarrow \quad \boxed{T_{CF} = -700.06\text{ N}} \tag{8}$$

절점 E:

$$\sum F_x = 0: \quad -T_{CE} - T_{DE}\left(\frac{500}{625}\right) - (250\text{ N})\cos\alpha - T_{EF}\sin 20^\circ = 0 \tag{9}$$

$$\Rightarrow \quad \boxed{T_{EF} = 0} \tag{10}$$

$$\sum F_y = 0: \quad T_{DE}\left(\frac{375}{625}\right) + (250\text{ N})\sin\alpha - 250\text{ N} - T_{EF}\cos 20^\circ - T_{EG} = 0 \tag{11}$$

$$\Rightarrow \quad \boxed{T_{EG} = 200.06\text{ N}} \tag{12}$$

논의 및 검증

- 절점 F와 G에 대한 평형방정식은 사용하지 않고 모든 부재의 지지 하중을 구했다. 필요할 경우, 이 절점들에 대한 평형방정식은 지지 반력을 구하는데 사용될 수 있다. 지지 반력은 $F_x = 0$, $F_y = 700.06$ N, $G_y = 200.06$ N이다.
- 식 (9)를 풀면 부재 EF는 무부하 부재임을 알 수 있다. 절점 E나 F가 331쪽의 그림 6.8과 같은 형태가 아니기 때문에 관찰에 의해서는 무부하 부재라는 것을 알 수 없다.
- 이 문제는 절점 B가 두 개의 미지력만 갖고 있어 이 절점부터 해석을 시작할 수 있기 때문에 지지 반력을 계산하지 않아도 해결할 수 있었다. 반면에 예제 6.1과 6.2의 자유물체도를 살펴보면 반력을 먼저 계산하지 않으면 모든 절점들은 3개 이상의 미지력을 갖고 있다는 것을 알 수 있다.

그림 3 그림 1과 비슷한 운동 기구.

문제

문제 6.1, 6.2

$P = 4500$ N인 경우 트러스 각 부재의 지지 하중을 구하라.

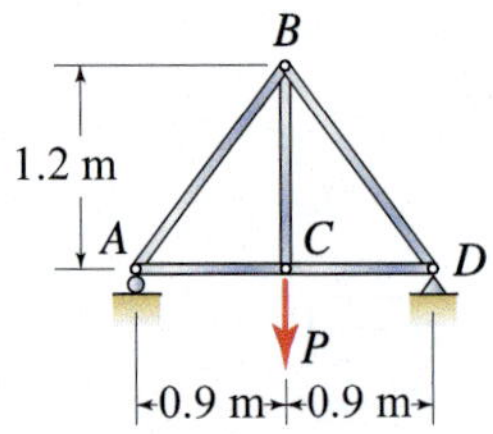

그림 P6.1

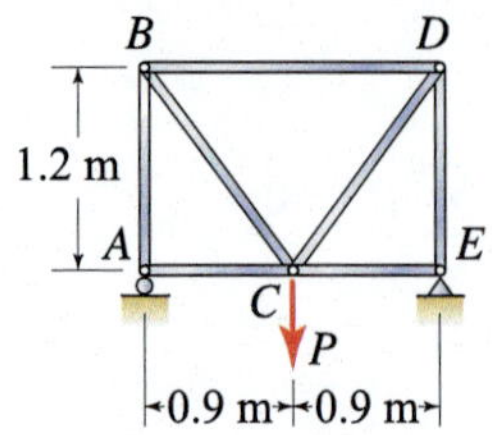

그림 P6.2

문제 6.3, 6.4

그림 P6.1의 트러스에서, 각 부재는 최대 인장 하중 18000 N, 최대 압축 하중 9000 N을 지지할 수 있다.

문제 6.3 $P = 4500$ N인 경우, 트러스의 안전율을 구하라.

문제 6.4 가할 수 있는 P의 플러스 최대값을 구하라.

문제 6.5, 6.6

그림 P6.2의 트러스에서, 각 부재는 최대 인장 하중 27 kN, 최대 압축 하중 18 kN을 지지할 수 있다.

문제 6.5 $P = 4500$ N인 경우, 트러스의 안전율을 구하라.

문제 6.6 가할 수 있는 P의 플러스 최대값을 구하라.

문제 6.7

트러스 각 부재의 길이는 같다. $P = 1$ kN, $Q = 2$ kN, $R = 3$ kN인 경우, 각 부재의 지지 하중을 구하라.

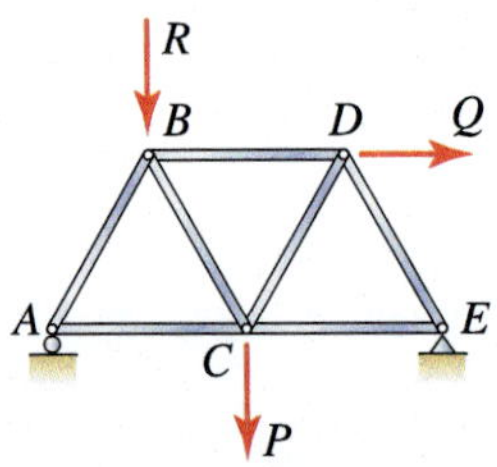

그림 P6.7

문제 6.8

트러스 각 부재의 길이는 같다. $P = 1$ kN, $Q = 2$ kN, $R = 3$ kN인 경우, 부재 CE와 DF의 지지 하중을 구하라.

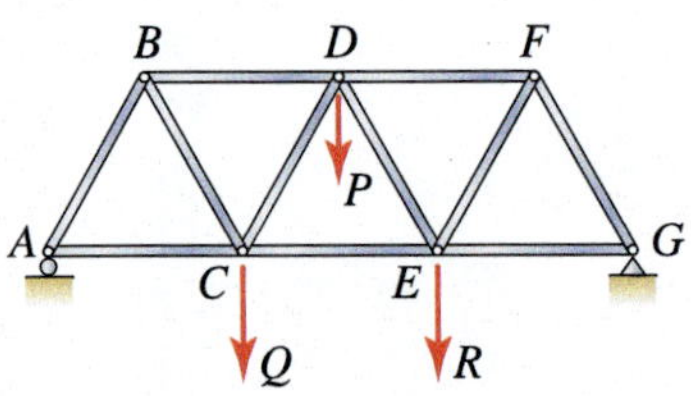

그림 P6.8

문제 6.9, 6.10

$P = 4$ kN, $Q = 1$ kN인 경우, 트러스 각 부재의 지지 하중을 구하라.

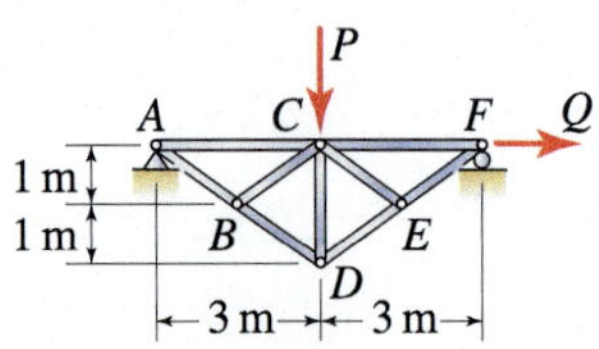

그림 P6.9

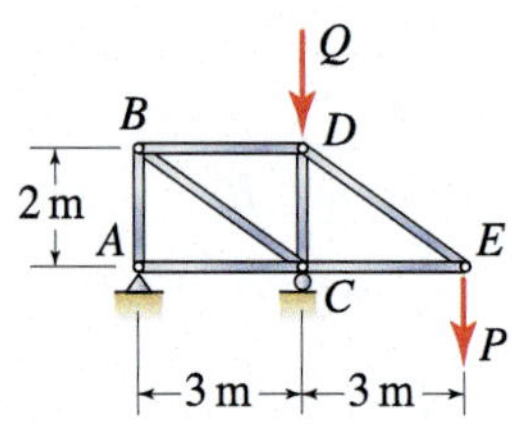

그림 P6.10

문제 6.11, 6.12

그림 P6.9의 트러스에서, 각 부재는 최대 인장 하중 15 kN, 최대 압축 하중 10 kN을 지지할 수 있다.

문제 6.11 $P = 4$ kN, $Q = 1$ kN인 경우, 트러스의 안전율을 구하라.

문제 6.12 $Q = P/4$인 경우, 가할 수 있는 P의 플러스 최대값을 구하라.

문제 6.13, 6.14

그림 P6.10의 트러스에서, 각 부재는 최대 인장 하중 20 kN, 최대 압축 하중 12 kN을 지지할 수 있다.

문제 6.13 $P = 4$ kN, $Q = 1$ kN인 경우, 트러스의 안전율을 구하라.

문제 6.14 $Q =$ P/4인 경우, 가할 수 있는 P의 플러스 최대값을 구하라.

문제 6.15

트러스 각 부재의 지지 하중을 구하라. 답을 P와 Q를 사용하여 나타내라.

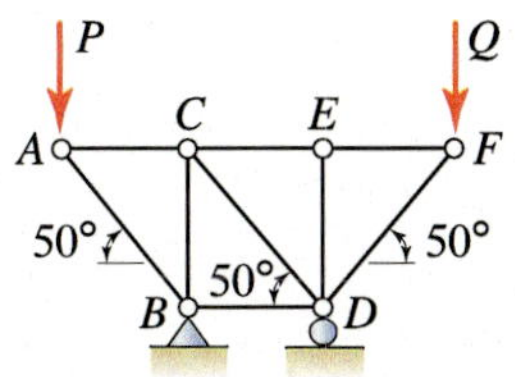

그림 P6.15, P6.16

문제 6.16

각 부재는 최대 인장 하중 15 kN, 최대 압축 하중 45 kN을 지지할 수 있다. $0 \le P \le 18$ kN, $0 \le Q \le 18$ kN인 경우, 트러스의 최소 안전율을 구하라.

힌트 답은 세 하중 조건 $P = 18$ kN과 $Q = 0$, $P = 0$과 $Q = 18$ kN, $P = Q = 18$ kN을 고려한 안전율 중 최소값이다.

문제 6.17

트러스 각 부재의 지지 하중을 구하라. 답을 P와 Q를 사용하여 나타내라.

문제 6.18

각 부재는 최대 인장 하중 3 kN, 최대 압축 하중 2 kN을 지지할 수 있다. $0 \le P \le 400$ N, $0 \le Q \le 400$ N인 경우, 트러스의 최소 안전율을 구하라.

힌트 답은 세 하중 조건 $P = 400$ N과 $Q = 0$, $P = 0$과 $Q = 400$ N, $P = Q = 400$ N을 고려한 안전율 중 최소값이다.

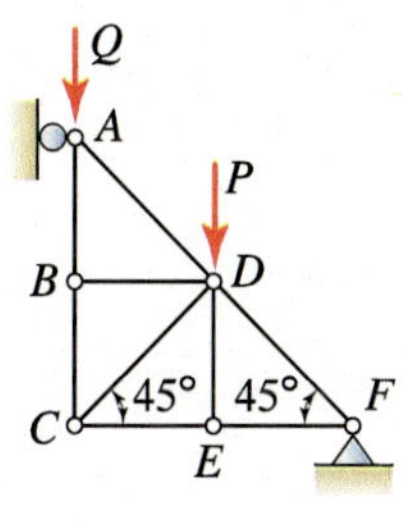

그림 P6.17, P6.18

문제 6.19, 6.20

구조물은 핀으로 연결된 7개의 부재로 구성되어 있다. 각 부재의 지지 하중을 구하라. 답을 F와 L을 이용하여 나타내라.

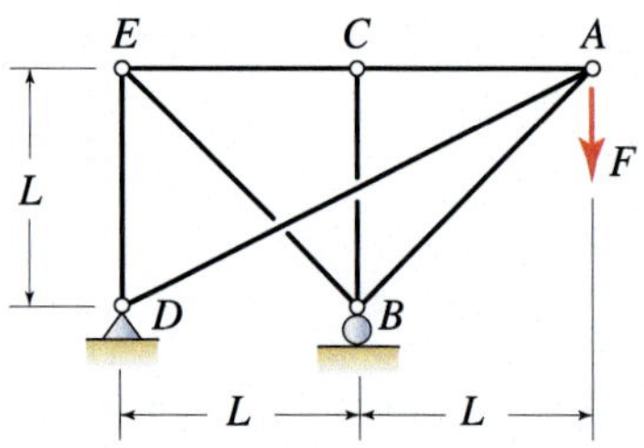

그림 P6.19

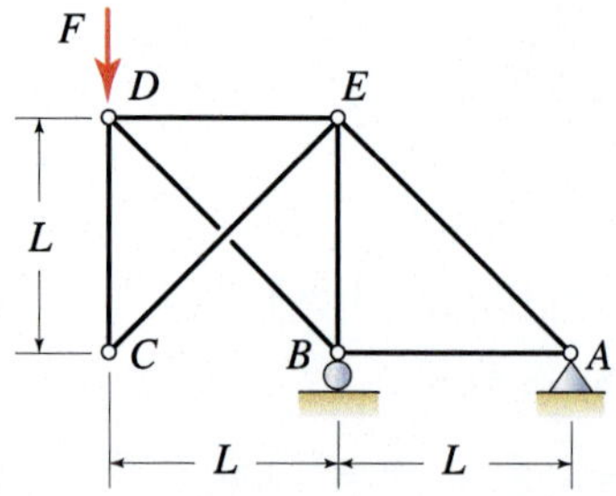

그림 P6.20

문제 6.21, 6.22

구조물은 핀으로 연결된 부재로 구성되어 있다. 각 부재의 지지 하중을 구하라.

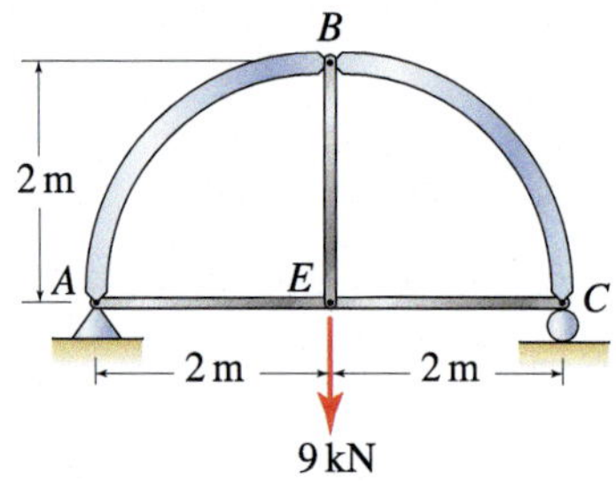

그림 P6.21

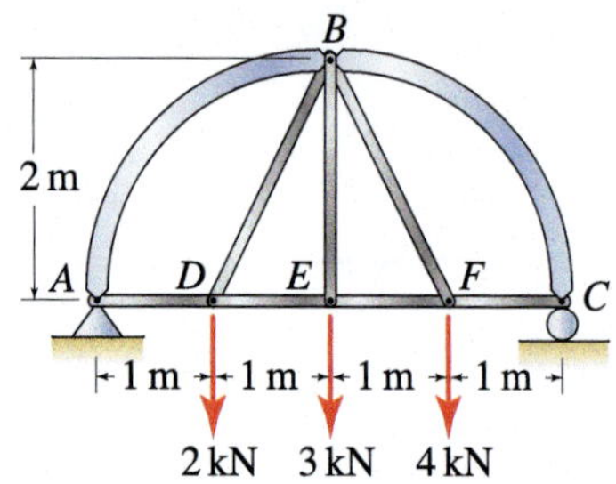

그림 P6.22

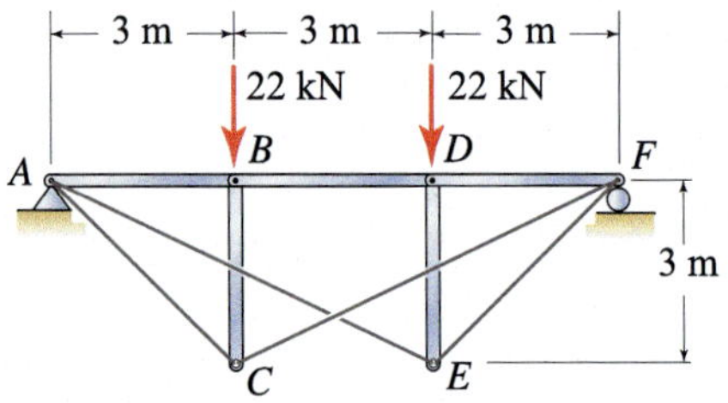

그림 P6.23

문제 6.23

그림의 *Bollman* 트러스에서 다섯 개의 봉과 네 케이블의 지지 하중을 구하라.

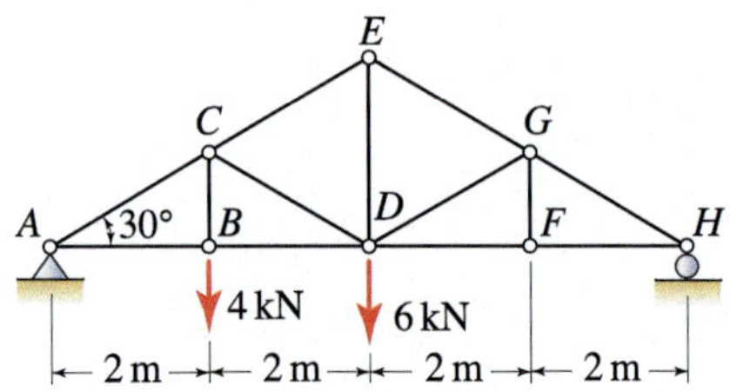

그림 P6.24

문제 6.24

(a) 관찰에 의해서 트러스 내의 무부하 부재를 찾아라.

(b) 트러스 각 부재의 지지 하중을 구하라.

문제 6.25

(a) 관찰에 의해서 트러스 내의 무부하 부재를 찾아라.

(b) 부재 *FG*와 부재 *FG* 왼쪽에 있는 모든 부재의 지지 하중을 구하라.

(c) 부재 *FG* 오른쪽에 있는 모든 부재의 지지 하중을 구하라.

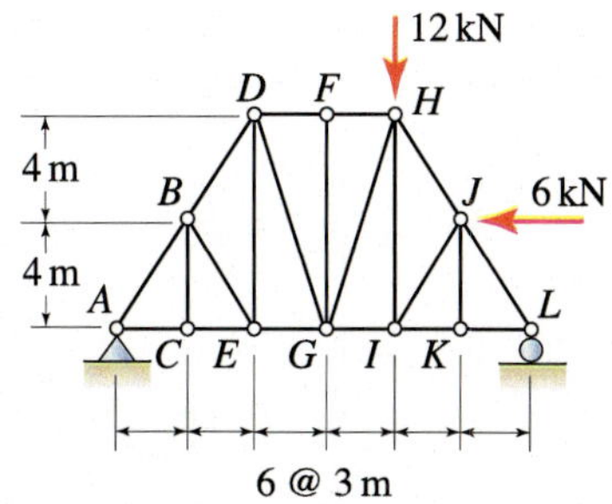

그림 P6.25

문제 6.26

(a) 관찰에 의해서 트러스 내의 무부하 부재를 찾아라.

(b) 부재 *CH*와 부재 *CH* 왼쪽에 있는 모든 부재의 지지 하중을 구하라.

(c) 부재 *CH* 오른쪽에 있는 모든 부재의 지지 하중을 구하라.

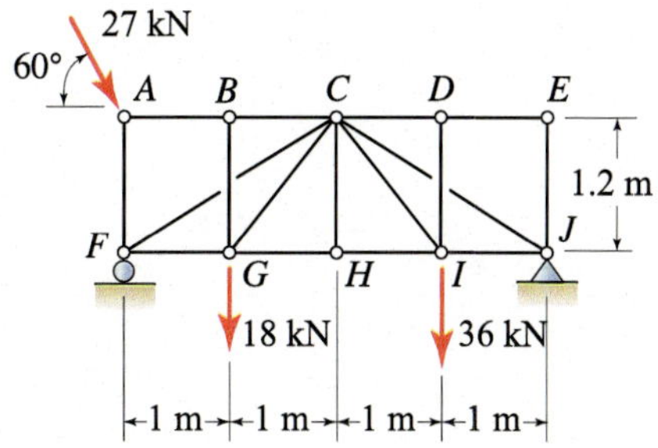

그림 P6.26

문제 6.27

트러스는 *B*, *J*, *K*에 마찰이 없는 풀리를 가지고 있다. 케이블의 *BL* 부분은 수직이고 $W = 4.5$ kN 이다.

(a) 관찰에 의해서 트러스 내의 무부하 부재를 찾아라.

(b) 부재 *CE*의 지지 하중을 구하라.

(c) 부재 *GI*의 지지 하중을 구하라.

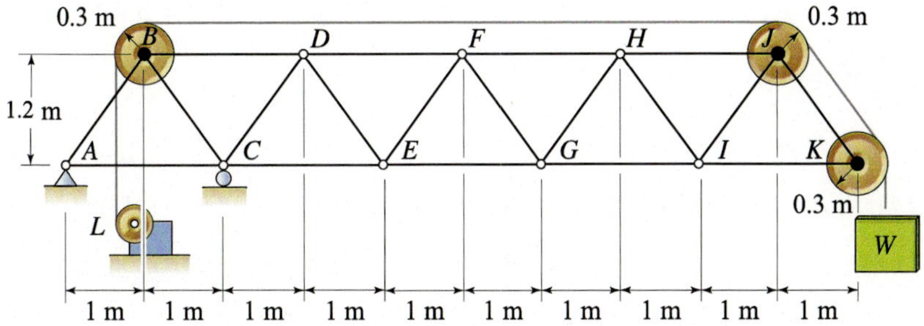

그림 P6.27

6.2 트러스 구조물과 단면법

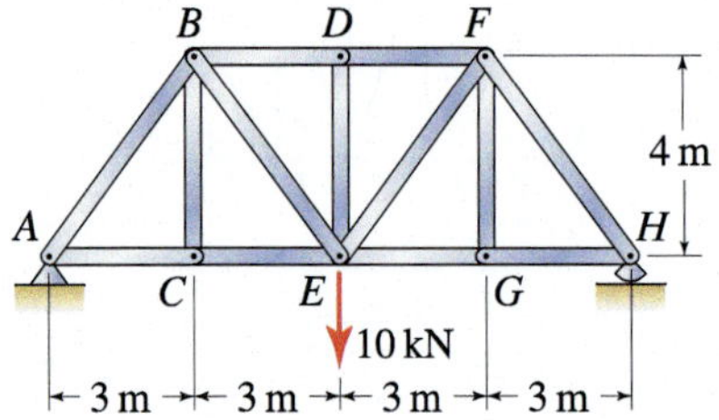

그림 6.10 평면 트러스.

단면법(*method of sections*)은 트러스 각 부재의 지지 하중, 특히 특정한 몇 개 부재의 지지 하중을 구할 때 많이 사용하는 효율적인 방법이다. 단면법에서는 지지 하중을 구하려는 부재를 지나는 단면을 선정하여 트러스를 두 부분으로 분리한다. 전체 트러스가 평형 상태에 있으면 나뉜 두 부분도 평형 상태에 있다. 먼저 트러스의 한 부분에 대한 자유물체도를 그리고, 평형방정식을 적용한 후 미지력을 구한다. 이보다 먼저 전체 트러스의 반력을 구하는 것이 필요하거나 바람직할 수도 있다. 단면법에 의한 해석은 다음 예제에서 볼 수 있다.

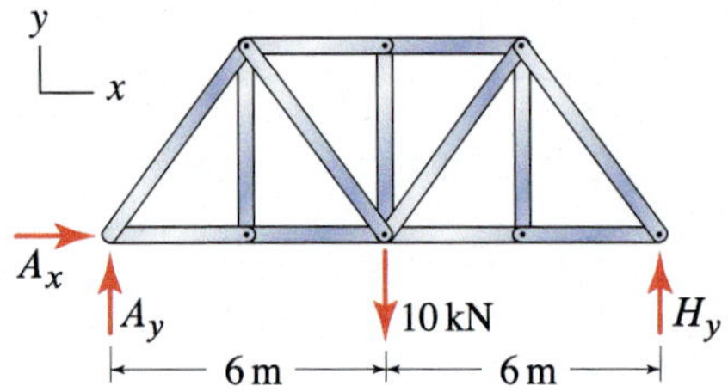

그림 6.11 지지 하중을 구하기 위한 자유물체도.

■ **간단한 예제** 단면법을 이용하여 그림 6.10에 있는 트러스 부재 BD의 지지 하중을 구하라.

풀이 그림 6.11과 같이 전체 트러스의 자유물체도를 작성하여 지지 반력을 구한다. 평형방정식을 적용하면

$$\sum M_A = 0: \quad -(10\text{ kN})(6\text{ m}) + H_y(12\text{ m}) = 0 \;\Rightarrow\; H_y = 5\text{ kN} \tag{6.12}$$

$$\sum F_y = 0: \quad A_y + H_y - 10\text{ kN} = 0 \;\Rightarrow\; A_y = 5\text{ kN} \tag{6.13}$$

$$\sum F_x = 0: \quad A_x = 0 \;\Rightarrow\; A_x = 0 \tag{6.14}$$

이 문제의 형상과 하중조건이 대칭이므로 관찰에 의해 반력을 구할 수 있다.

부재 BD의 힘을 구하기 위해서는 부재 BD를 지나는 단면을 선정하여 자유물체도를 작성하는 것이 필요하다. 그림 6.12(a)는 그러한 단면의 시작을 보여준다. 그림 6.12(b)에 가능한 단면 aa와 bb가 표시되어 있다. 그림 6.12(c)에 각각에 대해 구조물의 왼쪽과 오른쪽 부분을 완전히 감싸는 폐곡선으로 표시되어 있다.

단면을 선정하여 절단된 구조물의 자유물체도를 작성하면 세 개의 평형방정식을 사용할 수 있다. 따라서(가능하다면) 절단면이 3개 이하의 부재를 절단하도록 단면을 선정하는 것이 좋다. 그러한 경우, 절단된 부재의 미지력은 가용한 3개의 평형방정식을 이용하여 바로 계산할 수 있다. 그림 6.12(b)의 두 단면을 비교해 보자. 단면 bb는 4개의 부재를 지나기 때문에 자유물체도에 4개의 미지력이 존재하는 반면, 단면 aa는 3개의 부재를 지나기 때문에 자유물체도에는 3개의 미지력이 존재한다.[3] 따라서 단면 aa가 더 나은 선택이다. 그림 6.13은 단면 aa를 이용하여 작성한 구조물의 왼쪽 부분과 오른쪽 부분의 자유물체도이다. 여기서, 부재력 F_{BD}, F_{BE}, F_{CE}는 인장력으로 가정한다. 보통 이 중 하나의 자유물체도만 작성하는데, 부재의 수가 적거나 형상이 보다 단순한 자유물체

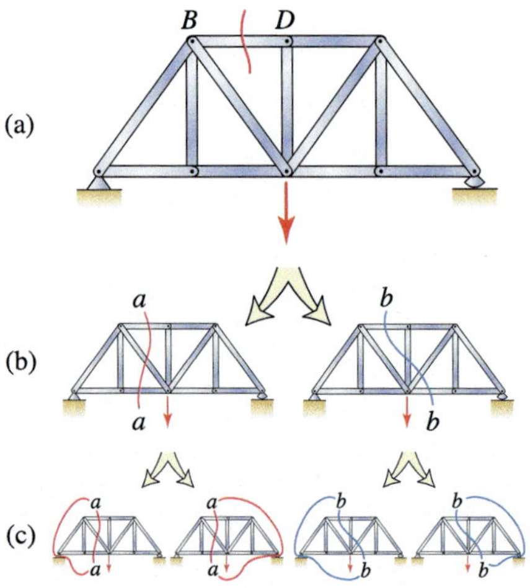

그림 6.12 단면법으로 부재 BD의 힘을 계산할 수 있는 가능한 단면. (a) 단면의 시작은 부재 BD를 지난다. (b) (a)에서 시작하는 가능한 두 단면. (c) 자유물체도를 그릴 수 있는 네 단면.

3) DE부재가 무부하 부재임을 안다면 단면 bb도 세 개의 미지력을 갖으며 단면 aa 만큼 좋은 선택이라는 것을 알 수 있다.

도를 선정한다. 구조물의 왼쪽 부분의 자유물체도를 보면, 두 미지력이 E 점을 통과하기 때문에 E 점에 대한 모멘트 식에는 F_{BD}만 존재한다는 것을 알 수 있다. 반시계방향을 플러스라 하고 모멘트를 계산하면

$$\sum M_E = 0:\quad -(5\,\text{kN})(6\,\text{m}) - F_{BD}(4\,\text{m}) = 0 \;\Rightarrow\; F_{BD} = -7.5\,\text{kN} \quad (6.15)$$

이 문제는 부재 BE와 CE에 작용하는 힘은 요구하지 않았지만 다음의 평형방정식으로 구할 수 있다.

$$\sum M_B = 0:\quad -(5\,\text{kN})(3\,\text{m}) + F_{CE}(4\,\text{m}) = 0 \;\Rightarrow\; F_{CE} = 3.75\,\text{kN} \quad (6.16)$$

$$\sum F_x = 0:\quad F_{CE} + F_{BE}\left(\frac{3}{5}\right) + F_{BD} = 0 \;\Rightarrow\; F_{BE} = 6.25\,\text{kN} \quad (6.17)$$

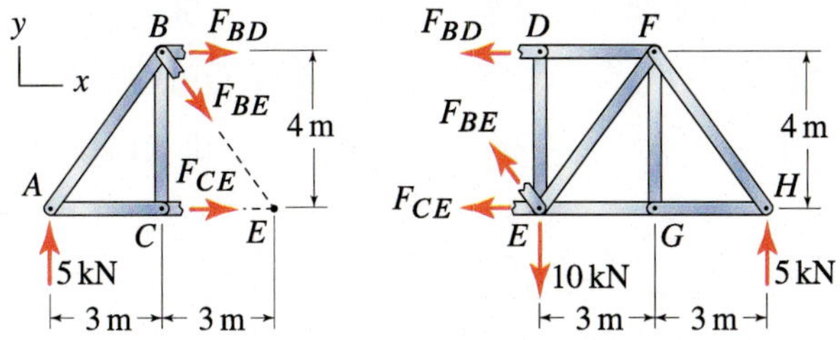

그림 6.13 자유물체도.

참고 사항

- 일반적으로 구조물의 일부 부재에 작용하는 힘을 구할 때는 절점법에 비해 단면법이 간편하다. 이 예제를 절점법으로 풀 경우, F_{BD}를 구하기 위해서는 절점 A, C, B (이 순서대로)의 자유물체도를 작성하고 평형방정식을 세워야 한다.
- 단면을 선정하면 트러스는 두 부분(혹은 그 이상)으로 나뉜다. 어느 부분을 선택하여 자유물체도를 그리건 미지력을 구하기 위해 3개의 평형방정식만을 사용할 수 있다. 예를 들면 그림 6.13에서 구조물의 오른쪽 부분의 자유물체도를 사용하면 $\sum M_E = 0$, $\sum M_B = 0$, $\sum F_x = 0$는 식 (6.15)-(6.17)과 동일한 식이 된다. 다른 점에 대한 모멘트 식을 사용하면, 평형방정식은 식 (6.15), (6.16)과는 다르지만, 그 식들은 식 (6.15), (6.16)의 선형 결합(linear combination)이 되고 3개의 미지력을 해결할 수 있는 3개의 독립된 평형방정식이 된다.
- 방금 언급한 내용을 조금 더 살펴보기 위해 그림 6.12의 bb 단면을 사용한다고 하자. 이 단면의 자유물체도에는 4개의 미지력이 존재한다. 구조물의 왼쪽 부분에서 3개의 평형방정식을, 구조물의 왼쪽 부분에서 한 개의 평형방정식을 이용하여 4개의 미지력을 구할 수 있다고 생각할 수도 있다. 그러나 4개의 평형방정식 중에 독립된 평형방정식은 3개밖에 없기 때문에 4개의 미지력을 이러한 방법으로 구할 수 없다.

- 부재 BD와 DE의 힘을 구하는 문제라면 그림 6.12의 bb 단면이 이 부재들을 지나기 때문에 bb 단면을 생각할 수도 있다. 그러나 직전에 언급한대로 bb 단면을 이용한 단면법은 이 부재력들을 구하는데 적절하지 못하다. 트러스가 정정 구조물(이 절의 후반에 언급)이라면 단면법과 절점법을 여러번 적용하는 것이 필요하다. 이 예제에서 단면 aa를 이용하여 F_{BD}를 구한 다음 단면 bb를 이용하여 나머지 미지력을 구할 수 있다. 혹은, 절점 D에 절점법을 적용하여 F_{DE}를 먼저 구한 다음 단면 bb를 이용한 단면법을 사용할 수 있다; 왜냐하면 F_{DE}를 알기 때문에 나머지 3개의 미지력을 구할 수 있다.

절점에 작용하지 않는 하중의 처리

실제 구조물에서는 하중이 절점에 작용하지 않는 경우가 많다. 그러한 하중을 등가력계로 대체하여 트러스 해석법을 적용할 수도 있다. 예를 들어 그림 6.14의 힘 F를 고려해 보자. 방정식 4.16을 이용하여 등가힘계를 구성하여 그림 6.14의 F_1과 F_2를 구하면

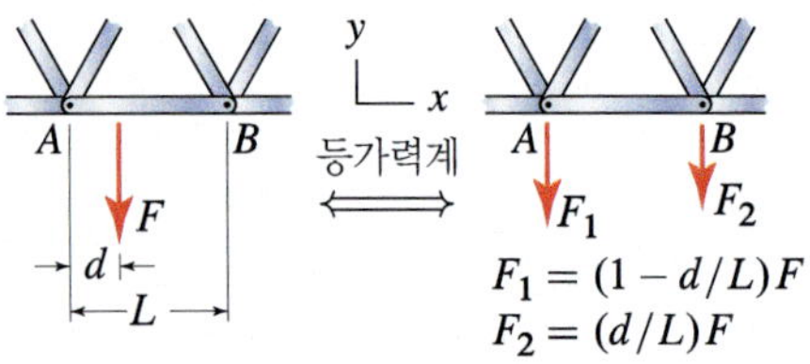

그림 6.14 많은 경우 절점에 작용하지 않는 하중은 등가힘계를 고려하여 절점에 작용하는 힘으로 대체될 수 있다.

$$\left(\sum F_y\right)_{\text{system 1}} = \left(\sum F_y\right)_{\text{system 2}} \tag{6.18}$$
$$F = F_1 + F_2$$

그리고

$$\left(\sum M_A\right)_{\text{system 1}} = \left(\sum M_A\right)_{\text{system 2}} \tag{6.19}$$
$$-Fd = -F_2 L$$

식 (6.18), (6.19)를 풀면

$$F_1 = \left(1 - \frac{d}{L}\right)F, \qquad F_2 = \frac{d}{L}F \tag{6.20}$$

F_1과 F_2에 $d = 0$, $d = L$을 대입하면 식 (6.20)의 타당성을 검토할 수 있다.

그림 6.14의 두 힘계가 등가계라고 할 수 있지만, 등가의 정도는 어디에 관심이 있는가에 달려있다. 부재 AB에 힘 F가 작용하면 $(0 < d < L)$,부재 AB에는 **굽힘**이 발생한다. 반면 F_1과 F_2가 작용하면 부재 AB에는 굽힘이 발생하지 않는다. 그러나 반력과 다른 부재의 지지 하중은 동일하므로, 부재 AB에 미치는 효과를 제외하고는 두 힘계는 등가계이다. 두 등가힘계의 등가 정도에 대한 주제는 민감한 사항이며 8장의 내력(internal force)을 공부하지 않으면 완전히 이해하기가 쉽지 않다. 그러나 4.4절의 등가계에 대한 논의는 항상 적용되며 문제가 있을 경우 해결할 수 있는 근거가 된다.

정정과 부정정

정정(*statically determinate*) 트러스에서는 평형방정식의 수가 충분하여 트러스 모든 부재의 지지 하중과 지지 반력을 구할 수 있다. 부정정(*statically indeterminate*) 트러스에서는 평형 방장식의 수가 트러스 모든 부재의 지지 하중과 지지 반력을 구할 수 있을 정도로 충분하지 않다. 부정정 트러스는 정정 트러스에 비해 부재나 지지점의 수가 많다. 따라서 각 부재의 지지 하중과 지지 반력은 부재의 재료와 부재 단면적의 크기에 좌우된다. 부정정 트러스의 해석법은 고급 과정에서 다룬다.

방정식 계수법(*equation counting*)이라 하는 단순한 경험 법칙을 이용하면 트러스가 정정인지 부정정인지 알 수 있다. 그 법칙은 트러스의 미지력의 수와 평형방정식의 수를 비교하는 것이다. 다음의 트러스를 고려해 보자.

$$\begin{aligned} m &= \text{부재의 수} \\ r &= \text{지지 반력의 수} \\ j &= \text{절점의 수} \end{aligned} \tag{6.21}$$

각 부재는 하나의 미지력을 갖고 각 지지 반력도 하나의 미지력을 갖기 때문에 $m + r$은 전체 미지력의 수이다. 평면 트러스의 경우 각 절점은 2개의 평형방정식을 갖기 때문에 방정식의 수는 $2j$이다. 따라서 경험 법칙은 다음과 같다:

$m + r < 2j$인 경우	트러스는 기구(mechanism)이거나 부분구속 상태이다.	
$m + r = 2j$인 경우	완전 구속 상태이면 트러스는 정정이고 부분 구속 상태이면 트러스는 부정정이다.	(6.22)
$m + r > 2j$인 경우	트러스는 부정정이고 완전 고정 상태이거나 부분 고정 상태이다.	

- $m + r < 2j$인 경우, 모든 평형방정식이 만족되지는 않는다. 몇 개의 평형방정식이 만족되지는 않는다는 의미는 운동이 발생한다는 것이다. 트러스가 부분적으로 구속되어 있으면 트러스 전체가 강체 운동을 할 수도 있다. 트러스가 완전히 구속되어 있으면 트러스는 기구가 되고 붕괴될 수도 있다. 트러스가 기계의 일부로 설계되지 않았다면 트러스 내에 기구가 존재한다는 것은 위험하다. 따라서 $m + r < 2j$인 경우는 대부분 바람직하지 않다.
- $m + r = 2j$인 경우, 평형방정식의 수와 미지력의 수가 같다. 부재나 지지점의 배치가 불충한 경우를 제외하고 부재력을 모두 구할 수 있고 평형방정식이 모두 성립한다.
- $m + r > 2j$인 경우, 모든 미지력을 구할 수는 없다. 트러스 부재의 변형을 고려한 또 다른 방정식을 고려해야 한다.

방정식 계수법의 여러 예를 그림 6.15에서 볼 수 있다.

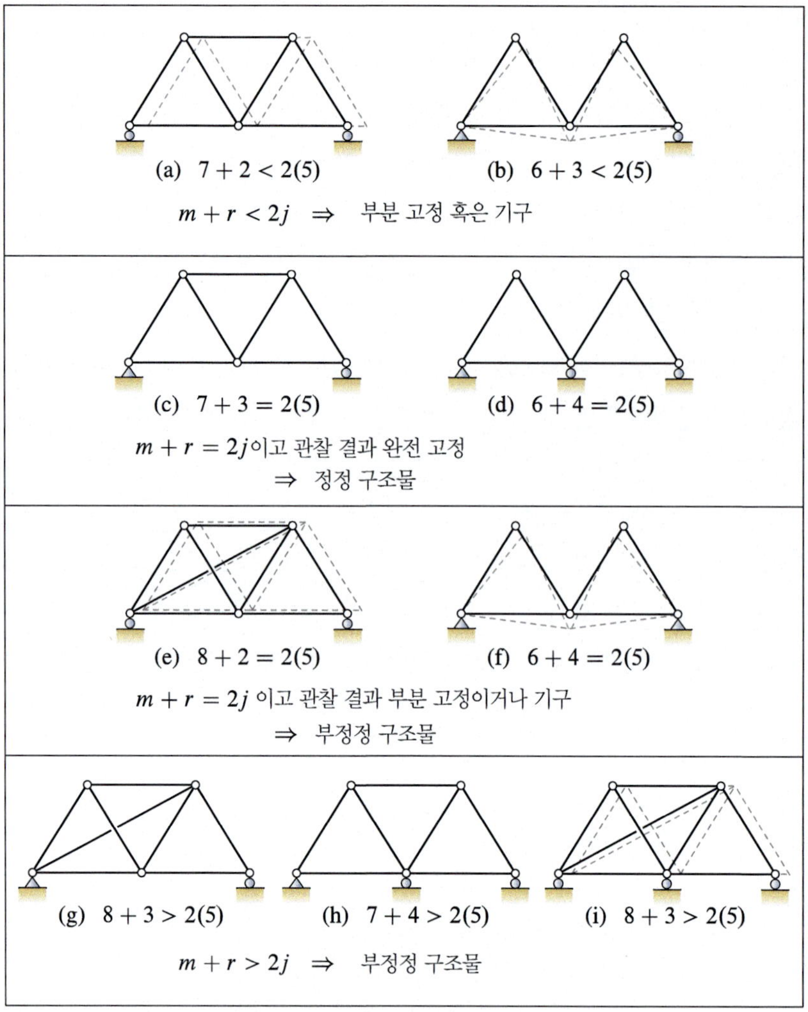

그림 6.15 트러스의 정정 부정정을 결정하는 방정식 계수법. 완전히 고정되어 있지 않거나 기구인 트러스에 대해서는 이동 가능한 위치가 점선으로 나타나 있다.

설계 고려 사항

단순트러스, 혼합트러스, 복합트러스

단순트러스(*simple truss*)[4]는 그림 6.16과 같이 삼각형 형태로 끝 부분이 서로 연결되어 있는 세 부재를 기본으로 동일 직선상에 있지 않은 두 부재와 하나의 절점을 추가하여 구성된다. 앞서 그림 6.2의 모든 트러스는 단순트러스이다. 혼합트러스(*compound truss*)는 두 개 이상의 단순트러스를 연결하여 구조물을 만든 것이다. 안정성은 단순트러스를 연결하는 충분한 부재의 수와 부재 배치에 의해 규정된다. 복합트러스(*complex truss*)는 두 개 이상의 단순트러스를 연결하여 구성되며 충분한 수의 지지점과 지지점의 적절한 배치에 의해 구조물을 안정하게 한다. 이 세 범주의 트러스가 그림 6.17에 비교되어 있다.

4) 상세 사항과 고등 해석 방법은 다음의 참고문헌에 나와 있다. T. Au and P. Christiano, Fundamentals of Structural Analysis, Prentice-Hall, Englewood Cliffs, NJ, 1993 그리고 E. C. Rossow, Analysis and Behavior of Structures, Prentice-Hall, Upper Saddle River, NJ,1996.

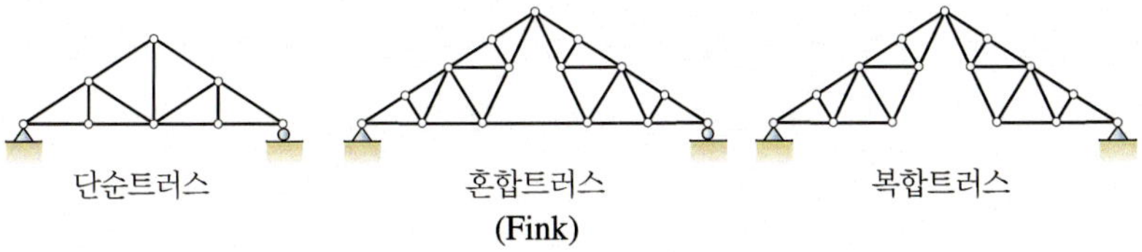

그림 6.17 단순트러스, 혼합트러스, 복합트러스의 예. 그림의 혼합트러스는 Fink 트러스이다.

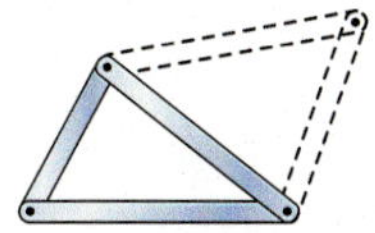

그림 6.16 단순트러스는 삼각형을 이루는 세 부재를 기본으로 두 부재(점선으로 표시)와 하나의 절점을 추가하여 구성된다.

훌륭한 트러스를 설계하기 위해서 트러스를 반드시 단순트러스로 설계할 필요는 없다. 예를 들어 그림 6.17의 혼합트러스, 복합트러스와 그림 6.18의 볼티모어트러스(Baltimore truss)는 단순트러스는 아니지만 많이 사용되는 효율적인 설계이다. 그러나 단순트러스의 많은 장점 중 하나는 안정성이 보장된다는 것이다: 그림 6.16의 조립 형태를 사용하면 트러스가 움직일 수 있는 부분을 갖지 않는다; 그리고 완전히 지지되어 있다면 안정된 트러스이다. 트러스를 설계 시의 최악의 실수는 구조물이 불안정해지는 것이다. 설계자가 난처해지는 것으로 끝날 수도 있지만, 최악의 경우 그러한 구조물이 지어진다면 사람이 다치거나 사망할 수도 있다. 트러스 내의 부재 배치가 복잡해질수록 트러스 내에 움직일 수 있는 부분이 없다고 보장하기 힘들다. 식 (6.22)를 사용하면 도움은 되지만 절대 안전을 보장하지는 않는다.

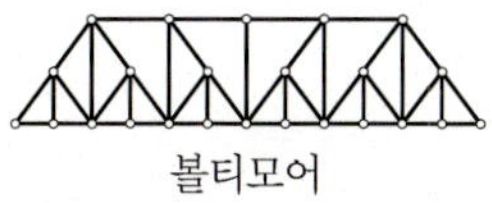

그림 6.18 볼티모어트러스(Baltimore truss)는 단순트러스는 아니지만 많이 사용되는 효율적인 설계이다.

트러스 부재의 좌굴

전형적인 트러스는 매우 적은 양의 재료만 사용하지만 인상적인 강도를 제공한다. 트러스 부재는 보통 가늘기 때문에 압축력이 작용하면 **좌굴(*buckling*)**의 가능성이 있다. 이 현상을 보다 잘 이해하기 위해서 나무나 금속 재질의 곧은 지팡이(혹은 자)를 이용하여 그림 6.19의 실험을 해 보자. 압축력이 크지 않으면 지팡이는 직선을 유지한다. 그러나 압축력이 커지면 지팡이가 갑자기 좌굴되는 것을 볼 수 있다. 좌굴될 때 지팡이는 휘어지기 시작하고 강도가 떨어진다. 강도의 손실은 매우 극적이기 때문에 구조물의 좌굴 파손은 보통 큰 재앙을 가져 온다. 좌굴은 흥미 있는 주제이며 매우 중요하다. 다음 예제는 간단한 문제의 좌굴을 다루지만 그 결과는 기둥이나 트러스 부재 같은 보다 복잡한 구조물의 응답의 특성에서도 나타난다.

■ **간단한 예제** 좌굴 해석을 위한 간단한 직선 트러스 부재 모델이 그림 6.20(a)에 나와 있다. 여기서 봉 AB와 BC는 강체이고, 구조물의 변형은 비틀림 스프링으로 모델링되어 있다. 구조물의 좌굴이 발생하는 하중 P를 구하라.

풀이 이 모델은 직선 트러스 부재에 대한 대략적인 모델이지만 해석하기 쉽고 흥미로운 결과를 보여준다. 좌굴된 구조물의 자유물체도는 그림 6.20(b)에 나와 있다. 전체 구조물 ABC는 2력 부재이지만, 비틀림 스프링 때문에 부재 AB, AC는 2력 부재가 아니다. 따라서(혹은 $\sum M_A = 0, \sum M_C = 0$로부터) $A_x = C_x = 0$이고, $\sum F_y$로부터 $C_y = P$이

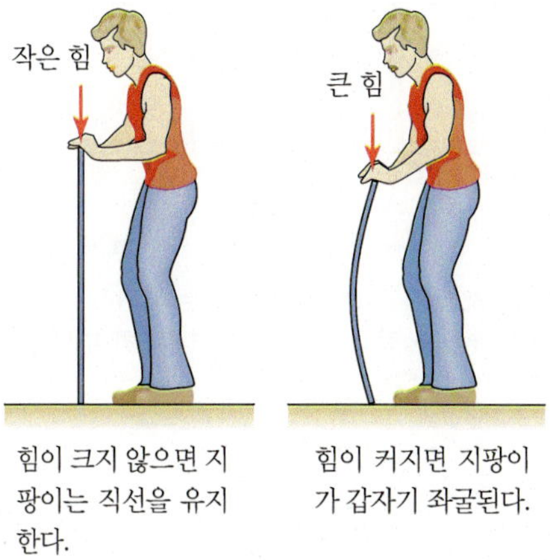

그림 6.19 압축력이 클 때 지팡이(혹은 자)가 좌굴되는 것을 보여주는 실험.

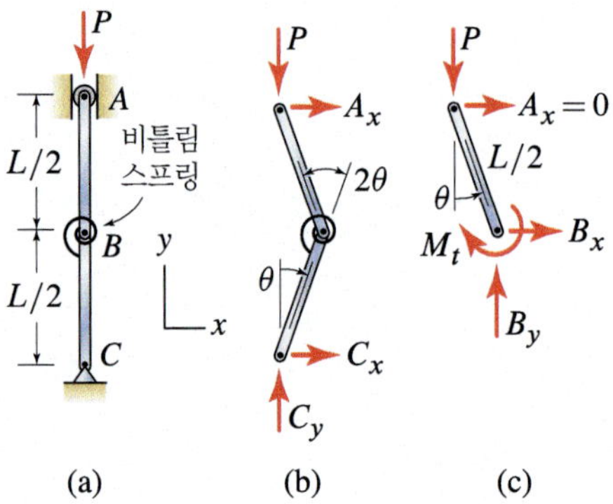

그림 6.20 좌굴을 살펴보기 위한 간단한 모델.

다. 이제 구조물에서 부재 BC를 제거하면[5] 그림 6.20(c)의 자유물체도가 된다. 이로부터

$$\sum M_B = 0: \quad -M_t + P\frac{L}{2}\sin\theta = 0 \tag{6.23}$$

비틀림 스프링의 비틀림 각이 2θ이므로 후크의 법칙인 식 (5.14)로부터 $M_t = k(2\theta)$이다. 라디안 각 θ가 아주 작다면 $\sin\theta \approx \theta$ 이므로 식 (6.23)은

$$\left(2k - P\frac{L}{2}\right)\theta = 0 \tag{6.24}$$

식 (6.24)는 두 개의 해를 갖는다:

해 1 :	$\theta = 0$	자명 해	(6.25)
해 2 :	$2k - P\dfrac{L}{2} = 0$	좌굴 해	(6.26)

해 1은 구조물 ABC가 직선을 유지한다는 의미이므로 **자명** 해이다. 해 2는 다음의 경우에 성립한다.

$$P_{\text{critical}} = 4k/L \tag{6.27}$$

여기서 아래 첨자 *critical*은 이 값을 갖는 P가 구조물에 좌굴을 발생시킨다는 것을 강조하기 위해 사용되었다. $P = P_{critical}$인 경우 식 (6.24)에 의하면 θ는 임의의 값을 가질 수 있다.

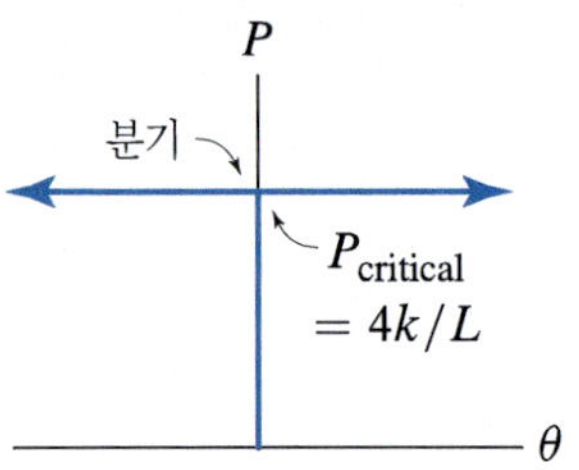

그림 6.21 그림 6.20 모델의 좌굴에 대한 하중–변형 결과.

스프링이 강해지면 $P_{critical}$은 증가하고 구조물의 길이가 증가하면 $P_{critical}$은 감소한다. 이 풀이와 결과는 그림 6.21에 요약되어 있다. 힘 P가 0부터 서서히 증가한다. $P < P_{\text{critical}} = 4k/L$인 경우 평형 조건[식 (6.24)]은 $\theta = 0$임을 요구한다. $P = P_{\text{critical}} = 4k/L$일 때 평형 조건은 θ 값에 관계없이 성립한다. θ는 임의의 플러스나 마이너스 값을 가질 수 있다. 따라서 P가 $P_{critical}$에 도달하면 구조물은 $\theta = 0$에서 $\theta \neq 0$로 급격히 변화한다. 더욱이 θ가 플러스 값도 마이너스 값도 가질 수 있다. 이러한 응답의 분기점을 분기(*bifurcation*)라 한다. $P_{critical}$보다 큰 힘을 가하면 부재가 급격히 붕괴되는 극적인 일이 발생한다.

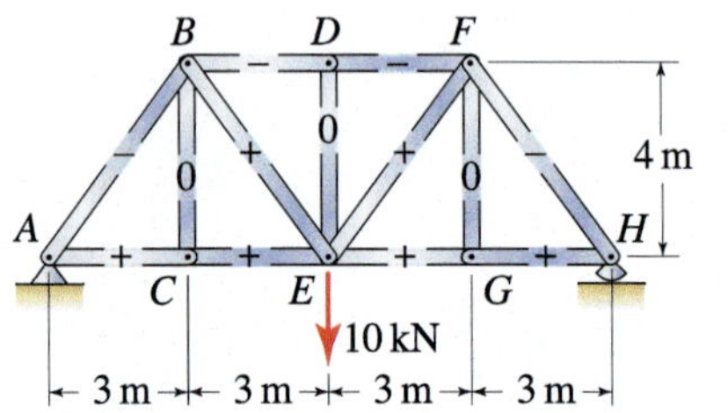

그림 6.22 10 kN의 하중을 받는 트러스. 인장과 압축 부재는 각각 +, − 부호로, 무부하 부재는 0으로 나타낸다.

트러스 부재의 좌굴 해석은 살펴본 예제 보다 매우 복잡하며 재료역학에서 다루는 주제이다. 좌굴 하중의 결과는 $P_{critical} = c/L^2$이다. 여기서 c는 부재 재질과 단면 형상에 의해 결정되는 상수이며 L은 부재의 길이이다. 가장 중요한 것은 좌굴 하중이 길이에 크게 좌우된다는 것이다. 부재 길이가 2배가 되면 좌굴 하중은 1/4로 감소한다. 따라서 일반적으로 트러스에서 긴 압축 부재는 바람직하지 않다.

> **개념 정리**
> **트러스 부재의 좌굴.** 좌굴때문에 트러스에서 긴 압축부재는 바람직하지 않다. 무부하 부재는 압축부재의 길이를 감소시키는데 효과적이며 트러스 강도를 크게 증가시킨다.

무부하 부재의 사용

이 절의 처음 부분에서 해석했던 그림 6.22의 예제를 살펴보자. 관찰에 의해 부재 BC, DE, FG는 무부하 부재이다. 트러스에서 왜 무부하 부재가 존재하며 무부하 부재를 제거해도 트러스의 강도는 영향을 받지 않는지 궁금할 것이다.

5) 다력 부재의 지지 하중을 구하기 위해 구조물을 이런 방법으로 분리하는 절차를 6.4절에서 다룬다.

이런 질문에 답하기 위해서는 어느 부재가 인장 상태에 있고 어느 부재가 압축 상태에 있는지를 알아야 하는데, 이 결과는 그림 6.22에 +, − 기호를 이용하여 표시되어 있다. 그림 6.22에서 부재 *BD*와 *DF*는 길이가 3 m이고 좌굴 하중은 $1/(3\text{ m})^2$에 비례한다. 만약 부재 *DE*가 존재하지 않는다면 절점 *D*도 존재하지 않아 부재 *BF*의 길이는 6 m가 되며 부재 *BF*의 좌굴 하중은 재질과 단면 형상이 같다면 부재 *BD*와 *DF*의 좌굴 하중의 1/4 이하가 될 것이다. 따라서 부재 *DE*가 무부하 부재이지만 강도 증가 효과는 상당하다. 부재 *AC*와 *CE*는 인장 상태이며 좌굴은 문제되지 않는다. 따라서 부재 *BC*를 제거해도 트러스의 강도는 감소하지 않는다. 마찬가지로 부재 *FG*도 제거할 수 있다. 부재 *BC*와 *FG*가 중요한 역할을 할 수도 있다는 것을 명심하라. 예를 들어 이 예제의 하중 조건은 매우 간단하다. 실제의 경우 절점 *C*와 *G*에 연속적이거나 주기적으로 하중이 작용할 수도 있다. 이 경우 부재 *BC*와 *FG*는 무부하 부재가 아니다.

정정트러스와 부정정트러스

정정트러스와 부정정트러스 모두 많이 사용되며, 장점과 단점을 가지고 있다. 정정트러스는 이 장에서 논의한 방법을 이용하여 쉽게 설계와 해석을 할 수 있다. 부정정트러스는 보통 설계와 해석이 더 어렵다. 부정정트러스의 주요 장점 중 하나는 안전성이 더 클 수 있다는 것이다. 한 부재나 지지점이 파손되더라도 전체 구조물은 파손되지 않을 수 있다. 그림 6.23은 정정구조물의 붕괴 사례를 논의한다.

그림 6.23 미네소타주 미니에폴리스시의 고속도로 35 W 교량의 붕괴. 이 교량은 1967년에 개통되었는데 2007년 8월 1일 저녁 러시아워에 예고 없이 붕괴되어 13명이 사망하고 100명 이상이 다쳤다. 국립운송안전국(NTSB)은 보강판 일부의 크기가 작았으며 이 판 중 몇 개가 파손되어 교량 붕괴의 원인이 되었다고 결론지었다. 이 교량의 설계에 대한 비판 중 하나는 교량이 정정구조물이었기 때문에 한 부재 혹은 연결 부분의 파손이 전체 구조물의 붕괴를 발생시키기에 충분하다는 것이다.

절 요약

이 절에서는 트러스 각 부재가 지지하는 하중을 계산하기 위한 단면법을 설명하고 트러스의 설계와 성능에 대해 논의된다. 주요 사항은 다음과 같다:

- 단면법(*method of sections*)에서 단면을 선정하여 트러스를 양분하고 분리된 트러스의 일부에 평형방정식 $\sum F_x = 0, \sum F_y = 0, \sum M = 0$을 적용한다.
- 정정트러스에서는 평형방정식이 트러스 각 부재가 지지하는 힘과 지지 반력을 계산하기에 충분하다. 부정정트러스에서는 방정식 수보다 더 많은 미지력이 있기 때문에 모든 미지력을 계산할 수는 없다. 방정식 계수법은 트러스가 정정인지 부정정인지를 판단하는 효과적인 방법이다.
- 단순트러스는 그림 6.16과 같이 삼각형 형태로 부재가 배치되어 있다. 혼합트러스와 복합트러스는 서로 연결된 두 개 이상의 단순트러스로 구성되어 있다. 단순트러스, 혼합트러스, 복합트러스가 많이 사용되지만 다른 트러스 설계도 흔하며 성능을 잘 발휘한다. 단순트러스, 혼합트러스, 복합트러스의 장점 중 하나는 부재나 연결 부분이 파손되지 않으면 항상 안정적이라는 것이다.
- 트러스 부재는 보통 곧고 가늘기 때문에 압축 부재는 좌굴이 발생하기 쉽다. 더욱이 직선 부재가 길어지면 좌굴 하중은 급격히 감소한다(좌굴 하중은 $1/L^2$ 에 비례한다. 여기서 L은 부재의 길이이다). 따라서 트러스에서 긴 압축 부재를 사용하는 것은 바람직하지 않다. 무부하 부재는 압축 부재의 길이를 감소시켜 트러스 전체의 강도를 향상시키는데 매우 효과적이다.

예제 6.4 단면법에 의한 트러스 해석

철재 트러스의 상부에 6 kN/m의 하중이 작용한다. 부재 FH의 지지 하중을 구하라. 모든 각도는 60°이다.

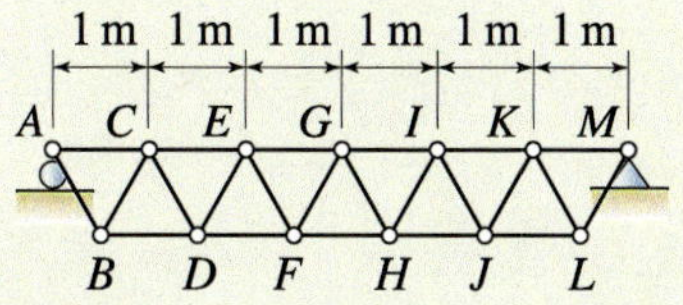

그림 1

풀이 SOLUTION

로드맵 6 kN/m의 분포 하중 때문에 이 트러스의 상부 부재는 2력 부재가 아니다. 따라서 이 구조물은 트러스가 아니다. 그러나 분포하중을 절점에 작용하는 집중 하중으로 근사화한다. 그런 다음 단면법을 이용하여 지지반력을 구한다. 해석을 계속하기 전에 트러스가 정정인지 부정정인지 판단한다. 그림 1로부터 부재, 지지 반력, 절점의 수가 각각 $m = 23$, $r = 3$, $j = 13$임을 알 수 있다. 식(6.22)를 적용하면 $m + r = 2j$이고 트러스가 완전 고정 상태이므로 정정 구조물이다.

모델링 부재 AC는 (6 kN/m)(1 m) = 6 kN의 수직 하중을 받는다. 이 하중의 반은 절점 A, 나머지 반은 절점 C에 가한다. 마찬가지로 부재 CE는 6 kN의 수직 하중을 받고, 이 하중의 반은 절점 C, 나머지 반은 절점 E에 가한다. 트러스 상부의 모든 부재에 동일한 방법을 적용한다. 최종 하중 조건이 그림 2에 나와 있다. 지지 반력을 구하기 위해 전체 트러스의 자유물체도를 그림 2와 같이 작성한다.

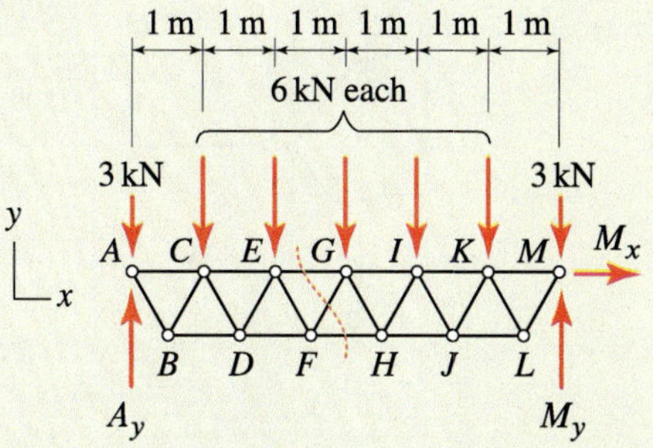

그림 2 지지반력을 구하기 위한 자유물체도.

지배방정식과 계산 단면법을 적용하기 위해서는 트러스 한 쪽의 반력만 필요하고 우리는 왼쪽을 사용한다(이 문제에서는 오른쪽도 좋은 선택이다). 그림 6.2의 자유물체도를 이용하면 필요한 평형방정식은

$$\sum M_M = 0: \quad -A_y(6\text{ m}) + (3\text{ kN})(6\text{ m}) + (6\text{ kN})(5\text{ m}) + (6\text{ kN})(4\text{ m}) + (6\text{ kN})(3\text{ m}) + (6\text{ kN})(2\text{ m}) + (6\text{ kN})(1\text{ m}) = 0 \tag{1}$$

$$\Rightarrow A_y = 18\text{ kN} \tag{2}$$

모델링 단면법을 이용하여 부재 FH가 지지하는 힘을 구하기 위해서는 이 부재를 지나는 단면을 선택해야 한다. FH를 지나는 선은 폐곡선이 되어야 한다. 우리는 그림과 같이 세 부재(EG, FG, FH)를 자르고 구조물의 왼쪽 부분을 둘러싸는 단면을 선택한다. 이 자유물체도는 그림 3에 있고 모든 부재력은 인장력으로 가정한다. 미지력 F_{FH}는 G 점에 대한 모멘트 평형식을 적용하여 쉽게 구할 수 있다.

$$\sum M_G = 0: \quad -(18\text{ kN})(3\text{ m}) + (3\text{ kN})(3\text{ m}) + (6\text{ kN})(2\text{ m}) + (6\text{ kN})(1\text{ m}) + F_{FH}(0.866\text{ m}) = 0 \tag{3}$$

$$\Rightarrow \boxed{F_{FH} = 31.18\text{ kN}} \tag{4}$$

문제에서 요구하지는 않았지만 부재 EG, FG의 지지력은 다음과 같이 쉽게 구해진다.

$$\sum F_y = 0: \quad 18\text{ kN} - 3\text{ kN} - 6\text{ kN} - 6\text{ kN} + F_{FG}\sin 60° = 0 \tag{5}$$

$$\Rightarrow F_{FG} = -3.464\text{ kN} \tag{6}$$

$$\sum F_x = 0: \quad F_{EG} + F_{FG}\cos 60° + F_{FH} = 0 \tag{7}$$

$$\Rightarrow F_{EG} = -29.44\text{ kN} \tag{8}$$

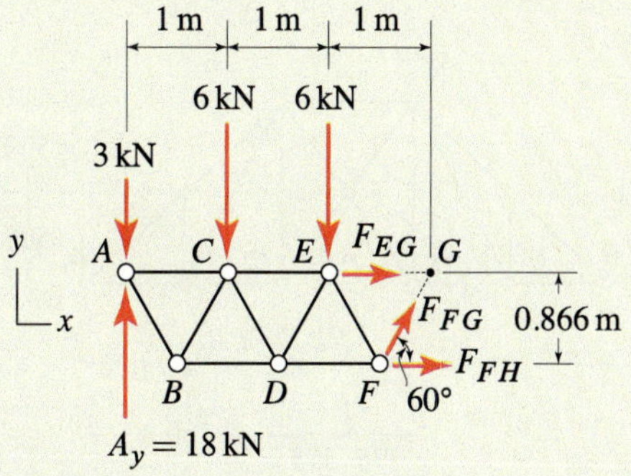

그림 3 단면법을 적용한 자유물체도.

논의 및 검증 이 문제를 풀기 위해 단면법에 들인 노력도 평가해야 한다. 그렇게 함으로써 특정한 문제에 대해 어느 방법이 더 효율적인가를 판단하는데 도움이 될 것이다.

예제 6.5 단면법을 이용한 트러스 해석

전선을 지지하는 송전탑이 그림에 나와 있다. 건설 중[6] 특정한 시점에 송전탑은 오직 한 전선의 하중(L 점에 작용하는 수직하중 4500 N)을 받을 것이고 센 바람에 의한 하중(대략적으로 P 점에 작용하는 수평하중 6750 N으로 모델링)도 받을 수 있다. 송전탑이 이러한 하중에 대해 충분한 안전율을 갖고 있는지를 알기 위해 부재 AD, BD, BE, CE의 지지력을 구하라.

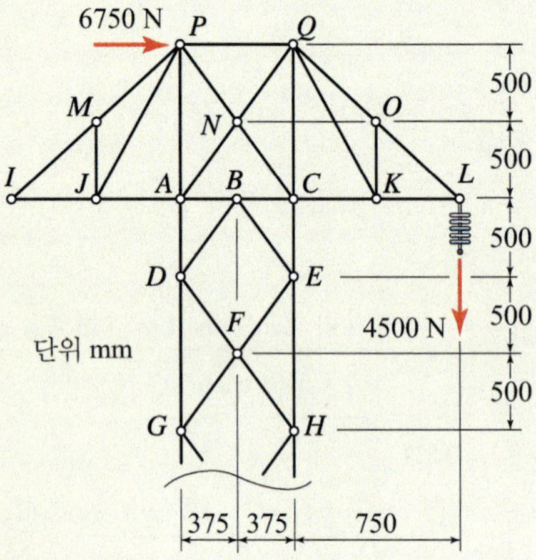

그림 1

풀이 SOLUTION

로드맵 그림 1에서 관심 대상 부재를 살펴보면, 후보 단면(가능한 단면이 그림 2에 표시되어 있다)과 관련된 미지력의 수 때문에, 예제 6.4와 같이 쉽게 단면법을 적용할 수는 없다는 것을 알 수 있다. 이 예제에서 우리는 단면법을 사용하겠지만, 일반적으로는 절점법이나 절점법과 단면법의 조합 등을 고려하여 보다 효율적인 방법을 선택해야 한다.[7]

계속하기 전에, 관찰에 의해 그림 1에 JM, JP, KO, KQ, IJ, AJ, IM, MP의 8개의 무부하 부재가 있다는 것을 알 수 있다. 또한 이 트러스의 형상이 복잡하기 때문에 부정정 트러스라고 의심할 수도 있다. 전체 구조물의 세부사항을 모르기 때문에 확실한 결정을 내릴 수 없지만, 절점 G와 H가 각각 핀과 롤러로 지지되어 있다고 가정하면 이 트러스는 31(m)개의 부재와 3(r)개의 지지반력, 17(j)개의 절점을 가지고, 트러스는 완전히 고정되어 있다. 식 (6.22)를 적용하면 $m + r = 2j$이고 트러스가 완전히 고정되어 있기 때문에, 정정 트러스이고 원하는 부재력을 계산할 수 있다.

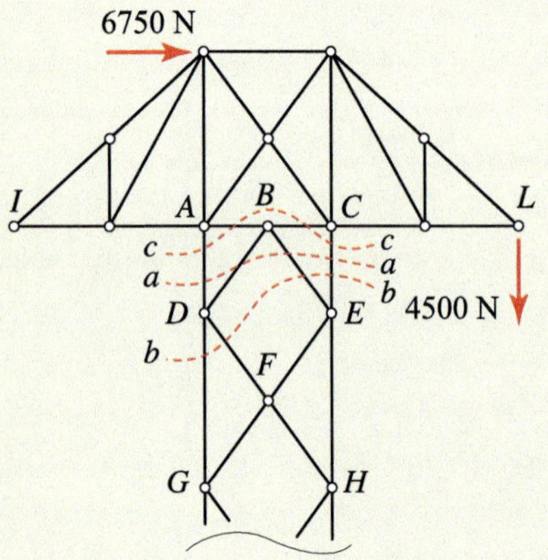

그림 2 단면법을 위한 가능한 단면들.

모델링 그림 2의 단면 aa는 관심 있는 모든 부재를 자른다. 그러나 자유물체도가 네 개의 미지력을 갖기 때문에 더 많은 평형방정식을 세우기 위해서는 추가적인 자유물체도가 필요하다. 단면 bb를 이용하면 네 개의 미지력을 갖는 자유물체도가 얻어지지만 그중 두 개의 미지력은 단면 aa의 미지력과 동일하다. 따라서 이 방법으로 문제를 풀 수 있을 것이다. 단면 aa와 단면 bb의 자유물체도를 작성하여 6개의 미지력을 갖는 6개의 평형방정식을 세운다.

방금 언급한 방법은 직접적인 방법이지만, 조금 더 생각해보면 그림 3의 자유물체도와 같이 단면 cc를 이용하는 것이 더 좋다는 것을 알 수 있다: 그림 3의 자유물체도는 네 개의 미지력을 갖지만, 이 중 두 미지력은 계산 가능하다. 그런 다음 그림 4의 자유물체도와 같이 단면 aa를 이용하여 나머지 미지력을 구할 수 있다.

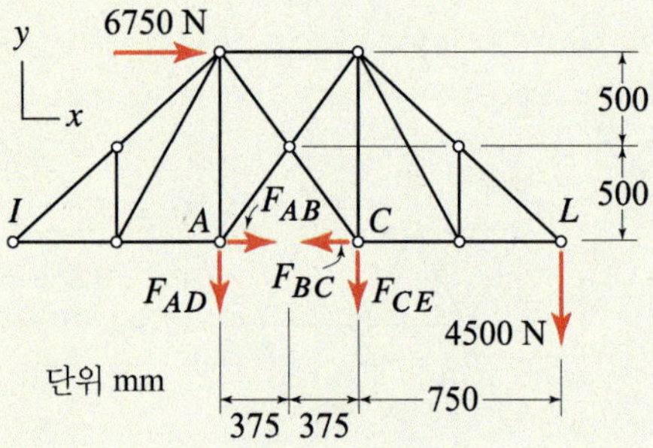

그림 3 단면 cc를 이용한 자유물체도.

지배방정식과 계산 단면 cc를 이용한 자유물체도가 그림 3에 나와 있다. F_{AB}와 F_{BC}는 구할 수 없지만 나머지 미지력은 다음과 같이 구할 수 있다:

6) 구조물의 종합적인 설계에서, 건설 중의 안전은 어렵고 때로는 간과되는 사항이다.

7) 그림 1을 살펴보면 이 문제에서는 단면법이 절점법보다 효율적이라는 것을 알 수 있다.

$$\sum M_A = 0: \quad -(6750\text{ N})(1000\text{ mm}) - (4500\text{ N})(1500\text{ mm}) - F_{CE}(750\text{ mm}) = 0 \quad (1)$$

$$\Rightarrow \quad \boxed{F_{CE} = -18000\text{ N}} \quad (2)$$

$$\sum F_y = 0: \quad -F_{AD} - F_{CE} - 4500\text{ N} = 0 \quad (3)$$

$$\Rightarrow \quad \boxed{F_{AD} = 13500\text{ N}} \quad (4)$$

그리고 그림 4의 단면 *aa*를 이용한 자유물체도를 고려하자. 이제 두 미지력만 존재하기 때문에 두 평형방정식만 필요하며, 다음의 식을 선택한다:

$$\sum F_x = 0: \quad 6750\text{ N} - F_{BD}\left(\frac{375}{625}\right) + F_{BE}\left(\frac{375}{625}\right) = 0 \quad (5)$$

$$\sum F_y = 0: \quad -F_{AD} - F_{BD}\left(\frac{500}{625}\right) - F_{BE}\left(\frac{500}{625}\right) - F_{CE} - 4500\text{ N} = 0 \quad (6)$$

식 (2)의 F_{CE}와 식 (4)의 F_{AD}를 식 (7)에 대입하면

$$F_{BD}\left(\frac{500}{625}\right) + F_{BE}\left(\frac{500}{625}\right) = 0 \quad (7)$$

식 (5)와 (7)을 풀어 F_{BD}와 F_{BE}를 구하면

$$\Rightarrow \quad \boxed{F_{BD} = 5625\text{ N}, \quad F_{BE} = -5625\text{ N}} \quad (8)$$

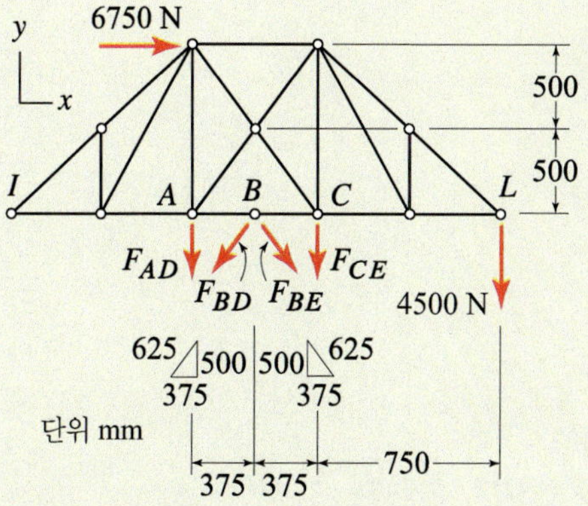

그림 4 단면 *aa*를 이용한 자유물체도.

논의 및 검증 또 다른 풀이 방법으로, 비록 더 많은 계산이 필요하지만, 단면 *aa*와 *bb*를 사용하는 것도 좋은 전략이다. 이 방법을 사용해도 좋지만 동일한 결과를 얻어야 한다. 컴퓨터를 이용해 평형방정식을 푼다면, 더 많은 계산은 문제가 되지 않는다.

문제

문제 6.28, 6.29

트러스의 모든 부재는 길이가 같다. 부재 *BD*, *CD*, *CE*의 지지력을 구하라.

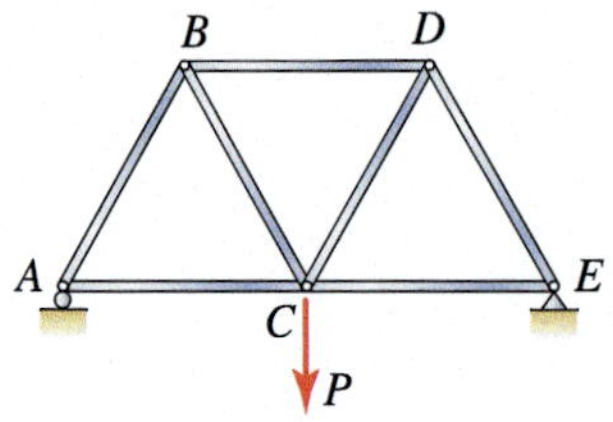

그림 P6.28

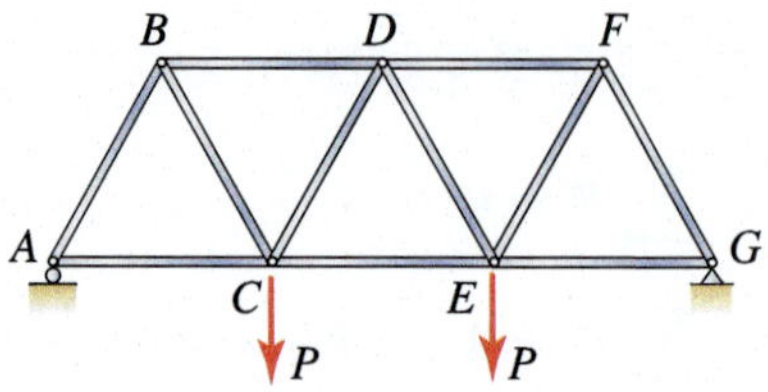

그림 P6.29

문제 6.30

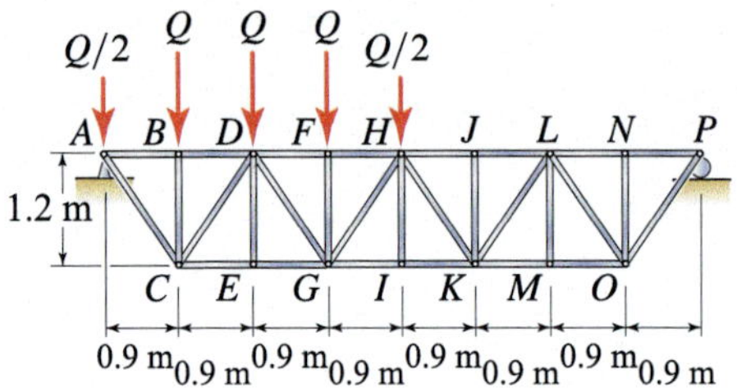

그림 P6.30

(a) 관찰에 의해 트러스의 무부하 부재를 찾아라.

(b) (a)에서 찾은 무부하 부재 중 트러스의 강도를 감소시키지 않고 제거할 수 있는 부재는 어느 것인가? 이유를 설명하라.

(c) 부재 *GH*의 지지하중을 구하라.

문제 6.31

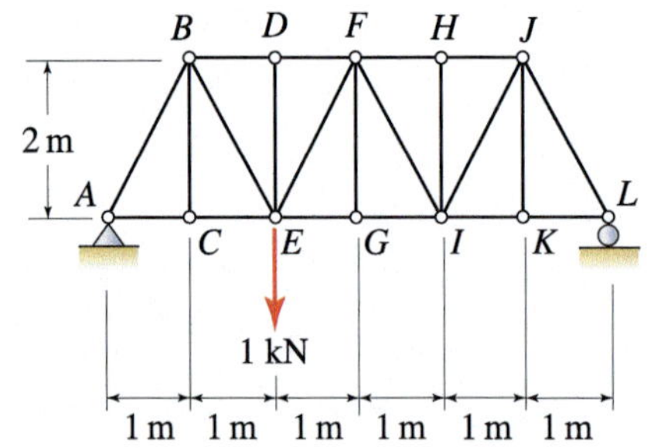

그림 P6.31

(a) 관찰에 의해 트러스의 무부하 부재를 찾아라.

(b) (a)에서 찾은 무부하 부재 중 트러스의 강도를 감소시키지 않고 제거할 수 있는 부재는 어느 것인가? 이유를 설명하라.

(c) 부재 *FH*의 지지하중을 구하라.

문제 6.32

(a) 관찰에 의해 트러스의 무부하 부재를 찾아라.

(b) (a)에서 찾은 무부하 부재 중 트러스의 강도를 감소시키지 않고 제거할 수 있는 부재는 어느 것인가? 이유를 설명하라.

(c) 부재 *FG*의 지지하중을 구하라.

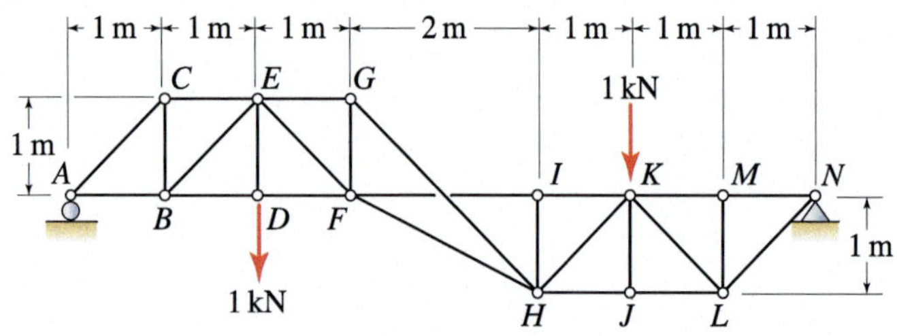

그림 P6.32

문제 6.33

구조물은 G에 마찰이 없는 풀리를 갖고 있다.

(a) 관찰에 의해 트러스의 무부하 부재를 찾아라.

(b) (a)에서 찾은 무부하 부재 중 트러스의 강도를 감소시키지 않고 제거할 수 있는 부재는 어느 것인가? 이유를 설명하라.

(c) 부재 GH의 지지하중을 구하라.

(d) 부재 JK의 지지하중을 구하라.

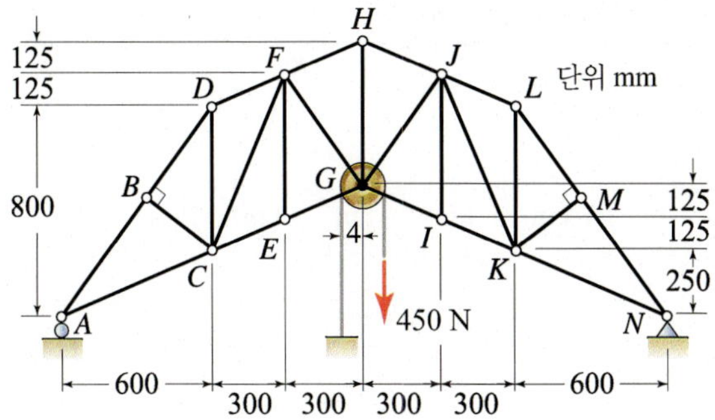

그림 P6.33

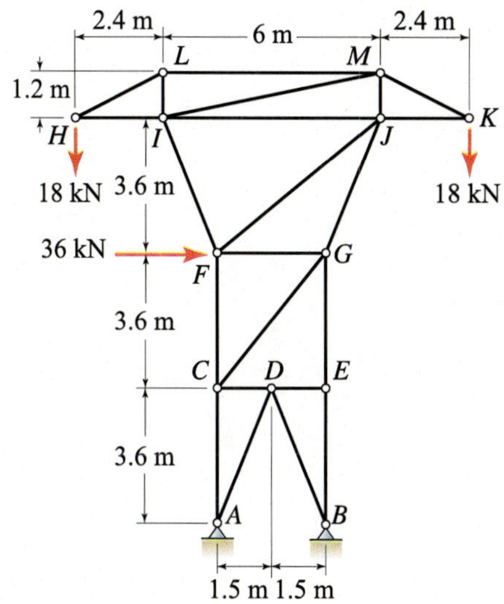

그림 P6.34

문제 6.34

송전탑이 18 kN 수직 하중을 가하는 두 전선과 센 바람을 간단히 모델링한 36 kN의 수평하중을 지지하고 있다.

(a) 트러스가 정정인지 부정정인지 결정하라.

(b) 절점 D와 연결된 네 부재의 지지하중을 구하라.

문제 6.35

(a) 트러스가 정정인지 부정정인지 결정하라.

(b) 절점 G와 연결된 네 부재의 지지하중을 구하라.

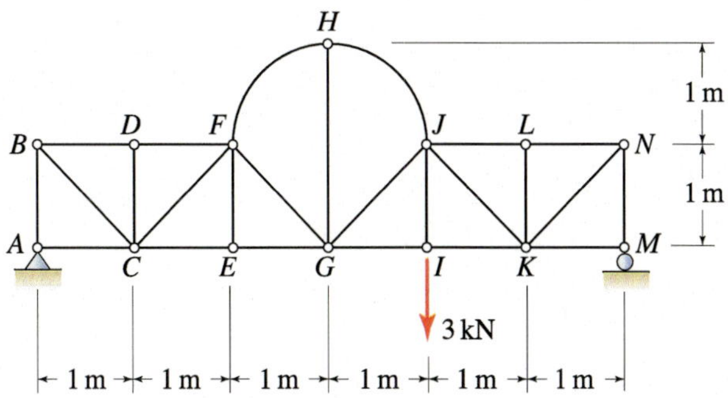

그림 P6.35

문제 6.36

타워크레인의 팔(boom)을 나타낸다. A, B, Q의 풀리는 마찰이 없고 $W = 10$ kN이다.

(a) 케이블 JT의 지지하중을 구하라.

(b) 절점 J와 연결된 다섯 부재의 지지하중을 구하라.

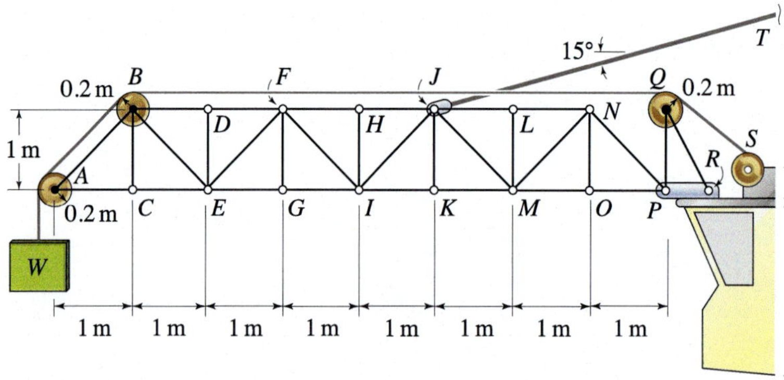

그림 P6.36

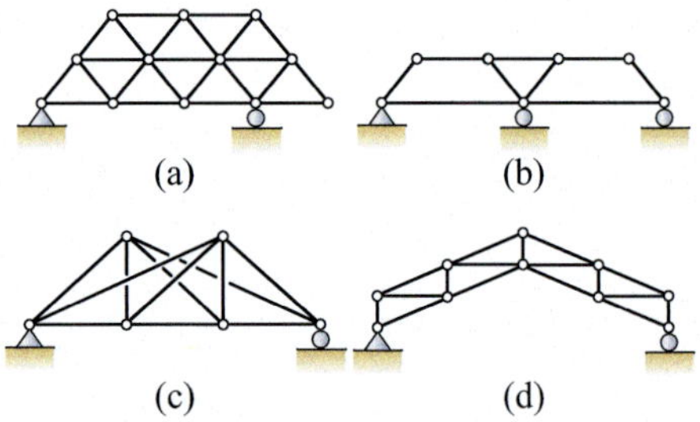

그림 P6.37

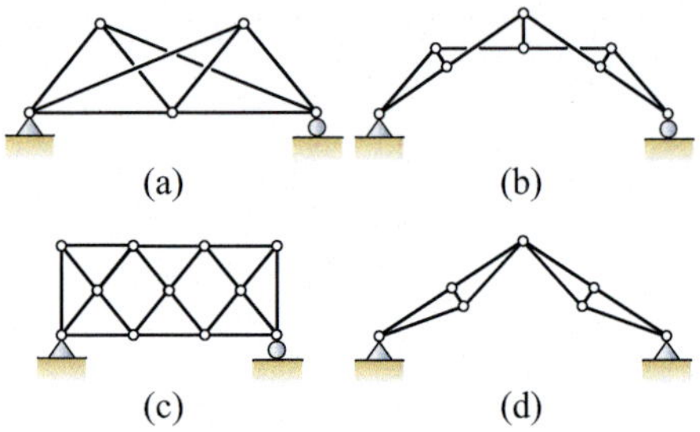

그림 P6.38

문제 6.37, 6.38

각 트러스가 정정구조물인지 부정정구조물인지 기구인지 결정하라.

문제 6.39

맞배지붕 고미다락방 트러스가 그림에 있다.

1. 식 (6.22)을 사용하여 이 구조물이 기구임을 보여라.
2. 이 트러스 형식은 많이 사용되고 있다. 트러스 이론에 의하면 기구인데, 왜 붕괴되지 않는지 그 이유를 설명하라.
3. J의 롤러지지를 핀지지로 바꾸면, 방정식 계수법의 방정식의 수와 미지력의 수가 같아진다. J가 핀지지이면, 트러스 이론에 의하면 이 구조물은 더이상 기구라 할 수 없는가? 이유를 설명하라.

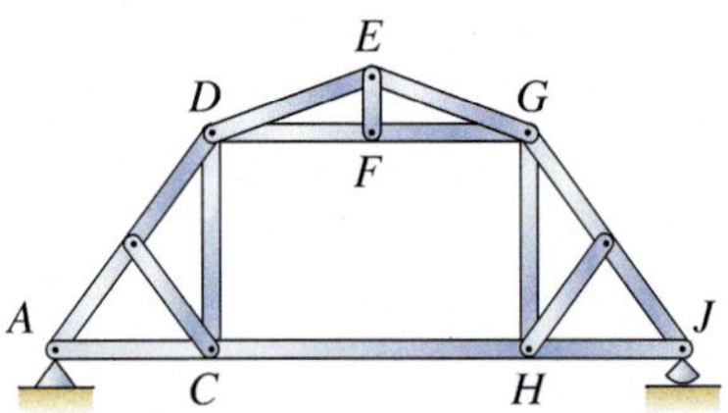

그림 P6.39

문제 6.40

두 트러스 설계는 높이만 다르다.

(a) 각 트러스의 모든 부재의 지지하중을 구하고, 대응하는 부재의 결과값을 비교하라.

(b) 트러스 (b)가 더 좋은 설계라는 이유를 나열하라.

(c) 트러스 (a)가 더 좋은 설계라는 이유를 나열하라.

(d) 모든 부재의 재질과 단면이 동일하다면, 당신은 어느 트러스가 종합적으로 더 강하다고 생각하는가?

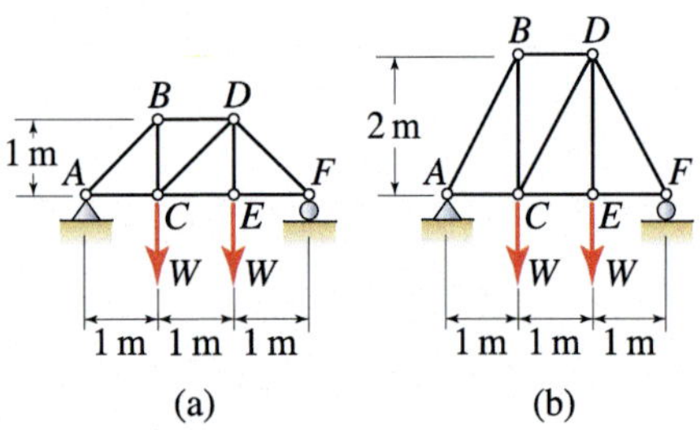

그림 P6.40

설계 문제

일반적 지시사항 모든 문제에 대해서, 부록 A의 가이드라인에 따라, 적절한 정보를 잘 정리하여 간략한 기술 보고서를 작성하라. 보고서는 다른 엔지니어가 쉽게 읽을 수 있는 적절하고 간단한 영어를 사용하여 작성되어야 한다. 적절한 위치에 주요한 치수가 포함된 개략도가 있어야 한다. 설계에 고려된 목적과 제한조건, 최종 설계에 도달하게 된 과정, 안전 문제 등에 대해 논의하라. 주된 논의는 타이핑하고, 필요하면, 컴퓨터나 손으로 깔끔하게 그림을 그려라. 보고서의 주요 논의에 관련된 모든 계산과정은 부록에 포함시켜라. 부록을 포함하여 수 페이지 정도의 양이면 충분하다.

설계 문제 6.1

작은 개울을 가로지르는 인도교를 설계하라. 다리는 주민들만 사용한다. 다리는 0.9 m 간격의 똑같은 두 개의 트러스로 구성된다. 쉽게 제작하기 위해 각 트러스는 표 3.3의 용접강관을 사용하며 각 부재의 길이는 모두 0.9 m이다. 하중 450 N은 정하중을 나타낸다. 다리의 최대 안전 동하중과 강관의 지름을 구하라.

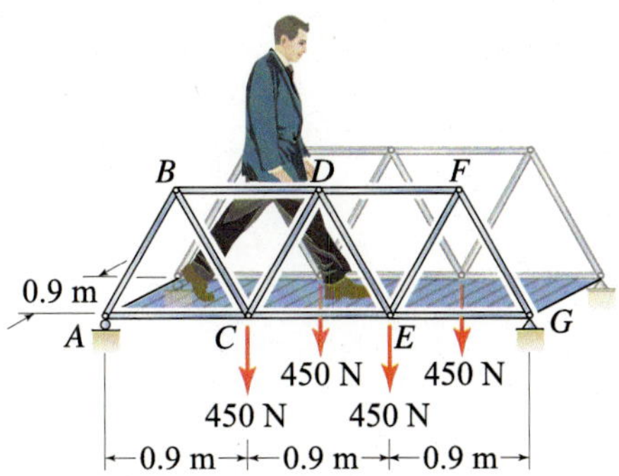

그림 DP6.1

설계 문제 6.2

주어진 하중을 지지하기 위한 용접강관 재질의 트러스를 설계하라. 트러스는 절점 A와 절점 E에서 지지되며 B, C, D에 절점을 가져야 한다(이 외의 다른 점에서도 허용된다). 쉽게 제작하기 위해 각 트러스는 표 3.3의 단일 사이즈의 용접강관을 사용한다. 트러스의 무게는 주어진 하중조건에서 고려되었으며 표 3.3에 이미 포함된 안전율만 고려하면 된다. 최소 무게를 가진 트러스를 설계할 필요는 없지만, 경제성을 고려하여 작은 지름의 강관을 사용하는 것이 바람직하다.

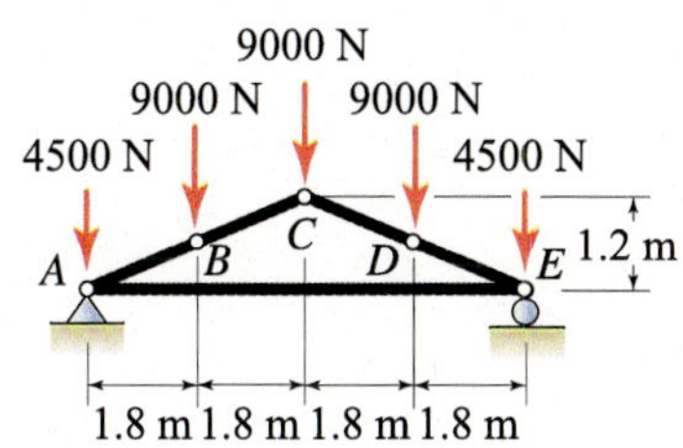

그림 DP6.2

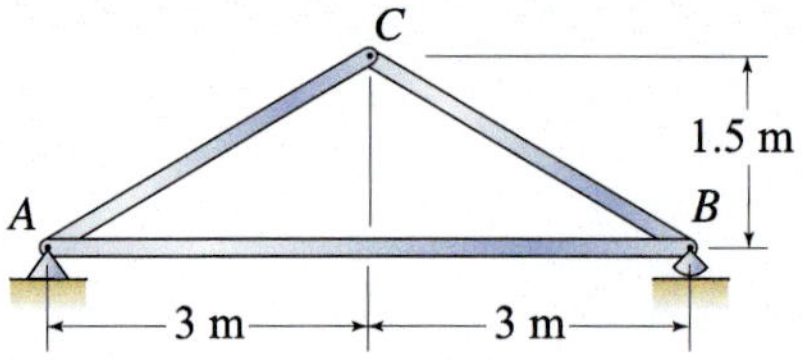

그림 DP6.3

표 6.1

규격 치수 목재의 허용 하중. L은 부재의 길이

규격 치수 목재		
	허용 하중	
	5 × 100 mm	50 × 150 mm
인장	36,000 N	63,000 N
압축		
$0 < L \le 0.6$ m	36,000 N	63,000 N
0.6 m $< L \le 1.2$ m	9,000 N	13,500 N
1.2 m $< L \le 1.8$ m	4,500 N	6,750 N
1.8 m $< L \le 2.4$ m	0	4,500 N

설계 문제 6.3

주택건설에 사용할 단순지지된 목재 지붕 트러스를 설계하라. 트러스는 그림과 같은 길이와 높이를 가져야하며, 다음의 하중을 지지해야 한다:

- 트러스 하부는 하중을 지지하지 않는다.
- 트러스 상부는 600 N/m의 정하중과 1200 N/m의 최대 동하중을 받는다(모든 하중은 수직 하중이다).
- 그 외 다른 하중은 무시한다.

트러스 부재는 50 × 100 mm 혹은 50 × 150 mm 단면(공칭치수)의 목재를 사용한다. 쉽게 제작하기 위해 트러스 상부 부재는 동일한 크기를 가져야 하며, 하부 부재도 마찬가지이다. 목재는 표 6.1과 같은 허용 하중을 갖는다. 상부와 하부 부재의 크기를 결정하고, 필요하다고 생각되는 상부와 하부 사이의 추가적인 트러스 부재의 크기와 배치를 결정하라. 설계가 목재 사용량의 최소화 관점에서 최적화될 필요는 없지만, 충분히 경제적인 설계가 되어야 한다(예를 들어 50 × 150 mm의 목재만 사용하는 것은 아마 경제적이지 않을 것이다). 만약 50 × 100 mm와 50 × 150 mm의 부재를 사용하여 필요한 강도를 얻는 것이 가능하지 않다고 생각한다면, 주어진 하중을 지지할 수 있는 서로 부착된 동일한 트러스의 수량을 명시해야 한다.

6.3 삼차원 트러스

공간 트러스(*space truss*)는 2력 부재로만 구성된 삼차원 트러스로, 조립체가 하나의 물체로 거동하도록 부재들이 구성되어 있다. 공간 트러스의 여러 예가 그림 6.24에 나와 있다.

(a) (b) (c) (d)

그림 6.24 공간 트러스의 예. (a) 프랑스 파리에 있는 에펠탑의 기초. 각 트러스 부재가 전체 구조물의 트러스 부재 역할을 하는 더 큰 구조 부재를 구성하는 복잡한 배치를 보여준다. (b) 1986 세계박람회를 위해 캐나다 밴쿠버에 설립된 엑스포센터는 구형 트러스 구조물을 사용한다. (c) 전선을 지지하는 송전탑의 기초에서의 전망. (d) 다가오는 폭풍에 대비하여 낮은 자세를 취한 대형 크레인.

삼차원 구조물이 공간 트러스가 되기 위해서는 다음 특성을 가져야 한다:

- 모든 부재는 마찰 없는 볼과 소켓 조인트에 의해 서로 연결되어야 한다.
- 각 부재는 두 개 이하의 절점을 가져야 한다.
- 하중은 절점에만 작용한다.
- 각 부재의 무게는 무시한다.

이러한 특성들이 모두 만족된다면 구조물의 모든 부재는 2력 부재이다. 트러스는 대부분 직선 부재로 구성되지만, 곡선 부재나 다른 형상의 부재가 사용되기도 하는데, 이들은 2력 부재라는 것을 명심하라.

실제 생활에서는 부재들은 보통 볼과 소켓 조인트로 연결되어 있지 않기 때문에, 공간 트러스의 정의는 제한적이다. 그림 6.4에서 논의한 것과 마찬가지로 실제 구조물의 연결부는 모멘트를 지지할 수 있고, 따라서 그러한 연결부와 연결된 부재들은 2력 부재가 아니다. 정확한 해석을 위해서는 모멘트를 지지할 수 있는 연결부가 있는 구조물은 6.4절에서 논의되는 프레임으로 모델링해야 한다. 그러나 특정 구조물이 연결부를 제외한 전체 구조가 트러스라 할 수 있다면, 공학적으로 이 구조물을 트러스로 모델링한다.

기본적으로는 공간트러스의 평형해석은 평면 트러스의 평형해석과 동일하다. 즉, 절점법과 단면법이 사용된다. 공간 트러스 해석의 주요 차이점은 자유물체도와 반력이 보다 복잡하고, 미지력과 방정식의 수가 더 많다는 것이다.

흥미로운 사실

컴퓨터 모델링. 대부분의 공간 트러스는 복잡하기 때문에, 유한요소해석 같은 컴퓨터 해석 방법이 많이 사용된다. 이러한 컴퓨터 프로그램은 데이터 처리, 평형방정식 수립, 미지력 풀이를 자동화한다. 그러나 모델링, 하중조건 결정, 결과의 해석, 그리고 아주 중요한 사항인 해석 결과가 정확한가의 판단은 당신의 책임이다. 이 교재에서 논의된 해석방법은 컴퓨터 모델의 결과를 해석하고 결과의 정확성을 보장하는데 도움을 주는 여러 도구들을 제공한다.

공간 트러스의 안정성과 설계 고려사항

공간 트러스가 평면 트러스와 크게 다른 점은 안정성을 평가하기 어렵다는 것이다. 공간 트러스가 불안정하다면, 경험 많은 엔지니어도 관찰만으로 이 결함을 찾아내는 것이 쉽지 않다. 불안정을 방지하는 효과적인 방법은 그림 6.25와 같은 사면체로부터 시작하는 공간트러스를 설계하는 것이다; 이런 구조물을 단순 공간 트러스(*simple space truss*)라 한다.

트러스의 안정성을 결정하는 고급 해석방법이 있지만, 6.2절의 평면트러스에서 소개한 방정식 계수법(*equation counting*)이라 하는 간단한 경험법칙을 아래와 같이 수정하여 사용하는 것이 매우 유용하다. 트러스가 정정인지 부정정인지, 그리고 안정한지 불안정한지를 판단하기 위해서는 미지력의 수와 평형방정식의 수를 비교한다. 다음과 같은 공간트러스를 고려하자.

$$\begin{aligned} m &= \text{부재의 수}, \\ r &= \text{지지반력의 수}, \\ j &= \text{절점의 수}. \end{aligned} \tag{6.28}$$

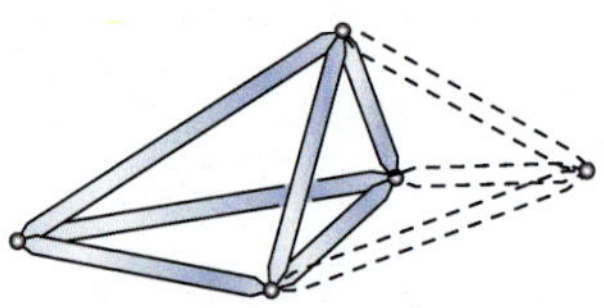

그림 6.25 단순 공간 트러스에서는 먼저 6개의 부재를 사면체의 형태로 배치하고, 여기에 세 개의 부재(점선으로 표시)와 한 개의 절점을 더해간다.

각 부재와 지지반력은 각각 한 개의 미지력을 갖고 있기 때문에 $m + r$은 전체 미지력의 수이다. 공간 트러스의 각 절점은 세 개의 평형방정식을 가지므로 $3j$는 방정식의 수이다.

따라서 경험법칙[8]은 다음과 같다:

$m + r < 3j$인 경우	트러스는 기구이고(이거나) 부분 고정상태이다.
$m + r = 3j$인 경우	완전 고정 상태이면 트러스는 정정이다. 부분 고정 상태면 트러스는 부정정이다.
$m + r > 3j$인 경우	트러스는 부정정이고 완전 고정 상태이거나 부분 고정 상태이다.

(6.29)

이 경험법칙을 사용하기 위해서는 트러스를 조사하여 트러스의 고정 상태를 알아내야 한다. 삼차원 트러스(혹은 임의의 삼차원 물체)는 x, y, z 방향의 병진운동과 x, y, z 축 주위의 회전 운동 혹은 이러한 운동의 조합과 같은 6개의 강체운동을 할 수 있다. 따라서 강체운동을 구속하기 위한 지지조건(즉, 완전고정) 상태의 구조물은 최소한 6개의 지지반력이 필요하다. 삼차원 구조물이 6개보다 적은 지지반력을 가지고 있다면 그 구조물은 부분구속 상태이다. 그림 6.26에서 여러 예를 볼 수 있다.

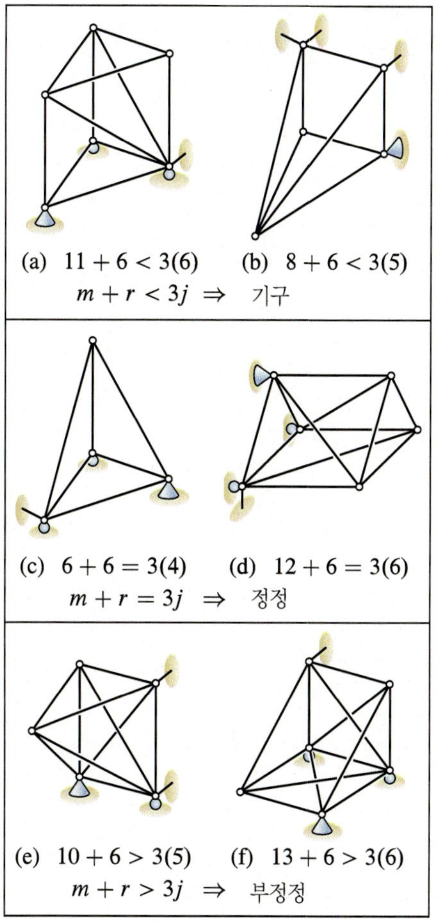

그림 6.26 트러스의 정정성과 안정성을 결정하는 방정식 계수법의 예. 여기에 보이는 모든 트러스는 완전 고정을 위한 6개의 지지반력을 갖고 있다.

절 요약

이 절에서는 공간트러스의 해석방법을 논의한다. 요점은 다음과 같다:

- 공간트러스의 평형해석방법은 평면트러스와 동일하다. 즉 절점법과 단면법이 사용될 수 있다.
- **단순 공간 트러스**는 부재가 그림 6.25와 같이 사면체 형태로 배치된다. 단순 공간 트러스의 장점 중 하나는 항상 안정적이라는 것이다.
- **방정식 계수법**이라 불리는 경험법칙을 잘 사용하면 공간트러스의 안정성과 정정성을 결정하는데 효과적일 수 있다.

8) 식 (6.22)의 설명이 여기에도 적용된다($2j$가 $3j$로 대체되어 있다).

예제 6.6 절점법에 의한 공간 트러스 해석

크레인의 팔이 그림과 같이 수평위치에 있다. $W = 1$ kN의 경우 부재 DG의 지지하중을 구하라.

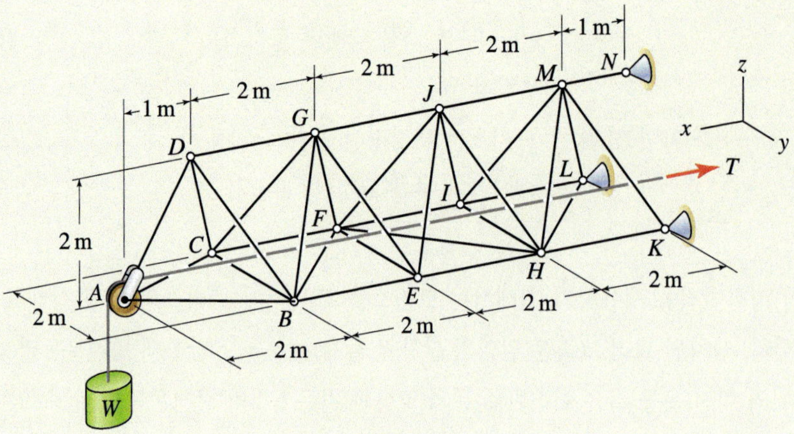

그림 1

풀이 SOLUTION

로드맵 해석을 시작하기 전에 트러스가 정정인지 부정정인지를 결정한다. 그림 1을 살펴보면 부재의 수 $m = 33$, 지지반력의 수 $r = 9$, 절점의 수 $j = 14$이고 트러스는 완전고정이다. 식 (6.29)를 적용하면 $m + r = 3j$, 트러스는 완전고정이므로 정정 트러스이다. 부재 DG의 지지하중을 구하기 위한 절점법을 사용하기 위해 그림 1의 절점 D를 살펴보면 네 개의 부재가 연결되어 있으므로 D의 자유물체도에는 네 개의 미지력이 존재하고 평형방정식은 세 개만 사용할 수 있다는 것을 알 수 있다. 절점 A를 살펴보면 세 개의 미지력이 존재하므로 이 점은 해석을 시작하기에 이상적인 절점이다.

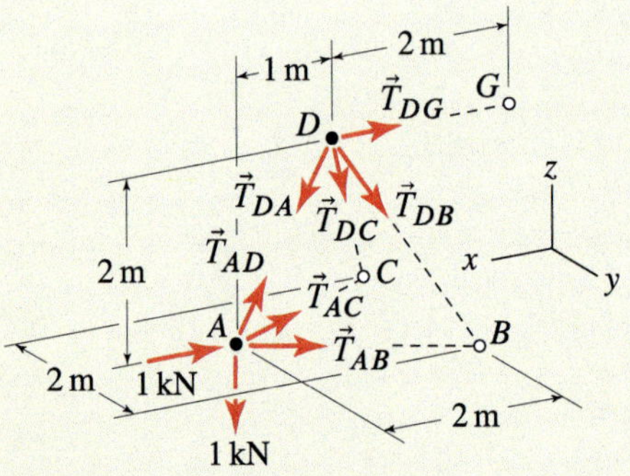

그림 2 절점 A와 D의 자유물체도.

모델링 절점 A와 D의 자유물체도는 그림 2에 있다. 여기서 부재력은 인장으로 가정하고 부재의 자중은 무시한다. 풀리는 마찰이 없고 케이블의 무게는 무시하며 케이블 장력은 케이블의 어느 위치에서나 같은 값인 $T = 1$ kN이다. 자유물체도에 풀리를 고려할 수도 있고,[9] 그림 2와 같이 풀리 하중을 풀리의 베어링에 고려하고 풀리를 제거할 수도 있다.

지배방정식과 계산 그림 2의 절점 A의 자유물체도를 참조하면, 평형방정식 $\sum F_z = 0$은 한 개의 미지력 T_{AD}만 갖는다. 절점 A에 작용하는 부재력을 벡터로 표시하면

$$\vec{T}_{AD} = T_{AD}\left(\frac{-\hat{\imath} + 2\hat{k}}{\sqrt{5}}\right) \tag{1}$$

9) 트러스에 풀리를 남겨 놓으면 풀리의 반지름을 가정할 필요가 있다. 그러나 이 문제에서는 모든 부재력, 반력 등이 풀리의 반지름과 무관하기 때문에, 풀리의 반지름 값은 임의로 선정한다. 이 설명이 옳다는 확신이 없거나 풀리가 존재할 경우 어떻게 진행할지 모른다면 5장의 그림 5.11을 복습해야 한다.

z 방향 합력의 스칼라성분을 고려하면

절점 A :

$$\sum F_z = 0: \quad -1\ \text{kN} + T_{AD}\left(\frac{2}{\sqrt{5}}\right) = 0 \quad \Rightarrow \quad T_{AD} = 1.118\ \text{kN} \tag{2}$$

절점 D의 평형에 사용되지 않기 때문에 절점 A의 다른 미지력은 계산하지 않는다. 그림 2의 절점 D의 자유물체도를 살펴보면, 벡터를 이용하여 평형방정식을 세우는 것이 더 쉽다는 것을 알 수 있을 것이다. 절점 D에 연결된 부재의 지지 하중에 대한 벡터표현은

$$\vec{T}_{DA} = -\vec{T}_{AD} = (1.118\ \text{kN})\left(\frac{\hat{\imath} - 2\hat{k}}{\sqrt{5}}\right) \tag{3}$$

$$\vec{T}_{DB} = T_{DB}\left(\frac{-\hat{\imath} + \hat{\jmath} - 2\hat{k}}{\sqrt{6}}\right) \tag{4}$$

$$\vec{T}_{DC} = T_{DC}\left(\frac{-\hat{\imath} - \hat{\jmath} - 2\hat{k}}{\sqrt{6}}\right) \tag{5}$$

$$\vec{T}_{DG} = T_{DG}(-\hat{\imath}) \tag{6}$$

절점 D의 평형방정식은

절점 D:

$$\sum \vec{F} = \vec{0}: \quad \vec{T}_{DA} + \vec{T}_{DB} + \vec{T}_{DC} + \vec{T}_{DG} = \vec{0} \tag{7}$$

식 (3)에서 (6)과 $T_{AD} = 1.118$ kN을 식 (7)에 대입하고, x, y, z 방향 성분을 고려하면 다음의 세 방정식을 얻을 수 있다.

$$T_{DB}\left(\frac{-1}{\sqrt{6}}\right) + T_{DC}\left(\frac{-1}{\sqrt{6}}\right) + T_{DG}(-1) = (-1.118\ \text{kN})\left(\frac{1}{\sqrt{5}}\right) \tag{8}$$

$$T_{DB}\left(\frac{1}{\sqrt{6}}\right) + T_{DC}\left(\frac{-1}{\sqrt{6}}\right) = 0 \tag{9}$$

$$T_{DB}\left(\frac{-2}{\sqrt{6}}\right) + T_{DC}\left(\frac{-2}{\sqrt{6}}\right) = (1.118\ \text{kN})\left(\frac{2}{\sqrt{5}}\right) \tag{10}$$

이 방정식들을 풀면

$$\Rightarrow \quad T_{DB} = T_{DC} = -0.6124\ \text{kN과} \quad \boxed{T_{DG} = 1.000\ \text{kN}} \tag{11}$$

논의 및 검증 이 트러스의 하중조건이 간단하기 때문에 계산하기 전에 부재 AD, DG에는 인장력이, 부재 DB, DC에는 압축력이 작용하는 것을 예상할 수 있는데, 풀이 결과는 이 사실을 보여준다. 그리고 문제의 대칭성으로부터 부재 DB와 DC의 하중이 같다는 것을 예상할 수 있는데, 풀이 결과는 이 사실도 보여준다. 풀이 결과를 원래 평형방정식에 대입하여 식이 성립하는 것을 확인하는 것도 검토 방법 중 하나이다. 그러나 이것이 평형방정식이 옳다는 것을 의미하지는 않는다. 따라서 자유물체도를 정확히 그리고 평형방정식을 정확히 세우는 것이 필수적이다.

예제 6.7 단면법에 의한 공간 트러스 해석

예제 6.6의 구조물에서 $W = 1$ kN의 경우 점 K, L, N과 연결된 모든 부재의 지지 하중을 구하라.

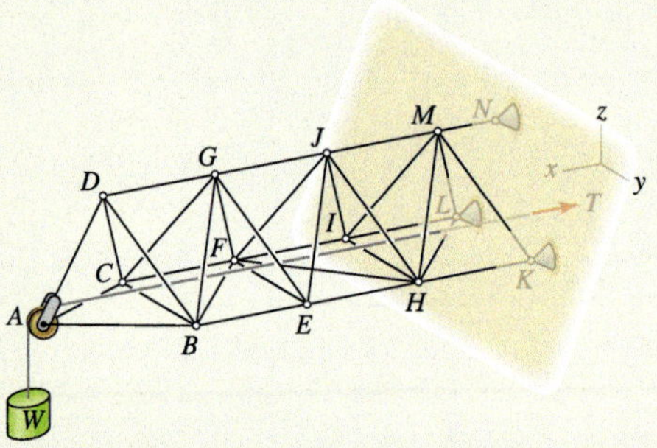

그림 1 단면법을 사용하기 위해서 관심있는 부재를 지나는 단면을 선정한다.

풀이 SOLUTION

로드맵 그림 1과 같이 관심부재를 지나는 단면을 이용하여 단면법을 사용한다. 단면은 여섯 부재를 자른다는 것을 확인하라. 여섯 개의 평형방정식을 사용할 수 있기 때문에, 이 단면을 이용한 자유물체도로 모든 미지력을 구할 수 있을 것이다.

모델링 그림 1의 단면을 이용한 구조물의 왼쪽 부분의 자유물체도가 그림 2에 나와 있다. 여기서 부재력은 인장으로 가정하고 부재의 자중은 무시한다. 풀리는 마찰이 없고 케이블의 무게는 무시하며 케이블 장력은 케이블의 어느 위치에서나 같은 값인 $T = 1$ kN이다. 자유물체도에 풀리를 고려할 수도 있고, 그림 2와 같이 풀리 하중을 풀리의 베어링에 고려하고 풀리를 제거할 수도 있다. 이 문제에서는 풀리를 제거하는 것이 약간 쉬울 것이다. 왜냐하면 점 A에 작용하는 두 1 kN의 힘을 한 힘으로 합성하여 하나의 외적(cross product)을 사용하여 모멘트를 계산할 수가 있기 때문이다.

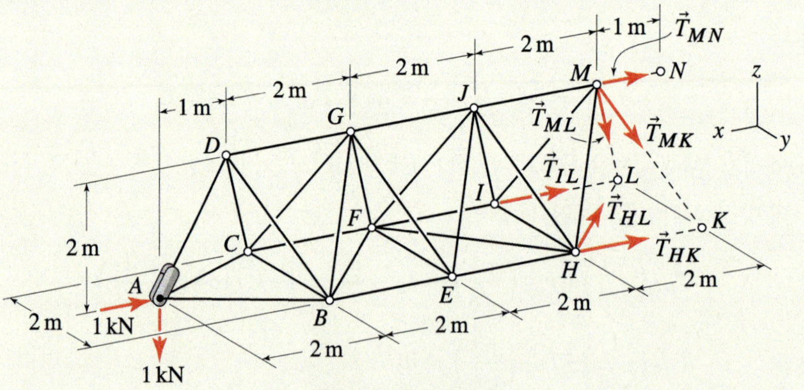

그림 2 자유물체도.

지배방정식과 계산 그림 2의 자유물체도를 참조하면, 평형방정식을 세우기 전에 트러스 부재의 하중과 $\vec{F}$로 나타낸 A 점의 케이블 장력을 벡터로 표시하면

$$\vec{T}_{HK} = T_{HK}(-\hat{\imath}), \qquad \vec{T}_{HL} = T_{HL}\left(\frac{-2\hat{\imath} - 2\hat{\jmath}}{\sqrt{8}}\right) \tag{1}$$

$$\vec{T}_{IL} = T_{IL}(-\hat{\imath}), \qquad \vec{T}_{MK} = T_{MK}\left(\frac{-\hat{\imath} + \hat{\jmath} - 2\hat{k}}{\sqrt{6}}\right) \tag{2}$$

$$\vec{T}_{ML} = T_{ML}\left(\frac{-\hat{\imath} - \hat{\jmath} - 2\hat{k}}{\sqrt{6}}\right), \qquad \vec{T}_{MN} = T_{MN}(-\hat{\imath}) \tag{3}$$

$$\vec{F} = (1\ \text{kN})(-\hat{\imath} - \hat{k}) \tag{4}$$

힘의 평형방정식은 6개의 미지력과 3개의 스칼라 식을 제공하고 점 M에 대한 모멘트 식은 3개의 미지력과 3개의 스칼라 식을 제공한다. 따라서 모멘트 식을 먼저 고려한다. 세 위치벡터

$$\vec{r}_{MA} = (7\hat{\imath} - 2\hat{k})\,\text{m}, \qquad \vec{r}_{MH} = (\hat{\imath} + \hat{\jmath} - 2\hat{k})\,\text{m}, \qquad \vec{r}_{MI} = (\hat{\imath} - \hat{\jmath} - 2\hat{k})\,\text{m} \tag{5}$$

를 사용하여 점 M에 대한 모멘트를 계산하면:

$$\sum \vec{M}_M = \vec{0}: \quad \vec{r}_{MA} \times \vec{F} + \vec{r}_{MH} \times (\vec{T}_{HK} + \vec{T}_{HL}) + \vec{r}_{MI} \times \vec{T}_{IL} = \vec{0} \tag{6}$$

$$\begin{vmatrix} \hat{\imath} & \hat{\jmath} & \hat{k} \\ 7 & 0 & -2 \\ -1 & 0 & -1 \end{vmatrix} + \begin{vmatrix} \hat{\imath} & \hat{\jmath} & \hat{k} \\ 1 & 1 & -2 \\ -\left(T_{HK} + \frac{2}{\sqrt{8}}T_{HL}\right) & -\frac{2}{\sqrt{8}}T_{HL} & 0 \end{vmatrix} + \begin{vmatrix} \hat{\imath} & \hat{\jmath} & \hat{k} \\ 1 & -1 & -2 \\ -T_{IL} & 0 & 0 \end{vmatrix} = 0$$

$$9\hat{\jmath} - \frac{4}{\sqrt{8}}T_{HL}\hat{\imath} + 2\left(T_{HK} + T_{HL}\frac{2}{\sqrt{8}}\right)\hat{\jmath} + \left(-\frac{2}{\sqrt{8}}T_{HL} + T_{HK} + T_{HL}\frac{2}{\sqrt{8}}\right)\hat{k} \tag{7}$$

$$+ 2(T_{IL})\hat{\jmath} - T_{IL}\hat{k} = \vec{0}$$

$$\left(-\frac{4}{\sqrt{8}}T_{HL}\right)\hat{\imath} + \left(2T_{HK} + \frac{4}{\sqrt{8}}T_{HL} + 2T_{IL} + 9\right)\hat{\jmath} + (T_{HK} - T_{IL})\hat{k} = \vec{0}$$

식 (7)로부터 x, y, z 방향의 식을 다음과 같이 쓸 수 있다.

$$\left(\frac{-4}{\sqrt{8}}\right)T_{HL} = 0 \tag{8}$$

$$2T_{HK} + \left(\frac{4}{\sqrt{8}}\right)T_{HL} + 2T_{IL} = -9 \text{ kN} \tag{9}$$

$$T_{HK} - T_{IL} = 0 \tag{10}$$

식 (8)-(10)을 풀면

$$\Rightarrow \quad \boxed{T_{HL} = 0, \ \ T_{HK} = T_{IL} = -2.250 \text{ kN}} \tag{11}$$

힘의 평형방정식은

$$\sum \vec{F} = \vec{0}: \quad \vec{F} + \vec{T}_{HK} + \vec{T}_{HL} + \vec{T}_{IL} + \vec{T}_{MK} + \vec{T}_{ML} + \vec{T}_{MN} = \vec{0} \tag{12}$$

$$-\hat{\imath} - \hat{k} + 2.25\hat{\imath} + 0 + 2.25\hat{\imath} + T_{MK}\left(\frac{\hat{\imath} + \hat{\jmath} - 2\hat{k}}{\sqrt{6}}\right) + T_{ML}\left(\frac{-\hat{\imath} - \hat{\jmath} - 2\hat{k}}{\sqrt{6}}\right)$$

$$-T_{MN}\hat{\imath} = \vec{0} \tag{13}$$

I, j, k 항을 정리하면

$$\left(\frac{-1}{\sqrt{6}}\right)T_{MK} + \left(\frac{-1}{\sqrt{6}}\right)T_{ML} - T_{MN} = -3.500 \text{ kN} \tag{14}$$

$$\left(\frac{1}{\sqrt{6}}\right)T_{MK} + \left(\frac{-1}{\sqrt{6}}\right)T_{ML} = 0 \tag{15}$$

$$\left(\frac{-2}{\sqrt{6}}\right)T_{MK} + \left(\frac{-2}{\sqrt{6}}\right)T_{ML} = 1 \text{ kN} \tag{16}$$

식 (14)-(16)을 풀면

$$\Rightarrow \quad \boxed{T_{MN} = 4.000 \text{ kN}, \ \ T_{MK} = T_{ML} = -0.6124 \text{ kN}} \tag{17}$$

논의 및 검증

- 대부분의 공간트러스는 복잡하기 때문에, 풀이 결과를 확인하는 일은 쉽지 않다. 이 문제에서 계산하기 전에 부재 *MN*에는 인장력이, 부재 *HK*, *IL*에는 압축력이 작용하는 것을 예상할 수 있는데, 풀이 결과는 이 사실을 보여준다. 그리고 문제의 대칭성으로부터 부재 *HK*와 *IL*의 하중이기 같고, 부재 *MK*와 *ML*의 하중이기 같다는 것을 예상할 수 있는데, 풀이 결과는 이 사실도 보여준다.
- 그림 2의 자유물체도에서 선 *KL*에 대한 모멘트를 계산함으로써 풀이의 정량적 정확성을 간단히 부분적으로 확인할 수 있다. y 방향을 플러스로 하여 모멘트를 구하면

$$\sum M_{KL} = 0: \ (1 \text{ kN})(8 \text{ m}) - T_{MN}(2 \text{ m}) = 0 \Rightarrow T_{MN} = 4.000 \text{ kN} \tag{18}$$

이 값은 전에 구했던 결과와 일치한다. 그림 2를 이용하여 다른 평형방정식을 세워 남은 풀이 결과를 확인하도록 하라.

문제

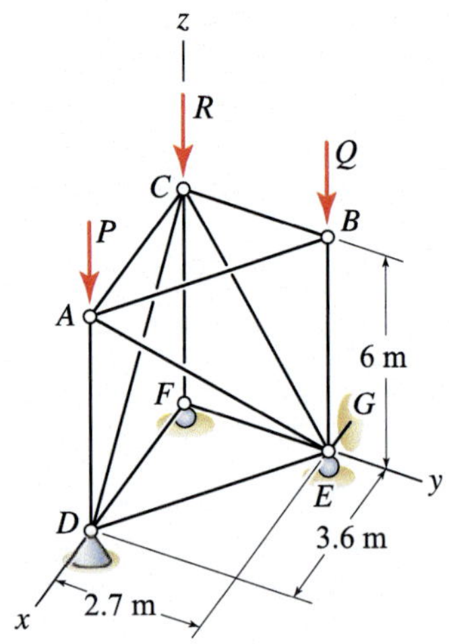

그림 P6.41

문제 6.41

그림의 트러스는 점 D에 소켓지지, 점 E와 F에 롤러, x 방향의 운동을 막기 위한 링크 EG를 갖고 있다.

(a) 트러스는 부분고정인가 완전고정인가?

(b) 트러스가 정정인지 부정정인지 결정하라.

(c) $P = 4.5$ kN, $Q = 9$ kN, $R = 13.5$ kN인 경우, 트러스 모든 부재의 지지하중을 구하라.

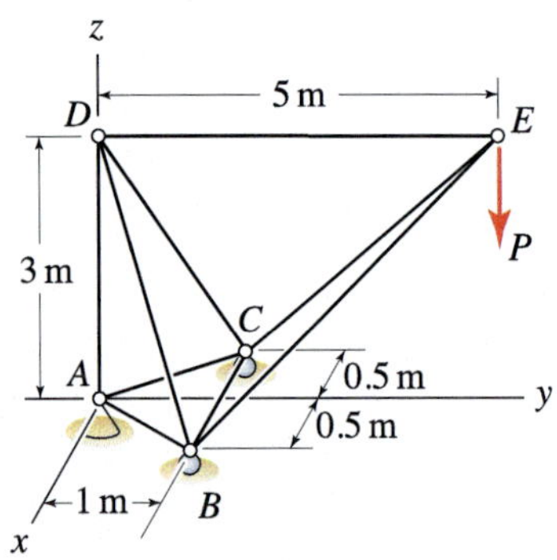

그림 P6.42

문제 6.42

그림의 트러스는 점 A에 소켓지지, 점 B와 C에 롤러를 갖고 있다. 점 A, B, C는 xy 평면 상에 있고, 점 E는 yz 평면 상에 있다.

(a) 트러스는 부분고정인가 완전고정인가?

(b) 트러스가 정정인지 부정정인지 결정하라.

(c) 수직하중 $P = 1$ kN인 경우, 트러스 모든 부재의 지지하중을 구하라.

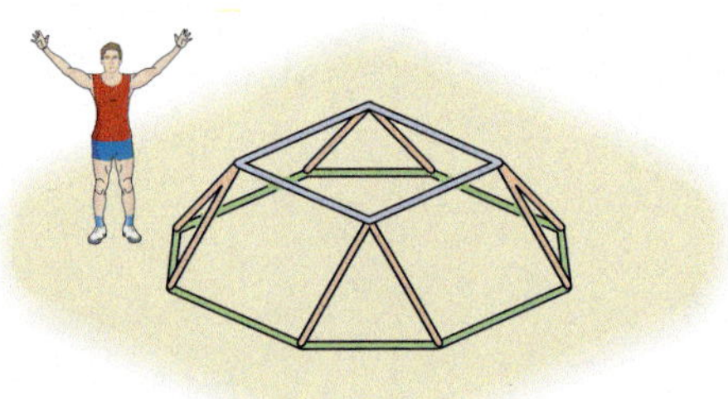

그림 P6.43

문제 6.43

변호사가 당신을 그림과 같은 놀이터 구조물에서 발생한 사고와 관련된 소송의 전문가 증인으로 고용했다고 가정하자. 이 구조물에 대해서는 다음과 같은 사전 정보만을 받았다.

- 트러스 구조물로 설계되었다.
- 구조물은 사고 없이 수 년 동안 운용되었다.
- 성인이 구조물을 오르는 도중 구조물이 붕괴되어 심각한 부상을 입었다.
- 사고 당시 구조물의 상태는 양호했다고 생각된다.
- 설계, 제작, 설치 등에 대한 상세 정보는 아직 받지 못했다.

가능한 정보를 완전히 살펴보기 전에는 이 구조물과 사고에 대해 전문적 소견을 제출하는 것은 가능하지 않지만, 당신을 고용한 변호사는 당신의 초기 인상을 듣고 싶어한다. 주어진 정보로부터 당신은 변호사에게 무슨 말을 하겠는가? 다음과 같은 답변을 고려해보라. “구조물의 설계에 결함이 있었던 같습니다. 구조물의 제작이나 설치과정에 문제가 있었던 같습니다. 그 성인은 구조물에 올라가지 말아야 했습니다. 따라서 그 혹은 그녀가 붕괴에 책임이 있습니다. 혹은 더 많은 정보를 얻기 전에는 정말 모르겠습니다.”

문제 6.44-6.48

그림의 트러스는 점 L에 소켓지지, K에 롤러를 갖고 있고, 점 A에 y와 z 방향의 운동을 막기 위한 원통롤러를 갖고 있다.

문제 6.44 트러스가 정정인지 부정정인지 결정하라.

문제 6.45 $P = 40$ kN, $Q = 0$ kN인 경우, 절점법을 이용하여 부재 DG의 지지하중을 구하라.

문제 6.46 $P = Q = 10$ kN인 경우, 절점법을 이용하여 부재 MJ의 지지하중을 구하라.

문제 6.47 $P = 40$ kN, $Q = 0$ kN인 경우, 단면법을 이용하여 부재 JG의 지지하중을 구하라.

문제 6.48 $P = Q = 10$ kN인 경우, 단면법을 이용하여 부재 JG의 지지하중을 구하라.

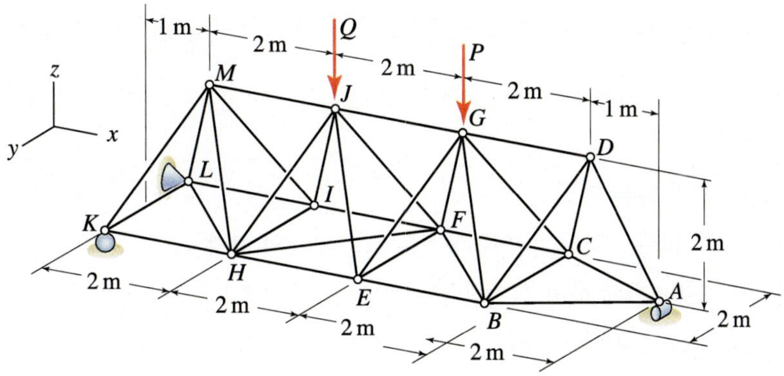

그림 P6.44-6.48

6.4 프레임과 기계

이 절에서는 프레임과 기계의 해석이 논의되며 각각은 다음과 같이 정의된다:

프레임 프레임(*frame*)은 한 개 이상의 다력 부재를 포함한 구조물이다. 프레임은 보통 가해진 하중을 지지할 목적으로 공간 상에 완전히 고정되어 있고 정적으로 배치된 부재를 사용한다.

기계 기계(*machine*)는 상호 간의 상대운동이 가능하도록 부재를 배열한 구조물이다. 기계의 목적은 운동이나 힘의 전달이다. 기계가 모두 2력 부재로 구성되어 트러스와 같은 방법으로 해석할 수 있지만, 이 절에서는 하나 이상의 다력 부재가 포함되어 있는 기계에 관심이 있다.

이 정의들은 광범위하고 상당 부분 중복된다. 그러나 다력 부재가 포함되어 있는 경우, 프레임과 기계의 정적 해석방법은 동일하다. 정역학에서는 운동이 가능한 경우 운동은 매우 느리기 때문에 관성이 무시된다고 가정한다. 그렇지 않은 경우 $\sum \vec{F} \neq \vec{0}$, $\sum \vec{M} \neq \vec{0}$이고 동역학적 해석이 사용되어야 한다.

그림 6.27 그림의 산악자전거 프레임은 다력 부재가 사용되고 부재 간의 연결부가 모멘트를 지지하는 프레임 구조물의 예이다.

그림 6.28 이 미소 전자 기계 시스템(MEMS) 기계는 산디아 국립 연구소에서 제작되었다. 기계에 있는 거울의 경사각도는 기어와 래크와 피니언을 구동하는 모터(그림에서는 보이지 않음)에 의해 조정된다. 가장 큰 기어의 지름은 150 μm정도(사람 머리카락의 지름은 100 μm정도)이다. 이 절에서 논의하는 방법은 이러한 시스템을 해석하는데 사용될 수 있다. 큰 도전은 MEMS의 접촉력과 마찰력을 제어하는 일이다.

해석절차와 자유물체도

프레임과 기계의 구조해석의 주된 목적은 모든 부재의 지지하중을 구하는 것이다. 부재의 배치와 하중조건에 따라 특정한 문제가 질점의 평형(3장에서 논의), 2력 부재의 평형(6.1, 6.2절의 트러스해석에서 논의), 다력 부재의 평형(5장에서 논의)의 조합을 포함할 수 있다. 따라서 프레임과 기계를 해석하는데 새로운 기술적 도구가 있지는 않고 이미 논의한 여러 기법을 종합하여 사용하는 것이 중요하다. 프레임이나 기계 각 부재의 지지하중을 계산하기 위해서는 각 부재를 인접하는 부재와 분리하여 부재의 자유물체도를 작성해야 한다. 뉴턴의 제3법칙에 따라 부재 간의 작용력과 반작용력을 자유물체도에 표시해야 한다. 자유물체도를 이용하여 각 부재에 대한 평형방정식을 세우고 프레임이나 기계가 정정이라 가정하고 이 방정식을 이용하여 부재의 지지하중을 계산한다. 프레임과 기계에는 보통 많은 부재가 있고 이 부재들의 대부분은 다력 부재[10]이기 때문에 많은 자유물체도가 필요하며 이 자유물체도는 때로 복잡하다. 프레임과 기계의 자유물체도가 정역학에서 접하는 문제 중에 가장 어려운 문제 중의 하나이고, 자유물체도를 작성하기 위해 배운 모든 기술이 필요하다는 것을 발견할 수도 있다.

10) 2력 부재만 있다면 구조물이나 기계는 트러스이고, 3장과 6.1, 6.2절의 방법들로 충분히 해석할 수 있다.

프레임이나 기계의 해석에 필요한 자유물체도를 작성하기 위해서는, 5.2절에서 논의된 단일 물체의 자유물체도를 작성하는 절차가 프레임이나 기계의 각 부재에 반복해서 적용된다. 이 절차는 다음과 같다:

자유물체도를 작성하는 절차

1. 프레임이나 기계를 각 부재로 분해한다.

각 부재에 대해 :

2. 이 부재를 주위환경으로부터 완전히 분리한다고 가정하라. 즉,
   - 이차원의 경우, 부재를 완전히 둘러싸는 폐곡선을 생각한다.
   - 3차원의 경우, 부재를 완전히 둘러싸는 닫힌 평면을 생각한다.

3. 부재를 스케치한다.

4. 하중조건을 표시한다.
   (a) 주위 환경에 의해 부재에 가해지는 힘(예 중력)들을 표시한다.
   (b) 분리면이 구조부재를 지나는 모든 곳에 작용하는 힘을 표시한다.
   (c) 분리면이 지지를 지나는 모든 곳(즉, 지지가 부재에서 제거되는 위치)에 반력과 반력모멘트를 표시한다.

5. 사용할 좌표계를 표시한다. 모든 하중의 위치와 방향을 정확히 나타내도록 자유물체도에 적절한 치수와 각도를 적어 넣는다.

단계 4에서 힘을 표시하는 순서는 상관없다. 복잡한 자유물체도에서는 단계 5의 치수와 각도를 모두 포함시키는 것은 어려울 수도 있다. 이러한 경우, 이러한 정보의 일부는 다른 그림에서 얻을 수 있다.

정확한 자유물체도의 예

그림 6.29는 옳게 작성된 프레임과 기계의 자유물체도의 여러 예이다. 이러한 자유물체도의 작성에 대해 설명한다.

교통신호등 기둥 각 부재를 스케치한 다음, 무게 W_C와 W_H로 구성되는 외력을 적용한다. 다른 부재들의 무게(예를 들면 부재 *ABF*의 무게는 상당히 클 수 있다)를 고려하고 싶다면, 그것들의 무게도 자유물체도에 포함될 수도 있다. 다음으로 점 *A*의 고정지지에 대한 적절한 반력을 적용한다. 그리고 2력 부재를 찾아 케이블 *DE*와 *GF*를 확인하고 각각 T_{FG}와 T_{DE}로 표기한다. 마지막으로 부재들이 서로 연결된 위치에 적절한 힘을 고려한다. 서로 영향을 미치는 물체들 간의 작용력과 반작용력은 크기가 같고 방향이 반대임을 명심해야 한다(즉, 뉴턴의 제3법칙이 만족된다).

유용한 정보

2력 부재. 프레임과 기계의 자유물체도를 작성할 때 먼저 2력 부재를 찾아내어 그 부재의 미지력에 기호를 부여한다. 이렇게 함으로써 자유물체도가 덜 복잡해지고, 평형방정식의 수가 감소하며, 계산해야하는 미지력이 감소한다.

빠지기 쉬운 함정

정역학과 동역학. 그림과 같은 구조물에서 부재 *AB*는 부재 *BC*와 연결되어 있고 *F*는 알고 있다.

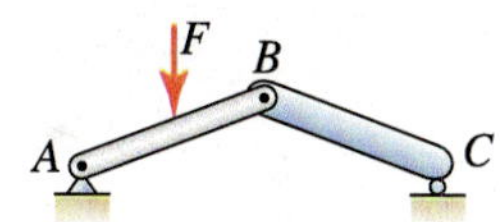

다음의 자유물체도는

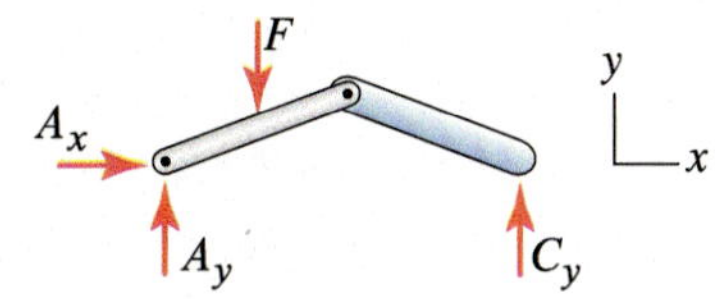

올바르게 그려져 있다. 그러나 이러한 문제에 대해 자주하는 실수는 반력 C_y를 구하기 위해 다음과 같은 평형방정식 $\sum M_A = 0$를 세우는 것이다. 이러한 방정식의 오류는 이 문제가 정적 평형 문제가 아니라는 것이다. 분명히 이 구조물에서 하중 *F*가 작용하면 부재 *AB*와 *BC*는 가속운동을 한다. 따라서 $\sum M_A \neq 0$이고, 반력, 속도, 가속도 등을 구하기 위해서는 동역학 개념이 필요하다.

올바른 자유물체도의 예

교통신호등 기둥 교통신호등과 보행자신호등을 지지하는 기둥의 그림이다. 두 신호등을 제외한 모든 부재의 무게는 무시하고 각 부품의 자유물체도를 그려라.

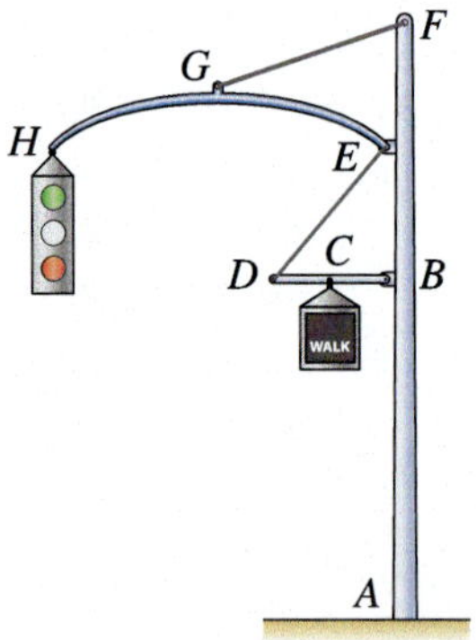

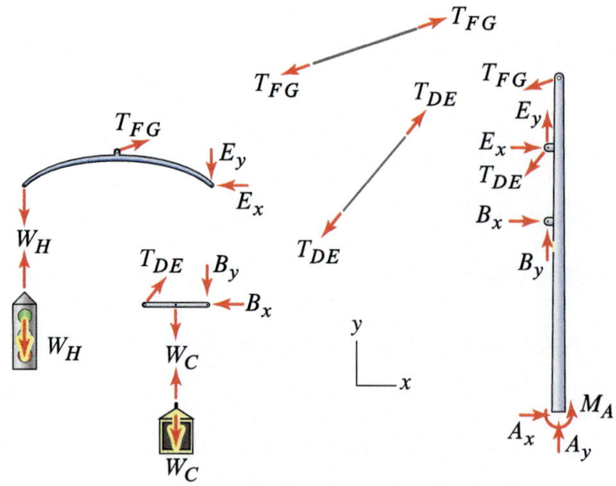

항공기 정비 차량 항공기를 정비하는 차량의 그림이다. 컨테이너 J, K의 무게에 의한 리프트 기구의 부재가 받는 하중을 구하기 위한 자유물체도를 그려라.

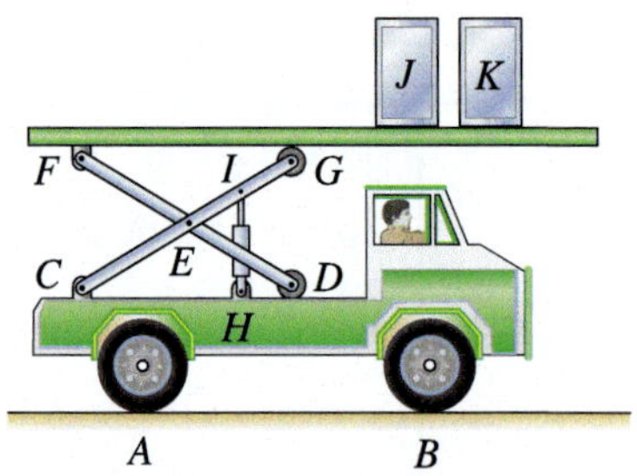

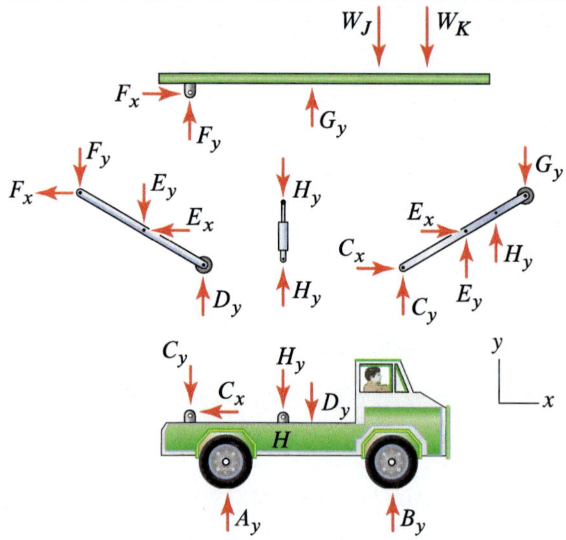

물건 집는 도구 그림의 도구는 사람의 손에 닿지 않는 곳에 있는 물건을 집는 도구이다. $P = 0$인 경우, 이 도구는 점 D에 있는 비틀림 스프링에 의해 벌어진다. 각 부재의 무게를 무시하고 각 부품의 자유물체도를 그려라.

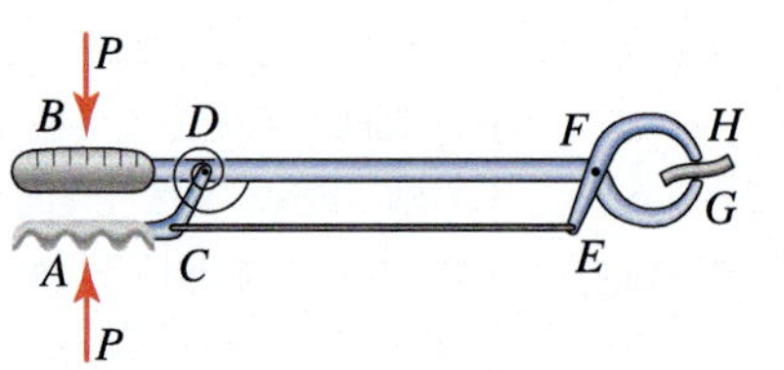

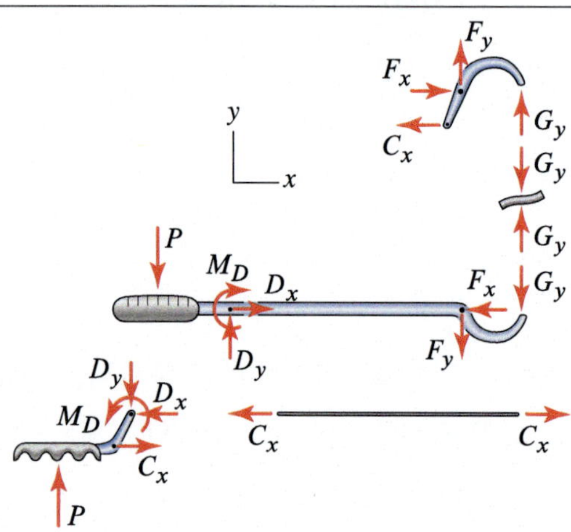

그림 6.29 적절히 작성된 자유물체도의 예.

항공기 정비 차량 몇몇 다른 부품의 무게도 분명히 크지만, 문제에서는 J와 K에 있는 상자의 무게만 고려한다. 각 부재의 형상을 스케치할 때, 차량 바퀴는 포함시킨다. 차량이 평지에 주차되어 있다고 가정하면 지지반력은 A_y와 B_y이다. 2력 부재는 유압실린더 HI 뿐이고 그 지지하중을 H_y로 표시한다. 마지막으로 서로 영향을 미치는 물체들 간의 작용력과 반작용력은 크기가 같고 방향이 반대임을 명심하고 부재가 서로 연결되어 있는 위치에 적절한 힘을 적용한다.

물건 집는 기구 문제에서 각 부재의 무게는 무시한다. 막대 CE와 집히는 물체 GH만 2력 부재이고 그 지지하중을 각각 C_x, G_y로 표시한다. 핀 D에는 두 힘 D_x, D_y 외에 비틀림 스프링에 의한 모멘트 M_D도 존재한다.

부정확하거나 불완전한 자유물체도의 예

그림 6.30은 프레임과 기계의 부정확하거나 불완전한 자유물체도의 여러 예를 보여준다. 이러한 자유물체도를 어떻게 수정해야 하는지에 대해 설명하겠다. 그러나 계속 읽기 전에, 그림 6.30을 보고 어느 부분이 수정되어야 하고 무엇을 추가해야 하는지를 스스로 찾아내야 한다.

풀리가 있는 프레임

1. 풀리에 작용하는 힘은 다음 중 한 가지 방법으로 수정되어야 한다:
   - 풀리의 베어링에 작용하는 힘 W는 풀리의 오른쪽 테두리에 위치하거나,
   - 풀리의 왼쪽 테두리에 비스듬히 작용하는 힘 W는 베어링으로 이동시켜야 한다.
2. 핀 B의 연결하중은 수직성분 B_y도 가져야 한다.
3. A의 지지반력은 모멘트반력 M_A도 포함해야 한다.

스크레이퍼

1. E의 연결부는 z 축(평면에 수직방향) 주위의 회전을 허용하지 않는다. 따라서 스쿠프에 모멘트 M_E를 고려해야 하며 트랙터에도 반대방향의 모멘트를 고려해야 한다.
2. 앞바퀴는 축 토크 M_D때문에 지면에 수평방향의 힘을 작용하므로 타이어와 지면 사이에 수평력 B_x가 필요하다.

래치트 전지가위

1. 자유물체도의 결함은 아니지만 좌표계를 표시해야 한다.
2. 주어진 정보에서는 핸들에 가해지는 45 N의 힘의 위치가 명확하지 않다. 이 힘의 정확한 위치를 알아내거나(쉬운 일은 아니다), 이 위치에 대해 적절한 판단을 내려야 한다. 이 자유물체도에서는 두 번째 접근 방식을 선택한다. 힘 45 N의 위치는 근사치이지만 해석과 설계의 목적으로는 적절하다. 힘 45 N의 큰 결함은 작용선이 다르다는 것이다. 이러한 경우 전지가위는 두 힘이 만들어내는 모멘트에 의해 회전할 것이다. 따라서 두 힘 45 N의 작용선이 같아지도록 자유물체도를 수정해야 한다.

부정확하거나 불완전한 자유물체도의 예

풀리가 있는 프레임 *C*에 있는 풀리는 마찰이 없고 점 *B*-*D*는 모두 마찰이 없는 핀이다. 각 부재의 무게는 무시하고 각 부품의 자유물체도를 그려라.

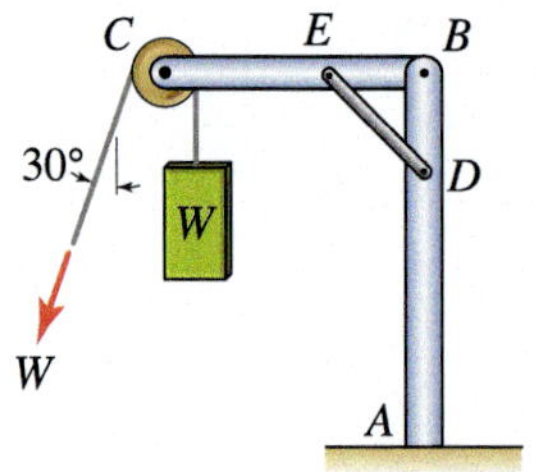

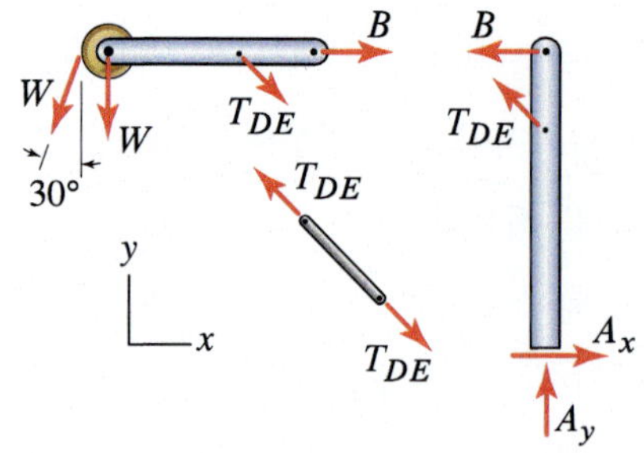

스크레이퍼 흙을 나르는 스크레이퍼의 그림이다. 스쿠프와 흙의 무게중심은 *G*에 있고 트랙터의 무게중심은 *H*에 있다. *C*의 뒷바퀴는 자유롭게 구르지만 *D*의 앞바퀴는 트랙터의 엔진에 의해 구동된다. 바퀴와 스쿠프, 트랙터의 자유물체도를 그려라.

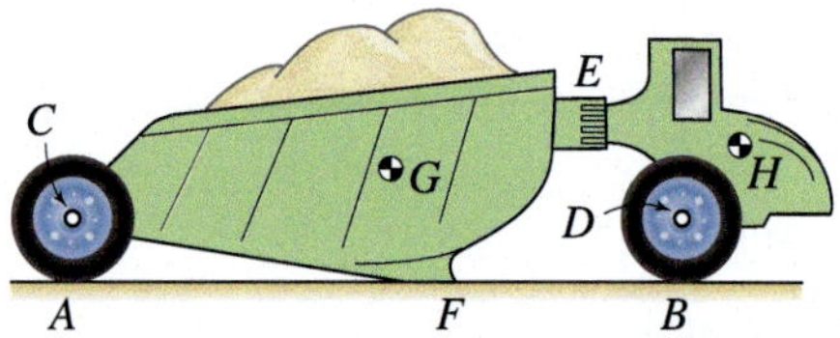

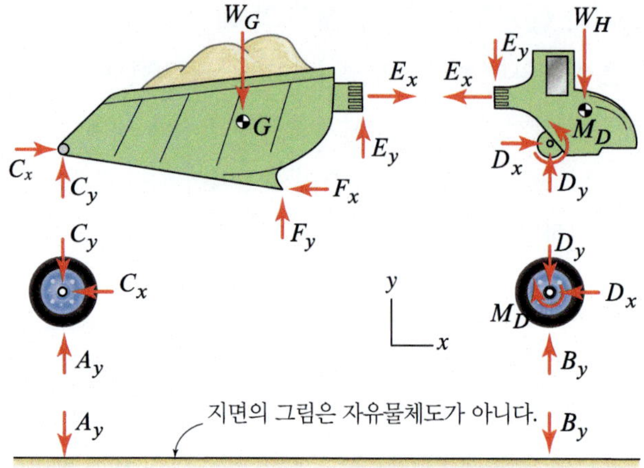

래치트 전지가위 정원용 래치트 전지가위의 그림이다. 모든 연결부위는 핀이다. 전지가위의 손잡이에 45 N의 힘이 가해질 때, 각 부품의 자유물체도를 그려라.

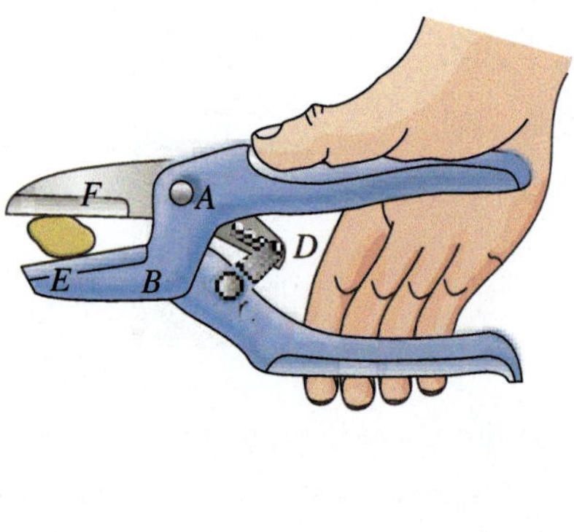

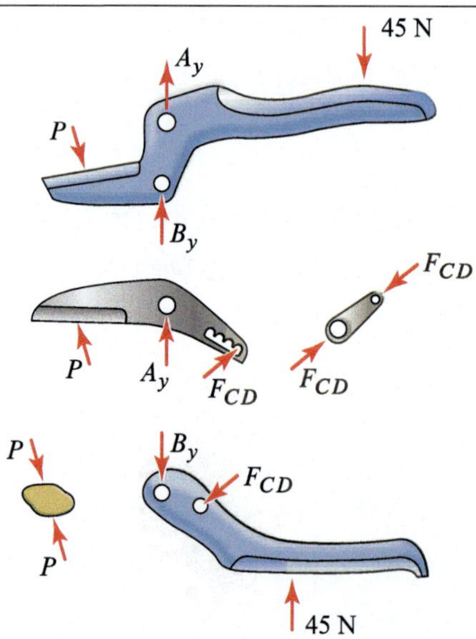

그림 6.30 부정확하거나 불완전한 자유물체도의 예.

3. 핀 A의 연결하중은 수평성분 A_x도 가져야 한다.
4. 핀 B의 연결하중은 수평성분 B_x도 가져야 한다.

절 요약

이 절에서는 프레임과 기계의 해석방법을 논의한다. 주요 사항은 다음과 같다:

- 프레임은 한 개 이상의 다력 부재를 포함한다. 보통 프레임은 공간 상에서 완전히 고정되어 있고 가해진 하중을 지지할 목적으로 정적으로 배치된 부재를 사용한다.
- 기계는 상호 간의 상대운동이 가능하도록 부재를 배열한 구조물이다. 기계의 목적은 운동이나 힘의 전달이다. 정역학에서는 운동이 가능한 경우, 운동은 매우 천천히 일어나기 때문에 관성은 무시할 수 있다고 가정한다. 그렇지 않은 경우, 동역학적인 해석방법을 사용해야 한다.
- 프레임과 기계의 자유물체도를 그릴 때는 먼저 2력 부재를 찾아내고 2력 부재의 미지력을 기호로 표시한다. 이렇게 함으로써 자유물체도가 보다 간단해지고, 평형방정식의 수가 감소하며, 계산해야 하는 미지력의 수가 적어진다.

예제 6.8 교량의 해석

그림은 다경간 고속도로 교량의 일반적인 설계이다. 교량이 균일 수직하중 8 kN/m을 받을 경우 지지반력과 링크 CD의 지지하중을 구하라.

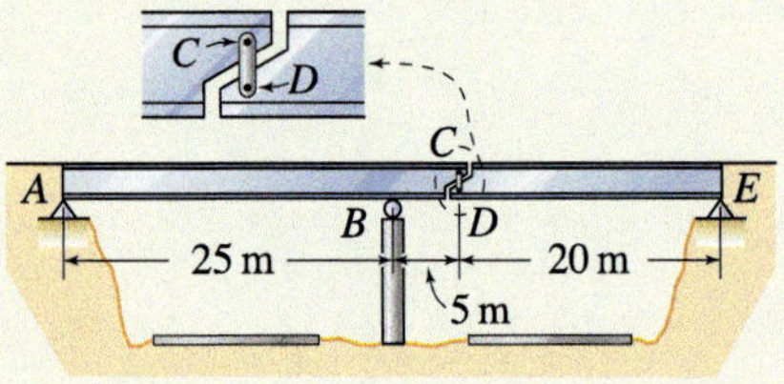

그림 1

풀이 SOLUTION

로드맵 이 교량은 보 AC와 보 DE를 갖고 있다. 두 보는 링크 CD로 연결되어 있어 한 물체로 거동하지 않기 때문에 여러 자유물체도가 필요하다.

모델링 그림 2의 자유물체도는 다음과 같이 작성된다. 먼저 보 AC, 보 DE, 수직부재로 가정한 링크 CD를 스케치한다. 구조물의 유일한 2력 부재인 링크 CD (B의 수직지지는 제외하고)를 찾아 그 지지하중을 T_{CD}로 표시한다. 여기서 플러스는 인장을 의미한다. 다음으로 자유물체도에 지지반력을 추가한다. 마지막으로 보 AC의 길이는 30 m이고, 분산하중에 의해 보 AC에 가해지는 하중 (8 kN/m)(30 m) = 240 kN을 보의 중앙에 적용한다. 마찬가지 방법으로, 보 DE의 길이는 20 m이고, 분산 하중에 의해 보 DE에 가해지는 하중(8 kN/m)(20 m) = 160 kN을 보의 중앙에 적용한다.

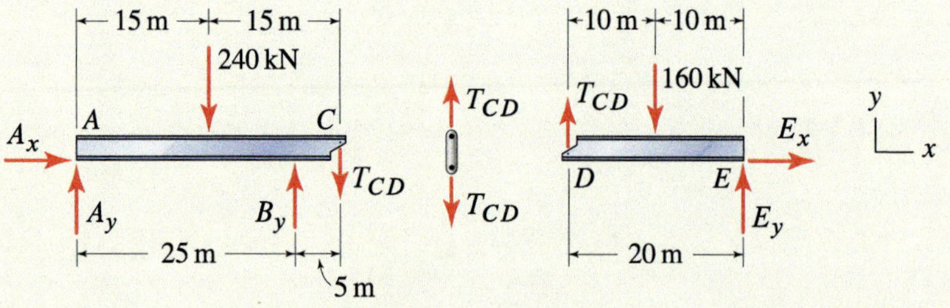

그림 2. 자유물체도.

지배방정식과 계산 그림 2를 살펴보면 보 DE는 3개의 미지력을 갖는 반면 보 AC는 4개의 미지력을 갖는다. 따라서 보 DE의 평형방정식을 먼저 세우고 나서 보 AC의 평형방정식을 세운다.

> **유용한 정보**
> **2력 부재.** 자유물체도를 그릴 때 먼저 2력 부재를 찾아내면 2력 부재는 평형방정식이 만족되기 때문에 해석이 간편해진다. 예를 들면 그림 2의 링크 CD는 $\sum F_x = 0$, $\sum F_y = 0$, $\sum M = 0$을 만족하므로 나머지 자유물체도의 평형방정식을 세워 풀면 된다.

부재 DE :

$$\sum F_x = 0: \quad E_x = 0 \quad \Rightarrow \quad \boxed{E_x = 0} \tag{1}$$

$$\sum M_E = 0: \quad -T_{CD}(20\text{ m}) + (160\text{ kN})(10\text{ m}) = 0 \Rightarrow \boxed{T_{CD} = 80.0\text{ kN}} \tag{2}$$

$$\sum F_y = 0: \quad T_{CD} - 160\text{ kN} + E_y = 0 \quad \Rightarrow \quad \boxed{E_y = 80.0\text{ kN}} \tag{3}$$

부재 AC :

$$\sum F_x = 0: \quad A_x = 0 \quad \Rightarrow \quad \boxed{A_x = 0} \tag{4}$$

$$\sum M_A = 0: \quad -(240\text{ kN})(15\text{ m}) + B_y(25\text{ m}) - T_{CD}(30\text{ m}) = 0 \tag{5}$$

$$\Rightarrow \boxed{B_y = 240\text{ kN}} \tag{6}$$

$$\sum F_y = 0: \quad A_y - 240\text{ kN} + B_y - T_{CD} = 0 \quad \Rightarrow \quad \boxed{A_y = 80.0\text{ kN}} \tag{7}$$

논의 및 검증

- **이 풀이가 타당하게 보이는가?** 가능한 한 당신의 풀이가 타당한가를 확인해야 한다. 예를 들면 보 DE는 단순지지이고 중앙에 160 kN의 하중이 작용하므로 식 (1)과 (2)의 $T_{CD} = 80$ kN, $E_y = 80$ kN는 확실히 정확하다.
- **풀이의 확인** 구한 하중을 모든 평형방정식에 대입하여 모든 식이 성립하는가를 검토함으로써 풀이가 수학적으로 정확한가를 확인해야 한다. 그러나 이 검토는 평형방정식 자체가 정확한지는 확인할 수 없으므로 정확한 자유물체도를 그리고 풀이가 타당한지를 검토하는 것이 필수적이다.

예제 6.9 농구 골대의 해석

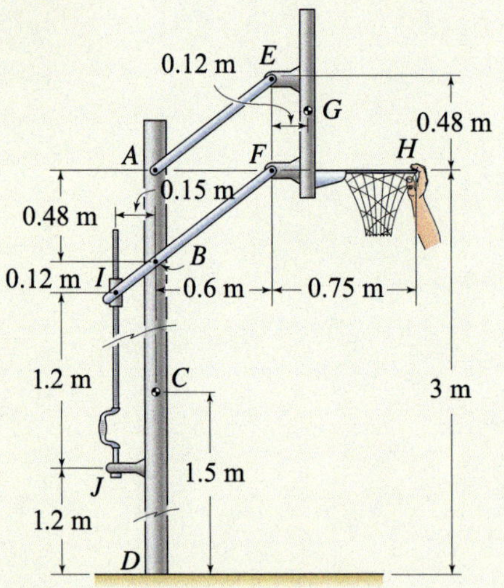

그림 1

그림은 림의 높이를 조절할 수 있는 농구 골대이다. 지지대 $ABCD$의 무게는 400 N, 무게중심은 C에 있고, 백보드-링의 조합의 무게는 220 N, 무게중심은 G에 있다. 림의 높이는 나사와 핸드 크랭크 IJ에 의해 조절되며 나사는 수직이다. 몸무게가 800 N인 사람이 림에 매달리는 경우, D 점에서의 지지반력과 모든 부재의 지지하중을 구하라.

풀이 SOLUTION

로드맵 구조물 기초의 지지반력을 구하기 위해서, 먼저 D 점만을 자르는 단면을 이용하여 전체 구조물의 자유물체도를 그리고, 이 자유물체도에 대한 평형방정식을 세우고 푼다. 각 부재의 지지하중을 구하기 위해서, 각 부재의 자유물체도를 그리고, 이 자유물체도에 대한 평형방정식을 세우고 푼다.

모델링 구조물의 지지반력을 구하기 위해서, 먼저 D 점만을 자르는 단면을 이용하여 그림 2와 같이 자유물체도를 그린다. 400 N과 220 N의 무게는 각각의 무게중심에 작용하는 수직하중이고 다른 부품의 무게는 무시한다. 링을 잡고 있는 사람은 정적평형 상태에 있고 점 H에 수직하중을 가한다고 가정한다.

지배방정식과 계산 그림 2의 자유물체도를 이용하여 다음의 평형방정식을 세우고 푼다:

$$\sum F_x = 0: \quad D_x = 0 \quad \Rightarrow \quad \boxed{D_x = 0} \tag{1}$$

$$\sum F_y = 0: \quad D_y - 400\text{ N} - 220\text{ N} - 800\text{ N} = 0 \quad \Rightarrow \quad \boxed{D_y = 1420\text{ N}} \tag{2}$$

$$\sum M_D = 0: \quad M_D - (220\text{ N})(0.72\text{ m}) - (800\text{ N})(1.35\text{ m}) = 0, \tag{3}$$

$$\Rightarrow \quad \boxed{M_D = 1238.4\text{ Nm}} \tag{4}$$

모델링 각 부재의 지지하중을 구하기 위해서, 그림 3과 같이 각 부재의 자유물체도를 그린다. 이 자유물체도는 먼저 부재의 스케치를 그려 작성한다. 다음으로 2력 부재를 찾아내어 그 지지하중에 기호를 부여한다. 그림 3에서 부재 AE와 IJ가 2력 부재이고, 각각의 지지하중을 T_{AE}, T_{IJ}로 표시한다. 2력 부재의 자유물체도를 완성한 다음, 나머지 자유물체도에 뉴턴의 제3법칙에 따라 2력 부재의 반작용력을 추가한다. 즉, 지지대 $ABCD$와 백보드-링 조합체에 힘 T_{AE}를 추가하는데, 부재 AE에 작용하는 하중과 반대 방향으로 고려해야 한다. 마찬가지 방법으로, 지지대 $ABCD$와 부재 IBF에 힘 T_{IJ}를 가한다. D에 지지반력을 추가하고 부재가 연결된 핀에 수평력과 수직력을 추가하여 자유물체도를 완성한다.

지배방정식과 계산 2력 부재를 설명한 바와 같이 취급함으로써 부재 AE와 IJ는 자동적으로 $\sum F_x = 0$, $\sum F_y = 0$, $\sum M = 0$을 만족한다. 나머지 세 부재 중에 백보드-링 조합체의 미지력이 가장 적으므로(3개), 먼저 이 부재의 평형방정식을 세우고 푼다. 그림 1의 형상을 이용하면 부재 AE의 지지하중의 수평성분은 $T_{AE}(0.6\text{ m})/\sqrt{(0.6\text{ m})^2 + (0.48\text{ m})^2} = T_{AE}(0.6/0.768)$, 수직성분은 $T_{AE}(0.48/0.768)$이다. 따라서 평형방정식은

유용한 정보

링에 매달리기. 링을 잡고 있는 사람이 정적평형 상태에 있다면 림에 가해지는 힘은 그 혹은 그녀의 몸무게이다. 만약 그 사람이 움직이고 있으면(예를 들어 몸을 돌리거나 점프를 하고 있다면) 관성 때문에 가해지는 힘은 보통 그 혹은 그녀의 몸무게와는 다르며 크기와 방향은 시간에 따라 변한다.

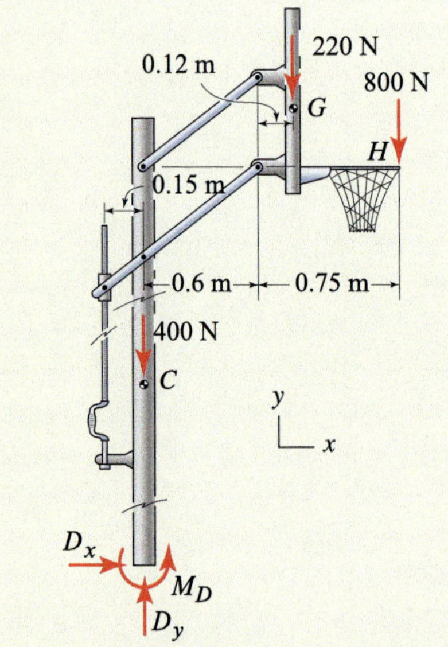

그림 2 지지반력을 계산하기 위한 전체 구조물의 자유물체도.

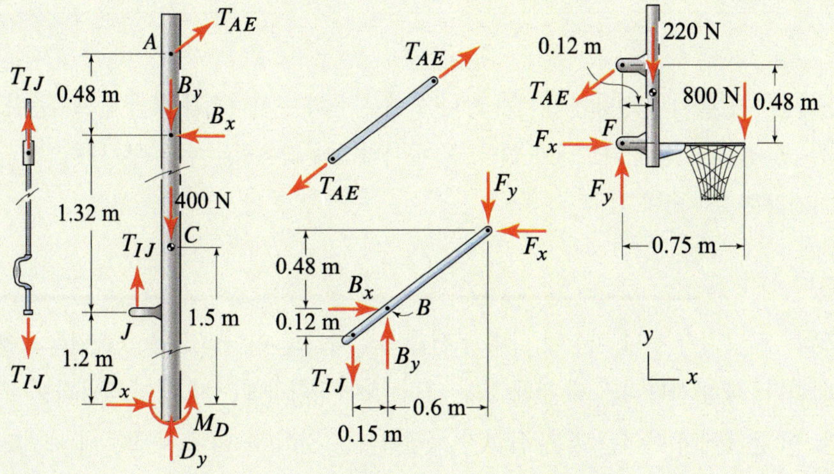

그림 3 각 부재의 지지하중을 구하기 위한 자유물체도.

부재 *EFH* :

$$\sum M_F = 0 : T_{AE}\left(\frac{0.6}{0.768}\right)(0.48\text{ m}) - (220\text{ N})(0.12\text{ N}) - (800\text{ N})(0.75\text{ m}) = 0 \quad (5)$$

$$\Rightarrow \boxed{T_{AE} = 1670.4\text{ N}} \quad (6)$$

$$\sum F_x = 0: \quad F_x - T_{AE}\left(\frac{0.6}{0.768}\right) = 0 \Rightarrow \boxed{F_x = 1305\text{ N}} \quad (7)$$

$$\sum F_y = 0: \quad F_y - T_{AE}\left(\frac{0.48}{0.768}\right) - 220\text{ N} - 800\text{ N} = 0 \Rightarrow \boxed{F_y = 2064\text{ N}} \quad (8)$$

부재 *ABCD*와 *IBF*의 자유물체도는 이제 각각 3개의 미지력을 갖기 때문에, 어느 것을 먼저 고려해도 상관없다. 부재 *IBF*를 이용하면

부재 *IBF* :

$$\sum M_B = 0: \quad T_{IJ}(0.15\text{ m}) + F_x(0.48\text{ m}) - F_y(0.6\text{ m}) = 0 \quad (9)$$

$$\Rightarrow \boxed{T_{IJ} = 4080\text{ N}} \quad (10)$$

$$\sum F_x = 0: \quad B_x - F_x = 0 \Rightarrow \boxed{B_x = 1305\text{ N}} \quad (11)$$

$$\sum F_y = 0: \quad -T_{IJ} + B_y - F_y = 0 \Rightarrow \boxed{B_y = 6144\text{ N}} \quad (12)$$

식 (12)로서 모든 미지력이 계산되었기 때문에 지지대 *ABCD*의 평형방정식을 세울 필요는 없다.

논의 및 검증

- 풀이가 타당해 보이는지를 검토해야 한다. 이 문제는 하중 조건이 간단하기 때문에 부재 *AE*와 *IJ*는 인장 상태라고 예상할 수 있고 풀이 결과는 이를 보여준다. 관찰에 의해서 지지대의 기초인 *D* 점의 반력도 적절한 부호를 가진다.
- 이 풀이에서 지지반력을 먼저 구했다. 여기서 세 평형방정식을 사용했고, 지지대 *ABCD*의 평형방정식을 사용하지 않고 모든 미지력을 구했다. 풀이의 정확성을 확인하기 위해 이 방정식을 세워서 풀 수 있고 D_x, D_y, M_D를 구해 식 (1), (2), (4)와 일치하는지 확인할 수 있다.

유용한 정보

반력을 구하는 전략. 지지반력을 먼저 구하지 않고 바로 그림 3의 자유물체도를 고려하면 동일한 반력을 구할 수 있다. 이는 예제 6.8에서 사용하는 절차인데, 예제 6.8은 초기에 지지반력을 구할 수 없기 때문이다.

예제 6.10 사다리의 해석

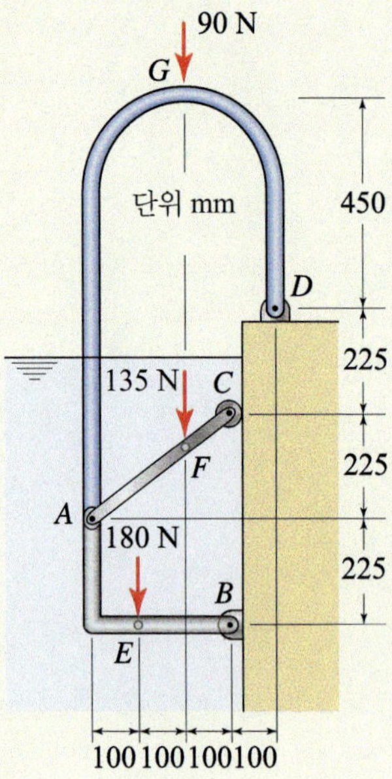

그림 1

수영하는 사람들이 수영장에 들어가고 나올 때 사용하는 사다리를 그림에 보여준다. 사다리는 E 점과 F 점에 가로대가 있다. 물이 사다리에 작용하는 힘은 무시하고 각 부재의 지지하중을 구하라.

풀이 SOLUTION

로드맵 사다리가 하나 이상의 다력 부재를 포함하므로 이 구조물은 프레임으로 해석해야 한다. 사실 사다리의 세 부재 모두 다력 부재(정확하게는 세 힘이 작용하는 부재)이다. 이 문제에서 어려운 점은 점 A가 복잡하다는 것이다–이 위치에서 세 부재가 한 핀으로 연결되어 있다. 구조물을 분해하고 세 부재만의 자유물체도를 그릴 수도 있지만, 세 부재 이상이 한 핀에 연결되어 있는 문제는 핀에 대한 별도의 자유물체도가 큰 도움이 된다. 따라서 이 풀이에서는 네 개의 자유물체도가 사용된다.

모델링 구조물을 세 부재와 A에 있는 핀으로 분해하여 그림 2와 같은 자유물체도를 구한다. 이 자유물체도는 다음과 같이 작성된다. 먼저 AGD 부재에서 점 D는 핀 지지이므로 두 직교성분 D_x와 D_y를 갖는다. 그리고 부재는 A에서 핀으로 지지되어 있다: 핀은 부재에 A_{1x}와 A_{1y}의 힘을 작용하고, 부재는 동일한 힘을 핀에 작용하지만 뉴턴의 제3법칙에 따라 반대방향이다. 다음으로 부재 AFC는 C에서 롤러로 지지되어 있어 풀의 벽에 수직인 반력이 존재한다. 그리고 A에서 핀으로 지지되어 있다: 핀은 부재에 A_{2x}와 A_{2y}의 힘을 작용하고, 부재는 동일한 힘을 핀에 작용하지만 반대방향이다. 부재 AEB의 자유물체도도 같은 방법으로 작성된다.

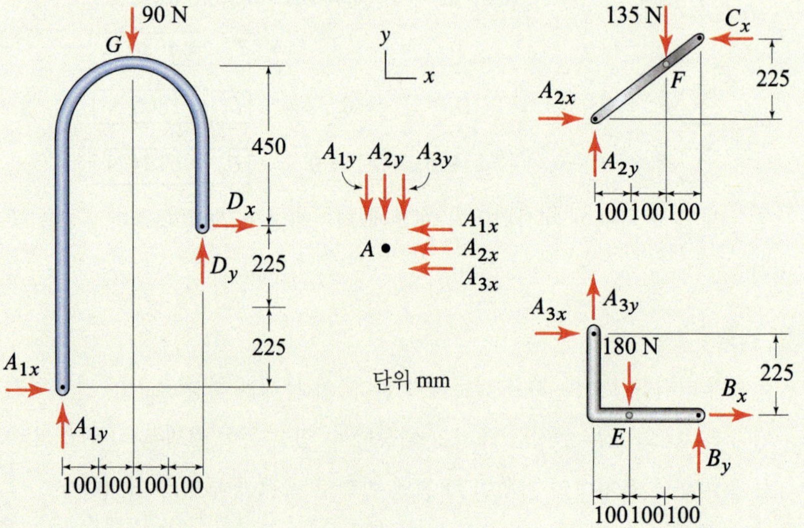

그림 2 자유물체도.

유용한 정보
이 예제의 핀 A와 같이 세 부재 이상이 한 핀에 연결되어 있는 프레임과 기계의 자유물체도를 그릴 때에는 핀에 대한 자유물체도를 그리는 것이 도움이 된다.

지배방정식과 계산 자유물체도를 살펴보면 부재 AFC는 세 미지력만 갖기 때문에 먼저 이 부재를 선택해 평형방정식을 세운다.

부재 AFC :

$$\sum M_A = 0: \quad -(135\text{ N})(200\text{ mm}) + C_x(225\text{ mm}) = 0 \quad \Rightarrow \quad \boxed{C_x = 120\text{ N}} \qquad (1)$$

$$\sum F_y = 0: \quad A_{2y} - 135\text{ N} = 0 \quad \Rightarrow \quad \boxed{A_{2y} = 135\text{ N}} \qquad (2)$$

$$\sum F_x = 0: \quad A_{2x} - C_x = 0 \quad \Rightarrow \quad \boxed{A_{2x} = 120\text{ N}} \qquad (3)$$

남은 자유물체도를 살펴보면 모두 네 미지력을 갖고 있고, 연성된 방정식을 풀 필요가 있기 때문에 어느 것을 먼저 고려해도 상관없다. 남은 세 자유물체도의 평형방정식은 다음과 같다:

부재 AGD :

$$\sum M_A = 0: \quad -(90\text{ N})(200\text{ mm}) - D_x(450\text{ mm}) + D_y(400\text{ mm}) = 0 \qquad (4)$$

$$\sum F_x = 0: \quad A_{1x} + D_x = 0 \qquad (5)$$

$$\sum F_y = 0: \quad A_{1y} + D_y - 90\text{ N} = 0 \qquad (6)$$

부재 AEB :

$$\sum M_A = 0: \quad B_x(225\text{ mm}) + B_y(300\text{ mm}) - (180\text{ N})(100\text{ mm}) = 0 \qquad (7)$$

$$\sum F_x = 0: \quad A_{3x} + B_x = 0 \qquad (8)$$

$$\sum F_y = 0: \quad A_{3y} + B_y - 180\text{ N} = 0 \qquad (9)$$

핀 A :

$$\sum F_x = 0: \quad -A_{1x} - A_{2x} - A_{3x} = 0 \qquad (10)$$

$$\sum F_y = 0: \quad -A_{1y} - A_{2y} - A_{3y} = 0 \qquad (11)$$

식 (4)-(11)은 8개의 미지력을 갖는 8개의 방정식이다. 손으로 풀어도 되지만 컴퓨터를 사용하면 더 효과적이다. 값들을 구해보면

$$\boxed{\begin{array}{llll} B_x = -88\text{ N} & B_y = 126\text{ N} & D_x = 208\text{ N} & D_y = 279\text{ N} \\ A_{1x} = -208\text{ N} & A_{1y} = -189\text{ N} & A_{3x} = 88\text{ N} & A_{3y} = 54\text{ N} \end{array}} \qquad (12)$$

논의 및 검증

- **풀이의 확인** 구한 값들을 평형방정식에 대입하여 식이 성립하는지를 검토함으로써 풀이가 수학적으로 정확한가를 확인해야 한다. 그러나 이 검토가 평형방정식 자체가 정확하다는 것을 확인해주지는 않으므로 정확한 자유물체도를 그리고 풀이가 타당성이 있는지를 검토해야 한다.
- **대체 자유물체도** 이 문제에서는 A에 있는 핀의 독립된 자유물체도가 도움이 되었다. 그러나 적절히 작성되었다면 다른 자유물체도도 도움이 될 수 있다. 예를 들어 부재 AGD 에 핀 A를 포함시켜 남은 두 부재가 부재 AGD에 직접 힘을 가하는 자유물체도가 그림 3에 있다. 핀 A가 부재 AFC, 혹은 부재 AEB에 포함된 자유물체도도 그릴 수 있어야 한다.
- **더 큰 그림** 여기서 설명한 풀이는 이 수영장 사다리를 설계하고 해석하는 첫 단계(중요한 첫 단계)이다. 정역학 다음 단계 과목인 재료역학에서, 여기서 구한 힘들을 사용하여 사다리가 충분히 강한지, 변형량은 허용범위 내에 있는지 등을 판단할 것이다.

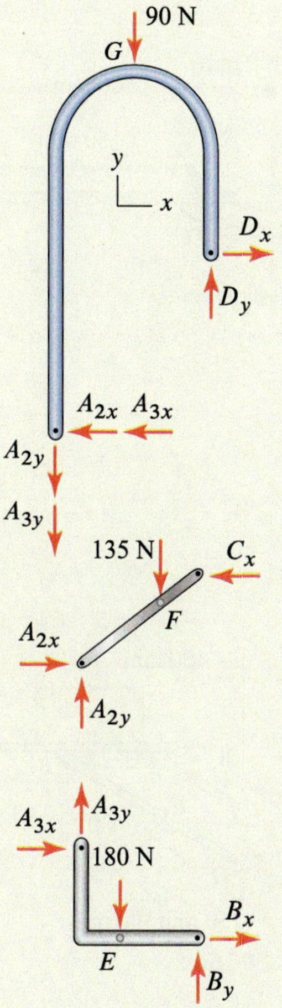

그림 3 부재 AGD에 핀 A를 포함시킨 대체 자유물체도.

문제

문제 6.49

병에서 코르크를 제거하는 그림의 코르크 마개 따개의 모든 부재와 코르크(즉, 부재 *AB*, *CD*, *LM*, *HBEDI*와 *JKL*)의 자유물체도를 그리고 모든 미지력에 기호를 부여하라.

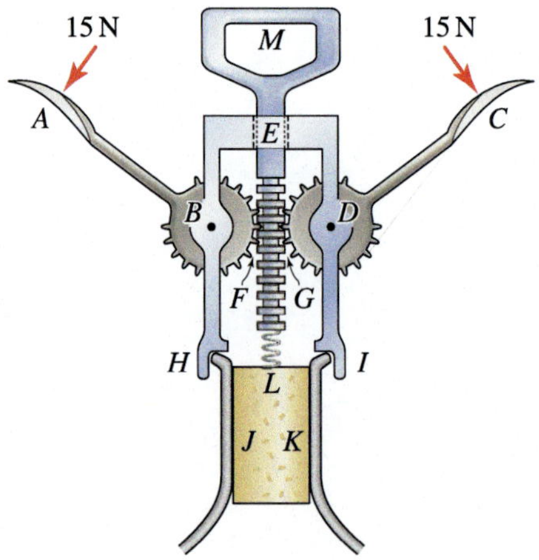

그림 P6.49

문제 6.50

피아노의 건반 장치는 많은 부품으로 구성되어 있으나 건반부터 피아노선까지의 힘과 운동의 전달을 모델링하기 위해 그림과 같은 모델이 사용될 수 있다. 모든 부재(즉, 부재 *ABC*, *DCE*, *EF*, *GFH*)의 자유물체도를 그리고 모든 미지력에 기호를 부여하라.

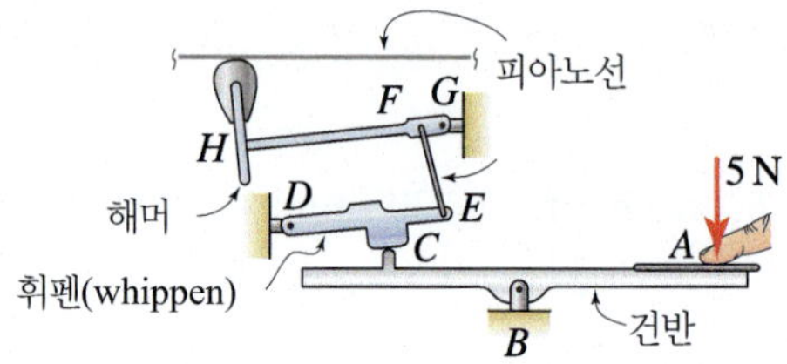

그림 P6.50

문제 6.51

그림의 도구는 사람의 손에 닿지 않는 곳의 물건을 집기 위해 사용된다. 그림의 위치에서 *C*의 비틀림 스프링은 도구의 잡는 부분을 벌리기 위한 1 Nm의 모멘트를 지지한다. 각 부재의 무게와 점 *H*와 *G*의 마찰은 무시한다. 도구의 모든 부재의 지지하중과 *H*와 *G*에서 도구가 물건을 잡는 힘을 구하라.

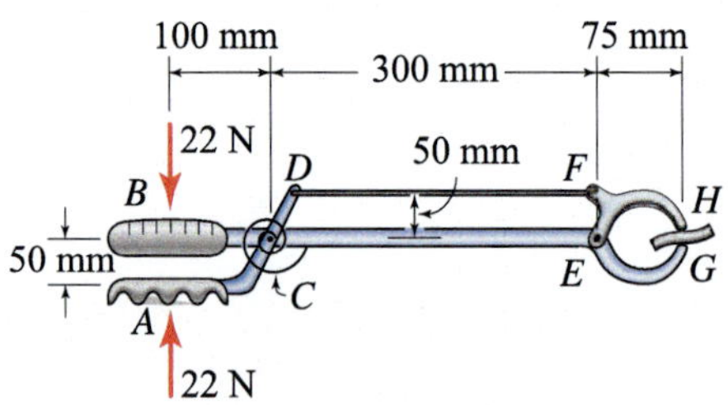

그림 P6.51

문제 6.52

그림 P6.51와 그림 6.29의 픽업 도구의 설계를 비교하라. 두 도구의 부재 크기가 같다면, 어느 도구가 고장이 나기 전까지 *H*와 *G*에서 물건에 더 큰 힘을 가할 수 있을지 추측하라.

주의 개념 문제는 계산이 아닌 설명이 필요하다.

문제 6.53, 6.54

테이블 *AB*의 높이와 경사각은 점 *D*에 있는 조작자의 손에 의해 조절된다. 테이블 위에는 무게가 45 N이고 무게중심이 *G* 점에 있는 상자가 있다. 테이블이 평형을 유지하기 위해 조작자가 가해야 하는 힘을 구하고 기계의 모든 부재의 지지하중을 구하라.

문제 6.53 조작자가 가하는 힘은 수직력이다.

문제 6.54 조작자가 가하는 힘은 수평력이다.

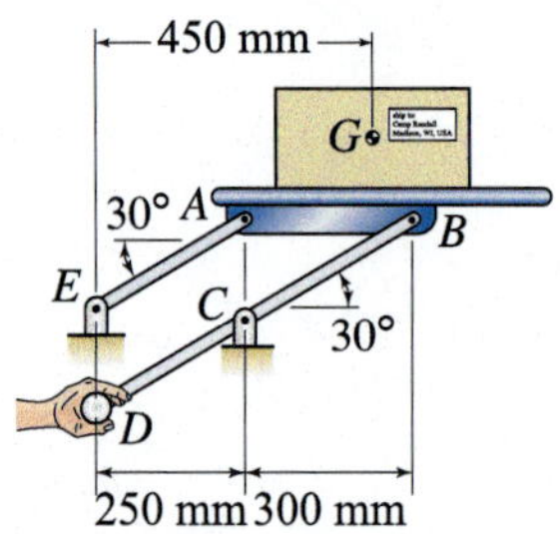

그림 P6.53, P6.54

문제 6.55, 6.56

테이블 AB의 높이와 경사각은 점 D에 있는 조작자의 손에 의해 조절된다. 테이블 위에는 무게가 40 N이고 무게중심이 G 점에 있는 상자가 있다. 테이블이 평형을 유지하기 위해 조작자가 가해야 하는 힘을 구하고 기계의 모든 부재의 지지하중을 구하라.

문제 6.55 조작자가 가하는 힘은 수직력이다.

문제 6.56 조작자가 가하는 힘은 수평력이다.

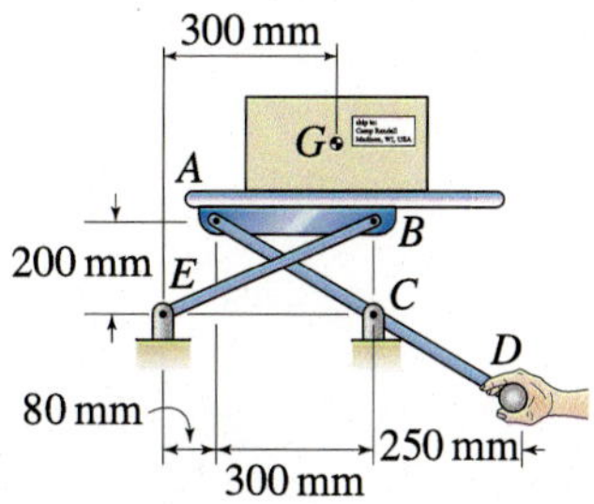

그림 P6.55, P6.56

문제 6.57

그림과 같이 유압 리프트가 두 개의 상자를 지지하고 있다. 각 상자의 무게는 900 N이고 무게중심은 각 상자의 중앙에 있다. 각 부재의 무게는 무시한다.

(a) 네 개의 자유물체도(부재 AEF, ABC, ED, BE에 대한)를 그리고 모든 미지력에 기호를 부여하라.

(b) 리프트의 평형 유지를 위한 유압 액츄에이터 BE의 하중을 구하라.

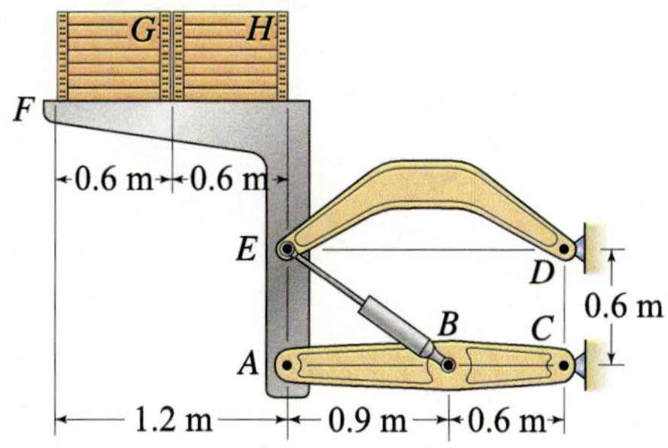

그림 P6.57

문제 6.58

엔드 로더의 삽이 A, B, C, D 지점에 핀을 갖고 있다. 스쿠프(흙 푸는 통)는 지점 E에서 아랫방향의 수직하중 9000 N을 지지하고 있다(그림에 보이지 않음).

(a) 부품 AB, AC, 유압실린더 AD, 삽 CDE, 부재 BD의 자유물체도를 그리고 모든 미지력에 기호를 부여하라.

(b) 삽의 평형상태를 유지하기 위해 유압실린더 AD가 지지해야 하는 하중을 구하라.

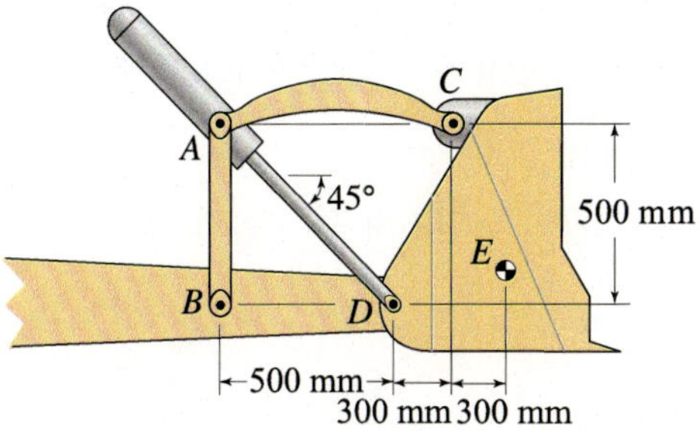

그림 P6.58

문제 6.59

그림의 굴착기에서 유압실린더 GF와 BC는 각각 수평과 수직이다. 모든 부재의 무게는 무시한다.

(a) 부재 DEF와 FCA, 삽 AB, 유압실린더 BC, CE, FG의 자유물체도를 그려라.

(b) 세 유압실린더가 4500 N의 힘(인장력과 압축력 모두)을 발생시킬 수 있다면, 그림의 위치에서 지지할 수 있는 최대하중 W를 구하라.

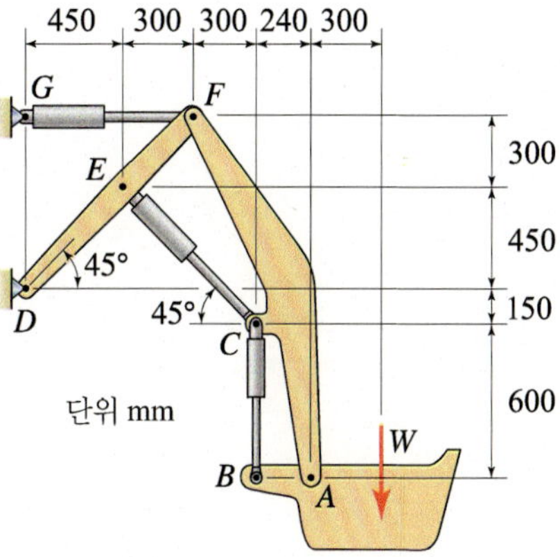

그림 P6.59

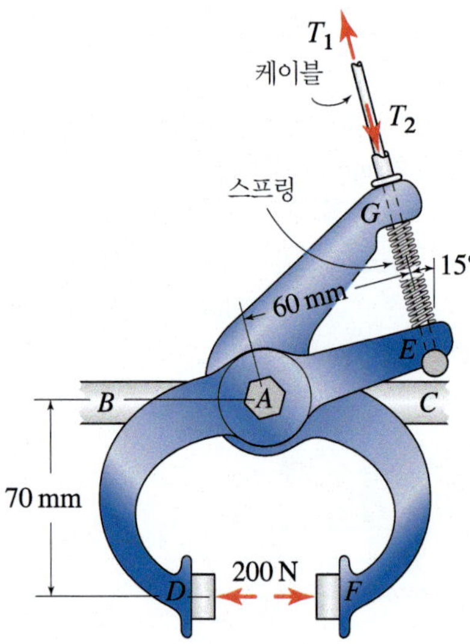

그림 P6.60

문제 6.60

자전거의 핸드 브레이크의 그림이다. 부품 *DE*, *FG*는 자전거 프레임 *BC*에 연결된 볼트 *A*를 중심으로 자유롭게 회전한다. 브레이크는 실드 케이블에 의해 작동되는데 점 *E*에 T_1이 작용하고 점 *G*에 T_2가 작용한다. *E*와 *G* 사이에 압축력 50 N의 스프링이 있기 때문에 사용하지 않을 때는 브레이크가 작동하지 않는다. 브레이크가 작동될 때 스프링력은 변하지 않고 점 *D*와 *F* 사이에 200 N의 힘이 발생한다.

(a) *DE*, *FG*, 볼트 *A*의 자유물체도를 그리고 모든 미지력에 기호를 부여하라.

(b) 필요한 케이블 장력 T_1과 T_2를 구하라.

(c) *DE*와 *FG*가 볼트 *A*에 가하는 힘을 구하라.

문제 6.61

완만한 경사로를 자전거 페달을 밟고 오른다. 사람과 자전거의 무게는 540 N이고 무게 중심은 점 *C*에 있다. 자전거가 일정한 속도로 움직일 때 그림의 위치에서 자전거를 탄 사람이 *F*의 페달에 가해야 하는 힘을 구하라. 사람은 오른발로만 페달에 힘을 가하고, 페달 *F*에 가한 힘은 크랭크 *EF*에 수직이고, 스프로켓 *D*와 *E* 사이의 체인 아래 부분은 느슨하다고 가정한다.

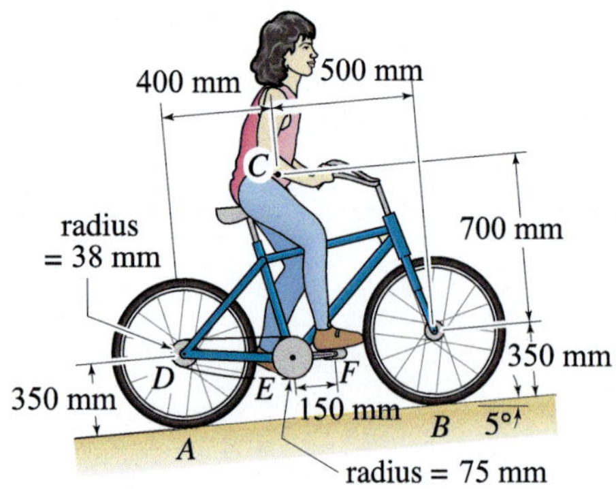

그림 P6.61

문제 6.62

9000 N의 쓰레기 수집용기를 들어올리기 위해 쓰레기차에 그림과 같은 연동장치가 사용된다. *A*-*G*는 핀이고 부재 *ABC*는 수평이다. 수집용기를 올리고 회전시키면 수집용기의 앞 모서리 *A*가 동시에 낮아져 쓰레기를 비우기에 편리한 위치가 된다.

(a) 부재 *ABC*, *CD*, *EDG*, 수집용기 *H*, 유압실린더 *CF*의 자유물체도를 그리고 모든 미지력에 기호를 부여하라.

(b) 그림의 위치같이 수집용기를 완전히 들어 올릴 때 유압실린더 *CF*에 작용하는 힘을 구하라.

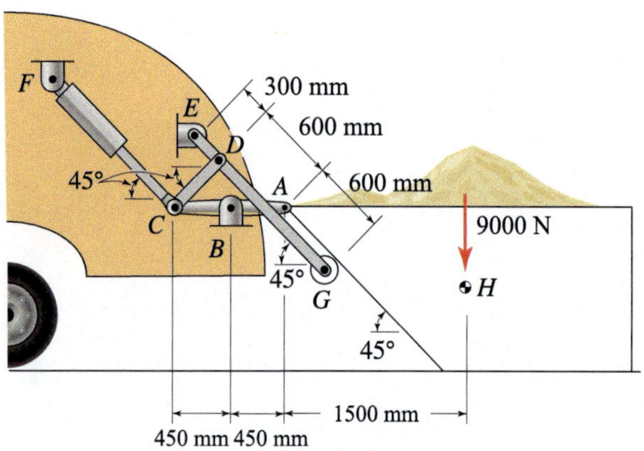

그림 P6.62

문제 6.63

원예용 소형 트랙터의 엔드 로더의 그림이다. 모든 연결부는 핀으로 연결되어 있다. W를 제외한 다른 무게는 무시한다.

(a) 부재 BC, DG, AEF, 판 CDE, 유압실린더 EG, 삽 AB의 자유물체도를 그리고 모든 미지력에 기호를 부여하라.

(b) 유압실린더 EG가 13500 N의 힘을 낼 수 있는 경우 그림의 위치에서 올릴 수 있는 최대 무게 W를 구하라.

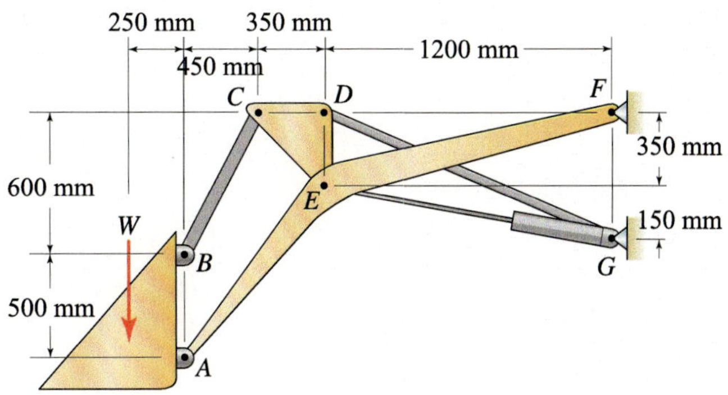

그림 P6.63

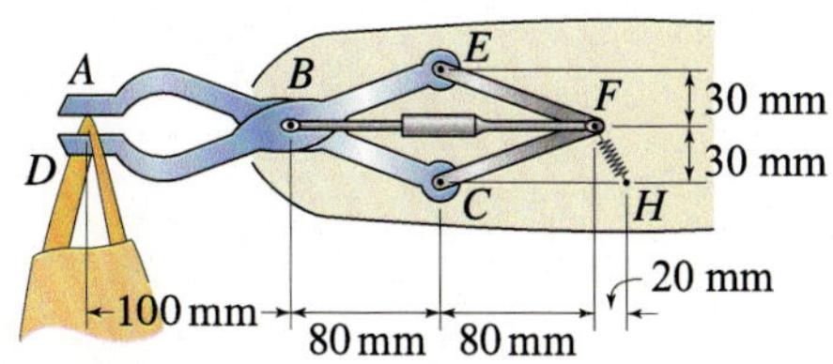

그림 P6.64

문제 6.64

그림의 의수 어셈블리에서 점 B와 점 H는 팔에 고정된다. 손은 손을 쥐고 펴게 하는 공기압실린더 BF에 의해 작동된다. 스프링 FH는 손이 팔과 일직선이 되도록 도와준다. 사람이 무게 30 N의 식료품백을 들고 A와 D에서 10 N의 힘으로 쥐고 있는 경우 공기압실린더와 스프링에 작용하는 힘을 구하라. 식료품백을 들고 있는 동안 팔과 손은 그림의 위치를 유지하고 공기압실린더는 수평이라 가정하라.

문제 6.65

다차선 고속도로 교량의 경간 설계에 많이 사용되는 세 가지 디자인의 그림이다. 디자인 1은 예제 6.8에서 고려한 디자인으로 링크 CD는 교량의 두 경간을 연결하는데 사용된다. 디자인 2는 두 개의 단순지지 된 I 형 보를 사용한다. 디자인 3은 중앙부가 롤러지지이고 점 A에서 점 E까지 하나로 된 I 형 보를 사용한다. 다음의 사항을 고려해 각 디자인의 장단점을 설명하라.

- 어느 디자인이 지지반력의 해석이 쉽고 어느 디자인이 해석하기 어려운가?
- 어느 디자인이 건설하기 더 쉬운가?
- 지지점 B가 시간이 경과함에 따라 내려앉는 것과 같은 예기하지 못한 지지점의 운동에 어느 디자인이 더 민감하겠는가?
- 지지점 B가 교량 아래로 통과하는 차량과 충돌한다면 어느 디자인이 더 안전하겠는가?

주의 개념 문제는 계산이 아닌 설명이 필요하다.

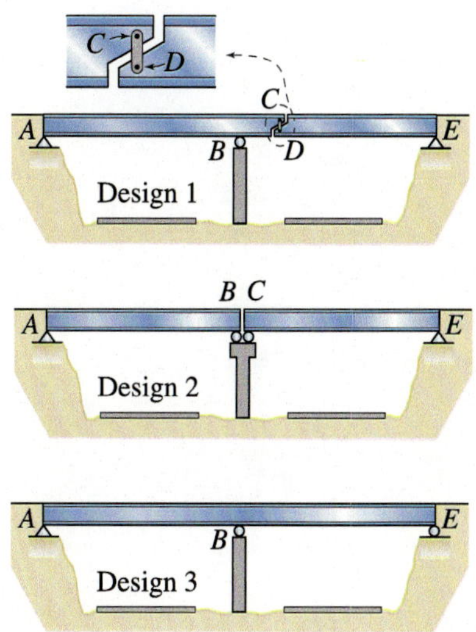

그림 P6.65

6.5 장 복습

이 장의 중요한 정의, 개념과 방정식을 요약한다. 명확하게 이해되지 않는 방정식과 개념들은 언급된 원래 방정식과 쪽 번호를 참조하여 더 자세히 복습해야 한다.

트러스

트러스는 2력 부재로만 구성된 구조물로서, 전체 조합체가 한 물체로 거동할 수 있도록 부재들이 조립된다. 이차원 구조물에서는, 모든 부재가 2력 부재가 되기 위해서는 다음의 특성을 가져야 한다:

- 모든 부재는 마찰 없는 핀으로 서로 연결되어 있고 핀의 위치는 절점이라 부른다.
- 각 부재는 최대 2개의 절점을 갖는다.
- 하중은 절점에만 작용한다.
- 각 부재의 무게는 무시된다.

위의 특성을 갖는 구조물을 평면 트러스라 한다.

절점법 절점법에서는 각 절점의 자유물체도를 그리고 절점에 대한 평형방정식 $\sum F_x = 0, \sum F_y = 0$을 이용하여 트러스 부재의 지지하중을 구한다.

단면법 단면법에서는 구조물을 절단하는 단면을 선택하여 절단된 구조물의 자유물체도에 평형방정식 $\sum F_x = 0, \sum F_y = 0, \sum M = 0$을 이용하여 트러스 부재의 지지하중을 구한다.

무부하 부재 아무 하중도 지지하지 않는 트러스 부재(또는 임의의 부재)를 무부하 부재라 한다. 트러스의 무부하 부재는 그림 6.31의 패턴에 맞는 절점을 조사함으로써 발견할 수 있다. 만일

- 특정한 절점에 세 부재가 연결되어 있고,
- 이 중 두 부재가 동일 직선상에 있으며,
- 절점에 하중이 작용하지 않는다면

동일 직선상에 있지 않은 부재는 무부하 부재이다.

무부하 부재는 압축 부재의 길이를 감소하여 좌굴 저항을 개선시킴으로써 매우 효과적으로 트러스의 전체 강도를 증가시킬 수 있다.

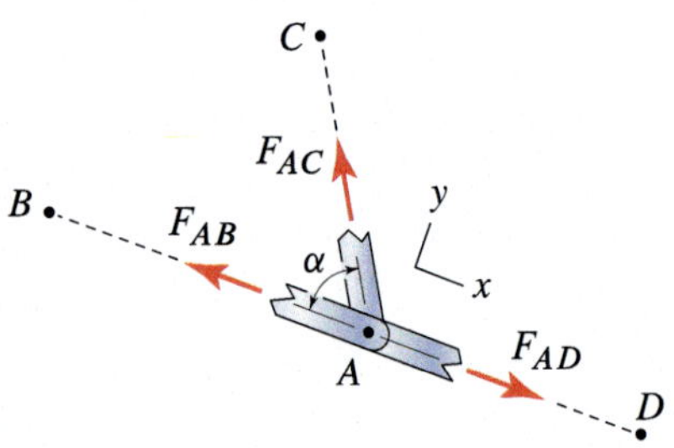

그림 6.31 관찰에 의해 무부하 부재를 식별할 수 있는 트러스 부재의 형상.

정정과 부정정 트러스 정정 트러스에서는 평형방정식이 충분하여 트러스 모든 부재의 지지하중과 지지반력을 구할 수 있다. 부정정 트러스에서는 평형방정식이 충분하지 않아 이 하중들을 구할 수 없다. 트러스가 정정인지 부정정인지를 판단하는 것을 도와주는 간단한 경험법칙은 미지력의 수와 방정식의 수를 비교하는 식으로 방정식 계수법이라 한다.

다음과 같은 평면트러스에서

식 (6.21) p. 347

m = 부재의 수

r = 지지 반력의 수

j = 절점의 수

경험법칙은 다음과 같다:

식 (6.22) p. 347

$m + r < 2j$인 경우	트러스는 기구(mechanism)이거나 부분 구속 상태이다.
$m + r = 2j$인 경우	완전 구속 상태이면 트러스는 정정이고 부분 구속 상태이면 트러스는 부정정이다.
$m + r > 2j$인 경우	트러스는 부정정이고 완전 고정 상태이거나 부분 고정 상태이다.

방정식 계수법을 성공적으로 사용하기 위해서는 훌륭한 판단력이 필요하다. 이것이 방정식 계수법이 법칙이 아닌 경험법칙이라 불리는 이유이다.

단순 트러스, 혼합 트러스, 복합 트러스 단순 트러스는 그림 6.16과 같이 삼각형 형태 배치된 부재를 갖는다. 혼합 트러스와 복합 트러스는 서로 연결된 두 개 이상의 단순 트러스로 구성된다. 단순 트러스가(혼합 트러스와 복합 트러스도) 많이 사용되지만 다른 디자인의 트러스도 많이 사용되고 성능을 잘 발휘한다. 단순 트러스(혼합 트러스와 복합 트러스)의 주요 장점 중 하나는 항상 안정적이라는 것이다.

좌굴 트러스 부재가 보통 가늘고 길기 때문에 압축 부재는 좌굴이 발생하기 쉽다. 더욱이 직선 부재에서 좌굴이 발생하는 힘은 부재가 길어질수록 급격히 감소한다(좌굴하중은 $1/L^2$에 비례한다. 여기서 L은 부재의 길이이다). 따라서 트러스가 긴 압축 부재를 갖는 것은 바람직하지 않다.

공간 트러스

공간 트러스는 2력 부재로만 구성된 삼차원 트러스로서 전체 조합체가 한 물체로 거동할 수 있도록 부재들이 조립된다. 공간 트러스에서는 부재들이 볼과 소켓 조인트로 서로 연결되어 있다는 것만 제외하고, 평면 트러스에서 2력 부재의 요구조건에 대해 언급했던 사항들이 역시 적용된다. 각 절점이 세 평형방정식을 가진다는 것만 제외하고, 공간 트러스도 절점법과 단면법을 이용하여 해석할 수 있다.

프레임과 기계

프레임과 기계의 정의와 자유물체도를 그리는 몇 가지 요령은 다음과 같다.

프레임 프레임은 한 개 이상의 다력 부재를 포함한 구조물이다. 프레임은 보통 작용하는 하중을 지지할 목적으로 공간상에 완전히 고정되어 있고 정적으로 배치된 부재를 사용한다.

기계 기계는 상호 간의 상대운동이 가능하도록 부재를 배열한 구조물이다. 기계의 일반적인 목적은 운동이나 힘의 전달이다. 정역학에서는 운동이 가능할 경우 그 운동이 느리기 때문에 관성을 무시할 수 있다고 가정한다. 이러한 경우가 아니면 동역학적인 해석 방법이 사용되어야 한다.

자유물체도 프레임과 기계의 자유물체도를 그릴 때 먼저 2력 부재를 찾아내고 지지하중에 적절히 기호를 부여하는 것이 도움이 된다. 이렇게 하면 자유물체도가 보다 간단해지고, 평형방정식의 수가 감소하며, 구해야 하는 미지력의 수가 감소한다.

복습 문제

문제 6.66

부재 AGB는 점 A, G, B에 핀 결합을 갖고 있는 단일 부재이다. 마찬가지로 부재 BHC는 점 B, H, C에 핀 결합을 갖고 있는 단일 부재이다. 다른 연결부도 모두 핀이다.

(a) 이 구조물은 트러스인가? 이유를 설명하라.

(b) 모든 부재의 지지하중을 구하라.

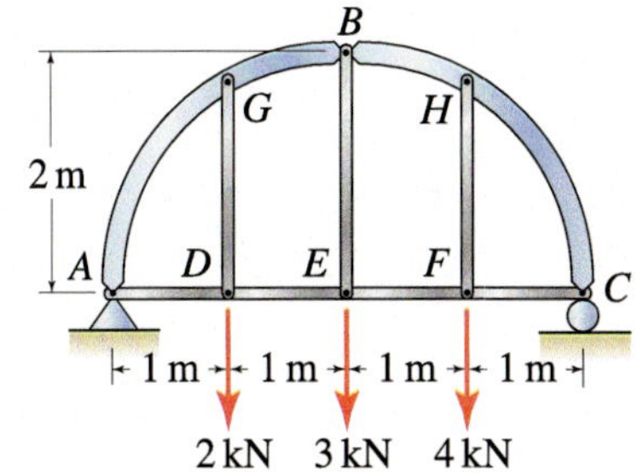

그림 P6.66

문제 6.67

(a) 트러스가 정정인지 부정정인지 판단하라.

(b) 관찰에 의해 트러스의 무부하 부재를 찾아라.

(c) (a)의 답변과 상관없이 부재 QI의 지지하중을 구하라.

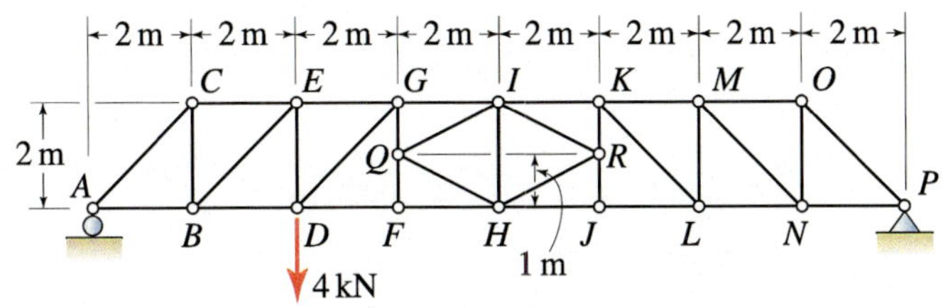

그림 P6.67

문제 6.68

(a) 트러스가 정정인지 부정정인지 판단하라.

(b) 관찰에 의해 트러스의 무부하 부재를 찾아라.

(c) (a)의 답변과 상관없이 부재 DG의 지지하중을 구하라.

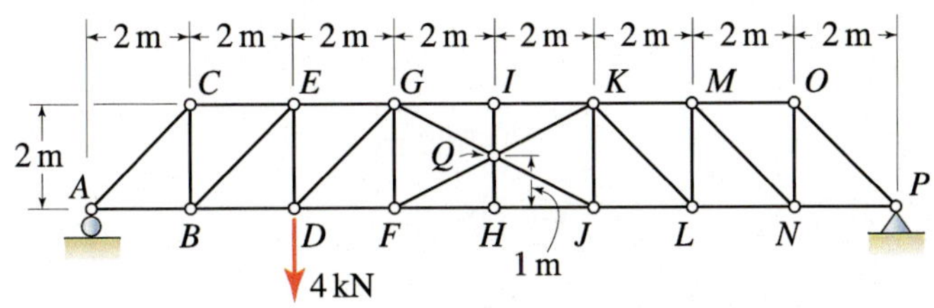

그림 P6.68

문제 6.69

그림 P6.69(a)와 비교하여

- (b) 의 트러스는 부재 AB, BC를 이등분한다.
- (c) 의 트러스는 부재 AB, BC, AD, DC를 이등분한다.
- (d) 의 트러스는 부재 AB, BC를 삼등분한다.

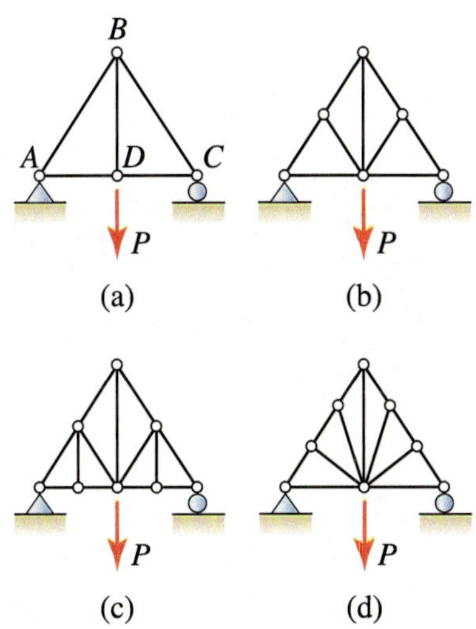

그림 P6.69

평면 내(in−plane) 좌굴에 의한 파손만을 고려하라. 그림 P6.69(a)의 트러스가 P = 6400 N일 때 파손되는 경우 그림 P6.69(b), (c), (d)의 파손 하중을 구하라.

문제 6.70

기중기의 팔(boom)이 수직 xz 평면에 걸려있고 점 N의 소켓과 케이블 OB, BP에 의해 지지되어 있다. 팔의 하부 플랜지에는 하중이 길이 방향으로 움직일 수 있도록 하는 롤러 시스템이 장착되어 있다. 팔의 상부와 하부 플랜지는 연속부재이지만 구조물을 트러스로 이상화한다. 2700 N의 하중이 점 C에 위치할 때 두 케이블과 부재 CD의 지지하중을 구하라.

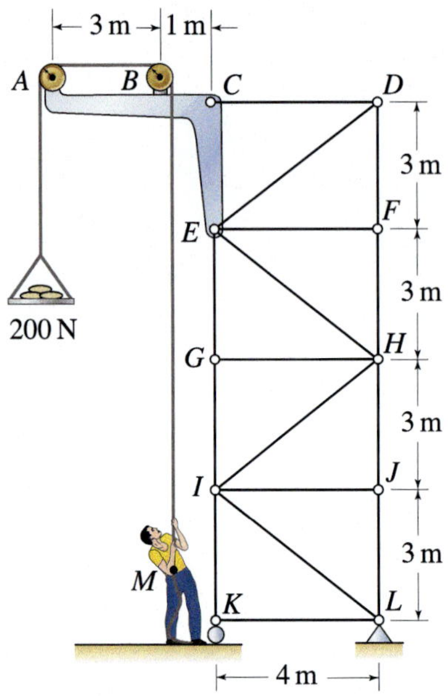

그림 P6.71

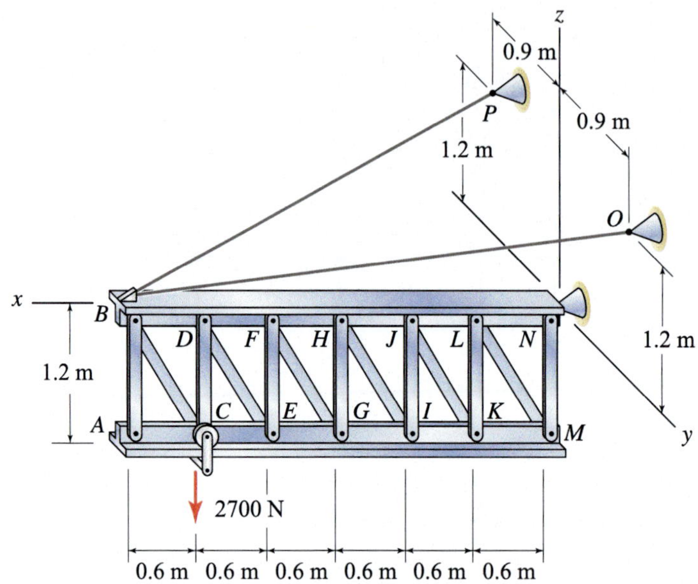

그림 P6.70

문제 6.71

건축 자재를 들어 올리는 호이스트가 비계에 부착되어 있다. 호이스트는 점 A와 B에 마찰 없는 풀리를 갖고 있고 풀리의 반지름은 300 mm이다.

(a) 관찰에 의해 트러스의 무부하 부재를 찾아라.

(b) 부재 DE의 지지하중을 구하라.

(c) 부재 EH의 지지하중을 구하라.

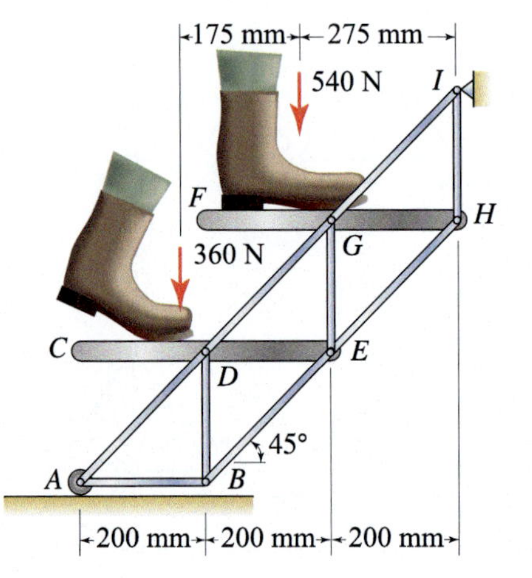

그림 P6.72

문제 6.72

계단 CDE와 FGH는 9개의 부재를 갖는 트러스로 지지되어 있다. 트러스의 모든 부재의 지지하중을 구하라.

문제 6.73

리프팅 플랫폼이 부재 *JKF*, *LH*와 유압실린더 *KL*에 의해 지지되어 있다. 모든 연결부는 마찰 없는 핀이다.

(a) 평형을 위해 유압실린더가 지지해야 하는 하중을 구하라.

(b) 절점법을 이용하여 부재 *GH*의 지지하중을 구하라.

(c) 단면법을 이용하여 부재 *BC*의 지지하중을 구하라.

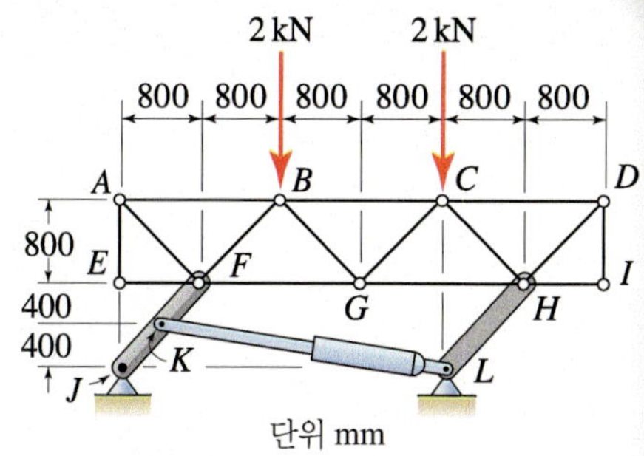

그림 P6.73

문제 6.74

그림의 트레일러에 장착된 덤프의 모든 연결부는 핀이고 부재 *EF*는 수평이다. 유압실린더는 덤프를 기울이는 동시에 문을 연다.

(a) 유압실린더 *AE*, 부재 *BDE*과 *EF*, 문 *FG*, 덤프의 자유물체도를 그리고 모든 미지력에 기호를 부여하라.

(b) 유압실린더 *AE*의 지지하중을 구하라.

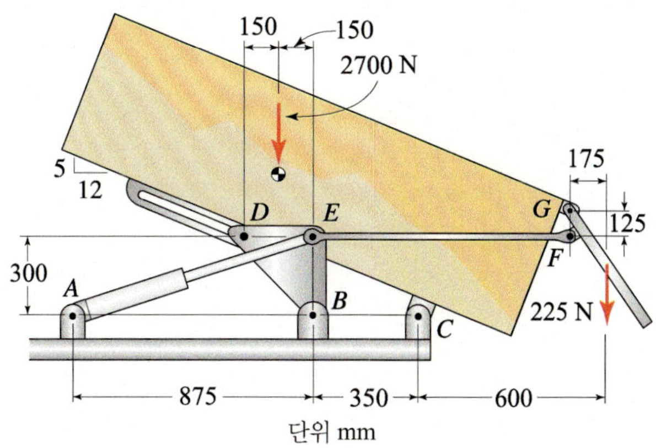

그림 P6.74

Chapter 7

도심과 분포하중 시스템

이 장은 도심, 질량중심, 무게중심에 대한 논의부터 시작한다. 이들의 공통된 요소는 도심, 질량중심, 무게중심이 분포량의 평균 위치를 나타낸다는 것이다. 그 다음, 이러한 개념을 분포하중 시스템, 유압 하중, 가스압 하중에 응용하는 것을 고려한다.

7.1 도심

서론–무게중심

도심이 이 절의 초점이지만 무게중심에 대한 간단한 논의부터 시작하는 것이 더 이해하기 쉬울 것이다.

애리조나 주와 네바다 주의 경계에 있는 콜로라도 강에 위치한 위에 있는 후버댐(Hoover Dam)의 사진을 고려해 보자. 댐은 주로 콘크리트로 이루어져 있지만 강관, 터빈 발전기 등도 포함되어 있다. 댐을 구성하는 재료의 모든 원자는 중력에 의한 무게를 가지고 있고, 모두 합하면 댐의 전체 무게가 된다. 댐의 전체 무게는 물론 상당히 무겁다. 댐은 저수지에 물을 담고 있고 이 물은 방향과 강도가 위치에 따라 변하는 압력을 댐에 작용한다. 전체적으로 이 수압은 거대한 힘이 된다. 해석과 설계의 목적으로, 댐의 전체 무게와 물이 댐에 가하는 전체 힘만 아는 것으로 충분한 경우가 많다. 사실 이러한 힘은 등가 힘계의 한 부분을 구성한다. 필요한 나머지 정보는 **무게중심**이라 하는 무게의 작용선의 위치와 때로 **압력중심**이라 하는 유체력의 작용선의 위치이다. 이 장에서 다루는 주제 중에는 무게중심과 압력중심을 구하는 방법이 있다. 7장의 개념들은 4장에서 논의한 등가 힘계의 개념들을 기반으로 하여 그 개념들을 좀 더 발전시킨다. 그러나 7장의 개념들은 힘과 등가 힘계의 범위를 넘어선다. 예를 들면, 면적의 도심은 보의 강도를 결정하는데 중요하고, 도심이 무게중심과 수학적으로는 비슷하지만 아주 다르다. 7장의 근본적인 개념은 분포량의 평균적 위치인데, 여기서 분포량은 형상, 질량, 무게, 유압, 가스압력 등이다.

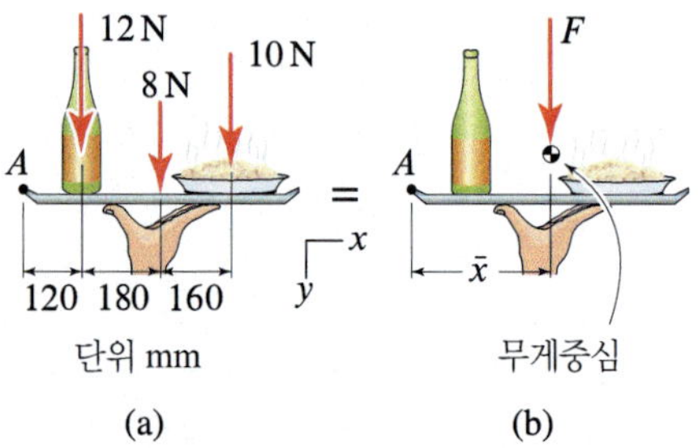

그림 7.1 (a) 와인과 파스타가 있는 쟁반. (b) 등가 힘계로부터 물체의 전체 무게와 무게중심이라 하는 전체 무게의 작용점을 알 수 있다.

그림 7.1(a)와 같은 간단한 예를 고려하여 위에서 논의한 개념의 일부를 수치화해보자. 레스토랑의 웨이터가 와인과 파스타를 쟁반 위에 올려 가져 온다. 무게중심은 웨이터가 나르는 물체의 무게 분포의 평균위치로 정의된다. 웨이터가 경험이 많다면, 쟁반, 와인, 파스타의 무게중심이 사용하는 손 바로 위에 오는지 확인할 것이다. 그렇지 않으면 쟁반은 떨어지게 될 것이다. 그림 7.1(a)에서 와인, 쟁반, 파스타의 무게는 각각 12, 8, 10 N이고 위치는 그림과 같다. 이 무게들을 물체들의 **무게중심(*center of gravity*)**에 위치한 하나의 힘으로 대체하려고 한다. 힘과 위치(무게중심)는 그림 7.1(b)와 같은 등가 힘계를 구성하여 알 수 있다. 4장의 식 (4.16)을 이용하여 등가 힘계를 구성하면

$$\sum(F_y)_{\text{system 1}} = \sum(F_y)_{\text{system 2}} \tag{7.1}$$

$$12\text{ N} + 8\text{ N} + 10\text{ N} = F \tag{7.2}$$

$$\Rightarrow \quad F = 30\text{ N} \tag{7.3}$$

$$\sum(M_A)_{\text{system 1}} = \sum(M_A)_{\text{system 2}} \tag{7.4}$$

$$(12\text{ N})(120\text{ mm}) + (8\text{ N})(300\text{ mm}) + (10\text{ N})(460\text{ mm}) = F\bar{x} \tag{7.5}$$

$$\Rightarrow \quad \bar{x} = 281\text{ mm} \tag{7.6}$$

힘 $F = 30$ N은 물체들의 전체 무게를 나타내고 무게중심 $\bar{x} = 281$ mm는 이 힘의 작용선의 위치이다. 여기서 중요한 개념은 **무게중심은 무게 분포의 평균 위치**라는 것이다.

식 (7.1)-(7.6)을 여러 물체의 합에 대한 무게중심의 식으로 일반화하면

$$\bar{x} = \frac{\sum_{i=1}^{n} \tilde{x}_i W_i}{\sum_{i=1}^{n} W_i} \tag{7.7}$$

여기서 n은 물체의 수, W_i는 물체 i의 무게, $\tilde{x}_i$는 좌표계의 원점으로부터 측정된 W_i의 위치(즉 모멘트 암)이다. 식 (7.7)에서 $\tilde{x}_i$가 물체 i의 무게중심의 위치이라는 것을 강조하기 위해 틸데(tilde) 기호를 사용하는데 이 기호는 좌표 x와 혼동하는 것을 방지하는 데 도움이 될 것이다.

식 (7.7)에서 곱 $W_i\tilde{x}_i$를 무게 W_i의 1차모멘트(*first moment*)라 한다. 식 (7.7)의 기본 개념을 일반화하여 임의의 분포량의 1차모멘트의 값을 구하여 그 분포량의 평균 위치를 계산할 수 있다. 예를 들면 식 (7.7)의 W_i를 각 물체의 질량 m_i로 대체하면 $\bar{x}$는 물체 전체 질량의 평균 위치가 되고 이를 **질량중심**이라 한다. 마찬가지로 식 (7.7)의 W_i를 각 물체의 부피 V_i로 대체하면 $\bar{x}$는 물체 전체 부피의 평균 위치가 되고 이를 **도심**이라 한다.

> **개념 정리**
>
> **도심 등.** 도심, 질량중심, 무게중심 모두 분포량의 평균 위치를 나타낸다. 그리고 이러한 값들을 구하는 계산과정도 거의 동일하다.
>
> - 도심은 형상 분포의 평균 위치이다.
> - 질량중심은 질량 분포의 평균 위치이다.
> - 무게중심은 무게 분포의 평균 위치이다.

면적의 도심

도심(*centroid*)은 형상 분포의 평균 위치로 정의된다. 분포량이 단일 형상으로 구성된다면 그 형상은 선(직선이나 곡선), 면적 혹은 부피가 될 수 있다. 여러 형상으로 구성된다면, 분포량은 복합 선, 복합 면적 혹은 복합 체적이 될 수 있지만 이것들의 조합은 될 수 없다. 이제 그림 7.2의 면적을 고려하자. 면적은 복합 면적 A_i의 합으로 고려한다. 여기서 각 복합 면적의 도심은 $\tilde{x}_i$와 $\tilde{y}_i$에 있다. 전체 면적의 도심 $\bar{x}$와 $\bar{y}$는 식 (7.7)을 일반화하여 다음과 같이 구할 수 있다.

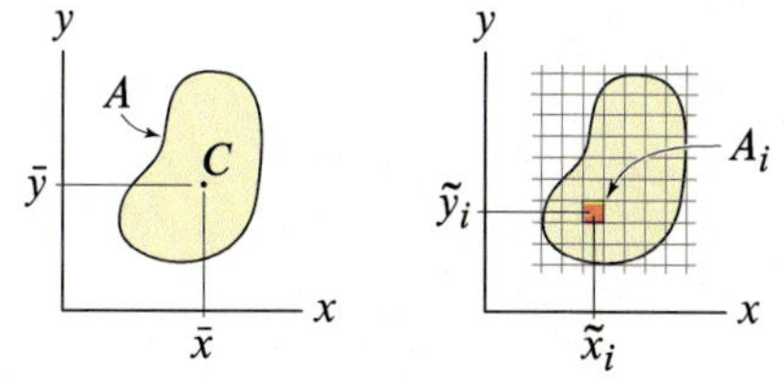

그림 7.2 면적 A의 도심 C는 $\bar{x}$와 $\bar{y}$에 위치한다. 면적 A는 도심이 $\tilde{x}_i$와 $\tilde{y}_i$에 있는 복합 면적 A_i의 합으로 볼 수 있다.

$$\bar{x} = \frac{\sum_{i=1}^{n} \tilde{x}_i A_i}{\sum_{i=1}^{n} A_i}, \qquad \bar{y} = \frac{\sum_{i=1}^{n} \tilde{y}_i A_i}{\sum_{i=1}^{n} A_i} \tag{7.8}$$

여기서 n은 전체 면적을 구성하는 복합 면적의 수, A_i는 형상 i의 면적, $\tilde{x}_i$와 $\tilde{y}_i$는 좌표계의 원점으로부터 측정한 A_i의 도심의 위치이다. 식 (7.8)에서 분자 $\sum \tilde{x}_i A_i$는 y 축에 대한 면적의 1차모멘트라 하고, $\sum \tilde{y}_i A_i$는 x 축에 대한 면적의 1차모멘트라 한다.

식 (7.8)에 극한 $A_i \to 0$을 취하면 합은 적분이 되고 식 (7.8)은

$$\bar{x} = \frac{\int \tilde{x}\, dA}{\int dA}, \qquad \bar{y} = \frac{\int \tilde{y}\, dA}{\int dA} \tag{7.9}$$

여기서 $\tilde{x}$와 $\tilde{y}$는 좌표계의 원점으로부터 측정한 면적 요소 dA의 도심의 위치이다. 식 (7.9)에서 분자 $\int \tilde{x}\, dA$는 y 축에 대한 면적의 1차모멘트라 하고, $\int \tilde{y}\, dA$는 x 축에 대한 면적의 1차모멘트라 한다.

선의 도심

그림 7.3과 같은 선을 생각해 보자. 선을 도심이 $\tilde{x}_i$와 $\tilde{y}_i$에 있는 복합 길이 L_i의 합으로 보면, 선 전체의 도심은 다음 식으로 주어진다.

$$\bar{x} = \frac{\sum_{i=1}^{n} \tilde{x}_i L_i}{\sum_{i=1}^{n} L_i}, \qquad \bar{y} = \frac{\sum_{i=1}^{n} \tilde{y}_i L_i}{\sum_{i=1}^{n} L_i} \tag{7.10}$$

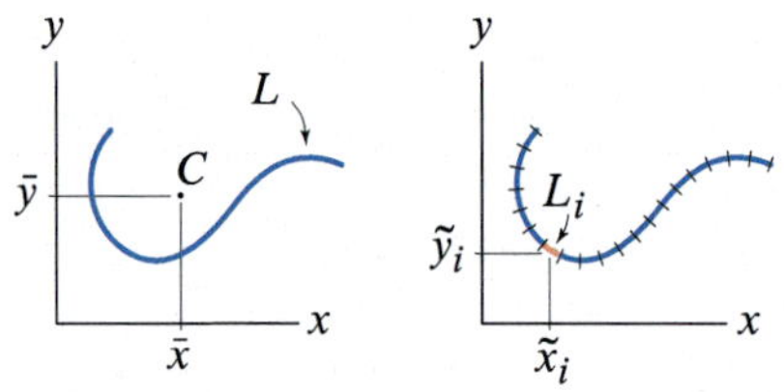

그림 7.3 길이 L 인 선의 도심 C는 $\bar{x}$와 $\bar{y}$에 있다. 길이 L은 도심이 $\tilde{x}_i$와 $\tilde{y}_i$에 있는 복합 길이 L_i의 합으로 볼 수 있다.

여기서 n은 전체 길이를 구성하는 복합 길이의 수, L_i는 형상 i의 길이, $\tilde{x}_i$와 $\tilde{y}_i$는 좌표계의 원점으로부터 측정한 L_i의 도심의 위치이다.

식 (7.10)에 극한 $L_i \to 0$을 취하면 식 (7.10)은

$$\bar{x} = \frac{\int \tilde{x}\, dL}{\int dL}, \qquad \bar{y} = \frac{\int \tilde{y}\, dL}{\int dL} \tag{7.11}$$

여기서 $\tilde{x}$와 $\tilde{y}$는 좌표계의 원점으로부터 측정한 면적 요소 dL의 도심의 위치이다.

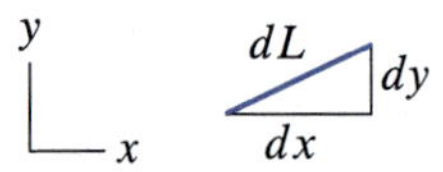

그림 7.4 선 증분 dL은 피타고라스의 정리에 의해 증분 dx, dy와 관계가 있다.

경로 적분 식 (7.11) (그리고 절 후반의 식 (7.18))에서 적분은 선의 경로를 따라 수행되어야 한다. 그러한 적분을 선 적분(혹은 경로 적분이나 곡선 적분)이라 한다. 선의 경로를 따라 적분하는 것 보다 x나 y에 대해 적분하는 것이 더 편리하기 때문에 dL에서 dx나 dy로의 변환이 필요하다. 그림 7.4 와 같이 선 증분 dL과 증분 dx와 dy사이에는 피타고라스의 정리에 의해 다음의 관계식이 성립한다.

$$dL = \sqrt{(dx)^2 + (dy)^2} \tag{7.12}$$

식 (7.12)의 우변에 dx/dx를 곱하고 $1/dx$를 루트 안으로 넣으면

$$dL = \sqrt{1 + \left(\frac{dy}{dx}\right)^2}\, dx \tag{7.13}$$

마찬가지 방법으로 식 (7.12)의 우변에 dy/dy를 곱하고 $1/dy$를 루트 안으로 넣으면

$$dL = \sqrt{\left(\frac{dx}{dy}\right)^2 + 1}\, dy \tag{7.14}$$

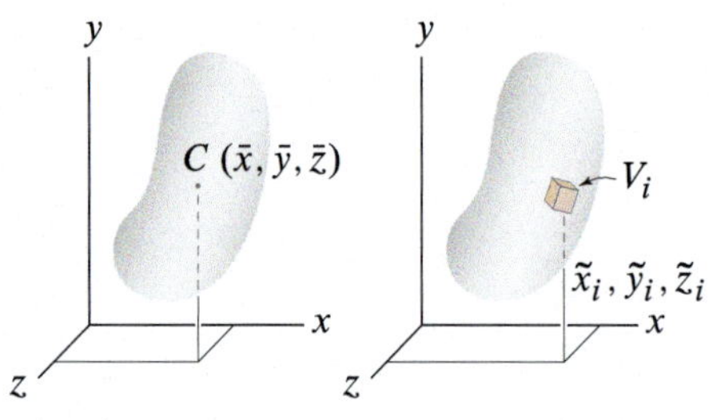

그림 7.5 체적 V의 도심 C는 $\bar{x}$, $\bar{y}$, $\bar{z}$에 있다. 체적 V는 도심이 $\tilde{x}_i$, $\tilde{y}_i$, $\tilde{z}_i$에 있는 복합 체적 V_i의 합으로 볼 수 있다.

식 (7.13)과 (7.14)를 외우기보다 식 (7.12)에 dx/dx나 dy/dy를 곱하는 것을 기억하는 편이 더 쉽다. 예제 7.5는 식 (7.13)의 이용을 보여 준다.

체적의 도심

그림 7.5의 체적을 살펴보자. 체적이 도심의 위치가 $\tilde{x}_i$, $\tilde{y}_i$, $\tilde{z}_i$에 있는 복합체적 V_i의 합으로 보면, 전체 체적의 도심 $\bar{x}$, $\bar{y}$, $\bar{z}$는 다음 식으로 주어진다.

$$\bar{x} = \frac{\sum_{i=1}^{n} \tilde{x}_i V_i}{\sum_{i=1}^{n} V_i}, \qquad \bar{y} = \frac{\sum_{i=1}^{n} \tilde{y}_i V_i}{\sum_{i=1}^{n} V_i}, \qquad \bar{z} = \frac{\sum_{i=1}^{n} \tilde{z}_i V_i}{\sum_{i=1}^{n} V_i} \tag{7.15}$$

여기서 n은 전체 체적을 구성하는 복합 체적의 수, V_i는 복합 체적 i의 체적, $\tilde{x}_i$, $\tilde{y}_i$, $\tilde{z}_i$는 좌표계의 원점으로부터 측정한 V_i의 도심의 위치이다.

식 (7.15)에 극한 $V_i \to 0$을 취하면 식 (7.15)는

$$\bar{x} = \frac{\int \tilde{x}\, dV}{\int dV}, \qquad \bar{y} = \frac{\int \tilde{y}\, dV}{\int dV}, \qquad \bar{z} = \frac{\int \tilde{z}\, dV}{\int dV} \tag{7.16}$$

개념의 통일

이 절에서 복합 형상을 이용한 표현과 1차원, 2차원, 3차원의 선, 면적, 체적의 도심을 위한 적분을 다루었다. 모든 것의 이면에 있는 통일적 개념은 도심이 분포 형상의 평균 위치라는 것이다. 제시된 식의 수는 많지만, 이 모든 식은 식 (7.19) 하나로 간결하게 표현된다. 이 식을 기억하고 이해한다면 이 식을 다른 경우에 쉽게 응용할 수 있다. 이 식과 식 (7.12) 또는 식 (7.13), (7.14)를 이용하여 적분에 의해 선의 도심을 구할 수 있다.

복합 형상과 적분 중 어느 접근법을 사용해야 하나?

복합 형상을 이용하여 도심을 구하는 방법은, 각 복합 형상의 도심의 위치를 관찰이나 기하학적 형상에 대한 표를 통해 알 수 있다면, 보통 매우 간단하다. 이 교재의 뒤표지 안쪽에 있는 표가 이런 용도로 유용할 것이다.

도심을 구하기 위해 적분을 이용하는 것은 개념 상 간단하지만 언제나 쉽게 계산할 수는 없다. 그렇지만 항상 적분을 이용할 수는 있다. 적분을 계산할 때는 좌표계를 선택할 수 있고(직각좌표계, 극좌표계, 원통좌표계가 많이 사용된다), 면적과 체적 적분은 이중 적분이나 삼중 적분이 필요할 수도 있다. 이러한 내용에 대해서는 미적분학 교재에 광범위하게 설명되어있다. 이 교재에서 적분으로 도심을 구하는 방법에 대한 논의는 광범위하지 않고 집중적이다. 특히 면적과 체적 적분은 단일 적분을 이용하여 계산한다. Mathematica와 Maple 같은 컴퓨터 소프트웨어를 이용하면 쉽게 적분을 수행할 수 있지만, 적분의 상, 하한 값을 포함한 적절한 적분식을 세우는 것은 여전히 필요하다.

유용한 정보

대칭 형상의 도심. 어느 형상이 그림의 y 축과 같이 대칭축을 갖고 있다면 형상의 도심 C는 대칭축 위에 있다. 이것이 왜 맞는지를 이해하기 위해서는 그림과 같이 대칭 위치에 있는 두 면적요소를 살펴보자.

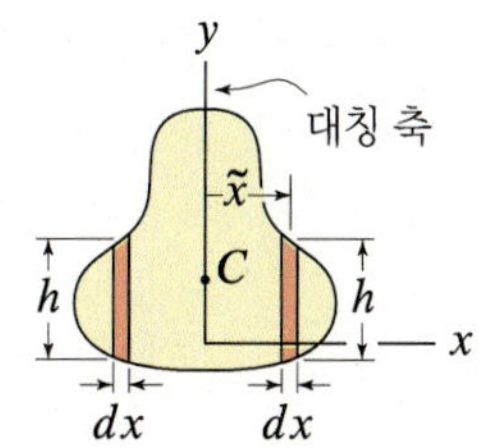

대칭축 오른쪽의 모든 면적 요소 $dA = hdx$에 대해 왼쪽에 $-\tilde{x}$값을 가진 같은 면적 요소가 존재한다. 따라서 $\bar{x} = \int \tilde{x}\, dA / \int dA$ 값을 구할 때, 적분의 분자가 0이 되므로 $\bar{x} = 0$이다. 만일 어느 형상이 두 개의 대칭축을 갖는다면 도심은 대칭축의 교점에 위치한다.

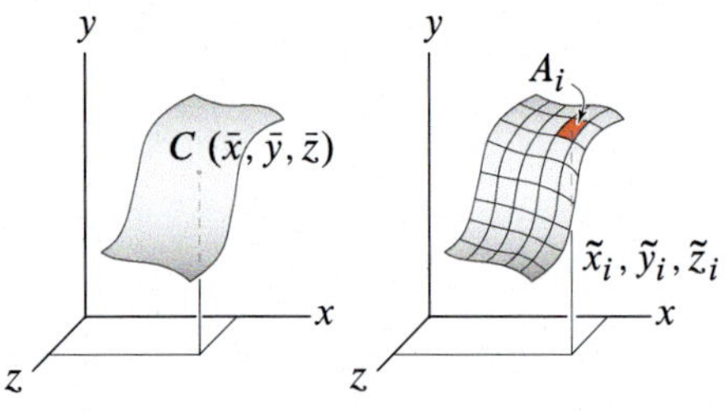

그림 7.6 삼차원 표면적 A의 도심 C의 위치는 $\bar{x}$, $\bar{y}$, $\bar{z}$에 있다. 면적 A는 도심이 $\tilde{x}_i$, $\tilde{y}_i$, $\tilde{z}_i$에 있는 복합 면적 A_i의 합으로 볼 수 있다.

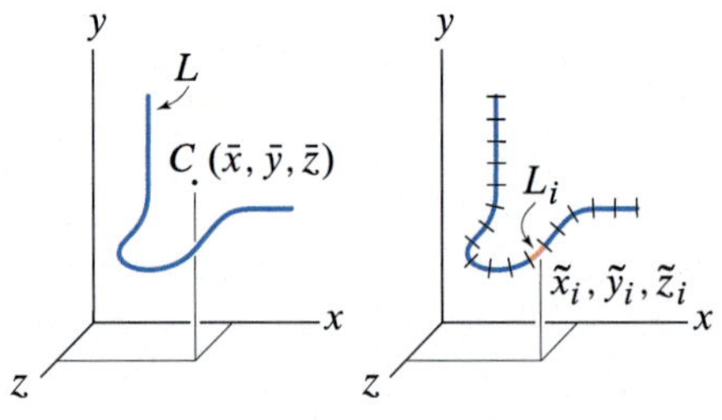

그림 7.7 길이 L 인 삼차원 상의 선의 도심 C의 위치는 $\bar{x}$, $\bar{y}$, $\bar{z}$에 있다. 길이 L은 도심이 $\tilde{x}_i$, $\tilde{y}_i$, $\tilde{z}_i$에 있는 복합 길이 L_i의 합으로 볼 수 있다.

전문적 내용: 삼차원 표면과 삼차원 선

이 절에서 선과 면적의 도심을 이차원에서 고려했다. 그러나 식 (7.8)-(7.11)은 도심의 z 위치에 대한 추가 식을 세우면 삼차원 상의 선과 면적에 적용할 수 있다. 예를 들면 그림 7.8과 같은 삼차원 표면적 A의 도심 $\bar{x}$, $\bar{y}$의 위치는 식 (7.8)과 (7.9)로 주어지고, z 위치는 다음 식으로 주어진다.

$$\bar{z} = \frac{\sum_{i=1}^{n} \tilde{z}_i A_i}{\sum_{i=1}^{n} A_i} = \frac{\int \tilde{z}\, dA}{\int dA} \tag{7.17}$$

마찬가지로 그림 7.7과 같은 길이 L인 삼차원 상의 선의 도심 $\bar{x}$, $\bar{y}$의 위치는 식 (7.10)과 (7.11)로 주어지고, z 위치는 다음 식으로 주어진다.

$$\bar{z} = \frac{\sum_{i=1}^{n} \tilde{z}_i L_i}{\sum_{i=1}^{n} L_i} = \frac{\int \tilde{z}\, dL}{\int dL} \tag{7.18}$$

절 요약

도심은 형상 분포의 평균 위치로 정의된다. 분포가 단일 형상으로 이루어져 있다면 형상은 선(직선이나 곡선), 면적, 체적일 수 있다. 형상의 합인 경우, 분포는 다중의 선, 다중의 면적, 다중의 체적을 포함할 수 있으나, 이들의 조합은 포함할 수 없다. 도심은 복합 형상을 이용하거나 적분으로 구할 수 있다.

이 절에서 제시한 많은 공식은 간단히 요약될 수 있다. 그림 7.2의 면적 혹은 면적 분포의 도심의 경우를 살펴보자. 식 (7.8)과 (7.9)의 $\bar{x}$에 대한 표현은 다음과 같이 쓸 수 있다.

$$\bar{x} = \frac{\sum_{i=1}^{n} \tilde{x}_i A_i}{\sum_{i=1}^{n} A_i} = \frac{\int \tilde{x}\, dA}{\int dA} \tag{7.19}$$

다음 사항은 식 (7.19)에 적용된다.

- 덧셈 형식은 복합 형상을 사용하여 도심을 구하는 경우 사용된다. 각 복합 형상의 도심 위치 $\tilde{x}_i$를 쉽게 구할 수 있으면 이 방법은 간단하다.
- 적분 형식은 도심을 구하는데 항상 사용할 수 있다. 이 절의 많은 예제는 이 방법을 사용한다.
- 도심의 y 위치를 구하기 위해서는 식 (7.19)의 모든 x를 y로 대체하여 $\bar{y}$에 대한 식을 쓰면 된다.

- 삼차원 상의 물체(예를 들어 그림 7.6의 삼차원 표면)같이 도심의 z 위치가 필요한 경우, 식 (7.19)의 모든 x를 z로 대체하여 $\bar{z}$에 대한 식을 쓰면 된다.
- 선이나 선의 분포에 대한 도심을 구하기 위해서는 식 (7.19)의 모든 A를 L로 대체하라.
- 체적이나 체적의 분포에 대한 도심을 구하기 위해서는 식 (7.19)의 모든 A를 V로 대체하라.

마지막 요점은 어느 형상이 대칭축을 갖고 있다면, 도심은 대칭축 위에 있다는 것이다. 그리고 어느 형상이 두 대칭축을 갖고 있다면, 도심은 대칭축이 만나는 점에 존재한다.

예제 7.1 복합 형상을 이용한 면적의 도심

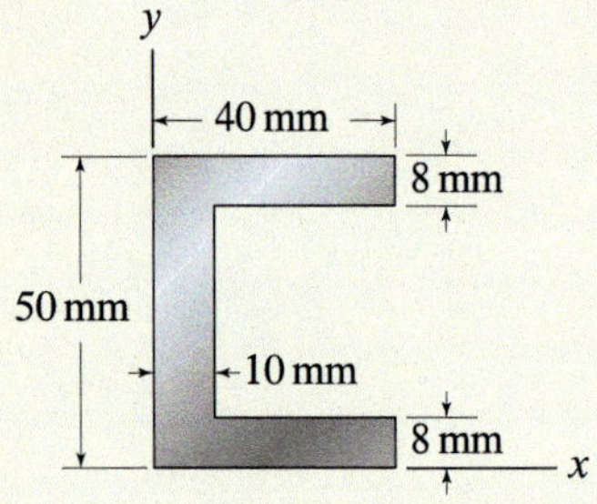

그림 1

그림과 같은 압출 성형 알루미늄 채널의 단면에서 도심의 x, y 위치를 구하라.

풀이 SOLUTION

로드맵 채널의 단면 형상은 간단한 형상인 직사각형의 조합이다. 따라서 복합 형상의 도심을 구하는 식 (7.8)을 이용하여 쉽게 구할 수 있다. 가능한 복합 도형의 조합이 몇 개 있지만 이 중 두 가지의 풀이를 고려한다.

풀이 1

지배방정식과 계산 형상을 그림 2와 같이 세 개의 사각형으로 나눈다. 여기서 A_1은 사각형 1의 면적, C_1은 사각형 1의 도심을 나타내며, 다른 사각형도 같은 방법으로 표시한다. 단면 형상은 직선 $y = 25$ mm에 대해 대칭이므로 도심은 이 선 위에 있어야 한다. 따라서 도심의 y 위치는 $\bar{y} = 25$ mm이다. 각 복합 형상의 면적과 식 (7.8)에 의한 도심의 위치가 표 1에 정리되어 있다.

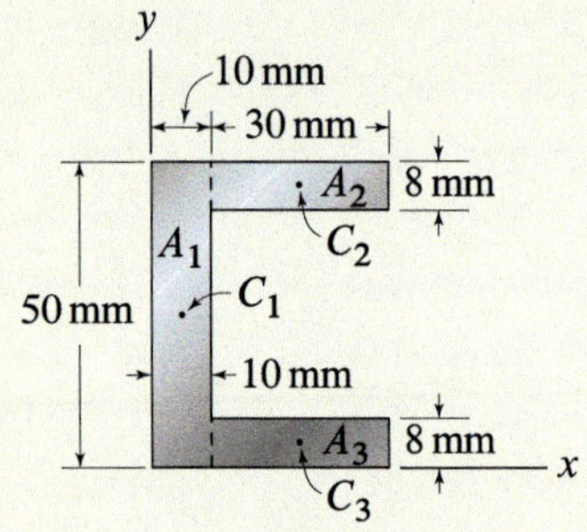

그림 2 채널의 단면을 구성하는 세 복합 형상.

표 1 그림 2의 복합 형상의 면적과 도심 위치

형상 번호	A_i	$\tilde{x}_i$
1	(10 mm)(50 mm) = 500 mm^2	5 mm
2	(30 mm)(8 mm) = 240 mm^2	25 mm
3	(30 mm)(8 mm) = 240 mm^2	25 mm

$$\bar{x} = \frac{\sum_{i=1}^{3} \tilde{x}_i A_i}{\sum_{i=1}^{3} A_i} = \frac{(5\text{ mm})(500\text{ mm}^2) + (25\text{ mm})(240\text{ mm}^2) + (25\text{ mm})(240\text{ mm}^2)}{500\text{ mm}^2 + 240\text{ mm}^2 + 240\text{ mm}^2}$$

$$= \boxed{14.8\text{ mm}} \tag{1}$$

풀이 2

지배방정식과 계산 채널의 단면에 대한 두 복합 형상이 그림 3에 나와 있다. 여기서 두 번째 형상은 마이너스 면적을 갖고 있다. 각 복합 형상의 면적과 식 (7.8)에 의한 도심의 위치가 표 2에 정리되어 있다.

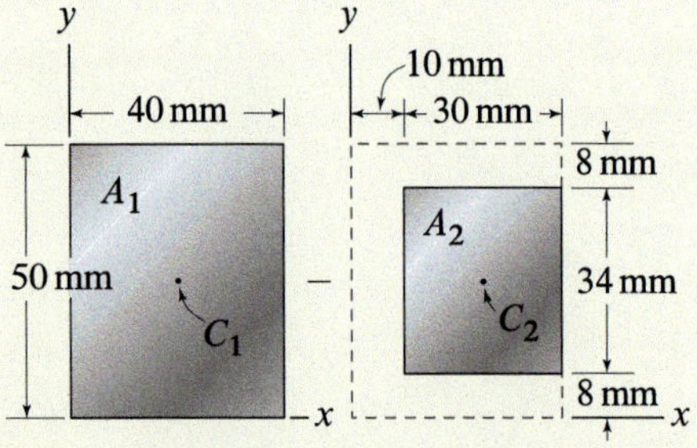

그림 3 채널의 단면을 구성하는 두 복합 형상.

표 2 그림 3의 복합 형상의 면적과 도심 위치

형상 번호	A_i	$\tilde{x}_i$
1	(40 mm)(50 mm) = 2000 mm^2	20 mm
2	−(30 mm)(34 mm) = −1020 mm^2	25 mm

$$\bar{x} = \frac{\sum_{i=1}^{2} \tilde{x}_i A_i}{\sum_{i=1}^{2} A_i} = \frac{(20\text{ mm})(2000\text{ mm}^2) + (25\text{ mm})(-1020\text{ mm}^2)}{2000\text{ mm}^2 - 1020\text{ mm}^2} = \boxed{14.8\text{ mm}} \tag{2}$$

논의 및 검증 예상했던 바와 같이 식 (1)과 (2)가 일치한다. 과제로서 표 1과 2에 $\tilde{y}_i$에 대한 칸을 추가하여 식 (7.8)을 이용하여 $\bar{y} = 25$ mm임을 확인하라.

예제 7.2 복합 형상을 이용한 체적의 도심

입체가 원뿔대(truncated cone)가 있는 원통의 형상을 갖고 있다. 도심의 위치를 구하라.

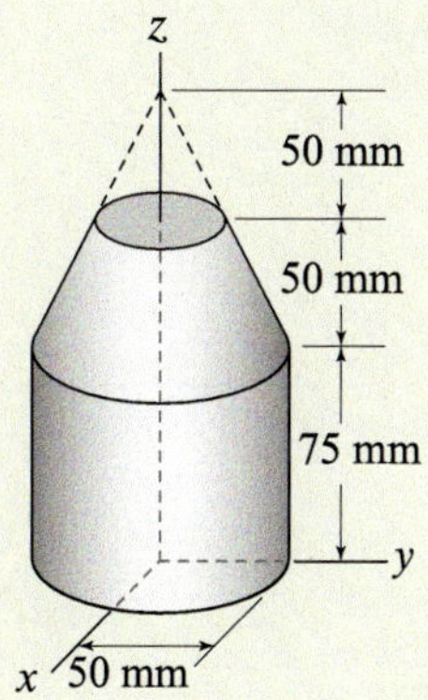

그림 1

풀이 SOLUTION

로드맵 이 물체는 간단한 기하학적 형상의 조합으로 구성된다. 따라서 적분을 이용하는 것보다 식 (7.15)의 복합 형상을 이용하여 도심의 위치를 구하는 것이 더 쉽다. 이 물체는 xz 평면에 대해 대칭이므로 도심은 xz 평면 내에 있다. 이 물체는 yz 평면에 대해서도 대칭이므로 도심은 yz 평면 내에도 있다. 이 두 평면이 만나는 선은 z 축이다. 따라서 도심의 x와 y의 위치는 $\bar{x} = \bar{y} = 0$이다.

지배방정식과 계산 그림 2에서 물체는 세 형상으로 분리되어 있다. 각 복합 형상의 체적과 도심의 위치는 이 교재의 뒤표지 안쪽의 입체의 특성에 대한 표에 나와 있고 이 값들이 표 1에 정리되어 있다.

표 1 그림 2의 복합 형상의 체적과 도심의 위치

형상 번호	V_i	$\tilde{z}_i$
1	$\pi\,(50\text{ mm})^2(75\text{ mm}) = 589048.6\text{ mm}^3$	37.5 mm
2	$\frac{\pi}{3}(50\text{ mm})^2(100\text{ mm}) = 261799.4\text{ mm}^3$	$75\text{ mm} + \frac{1}{4}(100\text{ mm}) = 100\text{ mm}$
3	$-\frac{\pi}{3}(25\text{ mm})^2(50\text{ mm}) = -32724.9\text{ mm}^3$	$125\text{ mm} + \frac{1}{4}(50\text{ mm}) = 137.5\text{ mm}$

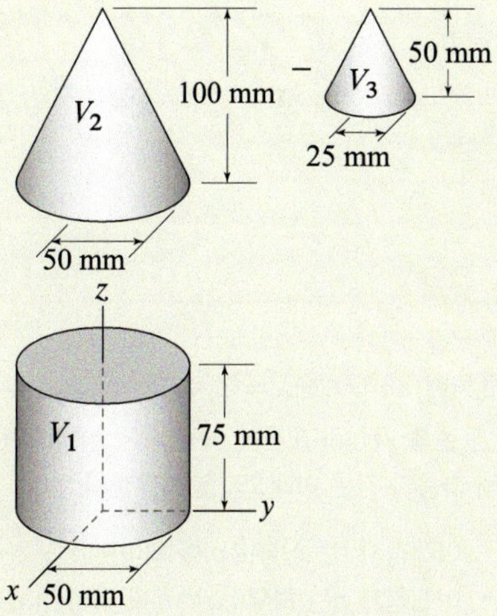

그림 2 입체를 구성하는 세 복합 형상.

예를 들어, 형상 2에 대해, 부피는 $V_2 = \pi r^2 h/3$이다. 여기서 $r = 50$ mm는 원추 밑면의 반지름이고 $h = 100$ mm는 높이다. 원추의 도심은 밑면에서부터 $h/4$의 위치에 있고 여기에 좌표 원점부터 원추 밑면까지의 거리(즉 75 mm)를 더해야 한다. 식 (7.15)로부터 $\bar{z}$를 구하면

$$\bar{z} = \frac{\sum_{i=1}^{3} \tilde{z}_i V_i}{\sum_{i=1}^{3} V_i}$$

$$= \frac{(37.5\text{ mm})(589048.6\text{ m}^3) + (100\text{ mm})(261799.4\text{ mm}^3) + (137.5\text{ mm})(-32724.9\text{ mm}^3)}{589048.6\text{ mm}^3 + 261799.4\text{ mm}^3 - 32724.9\text{ mm}^3}$$

$$= \boxed{53.5\text{ mm}} \qquad (1)$$

논의 및 검증 이 문제를 다른 합성 형상의 조합을 이용해서 풀거나 다른 방법(예를 들면 적분)을 이용해서 푸는 것 외에는 풀이의 정확성을 명확하게 검토하는 방법은 없다. 그러나 $\bar{z}$가 체적 V_1만의 도심인 37.5 mm보다 크다고 예상할 수 있는데 식 (1)의 결과는 적절하다.

유용한 정보

회전체. 그림 1의 형상은 회전축이라 하는 직선 주위로 평면 형상을 회전시켜 생성되므로 회전체라고 한다. 예를 들어 그림의 면적을 z 축 주위로 회전시키면 그림 1과 같은 형상이 생성된다.

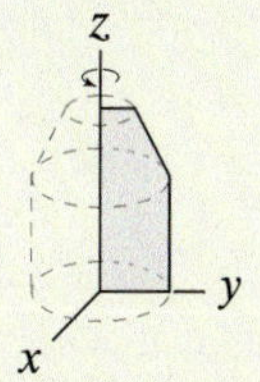

예제 7.3 적분을 이용한 면적의 도심

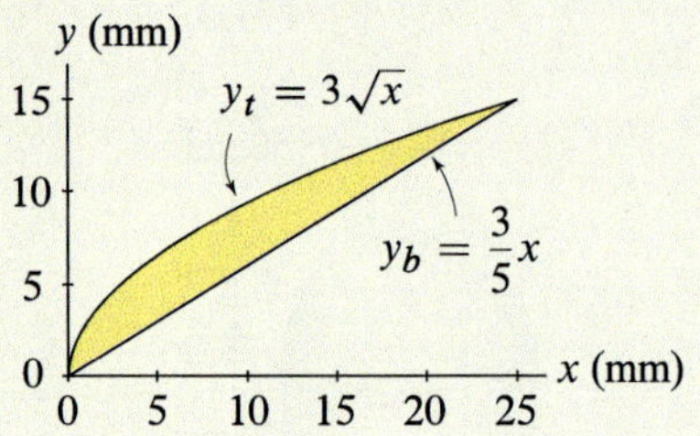

그림 1

그림과 같은 펌프의 터빈 블레이드 단면에서 도심의 x와 y의 위치를 구하라.

풀이 SOLUTION

로드맵 터빈 블레이드 단면 형상은 면적이므로 식 (7.9)를 이용하여 도심의 x 와 y의 위치를 구한다. 식 (7.9)에서 세 성분 dA, $\tilde{x}$, $\tilde{y}$를 알아야 한다. 이들은 수직 면적요소나 수평 면적요소를 이용하여 구할 수 있으며, 두 가지 방법에 대한 풀이를 모두 살펴본다.

풀이 1–수직 면적요소

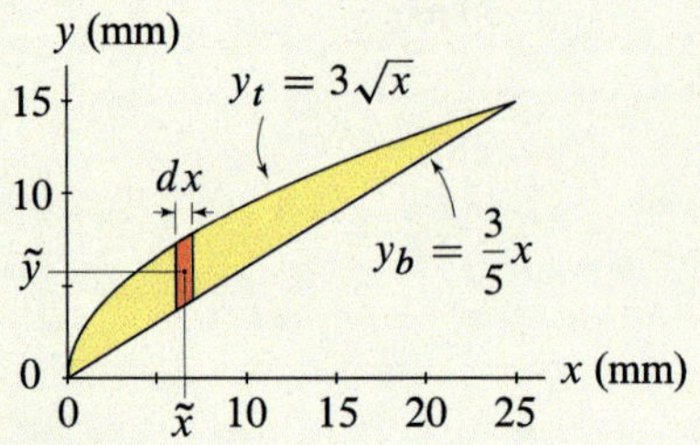

그림 2 dA, $\tilde{x}$, $\tilde{y}$를 구하기 위해 수직 면적요소를 이용한다.

지배방정식과 계산 식 (7.9)를 계산하기 위해서는 dA, $\tilde{x}$, $\tilde{y}$가 필요하고 이들은 그림 2와 같은 수직 면적요소를 이용하여 다음과 같이 구할 수 있다.

$$dA = (y_t - y_b)\,dx = \left(3\sqrt{x} - \tfrac{3}{5}x\right)dx \tag{1}$$

$$\tilde{x} = x \tag{2}$$

$$\tilde{y} = \tfrac{1}{2}(y_t + y_b) = \tfrac{1}{2}\left(3\sqrt{x} + \tfrac{3}{5}x\right) \tag{3}$$

식 (1)-(3)을 식 (7.9)에 대입하면 도심의 위치는 다음과 같다.

$$\bar{x} = \frac{\int \tilde{x}\,dA}{\int dA} = \frac{\int_0^{25\text{ mm}} x\left(3\sqrt{x} - \frac{3}{5}x\right)dx}{\int_0^{25\text{ mm}} \left(3\sqrt{x} - \frac{3}{5}x\right)dx} = \frac{\left(\frac{6x^{5/2}}{5} - \frac{x^3}{5}\right)\Big|_0^{25\text{ mm}}}{\left(2x^{3/2} - \frac{3x^2}{10}\right)\Big|_0^{25\text{ mm}}}$$

$$= \frac{625\text{ mm}^3}{62.5\text{ mm}^2} = \boxed{10\text{ mm}} \tag{4}$$

$$\bar{y} = \frac{\int \tilde{y}\,dA}{\int dA} = \frac{\int_0^{25\text{ mm}} \frac{1}{2}\left(3\sqrt{x} + \frac{3}{5}x\right)\left(3\sqrt{x} - \frac{3}{5}x\right)dx}{\int_0^{25\text{ mm}} \left(3\sqrt{x} - \frac{3}{5}x\right)dx} = \frac{\left(\frac{9x^2}{4} - \frac{3x^3}{50}\right)\Big|_0^{25\text{ mm}}}{\left(2x^{3/2} - \frac{3x^2}{10}\right)\Big|_0^{25\text{ mm}}}$$

$$= \frac{468.75\text{ mm}^3}{62.5\text{ mm}^2} = \boxed{7.5\text{ mm}} \tag{5}$$

> **유용한 정보**
>
> **표기법.** 이 문제에서는 상부 곡선과 하부 곡선, 왼쪽 곡선과 오른쪽 곡선을 구별하기 위해 다음과 같은 아래첨자를 사용한다.
>
> - 아래첨자 t는 상부(top)를 의미한다.
> - 아래첨자 b는 하부(bottom)를 의미한다.
> - 아래첨자 r은 오른쪽(right)을 의미한다.
> - 아래첨자 l은 왼쪽(left)을 의미한다.

풀이 2–수평 면적요소

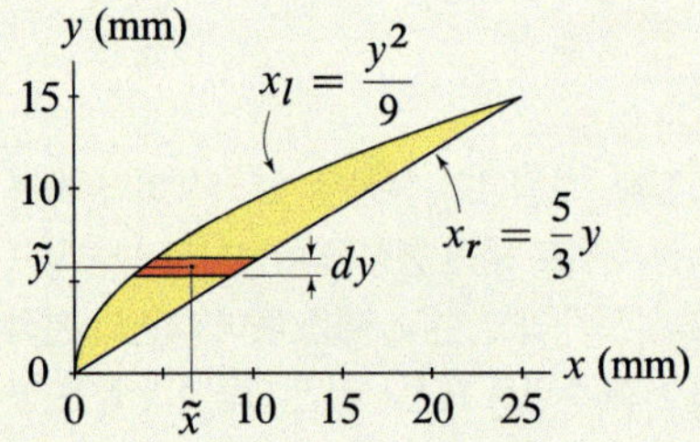

그림 3 dA, $\tilde{x}$, $\tilde{y}$를 구하기 위해 수평 면적요소를 이용한다.

지배방정식과 계산 도심은 그림 3과 같은 수평 면적요소를 이용하여 구할 수도 있다. 적분은 y에 대해 수행하므로 물체의 형상을 y의 함수로 나타내야 한다. 하부 곡선의 식 $y_b = (3/5)x$를 다시 정렬하면 $x_r = (5/3)y$. 마찬가지 방법으로, 상부 곡선의 식 $y_t = 3\sqrt{x}$를 다시 정렬하면 $x_t = y^2/9$. dA, $\tilde{x}$, $\tilde{y}$는 다음과 같이 쓸 수 있다:

$$dA = (x_r - x_l)\,dy = \left(\tfrac{5}{3}y - \frac{y^2}{9}\right) dy \tag{6}$$

$$\tilde{x} = \frac{1}{2}(x_r + x_l) = \tfrac{1}{2}\left(\tfrac{5}{3}y + \frac{y^2}{9}\right) \tag{7}$$

$$\tilde{y} = y \tag{8}$$

식 (6)-(8)을 식 (7.9)에 대입하면 도심의 위치는 다음과 같다.

$$\bar{x} = \frac{\int \tilde{x}\,dA}{\int dA} = \frac{\int_0^{15\text{ mm}} \frac{1}{2}\left(\frac{5}{3}y + \frac{y^2}{9}\right)\left(\frac{5}{3}y - \frac{y^2}{9}\right) dy}{\int_0^{15\text{ mm}} \left(\frac{5}{3}y - \frac{y^2}{9}\right) dy} = \frac{\left(\frac{25y^3}{54} - \frac{y^5}{810}\right)\Big|_0^{15\text{ mm}}}{\left(\frac{5y^2}{6} - \frac{y^3}{27}\right)\Big|_0^{15\text{ mm}}}$$

$$= \frac{625\text{ mm}^3}{62.5\text{ mm}^2} = \boxed{10\text{ mm}} \tag{9}$$

$$\bar{y} = \frac{\int \tilde{y}\,dA}{\int dA} = \frac{\int_0^{15\text{ mm}} y\left(\frac{5}{3}y - \frac{y^2}{9}\right) dy}{\int_0^{15\text{ mm}} \left(\frac{5}{3}y - \frac{y^2}{9}\right) dy} = \frac{\left(\frac{5y^3}{9} - \frac{y^4}{36}\right)\Big|_0^{15\text{ mm}}}{\left(\frac{5y^2}{6} - \frac{y^3}{27}\right)\Big|_0^{15\text{ mm}}}$$

$$= \frac{468.75\text{ mm}^3}{62.5\text{ mm}^2} = \boxed{7.5\text{ mm}} \tag{10}$$

예상한 바와 같이 $\bar{x}$와 $\bar{y}$의 값은 식 (4), (5)와 같다.

논의 및 검증

- 그림 4에 도심의 위치 C가 나와 있고, 이 위치는 타당해 보인다.
- 적절한 한계곡선 y_t, y_b, x_r, x_l을 사용하면, 여기서 설명한 풀이 과정은 다양한 면적 도심 문제를 푸는데 사용될 수 있다. 특별히:
  – 수직 면적요소를 사용하면 상부 곡선 y_t와 하부 곡선 y_b를 x의 함수로 표시해야 하며, 식 (1)-(3)을 이용하여 dA, $\tilde{x}$, $\tilde{y}$를 구할 수 있다.
  – 수평 면적요소를 사용하면 상부 곡선 x_r과 하부 곡선 x_l을 y의 함수로 표시해야 하며, 식 (6)-(8)을 이용하여 dA, $\tilde{x}$, $\tilde{y}$를 구할 수 있다.
- 어떤 문제에서는 수직 면적요소가 수평 면적요소 보다 편리하고, 어떤 문제에서는 수평 면적요소가 수직 면적요소 보다 편리하다. 예를 들면, 그림 5의 면적은 y_t와 y_b를 하나의 식으로 표현할 수 있기 때문에 수직 면적요소가 더 편리하다. 수평 면적요소를 사용하기 위해서는 면적요소의 위치에 따라 x_r에 대한 두 식이 필요하다.
- Mathematica와 Maple같은 소프트웨어를 사용하면 적분을 쉽게 할 수 있지만, 소프트웨어를 사용하여 정확한 결과를 얻기 위해서는 적분의 상, 하한치를 정확하게 입력해야 한다.

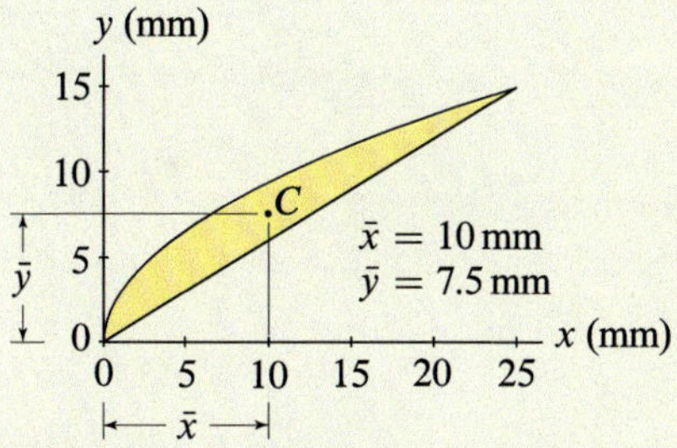

그림 4 면적의 도심 C는 $\bar{x}$와 $\bar{y}$에 위치한다.

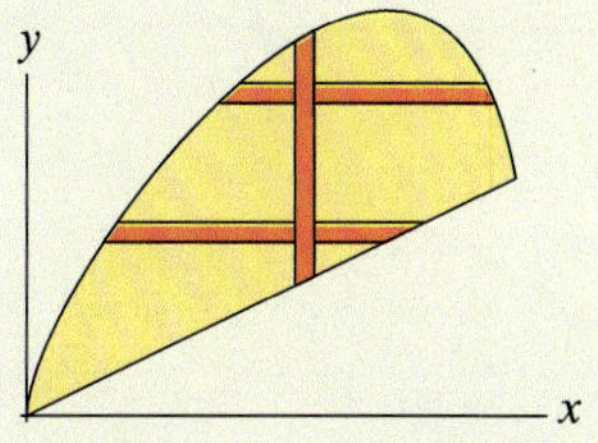

그림 5 수직 면적요소가 수평 면적요소보다 편리한 형상의 예.

예제 7.4 적분을 이용한 선의 도심

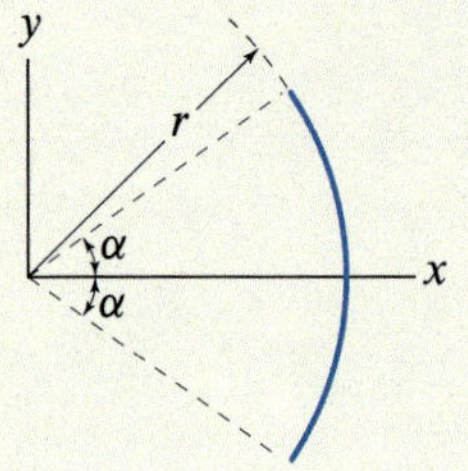

그림 1

그림의 원호에 대한 도심의 x와 y의 위치를 구하라.

풀이 SOLUTION

로드맵 원호가 x 축에 대해 대칭이므로 도심은 x 축 위에 있다. 따라서 도심의 y 위치는 $\bar{y} = 0$이다. 도심의 위치를 구하기 위해 식 (7.11)의 첫 번째 표현을 이용하고, dL과 $\tilde{x}$의 식은 극좌표를 사용하면 편리하다.

지배방정식과 계산 그림 2의 선 요소를 사용하면 dL과 $\tilde{x}$의 식은 다음과 같다:

$$dL = r\,d\theta \tag{1}$$

$$\tilde{x} = r\cos\theta \tag{2}$$

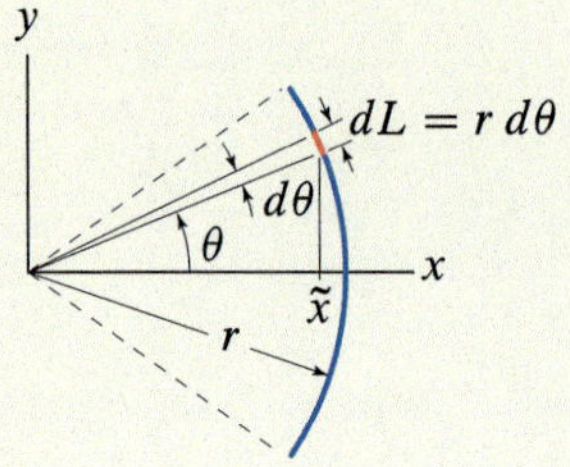

그림 2 dL과 $\tilde{x}$를 구하기 위해 선 요소가 사용된다.

식 (1)과 (2)를 식 (7.11)의 첫 번째 식에다 대입하면, 도심의 x 위치는

$$\bar{x} = \frac{\int \tilde{x}\,dL}{\int dL} = \frac{\int_{-\alpha}^{\alpha} r\cos\theta\, r\,d\theta}{\int_{-\alpha}^{\alpha} r\,d\theta} = \frac{r^2(\sin\theta)\big|_{-\alpha}^{\alpha}}{r(\theta)\big|_{-\alpha}^{\alpha}} = \frac{2r^2\sin\alpha}{2r\alpha} \tag{3}$$

$$= \boxed{\frac{r\sin\alpha}{\alpha}} \tag{4}$$

논의와 검증

- r = 상수인 원호에 대해서 식 (3)의 적분은 다음과 같이 간단하다. r이 θ의 함수가 아니므로 식 (3)의 분자의 r^2 항과 분모의 r 항은 적분기호 밖으로 나올 수 있고, 간단한 θ의 함수만 적분하면 된다. 원호가 아닌 선분에 대해서는, r은 θ의 함수이고 보다 어려운 적분을 계산해야 한다. 그러한 경우, x(혹은 y)에 대해 적분을 수행하는 예제 7.5의 방법이 더 편할 수 있다.
- 풀이 결과의 타당성은 α의 특정 값에 대해 x의 위치를 고려함으로써 부분적으로 검토할 수 있다. $\alpha \to 0$일 때 호는 점에 수렴하고 도심은 $x = r$에 수렴해야 하는데 식 (4)도 $x = r$에 수렴한다.[1] $\alpha = \pi$일 때 호는 원이 되고, 도심은 $x = 0$이 된다. 식 (4)도 $x = 0$이 된다.
- 특정한 r과 α에 대해 식 (4)로 계산할 때 α는 라디안 값이어야 한다.
- 복습문제로서 $\tilde{y} = r\sin\theta$를 이용하여 식 (7.11)의 두 번째 식의 결과가 $\bar{y} = 0$임을 확인하라.

1) 각이 작은 경우 ($\alpha \ll 1$), $\sin\alpha \approx \alpha$ (α는 라디안).

예제 7.5 적분을 이용한 선의 도심

그림과 같은 곡선 막대에서 도심의 x와 y의 위치를 구하라.

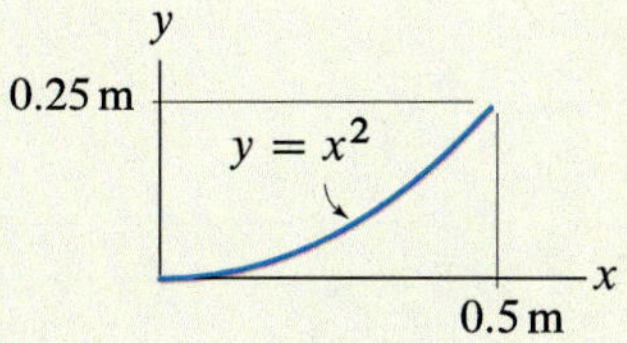

그림 1

풀이 SOLUTION

로드맵 도심의 위치를 구하기 위해 식 (7.11)을 이용한다. 선분의 식이 x와 y의 항으로 표현되어 있기 때문에 경로를 따라 적분하기 보다는 x나 y에 대해 적분하는 것이 편리하다. 그렇게 하기 위해 식 (7.13)과 (7.14)를 이용한다.

지배방정식 식 (7.11)에서 $\tilde{x}$와 $\tilde{y}$는 그림 2와 같이 선 요소 dL의 도심이다. 식 (7.13)을 이용하여 dL을 dx의 항으로 나타낸다.[2)] $dy/dx = 2x$이므로

$$dL = \sqrt{1 + \left(\frac{dy}{dx}\right)^2}\, dx = \sqrt{1 + 4x^2}\, dx \tag{1}$$

$$\tilde{x} = x \tag{2}$$

$$\tilde{y} = y = x^2 \tag{3}$$

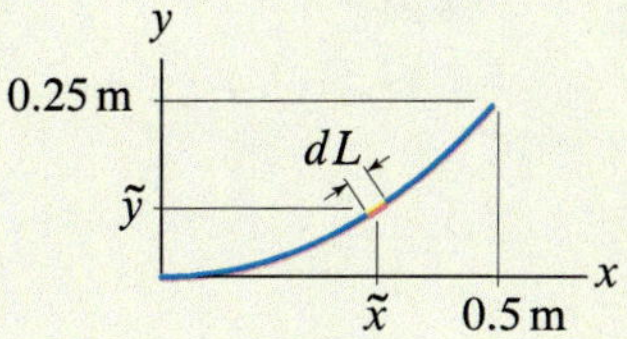

그림 2 dL과 $\tilde{x}$의 식을 구하기 위해 선 요소가 사용된다.

식 (1)-(3)을 식 (7.11)에 대입하면, 도심의 x와 y의 위치는 다음과 같이 구해진다.

$$\bar{x} = \frac{\int \tilde{x}\, dL}{\int dL} = \frac{\int_0^{0.5\text{ m}} x\sqrt{1+4x^2}\, dx}{\int_0^{0.5\text{ m}} \sqrt{1+4x^2}\, dx} \tag{4}$$

$$\bar{y} = \frac{\int \tilde{y}\, dL}{\int dL} = \frac{\int_0^{0.5\text{ m}} x^2\sqrt{1+4x^2}\, dx}{\int_0^{0.5\text{ m}} \sqrt{1+4x^2}\, dx} \tag{5}$$

계산 적분 식 (4)와 (5)는 지루한 계산일 수 있다. 소프트웨어를 이용하여 적분을 계산하면

$$\bar{x} = \frac{0.1524\text{ m}^2}{0.5739\text{ m}} = \boxed{0.265\text{ m}} \tag{6}$$

$$\bar{y} = \frac{0.05252\text{m}^2}{0.5739\text{ m}} = \boxed{0.0915\text{ m}} \tag{7}$$

논의 및 검증

- 소프트웨어를 사용할 때, 결과의 정확성을 면밀히 검토해야 한다. 식 (6)과 (7)의 중간 결과인 분모(즉 0.5739 m)는 선분의 전체 길이다. 선분이 직선이라면 길이는 $\sqrt{(0.5)^2 + (0.25)^2}\text{ m} = 0.559\text{ m}$가 된다. 예상한 바와 같이 곡선의 길이는 이보다 약간 길 것이다. 또한 직선이라면 도심의 x, y 위치는 각각 0.25 m, 0.125 m 일 것이다. 따라서 식 (6)과 (7)의 $\bar{x}$, $\bar{y}$ 값은 타당하다.
- 복습문제로 식 (7.14)를 이용하여 dL과 dy의 관계식을 구해 이 예제를 다시 풀어라.

2) 대신에, 식 (7.14)을 사용하여 dL과 dy의 관계식을 구할 수도 있다.

예제 7.6 적분을 이용한 체적의 도심

그림과 같이 반지름 r인 반구에 대해 도심의 위치를 구하라.

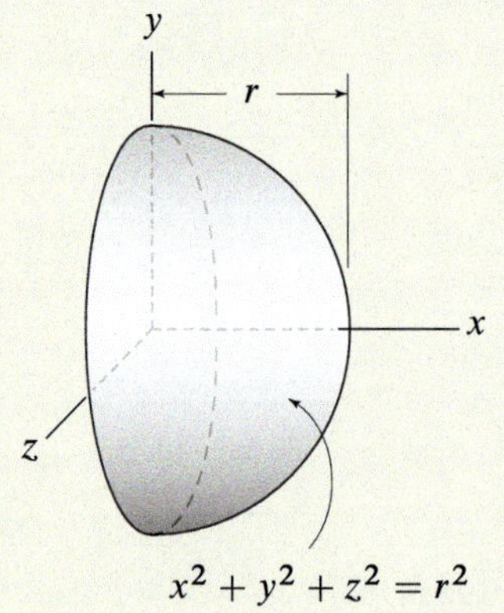

그림 1

풀이 SOLUTION

로드맵 물체가 xy와 xz 평면에 대해 대칭이므로 도심은 x 축 위에 있고 $\bar{y} = \bar{z} = 0$임을 알 수 있다. 도심의 x 위치를 구하기 위해 식 (7.16)을 사용한다. dV와 $\tilde{x}$의 식은 얇은 디스크 요소나 얇은 셸 요소를 사용하여 구할 수 있으며 두 방법 모두 살펴본다.

풀이 1 – 얇은 디스크 요소

지배방정식과 계산 그림 2와 같은 얇은 디스크 요소를 사용하여 dV와 $\tilde{x}$의 식을 다음과 같이 구한다.

$$dV = \pi y^2\,dx = \pi(r^2 - x^2)\,dx \tag{1}$$

$$\tilde{x} = x \tag{2}$$

식 (1)에서 πy^2은 반지름이 y인 디스크의 면적이고 dx는 두께이다. 모든 디스크 요소의 x 위치는 같으므로 $\tilde{x} = x$이다. 식 (1), (2)를 식 (7.16)의 첫 번째 식에 대입하면 도심의 x 위치가 다음과 같이 구해진다.

$$\bar{x} = \frac{\int \tilde{x}\,dV}{\int dV} = \frac{\int_0^r x\pi(r^2 - x^2)\,dx}{\int_0^r \pi(r^2 - x^2)\,dx} = \frac{\pi\left(r^2\frac{x^2}{2} - \frac{x^4}{4}\right)\Big|_0^r}{\pi\left(r^2 x - \frac{x^3}{3}\right)\Big|_0^r} = \frac{\frac{\pi r^4}{4}}{\frac{2\pi r^3}{3}} = \boxed{\frac{3r}{8}} \tag{3}$$

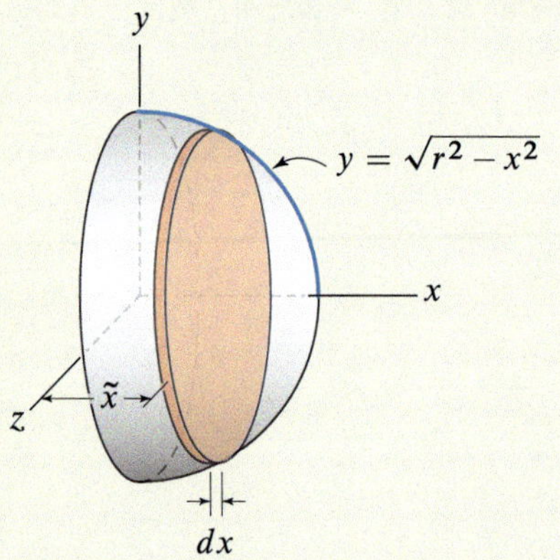

그림 2 얇은 디스크 요소를 사용하여 dV와 $\tilde{x}$의 식을 구한다. 디스크의 반지름 y의 식은 $x^2 + y^2 + z^2 = r^2$에 $z = 0$을 대입하여 정리함으로써 구한다.

풀이 2 – 얇은 셸 요소

지배방정식과 계산 그림 3과 같은 얇은 셸 요소를 사용하여 dV와 $\tilde{x}$의 식을 다음과 같이 구한다.

$$dV = 2\pi yx\,dy = 2\pi y\,dy\sqrt{r^2 - y^2} \tag{4}$$

$$\tilde{x} = \frac{x}{2} = \tfrac{1}{2}\sqrt{r^2 - y^2} \tag{5}$$

식 (4)에서 $2\pi y$는 반지름이 y인 셸의 원주이고 x는 셸의 길이, dy는 두께이다. 식 (5)에서 셸 요소 도심의 x 위치 $\tilde{x}$는 $x/2$이다. 식 (4)와 (5)를 식 (7.16)의 첫 번째 식에 대입하면 도심의 x 위치가 다음과 같이 구해진다.

$$\bar{x} = \frac{\int \tilde{x}\,dV}{\int dV} = \frac{\int_0^r \frac{1}{2}\sqrt{r^2 - y^2}\,2\pi y\sqrt{r^2 - y^2}\,dy}{\int_0^r 2\pi y\sqrt{r^2 - y^2}\,dy} = \boxed{\frac{3r}{8}} \tag{6}$$

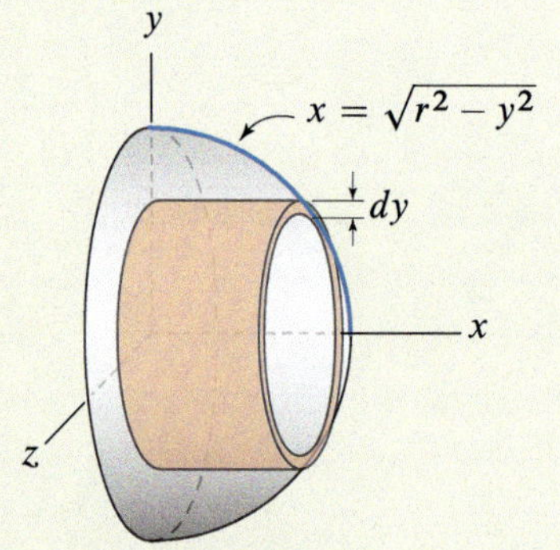

그림 3 얇은 셸 요소를 사용하여 dV와 $\tilde{x}$의 식을 구한다. 원통의 길이 x의 식은 $x^2 + y^2 + z^2 = r^2$에 $z = 0$을 대입하여 정리함으로써 구한다.

논의 및 검증 예상한 바와 같이 다른 두 체적 요소를 이용하여 계산한 결과는 일치한다. 그리고 식 (3)의 분모 $2\pi r^3/3$은 반구의 체적이 맞다(뒤표지 안쪽의 입체의 특성 표에 정리되어 있다).

문제

일반적 지시사항 하나 이상의 대칭축이나 대칭면을 갖고 있는 형상에 대해서는 일부 도심의 좌표는 직관에 의해 구해도 무방하다.

문제 7.1-7.6

복합 형상을 이용하여 그림의 형상에 대한 도심의 x와 y 위치를 구하라.

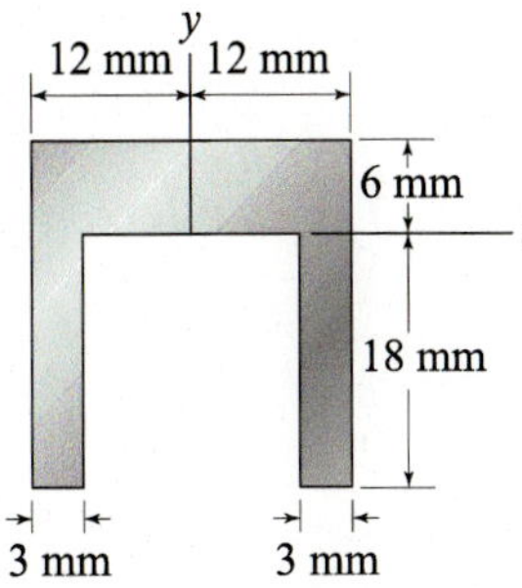

그림 P7.1

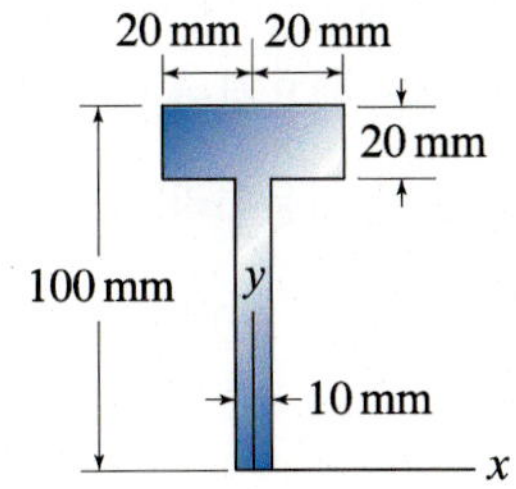

그림 P7.2

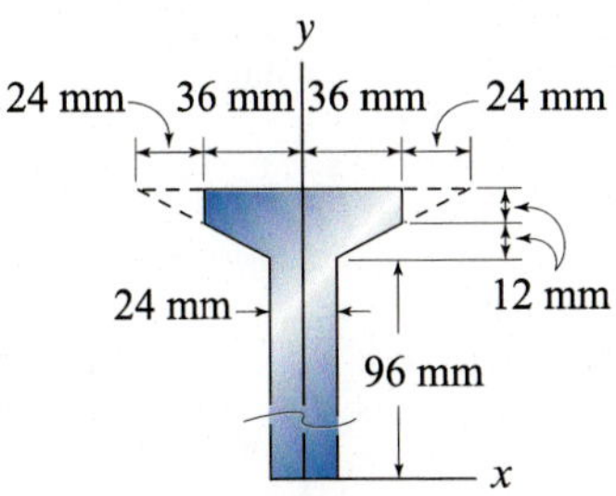

그림 P7.3

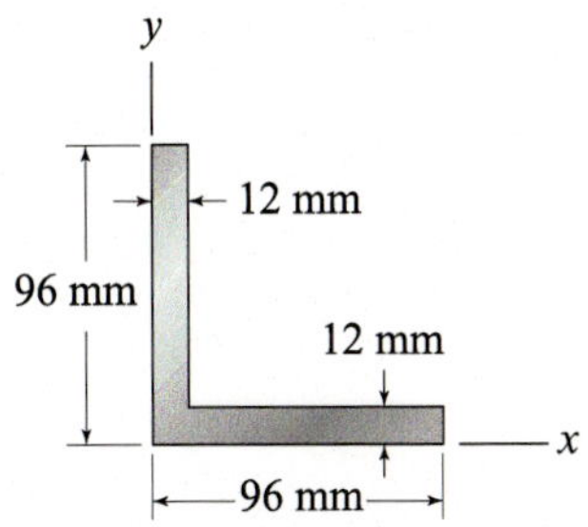

그림 P7.4

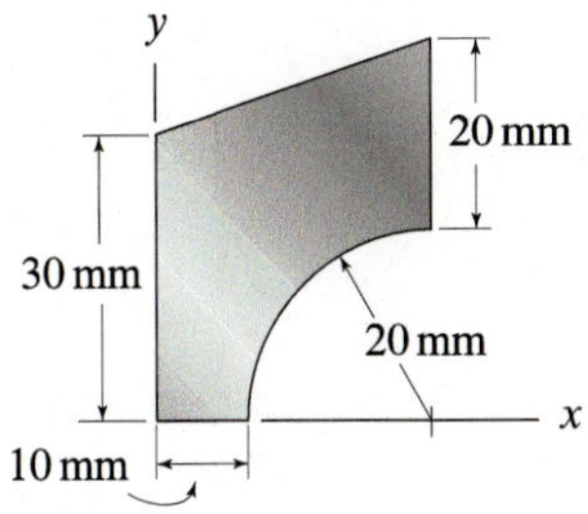

그림 P7.5

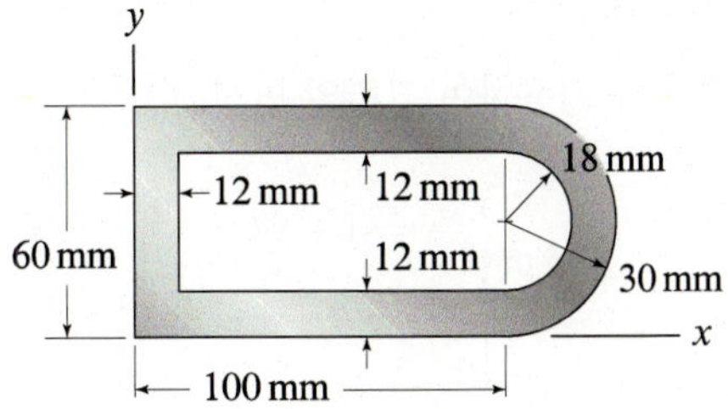

그림 P7.6

문제 7.7

그림의 입체는 원통과 반구로 구성되어 있다. 복합 형상을 이용하여 도심의 x, y, z 위치를 구하라.

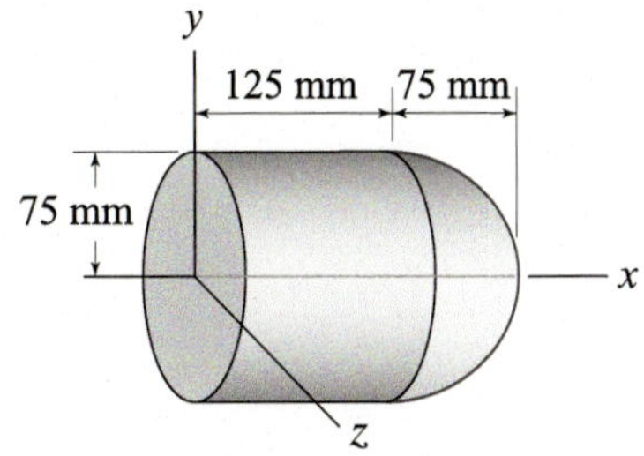

그림 P7.7

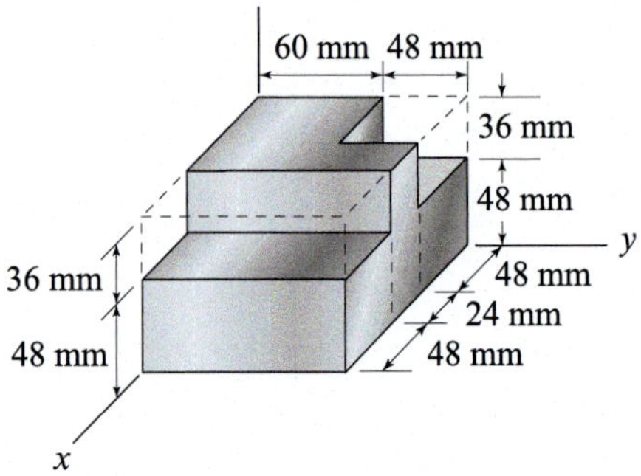

그림 P7.8

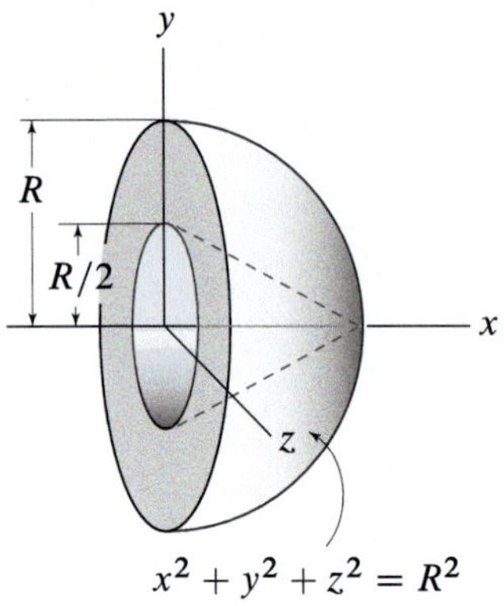

그림 P7.9

문제 7.8

그림의 사각 블록은 사각 절단이 있는 입체이다. 복합 형상을 이용하여 도심의 x, y, z 위치를 구하라.

문제 7.9

그림의 입체는 원추 공간이 있는 반구이다. 복합 형상을 이용하여 도심의 x, y, z 위치를 구하라. 결과를 R의 함수로 나타내라.

문제 7.10-7.13

적분을 사용하여 그림의 면적에 대한 도심의 x와 y 위치를 구하라.

(a) 수평 면적 요소를 이용하라.

(b) 수직 면적 요소를 이용하라.

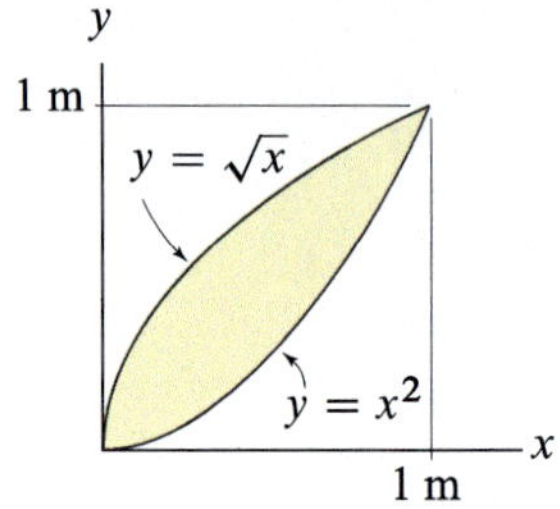

그림 P7.10

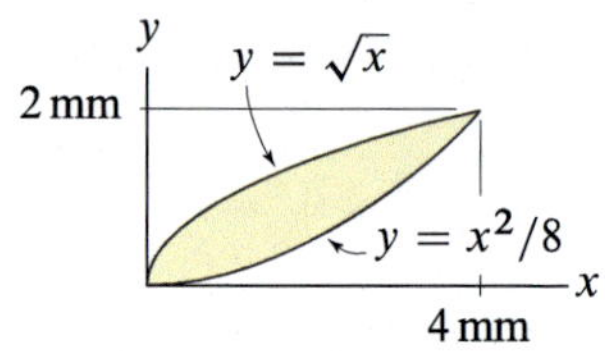

그림 P7.11

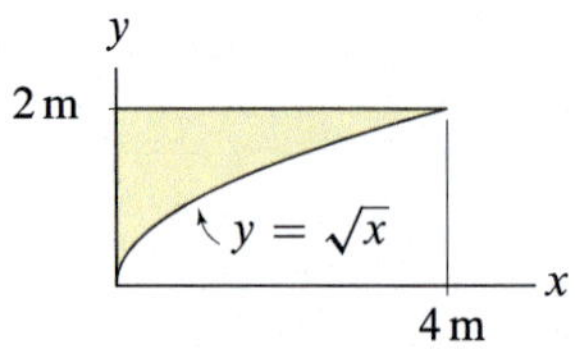

그림 P7.12

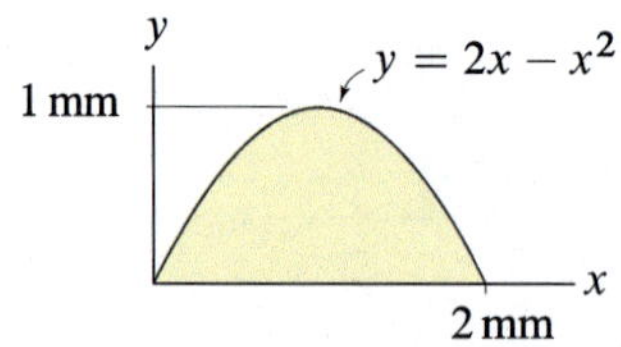

그림 P7.13

문제 7.14, 7.15

적분을 사용하여 그림의 면적에 대한 도심의 x와 y 위치를 구하라.

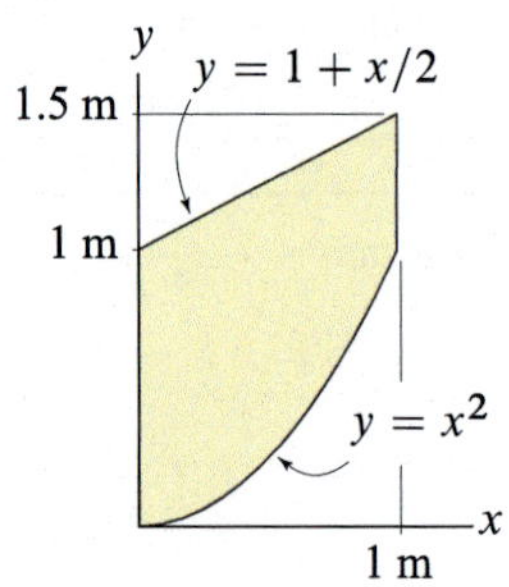

그림 P7.14

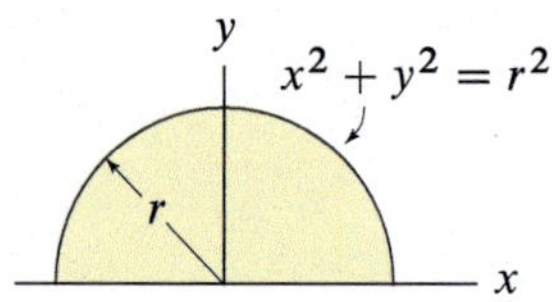

그림 P7.15

문제 7.16, 7.17

선 y_1과 y_2의 식을 구하고, 적분을 사용하여 도심의 x와 y 위치를 구하라.

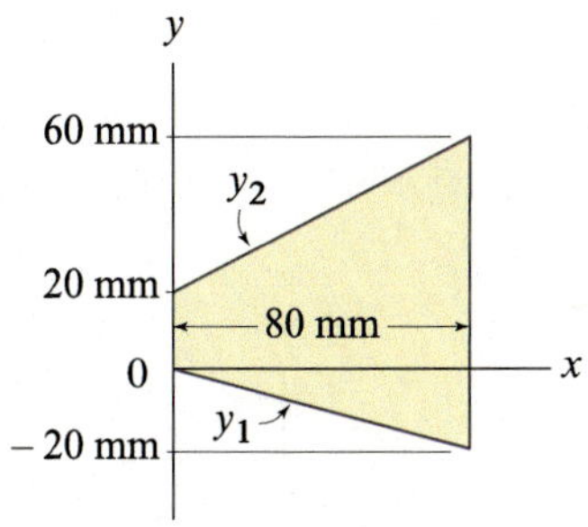

그림 P7.16

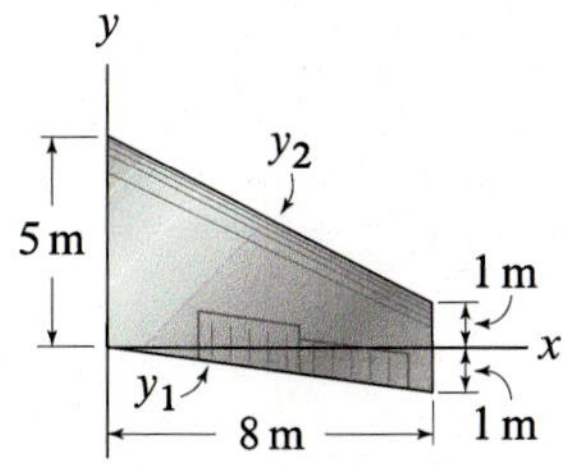

그림 P7.17

문제 7.18

밑변 b, 높이 h인 그림의 삼각형에서 적분을 사용하여 도심의 y 위치가 $\bar{y} = h/3$임을 증명하라.

힌트 수평 면적 요소의 폭을 y의 함수로 나타내라.

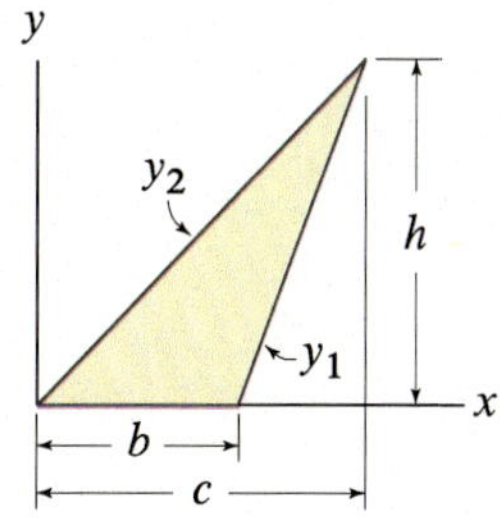

그림 P7.18

문제 7.19

적분을 사용하여 도심의 x와 y 위치를 구하라. 답을 r과 α의 식으로 나타내라.

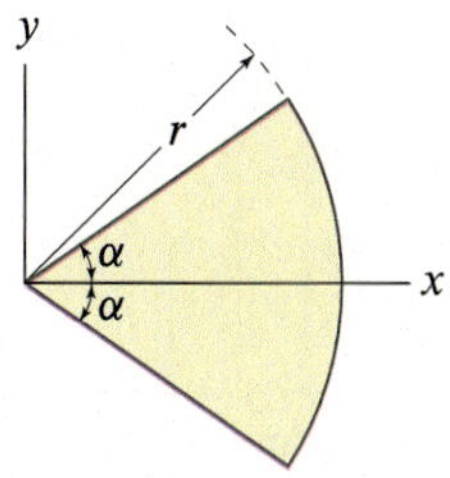

그림 P7.19

문제 7.20

곡선이 $x = a$, $y = b$ 에서 교차하도록 상수 c_1과 c_2를 구하라. 적분을 사용하여 도심의 x와 y 위치를 구하라. 답을 a와 b의 식으로 나타내라.

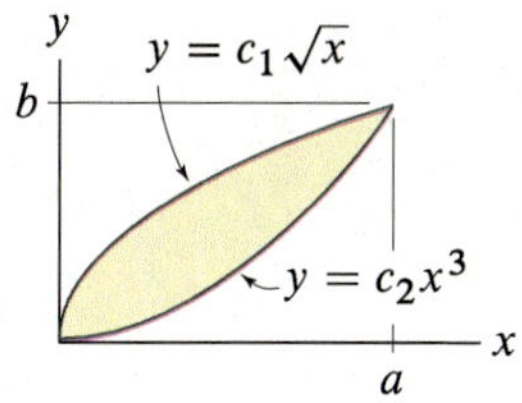

그림 P7.20

문제 7.21, 7.22

그림의 선분에 대해서

(a) 도심의 x와 y 위치를 구할 수 있는 적분의 상, 하한치가 포함된 x에 대한 적분 식을 세워라.

(b) 도심의 x와 y 위치를 구할 수 있는 적분의 상, 하한치가 포함된 y에 대한 적분 식을 세워라.

(c) Mathematica, Maple 등을 이용하여 (a)나 (b)의 적분을 계산하라.

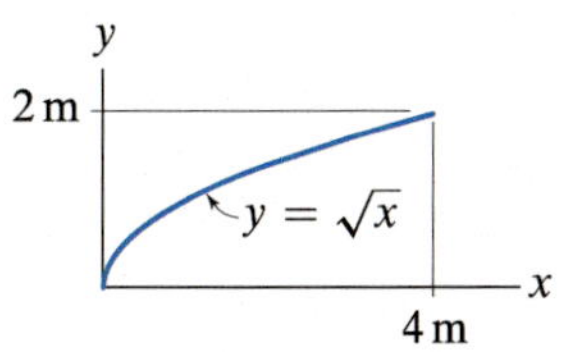

그림 P7.21

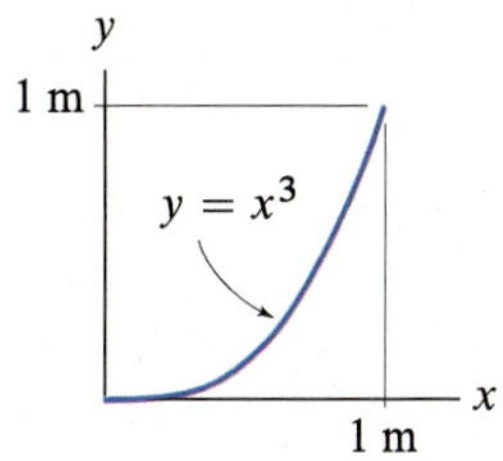

그림 P7.22

문제 7.23, 7.24

그림의 선분에 대해서

(a) 도심의 x와 y 위치를 구할 수 있는 적분의 상, 하한치가 포함된 x에 대한 적분 식을 세워라.

(b) Mathematica, Maple 등을 이용하여 (a)의 적분을 계산하라.

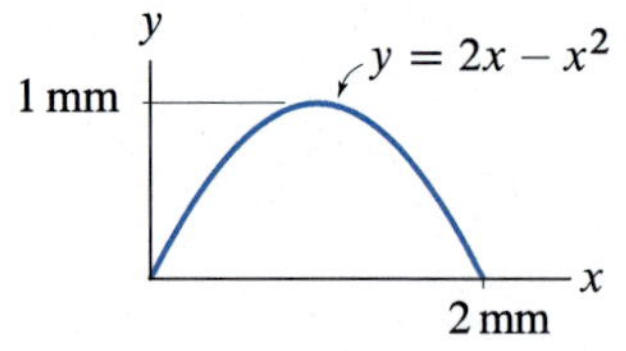

그림 P7.23

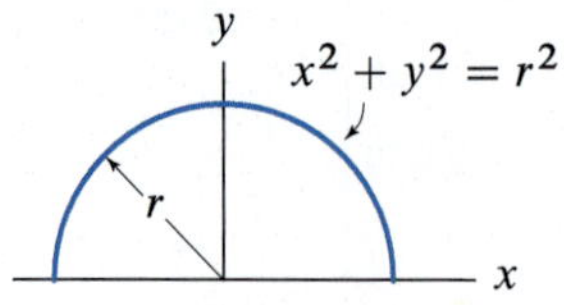

그림 P7.24

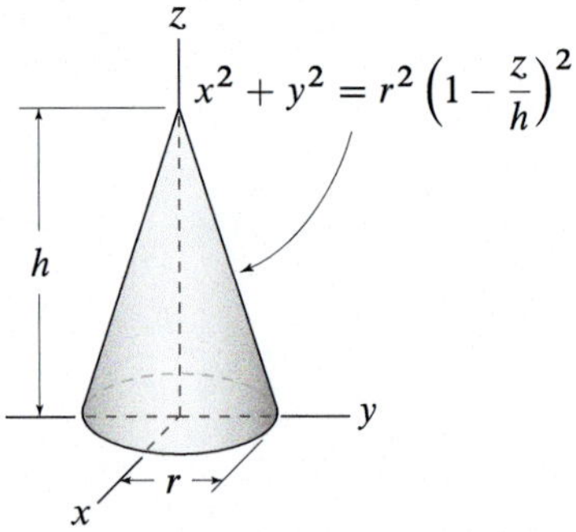

그림 P7.25

문제 7.25

그림의 원추 입체의 도심을 적분으로 구하라. 답을 r과 h의 식으로 나타내라.

문제 7.26

그림 P7.9의 원추 공간이 있는 반구의 도심의 x 위치를 적분으로 구하라. 답을 R의 식으로 나타내라.

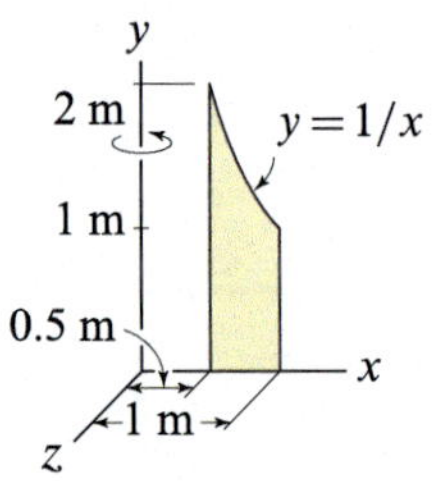

그림 P7.27

문제 7.27

음영 면적을 y 축 주위로 360° 회전시켜 회전체를 생성한다. 도심의 위치를 적분으로 구하라.

7.2 질량중심과 무게중심

도심, 질량중심, 무게중심은 다르지만 그들을 구하는 방법은 이 절에서 논의하는 바와 같이 근본적으로 동일하다. 사실, 많은 경우 이들은 같은 값을 갖는다. 이들 간의 차이점과 언제 다른 값을 갖고 언제 같은 값을 갖는지를 이해하기 위해서 이전 절에서 다룬 정의를 확장한다:

도심 도심(*centroid*)은 형상이나 형상 분포의 평균 위치로 정의된다. 형상이나 형상 분포는 선(직선이나 곡선), 면적, 체적으로 구성되나, 이들의 조합으로 구성되지는 않는다. 도심은 기하학적 형상에만 좌우되고 물체의 재질이나 중력의 존재와는 관련이 없다.

질량중심 질량중심(*center of mass*)은 질량분포의 평균 위치로 정의된다. 질량중심은 물체의 기하학적 형상과 재질의 밀도에 좌우되고 중력의 존재와는 관련이 없다.

무게중심 무게중심(*center of gravity*)은 무게분포의 평균 위치로 정의된다. 무게중심은 물체의 기하학적 형상과 재질의 밀도, 중력의 존재에 좌우된다.

유용한 정보

도심, 질량중심, 무게중심. 도심, 질량중심, 무게중심은 대개 같은 값을 갖기 때문에 일부의 사람들은 이들을 동의어로 사용한다. 그러나 이들은 근본적으로 다르다–그들의 값이 같은 경우에도–따라서 항상 적절한 명칭을 사용할 것이다.

질량중심

이전 절의 개념을 이용하면 삼차원의 물체나 복합 물체의 질량중심은 다음과 같다.

$$\bar{x} = \frac{\sum_{i=1}^{n} \tilde{x}_i m_i}{\sum_{i=1}^{n} m_i} = \frac{\int \tilde{x}\, dm}{\int dm}, \qquad \bar{y} = \frac{\sum_{i=1}^{n} \tilde{y}_i m_i}{\sum_{i=1}^{n} m_i} = \frac{\int \tilde{y}\, dm}{\int dm}$$
$$\bar{z} = \frac{\sum_{i=1}^{n} \tilde{z}_i m_i}{\sum_{i=1}^{n} m_i} = \frac{\int \tilde{z}\, dm}{\int dm} \tag{7.20}$$

위 식은 이차원 물체에도 적용되는데 그 경우에는 $\bar{x}$와 $\bar{y}$에 대한 식만 필요하고, 일차원 물체에 대해서는 $\bar{x}$ 식만 필요하다. 그리고 식 (7.20)은 **입체, 표면, 와이어**와 이들의 조합에도 적용할 수 있다. 이 용어들은 다음과 같이 정의된다.

입체(*solid*)는 질량이 체적 전반에 분포될 때 형성된다.

표면(*surface*)은 질량이 면적에 걸쳐 분포될 때 형성된다. 보통 표면의 두께는 표면의 다른 크기에 비해 작다. 표면을 종종 판(plate)이나 셸(shell)이라고 한다.

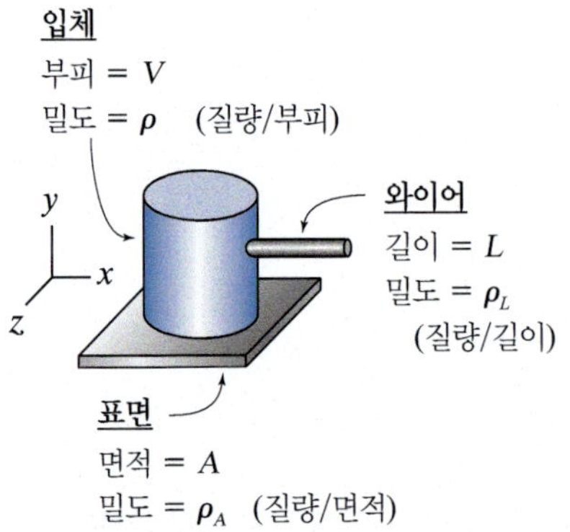

그림 7.8 질량중심을 구하는데 필요한 정보가 표시되어 있는 입체, 표면, 와이어로 구성된 물체의 예.

와이어(*wire*)는 질량이 선(직선이나 곡선)을 따라 분포될 때 형성된다. 보통 와이어의 단면은 와이어의 길이에 비해 작다.

예를 들어 그림 7.8의 입체, 표면, 와이어로 구성된 물체를 고려해 보자. 복합 형상을 이용하면 질량중심의 x 위치는 식 (7.20)의 첫 번째 식에 의해 다음과 같이 구해진다.

$$\bar{x} = \frac{\sum_{i=1}^{n} \tilde{x}_i m_i}{\sum_{i=1}^{n} m_i} = \frac{\tilde{x}_1 \rho V + \tilde{x}_2 \rho_A A + \tilde{x}_3 \rho_L L}{\rho V + \rho_A A + \rho_L L} \tag{7.21}$$

$\bar{y}$와 $\bar{z}$도 비슷한 식이 된다. 식 (7.21)에서 $\tilde{x}_1$, $\tilde{x}_2$, $\tilde{x}_3$는 각각 그림 7.8 물체의 입체, 표면, 와이어의 질량중심이다. 적분을 사용하면 그림 7.8 물체의 질량중심의 x 위치는 식 (7.20)의 첫 번째 식에 의해 다음과 같이 구해진다.

$$\bar{x} = \frac{\int \tilde{x}\, dm}{\int dm} = \frac{\int \tilde{x} \rho\, dV + \int \tilde{x} \rho_A\, dA + \int \tilde{x} \rho_L\, dL}{\int \rho\, dV + \int \rho_A\, dA + \int \rho_L\, dL} \tag{7.22}$$

$\bar{y}$와 $\bar{z}$도 비슷한 식이 된다.

식 (7.21)와 (7.22)에서 밀도 ρ, ρ_A, ρ_L은 정의가 다르며 서로 혼동하면 안 된다. ρ는 보통의 정의에 따른 재질의 밀도로 차원은 질량/부피 이다. 반면 ρ_A는 차원이 질량/면적인 표면의 밀도이다. 마찬가지로, ρ_L은 차원이 질량/길이인 와이어의 밀도이다. 이들에 대한 정의와 관계식을 요약하면 다음과 같다 :

$$\rho = \text{재질의 밀도} \quad (\text{차원 : 질량/부피}) \tag{7.23}$$

$$\rho_A = \text{표면의 밀도} \quad (\text{차원 : 질량/면적}) \qquad \rho_A = \rho t \tag{7.24}$$

$$\rho_L = \text{와이어의 밀도} \quad (\text{차원 : 질량/길이}) \qquad \rho_L = \rho A \tag{7.25}$$

식 (7.24)에서 t는 표면의 두께이고 식 (7.25)에서 A는 와이어의 단면적이다.

흥미로운 사실

중력구배 인공위성. 위성역학이나 궤도역학의 경우 중력을 더 정확하게 취급하여 중력중심을 적절하게 정의해야 한다. 지구 주위를 도는 인공위성을 고려해 보자.

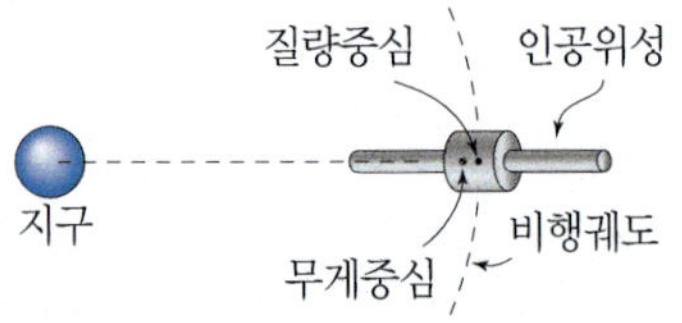

식 (1.6)과 같이 인공위성에서 지구에 보다 가까이 있는 부분의 질량은 보다 멀리 있는 부분에 비해 약간 더 큰 인력(중력)을 받는다. 따라서 그림의 인공위성에서 무게중심은 질량중심보다 지구에 가깝다. 사실, 인공위성의 전체 길이가 20 m이고 고도 800 km의 낮은 지구 궤도에 위치한다면 인공위성의 질량 분포에 따라 약간의 차이가 있지만 질량중심과 무게중심의 차이는 고작 10^{-5} m 정도이다. 이 차이가 사소해 보이지만 종종 인공위성의 방향을 안정화시키기에 충분하다. 이러한 인공위성을 중력구배 인공위성(gravity gradient satellite)이라 한다.

무게중심

이 교재와 다수의 정역학 응용 사례에서와 같이 우리는 균일 중력장(*uniform gravity field*)이라는 특별한 경우를 가정한다. 이 경우 식 (1.7)의 중력가속도 g는 일정하고 지구와 물체를 구성하는 물질의 모든 요소 사이에 작용하는 인력의 방향은 평행하다고 가정한다. 이렇게 이상화하면 부피 dV인 재료의 무게 dw의 크기는 $dw = \gamma dV = \rho g dV$이다. 여기서 γ는 재료의 비중(차원: 무게/부피), ρ는 재료의 밀도(차원: 질량/부피)이다. 그리고, 각 체적 요소 dV의 무게의 방향은 같기 때문에, 질량중심을 질량 분포의 평균 위치로 정의하는 것처럼 무게중심을 무게 분포의 평균 위치로 정의하는 것이 보통이다. 따라서 균일 중력장에서는 무게중심 공식은 식 (7.20)의 m_i 대신 w_i를, dm대신 dw를 대입하면 된다.

$$\bar{x} = \frac{\sum_{i=1}^{n} \tilde{x}_i w_i}{\sum_{i=1}^{n} w_i} = \frac{\int \tilde{x}\, dw}{\int dw}, \qquad \bar{y} = \frac{\sum_{i=1}^{n} \tilde{y}_i w_i}{\sum_{i=1}^{n} w_i} = \frac{\int \tilde{y}\, dw}{\int dw}, \qquad \bar{z} = \frac{\sum_{i=1}^{n} \tilde{z}_i w_i}{\sum_{i=1}^{n} w_i} = \frac{\int \tilde{z}\, dw}{\int dw} \tag{7.26}$$

이차원 물체에 적용하려면 $\bar{x}$와 $\bar{y}$의 식만 필요하고, 일차원 물체는 $\bar{x}$의 식만 필요하다. 그리고 식 (7.26)은 **입체**, **표면**, **와이어**, 그리고 이들의 조합에 적용할 수 있다.

식 (7.26)에 $w_i = gm_i$, $dw = g\,dm$을 대입하고, g가 상수이기 때문에 분자와 분모에서 상쇄하면, 식 (7.20)과 (7.26)이 같은 식이고, 따라서 균일 중력장에서는 질량중심과 무게중심이 같다는 것을 알 수 있다.

그림 7.9의 입체, 표면, 와이어로 구성된 물체를 다시 고려해 보자. 복합 형상을 이용하면 무게중심의 x 위치는 식 (7.26)의 첫 번째 식에 의해 다음과 같이 구해진다.

$$\bar{x} = \frac{\sum_{i=1}^{n} \tilde{x}_i w_i}{\sum_{i=1}^{n} w_i} = \frac{\tilde{x}_1 \gamma V + \tilde{x}_2 \gamma_A A + \tilde{x}_3 \gamma_L L}{\gamma V + \gamma_A A + \gamma_L L} \tag{7.27}$$

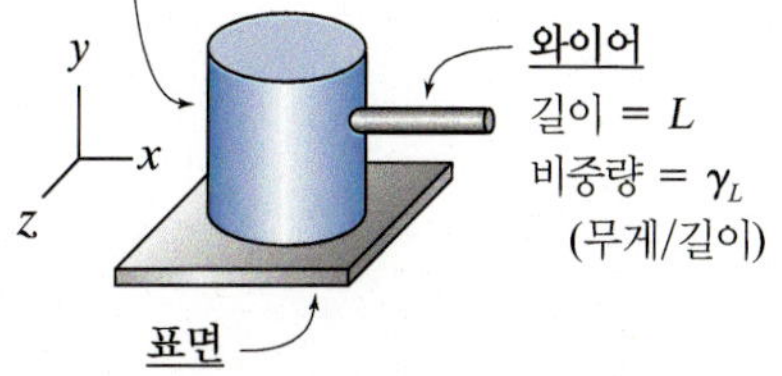

그림 7.9 무게중심을 구하는데 필요한 정보가 표시되어 있는 입체, 표면, 와이어로 구성된 물체의 예.

$\bar{y}$와 $\bar{z}$도 비슷한 식이 된다. 식 (7.27)에서 $\tilde{x}_1$, $\tilde{x}_2$, $\tilde{x}_3$는 각각 그림 7.8 물체의 입체, 표면, 와이어의 무게중심이다. 적분을 이용하면 그림 7.9 물체의 질량중심의 x 위치는 식 (7.26)의 첫 번째 식에 의해 다음과 같이 구해진다.

$$\bar{x} = \frac{\int \tilde{x}\, dw}{\int dw} = \frac{\int \tilde{x}\gamma\, dV + \int \tilde{x}\gamma_A\, dA + \int \tilde{x}\gamma_L\, dL}{\int \gamma\, dV + \int \gamma_A\, dA + \int \gamma_L\, dL} \tag{7.28}$$

$\bar{y}$와 $\bar{z}$도 비슷한 식이 된다.

식 (7.27)과 (7.28)에서 비중량 γ, γ_A, γ_L은 정의가 다르다. γ는 보통의 정의에 따른 재질의 비중량(혹은 단위 무게)으로 차원은 무게/부피이다. 반면 γ_A는 차원이 무게/면적인 표면의 비중량이다. 마찬가지로, γ_L은 차원이 무게/길이인 와이어의 비중량이다. 이

들에 대한 정의와 관계식을 요약하면 다음과 같다:

γ = 재질의 비중량 (7.29)

(차원 : 무게/부피)

γ_A = 표면의 비중량 (7.30)

(차원 : 무게/면적) $\gamma_A = \gamma t$

γ_L = 와이어의 비중량 (7.31)

(차원 : 무게/길이) $\gamma_L = \gamma A$

식 (7.30)에서 t는 표면의 두께이고 식 (7.31)에서 A는 와이어의 단면적이다.

절 요약

질량중심은 질량 분포의 평균 위치로 정의된다. 물체의 질량중심은 복합 형상이나 적분을 이용하여 구할 수 있고 물체는 입체, 표면, 와이어, 혹은 이들의 조합이다. 질량중심은 물체의 형상과 질량 분포의 영향을 받는다.

무게중심은 무게 분포의 평균 위치로 정의된다. 다수의 정역학 응용 사례에서 우리는 균일 중력장이라는 특별한 경우를 가정한다. 여기서 중력가속도 g는 일정하고 지구와 물체를 구성하는 물질의 모든 요소 사이에 작용하는 인력의 방향은 평행하다고 가정한다. 이렇게 이상화하면 무게중심은 질량중심과 비슷한 방법으로 정의되고, 균일 중력장에서는 무게중심과 질량중심은 항상 같다.

요약의 마지막 포인트는 물체가 대칭축을 가지면, 즉 물체의 형상과 질량 분포가 모두 대칭이면, 질량중심은 대칭축 위에 있다. 그리고 물체가 두 개의 대칭축을 가지면 질량중심은 두 대칭축의 교차점에 존재한다.

예제 7.7 복합 형상을 이용한 질량중심

연이 목재, 종이, 줄로 구성되어 있다. 목재 AB와 CD의 밀도는 $\rho_w = 510\ \mathrm{kg/m^3}$이고 단면은 5 mm × 5 mm의 사각 단면이다. 종이 $ADBC$의 밀도는 $\rho_p = 0.039\ \mathrm{kg/m^2}$이다. 연의 둘레에는(점 A, D, B, C, A 사이) 밀도 $\rho_s = 2.6(10)^{-5}\ \mathrm{kg/m}$인 팽팽한 실이 있다. 연의 무게와 질량중심을 구하라.

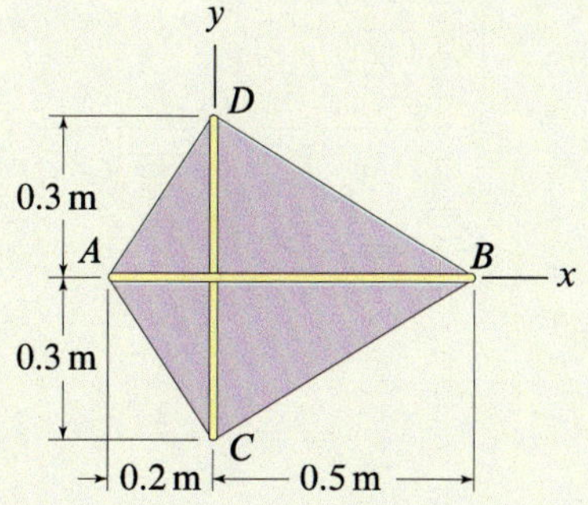

그림 1

풀이 SOLUTION

로드맵 연은 간단한 형상의 물체들로 구성되어 있다. 따라서 식 (7.21)의 복합 형상을 이용하여 질량중심을 구하는 것이 가장 쉽다. 연은 x 축에 대해 대칭이고 질량중심은 x 축 위에 있다. 따라서 $\bar{y} = 0$이다.

지배방정식과 계산 그림 2에서 연은 8개의 복합 형상으로 나뉘어 있다. 각 복합 형상의 질량과 질량중심의 위치가 표 1에 있다.

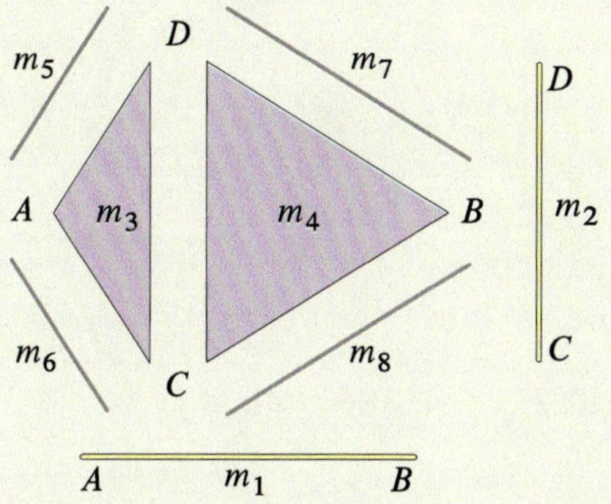

그림 2 연을 구성하는 복합 형상.

표 1 그림 2의 복합 형상의 질량과 질량중심 위치
주의 "w", "p", "s"는 각각 목재, 종이, 줄을 의미한다.

물체 번호	m_i (kg)	$\tilde{x}_i$ (m)
1 (w AB)	$510\frac{\mathrm{kg}}{\mathrm{m}^3}(0.005\,\mathrm{m})(0.005\,\mathrm{m})(0.7\,\mathrm{m}) = 0.008925$	0.15
2 (w CD)	$510\frac{\mathrm{kg}}{\mathrm{m}^3}(0.005\,\mathrm{m})(0.005\,\mathrm{m})(0.6\,\mathrm{m}) = 0.007650$	0
3 (p ADC)	$0.039\frac{\mathrm{kg}}{\mathrm{m}^2}\,\frac{1}{2}(0.6\,\mathrm{m})(0.2\,\mathrm{m}) = 0.002340$	−0.06667
4 (p BCD)	$0.039\frac{\mathrm{kg}}{\mathrm{m}^2}\,\frac{1}{2}(0.6\,\mathrm{m})(0.5\,\mathrm{m}) = 0.005850$	0.1667
5 (s AD)	$2.6(10)^{-5}\frac{\mathrm{kg}}{\mathrm{m}}\sqrt{(0.2\,\mathrm{m})^2 + (0.3\,\mathrm{m})^2} = 9.374(10)^{-6}$	−0.1
6 (s AC)	$(\ldots"\ldots) = 9.374(10)^{-6}$	−0.1
7 (s BD)	$2.6(10)^{-5}\frac{\mathrm{kg}}{\mathrm{m}}\sqrt{(0.5\,\mathrm{m})^2 + (0.3\,\mathrm{m})^2} = 1.516(10)^{-5}$	0.25
8 (s BC)	$(\ldots"\ldots) = 1.516(10)^{-5}$	0.25

식 (7.21)을 이용하면 질량중심의 x 위치는 다음과 같다.

$$\bar{x} = \frac{\sum_{i=1}^{n} \tilde{x}_i m_i}{\sum_{i=1}^{n} m_i} = \frac{(0.15\ \mathrm{m})(0.008925\ \mathrm{kg}) + \cdots + (0.25\ \mathrm{m})(1.516(10)^{-5}\ \mathrm{kg})}{0.008925\ \mathrm{kg} + \cdots + 1.516(10)^{-5}\ \mathrm{kg}} \tag{1}$$

$$= \frac{0.002163\ \mathrm{kg \cdot m}}{0.02481\ \mathrm{kg}} = \boxed{0.0872\ \mathrm{m}} \tag{2}$$

줄여서 첫 번째와 여덟번째 물체의 값만 식 (1)에 나타낸다. 계산 결과를 확인하라. 질량중심 위치를 그림 3에 나타낸다. 식 (2)의 분모는 연의 전체 질량으로 $m = 0.02481$ kg. 따라서 연의 무게는

$$w = mg = (0.02481\ \mathrm{kg})(9.81\ \mathrm{m/s^2}) = \boxed{0.243\ \mathrm{N}} \tag{3}$$

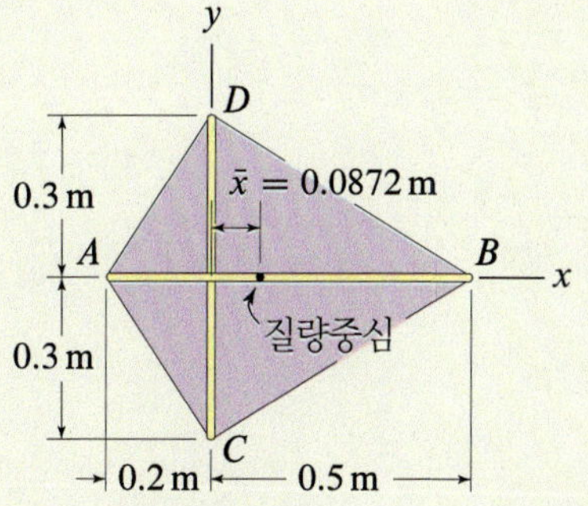

그림 3 연의 질량중심 위치.

논의 및 검증 풀이 결과의 정확성을 확실히 검토하는 방법은 없다. 그러나 질량중심의 위치와 연의 무게는 적정하다(연의 무게를 미국 관용단위로 표시하는 것이 도움이 될 수도 있다–연의 무게는 1온스보다 약간 작다).

예제 7.8 복합 형상을 이용한 무게중심

레스토랑의 간판은 합판 $ABCD$, $FGHI$, 철근 CED, 체인 DF, EG로 구성되어 있다. 합판의 무게는 100 N/m²이고 철근의 무게는 75 N/m이며 체인의 무게는 무시한다.

(a) 무게중심을 구하라.

(b) A, B의 지지반력을 구하라.

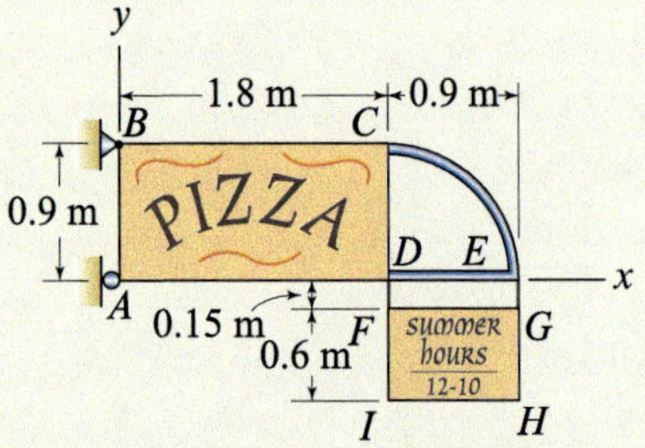

그림 1

풀이 SOLUTION

로드맵 간판이 간단한 형상의 조합으로 구성되어 있기 때문에, 식 (7.27)의 복합 형상을 이용하여 무게중심을 구하는 것이 가장 쉽다. 무게중심이 구해지면 지지반력은 쉽게 구해진다.

(a) 부분

지배방정식과 계산 간판은 그림 2와 같이 네 개의 복합 물체로 세분된다. 각 복합 형상의 무게와 무게중심의 위치가 표 1에 정리되어 있다.

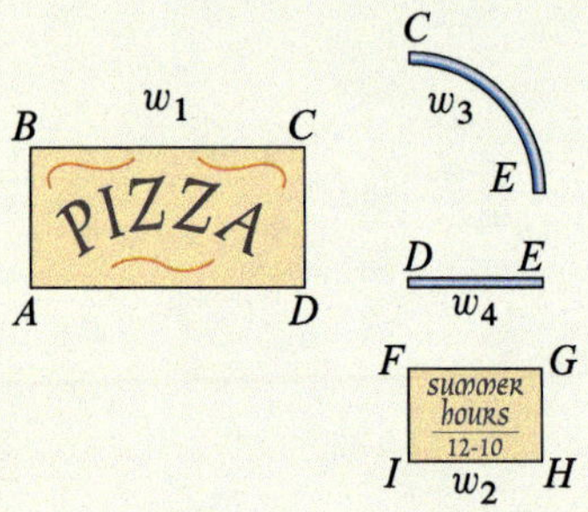

그림 2 간판을 구성하는 복합 물체.

표 1. 그림 2의 복합 물체의 무게와 무게중심 위치.
주의 "w", "s"는 각각 목재, 철근을 의미한다.

물체 번호	w_i (N)	$\tilde{x}_i$ (m)	$\tilde{y}_i$ (m)
1 (w $ABCD$)	$100\ \mathrm{N/m^2}(0.9\ \mathrm{m})(1.8\ \mathrm{m}) = 162$	0.9	0.45
2 (w $FGHI$)	$100\frac{\mathrm{N}}{\mathrm{m^2}}(0.6\ \mathrm{m})(0.9\ \mathrm{m}) = 54$	2.25	−0.45
3 (s CE)	$75\frac{\mathrm{N}}{\mathrm{m}}\ (0.9\ \mathrm{m})/2 = 106$	2.373	0.573
4 (s DE)	$75\frac{\mathrm{N}}{\mathrm{m}}(0.9\ \mathrm{m}) = 67.5$	2.25	0

표 1의 물체 3(원형 파이프의 1/4)의 경우, $\pi(0.9\ \mathrm{m})/2$는 파이프의 길이고, 무게중심의 위치는 뒤표지 안쪽의 입체의 특성표로부터 $\tilde{x} = 1.8\ \mathrm{m} + 2(0.9\ \mathrm{m})/\pi = 2.373\ \mathrm{m}$, $\tilde{y} = 2(0.9\ \mathrm{m})/\pi = 0.573\ \mathrm{m}$임을 알 수 있다. 식 (7.27)을 이용하여 무게중심을 구하면

$$\bar{x} = \frac{\sum_{i=1}^{n} \tilde{x}_i w_i}{\sum_{i=1}^{n} w_i} \tag{1}$$

$$= \frac{(0.9\ \mathrm{m})(162\ \mathrm{N}) + (2.25\ \mathrm{m})(54\ \mathrm{N}) + (2.373\ \mathrm{m})(106\ \mathrm{N}) + (2.25\ \mathrm{m})(67.5\ \mathrm{N})}{162\ \mathrm{N} + 54\ \mathrm{N} + 106\ \mathrm{N} + 67.5\ \mathrm{N}} \tag{2}$$

$$= \frac{670.7\ \mathrm{Nm}}{389.5\ \mathrm{N}} = \boxed{1.72\ \mathrm{m}} \tag{3}$$

$$\bar{y} = \frac{\sum_{i=1}^{n} \tilde{y}_i w_i}{\sum_{i=1}^{n} w_i} \tag{4}$$

$$= \frac{(0.45\text{ m})(162\text{ N}) + (-0.45\text{ m})(54\text{ N}) + (0.573\text{ m})(106\text{ N}) + (0\text{ m})(67.5\text{ N})}{389.5\text{ N}} \tag{5}$$

$$= \frac{109.34\text{ Nm}}{389.5\text{ N}} = \boxed{0.28\text{ m}} \tag{6}$$

식 (1)-(6)의 분모는 간판의 전체 무게이므로

$$w = 389.5\text{ N} \tag{7}$$

(b) 부분

모델링 그림 3의 자유물체도에서 간판의 무게 389.5 N이 무게중심에 작용한다.

지배방정식과 계산 그림 3의 자유물체도로부터 평형방정식을 세우고 풀면 다음의 결과를 얻는다.

$$\sum M_B = 0: \quad A_x(0.9\text{ m}) - (389.5\text{ N})(1.72\text{ m}) = 0 \tag{8}$$

$$\Rightarrow \boxed{A_x = 744.4\text{ N}} \tag{9}$$

$$\sum F_x = 0: \quad A_x + B_x = 0 \tag{10}$$

$$\Rightarrow \boxed{B_x = -744.4\text{ N}} \tag{11}$$

$$\sum F_y = 0: \quad B_y - 389.5\text{ N} = 0 \tag{12}$$

$$\Rightarrow \boxed{B_y = 389.5\text{ N}} \tag{13}$$

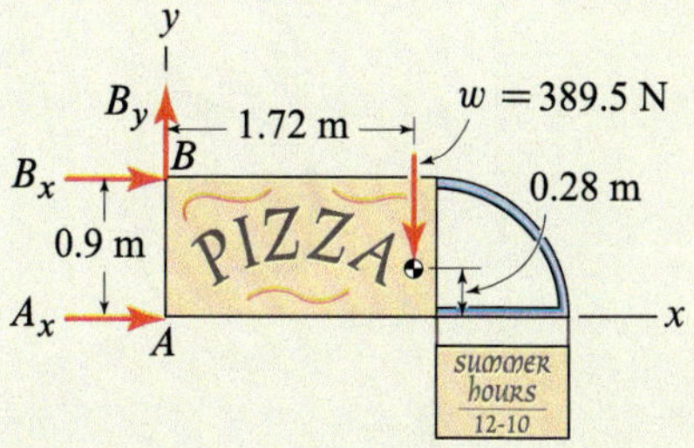

그림 3 간판의 무게가 무게중심에 작용하는 자유물체도.

논의 및 검증

- 식 (3)과 (6)에 주어진 간판의 무게중심의 위치는 적절하다. 반력은 적절한 방향과 크기를 갖고 있다고 여겨진다.
- 이 예제의 (b) 부분만 푼다면 위에서 푼 것과 같이 풀 수도 있고(그림 3의 자유물체도는 무게중심의 위치를 구해야한다는 것을 명심하라), 다른 보다 빠른 방법으로 그림 4의 자유물체도를 이용할 수도 있다. 이 방법은 간판의 무게중심을 구할 필요가 없다. 그림 4에서 각 복합 물체의 무게는 각 물체의 무게중심에 작용한다.

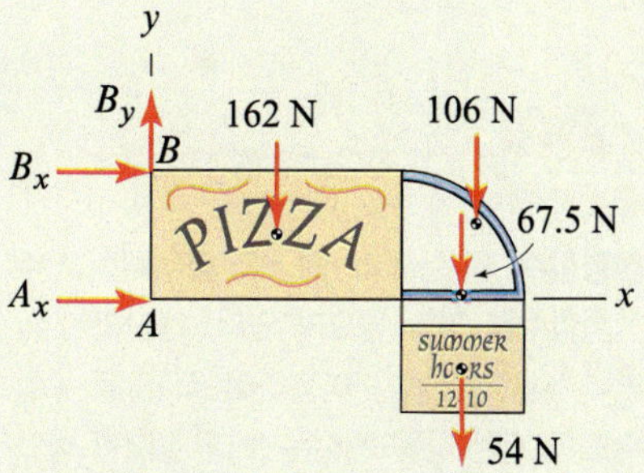

그림 4 각 복합 물체의 무게가 물체의 무게중심에 작용하는 자유물체도.

예제 7.9 적분을 이용한 무게중심

기능적으로 변화하는 재료로 만들어진 입체 원추는 꼭짓점 부분은 단단하고 꼭짓점에서 멀어질수록 더 연하게 설계되어 있다. 따라서 비중이 꼭짓점에서는 γ_0이고 $x = L$에서는 $\gamma_0/2$로 변한다. 원추의 무게중심의 위치와 무게를 구하라.

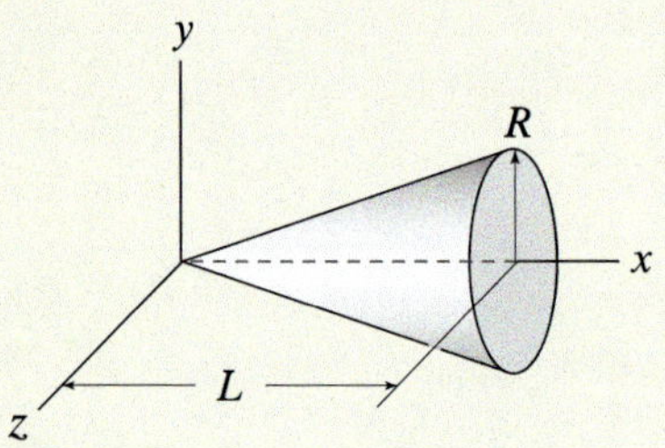

그림 1

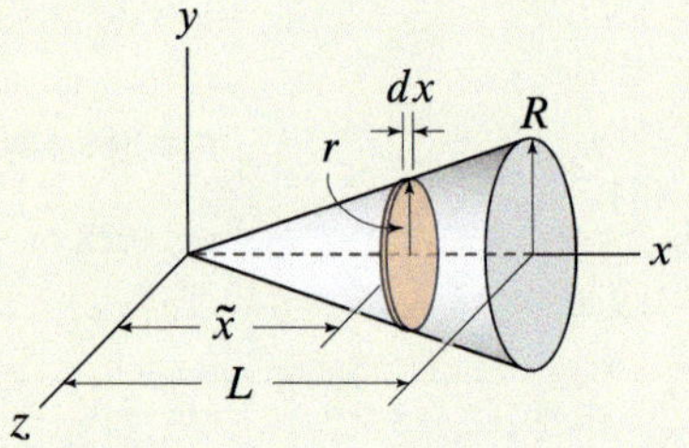

그림 2 얇은 디스크 체적 요소를 사용하여 dV와 $\tilde{x}$를 구한다.

풀이 SOLUION

로드맵 원추의 비중이 위치에 따라 변하므로 무게중심과 도심은 일치하지 않을 것이다. 무게중심을 구하기 위해서는 적분식 (7.26)이나 체적 적분식 (7.28)을 이용하여 적분을 해야 한다. 비중은 x 좌표만의 함수고 원추는 x 축에 대해 대칭이므로 무게중심은 x 축 위에 있으므로 $\bar{y} = \bar{z} = 0$이다.

지배방정식과 계산 식 (7.26)의 $\bar{x} = \int \tilde{x}\, dw$와 $dw = \gamma dV$를 이용하면

$$\bar{x} = \frac{\int \tilde{x}\gamma\, dV}{\int \gamma\, dV} \tag{1}$$

식 (1)에서 $\tilde{x}$는 무게 요소 γdV의 무게중심이다. 비중이 변하기 때문에 그림 2의 얇은 디스크 무게(체적) 요소가 얇은 셸 무게(체적) 요소(자세한 논의는 문제 7.37 참조) 보다 더 간편하다. dV와 $\tilde{x}$의 식은

$$dV = \pi r^2\, dx, \qquad \tilde{x} = x \tag{2}$$

식 (2)에서 πr^2은 그림 2의 반지름 r, 두께 dx인 디스크의 면적이다. 디스크 요소의 무게중심은 $\tilde{x} = x$에 위치한다. 식 (1)을 계산하기 전에 원추의 반지름 r과 비중 γ를 x의 함수로 구할 필요가 있다. 식은 다음과 같다.

$$r = R\frac{x}{L}, \qquad \gamma = \gamma_0\left(1 - \frac{x}{2L}\right) \tag{3}$$

식 (3)의 타당성은 $x = 0$과 $x = L$에서 정확한 결과가 나온다는 것으로 확인할 수 있다. 옆의 유용한 정보는 이러한 식을 구하는 방법을 제공한다. 식 (2)와 (3)을 식 (1)에 대입하면 무게중심은

$$\bar{x} = \frac{\int \tilde{x}\gamma\, dV}{\int \gamma\, dV} = \frac{\int_0^L x\gamma_0\left(1 - \frac{x}{2L}\right)\pi\left(R\frac{x}{L}\right)^2 dx}{\int_0^L \gamma_0\left(1 - \frac{x}{2L}\right)\pi\left(R\frac{x}{L}\right)^2 dx} = \frac{\frac{3\pi L^2 R^2}{20}\gamma_0}{\frac{5\pi L R^2}{24}\gamma_0} = \boxed{\frac{18L}{25}} \tag{8}$$

식 (8)의 분모는 원추의 전체 무게이므로

$$\boxed{w = \frac{5\pi L R^2}{24}\gamma_0} \tag{9}$$

논의 및 검증 이 교재 뒷표지 안쪽의 입체의 특성표에 나와 있는 입체 원추의 도심은 꼭짓점으로부터 $3L/4$ 이고 이 예제의 무게중심은 식 (8)에 의하면 $x = 18\,L/25 = (0.72)L$이다. 예상한대로, 이 문제의 비중 분포 때문에 무게중심이 도심보다 꼭짓점에 더 가까운 것을 알 수 있다. 물론 비중이 균일하다면 질량중심과 도심의 위치는 같을 것이다.

유용한 정보

선형함수. 이 문제의 r과 γ의 경우처럼 자주 선형함수를 구할 필요가 있다. 계산하지 않거나 시행착오법을 이용하여 식 (3)을 구할 수도 있지만 다음과 같은 보다 철저한 방법을 이용할 수도 있다. 비중 γ의 식을 살펴보자. γ가 선형적으로 변하므로

$$\gamma = a + bx \tag{4}$$

여기서 a와 b는 구해야하는 상수이다. $x = 0$에서 $\gamma = \gamma_0$이고 $x = L$에서 $\gamma = \gamma_0/2$이므로

$$\gamma = a + b(0) = \gamma_0 \tag{5}$$

$$\gamma = a + b(L) = \gamma_0/2 \tag{6}$$

식 (5)와 (6)을 a와 b에 대해서 풀면

$$a = \gamma_0,\ b = -\frac{\gamma_0}{2L} \tag{7}$$

a와 b를 식 (4)에 대입하면 식 (3)이 된다. 어떤 방법을 사용하여 식을 구하든지 그 식의 타당성을 항상 검토할 수 있어야 한다.

문제

일반적 지시사항 하나 이상의 대칭축이나 대칭면을 갖고 있는 형상에 대해서는 일부 무게중심의 좌표는 직관에 의해 구해도 무방하다.

문제 7.28

그림의 라디오 안테나는 수평부재에 대해 대칭이다. 수평부재의 무게는 9 N/m, 수직부재의 무게는 1.5 N/m, 무게중심이 A에 있는 회로 박스의 무게는 36 N이다. 왼쪽 끝부터 안테나의 무게중심까지의 거리를 구하라.

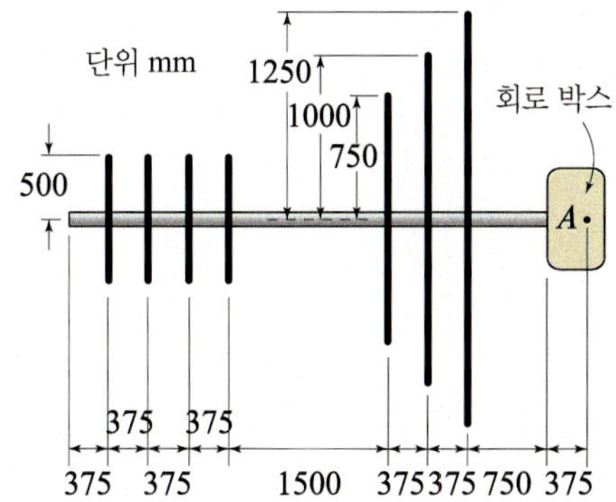

그림 P7.28

문제 7.29

예제 7.2에서 원통 부분은 밀도 7850 kg/m^{3}의 강이고 원추대 부분은 밀도 2720 kg/m^{3}의 알루미늄이다. 무게중심을 구하라.

문제 7.30

문제 7.7에서 원통 부분은 밀도 7200 kg/m^{3}의 주철이고 반구 부분은 밀도 2720 kg/m^{3}의 알루미늄이다. 무게중심을 구하라.

문제 7.31

무게가 9000 N/m^{2}인 사각 판이 원형 구멍을 갖고 있다. 판의 오른쪽 모서리에는 무게 135 N/m인 원형 단면 봉이 용접되어 있다. 무게중심을 구하라.

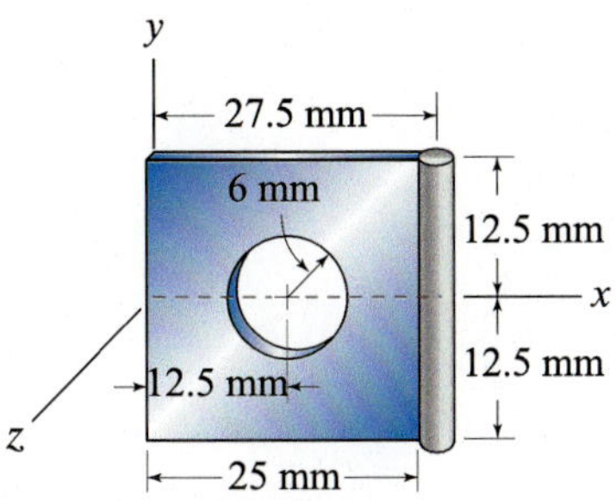

그림 P7.31

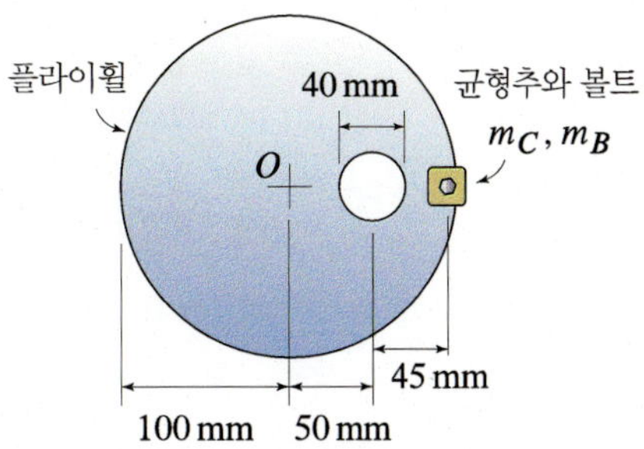

그림 P7.32

문제 7.32

그림의 조합체는 플라이휠, 균형추, 균형추를 플라이휠에 결합시키는 볼트로 구성되어 있다. 플라이휠은 면적당 질량이 2 g/mm^{2}으로 균일하고 그림과 같이 직경 40 mm의 구멍을 갖고 있다. 조합체의 무게중심이 점 O에 위치하도록 균형추의 질량 m_C를 구하라. 균형추는 플라이휠을 관통하는 직경 10 mm의 구멍에 체결되는 질량 m_B = 800 g인 볼트에 의해 플라이휠에 결합되어 있다.

문제 7.33

전기스탠드는 면적당 무게가 432 N/m^{2}인 반원형 밑받침과 각각의 무게가 9 N/m인 튜브 AB와 BC, 무게 9 N인 전등갓으로 구성되어 있다. 튜브 BC는 x 축과 평행하다. 무게중심의 좌표를 구하라.

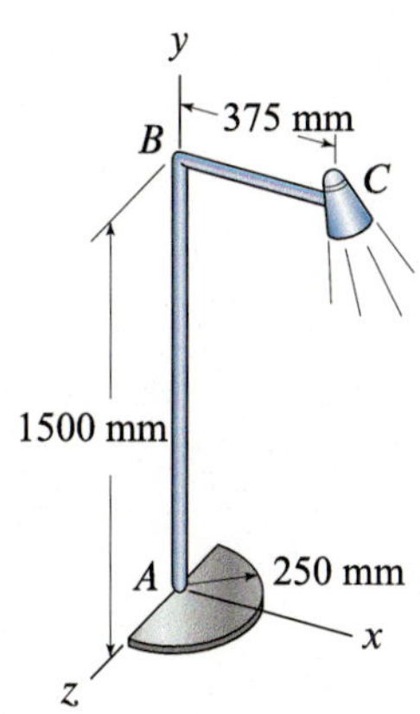

그림 P7.33

문제 7.34

그림의 조합체는 면적당 무게 900 N/m^{2}인 반원형 판, 길이 당 무게 9 N/m인 균일 봉으로 구성되어 있다. 무게중심의 좌표를 구하라.

문제 7.35

그림의 물체는 직육면체, 판, 1/4원형 와이어로 구성되어 있다. 질량은 다음과 같다: 입체 : 0.0005 g/mm^3, 판 : 0.01 g/mm^2, 와이어: 0.05 g/mm. 질량중심의 좌표를 구하라.

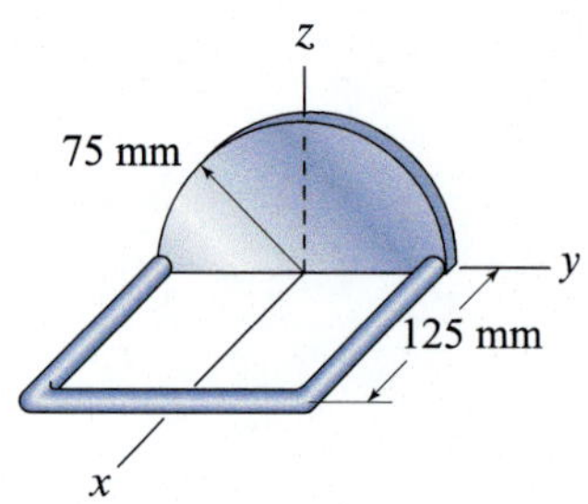

그림 P7.34

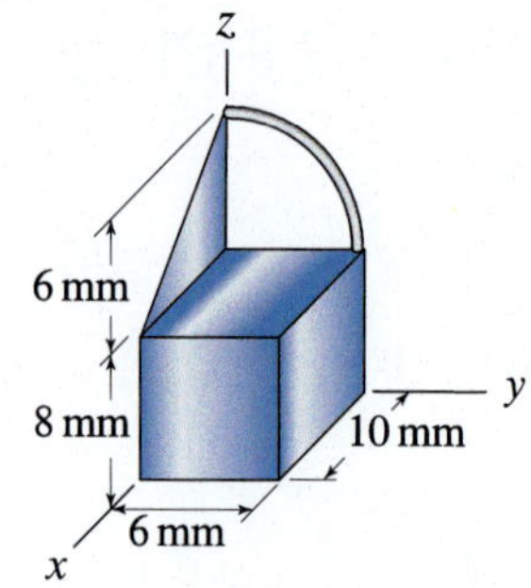

그림 P7.35

문제 7.36

간판 프레임은 길이 당 질량이 4 kg/m인 금속 파이프로 되어 있다. *CDE* 부분은 반원이다. 프레임은 *B*의 핀과 무게가 없는 케이블 *CF*로 지지되어 있다. 프레임의 질량중심, *B*의 반력, 케이블의 장력을 구하라.

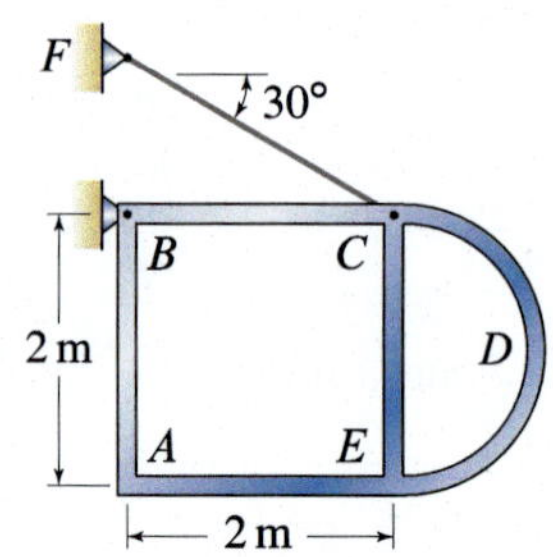

그림 P7.36

문제 7.37

예제 7.9에서 변하는 비중을 갖는 원추의 무게중심을 얇은 디스크 질량 요소를 사용하여 적분으로 구했다. 이 예제에서 얇은 디스크 질량 요소가 얇은 셸 질량 요소보다 더 간편한 이유를 설명하라.

주의 개념 문제는 계산이 아닌 설명이 필요하다.

문제 7.38-7.41

그림의 물체에서 :

(a) 물체의 질량중심을 구하기 위한 적분식을 세워라. 적분의 상, 하한치도 명시하라.

(b) Mathematica, Maple 등의 소프트웨어를 사용하여 (a)의 적분을 수행하라.

문제 7.38 그림과 같은 반지름 r인 반구의 밀도는 $0 \le x \le r/2$에서 $\rho_0/2$, $r/2 \le x \le r$에서 ρ_0이다.

문제 7.39 그림과 같이 속이 빈 원추는 균일 밀도 ρ_0인 재료로 구성되어 있고, 두께는 $x = 0$에서 $2t_0$, $x = L$에서 t_0로 선형적으로 변한다. t_0는 L과 R에 비해 매우 작다고 가정하라.

문제 7.40 회전체가 그림의 면적을 x 축 주위로 360° 회전하여 형성된다. 재료는 균일 밀도 ρ_0를 갖고 있다.

문제 7.41 회전체가 그림의 면적을 y 축 주위로 360° 회전하여 형성된다. 재료는 균일 밀도 ρ_0를 갖고 있다.

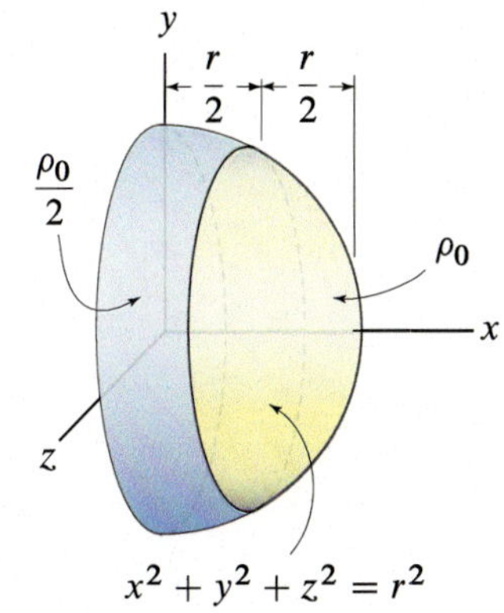

그림 P7.38

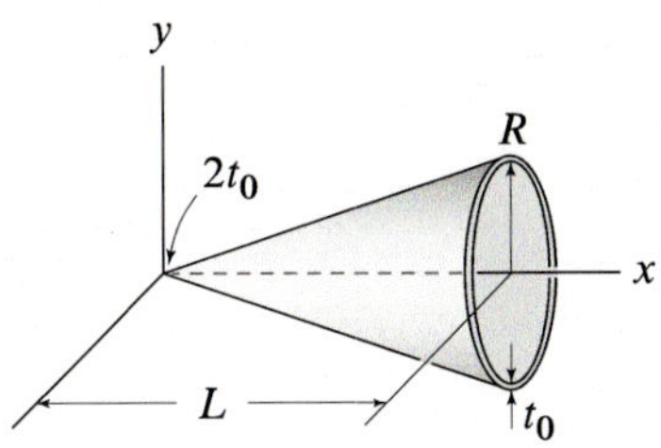

그림 P7.39

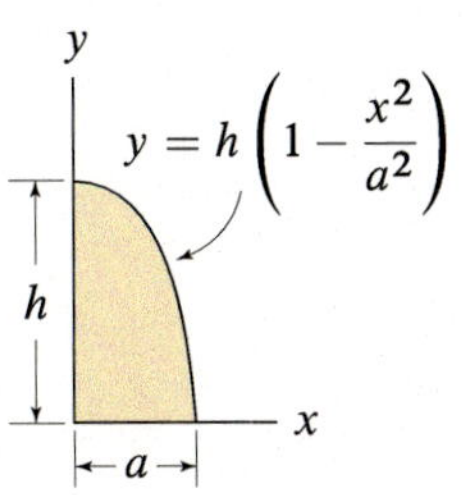

그림 P7.40, 그림 P7.41

문제 7.42-7.44

그림의 물체에서 :

(a) 물체의 무게중심을 구하기 위한 적분 식을 세워라. 적분의 상, 하한치도 명시하라.

(b) Mathematica, Maple 등의 소프트웨어를 사용하여 (a)의 적분을 수행하라.

문제 7.42 그림의 입체는 원추형의 빈 부분을 갖고 있다. 재료의 비중은 γ_0이다.

문제 7.43 회전체가 그림의 면적을 x 축 주위로 360° 회전하여 형성된다. 재료의 비중은 γ_0이다.

문제 7.44 회전체가 그림의 면적을 y 축 주위로 360° 회전하여 형성된다. 재료의 비중은 γ_0이다.

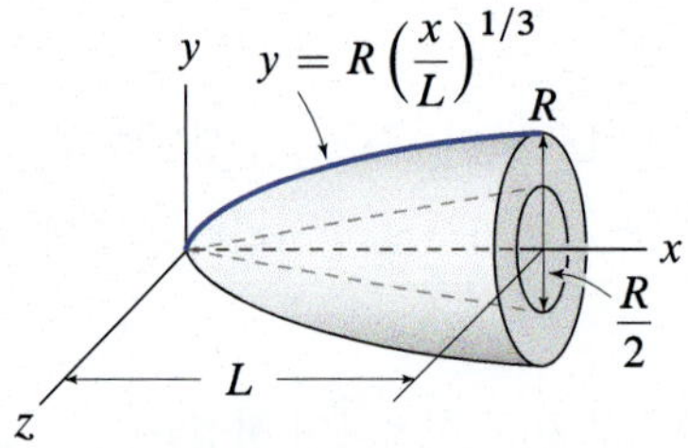

그림 P7.42

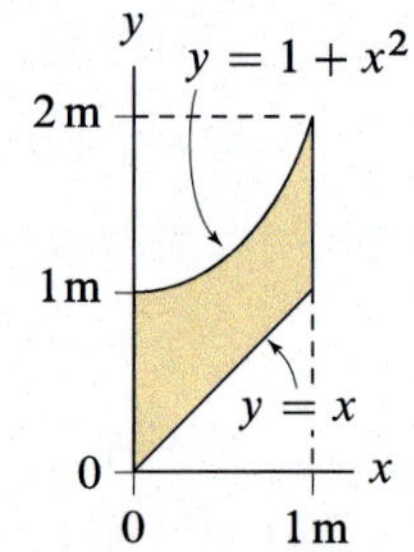

그림 P7.43, 그림 P7.44

7.3 파푸스와 굴디너스의 정리

여기서 논의되는 두 정리는 3세기 말 활동했던 수학자인 알렉산드리아의 Pappus (탄생년도, 사망년도, 저술의 출판년도는 확실하지 않다)와 수학자이자 천문학자인 Paul Guldin 혹은 Guldinus (원 이름은 Habakkuk Guldin) (1577 – 1643)의 공동 업적으로 알려져 있다. 이 정리를 이용하면 회전표면의 면적과 회전체의 부피를 쉽고 간단하게 구할 수 있다. 먼저 이 정리를 소개하고 난 후 타당성을 증명하기로 한다.

회전표면의 면적

그림 7.10과 같이 생성곡선(*generating curve*)을 회전축(*axis of revolution*) 주위로 각도 θ만큼 회전시킴으로써 회전표면(*surface of revolution*)이 생성된다. 회전축과 생성곡선은 동일평면에 있으며, 생성곡선의 일부가 회전축 위에 있어도 되지만 생성곡선은 회전축과 교차하면 안 된다. 물리적으로 생성곡선의 회전각 θ는 양수이어야 한다. $\theta = 2\pi$이면 완전한 회전표면이 생성되고, $0 < \theta < 2\pi$이면 부분적인 회전표면이 생성된다. $\theta > 2\pi$의 값은 보통의 경우 가능하지 않지만 특별한 응용(예를 들면 스스로를 여러번 둘러싸는 매우 얇은 표면)에서는 고려할 수 있다.

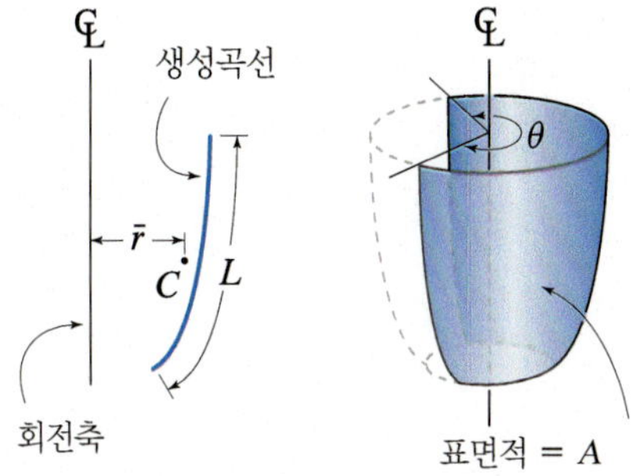

그림 7.10 생성곡선을 회전축 주위로 각도 θ만큼 회전시킴으로써 회전표면이 생성된다. 생성곡선의 호의 길이는 L이고 회전축부터 거리 $\bar{r}$에 도심 C가 위치한다.

그림 7.10과 같이 생성곡선의 호의 길이가 L이고 회전축부터 거리 $\bar{r}$에 도심이 위치하면 회전표면의 면적은

$$A = \theta \bar{r} L \tag{7.32}$$

식 (7.32)은 표면의 한쪽 면의 면적이다. 식 (7.32)를 적용하기 위해서 생성곡선이 매끄러울 필요는 없다. 예를 들면 그림 7.11의 생성곡선은 두 선분으로 이루어져 있다. 먼저 전체 생성곡선의 도심의 위치를 구하면 식 (7.32)를 바로 적용할 수 있다. 그림 7.11과 같이 간단한 복합 형상으로 구성된 생성곡선에 대한 면적을 구하는 쉬운 방법은 식 (7.32)의 $\bar{r}L$을 회전축에 대한 생성곡선 길이의 1차모멘트로 인식하는 것이다. 이 경우 $\bar{r}L = \sum_{i=1}^{n} \tilde{r}_i L_i$이고, L_i는 복합 형상(직선이나 곡선은 상관없으나 간단한 형상의 선분)의 호의 길이, $\tilde{r}_i$는 L_i의 회전축부터 측정한 도심의 위치, n은 생성곡선을 구성하는 복합 형상의 수이다. 식 (7.32)는 다음 식으로 쓸 수 있다.

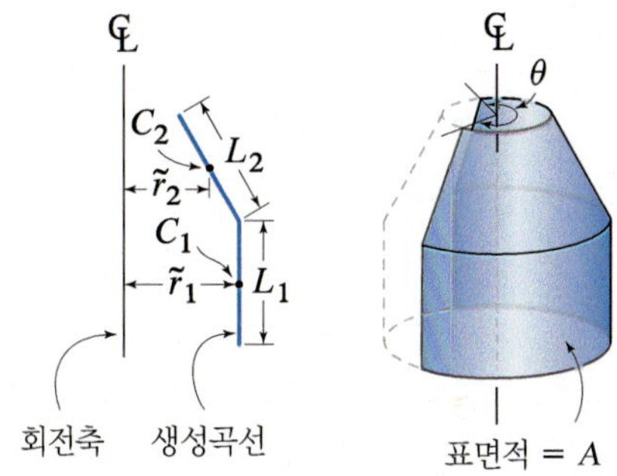

그림 7.11 간단한 복합 형상으로 이루어진 생성곡선에 의해 생성된 회전표면의 예. 두 직선 선분의 길이는 각각 L_1, L_2이고 도심의 위치는 C_1, C_2이다.

$$A = \theta \sum_{i=1}^{n} \tilde{r}_i L_i \tag{7.33}$$

그림 7.11의 경우, 식 (7.33)은 다음 식이 된다.

$$A = \theta \sum_{i=1}^{2} \tilde{r}_i L_i = \theta(\tilde{r}_1 L_1 + \tilde{r}_2 L_2) \tag{7.34}$$

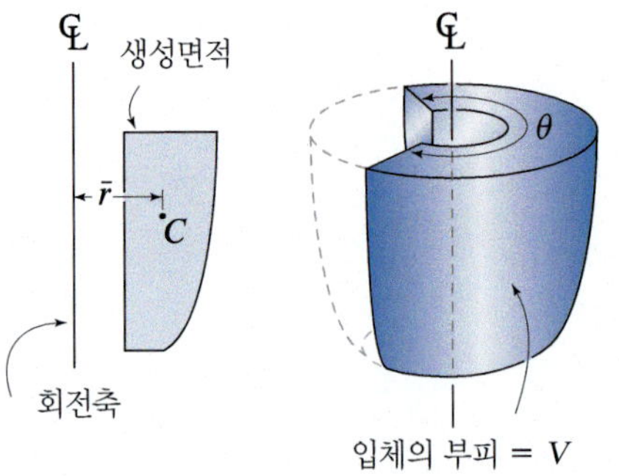

그림 7.12 생성면적을 회전축 주위로 각도 θ만큼 회전시킴으로써 회전체가 생성된다. 생성면적 A의 도심은 회전축부터 거리 $\bar{r}$에 위치한다.

회전체의 부피

그림 7.12와 같이 생성면적(*generating area*)을 회전축 주위로 각도 θ 만큼 회전시킴으로써 회전체(*solid of revolution*)가 생성된다. 회전축과 생성면적은 동일평면에 있으며, 생성면적의 일부가 회전축 위에 있어도 되지만 생성면적은 회전축과 교차하면 안 된다. 물리적으로 생성면적의 회전각 θ는 양수이어야 한다. $\theta = 2\pi$이면 완전한 회전체가 생성되고, $0 < \theta < 2\pi$이면 부분적인 회전체가 생성된다. $\theta > 2\pi$의 값은 가능하지 않다.

그림 7.12과 같이 생성면적 A의 도심이 회전축부터 거리 $\bar{r}$에 위치하면 회전체의 부피는

$$V = \theta \bar{r} A \tag{7.35}$$

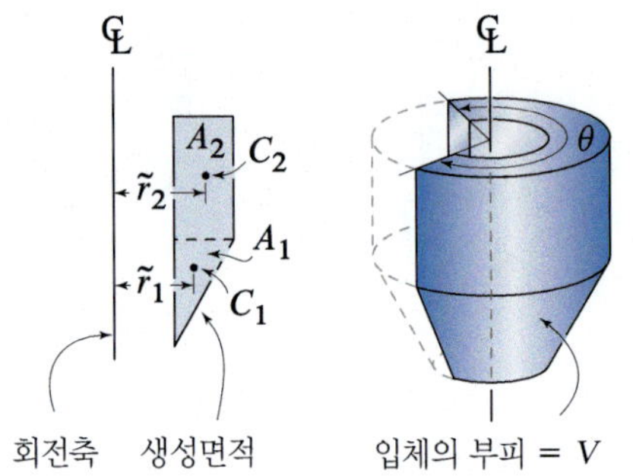

그림 7.13 간단한 복합 형상으로 이루어진 재생면적에 의해 생성된 회전체의 예. 삼각형과 사각형의 면적은 각각 A_1, A_2이고 도심의 위치는 C_1, C_2이다.

그림 7.13과 같이 생성면적이 복합 형상으로 구성된 경우, 먼저 전체 생성면적의 도심의 위치를 구하려면 식 (7.35)를 바로 적용해도 된다. 그러나 일반적으로 식 (7.35)의 $\bar{r}A$를 $\bar{r}A = \sum_{i=1}^{n} \tilde{r}_i A_i$로 대체하는 것이 더 쉽다. 여기서 A_i는 복합 형상 i의 면적, $\tilde{r}_i$는 A_i의 회전축부터 측정한 도심의 위치, n은 생성면적을 구성하는 복합 형상의 수이다. 식 (7.35)는 다음 식으로 쓸 수 있다.

$$V = \theta \sum_{i=1}^{n} \tilde{r}_i A_i \tag{7.36}$$

그림 7.13의 경우, 식 (7.36)은 다음 식이 된다.

$$V = \theta \sum_{i=1}^{2} \tilde{r}_i A_i = \theta(\tilde{r}_1 A_1 + \tilde{r}_2 A_2) \tag{7.37}$$

파푸스-굴디너스 정리의 증명

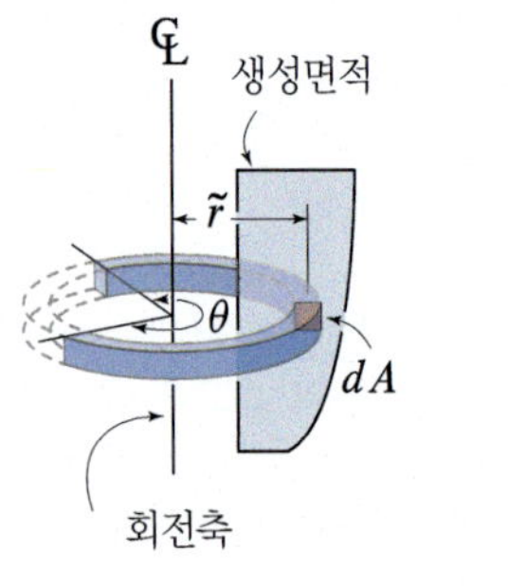

그림 7.14 면적 요소 dA는 회전축으로부터 거리 $\tilde{r}$에 위치하고, 이 면적 요소에 의해 생성된 부피는 $dV = \theta \tilde{r} dA$이다.

파푸스-굴디너스 정리는 미적분학과 7.1절에서 정의된 도심의 개념을 이용하여 쉽게 증명할 수 있다. 미적분학이 창안되기 오래 전에 파푸스와 굴디너스가 이 정리를 전개했다는 것을 주목할 필요가 있다. 회전체와 회전 표면에 대한 증명이 비슷하기 때문에 그림 7.14의 생성면적을 이용하여 회전체에 대해서만 논의하기로 한다. 면적 요소 dA는 회전축으로부터 거리 $\tilde{r}$에 위치하고, 이 면적 요소에 의해 생성된 부피는 $dV = \theta \tilde{r}\, dA$이다. 따라서 회전체의 전체 부피는

$$V = \int dV = \theta \int \tilde{r}\, dA \tag{7.38}$$

7.1절의 식 (7.9)와 회전축부터의 거리를 사용하면, 생성면적의 도심은 $\bar{r} = \int \tilde{r}\, dA / A$이므로, 식 (7.38)은

$$V = \theta \bar{r} A \tag{7.39}$$

이 식은 식 (7.35)와 동일하다.

절 요약

파푸스-굴디너스 정리는 회전표면의 면적과 회전체의 부피를 바로 계산할 수 있는 수단을 제공한다.

회전표면은 그림 7.10과 같이 생성곡선을 회전축 주위로 각도 θ만큼 회전시킴으로써 생성된다. 회전체는 그림 7.12와 같이 생성면적을 회전축 주위로 각도 θ만큼 회전시킴으로써 생성된다. 완전한 회전 표면이나 회전체는 $\theta = 2\pi$일 때 생성되며, 부분적인 회전표면이나 회전체는 $0 < \theta < 2\pi$일 때 생성된다.

예제 7.10 회전체의 부피와 표면적

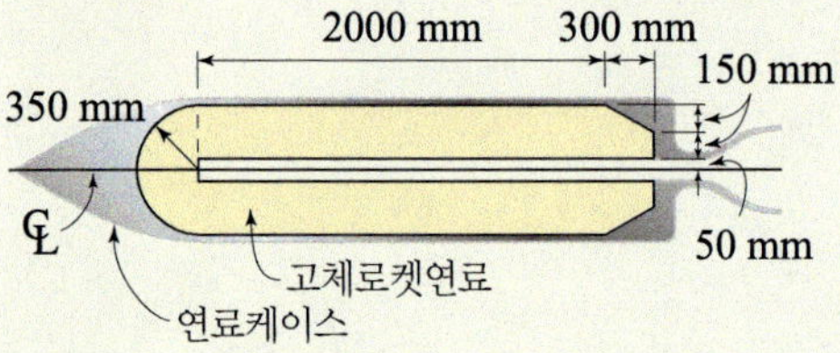

그림 1

그림 2 고체로켓연료는 회전체임.

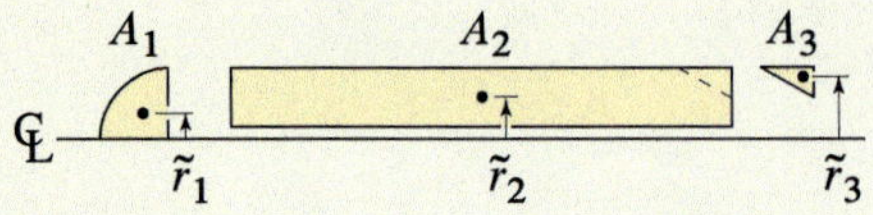
그림 3 생성면적을 구성하는 세 개의 복합면적.

고체연료 로켓 모터 단면도가 예시되어있고 고체연료는 회전체이다.

(a) 고체연료의 부피를 구하라.

(b) 고체연료의 전체 표면적을 구하라.

풀이 SOLUTION

로드맵 그림 2에 고체연료에 대한 회전체가 예시되어 있다. 파푸스–굴디너스 정리를 이용하여 회전체의 부피와 표면적을 구한다.

(a) 부분

지배방정식과 계산 그림 3에 회전체를 구성하는 기본 도형이 예시되어 있다. 식 (7.36)을 이용하기 전에 표 1을 정리한다.

표 1 그림 3의 복합체에 대한 면적, 회전축–도심 거리

도형번호	A_i	$\tilde{r}_i$
1	$\pi(350\text{ mm})^2/4 = 96211.3\text{ mm}^2$	$\frac{4}{3\pi}(350\text{ mm}) = 148.54\text{ mm}$
2	$(2300\text{ mm})(300\text{ mm}) = 690000\text{ mm}^2$	200 mm
3	$-\frac{1}{2}(300\text{ mm})(150\text{ mm}) = -22500\text{ mm}^2$	$200\text{ mm} + \frac{2}{3}(150\text{ mm}) = 300\text{ mm}$

고체연료는 회전체이므로 $\theta = 2\pi$이고, 식 (7.36)에 의해 식 (1)이 성립한다.

$$\begin{aligned} V &= 2\pi \sum_{i=1}^{3} \tilde{r}_i A_i \\ &= 2\pi\big[(148.54\text{ mm})(96211.3\text{ mm}^2) + (200\text{ mm})(690000\text{ mm}^2) \\ &\quad + (300\text{ mm})(-22500\text{ mm}^2)\big] \\ &= \boxed{9.145 \times 10^8\text{ mm}^3} \end{aligned} \tag{1}$$

식 (1)에서 mm^3을 m^3으로 바꾸면 식 (2)가 된다.

$$V = (9.145 \times 10^8\text{ mm}^3)\left(\frac{\text{m}}{1000\text{ mm}}\right)^3 = \boxed{0.9145\text{ m}^3} \tag{2}$$

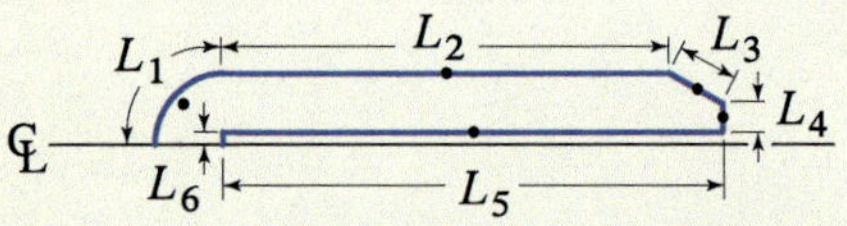
그림 4 생성곡선을 구성하는 여섯개의 복합곡선들. 곡선 길이는 L_1부터 L_6이며, 곡선 도심은 점으로 표시됨.

(b) 부분

지배방정식과 계산 그림 4에서 회전체에 대한 표면적을 생성하는 6개의 단순복합선들이 예시되고 있다. 식 (7.33)을 이용하기 전에 표 2를 정리한다.

고체연료의 표면적이 회전체의 면적이므로, $\theta = 2\pi$이고, 식 (7.33)에 의해 식 (3)이 성립한다.

표 2 그림 4의 복합체에 대한 길이, 회전축–도심 거리

도형번호	L_i	$\tilde{r}_i$
1	$\pi(350\text{ mm})/2 = 549.8\text{ mm}$	$\frac{2}{\pi}(350\text{ mm}) = 222.8\text{ mm}$
2	2000 mm	350 mm
3	$\sqrt{(300\text{ mm})^2 + (150\text{ mm})^2} = 335.4\text{ mm}$	$200\text{ mm} + \frac{1}{2}(150\text{ mm}) = 275\text{ mm}$
4	150 mm	$50\text{ mm} + \frac{1}{2}(150\text{ mm}) = 125\text{ mm}$
5	2300 mm	50 mm
6	50 mm	25 mm

$$A = 2\pi \sum_{i=1}^{6} \tilde{r}_i L_i$$
$$= 2\pi\left[(222.8\text{ mm})(549.8\text{ mm}) + \cdots + (25\text{ mm})(50\text{ mm})\right]$$
$$= \boxed{6595651\text{ mm}^2} \tag{3}$$

식 (3)에서는 1항과 6항만이 보여지고 있다. 식 (3)에서 mm^3을 m^3으로 바꾸면 식 (4)가 된다.

$$A = (6595651\text{ mm}^2)\left(\frac{\text{m}}{1000\text{ mm}}\right)^2 = \boxed{6.596\text{ m}^2} \tag{4}$$

논의 및 검증 구한 답의 적절성을 판단하기 위해 식 (1), (3)에서 구한 고체연료의 체적과 표면적을 반경 r, 길이 L의 실린더의 체적 및 표면적과 비교해보자. $r = 350$ mm, $L = 2650$ mm 일 때 실린더 체적은 $V = \pi r^2 L = 1.02 \times 10^9\text{ mm}^3$이고, 양끝단을 포함한 표면적은 $A = 2\pi rL + 2\pi r^2 = 6.597 \times 10^6\text{ mm}^2$이며, 이 값들은 식 (1), (3) 결과에 대한 적절한 근사값이다.

문제

일반적 지시사항 파푸스–굴디너스 정리를 이용하여 다음 문제들에 대한 회전체의 부피와 표면적을 구하라.

문제 7.45

고무로 만들어진 V 벨트 단면 및 치수가 예시되고 있다. 회전축에 대한 내경이 150 mm일 때 벨트의 회전체적과 표면적을 구하라.

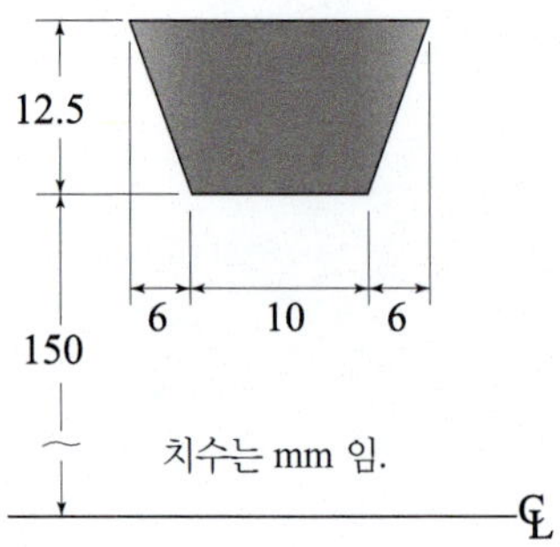

그림 P7.45

문제 7.46

제약회사에서 알약 캡슐을 그림 7.46과 같이 양끝단 반구와 실린더로 설계하였다. 캡슐의 체적과 표면적을 구하라.

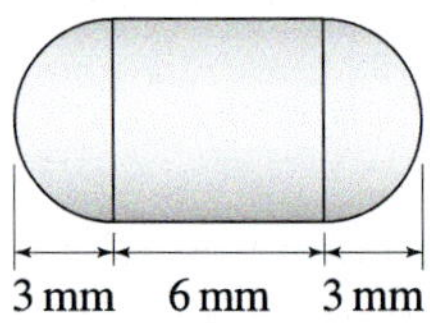

그림 P7.46

문제 7.47

그림 7.47의 삼각형 물체가 수직축에 대하여 360° 회전시 만들어지는 회전체의 부피와 표면적을 구하라.

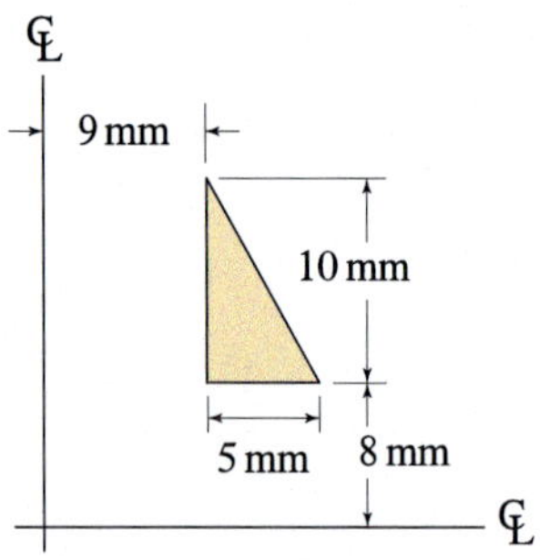

그림 P7.47, P7.48

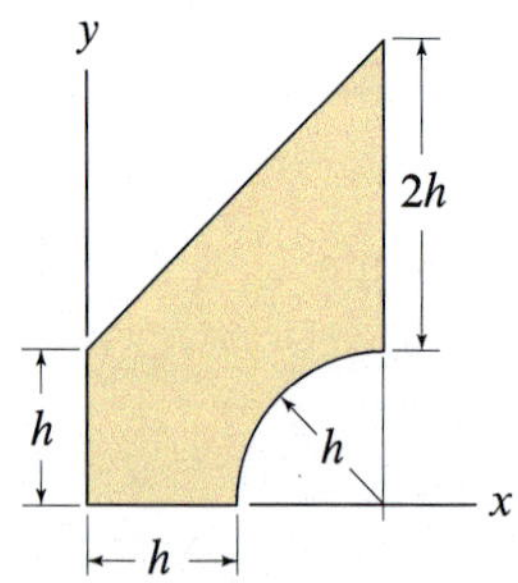

그림 P7.49, P7.50

문제 7.48

그림 7.47에서 회전축이 수평축인 경우 만들어지는 회전체의 부피와 표면적을 구하라.

문제 7.49

그림 7.49에서 회전축이 y 축인 경우 360° 회전에 의해 만들어지는 회전체의 부피와 표면적을 h로 구하라.

문제 7.50

회전축이 x 축인 경우 문제 7.49를 다시 풀어라.

문제 7.51

예제 7.2의 회전체에 대한 부피와 표면적을 구하라.

문제 7.52

그림 7.52에 다용도 주방용품(sierra cup)의 회전체 단면과 회전축이 예시되어 있다. 컵은 비중 27.58 N/m^2인 티타늄 판재로 만들어졌다고 가정할때 용기의 체적과 무게를 구하라.

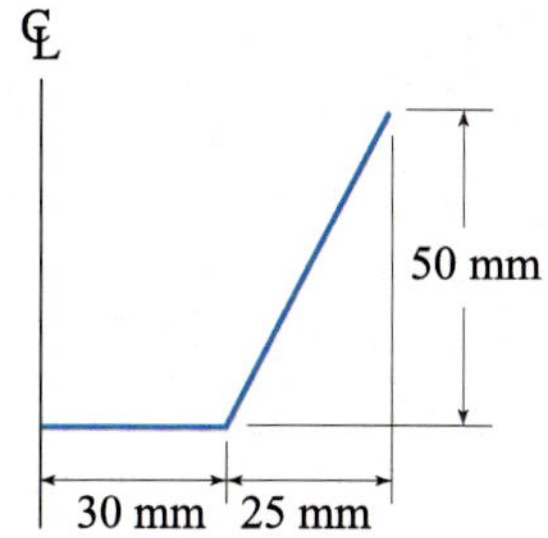

그림 P7.52

문제 7.53

얇은 금속 판재로 만들어진 굴뚝에 대한 단면이 보여진다. 만일 굴뚝의 모든 표면이 두께 0.005 mm 크롬막으로 도장되어야 한다면 필요한 크롬의 부피는 얼마인가?

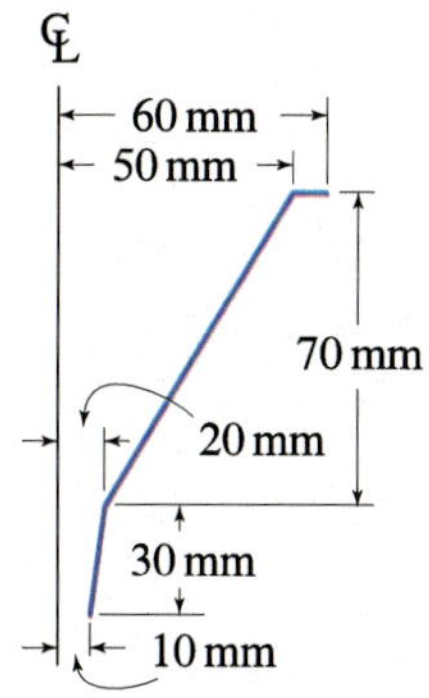

그림 P7.53

문제 7.54

압력용기가 그림 7.54의 회전체로 구성되어 있다고 하자.

(a) 압력용기를 만드는데 필요한 재료의 총 부피를 구하라.

(b) 압력용기 외벽의 표면적을 구하라.

(c) 압력용기 내벽의 표면적을 구하라.

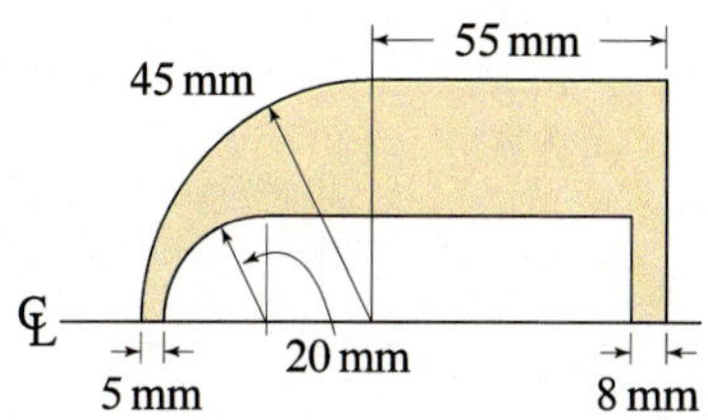

그림 P7.54

문제 7.55

수력발전용 부품인 Penstock (내경 0.6 m)의 단면이 그림 7.55에 예시되고 있다. Penstock의 재질은 스틸이고, 단위체적당 물의 무게는 9810 N/m^3일 때 Penstock의 $ABCD$ 부분의 총 무게를 계산하라(이때 Penstock에 물이 채워져 있다고 가정함).

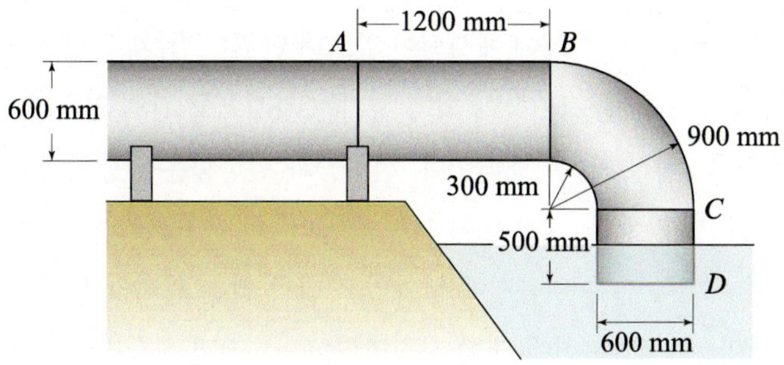

그림 P7.55

문제 7.56

그림 P7.9의 원추 공간이 있는 반구형 물체의 부피와 표면적을 구하라.

문제 7.57

그림 P7.12의 면적이 $x = -1$ m 선에 대해 360° 회전될 때 생기는 회전체의 부피와 표면적을 구하라

힌트 문제 7.12와 7.21을 먼저 풀어볼 것

7.4 분포하중, 유체-가스압력 하중

지금까지 우리는 힘의 작용점이 하나의 점에 집중된다고 가정한 집중하중(*point force*)에 대해 다루었다. 집중하중은 이상적인 개념이며 실제로 모든 힘은 분포하중이다. 이번 절에서는 분포하중의 모델링 방법에 대해 공부해보자.

분포하중

분포하중(*distributed force*)은 선, 면적, 체적에 대해 분산되어 가해지는 힘이다. 분포하중의 유형은 다음과 같다.

선하중 선을 따라서 분산되어 있는 힘을 선하중(*line force, line load*)이라 한다. 선하중 w의 예는 그림 7.15에 보여진다. 선하중의 단위는 힘/길이이다. 선하중은 보-구조물(beam)을 다룰 때 주로 논의된다.

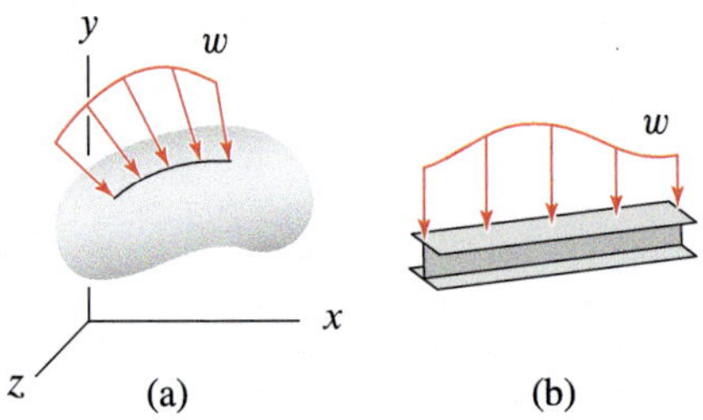

그림 7.15 (a) 선하중 w는 선에 작용하는 분포하중이며 단위는 힘/길이이다. (b) 선하중의 예는 보(I-beam)에 가해지는 힘이다.

면하중 면을 따라 분포되어 있는 힘을 면하중(*surface force*) 또는 트랙션(*traction*)이라고 한다. 면하중 p의 예는 그림 7.16에 보여지며 면하중의 단위는 힘/면적이다. 면하중은 주로 유체나 가스압력하중 또는 물체들간의 면접촉(마찰이 수반될 수 있음)에서 나타난다.

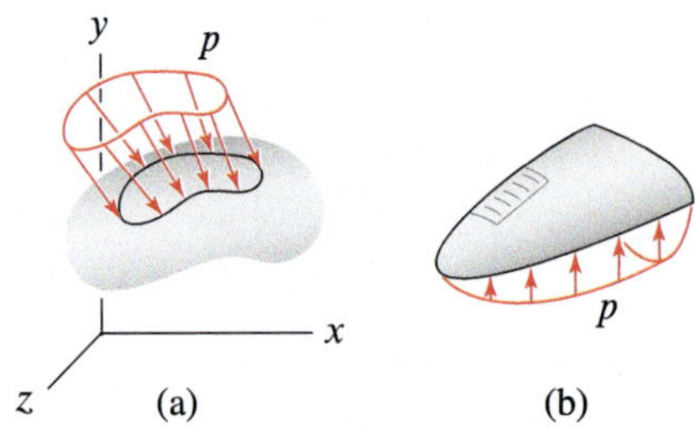

그림 7.16 (a) 면하중 p는 면에 걸쳐 분포되어 있는 힘이며 단위는 힘/면적이다. (b) 면하중의 예는 비행기 날개의 바닥면에 가해지는 공기 압력이다.

체적하중 체적에 걸쳐 분포되어 있는 힘을 체적하중(*volume force, body force*)이라 한다. 체적하중 b의 예는 그림 7.17에 예시되어 있으며 단위는 힘/체적이다. 체적하중의 예는 중력장에서 생기는 무게, 자기장에 의해 생기는 자기체들 간의 인력이다.

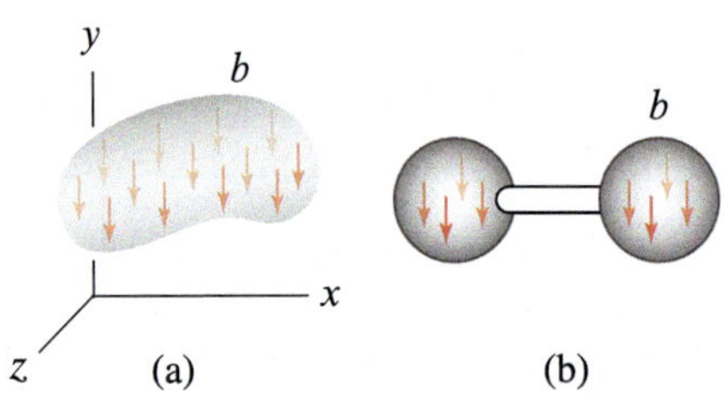

그림 7.17 (a) 체적하중 b는 체적에 걸쳐 분포되어 있는 힘이며 단위는 힘/체적이다. (b) 체적하중의 예는 아령과 같은 운동기구의 무게이다.

선하중, 면하중, 체적하중은 벡터이다. 선하중과 면하중은 작용체에 항상 수직으로 작용된다고 착각하면 안된다. 예를 들어 어떤 사람이 추운 겨울날 경사진 언덕에 서있다고 생각하자. 이때 한쪽 발은 얼음면에 닿아있고 한쪽 발은 얼지않은 바닥면에 닿아 있다. 바닥면에 닿아있는 발은 면에 대한 수직방향(normal)과 접선방향(tangential) 힘을 받는다. 이때 접선방향 힘은 발이 미끄러지지 않게 하는 힘이다. 얼음면에 닿아 있는 발은 면에 수직방향(normal) 힘만 받게 된다. 실제로 모든 힘은 면하중 또는 체적하중이며, 선하중, 집중하중은 이상적인 힘이다. 이번 절에서는 등가 힘계와 도심을 이용하여 분포하중 개념을 설명하고자 한다.

유용한 정보

면하중의 단위. 면하중의 특별한 SI 단위로서 Pa (pascal)이 있으며, 1 Pa = 1 N/m^{2}이다. Pa은 프랑스 과학자 Blaise Pascal (1623–1662)에게 경의를 표하기 위해 명명된 단위이다.

보에 가해지는 분포하중

그림 7.18(a)에서 볼 수 있듯이 30 m 길이의 외팔 보에 분포하중이 가해지고 있고, 분포하중 w는 왼쪽 12 kN/m, 오른쪽 6 kN/m으로 선형적으로 변한다. 그림 7.18(a)의 좌

표계를 이용하여 분포하중 w를 x의 함수로 나타내면 식 (7.40)과 같다(418쪽 유용한 정보를 참고할 것).

$$w = 12\ \text{kN/m} - (0.2\ \text{kN/m}^2)x \tag{7.40}$$

식 (7.40)에서 $-y$ 방향일 때 분포하중 w는 양수라고 약속한다. 그림 7.18(b)에서 볼 수 있듯이 보에 대한 미소 길이 dx에 대해 분포하중 w는 미소 힘 $dF = wdx$를 유발한다. 따라서 분포하중에 의한 전체힘 F는 다음과 같다.

$$F = \int dF = \int w\,dx \tag{7.41}$$

$$= \int_0^{30\ \text{m}} \left[12\ \text{kN/m} - (0.2\ \text{kN/m}^2)x\right] dx = 270\ \text{kN} \tag{7.42}$$

식 (7.19)에서 dA를 dF로 바꾸면 분포하중에 대한 도심, 즉 분포하중의 작용점은 다음과 같다.

$$\bar{x} = \frac{\int \tilde{x}\,dF}{\int dF} = \frac{\int \tilde{x}\,w\,dx}{\int w\,dx} \tag{7.43}$$

$$= \frac{\int_0^{30\ \text{m}} x\left[12\ \text{kN/m} - (0.2\ \text{kN/m}^2)x\right] dx}{270\ \text{kN}} = \frac{3600\ \text{kN}\cdot\text{m}}{270\ \text{kN}} = 13.33\ \text{m} \tag{7.44}$$

식 (7.42)와 (7.44)의 결과를 이용하여 그림 7.18(c)의 등가력을 계산해 낼 수 있고 그림 7.18(d)와 같이 자유물체도를 그릴 수 있다. 이때 반력 $N_A = 0$, $V_A = 270$ kN, $M_A = -3600$ kN · m이며 결과는 스스로 검증해 보기 바란다.

앞의 예처럼 적분 또는 복합체 개념을 이용하여 분포하중과 도심을 구할 수 있으며 그림 7.18(a) 외팔 보에 대한 복합체는 그림 7.19(a) 또는 그림 7.19(b)와 같이 생각될 수 있다. 그림 7.19(a)에 대해서 $F_1 = (1/2)(\text{base})(\text{height}) = (1/2)(30\ \text{m})(6\ \text{kN/m}) = 90$ kN이고 $\tilde{x}_1 = 10$ m이며, $F_2 = (\text{base})(\text{height}) = (30\ \text{m})(6\ \text{kN/m}) = 180$ kN이고 $\tilde{x}_2 = 15$ m이다. 그림 7.19(b)에 대한 F_1, $\tilde{x}_1$, F_2, $\tilde{x}_2$도 유사한 방법으로 구할 수 있다. 그림 7.19(b), (b)에 대해서 자유물체도를 그리고 반력을 구한다.

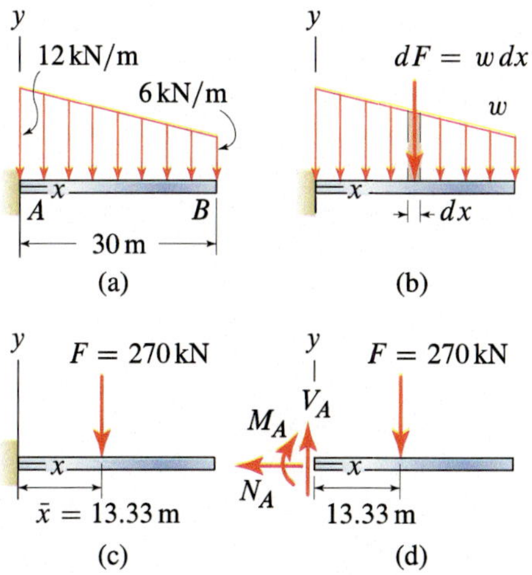

그림 7.18 (a) 외팔 보에 가해지는 분포하중 (b) 미소길이 dx에 가해지는 분포하중 w는 $dF = wdx$의 힘을 발생시킨다. (c) $\bar{x}$ 지점에 가해지는 F로 구성된 등가 힘계 (d) 반력을 계산하기 위해 사용된 자유물체도.

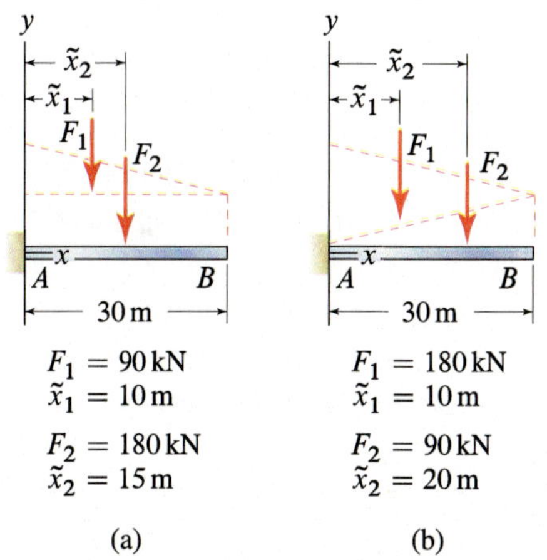

그림 7.19 그림 7.18(a)의 분포하중에 의한 힘을 결정하기 위한 두 가지 복합체 예 (a) 하나의 삼각형과 하나의 사각형 분포하중 (b) 두 개의 삼각형 분포하중.

유체-가스 압력

유체와 가스에 의한 압력은 면하중이며 항상 압축력이다. 그림 7.20의 비압축성 정지 상태의 유체를 생각해보자. 유체의 표면은 xy 평면에 놓여있고 가스 압력 p_0가 가해지

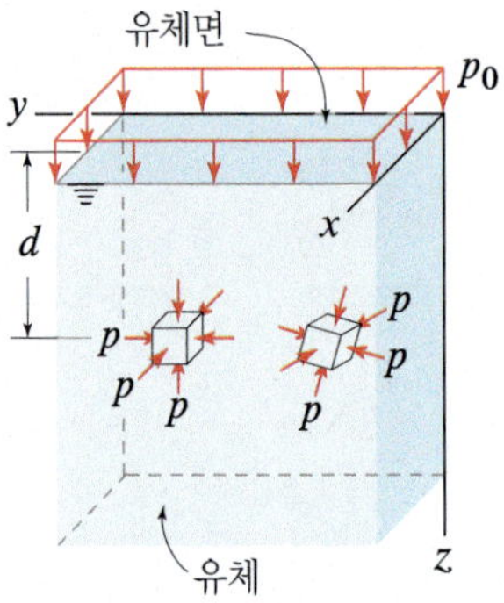

그림 7.20 비압축성 정지상태 유체 예시, 밀도 ρ_0. 유체 표면은 xy 평면이며, 압력 p_0가 가해지고 있음. 유체에 대한 미소 육면체적의 모든 면에는 정수압 p가 가해짐.

고 있다. 유체 표면에서 깊이 d에 있는 유체의 미소 육면체적을 생각해 보자. 미소체적의 방향성과는 관계없이 미소체적의 여섯 면에는 식(7.45)와 같이 동일한 압축 압력 p가 가해진다.

$$\begin{aligned} p &= p_0 + \rho g d \\ &= p + \gamma d \end{aligned} \tag{7.45}$$

여기서

p_0 : 유체 표면에서의 압력

d : 유체 표면으로부터의 깊이

g : 중력가속도

ρ : 유체 밀도

γ : 유체 비중

p : 깊이 d에서 유체와 가스에 의해 가해지는 압력, 단위는 힘/면적

유용한 정보

자유물체도에서 가스압력은 무시될 수 있는가? 물체의 모든 면에 동일한 가스 압력이 가해진다면 자유물체도에서 가스 압력을 생략할 수 있다. 예를들어 그림 (a)와 같이 음료수로 가득찬 유리컵을 살펴보자. 그림 (b)는 대기압이 포함된 자유물체도이며 그림 (c)는 대기압이 생략된 자유물체도이다. 여기서 W는 유리컵과 음료수의 전체 무게이며 R은 유리컵과 테이블사이의 반력이다. 대기압을 생략할 수 있는 이유는 수직 방향에 대한 힘을 합산하는 경우 대기압에 의해 발생하는 힘들은 상쇄되기 때문이다. 따라서 그림 (b)와 (c)에서의 반력은 동일한 값 $R = W$가 된다.

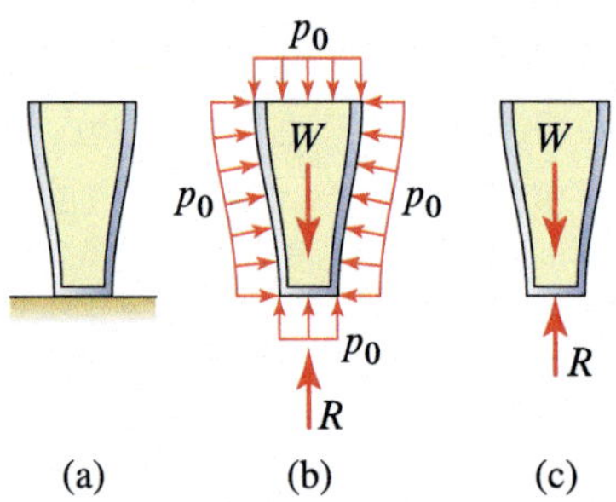

참고사항

- 가스 또는 유체에 의해 발생하는 압력을 정수압(*hydrostatic pressure*)이라고 한다. 그 이유는 특정 점에서의 압력이 모든 방향에 대해서 일정하기 때문이다.
- 식(7.45)는 깊이 d에 대해서 선형적이다.
- 식(7.45)는 한 점에서의 절대 압력(*absolute pressure*)이다. 이것은 가스와 유체에 의한 전체 압력을 의미한다. 그러나 많은 응용에서 유체만에 의한 압력(게이지 압력, *gage pressure*)을 표시할 필요가 있으며 이는 식(7.45)에서 p_0를 생략함으로써 구할수 있다.

$$\begin{aligned} p &= \rho g d \\ &= \gamma d \end{aligned} \tag{7.46}$$

- 유체 표면에서 가스 압력이 없다면, $p_0 = 0$이고 절대 압력과 게이지압력이 동일하다. 가스압력 p_0가 작지 않은 경우에도 종종 게이지 압력만을 사용하는 경우가 일반적이다. 이것은 예제 7.14에서 토의될 것이다.
- 유체에 의한 가압이 없는 경우 식(7.45)는 가스압력 p_0가 유체표면으로부터의 깊이 d와는 관계없이 항상 일정함을 의미한다. 이 모델은 비압축성 유체에 대해서 적당하지만, 가스의 경우 압축성이며 압력은 온도에 따라 바뀐다.

식 (7.45)를 보다 면밀히 이해하기 위해서 그림 7.21(a)의 사각유체기둥을 생각하자. 그림 7.21(b)는 사각기둥에 대한 2차원 자유물체도이다. A 점에서 수직면에 가해지는 압력과 수평면에 가해지는 압력은 동일하다. B, C, D 지점에서도 동일한 상황이다. z 방향으로 힘을 합해보면 식 (7.47)이 된다.

$$\sum F_z = 0: \quad p_0 a^2 + W - pa^2 = 0 \tag{7.47}$$

여기서 W는 유체기둥의 무게이며 유체밀도 ρ, 중력가속도 g, 사각기둥체적 a^2d의 곱과 같으며 따라서 $W = \rho g\, a^2 d$이다. 식 (7.47)에서 AB면에 가해지는 가스압력에 의한 힘은 압력과 면적의 곱인 p_0a^2이며 CD면에 가해지는 힘은 pa^2이다. 식 (7.47)에 $W = \rho g\, a^2 d$를 대입하고 p에 대해 풀면 식 (7.45)가 나온다.

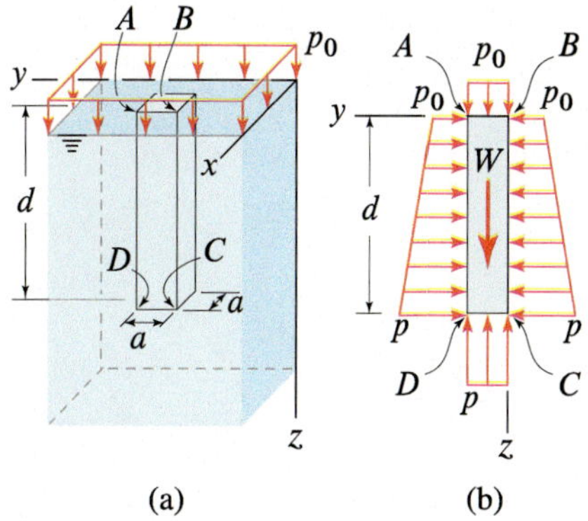

그림 7.21 (a) 높이 d, 가로 a, 세로 a의 사각 유체기둥. 유체표면에 압력 p_0가 가해짐. (b) 사각 유체기둥의 2차원 자유물체도.

유체에 의해 생성되는 힘

유체가 어떤 물체의 면과 접촉할 때 물체면에 압축 면하중을 발생시키며 이는 하중으로 간주된다. 다음의 토의에서 물체와 구조물에 대해 유체가 발생시키는 힘을 결정하는 방법에 대해 생각해 보자.

평면에 가해지는 유체힘

그림 7.22와 같이 비압축성 정지 유체에 담겨있는 사각 판재를 생각해보자. 판재의 위쪽, 아래쪽 부분(A, D로 표시됨)은 수면에 평행하게 유체표면으로부터 깊이 d_A, d_D에 위치한다고 할때 게이지 압력을 구해보자. 식 (7.46)에 의해 위쪽 부분의 압력은 $p_A = \gamma d_A$이고 아래쪽 부분 압력은 $p_D = \gamma d_D$이다. A, D 사이의 압력은 선형적으로 변하며 압력의 작용 방향은 판재 면에 수직이다(판재 면에 수직이라는 사실이 매우 중요함).

유용한 정보

p와 P를 혼동하지 말 것. 그림 7.22에서 소문자 p는 압력(단위 : 힘/면적)을 나타내며 대문자 P는 힘을 표시한다. 따라서 p와 P는 다르다. 그러나 이 둘은 서로 연관되어 있으며, 작용 면적에 대해 압력 p를 적분하면 힘 P가 된다.

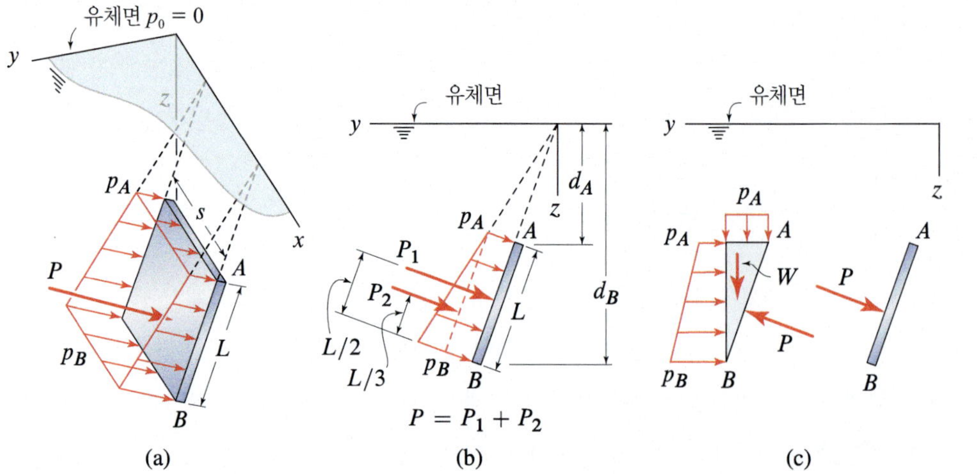

그림 7.22 (a) 평평한 사각 플레이트의 한 면에 가해지는 유체압력과 등가힘 . 플레이트의 다른 면에도 유체 압력이 가해지나 그림에서 보여지지 않음. (b) x 축에서 플레이트를 바라본 그림. 플레이트 면에 가해지는 유체 힘을 결정하는 접근방법 예시 (c) 플레이트 면에 가해지는 유체 힘을 구하는 자유물체도를 그리는 또다른 접근방법.

개념 정리

유체와 가스 압력. 물체의 한 면에 작용하는 유체 또는 가스 압력의 방향은 작용면에 항상 수직이다.

빠지기 쉬운 함정

자유물체도에서의 오류. 자유물체도를 그릴 때 종종 실수하는 것은 유체-가스 압력을 작용면에 수직이 아닌 상태로 그리는 것이다. 예를들어 물을 가두어놓는 댐에서 (b)와 (c) 모두 압력 분포가 선형적으로 변한다고 한것은 맞으나 (b)의 경우 압력이 작용면에 수직이 아닌 형태로 그렸으므로 틀리다.

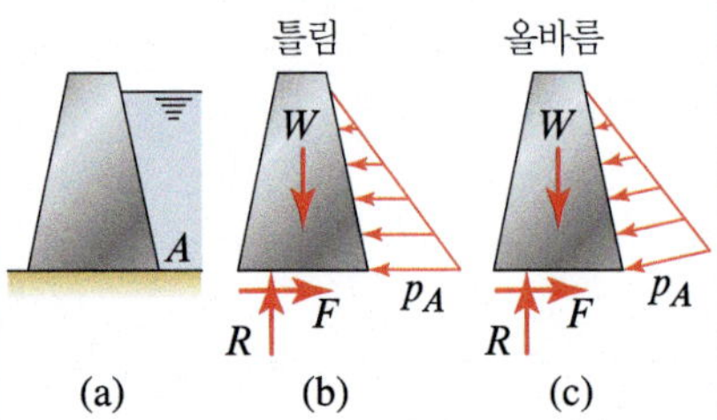

그림 7.22(b), (c)에서와 같이 힘 P, P_1, P_2을 구할 수 있다. 그림 7.22(b)에서 볼 수 있듯이 두 개의 복합형상에 대해 4장에서 다루었던 등가 힘계와 7장 초반부에 다루었던 도심의 개념을 사용한다. 첫째 형상은 길이 L, s와 압력 p_A에 의해 만들어지는 사각 체적이며 이것에 대응되는 힘은 $P_1 = p_A Ls$이다. 이때 P_1의 작용선은 사각 체적의 도심이며 B 지점으로부터 $L/2$되는 지점이다. 두 번째 형상은 길이 L, s, 높이 $p_B - p_A$인 삼각형 체적이며 이것에 대응되는 힘은 $P_2 = (1/2)(p_B - p_A)Ls$이다. 이때 P_2의 작용선은 삼각형 체적의 도심을 지나며 B 지점으로부터 $L/3$에 위치한다. P_1, P_2를 구하고 작용선을 결정한 뒤 유체와 접촉하고 있는 다른 면들에 대해서도 유사한 방법으로 힘을 구한다. 자유물체도를 그리고 평형방정식을 세워 문제를 풀어나간다.

그림 7.22(c)에서는 구조물 표면에 작용하는 유체에 의한 힘을 구하기 위해 힘평형 개념이 적용되는 그림 7.22(b)와는 다른 접근법이 사용된다. 우선 삼각쐐기 형태의 유체 기둥에 대한 자유 물체도를 그린다. 그림 7.22(c)에 2차원 자유물체도가 보인다. 유체무게는 W이며 유체 기둥 위쪽은 균일 압력 $p_A(=\gamma d_A)$이 가해지고 있고 수직면은 $p_A(=\gamma d_A)$부터 $p_B(=\gamma d_B)$까지 선형적으로 변하는 압력이 가해진다. 표면 AB상에 압력에 의해 생성되는 힘 P를 나타내고 힘평형방정식 $\sum F_y = 0$, $\sum F_z = 0$, $\sum M = 0$을 적용하여 힘 P의 y, z 성분과 작용선을 구한다. 이 때 유체에 가해지는 힘 P가 결국 유체가 구조물 표면에 가하는 힘이 되며 이는 Newton의 작용-반작용법칙을 따르는 것이다.

곡면에 가해지는 유체힘

그림 7.23에서와 같이 비압축성 유체에 폭 s의 곡면 플레이트가 담겨 있다고 하자.

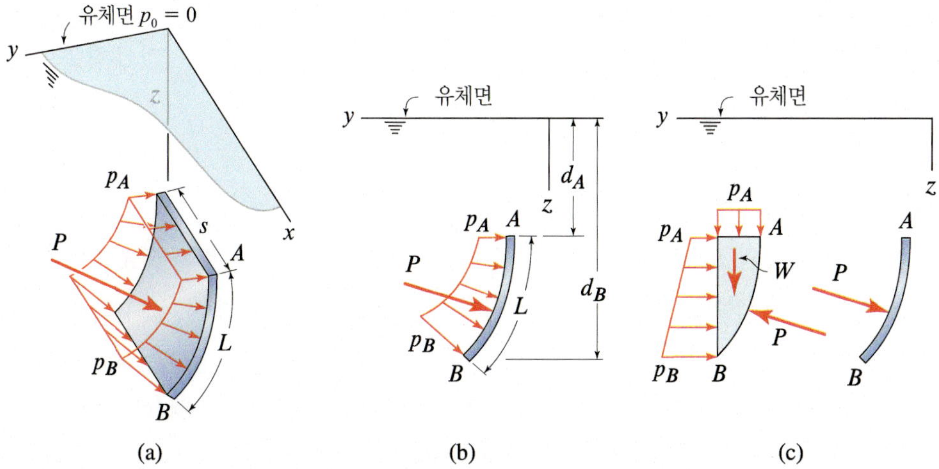

그림 7.23 (a) 곡면판의 한 면에 가해지는 유체압력과 등가힘 P. 플레이트의 다른 면에도 유체 압력이 가해지나 그림에서 보여지지 않음. (b) x 축에서 플레이트를 바라본 그림. 압력 분포가 나타남 (c) 플레이트 면에 가해지는 유체 힘을 구하는 자유물체도를 그리는 또다른 접근방법.

플레이트의 위쪽 면과 아래쪽 면은 유체표면에 평형이고 깊이 d_A, d_B에 각각 대응되며 각 지점에서의 압력은 p_A, p_B이다. A, B 사이에서 압력은 선형적으로 변하며 예를 들어 B가 A보다 두 배 더 깊다고 한다면 p_B는 p_A의 두 배이다. 압력변화의 선형성에도 불구하고 압력은 면에 수직으로 작용하므로 곡면상의 압력 분포는 복잡하다. 그림 7.23(b)의 풀이법을 이용하여 유체에 의해 플레이트에 가해지는 힘 P를 구해보자. 이때 P의 y, z 성분은 각각 $P_y = \int p_y s\, dL$, $P_z = \int p_z s\, dL$이며 여기서 L은 곡면 플레이트의 호길이이며 s는 폭이다. 일단 P_y, P_z가 구해지면 유체에 의해 플레이트에 가해지는 힘 $P = \sqrt{P_y^2 + P_z^2}$를 구할 수 있고, 다음으로 작용선을 구하면 된다. 상기의 계산 과정은 복잡하나 많은 경우 그림 7.23(c)의 방법을 쓰면 계산과정이 훨씬 쉬워진다. 자유물체도에서 유체 체적 형상이 충분히 단순하므로 체적과 도심을 쉽게 구할 수 있기 때문이다. 그림 7.23(b), (c) 를 관찰해보면 유체압력은 작용면에 수직임을 알 수 있으나 힘 P의 작용선은 곡면에 반드시 수직은 아니다.

참고사항

지금까지 우리는 유체가 구조물의 한 면에 가하는 힘을 구하는 두 가지 방법에 대해 알아보았다. 이 절에서의 예제 문제들은 두 가지 풀이 방법 중 적절한 방법을 적용하는 예들을 연습시킬 것이다. 그러나 보다 복잡한 곡면에 대해서는 선택의 여지없이 힘을 구하기 위해 적분을 사용해야 한다.

가스에 의해 생성되는 힘

압축 가스(pressurized gas)에 노출된 구조물에 가해지는 하중은 종종 중요하며, 앞서 논의하였던 유체압력에 의한 하중은 다음과 같은 단순화를 거쳐 적용가능하다. 압축 가스에서 가스 밀도는 무시될만하며[3] 가스와 접촉하는 구조물에는 동일한 압력 p_0가 가해진다. 유체와 마찬가지로 가스 압력도 압축력이며 작용면에 항상 수직이다. 그림 7.22, 7.23에서 $p_A = p_B = p_0$이며 그림 7.22(c), 7.23(c)의 자유물체도에서 가스의 체적에 대한 무게는 $W = 0$이다. 예제 7.14에서 압축 가스에 의해 생성되는 힘에 대해 보다 자세히 알 수 있다.

절 요약

이번 절에서는 분포하중에 대해 알아보았다. **분포하중**은 선, 면, 체적에 대해 분포되어 있는 힘이다. 선에 대해 분포되어 있는 힘을 **선하중**이라하고 단위는 힘/길이이다. 면에 대해 분포되어 있는 힘을 **면하중** 또는 **트랙션**이라하며 단위는 힘/면적이다. 체적에 대해 분포되어 있는 힘을 **체적하중**, **물체력**이라 하며 단위는 힘/부피이다.

유체압력은 면하중이다. 유체가 비압축성이고 정지해 있을 때 유체 내의 압력은 식 (7.45)에 의해서 $p = p_0 + \gamma g d$로 구할 수 있다. 여기서 p_0는 유체 표면에서의 가스 압력이다. 많은 경우 유체 하중 때문에 생기는 압력만이 관심 대상이며 이러한 압력($p = \rho g d$)을 **게이지 압력**이라고 한다. 유체압력은 유체와 접촉하고 있는 구조물 면에 수직방향으로 작용한다.

가스압력은 면하중이다. 가스밀도가 무시할 수준이고 정지해 있다면 가스는 일정한 압력 p_0를 가하고 가스와 접촉하는 구조물의 모든 면은 일정한 압력 p_0에 놓여지게 된다. 이때 압력 작용 방향은 접촉면에 수직이다.

또한 이번 절에서는 유체와 가스 압력 분포가 구조물에 작용하는 힘을 구하는 풀이법에 대해서도 다루었다.

3) 가스 밀도가 충분히 크면 무시될 수 없으며 가스는 유체처럼 다루어져야 한다. 더 나아가서 가스가 정지해 있고 밀도값이 일정하다고 가정한다면 이번절에서 다루었던 유체에 관한 풀이방법이 적용되지만 가스는 압축성이 강하므로 일정한 밀도에 대한 가정은 유체의 경우보다 훨씬 제약적이다.

예제 7.11 보에 가해지는 분포하중

책장에서 11권의 책이 브라켓 A, B에 의해 지지되고 있다. 책들의 무게와 두께가 표 1에 나타나 있다. 지지점에서의 반력을 구하라.

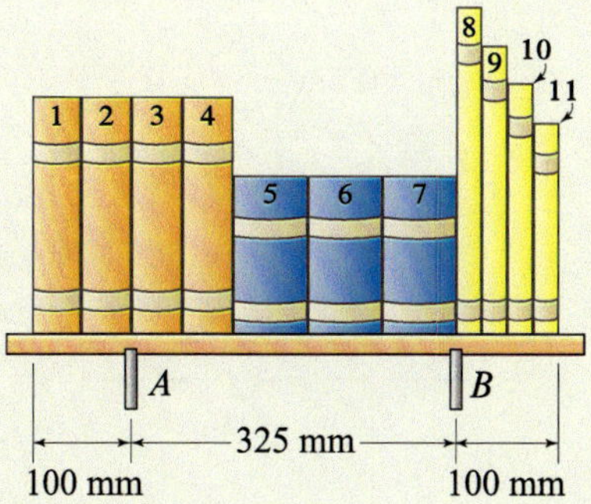

그림 1

표 1 책들의 무게와 두께

책	무게	두께
1–4	20 N	50 mm
5–7	15 N	75 mm
8	20 N	25 mm
9	15 N	25 mm
10	10 N	25 mm
11	5 N	25 mm

풀이 SOLUTION

로드맵 표 1의 무게값에 따라서 11권 책들의 개별 하중을 구할 수 있으나 힘의 개수가 너무 많기 때문에 분포하중으로 모델링하는 편이 더 좋다. 자유물체도를 그리고 힘평형 방정식을 세우고 문제를 푼다.

모델링 책 1-4권까지는 동일한 무게와 두께를 갖고 있으므로 0.8 N/ 50 mm = 0.4 N/mm의 균일 분포하중으로 모델링할 수 있다. 같은 식으로 책 5-7권까지는 15 N/75 mm = 0.2 N/mm의 균일 분포하중으로 모델링 할 수 있다. 책 8-11까지는 두께는 동일하고 무게가 선형적으로 변하므로 책 8에서 0.8 N/m, 책 11에서 0.2 N/m의 선형 분포하중으로 모델링 가능하다. 책 8-11에 대한 모델은 근사모델링이다. 문제 7.68에서 더욱 정확한 모델링 기법에 대해 알 수 있다. 모델링된 분포하중은 그림 2에 보여진다.

문제에서 지지점 A, B에서의 자세한 사항이 언급되어 있지 않으므로 지지점에서의 반력을 수직력으로 단순화시킨다. 자유물체도는 그림 2와 같다. A, B 지점에서는 수평 반력도 있으나 이 문제를 푸는 데는 중요하지 않다.

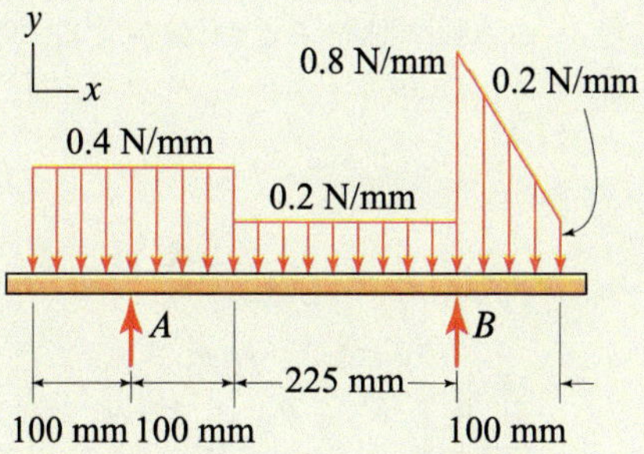

그림 2 분포하중을 표시하는 자유물체도.

지배방정식과 계산 자유물체도는 그림 2, 3에 보여지고 있다. 그림 2는 분포하중이 도식화되어 있고, 그림 3은 분포하중에 대한 집중하중이 식 (1)과 같이 도식화되어 있다.

$$F_1 = (0.4 \text{ N/mm})(200 \text{ mm}) = 80 \text{ N}, \quad F_2 = (0.2 \text{ N/mm})(225 \text{ mm}) = 45 \text{ N}$$

$$F_3 = (0.2 \text{ N/mm})(100 \text{ mm}) = 20 \text{ N}, \quad F_4 = \tfrac{1}{2}(0.6 \text{ N/mm})(100 \text{ mm}) = 30 \text{ N} \qquad (1)$$

이 힘들의 작용선은 그림 3에 표시되어 있다. 식 (1)의 각 힘은 분포하중 면적으로 계산되며 분포하중의 도심에서 가해진다. 예를 들어 책 1-4에 대한 분포하중은 높이 0.4 N/mm, 밑변 200 mm의 사각형이며 사각형의 면적은 F_1 = (0.4 N/mm)(200 mm) = 80 N이고 도심은 책 2-3 사이에 있다. 책 8-11에 대한 분포하중은 사각형과 삼각형의 두 개의 단순 도형으로 나누어서 구할 수 있으며 그림 3에서 점선으로 나타나 있다.

지지점에서의 반력은 다음의 힘평형 식들에 의해 구할 수 있다.

$$\sum M_A = 0:$$

$$B(325 \text{ mm}) - F_2(212.5 \text{ mm}) - F_3(375 \text{ mm}) - F_4(358.33 \text{ mm}) = 0 \qquad (2)$$

$$\Rightarrow \boxed{B = 85.58 \text{ N}} \qquad (3)$$

$$\sum F_y = 0: \quad A + B - F_1 - F_2 - F_3 - F_4 = 0 \qquad (4)$$

$$\Rightarrow \boxed{A = 89.42 \text{ N}} \qquad (5)$$

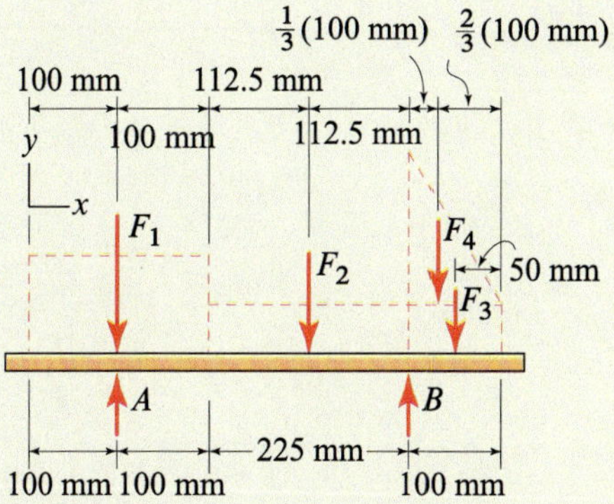

그림 3 집중하중을 표시하는 자유물체도.

논의 및 검증 F_1부터 F_4까지 정확하게 구해냈는지 검증하기 위해 모든 힘들의 합력을 구해보면 표 1에 나와 있는 전체 무게인 175 N과 동일함을 알 수 있다. A, B에서의 반력의 합도 175 N이다.

예제 7.12 유체 압력 하중과 자유물체도 선택

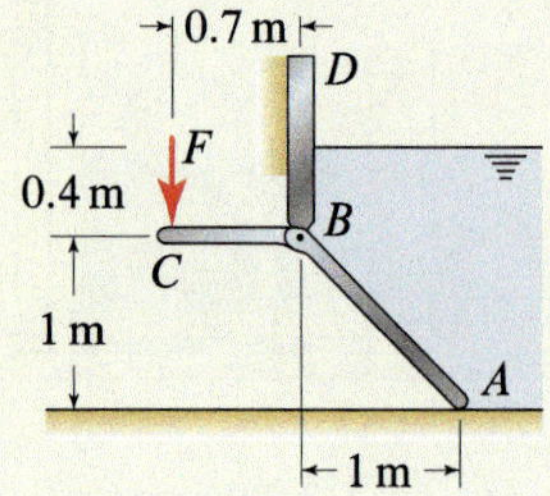

그림 1

수로에 민물이 갖혀 있고 수문은 0.6 m 폭의 사각 플레이트 형태이고 핀 B에 의해 지지되고 있다. 수직벽 BD는 고정되어 있다. 수문의 무게를 무시할 때, 수문을 열기 위해 필요한 힘을 구하라.

풀이 SOLUTION

로드맵 자유물체도를 그릴 때, 유체를 다루기 위해 그림 7.22의 두 가지 접근방법이 사용될 수 있다. 즉, 그림 7.22(b)와 같이 수문에 가해지는 수압을 포함해서 수문의 자유물체도를 그릴 수 있다. 또는 그림 7.22(c)와 같이 수문과 수문과 접촉하고 있는 물의 체적을 그릴 수 있다. 두 가지 접근방법 모두 이 문제를 푸는데 효과적이며 이번 문제는 첫 번째 방법으로 풀어보자.

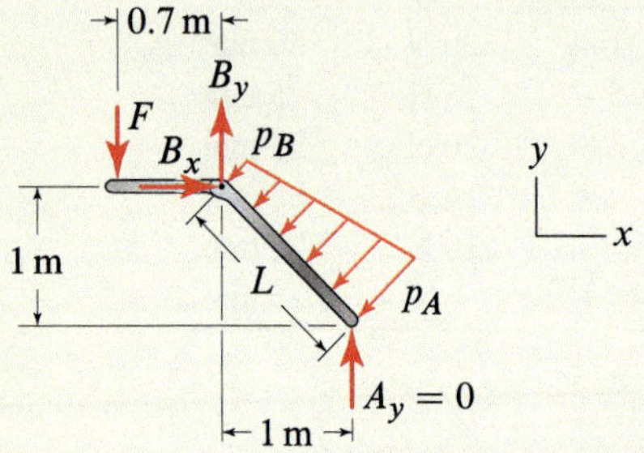

그림 2 수문에 가해지는 수압분포를 나타내는 자유물체도.

모델링 수문이 길이는 A부터 B까지 길이 $L = \sqrt{(1\text{ m})^2 + (1\text{ m})^2} = 1.414$ m이고 폭은 0.6 mm이며, 이차원 자유물체도는 그림 2에 보여진다. 수문이 열리기 시작할 때 접촉점 A에서 $A_y = 0$이다.

지배방정식과 계산 민물의 밀도는 $\rho = 10^3$ kg/m^{3}이고 식 (7.46)으로부터 지점 A, B에서의 압력은 다음과 같다.

$$p_A = \rho g d_A = \left(10^3 \frac{\text{kg}}{\text{m}^3}\right)\left(9.81 \frac{\text{m}}{\text{s}^2}\right)(1.4\text{ m}) = 13730 \frac{\text{N}}{\text{m}^2} = 13.73 \frac{\text{kN}}{\text{m}^2} \tag{1}$$

$$p_B = \rho g d_B = \left(10^3 \frac{\text{kg}}{\text{m}^3}\right)\left(9.81 \frac{\text{m}}{\text{s}^2}\right)(0.4\text{ m}) = 3924 \frac{\text{N}}{\text{m}^2} = 3.924 \frac{\text{kN}}{\text{m}^2} \tag{2}$$

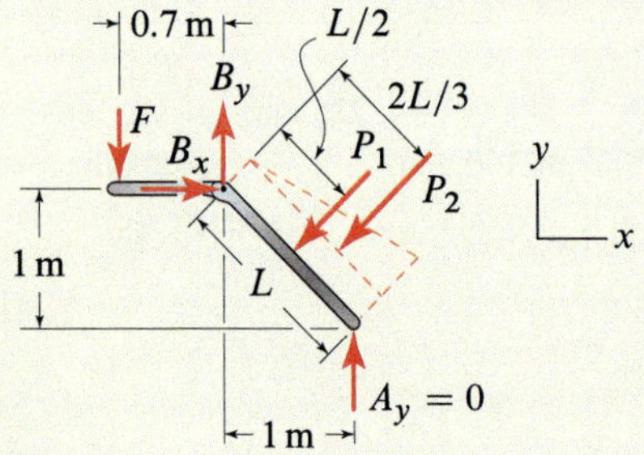

그림 3 물이 수문에 가하는 힘을 나타내는 자유물체도.

그림 3은 그림 2의 자유물체도의 압력분포를 구조물에 가해지는 힘으로 대체하여 자유물체도를 다시 그린 것이다. 힘을 계산할 때 압력 분포를 사각형 체적(높이 p_B, 길이 $L =$ 1.414 m, 폭 0.6 m)과 삼각형 체적(높이 $p_A - p_B$, 길이, 폭 동일)으로 나누었고 결과는 식 (3)과 같고 힘의 작용선은 그림 3과 같다.

$$P_1 = p_B L(0.6\text{ m}) = 3.330\text{ kN}, \quad P_2 = \tfrac{1}{2}(p_A - p_B)L(0.6\text{ m}) = 4.162\text{ kN} \tag{3}$$

수문이 열리기 시작할 때 필요한 힘 F를 구하기 위해 B에 대한 모멘트 합을 이용한다.

$$\sum M_B = 0: \qquad F(0.7\text{ m}) - P_1\left(\frac{L}{2}\right) - P_2\left(\frac{2L}{3}\right) = 0 \tag{4}$$

$$\Rightarrow \boxed{F = 8.97\text{ kN}} \tag{5}$$

필요하다면 힘 평형식 $\sum F_x = 0$, $\sum F_y = 0$을 이용하여 B_x, B_y를 구한다.

논의 및 검증 위에서 구한 힘 F 값은 크지만, 물의 깊이와 수문의 크기를 고려할 때 합당하다. 로드맵에서 언급한 나머지 풀이법에 의해 문제를 풀어보고 고찰해 보자.

예제 7.13 유체 압력 하중과 자유물체도 선택

수로에 민물이 갇혀 있고 수문은 0.6 m 폭의 실린더형이고 핀 B에 의해 지지되고 있다. 수직벽 BD는 고정되어 있다. 수문의 무게를 무시할 때, 수문을 열기 위해 필요한 힘 F를 구하라.

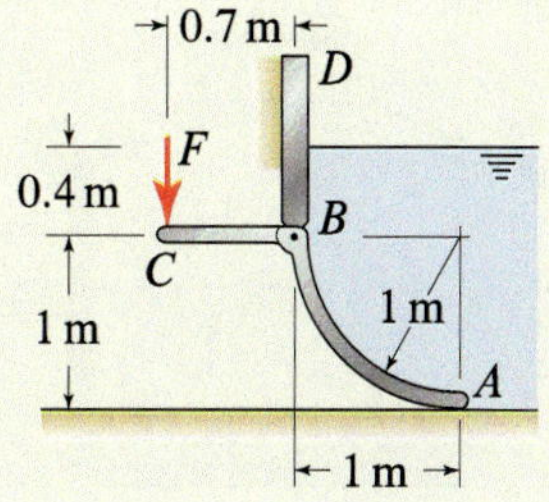

그림 1

풀이 SOLUTION

로드맵 이 예제는 7.12와 수문의 형태가 다르다. 기본적으로 자유물체도를 그리기 위해 그림 7.23(b), (c)의 접근방법을 사용할 수 있지만 이번 문제풀이에서는 (c) 방법을 이용해보기로 한다.

모델링 수문과 실린더 형태의 유체 체적에 대한 자유물체도가 그림 2에 보인다. 수문이 열리기 시작할 때 접촉점 A에서 $A_y = 0$이다.

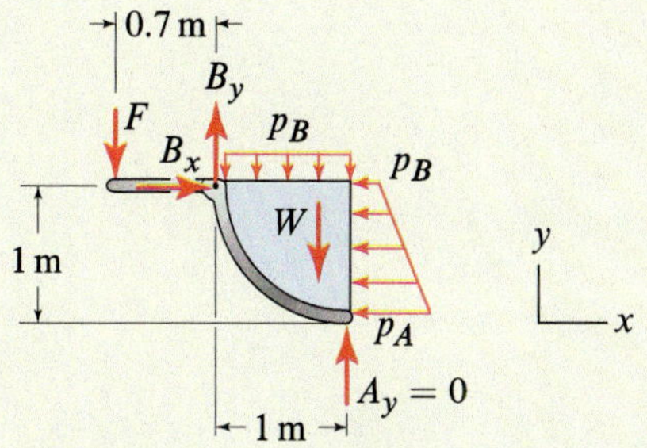

그림 2 수문과 유체의 실린더체적, 유체에 의해 가해지는 압력 분포를 보여주는 자유물체도.

지배방정식과 계산 민물의 밀도는 $\rho = 10^3\ \text{kg/m}^3$이고 식 (7.46)으로부터 A, B 지점에서의 압력은 다음과 같다.

$$p_A = \rho g d_A = \left(10^3 \frac{\text{kg}}{\text{m}^3}\right)\left(9.81 \frac{\text{m}}{\text{s}^2}\right)(1.4\ \text{m}) = 13730 \frac{\text{N}}{\text{m}^2} = 13.73 \frac{\text{kN}}{\text{m}^2} \tag{1}$$

$$p_B = \rho g d_B = \left(10^3 \frac{\text{kg}}{\text{m}^3}\right)\left(9.81 \frac{\text{m}}{\text{s}^2}\right)(0.4\ \text{m}) = 3924 \frac{\text{N}}{\text{m}^2} = 3.924 \frac{\text{kN}}{\text{m}^2} \tag{2}$$

이 압력값들은 예제 7.12와 동일하다. 그림 3은 그림 2의 자유물체도의 압력분포를 구조물에 가해지는 힘으로 대체하여 자유물체도를 다시 그린 것이며 힘은 식 (3), (4)와 같고, 힘의 작용선은 그림 3과 같다.

$$P_1 = P_2 = p_B(1\ \text{m})(0.6\ \text{m}) = 2.354\ \text{kN} \tag{3}$$

$$P_3 = \tfrac{1}{2}(p_A - p_B)(1\ \text{m})(0.6\ \text{m}) = 2.943\ \text{kN} \tag{4}$$

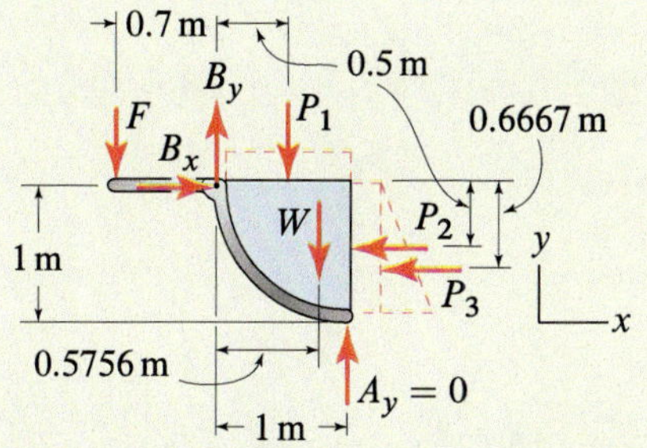

그림 3 압력 분포에 의해 생성되는 힘을 표시하는 자유물체도.

실린더형 물의 체적 무게 W는 물의 밀도 ρ, 중력가속도 g, 실린더 체적 V의 곱이다 :

$$W = \rho g V = \left(10^3 \frac{\text{kg}}{\text{m}^3}\right)\left(9.81 \frac{\text{m}}{\text{s}^2}\right)\frac{\pi(1\ \text{m})^2}{4}(0.6\ \text{m}) = 4623\ \text{N} = 4.623\ \text{kN} \tag{5}$$

힘에 대한 작용선을 교재 마지막 부분의 표(table of properties of lines and areas) 중 4분원의 도심을 이용하여 계산 할 수 있고 $(1\ \text{m}) - (4)(1\ \text{m})/(3\pi) = 0.5756\ \text{m}$이다. 수문이 열리기 시작할 때 필요한 힘 F를 구하기 위해 B에 대한 모멘트 합을 이용한다.

$$\sum M_B = 0: \quad F(0.7\ \text{m}) - P_1(0.5\ \text{m}) - P_2(0.5\ \text{m}) - P_3(0.667\ \text{m})$$
$$-W(0.576\ \text{m}) = 0 \quad \Rightarrow \quad \boxed{F = 9.97\ \text{kN}} \tag{6}$$

필요하다면 힘 평형식 $\sum F_x = 0, \sum F_y = 0$을 이용하여 B_x, B_y를 구한다.

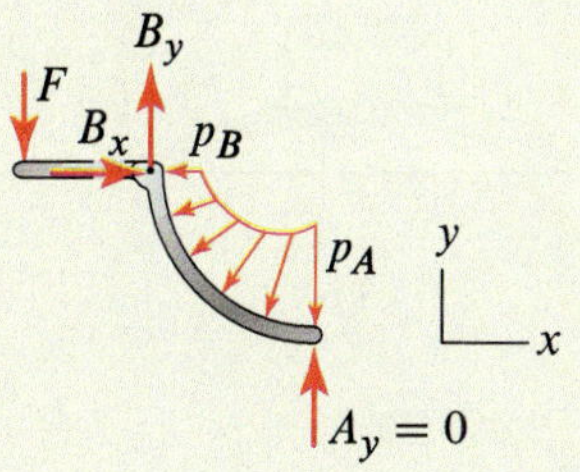

그림 4 물이 수문에 가하는 압력분포를 표시하는 자유물체도.

논의 및 검증 위에서 구한 힘 F 값은 예제 7.12의 값보다 조금 크다. 문제를 쉽게 풀기 위해서는 자유물체도에서 체적의 위치와 유체 체적의 도심 위치를 잘 결정해야 한다. 이 문제를 예제 7.12에서 사용했던 풀이전략으로 풀 수 있으며 이때 압력 분포계산은 매우 복잡할 것이다.

예제 7.14 가스 압력 하중

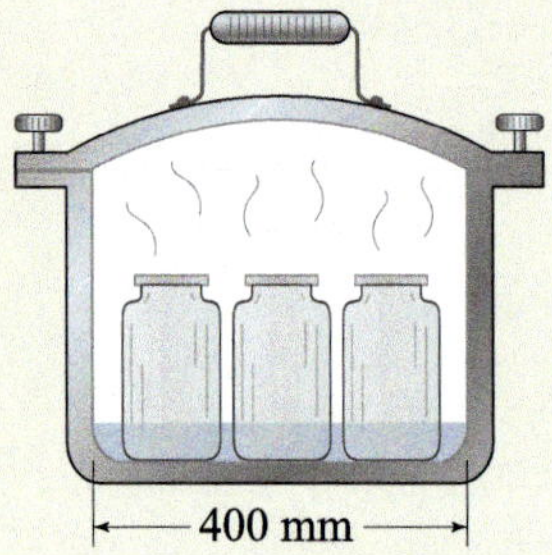

그림 1

압력솥은 고온 고압에서 식품[4)]을 조리하거나 캔닝하는데 사용한다. 압력솥은 실린더 형태이고 내부기압 0.2 N/mm²에서 작동하고 압력밥솥 주위에 6개의 고정스크류가 방사대칭형으로 있다. 압력솥 내부 압력을 지지할 수 있도록 각각의 스크류에 필요한 힘을 계산해라.

풀이 SOLUTION

로드맵 스크류에 의해 지지되는 힘을 구하기 위해 두 가지 접근방법이 있다. 하나는 압력솥 뚜껑만에 대한 자유물체도를 그리는 것이고, 두 번째는 압력솥 뚜껑과 뚜껑 하단부의 공기체적에 대한 자유물체도를 그리는 것이다. 공기와 솥뚜껑의 경계부분은 복잡한 형상이므로 공기 체적이 고려된 두 번째 방법이 더 쉽다. 공기는 가스로 간주되고 무게는 무시한다.

모델링 6개의 스크류는 동일한 힘을 지지한다고 가정한다. 두껑과 공기체적에 대한 자유물체도는 그림 2와 같고 뚜껑과 공기 체적에 대한 무게는 무시한다. 보다 명확한 이해를 위해 뚜껑 하단부의 공기 체적에 대한 그림이 그림3에 보여지고 있다.

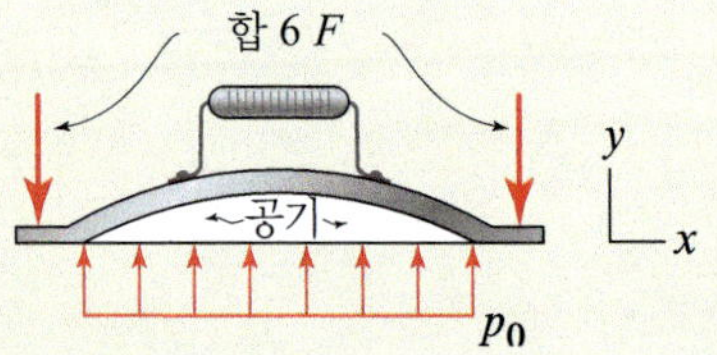

그림 2 솥뚜껑과 공기 체적에 대한 자유물체도.

지배방정식과 계산 그림 4는 그림 2에서 압력을 힘으로 대체하여 자유물체도를 다시 그린 것이고 이때 힘은 식 (1)과 같다.

$$P = p_0\pi(200\text{ mm})^2 = 25133\text{ N} \tag{1}$$

여기서 $p_0 = 0.2\text{ N/mm}^2$이고, $\pi(200\text{ mm})^2$은 압력이 가해지는 면이다. P가 가해지는 작용선은 압력분포의 도심을 통과한다.

6개의 스크류에 의해 지지되는 힘 F를 계산하기 위해 그림 4의 자유물체도에서 y 방향에 대한 합력을 구한다.

$$\sum F_y = 0: \quad -6F + P = 0 \quad \Rightarrow \quad \boxed{F = 4189\text{ N}} \tag{2}$$

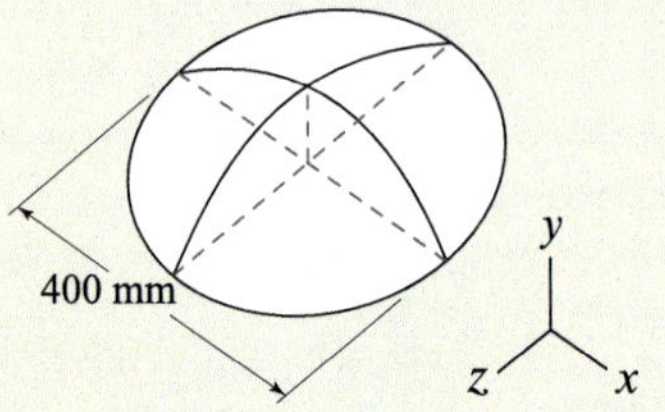

그림 3 그림 2의 자유물체도에서 보이는 공기체적에 대한 스케치.

논의 및 검증

- 식 (1)에서의 힘 P와 식 (2)에서의 볼트힘 F는 굉장히 크며, 이것은 압력솥을 설계할 때나 사용할 때 안전을 요한다는 사실을 의미한다.
- 스크류 힘은 가압 때문에 생기는 것이다. 가압에 의한 힘외에 스크류는 사람 손에 의한 체결력(hand tightening)도 지지한다. 그러나 체결력은 식 (2)와 비교해 볼 때 작다. 또한 솥뚜껑 무게를 무시하는 것도 식 (1)의 결과를 볼 때 합당하다.
- 압력 $p_0 = 0.2\text{ N/mm}^2$은 게이지 압력이다. 자유물체도에서 약 101.325 kPa의 대기압은 포함시키지 않았다. 왜냐하면 대기압은 힘평형에 아무런 효과도 주지 않기 때문이다. 즉 대기압이 포함된 경우의 자유물체도는 물체에 둘러싼 모든 곳에 압력 분포가 도식화 되어야 하지만 힘평형식 $\sum F_y = 0$ 관점에서 상쇄된다.

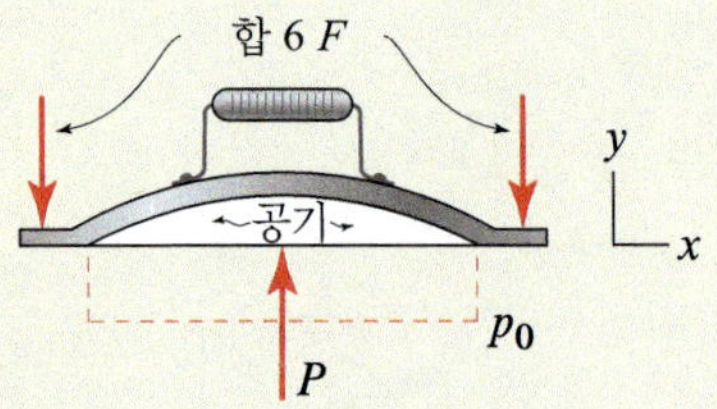

그림 4 압력분포에 의해 생기는 힘을 보여주는 자유물체도.

4) 캔공정은 음식물 용기 내 박테리아를 죽이기 위해 압력솥 안 약간의 물과 음식물 용기를 넣고 고온 고압을 가해주는 공정이다. 열처리 후에 음식물 용기는 상온에서 보관되어도 상하지 않는다.

문제

일반적 지시사항 다른 언급이 없는 한, 적분, 복합형상 또는 이들의 조합을 이용하여 다음의 문제들을 풀어라. 물의 밀도는 $\rho = 10^3$ kg/m^{3}이다.

문제 7.58

식료품점에 있는 선반에 쌀포대 100개가 있고, 각각의 포대의 무게는 5 N이다. 아래의 네 개의 포대 배열에 대해 선반에 가해지는 분포하중 w를 x의 함수로 나타내라.

(a) 포대가 균일 높이로 쌓여 있는 경우

(b) 포대의 오른쪽 높이가 왼쪽 높이의 두 배인 경우

(c) 포대의 오른쪽 높이가 왼쪽 높이의 두 배이며 오른쪽, 왼쪽이 선형관계에 있는 경우

(d) 포대의 중간 높이가 양끝 높이의 두 배이며 양단과 선형 관계가 있는 경우

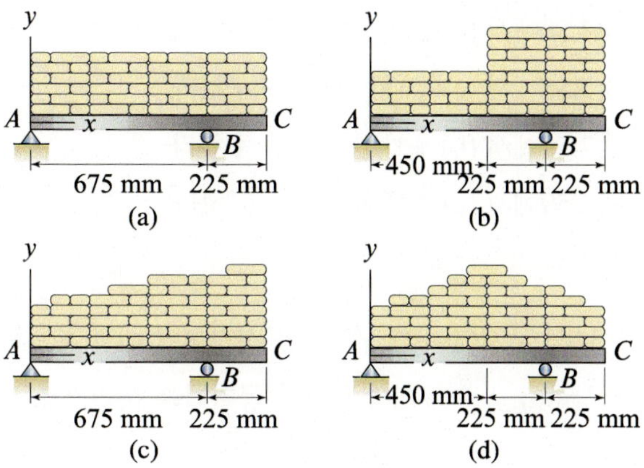

그림 P7.58

문제 7.59

외팔 보가 1000개의 벽돌을 지지하고 있고, 벽돌의 개별 질량은 5 kg이다. 다음 네가지의 벽돌 배열에 대해서 벽돌들이 외팔 보에 가하는 분포하중 w를 x의 함수로 나타내라.

(a) 벽돌이 균일 높이로 쌓여 있는 경우

(b) 벽돌의 왼쪽 높이가 오른쪽 높이의 두 배인 경우

(c) 벽돌의 왼쪽 높이가 오른쪽 높이의 두 배이며 왼쪽, 오른쪽이 선형관계에 있는 경우

(d) 벽돌의 중간 높이가 양끝 높이의 두 배이며 양단과 선형 관계가 있는 경우

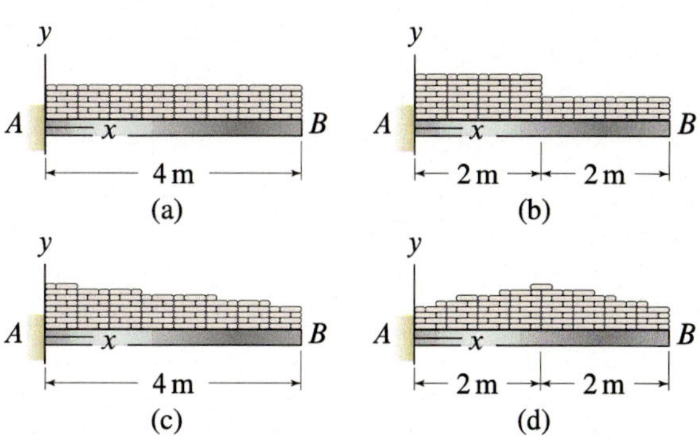

그림 P7.59

문제 7.60-7.63

복합형상을 사용하여 분포하중에 의한 반력을 구하라.

문제 7.60 문제 7.58에서 (a)에 대한 반력을 구하라.

문제 7.61 문제 7.58에서 (d)에 대한 반력을 구하라.

문제 7.62 문제 7.59에서 (a)에 대한 반력을 구하라.

문제 7.63 문제 7.59에서 (d)에 대한 반력을 구하라.

문제 7.64-7.67

(a) 식 (7.41), (7.43)의 적분식을 이용하여 분포하중에 의해 생기는 힘의 작용점에 대한 위치를 구하라.

(b) (a)의 결과를 이용하여 반력을 구하라.

(c) 복합형상을 이용하여 분포하중에 의한 반력을 구하라.

문제 7.64 문제 7.58에서 (b)에 대한 반력을 구하라.

문제 7.65 문제 7.58에서 (c)에 대한 반력을 구하라.

문제 7.66 문제 7.59에서 (b)에 대한 반력을 구하라.

문제 7.67 문제 7.59에서 (c)에 대한 반력을 구하라.

문제 7.68

예제 7.11에서 책 8-11의 무게에 대한 모델링을 선형힘에 대한 분포하중 $w = a + bx$로 수행해보자. 여기서 상수 a, b는 두개의 힘계가 등가라는 조건으로 구할 수 있으며 다음과 같다.

$$\int_0^{100\text{ mm}} w\,dx = \sum_{i=8}^{11} W_i, \qquad \int_0^{100\text{ mm}} xw\,dx = \sum_{i=8}^{11} M_{Bi}$$

여기서 M_{Bi}는 무게 W_i의 지점 B에 대한 모멘트이다.

(a) 예제 7.11의 표에 나와있는 책 8-11의 무게와 기하형상을 사용하여 상기 식에서 a, b를 구하여 $w = \frac{7}{8}\frac{\text{N}}{\text{mm}} - (\frac{3}{400}\frac{\text{N}}{\text{mm}^2})x$임을 보여라.

(b) $x = 0$, $x = 100$ mm에서 (a)의 결과를 이용하여 분포하중을 계산하고, 이 결과를 예제 7.11에서 사용한 값 (0.8 N/mm, 0.2 N/mm)들과 비교하라.

(c) (a)에서 구한 값들이 예제 7.11에서 사용한 값들보다 더 낳은 모델링값인지 토의하라.

(d) (a)에서의 분포하중을 사용하여 선반 지지점에서의 반력을 구하고 예제 7.11에서 찾은 값들과 비교하라.

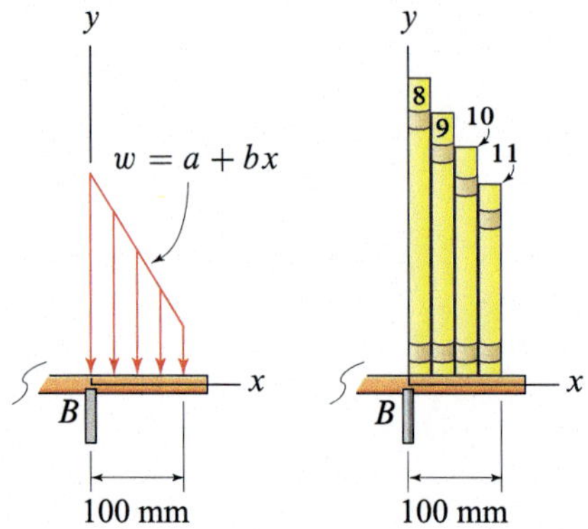

그림 P7.68

문제 7.69

(a) 그림 P7.69에서 보여지는 분포하중 w를 x의 함수로 나타내어라.

(b) (a)의 결과에 대해 식 (7.41),(7.43)의 적분을 이용하여 분포하중에 의해 생기는 힘과 x 상의 작용점을 구하라.

(c) (b)의 결과를 이용하여 지지점에서의 반력을 구하라.

(d) 분포하중에 대한 복합형상을 이용하여 지지점에서의 반력을 구하라.

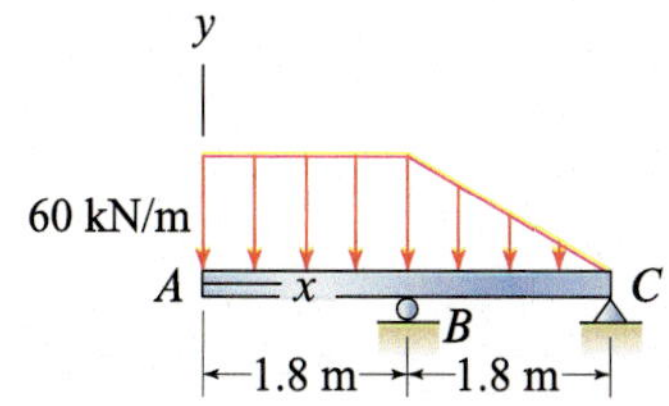

그림 P7.69

문제 7.70

보가 분포하중을 받고 있다. 분포하중의 왼쪽값은 800 N/m이고 $dw/dx = 0$이며 감소하여 오른쪽에서 0이 된다.

1. 분포하중을 2차 다항식 $w = a + b + cx^2$으로 모델링했을 경우, 상수 a, b, c를 결정하라.
2. 분포하중을 삼각함수 $d\cos(fx)$로 모델링했을 경우, 상수 d, f를 구하라.

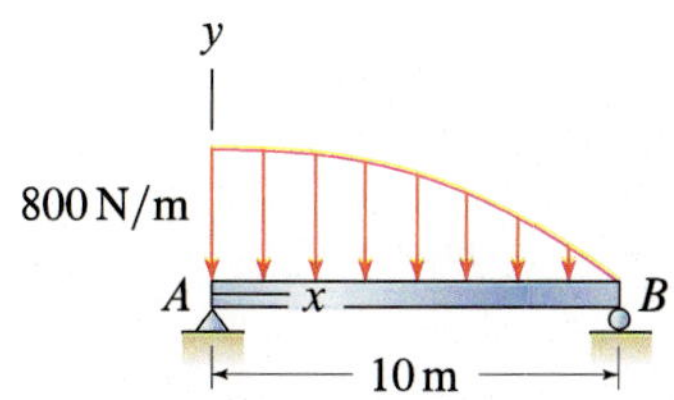

그림 P7.70, P7.71

문제 7.71

(a) 식 (7.41), (7.43)의 적분과 문제 7.70의 (a) 결과를 이용하여 분포하중 때문에 생기는 힘을 구하고 힘의 x 선상의 작용점과 반력을 구하라.

(b) 식 (7.41), (7.43)의 적분과 문제 7.70의 (b) 결과를 이용하여 분포하중 때문에 생기는 힘을 구하고 힘의 x 선상의 작용점과 반력을 구하라.

(c) (a)와 (b)의 결과를 비교하고 결과가 같아야 하는지 달라야 하는지에 대해 토의하라.

문제 7.72-7.77

아래에 보이는 하중들에 의해 생기는 반력들을 구하라.

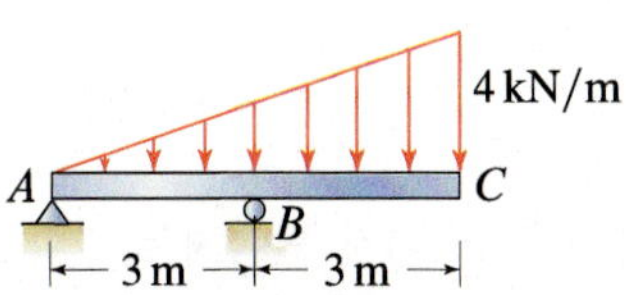

그림 P7.72

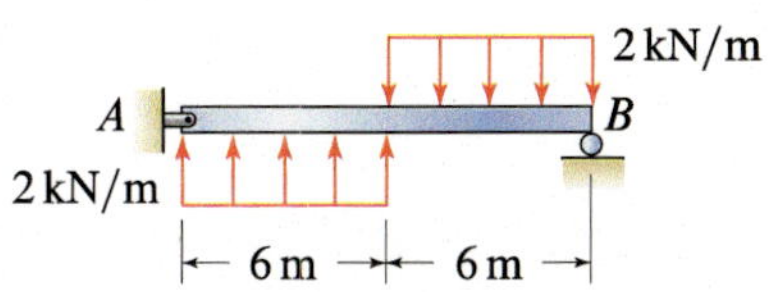

그림 P7.73

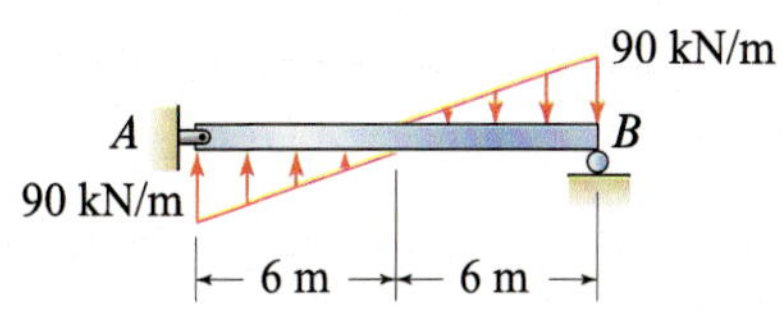

그림 P7.74

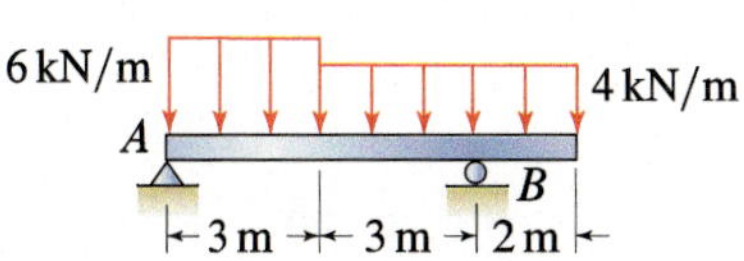

그림 P7.75

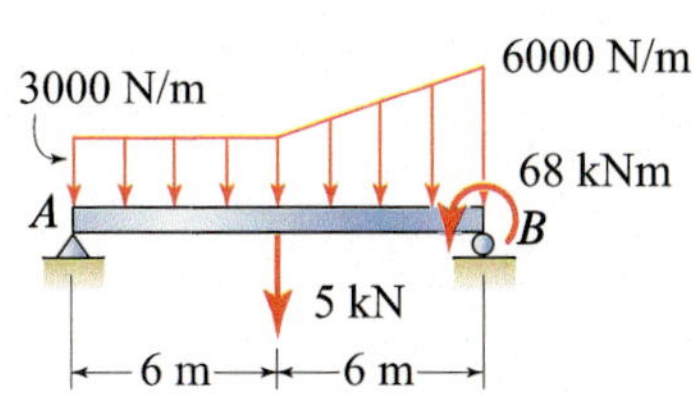

그림 P7.76

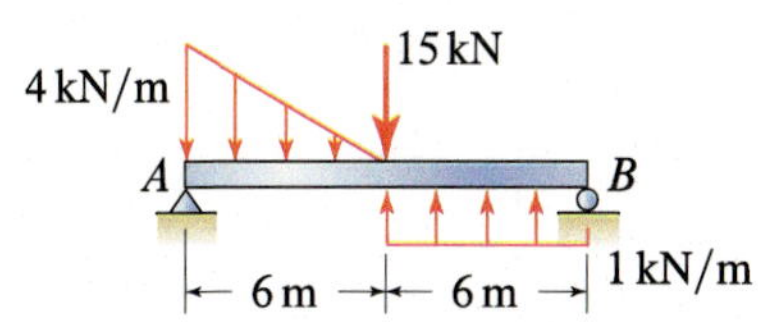

그림 P7.77

문제 7.78

그림 P7.72에서 핀과 롤러 지지를 C 점에서의 고정 지지로 바꾸고 지지점에서의 반력을 구하라.

문제 7.79

그림 P7.73에서 핀과 롤러 지지를 A 점에서의 고정 지지로 바꾸고 지지점에서의 반력을 구하라.

문제 7.80

그림 P7.74에서 롤러 지지를 보의 중앙으로 재배열하고 지지점에서의 반력을 구하라.

문제 7.81

그림 P7.75에서 핀과 롤러 지지를 A 점에서의 고정 지지로 바꾸고 지지점에서의 반력을 구하라.

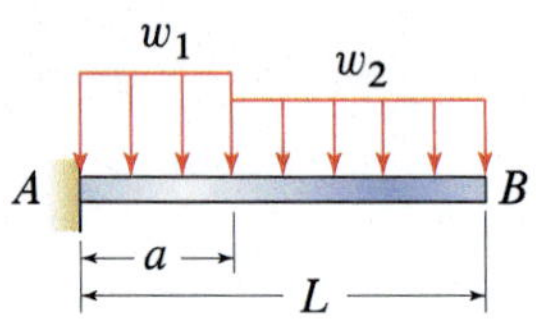

그림 P7.82

문제 7.82

그림 P7.82에서 외팔 보의 반력을 구해라. 반력을 w_1, w_2, a, L로 나타내라.

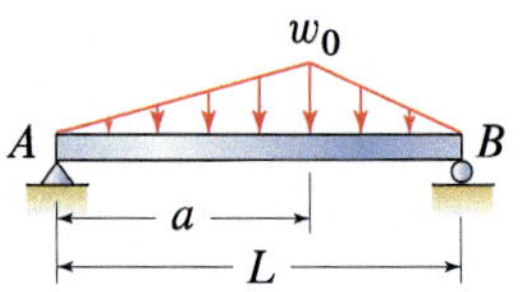

그림 P7.83

문제 7.83

그림 P7.83에서 단순지지 보의 반력을 구해라. 반력을 w_0, a, 로 나타내라.

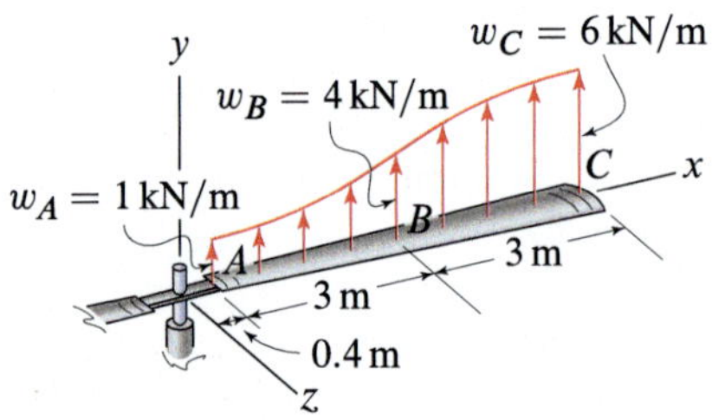

그림 P7.84

문제 7.84

헬리콥터의 블레이드에 y 축방향에 대한 분포 하중이 가해지고 있다. 이때 A, B, C 점에서의 분포 하중의 크기는 알고 있다. 분포하중 $w = a + bx + cx^2$이라고 할 때 상수 a, b, c를 결정해라. 주어진 다항식을 이용하여 분포하중에 의해 발생하는 전체 힘을 결정해라.

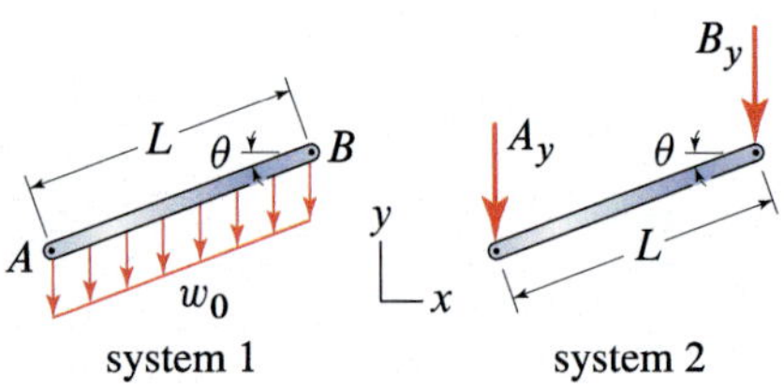

그림 P7.85

문제 7.85

길이 L, 무게 W의 직선 균일 부재에 대해 두 가지의 힘계(하중 조건)가 보여지고 있다. 힘계 1에서는 균일 분포하중이 가해지고 있고 $w_0 = W/L$이다.

(a) 두 가지의 힘계가 등가가 되도록 식 (4.16)을 사용하여 A_y, B_y를 W에 의해 나타내라.

(b) (a)의 결과가 예제 6.2의 트러스에서 논의되었던 하중 집중화법으로 설명되는가?

(c) 계산을 하지 않고, 적절한 스케치만으로 (a) 결과가 직선부재가 아니거라 불균일 무게 분포를 갖는 경우에 적용되지 않음을 보여라.

힌트 직선 부재를 사용하지 말거나 불균일 무게 분포를 갖는 직선 부재를 이용하여 그림 P7.85를 다시 그리고, 두 개의 힘계가 등가가 안됨에 대해 토의하라.

문제 7.86

원형 형상과 무게 W를 갖고 있는 곡선보가 A 점에서 고정 지지되어 있다. 반력을 구하고 답을 W, R에 의해 나타내어라.

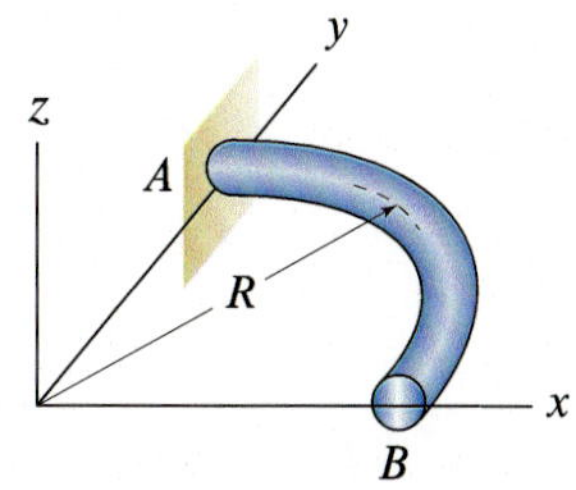

그림 P7.86

문제 7.87

원형 형상과 무게 W를 갖고 있는 곡선보가 A 점에서 마찰없는 베어링과 B에서 롤러에 의해 지지되고 있다. 반력을 구하고 답을 W, R로 나타내어라.

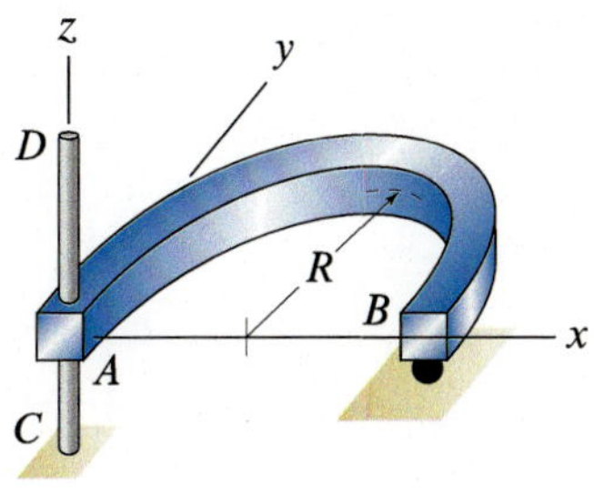

그림 P7.87

문제 7.88

모서리 길이 d와 비중 2γ의 큐브가 비중 γ의 유체 속에 깊이 d만큼 담겨 있다. 케이블에서의 장력 T를 구해고 답을 d, γ 등의 파라미터에 의해 나타내어라.

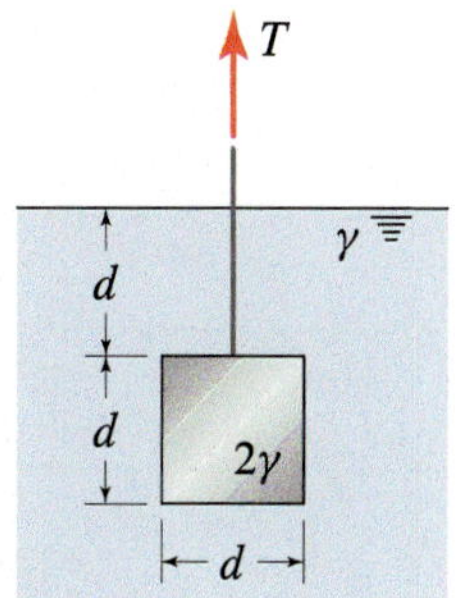

그림 P7.88

문제 7.89

그림 P7.89(a)에서 콘크리트 구조물에는 인근 토양과의 미세한 틈으로 물이 채워져 있다. 그림 P7.89(b)에서 콘크리트 구조물은 물을 가두고 있다. 두 가지 경우 물의 깊이가 d로 동일하다면 수압에 의해 어떤 구조물이 더 많은 힘을 받는가 설명하라.

주의 개념 문제는 계산이 아닌 설명이 필요하다.

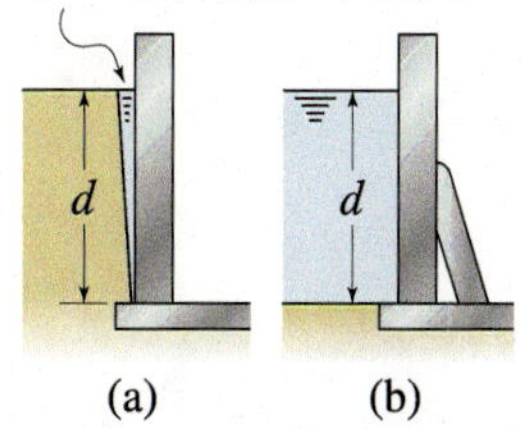

그림 P7.89

문제 7.90, 7.91

수로에 물이 폭 125 mm 수문에 의해 갇혀있다. 수문은 B 점에서 핀 지지되고 있고 A 지점에 케이블로 지지되고 있다. 수문과 A 지점에서의 수로 바닥면은 마찰이 없고 수직벽 BC는 고정되어 있다. 수문의 무게 225 N이 균일하게 분포할 때 수문을 열기 위해 필요한 케이블의 장력 T를 계산하라.

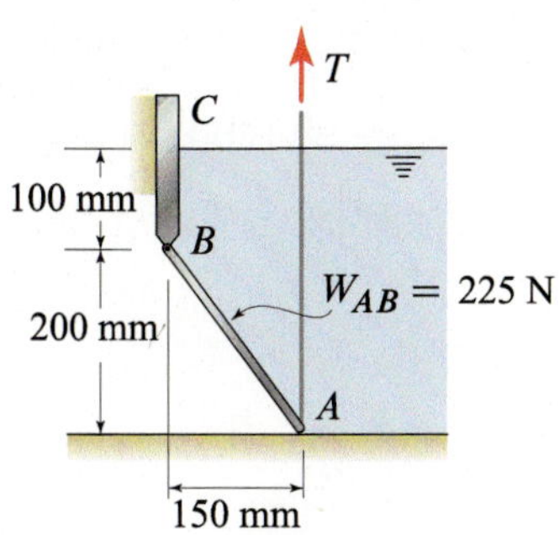

그림 P7.90

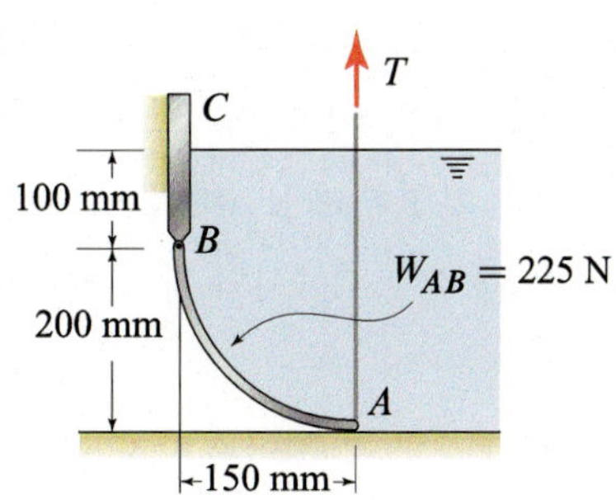

그림 P7.91

문제 7.92, 7.93

수로에 물이 폭 100 mm 수문에 의해 갇혀있다. 수문은 B 점에서 핀 지지되고 있고 수로 바닥면 A 지지점에서의 마찰은 없다. 수문은 미리 감겨있는 스프링(prewound torsional spring) B에 의해 닫혀있고 스프링 강성은 $k_t = 75\ \text{N}\cdot\text{m/rad}$이다. 수직벽 BC는 고정되어 있다. 수문의 무게를 무시할 때 $d = 500$ mm에서 수문이 열리기 위해 스프링에서 미리 감겨있는 θ_0를 결정하라.

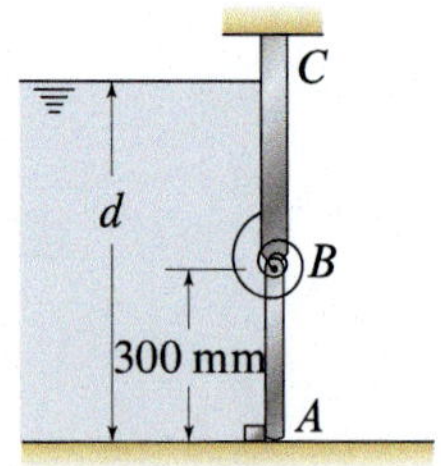

그림 P7.92

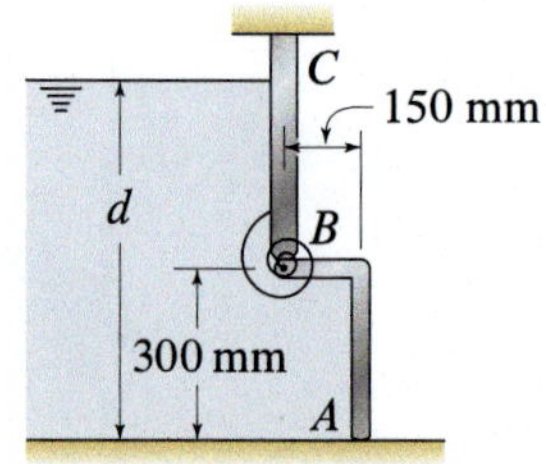

그림 P7.93

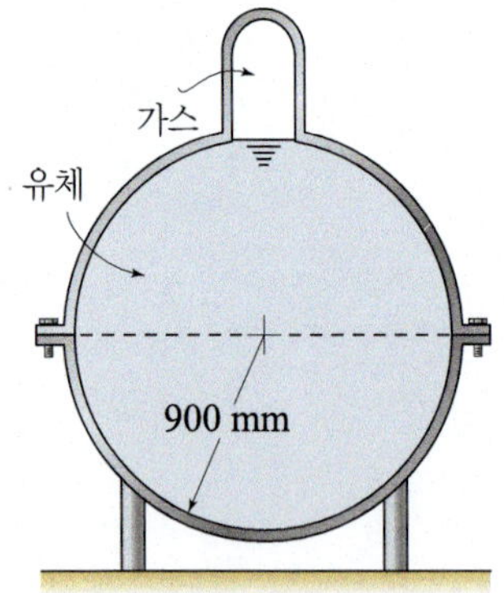

그림 P7.94

문제 7.94

구형 탱크의 단면이 보여지고 있다. 탱크의 위쪽 아래쪽 부분은 탱크 주변에 균일하게 분포되어 있는 72개의 볼트에 의해 지지되고 있다. 탱크의 윗부분은 가스가 들어 있는 조그만 돔(dome)이 있다. 탱크 안에 들어 있는 유체는 비중 16250 N/m^3이고 근사적으로 구형에 가깝다. 모든 볼트에 동일한 지지력이 걸린다고 가정할 때 다음의 조건을 만족시키는 경우 유체와 가스 압력에 의해 생기는 힘에 대한 볼트의 지지력을 구하라.

1. 가스의 압력이 없는 경우(가스압력이 대기압인 경우)
2. 가스압력이 36000 N/m^2인 경우

문제 7.95

중앙부는 실린더형, 양끝단은 반구형인 탱크가 보여지고 있다. 반구형 끝단은 60개의 볼트로 지지되고 있다. D 지점에서의 원판은 12개의 볼트로 지지되고 있다. 모든 볼트는 원주를 따라 균일하게 배치되어 있다. 탱크는 밀도 900 kg/m^3의 유체로 가득 채워져 있다. B 지점에서의 개별 볼트의 지지력이 모두 같고, C 지점에서의 각각의 볼트들의 지지력도 모두 같고, D 지점의 각각의 볼트들의 지지력도 모두 같다고 가정한다. 이것은 B, C, D 지점에 있는 모든 볼트들의 지지력이 같다는 것을 의미하는 것이 아니라, B 지점 볼트끼리, C 지점 볼트끼리, D 지점 볼트끼리 지지력이 같음을 의미한다. 지점 A에 있는 파이프는 유연한 재질이며 무게는 무시한다. 만일 A 지점에서의 유체의 압력이 대기압과 같을 때 각 볼트에서의 지지력을 구하라.

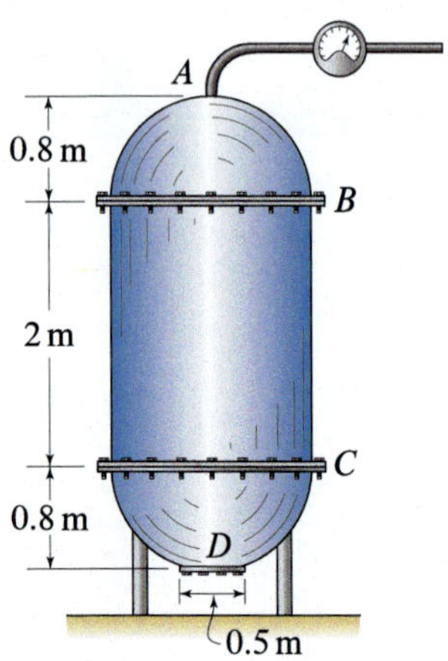

그림 P7.95, P7.96

문제 7.96

A 지점에서의 유체압력이 10 kN/m^{2}일 때 문제 7.95를 다시 풀어라.

문제 7.97

엔진의 연료 분사 밸브의 단면이 보여 지고 있다. 연료 분사 밸브는 원뿔 형태이다. 연료 내부압력이 500 kN/m^{2}일 때 연료분사밸브가 닫혀 있기 위해 필요한 힘 *F*를 구하라.

힌트 연료 무게에 의한 압력은 500 kN/m^2 대비 무시할 수준이다.

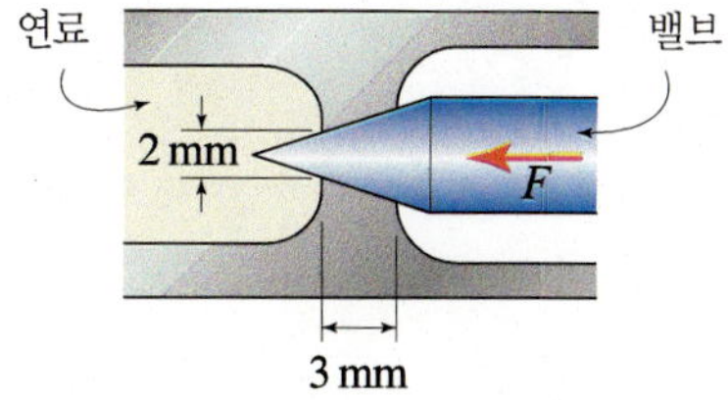

그림 P7.97

문제 7.98

곡물이 저장고에 저장되어 있다. 저장고의 벽은 고정되어 있고 문 *ABCD*는 곡물을 배출시키기 위한 문이다. 곡물을 비중 700 kg/m^{3}의 유체로 간주한다. 유압실린더 *EG*는 수평방향이고 개별 구조물에 대한 부재들의 무게는 무시한다. 곡물이 쏟아지지 않도록 문을 닫혀있게 하는 유압실린더 *EG*에 필요한 힘을 구하라. 유압실린더에 인장력이 걸리면 답을 양수로 적고 압축력이 걸리면 답을 음수로 적어라.

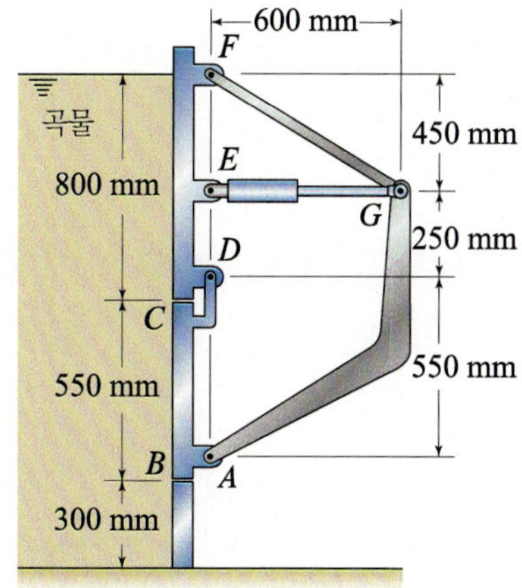

그림 P7.98

7.5 장 복습

이번 장에서 다루었던 중요한 정의, 개념, 식들이 정리되어 있다. 잘 이해가 가지 않는 식 또는 개념들에 대해서 본문에 나와있는 식을 참고하기 바란다.

도심 도심은 기하도형 분포에 대한 평균 위치로 정의된다. 선, 면, 부피에 대한 도심을 결정하는 식은 다음과 같다. 면, 혹은 면의 분포에 대한 도심을 구하는 예제가 그림 7.24에 나와 있다. 이 면의 x 도심은 복합형상 또는 적분에 의해 구할 수 있다.

식 (7.19) p. 398

$$\bar{x} = \frac{\sum_{i=1}^{n} \tilde{x}_i A_i}{\sum_{i=1}^{n} A_i} = \frac{\int \tilde{x}\, dA}{\int dA}$$

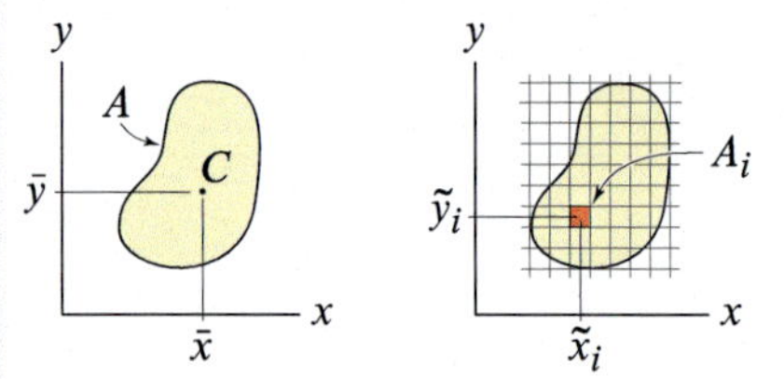

그림 7.24 면 A의 도심 C는 $\bar{x}$와 $\bar{y}$이다. 면적 A는 복합면적 A_i들로 구성되어 있다. 여기서 각각 A_i의 도심은 $\tilde{x}_i$, $\tilde{y}_i$이다.

y 도심에 대한 식은 식 (7.19)에서 x를 y로 대체하면 된다. 동일한 방법으로 z 도심은 식 (7.19)에서 x를 z로 대체하면 된다. 선, 혹은 선의 분포(직선 혹은 곡선들)에 대한 도심은 식 (7.19)에서 A를 L로 대체하면 된다. 부피 혹은 부피의 분포에 대한 도심은 식 (7.19)에서 A를 V로 대체하면 된다.

질량중심 질량중심은 질량 분포에 대한 평균 위치라고 정의된다. 질량중심을 구하는 식은 식 (7.19)에서 A를 m으로 대체한 것과 같다.

식 (7.20) p. 411

$$\bar{x} = \frac{\sum_{i=1}^{n} \tilde{x}_i m_i}{\sum_{i=1}^{n} m_i} = \frac{\int \tilde{x}\, dm}{\int dm}$$

따라서 $\bar{y}$, $\bar{z}$도 $\bar{x}$와 유사한 식이다. 더욱이 식 (7.20)의 합과 적분은 식 (7.21), (7.22)에서 보여지는 것처럼 체적, 면적, 와어어와 같은 선들에 대해서 체적적분, 면적분, 선적분 형태로 계산될 수 있다.

무게중심 무게중심은 무게 분포에 대한 평균 위치로 정의된다. 균일 중력장 하에서 물체의 무게중심을 구하는 식은 식 (7.19)에서 A를 w로 대체하면 된다.

식 (7.26) p. 413

$$\bar{x} = \frac{\sum_{i=1}^{n} \tilde{x}_i w_i}{\sum_{i=1}^{n} w_i} = \frac{\int \tilde{x}\, dw}{\int dw}$$

따라서 $\bar{y}$, $\bar{z}$도 $\bar{x}$유사한 식이다. 더욱이 식 (7.26)의 합과 적분은 식 (7.27), (7.28)에서 보여지는 것처럼 체적, 면적, 와어어와 같은 선들에 대해서 체적적분, 면적분, 선적분 형태로 계산될 수 있다.

파푸스-굴디너스 정리 회전체의 표면적은 그림 7.25에서 볼 수 있듯이 생성곡선을 회전축에 대해서 각도 θ(rad)만큼 회전하여 얻어진다. 파푸스-굴디너스 정리에 의한 회전체의 표면적은 다음과 같다.

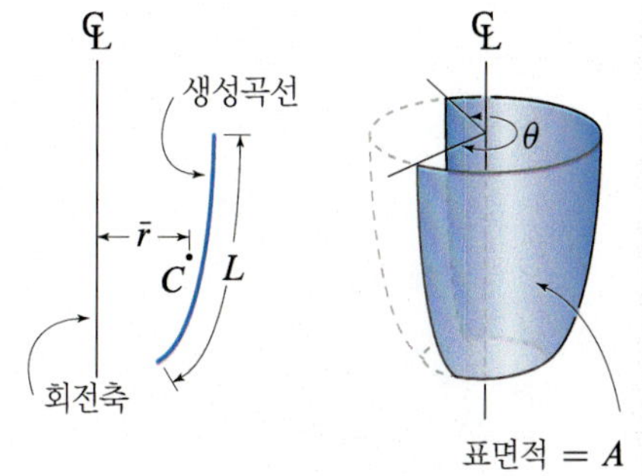

그림 7.25 회전체의 표면적은 생성 곡선을 회전축에 대해 θ만큼 회전하여 생성된다. 생성곡선은 호 길이 L과 도심 C (회전축으로부터 거리 $\bar{r}$)를 갖고 있다.

식 (7.32), (7.33) p. 423

$$A = \theta \bar{r} L = \theta \sum_{i=1}^{n} \tilde{r}_i L_i$$

윗 식의 뒷 부분인 식 (7.33)은 그림 7.11과 같이 생성곡선이 단순한 복합 형상으로 구성되어 있을 때 편리하다. 회전체의 부피는 그림 7.26에서 볼 수 있듯이 생성면을 회전축에 대해 각도 θ(rad)만큼 회전하여 얻어진다. 파푸스-굴디너스 정리의 의한 회전체의 부피는 다음과 같다.

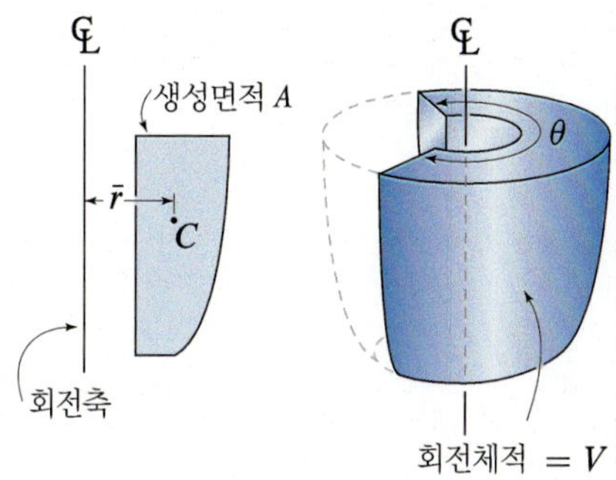

그림 7.26 회전체의 부피는 생성면적을 회전축에 대해 θ만큼 회전하여 생성된다. 생성면적은 면적 A와 도심 C (회전축으로부터 거리 $\bar{r}$)를 갖고 있다.

식 (7.35), (7.36) p. 424

$$V = \theta \bar{r} A = \theta \sum_{i=1}^{n} \tilde{r}_i A_i$$

윗 식의 뒷 부분인 식 (7.36)은 그림 7.13에서 볼 수 있듯이 생성면적이 단순한 복합 형상으로 구성되어 있을 때 편리하다.

분포하중 분포하중은 선, 면, 체적에 분포되어 있는 힘이다. 선에 분포되어 있는 힘을 **선하중**이라 하고 단위는 힘/길이이다. 면에 분포되어 있는 힘을 **면하중** 또는 **트랙션**이라 하며 단위는 힘/면적이다. 체적에 분포되어 있는 힘을 **체적하중** 또는 **물체력**이라 하며 단위는 힘/부피이다. 선하중, 면하중, 체적하중 모두 벡터이다. 선하중과 면하중은 하중이 가해지는 물체나 구조물에 수직일 필요는 없으나 종종 수직인 경우가 많다.

보에 가해지는 분포하중 보는 선하중과 같은 분포하중에 자주 놓여진다. 선하중을 w(단위 힘/길이), 보의 길이에 따른 좌표계를 x라고 할 때 분포하중에 의한 힘 F와 작용점 $\bar{x}$는 다음과 같다.

식 (7.41), (7.43) p. 431

$$F = \int dF = \int w\,dx, \qquad \bar{x} = \frac{\int \tilde{x}\,dF}{\int dF} = \frac{\int \tilde{x}\,w\,dx}{\int w\,dx}$$

유체와 가스 압력 그림 7.27과 같이 유체가 비압축성이고 정지상태일 때, 유체 내의 압력은 다음과 같이 주어진다.

식 (7.45), p. 432

$$\begin{aligned} p &= p_0 + \rho g d \\ &= p_0 + \gamma d \end{aligned}$$

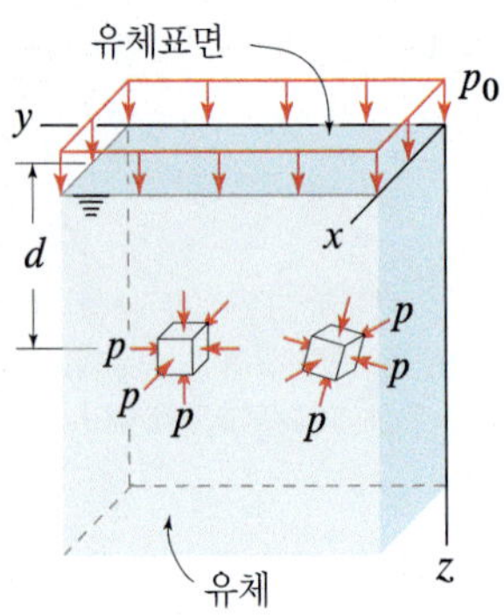

그림 7.27 밀도 ρ의 비압축성 정상상태 유체. 유체 표면은 xy 평면이며 압력 p_0가 가해진다. 유체의 미소 체적은 정수압 p가 가해진다.

여기서 p_0는 유체표면에서의 일정한 가스압력이다. 많은 경우 유체에 의한 압력만이 중요하며 표면에서의 압력을 뺀 압력($p = \rho dg = \gamma d$)을 게이지 압력이라고 한다. 유체 또는 가스에 의해 구조물에 가해지는 힘은 적분에 의해 항상 구할 수 있다. 그러나 7.4절에 언급되었듯이 복합형상을 이용하거나 적절히 자유물체도를 그려서, 보다 직관적으로 문제를 쉽게 풀수도 있다. 중요한 점은 유체, 가스 압력은 구조물 작용면에 항상 수직으로 작용한다는 것이다.

복습 문제

일반적 지시사항 하나 이상의 축과 대칭축을 갖는 기하 형상에 대한 문제들에 대해 도심, 질량 중심, 무게 중심에 대한 좌표계를 체크하기 바란다.

문제 7.99-7.101

그림의 면적에 대해 복합체법을 사용하여 x, y 도심을 구하라.

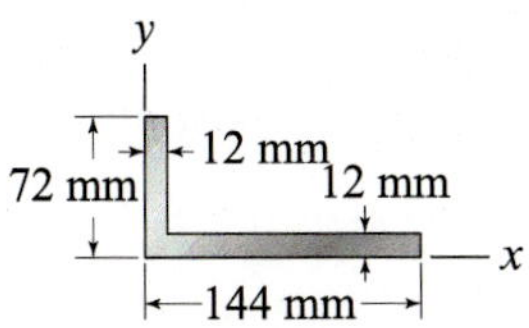

그림 P7.99

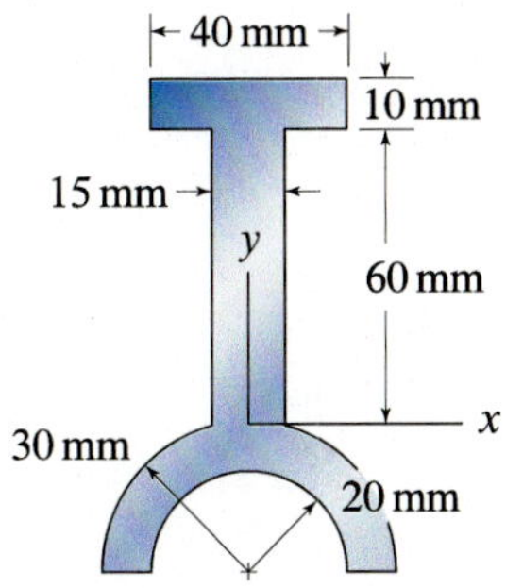

그림 P7.100

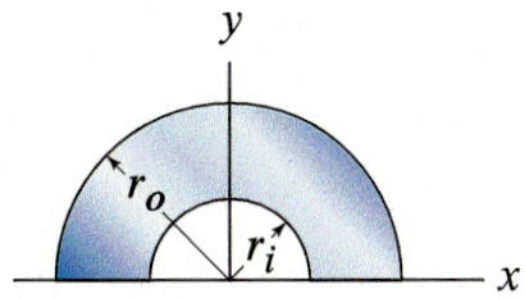

그림 P7.101

문제 7.102

그림의 면적에 대해 적분을 사용하여 x, y 도심을 구하라.

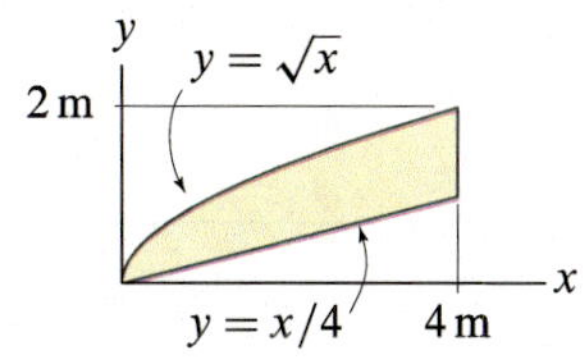

그림 P7.102

문제 7.103

윗면이 잘린 원뿔에 대해 복합형상을 사용하여 도심을 구하라.

문제 7.104

윗면이 잘린 원뿔에 대해 적분을 사용하여 도심을 구하라.

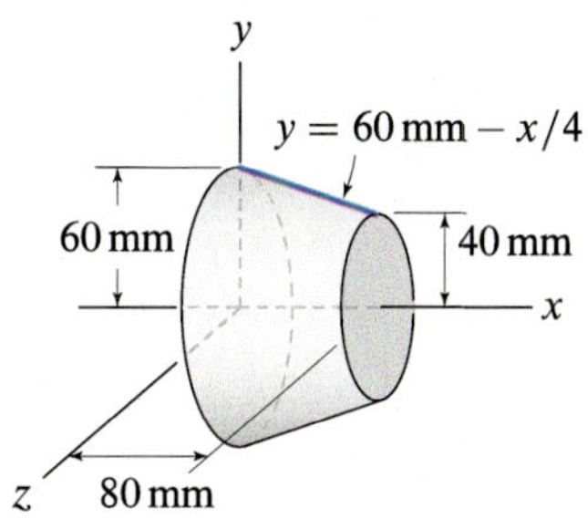

그림 P7.103, P7.104

문제 7.105

윗면이 잘린 원뿔 내부에 윗면이 잘린 원뿔 구멍이 있다.

(a) 물체의 도심을 구할 수 있는 적분의 상, 하한치가 포함된 적분 식을 세워라.

(b) 컴퓨터 프로그램(Mathematica, Maple) 등을 이용하여 (a)의 결과를 검토하라.

문제 7.106

윗면이 잘린 원뿔(재질의 밀도는 0.002 g/mm^{3}임) 내부에 윗면이 잘린 원뿔 구멍이 있다. 구멍을 밀도 0.003 g/mm^{3}의 재료로 채운다.

(a) 물체의 도심을 구할 수 있는 적분의 상, 하한치가 포함된 적분 식을 세워라.

(b) 컴퓨터 프로그램(Mathematica, Maple) 등을 이용하여 (a)의 결과를 검토하라.

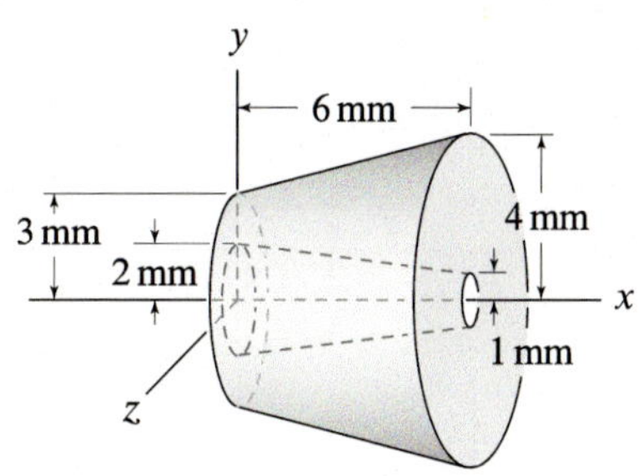

그림 P7.105, P7.106

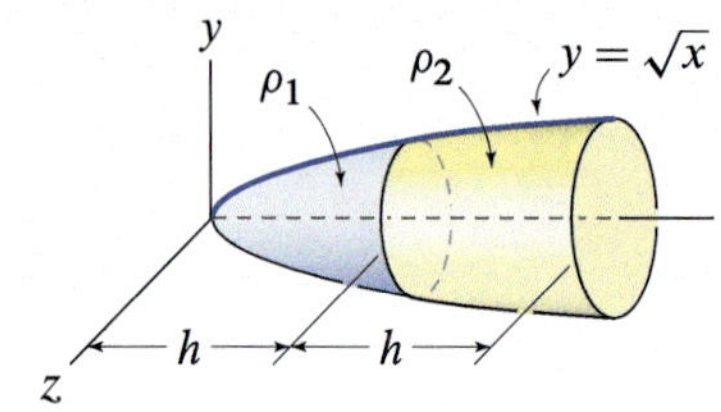

그림 P7.107

문제 7.107

총알 모양 물체는 밀도 ρ_1, ρ_2재료로 만들어진 회전 물체이다. 질량 중심의 x 위치를 구할 수 있는 적분의 상, 하한치가 포함된 적분식을 세워라.

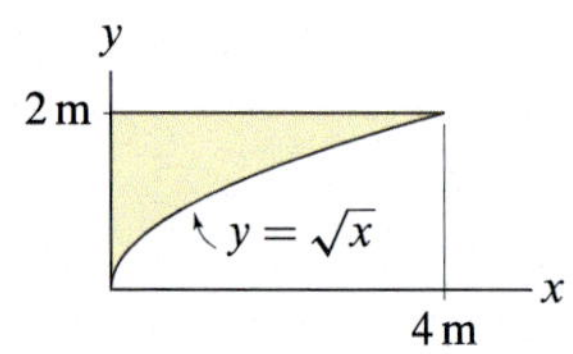

그림 P7.108, P7.109

문제 7.108

그림 P7.108의 면을 회전축 x에 대해 360° 회전하여 생긴 회전체의 x 도심을 구하라(적분법 이용).

문제 7.109

그림 P7.109의 면을 회전축 y에 대해 360° 회전하여 생긴 회전체의 y 도심을 구하라(적분법 이용).

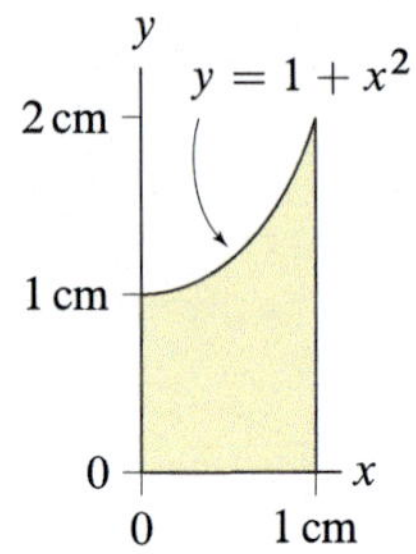

그림 P7.110, P7.111

문제 7.110, 7.111

그림 P7.110, P7.111의 회전체 도형에 대해서 하기에 설명대로 문제를 풀어라.

(1) 물체의 도심을 구할 수 있는 적분의 상, 하한치가 포함된 적분식을 세워라.

(2) 컴퓨터 프로그램(Mathematica, Maple) 등을 이용하여 (a)의 결과를 검토하라.

문제 7.110 x 축을 회전하여 회전체를 만듬.

문제 7.111 y 축을 회전하여 회전체를 만듬.

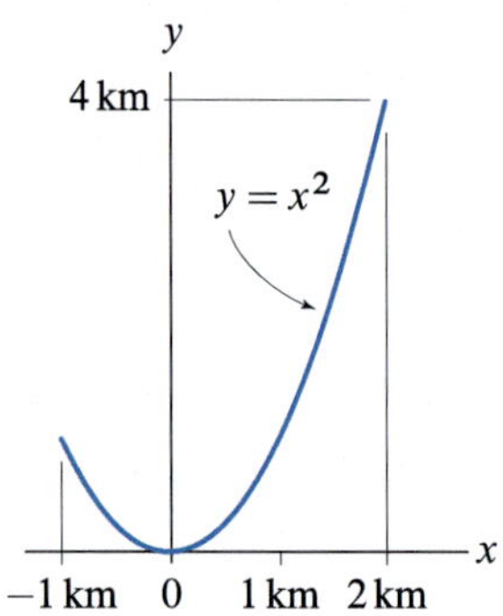

그림 P7.112

문제 7.112

그림 P.7.112의 곡선들에 대해 하기의 설명대로 문제를 풀어라.

(1) 물체의 도심을 구할 수 있는 적분의 상, 하한치가 포함된 적분식을 세워라.

(2) 컴퓨터 프로그램(Mathematica, Maple) 등을 이용하여 (a)의 결과를 검토하라.

문제 7.113

문제 7.15의 면적인 $x = -r$ 직선을 중심으로 360° 회전하여 만들어지는 회전체의 체적과 표면적을 구하라.

문제 7.114

문제 7.15의 면적이 x 축을 중심으로 360도 회전하여 만들어지는 회전체의 체적과 표면적을 구하라.

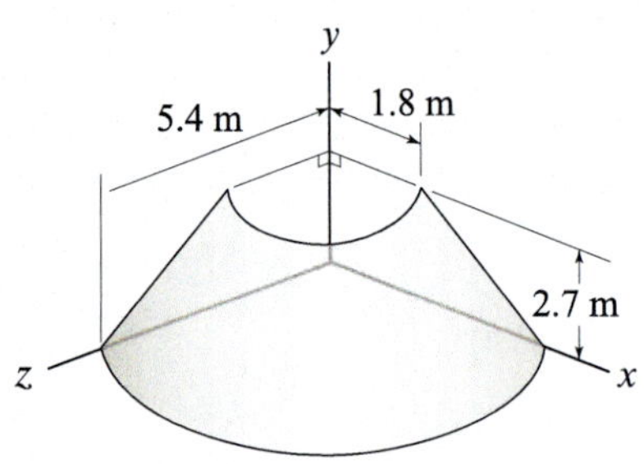

그림 P7.115

문제 7.115

태양광 패널이 윗단이 잘린 직각 4분 원뿔형 회전체라고 하자. 파푸스–굴디너스 정리를 이용하여 회전체의 표면적을 구하라.

문제 7.116

동물사료용 국자가 그림 P7.116과 같다. 국자는 윗단이 잘린 원뿔의 절반과 같다. 파푸스–굴디너스 정리를 이용하여 국자가 담을 수 있는 음식의 체적을 구하라. 또한 손잡이를 무시하고 국자를 만드는데 필요한 금속판의 면적을 구하라.

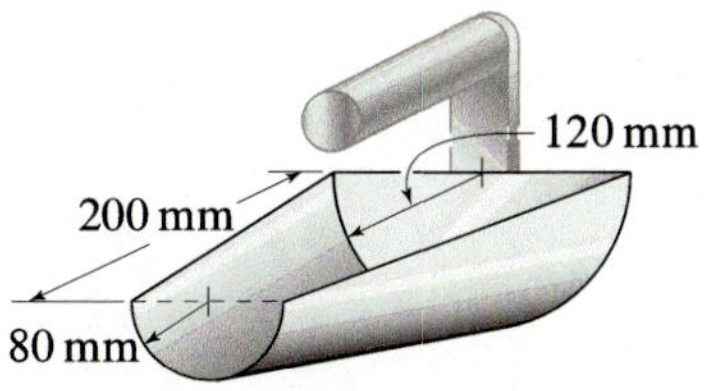

그림 P7.116

문제 7.117-7.119까지

다음 그림에 대해 지지점에서의 반력을 구하라.

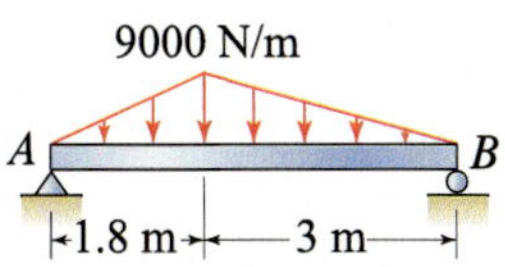

그림 P7.117

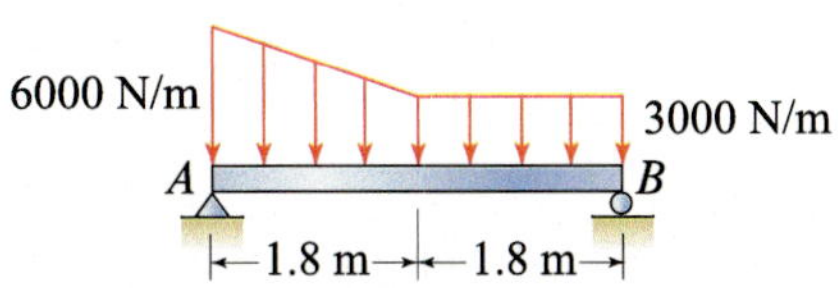

그림 P7.118

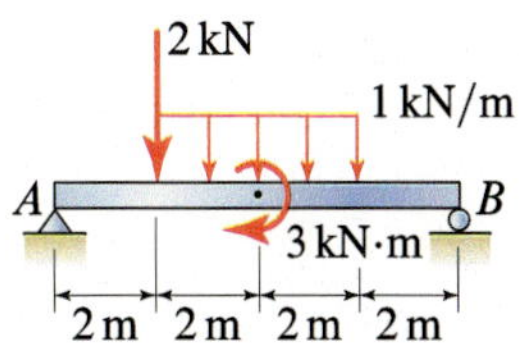

그림 P7.119

문제 7.120

그림 P7.117에서 핀 지지를 *A* 지점에서 오른쪽으로 1.8 m 거리로 재배치한 후 지지점에서의 반력을 구하라.

문제 7.121

그림 P7.118에서 핀과 롤러 지지를 *A* 지점에서의 고정지지로 바꾸고 지지점에서의 반력을 구하라.

문제 7.122

그림 P7.119에서 롤러 지지를 *B* 지점에서 왼쪽으로 2 m 거리로 재배치한 후 지지점에서의 반력을 구하라.

문제 7.123

525 mm 직경의 원판이 그림 P7.123과 같은 압력분포하중에 놓여있다. 압력분포를 회전체로 간주하고 파푸스–굴디너스 정리를 이용하여 원판에 가해지는 전체 힘을 구하라.

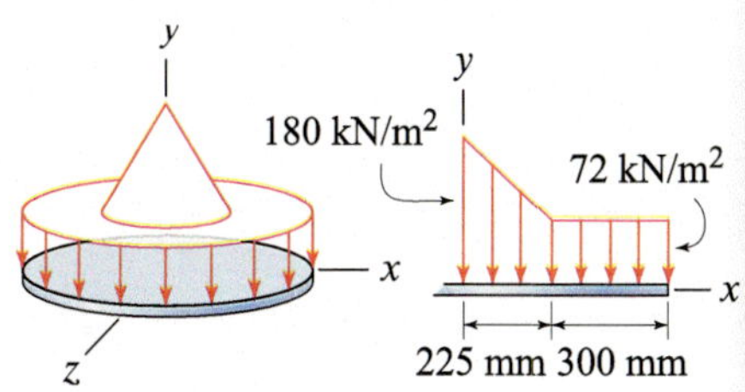

그림 P7.123

문제 7.124

수로에 있는 물이 폭 150 mm의 수문에 의해 갇혀있다. 수문은 *A* 지점에서 핀지지되어 있고 *C* 지점에서 롤러지지되어 있다. 수직벽 *AD*는 수로 바닥면에서 고정되어 있다. 수문의 무게를 무시할 때 지지점에서의 반력을 구하라.

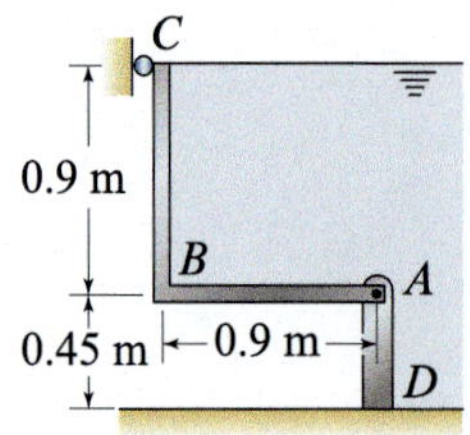

그림 P7.124

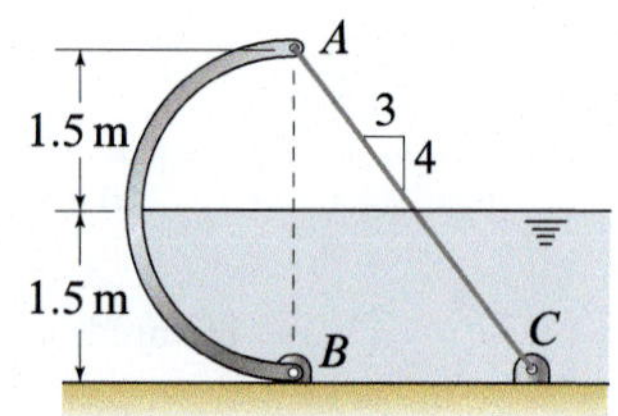

그림 P7.125

문제 7.125

수로에 있는 물이 폭 2 m의 수문에 의해 갇혀있다. 수문은 *B* 지점에서 핀지지되어 있고 *A*와 *C* 사이에 케이블이 있다. 수문의 무게를 무시할 때 *B* 지지점에서의 반력을 구하라.

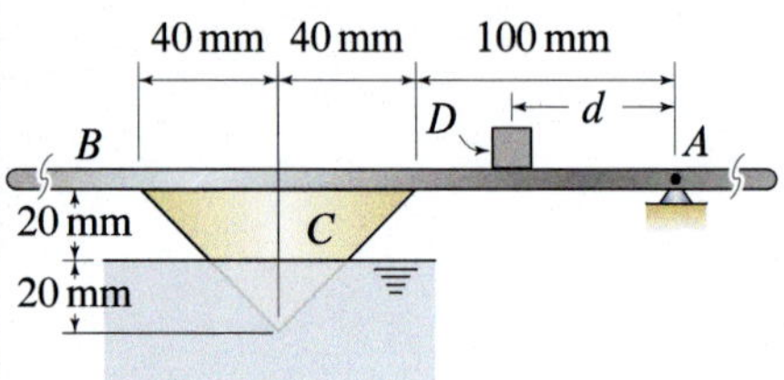

그림 P7.126

문제 7.126

바닥면에서의 직경이 40 mm이고 무게가 0.1 N인 직각원뿔 *C*가 보 *AB*에 붙어있다. 원뿔은 물에 일부 담겨 있다. 무게 0.2 N의 블록 *D*가 지지점 *A*에서 *d* 거리에 놓여 있다. 그림과 같은 평형상태에 있기 위한 거리 *d* 값을 구해라. 블록 *D*가 *A*의 왼쪽에 놓일 때 *d* 값을 양수로 하고 *A*의 오른쪽에 놓일 때 *d* 값을 음수로 하라.

힌트 파푸스–굴디너스 정리를 이용하라.

8 내력

구조물에 외력이 가해질 때 구조물의 다양한 부재 안에서는 내력이 생긴다. 실제로 외력이 가해질 경우 구조물을 지탱하는 힘은 구조물 내의 내력이라고 할 수 있다. 교재의 앞선 장에서는 케이블이나 막대부재 내의 내력을 그리 어렵지 않게 늘 하듯이 구했었다. 이번 장에서는 보다 복잡한 구조물, 예를들어 보와 같은 구조물 내부에 생기는 내력에 대해 알아볼 것이다.

8.1 구조물 부재 내부의 내력

왜 내력이 중요한가?

내력(*internal forces*)은 외력이 가해질 때 구조물 부재 또는 재료 내부에 생기는 힘과 모멘트이다. 구조물 부재를 설계할 때 특정한 부재가 견디어야 하는 내력의 크기는 반드시 알아야 한다. 구조물 부재에 대한 설계 고려사항은, 부재 재료의 스펙, 부재 형상과 치수, 지지방법, 다른 부재에 대한 연결 방법 등 여러 가지이다. 부재가 견디어야 할 내력이 클수록 부재의 크기도 중요해지고, 충분한 강도를 갖게 하기 위해 더 강한 재료를 써야 함은 명백하다.

단면이 길이에 비해 작은 구조물 부재를 세장부재(*slender member*)라고 한다. 세장부재는 일반적인 것이며 정역학과 재료역학에 의한 해석 방법에 의해 효과적으로 분석될 수 있다. 그러나 많은 구조물 부재는 세장부재가 아니며, 내력을 구하고 설계하는 것은 세장부재에 비해 어렵거나 또다른 고급 이론을 알아야 한다. 이번 장에서는 세장부재의 내력을 구하는 방법에 대해 주로 논의한다.

이차원 세장부재에 대한 내력

그림 8.1(a)의 이차원 구조물에서 단면 A의 내력에 대해 생각해 보자. 이를 위해 절단면 A에 대해 왼쪽 부분과 오른쪽 부분을 나누어 생각한다. 그림 8.1(b) 절단면 상의 힘들이 표시되어 있고 이를 **내력**이라 한다. 이때 내력은 절단면의 왼쪽과 오른쪽을 붙어있게 하는 힘이며 따라서 반드시 존재한다고 말할 수 있다. 내력의 존재에 대한 다른 예로서 구조물의 고정 지지에서의 반력을 생각할 수 있다. 절단면 A의 왼쪽부분이 절단면 A의 오른쪽 부분으로 이동하지 못하며, 이는 힘 N이 존재함을 의미한다. 이와 유사하게, 절단면 A의 왼쪽부분이 절단면 A의 오른쪽에 대해 수직 방향으로 이동할 수 없으며, 이는 힘 V가 존재함을 의미한다. 또, 왼쪽 부분이 오른쪽 부분에 대해 회전할 수 없다는 사실은 모멘트 M이 존재함을 의미한다. 즉, 그림 8.1(b)의 내력은 뉴턴의 제3법칙을 만족시킨다.

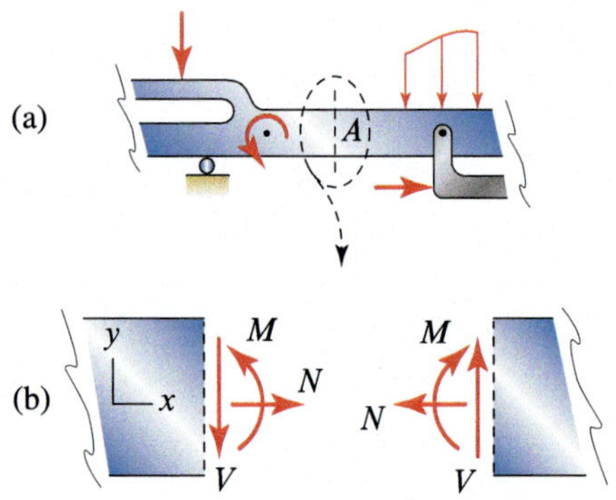

그림 8.1 이차원 세장부재 특정 절단면에 생기는 내력.

참고사항

- 재료역학을 배우지 않은 상태에서 내력에 대한 개념이 모호할 수 있다. 현 단계에서는 부재의 축 방향의 내력과 축 방향에 수직 방향의 내력을 결정하는것이 유용한 방법이다. 따라서 통상적으로 그림 8.1(b)와 같이 xy 좌표(또는 곡선 부재인 경우 tn 좌표계)를 사용하고 여기서 x 방향은 축 방향이고, y 방향은 축 방향에 대한 수직 방향이다. 또한 좌표계의 원점($y = 0$)은 절단면의 도심과 일치한다.
- 그림 8.1(b)에서 보이는 내력은 다음과 같이 나누어 생각된다.
  - N은 수직력 또는 **축하중(*axial force*)**이라고 한다. 부호 약속은 그림 8.1(b)와 8.2(a)와 같으며, 양의 값 N은 인장력에 해당한다. 축하중은 그림 8.2(a)의 축 변형을 발생시킨다.
  - V는 **전단력(*shear force*)**이라고 하며 부호 약속은 그림 8.1(b)와 8.2(b)와 같다. 전단력은 그림 8.2(b)의 전단변형을 발생시킨다.
  - M은 **굽힘모멘트(*bending moment*)**라고 하며 부호 약속은 그림 8.1(b), 8.2(c)와 같다. 굽힘 모멘트는 그림 8.2(c)의 굽힘 변형을 발생시킨다.
- 본 장의 마지막 부분에 단일 직선 부재로 구성된 구조물에 대해 다룰 것이다. 이때의 부호 약속은 그림 8.1, 8.2의 약속을 따를 것이다. 이번 절에서는 구조물의 다양한 지점에서의 내력 크기를 결정하는데 주안점을 둘 것이다. 그리고 우리가 고려하는 많은 구조물들은 여러 부재로 구성되어 있거나 직선이 아닌 부재들로 구성되어 있다. 따라서 그림 8.1, 8.2의 내력 부호 약속 대신 보다 편리한 방법으로 문제를 풀어보기도 할 것이다(예제 8.3).

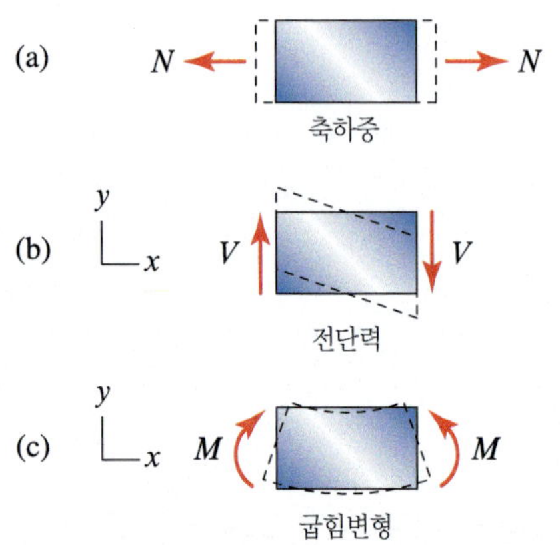

그림 8.2 변형체로 만들어진 구조물에서 내력 N, V, M은 점선과 같은 변형을 유발시킨다.

삼차원 세장부재에 대한 내력

삼차원 세장부재에 대한 내력은 그림 8.3과 같다. 그림에서 볼 수 있듯이 모든 절단면에 6개의 내력이 존재한다. 여기서 N은 **수직력(*narmal force*)** 또는 **축하중**이고 축 방향 변형을 유발한다. V_y, V_z은 **전단력**이고 전단변형을 유발한다. M_y, M_z는 **굽힘모멘트**이고 굽힘 변형을 유발한다. 또한 M_x는 **토크(*torque*)**라고 하며 비틀림 변형(twisting deformation, torsional deformation)을 유발한다. 편의상 절단면의 왼쪽물체에 가해지는 힘의 방향을 양수로 약속하고, 절단면 오른쪽에 가해지는 힘의 방향을 음수로 약속하자. 이는 뉴턴의 작용−반작용 법칙을 만족시킨다. 이때 작용−반작용 법칙만 만족된다면 다른 부호 약속도 가능하다.

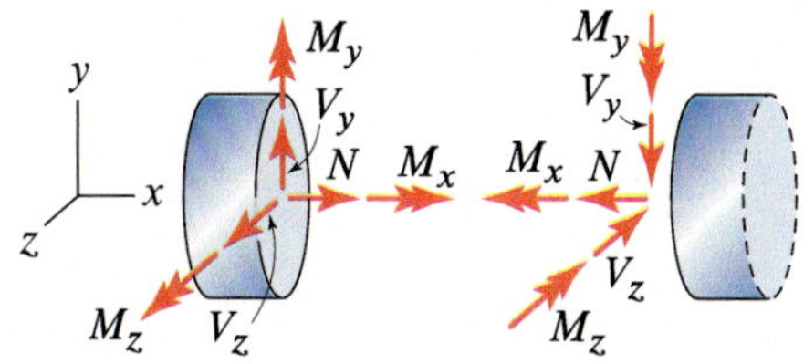

그림 8.3 삼차원 세장부재 특정 절단면에 생기는 내력들.

그림 8.4 Grand Canyon Skywalk는 Arizona 주 Hualapai Indian 언덕에 있는 전망대이며, Grand Canyon 바닥에서 1200 m 위 허공에 21 m 돌출되어 있다. 전망대 프레임 구조는 steel이며 바닥은 75 mm 두께 유리판으로 되어 있고 120명의 체중을 견딜 수 있다. 구조물 재료, 관광하는 사람들, 기타 하중들 때문에 유발되는 구조물 내의 내력을 알아야만 이와같은 전망대를 설계할 수 있다.

흥미로운 사실

내력이 강도에 끼치는 영향. 부재가 견디는 내력은 중요하며 재료강도학에서의 주된 관심사는 하중에 의해 발생하는 내력을 안전하게 견디는 부재를 어떻게 설계하는가이다. 하지만 세장부재에 대해서는 다음의 일반화된 사항이 실제로 사실이다.

- 직선 부재는 축 방향 인장 내력을 견디게 끔하는데 매우 효과적이다.
- 직선 부재는 좌굴(buckling)이 발생하기 쉽고 종종 작은 압축 내력만을 견딜 수 있다.
- 다른 내력의 효과와 비교해볼 때 전단 내력은 그리 중요한 고려 대상은 아니다. 그러나 중요한 예외는 나무(wood), 혹은 섬유강화복합재(fiber-reinforced composite material)와 같이 전단력에 대해 약한 재료이다.
- 부재는 굽힘에 대해 유연하므로 굽힘모멘트가 매우 중요하다.
- 부재는 비틀림(torsion)에 대해 유연하므로 비틀림모멘트(토크)가 매우 중요하다.

내력의 계산

내력을 계산하기 위해 가장 먼저 해야 할 것은 구조물의 어느 지점에서의 내력을 구할지를 결정해야 한다. 일반적으로 구조물의 모든 부재의 모든 절단면에서의 내력값은 모두 다르며, 일반적으로 이들 모두를 구하는 것이 설계자의 목표 중 하나이다. 때때로 각 부재에 걸리는 최대 내력값만 알아도 된다. 경험을 잘 이용하면 문제를 풀지 않고도 최대 내력이 존재하는 부재를 찾을 수도 있다. 예를 들어 외팔 보에서 최대 내력은 고정 지지점에서 발생하며 단순 보의 경우 내부 모멘트는 보의 중간 지점에서 최대가 된다.

일단 관심이 있는 단면이 결정되면, 단면을 자르고 구조물 한 부분에 대한 자유물체도를 작성한 후 평형방정식을 세우고 푼다. 이러한 과정을 관심이 있는 부재의 단면에 대해서 반복하게 된다. 다른 접근법으로서 미분방정식을 풀어도 되며 이는 이번 장의 후반부에 논의하겠다.

절 요약

이번 절에서는 가는 구조물 부재에서의 내력에 대해 알아보았다. 내력을 풀어야 하는 모든 단면에 대해서 xy 좌표계를 선정한다(일반적으로 x는 세장부재 축 방향, y는 세장부재 축 방향의 수직 방향이며, 좌표계의 원점은 단면의 도심과 일치시킨다).

이차원 부재의 각 단면에서는 세 개의 내력이 존재하며 이는 축하중 N, 전단력 V, 굽힘 모멘트 M이다. 삼차원 부재의 각 단면(여기서 x는 부재의 축 방향임)에서는 여섯 개의 내력이 존재하며 이는 축하중 N, 두개의 전단력 V_y, V_z 두개의 굽힘모멘트 M_y, M_z 그리고 토크 M_x이다.

관심이 있는 부재 단면에서의 내력을 구하기 위해서 우선 단면을 자르고, 구조물의 한 부분에 대한 자유물체도를 그린 후 평형방정식을 세우고 풀면 된다.

예제 8.1 이차원 문제에 대한 내력들

금속재질의 병따개가 있다. 병마개를 제거하기 위해 A 지점에서 수직력 10 N이 필요하다면, 단면 D에 걸리는 내력을 계산하라.

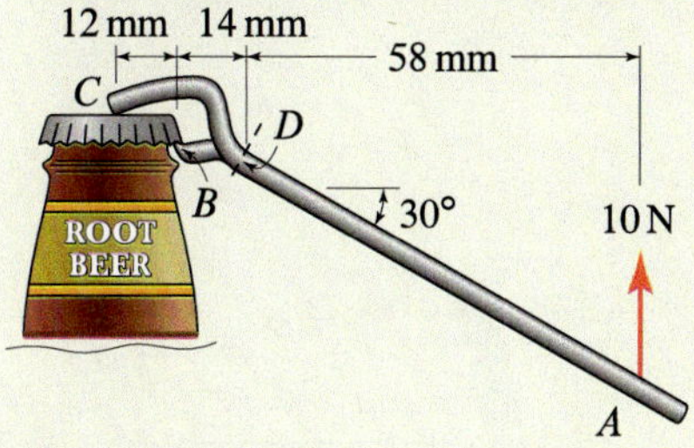

그림 1

풀이 SOLUTION

로드맵 우리는 단면 D에서의 내력에 관심이 있다. 왜냐하면 병마개의 모든 지점들 중에 이 지점에 가장 큰 내력이 생기기 때문이다. 추가로 설명하자면, 금속으로 만들어진 병마개가 너무 얇거나 병마개 재질이 너무 단단한 경우를 생각해 보자. 직관적으로 생각해 보면 병마개가 지점 D에서 과도하게 휘어지고 변형할 것이다. 설계자 입장에서의 목표는 병따개로서 기능을 다할 수 있도록 충분히 강한 병따개를 설계하는 것이다. 즉, 설계자는 병마개의 재질과 병마개의 두께, 폭 등을 결정해야 한다. 설계를 하기 전에 병따개에 발생하는 최대 내력을 알아야 한다.

여기서 우리는 병따개의 무게는 무시할 것이다. 왜냐하면 고려되고 있는 힘 대비 병따개의 무게는 작기 때문이다. 병따개에 가해지는 힘을 우선 계산한다. 그 후 단면 D에서의 내력을 결정하기 위해 단면을 자른 후 자유물체도를 그린다. 평형방정식을 세우고 푼다.

모델링 병따개의 자유물체도는 그림 2와 같다. B, C 지점에서 수평력이 존재하지만 수직력 B_y, C_y에 비해 무시할 수 있다고 가정한다.

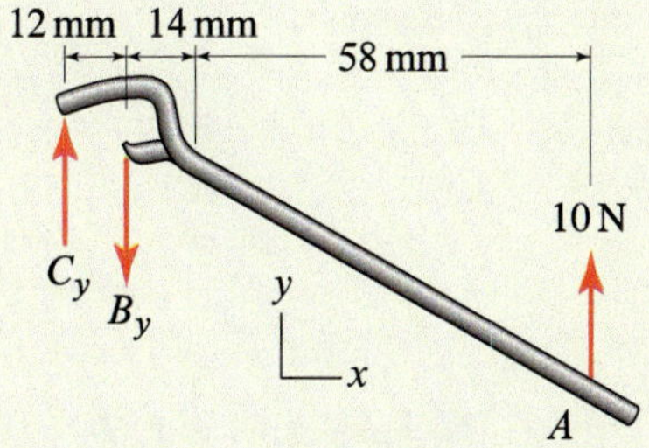

그림 2 병따개에 대한 자유물체도.

지배방정식과 계산 그림 2의 자유물체도를 이용하여 다음의 평형방정식을 세우고 푼다.

$$\sum M_C = 0: \quad -B_y(12\text{ mm}) + (10\text{ N})(84\text{ mm}) = 0 \quad \Rightarrow \quad B_y = 70\text{ N} \tag{1}$$

$$\sum F_y = 0: \quad C_y - B_y + 10\text{ N} = 0 \quad \Rightarrow \quad C_y = 60\text{ N} \tag{2}$$

모델링 단면 D에서의 내력을 구하기 위해 그림 2 자유물체도처럼 단면을 자르고 그림 3과 같은 자유물체도를 그린다. 이때 내력 방향은 그림 8.1(b)와 같다.

지배방정식과 계산 그림 3에 보이는 두개의 자유물체도 모두는 내력 N_D, V_D, M_D를 구하는데 사용가능하며, 여기서는 오른쪽 자유물체도를 이용하겠다. 왜냐하면 오른쪽 자유물체도 모양이 더 단순하고 힘의 개수도 적기 때문이다. tn 좌표계를 사용한다. 여기서 t는 부재 축 방향과 일치하고 n은 t 방향에 대해 수직 방향이다. 다음의 평형방정식을 세우고 문제를 푼다.

$$\sum F_t = 0: \quad -N_D - (10\text{ N})(\sin 30°) = 0 \quad \Rightarrow \quad \boxed{N_D = -5.00\text{ N}} \tag{3}$$

$$\sum F_n = 0: \quad V_D + (10\text{ N})(\cos 30°) = 0 \quad \Rightarrow \quad \boxed{V_D = -8.66\text{ N}} \tag{4}$$

$$\sum M_D = 0: \quad -M_D + (10\text{ N})(58\text{ mm}) = 0 \quad \Rightarrow \quad \boxed{M_D = 580\text{ N}\cdot\text{mm}} \tag{5}$$

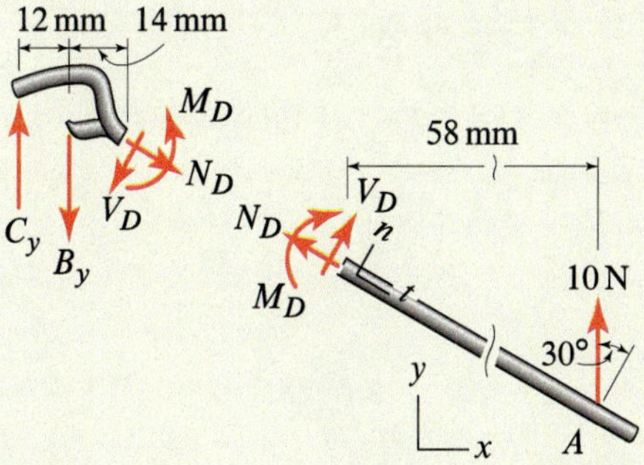

그림 3 내력을 구하기 위해서 단면 D를 자른 자유물체도.

논의 및 검증 처음부터 선견지명이 있어서 그림 3의 자유물체도를 이용했더라면 수직력 B_y, C_y도 필요없었고 따라서 식 (1), (2)도 필요하지 않았을 것이다. 그림 3의 왼쪽 자유물체도를 이용해서 동일한 내력 N_D, V_D, M_D가 나오는지 확인하라.

예제 8.2 이차원 문제에 대한 내력들

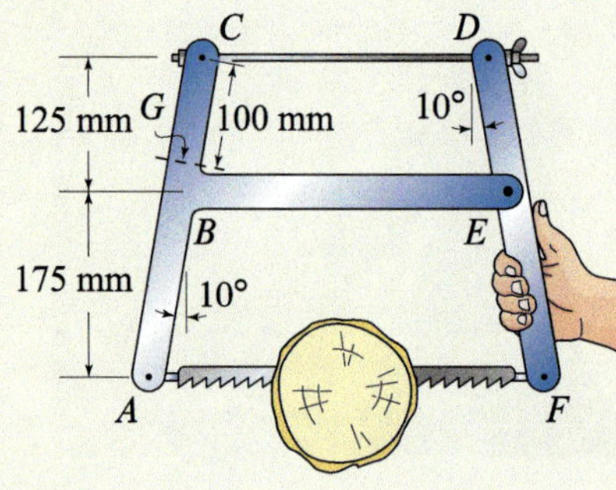

그림 1

땔감 자르는데 쓰이는 톱이 보인다. D 지점에서 윙너트(wing nut)를 사용할 때 톱 날개에는 900 N의 인장력이 생긴다. 절단에 의한 힘을 무시할 때 단면 G에 생기는 내력을 구하라.

풀이 SOLUTION

로드맵 각 부재의 무게가 작다고 가정하고 무시한다. 또한 나무를 자를 때 생기는 힘이 작지는 않지만 일단 무시한다. 추후 절단시 발생하는 힘을 고려한 풀이를 토의해 볼 수도 있을 것이다. 우선 부재 $ABCE$에 가해지는 힘을 구해본다. 단면 G에 생기는 내력을 구하기 위해 단면 G에서 부재를 자르고 자유물체도를 그린다. 평형방정식을 세우고 문제를 푼다.

모델링 톱 부재 $ABCE$의 자유물체도는 그림 2와 같다.

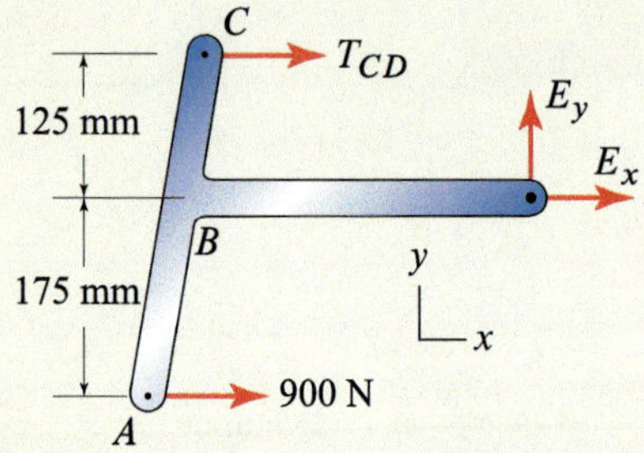

그림 2 부재 $ABCE$에 대한 자유물체도.

지배방정식과 계산 그림 2의 자유물체도를 이용하여 다음의 평형방정식을 세우고 푼다.

$$\sum M_E = 0: -T_{CD}(125\text{ mm}) + (900\text{ N})(175\text{ mm}) = 0 \quad \Rightarrow \quad T_{CD} = 1260\text{ N} \tag{1}$$

$$\sum F_y = 0: \quad E_y = 0 \quad \Rightarrow \quad E_y = 0 \tag{2}$$

$$\sum F_x = 0: \quad T_{CD} + 900\text{ N} + E_x = 0 \quad \Rightarrow \quad E_x = -2160\text{ N} \tag{3}$$

모델링 단면 G의 내력을 구하기 위해 그림 2의 자유물체도에서 단면 G를 자르면 그림 3과 같은 자유물체도를 얻을 수 있다. 이때 내력의 방향은 그림 8.1(b)의 약속을 따른다.

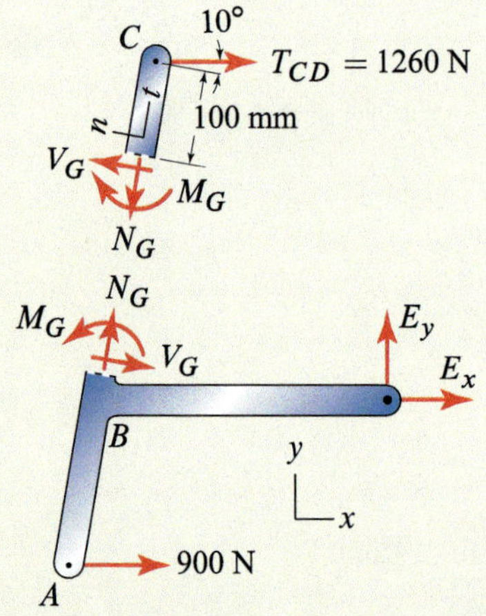

그림 3 단면 G에 생기는 내력을 구하기 위한 자유물체도.

지배방정식과 계산 그림 3에서 두 개의 자유물체도 모두는 내력 NG, VG, MG를 구하는데 사용가능하며, 여기서는 윗쪽 자유물체도를 이용하겠다. 왜냐하면 윗쪽 자유물체도 모양이 더 단순하고 힘의 개수도 적기 때문이다. tn 좌표계를 사용한다. 여기서 t는 부재 축 방향과 일치하고 n은 t 방향에 대해 수직 방향이다. 다음의 평형방정식을 쓰고 문제를 푼다.

$$\sum F_t = 0: \quad -N_G + T_{CD}(\sin 10°) = 0 \Rightarrow \boxed{N_G = 218.8\text{ N}} \tag{4}$$

$$\sum F_n = 0: \quad V_G - T_{CD}(\cos 10°) = 0 \Rightarrow \boxed{V_G = 1240.9\text{ N}} \tag{5}$$

$$\sum M_G = 0: \quad -M_G - T_{CD}(\cos 10°)(100\text{ mm}) = 0 \Rightarrow \boxed{M_G = -124086\text{ Nm}} \tag{6}$$

논의 및 검증 단면 G에 생기는 내력은 크다. 부재 $ABCE$에 이와 같은 큰 내력이 생기는 다른 지점이 또 있으며 이는 부재 DEF도 마찬가지다. 그림 4의 B 지점에 있는 추가적인 단면에 대해 생각해 보자(문제 8.2).

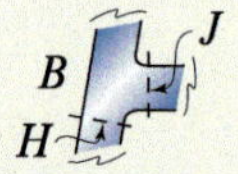

그림 4 내력이 구해져야 하는 지점 B 근방에 대한 추가 단면.

예제 8.3 삼차원 문제에 대한 내력들

부재 EFG는 CD 축에 대해 기어 G를 움직이게 하는 트랜스미션 부품인 쉬프팅포크(shifting fork)이다. 쉬프팅포크 E 지점에 $-z$, $-x$ 방향으로 각각 10 N, 20 N 의 힘이 가해지고 있다. 그리고 기어 G에는 x 방향으로 5 N의 힘이 가해지고 있다. 포크는 고정 축 AB에 의해 지지되고 있고 AB에는 트러스트 칼라(thrust collar) H가 있다. 포크는 G에서 헐거운 끼워맞춤(loose fit)되어 있고 z 방향의 반력만 있다. 단면 J에 가해지는 내력을 구하라.

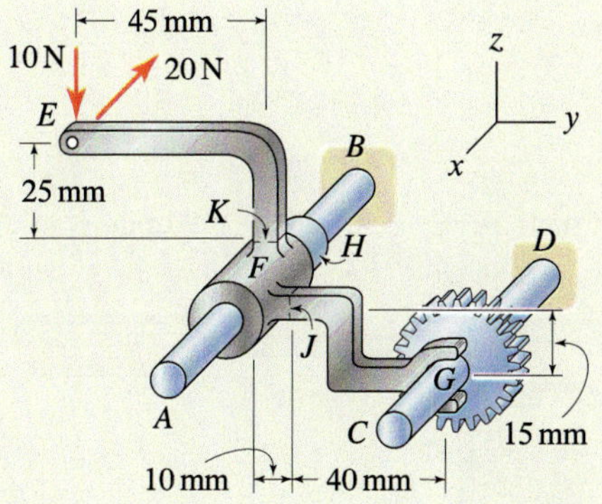

그림 1

풀이 SOLUTION

로드맵 부재의 무게와 마찰을 무시하고 쉬프팅 포크의 자유물체도를 그린다. 반력을 구하기 위해 평형방정식을 세우고 푼다. 그림 1에서 FG 부분은 외팔 보 구조라고 생각될 수 있으며, 단면 J에서의 내력은 클 것으로 예상된다. 단면 J에서의 내력을 구하기 위해 J 단면을 자르고 자유물체도를 그린 후 평형방정식을 세우고 푼다.

모델링 쉬프팅포크 EFG의 자유물체도는 그림 2와 같다.

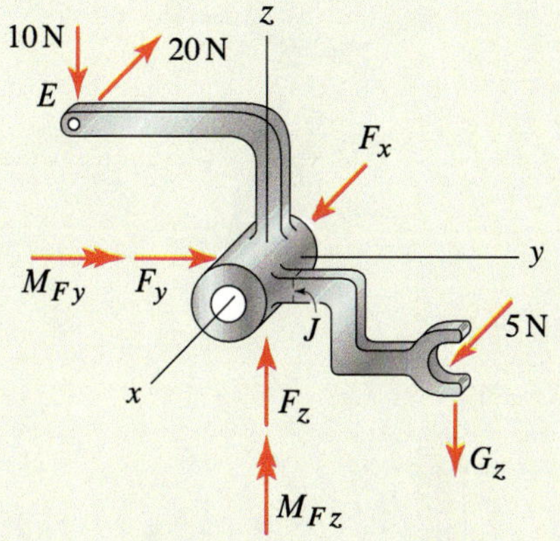

그림 2 쉬프팅포크(Shift fork)의 자유물체도.

지배방정식과 계산 그림 2의 자유물체도를 이용하여 다음과 같이 평형방정식을 세우고 반력 G_z를 푼다.

$$\sum M_x = 0: \quad (10\text{ N})(45\text{ mm}) - G_z(50\text{ mm}) = 0 \quad \Rightarrow \quad G_z = 9\text{ N} \tag{1}$$

추가적인 평형방정식을 세워서 남은 반력들을 구할 수 있다(그림 1에서 치수들을 참고할 것). 그러나 자유물체도를 관찰해 보면 G_z를 제외한 남은 반력을 풀 필요가 없음을 알 수 있다.

모델링 단면 J에서의 내력을 구하기 위해 그림 2의 자유물체도처럼 단면을 자르고 그림 3과 같은 자유물체도를 그린다. 이때 좌표계의 원점은 단면 J의 도심과 일치시킨다. 편의상 내력의 방향은 좌표계상에서의 힘의 방향이 양(+)이 되도록 한다. 그림 3의 자유물체도 대신 쉬프팅 포크의 왼쪽 부분에 대한 자유물체도를 그릴 수도 있을 것이다. 그러나 더 많은 힘들을 고려해야 하므로 그림 3처럼 자유물체도를 그리는 방법이 더 간편하다.

지배방정식과 계산 그림 3의 두 개의 자유물체도를 이용하여 다음의 방정식을 세우고 푼다.

$$\sum F_x = 0: \quad V_{Jx} + 5\text{ N} = 0 \quad \Rightarrow \quad \boxed{V_{Jx} = -5\text{ N}} \tag{2}$$

$$\sum F_y = 0: \quad N_{Jy} = 0 \quad \Rightarrow \quad \boxed{N_{Jy} = 0} \tag{3}$$

$$\sum F_z = 0: \quad V_{Jz} - 9\text{ N} = 0 \quad \Rightarrow \quad \boxed{V_{Jz} = 9\text{ N}} \tag{4}$$

$$\sum M_x = 0: \quad M_{Jx} - (9\text{ N})(40\text{ mm}) = 0 \quad \Rightarrow \quad \boxed{M_{Jx} = 360\text{ N}\cdot\text{mm}} \tag{5}$$

$$\sum M_y = 0: \quad M_{Jy} - (5\text{ N})(15\text{ mm}) = 0 \quad \Rightarrow \quad \boxed{M_{Jy} = 75\text{ N}\cdot\text{mm}} \tag{6}$$

$$\sum M_z = 0: \quad M_{Jz} - (5\text{ N})(40\text{ mm}) = 0 \quad \Rightarrow \quad \boxed{M_{Jz} = 200\text{ N}\cdot\text{mm}} \tag{7}$$

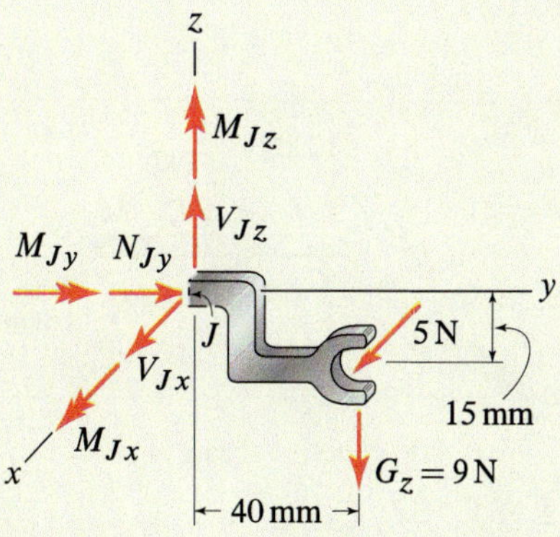

그림 3 단면 J에서의 내력을 구하기 위한 자유물체도.

논의 및 검증 그림 1의 EF에 대해서 단면 K에도 큰 내력이 생긴다. 문제 8.23에서 이 내력을 구하는 문제를 풀 것이다.

문제

일반적 지시사항 이번 절의 문제들에서 축하중(내력)에 대해서 인장력은 양수로, 압축하중은 음수로 답을 쓰고, 전단력과 모멘트 내력은 절대값을 답으로 써도 무방하다.

문제 8.1

스크류드라이버로 페인트 캔을 열려고 한다. 캔 뚜껑을 열기 위해 힘 F = 75 N이 필요하다고 가정한다. 또 스크류드라이버와 캔 사이의 접촉력은 수직력이 작용한다고 가정한다. 이때 스크류드라이버 단면 A, B, C에 생기는 내력을 구하라. 단면 B, C는 스크류드라이버와 캔의 접촉 지점에 대해 바로 왼쪽과 오른쪽 지점이다.

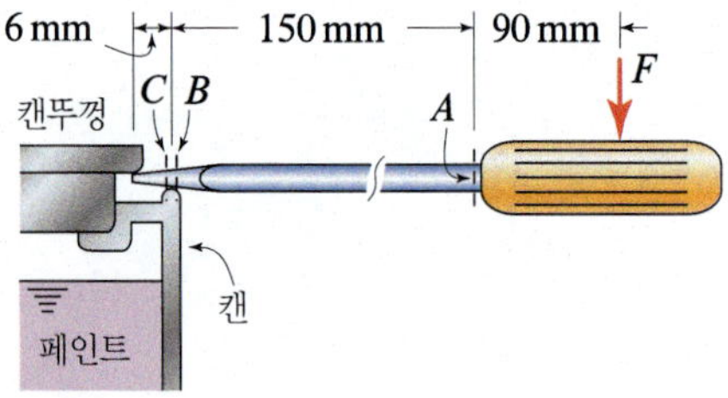

그림 P8.1

문제 8.2

예제 8.2 그림 4의 단면 H, J에서 생기는 내력을 구하라. 단면 H는 AB를 따르는 선에 대해 A 점으로부터 150 mm 지점에 위치한다.

문제 8.3

자전거 안장의 단면 A, B에 생기는 내력을 구하라.

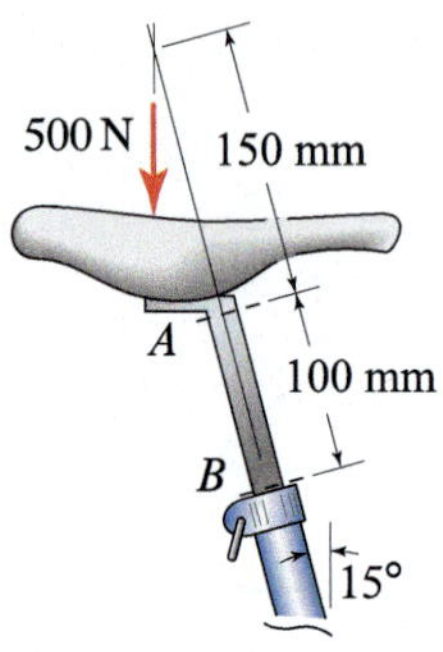

그림 P8.3

문제 8.4, 8.5

부재 ABC와 BD는 유틸리티폴(Utility pole)에 매달려 있는 전선을 지지한다. 다음의 내력을 구하라.

문제 8.4 A 점의 바로 왼쪽과 B 점의 바로 오른쪽에 있는 단면 E, F에서 생기는 내력을 구하라.

문제 8.5 B 점의 바로 왼쪽과 C 점의 바로 오른쪽에 있는 단면 G, H에서 생기는 내력을 구하라.

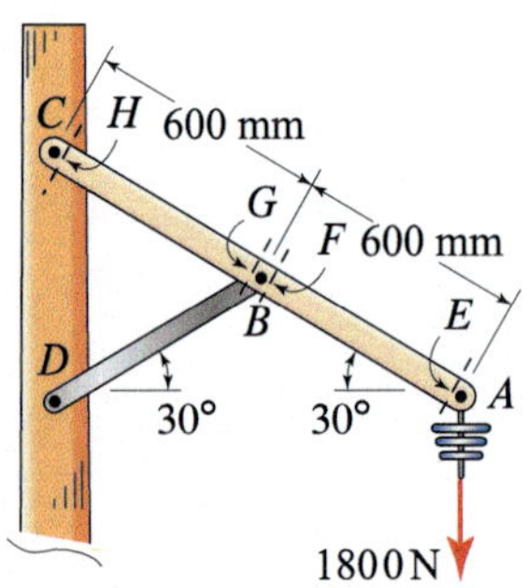

그림 P8.4, P8.5

문제 8.6, 8.7

그림에 보이는 구조물은 부재 $ABCDE$로 구성되어 있고, A 점에서 핀지지, E 점에서 롤러 지지되어 있다. 점 B와 D는 각 부재의 중심점이다. 다음의 내력을 구하라.

문제 8.6 A 점의 바로 오른쪽, B 점의 바로 왼쪽, B 점의 바로 오른쪽, C 점의 바로 왼쪽에 있는 단면 F, G, H, I에서 생기는 내력을 구하라.

문제 8.7 C 점의 바로 오른쪽, D 점의 바로 왼쪽, D 점의 바로 오른쪽, E 점의 바로 왼쪽에 있는 단면 J, K, L, M에서 생기는 내력을 구하라.

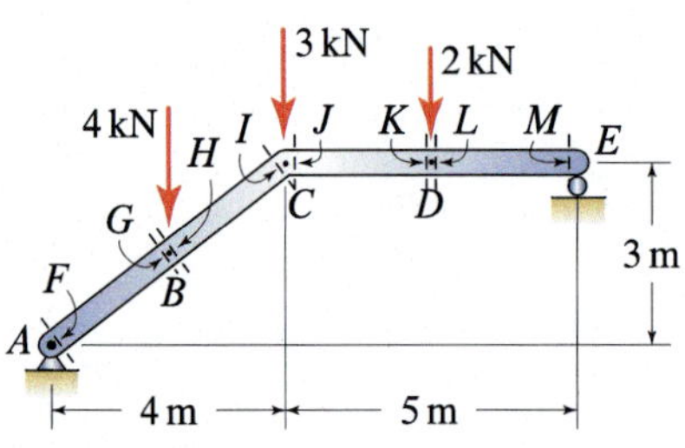

그림 P8.6, P8.7

문제 8.8, 8.9

문제 8.6, 8.7의 구조물이 그림 P8.8, P8.9와 같이 바뀌었다고 하자. 즉, 바뀐 구조물은 부재 *ABC*와 *CDE*의 두 개 부재로 구성되어 있고 *C* 점의 핀에 의해 서로 연결되어 있으며 *A*, *E* 지점에서 핀지지되어 있다. *B*, *D* 점은 각 부재의 중심점이다. 다음의 내력을 구하라.

문제 8.8 *A* 점의 바로 오른쪽, *B* 점의 바로 왼쪽, *B* 점의 바로 오른쪽, *C* 점의 바로 왼쪽에 있는 단면 *F*, *G*, *H*, *I*에서 생기는 내력을 구하라.

문제 8.9 *C* 점의 바로 오른쪽, *D* 점의 바로 왼쪽, *D* 점의 바로 오른쪽, *E* 점의 바로 왼쪽에 있는 단면 *J*, *K*, *L*, *M*에서 생기는 내력을 구하라.

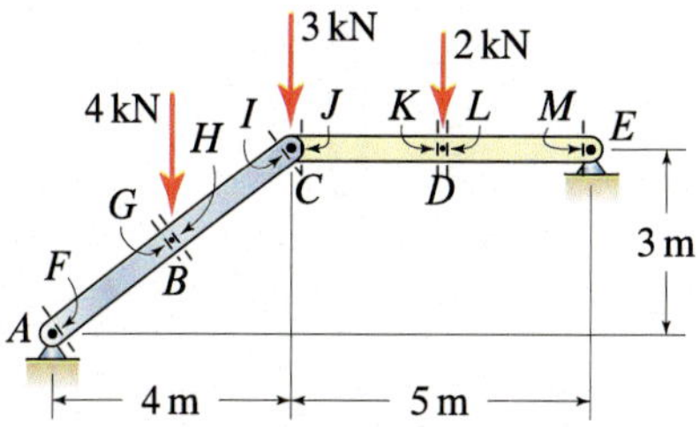

그림 P8.8, P8.9

문제 8.10, 8.11

금속을 자를 수 있는 톱이 그림에 보여지고 있다. 부재 *ABC*와 핸들 사이의 접촉이 *B*, *C* 점에서만 일어난다고 가정한다. 이때 마찰은 무시하고 *B* 점에서의 핀과 노치 크기는 무시한다. 만일 톱날이 450 N의 인장력을 받는다고 할 때, 다음의 내력을 구하라.

문제 8.10 단면 *D*, *E*, *F*에 생기는 내력을 구하라. 단면 *D*는 *A* 점 바로 위에 있다.

문제 8.11 단면 *G*, *H*, *I*, *J*에서의 내력을 구하라. 단면 *H*, *I*는 *B* 점의 바로 오른쪽과 왼쪽에 있으며, 단면 *J*는 *C* 점의 바로 오른쪽에 있다.

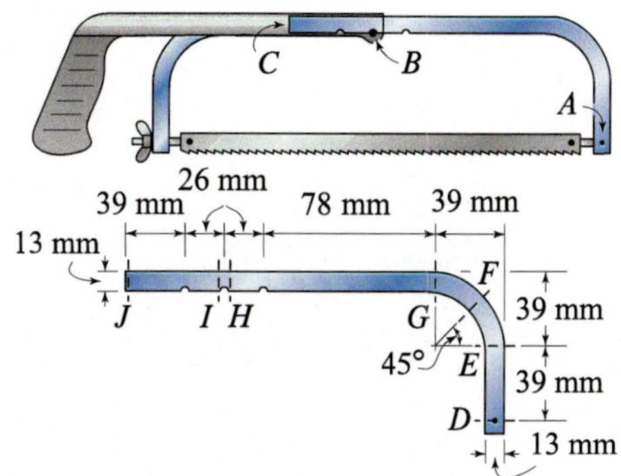

그림 P8.10, P8.11

문제 8.12-8.16

무게 $W = 2$ kN의 물체가 케이블에 의해 지지되고 있다. 케이블은 마찰없는 도르레 *D*와 *F*에 연결되어 있다. 케이블은 윈치(winch) *G*에 매달려 있고 케이블 구간 *DG*는 수직이다. 부재 *ABC*는 *A* 점에서 고정 지지되고 있고, 부재 *ABC*와 *DCEF*, *BE*는 점 *B*, *C*, *E*에서 핀지지되고 있다. 개별 부재의 무게는 무시하고 다음의 내력을 구하라.

문제 8.12 *F* 점의 바로 왼쪽에 있는 단면 *H*와 *E* 점의 바로 오른쪽에 있는 단면 *I*에서의 내력을 구하라.

문제 8.13 *E* 점의 바로 왼쪽에 있는 단면 *J*와 *C* 점의 바로 오른쪽에 있는 단면 *K*에서의 내력을 구하라.

문제 8.14 *C* 점의 바로 왼쪽에 있는 단면 *L*과 *D* 점의 바로 오른쪽에 있는 단면 *O*에서의 내력을 구하라.

문제 8.15 *B* 점의 바로 위쪽과 아래쪽에 있는 단면 *Q*와 *P*에서의 내력을 구하라.

문제 8.16 부재 *BE*의 중심점인 단면 *R*에서의 내력을 구해라. 또, 고정 지지되어 있는 *A* 점에서의 내력(즉, 반력)을 구하라.

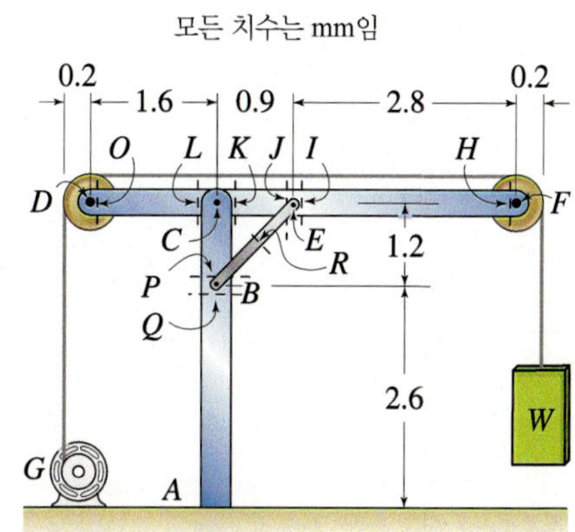

그림 P8.12–P8.16

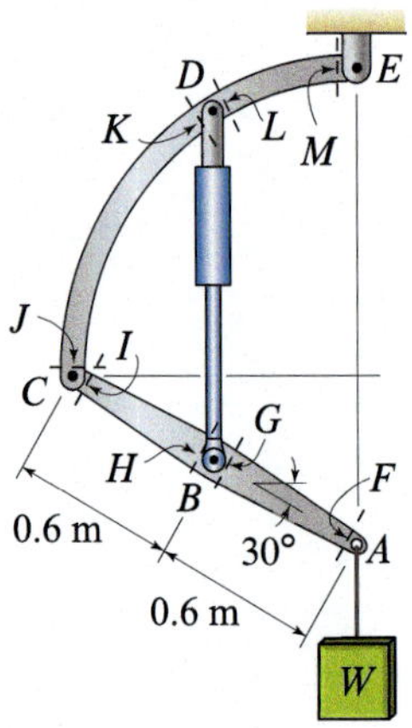

그림 P8.17-P8.20

문제 8.17, 8.20

무거운 물체를 들어올리는 기중기는 그림과 같다. 기중기는 직선부재 ABC, 사분원부재 CDE, 유압실린더 BD로 구성되어 있다. 유압 실린더가 수직인 상황에서 물체의 무게 W = 36000 N이고, 기계 각 부품의 무게를 무시할 때 다음의 내력을 구하라.

문제 8.17 A 점의 바로 왼쪽에 있는 단면 F와 B 점의 바로 오른쪽에 있는 단면 G에서의 내력을 구하라.

문제 8.18 B 점의 바로 왼쪽에 있는 단면 H와 C 점의 바로 오른쪽에 있는 단면 I에서의 내력을 구하라.

문제 8.19 C 점의 바로 위쪽에 있는 단면 J와 D 점의 바로 왼쪽, 아래에 있는 단면 K에서의 내력을 구하라.

문제 8.20 D 점의 바로 오른쪽 위에 있는 단면 L과 E 점의 바로 왼쪽에 있는 단면 M에서의 내력을 구하라.

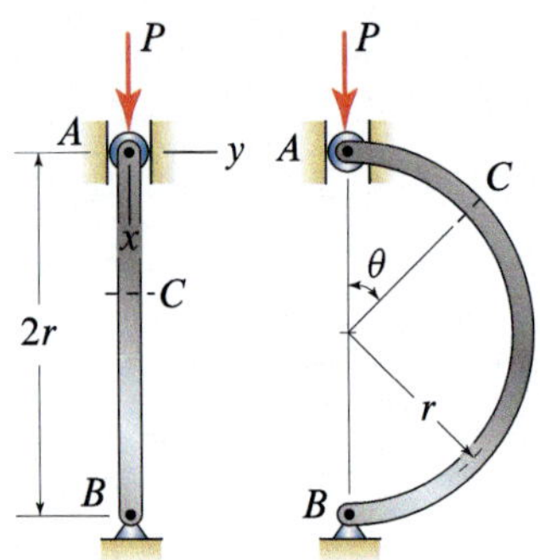

그림 P8.21, P8.22

문제 8.21

그림과 같이 두 개의 구조물 중 하나는 직선 구조물이고 다른 하나는 반원구조물이다. 부재의 무게를 무시할 때

(a) 직선 부재에 대해 단면 C에서의 내력이 $V = 0$, $N = -P$, $M = 0$임을 보여라.

(b) 반원 부재에 대해 단면 C에서의 내력이 $V = -P\cos\theta$, $N = -P\sin\theta$, $M = -Pr\sin\theta$임을 보여라.

문제 8.22

그림 P8.22의 직선 구조물과 반원 구조물은 2력 부재(two-force member)이고, 따라서 트러스라고 생각할 수 있다. 그러나 일반적으로 트러스는 직선 부재이다. 문제 8.21의 (a), (b) 답을 비교해보고, 왜 직선 부재가 곡선 부재보다 더 선호되는지 토의하라.

주의 개념 문제는 계산이 아닌 설명이 필요하다.

문제 8.23, 8.24

다음의 내력을 구하라.

문제 8.23 예제 8.3의 그림 1의 단면 K에서의 내력

문제 8.24 예제 4.3의 단면 A에서의 내력

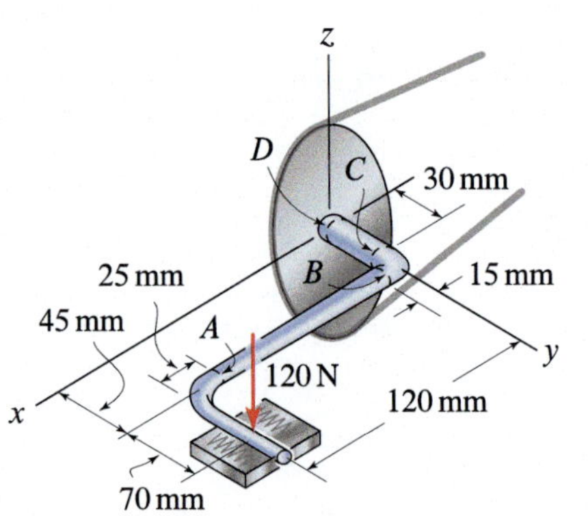

그림 P8.25-P8.28

문제 8.25-8.28

어린이용 자전거의 크랭크중 하나가 그림과 같다. 전체 크랭크는 xy 평면에 있을 때 다음의 내력을 구하라.

문제 8.25 단면 A에서의 내력

문제 8.26 단면 B에서의 내력

문제 8.27 단면 C에서의 내력

문제 8.28 스프로켓(sprocket) 바로 옆에 있는 단면 D에서의 내력

8.2 직선 보에서의 내력

이번 절과 다음 절에서는 직선 보에 생기는 내력에 대해 알아보도록 하겠다. 이번 절에서는 평형 개념을 사용하겠고, 8.3절에서는 미분 방정식을 이용할 것이다.

평형 개념을 이용한 V와 M의 결정

이번 절에서의 목표는 평형 개념(*equilibrium approach*)을 이용하여 직선 보의 임의의 지점에서 생기는 내력을 구하는 것이다. 우선 그림 8.5(a)의 xy 좌표계를 설정해보자. 여기서 x 방향은 보의 축을 따라 설정한다. 종종 $x = 0$인 지점을 보의 끝단 중 하나라고 하고, $y = 0$인 지점은 보의 단면의 도심과 일치시킨다. 이와 같은 좌표계 상에서 양의 분포하중 w를 $-y$ 방향으로 정의한다. 그림 8.5(a)의 단면은 x 방향에 있으며 단면에서의 양의 내력은 그림 8.5(b)와 같이 정의된다.

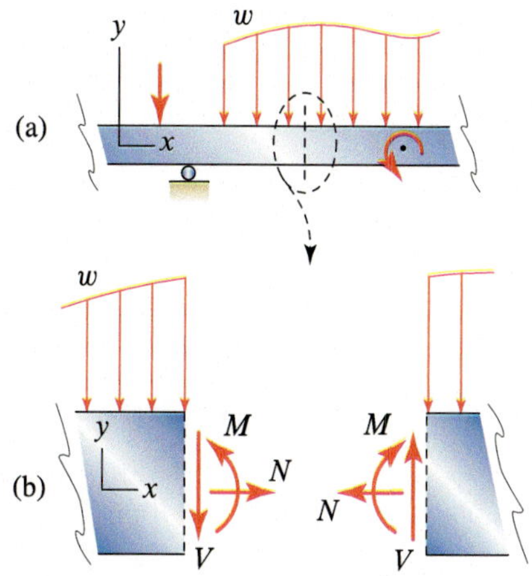

그림 8.5 이차원 직선 보의 특정 단면에 생기는 내력들.

선택된 단면에서의 내력을 계산했던 이전 절과는 달리 이번 절에서는 보의 모든 지점에서의 내력을 계산하려고 한다. 따라서 임의의 x 지점에서의 내력 N, V, M (일반적으로 내력은 x의 함수임)을 구하기 위해 보의 단면을 자르고 자유물체도를 그린 후 평형방정식을 세우고 푼다. 내력을 위치의 함수로 알게 되면 많은 장점이 생긴다. 하나는 내력에 대한 그래프를 그리기 쉽다. 특히 재료역학에서 나오게 되지만 보의 변형은 미분방정식에 의해 지배된다(이는 8.3절에 소개된다). 따라서 전단력 분포와 모멘트 분포를 안다면 보의 변형과 반력 등을 알 수 있게 된다(여기서 반력은 부정정 보의 반력도 포함된다). 이런 모든 응용에서 사용되는 부호 약속은 그림 8.5와 같다. 그러나 다른 교재나 논문, 핸드북에서는 내력에 대한 다른 부호 약속이 쓰이기도 한다.

유용한 정보

***x* 방향의 힘.** 그림 8.5의 힘 이외에도 x 방향으로의 집중 하중 또는 분포하중을 생각할 수 있다. x 방향의 힘이 중요하다면 모든 자유물체도에 표시되어야 한다(문제 8.55를 참고할 것). 그럼에도 불구하고 보는 통상적으로 수평 방향으로 사용되고 보에 걸리는 자중을 고려한다면 그림 8.5와 같은 하중 조건을 일반적이라고 생각할 수 있다. 또한 자중에 의한 하중을 분포하중이라고 생각할 수 있으며 $-y$ 방향을 분포하중 w의 양의 방향으로 생각하면 편리하다.

전단력 선도와 모멘트 선도

전단력 선도와 모멘트 선도(*shear and moment diagram*)는 거리 x의 함수로서 전단력 V와 모멘트 M을 표시한 그래프이다. 이들은 위치에 따른 보의 내력 변화를 이해하는데 매우 유용하며 어디에서 최대 내력을 갖는가에 대한 정보를 준다. 이를 바탕으로 충분한 강도를 갖는 보를 설계할 수 있으며, 전단력 선도와 모멘트 선도를 그리는 것은 구조물 설계에서의 통상적인 과정이다. 어떤 예에서는 축하중에 대한 선도가 중요할 수 있으나 본 교재에서는 전단력 선도와 모멘트 선도에 대해서만 논의하도록 하겠다.

절 요약

이번 절에서는 직선 보의 모든 점에 대한 전단력과 모멘트에 대해 알아보았다. 평형 개념을 이용하여 임의 지점에서의 단면을 잘라 자유물체도를 그리고 평형방정식을 세운다. 마지막으로 전단력 선도와 모멘트 선도의 유용성에 대해 알아보았다.

예제 8.4 분포하중을 받는 직선 보의 내력

단순 지지보에 균일 분포하중이 작용하고 있다. 전단력 선도와 모멘트 선도를 그려라.

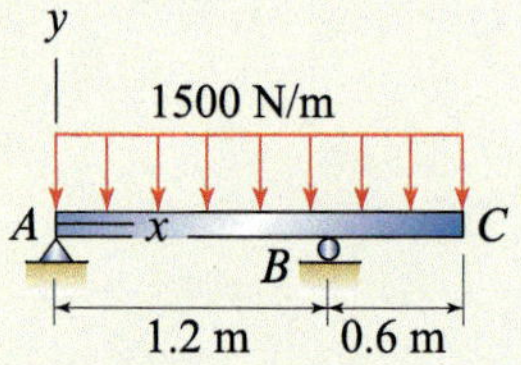

그림 1

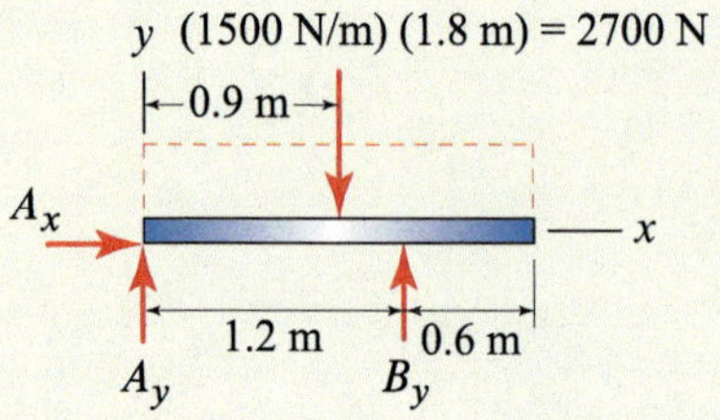

그림 2 지지 반력을 구하기 위한 자유물체도.

풀이 SOLUTION

로드맵 보 전체에 대한 자유물체도를 그리고 평형방정식을 세워 A, B 지점에서의 반력을 구한다. 보에 걸리는 내력을 구하기 위해 단면 D로 보를 절단한다. 여기서 단면 D의 위치는 보의 임의의 지점이며 거리 x의 함수이다. 거리 x에 대한 전단력 선도와 모멘트 선도를 그리기 위해 자유물체도를 그리고 평형방정식을 세운다.

모델링 보 전체에 대한 자유물체도는 그림 2와 같다. 여기서 분포하중은 분포하중 사각형 도심에 작용하는 단일 하중 2700 N으로 대체한다.

지배방정식과 계산 그림 2의 자유물체도를 이용하여 다음의 평형방정식을 세우고 반력을 구한다.

$$\sum M_A = 0: \quad -(2700\text{ N})(0.9\text{ m}) + B_y(1.2\text{ m}) = 0 \quad \Rightarrow \quad B_y = 2025\text{ N} \tag{1}$$

$$\sum F_y = 0: \quad -2700\text{ N} + A_y + B_y = 0 \quad \Rightarrow \quad A_y = 675\text{ N} \tag{2}$$

$$\sum F_x = 0: \quad A_x = 0 \quad \Rightarrow \quad A_x = 0 \tag{3}$$

> **빠지기 쉬운 함정**
> **등가력.** 그림 2에 있는 등가력 2700 N은 지지 반력인 A_x, A_y, B_y을 구하는데만 사용 가능하다. 그림 3, 4와 같은 내력을 구할 때는 1500 N/m인 분포하중이 반드시 사용되어야 한다. 예제 8.5에 부가적인 설명이 되어 있다.

모델링 보 내에 생기는 내력을 구하기 위해 거리 x의 함수인 단면 D를 생각한다. 8.1절에서와 같이 단면에 대해 보를 자르고 자유물체도를 그린다. 여기서 A와 B 지점 사이를 단면 D로 자를 때 생기는 두개의 자유물체도는 그림 3과 같다. 그림 3에 관해 몇 가지 중요한 사항이 있다.

- 왼쪽 자유물체도에서 보의 길이는 x이다. 따라서 분포하중 때문에 발생하는 하중은 (1500 N/m)x이다. 같은 방법으로 오른쪽 자유물체도에서 보의 길이는 1.8 m$-x$이다. 따라서 분포하중 때문에 발생하는 하중은(1500 N/m)(1.8 m$-x$)이다.
- 왼쪽 자유물체도와 오른쪽 자유물체도에 생기는 내력의 방향은 그림 8.5(b)의 방향과 같다.

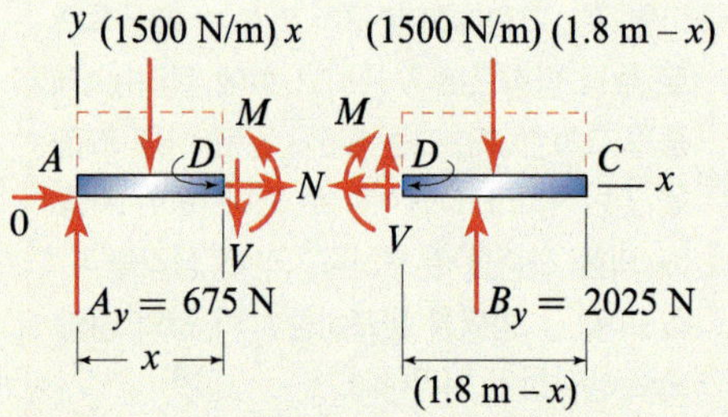

그림 3 단면 D가 A, B 지점 사이에 있을 때의 자유물체도 ($0 \le x \le 1.2$ m).

지배방정식과 계산 그림 3에서 보이는 두개의 자유물체도는 단면 D에 가해지는 내력을 구하는데 사용되며, 이번 문제에서는 왼쪽 자유물체도를 이용할 것이다. 문제 풀이에 익숙해지면 오른쪽 자유물체도를 생략할 수 있을 것이다. 다음의 평형방정식을 세우고 푼다.

$$\sum F_y = 0: \quad -V - (1500\text{ N/m})x + 675\text{ N} = 0 \tag{4}$$

$$\Rightarrow \quad \boxed{V = 675\text{ N} - (1500\text{ N/m})x} \tag{5}$$

$$\sum M_D = 0: \quad M + (1500\text{ N/m})x\frac{x}{2} - (675\text{ N})x = 0 \tag{6}$$

$$\Rightarrow \quad \boxed{M = (675\text{ N})x - (750\text{ N/m})x^2} \tag{7}$$

$$\sum F_x = 0: \quad N = 0 \quad \Rightarrow \quad \boxed{N = 0} \tag{8}$$

식 (5), (7), (8)의 결과는 x의 범위가 $0 \le x \le 1.2$ m일 때만 유효하다.

모델링 단면 D가 B, C 지점 사이에 있을 때 자유물체도는 그림 4와 같다.

지배방정식과 계산 그림 4에서 보이는 두 개의 자유물체도 모두는 단면 D에서의 내력을 구하는데 사용 가능하며 이번에는 오른쪽 자유물체도를 이용하겠다. 다음과 같이 평형방정식을 세우고 푼다.

$$\sum F_y = 0: \quad V - (1500\ \text{N/m})(1.8\ \text{m} - x) = 0 \tag{9}$$

$$\Rightarrow \quad \boxed{V = 2700\ \text{N} - (1500\ \text{N/m})x} \tag{10}$$

$$\sum M_D = 0: \quad -M - (1500\ \text{N/m})(1.8\ \text{m} - x)\frac{1.8\ \text{m} - x}{2} = 0 \tag{11}$$

$$\Rightarrow \quad \boxed{M = -2430\ \text{N}\cdot\text{m} + (2700\ \text{N})x - (750\ \text{N/m})x^2} \tag{12}$$

$$\sum F_x = 0: \quad N = 0 \quad \Rightarrow \quad \boxed{N = 0} \tag{13}$$

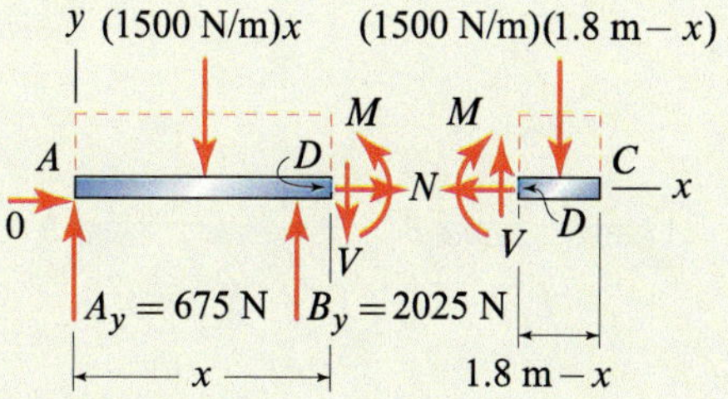

그림 4 단면 D가 B, C 지점 사이에 있을 때의 자유물체도 ($1.2\ \text{m} \le x \le 1.8\ \text{m}$).

식 (10), (12), (13)의 결고는 x의 범위가 $1.2\ \text{m} \le x \le 1.8$ m일 때만 유효하다.

논의 및 검증 전단력 선도 V와 모멘트 선도 M은 그림 8.2와 같다. 여기서 식 (5), (7)은 $0 \le x \le 1.2$ m일 때 사용되고, 식 (10), (12)는 $1.2\ \text{m} \le x \le 1.8$ m일 때 사용된다. 결과 그래프를 보면 몇 가지 흥미로운 사실을 발견할 수 있다.

- $x = 0$일 때의 전단력은 A 지점에서의 반력 A_y와 동일하다.
- $x = 1.2$ m에서의 전단력 변화는 B 지점에서의 반력 B_y와 동일하다. 즉 B 지점의 바로 오른쪽 부분의 전단력(900 N)에서 B 지점 바로 왼쪽 부분의 전단력(−1125 N)을 빼면 (2025 N)이 된다.
- 보 오른쪽 끝의 전단력은 0이 되며, 이는 오른쪽 끝에서 지지점이 없고 작용하는 집중하중도 없기 때문이다.
- $x = 0$에서의 모멘트는 0이 되며, 이는 지지점에서 모멘트 반력이 없기 때문이다.
- 보 오른쪽 끝의 모멘트는 0이 되며, 이는 오른쪽 끝에서 지지점이 없고 작용하는 집중하중도 없기 때문이다.
- 보에서 가장 큰 모멘트는 −270 Nm이며 $x = 1.2$ m 지점에서 발생한다. 재료역학에서 이 값은 보 설계(예를 들어, 보 재료의 선정 및 보 단면 형상 결정) 시 대단히 중요한 값이다. 전단력도 종종 중요하며, 특히 나무, 복합재료와 같은 전단력에 취약한 재료들에 대해서는 특히 중요하다.
- A, B 지점 사이의 모멘트 최대값이 흥미롭다. 이값은 식 (7)을 이용하여 계산될 수 있으며 약 $x = 0.45$m 근방에서 최대값을 갖는다. 그러나 모멘트의 국부구간 최대값(local maximum)은 전단력 $V = 0$인 지점에서 발생한다(8.3절에서 증명됨).[1] 이런 식으로 식 (5)를 풀면 $V = 0$이 되는 x를 얻을 수 있고 식 (7)에 x를 대입하여 최대 모멘트 값을 구할 수 있다. 실제 계산해 보면 $x = 0.45$ m에서 $V = 0$이 되고 이때의 모멘트 $M = 151.9\ \text{N}\cdot\text{m}$이다.

유용한 정보

$x = 1.2$ m에서의 전단력 V. 주의깊은 독자라면 식 (5)는 오직 $0 \le x < 1.2$ m인 범위에서만 유효하고 식 (10)은 오직 $1.2\ \text{m} < x \le 1.8$ m인 범위에서만 유효함을 알아차릴 것이다. 이는 $x = 1.2$ m에서 V가 정의되지 않기 때문이다. 즉 V는 그림 5와 같이 $x = 1.2$ m에서 불연속이다. 이번장에서는 V, M에 대한 구간 끝단에서 불연속이 종종 존재할 수도 있다는 사실을 안 상태에서 ≤ 부호를 사용할 것이다.

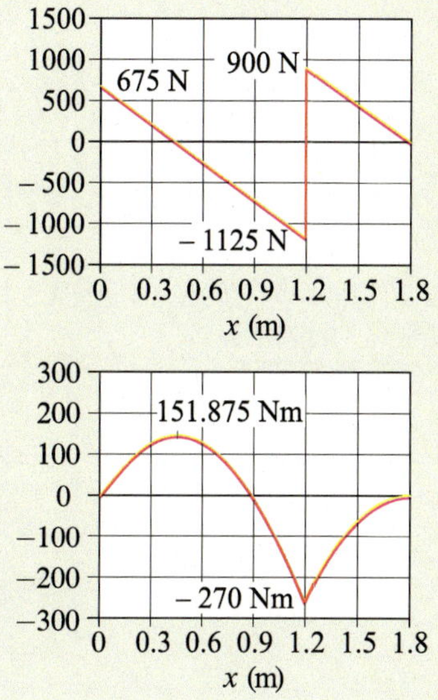

그림 5 전단력 선도와 모멘트 선도.

1) 모멘트의 국부구간최대값(local maximum)은 $V \ne 0$인 구간 끝단에서 생길 수 있고 $x = 1.2$ m가 그 예이다.

예제 8.5 분포하중과 집중 하중을 받는 단순지지 보

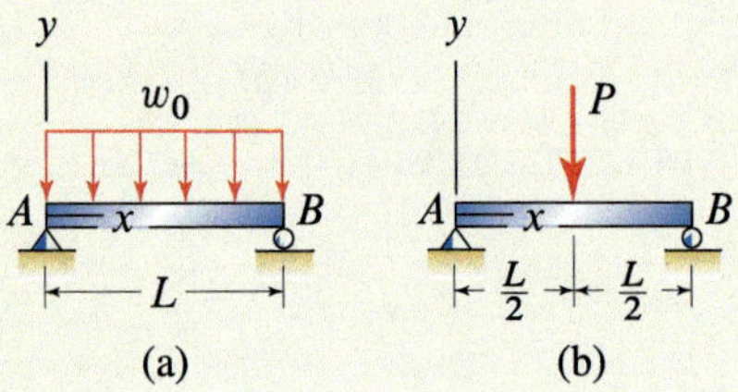

그림 1

다른 하중을 받는 두 개의 단순 지지보는 다음과 같다.

(a) 그림 1(a)에 보이는 균일 분포하중 w_0를 받는 단순지지보 내의 전단력과 모멘트를 x의 함수로 나타내어라.

(b) 그림 1(b)에 보이는 집중하중 P를 받는 단순지지보 내의 전단력과 모멘트를 x의 함수로 나타내어라.

(c) $P = w_0L$이라 하자. (a)와 (b)의 결과에 대한 그래프를 그리고 두 결과의 차이에 대해 설명하라.

풀이 SOLUTION

로드맵 우선 자유물체도를 그려 문제 (a), (b)에서 반력을 구하고 보 내에 생기는 전단력과 모멘트를 구한다. 마지막으로 문제 (c)에서 $P = w_0L$으로 놓고 (a)와 (b) 결과를 비교한다.

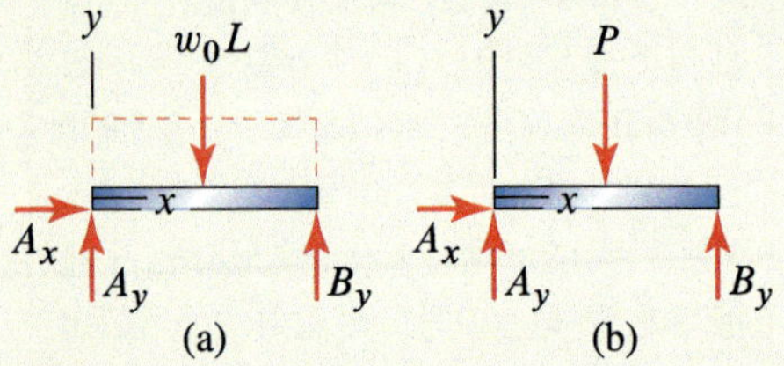

그림 2 각각의 보에 걸리는 지지 반력을 구하기 위한 자유물체도.

모델링 문제 (a), (b)에서 반력을 구하기 위해 그림 2처럼 자유물체도를 그리며, 그림 2 (a)의 분포하중은 $P = w_0L$의 집중하중으로 대체한다.

지배방정식과 계산 $\sum M = 0, \sum F_y = 0, \sum F_x = 0$의 평형방정식을 써서 그림 2(a)의 반력이 $A_x = 0,\ A_y = B_y = w_0L/2$임을 확인한다. 동일하게 그림 2(b)의 경우 지지점에서의 반력은 $A_y = B_y = P/2$임을 확인한다. 문제 (c)에 대해서는 $P = w_0L$일 때 그림 2의 두 개 자유물체도는 동일하고 반력도 동일하다.

(a) 부분

모델링 그림 1(a)의 분포하중을 받는 보에서 그림 3과 같이 자유물체도를 그려서 내력을 구한다.

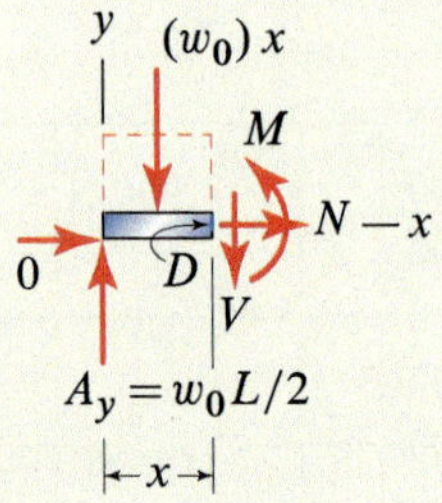

그림 3 그림 1(a)의 균일 분포 하중을 받는 보의 왼쪽 부분에 대한 자유물체도.

지배방정식과 계산 그림 3과 같이 자유물체도를 그리고 다음의 평형방정식을 세우고 푼다.

$$\sum F_y = 0: \qquad -V - w_0x + w_0\frac{L}{2} = 0 \quad \Rightarrow \quad \boxed{V = w_0\left(\frac{L}{2} - x\right)} \tag{1}$$

$$\sum M_D = 0: \qquad M + w_ox\frac{x}{2} - \frac{w_oL}{2}x = 0 \quad \Rightarrow \quad \boxed{M = \frac{w_0}{2}\left(Lx - x^2\right)} \tag{2}$$

$$\sum F_x = 0: \qquad N = 0 \quad \Rightarrow \quad \boxed{N = 0} \tag{3}$$

식(1)~(3)으로부터 얻은 결과는 양쪽 끝단 A와 B 사이의 임의의 단면(즉, $0 \le x \le L$)에서 정의된 자유물체도가 유효하다면 신뢰가능하다.

(b) 부분

모델링 그림 1(b)의 집중하중을 받는 보에서 그림 4와 같이 자유물체도를 그려 내력을 구한다.

지배방정식과 계산 그림 4(a)와 같이 $0 \le x \le L/2$에 대해서 자유물체도를 그리고 다음의 평형방정식을 세우고 푼다.

$$\sum F_y = 0: \quad -V + \frac{P}{2} = 0 \quad \Rightarrow \quad \boxed{V = \frac{P}{2}} \tag{4}$$

$$\sum M_D = 0: \quad M - \frac{P}{2}x = 0 \quad \Rightarrow \quad \boxed{M = \frac{P}{2}x} \tag{5}$$

$$\sum F_x = 0: \quad N = 0 \quad \Rightarrow \quad \boxed{N = 0} \tag{6}$$

그림 4(b)와 같이 $L/2 \le x \le L$에 대해서 자유물체도를 그리고 다음의 평형방정식을 세우고 푼다.

$$\sum F_y = 0: \quad -V - P + \frac{P}{2} = 0 \quad \Rightarrow \quad \boxed{V = -\frac{P}{2}} \tag{7}$$

$$\sum M_D = 0: \quad M + P\left(x - \frac{L}{2}\right) - \frac{P}{2}x = 0 \quad \Rightarrow \quad \boxed{M = \frac{P}{2}(L - x)} \tag{8}$$

$$\sum F_x = 0: \quad N = 0 \quad \Rightarrow \quad \boxed{N = 0} \tag{9}$$

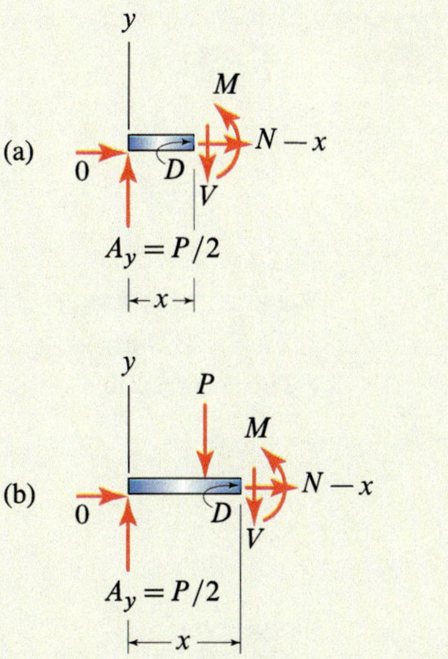

그림 4 그림 1(b)의 집중하중을 받는 보에 대한 자유물체도. 첫 번째 자유물체도는 $0 \le x \le L/2$일 때 유효하고 두 번째 자유물체도는 $L/2 \le x \le L$일 때 유효함.

(c) 부분

논의 및 검증 균일 분포하중을 받는 보에 대해 식 (1), (2)의 전단력과 모멘트를 그리면 그림 5(a)와 같다. 집중하중을 받는 보에 대해 식 (4), (5), (7), (8)의 전단력과 모멘트를 그리면 그림 5(b)와 같다.

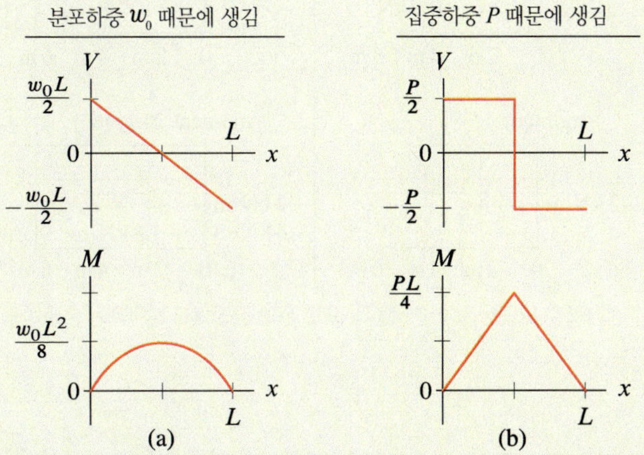

그림 5 (a) 균일 분포하중을 받는 단순지지 보에 대한 전단력 모멘트 선도. (b) 중앙 지점에 집중하중을 받는 단순지지 보에 대한 전단력 모멘트 선도.

만일 $P = w_0L$일 때 그림 1의 하중들은 4장 식 (4.16)에 근거하여 서로 등가이다. 그리고 그림 2의 자유물체도들은 동일하며 반력도 동일하다. 그러나 그림 5와 같이 내력은 명백히 다르다. 그림 5의 그래프에서 가장 차이가 나는 것은 집중하중일 때의 모멘트가 분포하중일때의 모멘트 대비 두 배 차이가 난다는 것이다.

문제(c)는 4장에서 논의되었던 등가력 개념의 한계를 보여준다. 요약해보면, 식 (4.16)에 근거한 두 개의 등가 힘계는 강체에서 동일한 외적 효과를 만들지만 내력은 반드시 동일하지는 않다.

빠지기 쉬운 함정

등가 힘계가 정말로 등가일 때는 언제인가? 내력을 구할 때 종종 범하는 오류는 그림 1(a)와 같이 분포하중 w_0를 그림 1(b)와 같이 등가력 w_0L로 대체하는 것이다. 이것은 자유물체도에 대한 외력을 구할때는 유효하지만 내력을 구할 때는 반드시 분포하중을 사용해야 한다.

예제 8.6 중첩

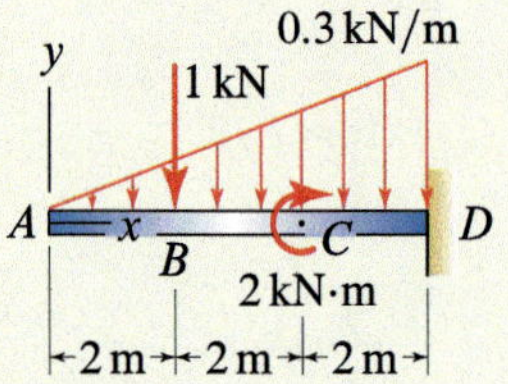

그림 1

그림에서 보이는 외팔 보의 경우 전단력과 모멘트를 구하고 그래프를 그려라.

풀이 SOLUTION

로드맵 이번절의 초반부에 나왔던 예제에서 소개되었던 풀이과정(A, B 지점 사이, B, C 지점 사이, C, D 지점 사이에 대해 각각 자유물체도를 그리고 내력을 구함)을 따를 수 있다. 그러나 이번 문제의 경우 중첩(superposition) 원리(하중 조건을 단순한 하중들로 나누고 각각의 단순 하중 조건에 대해 내력을 구하여 해들을 더하는 풀이법)를 이용하여 문제를 풀이해보자.

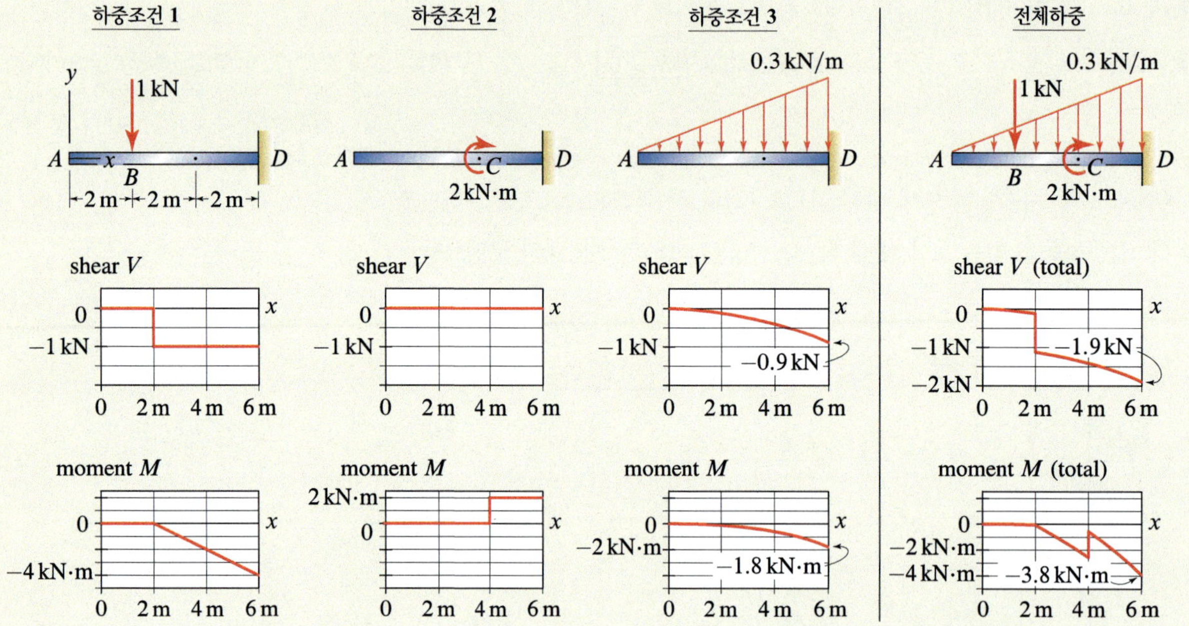

그림 2 중첩에서 사용되는 세 개의 하중 조건. 각 하중 조건에 대한 전단력과 모멘트는 식 (1)–(3)과 같고 전체 전단력과 모멘트는 식 (4), (5)와 같다.

하중 조건 (1)

모델링 하중 조건 1(1 kN의 집중하중)에서 A, B 점 사이의 경우 전단력과 모멘트는 0이다. B와 D 사이에 대한 자유물체도는 그림 3과 같다.

지배방정식과 계산 그림 3의 자유물체도에 대해 평형방정식 $\sum F_y = 0$, $\sum M = 0$을 세우고 풀어 다음을 얻는다.

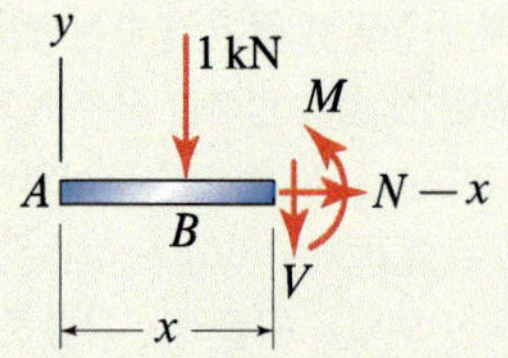

그림 3 하중 조건 1에 대한 자유물체도.

$$\text{하중조건 1:} \begin{cases} V = 0, & M = 0, & 0 \le x \le 2\text{ m} \\ V = -1\text{ kN}, & M = 2\text{ kN}\cdot\text{m} - (1\text{ kN})x, & 2\text{ m} \le x \le 6\text{ m} \end{cases} \qquad (1)$$

식 (1)의 V와 M에 대한 그래프는 그림 2와 같다.

하중 조건 (2)

모델링 하중 조건 2(2 kN · m의 모멘트)에서 *A*, *C* 점 사이의 경우 전단력과 모멘트는 0이다. *C*와 *D* 사이에 대한 자유물체도는 그림 4와 같다.

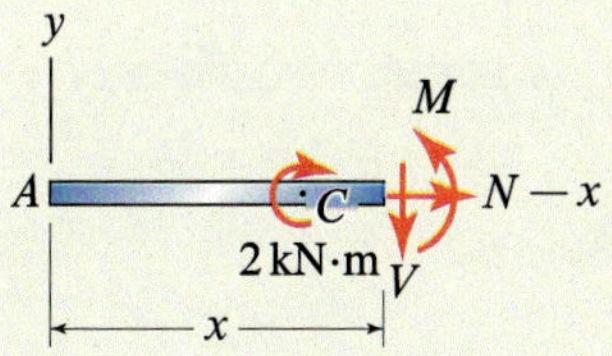

그림 4 하중 조건 2에 대한 자유물체도.

지배방정식과 계산 그림 4의 자유물체도에대해 평형방정식 $\sum F_y = 0, \sum M = 0$을 세우고 풀어 다음을 얻는다.

$$\text{하중조건 2:}\begin{cases} V = 0, \quad M = 0, & 0 \le x \le 4\text{ m} \\ V = 0, \quad M = 2\text{ kN}\cdot\text{m}, & 4\text{ m} \le x \le 6\text{ m} \end{cases} \tag{2}$$

식 (2)의 *V*와 *M*에 대한 그래프는 그림 2와 같다.

하중 조건 (3)

모델링 하중 조건 3(선형 증가 분포하중)에서 *A*, *D* 점 사이에 대한 자유물체도는 그림 5와 같다.

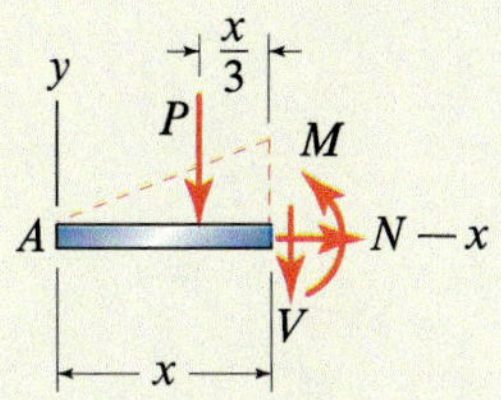

그림 5 하중 조건 3에 대한 자유물체도.

지배방정식과 계산 그림 5의 자유물체도에서 하중 *P*를 구하기 위해 분포하중을 $w = (0.05\text{ kN/m}^2)x$와 같이 쓴다. 이것은 $x = 0$일 때 $w = 0$이고 $x = 6$ m일 때 $w = 0.3$ kN/m임을 의미한다(418쪽의 유용한 정보를 읽어볼것). 분포하중에 의한 하중 *P*는 삼각형 분포하중의 면적에 해당한다(즉, 1/2 곱하기 밑변 *x* 곱하기 높이 $(0.05\text{ kN/m}^2)x$이며, 따라서 $P = (0.025\text{ kN/m}^2)x^2$이다).

그림 5의 자유물체도에대해 평형방정식 $\sum F_y = 0, \sum M = 0$을 세우고 풀어 다음을 얻는다.

$$\text{하중 조건 3:}\left\{ V = -\left(0.025\frac{\text{kN}}{\text{m}^2}\right)x^2, \quad M = -\frac{1}{3}\left(0.025\frac{\text{kN}}{\text{m}^2}\right)x^3, \quad 0 \le x \le 6\text{ m} \right. \tag{3}$$

식 (3)의 *V*와 *M*에 대한 그래프는 그림 2와 같다.

논의 및 검증 식 (1), (2), (3)의 결과에서 구한 결과를 모두 합친 전체 전단력 *V*와 모멘트 *M*은 다음과 같으며 전체 하중에 대한 전단력과 모멘트 선도는 그림 2와 같다.

$$\text{전체 전단력}\begin{cases} V = -\left(0.025\frac{\text{kN}}{\text{m}^2}\right)x^2, & 0 \le x \le 2\text{ m} \\ V = -1\text{ kN} - \left(0.025\frac{\text{kN}}{\text{m}^2}\right)x^2, & 2\text{ m} \le x \le 6\text{ m} \end{cases} \tag{4}$$

$$\text{전체 굽힘 모멘트}\begin{cases} M = -\frac{1}{3}\left(0.025\frac{\text{kN}}{\text{m}^2}\right)x^3, & 0 \le x \le 2\text{ m} \\ M = 2\text{ kN}\cdot\text{m} - (1\text{ kN})x - \frac{1}{3}\left(0.025\frac{\text{kN}}{\text{m}^2}\right)x^3, & 2\text{ m} \le x \le 4\text{ m} \\ M = 4\text{ kN}\cdot\text{m} - (1\text{ kN})x - \frac{1}{3}\left(0.025\frac{\text{kN}}{\text{m}^2}\right)x^3, & 4\text{ m} \le x \le 6\text{ m} \end{cases} \tag{5}$$

문제

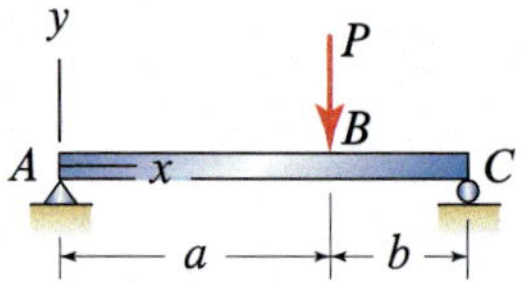

그림 P8.29-P8.31

문제 8.29

그림에 보이는 단순지지보에 대해 a = 1.8 m, b = 1.2 m, P = 4500 N이라 하자. 전단력과 모멘트를 x의 함수형태로 구하고 그래프를 그려라.

문제 8.30

a = 3 m, b = 1 m, P = 10 N에 대해 문제 8.29를 다시 풀어라. 전단력과 모멘트를 x의 함수형태로 구하고 그래프를 그려라.

문제 8.31

전단력과 모멘트를 x의 함수 형태로 구하고 답을 P, a, b 등의 파라미터로 나타내라. 전단력 선도와 모멘트 선도를 그려라.

힌트 이 문제에 대한 답은 문제 8.52에 주어져 있다.

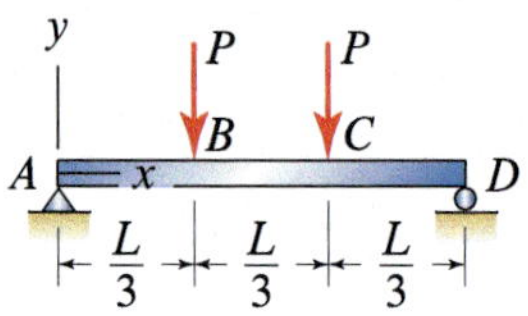

그림 P8.32

문제 8.32

두개의 동일 집중 하중이 등간격으로 가해지는 단순 지지보를 **4점굽힘**(*four-point bending*) 보라고 한다. 이 하중 조건은 일반적인 테스트 방법으로 사용된다.

(a) 전단력과 모멘트를 x의 함수 형태로 구하고 답을 P, L 등의 파라미터로 나타내라. 전단력 선도와 모멘트 선도를 그려라.

(b) B, C 영역 사이의 전단력과 모멘트에 대한 흥미로운 결과에 대해 설명하라.

문제 8.33, 8.34

2700 N이 가해지는 단순지지보에 대해 전단력과 모멘트를 x의 함수로 나타내고 그래프를 그려라.

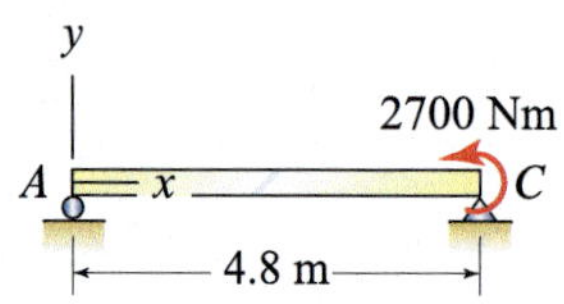

그림 P8.33

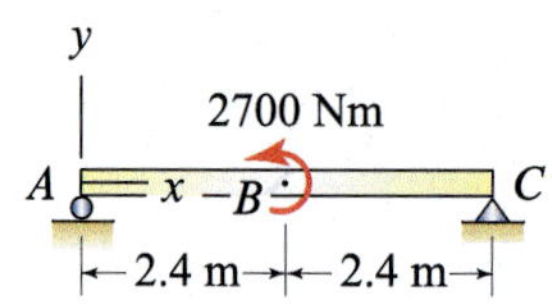

그림 P8.34

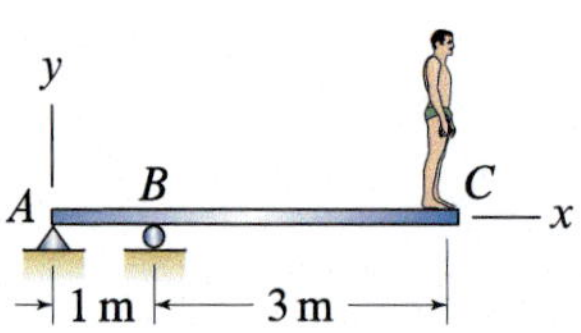

그림 P8.35

문제 8.35

다이버가 다이빙보드 위에 서있다. 다이버 질량이 70 kg일 때 다이빙보드의 전단력과 모멘트 함수를 구하라.

문제 8.36-8.39

하기의 외팔 보에 대해 전단력과 모멘트를 x의 함수로 나타내고 그래프를 그려라.

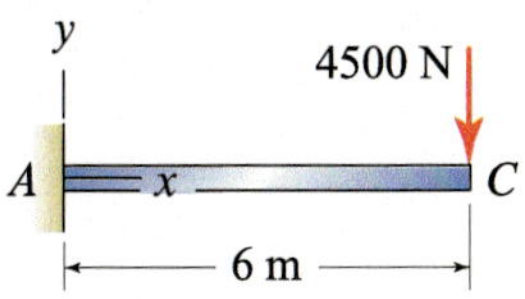

그림 P8.36

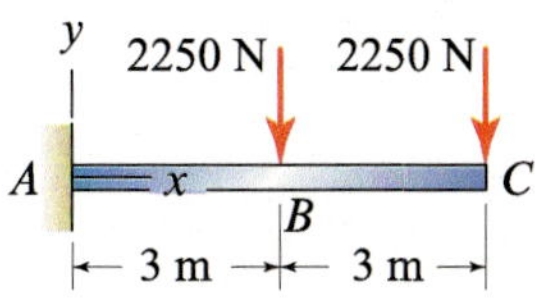

그림 P8.37

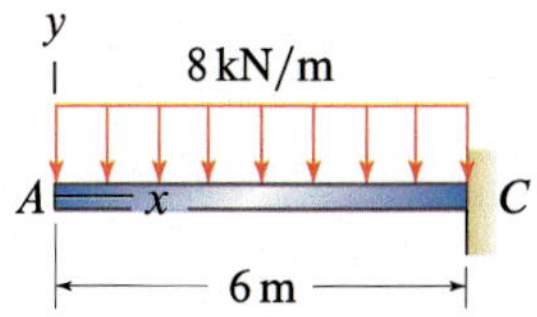

그림 P8.38

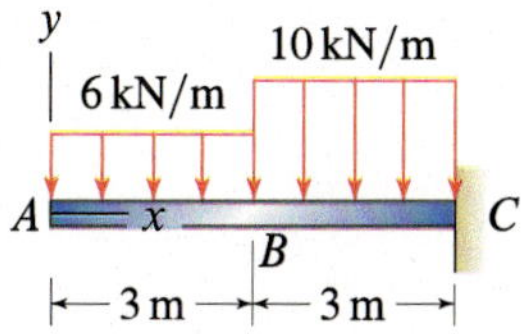

그림 P8.39

문제 8.40

단순지지보에 선형 분포하중이 가해지고 있다. 전단력과 모멘트를 x의 함수로 나타내고 그래프를 그려라.

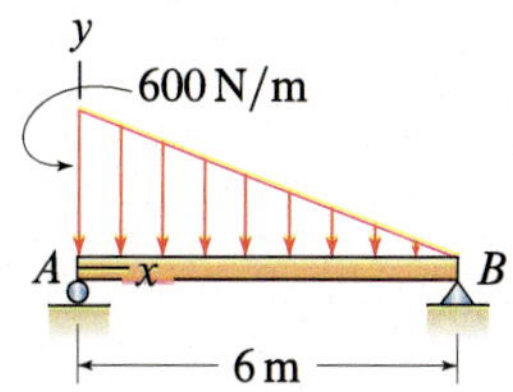

그림 P8.40

문제 8.41

그림에 보이는 보에 대해 전단력과 모멘트를 x의 함수로 나타내고 그래프를 그려라.

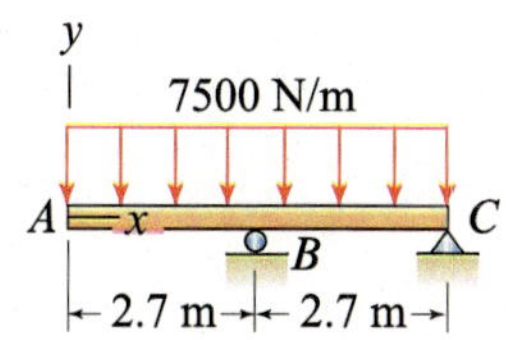

그림 P8.41

문제 8.42

문제 8.41의 하중을 등가 집중하중으로 바꿔라. 전단력과 모멘트 함수를 구해라. 이 결과는 문제 8.41과 동일한가?

주의 개념 문제는 계산이 아닌 설명이 필요하다.

문제 8.43

발코니의 예는 그림과 같다. 보를 설계하기 위해 보의 무게 및 사람 무게를 포함하는 분포하중을 생각하는 것이 일반적이다. 만일 발코니에 25000 N/m의 분포하중이 가해진다면 발코니 보의 전단력과 모멘트 함수를 구하고 그래프를 그려라. B, C에서의 지지는 롤러 지지와 핀지지로 각각 이상화하라.

그림 P8.43

문제 8.44-8.47

예제 4.11에서 외팔 보의 다양한 등가력이 보여진다. 각각의 등가력에 대해 전단력과 모멘트 선도를 그려라.

문제 8.44 예제 4.11의 그림 1

문제 8.45 예제 4.11의 그림 2

문제 8.46 예제 4.11의 그림 3

문제 8.47 예제 4.11의 그림 4

문제 8.48

문제 8.44-8.47을 풀지 말고 각각의 하중 조건에 대한 전단력과 모멘트 분포를 예측해봐라. 이 들 중 동일한 결과가 있을 것인가?

주의 개념 문제는 계산이 아닌 설명이 필요하다.

문제 8.49, 8.50

분포하중과 중앙에 집중하중을 받는 단순지지보에 대해 예제 8.5에서 예시된 중첩 원리를 이용하여 전단력과 모멘트 함수를 구하고 그래프를 그려라.

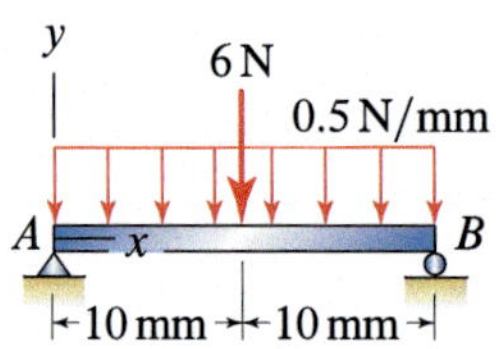

그림 P8.49

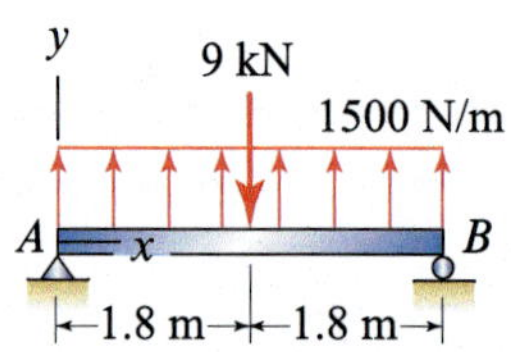

그림 P8.50

문제 8.51

제트비행기 날개에 그림과 같은 하중이 가해진다고 하자. 예제 8.6의 중첩 원리를 이용하여 전단력과 모멘트 함수를 구하고 그래프를 그려라.

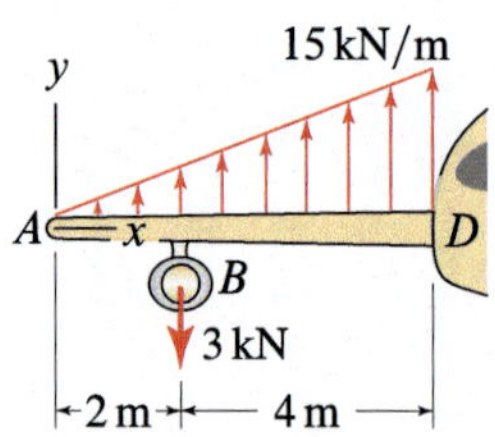

그림 P8.51

문제 8.52

단순지지보에 900 N과 1200 N이 가해지고 있다. 중첩 원리를 이용하여 전단력과 모멘트 함수를 구하고 그래프를 그려라.

힌트 문제 8.31에 대한 답을 참고하라.

$$V = \frac{Pb}{a+b}, \qquad M = \frac{Pb}{a+b}x, \qquad 0 \le x \le a,$$

$$V = -\frac{Pa}{a+b}, \qquad M = Pa\left(1 - \frac{x}{a+b}\right), \qquad a \le x \le a+b$$

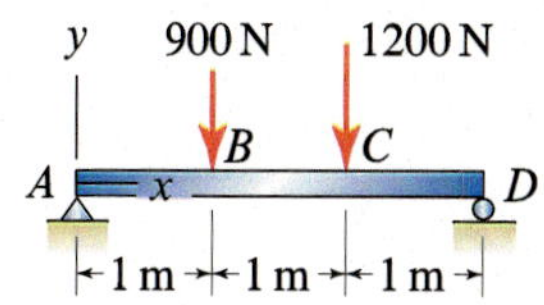

그림 P8.52

문제 8.53

렌치를 사용하여 외팔 보의 끝단에 F_A와 M_A를 가한다. 보의 무게는 분포하중 w_0로 표시된다.

(a) $F_A \neq 0,\ M_A = 0,\ w_0 = 0$일 때 보의 전단력과 모멘트 함수를 구하고 답을 F_A로 나타내라.

(b) $F_A = 0,\ M_A \neq 0,\ w_0 = 0$일 때 보의 전단력과 모멘트 함수를 구하고 답을 M_A로 나타내라.

(c) $F_A = 0,\ M_A = 0,\ w_0 \neq 0$일 때 보의 전단력과 모멘트 함수를 구하고 답을 w_0로 나타내라.

(d) $F_A = 90$ N, $M_A = 22.5$ N · m, $w_0 = 90$ N/m, $L = 750$ mm일 때 (a)부터 (c)결과를 중첩하여 보의 전단력과 모멘트 함수를 구하고 그래프를 그려라.

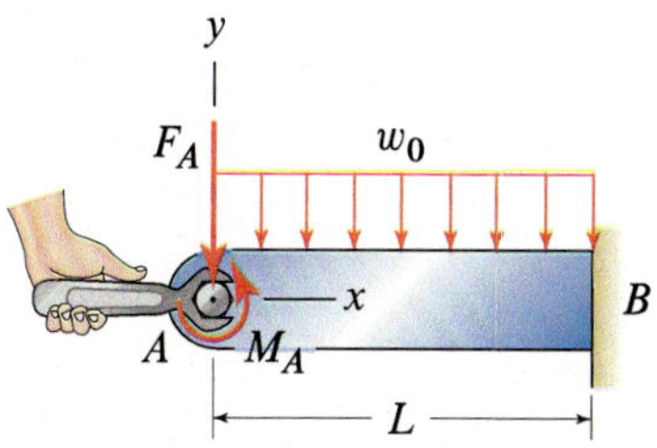

그림 P8.53

문제 8.54

철도레일 베드 단면은 그림과 같다. 레일(rail)은 타이(ties)에 의해 지지된다. 타이는 나무 혹은 콘크리트로 만들어지며, 자갈로 이루어진 밸러스트(ballast)에 놓여 있다. 밸러스트는 타이에 분포하중을 가하고 레일은 타이에 집중하중 45 kN을 가한다. 타이에 생기는 전단력과 모멘트 함수를 구하고 그래프를 그려라.

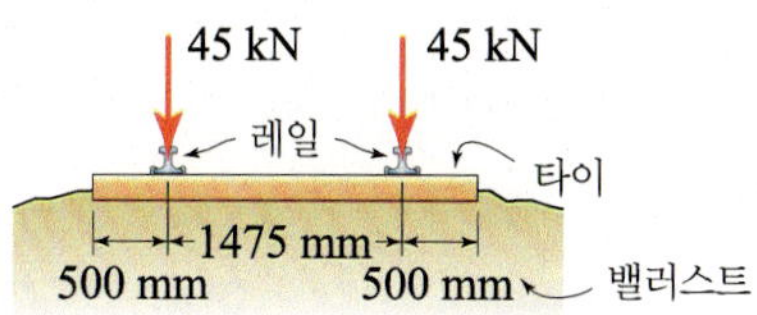

그림 P8.54

문제 8.55

계단에 그림과 같이 3000 N/m의 수직 분포하중이 가해진다. 축하중, 전단력, 모멘트 함수를 구하고 그래프를 그려라.

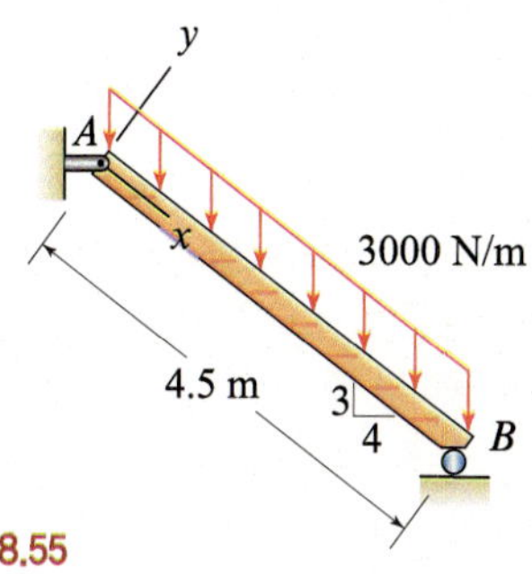

그림 P8.55

8.3 전단력, 모멘트, 분포하중 사이의 관계

이번 절에서는 하중을 받는 직선 보에서 분포하중, 전단력, 모멘트 사이의 관계에 대한 미분방정식을 유도할 것이다. 이러한 관계는 정역학, 재료역학에서 유용하다.

V, M, w 사이의 관계

그림 8.6(a)의 직선 보를 살펴보자. 보는 평형상태에 있다고 가정하고 보를 두개의 단면을 갖는 요소로 자른다. 하나의 단면은 x 지점에 있고 나머지 단면은 $x + \Delta x$ 지점에 있다. 이때의 자유물체도는 그림 8.6(b)와 같다. x 지점 단면에서의 내력은 수직력 N, 전단력 V, 모멘트 M이다. $x + \Delta x$ 지점에서의 전단력은 $V + \Delta V$이고 모멘트는 $M + \Delta M$이다. 만일 Δx가 작다면 그림 8.6(b)의 분포하중은 균일하다고 가정할 수 있고 전체 힘은 $w\,\Delta x$이다.

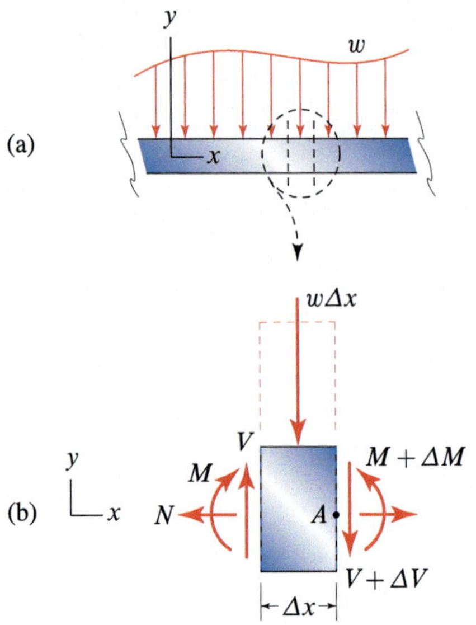

그림 8.6 (a) 분포하중 w가 작용하는 직선 보 (b) 보의 작은 길이 Δx에 대한 자유물체도.

그림 8.6(b) 자유물체도의 미소 요소는 평형 상태에 있으며, 따라서 다음과 같이 쓸 수 있다.

$$\sum F_y = 0: \quad V - (V + \Delta V) - w\,\Delta x = 0 \tag{8.1}$$

위 식을 Δx로 나누고 다시 쓰면 다음과 같다.

$$\frac{\Delta V}{\Delta x} = -w \tag{8.2}$$

식 (8.2)에서 $\Delta x \to 0$을 취하면 다음과 같다.

$$\boxed{\frac{dV}{dx} = -w} \tag{8.3}$$

식 (8.3)은 다음을 의미한다. "보의 x 지점에서의 전단력 변화는 그 지점에 가해지는 분포하중의 음수와 같다."

그림 8.6(b)에서 A 점에 대한 모멘트를 합하면 다음과 같다.

$$\sum M_A = 0: \quad -M + M + \Delta M - V\,\Delta x + w\,\Delta x\,\frac{\Delta x}{2} = 0 \tag{8.4}$$

윗 식을 Δx로 나누고 다시 쓰면 다음과 같다.

$$\frac{\Delta M}{\Delta x} = V - w\,\frac{\Delta x}{2} \tag{8.5}$$

식 (8.2)에서 $\Delta x \to 0$을 취하면 다음과 같다.

$$\boxed{\frac{dM}{dx} = V} \tag{8.6}$$

> **유용한 정보**
>
> **전단력 선도와 모멘트 선도 그리기.** 식 (8.3)과 (8.6)은 전단력 선도와 모멘트 선도를 그리는데 유용하다. 즉, 식 (8.3)은 "전단력 선도의 기울기가 분포하중 크기의 음수와 같음"을 의미하며, 식 (8.6)은 "모멘트 선도의 기울기가 전단력 값과 같음"을 의미한다. 예제 8.9를 참고하라.

식 (8.6)은 다음을 의미한다. "보의 x 지점에서의 모멘트 변화는 그 지점에 생기는 전단력과 같다."

적분을 이용하여 V, M 구하기

식 (8.3)과 (8.6)의 미분방정식을 이용하여 분포하중 w를 가지고 전단력 V와 모멘트 M을 구할 수 있으며 이를 적분 풀이법(*integration approach*)이라고 부를 것이다. 식 (8.3)의 양변에 dx를 곱하고 다시 쓰면 다음과 같다.

$$dV = -w\,dx \tag{8.7}$$

윗식의 양변을 적분하면 다음과 같다.

$$\int_{V_P}^{V} dV = -\int_{x_P}^{x} w\,dx \tag{8.8}$$

우변의 적분 범위는 x_p부터 x까지 선택되었고 좌변의 적분범위는 V_p부터 V 까지이다. 여기서 V_p는 x_P 지점에서의 전단력이고, V는 x 지점에서의 전단력이다. 식 (8.8)의 좌변을 적분하고 양변에 V_p를 더하면 다음과 같다.

$$\boxed{V = V_P - \int_{x_P}^{x} w\,dx} \tag{8.9}$$

같은 식으로 식 (8.6)은 다음과 같이 쓸 수 있다.

$$dM = V\,dx \tag{8.10}$$

양변을 적분하면 다음과 같다.

$$\boxed{M = M_P + \int_{x_P}^{x} V\,dx} \tag{8.11}$$

만일 분포하중 w가 x의 함수일 때 식 (8.9)를 이용하면 전단력 함수를 구할 수 있고, 식 (8.11)을 이용하여 모멘트 함수를 구할 수 있다.

참고사항

- 식 (8.9)와 (8.11)을 사용할 때 P 점의 위치 좌표를 x_p로 하며, V_p와 M_p를 알고 있거나 쉽게 구할 수 있는 점을 선택한다.
- 식 (8.9)와 (8.11)에서 점 P는 보의 끝 점으로 선택되기도 한다. 왜냐하면 보의 끝에서의 전단력 V_p와 모멘트 M_p를 직관적으로 구할 수 있기 때문이다. 예를 들어 길이 L의 수평 보의 왼쪽을 원점이라고 하면 보의 왼쪽은 $x_P = 0$, 보의 오른쪽은 $x_P = L$ 로 쓸 수 있다(예제 8.8 참고할 것).

- 어떤 문제의 경우 P 점을 보 끝단 사이의 임의의 점으로 하는 것이 유용할 경우도 있다.
- 이번 절에서 사용된 모든 적분식에서 x 대신 x_Q를 쓸 수 있으며 식 (8.9)와 (8.11)은 식 (8.12)와 같이 된다.

$$V_Q = V_P - \underbrace{\int_{x_P}^{x_Q} w\,dx}_{w\text{-}x \text{ 그래프에서 } x_P\text{와 } x_Q \text{ 사이의 그래프 면적}}, \qquad M_Q = M_P + \underbrace{\int_{x_P}^{x_Q} V\,dx}_{V\text{-}x \text{ 그래프에서 } x_P\text{와 } x_Q \text{ 사이의 그래프 면적}} \tag{8.12}$$

- 식 (8.9)와 (8.11)을 해석하는 다른 방법으로서 x_P와 x 사이에서의 전단력의 변화량 ΔV와 모멘트의 변화량 ΔM으로 식을 다시 쓸 수 있으며 다음과 같다.

$$\Delta V = -\int_{x_P}^{x} w\,dx, \qquad \Delta M = \int_{x_P}^{x} V\,dx \tag{8.13}$$

식 (8.12)을 보면, 식 (8,9), (8.11)에서 $x = x_Q$임을 알 수 있다. 즉, 식 (8.12)는 P, Q 지점 사이의 ΔV, ΔM이며, 이러한 표현은 전단력, 모멘트 선도를 그릴 때 유용할 수 있다.

유용한 정보

복합 풀이법. 보의 전단력과 모멘트를 구하는데 있어 평형방정식과 적분 풀이법을 섞어서 풀 수도 있다. 예를들어 다음의 보와 하중 조건을 생각해보자.

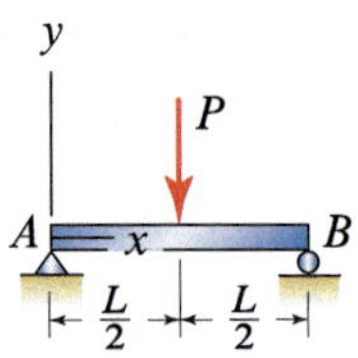

평형방정식과 적분 풀이법 중 하나만 사용하는 것 보다 전단력을 구하기 위해서 평형방정식을 사용하고 모멘트를 구하기 위해서 적분 풀이법을 사용하는 것이 보다 효과적이다.

어떤 풀이법을 사용해야 하는가?

이번 장에서 전단력 함수와 모멘트 함수를 구하는 방법으로 두 가지 풀이법을 다루었다.

1. **평형방정식 이용** : 8.2절에서 논의되었으며 보를 필요한 단면으로 자르고 자유물체도를 그린 후 평형방정식을 세우고 푼다.
2. **적분 풀이법** : 분포하중 w를 적분하여 전단력함수를 구하고 이를 다시 적분하여 모멘트함수를 구한다.

평형방정식은 매우 강건한(robust) 풀이법이다. 분포하중이 균일한 경우 명확하게 문제를 풀 수 있으며, 선형 분포 하중의 경우 풀이과정은 다소 복잡하고, 분포하중 형태가 복잡한 경우는 잘 쓰이지 않는다. 적분 풀이법을 이용하는 경우 세련되게 문제를 풀 수 있지만 종종 세밀하게 문제를 풀어야 하는 경우도 있다. 보 전체에 가해지는 분포하중을 단일 함수로 나타내고 보의 끝단에 점지지 또는 집중 하중이 가해지는 경우 적분 풀이법은 명확하게 문제를 풀 수 있다. 그러나 분포하중 함수들이 여러개 있거나 보의 끝단 사이에 집중 하중 또는 점모멘트가 있는 경우, 또는 보의 양단 사이에 지지점이 있는 경우 적분 풀이법을 사용할 경우 세밀한 주의가 요하는 경우가 발생한다. 이번 절의 예제 문제에서는 이러한 점에 관해 논의 할 예정이다. 종종 평형방정식과 적분 풀이법을 섞어서 푸는 것이 효과적인 경우도 있다.

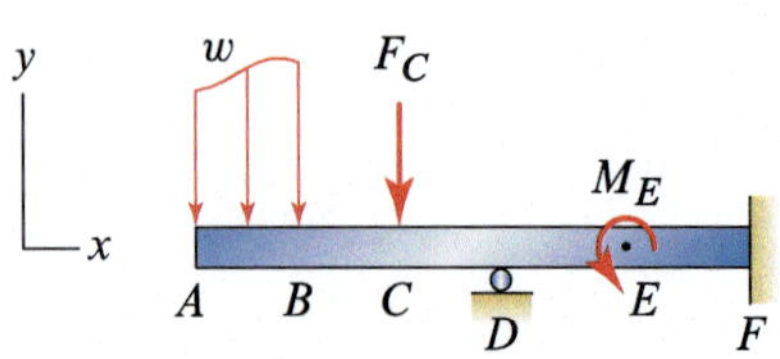

그림 8.7 다양한 하중 및 지지 조건에 놓여 있는 직선 보.

때때로, 전단력과 모멘트 선도만 필요하고 함수 자체를 구할 필요가 없는 경우도 있다. 이 경우는 8.1절의 평형방정식을 이용하여 선도의 특정 지점에서의 값을 구하고 식 (8.3)을 이용하여 전단력 선도의 기울기를 구하고, (8.6)을 이용하여 모멘트 선도의 기울기를 구한다.

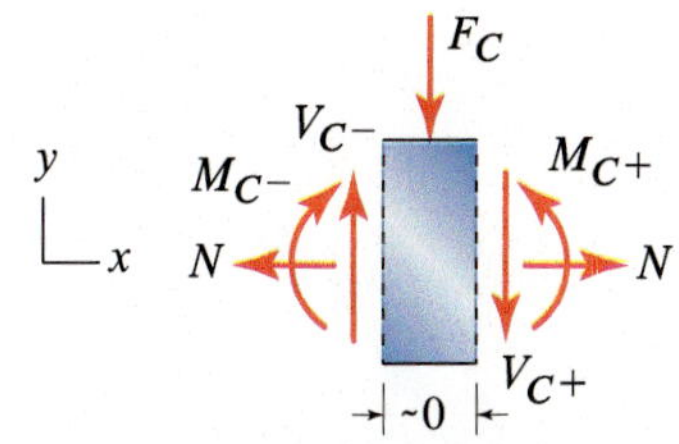

$$\sum F_y = 0: \quad (V_C-) - F_C - (V_C+) = 0$$
$$\Rightarrow \quad (V_C+) = (V_C-) - F_C$$
$$\sum M_C = 0: \quad -(M_C-) + (M_C+) = 0$$
$$\Rightarrow \quad (M_C+) = (M_C-)$$

그림 8.8 그림 8.7의 C 지점에서의 미소 길이 보에 대한 자유물체도. F_C는 집중하중이며, V_C-, M_C-는 C 지점 바로 왼쪽에서의 전단력과 모멘트이고, V_C+, M_C+는 C 지점 바로 오른쪽에서의 전단력과 모멘트이다.

전단력 선도와 모멘트 선도를 그리는 팁과 가이드

이번 절의 마지막 부분에서 전단력 선도와 모멘트 선도의 특징에 대해서 논의하겠다. 이들 특정은 8.2절의 예제와 문제들에서 발견될 수 있으며 이번 절에서 심화해서 논의될 것이다. 이들 특징들을 잘 알면 전단력 선도와 모멘트 선도를 그리는데 편하고 오류도 쉽게 찾을 수 있다. 식 (8.9)와 (8.11)은 다음을 의미한다.

- 분포하중이 0인 보에 생기는 전단력은 상수이며, 모멘트는 선형이다.
- 분포하중이 상수(균일함)인 보에 생기는 전단력은 선형이며, 모멘트는 2차식이다.
- 분포하중이 선형인 보에 생기는 전단력은 2차식이며 모멘트는 3차식이다.

그림 8.7은 다음을 의미한다.

- A 점은 보의 끝이며 집중하중과 모멘트가 가해지지 않는다. 이경우 A 지점에서 전단력과 모멘트는 0이다. 이것은 분포하중 w의 유무에 관계없이 참이다.
- B 점은 분포하중의 끝이다. B의 바로 오른쪽의 전단력과 모멘트는 B의 바로 왼쪽의 전단력, 모멘트와 같다. 동일한 조건이 분포력이 시작하는 지점에도 적용된다.
- 음의 y 방향으로 집중하중 F_C가 가해진다. C의 바로 오른쪽 지점에서의 전단력은 C의 바로 왼쪽 지점에 비해 F_C 만큼 작다. C의 바로 오른쪽에서의 모멘트는 C의 바로 왼쪽 지점에서의 모멘트와 동일하다. 그림 8.8의 자유물체도와 평형방정식은 이것이 사실임을 보여준다.
- D 점은 롤러지지이다. D의 바로 오른쪽의 전단력은 D의 바로 왼쪽의 전단력보다 D_y 만큼 크다. 여기서 양의 D_y는 양의 y 방향으로 가해지는 롤러 지지력이다. D의 바로 오른쪽의 모멘트는 D의 바로 왼쪽의 모멘트와 동일하다. 그림 8.9의 자유물체도와 평형방정식은 이것이 사실임을 보여준다.
- 집중모멘트 M_E는 E 점에 가해지는 반시계 방향으로의 외력모멘트이다. E의 바로 오른쪽의 전단력은 E의 바로 왼쪽에서의 전단력과 동일하다. E의 바로 오른쪽의 모멘트는 E의 바로 왼쪽에서의 모멘트보다 M_E만큼 작다. 그림 8.10의 자유물체도와 평형방정식은 이것이 사실임을 보여준다.

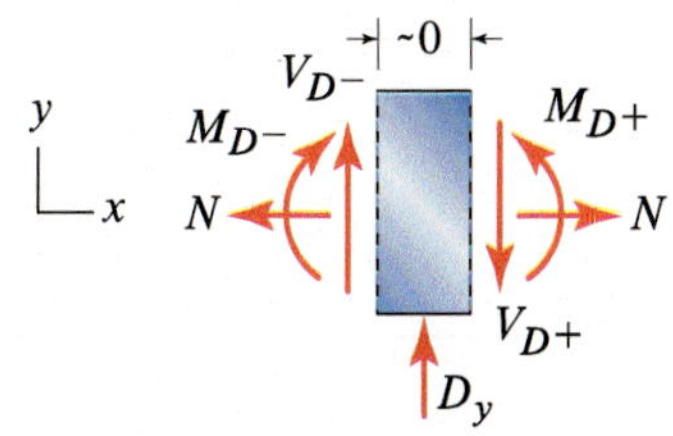

$$\sum F_y = 0: \quad (V_D-) + D_y - (V_D+) = 0$$
$$\Rightarrow \quad (V_D+) = (V_D-) + D_y$$
$$\sum M_C = 0: \quad -(M_D-) + (M_D+) = 0$$
$$\Rightarrow \quad (M_D+) = (M_D-)$$

그림 8.9 그림 8.7의 D 지점에서의 미소 길이 보에 대한 자유물체도. D_y는 지지반력이며, V_D-, M_D-는 D 지점 바로 왼쪽에서의 전단력과 모멘트이고, V_D+, M_D+은 D 지점 바로 오른쪽에서의 전단력과 모멘트이다.

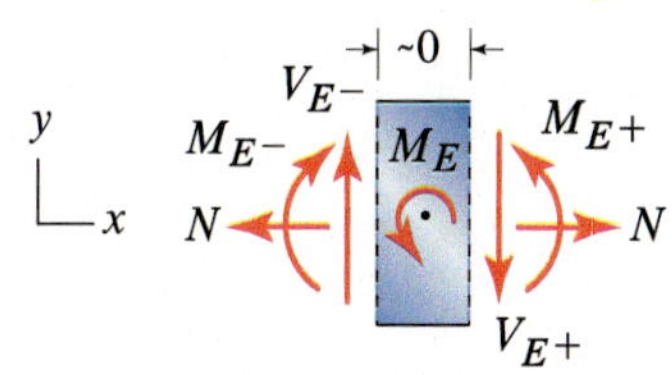

$$\sum F_y = 0: \quad (V_E-) - (V_E+) = 0$$
$$\Rightarrow \quad (V_E+) = (V_E-)$$
$$\sum M_C = 0: \quad -(M_E-) + M_E + (M_E+) = 0$$
$$\Rightarrow \quad (M_E+) = (M_E-) - M_E$$

그림 8.10 그림 8.7의 E 지점에서의 미소 길이 보에 대한 자유물체도. M_E는 E에 가해지는 외력 모멘트이며, V_E-, M_E-는 E 지점 바로 왼쪽에서의 전단력과 모멘트이고, V_E+, M_E+는 E 지점 바로 오른쪽에서의 전단력과 모멘트이다.

그림 8.11 상업적으로 제조되고 있는 보의 단면 형상.

설계 고려사항 (Design Consideration)

보를 설계할 때에는 보를 구성하는 재료, 보의 형상과 치수, 보의 지지방법, 보에 연결되는 다른 부재와의 부착방법 등이 고려되어야 한다. 그림 8.11에서 볼 수 있듯이 상용화된 보들이 사용된다. 이들 상용화된 보의 장점은 경제적이고 빨리 구할 수 있다. 상용화된 보를 이용할 때 보의 재료, 크기, 형태를 결정해야 한다. 상용화된 보는 다양한 등급의 강철, 알루미늄 재료로 만들어져 있고, I 빔, L 채널, U 채널 등의 다양한 단면 형상을 갖는다. 보강 콘크리트 보 역시 상용화되어 있다. 종종 우리가 원하는 요구조건대로 보를 만드는 경우도 있다. 이 경우는 보의 성능은 좋아지나 가격은 상승하며, 제작 기간도 오래 걸린다.

보들은 하기의 설계 조건들이 만족되도록 제작된다.

- **허용 강도** : 보에 힘이 가해질 때 보는 파손되지 않아야 한다.
- **허용 변형** : 보의 변형이 어떤 값 이상이 되어서는 안된다.
- **허용 피로 수명** : 피로 하중 조건(load cycle)에 대해 보가 견디어야 한다.

보의 가격, 가공성, 부식 저항성, 고온 저항성등도 추가적인 설계 고려 사항이다.

절 요약

이번 절에서는 전단력, 모멘트, 분포하중 사이의 관계에 대한 미분 방정식이 유도되었다. 식 (8.3)은 전단력과 분포하중이 $dV/dx = -w$관계가 있음을 보여주며, 식 (8.6)은 모멘트와 전단력이 $dM/dx = V$의 관계에 있음을 보여준다. 이러한 관계는 전단력과 모멘트 선도를 그릴 때 유용하다. 또한 이들 미분 방정식의 해는 식 (8.9) (전단력은 분포하중을 적분하여 구할 수 있음)와 식 (8.11) (모멘트는 전단력을 적분하여 구할 수 있음)에 보여진다.

예제 8.7 전단력과 모멘트를 구하기 위한 적분

균일하중 w_0가 가해지는 길이 L의 단순지지보가 있다. 적분 풀이법을 이용하여 전단력 함수와 모멘트 함수를 구해라.

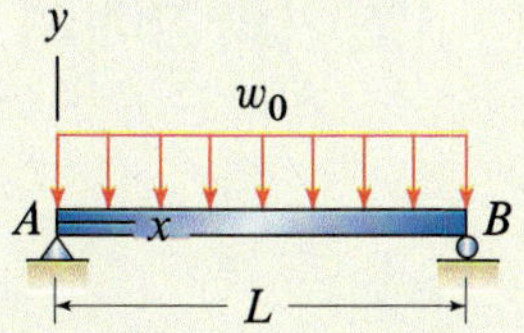

그림 1

풀이 SOLUTION

로드맵 이 문제는 예제 8.5의 (a)에서 평형방정식을 이용하여 풀었었다. 이번에는 적분 풀이법으로 문제를 풀어보겠다.

식 (8.9)와 (8.11)을 이용하여 전단력 함수와 모멘트 함수를 구하려면 A와 B 사이의 지점 P에서의 전단력 V_P와 모멘트 M_P를 구해야 한다. 이 예제에서는 A, B 점이 될 수 있다. 우선 A 점을 이용하여 문제를 풀고 풀이 뒷부분에 B 점을 이용한 해답에 대해서도 논의해 보겠다.

모델링 A 지점에서의 전단력과 모멘트를 구하기 위해 반력을 알아야 하며 그림 2와 같이 자유물체도를 그린다.

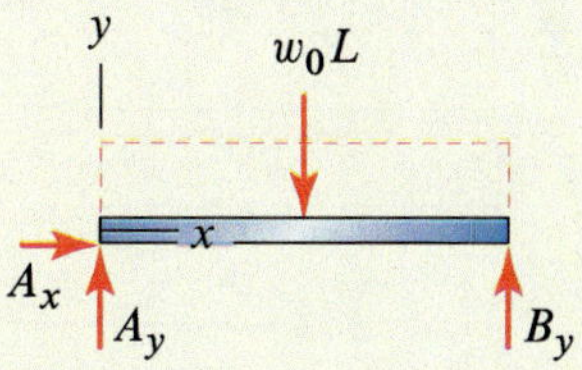

그림 2 보 전체에 대한 자유물체도. 평형방정식을 세워 지지반력을 구한다. $A_x = 0$, $A_y = B_y = w_0L/2$.

지배방정식 및 계산 그림 2의 자유물체도를 이용하여 다음의 평형방정식을 세우고 푼다. 여기서 A 점에서의 수직 반력은 $A_y = w_0L/2$이다.

모델링 보의 A 점에서의 전단력 V_A와 모멘트 M_A를 구하기 위해 그림 3과 같이 자유물체도를 그린다(A 점의 오른쪽을 자름).

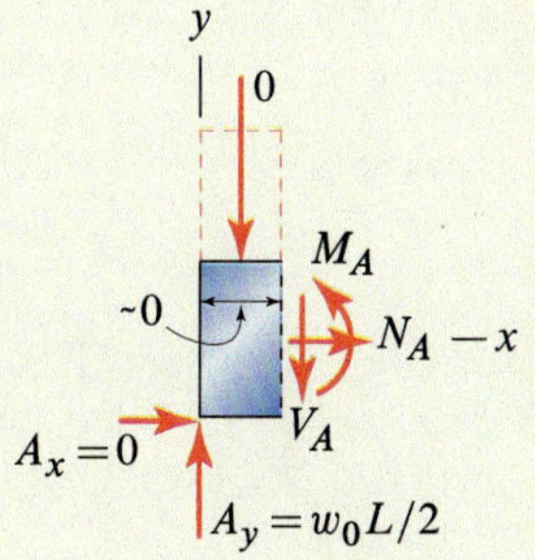

그림 3 점 A의 오른쪽 부분을 잘라서 만든 자유물체도. 보의 길이를 0이라고 생각할 수 있으며 분포하중 때문에 생기는 힘도 0이다.

지배방정식 및 계산 그림 3의 자유물체도를 이용하여 다음의 평형방정식을 세우고 푼다.

$$\sum F_y = 0: \qquad \frac{w_0L}{2} - V_A = 0 \quad \Rightarrow \quad V_A = \frac{w_0L}{2} \tag{1}$$

$$\sum M_A = 0: \qquad M_A = 0 \quad \Rightarrow \quad M_A = 0 \tag{2}$$

$V_A = w_0L/2$, $w = w_0$이므로 식 (8.9)를 이용하여 다음을 구한다.

$$V = V_A - \int_{x_A=0}^{x} w_0\,dx \quad \Rightarrow \quad \boxed{V = \frac{w_0L}{2} - (w_0)x} \tag{3}$$

$M_A = 0$, $V = w_0L/2 - (w_0)x$ 이므로 식 (8.11)을 이용하여 다음을 구한다.

$$M = M_A + \int_{x_A=0}^{x} \left[\frac{w_0L}{2} - (w_0)x\right]dx \quad \Rightarrow \quad \boxed{M = \frac{w_0L}{2}x - w_0\frac{x^2}{2}} \tag{4}$$

논의 및 검증

- 기대했던 것과 같이 균일 분포하중이 가해질 경우 전단력은 선형이고 모멘트는 2차식이다. 또한 식 (3), (4)의 결과는 예제 8.5의 문제(a)의 결과와 일치한다.
- 식 (8.9), (8.11)에서 보의 왼쪽 부분 끝에서 P 점을 택할 수도 있지만 보의 오른쪽 끝부분을 이용할 수도 있다. 이를 위해서 그림 4와 같은 자유물체도를 그리고 평형방정식을 세우고 $V_B = -w_0L/2$, $M_B = 0$을 구한다. 식 (3), (4)에서 적분구간의 하한치는 $x_B = L$이 되고, V_A, M_A는 V_B, M_B로 대체된다. V, M에 대해 동일한 결과가 얻어진다.
- 우리가 구한 해가 맞는지 확인하는 차원에서 $x = 0$에서 식 (3), (4)을 이용하여 타당한 V_A, M_A가 나오는지 검토해야 한다. 또다른 검증으로서 그림 4의 B 점에서의 전단력과 모멘트를 확인할 수 있다.

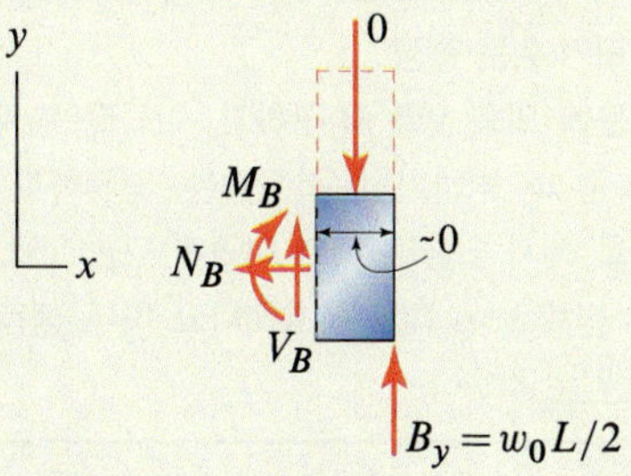

그림 4 점 B의 왼쪽을 잘라서 만든 자유물체도. 보의 길이를 0이라고 생각할 수 있으며 분포하중 때문에 생기는 힘도 0이다.

예제 8.8 전단력과 모멘트를 구하기 위한 적분 풀이법 (풀이과정에서 세심한 주의가 필요한 예)

예제 8.4의 하중을 받는 보를 다시 생각한다. 이 보는 왼쪽은 단순지지, 오른쪽은 롤러 지지로부터 돌출되어 있고 균일 하중이 가해진다. 적분 풀이법을 이용하여 전단력 함수와 모멘트 함수를 구한다.

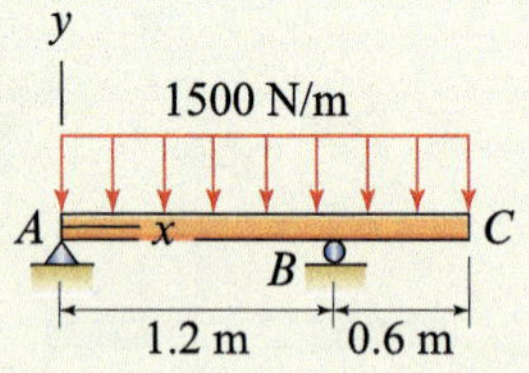

그림 1

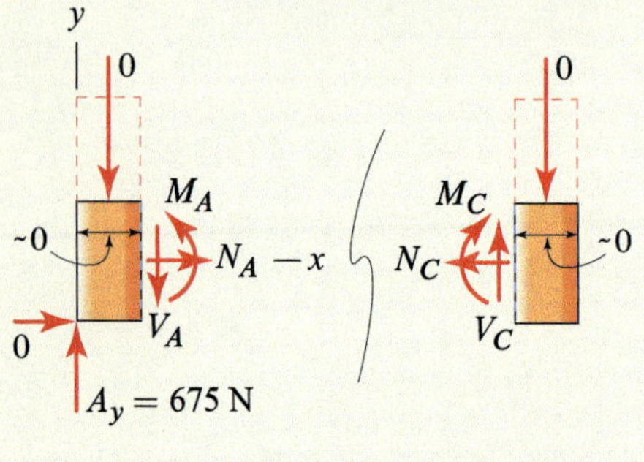

그림 2 보 양단의 인근 영역에서 단면을 잘라 생기는 자유물체도. (a) 점 A 오른쪽 절단. (b) 점 C 왼쪽 절단. 절단된 보의 길이가 무한히 작을 때 분포하중에 의한 힘은 0이다.

풀이 SOLUTION

로드맵 이 문제는 예제 8.4에서 평형방정식을 이용하여 풀었었다. 여기서는 적분 풀이법으로 문제를 풀 것이며, 보의 양단 사이에 지지점이 있는 경우 세심한 주의가 필요함을 언급할 것이다.

그림 1에서 균일 분포하중 w = 1500 N/m이 보 전체에 가해지고 있고 식 (8.9), (8.11)을 이용하여 전단력 V, 모멘트 M을 구할 것이다. 이때 점 P는 보의 끝 점 A에 위치 시킨다. V, M에 대한 결과는 $0 \le x \le 1.2$ m일 때에만 유효하다. 전단력은 롤러 B 지점에서 불연속임이 명백하지만 식 (8.9)에는 이러한 불연속이 표현되지 않는다. 보의 나머지 부분에 대한 V와 M을 구하기 위해 점 P를 보의 C 지점에 위치시키고 식 (8.9), (8.11)을 적용하여 얻는 결과는 $1.2 \text{ m} \le x \le 1.8$ m일 때만 유효하다.

모델링 예제 8.4의 그림 2는 보 전체에 대한 자유물체도이다. 여기서 지지반력은 A_y = 675 N, B_y = 2025 N이다. 적분 풀이법에서는 A와 C 지점에서의 전단력과 모멘트 값이 필요하며 그림 2와 같이 자유물체도를 그릴 수 있다.

지배방정식과 계산 그림 2(a)와 같이 보의 끝단 A 부분의 자유물체도를 그리고 평형방정식을 세우면 다음과 같다.

$$\sum F_y = 0: \quad 675\text{ N} - V_A = 0 \quad \Rightarrow \quad V_A = 675\text{ N}, \tag{1}$$

$$\sum M_A = 0: \quad M_A = 0 \quad \Rightarrow \quad M_A = 0. \tag{2}$$

마찬가지 방법으로 그림 2(b)의 자유물체도에 대한 평형방정식은 다음과 같다.

$$\sum F_y = 0: \quad V_C = 0 \quad \Rightarrow \quad V_C = 0, \tag{3}$$

$$\sum M_C = 0: \quad -M_C = 0 \quad \Rightarrow \quad M_C = 0. \tag{4}$$

보의 왼쪽 편에 대한 전단력과 모멘트를 구하기 위해 점 P를 끝단 A에 위치시킨다. V_A = 675 N, w = 1500 N/m이므로 식 (8.9)를 이용하여 다음을 구할 수 있다.

$$V = V_A - \int_{x_A=0}^{x} \left(1500\frac{\text{N}}{\text{m}}\right) dx \quad \Rightarrow \quad \boxed{V = 675\text{ N} - \left(1500\tfrac{\text{N}}{\text{m}}\right)x} \tag{5}$$

> **빠지기 쉬운 함정**
> **적분에 의해 V와 M 구하기.** 이와같은 예제를 풀 때 범하기 쉬운 오류는 식(6)까지 적분을 해서 답을 구하고 이렇게 구한 V와 M이 전체 보에 대해 유효하다고 아무 생각없이 믿는 것이다.

$M_A = 0$이고 식 (5)에서 구한 V를 이용하면 식 (8.11)에 의해 다음을 구할 수 있다.[2)]

$$M = M_A + \int_0^x \left[675\ \text{N} - \left(1500\frac{\text{N}}{\text{m}}\right)x\right] dx \Rightarrow \boxed{M = (675\ \text{N})x - \left(750\frac{\text{N}}{\text{m}}\right)x^2} \quad (6)$$

식 (5), (6)에서 구한 전단력과 모멘트는 $0 \le x \le 1.2$ m일 때만 유효하다.

보의 오른쪽 부분에 대한 전단력과 모멘트를 구하기 위해 점 P를 보의 C 지점에 위치시킨다. $V_C = 0$, $w = 1500$ N/m이므로 식 (8.9)에 의해 다음을 구한다.

$$V = V_C - \int_{x_C = 1.8\ \text{m}}^{x} \left(1500\frac{\text{N}}{\text{m}}\right) dx \quad \Rightarrow \quad \boxed{V = 2700\ \text{N} - \left(1500\frac{\text{N}}{\text{m}}\right)x} \quad (7)$$

$M_C = 0$이고 식 (7)에서 구한 V를 이용하면 식 (8.11)에 의해 다음을 구할 수 있다.

$$M = M_C + \int_{x_C = 1.8\ \text{m}}^{x} \left[2700\ \text{N} - \left(1500\frac{\text{N}}{\text{m}}\right)x\right] dx \quad (8)$$

$$\Rightarrow \boxed{M = -2430\ \text{N}\cdot\text{m} + (2700\ \text{N})x - \left(750\frac{\text{N}}{\text{m}}\right)x^2} \quad (9)$$

식 (7), (9)에서 구한 전단력과 모멘트는 $1.2\ \text{m} \le x \le 1.8$ m일 때에 유효하다.

논의 및 검증

- 이번 문제에서 구한 전단력 함수, 모멘트 함수는 예제 8.4의 결과와 일치한다. 당연히 전단력 선도, 모멘트 선도도 일치한다. 전단력 선도, 모멘트 선도는 그림 3과 같다.
- 균일 분포하중이 보 전체에 대해 가해지므로 전단력은 선형이다. 그러나 식 (5)와 (7)은 서로 다른 함수이다(이 경우 기울기는 -1500 N/m로 서로 같으며 $\frac{dV}{dx} = -w$이기 때문이다).
- 전단력이 선형이므로 모멘트는 2차 함수이다. 그러나 식 (6), (9)의 2차 함수는 서로 다르다.
- 그림 3의 모멘트 선도를 관찰해보면 $x = 0.3$ m와 0.6 m 사이에 모멘트의 국부 최대값이 존재함을 알 수 있다. 국부 최대값의 정확한 x값을 구하기 위해 $dM/dx = 0$을 이용한다. 즉 식 (5)가 0임을 이용하면 $x = 0.45$ m를 얻을 수 있다. 식 (6)을 이용하면 $x = 0.45$ m 일때의 모멘트값은 151.875 N·m이다.
- 전단력 V는 x가 정확히 1.2 m 일 때(지점 B) 정의되지 않는다. 이러한 전단력 값의 불연속적인 점프는 B 지점($x = 1.2$ m)에서의 반력 B_y때문이다. 이 지점에서 모멘트가 가해지지 않으므로 $x = 1.2$ m에서의 모멘트 선도 상의 불연속은 없고, 곡선의 꺾이는 점(kink)이 있다.

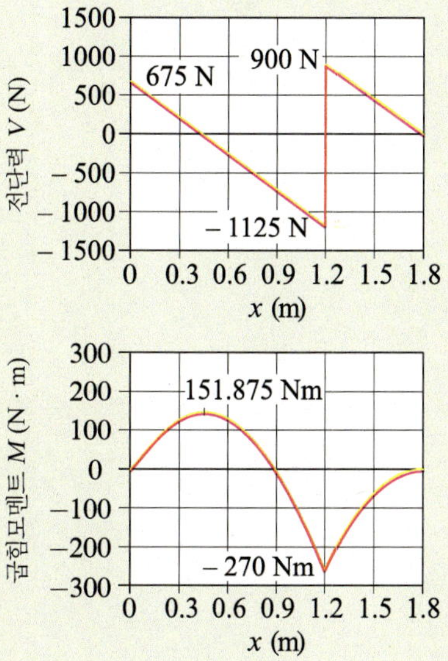

그림 3 전단력, 모멘트 선도.

2) 식 (7), (8)에서의 적분을 계산할 때 적분 범위를 세심하게 선정해야 한다. 잘못된 적분 범위 선정은 오류의 요인이다.

예제 8.9 전단력 선도, 모멘트 선도 그리기

보 $ABCD$는 콘크리트 블록으로 만들어진 벽을 지지한다. 콘크리트 블록의 총 무게는 26 kN이고 오른쪽 벽의 높이는 왼쪽 벽의 높이에 비해 세 배 높다. 보에 대한 전단력 선도와 굽힘 모멘트 선도를 그려라.

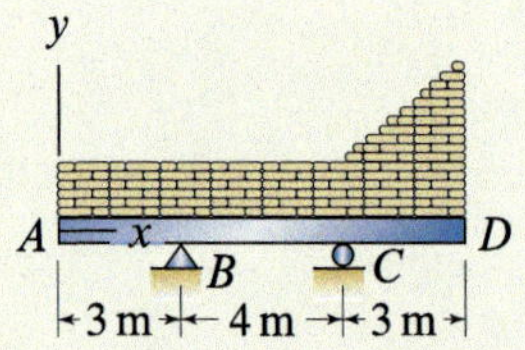

그림 1

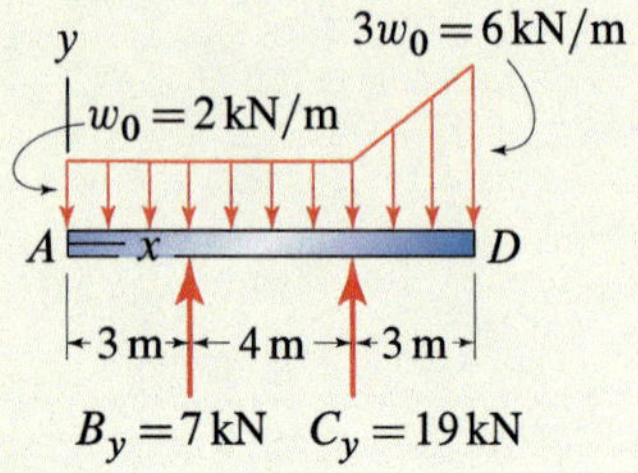

그림 2 보 전체에 대한 자유물체도. 식 (1)을 이용하여 $w_0 = 2$ kN을 구하고, $\sum M = 0$, $\sum F_y = 0$을 이용하여 지지반력 $B_y = 7$ kN, $C_y = 19$ kN을 구한다.

풀이 SOLUTION

로드맵 벽이 보에 가하는 분포하중을 구하기 위해 벽의 형상을 생각한다. 식 (8.12)를 사용하여 전단력 함수와 모멘트 함수를 구하지 않고 전단력 선도와 모멘트 선도를 직접 그린다.

모델링 주어진 벽의 형상에 대해서 콘크리트 블록에 의해 유발되는 분포하중은 그림 2와 같음을 알 수 있다. 끝점 A에서의 분포하중 크기는 w_0이고 끝점 D에서의 분포하중 크기는 $3w_0$이다. 분포하중에 의해 생기는 전체하중은 26 kN과 같아야 하므로 다음의 식을 이용하여 w_0를 구한다.[3)]

$$w_0(10\text{ m}) + \tfrac{1}{2}(3\text{ m})(2w_0) = 26\text{ kN} \quad \Rightarrow \quad w_0 = 2\text{ kN/m} \tag{1}$$

이 결과를 가지고 지지 반력을 구할 수 있으며, $B_x = 0$, $B_y = 7$ kN, $C_y = 19$ kN이다.

지배방정식과 계산 함수 형태로서 V와 M을 구하지 않고, 전단력 선도와 모멘트 선도를 직접 그릴 것이다. 식 (8.12)를 여기서 다시 반복하면 다음과 같다.

$$V_Q = V_P - \underbrace{\int_{x_P}^{x_Q} w\,dx}_{w\text{-}x \text{ 그래프에서 } x_P\text{와 } x_Q \text{ 사이의 그래프 면적}} \qquad M_Q = M_P + \underbrace{\int_{x_P}^{x_Q} V\,dx.}_{V\text{-}x \text{ 그래프에서 } x_P\text{와 } x_Q \text{ 사이의 그래프 면적}} \tag{2}$$

x_P, x_Q 사이에서 x에 대한 w의 면적, x_P, x_Q 사이에서 x에 대한 V의 면적. 여기서 P, Q 지점을 선정하게 되며, P는 보의 왼쪽 끝 점인 A에 놓는다(여기서 전단력과 모멘트는 쉽게 구할 수 있음). 그리고 나서 보의 오른쪽에 대해 x에 대한 w의 면적을 고려하여 전단력 선도를 그려나간다. 전단력 선도를 다 그리면 상기 과정을 되풀이 하여 모멘트 선도를 그린다.

전단력 선도

보의 끝 점 A는 지지되지 않고 집중하중도 가해지지 않으므로 A 점에서의 전단력은 0이다. 따라서 다음을 얻을 수 있다.

$$V_A = 0 \tag{3}$$

$$V_{B^-} = V_A - \left(2\frac{\text{kN}}{\text{m}}\right)(3\text{ m}) = -6\text{ kN} \tag{4}$$

$$V_{B^+} = (V_{B^-}) + B_y = -6\text{ kN} + 7\text{ kN} = 1\text{ kN} \tag{5}$$

3) 식 (1)이 유효하지만, 등가 힘계를 만들기 위해 실제로는 식 (4.16)을 사용한다.

$$V_{C^-} = (V_{B^+}) - \left(2\frac{\text{kN}}{\text{m}}\right)(4\text{ m}) = -7\text{ kN} \tag{6}$$

$$V_{C^+} = (V_{C^-}) + C_y = -7\text{ kN} + 19\text{ kN} = 12\text{ kN} \tag{7}$$

$$V_D = 0 \tag{8}$$

이 예제에서 A 점에서의 전단력은 개념적인 검토를 통해 구하였다. 만일 $V_A = 0$임에 대해 확신이 없다면(혹은 A 점이 지지되거나 A 점에 집중하중이 가해진다면) A 영역에 대한 적절한 자유물체도를 그리고 전단력을 구하면 된다. 식 (2)는 식 (4), (6)에서 사용되며 그림 2에서 x에 대한 w의 면적을 가지고 확인할 수 있다. 식 (5), (7)은 그림 8.9에서 보여지는 결과에 대한 응용이다. 식 (8)은 다음의 조건에 의해 성립한다.

$$V_D = (V_{C^+}) - \left[\frac{2\text{ kN/m} + 6\text{ kN/m}}{2}(3\text{ m})\right] = 0 \tag{9}$$

전단력 선도는 그림 3과 같고 다음과 같은 순서로 그래프를 그려나갈 수 있다. 식 (3)부터 (8)의 결과를 이용하여 전단력 선도에서 전단력 값을 표기한다. w는 A, B 사이에서 균일하고 B, C 사이에서 균일하다. 전단력은 이 영역에서 선형이다. 따라서 두 개의 직선을 그릴 수 있다. 해에 대한 검증을 위해 A, B 사이, 그리고 B, C 사이의 전단력선도의 기울기를 검토할 수 있으며 이는 -2 kN/m이다. w는 C, D 사이에서 선형이므로 이 영역에서 전단력은 2차식이다. $dV/dx = -w$을 이용하여 C 오른쪽의 선도 경사는 -2 kN/m이고 D에서의 선도 경사는 -6 kN/m 임을 알 수 있다.

모멘트 선도

A 점에서 보는 지지되지 않고 집중모멘트 외력도 가해지지 않기 때문에 A 점에서의 모멘트 내력은 0이다. 또한 B와 C의 각 지 지점에서의 모멘트는 연속적인 값을 갖는다.

$$M_A = 0 \tag{10}$$

$$M_B = M_A + \left[\frac{1}{2}(3\text{ m})(-6\text{ kN})\right] = -9\text{ kN}\cdot\text{m} \tag{11}$$

$$M_C = M_B + \left[\frac{1\text{ kN} + (-7\text{ kN})}{2}(4\text{ m})\right] = -21\text{ kN}\cdot\text{m} \tag{12}$$

$$M_D = 0 \tag{13}$$

식 (10), (13)은 개념적인 검토로서 성립함을 알 수 있으며, 식 (2)는 식 (11), (12)를 세우는데 사용된다. 그림 3의 x에 대한 V의 면적을 검토해보기 바란다.

모멘트 선도는 그림 3과 같고 다음과 같은 순서로 그래프를 그려나갈 수 있다. 식 (10)부터 (13)의 결과를 이용하여 모멘트 선도에서 모멘트 값을 표기한다. V는 A, B 사이에서 선형이고, B, C 사이에서도 선형이다. 따라서 모멘트는 이 영역에서 2차식이다. C, D 사이에서 전단력은 2차식이므로 모멘트는 3차식이다. $dM/dx = V$을 이용하여 모멘트선도의 기울기를 구하고 선도를 그릴 수 있다.

논의 및 검증 여러 가지 방법으로 해에 대해 검증할 수 있다. 모멘트선도는 $x \approx 3.5$ m일 때 국부 최대값을 갖는다. 이 위치에서 $V = 0$이다.

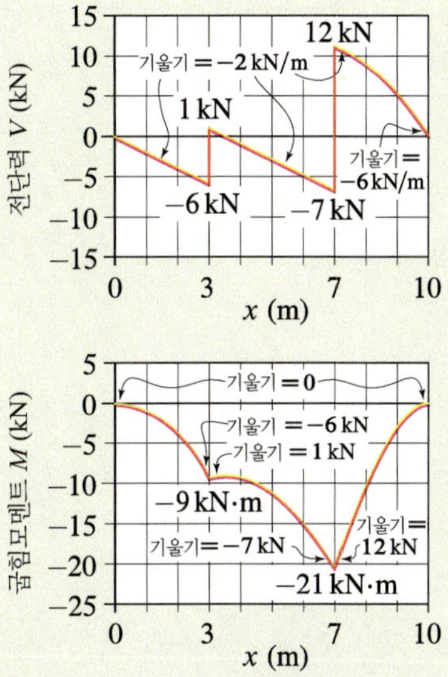

그림 3 전단력 선도, 모멘트 선도.

문제

일반적 지시사항 다음의 문제들에 대해 적분 풀이법을 이용해라. 전단력 선도와 모멘트 선도를 그리고 최대값과 최대값이 발생하는 지점을 구해라.

문제 8.56-8.61

전단력 함수와 모멘트 함수를 구하고 전단력 선도와 모멘트 선도를 그려라.

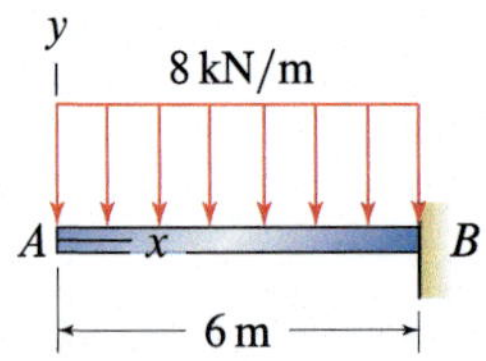

그림 P8.56

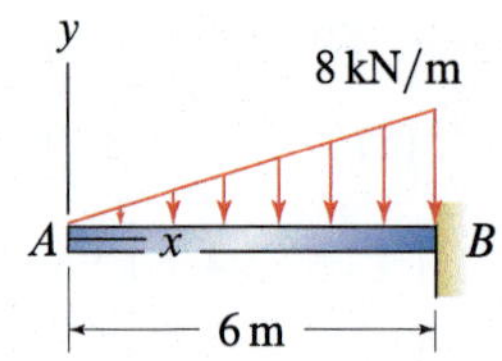

그림 P8.57

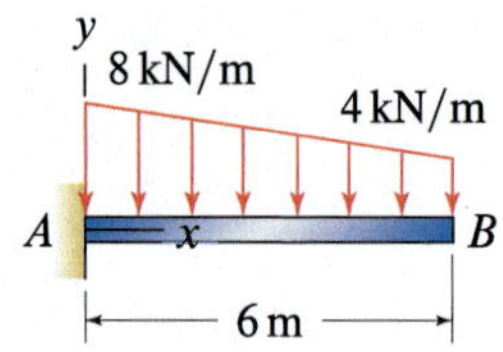

그림 P8.58

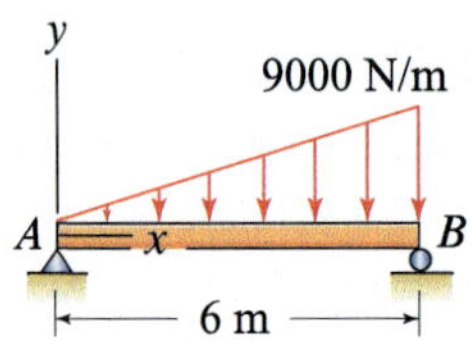

그림 P8.59

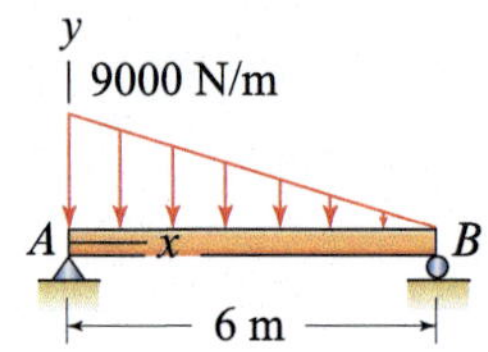

그림 P8.60

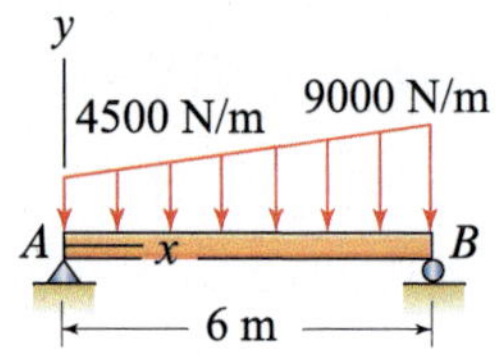

그림 P8.61

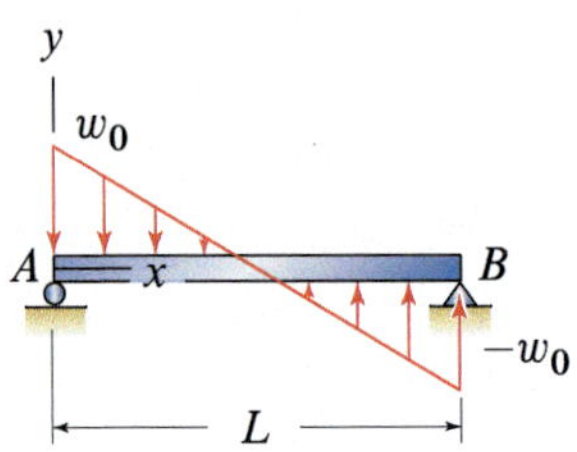

그림 P8.62

문제 8.62

단순지지보의 왼쪽 끝단에 w_0, 오른쪽 끝단에 $-w_0$인 선형 분포 하중이 가해지고 있다. 전단력 함수와 모멘트 함수를 구하고 전단력 선도와 모멘트 선도를 그려라.

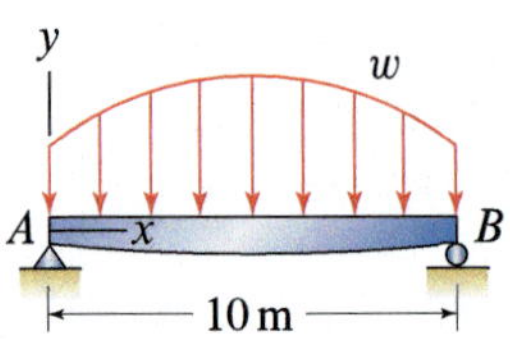

그림 P8.63

문제 8.63

보 중간 부분의 단면 형상이 양단의 단면 형상과 달라, 결과적으로 보의 무게 분포를 $w_0 = (0.8\text{ kN/m})[1 + \sin(\pi x/10\text{ m})]$으로 간주할 수 있다고 하자. 보 무게 분포하중 때문에 발생하는 전단력 함수와 모멘트 함수를 구하고 전단력 선도와 모멘트 선도를 그려라.

문제 8.64-8.66

다음과 같이 하중을 받는 보에 대해 전단력 함수와 모멘트 함수를 구하고 전단력 선도와 모멘트 선도를 그려라.

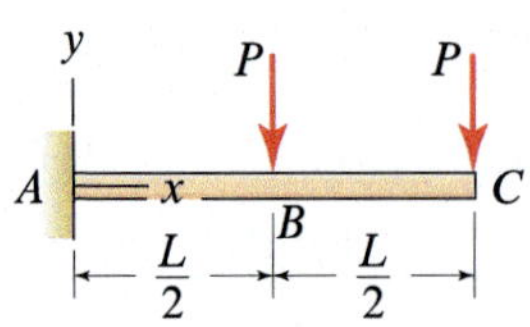

그림 P8.64

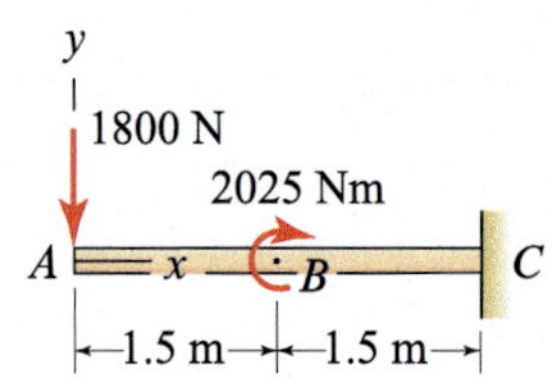

그림 P8.65

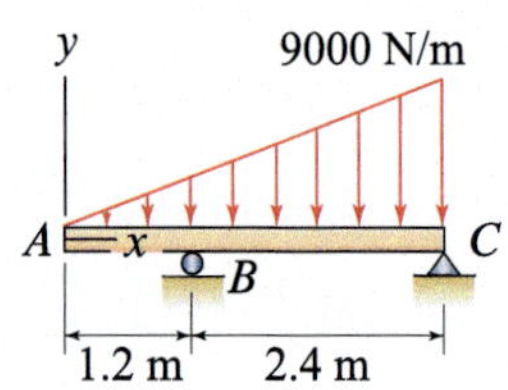

그림 P8.66

문제 8.67

보 $ABCD$는 가공 기계를 지지하는데 사용된다고 하자. 보의 무게는 900 N/m 의 분포하중으로 간주할 수 있고, 가공 기계의 무게는 5400 N이며, 무게중심은 E 지점에 있다. 가공 기계가 B 점과 C 점에서 보에 수직 외력을 가한다고 가정할 때 보 $ABCD$ 내부에 생기는 전단력 함수와 모멘트 함수를 구하고 전단력 선도와 모멘트 선도를 그려라.

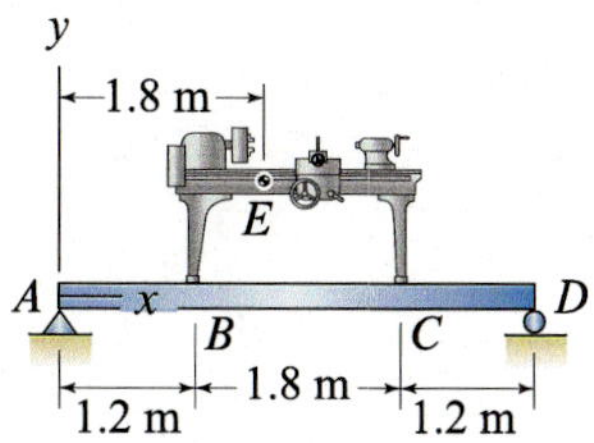

그림 P8.67

문제 8.68

보 $ABCD$는 자동차를 지지하는데 사용된다고 하자. 보의 무게는 1 kN/m의 분포하중으로 간주할 수 있고, 자동차의 무게는 10 kN이며, 무게중심은 E 지점에 있다. 자동차의 타이어가 B 점과 C 점에서 보에 수직 외력을 가한다고 가정할 때 보 $ABCD$ 내부에 생기는 전단력함수와 모멘트함수를 구하고 전단력 선도와 모멘트 선도를 그려라.

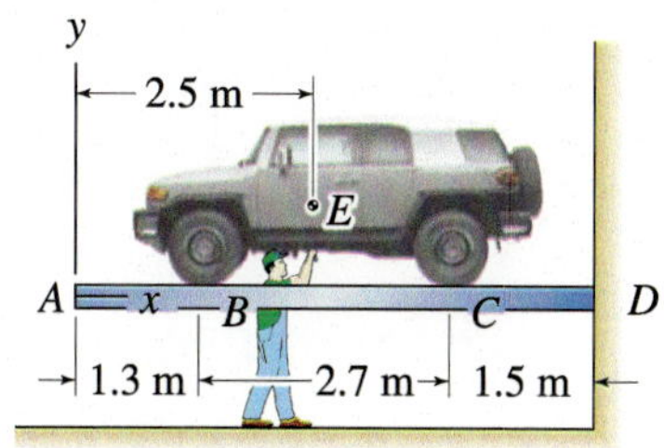

그림 P8.68

문제 8.69-8.73

다음 그림과 같이 하중을 받는 보에 대해 전단력 선도와와 모멘트 선도를 그려라. 전단력과 모멘트를 위치의 함수로 구할 필요는 없다.

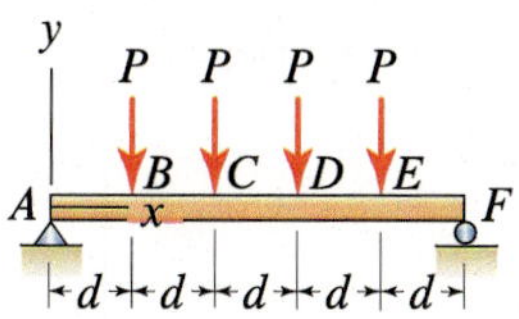

그림 P8.69

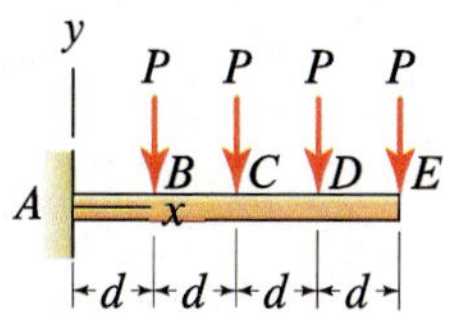

그림 P8.70

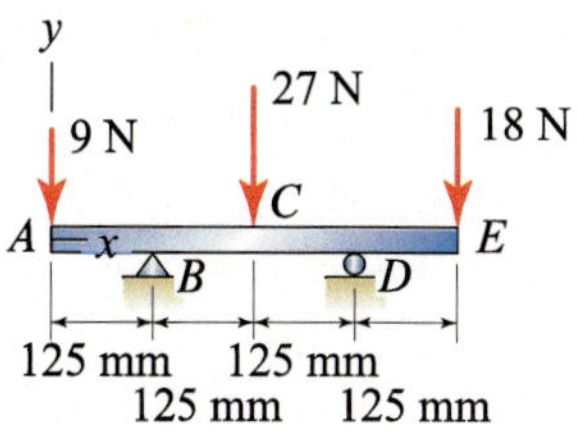

그림 P8.71

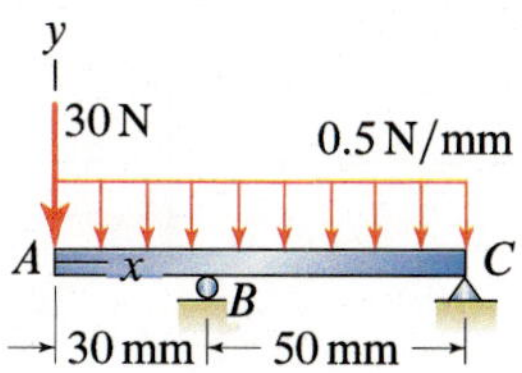

그림 P8.72

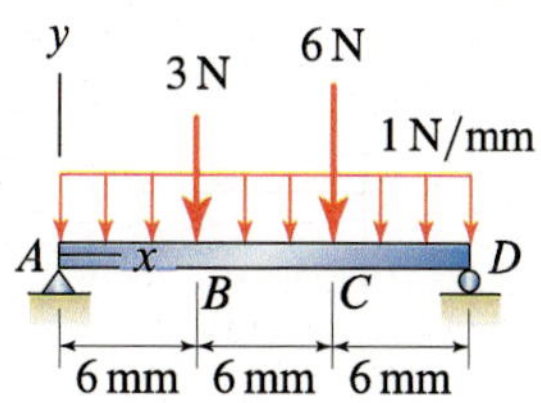

그림 P8.73

문제 8.74

예제 7.11의 그림 1에 보이는 선반에 대해 전단력 선도와 모멘트 선도를 그려라. 전단력과 모멘트를 위치의 함수로 구할 필요는 없다.

문제 8.75

아래 그림과 같이 세 개의 보가 있고, 4개의 전단력 선도 그림과, 4개의 모멘트 선도 그림이 있다. 각각의 보에 대응되는 전단력 선도 그림과 모멘트 선도 그림을 찾고 표를 완성해라. 한번 선택한 답을 또 쓸 수 있다. 보 1에 대한 답이 예시되어 있다.

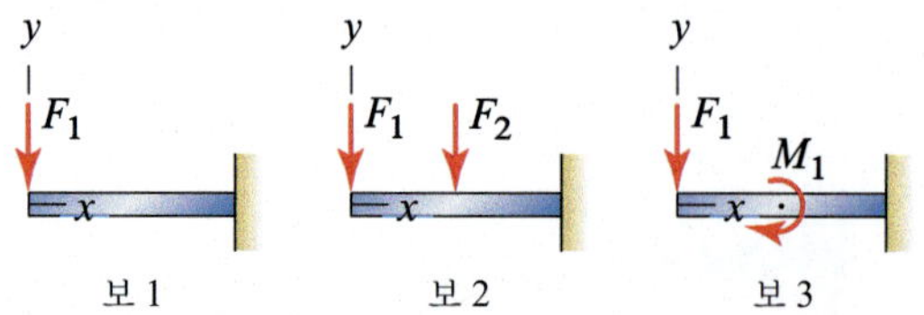

보	전단력 선도	모멘트 선도
1	c	h
2		
3		

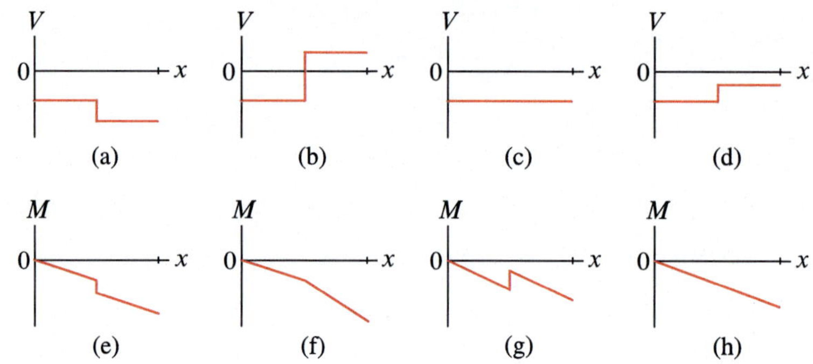

그림 P8.75

문제 8.76

아래 그림과 같이 각기 다른 분포하중을 받고 있는 세 개의 보가 있다. 4개의 전단력 선도 그림과, 4개의 모멘트 선도 그림이 있다. 각각의 보에 대응되는 전단력 선도 그림과 모멘트 선도 그림을 찾고 표를 완성해라. 한번 선택한 답을 또 쓸 수 있다.

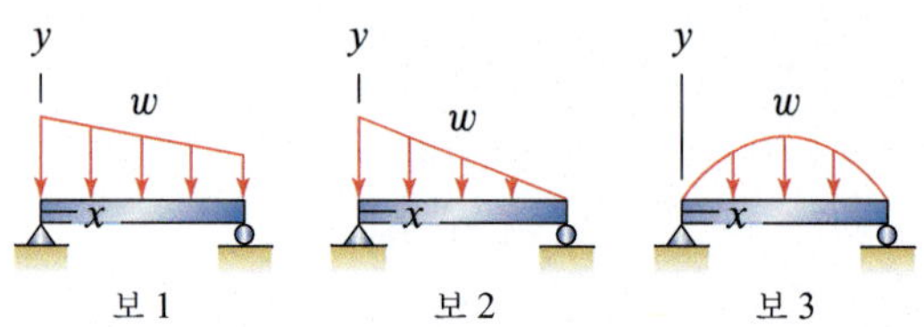

보	전단력 선도	모멘트 선도
1		
2		
3		

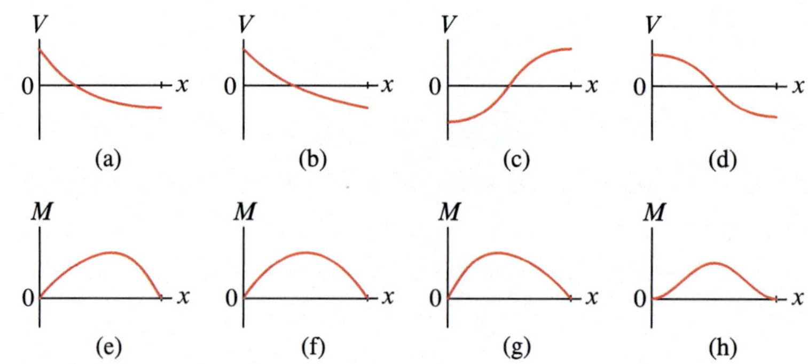

그림 P8.76

8.4 장 복습

이번 장에서 다루었던 중요한 정의, 개념, 식들이 정리되어 있다. 잘 이해가 가지 않는 식 또는 개념들에 대해서 본문에 나와있는 식들 및 쪽 번호들을 참고하기 바란다.

내력 내력은 외력에 의해 구조물 내부 또는 재료 내부에 발생하는 힘과 모멘트이다. 구조물 단면 치수가 길이에 비해 작을 때 구조물 부재는 세장부재라 한다. 이번 장에서 언급되었던 해석 방법은 세장부재에 대한 해석시 효과적이다. 2차원의 경우 내력은 두 개의 힘과 하나의 모멘트로 구성되며 그림 8.12와 같다. 여기서 N는 수직력 혹은 축하중이라고 한다. V는 전단력, M은 굽힘모멘트라고 한다. 3차원의 경우 내력은 세 개의 힘, 세 개의 모멘트로 구성되며 그림 8.13과 같다. 여기서 N은 수직력 혹은 축하중이라고 하며, V_y, V_z는 전단력, M_y, M_z는 굽힘모멘트, M_x는 토크라고 한다. 2차원의 직선 보의 내력을 구할 때 그림 8.12에 나와있는 부호약속(sign convention)을 따른다.

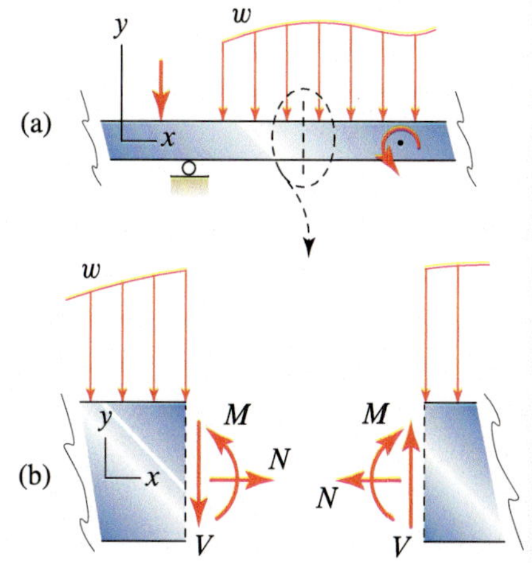

그림 8.12 이차원 세장부재의 특정 단면에 생기는 내력들.

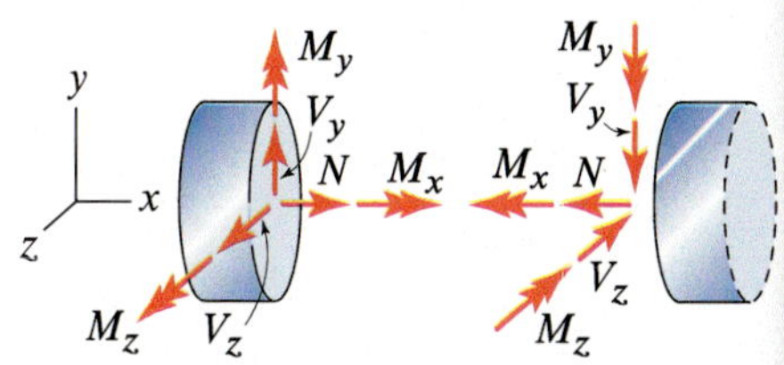

그림 8.13 삼차원 세장부재의 특정 단면에 생기는 내력들.

내력을 구하는 방법들 내력을 구하는 방법으로 이번 장에서 소개된 방법은 8.1절, 8.2절에서의 평형방정식의 이용과 8.3절에서의 적분 풀이법이 있다. 평형방정식을 이용할 때는 필요한 부분의 단면을 자르고 자유물체도를 그린 다음 평형방정식을 세우고 내력 함수를 구한다. 적분풀이법에서는 다음에 정리되어있는 미분방정식을 풀어 내력 함수를 구한다. 전단력 선도와 모멘트 선도는 전단력 함수와 모멘트 함수에 대한 그래프이다.

V, M, w 사이의 관계 그림 8.6에 보이듯이 직선 보의 작은 부분에 대한 자유물체도를 그려 전단력, 모멘트, 분포하중 사이의 관계를 구해보면 다음과 같다.

식 (8.3), (8.6) p. 476

$$\frac{dV}{dx} = -w, \qquad \frac{dM}{dx} = V$$

식 (8.3)에 의해 "보의 x 지점에서의 전단력 변화율은 그 지점에 가해지는 분포하중의 음수와 같다."가 성립되며, 식 (8.6)에 의해 "보의 x 지점에서의 모멘트 변화율은 그 지점에 가해지는 전단력과 같다."가 성립된다.

적분을 이용한 V와 M의 계산 식 (8.3), (8.6)의 미분방정식을 다시 써서 적분 형태로 나타내면 다음과 같다.

식 (8.9), (8.11) p. 477

$$V = V_P - \int_{x_P}^{x} w\,dx, \qquad M = M_P + \int_{x_P}^{x} V\,dx$$

만일 분포하중 w가 위치의 함수인 경우 식 (8.9)를 이용하여 위치에 따른 전단력 함수를 구할 수 있다. 일단 전단력 함수를 알면, 식 (8.11)을 이용하여 위치에 따른 모멘트 함수를 구할 수 있다.

전단력 선도와 모멘트 선도를 그리기 위해 식 (8.9)와 (8.11)을 다음의 형태로 바꾼다.

식 (8.12) p. 478

$$V_Q = V_P - \underbrace{\int_{x_P}^{x_Q} w\, dx}_{w\text{-}x \text{ 그래프에서 } x_P\text{와 } x_Q \text{ 사이의 그래프 면적}} \qquad M_Q = M_P + \underbrace{\int_{x_P}^{x_Q} V\, dx}_{v\text{-}x \text{ 그래프에서 } x_P\text{와 } x_Q \text{ 사이의 그래프 면적}}$$

설계 고려사항 보를 설계할 때는 허용 강도, 허용 변형, 허용 피로 수명, 가격, 가공성 등 여러 가지 설계 고려 사항이 있다.

복습 문제

문제 8.77

보는 A 점에서 롤러지지되고 있고 수평운동 및 회전이 불가하고 수직운동만 가능한 장치에 의해 C 점에서 지지된다. 평형방정식을 이용하여 전단력 함수와 모멘트 함수를 구하고 전단력 선도와 모멘트 선도를 그려라.

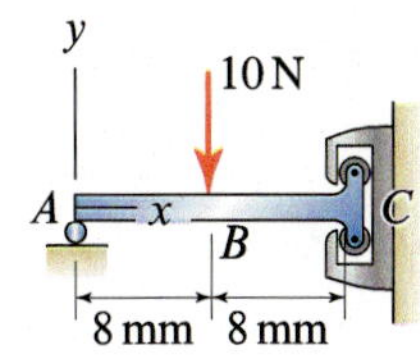

그림 P8.77

문제 8.78, 8.79

부재 ABC와 CDE가 C 점에서 핀연결 되어 있고 A와 E에서 핀지지되고 있다. 다음에 작용되는 내력을 구해라.

문제 8.78 A 점의 바로 오른쪽 단면 F와 B 점의 바로 왼쪽 단면 G

문제 8.79 B 점의 바로 오른쪽 단면 H와 C 점의 바로 왼쪽 단면 I

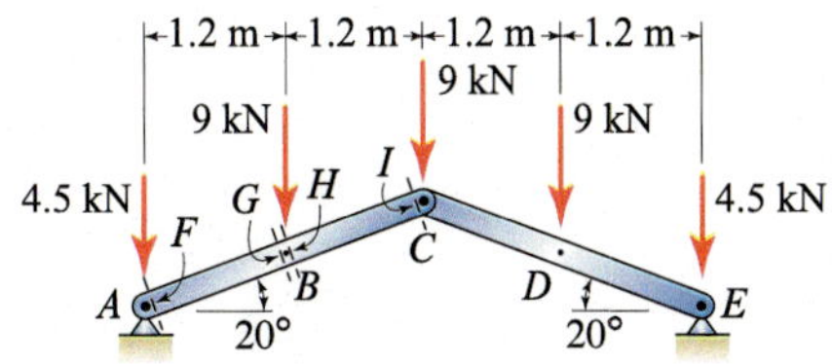

그림 P8.78, P8.79

문제 8.80

레그룸(leg room)용 사분원 부재 AB는 데스크 부재 CD를 지지한다. 부재들의 무게를 무시하고 단면 E, F, G에서의 내력을 구해라. 단면 E는 A의 바로 위쪽 지점이고, F는 AB의 중간 지점, G는 B의 바로 오른쪽 지점의 단면이다.

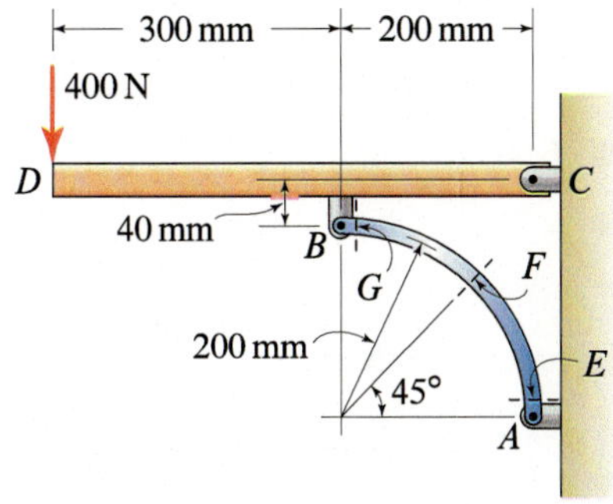

그림 P8.80

문제 8.81

역사적으로 중요한 배갑판이 복원되어야 하며 다량의 부숴지기 쉬운 나무판(보)을 들어 올려야 한다. 두 개의 끈을 이용하여 나무판을 들어올리는데, 나무판 내부의 모멘트의 최대 절대값이 가능한한 작게 해주는 치수 d를 L로 나타내라. 나무판을 균일하중이 가해지는 직선 보라고 가정하고 끈의 방향은 수직이라고 가정한다.

힌트 최적의 d에서 유발되는 모멘트는 보의 중간 지점에서의 모멘트와 동일한 값이 된다.

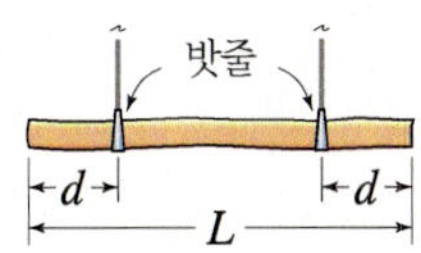

그림 P8.81

문제 8.82, 8.83

평형방정식을 이용하여 전단력 함수와 모멘트 함수를 구하고 전단력 선도와 모멘트 선도를 그려라.

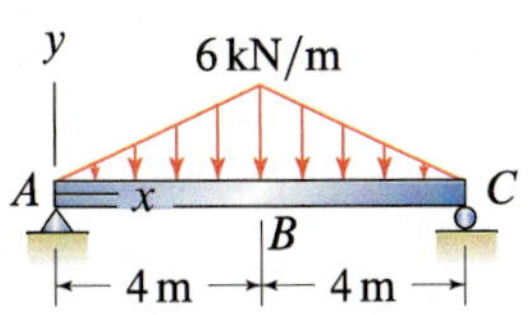

그림 P8.82

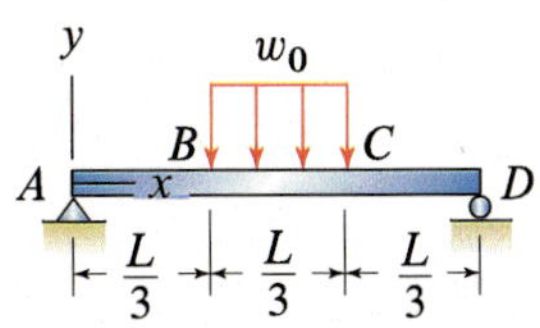

그림 P8.83

문제 8.84

적분 풀이법을 이용하여 문제 8.82를 다시 풀어라.

문제 8.85

적분 풀이법을 이용하여 문제 8.83을 다시 풀어라.

문제 8.86, 8.88

그림에 보이는 장치는 공장에서 공구를 지지하기위해 사용되는 장치이며, 이때 공구의 D 점에는 60 N의 수직력이 가해진다. 이 장치에서 공구는 좌우로 미끄러질 수 있으며 d는 50 mm $\le d \le$ 200 mm의 범위에 있다. 다음의 조건들에서 보 AB의 전단력 함수와 모멘트 함수를 구하고 전단력 선도와 모멘트 선도를 그려라. B와 C에서의 롤러의 크기는 무시하라.

문제 8.86 $d = 200$ mm

문제 8.87 $d = 100$ mm

문제 8.88 $d = 50$ mm

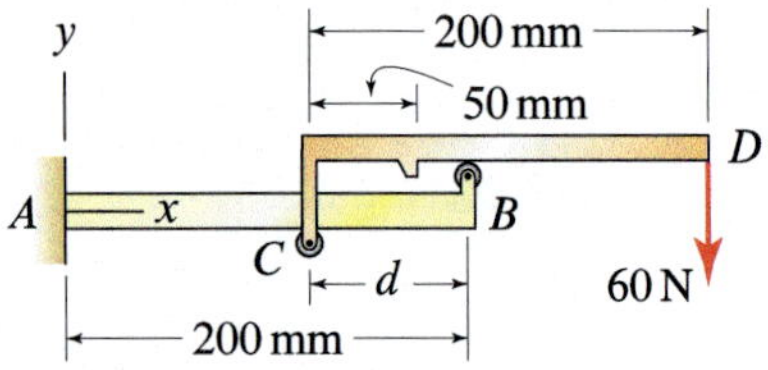

그림 P8.86-P8.88

문제 8.89

1. 그림 P8.89(a)의 외팔 보에 대해 전단력 함수와 모멘트 함수를 구하고 답은 P, a, b와 같은 파라미터로 나타내라.
2. 그림 P8.89(b)의 외팔 보에 대해, (a)의 결과에 대한 중첩 원리를 이용하여 전단력함수와 모멘트 함수를 구하고 답은 P, a, b 와 같은 파라미터로 나타내어라.

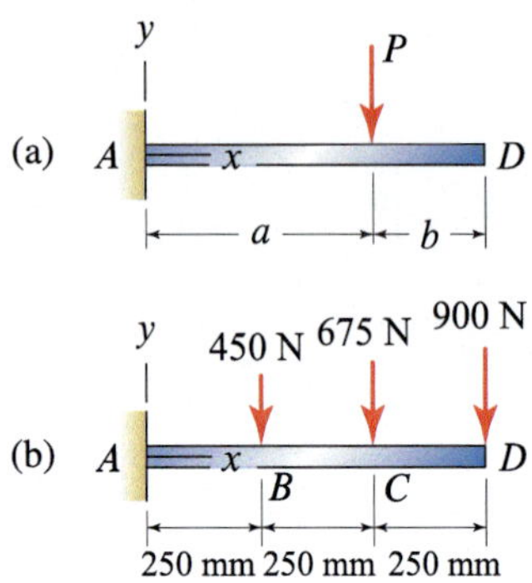

그림 P8.89

문제 8.90, 8.91

하중을 받는 보의 전단력 선도와 모멘트 선도를 그려라. 전단력 함수와 모멘트 함수를 구할 필요는 없다.

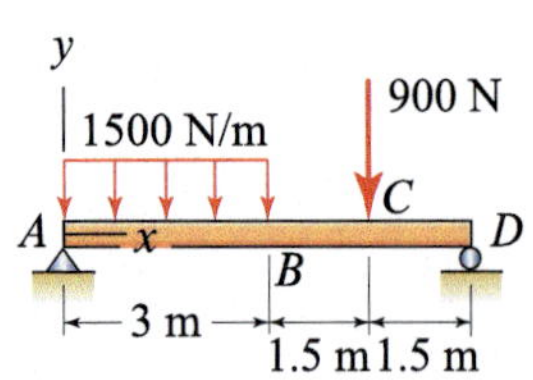

그림 P8.90

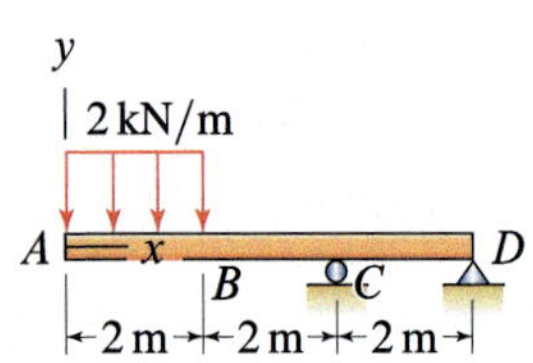

그림 P8.91

문제 8.92

(a) 힘평형 풀이법을 이용하여 $0 \le x \le 3$ m일 때의 전단력 함수를 구하라.

(b) 적분 풀이법과 (a)의 결과를 이용하여 $0 \le x \le 3$ m일 때의 모멘트 함수를 구하라.

(c) B의 바로 오른쪽 지점과, C 점에서의 전단력과 모멘트가 전단력 선도와 모멘트 선도에 표시되어 있다. 검토를 해서 3 m $\le x \le$ 6 m인 경우에 대해 전단력 선도와 모멘트 선도를 완성하라. 곡선 형태를 정확하게 그리고 x = 3 m, x = 6 m일 때의 곡선의 기울기를 표시하라.

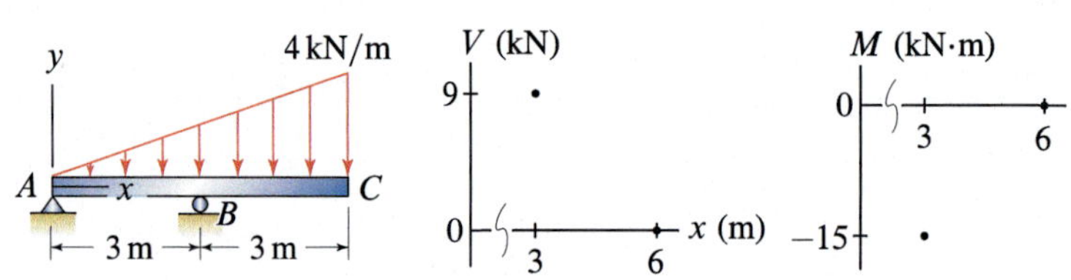

그림 P8.92

문제 8.93

(1) 평형방정식을 이용하여 $1.8\text{ m} \le x \le 3.6\text{ m}$일 때의 전단력 함수를 구하라.

(2) 적분 풀이법과 (1)의 결과를 이용하여 $1.8\text{ m} \le x \le 3.6\text{ m}$일 때의 모멘트 함수를 구하라.

(3) A 지점과 B의 바로 왼쪽 지점에서의 전단력과 모멘트가 전단력 선도와 모멘트 선도에 표시되어 있다. 검토를 해서 $0 \le x \le 1.8\text{ m}$인 경우에 대해 전단력 선도와 모멘트 선도를 완성하라. 곡선 형태를 정확하게 그리고 $x = 1.8\text{ m}$, $x = 3.6\text{ m}$일 때의 곡선의 기울기를 표시하라.

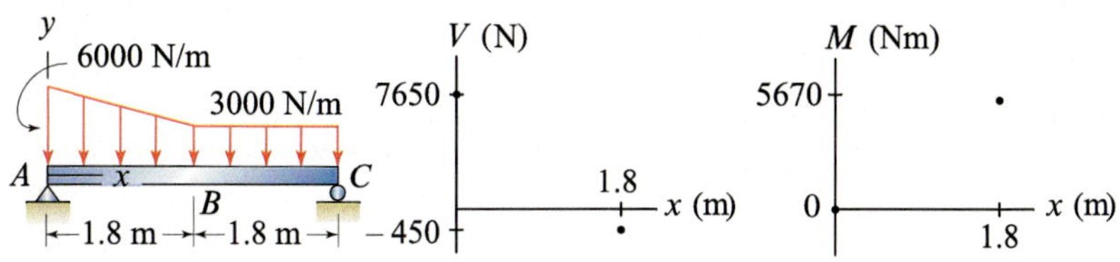

그림 P8.93

문제 8.94

(1) 평형방정식을 이용하여 $0 \le x \le 1.8\text{ m}$일 때의 모멘트 함수를 구하라.

(2) 적분 풀이법을 이용하여 $1.8\text{ m} \le x \le 3.6\text{ m}$일 때의 전단력 함수를 구하라.

(3) B의 바로 오른쪽 지점과, C 점에서의 전단력과 모멘트가 전단력선도와 모멘트 선도에 표시되어 있다. 검토를 해서 $1.8\text{ m} \le x \le 3.6\text{ m}$ 이하인 경우에 대해 전단력 선도와 모멘트 선도를 완성하라. 곡선 형태를 정확하게 그리고 $x = 1.8\text{ m}$, $x = 3.6\text{ m}$일 때의 곡선의 기울기를 표시하라.

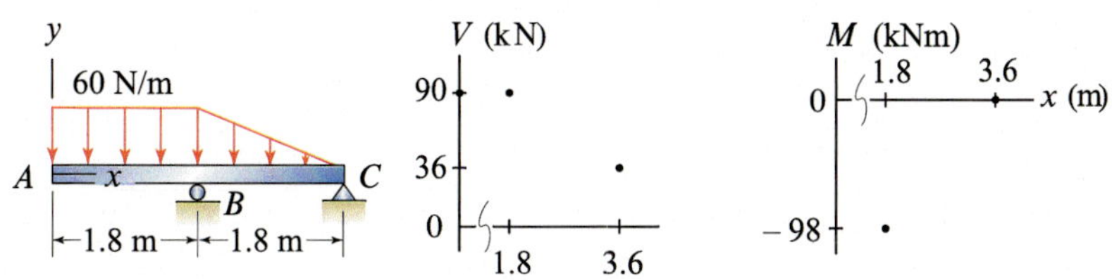

그림 P8.94

문제 8.95

(a) 평형방정식을 이용하여 $0 \le x \le 3$ m일 때의 모멘트 함수를 구하라.

(b) 적분 풀이법을 이용하여 $6\ \text{m} \le x \le 9$ m일 때의 전단력 함수를 구하라.

(c) B의 바로 오른쪽 지점과, C의 바로 왼쪽 지점에서의 전단력과 모멘트가 전단력 선도와 모멘트 선도에 표시되어 있다. 검토를 해서 $3\ \text{m} \le x \le 6$ m인 경우에 대해 전단력 선도와 모멘트 선도를 완성하라. 곡선 형태를 정확하게 그리고 $x = 3$ m, $x = 6$ m일 때의 곡선의 기울기를 표시하라.

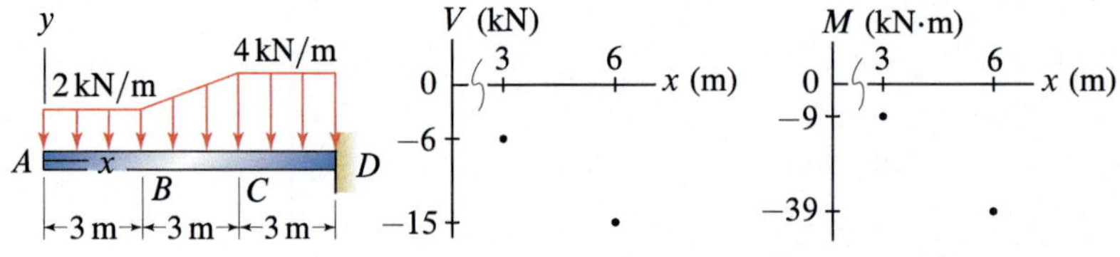

그림 P8.95

문제 8.96

(a) 평형방정식을 이용하여 $6\ \text{m} \le x \le 12$ m일 때의 모멘트 함수를 구하라.

(b) 적분 풀이법을 이용하여 $0 \le x \le 6$ m일 때의 전단력 함수를 구하라.

(c) A,B,C 점에서의 전단력과 모멘트가 전단력 선도와 모멘트 선도에 표시되어 있다(B의 바로 왼쪽 지점의 전단력은 4 kN이고 B의 바로 오른쪽 지점의 전단력은 −11 kN이다). 검토를 해서 전체 보에 대한 전단력 선도와 모멘트 선도를 완성하라. 곡선 형태를 정확하게 그리고 $x = 0$, $x = 6$ m, $x = 12$ m일 때의 곡선의 기울기를 표시하라.

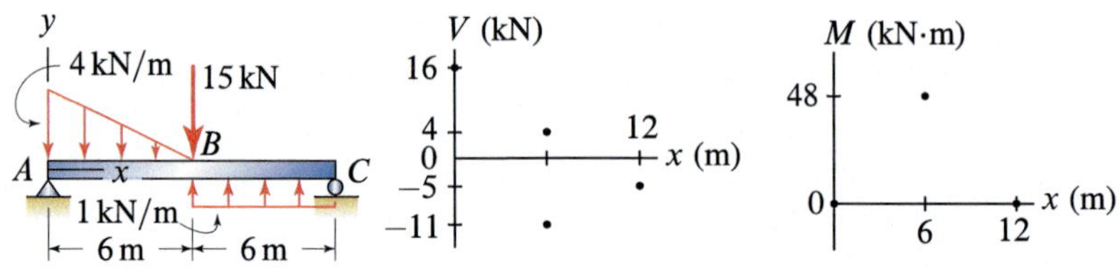

그림 P8.96

C h a p t e r

9 마찰

두 물체가 접촉할 때, 마찰은 일반적으로 두 물체 사이에서 발생한다. 이 장은 마찰력을 정량화 하기 위한 모델을 제시하고 마찰 및 미끄럼 문제를 해석하는 방법을 다룬다.

9.1 기본 개념

두 물체가 접촉해 있을 때 두 물체는 서로 상대적으로 미끄러지려는 경향이 있다. 이 경우 물체들 사이의 접촉면에 발생하는 미끄럼운동에 저항하는 힘을 마찰력(*friction force*)이라 한다. 마찰력의 크기가 얼마나 되는지는 수많은 인자의 영향을 받으며, 이러한 주제를 다루는 학문분야를 마찰공학(*tribology*)라 하는데 이 단어는 **문지르다**의 의미를 가진 그리스어 **트라이보**(tribos)에서 유래되었다.

마찰공학의 간략한 발달사

레오나르도 다빈치(1452−1519)는 자신의 마찰 연구에서 과학적 접근법을 이용했으며 마찰력과 수직력은 비례한다는 것을 인식하였다. 1699년에는 프랑스의 공학자인 기욤 아몽통(Guillaume Amontons)이 돼지 지방으로 윤활한 철, 구리, 납, 나무 등을 다양하게 조합하여 마찰시험을 한 보고서를 프랑스 아카데미에 제출하였다. 그는 미끄럼운동을 하는 동안 마찰력 F와 수직력 N은 $F \approx N/3$의 관계가 있음을 알아냈고, 마찰력은 접촉면적과는 무관하다는 아주 중요한 사실도 알아냈다. 1781년에는 전기와 자기에서 획기적인 연구를 수행했던 프랑스의 물리학자이자 엔지니어인 쿨롱(Charles Augustin de Coulomb,1736-1806)이 아몽통의 발견을 확인하였으며, 정지 및 운동마찰을 구분하였다. 쿨롱의 연구는 주목할 만한 것이었지만 아몽통의 발견은 사실상 개선되지 않았다.

흥미로운 사실

접촉면. "두 고체를 함께 두는 것은 마치 스위스를 뒤집어서 오스트리아 위에 두는 것과 같다−본질적인 접촉면적은 작을 것이다." 이 말은 1950년대 BBC방송에서 선구자적인 마찰공학자 F. P. Bowden에 의해 사용되었다. 비록 겉모양으로는 어느 정도 매끄럽게 보인다 할지라도 사실상 모든 접촉면은 본질적으로 작은 스케일에서는 거칠다.

그림 9.1 Hippolyte Lecomte가 묘사한 쿨롱의 초상화.

그럼에도 불구하고, 이 장에서 다루는 마찰모델은 가끔 아몽통의 법칙(*Amontons' law*) 또는 아몽통–쿨롱의 법칙(*Amontons-Coulomb law*)[1]이라 불리지만 주로 쿨롱의 법칙(*Coulomb's law*)이라 부른다.

간단한 실험

접촉하고 있는 물체 사이의 마찰의 기본 특징과 이 현상을 표현하는 모델은 무게가 W인 빈 커피 잔이 탁자에 놓여 있는 그림 9.2(a)에 나타낸 예제를 고려함으로써 밝힐 수 있다. 당신의 손가락을 사용하여 오른쪽으로 컵이 미끄러지도록 컵에 영(zero)의 값으로부터 서서히 증가하는 수평력 P를 가한다고 상상해보라. 컵과 테이블 사이에는 그림 9.2(b)의 자유물체도(FBD)에 보인 바와 같이 수직력 N과 마찰력 F가 생긴다. 당신이 관찰할 수 있듯이 P와 마찰력 F 사이의 관계가 그림 9.2(c)에 나타나 있다. 이 그림의 영역 AB에 있어서 컵은 움직임이 없다(이것은 가끔 *stick*이라 함). 그래서 정적평형이 성립하고, $\sum F_x = 0$를 적용하면 $P = F$임을 관찰할 수 있다. B 점에서는 운동이 임박하다(impending)라고 하는데, 이는 미끄럼이 발생하려고 한다는 의미이다. B 점을 지난 P값에 대하여, 컵과 테이블 사이의 접촉면은 평형상태를 유지할 만큼 충분히 큰 마찰력을 지지할 수 없다. $P > F$인 구간에서는 미끄럼이 일어나고, 컵이 가속되며 x 방향의 가속도가 0이 아니므로 뉴턴의 법칙 $\sum F_x = ma_x$를 사용해야 한다.

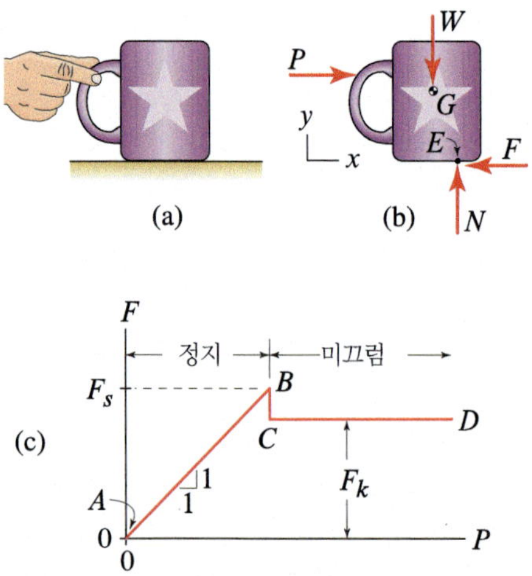

그림 9.2 (a) 하중 W 및 무게중심 G, 수평력 P를 받는 빈 커피 컵 (b) 자유물체도 (c) P와 마찰력 F 간의 관계. 접촉력 N 및 F가 작용하는 위치인 E 점은 일반적으로 G 바로 아래에 있지 않다는 것에 주목하라; $\sum M = 0$을 이용하여 이 점의 위치를 구할 수 있다.

만약 최초의 빈 컵 무게의 두 배 이상이 되는 커피를 채운 컵을 사용하여 실험을 반복한다면 미끄럼이 시작되는 힘은 거의 두 배가 됨을 알게 될 것이다. 일반적으로, 그림 9.2(c)에 보여진 바와 같이 미끄럼이 일어나는 마찰력 F_s는 미끄럼을 유지하려는 마찰력 F_k보다 어느 정도 커야 하는데, 이 값들을 정지 마찰력(*static friction force*) 그리고 운동 마찰력(*kinetic friction force*)이라고 한다. 그림 9.2(c)는 마찰력이 F_s에서 F_k로 순간적으로 감소됨을 보여준다. 실제적으로 이런 감소는 급속한 것이고 순간적인 것은 아니다.

그림 9.3은 $F_s > F_k$인 이유에 대한 간단한 이론을 제공한다. 접촉면들은 본래 거칠고, 실제적인 접촉은 x 방향이 접촉면의 중간 면을 따라 놓여진, 그림 9.3에 나타난 두 경우처럼 상대적으로 현저히 표면이 거친 곳에서 일어난다. 미끄럼 전에 두 돌출부(asperity)를 가진 면에 지지된 힘은 $\vec{R}_s$와 $-\vec{R}_s$이며, 미끄럼이 일어난 직후 이 힘들은 $\vec{R}_k$과 $-\vec{R}_k$로 바뀐다. 약간의 미끄럼 후에 한 표면의 돌출부들은 다른 면의 돌출부들을 타고 넘어 수평으로 미끄러진다. 따라서 $\vec{R}_k$의 y 성분에 비해 x 성분은 미끄럼 직전보다는 더 작아진다. 요컨대, 이 모델은 미끄러지기 전에는 한 표면의 돌출부가 다른 표면의 골에 머무르고, 미끄러질 때는 돌출부끼리 접촉을 한다고 가정한다. 미끄러지기 전에 한 표면의 돌출부가 다른 표면의 골에 머무르는 이유는 돌출부의 미세진동과 점성변형(즉, 시간의존 유동) 등 때문이다.

쿨롱의 마찰법칙

수직력과 두 접촉하는 표면 간의 마찰력의 관계를 서술하는 모델은 쿨롱의 법칙이라고

1) 마찰공학 분야의 탁월한 연구 뿐만 아니라 추가적인 역사적 배경들은 1996년도에 K. C. Ludema가 서적 *Friction, Wear and Lubrication*(CRC Press, Boca Raton)에 나와있다.

불리며, 다음과 같은 관계를 갖는다.

$$|F| \le \mu_s N \quad \text{미끄럼 전}(<) \text{ 및 임박한 운동}(=) \tag{9.1}$$

$$|F| = \mu_k N \quad \text{미끄럼 시작 후} \tag{9.2}$$

여기서,

N은 압축상태에서 양(+)의 값으로 정의된 두 표면 간의 수직력이며, 항상 $N \ge 0$이다;

F는 두 표면 사이의 마찰력이며, 표면 사이의 상대적 운동을 항상 방해하는 방향이다;

μ_s(그리스문자 뮤(*mu*))는 **정지 마찰계수**(*coefficient of static friction*);

μ_k는 **운동 마찰계수**(*coefficient of kinetic friction*).

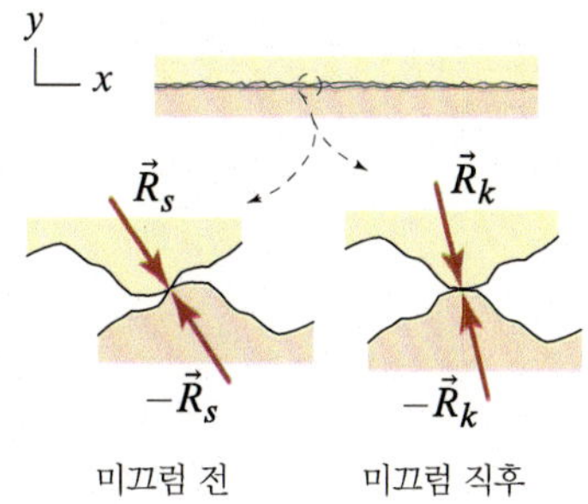

그림 9.3 정지 마찰력이 운동 마찰력보다 더 큰 이유를 설명하는 모델.

쿨롱의 법칙은 겉보기 접촉면적 및 미끄럼 속도와는 관련이 없다. 이런 가정의 어느 것도 아주 정확하지는 않지만 많은 적용들에서는 타당하다. 마찰력의 절대값은 다음과 같은 이유 때문에 식 (9.1)과 (9.2)에서 사용된다. 그림 9.2(b)에 있는 자유물체도(FBD)를 그릴 때 그림의 반대방향이 양(+)이 되도록 F의 방향을 정한다고 상상하라. 우리가 컵을 밀었을 때 컵이 평형상태에 있다고 가정하고, $\sum F_x = 0$을 사용하면 $F < 0$값을 얻는데 이것은 정확하다. P가 증가함에 따라, F 또한 절대값이 운동이 임박한 $\mu_s N$에 도달할 때까지 음의 방향으로 증가한다. 정역학과 많은 다른 주제들에 있어서, 우리는 신중하게 생각하여 마찰력이 미끄럼과 반대되는 적당한 방향으로 그려지도록 자유물체도를 그린다. 이러한 경우 모든 마찰력은 양의 값을 가지므로 우리는 쿨롱의 법칙에서 절대값 부호를 생략한다.

> **개념 정리**
>
> **쿨롱의 마찰법칙.** 쿨롱의 마찰법칙은 두 항으로 구성된다.
>
> - $|F| \le \mu N$를 의미하는 식 (9.3).
> - 마찰력의 방향은 항상 접촉면 사이의 상대적 운동방향과 반대다.
>
> 이 중에 두 번째 항은 자유물체도를 작성할 때 설명할 것이다. 복잡한 문제에서는 마찰력의 방향을 신중하게 결정해야 한다.

우리는 보통 식 (9.1)와 식 (9.2)로 주어진 쿨롱의 법칙을 다음과 같이 간결하게 표현할 것이다

$$|F| \le \mu N \tag{9.3}$$

여기서 정지 마찰계수는 미끄럼 전 및 운동이 임박할 때 사용되고 운동 마찰계수는 = 부호와 함께 운동이 시작될 때 사용된다. 아래에 언급한 바와 같이 확실한 마찰계수 값을 모르기 때문에 우리는 자주 $\mu_s = \mu_k$로 가정한다. 사실 매우 복잡한 공학해석에서조차도 빈번하게 이 가정을 사용한다. 위에서 언급한 바와 같이, 식 (9.3)의 절대값 부호는 만약 자유물체도 내의 마찰력이 미끄럼 운동을 방해하는 적당한 방향을 가진다면 생략될 것이다.

> **유용한 정보**
>
> **정적평형.** 이 장에서는 작업의 기초가 되는 구속조건을 생각해야 한다: 정적평형은 벡터인 물체의 가속도가 영(zero)이 되어야 한다. 따라서 해석은 물체가 정지상태(즉, 운동이 없음)에 있거나 물체가 일정한 속도와 회전이 없이 같은 방향으로 미끄러지는 문제에만 제한된다.

마찰계수

두 접촉하는 표면 사이의 마찰력은 압축하중, 접촉하는 재료의 조합, 표면 거칠기, 표면을 생성하는데 사용되는 과정, 표면이 놓여있거나 이전에 놓여 있었던 환경, 미끄럼 이력, 화학, 온도, 습도 및 다른 많은 요소들을 포함한 수많은 인자들에 의해서 영향을 받는다.

기계장치 내 기어의 이(teeth) 사이에서 발생하는 것과 같은 강과 강의 접촉 경우를 생각해보라. 실제적으로 순수 강과 순수 강 사이의 접촉은 없다. 오히려 각 강 표면은 제조공정(예를 들면, 절삭유 및 광택제), 기어들을 윤활하는 기름 그리고 자연 공기환경에서 단순히 놓여있음으로 인한 재료의 산화작용 등으로 인하여 흡수된 화학물질을 함유한 매우 얇은 재료 층을 가진다. 주로 마찰을 제어하는 것은 이러한 얇은 표면층들의 성질이다. 원자적으로 깨끗한 표면 사이의 마찰이 매우 크고 또한 여기서 묘사된 얇은 표면층들이 본질적으로 마찰을 감소시키는데, 이것은 일반적으로 예기치 않은 일이다. 이런 관점에서 식 (9.3)이 마찰의 특성을 기술하는 것은 매우 주목할 만하다. 그럼에도 불구하고, 식 (9.3)은 자연을 흉내내는 의미로 **경험적**인 것이지 자연을 서술하는 것이 아니다. 이런 토론에서 중요한 교훈은 마찰계수가 재료의 타고난 성질 또는 접촉하는 재료의 결합이 아니라는 것이다. 마찰공학 분야의 본래의 임무는 마찰계수가 다양한 매개변수에 어떻게 의존하는지를 확립하는 것이며, 쿨롱의 법칙보다 해석적이고 정확한 마찰법칙을 개발하는 것이다.

표 9.1은 접촉하는 물질의 어떤 결합에 대한 운동 마찰계수(별도로 언급되지 않으면)를 말한다. 값의 범위가 크고, 다른 변수에 대한 큰 종속성을 반영함을 인식하라. 이런 범위 밖의 값은 어떤 환경 아래에서 일어난다. 정지 마찰계수들은 일반적으로 운동 마찰계수와 같거나 더 크다. 앞에서 인용된 인자들에 더하여, 정지 마찰계수는 정지시간에 영향을 받는다. 그리고 어떤 환경에서는 운동 마찰계수보다 20-30% 정도 더 높을 수도 있다. 합금에 대한 마찰계수는 일반적으로 구성 물질(예를 들면, 연강과 철을 비교하라)에 대한 마찰계수보다 낮다.

유용한 정보

μ의 어떤 값을 사용해야 하는가? 표 9.1과 핸드북에 제시된 바와 같이 일반적인 마찰계수 값에 대한 표는 대략의 지침으로 보인다. 실질적인 투자가 설계 또는 생산에서 이루어질 때, 신뢰성이 커야 할 때 또는 성능이 마찰에 강하게 의존할 때는, 더 자세한 마찰계수의 지식을 시험에 의해 얻어야만 한다. 가능하다면, 실제조건에서 표준장치로 시험해야하며 만약 불가능하다면 유사한 조건 하에서 더 간단한 형상의 시료로 실험실에서 시험을 수행해야만 한다.

표 9.1 접촉하는 물질의 다양한 조합에 대한 마찰계수. 만약 별도로 언급되지 않으면, 보고된 값들은 20℃의 보통 공기환경에 있는 깨끗하고 윤활이 되지 않은 표면에 대한 운동 마찰계수이다.

	마찰계수[2]	
재료	자체	연강에 대해
알루미늄	0.8–1.2	0.5–0.6
철	0.8–1.5	0.8–1.5
납입청동	–	0.2–0.4
회주철	0.8–1.0	0.3–0.5
연강	0.7–0.9	–
암석(μ_s)	0.4–0.8	–
다이아몬드	0.1–0.2	–
액체윤활제로 도포된 단단한 표면	0.02–0.05	–
고체윤활제로 도포된 단단한 표면	0.05–0.15	–
포장도로 위의 타이어고무(μ_s)	0.4–1.4	
유리 위의 연질고무(μ_s)	4–10	

2) B. Bushan, Intorduction to Tribology, John Wiley & Sons, New York, 2002; K. C. Ludema, Friction, Wear and Lubrication, CRC Press, Boca Raton, 1996; R. E. Goodman, Introduction to Rock Mechanics, John Wiley & Sons, New York, 1980.으로부터 가져온 데이터

건접촉(dry contact)과 액체윤활

쿨롱법칙은 건접촉에 가장 적합하다. 표면이 액체윤활제를 가지고 있을 때는, 두 표면 사이의 수직력의 일부가 유체압력에 의해 지지되고, 쿨롱법칙이 사용될 수 없는 유체동역학의 효과가 발생한다. 그럼에도 불구하고, 만약 접촉하는 두 접촉 표면 사이에 매우 작은 양의 액체 윤활제가 존재한다면, 윤활제의 효과가 마찰계수에 의해 대략 설명되는 곳에서는 쿨롱의 법칙이 사용되는 것이 일반적이다. 가장 적합한 윤활상태는 가끔 **경계 윤활**이라고 불린다.

마찰각

지질공학과 같은 어떤 공학분야에서는 마찰계수보다는 마찰각을 사용하여 표면 사이의 마찰을 특성화하는 것이 더 일반적이다. 마찰각(*angle of friction*)은

$$\phi = \tan^{-1}\mu \tag{9.4}$$

여기서 μ은 정지 마찰계수이거나 운동 마찰계수이다. 그리고 ϕ 값은 각각 정지 마찰각이거나 운동 마찰각이다. 예를 들면, 만약 접촉물질의 특별한 조합이 $\mu_s = 0.35$라고 알려져 있다면, 식 (9.4)으로부터 정지 마찰각은 $\phi_s = 19.3°$이다. 마찰각은 그림 9.4에 묘사된 것과 같이 간단한 물리적 해석을 갖는다. 문제 9.6은 실험적 해결을 위한 방법을 포함하여 마찰각의 다른 해석을 설명한다.

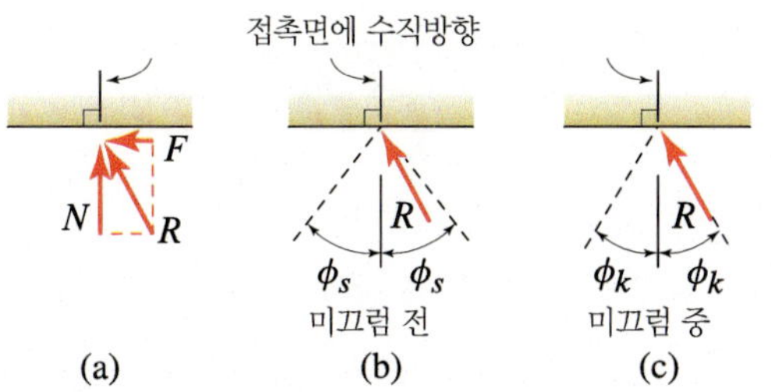

그림 9.4 마찰각의 물리적 설명. (a) R은 표면에 작용하는 수직력 N과 마찰력 F의 합력. (b) 원뿔을 정의하는 표면의 수직방향으로부터 특정한 정지 마찰각. 만약 합력이 원뿔(보여진 바와 같이) 내에 놓여진다면, 초기에 미끄럼이 없는 접촉면에 대하여는 미끄럼이 일어나지 않는다. 그리고 합력이 원뿔 상에 놓여질 때 미끄럼이 임박한다. (c) 미끄럼 동안, 원뿔상에 놓여진 합력은 운동 마찰각에 의해서 정의된다.

다수의 접촉 표면적을 가진 문제들

이 절과 다음 절에서 우리는 다수의 접촉 표면적을 갖는 문제들을 고려한다. 그러나 이번 절에서는 만약 한 표면이 미끄러진다면, 모든 표면이 동시에 미끄러져야만 하는 더 단순한 종류의 문제에 관심을 제한한다. 9.2절에서는 표면들의 일부분 만이 미끄러지는 보다 복잡한 문제들을 고려한다. 어떤 특별한 문제가 속하는 범주는 그 문제에 대해서 가능한 운동 형상을 고려함으로써 간단히 결정하게 될 것이다. 보다 정확한 용어로 운동 형상의 과목을 운동학(*kinematics*)이라고 부른다. 그리고 우리는 운동학이라는 용어를 사용할 것이다. 운동학은 동역학에서 상세하게 논의된다. 여기에서는 단지 가장 기본적

인 운동학 개념들만 필요한 만큼 소개된다.

쐐기

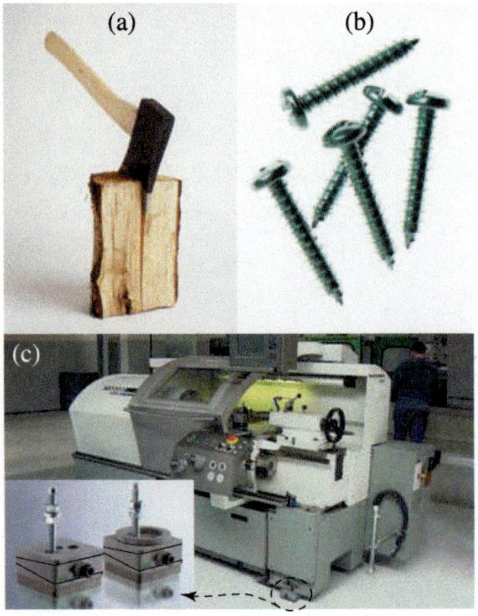

그림 9.5 쐐기의 실례. (a) 장작을 쪼개는데 사용되는 도끼. (b) 나사는 나선형으로 감긴 쐐기. (c) Gildemeister NEF330 금속절단 선반은 Bilz 정밀쐐기를 사용하여 균형을 잡는다.

쐐기(*wedge*)는 쐐기의 면을 가로지르는 방향에 잠재적으로 큰 힘을 만들어내는데 유용한 기구다. 그림 9.5는 쐐기의 몇 가지 실례를 보인다. 그리고 예제 9.3 및 9.5는 해석방법을 설명한다. 쐐기에 대한 설계기준은 일단 삽입력이 제거되면 위치를 유지하는 것이다. 예를 들면, 냉장고의 한 모서리를 수평으로 하기 위해 사용되는 쐐기를 고려하라. 쐐기가 삽입된 후 만약 쐐기가 적절한 위치 밖으로 미끄러진다면 명백하게 바람직하지 않다. 쐐기의 성능은 쐐기의 구조와 쐐기가 접촉하는 면의 마찰계수에 의존한다.

3차원 마찰에서의 쿨롱법칙

식 (9.3)으로 주어진 쿨롱법칙은 마찰력 F가 일반적으로 표면에 작용하는 두 접선력의 합력이 되도록 정의되는 3차원 마찰에 적용할 수 있다. 이 모델은 등방성 마찰(isotropic friction)로 불린다. 왜냐하면 마찰계수는 모든 가능한 미끄럼 방향에 대하여 같기 때문이다. xy 평면에 놓여 있는 접촉면을 가진 블록이 P_1, P_2, M_1 등과 같은 다양한 힘과 모멘트를 받는 그림 9.6에 보여진 예제를 고려하라. 그림 9.6에 보여진 자유물체도에 있어서 N은 수직력, F_x 및 F_y는 x 및 y 방향으로 작용하는 마찰력이며, F는 합 마찰력이다. 쿨롱법칙은

$$F = \sqrt{(F_x)^2 + (F_y)^2} \le \mu N \tag{9.5}$$

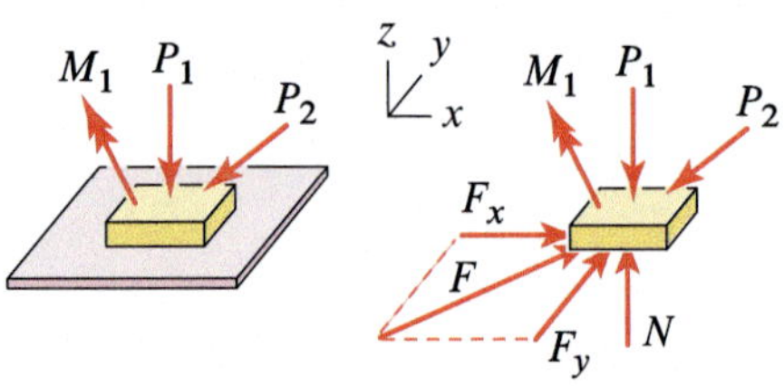

그림 9.6 3차원의 등방성 마찰에 적용된 쿨롱의 마찰법칙.

여기서 F가 음이 아니므로 절대값 부호는 필요하지 않다.

등방성 마찰은 어떤 문제에 대해서는 적당하지 않을 수도 있다. 예를 들면 그림 9.6에 있는 표면의 단면 또는 양면이 x가 연삭방향인 **연삭**으로 처리했다고 하자.[3] 그런 표면은 y 방향에 있어서 미끄럼보다 x 방향에 있어서 미끄럼 마찰계수가 더 작다. **이방성 마찰**을 감안한 보다 세련된 해석의 쿨롱법칙이 필요하다.

설계 고려사항들

마찰이 핵심요소인 설계에 있어서 주요 어려움은 마찰거동을 예측하기 어렵다는 것이다. 쿨롱법칙은 마찰에 영향을 주는 것으로 알려져 있는 많은 현상들을 반영하지 않고, 또한 핸드북에서 발견되는 것과 같은 일반적인 마찰계수 값들의 표들은 근사 값이기 때문이다. 만약 특별한 적용에 대한 마찰계수를 구하기 위해 측정이 행해진다고 해도 장치의 수명을 넘어서 정확성에 한계가 있다. 또는 유효기간의 범위를 넘어서는 경우 마찰계수는 변할 수도 있다. 예를 들면, 미끄럼 면은 마모 때문에 더 매끈해지거나 또는

3) 연삭은 정밀한 공차의 고정도 마무리를 위해 금속 및 다른 표면에 사용하는 가공공정이다.

거칠어질 수도 있다. 미끄럼 면은 화학제품 또는 마모 부스러기 등에 의해서 영향을 받을 수 있다. 접촉표면이 처리되는 상세한 방법에 따라 마찰거동에 있어서 예기치 않은 변화를 만들 수 있다. 예를 들면, 사람들이 접촉표면을 만지거나 땀과 체액과 같은 재료가 묻었을 때, 마찰력은 크게 그리고 예기치 않게 바뀔 수 있다. 정확한 마찰 거동에 의존하는 설계는 가끔 문제가 된다. 반면에 성능이 마찰 거동의 변화에 민감하지 않은 설계가 바람직하다.

절 요약

이 절에서는 쿨롱의 마찰법칙이 논의되었다. 핵심은 다음과 같다.

- 쿨롱의 법칙은 두 개의 항목으로 이루어져 있다: 마찰력 F와 수직력 N은 $|F| \leq \mu N$의 관계를 가지며 F는 미끄럼 방향과 반대여야 한다. 식 (9.1), (9.2)과 연결하여 언급한 바와 같이 정지 마찰계수 μ_s는 미끄럼 전 및 임박시에 사용된다. 그리고 운동 마찰계수 μ_k는 미끄럼이 시작된 후에 사용된다.
- 우리는 일반적으로 마찰력이 미끄럼 운동을 방해하는 적당한 방향이 되도록 자유물체도를 그린다. 이 경우 모든 마찰력은 양의 값을 가질 것이며 쿨롱법칙에 있어서 절대값 부호는 생략될 것이다.

예제 9.1 미끄럼 방향의 효과

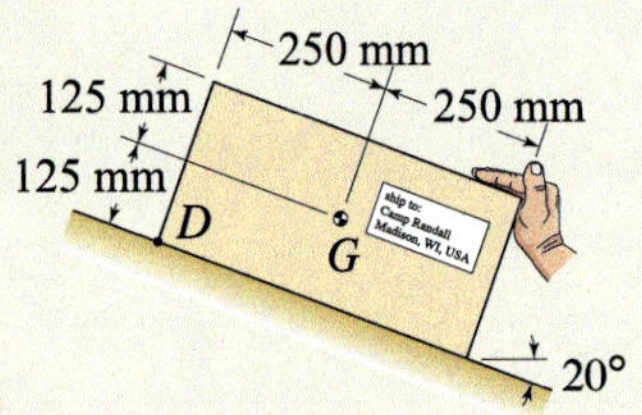

그림 1

공장에서 작업자가 판지 박스를 이동시키기 위해서 철제램프(steel ramp)를 사용한다. 만약 G 점이 무게중심인 박스의 무게가 180 N이고 , 작업자가 적용한 힘은 램프에 평행하며, 박스와 램프 사이의 마찰계수 $\mu_s = \mu_k = 0.3$이라면, 작업자가 박스를 미끄러지게 하기 위해 가해야 하는 힘을 구하라.

(a) 램프 위로 미끄러질때 (b) 램프 아래로 미끄러질때

풀이 SOLUTION

로드맵 박스의 운동이 미끄럼에 의한 것이고 기울임에 의한 것은 아니라고 가정한다(예제 9.2는 기울임 해석을 논의하고 문제 9.5는 여기서 한 가정을 증명한다). 우리는 우선 램프를 미끄러지며 오르는 박스를 생각하자. 자유물체도를 그리고, 평행방정식을 쓴 다음에 해를 구하기 위해 쿨롱법칙을 적용한다. 이 과정은 램프 아래로 미끄러질 때도 반복된다.

(a) 부분

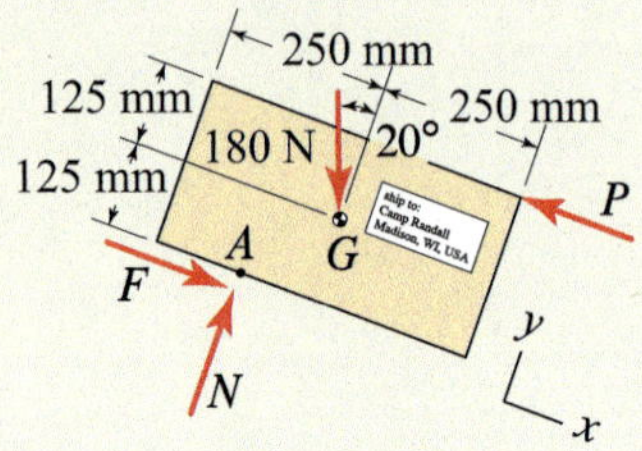

그림 2 램프를 미끄러져 올라가는 박스의 자유물체도. A 점은 접촉력 N과 F가 작용하는 위치다. 박스와 램프 사이의 실제 힘은 박스의 접촉면적 전체에 걸쳐 분포되며, A 점에서 N과 F는 이를 표현하는 등가 힘이란 것을 유의하라.

모델링 박스에 대한 자유물체도는 그림 2에 나타나 있다. 마찰력 F의 방향이 램프를 올라가는 박스의 운동과 반대라는 것이 매우 중요하다.

지배방정식

평형방정식 그림 2의 자유물체도를 사용하면 평형방정식은

$$\sum F_y = 0: \qquad N - (180\text{ N})(\cos 20°) = 0 \qquad \Rightarrow \qquad N = 169.1\text{ N} \qquad (1)$$

$$\sum F_x = 0: \qquad F + (180\text{ N})(\sin 20°) - P = 0 \qquad (2)$$

비록 우리가 수직력 N에 대한 첫 방정식을 풀 수 있었지만 이 두 방정식은 3개의 미지수를 포함한다.

힘의 법칙 미끄럼이 일어나고 있다고 가정하면, 쿨롱법칙의 식 (9.3)은

$$F = \mu N = (0.3)N \qquad (3)$$

여기서 F의 방향은 그림 2의 자유물체도에서 정확히 계산된다.

계산 식 (2), 식 (3)을 풀면

$$\Rightarrow \quad \boxed{F = 50.7\text{ N}, \quad P = 112.3\text{ N}} \qquad (4)$$

(b) 부분

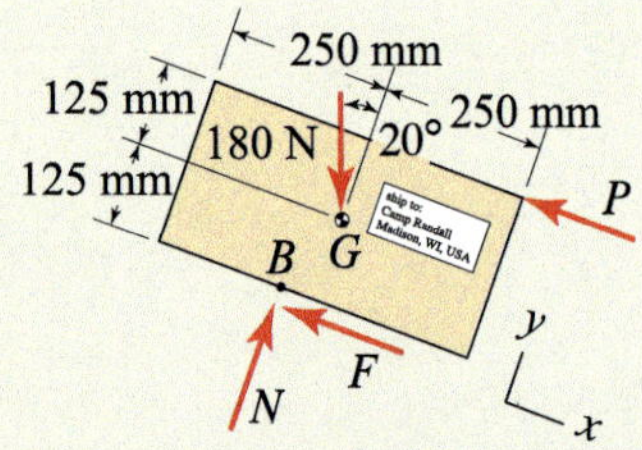

그림 3 램프를 미끄러져 내려가는 박스의 자유물체도. 이 자유물체도의 마찰력 방향은 그림 2에 보여진 것과는 반대이며, 접촉력이 작용하는 B의 위치는 A 점와는 다르다는 것을 유의하라.

램프 아랫 방향으로 미끄러지는 경우의 풀이과정은 자유물체도에 있는 마찰력 F의 방향이 바뀌어야한다는 것만 제외하곤 (a) 부분과 같다. 수정된 자유물체도는 그림 3과 같다. 지배방정식은 식 (2)의 F가 $-F$로 바꾸어야 한다는 점을 제외하곤 식 (1)에서 (3)까지 같다. 이 방정식의 해는

$$\Rightarrow \quad \boxed{N = 169.1\text{ N}, \quad F = 50.7\text{ N}, \quad P = 10.9\text{ N}} \qquad (5)$$

논의 및 검증 만약 $10.9\text{ N} \le P \le 112.3\text{ N}$이라면, 박스는 정지상태(미끄럼 없음)를 유지하고, 이 식에서 등식이 성립할 때는 운동이 임박하다. 112.3 N 이상의 힘을 가할 수도 있는데, 이 경우에 박스는 가속하며 램프를 미끄러져 오른다. 램프 아랫 방향으로 미끄러지는 경우도 유사하게 설명할 수 있다.

예제 9.2 미끄럼 운동과 기울임 운동 비교

길이 2 m인 콘크리트 교통장벽은 고속도로 건설 중에 작업자, 보행자 및 운전자들의 안전을 제공하기 위해서 사용된다. 만약 $h = 450$ mm이라면, 장벽의 운동을 야기하는 힘 P를 구하라. 그리고 장벽이 미끄러질지 기울어질지를 명시하라. 콘크리트의 비중량은 24 kN/m^3, 장벽과 포장도로 경계면의 정지 및 운동 마찰계수가 각각 0.45 및 0.40이다.

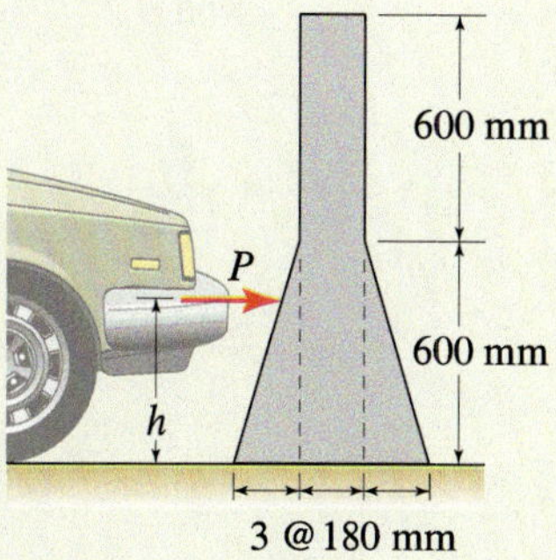

그림 1

풀이 SOLUTION

로드맵 힘 P가 작용할 때 장벽은 처음에 정지상태에 있다고 가정할 것이며, 미끄럼과 기울임이 평면적인 것에 관점을 제한할 것인데, 만약 P가 장벽의 중앙 근처(즉, 양쪽 끝에서 약 1 m)에 작용한다면 합리적이다. 처음은 미끄럼 운동, 이어서 기울임 운동을 고려할 것이다. 각각에 대하여 자유물체도를 그리고 평형방정식을 작성한다. 미끄럼 해석에 대해서는 쿨롱법칙을 적용한다.

미끄럼 운동

모델링 장벽에 대한 자유물체도가 그림 2에 있는데, 여기서 마찰력 F의 방향은 미끄럼 방향과 반대이다. 장벽의 무게 W는 비중량과 체적의 곱이다. 장벽의 체적이 0.648 m^{3}임을 확인하라. 따라서 무게는

$$W = (24 \text{ kN/m}^3)(0.648 \text{ m}^3) = 15.55 \text{ kN} \quad (1)$$

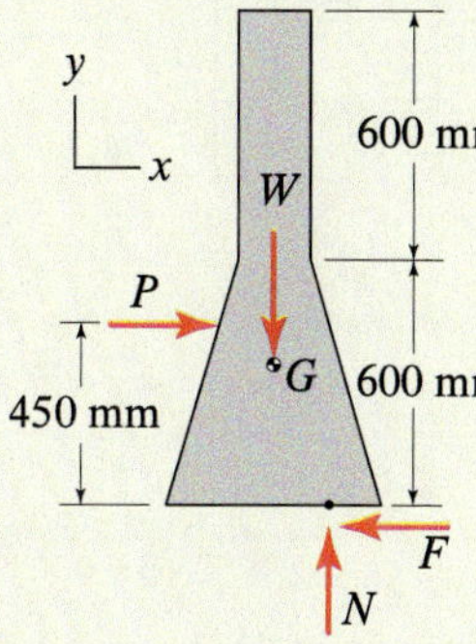

그림 2 교통장벽의 미끄럼에 대한 자유물체도.

지배방정식

평형방정식 그림 2의 자유물체도를 사용하면 평형방정식은

$$\sum F_y = 0: \quad N - W = 0 \quad \Rightarrow \quad N = 15.55 \text{ kN} \quad (2)$$

$$\sum F_x = 0: \quad P - F = 0 \quad (3)$$

힘의 법칙 미끄럼이 임박하다고 가정하면, 쿨롱법칙 식 (9.3)은

$$F = \mu N = (0.45)N \quad (4)$$

여기서는 정지 마찰계수가 사용되며 F의 방향은 그림 2의 자유물체도에서 정확히 계산된다.

계산 식 (3)과 식 (4)를 풀면

$$\Rightarrow \quad F = 7.00 \text{ kN}, \quad P = 7.00 \text{ kN} \quad (5)$$

기울임 운동

모델링 기울임은 그림 3의 자유물체도에 보인 바와 같이 기초의 오른쪽 모서리 A 점에 마찰력 N과 F가 위치할 때 일어난다.

지배방정식과 계산 그림 3에서 A 점에 대한 모멘트를 합하면 N과 F를 구할 필요가 없을 것이다. 따라서

$$\sum M_A = 0: \quad W(270 \text{ mm}) - P(450 \text{ mm}) = 0 \quad \Rightarrow \quad P = 9.33 \text{ kN} \quad (6)$$

논의 및 검증 P가 식 (5)와 (6)의 값 중 더 작은 값에 도달할때 운동은 임박할 것이다. 따라서 $P = 7.00$ kN일 때, 미끄럼에 기인한 운동이 임박한다. 만약 P가 이 값보다 극소량이라도 증가한다면, 운동 마찰계수가 정지 마찰계수보다 더 적기 때문에 그림 2의 자유물체도의 마찰력 F는 감소할 것이다. 그래서 만약 $P > 7.00$ kN이라면 장벽은 기울어지지 않고 미끄러지며, 가속 운동을 할 것이다.

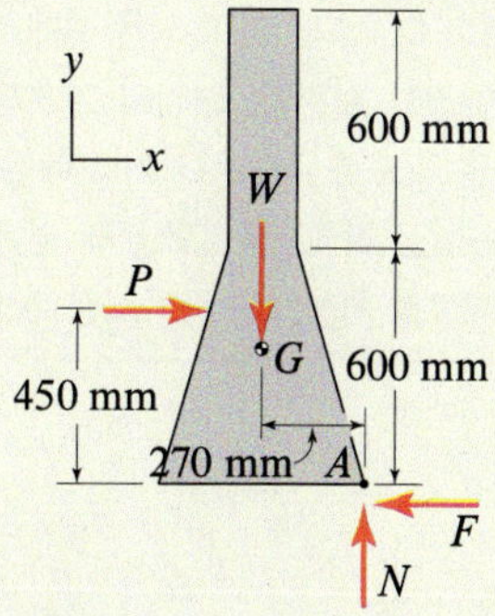

그림 3 교통장벽의 기울임에 관한 자유물체도.

예제 9.3 쐐기와 복합 접촉면

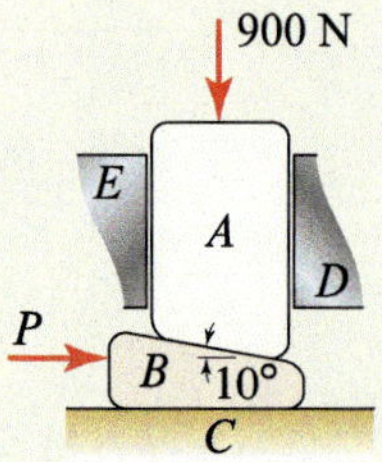

그림 1

무거운 냉장고의 한 구석을 높이기 위하여 두 개의 나일론 블록 A와 B가 사용된다. 마루 C 및 가이드 D와 E는 고정되었다. 블록 A는 냉장고의 900 N 힘을 지지하며 가이드 D와 E 사이에서 헐거운 맞춤이다. 모든 접촉면 사이의 정지 마찰계수는 0.2이다.

(a) 블록 A를 올리기에 필요한 힘 P를 구하라.

(b) $P = 0$일 때, 시스템이 정지상태에 있는지 결정하라.

풀이 SOLUTION

로드맵 블록의 무게를 무시하고, 시스템은 초기에 정지상태에 있다고 가정할 것이며, 오로지 미끄럼에 기인한 운동(즉, 블록이 기울지 않을 것으로 가정)만 해석할 것이다. 블록 A는 가이드 D와 E 사이에서 헐겁게 결합되어 있기 때문에 D 혹은 E와 접촉할 것이며, 동시에 양쪽과 접촉하지는 않는다. (a) 부분에서 블록 A가 올라가는 동안 블록 B는 오른쪽으로 미끄러진다. 접촉면은 3개이고 운동학적으로 고려하면 만약 이 면들 중의 하나가 미끄러진다면 그들 모두가 미끄러져야한다. (b) 부분에서는 만약 이것이 좋은 설계라면, $P = 0$일 때 미끄럼이 없을 것이다. 만약 미끄럼이 일어난다면, B는 왼쪽으로 움직일 것이며 A는 더 내려갈 것이다. 그리고 (a) 부분의 자유물체도는 그에 맞게 수정될 것이다.

(a) 부분

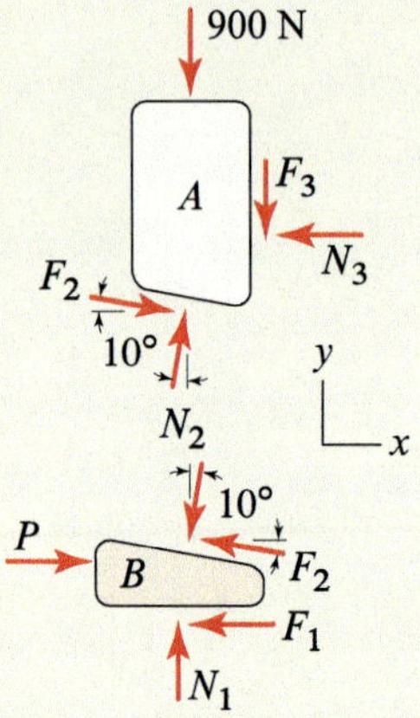

그림 2 블록 A를 올리기 위한 자유물체도.

모델링 두 개의 블록에 대한 자유물체도는 그림 2에 나타나 있으며, 마찰력의 방향은 미끄럼 방향과 반대다.

지배방정식

평형방정식 그림 2의 자유물체도를 사용하면 평형방정식은

블록 A:

$$\sum F_x = 0: \quad N_2(\sin 10°) + F_2(\cos 10°) - N_3 = 0 \tag{1}$$

$$\sum F_y = 0: \quad N_2(\cos 10°) - F_2(\sin 10°) - F_3 - 900\text{ N} = 0 \tag{2}$$

블록 B:

$$\sum F_x = 0: \quad P - F_1 - N_2(\sin 10°) - F_2(\cos 10°) = 0 \tag{3}$$

$$\sum F_y = 0: \quad N_1 - N_2(\cos 10°) + F_2(\sin 10°) = 0 \tag{4}$$

식 (1)-(4)는 7개의 미지수를 포함한다.

힘의 법칙 미끄럼이 임박하다고 가정하고, 만약 한 표면이 미끄러지면 모든 표면은 미끄러져야만 한다는 것에 주목한다면, 쿨롱법칙 식 (9.3)은 각 미끄럼 표면에 대하여

$$F_1 = \mu N_1 = (0.2)N_1, \quad F_2 = \mu N_2 = (0.2)N_2, \quad F_3 = \mu N_3 = (0.2)N_3 \tag{5}$$

여기서는 정지 마찰계수가 사용되고, F_1과 F_2 및 F_3는 그림 2의 자유물체도에서 정확히 계산된다.

계산 지금 7개의 식과 7개의 미지수가 있다. 이 식들은 쉽게 풀린다. 풀이는 다음과 같음을 확인하라.

$$\Rightarrow \quad N_1 = 976\text{ N}, \quad F_1 = 195.2\text{ N} \tag{6}$$

$$N_2 = 1027.3\text{ N}, \quad F_2 = 205.5\text{ N} \tag{7}$$

$$N_3 = 380.7\text{ N}, \quad F_3 = 76.1\text{ N} \tag{8}$$

$$\boxed{P = 576\text{ N}} \tag{9}$$

> **유용한 정보**
>
> **기계적 장점.** 식 (9)에 주어진 블록 A를 올리는 데 필요한 힘 P = 576 N은 끌어올리는 힘 900 N보다 더 작다. 이 특징은 때때로 기계적 장점이라고 불린다. 쐐기의 기계적 장점은 쐐기의 각도를 감소시키거나(예를 들면, 그림 1에 보인 각 10°를 감소), 더 낮은 마찰계수의 재료를 사용하여 증가시킬 수 있다.

(b) 부분

모델링 시스템이 미끄럼이 없는 평형상태에 있다고 가정하고, 풀이 후에 이 가정을 증명해야만 한다. 그림 3에 다음의 설명을 가진 자유물체도가 보여진다. 왜냐하면 미끄럼이 없다고 가정하기 때문에 $F_1 = \mu N_1, F_2 = \mu N_2, F_3 = \mu N_3$를 사용할 수는 없고 $F_1 < \mu N_1$ 등이 가정된다. 따라서 N_1, F_1, N_2, F_2, N_3, 그리고 F_3는 6개의 독립적인 미지수다. 미끄럼이 없다고 가정하지만, 그럼에도 불구하고 F_1, F_2, F_3의 방향은 왼쪽으로 미끄러지는 블록 B 및 아래로 움직이는 블록 A에 대하여 정확하게 보여진다.

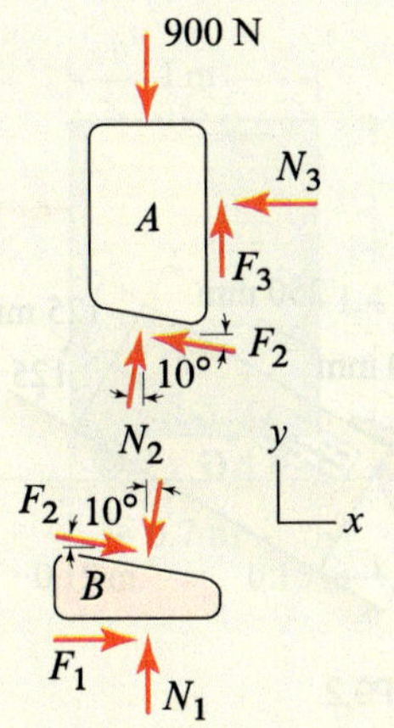

그림 3 $P = 0$일 때의 자유물체도.

지배방정식과 계산 그림 3의 자유물체도는 6개의 미지수를 포함하고 있고, 이용할 수 있는 평형방정식은 4개만 있다. 그래서 이 문제는 부정정[4]이다. 우리는 블록 A가 어떤 가이드에도 접촉하지 않는다고 가정하여 처리하는데, 만약 미끄럼이 없으면 이것은 타당하다. 그래서 $N_3 = F_3 = 0$이다. 그림 3에서 블록 A와 B를 같이 고려하여 방정식 $\sum F_x = 0$를 풀면(N_2와 F_2는 자유물체도에서 내력이기 때문에 이 평형방정식에는 나타나지 않는다) $F_1 = 0$를 얻게 된다. 그리고 $\sum F_y = 0$ 을 쓰면 $N_1 = 900$ N을 얻는다. 마지막으로 그림 3의 블록 A에 대한 평형방정식 ($N_3 = F_3 = 0$)은

블록 A: $$\sum F_x = 0: \quad N_2(\sin 10°) - F_2(\cos 10°) = 0 \tag{10}$$

$$\sum F_y = 0: \quad N_2(\cos 10°) + F_2(\sin 10°) - 900\text{ N} = 0 \tag{11}$$

$$\Rightarrow \quad N_2 = 886.4\text{ N}, \quad \text{and} \quad F_2 = 156.3\text{ N} \tag{12}$$

6개의 모든 미지수에 대한 값이 얻어졌다(즉, $N_1 = 900$ N, $F_1 = 0$, $N_2 = 886.4$ N, $F_2 = 156.3$ N, $N_3 = F_3 = 0$). 그리고 이제 이것들이 쿨롱법칙을 만족한다는 것을 증명해야만 한다. 명백하게, 표면 1은 미끄러지지 않으며, 표면 3은 비접촉이다. 표면 2에 대해 쿨롱법칙을 적용하면 $F_2 = \mu N_2 = 177.3$N일 때 미끄럼이 임박하다. 이 값이 식 (12)에서 얻은 F_2 합보다 더 크기 때문에 표면 2는 미끄러지지 않는다는 결론을 내린다. 그래서 우리가 얻은 해답은 모든 평형방정식 및 쿨롱법칙을 만족한다. 따라서 우리의 처음 가정들은 정확했으며, 시스템은 $P = 0$일 때 정지상태가 될 것이다는 결론을 내릴 수도 있다.

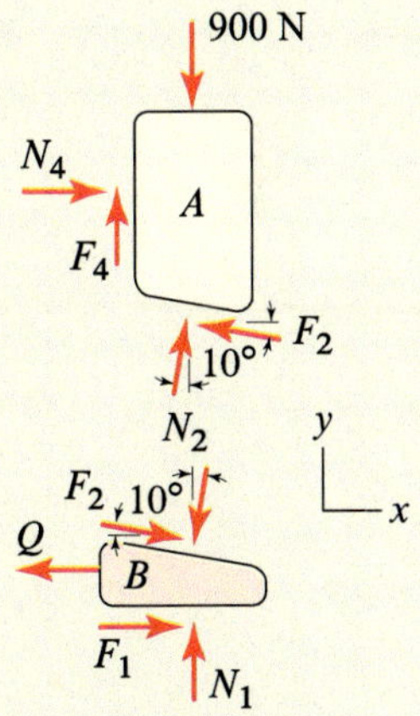

그림 4 블록 A를 내리는 자유물체도.

다른 풀이 다른 풀이로서 우리는 블록 B가 왼쪽으로 미끄러지기 위해서는 힘이 필요하다는 것을 증명할 수 있다. (a) 부분의 해결과정이 반복되며 그림 4에 있는 자유물체도는 다음의 설명들과 함께 사용된다. 힘 Q는 $-x$ 방향이 양의 값이 되도록 정의된다. 이 풀이의 초기에는 블록 A가 가이드 D 혹은 E와 접촉하는지 분명하지 않을 수 있다. 이 풀이 과정에 있어서 E와 접촉하고, 그 접촉력이 N_4와 F_4로 정의됨을 발견할 것이다. 모든 마찰력의 방향은 미끄럼 방향과 반대가 됨을 주목하라. 문제 9.13에서 이 풀이를 할 것이고 블록 A를 내리기 위해 $Q = 199.67$ N이 되어야 한다는 것을 알게될 것이다. 이것으로부터 $Q = 0$일 때와 $P = 0$일 때 운동이 없다는 것을 유추할 수 있다.

논의 및 검증 $P = 576$ N일 때 블록 A는 위로 움직이기 시작하고 $P = 0$일 때 시스템은 정지상태이다. 따라서 삽입력 P가 제거될 때 쐐기가 미끄러져 나오지 않는다는 관점에서 이 설계는 만족스럽다.

4) 블록 A와 B 각각에 대해 한 개의 모멘트 평형방정식이 표현되고, 접촉 힘계의 위치표현 형식에는 3개의 추가 미지수가 또한 표현되어야만 한다. 그래서 문제는 부정정이다.

예제 9.5 다중 접촉면

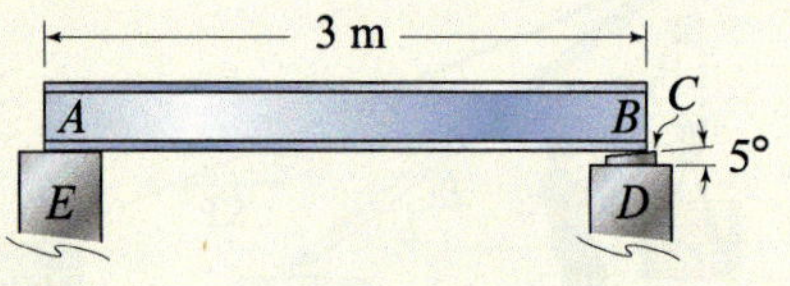

그림 1

5° 강재 쐐기 C가 3 m의 길고 균일한 무게가 1800 N인 I보 AB를 수평으로 하기 위해 사용된다. 보의 끝은 콘크리트 벽 D와 E에 의해 지지되었다. 쐐기를 왼쪽으로 움직이기에 필요한 힘을 구하고, 결과로서 생기는 보의 운동(즉, 만약 보의 끝 B가 들려올라가거나 혹은 보 전체가 왼쪽으로 미끄러진다면)을 묘사하라. 강과 강이 접촉하는 정지 마찰계수는 0.4이고 강과 콘크리트가 접촉하는 마찰계수는 0.3이다.

풀이 SOLUTION

로드맵 쐐기의 무게는 무시한다. 이 문제에는 3가지의 가능한 미끄럼 표면이 있다. 쐐기의 바닥과 D에서 정지된 벽 사이에서 미끄럼이 반드시 일어나야만 하지만 나머지 두 접촉면의 어느 것이 미끄러지는지는 불분명하다. 풀이의 첫 부분에서는 보와 쐐기가 함께 왼쪽으로 미끄러지게 하기에 필요한 힘을 구한다. 둘째 부분에서는 오직 쐐기만 미끄러지게 하기에 필요한 힘을 구한다. 이 중 작은 값이 운동이 일어나도록 하는 힘이다.

보와 쐐기의 함께 미끄럼

모델링 보와 쐐기 전체에 대한 자유물체도는 그림 2에 나타나 있는데 마찰력의 방향은 보의 미끄럼 방향과는 반대다. 평형방정식들을 쓸 때 F_1과 F_2 그리고 P의 작용선은 같다고 가정하는데, 만약 쐐기의 치수가 작다면 타당하다. 또한 A에서의 지지반력은 보의 끝에 위치한다고 가정한다.

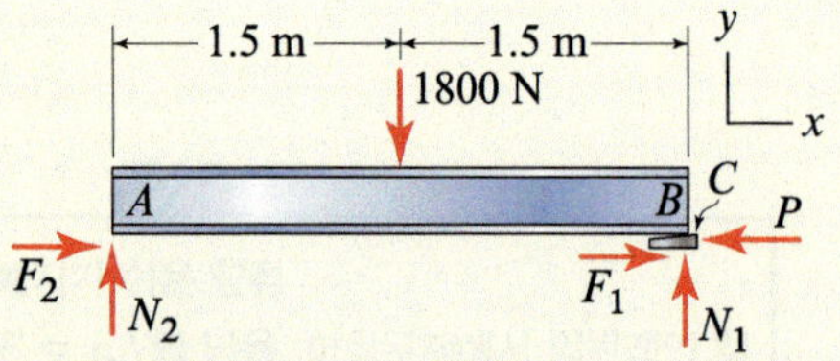

그림 2 보와 쐐기가 함께 왼쪽으로 미끄러지는 경우의 자유물체도.

지배방정식

평형방정식 그림 2의 자유물체도를 사용하면, 평형방정식은

$$\sum M_A = 0: \quad N_1(3\text{ m}) - (1800\text{ N})(1.5\text{ m}) = 0 \quad \Rightarrow \quad N_1 = 900\text{ N} \tag{1}$$

$$\sum F_y = 0: \quad N_1 + N_2 - 1800\text{ N} = 0 \quad \Rightarrow \quad N_2 = 900\text{ N} \tag{2}$$

$$\sum F_x = 0: \quad F_1 + F_2 - P = 0 \tag{3}$$

이 세 가지 식은 비록 N_1과 N_2에 관하여는 풀 수 있다 할지라도 5가지의 미지수를 포함한다.

힘의 법칙 미끄럼이 표면 1과 2에서 발생한다고 가정하면, 쿨롱의 법칙은

$$F_1 = \mu_c N_1 = (0.3)(900\text{ N}) = 270\text{ N} \tag{4}$$

$$F_2 = \mu_c N_2 = (0.3)(900\text{ N}) = 270\text{ N} \tag{5}$$

여기서, μ_c는 강과 콘크리트 사이의 정지 마찰계수다.

계산 식 (3)을 P에 대해 풀면

$$\Rightarrow \quad P = 540\text{ N} \tag{6}$$

을 얻는다.

쐐기만 미끄러지는 경우

모델링 여기서 쐐기는 왼쪽으로 미끄러지고 보의 B 끝은 들려 올라간다고 생각한다. 그림 2의 자유물체도는 아직 유효하고 평형방정식 (식 (1)-(3))도 아직 유효하다. 따라서 $N_1 = 900$ N, $N_2 = 900$ N이다. 계속해서 보 AB 또는 쐐기 C의 자유물체도를 사용해도 된다. 그리고 그림 3에 보여진 후자를 선택한다.

지배방정식

평형방정식 그림 3에 보여진 자유물체도를 사용하면, 평형방정식은

$$\sum F_x = 0: \qquad F_1 + N_3(\sin 5°) + F_3(\cos 5°) - P = 0 \tag{7}$$

$$\sum F_y = 0: \qquad N_1 - N_3(\cos 5°) + F_3(\sin 5°) = 0 \tag{8}$$

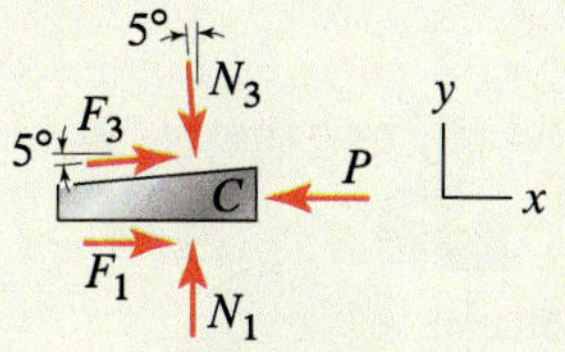

그림 3 쐐기가 왼쪽으로 미끄러지는 경우의 자유물체도.

여기서 N_1은 앞에서 계산했고 이 두 식은 4개의 미지수를 포함한다.

힘의 법칙 미끄럼이 표면 1과 3에서 일어난다고 가정하면, 쿨롱의 법칙은

$$F_1 = \mu_c N_1 = (0.3)(900 \text{ N}) = 270 \text{ N} \tag{9}$$

$$F_3 = \mu_s N_3 = (0.4)N_3 \tag{10}$$

여기서 μ_c와 μ_s는 각각 강과 콘크리트 및 강과 강에 대한 정지 마찰계수이다. 그리고 F_1과 F_3의 방향은 왼쪽방향인 쐐기의 미끄럼 운동과는 반대가 되도록 그림 3의 자유물체도에 정해져 있다.

계산 식 (7)-(10)을 풀면, $N_1 = 900$ N일 때

$$\Rightarrow \qquad N_3 = 936.2 \text{ N}, \qquad F_3 = 374.5 \text{ N}, \qquad P = 724.7 \text{ N} \tag{11}$$

논의 및 검증 P가 식 (6)과 (11)의 값 중 작은 값에 도달하면 미끄럼이 일어난다. 그래서 $P = 540$ N일 때 보와 쐐기는 함께 왼쪽으로 미끄러진다. 불행하게도, 이것은 바라던 효과가 아니다. 보의 B 끝이 들려 올라가는 결과가 될 수 있는 몇 가지 가능한 교정 방법은 다음과 같다:

- 쐐기가 삽입되는 동안 보의 왼쪽 끝에 추가하중이 일시적으로 더해지는 것이다. 예를들면, 작업자가 A 끝에 서는 것이다. 이것은 A 끝의 수직력을 증가시킬 것이며, 그곳의 마찰력을 증가시킨다.
- 마찰계수가 더 낮아지도록 보와 쐐기 사이의 접촉부에 윤활제를 공급한다.
- 여기서 얻은 모든 결과는 정적 평형인 경우다. 쐐기를 제 위치에 가도록 망치로 가볍게 두드리는 것과 같이 쐐기에 동적인 힘을 가할 수도 있다. 이것을 해석하기 위해서는 동역학이 요구된다.

문제

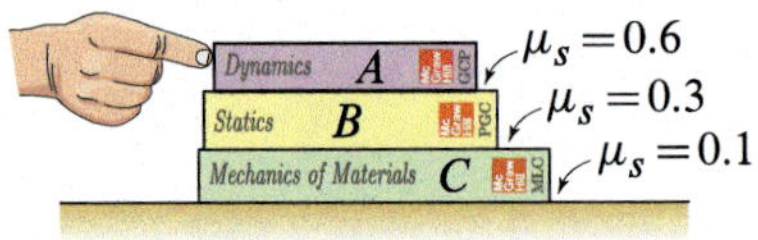

그림 P9.22

문제 9.22

3권의 책이 탁자 위에 놓여있다. 책 A, B, C의 무게는 각각 10, 15, 20 N이다. 책 중의 어느 것이라도 오른쪽으로 움직이도록 책 A에 가해야 하는 수평력을 구하라. 그리고 어느 책이 움직이는지도 구하라.

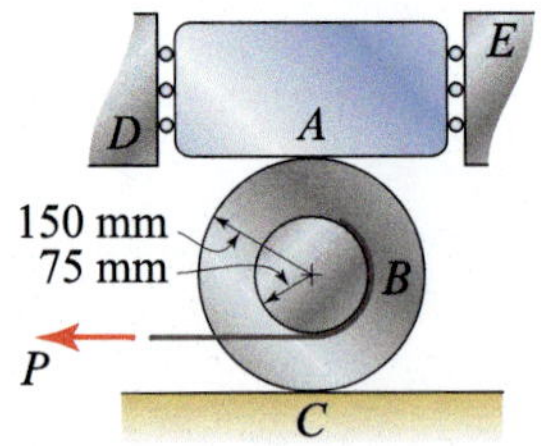

그림 P9.23

문제 9.23

블록 A와 스풀 B의 무게가 각각 36, 27 N이다. 스풀은 힘 P가 가해지도록 줄이 감겨져 있다. 스풀과 접촉면 A와 C 사이의 정지 마찰계수는 0.25이다. 운동이 시작되기 직전의 P 값을 구하라. 또한 A 또는 C에서 또는 동시에 두 위치에서 미끄럼이 발생하는지를 결정하라.

문제 9.24-9.26

막대 AB와 CD는 균일하고 각 무게가 30 N이다. 표면 A와 B에서의 정지 마찰계수는 같다.

문제 9.24 만약 $P = Q = 0$이라면, 시스템의 운동이 없는 최소 정지 마찰계수를 구하라.

문제 9.25 만약 $Q = 0$이고 모든 표면에서 정지 마찰계수가 0.6이라면, 막대 AB가 오른쪽으로 움직이기 직전의 P 값을 구하라.

문제 9.26 만약 $P = 0$이고 모든 표면에서 정지 마찰계수가 0.6이라면, 막대 AB가 왼쪽으로 움직이기 직전의 Q 값을 구하라.

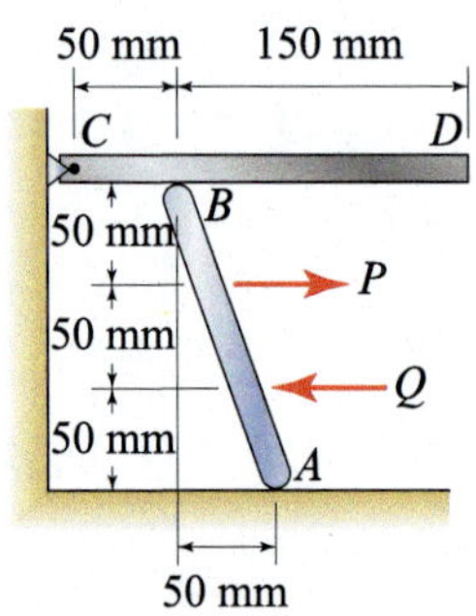

그림 P9.24-P9.26

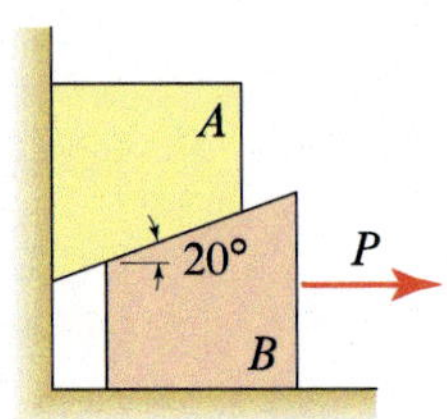

그림 P9.27, P9.28

문제 9.27, 9.28

블록 A와 B는 각각 질량이 2 kg이다. 모든 접촉면은 마찰계수가 같다. 만약 정지 마찰계수가 다음과 같다면, 블록 B가 오른쪽으로 움직이기 직전의 힘 P를 구하라.

문제 9.27 0.4

문제 9.28 0.3

문제 9.29

블록 A와 B는 각각 무게가 10, 15 N이다. 점 C는 부재 BD의 중앙점에 있으며, 부재 AC와 BD의 무게를 무시한다. 모든 접촉면에 대한 정지 마찰계수는 0.3이다. 운동이 발생하기 직전의 양의 P 값을 구하고, A 또는 B 중에 어느 것이 미끄러지는지 그리고 그 운동방향을 구하라.

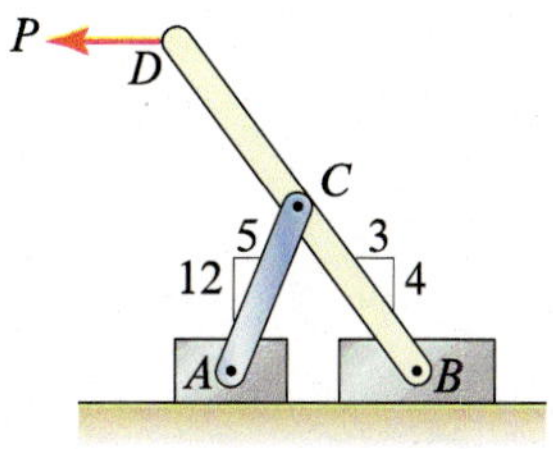

그림 P9.29

문제 9.30

구조물이 각각의 무게가 2 kN인 두 개의 균일한 부재 AB와 BC로 구성되어 있다. 부재는 B에서 핀으로 연결되어 있고, 구조물은 각각의 정지 마찰계수가 1.2와 0.5인 A와 C의 표면에 의해 지지되어있다. 구조물이 지지할 수 있는 가장 큰 P의 양의 값을 구하라.

문제 9.31

구조물이 각각의 무게가 2 kN인 두 개의 균일한 부재 AB와 BC로 구성되어 있으며, $P \geq 0$이다. 어떤 P 값에 대해서도 표면이 미끄러지지 않는 표면 A에 필요한 최소 정지 마찰계수와 표면 C에서의 최소 정지 마찰계수를 구하라(이것을 **자동체결**이라 한다).

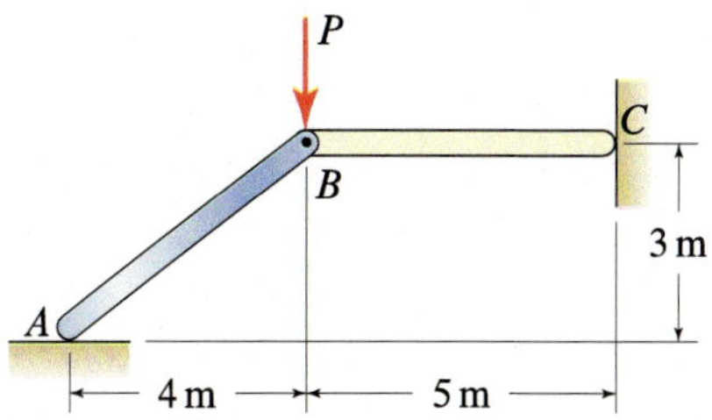

그림 P9.30, P9.31

문제 9.32

렌치는 파이프 C를 비틀어 돌리기 위해 사용된다. 렌치는 조오 BD와 D에서 핀으로 연결된 핸들-조오로 구성되어 있다. 모든 접촉면에 대한 정지 마찰계수 μ_s 값은 같다. P의 값에 관계없이 A 또는 B에서 미끄럼이 없도록 하는 최소 μ_s 값을 구하라(이것을 **자동체결**이라 한다).

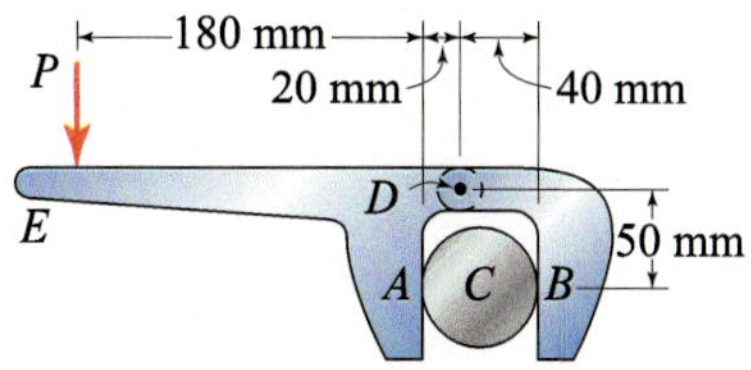

그림 P9.32

문제 9.33, 9.34

질량 1500 kg이고 C 점이 무게중심인 트럭이 질량이 1700 kg이고 G 점이 무게중심인 대형 쓰레기 수납기를 끄는데 사용된다. 타이어와 보도 사이의 정지 마찰계수는 1.1이며, 수납기와 보도 사이의 정지 마찰계수는 0.5다. 트럭의 엔진은 충분한 동력을 가지고 있고 수납기는 기울지 않는다고 가정하라.

힌트 수학적 소프트웨어의 사용은 유용하나, 요구되지 않는다. 다음과 같은 경우 트럭이 수납기를 끌 수 있는지 여부를 구하라.

문제 9.33 트럭이 후륜구동인 경우

문제 9.34 트럭이 전륜구동이고 케이블 E의 끝을 H 점으로 옮길 경우

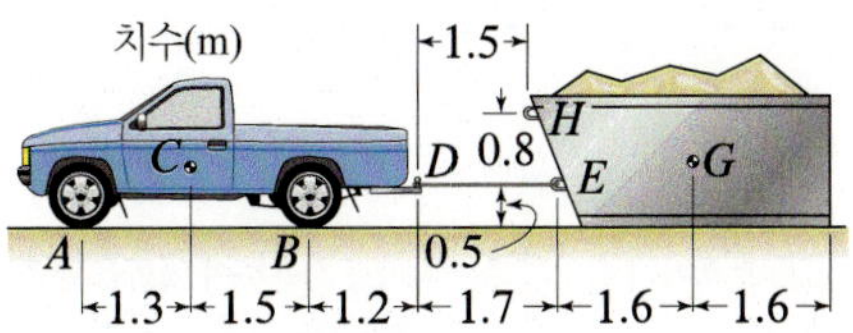

그림 P9.33, P9.34

설계 문제

일반적 지시사항 모든 문제에서 잘 조직된 방식으로 타당한 정보를 정리한 부록 A의 지침에 따른 간단한 기술보고서를 쓰라. 다른 기술자가 쉽게 읽을 수 있도록 적절하고, 간단한 단어를 사용하여 써야 한다. 거기에는 임계치수와 함께 적절한 스케치가 포함되어야 한다. 설계, 타당하다면 최종설계, 안전문제에 도달하기 위해 사용되는 과정, 등에 고려해야 할 목적과 구속을 검토하라. 주요 검토가 활자화되어야 하고, 필요하다면 그림도 컴퓨터로 그리거나 깔끔하게 손으로 그려야 한다. 보고서의 주된 논의에 관련된 모든 계산과정은 부록에 포함시켜라. 부록 포함하여 몇 페이지 정도면 충분하다.

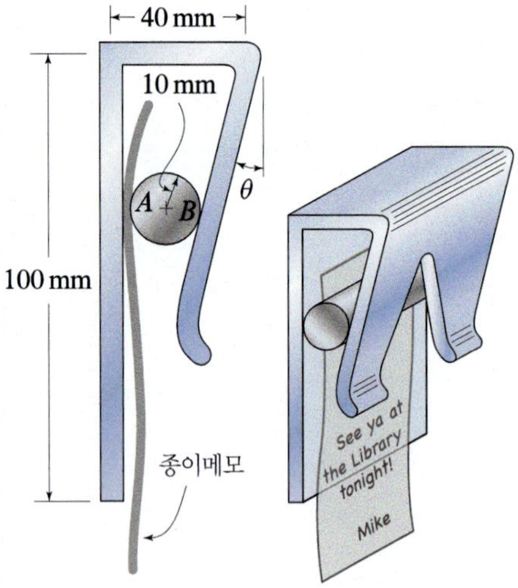

그림 DP9.3

설계문제 9.3

종이메모를 보관할 용도로 문이나 벽에 설치해야 할 메시지 홀더를 설계하라. 그것은 직경 20 mm인 알루미늄 막대와 압출된 알루미늄 브래킷으로 만들어져 있다. 알루미늄 부품은 산화처리되어 있다. 홀더가 자동체결이 되도록 하는 각 θ를 명시하라. 즉, 종이메모는 수동으로 둥근 막대를 끌어올리지 않고는 홀더 밖으로 끌어낼 수 없다. 둥근 막대가 쉽게 올려가려면 아마도 큰 θ 값이 바람직할 것이다.

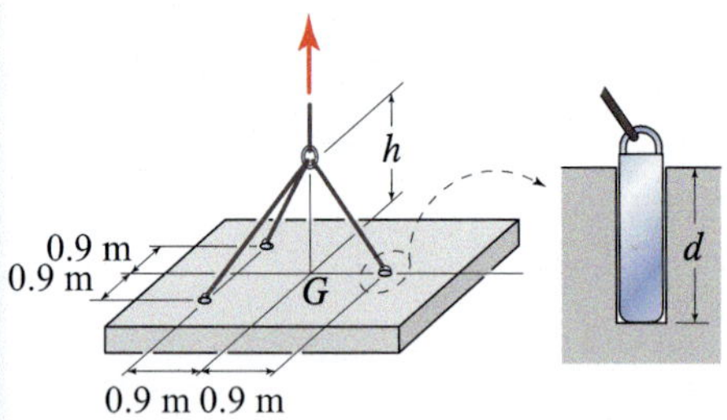

그림 DP9.4

설계문제 9.4

큰 콘크리트 표면은 정사각형 조각들로 썰어서 제거된다.[6] 각 정사각형 조각 안에는 보여진 것과 같이 평판의 무게중심 G와 상대적 위치를 가진 평판면과 수직으로 깊이 d의 3개 구멍이 뚫려있다. 각 구멍 내에는 철재 플러그가 삽입되어 있고, 평판은 케이블로 올려진다. 평판이 올라갈 때 플러그가 자동체결이 되도록 하는 구멍 깊이 d와 높이 h를 명시하여 리프팅 기구를 설계하라. 콘크리트 평판의 두께는 최소 100 mm이다.

6) 제거를 하는 더 전통적인 방법은 트랙터에 장착된 충격망치를 사용하여 평판을 분쇄하는 것이다. 그러나 이 방법을 이용하면 재활용이 어려운 폐석이 생긴다. 여기서 서술한 기구를 사용하면 유용한 폐품가치가 있는 폐석이 생긴다. 예를 들면, 그런 평판은 가끔 해안지구에 침식 조절용으로 사용된다.

9.3 원통형 표면과 접촉하는 벨트와 케이블

이 절에서는 원통형 표면에서 미끄러지는 벨트와 케이블에서의 인장력에 대한 이론을 전개하기 위해 쿨롱법칙을 사용한다.

평형해석

그림 9.9에 보인 바와 같이 원통형 표면과 접촉하는 유연한 벨트나 케이블의 경우를 고려하라. 벨트가 원통형 표면과 만나는 점 A와 B에서 벨트의 인장력이 각각 T_1과 T_2이다. 우리는 $T_2 \geq T_1$을 사용한다. 그래서 T_1은 이완측(*low-tension side*) 힘이고 T_2는 긴장측(*high-tension side*) 힘이다.

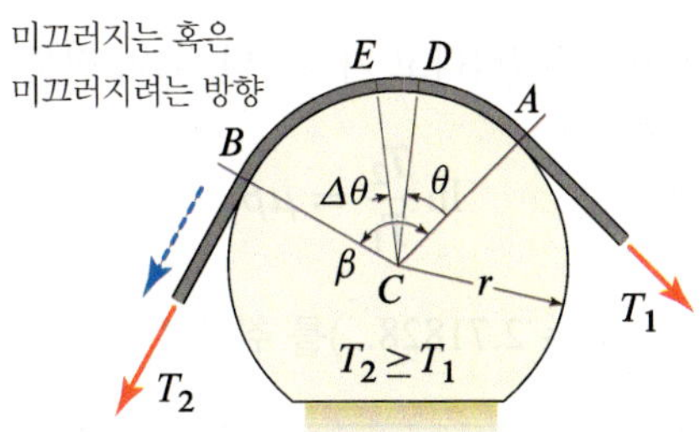

그림 9.9 고정된 원통형 표면 주위를 감싼 유연한 벨트 또는 케이블.

그림 9.8 Lotus Sport Exige 240R 스포츠카용 엔진. 이 엔진은 4개의 실린더와 180 kW의 동력을 만들어 낸다. 벨트는 7개의 풀리 주위를 감싸고 있으며, 파워스티어링 펌프와 알터네이터와 같은 다양한 필수 엔진부속품을 작동시키는데 필요하다. 벨트와 풀리는 미끄럼이 없도록 설계되어야만 한다.

점 A와 B 사이의 인장력 T는 $T_1 \leq T \leq T_2$와 같이 가변적이다. 그림 9.9에서 원통은 고정되어 있고, 만약 미끄럼이 일어난다면 벨트는 T_2 방향으로 움직일 것이다.[7] 각 좌표 θ는 그림 9.9에 정의되어 있는데, $\theta = 0$은 이완측 위의 A 점에 해당하고, $\theta = \beta$는 긴장측 위의 B 점에 해당한다. 각 β는 접촉각(*angle of wrap*)으로 불린다. 그림 9.9의 D와 E 점에서 벨트를 가로질러 잘라서 얻은 조그만 조각을 생각하자. 이 벨트 조각의 자유물체도는 그림 9.10에 나타나 있다. 그리고 평형방정식은

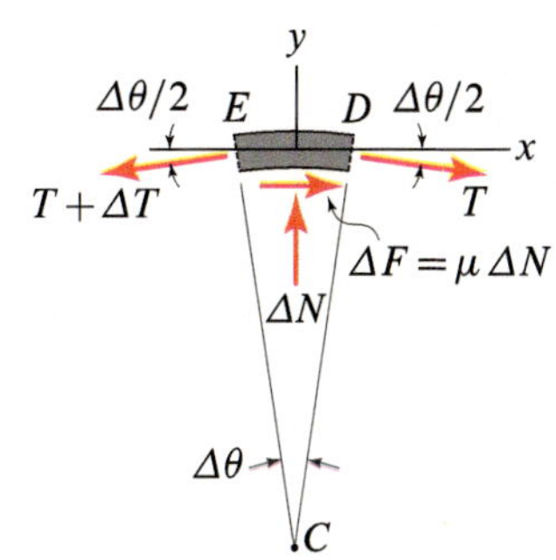

그림 9.10 벨트의 미소부분의 자유물체도.

$$\sum F_x = 0: \quad -(T + \Delta T)\cos(\Delta\theta/2) + T\cos(\Delta\theta/2) + \Delta F = 0 \tag{9.6}$$

$$\sum F_y = 0: \quad -(T + \Delta T)\sin(\Delta\theta/2) - T\sin(\Delta\theta/2) + \Delta N = 0 \tag{9.7}$$

이 식에서 T는 위치 θ(D 점)에서 인장력이며, $T + \Delta T$는 위치 $\theta + \Delta\theta$(E 점)에서의 인장력이다. 벨트와 원통형 표면 사이의 수직력은 ΔN이고, 상대적인 미끄럼 방향과 반대인 방향을 가진 마찰력은 ΔF이다.

7) 그림 9.10의 자유물체도와 이 절에서 유도된 모든 표현은 만약 그림 9.9에서 벨트가 인장 측에서 고정되고 원통이 시계방향으로 회전하도록 교정된다면 타당하다. 사실상, 자유물체도와 모든 표현은 만약 벨트와 원통 모두가 미끄럼 방향을 규정하는 운동을 하거나 원통에 대한 벨트의 임박한 미끄럼이 T_2 방향이라면 타당하다.

예제 9.6 벨트 마찰

엔진용 부속벨트가 보여지고 있다. 풀리 A는 엔진의 크랭크축에 붙어 있으며 시계방향으로 회전한다. 벨트 장력 조절 장치는 수평력 P를 받아 마찰 없는 트랙 안에서 미끄러지는 수평 막대 D에 장착된 B의 마찰 없는 공회전 풀리로 구성되어있다. 풀리 C는 200 N · m이 요구되는 수압펌프를 작동한다. 풀리 A와 C의 정지 마찰계수는 각각 0.4와 0.6이며, 풀리 A와 C의 반지름은 각각 110 mm와 80 mm이다. 벨트가 미끄러지지 않는 최소 P값을 구하라.

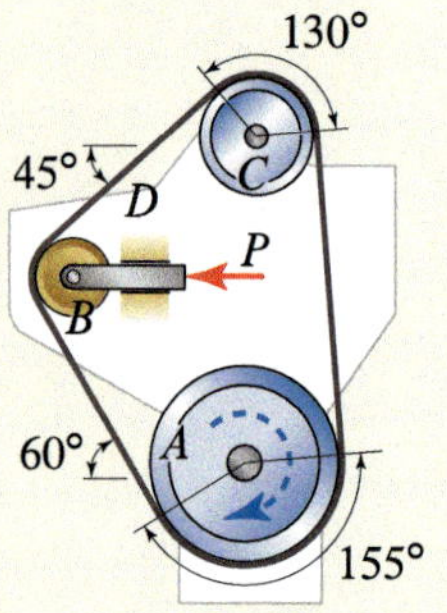

그림 1

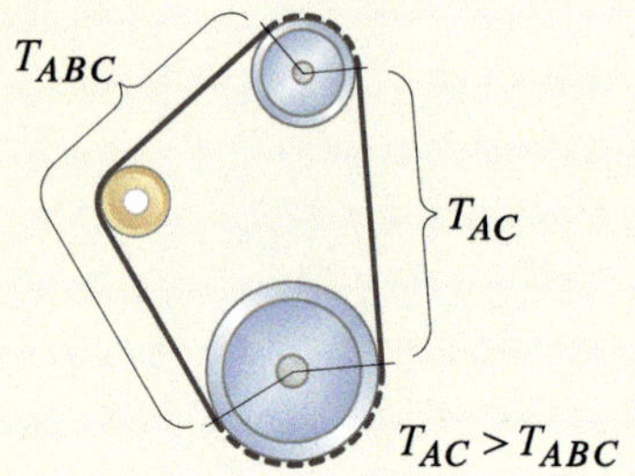

그림 2 균일한 장력 T_{ABC} 및 T_{AC}를 갖는 벨트 영역. 이 장력은 점선으로 나타난 벨트부분에서 변한다.

풀이 SOLUTION

로드맵 먼저 균일한 장력을 가진 벨트 부분을 확인한다. 그리고 선택된 자유물체도를 그리고 벨트 장력이 만족해야만 하는 요구조건을 얻기 위해 평형방정식을 적용한다. 예를 들면 풀리 C의 200 N · m 모멘트는 이 풀리의 베어링에 대한 벨트 장력의 순수한 모멘트에 의해서 만들어내야만 한다. 미끄럼은 벨트와 풀리 A 사이, 또는 벨트와 풀리 C 사이에서 발생할 수도 있다. 그리고 이들 중 어느것이 일어날지를 결정하기위해 이들 가능성을 고려해야만 한다.

모델링 그림 2에서 균일한 인장력을 가진 벨트의 부분을 확인한다. 풀리 B가 마찰이 없기 때문에 벨트가 풀리 A와 접촉을 시작하여 풀리 C와 접촉을 하기까지 벨트의 왼쪽 부분 전부의 힘은 T_{ABC}와 같은 값을 가진다. 벨트의 오른쪽 부분의 힘은 T_{AC}이다. 그림 2의 점선으로 나타난 영역에서는, 비록 세부 사항은 필요하지 않을지라도 힘의 크기가 변한다. 풀리에 대한 자유물체도는 그림 3에 나타나 있다.

지배방정식

평형방정식 그림 3의 자유물체도를 사용하면, 평형방정식은

풀리 B: $\sum F_x = 0$: $T_{ABC}(\cos 45°) + T_{ABC}(\cos 60°) - P = 0$ (1)

$\Rightarrow$ $T_{ABC} = (0.8284)P$ (2)

풀리 C: $\sum M_C = 0$: $T_{ABC}(0.08 \text{ m}) + 200 \text{ N} \cdot \text{m} - T_{AC}(0.08 \text{ m}) = 0$ (3)

$\Rightarrow$ $T_{AC} = T_{ABC} + 2500 \text{ N}$ (4)

식 (2)와 (4)를 조합하면

$$T_{AC} = (0.8284)P + 2500 \text{ N} \quad (5)$$

식 (2)와 (5)는 3가지 미지수 T_{ABC}, T_{AC}, P를 포함한다. 따라서 아직 풀리지 않는다.

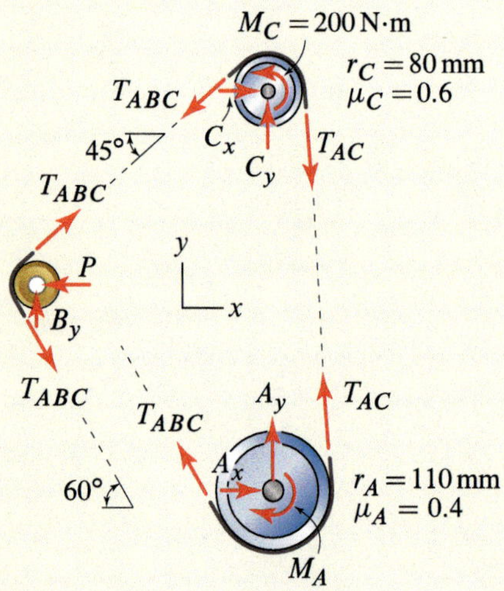

그림 3 풀리에 대한 자유물체도.

힘의 법칙 벨트접촉에 대한 식 (9.11)을 사용하기 전에 먼저 고인장 및 저인장 벨트력을 확인해야만 한다. 이것을 위한 여러가지의 직관과 기초적인 방법들이 있다. 만약 $T_{AC} > T_{ABC}$라는 것을 조사에 의해 결정할 수 있다면 문제 설명 및 그림 1과 2를 연구해야만 한다. 왜 $T_{AC} > T_{ABC}$인지에 관한 약간의 설명은 다음과 같다.

- 풀리 A는 엔진의 크랭크축에 의해 공급되는 모멘트 M_A에 의해 동력을 전달받는다. 따라서 M_A에 의해 벨트(T_{AC})의 오른쪽 부분은 왼쪽 부분(T_{ABC})으로 당겨진다. 그러

므로 $T_{AC} > T_{ABC}$.

- $T_{AC} > T_{ABC}$를 계산하기 위해 식 (4)를 조사해야 한다.
- 그림 3과 그림 4(a)에 나타난 바와 같이 풀리 A의 자유물체도를 시작하려면, 그림 4(b)와 (c)에 나타난 두 자유물체도를 그리기 위해 풀리에서 벨트를 제거한다. 그림 4(b)에서 풀리와 벨트 사이의 접촉영역에 걸쳐 분포된 마찰력은 풀리가 모멘트 평형 상태에 있는 방향이어야만 한다. 그림 4(b)의 마찰력의 방향을 안다면, 그림 4(c)에 보여진 벨트에 작용하는 마찰력은 반대방향이 되어야만 한다. 그림 4(c)의 자유물체도에 대한 모멘트 평형 $\sum M_A = 0$를 고려하면 $T_{AC} > T_{ABC}$를 알 수 있다.

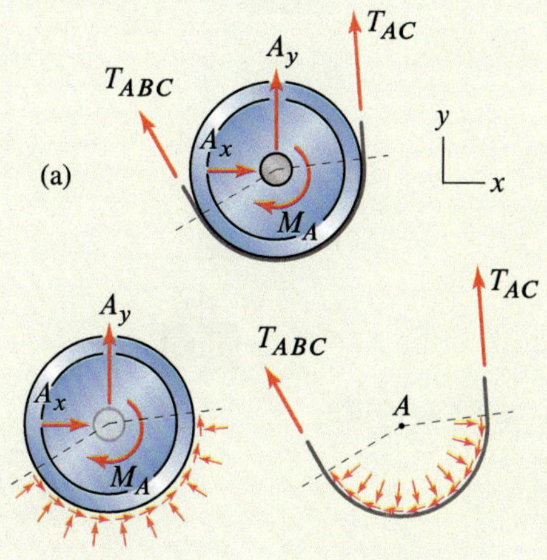

그림 4 벨트의 고인장 및 저인장 부분의 결정을 돕기 위한 풀리 A에 대한 자유물체도 (a) 풀리 A와 벨트에 대한 자유물체도 (b) 벨트가 풀리에 가하는 마찰력 및 수직력을 나타내는 풀리에 대한 자유물체도 (c) 풀리가 벨트에 가하는 마찰력 및 수직력을 나타내는 벨트에 대한 자유물체도.

각각의 풀리가 미끄러지기에 필요한 P 값을 구하기 위해 벨트마찰에 대한 식 (9.11)을 적용한다.

만약 풀리 A가 미끄러진다면: $$T_{AC} = T_{ABC}\, e^{\mu_A \beta_A} \tag{6}$$

$$(0.8284)P + 2500\text{ N} = (0.8284)Pe^{(0.4)(155^\circ)(\pi\text{ rad}/180^\circ)} \tag{7}$$

$$\Rightarrow \quad P = 1547\text{ N} \tag{8}$$

만약 풀리 C가 미끄러진다면: $$T_{AC} = T_{ABC}\, e^{\mu_C \beta_C} \tag{9}$$

$$(0.8284)P + 2500\text{ N} = (0.8284)Pe^{(0.6)(130^\circ)(\pi\text{ rad}/180^\circ)} \tag{10}$$

$$\Rightarrow \quad P = 1040\text{ N} \tag{11}$$

식 (8)과 (11)을 비교하면, 만약 P가 1547 N보다 더 크기만 하면 어느 풀리도 미끄러지지 않을 것이라는 것을 알 수 있다. P = 1547 N일 때 미끄럼은 풀리 A에서 임박하다. 따라서 미끄럼을 막는 P의 최소값은

$$\boxed{P_{\min} = 1547\text{ N}} \tag{12}$$

이며, 이 경우 [미끄럼은 풀리 A에서 임박하다.]

논의 및 검증

- 만약 P가 식 (8)과 (11)의 값보다 더 클 때 미끄럼이 발생하는지 명확하지 않다면 P가 아주 커서 모든 풀리에서 미끄럼이 발생하지 않는 경우를 고려하라. 그리고 P가 감소하면서 식(8)과 (11)의 값 중 큰 값에 도달하면 미끄럼이 발생한다.
- 미끄럼에 대해 타당한 안전여유를 제공하기 위해 1547 N보다 더 큰 P 값을 사용할 수 있다. 불확실성의 근원은 다음과 같다. 풀리 B의 마찰을 무시할 수 없을 수 있고, 이 경우 P보다 약간 큰 값에서 풀리 A의 미끄러짐이 일어날 수 있다. 아마도 가장 큰 불확실성의 근원은 벨트가 적은 양의 윤활제 또는 엔진의 다른 유체와 접촉하는 경우와 같이 벨트의 수명 동안 어떤 때에 마찰계수가 더 낮게 될 수도 있는 가능성이다.
- 풀리 A의 자유물체도는 이 경우에는 사용되지 않았다. 그러나 만약 크랭크가 이 풀리에 작용하는 모멘트 또는 반력 A_x와 A_y를 구하는 것이 필요하다면, 이 자유물체도는 적절한 평형방정식을 쓰기 위해 사용될 수 있다.

빠지기 쉬운 함정

라디안으로 β의 측정. 식 $T_2 = T_1 e^{\mu\beta}$를 사용할 때 보통의 실수는 접촉각 β를 라디안 값으로 표현하는 것을 잊는다는 것이다.

문제

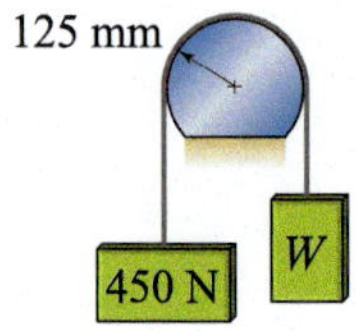

그림 P9.35

문제 9.35

두 물체가 고정된 원통형 표면 주위를 감싸고 있는 중량이 없는 케이블에 의해 연결되어 있다. 선과 표면 사이의 정지 마찰계수는 0.3이다. 물체 중 하나의 무게는 450 N이고, 다른 것은 무게가 W이다. 만약 시스템이 처음에 정지해 있다면, 움직임이 없도록 하는 W값의 범위를 구하라.

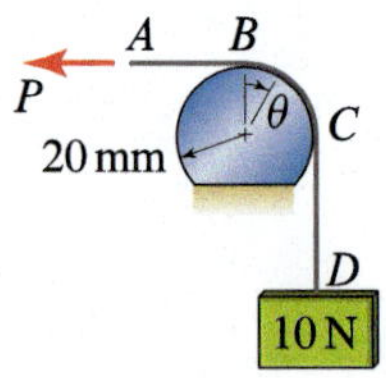

그림 P9.36, P9.37

문제 9.36

무게 10 N이 케이블의 AB 부분이 수평인 중량이 없는 케이블에 의해 지지되어 있다. 정지 및 운동 마찰계수가 0.5이다.

(a) 무게 10 N의 하향 운동이 임박하는 P 값을 구하라.

(b) 만약 $P = 3$ N이라면, 케이블 CD 부분의 힘을 구하라. 시스템이 평형상태에 있는지 혹은 운동하고 있는지 설명하라.

문제 9.37

무게 10 N이 케이블의 AB 부분이 수평인 중량이 없는 케이블에 의해 지지되어 있다. 실험을 수행하였는데, $P = 4$ N이면 D 점의 무게 10 N이 움직이려고 한다.

(a) 케이블과 원통형 표면 사이의 정지 마찰계수를 구하라.

(b) 케이블 BC 부분에서의 인장력을 각 위치 θ의 함수로 구하라.

문제 9.38

가벼운 건물자재를 들어 올리는 호이스트가 나타나 있다. B의 풀리는 마찰이 없고, C의 풀리는 케이블과 풀리 사이에서 항상 미끄럼을 일으킬 정도로 충분히 높은 속도로 반시계방향으로 회전하는 전기모터에 의해 구동된다. 케이블은 풀리 C 표면의 1/4과 접촉하고, 정지 및 운동 마찰계수는 각각 0.25와 0.2이다. 만약 케이블의 무게를 무시할 수 있고 D에서 건물재료와 플랫폼의 합이 450 N의 무게를 가진다면, 작업자가 케이블에 작용해야만 하는 힘을 구하라.

(a) 건물재료를 균일한 속도로 위로 올린다.

(b) 건물재료를 균일한 속도로 아래로 내린다.

(c) 건물재료를 고정되어 매달린 위치에 유지한다.

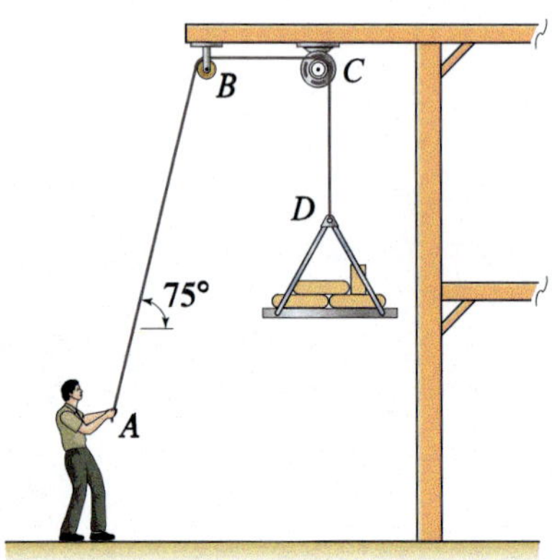

그림 P9.38, P9.39

문제 9.39

문제 9.38에서 만약 케이블이 C에서 풀리 주위를 추가적으로 완전히 감싸고, 작업자가 케이블에 220 N의 힘을 작용할 수 있다면 D에서 끌어올릴 수 있는 가장 큰 무게를 구하라.

문제 9.40-9.43

회전드럼의 속도를 감소시키는 브레이크가 나타나 있다. **제동모멘트**는 벨트의 A 점의 드럼베어링에 대한 합 모멘트로 정의된다. 만약 운동 마찰계수가 0.35라면 제동모멘트를 구하라.

문제 9.40 드럼이 시계방향으로 회전하고 $P = 90$ N이다.

문제 9.41 드럼이 반시계방향으로 회전하고 $P = 90$ N이다.

문제 9.42 드럼이 시계방향으로 회전하고 $P = 200$ N이다.

문제 9.43 드럼이 반시계방향으로 회전하고 $P = 200$ N이다.

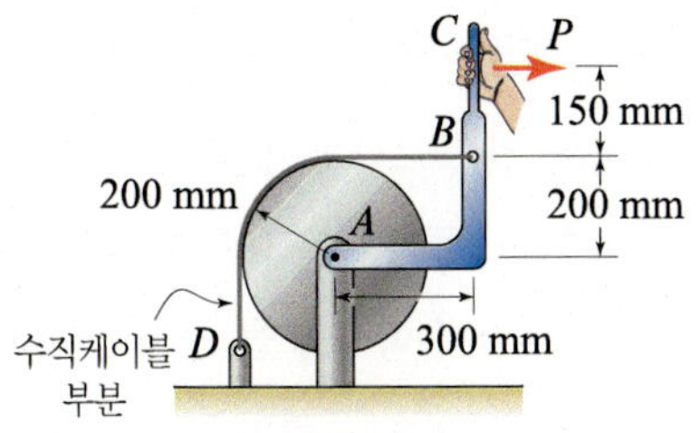

그림 P9.40, P9.41

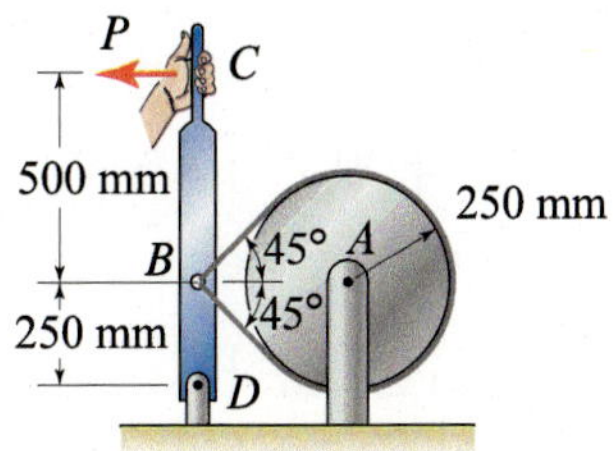

그림 P9.42, P9.43

문제 9.44

2 N/mm의 강성을 가진 스프링 AB가 B에서 케이블에 붙어 있다. 케이블이 두 원통형 표면 주위를 감싸며, 케이블 BC, DE 그리고 GH는 수평이다. 모든 접촉표면은 정지 및 운동 마찰계수가 각각 0.1과 0.09이다. 스프링은 처음에는 늘어나 있지 않다.

(a) 스프링이 4 mm 늘어나기 위해 필요한 P 값을 구하라.

(b) 일단 스프링이 4 mm 늘어났다면, 스프링이 수축되기 시작하기 위해 감소되어야만 하는 P 값을 구하라.

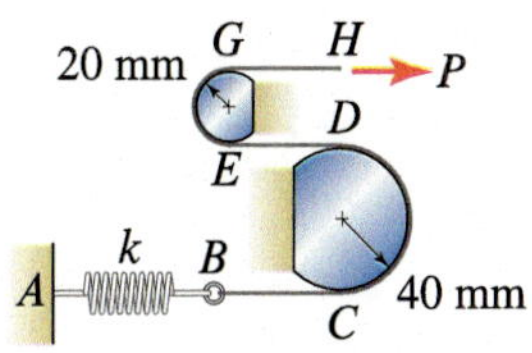

그림 P9.44

문제 9.45

트레드밀(treadmill)의 풀리 A는 모멘트 $M_A = 25$ N · m를 공급할 수 있는 모터에 의해 구동된다. 풀리 B는 마찰이 없고, 마찰 없는 슬롯에서 베어링이 미끄러진다. 힘 P는 벨트에 장력을 공급한다. 풀리 A와 B는 반경이 40 mm이고 풀리 A와 벨트 사이의 정지 마찰계수는 0.3이다. 풀리 A와 벨트 사이에 미끄럼이 없는 최소 P 값을 구하라.

그림 P9.45

문제 9.46

윈치가 A에서 전기모터에 의해 구동된다. 모터는 풀리 A의 중심에 무게중심을 가지며 무게가 220 N이다. 모터를 지지하는 플랫폼은 무게를 무시할 수 있으며 D에서 힌지되었다. 모터는 A와 B 사이의 벨트를 거쳐 B에서 풀리를 돌린다. 풀리 B는 로프 BCG가 감싸인 스풀(spool)을 가진다. A에서 정지 마찰계수가 0.3 그리고 B에서 0.2이다. 모터가 충분한 동력을 가진다고 가정하고, 벨트와 풀리 A 및 B 사이에 미끄럼이 없다면 끌어올릴 수 있는 최대 무게 W를 구하라.

힌트 수학적 소프트웨어의 사용이 도움이 되나, 요구되지는 않는다.

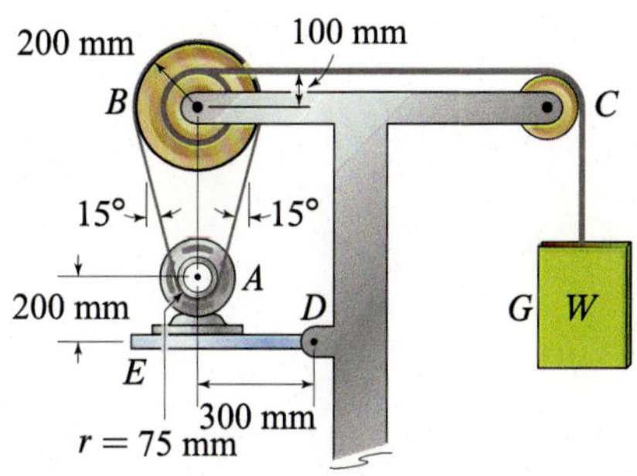

그림 P9.46

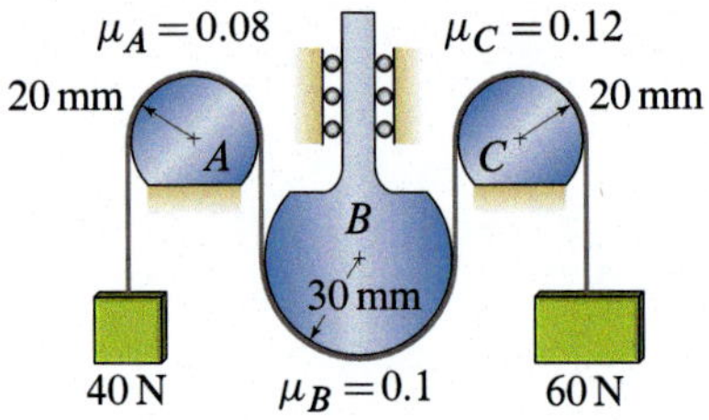

그림 P9.47, P9.48

문제 9.47

표면 A, B, C는 보는 바와 같이 정지 마찰계수를 가진 실린더이다. 물체 B는 단지 수직 운동만 한다. 아랫 방향의 운동을 일으키는 물체 B의 무게를 구하고, 표면 A, B, C 중 어느 것이 미끄러지기 직전인지 서술하라.

문제 9.48

문제 9.47에서 윗 방향의 운동을 일으키는 물체 B의 무게를 구하고, 표면 A, B, C 중 어느 것이 미끄러지기 직전인지 서술하라.

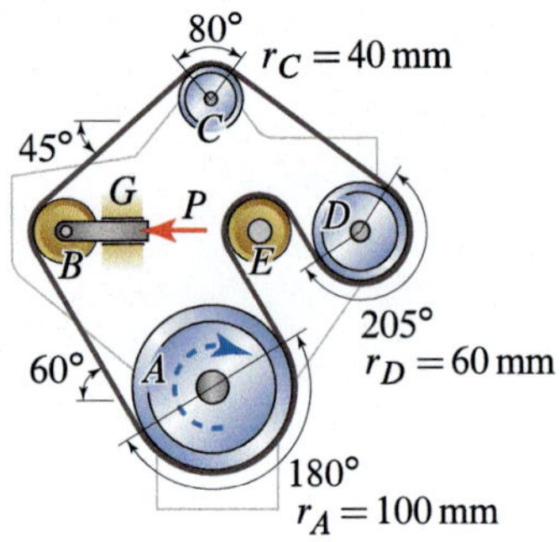

그림 P9.49

문제 9.49

엔진용 부속 벨트가 나타나 있다. 풀리 A는 엔진 크랭크축에 부착되어 있고 시계방향으로 회전한다. 벨트 장력조절장치는 수평력 P로 마찰 없는 트랙에서 미끄러지는 수평막대 G에 부착된 B에서 마찰 없는 풀리로 구성되어 있다. 풀리 C는 100 N · m가 필요한 교류발전기를 구동하며, 풀리 D는 300 N · m가 필요한 수력 펌프를 구동한다. 풀리 E는 마찰이 없다. 풀리 A, C 및 D는 정지 마찰계수가 0.5이며 풀리의 반경은 보여진 바와 같다. 벨트가 미끄러지지 않는 P의 최소값을 구하라.

힌트 수학적 소프트웨어의 사용이 도움이 되나, 요구되지는 않는다.

9.4 장 복습

중요한 정의, 개념 그리고 이 장의 방정식들이 요약되었다. 분명하지 않은 방정식이나 개념에 대해서는 원래 방정식과 추가적인 상세를 위해 인용된 페이지 번호를 참조하라.

쿨롱의 마찰법칙 쿨롱의 마찰법칙은 다음 식으로 나타낸다.

식 (9.1), (9.2) p. 497

$$|F| \le \mu_s N \quad \text{미끄럼 전}(<) \text{ 및 임박한 운동}(=)$$
$$|F| = \mu_k N \quad \text{미끄럼 시작 후}$$

여기서

N은 압축상태에서 양(+)의 값으로 정의된 두 표면 간의 수직력이며, 항상 $N \ge 0$ 이다;

F는 두 표면 사이의 마찰력이며, 표면 사이의 상대적 운동을 항상 방해하는 방향이다;

μ_s(그리스문자 뮤(*mu*))는 정지 마찰계수;

μ_k는 운동 마찰계수.

우리는 보통 식 (9.1)과 (9.2)에 주어진 쿨롱법칙을 간결한 모양으로 쓸 것이다.

식 (9.3) p. 497

$$|F| \le \mu N$$

여기서 정지 마찰계수는 미끄럼 전 및 운동이 임박할 때 사용되며, 운동 마찰계수는 일단 = 부호와 함께 운동이 시작될 때 사용된다. 마찰력이 미끄럼 운동을 방해하는 적당한 방향이 되도록 자유물체도를 그려라. 이것이 그 경우일 때, 모든 마찰력은 양의 값을 가지며 쿨롱법칙의 절대값 부호는 생략된다.

마찰각 마찰각은 다음과 같이 정의된다.

식 (9.4) p. 499

$$\phi = \tan^{-1} \mu$$

여기서 각각 μ는 정지 마찰계수 또는 운동 마찰계수이며, ϕ는 정지 마찰각 또는 운동 마찰각이다.

3차원에서의 쿨롱법칙 3차원에서의 쿨롱의 마찰법칙(등방성)은 다음과 같다.

식 (9.5) p. 500

$$F = \sqrt{(F_x)^2 + (F_y)^2} \le \mu N$$

여기서, F_x와 F_y는 x와 y 방향으로 작용하는 마찰력이며, F는 이것의 합이다.

원통형 표면과 접촉하는 벨트와 케이블 그림 9.11에 보인 바와 같이 원통형 표면과 접촉하는 유연한 벨트 또는 케이블 사이의 미끄럼 또는 임박한 미끄럼에 대해 벨트의 고인장과 저인장 부분의 힘은 다음과 같은 관계가 있다.

식 (9.11) p. 520

$$T_2 = T_1 e^{\mu\beta} \qquad T_2 \geq T_1$$

여기서

T_1은 미끄러지거나 미끄러지려할 때 벨트의 저인장 측에서의 힘;

T_2는 마끄러지거나 미끄러지려할 때 벨트의 고인장 측에서의 힘;

μ는 정지 또는 운동 마찰계수;

β는 접촉각($\beta \geq 0$, 라디안으로 측정됨).

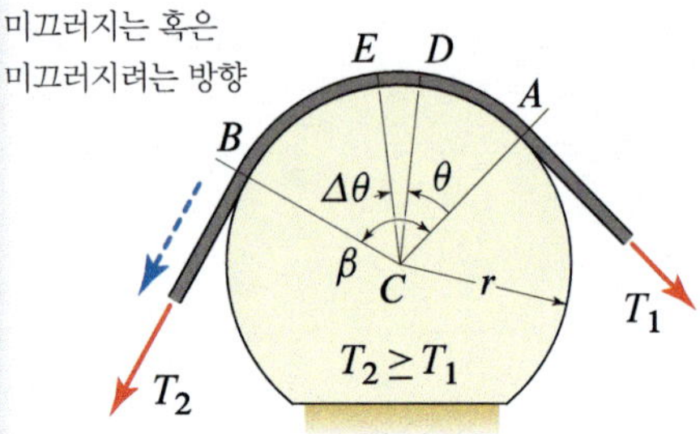

그림 9.11 고정된 원통형 표면주위를 감싼 유연한 벨트 또는 케이블.

그림 9.11이 고정된 원통과 T_2 방향으로 미끄러지거나 미끄러지려하는 벨트를 보여주지만, 식 (9.11)은 만약 벨트가 고인장 측에 고정되거나 원통이 회전하는 경우에도 타당하다. 또는 벨트와 원통 모두 움직일 수도 있다. 이 경우 원통에 대해 벨트가 미끄러지거나 미끄러지려는 방향은 T_2 방향이다.

복습 문제

문제 9.50

페인트 통이나 건설 중에 사용되는 다른 물건을 지지하는 간단한 브래킷(bracket)이 부재 ABC와 이것과 단단히 연결된 두 개의 짧은 막대로 구성되어 있다. 브래킷은 나무기둥 위에 미끄러지고 마찰에 의해 제자리에 고정된다. 브래킷이 지지된 하중에 관계없이 미끄러지지 않도록 하는 최소 정지 마찰계수를 구하라.(이것은 **자동체결**이라 부른다).

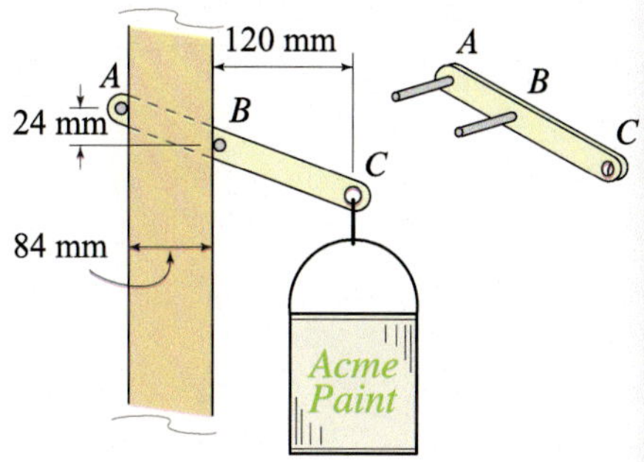

그림 P9.50

문제 9.51

부재 CD가 반경 r과 무게 W인 균일한 원통에 수평력 P를 가하기 위해 사용된다. A와 A의 접촉면은 동일한 정지 마찰계수 μ_s를 가지고 있다. 부재 CD의 무게를 무시한다면, 원통을 움직이는데 필요한 힘 P를 구하라. W, r, μ_s와 같은 매개변수 항으로 답을 표현하라.

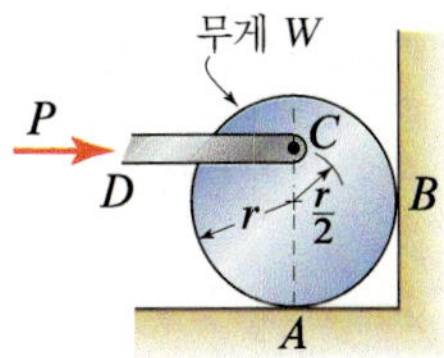

그림 P9.51

문제 9.52

3 m의 두께운 댐 단면과 물에 대해, 댐과 기초 사이의 수직력과 마찰력을 구하고, A 점에서 이 힘 시스템의 위치까지의 거리를 명시하라. 그리고 댐이 미끄러지지 않는 최소 마찰계수 값을 구하라. 댐의 밀도는 2400 kg/m^3, 물의 밀도는 1000 kg/m^{3}이다.

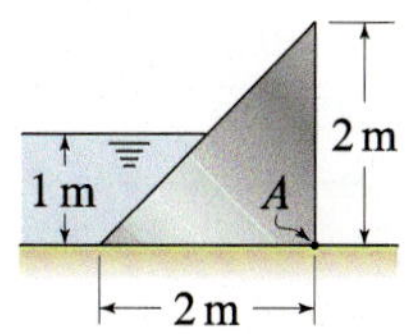

그림 P9.52

문제 9.53, 9.54

8 N의 무게를 가진 종이 C의 롤은 모서리 A와 B에 의해 지지된다. 수평력 P가 롤에서 종이를 끌어내기 위해 작용한다. 운동을 일으키는 P를 구하고, 운동이 구름인지 기울어짐인지 구하라. 종이의 롤과 모서리 A와 B 사이의 정지 마찰계수는 다음과 같다.

문제 9.53 0.1

문제 9.54 0.3

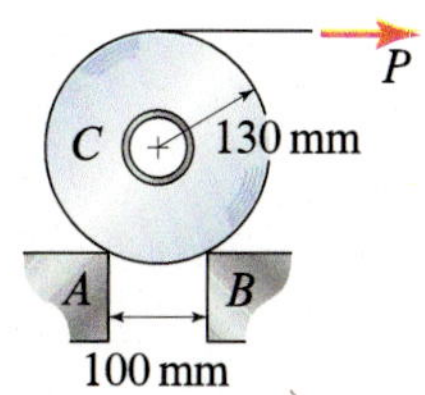

그림 P9.53, P9.54

문제 9.55

무게 18 kN인 차가 정지 마찰계수가 0.4인 경사면에 놓여있다. 어느 바퀴도 구르거나 회전하지 않도록 주차브레이크가 작동한다. 견인 트럭이 y 방향 힘 P를 차에 가한다. 차가 움직이기 직전의 P 값을 구하고, 차가 미끄러지기 시작하는 방향을 나타내는 단위 벡터를 구하라.

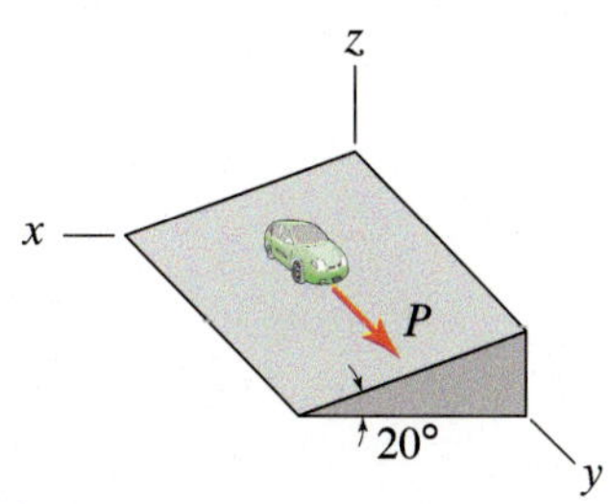

그림 P9.55

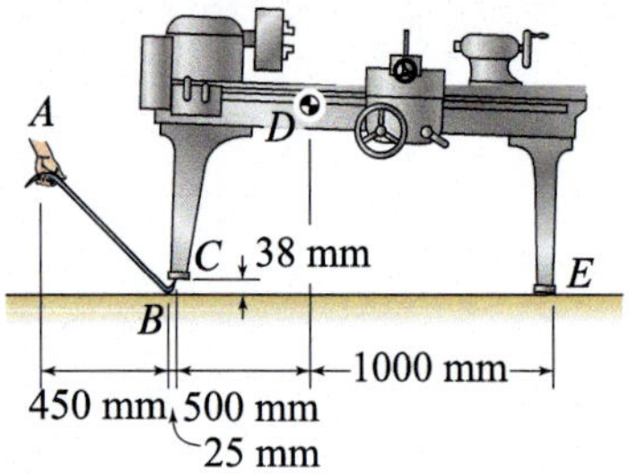

그림 P9.56

문제 9.56

D 점에 무게중심을 가진 무게 5400 N의 선반을 움직이기 위해 기계기술자는 보이는 바와 같이 강재 지렛대를 사용한다. 선반의 다리는 철이고 바닥은 콘크리트다. 강에 대한 철의 정지 마찰계수는 0.3, 그리고 콘크리트에 대한 강 또는 철의 정지 마찰계수는 0.35이다. 만약 A에서 지렛대에 가한 힘 P가 수직이라면, 움직이는데 필요한 P 값을 구하고 그 운동을 기술하라.

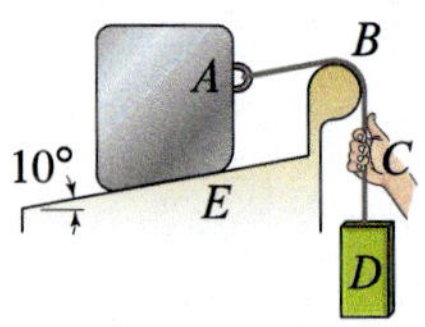

그림 P9.57

문제 9.57

보이는 장치는 고정된 램프 E 위로 블록 A를 쉽게 올릴 수 있게 한다. 사용자가 C에서 케이블에 충분한 상향 수직력을 가했을 때, 블록 A는 내려간다. 사용자가 C에서 케이블에 충분한 하향 수직력을 가했을 때, 블록 A는 올라간다. 블록 A와 램프 사이 및 B에서 케이블과 원통형 표면 사이의 정지 및 운동 마찰계수는 0.1이다. 블록 A는 무게 40 N, 케이블의 무게는 무시할 수 있고, 케이블 부분 AB는 램프에 평행이고, BCD 부분은 수직이다. 그리고 블록 A는 기울지 않는다고 가정하라. 운동을 일으키기 위해 사용자가 가해야만 하는 상향 힘이 하향 힘과 같도록 하는 D에서의 평형추 무게 W_D를 구하라. 또한 운동을 일으키기 위해 가해야만 하는 힘의 크기도 구하라.

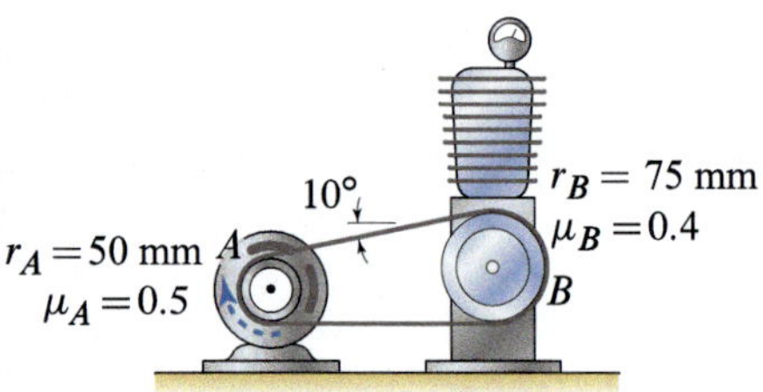

그림 P9.58

문제 9.58

A의 전기모터는 풀리 B에 있는 22 N · m의 모멘트가 요구되는 공기압축기에 동력을 공급하기 위해 사용된다. 모터가 정지되었을 때, 벨트의 전부는 균일한 인장력 T_0를 받는다. 모터가 작동할 때, 풀리 A는 시계방향으로 회전하고 벨트의 윗부분 및 아랫부분의 인장력은 각각 $T_0 - \Delta T$과 $T_0 + \Delta T$로 바뀐다. 벨트의 아랫부분은 수평이고, 풀리 반경과 정지 마찰계수는 나타나 있다. 어느 풀리도 미끄러지지 않도록 하는 초기 벨트인장력 T_0를 구하라.

문제 9.59

문제 9.58은 모터가 정지되었을 때, 벨트의 인장력이 T_0, 모터가 작동했을 때 벨트의 윗부분과 아랫부분의 인장력은 각각 $T_0 - \Delta T$과 $T_0 + \Delta T$로 바뀐다는 것을 의미한다. 벨트의 고인장 부분의 힘의 증가가 저인장 부분의 힘의 감소와 일치하는 이유를 밝혀라.

힌트 벨트의 윗부분과 아랫부분을 스프링으로 이상화하고, 모터가 작동할 때 받는 변형을 고려하라.

주의 개념 문제는 계산이 아닌 설명이 필요하다.

Chapter

10 관성모멘트

이 장에서는 면적관성모멘트와 질량관성모멘트를 다루고 있다. 면적관성모멘트는 특정 축에 대한 면적 분포 정도의 척도이다. 질량관성모멘트는 특정 축에 대한 질량 분포 정도의 척도이다. 관성모멘트는 재료역학, 동역학 및 관련 분야에서 광범위하게 사용된다.

10.1 면적관성모멘트

면적관성모멘트(*area moments of inertia*)는 특정 축에 대해 분포된 면적의 척도이다. 이것의 구체적인 의미에 대해 알아보기에 앞서, 이 척도가 왜 유용하고 무엇을 수량화하는지에 대한 이해를 돕는 두 가지 예제를 살펴보자. 첫 번째 예제는 시험 점수를, 두 번째 예제는 보의 거동을 나타낸다.

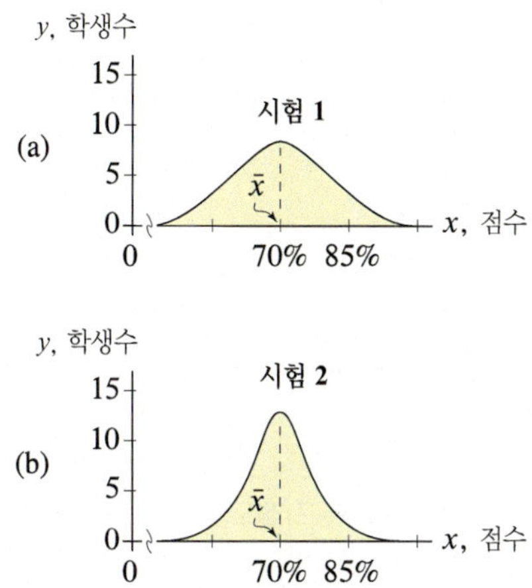

그림 10.1 두 시험의 도수분포. 두 시험은 모두 평균 $\bar{x} = 70\%$로 같고 학생 수도 같다. 첫 번째 시험의 분포에서 평균을 벗어난 점수의 학생 수가 더 많기 때문에, 첫 번째 시험이 두 번째 시험보다 분산과 표준편차 값이 더 크다.

예제–시험 점수

한 수업에서 시험을 2번 쳤는데, 두 시험 모두에서 반 평균은 70%였고 당신의 점수는 85%였다고 상상해보라. 분명히 두 시험을 잘 친 것이긴 하지만, 얼핏 보기에는 두 시험에서 당신의 실적과 급우들과 비교했을 때의 상대적 위치가 동일한 것으로 보인다. 사실 두 시험의 도수분포를 나타낸 그림 10.1에 따르면 첫 번째 시험보다 두 번째 시험에서의 실적이 더 높다. 그 이유는 두 번째 시험에서는 당신보다 높은 점수를 받은 학생 수가 더 적기 때문이다. 같은 수의 학생들이 두 시험을 쳤기 때문에 각각의 분포 아래 면적은 같다. 또한 반평균은 각 분포의 도심이므로 $\bar{x} = 70\%$이다. 통계학에서 자주 쓰이

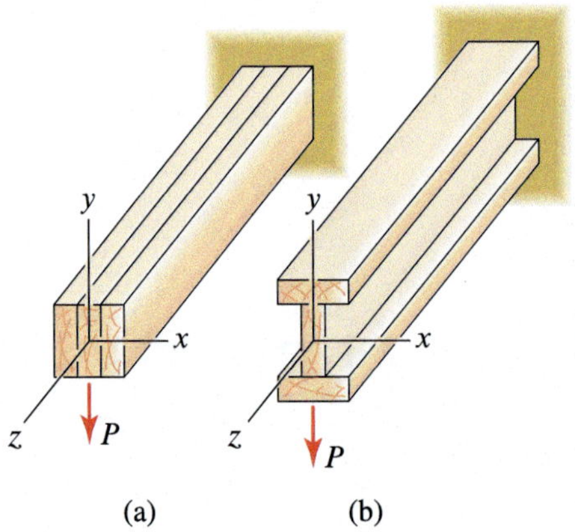

그림 10.2 끝에 하중이 가해진 외팔 보 2개 모두 같은 모양의 나무판자 3개를 못질이나 풀칠로 붙여 만든 것이다. 같은 길이와 단면적을 가지고 있음에도 사각형 단면을 가진 보(a)가 I자 단면을 가진 보(b)보다 더 많이 휘게 된다.

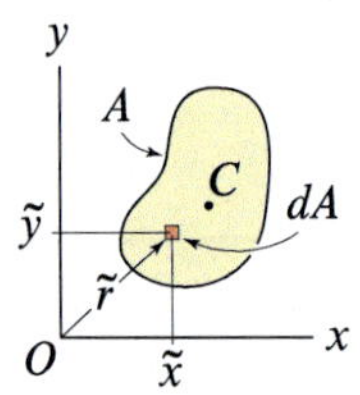

그림 10.3 도심 C인 면적 A. $\tilde{x}$, $\tilde{y}$는 각각 면적요소 dA의 도심의 x 및 y 위치. $\tilde{r}$는 O 점에서 면적요소 dA의 도심까지의 거리이다.

> **개념 정리**
>
> **면적관성모멘트.** 면적관성모멘트는 특정한 축에 대한 면적 분포 정도의 척도이다. 면적관성모멘트는 면적의 기하(크기와 형상) 및 선택한 축에 의존한다. 면적관성모멘트는 힘, 재료 등과는 무관하다.

는 분포 척도는 **분산** v(variance)와 **표준편차** s(stnadard deviation)로, $s = \sqrt{v}$이다. 첫 번째 시험의 분포에서 평균을 벗어난 점수의 학생 수가 더 많기 때문에, 첫 번째 시험이 두 번째 시험보다 분산과 표준편차 값이 더 크다. 직접 보여주지는 않지만, 분산과 표준편차는 이 부분에서 다루고 있는 면적관성모멘트, 회전반경과 각각 의미가 동일하다.

예제–보의 부하

그림 10.2는 끝에 하중이 가해진 외팔 보 2개를 보여주고 있다. 두 외팔 보 모두 같은 모양의 나무판자 3개를 못질이나 풀칠로 붙여 만든 것이다. 그래서 두 보는 같은 길이와 단면적을 가지고 있다. 같은 하중 P를 두 보에 가했을 때, 그림 10.2(a)의 직사각형 단면을 가진 보가 그림 10.2(b)의 I자 단면을 가진 보(I 보)보다 더 많이 휘게 된다. 이를 증명하기 위해서는 이 부분에서 다루고 있는 관성모멘트와 재료 역학적 지식이 필요한데, 예를 들면 각 판자가 2 × 6인치라고 하면 직사각형 단면을 가진 보가 I 보보다 약 4배 정도 더 휘게 된다! I 보가 훨씬 강한 가장 근본적 원인은 직사각형 단면을 가진 보보다 더 많은 단면적이 축에서 떨어져 있기 때문이다. 면적관성모멘트는 면적 분포를 수량화한다. 이를 증명하기 위해서 재료역학이 필요하지만, 보의 휨은 단면의 관성모멘트와 반비례 관계에 있다.

면적관성모멘트의 정의

그림 10.3의 면적관성모멘트는 아래와 같이 정의할 수 있다.

$$I_x = \int \tilde{y}^2\, dA \tag{10.1}$$

$$I_y = \int \tilde{x}^2\, dA \tag{10.2}$$

$$J_O = \int \tilde{r}^2\, dA \quad = \quad I_x + I_y \tag{10.3}$$

$$I_{xy} = \int \tilde{x}\,\tilde{y}\, dA \tag{10.4}$$

여기서

$\tilde{x}$, $\tilde{y}$, $\tilde{r}$는 그림 10.3에 정의되어 있다. 이 정의들은 7장에서 쓰였던 것과 동일하다. 예를 들어, $\tilde{x}$는 y 축에서 면적요소 dA의 도심까지의 거리(즉, 모멘트 팔)이다.

I_x는 x 축에 대한 면적관성모멘트이다.

I_y는 y 축에 대한 면적관성모멘트이다.

J_O는 O 점에 대한 극관성모멘트이다.

I_{xy}는 O 점에 대한 관성적이다.

주의

- 면적관성모멘트에 관해 언급할 때, 문맥상 질량관성모멘트(이 장에서 나중에 설명)가 아니라 면적관성모멘트에 관해 설명하고 있다는 것이 명백할 경우 종종 **면적**을 생략한다.
- 식 (10.1)-(10.4)에서 모든 관성모멘트는 면적 분포의 2차 **모멘트**이다. 즉, 식 (10.1)-(10.3)에서 I_x, I_y, J_O를 결정하기 위해서는 $\tilde{y}$, $\tilde{x}$, $\tilde{r}$를 각각 **제곱**해야 한다. 식 (10.4)에서 I_{xy}를 구하기 위해 두 가지의 서로 다른 모멘트 팔이 사용된다. 면적관성모멘트는 면적의 2차 모멘트(*Second moments of an area*)라고도 불린다.
- 식 (10.1)-(10.4)에서 $\tilde{x}$, $\tilde{y}$, $\tilde{r}$은 길이 차원을 가지고, dA는 면적 차원을 가진다. 그러므로 모든 면적관성모멘트는 $in.^4$ 혹은 mm^4과 같은 (길이)^{4}이다.
- 극관성모멘트 J_O의 2가지 식이 식 (10.3)에 나와 있다. 첫 번째는 기본적인 식이고, 두 번째는 이를 단순화시킨 것이다. 그림 10.3에서 $\tilde{r}^2 = \tilde{x}^2 + \tilde{y}^2$임을 알 수 있다. 식 (10.3)의 J_O를 이것으로 치환하고 식 (10.1)과 (10.2)를 같이 풀면 $J_O = I_x + I_y$가 된다. 따라서 특정한 형상의 I_x와 I_y를 알고 있다면, J_O는 식 (10.3)의 적분식보다는 이들의 합으로 계산하는 것이 더 쉽다.
- x 축과 y 축이 도형의 도심(그림 10.3의 점 C)을 통과해서 지날 때, 이 축들을 x', y'라 하면 그때의 관성모멘트를 도심에 관한 관성모멘트(*centroidal moments of an inertia*)라 하고 $I_{x'}$, $I_{y'}$로 표시한다. 재료역학에서 도심에 대한 관성모멘트는 특히 중요하다.
- 유한한 크기의 면적에 관하여 I_x, I_y, J_O는 항상 양의 값이다. 관성적 I_{xy}는 아래 설명하는 것처럼 양, 0, 음일 수 있다.
- 복합체의 관성모멘트에 대한 계산이 가능하나, 이를 위해서는 10.2절에서 다루게 될 **평행축 정리**가 필요하다.

면적관성모멘트는 어디에 사용되는가?

왜 4개의 면적관성모멘트가 존재하고, 서로 무엇이 다르며 어디에 사용되는 지에 대해 알아보는 것은 유용하다.

관성모멘트 I_x 그림 10.4에 $-y$ 방향으로 작용하는 끝 하중 P가 가해지기 전, 후의 외팔 보가 나와 있다. P에 의해 보의 끝부분은 $-y$ 방향으로 거리 δ 만큼 휘어지고, 보의 끝 단면은 또한 x 축을 중심으로 회전하게 된다. 사실, 단면이 아무런 휘어짐과 회전이 없는 불박이된 지지대에 가까워질수록 그 정도가 작기는 하지만, 보의 모든 단면이 $-y$ 방향으로 휘어지고 x 축을 중심으로 회전하게 된다. 재료 역학을 배울 때까지 무조건적으로 받아들여야 할 점은 각각의 단면들이 x 축을 중심으로 회전하기 때문에 x 축에 대한 단면적의 분산이 중요하고, x 축에 대한 관성모멘트 I_x가 보의 휘어짐 정도를 결정하는 데에 중요한 역할을 한다는 것이다.

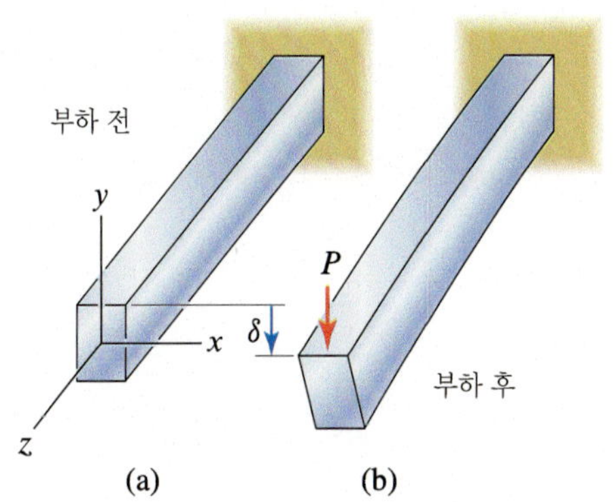

그림 10.4 $-y$ 방향으로 작용하는 끝 하중 P가 가해지기 전, 후의 사각단면을 가진 외팔 보.

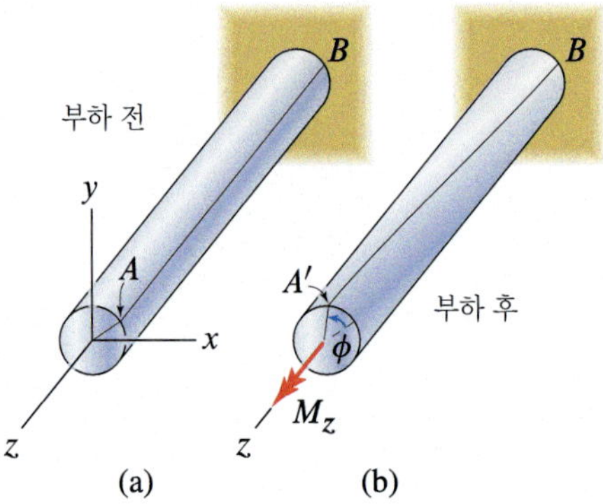

그림 10.5 z 축에 대해 작용하는 끝 모멘트 M_z가 가해지기 전, 후의 원형단면을 가진 외팔 보(또는 축).

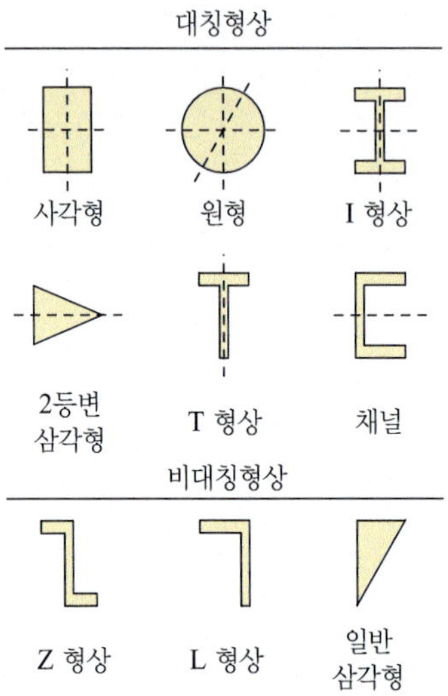

그림 10.6 대칭과 비대칭형상의 예. 대칭형상은 최소 한 개의 대칭축(점선으로 표시됨)을 가진다. 원형 형상은 무한한 수의 축을 가지며, 모두가 원의 중심을 통과한다. 대칭형상의 관성적은 좌표축의 하나가 대칭축과 일치할 때 0이다.

관성모멘트 I_y 그림 10.4에서 끝 하중 P가 x 방향으로 가해지도록 수정하면, 보의 휘어짐은 x 방향, 단면들은 y 축을 중심으로 회전하게 되고, y 축에 대한 관성모멘트 I_y가 중요한 역할을 하게 된다.

극관성모멘트 J_O 그림 10.5에서 축에 대해 작용하는 끝 모멘트 M_z가 가해지기 전, 후의 외팔 보가 나와 있다(이 하중에 관련해서는 보보다 **축**이라 하는 것이 관례적임). 모멘트가 가해지기 전에 축에 선 AB를 그린다. M_z가 가해진 후, 축의 끝부분이 z 축을 중심으로 각 ϕ(비틀림각)만큼 회전하고, A 점은 A' 점으로 옮겨간다. 사실, 단면이 아무런 회전이 없는 붙박이된 지지대에 가까워질수록 그 정도가 작기는 하지만, z 축의 모든 단면이 축을 중심으로 회전하게 된다. 극관성모멘트 J_O는 비틀림각 ϕ를 결정하는 데 중요한 역할을 한다.

관성적 I_{xy} 관성적은 x 축과 y 축에 대해 비대칭인 면적을 척도한다. 관성적은 면적의 모양, x, y 방향의 선정, xy 좌표계에서의 원점의 위치에 따라 양, 0, 음의 값을 가질 수 있다. 그림 10.6에 몇 가지 예가 소개되어 있는데, 대칭 형상(*symmetric shape*)은 하나 이상의 대칭축을 가지고, 비대칭 형상(*nonsymmetric shape*)은 대칭축이 없다. 공학설계에서 대부분의 보는 대칭되는 단면을 가지고 있고, x 그리고/또는 y 방향을 단면의 대칭축으로 삼아 분석되는데, 이런 경우 $I_{xy} = 0$이다.

비대칭 단면의 경우, I_{xy}는 대개 0이 아니다. 비대칭 단면을 가진 보의 경우 복잡한 작용을 보이게 된다. 예를 들어, 그림 10.4의 보가 그림 10.6에 나와 있듯이 Z 형상의 단면을 가졌다면, 하중 P에 의해 $-y$ 방향으로 휘어지는 것과 아울러 끝부분은 $-x$ 방향으로 휘게 된다! 이러한 작용은 대개 바람직하지 않기 때문에 보는 대다수의 경우 대칭되는 단면을 갖도록 설계된다. 비대칭 단면을 가진 보에 관한 이론은 상급 과정이므로, 이 주제에 관해 배우는 동안은 관성적을 사용할 필요가 없을 것이다. 그러므로 I_{xy}를 구하는 방법은 이 책에서 다루지 않는다.[1)]

회전반경

면적이 어떻게 분포되어 있는지를 수량화하기 위해서 면적관성모멘트를 사용하는 것보다 회전반경을 사용하는 것이 유용한 경우가 있다. 회전반경(*radii of gyration*)은 면적관성모멘트에 직결되며

$$k_x = \sqrt{\frac{I_x}{A}}, \qquad k_y = \sqrt{\frac{I_y}{A}}, \qquad k_O = \sqrt{\frac{J_O}{A}} \tag{10.5}$$

로 정의된다.

여기서

k_x는 x 축에 대한 면적의 회전반경이다.

k_y는 y 축에 대한 면적의 회전반경이다.

1) 비대칭 단면 보의 관성적과 거동은 R.D. Cook과 W.C. Young, Advanced Mechanics of Materials, 2nd ed., Prentice-Hall, Englewood Cliffs, N.J., 1998에 나타나 있다.

k_O는 O 점에 대한 면적의 극회전반경이다.

A는 형상의 면적이다.

회전반경은 길이 단위를 가지고 예제 10.1에서 언급한 바와같이 글자 그대로의 뜻을 지닌다.

적분을 이용하여 관성모멘트 구하기

면적의 1차 모멘트와 관련하여 7장에서 다룬 내용들은(예컨대, 식 (7.9)의 $\int \tilde{x}\, dA$와 $\int \tilde{y}\, dA$와 같은 수식) 한 가지 추가적인 제한과 함께 여기에서도 적용된다. 이 부문에서는 그 요소 안의 **모든** 면적이 같은 모멘트 팔 $\tilde{x}, \tilde{y}, \tilde{r}$를 갖게 하기 위해 항상 면적요소 dA를 사용할 것이다. 그림 10.7은 관성모멘트 I_x와 I_y를 구하는 데 쓰이는 면적요소로 선택할 수 있는 몇몇 방법을 아래의 언급과 함께 보여주고 있다.

- 그림 10.7(a)에서 사용한 이중 적분은 dA, $\tilde{x}$, $\tilde{y}$와 관련하여 직접적인 식이 나타난다. 적분의 극한과 이중 적분을 구하는 것이 편하다면, 이 방법이 아주 효과적일 것이다.
- 단일 적분으로 I_x를 구하려면 그림 10.7(b)에서처럼 축에 평행한 면적요소가 선택되어야 한다. 그렇게 해야 요소 안의 모든 면적이 같은 모멘트 팔 $\tilde{y} = y$를 가지게 된다. 면적요소의 너비 w는 보통 위치 y의 함수다.
- 단일 적분으로 I_y를 구하려면 그림 10.7(c)에서처럼 y 축에 평행한 면적요소가 선택되어야 한다. 그렇게 해야 요소 안의 모든 면적이 같은 모멘트 팔 $\tilde{x} = x$를 가지게 된다. 면적요소의 높이 h는 보통 위치 x의 함수다.
- 이 절에서 우리는 I_x를 구하기 위해 y 축에 평행한 면적요소를 사용할 수 없다. 왜냐하면 $\tilde{y}$가 수직단면요소 $h\,dx$의 도심일 때 $I_x = \iint y^2\, dx\, dy \neq \int \tilde{y}^2 h\, dx$이기 때문이다. 즉, y에 대해 적분했을 때 면적요소 $dx\,dy$에 대한 모멘트 팔 제곱($\tilde{y}^2$)은 면적 모멘트 $h\,dx$에 대한 **평균** 모멘트 팔($\tilde{y}^2$)과 같지 않다. 이와 유사하게 우리는 I_y를 구하기 위해 x 축에 평행한 면적요소를 사용할 수 없다. 10.2절에서 평행축 정리를 배우게 되고, 그러면 이러한 제한은 사라지게 된다.
- 단일 적분으로 J_O를 구하려면 점 O에서 반경 위치의 균일값을 가진 면적요소가 필요하다. 그리고 이것은 예제 10.2의 그림 10.3에 나와 있는 것처럼 얇은 원형면적요소를 필요로 한다. 이러한 이유로 식 (10.3)을 단일 적분으로 구하려면 원형 도형만이 가능하다.

절 요약

이 부문에서 면적관성모멘트 I_x, I_y, J_O, I_{xy}는 면적분포의 2차모멘트로 정의되었다. 여기서 몇 가지 핵심 사항은 아래와 같다.

- 면적관성모멘트는 특정 축에 대해 면적이 어떻게 분포되어 있는지를 나타내는 값이다. 관성모멘트는 (길이)^{4}의 치수를 가진다.

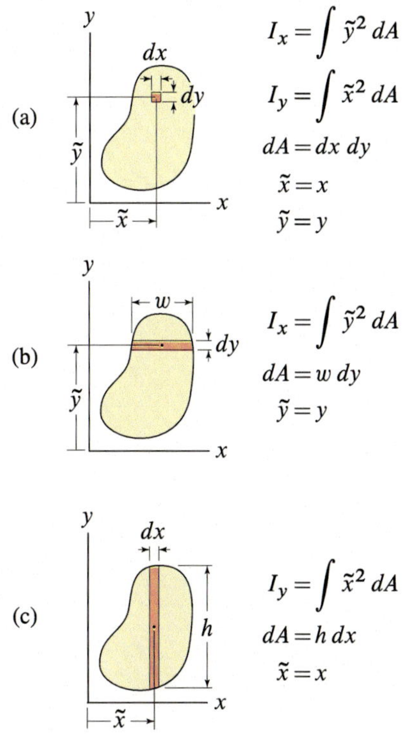

그림 10.7 면적관성모멘트 I_x와 I_y를 구하는 데 쓰이는 면적요소 dA를 선택할 수 있는 몇 가지 방법.

유용한 정보

면적요소 dA의 선택. 이 절에서 단일 적분을 사용하여 면적관성모멘트 I_x, I_y를 계산하기 위하여 관성모멘트가 계산되는 축에 평행한 면적요소를 사용하는 것이 필요하다. 그래서 I_x는 x 축에 평행인 면적요소가 필요하고, I_y는 y 축에 평행인 면적요소가 필요하다. 이런 제한은 10.2절에 소개된 평행축 정리 후에 사라진다. 단일 적분을 사용하여 J_O를 구하려면 점 O로부터 일정한 반경위치를 가지는 면적요소가 필요하고, 또한 예제 10.2의 그림 3에 나와 있는 것처럼 얇은 원형면적요소를 필요로 한다.

- 관성적 I_{xy}는 x 축과 y 축에 대해 비대칭적인 면적 값이다. I_{xy}는 대개 고급 문제를 다룰 때 필요하므로 이 책에서는 값을 구하는 방법을 다루지 않는다.
- **회전반경**은 면적이 어떻게 분포되어 있는지를 구하는 대안적인 방법이다. 회전반경은 면적관성모멘트를 알면 쉽게 구할 수 있고, 역의 경우에도 마찬가지이다.
- 면적관성모멘트의 정의는 면적의 형태에 대한 적분을 포함한다. 이 값을 구하기 위해 단일 적분을 사용하는 것은 모든 지점에서 균일 $\tilde{x}$, $\tilde{y}$, $\tilde{r}$를 가진 면적요소를 필요로 한다. 그래서 I_x와 I_y 값을 구하는 것은 각각 축과 축 평행한 면적요소를 필요로 하고, J_O값을 구하는 것은 원형 면적요소를 필요로 한다. 10.2절에서 평행축 정리를 배우게 되고, 그러면 이러한 제한은 사라지게 된다.

예제 10.1 적분을 이용하여 면적관성모멘트 구하기

밑변 b, 높이 h, 도심 점 C를 가진 직사각형 면적이 있다. 면적관성모멘트 I_x, $I_{x'}$와 회전반경 k_x, $k_{x'}$를 구하라.

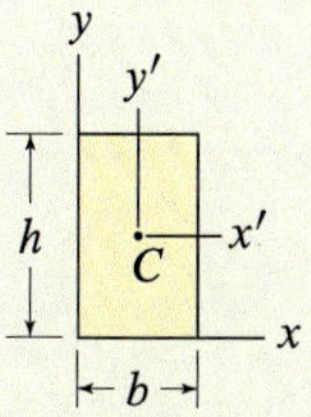

그림 1

풀이 SOLUTION

로드맵 면적관성모멘트 I_x, $I_{x'}$를 계산하기 위해 식 (10.1)을 사용한다. I_x 적분은 y에 대해서 수행된다. $I_{x'}$ 적분은 y'에 대해 수행된다.

I_x

지배방정식과 계산 단일 적분을 사용하여 I_x를 계산하기 위해 dA와 $\tilde{y}$에 대한 식이 필요하고, 이것들은 그림 2에 보인 바와 같이 x 축에 평행한 면적요소를 사용하여 전개해야 한다:

$$dA = b\,dy, \quad \tilde{y} = y \tag{1}$$

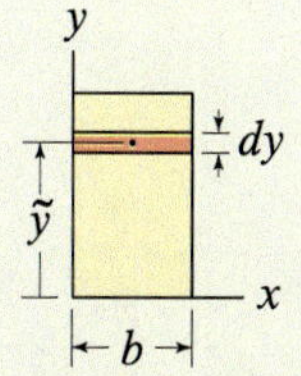

그림 2 I_x를 구하기 위해 dA와 $\tilde{y}$에 대한 식을 전개하는데 사용된 x 축에 평행한 면적요소.

식 (1)을 식 (10.1)에 대입하면, 축에 대한 관성모멘트는

$$I_x = \int \tilde{y}^2\,dA = \int_0^h y^2 b\,dy = \frac{by^3}{3}\bigg|_0^h = \boxed{\frac{bh^3}{3}} \tag{2}$$

$I_{x'}$

지배방정식과 계산 $I_{x'}$를 구하기 위한 식은 식 (1)에서 y를 y'로 바꾸고 적분구간을 $-h/2$에서 $h/2$로 바꾸면 된다. 따라서

$$I_{x'} = \int \tilde{y}^2\,dA = \int_{-h/2}^{h/2} (y')^2 b\,dy' = \frac{b(y')^3}{3}\bigg|_{-h/2}^{h/2} = \boxed{\frac{bh^3}{12}} \tag{3}$$

회전반경

지배방정식과 계산 위에서 계산된 관성모멘트와 단면적 $A = bh$에 주목하면, 식 (10.5)에서 구한 회전반경은

$$k_x = \sqrt{\frac{I_x}{A}} = \sqrt{\frac{bh^3/3}{bh}} = \frac{h}{\sqrt{3}} = \boxed{(0.5774)h} \tag{4}$$

$$k_{x'} = \sqrt{\frac{I_{x'}}{A}} = \sqrt{\frac{bh^3/12}{bh}} = \frac{h}{\sqrt{12}} = \boxed{(0.2887)h} \tag{5}$$

유용한 정보

사각형상. 보는 가끔 사각단면 형상, 또는 사각 복합 형상으로 구성된 형상을 가진다. 그래서, 이 예제의 결과는 빈번하게 사용되고, 대부분의 공학자는 식 $I_{x'} = bh^3/12$를 기억한다.

논의 및 검증

- 식 (2)와 (3)을 비교하면, $I_x > I_{x'}$임을 알 수 있다. 일반적으로 도심 축에 평행한(그러나 일치하지는 않는) 임의의 x 축에 대한 관성모멘트 I_x는 $I_{x'}$보다 더 크다. 유사한 언급이 다른 관성모멘트에도 적용된다.
- I_x의 경우에 대한 회전반경의 물리적 설명이 그림 3에 나타나 있다. 만약 $A = bh$가 얇은 띠 내로 재분배된다면, 띠는 만약 x 축에 대한 관성모멘트가 그림 1에 보여진 초기형상과 같다면 x 축에서 $k_x = (0.5774)h$ 거리에 위치해야만 한다.
- 관성모멘트 I_y와 $I_{y'}$를 구하기 위해, 이 풀이과정은 y 축에 평행한 면적요소를 사용하여 반복된다(문제 10.1을 보라).

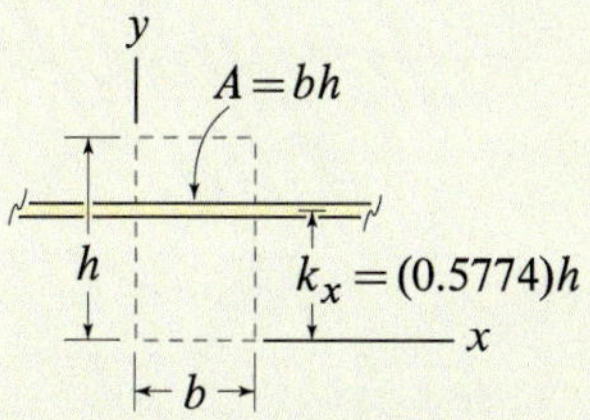

그림 3 만약 전체 단면적 $A = bh$가 축에 평행인 얇은 띠 내로 재분배된다면, 회전반경 k_x는 관성모멘트가 초기형상과 같도록 하는 x 축으로부터 위치하는 거리다.

예제 10.2 적분을 이용하여 면적관성모멘트 구하기

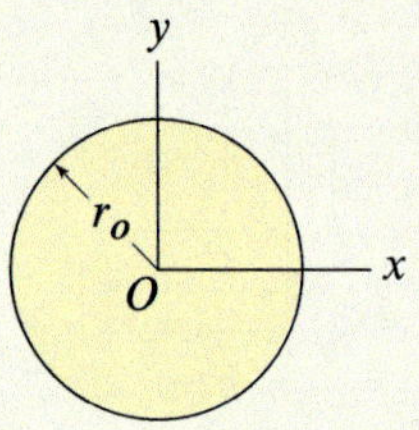

그림 1

바깥 반지름 r_O인 원형면적이 나타나 있다. 면적관성모멘트 I_y와 점 O에 대한 극관성모멘트 J_O를 구하라.

풀이 SOLUTION

로드맵 I_y를 구하기 위해 식 (10.2)과 J_O를 구하기 위해 식 (10.3)를 사용한다.

I_y

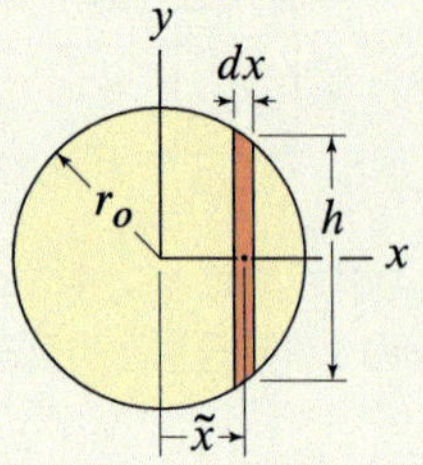

그림 2 I_x를 구하기 위해, y 축에 평행한 면적요소가 dA와 $\tilde{x}$에 대한 식을 전개하기 위해 사용되었다.

지배방정식과 계산 단일 적분을 사용하여 I_y를 구하기 위해 dA와 $\tilde{x}$에 대한 식이 필요하고, 이것들은 그림 2에 보인 바와 같이 y 축에 평행한 면적요소를 사용하여 전개해야 한다:

$$dA = h\,dx, \qquad \tilde{x} = x \tag{1}$$

면적요소의 높이 h는 x와 피타고라스 정리 $r_o^2 = x^2 + (h/2)^2$에 의한 r_o와 관계있다. 따라서

$$h = 2\sqrt{r_o^2 - x^2} \tag{2}$$

식 (1)과 (2)를 식 (10.2)에 대입하고, 적분을 수행하기 위해 적분테이블 또는 컴퓨터소프트웨어를 사용하면, y 축에 대한 관성모멘트는

$$\begin{aligned} I_y &= \int \tilde{x}^2\,dA = \int_{-r_o}^{r_o} x^2\,2\sqrt{r_o^2 - x^2}\,dx \\ &= \left[\frac{-x}{2}(r_o^2 - x^2)^{3/2} + \frac{r_o^2 x}{4}\sqrt{r_o^2 - x^2} + \frac{r_o^4}{4}\sin^{-1}\left(\frac{x}{r_o}\right)\right]\Bigg|_{-r_o}^{r_o} \\ &= \boxed{\frac{\pi r_o^4}{4}} \end{aligned} \tag{3}$$

J_O

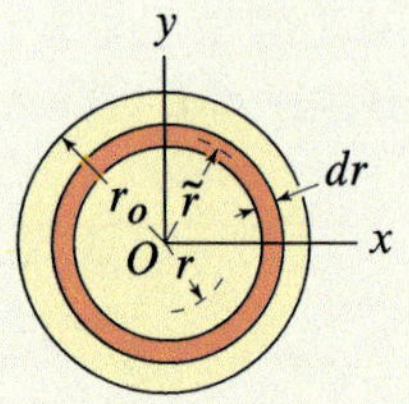

그림 3 J_O를 구하기 위해, 원형 면적 요소 dA와 $\tilde{r}$가 사용되었다.

지배방정식과 계산 단일 적분을 사용하여 J_O를 구하기 위해, 균일 값 $\tilde{r}$을 가진 면적요소가 필요하고, 이것은 그림 3에 보여진 얇은 원형 면적요소를 사용해야 한다. r을 반경좌표로 하면, dA와 $\tilde{r}$에 대한 식은 그림 3에서 다음과 같이 얻을 수 있다.

$$dA = 2\pi r\,dr, \quad \tilde{r} = r \tag{4}$$

식 (4)를 식 (10.3)에 대입하면, 점 O에 대한 극관성모멘트는

$$J_O = \int \tilde{r}^2\,dA = \int_0^{r_o} r^2\,2\pi r\,dr = \boxed{\frac{\pi r_o^4}{2}} \tag{5}$$

논의 및 검증

- 그림 1의 원형 형상의 대칭성 때문에, $I_x = I_y$가 명백하다.
- 위에서 언급한 바와 같이 식 (10.3)에서 $J_O = I_x + I_y$와 $I_x = I_y$임을 주목하면, 식 (3)의 결과의 조사를 통해 식 (5)를 얻을 수 있으며, 역으로 식 (5)의 결과의 조사를 통해 식 (3)을 얻을 수 있다.

예제 10.3 적분을 이용하여 면적관성모멘트 구하기

펌프의 터빈 블레이드의 단면이 나타나 있다. 관성모멘트 I_x와 I_y를 구하라.

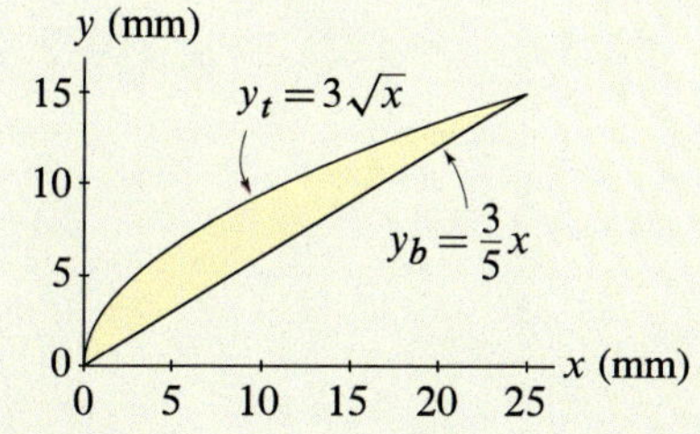

그림 1

풀이 SOLUTION

로드맵 이 외형은 도심의 위치를 구할 수 있는 예제 7.3에서 고려되었다. 이 예제에서는, 아래에 언급한 것과 같이 비록 대략의 위치정보가 면적관성모멘트의 증명에 도움이 될 수 있지만 도심의 위치가 필요 없다. dA, $\tilde{x}$, $\tilde{y}$와 같은 양에 대해 예제 7.3에서 전개된 식은 여기서 다시 사용될 것이다.

I_y

지배방정식과 계산 단일 적분을 사용하여 I_y를 구하기 위해 dA와 $\tilde{x}$에 대한 식이 필요하고, 이것들은 그림 2에 보인 바와 같이 y 축에 평행한 면적요소를 사용하여 전개해야 한다:

$$dA = (y_t - y_b)\,dx = (3\sqrt{x} - \tfrac{3}{5}x)\,dx, \qquad \tilde{x} = x \tag{1}$$

식 (1)을 식 (10.2)에 대입하면, y 축에 대한 관성모멘트는

$$I_y = \int \tilde{x}^2\,dA = \int_0^{25\text{ mm}} x^2(3\sqrt{x} - \tfrac{3}{5}x)\,dx$$
$$= \left(\frac{6x^{7/2}}{7} - \frac{3x^4}{20}\right)\bigg|_0^{25\text{ mm}} = \boxed{8370\text{ mm}^4} \tag{2}$$

> **유용한 정보**
>
> **기호법.** 이 문제를 통하여 하첨자는 위(top)와 아래(bottom)곡선, 왼쪽(left)과 오른쪽(right)을 구분하기 위해 사용되었다.
> - 하첨자 t는 "top"을 표시한다.
> - 하첨자 b는 "bottom"을 표시한다.
> - 하첨자 r은 "right"를 표시한다.
> - 하첨자 l은 "left"를 표시한다.

I_x

지배방정식과 계산 단일 적분을 사용하여 I_x를 구하기 위해 dA와 $\tilde{y}$에 대한 식이 필요하고, 이것들은 그림 3에 보인 바와 같이 x 축에 평행한 면적요소를 사용하여 전개해야 한다:

$$dA = (x_r - x_l)\,dy = \left(\tfrac{5}{3}y - \frac{y^2}{9}\right)dy, \qquad \tilde{y} = y \tag{3}$$

식 (3)을 식 (10.1)에 대입하면, x 축에 대한 관성모멘트는

$$I_x = \int \tilde{y}^2\,dA = \int_0^{15\text{ mm}} y^2\left(\tfrac{5}{3}y - \frac{y^2}{9}\right)dy$$
$$= \left(\frac{5y^4}{12} - \frac{y^5}{45}\right)\bigg|_0^{15\text{ mm}} = \boxed{4220\text{ mm}^4} \tag{4}$$

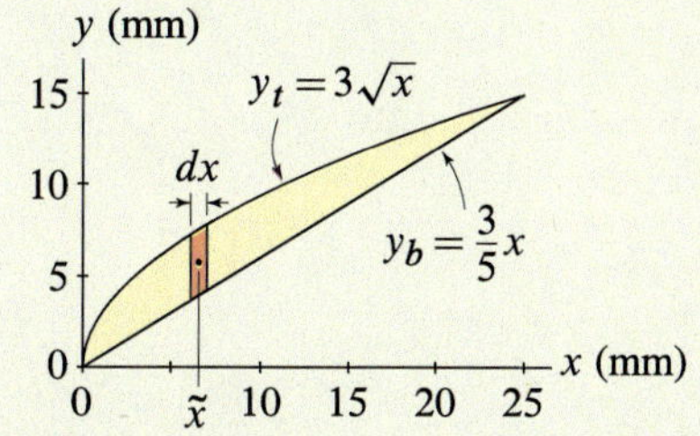

그림 2 I_y를 구하기 위해, y 축에 평행한 면적요소가 dA와 $\tilde{x}$에 대한 식을 전개하기 위해 사용되었다.

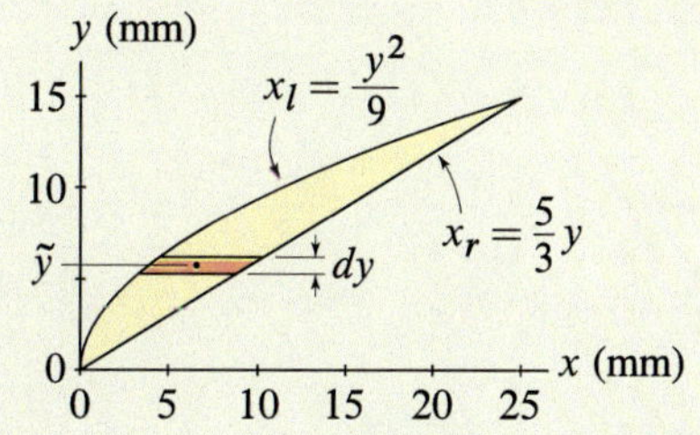

그림 3 I_x를 구하기 위해, x 축에 평행한 면적요소가 dA와 $\tilde{x}$에 대한 식을 전개하기 위해 사용되었다.

논의 및 검증

- 그림 1을 살펴보면(또는 예제 7.3의 결과를 참고하면), 면적의 도심은 x 축보다 y 축으로부터 더 멀다. 그래서 $I_y > I_x$이고, 식 (2)와 (4)은 이것을 보인다. 이 관찰에도 불구하고 $I_y \neq \bar{x}^2 A$ 및 $I_x \neq \bar{y}^2 A$이며; 문제 10.2은 이것을 더 다룰 것이다.
- 도심 x' 및 y' 축에 대한 관성모멘트를 아는 것이 또한 바람직하다. 이것은 x' 및 y' 축에 대하여 수행한 적분과 y_t, y_b, x_r에 대한 식으로, 그리고 x' 및 y' 항으로 쓰여진 x_l으로 식 (1)-(4)를 다시 계산하여 구할 수 있다. 이렇게 하는 것보다 오히려 다음 부문에서 다룰 평행축 정리가 I_x과 I_y를 계산하는데 더 편리하다.

문제

문제 10.1

예제 10.1의 그림 1에 보인 바와 같이 밑변 b, 높이 h, 점 C가 도심인 사각형 면적에 대해 면적관성모멘트 I_y와 $I_{y'}$ 및 회전반경 k_y와 $k_{y'}$를 구하라.

문제 10.2

예제 7.3에서 도심 $\bar{x}$, $\bar{y}$ 및 터빈 블레이드의 단면적 A가 결정되었으며, 예제 10.3에서 면적관성모멘트 I_x와 I_y가 결정되었다. $I_x \neq \bar{y}^2 A$ 및 $I_y \neq \bar{x}^2 A$임을 보이고, 면적관성모멘트가 이런 방식으로는 결정되지 않는 이유를 설명하라.

주의 개념 문제는 계산이 아닌 설명이 필요하다.

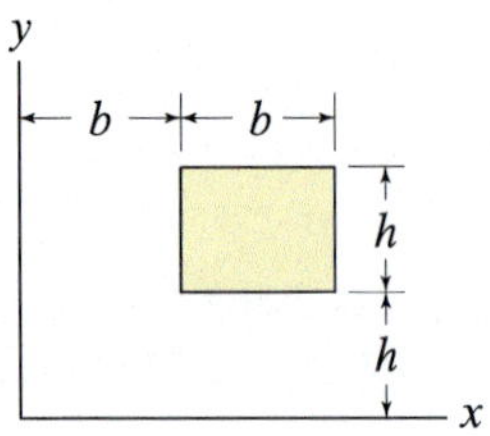

그림 P10.3

문제 10.3

보여진 직사각형의 형상에 대한 관성모멘트 I_x 및 I_y를 구하라.

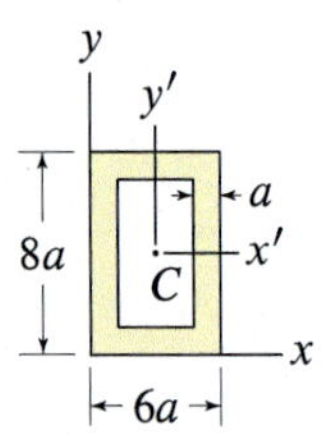

그림 P10.4, P10.5

문제 10.4, 10.5

균일한 벽 두께의 직사각형 형상을 한 중공튜브의 단면이 있다.

문제 10.4 관성모멘트 I_x 및 I_y를 구하라.

문제 10.5 도심에 대한 관성모멘트 $I_{x'}$ 및 $I_{y'}$를 구하라.

문제 10.6, 10.7

I_x 및 I_y를 구하라.

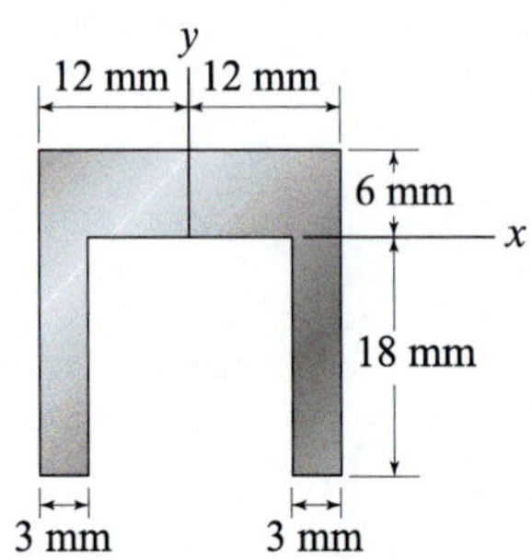

그림 P10.6

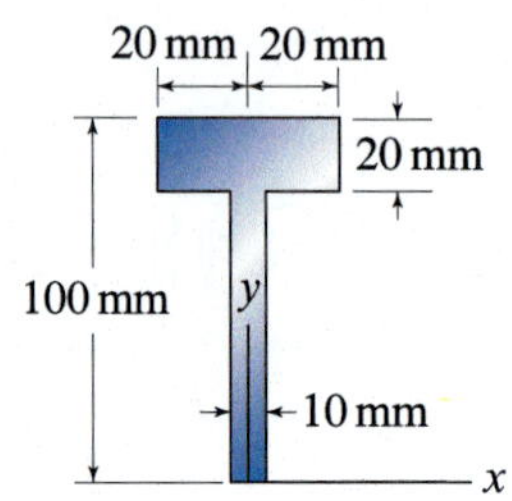

그림 P10.7

문제 10.8, 10.9

I_x 및 I_y를 구하라. b와 h의 항으로 답을 표현하라.

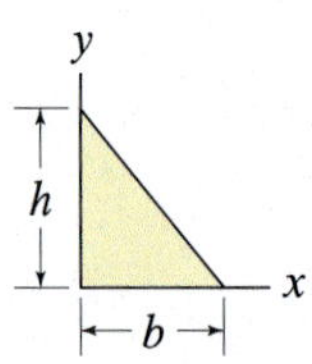

그림 P10.8

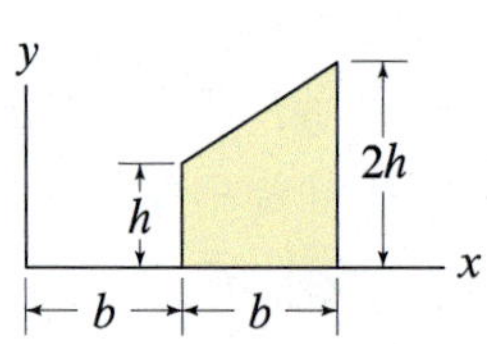

그림 P10.9

문제 10.10

바깥 반지름이 r_O이고 안쪽 반지름이 r_i인 동심 구멍을 가진 원형단면이 있다. 점 O에 대한 극관성모멘트가 $J_O = \pi(r_o^4 - r_i^4)/2$임을 보이라.

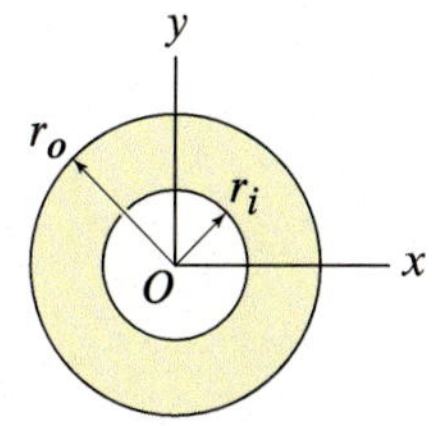

그림 P10.10

문제 10.11, 10.12

보여진 면적은 바깥 반지름이 r_O이다. I_y와 J_O를 구하라. 여러분이 구한 답과 예제 10.2의 결과를 비교하라.

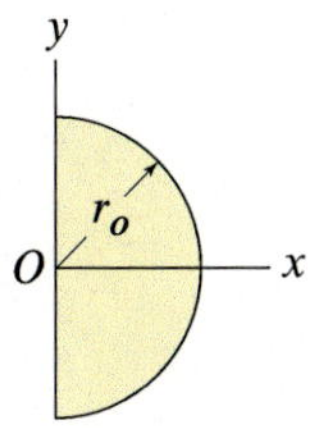

그림 P10.11

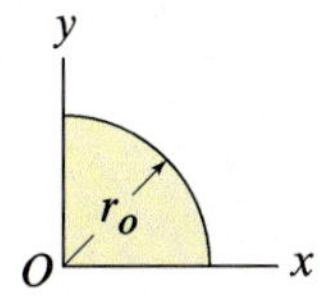

그림 P10.12

문제 10.13, 10.14

바깥 반지름이 r_O인 반원면적이 있다.

문제 10.13 I_x를 구하라.

힌트 수학적 소프트웨어의 사용이 도움이 되나, 요구되지는 않는다.

문제 10.14 J_A를 구하라.

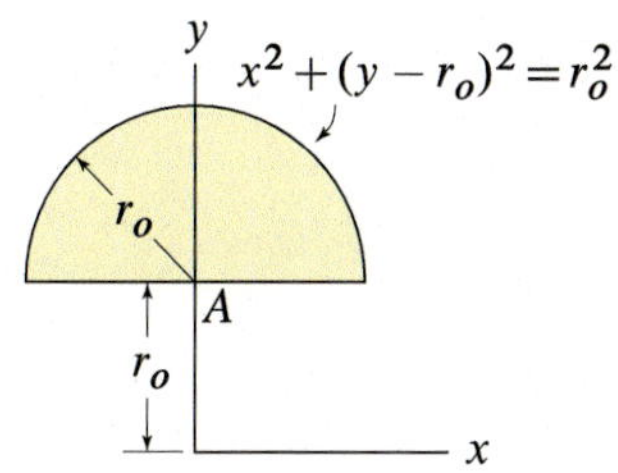

그림 P10.13, P10.14

문제 10.15

같은 단면적을 가진 두 개의 축을 생각하라. 첫 번째 축은 중실이고, 두 번째 축의 단면은 안지름이 바깥지름의 절반인 중공이다. 두 축에 대한 도심의 극관성모멘트의 비 $J_{\text{hollow}}/J_{\text{solid}}$를 구하라.

힌트 문제 10.10에서 설명하고 있는 극관성모멘트를 사용하라.

문제 10.16

일반적으로 가느다란 구조의 부재뿐만 아니라 긴 뼈의 강도도 관성모멘트가 증가할 경우 강도가 증가하는 것과 같이 면적관성모멘트와 직접 관계가 있다. 무게에 대한 강도의 비 관점에서 인간 대퇴골과 같은 인간과 동물의 가장 긴 뼈가 중공인 이유를 설명하라.

주의 개념 문제는 계산이 아닌 설명이 필요하다.

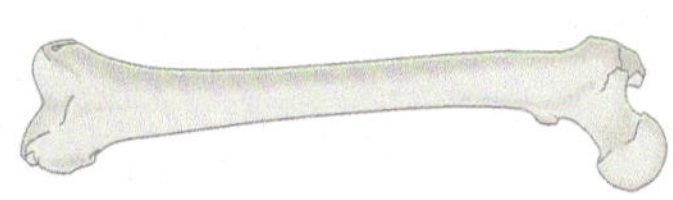
그림 P10.16

문제 10.17-10.21

(a) I_x를 구하라.

(b) I_y를 구하라.

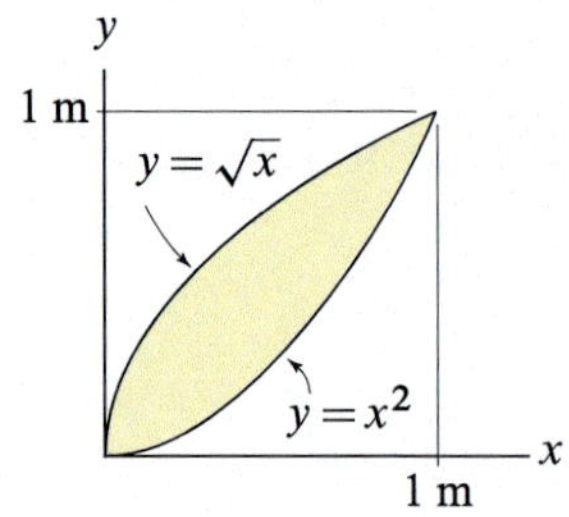

그림 P10.17

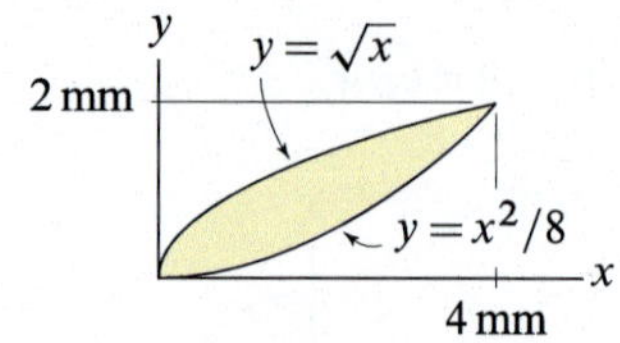

그림 P10.18

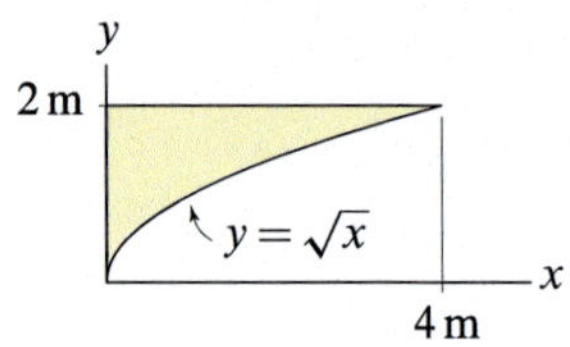

그림 P10.19

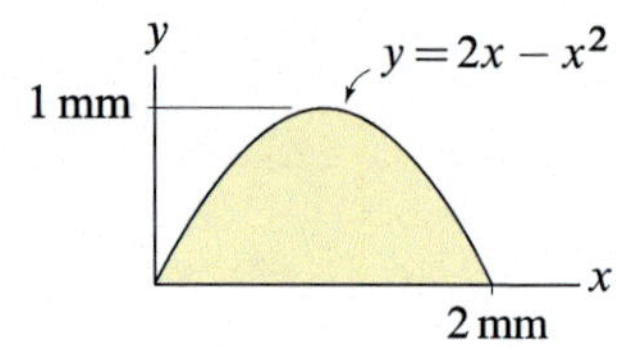

그림 P10.20

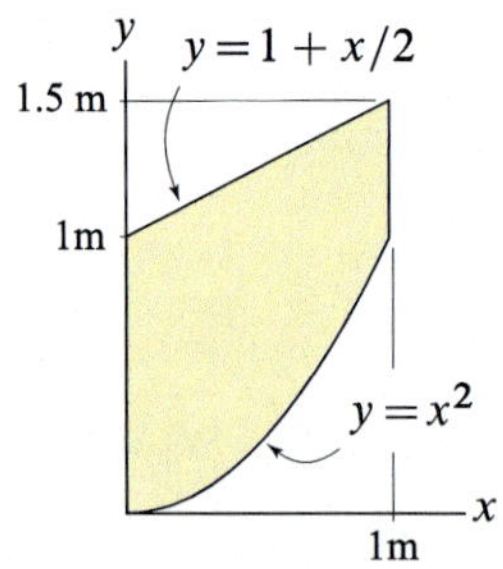

그림 P10.21

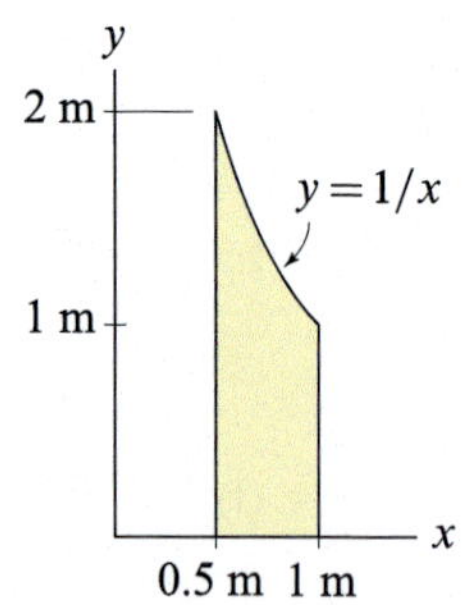

그림 P10.22

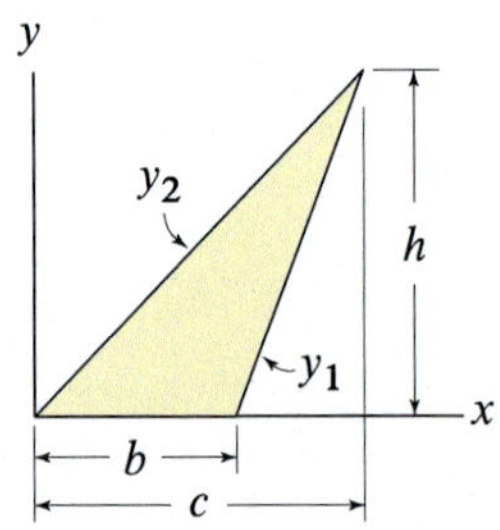

그림 P10.23

문제 10.23

보여진 것과 같이 밑변 b와 높이 h인 삼각형에 대해 x 축에 대한 면적관성모멘트가 $I_x = bh^3/12$임을 보이라.

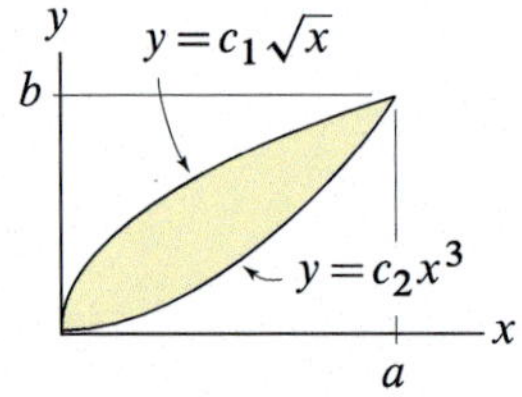

그림 P10.24, P10.25

문제 10.24, 10.25

곡선이 $x = a$와 $y = b$에서 교차되도록 상수 c_1과 c_2를 구하라. 답을 a와 b로 표시하라. 그리고 표시된 면적관성모멘트를 구하라.

문제 10.24 I_x를 구하라.

문제 10.25 I_y를 구하라.

10.2 평행축 정리

평행축 정리는 x 와 x' 축이 평행하고, y와 y' 축이 평행할 때 도심 면적관성모멘트 $I_{x'}$, $I_{y'}$, $J_{O'}$, $I_{x'y'}$와 면적관성모멘트 I_x, I_y, J_O, I_{xy}와의 관계를 나타낸다. 평행축 정리는 중요하며 대부분의 공학자들이 기본원리로 사용한다. 그림 10.8에 보여진 도심 C인 면적 A를 생각하라. 원점 O'가 면적도심에 위치하는 도심 $x'y'$ 좌표계가 정의되었다. x와 y 축은 거리 간격이 각각 d_x와 d_y인 x'와 y' 축에 평행이다. **평행축 정리**(*parallel axis theorem*)는 도심 관성모멘트와 x, y 축의 관성모멘트와의 관계를 나타낸다.

$$I_x = I_{x'} + d_x^2 A \tag{10.6}$$

$$I_y = I_{y'} + d_y^2 A \tag{10.7}$$

$$J_O = J_{O'} + d^2 A \tag{10.8}$$

$$I_{xy} = I_{x'y'} + d_x d_y A \tag{10.9}$$

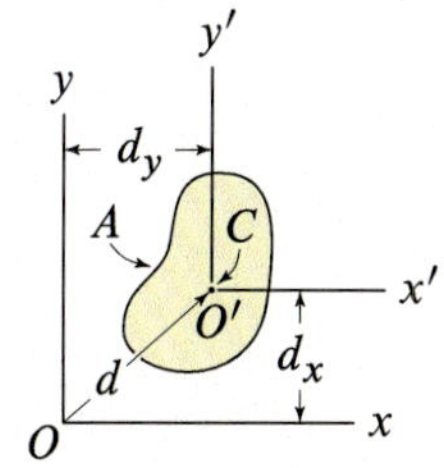

그림 10.8 도심 C인 면적 A가 있다. x와 x' 축은 거리 간격이 d_x이고 평행하며, y와 y'는 거리 간격이 d_y이고 평행하다.

위의 식을 얻는 법을 알기 위해 그림 10.8에 보여진 면적 I_x를 구하는 예제를 생각하라. 식(10.1)에 주어진 I_x의 기본 정의로 시작하면, 그림 10.9에 보여진 면적요소를 다음과 같이 쓸 수 있다.

$$I_x = \int \tilde{y}^2\, dA \tag{10.10}$$

$$= \int (\tilde{y}' + d_x)^2\, dA \tag{10.11}$$

$$= \underbrace{\int (\tilde{y}')^2\, dA}_{=I_{x'}} + 2d_x \underbrace{\int \tilde{y}'\, dA}_{=0} + d_x^2 \underbrace{\int dA}_{=A} \tag{10.12}$$

$$= I_{x'} + d_x^2\, A \tag{10.13}$$

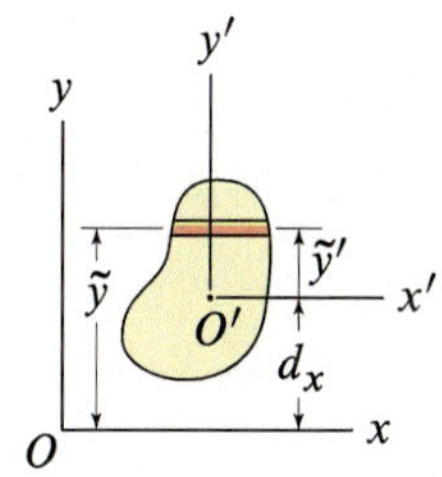

그림 10.9 x 축에 대한 관성모멘트 I_x를 구하기 위한 면적요소의 선택.

식(10.11)은 그림 10.9의 $\tilde{y} = \tilde{y}' + d_x$에 주목하여 식(10.10)에서 얻는다. 식(10.12)는 $(\tilde{y}' + d_x)^2$를 전개하고 각 항에 대한 적분을 분리하여 쓰고 적분극한에 상수 d_x를 두면 얻는다. 식(10.12)의 첫 번째 적분은 도심 축의 항으로 쓰면 식(10.1)과 같다. 그래서 도심 관성모멘트 $I_{x'}$가 얻어진다. 두 번째 적분은 y'가 형상의 도심에서 척도되므로 영(zero)이며, 세 번째 적분은 형상의 면적 A이다. 다른 평행축 정리에 관한 증명은 식(10.10)-(10.13)과 유사하다.

참고사항

- 식(10.6)-(10.8)에서 $I_x \geq I_{x'}$, $I_y \geq I_{y'}$ 및 $J_O \geq J_{O'}$임은 분명하다.
- 관성적을 변환할 때, d_x와 d_y는 중요하다. 관성적의 변환은 고등 주제가 되며, 더 이상은 이 교재에서는 다루지 않는다.

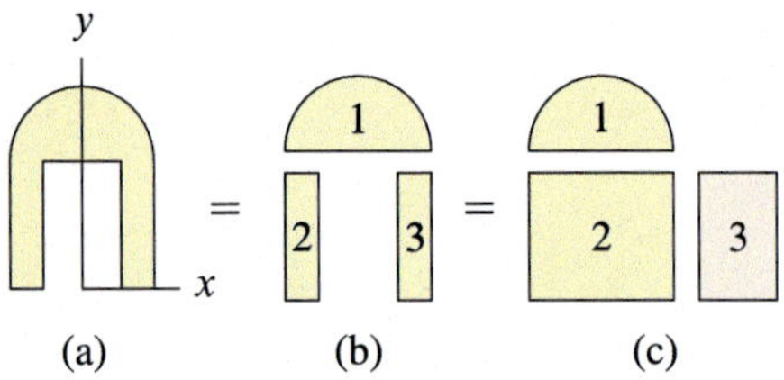

그림 10.10 면적관성모멘트를 구하기 위하여 평행축 정리에 의한 복합형상의 사용. (a) 반원과 두 개의 사각형으로 구성된 면적 (b) 복합형상의 가능한 세트 (c) 형상 3이 음의 면적인 복합형상의 다른 가능한 세트.

> **빠지기 쉬운 함정**
> **평행축 정리.** 평행축 x_1, x_2 및 그림과 같이 도심이 점 C인 도심축 x'.
>
> 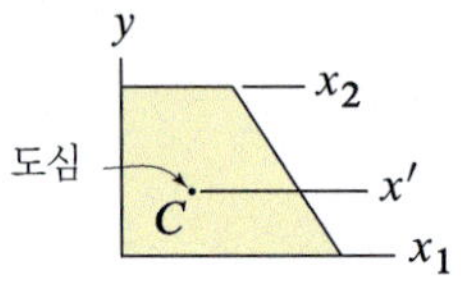
>
>
> 만약 I_{x1}이 알려져 있다면 보통의 실수는 I_{x2}를 직접 구하기 위해 평행축 정리를 사용하는 것이다. 평행축 정리에서 축의 하나는 항상 도심축이다. 그래서 알려진 I_{x1}으로 평행축 정리가 두 번 사용되어야만 하는데, 첫 번째는 $I_{x'}$를 구하고, 두 번째는 I_{x2}를 구하기 위해 $I_{x'}$를 사용하는 것이다. 문제 10.40을 보라.

- 평행축 정리는 회전반경을 구하기 위해 사용될 수도 있으며, 문제 10.31은 이것을 더 조사한다.

적분에서의 평행축 정리의 이용

평행축 정리는 10.1절에 필요한 면적요소의 형상과 방위에 대한 제한을 제거하기 위해 사용되기도 한다. 즉, 평행축 정리를 쓰면 관성모멘트 I_x와 I_y는 각각 x와 y 축에 수직인 면적요소로써 단일적분을 하여 결정할 수도 있다. 예제 10.4는 이런 접근을 설명한다.

복합형상에 대한 평행축 정리의 이용

평행축 정리의 가장 공통적 사용은 복합형상을 이용하여 면적모멘트를 결정하는 것이다. 예를 들면, I_x가 요구되는 그림 10.10에 보여진 면적을 고려하라. 복합형상에 대한 평행축 정리는

$$I_x = \sum_{i=1}^{n}\left(I_{x'} + d_x^2\, A\right)_i \tag{10.14}$$

n은 형상의 수, $I_{x'}$는 도심 x' 축에 대한 형상의 관성모멘트이고, d_x는 형상 i의 이동거리(즉, 형상에 대한 x 축과 x' 축 사이의 거리)이며, A는 형상 i의 면적이다. 유사한 표현을 I_y와 J_O에 대해 쓸 수 있다. 식 (10.14)를 사용하기 위해 복합형상 각각에 대한 도심 면적모멘트를 알아야 하고, 10.1절에서 행한 것처럼 이것은 일반적으로 적분에 의해 얻어져야 한다. 다행스럽게도, 뒷 표지 안의 선과 면적의 성질을 정리해놓은 표처럼 많은 기본형상의 도심 관성모멘트도 표로 작성되어 있다. 예제 10.5와 10.6은 이런 방법을 설명한다.

절 요약

이 부문에서는 면적관성모멘트의 평행축 정리가 제시되었다. 핵심 내용들은 다음과 같다:

- 평행축 정리는 x와 x' 축이 평행하고, y와 y' 축이 평행할 때 도심 면적관성모멘트 $I_{x'}$, $I_{y'}$, $J_{O'}$, $I_{x'y'}$와 면적관성모멘트 I_x, I_y, J_O, I_{xy}와의 관계를 나타낸다. 일반적인 실수는 그들 중의 어느 것도 도심축이 아닌 두 평행축 사이의 관성모멘트를 계산하기 위해 평행축 정리를 사용하는 것이다.
- 평행축 정리는 면적관성모멘트가 구해지는 축에 수직인 면적요소를 사용하는 적분으로 면적관성모멘트를 구하기 위해 적용할 수 있다.
- 평행축 정리는 복합형상을 이용하여 면적관성모멘트를 구하기 위해 가장 보편적으로 적용된다. 복합형상을 사용하기 위해 도심축에 대한 각 복합형상의 관성모멘트를 알아야 한다. 이것은 항상 적분을 사용하여 결정되지만 뒷 표지 안의 선과 면적의 성질을 정리해놓은 표처럼 많은 기본형상의 기본 정보는 표로 작성되어 있다.

예제 10.4 적분과 평행축 정리를 이용한 면적관성모멘트

x 축에 대한 면적관성모멘트 I_x를 구하기 위해 x 축에 수직인 면적요소로 적분을 사용하라.

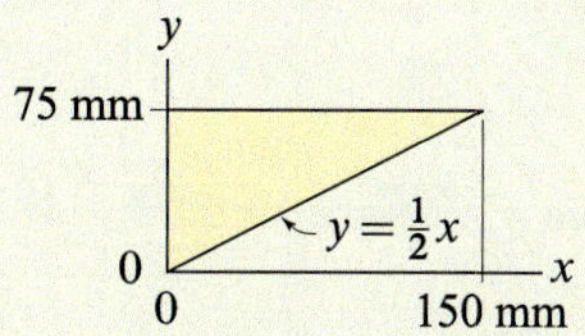

그림 1

풀이 SOLUTION

로드맵 x 축에 수직인 면적요소는 평행축 정리와 관련하여 I_x를 구하기 위해 사용된다. 전략은 도심축에 대한 면적요소의 관성모멘트 식을 쓰는 것이며, x 축에 대한 이 면적요소의 관성모멘트를 얻기 위해 평행축 정리를 이용하는 것인데 전체 관성모멘트를 구하기 위해 전면적에 걸쳐서 적분을 하게 된다.

지배방정식과 계산 x 축에 수직인 면적요소가 그림 2에 나타나 있다. 이 접근에서

$$I_x = \int dI_x \tag{1}$$

을 사용하여 관성모멘트를 평가한다. 여기서 dI_x는 그림 2에 보여진 면적요소의 축에 대한 관성모멘트다. 면적요소는 직사각형이며, 식 (10.6)인 평행축 정리는 다음과 같이 x 축에 대한 관성모멘트를 쓰기 위해 사용된다.

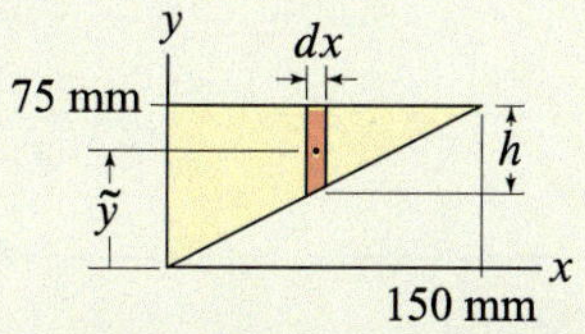

그림 2 I_x를 구하기 위해 x 축에 수직인 면적요소는 평행축 정리와 관련하여 사용될 수도 있다. dA, $\tilde{y}$, h에 관한 식이 필요하다.

$$dI_x = \tfrac{1}{12}h^3\,dx + \tilde{y}^2 h\,dx \tag{2}$$

식 (2)의 첫 번째 항은 도심에 대한 사각형의 관성모멘트, 즉, (1/12)(밑변)(높이)^3, 여기서 그림 2의 면적요소 밑변은 dx이고 높이는 h이다. 식 (2)의 두 번째 항은 평행축 이동, 즉 (이동거리)^2(면적), 여기서 이동거리는 $\tilde{y}$이고 면적은 $h\,dx$이다. y_t와 y_b를 각각 그림 2의 면적을 정의하는 상 및 하곡선 식이라 하면,

$$dA = (y_t - y_b)\,dx = \left(75 - \frac{x}{2}\right)dx \tag{3}$$

$$\tilde{y} = \tfrac{1}{2}(y_t + y_b) = \tfrac{1}{2}\left(75 + \frac{x}{2}\right) \tag{4}$$

$$h = y_t - y_b = 75 - \frac{x}{2} \tag{5}$$

식 (2)-(5)를 식 (1)에 대입하면

$$\begin{aligned}
I_x &= \int_0^{150\text{ mm}} \tfrac{1}{12}\left(75 - \frac{x}{2}\right)^3 dx + \int_0^{150\text{ mm}} \left[\tfrac{1}{2}\left(75 + \frac{x}{2}\right)\right]^2 \left(75 - \frac{x}{2}\right) dx \\
&= \left[\frac{1}{12}\frac{\left(75 - \frac{x}{2}\right)}{4 \times \frac{1}{2}}\right]_0^{150} + \int_0^{150} \frac{1}{4}\left[5625 + \frac{x^2}{4} + 75x\right]\left[75 - \frac{x}{2}\right] \\
&= -\frac{1}{24}[0 - 31640625] + \frac{1}{4}\left[\begin{array}{l} 421875(150-0) + \frac{18.75}{3}[150^3 - 0] + \frac{5625}{2}[150^2 - 0] \\ -\frac{2812.5}{2}[150^2 - 0] - \frac{0.125}{4}[150^4 - 0] - \frac{37.5}{3}[150^3 - 0] \end{array}\right] \\
&= 1318359.375 + 15820312.5 + 5273437.5 + 15820312.5 - 7910156.25 \\
&\quad - 3955078.125 - 10546875 \\
&= \boxed{15820313\text{ mm}^4}
\end{aligned} \tag{6}$$

논의 및 검증 풀이 결과가 타당한지를 알기 위해, 풀이 결과와 x, y 값이 각각 150 mm, 75 mm인 직사각형의 면적관성모멘트를 비교한다. 예제 10.1의 결과로부터 혹은 뒷 표지 안의 선과 면적의 성질을 정리해놓은 표를 참조함으로써 밑변을 통과하는 축에 대한 사각면적의 관성모멘트는 식 (6)의 결과보다 더 큰 값으로 예상되는 I_x = (1/3)(밑변)(높이)^3 = (1/3)(150 mm)(75 mm)^3 = 21093750 mm^4. 따라서 답은 타당한 것으로 보인다.

예제 10.5 복합형상을 사용한 면적관성모멘트

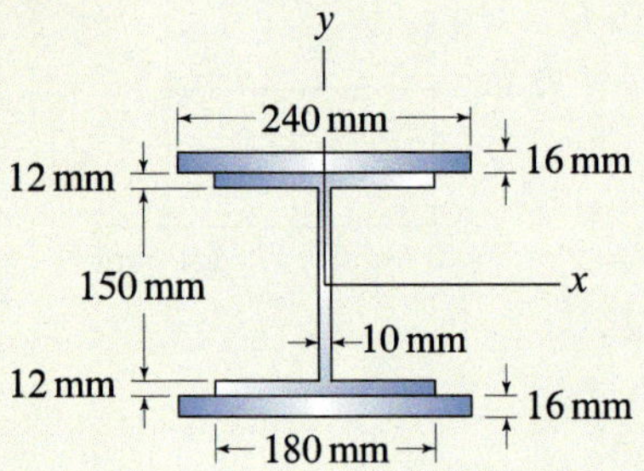

그림 1

플랜지에 덮개판이 용접된 I 보의 단면이 나타나 있다. 단면적은 x와 y 축에 대해 대칭이다. 덮개판이 있는 경우와 없는 경우 보의 단면적의 x 축에 대한 관성모멘트를 구하라.

풀이 SOLUTION

로드맵 단면적은 사각형 형상으로 구성되어 있어서, I_x를 구하기 위해서는 복합형상을 사용하는 것이 편리할 것이다. 처음에는 덮개판이 없는 I 보의 I_x를 구하고, 다음에는 덮개판이 있는 경우의 I_x를 구할 것이다.

덮개판이 없는 I 보

지배방정식과 계산 복합형상의 두 가지 조합이 그림 2에 나타나 있다. 그림 2(b)에 보여진 3가지 형상인 경우의 식 (10.14)를 이용하면, x 축에 대한 관성모멘트는

$$I_x = \sum_{i=1}^{3}(I_{x'} + d_x^2 A)_i \tag{1}$$

$$= \tfrac{1}{12}(10\text{ mm})(150\text{ mm})^3 + \left[\tfrac{1}{12}(180\text{ mm})(12\text{ mm})^3 + (81\text{ mm})^2(180\text{ mm})(12\text{ mm})\right]2 \tag{2}$$

$$= \boxed{3.12 \times 10^7\text{ mm}^4} \tag{3}$$

식 (2)에서 형상 1의 도심축은 x 축과 일치하므로 이 형상의 평행축 이동은 영(zero)이다. 또한 형상 2와 3에 대한 I_x는 같으며, 따라서 정사각형 브래킷 내의 항은 단순히 두 배가 된다.

별해 또한 그림 2(c)에 보여진 3개의 복합형상을 사용하여 I_x를 구해도 된다. 여기서 형상 2와 3의 면적은 음(−)이다. 식 (10.14)는 식 (3)과 똑같은

$$I_x = \frac{1}{12}(180\text{ mm})(174\text{ mm})^3 - \left[\frac{1}{12}(85\text{ mm})(150\text{ mm})^3\right]2 = \boxed{3.12 \times 10^7\text{ mm}^4} \tag{4}$$

이 된다. 각 복합형상의 도심축은 x 축과 일치하며, 식 (4)의 평행축 이동은 각 형상에서 영(zero)임을 주의하라.

흥미로운 사실

강화된 보. 보통은 보의 일부만 큰 내력을 지지한다. 예를 들면 균일한 분포하중을 받는 단순 지지보는 중앙에서 최대모멘트이며, 지지점에서 모멘트가 영(zero)(예제 8.5를 보라)이다. 만약 보가 균일한 단면을 가진다면, 단면은 최대모멘트에 근거하여 선택되어야 한다(어쩌면 전단). 덮개판을 이용한 선택적 보강은 보를 강화시키는 단순한 방법이다.

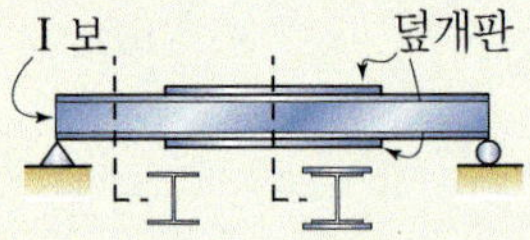

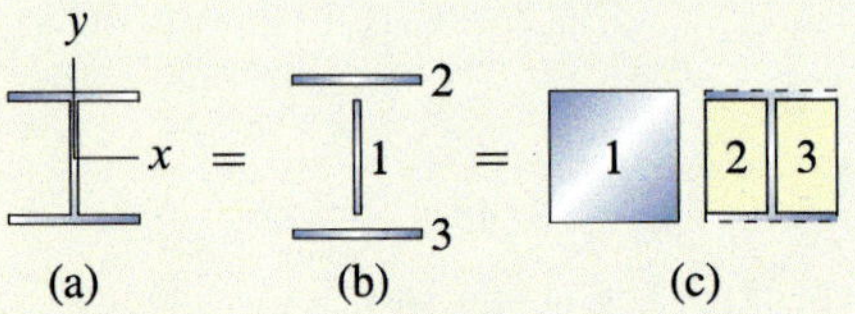

그림 2 (a) 덮개판이 없는 I 보의 단면적. (b)와 (c) 면적을 서술하기 위한 복합형상의 두 가지 조합.

덮개판이 있는 I 보

지배방정식과 계산 식 (10.14)를 그림 3(b)에 보여진 3개 형상에 적용하면, x 축에 관한 관성모멘트는

$$I_x = \sum_{i=1}^{3}(I_{x'} + d_x^2 A)_i \tag{5}$$

$$= 3.121 \times 10^7\text{ mm}^4 + \left[\frac{1}{12}(240\text{ mm})(16\text{ mm})^3 + (95\text{ mm})^2(240\text{ mm})(16\text{ mm})\right]2 \tag{6}$$

$$= \boxed{1.01 \times 10^8\text{ mm}^4} \tag{7}$$

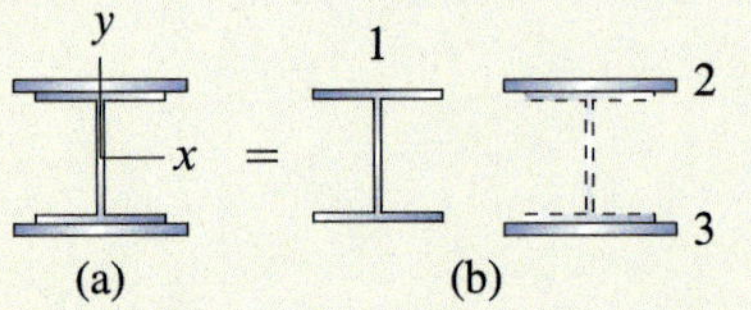

그림 3 (a) 덮개판이 있는 I 보의 단면적. (b) 복합형상의 조합.

논의 및 검증 덮개판의 추가는 보의 단면적을 약 130% 증가시키며, I_x는 극적으로 약 220% 증가시킨다.

예제 10.6 복합형상을 사용한 면적관성모멘트

막대의 단면이 x 축에 대해 대칭이다. 좌표계 원점, 점 O가 면적도심에 위치하도록 d를 구하고, y 축에 대한 면적관성모멘트를 구하라.

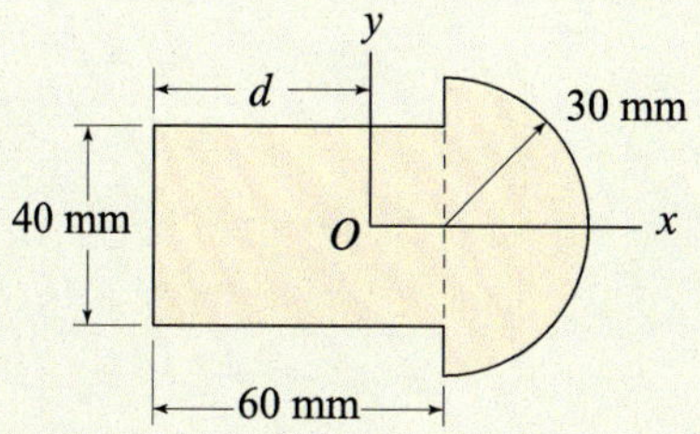

그림 1

풀이 SOLUTION

로드맵 단면적은 사각형과 반원 형상으로 구성되어 있어서, 도심의 위치 및 I_y를 구하기 위해 복합형상을 사용하는 것이 편리하다. 7.1절의 개념은 도심위치를 찾기 위해 사용될 것이며, 평행축 정리는 도심 관성모멘트 I_y를 구하기 위해 사용될 것이다.

도심

지배방정식과 계산 그림 2에 복합형상 한 세트가 나타나 있는데, 도심위치를 찾기 위한 목적으로 편리한 tn 좌표계가 정의되었다. 각 복합형상의 면적과 도심위치가 표 10.1에 정리되어 있다.

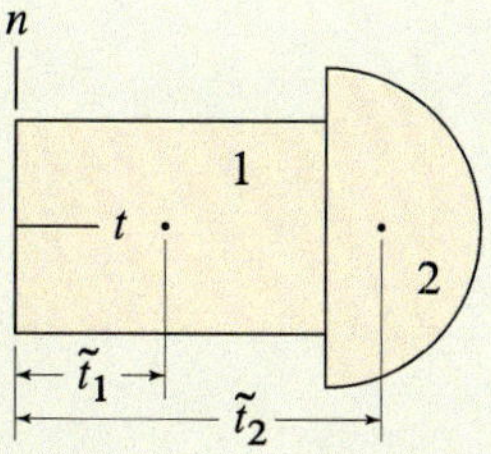

그림 2 도심위치를 구하는데 사용되는 복합형상의 조합과 tn 좌표계.

표 10.1 그림 2의 복합형상에 대한 면적과 도심위치.

형상번호	A_i 면적	$\tilde{t}_i$ 도심
1	$(40\text{ mm})(60\text{ mm}) = 2400\text{ mm}^2$	30 mm
2	$\frac{\pi}{2}(30\text{ mm})^2 = 1413.72\text{ mm}^2$	$60\text{ mm} + \frac{4}{3\pi}(30\text{ mm}) = 72.73\text{ mm}$

도심위치 $\bar{t}$를 구하기 위해 식 (7.8) 값을 구하면

$$\bar{t} = \frac{\sum_{i=1}^{2}\tilde{t}_i A_i}{\sum_{i=1}^{2} A_i} = \frac{(30\text{ mm})(2400\text{ mm}^2) + (72.73\text{ mm})(1413.72\text{ mm}^2)}{2400\text{ mm}^2 + 1413.72\text{ mm}^2} = 45.84\text{ mm} \quad (1)$$

따라서 그림 1의 좌표계 원점은 $\boxed{d = 45.84\text{ mm}}$에 위치해야만 한다.

관성모멘트

지배방정식과 계산 I_y를 구하기 위해 같은 복합형상이 사용되었고, 각 복합형상의 도심에서 y 축까지의 거리가 그림 3에 나타나 있다. 뒷 표지 안의 선과 면적의 성질을 정리해놓은 표로부터

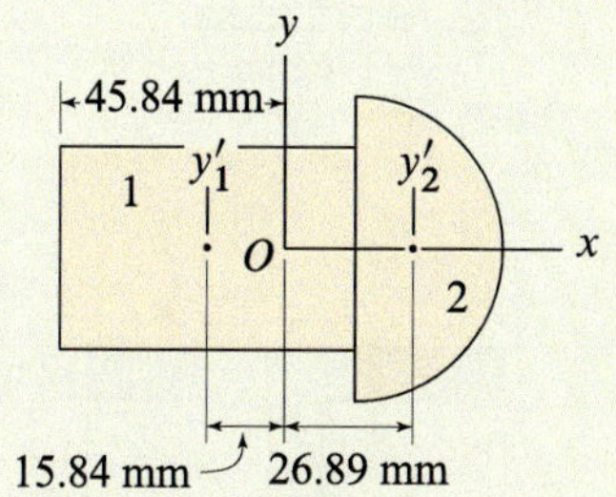

그림 3 I_y를 구하기 위한 복합형상의 조합 및 각 복합형상의 도심에서 y 축까지의 거리.

$$I_{y_1'} = \tfrac{1}{12}(40\text{ mm})(60\text{ mm})^3 = 720000\text{ mm}^4 \quad (2)$$

$$I_{y_2'} = \left(\frac{\pi}{8} - \frac{8}{9\pi}\right)(30\text{ mm})^4 = 88903\text{ mm}^4 \quad (3)$$

이다. 식 (2)와 (3)을 식 (10.14)에 사용하면

$$I_y = \sum_{i=1}^{2}\left(I_{y'} + d_y^2 A\right)_i = 720000\text{ mm}^4 + (15.84\text{ mm})^2(2400\text{ mm}^2)$$
$$+ 88903\text{ mm}^4 + (26.89\text{ mm})^2(1413.72\text{ mm}^2) = \boxed{2433 \times 10^3\text{ mm}^4} \quad (4)$$

논의 및 검증 풀이 결과가 타당한지를 확인하기 위해 그림 1과 유사한 치수인 사각형의 도심 관성모멘트를 계산하면 $(1/12)(40\text{ mm})(90\text{ mm})^3 = 2430 \times 10^3\text{ mm}^4$이며, 놀랍게도 식 (4)와 일치한다.

유용한 정보

대체 방법. 식 (4)로 직접 I_y를 계산하기보다는 처음에 $I_n(I_n = 10446991\text{ mm}^4)$을 계산하고, 다음에 $I_y = I_n - d^2A = 10446991\text{ mm}^4 - (45.84\text{ mm})^2(3813.7\text{ mm}^2) = 2433 \times 10^3\text{ mm}^4$를 구하기 위해 평행축 정리를 사용한다.

문제

문제 10.26, 10.27

표시된 형상의 면적관성모멘트를 구하기 위해 x 축에 수직인 면적요소로 적분을 사용하라.

문제 10.26 그림 P10.20

문제 10.27 그림 P10.21

문제 10.28, 10.29

보여진 보 단면은 x 및 y 축에 대해 대칭이다. 면적관성모멘트 I_x와 I_y 및 회전반경 k_x와 k_y를 구하라.

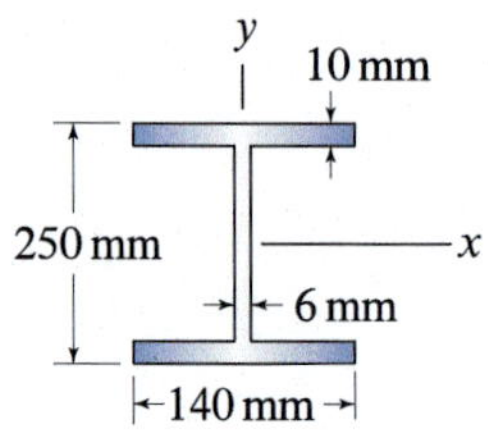

그림 P10.28

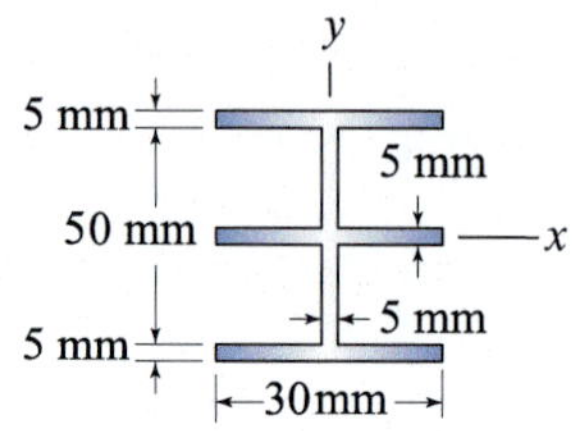

그림 P10.29

문제 10.30

단면적의 치수가 W250 × 32.7인 넓은 플랜지의 I 보가 나타나 있다. 단면이 사각형상으로 구성되도록 이상화하여, 면적관성모멘트 I_x를 구하고, 이것을 ASTM A6 강에 보고된 $4895 \times 10^4\ \text{mm}^4$ 값과 비교하라.

주의 AISC가 보고한 값은 웨브와 플랜지가 결합한 작은 필렛의 효과를 설명한다.

문제 10.31

식 (10.6)을 사용하여 x 축에 대한 회전반경의 평행축 정리가 $k_x^2 = k_{x'}^2 + d_x^2$임을 보이라.

문제 10.32

보여진 T 형상에 대해, x 축에 대한 회전반경을 구하라.

문제 10.33

주어진 채널에 대해, x와 y 축에 대한 회전반경을 구하라.

문제 10.34

그림 10.2에 보여진 각 보가 50 mm × 50 mm의 단면치수를 가진 똑같은 나무판자로 구성되어 있다고 하자. x와 y 축에 대한 각 단면적의 면적관성모멘트를 구하라.

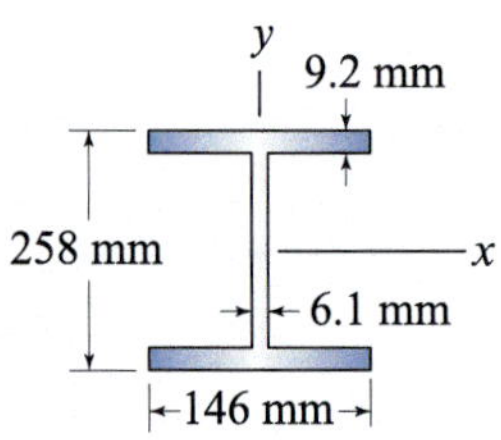

그림 P10.31

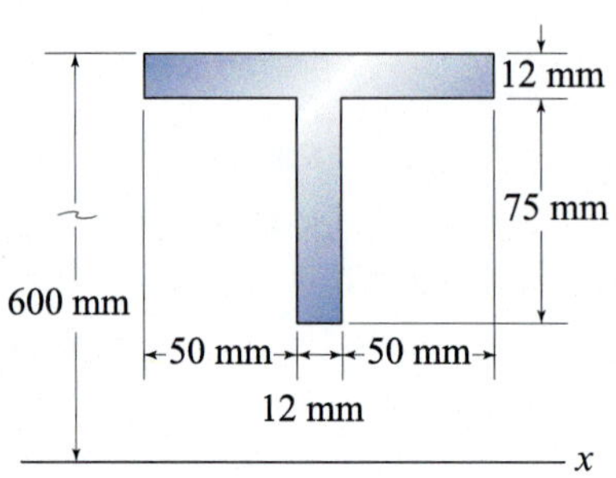

그림 P10.32

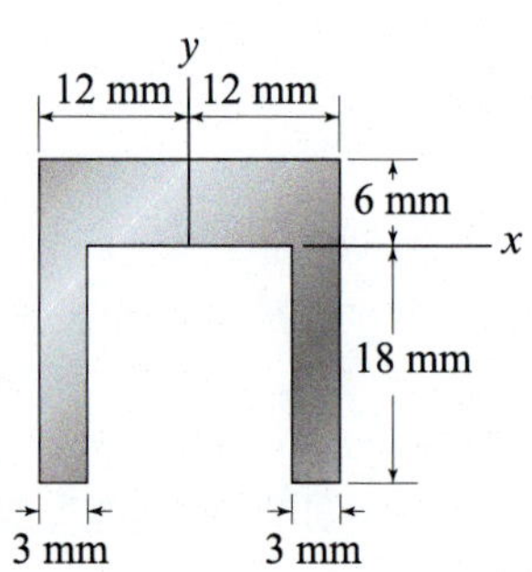

그림 P10.33

문제 10.35

두 보의 단면이 보여진 바와 같이 20 mm × 160 mm 나무조각으로 배열하여 구성하였다. 각 면적의 도심을 통과하는 수평 및 수직축에 대한 각 보의 면적관성모멘트를 구하라.

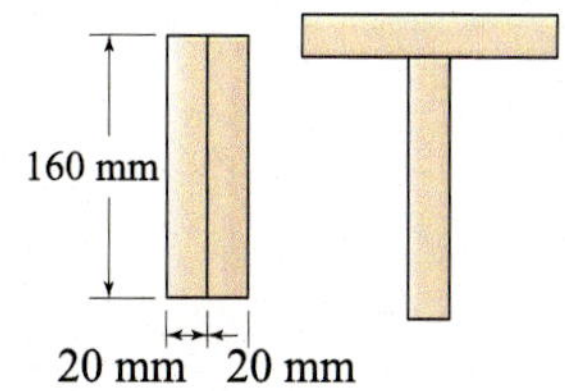

그림 P10.35

문제 10.36-10.39

면적관성모멘트 I_x와 I_y 를 구하라.

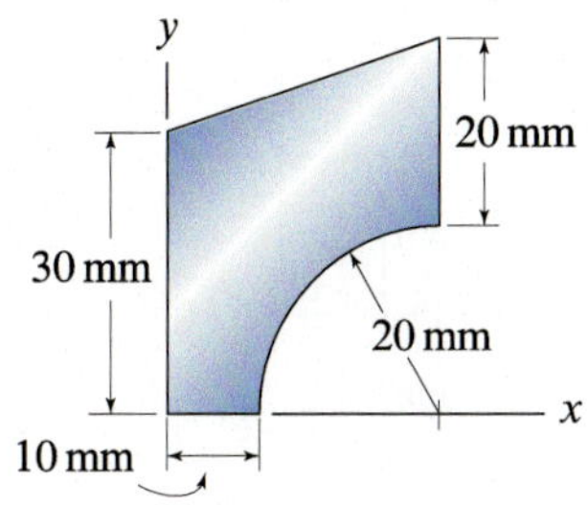

그림 P10.36

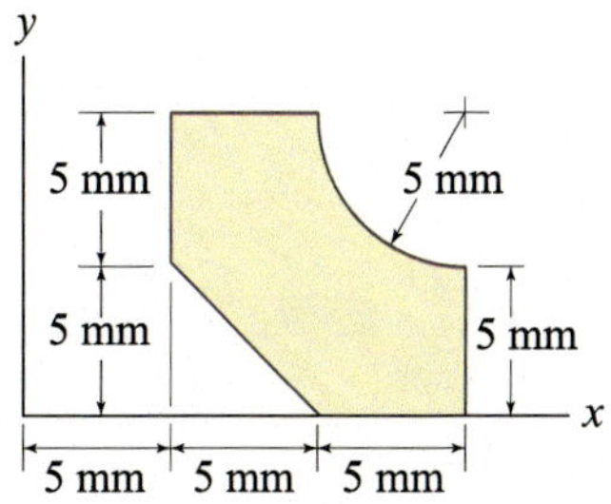

그림 P10.37

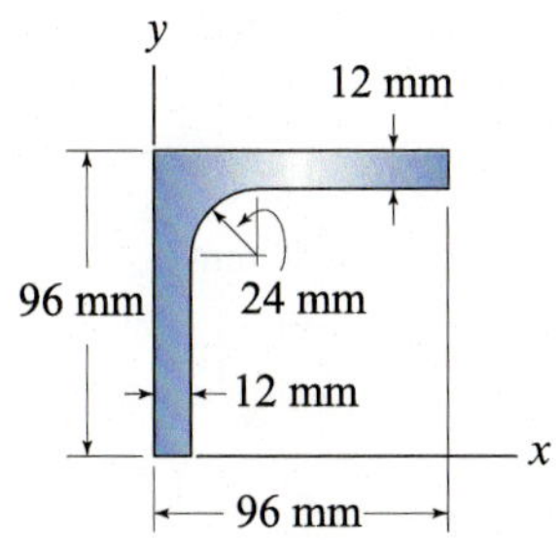

그림 P10.38

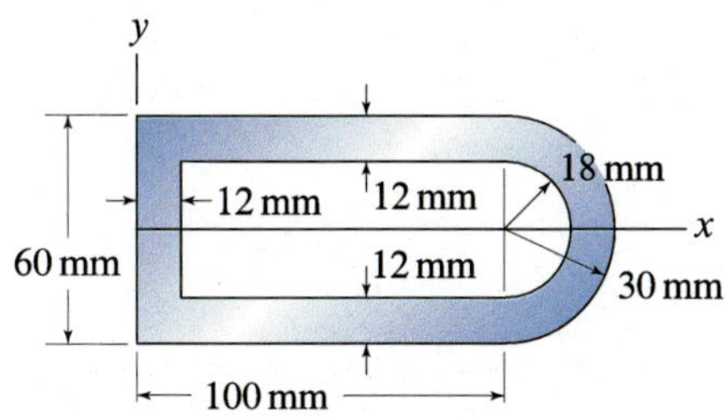

그림 P10.39

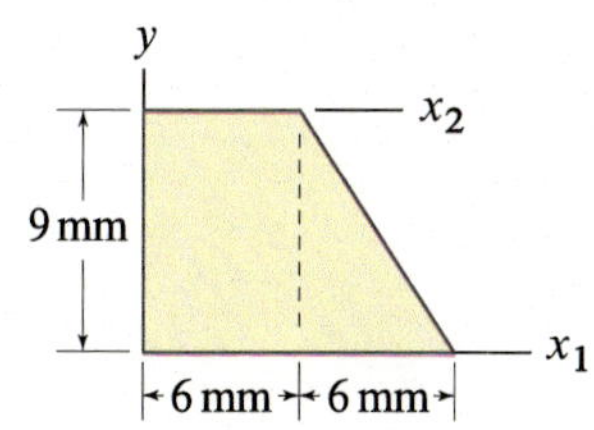

그림 P10.40

문제 10.40

(a) I_{x_1}을 구하라.

(b) I_{x_2}를 구하기 위해 평행축 정리를 이용하고 (a)의 결과를 사용하라.

힌트 p.544에 언급된 빠지기 쉬운 함정을 주목하라.

문제 10.41

보는 바와 같이 보의 옆 면에 원형구멍이 뚫려있다. 구멍을 관통하는 단면에서 도심 x 축에 대한 면적관성모멘트가 가능하면 작게 감소되도록 하려면 구멍이 어디에 위치해야 하는지 서술하라.

주의 개념 문제는 계산이 아닌 설명이 필요하다.

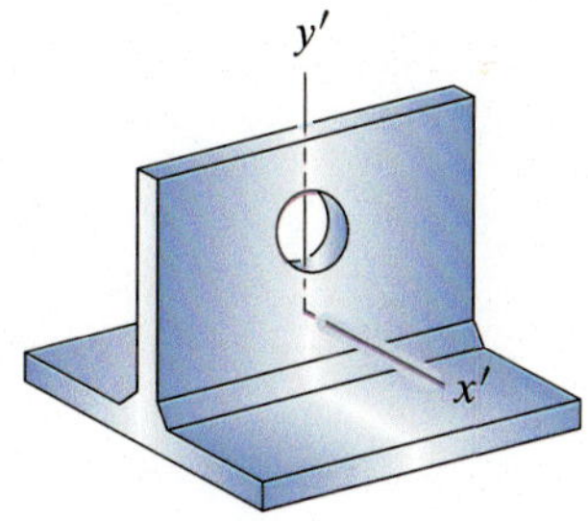

그림 P10.41

문제 10.42-10.47

보여진 막대의 단면은 x 또는 y 축에 대하여 대칭이다.

(a) 좌표계 원점 점 O가 면의 도심에 위치하도록 d를 구하라.

(b) x 축에 대한 면적관성모멘트를 구하라.

(c) y 축에 대한 면적관성모멘트를 구하라.

힌트 만약 앞서 7.1절의 몇 가지의 연습문제를 풀었다면, 문제 10.46과 10.47(a)를 이미 풀었을 것이다.

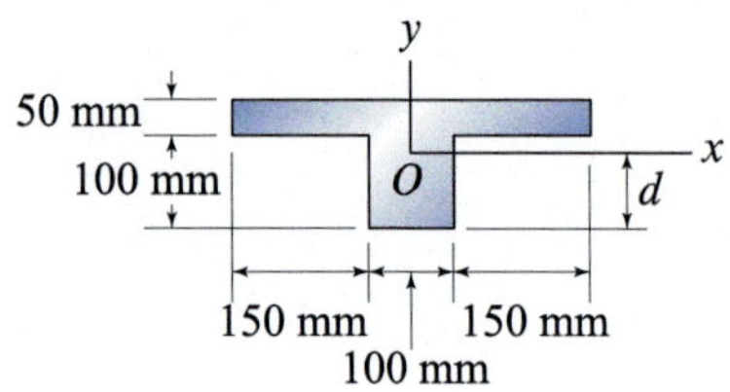

그림 P10.42

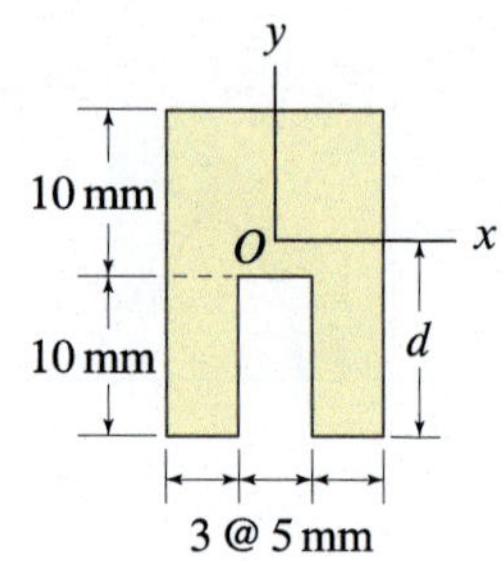

그림 P10.43

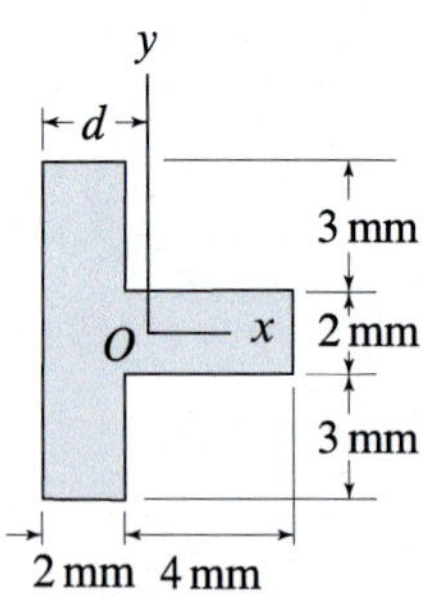

그림 P10.44

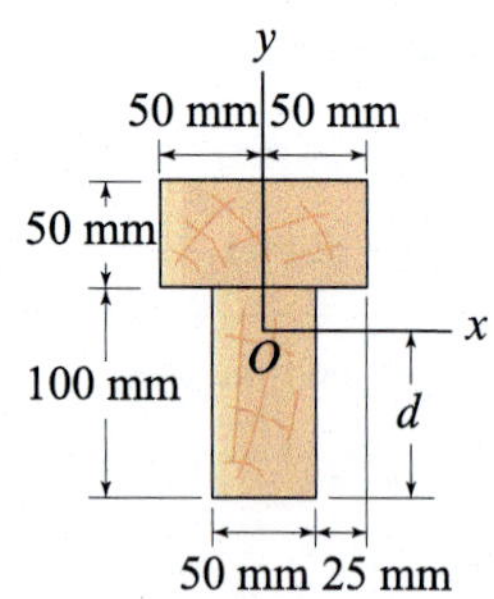

그림 P10.45

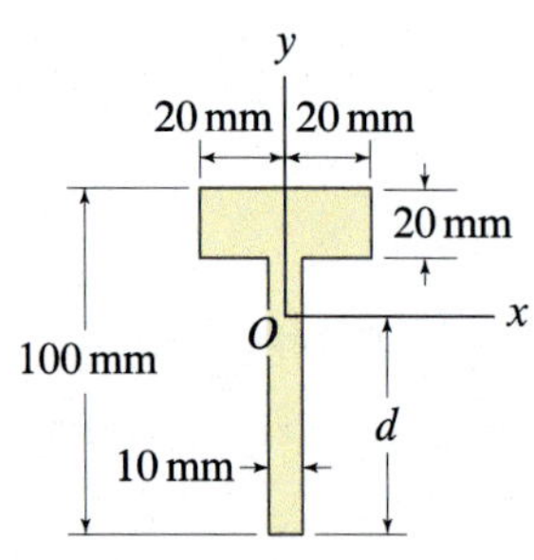

그림 P10.46

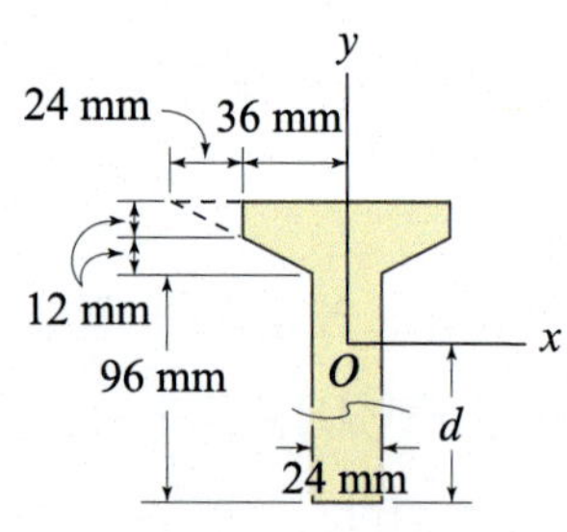

그림 P10.47

10.3 질량관성모멘트

질량관성모멘트(*mass moments of inertia*)는 특별한 축에 대해 물체의 질량이 분포된 척도이다. 질량 및 면적관성모멘트가 얼마간의 유사성을 갖지만 질량관성모멘트는 본질적으로 체적과 밀도와 관련이 있는데 반하여 면적관성모멘트는 면적과 관련이 있다는 점에서 다르다. 질량관성모멘트의 정밀한 정의를 탐구하기 전에 우선 질량분산의 크기가 유용한 이유와 이 크기가 표시하는 것이 무엇인지를 이해시키는 예제에 대해 논의한다.

> **개념 정리**
>
> **질량관성모멘트.** 질량관성모멘트는 특별한 축에 대한 질량 분포 정도의 분포된 척도이다. 질량관성모멘트는 물체의 기하학(크기 및 형상), 만들어진 재료의 밀도 그리고 선택한 축에 의존한다.

예제–피겨 스케이팅

팔과 다리를 몸에서 뻗고 스케이트위에서 회전하고 있는 그림10.11(a)에 보여진 피겨스케이터를 고찰하라. 만약 스케이트와 얼음 사이의 마찰을 무시할 수 있다면, 일정한 속도로 회전할 것이다. 그림 10.11(b)에서 팔을 머리 위에서 함께 당기고 다리를 몸에 더 가까이함으로써, 질량분포를 더 밀집하게 하고 회전하는 축에 대한 몸의 질량관성모멘트를 감소시키고 있다. 그림 10.11(a)와 (b) 사이의 질량관성모멘트의 감소는 더 빠른 속도로 회전할 수 있게 한다. 얼마나 빠르게 회전하며 이것이 질량관성모멘트와 어떤 관계를 갖는지는 동역학에서 자세하게 다룬다.

(a) (b)

그림 10.11 팔과 다리를 뻗고 회전하는 피겨 스케이터(a)와 팔을 머리 위에서 함께 당기고 다리를 몸에 더 가까이 당기고 있는 피겨 스케이터(b). 몸을 더 밀착함으로써(b), 회전하는 축에 대한 몸의 질량관성모멘트를 감소시키고 더 빠른 속도로 회전할 수 있게 한다.

질량관성모멘트의 정의

그림 10.12의 보여진 물체의 질량관성모멘트는 다음과 같이 정의된다.

$$I_x = \int \tilde{r}_x^2\, dm = \int (\tilde{y}^2 + \tilde{z}^2)\, dm \tag{10.15}$$

$$I_y = \int \tilde{r}_y^2\, dm = \int (\tilde{x}^2 + \tilde{z}^2)\, dm \tag{10.16}$$

$$I_z = \int \tilde{r}_z^2\, dm = \int (\tilde{x}^2 + \tilde{y}^2)\, dm \tag{10.17}$$

$$I_{xy} = \int \tilde{x}\tilde{y}\, dm \tag{10.18}$$

$$I_{yz} = \int \tilde{y}\tilde{z}\, dm \tag{10.19}$$

$$I_{xz} = \int \tilde{x}\tilde{z}\, dm \tag{10.20}$$

여기서

그림 10.12에서 정의된 $\tilde{r}_x$, $\tilde{r}_y$, $\tilde{r}_z$는 각각 x, y, z 축에서 질량요소의 질량중심까지의 반경방향 거리(즉, 모멘트 팔).

그림 10.12에서 정의된 $\tilde{x}$, $\tilde{y}$, $\tilde{z}$는 각각 질량요소 dm의 질량중심까지의 x, y, z 거리.

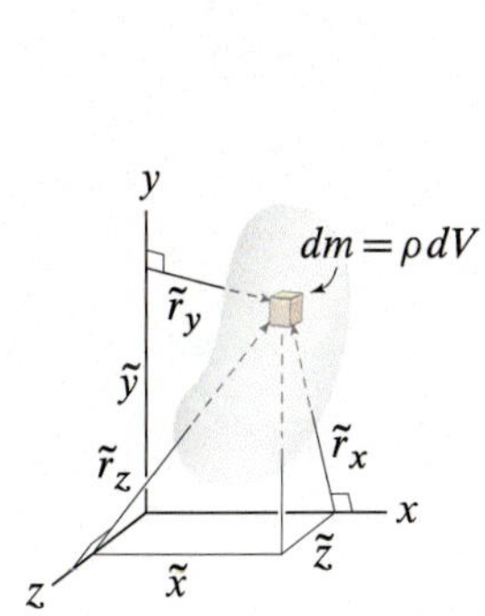

그림 10.12 질량 m, 밀도 ρ, 체적 V인 물체; $\tilde{r}_x$, $\tilde{r}_y$ 그리고 $\tilde{r}_z$는 각각 x, y 그리고 z 축에서 질량요소 dm의 질량중심까지의 반경방향 거리이다.

I_x, I_y, I_z는 각각 x, y, z 축에 대한 질량관성모멘트이다.

I_{xy}, I_{yx}, I_{xz}는 각각 xy, yz, xz 축에 대한 질량관성적이다.

참고사항

- 질량관성모멘트를 참조할 때, 면적관성모멘트와 대비되는 질량관성모멘트를 취급하는 문맥에서 명백할 때는 **질량**이란 단어를 자주 생략한다.
- 식 (10.15)-(10.17)의 각각에서 두 적분식이 제공되었고, 각각은 고려 중인 물체의 형상에 따라 유용하다.
- 식 (10.15)-(10.20)의 관성모멘트는 질량분포의 **2차모멘트**이다. 즉, 식 (10.15)-(10.17)의 I_x, I_y, I_z를 구하기 위해 모멘트 팔 $\tilde{r}_x$, $\tilde{r}_y$, $\tilde{r}_z$는 제곱한다. 이 식들의 각각의 두 번째 적분은 $\tilde{r}_x^2 = \tilde{y}^2 + \tilde{z}^2$에 주목하면 얻을 수 있다. $\tilde{r}_y^2$과 $\tilde{r}_z^2$에 대해서도 유사하다. 식 (10.18)-(10.20)의 관성적 I_{xy}, I_{yz}, I_{xz}에 대해 다른 두 모멘트 팔의 곱이 사용되었다.
- 식 (10.15)-(10.20)에서 $\tilde{x}$, $\tilde{y}$ 그리고 $\tilde{z}$는 길이차원이며, dm은 질량차원이다. 그래서 모든 질량관성모멘트는 slug · in^2 또는 kg · m^{2}와 같은 (질량)(길이)^{2}의 차원을 갖는다.
- x, y, z 축이 물체의 질량중심을 통과할 때, x', y', z'로써 축을 정의하고, $I_{x'}$, $I_{y'}$ 등으로 표시한 관성모멘트를 질량중심관성모멘트(*mass center moments of inertia*)라 한다. 동역학에서는 질량중심 축에 대한 관성모멘트가 매우 유용하다.
- 양(+)의 질량과 유한체적을 가진 물체에 대해 I_x, I_y, I_z는 항상 양(+)이다.[2] 관성적 I_{xy}, I_{yz}, I_{xz}는 아래에 언급한 바와 같이 양(+), 영(zero), 혹은 음(−)일 수도 있다.
- 복합형상을 사용한 관성모멘트의 계산은 이 절 뒤에서 언급한 평행축 정리를 사용하면 가능하다.

유용한 정보

또다른 관성적. 3차원에서 응용된 주제인, 물체의 동역학을 연구할 때 식 (10.15)-(10.20)에서 인용된 질량관성모멘트에 더하여 관성적 I_{yx}, I_{zy}, I_{zx}가 또한 사용된다. 그러나 $I_{xy} = I_{yx}$, $I_{yz} = I_{zy}$ 그리고 $I_{xz} = I_{zx}$. 이 사실에도 불구하고 이런 관성적은 물체의 운동을 지배하는 식을 쓸 때 편리한 표기법의 대칭성 때문에 자주 사용된다.

질량관성모멘트는 무엇에 사용하는가?

6개의 질량관성모멘트가 있는 이유와 무엇이 다른지 그리고 그들이 무엇에 사용되는지를 논의하는 것은 유용하다.

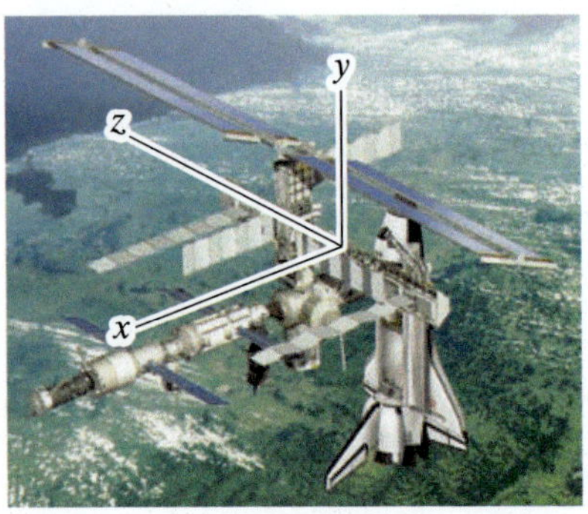

그림 10.13 우주왕복선이 결합된 국제 우주정거장.

관성모멘트 I_x, I_y, I_z 그림 10.13에 우주 왕복선이 결합된 국제 우주정류장이 보이고 있다. x 축에 대한 모멘트 M_x가 우주정류장에 적용되었다고 상상하라. 우주정거장이 강체라고 가정하면,[3] x 축에 대한 각가속도를 받기 시작할 것이다. 각가속도 값은 x 축에 대한 질량관성모멘트 I_x에 직접 의존한다. 게다가, I_x가 크면 클수록 주어진 M_x에 대하여 각가속도가 더 낮게 될 것이다. y와 z 축에 대해 적용된 모멘트에 대해서도 동일한 언급

2) 뒷 표지 안의 고체의 성질을 정리해놓은 표안에 보여진 얇은 막대기에 대해, I_x는 사실상 양(+)이지만, I_y, I_z보다 훨씬 작기 때문에 보통은 영(zero)이다.

3) 대부분의 우주 구조물처럼 국제 우주정거장은 매우 유연하다. 만약 모멘트가 그림 10.13에 보여진 x 축에 작용하면, 위에 언급된 회전운동 외에 구조물은 진동한다. 우주 구조에서 진동의 제어는 매우 중요하고 상당히 주의해야 한다.

을 할 수 있으며, 관성모멘트 I_y와 I_z는 이 축에 대한 각가속도에 영향을 미친다.

관성적 I_{xy}, I_{yz}, I_{xz} 관성적은 x, y, z 축에 대한 질량분포의 비대칭성이다. 관성적은 물체의 형상 및 질량분포, x, y, z 방향의 선택 및 좌표계의 원점위치에 따라서 양(+), 영(zero), 혹은 음(−)값을 가질 수 있다. 만약에 형상과 질량분포가 적어도 한 평면에 대해 대칭이면, 그 물체는 대칭(*symmetric*)이라고 말한다. 예를 들면, 그림 10.14에 보인 나무 망치와 같이 만약 물체가 xy 평면에 대해 대칭이라면, I_{xz}, $I_{yz} = 0$이고 I_{xy}는 양(+), 영(zero), 혹은 음(−)이 될 수 있다. 만약 물체가 xy, yz, xz 평면 중에 최소한 두 평면에 대해 대칭이라면 관성적의 전부는 영이다. 따라서 관성적은 x, y, z 축의 하나가 회전축과 일치할 때 회전체에 대해 영이다. 하나 이상의 영이 아닌 관성적을 가진 물체는 3차원 운동에서 복잡한 운동을 한다. 예를 들면, 우주정거장은 그림 10.13에 보인 xyz 축에 대해 비대칭이고, 관성적이 영이 아니다. 그 결과, 만약 x 축에 모멘트 M_x가 가해지면 x 축에 대해서도 회전하는 우주정거장은 y 및/또는 z 축에 대해 회전할 것이다. 영이 아닌 관성적을 가진 물체의 동역학은 고등주제이며, 이것을 연구할 때까지 관성적을 사용하는 것이 불필요하다. 그래서 I_{xy}, I_{yz}, I_{xz}를 구하는 방법은 이 교재에서는 논의되지 않는다.

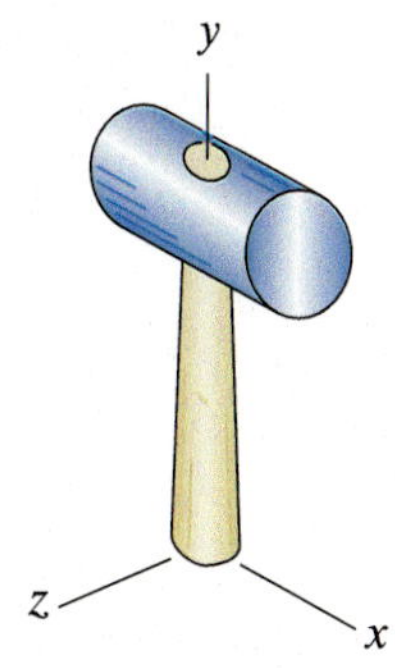

그림 10.14 금속머리와 나무손잡이를 가진 나무망치가 보여진다. 만약 나무망치의 기하학 및 질량분포가 xy 평면에 대해 대칭이라면, 나무 망치는 대칭물체라 불린다. 만약 나무 망치 또한 yz 면에 대해 대칭이라면, 이중 대칭물체라 불린다.

회전반경

어떻게 질량이 분포되었는지를 표시하기위해 질량관성모멘트를 사용하기보다는 때때로 회전반경을 사용하는 것이 편리하다. 회전반경은 질량관성모멘트와 직접 관계있으며, 다음과 같이 정의된다.

$$k_x = \sqrt{\frac{I_x}{m}}, \qquad k_y = \sqrt{\frac{I_y}{m}}, \qquad k_z = \sqrt{\frac{I_z}{m}} \tag{10.21}$$

여기서

k_x, k_y, k_z는 각각 x, y, z 축에 대한 질량의 회전반경이다.

m은 물체의 질량이다.

회전반경은 길이 단위이며, 예제 10.12에 언급한 바와 같이 간단한 물리적 의미가 있다.

평행축 정리

평행축 정리는 질량관성모멘트 I_x, I_y, I_z와 질량중심관성모멘트 $I_{x'}$, $I_{y'}$, $I_{z'}$와의 관계를 나타낸다. 여기서 x와 x'는 평행이고, y와 y'는 평행, 그리고 z와 z'도 평행이다. 평행축 정리는 중요하며 동역학과 진동에서 자주 사용된다. 그림 10.15에서 보인 질량과 질량중심 G인 물체를 고려하라. 물체의 질량중심이 원점인 x', y', z' 좌표계가 정의되었다. x,

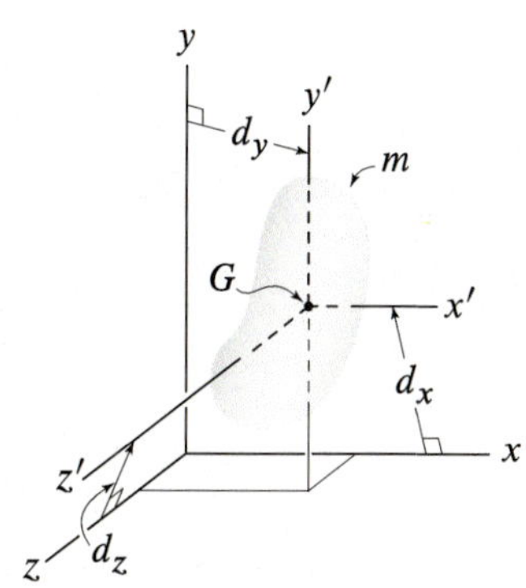

그림 10.15 질량이 m이고 점 G가 질량중심인 물체. x와 x' 축은 분리거리 d_x로 평행하며, y와 y' 축은 이격거리 d_y로 평행, 그리고 z와 z' 축은 이격거리 d_z로 평행하다.

y, z는 각각 x', y', z'에 평행하며, 각각의 이격거리가 d_x, d_y, d_z이다. 평행축 정리는 x, y, z 축에 대한 질량관성모멘트와 다음과 같은 질량중심관성모멘트와의 관계를 나타낸다.

$$I_x = I_{x'} + d_x^2 m \tag{10.22}$$

$$I_y = I_{y'} + d_y^2 m \tag{10.23}$$

$$I_z = I_{z'} + d_z^2 m \tag{10.24}$$

이 식의 유도는 식 (10.10)-(10.13)에 주어진 면적관성모멘트와 유사하다.

적분을 이용한 관성모멘트 구하기

질량관성모멘트는 체적 및 밀도와 관계되므로 일반적으로는 면적관성모멘트보다 적분에 의해 구하는 것이 더 어렵다. 그림 10.16은 하나의 예로서 I_y를 사용하여 물체의 질량관성모멘트를 구하기 위한 방법을 보여주고 있다.

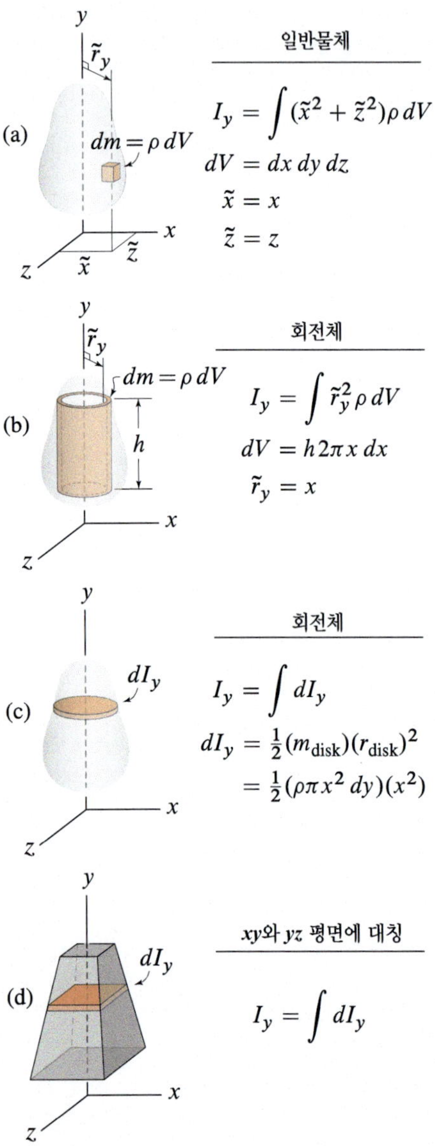

그림 10.16 예로서 I_y를 사용하여 질량관성모멘트를 구하기 위한 방법.

- **일반적인 형상의 물체** 그림 10.16(a)에 보여진 삼중적분 접근은 dV, $\tilde{x}$, $\tilde{y}$, $\tilde{z}$의 간단한 식을 가진다. 이 방법은 일반적인 형상과 밀도를 가진 물체에 적용할 수 있고, I_x, I_y, I_z를 구하기 위해 사용될 수 있다. 만약 적분한계를 구하고 삼중적분을 구하는 것이 편하다면, 이 방법은 강건하고 효과적이다.

- **회전체-얇은 쉘 체적 요소** 축이 회전축인 회전체가 그림10.16(b)에 보여진다. 단일적분을 이용하여 I_y를 구하기 위해 얇은 원통형 쉘(shell) 체적요소가 사용될 수 있다. 이런 체적요소의 핵심특징은 요소 내의 모든 재료가 y 축에서 같은 모멘트 팔 $\tilde{r}_y$를 가진다는 것이다. 쉘의 반경은 x, 두께는 dx(이것을 z와 dz로 잡아도 좋다)로 잡는다. 예제 10.8은 이 방법을 사용한다. 그림 10.16(b)에 보여진 물체는 질량관성모멘트 I_x, I_z를 가지며, 그림 10.16(a) 혹은 (c)의 방법을 이용하여 구할 수 있다.

- **회전체-얇은 원판 체적 요소** y 축이 회전축인 회전체가 그림 10.16(b)에 보여진다. 단일적분을 이용하여 I_y를 구하기 위해 얇은 원형 원판 체적요소가 사용될 수 있다. 얇은 원통판의 질량관성모멘트 $mr^2/2$를 구하기 위해 뒷 표지 안에 있는 고체성질의 표와 같은 일반 형상의 관성모멘트를 조사한다. 여기서 m은 판의 질량이며, r은 반경이며 이 식은 판의 밀도는 균일하다고 가정한다. 이 식에서 m과 r을 얇은 원판 요소의 질량과 반지름으로 잡으면, 우리가 dI_y로 부르는 얇은 원판 요소의 질량관성모멘트의 식을 얻는다. 일단 dI_y 식이 구해지면, 전체 물체의 관성모멘트가 단일적분만 요구하는 식

$$I_y = \int dI_y \tag{10.25}$$

의해서 얻어진다. 이 체적요소는 또한 관성모멘트 I_x과 I_z를 구하는데도 사용될 수도 있다. 그림 10.8와 10.9는 이것을 설명한다.

- **대칭물체-얇은 판 체적 요소** xy와 yz에 대하여 대칭인 물체가 그림 10.16(d)에 보여진다. 얇은 판 체적요소가 사용된다. 여기서 판의 외형은 물체의 기하학에 의존한다(그림 10.16(d)은 사각형 판을 보인다). 체적요소의 질량관성모멘트 dI_y를 구하기 위해 뒷 표지 안에 있는 고체성질의 표와 같은 일반 형상의 관성모멘트를 조사하고 전체 물체의 관성모멘트를 얻기 위해 식 (10.25)를 사용한다. 이 체적요소는 또한 관성모멘트 I_x과 I_z를 구하는데도 사용될 수 있다. 그림 10.10은 이것을 설명한다.

복합형상을 사용한 관성모멘트의 구하기

복합형상에 대한 평행축 정리는

$$I_x = \sum_{i=1}^{n}\left(I_{x'} + d_x^2\, m\right)_i \tag{10.26}$$

이 된다. 여기서 n은 형상 개수, $I_{x'}$는 질량중심 x'에 대한 형상 i의 질량관성모멘트, d_x는 형상 i의 이동거리(즉, 형상 i의 x 축과 x' 사이의 거리) 그리고 m은 형상 i의 질량이다. 비슷한 식이 I_y과 I_z에 대해 쓰여질 수도 있다. 식 (10.26)을 사용하기 위해, 질량중심축에 대한 각 복합형상의 질량관성모멘트를 아는 것이 필요하고, 이것은 일반적으로 적분 혹은 가능하다면, 뒷 표지 안에 있는 고체성질의 표와 같은 일반 형상의 관성모멘트를 조사함으로써 얻어진다. 많이 하는 실수는 그들의 어느 것도 질량중심축이 아닌 두 평행축 사이의 관성모멘트와 관계되는 평행축 정리를 사용하는 것이다. 예제 10.12는 이 접근을 설명한다.

빠지기 쉬운 함정

평행축 정리. 평행축 x_1과 x_2, 질량중심축 x' 그리고 아래에 보인 바와 같은 질량중심점 G를 생각하라.

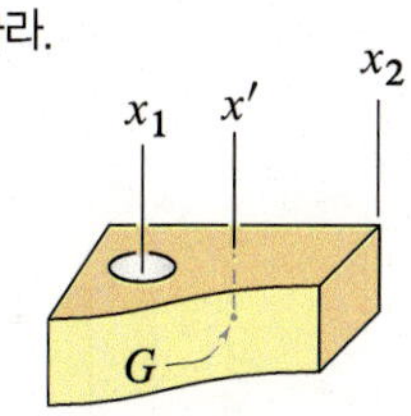

만약 I_{x_1}이 알려졌다면, 많이 하는 실수는 I_{x_2}를 직접 구하기 위해 평행축 정리를 사용하는 것이다. 평행축 정리에서 축의 하나는 항상 질량중심축이다. 그래서 I_{x_1}을 알고 있을때 평행축 정리는 두 번 사용해야만 하는데, 첫 번째는 $I_{x'}$를 구할 때이고 두 번째는 I_{x_2}를 구하기 위해 $I_{x'}$를 사용한다. 예제 10.11을 보라.

절 요약

이 절에서는 질량관성모멘트 I_x, I_y, I_z, I_{xy}, I_{yz}, I_{xz}는 질량분포의 2차모멘트로 정의되었다. 몇가지 핵심사항은 다음과 같다:

- 질량관성모멘트는 앞에서의 정의대로 관성모멘트는 (질량)(길이)^{2}의 차원을 가진다.
- 관성적 I_{xy}, I_{yz}, I_{xz}는 x, y, z 축에 대한 물체의 질량분포의 비대칭 정도의 척도이다. 관성적의 필요는 전형적으로 고등 주제에서 나타난다. 그래서 이런 양을 평가하기 위한 방법들은 이 교재에서는 논의하지 않는다.
- 회전반경은 질량분산의 다른 척도이다. 회전반경은 만약 질량관성모멘트를 알면 쉽게 구할 수 있고 그 반대도 마찬가지이다.

예제 10.7 얇고, 편평한 판형 물체

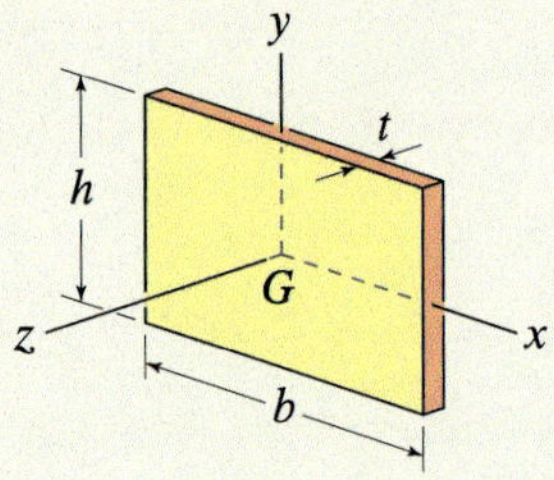

그림 1

밑변 b, 높이 h, 두께 t 그리고 균일한 밀도 ρ를 가진 얇은 사각형 판이 보여 진다. 판의 질량중심에 대한 I_x, I_y, I_z를 구하고, 각각을 판의 질량 m의 항으로 표현하라.

풀이 SOLUTION

로드맵 세 가지의 관성모멘트를 구하기 위해 식 (10.15)-(10.17)를 사용할 것이다.

I_x

지배방정식과 계산 $dm = \rho\, dV$인 식 (10.15)으로 시작한다.

$$I_x = \int (\tilde{y}^2 + \tilde{z}^2)\rho\, dV \tag{1}$$

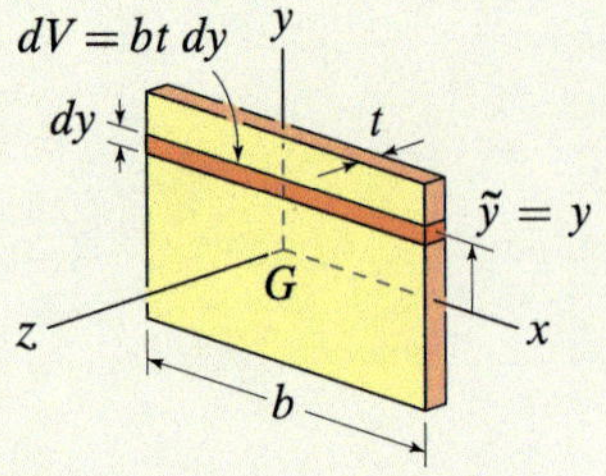

그림 2 I_x를 구하기 위해, x 축에 평행한 체적요소가 dV와 $\tilde{y}$의 식을 전개하는데 사용된다.

만약 판이 얇다면, $\tilde{z}^2 \ll \tilde{y}^2$이므로 $\tilde{z}^2$가 무시될 수 있다. 그림 2에 보여 진 것과 같이 x 축에 평행한 체적요소를 사용하면,

$$dV = bt\, dy \quad \text{and} \quad \tilde{y} = y \tag{2}$$

식 (1)에 식 (2)를 대입하면, x 축에 대한 관성모멘트는

$$I_x = \int \tilde{y}^2 \rho\, dV = \int_{-h/2}^{h/2} y^2 \rho bt\, dy = \rho t \frac{by^3}{3}\Big|_{-h/2}^{h/2} = \rho t \frac{bh^3}{12} \tag{3}$$

위의 결과를 물체의 전체 질량 항으로 질량관성모멘트를 나타내는 것이 관례이다. 얇은 판의 질량은 $m = \rho bht$. 질량의 항으로 식 (3)을 표현하면

$$I_x = \rho t \frac{bh^3}{12} \underbrace{\left(\frac{m}{\rho bht}\right)}_{=1} = \boxed{\frac{mh^2}{12}} \tag{4}$$

I_y

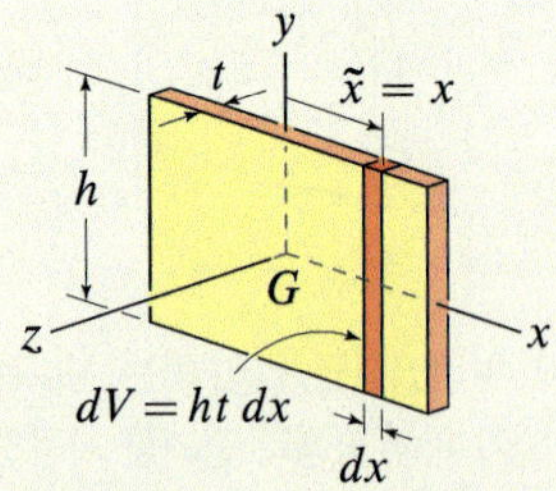

그림 3 I_y를 구하기 위해, y 축에 평행한 체적요소가 dV와 $\tilde{x}$의 식을 전개하는데 사용된다.

지배방정식과 계산 식 (10.16)으로 시작한다.

$$I_y = \int (\tilde{x}^2 + \tilde{z}^2)\rho\, dV \tag{5}$$

여기서, $\tilde{z}^2 \ll \tilde{x}^2$이므로 $\tilde{z}^2$는 무시될 수 있다. 그림3에 보여진 것과 같이 y 축에 평행한 체적요소를 사용하면,

$$dV = ht\, dx, \qquad \tilde{x} = x \tag{6}$$

식 (5)에 식 (6)을 대입하면, y 축에 대한 관성모멘트는

$$I_y = \int \tilde{x}^2 \rho\, dV = \int_{-b/2}^{b/2} x^2 \rho ht\, dx = \rho t \frac{hx^3}{3}\Big|_{-b/2}^{b/2} = \rho t \frac{hb^3}{12} \tag{7}$$

식 (7)을 질량 m의 항으로 표현하면,

$$I_y = \rho t \frac{hb^3}{12} \frac{m}{\rho bht} = \boxed{\frac{mb^2}{12}} \tag{8}$$

I_z

지배방정식과 계산 식 (10.17)으로 시작한다.

$$I_z = \int (\tilde{x}^2 + \tilde{y}^2)\, \rho\, dV \tag{9}$$

이 문제에서 판의 형상에 대해, $\tilde{x}$와 $\tilde{y}$는 고려할만한 크기라서 어느 것도 무시할 수 없다. 이것은 만약 식 (9)가 단일적분을 사용하여 구해야 할 경우의 어려움을 나타낸다. 그러나 약간 머리를 쓰면 다음과 같이 간단히 계산할 수 있다. 식 (9)를 두 개의 적분으로 분리하면,

$$I_z = \int \tilde{x}^2\, \rho\, dV + \int \tilde{y}^2\, \rho\, dV \tag{10}$$

위의 적분의 첫째는 식 (7)과 같고, 둘째는 식 (3)과 같다. 그래서

$$I_z = \frac{mb^2}{12} + \frac{mh^2}{12} = \boxed{\frac{m}{12}(b^2 + h^2)} \tag{11}$$

본질에 있어서, 식 (10)의 첫 번째와 두 번째 적분은 다른 체적요소를 사용하여 구했다.

논의 및 검증

- 얇은 판은 구조물과 기계에서 일반적인 물체다. 그래서 여기서 얻어진 결과는 보통 이 교재의 뒷 표지 안에 있는 고체성질의 표와 같이 많은 핸드북과 책에 표로 만들어져 있다.
- 그림 1에서 h 또는 b가 작다고 하면, 여기서 고려된 판은 얇은 막대가 된다. 예를 들면, 만약에 $h \to 0$ 이라면, 식 (4), (8), (11)은 $I_x = 0$ 그리고 $I_y = I_z = mb^2/12$ 이다. 이런 질량관성모멘트는 이 교재의 뒷 표지 안에 있는 고체성질의 표 안의 얇은 막대에 대해 보고된 것과 일치함을 확인하라(이런 비교를 할 때는, 좌표방향 및/또는 치수가 다르게 정의될 수 있다는 점을 주목해야만 한다).

심층분석 질량관성모멘트와 면적관성모멘트가 일반적으로 매우 다르지만, 그들은 이 예제와 같이 얇고 편평한 판에 대하여는 관련이 있다. 이 관련성을 보이기 위해, 다음과 같이 식 (3)을 다시 쓴다.

$$I_x = \int \tilde{y}^2 \rho\, dV = \rho t \int \tilde{y}^2\, dA \tag{12}$$

두 번째 적분은 $dV = t dA$를 사용하고 판이 균일한 밀도와 두께를 가지므로 ρt를 적분기호 밖으로 꺼내 얻어진다. 두 번째 적분은 x 축에 대한 면적관성모멘트의 정의이다(즉, 식 (10.1)으로부터 $(I_x)_{\text{area}} = \int \tilde{y}^2\, dA$). 따라서

$$I_x = \rho t (I_x)_{\text{area}} = \rho t \frac{bh^3}{12} \tag{13}$$

여기서, 예제 10.1의 결과인 사각형 면적에 대한 $(I_x)_{\text{area}} = bh^3/12$를 사용했다.

예제 10.8 회전체–회전축에 대한 관성모멘트

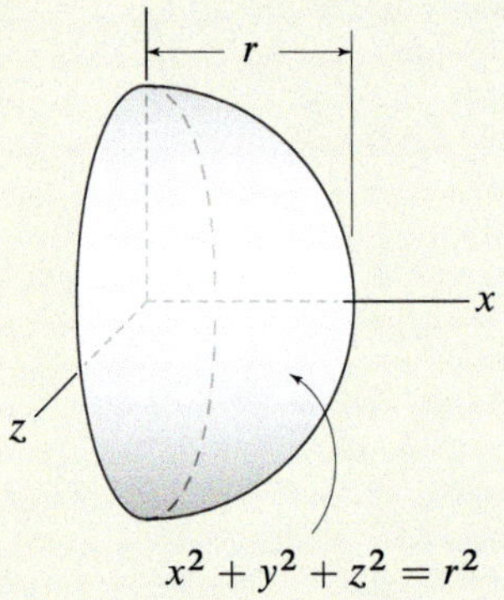

그림 1

반경 r이고 균일한 밀도 ρ인 반구입방체의 x 축에 대한 질량관성모멘트를 구하라. 물체의 질량 m의 항으로 결과를 표시하라.

풀이 SOLUTION

로드맵 두 가지의 해를 보일 것인데, 첫째는 얇은 쉘 체적요소를 사용하고 둘째는 얇은 원판 체적요소를 사용할 것이다. 이 물체의 도심은 예제 7.6에서 정해졌고, 이 풀이에서 전개된 dV의 식은 이전에 사용된 것과 동일하다.

풀이 1–얇은 쉘 체적요소

지배방정식과 계산 $dm = \rho\, dV$인 식 (10.15)으로 시작한다.

$$I_x = \int \tilde{r}_x^2\, \rho\, dV \qquad (1)$$

그림 2에 보인 얇은 쉘 체적요소는 dV와 $\tilde{r}_x$에 대한 식을 얻기 위해 사용된다. 이 체적요소의 장점은 요소의 모든 재료가 x 축으로부터 같은 반경거리 $\tilde{r}_x$에 있다는 것이다. y를 쉘의 반경으로 하여,

$$dV = 2\pi y x\, dy, \qquad \tilde{r}_x = y \qquad (2)$$

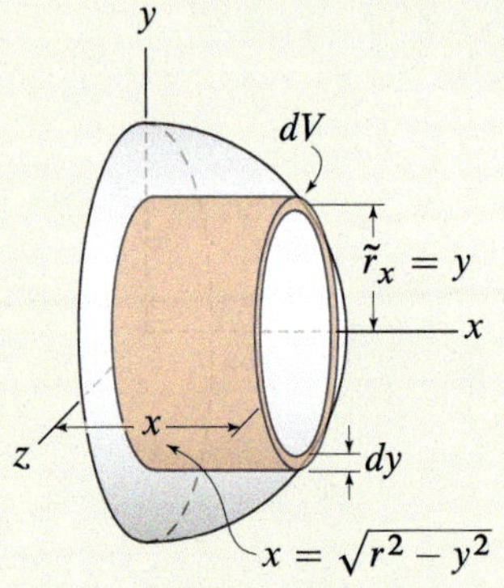

그림 2 dV와 $\tilde{r}_x$에 대한 식을 전개하기 위해 사용된 얇은 쉘 체적요소.

식 (2)에서 $2\pi y$는 쉘의 원주, y는 반경, x는 쉘의 길이 그리고 dy는 두께 $x = \sqrt{r^2 - y^2}$ 로써 식 (2)를 식 (1)에 대입하면, 축에 대한 관성모멘트는

$$I_x = \int_0^r y^2 \rho\, 2\pi y \sqrt{r^2 - y^2}\, dy = \frac{2\pi\rho}{15}(y^2 - r^2)^{3/2}(2r^2 + 3y^2)\Big|_0^r = \frac{4\pi\rho r^5}{15} \qquad (3)$$

식 (2)의 dV에 관한 식을 사용하면, 반구의 질량 m은

$$m = \int \rho\, dV = \int_0^r \rho\, 2\pi y \sqrt{r^2 - y^2}\, dy = \frac{2\pi\rho}{3}(y^2 - r^2)^{3/2}\Big|_0^r = \frac{2\pi\rho r^3}{3} \qquad (4)$$

마지막으로, 질량 m의 항으로 식 (3)을 표현하면 다음과 같다:

$$I_x = \frac{4\pi\rho r^5}{15}\left(\frac{m}{2\pi\rho r^3/3}\right) = \boxed{\frac{2mr^2}{5}} \qquad (5)$$

풀이 2–얇은 디스크 체적요소

지배방정식과 계산 식 (10.25)로 시작한다.

$$I_x = \int dI_x \qquad (6)$$

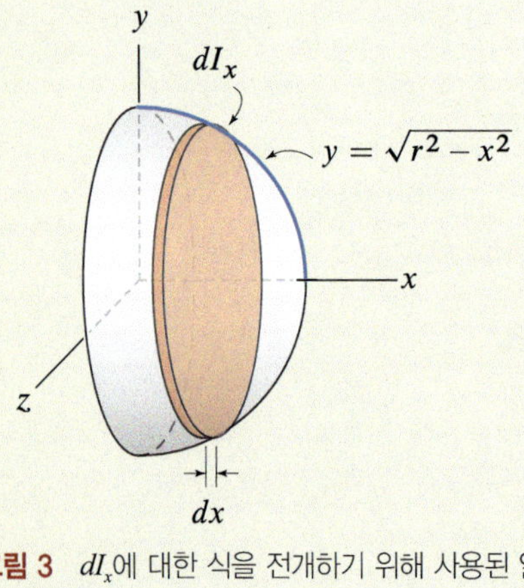

그림 3 dI_x에 대한 식을 전개하기 위해 사용된 얇은 원판 체적요소.

여기서 dI_x는 그림 3에 보인 얇은 원판 질량요소의 x 축에 관한 관성모멘트다. 고체성질의 표, 혹은 그림 10.16(c)로부터,

$$dI_x = \tfrac{1}{2}(m_{\text{disk}})(r_{\text{disk}})^2 = \tfrac{1}{2}(\rho\,\pi y^2\, dx)(y)^2 \qquad (7)$$

여기서 y는 디스크의 반경이다. $y = \sqrt{r^2 - x^2}$ 로써 식 (7)을 식 (6)에 대입하면, x 축에 대한 관성모멘트는

$$I_x = \int_0^r \tfrac{1}{2}\rho\pi\left(r^2 - x^2\right)^2 dx = \pi\rho\left(\frac{r^4 x}{2} - \frac{r^2 x^3}{3} + \frac{x^5}{10}\right)\Big|_0^r = \frac{4\pi\rho r^5}{15} \qquad (8)$$

이며, 식 (3)과 동일하다. 따라서 같은 결과 $\boxed{I_x = 2mr^2/5}$ 를 얻는다.

논의 및 검증 실린더와 원뿔의 질량관성모멘트를 안다면, 여기서 얻은 결과가 타당하다는 것을 보이는 것이 가능하다. 문제 10.59를 보라.

예제 10.9 회전체-다른 관성모멘트

그림 1에서 다시 보인 예제 10.8에서 고려된 반경 r이고 균일한 밀도 ρ인 반구입방체에 대하여, y 축과 z 축에 대한 질량관성모멘트를 구하라. 결과를 물체의 질량 m의 항으로 표현하라.

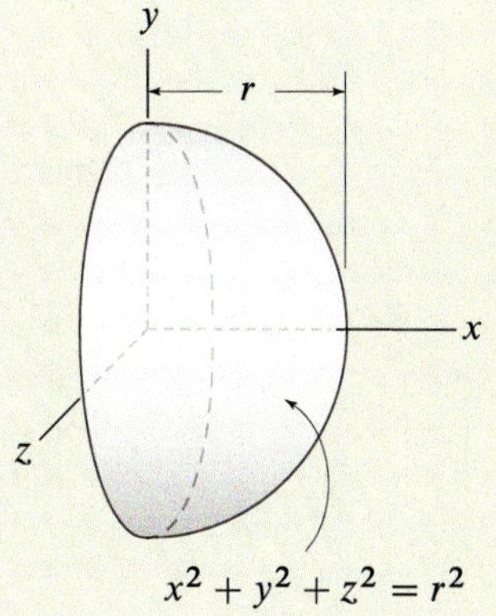

그림 1

풀이 SOLUTION

로드맵 물체의 대칭성 때문에 $I_y = I_z$이고, 따라서 이것들 중 하나인 I_z만을 구할 것이다. 예제 10.8에서의 두 체적요소의 선택과는 달리 이 예제에서는 얇은 원판 체적요소만 사용할 수 있다(즉, 단일 적분을 사용하여 I_z를 구한다면).

지배방정식과 계산 식 (10.25)(z에 대한)로 시작한다.

$$I_z = \int dI_z \tag{1}$$

여기서 dI_x는 그림 2에 보인 얇은 원판 질량요소의 z 축에 대한 관성모멘트다. 식 (10.24)의 평행축 정리를 사용하면, z 축에 관한 얇은 원판의 관성모멘트는

$$dI_z = dI_{z'} + d_z^2\, dm \tag{2}$$

여기서 $dI_{z'}$는 원판의 질량중심을 통과하는 z' 축에 대한 원판 요소의 관성모멘트, dm은 원판의 질량 그리고 d_z는 z와 z' 축 사이의 거리다. 뒷 표지 안에 있는 고체성질의 표로부터 얇은 원판의 관성모멘트는

$$dI_{z'} = \tfrac{1}{4}(m_{\text{disk}})(r_{\text{disk}})^2 = \tfrac{1}{4}(\rho\pi y^2\, dx)(y)^2 \tag{3}$$

$$dm = \rho\pi y^2\, dx \tag{4}$$

$$d_z = x \tag{5}$$

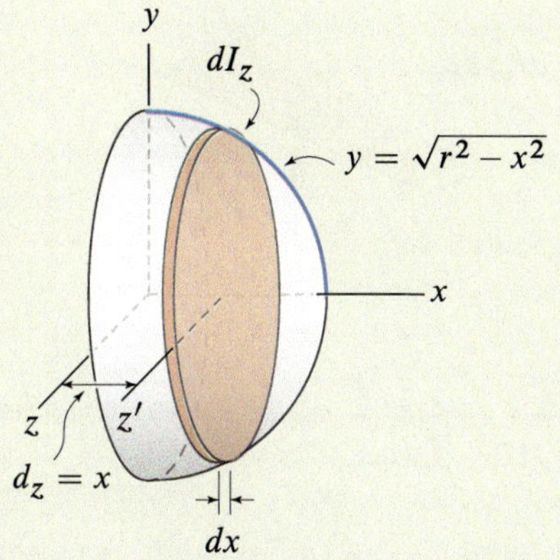

그림 2 얇은 원판 체적요소가 dI_z에 관한 식을 전개하기 위해 사용되었다.

여기서 y 는 원판의 반경이다. 식 (2)-(5)를 사용하고, $y = \sqrt{r^2 - x^2}$에 주목하면 식 (1)은 아래와 같다.

$$\begin{aligned} I_z &= \int_0^r \frac{\pi\rho}{4}(r^2 - x^2)^2\, dx + \int_0^r x^2\, \pi\rho(r^2 - x^2)\, dx \\ &= \frac{\pi\rho}{4}\left(r^4 x - \frac{2r^2x^3}{3} + \frac{x^5}{5}\right)\Big|_0^r + \pi\rho\left(\frac{r^2x^3}{3} - \frac{x^5}{5}\right)\Big|_0^r \\ &= \frac{4\pi\rho r^5}{15} \end{aligned} \tag{6}$$

반구의 질량이 $m = 2\pi\rho r^3/3$ 인 예제 10.8에 주목하면, m의 항으로 표시된 식 (6)은

$$I_z = \frac{4\pi\rho r^5}{15}\left(\frac{m}{2\pi\rho r^3/3}\right) = \boxed{\frac{2mr^2}{5}} \tag{7}$$

논의 및 검증 대칭성 때문에 $I_y = I_z$이고, 따라서 $I_y = 2mr^2/5$이다. 예제 10.8에서 I_x의 결과와 여기서 구한 I_y와 I_z를 비교하면 이들 세 가지 모두 같다는 **예기치 않은** 결과를 보인다.

예제 10.10 대칭물체

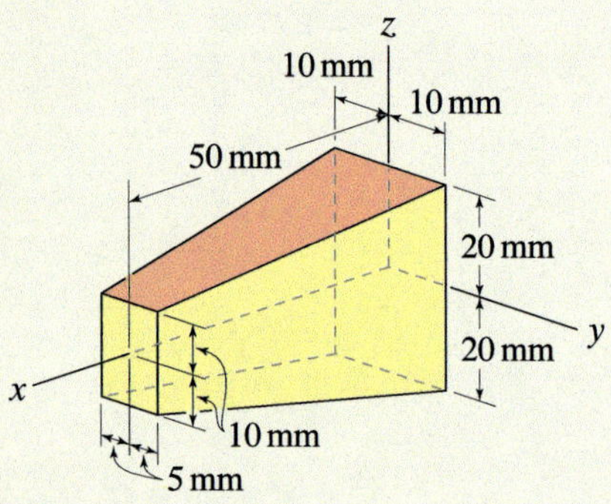

그림 1

경사진 각 기둥이 알루미늄으로 만들어졌고 *xy*와 *xz* 평면에 대해 대칭이다. *x*와 *y* 축에 대한 질량관성모멘트를 구하라.

풀이 SOLUTION

로드맵 I_x와 I_y를 구하기 위해 그림 10.16(d)에 서술한 방법으로 얇은 사각판 체적요소를 사용한다.

I_x

지배방정식과 계산 식 (10.25)(*x* 항으로 쓰여진)으로 시작한다.

$$I_x = \int dI_x \tag{1}$$

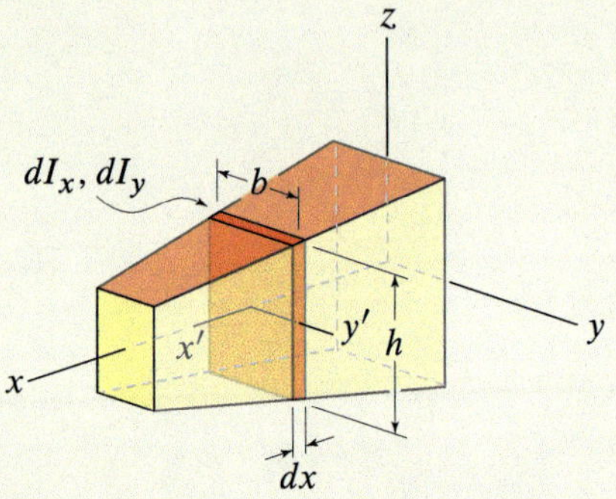

그림 2 dI_x와 dI_y의 식을 전개하기 위해 사용된 얇은 사각판 체적요소.

여기서 dI_x는 *x* 축에 대해 그림 2에서 보인 얇은 사각판 질량요소의 관성모멘트이다. 얇은 판 요소의 질량중심을 통과하는 *x* 축과 *x′* 축이 일치하며, 따라서 평행축 이동이 불필요하다. 뒷 표지 안에 있는 고체성질의 표로부터

$$dI_x = \frac{1}{12}(m_{\text{plate}})(b^2 + h^2) \tag{2}$$

얇은 판 요소의 치수 *b*와 *h*는 다음과 같이 위치의 함수이다:

$$b = 20\text{ mm} - (0.2)x \quad \text{and} \quad h = 40\text{ mm} - (0.4)x \tag{3}$$

판의 질량은 밀도 ρ와 판의 체적의 곱이다. 따라서

$$m_{\text{plate}} = \rho\, bh\, dx \tag{4}$$

식 (1), (2), (4)를 결합하면

$$I_x = \int_0^{50\text{ mm}} \frac{1}{12}\rho\, bh(b^2 + h^2)\, dx \tag{5}$$

이다. 알루미늄의 밀도는 $\rho = 2710\text{ kg/m}^3 = 2.710 \times 10^{-6}\text{ kg/mm}^3$. 식 (3)의 *b*와 *h* 및 ρ 값을 식 (5)에 대입하고 적분을 실행하면

$$\boxed{I_x = 7.00\text{ kg}\cdot\text{mm}^2} \tag{6}$$

이다.

I_y

지배방정식과 계산 식 (10.25)로 시작한다.

$$I_y = \int dI_y \tag{7}$$

dI_x는 *y* 축에 대해 그림 2에서 보인 얇은 사각판 질량요소의 관성모멘트이다. *y* 축과 *y′* 축이 일치하지 않기 때문에, 식 (10.23)인 평행축 정리는 다음과 같은 *y* 축에 대한 얇은 판 요소의 관성모멘트를 쓰기 위해 사용된다.

$$dI_y = dI_{y'} + d_y^2\, dm \tag{8}$$

여기서 $dI_{y'}$는 질량중심을 통과하는 y' 축에 대한 판 요소의 관성모멘트이며, dm은 판 요소의 질량, 그리고 d_y는 y와 y' 축 사이의 거리 즉, $dy = x$이다. 뒷 표지 안에 있는 고체 성질의 표로부터 얇은 판의 관성모멘트는

$$dI_{y'} = \frac{1}{12}(m_{\text{plate}})(h)^2 \tag{9}$$

여기서 m_{plate}는 식 (4)에 의해 주어졌다. 식 (4)와 (7)-(9)를 결합하면

$$I_y = \int_0^{50\text{ mm}} \frac{1}{12}\rho\, bh\, h^2\, dx + \int_0^{50\text{ mm}} x^2\, \rho\, bh\, dx \tag{10}$$

식 (3)의 b와 h 및 ρ값을 식 (10)에 대입하고 적분을 실행하면

$$\boxed{I_y = 41.7\text{ kg}\cdot\text{mm}^2} \tag{11}$$

논의 및 검증 그림 3에 보인 균일한 사각 기둥에 대한 관성모멘트를 계산하기 위해 뒷 표지 안에 있는 고체성질의 표를 사용하여 정밀도의 대략적인 점검을 할 수 있다. 여기서 치수는 경사진 각 기둥의 형상과 체적에 가깝도록 선택되었다. 그림 3에 보인 균일한 각 기둥에 대해 $I_x = 5.72\text{ kg}\cdot\text{mm}^2$와 $I_y = 55.4\text{ kg}\cdot\text{mm}^2$임을 알 수 있다. 식 (6)과 (11)의 경사진 기둥에 대한 결과는 이것들과 적당하게 일치한다.

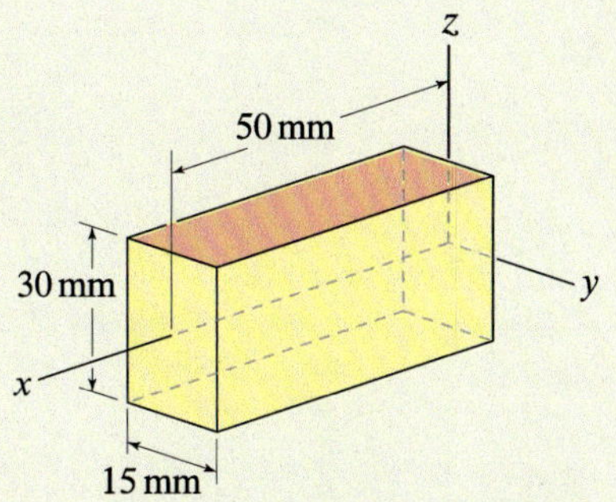

그림 3 그림 10에 보인 경사진 각 기둥의 치수와 근사한 치수를 가진 균일한 사각 기둥.

예제 10.11 질량관성모멘트의 실험적 측정

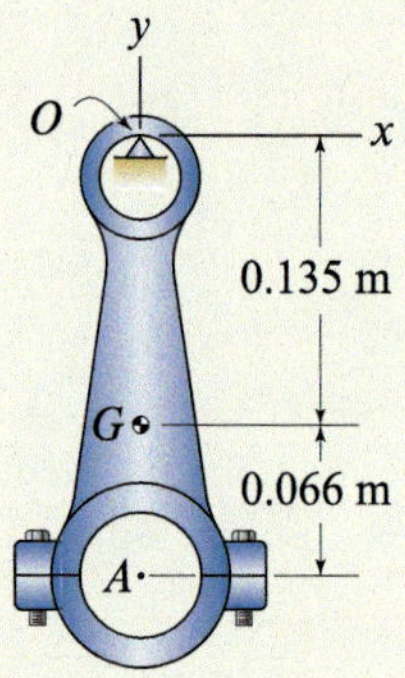

그림 1

가솔린 엔진의 커넥팅 로드의 무게가 15 N이고 점 G에 무게중심이 있다. 커넥팅 로드가 점 O에서 지지되고 진자처럼 왕복하도록 되어있는데, 한 사이클에 0.816초가 걸린다.

풀이 SOLUTION

로드맵 I_{Oz}를 구하기 위해 이 페이지의 방주에 서술되어 있는 식 (1)을 사용할 것이다. 점 A와 G에 대한 관성모멘트를 구하기 위해 평행축 정리를 사용할 것이다. I_{Az}를 구하기 위해 555쪽의 방주에 언급된 것과 같이 우선 I_{Gz}를 아는 것이 필요하다는 것을 주목하라.

I_{Gz}

지배방정식과 계산 식 (1)을 사용하여, 점 O를 통과하는 x 축에 대한 커넥팅 로드의 질량관성모멘트는

$$I_{Oz} = \frac{(0.816\ \text{s})^2(15\ \text{N})(0.135\ \text{m})}{4\pi^2} = 0.03415\ \text{Nms}^2 \tag{2}$$

이다. 질량 단위($1\ \text{N} \equiv 1\ \text{kg} \cdot \text{m/s}^2$) 항으로 식 (2)를 표현하기 위해 단위 변환을 하면

$$I_{Oz} = (0.03415)\left(\frac{\text{kg} \cdot \text{m}}{\text{s}^2}\right)(\text{ms}^2) = 0.03415\ \text{kgm}^2 \tag{3}$$

질량중심 G를 통과하는 축에 관한 관성모멘트를 재정리한 식 (10.24)의 평행축 정리는

$$\begin{aligned} I_{Gz} &= I_{Oz} - d_z^2 m \\ &= 0.03415\ \text{kgm}^2 - (0.135\ \text{m})^2\left(\frac{15\ (\text{kgm/s}^2)}{9.81\ \text{m/s}^2}\right) \\ &= 0.03415\ \text{kgm}^2 - 0.0279\ \text{kgm}^2 \\ &= \boxed{6.25 \times 10^{-3} \text{kg} \cdot \text{m}^2} \end{aligned} \tag{4}$$

I_{Az}

지배방정식과 계산 식 (4)에서 구한 질량중심에 대한 관성모멘트를 써서, 점 A를 통과하는 z 축에 대한 관성모멘트를 구하기 위해 평행축 정리를 다시 사용할 수 있다. 따라서

$$\begin{aligned} I_{Az} &= I_{Gz} + d_z^2 m \\ &= 6.25 \times 10^{-3}\ \text{kg} \cdot \text{m}^2 + (0.066\ \text{m})^2\left(\frac{15\ (\text{kgm/s}^2)}{9.81\ \text{m/s}^2}\right) \\ &= 6.25 \times 10^{-3}\ \text{kg} \cdot \text{m}^2 + 6.661 \times 10^{-3}\ \text{kgm}^2 \\ &= \boxed{12.91 \times 10^{-3}\ \text{kgm}^2} \end{aligned} \tag{5}$$

논의 및 검증 커넥팅 로드와 유사한 질량과 길이를 가진 가는 막대로 커넥팅 로드를 근사시킴으로써 정밀도의 대략적인 점검을 할 수 있다. 문제 10.76에서 이런 계산을 한다.

유용한 정보

질량관성모멘트의 실험적 측정. 보여진 물체는 질량 m 및 점 G에서 무게중심을 가진다.

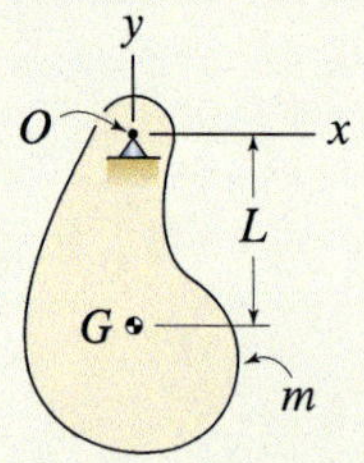

점 O에서 부드러운 핀에 의해 물체를 지지하고 진자처럼 왕복하도록 함으로써 점 O를 통과하는 z 축에 대한 질량관성모멘트(즉, 그림에 수직인)는

$$I_{Oz} = \frac{T^2 mgL}{4\pi^2} \tag{1}$$

여기서 T는 운동의 주기이다. 따라서 물체의 무게중심을 알고 T, m(또는, 무게 mg), 그리고 L을 주의깊게 측정하면 질량관성모멘트가 쉽게 구해진다.

주의: 동역학을 공부하면 식 (1)을 유도할 수 있다. 놀라운 사실은 주기 T는 진폭이 너무 크지 않은 경우 운동의 진폭에 무관하다는 것이다.

예제 10.12 복합 형상

망치는 주철머리와 나무 손잡이로 구성되어 있다. 철 머리부분은 밀도가 7000 kg/m^{3}이고 형상은 원형구멍을 가진 각봉이다. 나무 손잡이는 밀도가 5000 kg/m^{3}이고, 형상은 원형 실린더이다. z 축에 대한 질량관성모멘트와 상응하는 회전반경을 구하라.

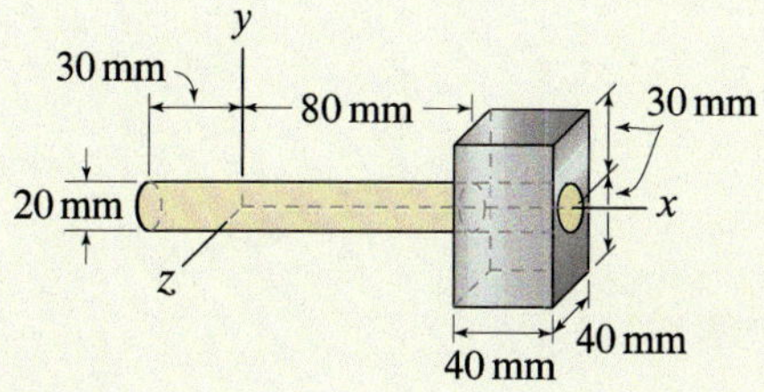

그림 1

풀이 SOLUTION

로드맵 망치는 각봉과 원형 실린더로 구성되어 있다. 그래서 평행축 정리를 가진 복합형상을 사용하여 I_z를 구하는 것이 편리하다.

지배방정식과 계산 세 가지의 복합형상의 조합이 그림 2에 보여진다. 여기서 형상 3에 대한 질량은 음(−)이다.

$$m_1 = \rho_{\text{wood}} V_1 = (500\ \text{kg/m}^3)\pi(0.010\ \text{m})^2(0.150\ \text{m}) = 0.02356\ \text{kg} \tag{1}$$

$$m_2 = \rho_{\text{iron}} V_2 = (7000\ \text{kg/m}^3)(0.040\ \text{m})(0.040\ \text{m})(0.060\ \text{m}) = 0.6720\ \text{kg} \tag{2}$$

$$m_3 = -\rho_{\text{iron}} V_3 = -(7000\ \text{kg/m}^3)\pi(0.010\ \text{m})^2(0.040\ \text{m}) = -0.08796\ \text{kg} \tag{3}$$

복합 형상의 평행축 정리, 식 (10.26)은

$$I_z = \sum_{i=1}^{3}\left(I_{z'} + d_z^2\, m\right)_i \tag{4}$$

각 복합형상에 대해, 이 교재 뒷 표지 안의 고체성질 표가 복합형상의 질량중심을 통과하는 축에 대한 질량관성모멘트를 얻기 위해 사용된다. 표를 사용할 때 표 안에서 사용된 축이 특정한 문제에서 사용된 xyz와 다른 경우가 가끔 있다는 것에 주목하라. 그래서 정확한 식을 얻는 것에 주의해야 한다. 식 (4)는

$$\begin{aligned} I_z &= \frac{m_1}{12}[3(10\ \text{mm})^2 + (150\ \text{mm})^2] + (45\ \text{mm})^2 m_1 \\ &\quad + \frac{m_2}{12}[(40\ \text{mm})^2 + (60\ \text{mm})^2] + (100\ \text{mm})^2 m_2 \\ &\quad + \frac{m_3}{12}[3(10\ \text{mm})^2 + (40\ \text{mm})^2] + (100\ \text{mm})^2 m \\ &\boxed{= 6210\ \text{kg}\cdot\text{mm}^2} \end{aligned} \tag{5}$$

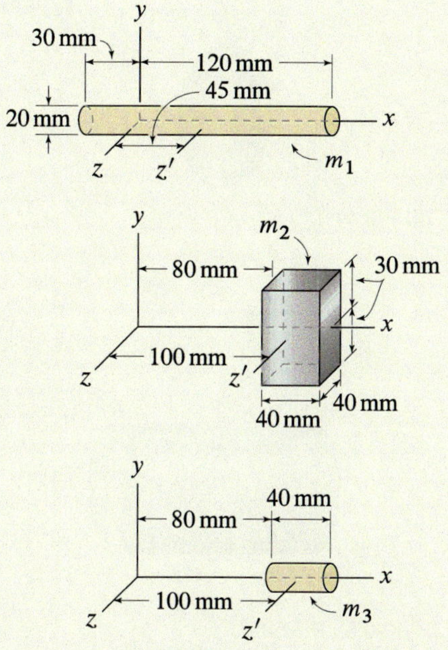

그림 2 I_z을 구하기 위한 세 가지 복합 형상의 조합, 그리고 각 복합형상의 질량중심에서 z 축까지의 거리. $m_3 < 0$에 주목하라.

망치의 총 질량은 $m = m_1 + m_2 + m_3 = 0.6076$ kg이고, 회전반경은 식 (10.21)을 사용하면 다음과 같이 쉽게 구해진다.

$$k_z = \sqrt{\frac{I_z}{m}} = \sqrt{\frac{6210\ \text{kg}\cdot\text{mm}^2}{0.6076\ \text{kg}}} = \boxed{101\ \text{mm}} \tag{6}$$

논의 및 검증 망치의 질량의 전부가 그림3과 같이 한 점에 집중되어 있다고 하자. 이것은 물리적으로 불가능하지만, 회전반경은 점 질량이 원래 물체와 같은 관성모멘트를 갖는 축에서 그 점까지의 거리로 해석된다. 나무 손잡이의 질량은 철 머리부분에 비해 작고, 평행축 정리의 나무 손잡이에 대한 이동거리는 머리부분에 대한 이동거리에 비해 작다는 것을 고려하면, 회전반경은 바로 머리부분의 질량중심 가까이에 위치시키는 것이 바람직하다. 그래서 식 (6)에서 구한 값은 타당하다.

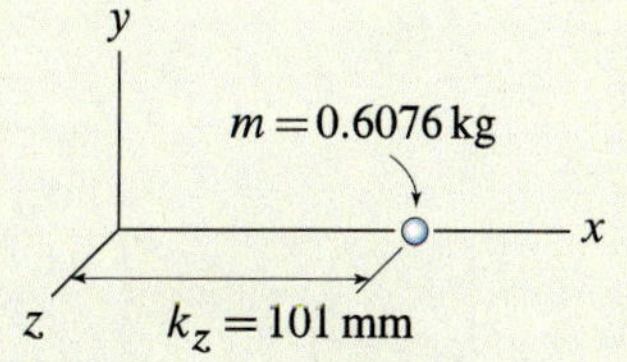

그림 3 회전반경 k_z는 원래 물체와 같은 질량관성모멘트 I_z를 갖도록 점 질량 m이 위치해야만 하는 z 축에서 그 점까지의 거리.

문제

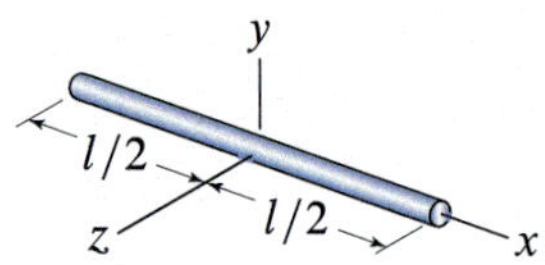

그림 P10.48

문제 10.48

질량이 m이고 길이가 l인 균일하고 가는 막대가 있다. y 축에 대한 질량관성모멘트가 $I_y = ml^2/12$임을 보이기 위해 적분을 사용하라.

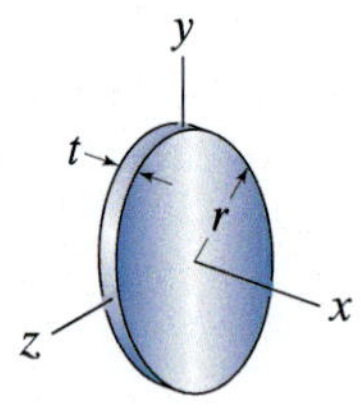

그림 P10.49, P10.50

문제 10.49, 10.50

두께 t, 반경 r 그리고 밀도 ρ인 균일한 판이 있다.

문제 10.49 x 축에 대한 질량관성모멘트를 구하기 위해 얇은 원통형 셸 질량요소를 이용하여 적분을 하라. 판의 질량 m의 항으로 답을 표현하라.

문제 10.50 $t \ll r$로 가정하고, y 축에 대한 질량관성모멘트를 구하기 위해(예제 10.2와 같이) y 축에 평행인 질량요소를 이용하여 적분을 하라. 판의 질량 m의 항으로 답을 표현하라.

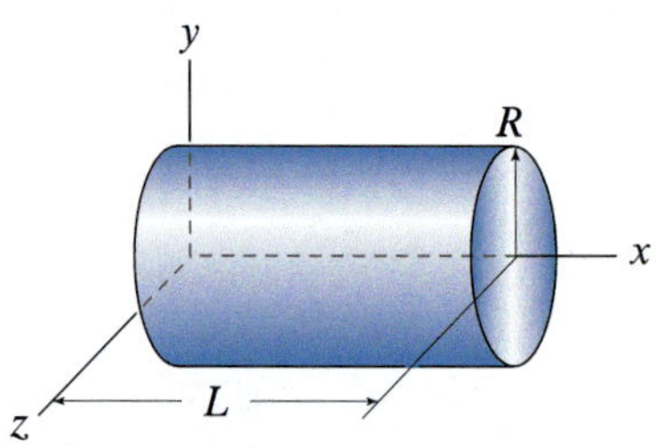

그림 P10.51, P10.52

문제 10.51, 10.52

길이 L, 반경 R, 그리고 밀도 ρ인 균일한 원통이 있다.

문제 10.51 x 축에 대한 질량관성모멘트를 구하기 위해 얇은 원통형 셸 질량요소를 이용하여 적분을 하라. 원통의 질량 m의 항으로 답을 표현하라.

문제 10.52 y 축에 대한 질량관성모멘트를 구하기 위해 얇은 원통형 셸 질량요소를 이용하여 적분을 하라. 원통의 질량 m의 항으로 답을 표현하라.

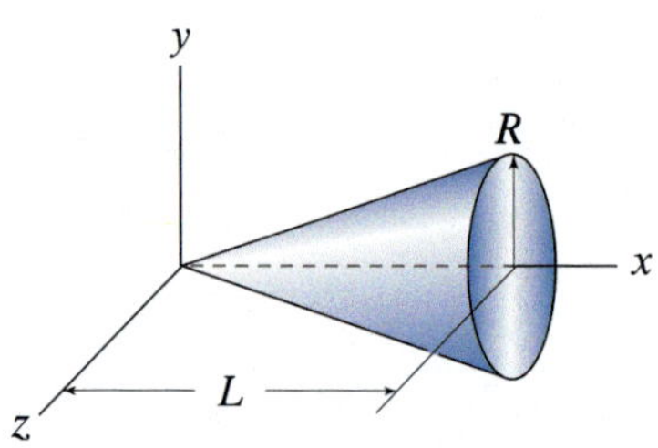

그림 P10.53, P10.54

문제 10.53, 10.54

길이 L과 반경 R인 균일한 중실 원뿔에 대해, 지시한 질량관성모멘트를 구하기 위해 적분을 사용하라. 원뿔의 질량 m의 항으로 답을 표현하라.

문제 10.53 I_x

문제 10.54 I_y

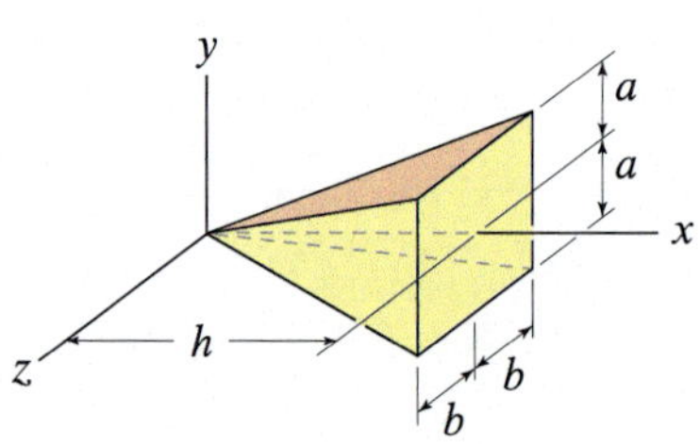

그림 P10.55–P10.57

문제 10.55-10.57

보여진 경사진 중실 각봉은 밀도가 ρ이고 사각단면을 가지고 있다. 지시한 질량관성모멘트를 구하기 위해 적분을 사용하라. 각봉의 질량 m과 a, b, h와 같은 매개변수의 항으로 답을 표현하라.

문제 10.55 I_x

문제 10.56 I_y

문제 10.57 I_z

문제 10.58

이 책의 뒷 표지 안에 있는 고체성질의 표는 균일한 구와 반구의 질량관성모멘트가 모두 $I_z = 2mr^2/5$임을 보인다. 만약 구와 반구가 같은 반경과 밀도를 가진다면, 이것이 그들의 질량관성모멘트 I_z가 같다는 것을 의미하는지 설명하라.

주의 개념 문제는 계산이 아닌 설명이 필요하다.

문제 10.59

예제 10.8에서, 회전축에 대한 반구의 질량관성모멘트가 $2mr^2/5$임을 알았다. 이 결과는 반경 r과 길이 r인 원통과 원뿔 사이의 값임을 증명하라(이것들의 질량관성모멘트는 이 책의 뒷 표지 안에 있는 고체성질의 표 안에 주어져 있다). 이 결과가 나오는 이유를 논의하라.

주의 개념 문제는 계산이 아닌 설명이 필요하다.

문제 10.60, 10.61

중실 반구가 보여진 바와 같이 ρ_0와 $\rho_0/2$를 가진 재료로 구성되어 있다.

문제 10.60

(a) x 축에 대한 질량관성모멘트를 산출하도록 적분한계를 포함한 완전한 적분식을 구하라.

(b) 매스매티카(Mathematica), 메이플(Maple) 등과 같은 컴퓨터 소프트웨어를 사용하여 (a)에서 구한 적분식을 계산하라.

문제 10.61

(a) y 축에 대한 질량관성모멘트를 산출하도록 적분한계를 포함한 완전한 적분식을 구하라.

(b) 매스매티카(Mathematica), 메이플(Maple) 등과 같은 컴퓨터 소프트웨어를 사용하여 (a)에서 구한 적분식을 계산하라.

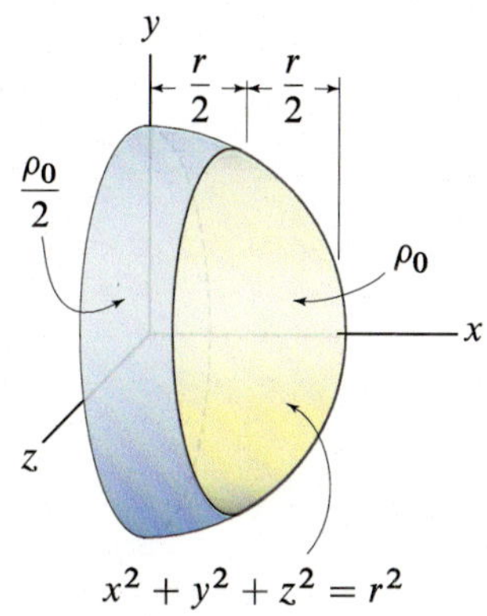

그림 P10.60, P10.61

문제 10.62

보여진 중실 회전체에 대해, x 축에 대한 질량관성모멘트를 구하라. 재료는 비중량 γ = 111000 N/m^{3}이다. kg과 mm를 사용하여 답을 말하라.

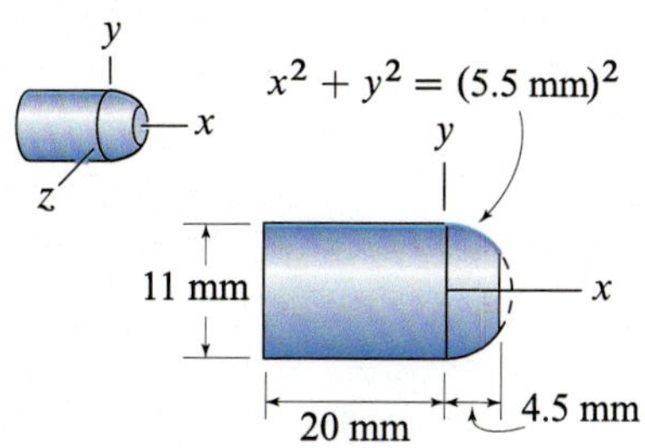

그림 P10.62

문제 10.63, 10.64

중실 회전체는 보여진 면적을 y 축 주위로 360° 회전함으로써 만들 수 있다. 중실체가 균일한 밀도를 가진다고 가정하고 회전축에 대한 질량관성모멘트를 구하기 위해 적분을 사용하라. 물체의 질량 m의 항으로 답을 표현하라.

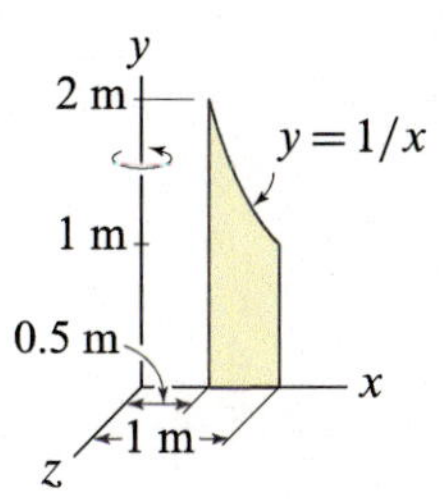

그림 P10.63

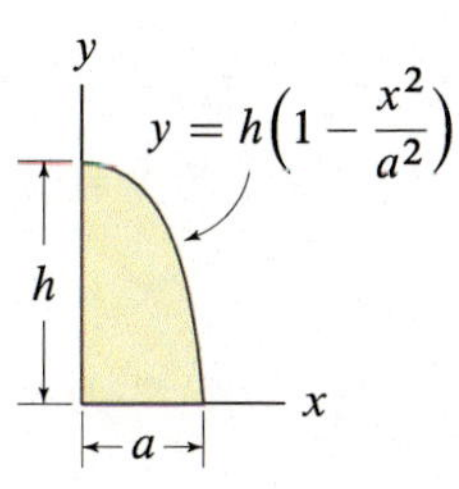

그림 P10.64

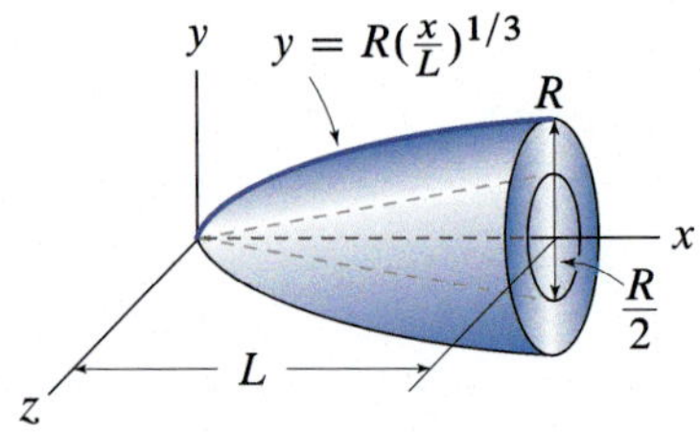

그림 P10.65, P10.66

문제 10.65, 10.66

보여진 입체는 원뿔 형상의 구멍과 균일한 밀도를 가지고 있다.

문제 10.65

(a) x 축에 대한 질량관성모멘트를 산출하도록 적분한계를 포함한 완전한 적분식을 구하라.

(b) 매스매티카(Mathematica), 메이플(Maple) 등과 같은 컴퓨터 소프트웨어를 사용하여 (a)에서 구한 적분식을 계산하라. 물체의 질량 m의 항으로 답을 표현하라.

문제 10.66

(a) y 축에 대한 질량관성모멘트를 산출하도록 적분한계를 포함한 완전한 적분식을 구하라.

(b) 매스매티카(Mathematica), 메이플(Maple) 등과 같은 컴퓨터 소프트웨어를 사용하여 (a)에서 구한 적분식을 계산하라. 물체의 질량 m의 항으로 답을 표현하라.

문제 10.67, 10.68

얇은 벽의 중공 원뿔은 두께가 왼쪽 끝에서 t_1이고 오른쪽 끝에서 t_2이며 균일한 밀도를 가지고 있다.

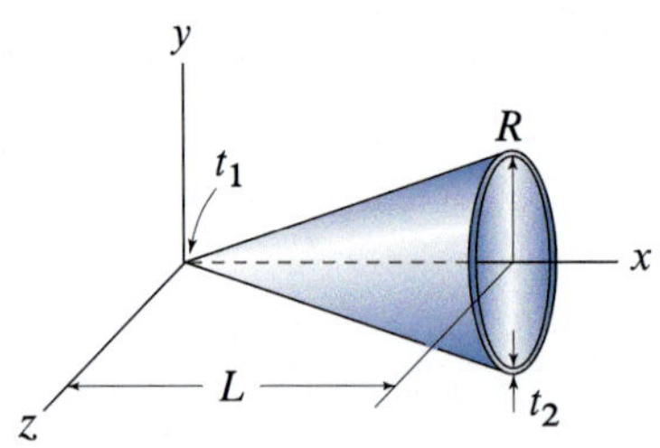

그림 P10.67, P10.68

문제 10.67

(a) 만약 원뿔의 두께가 $t_1 = t_2 = t_0$이라면, x 축에 대한 질량관성모멘트를 산출하도록 적분한계를 포함한 완전한 적분식을 구하라.

(b) 매스매티카(Mathematica), 메이플(Maple) 등과 같은 컴퓨터 소프트웨어를 사용하여 (a)에서 구한 적분식을 계산하라. 물체의 질량 m의 항으로 답을 표현하라.

문제 10.68

(a) 만약 원뿔의 두께가 왼쪽 끝의 $t_1 = 2t_0$로부터 오른쪽 끝의 $t_2 = t_0$까지 선형적으로 변한다면 x 축에 대한 질량관성모멘트를 산출하도록 적분한계를 포함한 완전한 적분식을 구하라.

(b) 매스매티카(Mathematica), 메이플(Maple) 등과 같은 컴퓨터 소프트웨어를 사용하여 (a)에서 구한 적분식을 계산하라. 물체의 질량 m의 항으로 답을 표현하라.

문제 10.69, 10.70

1100 kg/m^3의 밀도를 가진 플라스틱 부품은 보여진 면적을 회전축 주위로 360° 회전함으로써 만들 수 있다. 지시한 회전축에 대한 질량관성모멘트를 구하라.

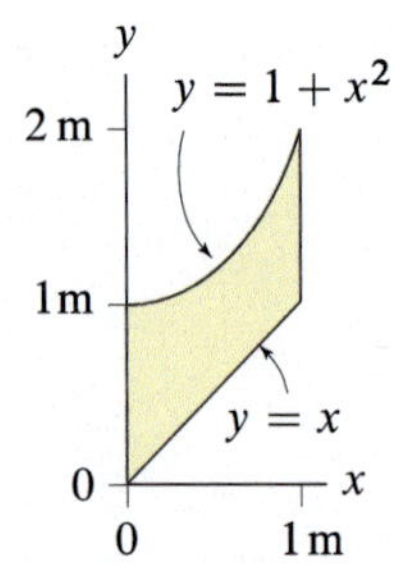

그림 P10.69, P10.70

문제 10.69 회전축이 x 축이다.

문제 10.70 회전축이 y 축이다.

문제 10.71-10.74

보여진 중실 반구는 원뿔 형상의 구멍과 균일한 밀도를 가지고 있다.

문제 10.71

(a) x 축에 대한 질량관성모멘트를 산출하도록 적분한계를 포함한 완전한 적분식을 구하라.

(b) 매스매티카(Mathematica), 메이플(Maple) 등과 같은 컴퓨터 소프트웨어를 사용하여 (a)에서 구한 적분식을 계산하라. 물체의 질량의 항으로 답을 표현하라.

문제 10.72 복합 형상을 사용하여 x 축에 대한 질량관성모멘트를 구하라. 물체의 질량의 항으로 답을 표현하라.

문제 10.73

(a) z 축에 대한 질량관성모멘트를 산출하도록 적분한계를 포함한 완전한 적분식을 구하라.

(b) 매스매티카(Mathematica), 메이플(Maple) 등과 같은 컴퓨터 소프트웨어를 사용하여 (a)에서 구한 적분식을 계산하라. 물체의 질량의 항으로 답을 표현하라.

문제 10.74 복합 형상을 사용하여 z 축에 대한 질량관성모멘트를 구하라. 물체의 질량의 항으로 답을 표현하라.

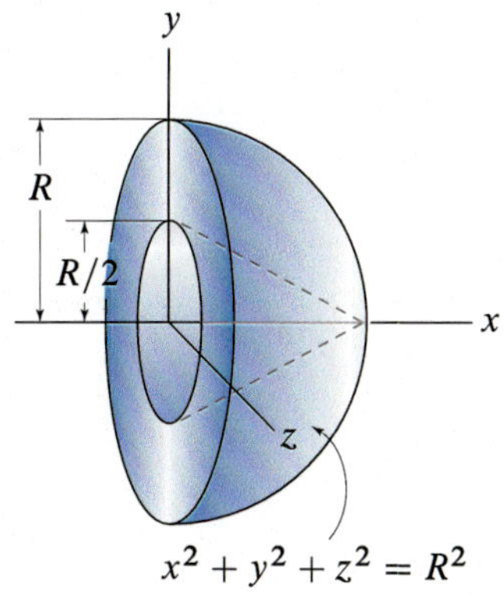

그림 P10.71-P10.74

문제 10.75

던지는 장난감이 균일한 거품덩어리(foam)로 성형되었다. 이것은 타원형상 부분, 원통형 부분 및 4개의 사각형 핀으로 구성된다. 타원 및 원통 형상의 밀도가 100 kg/m^{3}이고, 각각의 핀의 질량은 1.8×10^{-3} kg이다.

(a) 타원형상 부분의 x 축에 대한 질량관성모멘트를 산출하도록 적분한계를 포함한 완전한 적분식을 구하라.

(b) 매스매티카(Mathematica), 메이플(Maple) 등과 같은 컴퓨터 소프트웨어를 사용하여 (a)에서 구한 적분식을 계산하라.

(c) (b)의 결과가 79.8 kg · mm^{2}임을 알아야만 한다. 이 값을 사용하여, 장난감의 x 축에 관한 전체 질량관성모멘트를 구하라.

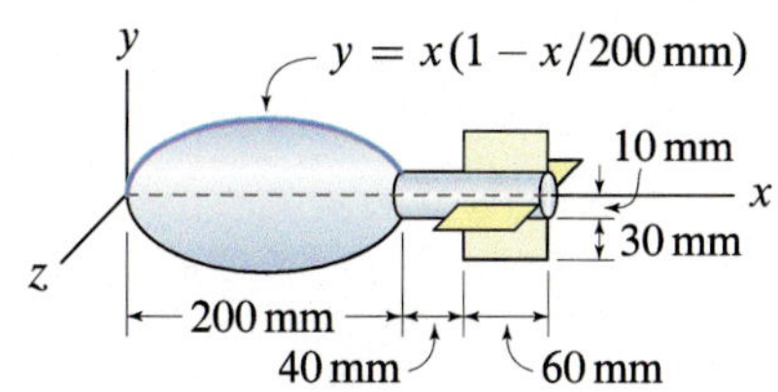

그림 P10.75

문제 10.76

예제 10.11의 커넥팅 로드를 균일한 가는 막대로 근사화하라. 이 막대의 길이는 0.8 ft이고 질량은 커넥팅 로드와 같게 선택하라. 끝에 관한 막대의 질량관성모멘트를 구하고, 예제 10.11의 커넥팅 로드에 구한 I_{Oz} 값과 비교하라.

문제 10.77-10.79

질량 m인 사각형 각기둥이 보여진다. 이 교재의 뒷 표지 안에 있는 고체성질의 표 안에 주어져 있는 적절한 질량관성모멘트로 시작하여, 지시된 축에 대한 각기둥의 질량관성모멘트를 구하기 위해 평행축 정리를 사용하라.

문제 10.77 x 축

문제 10.78 y 축

문제 10.79 z 축

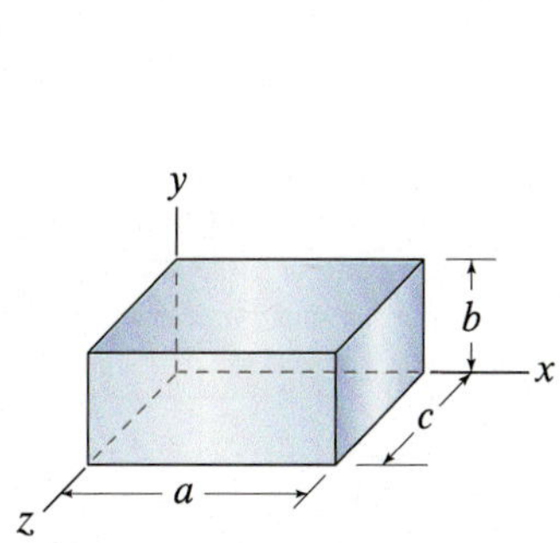

그림 P10.77-P10.79

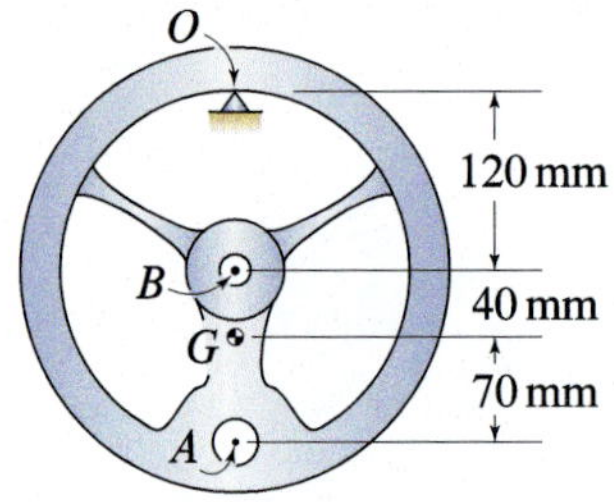

그림 P10.80

문제 10.80

기계의 핸들바퀴의 질량이 0.8 kg이고 점 G가 무게중심이다. 핸들바퀴가 O 점에서 지지되고 진자처럼 왕복할 때, 한 사이클에 1.2초가 걸린다. 형상에 수직이고 점 B를 통과하는 축에 대한 질량관성모멘트를 구하라.

힌트 562 쪽 방주의 유용한 정보를 보라.

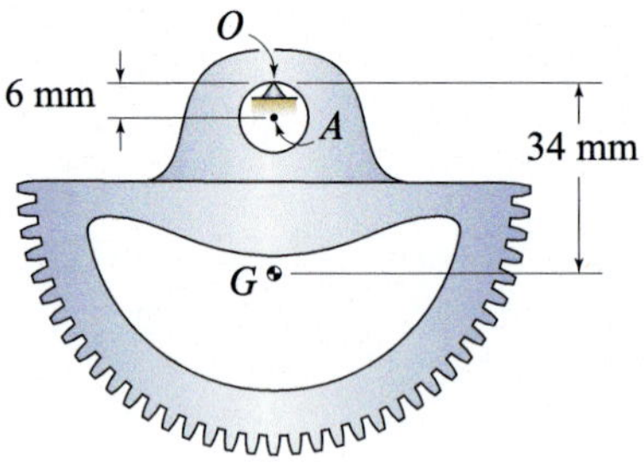

그림 P10.81

문제 10.81

기계의 섹터 기어의 질량이 0.16 kg이고 점 G가 무게중심이다. 섹터 기어가 O 점에서 지지되고 진자처럼 왕복할 때, 한 사이클에 0.3792초가 걸린다. 형상에 수직이고 점 A를 통과하는 축에 대한 질량관성모멘트를 구하라.

힌트 562 쪽 방주의 유용한 정보를 보라.

문제 10.82

보여진 판은 균일한 두께와 비중량 490 N/m^{2}인 재료로 만들어졌다. 판에 수직이고 점 A를 통과하는 축에 대한 질량관성모멘트를 구하라.

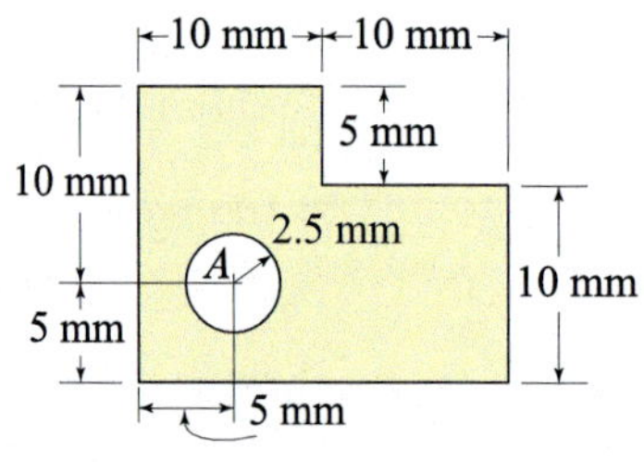

그림 P10.82

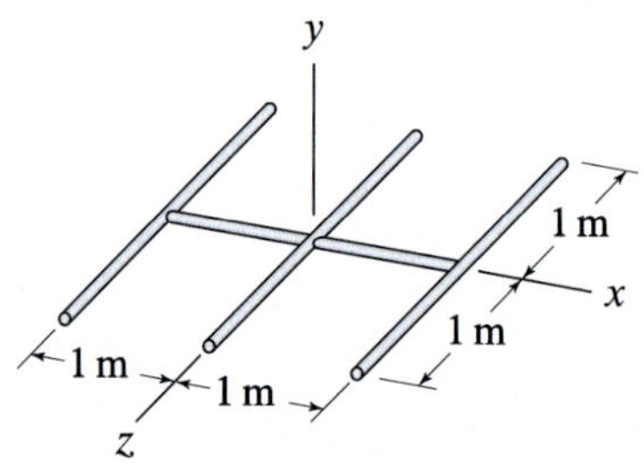

그림 P10.83

문제 10.83

안테나는 동일한 작은 지름의 균일한 막대로 조립되어 있으며, 각 질량은 0.25 kg/m이다. 안테나의 각각의 축에 대한 질량관성모멘트를 구하라.

(a) x 축

(b) y 축

(c) z 축

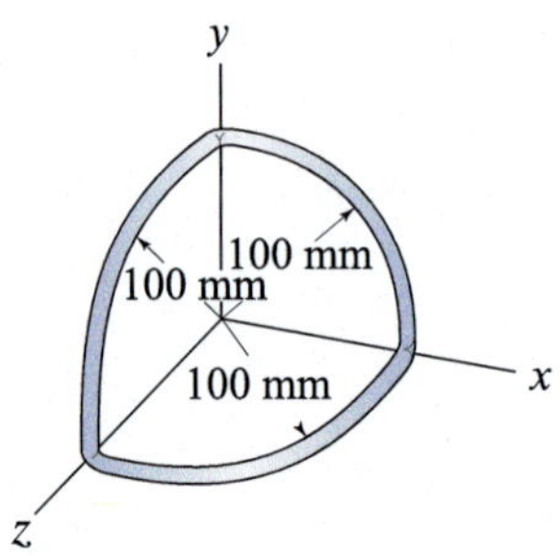

그림 P10.84

문제 10.84

물체는 세 개의 작은 지름의 균일한 동일 막대로 함께 용접에 의해 조립되어 있으며, 각각은 사분원 형상과 0.2 kg의 질량을 가지고 있다. x 축에 대한 물체의 질량관성모멘트를 구하라.

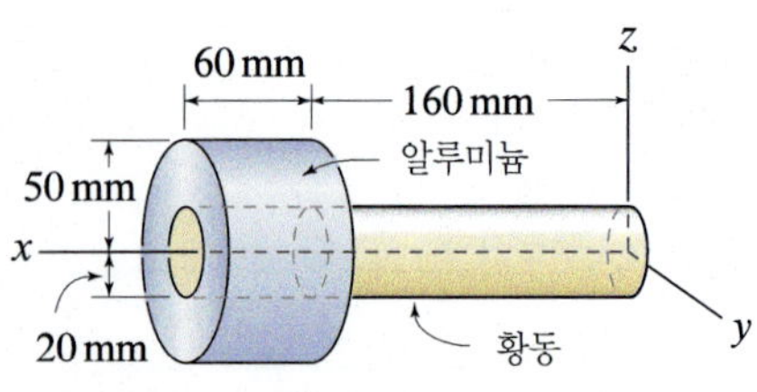

그림 P10.85, P10.86

문제 10.85, 10.86

물체는 각각 8500 kg/m^{3}과 2700 kg/m^{3}의 밀도를 가진 황동 막대와 알루미늄 원통으로 조립되어 있다. 황동 막대는 알루미늄 원통안의 구멍에 끼워 넣는다. 각각의 축에 대한 물체의 질량관성모멘트를 구하라.

문제 10.85 x 축

문제 10.86 y 축

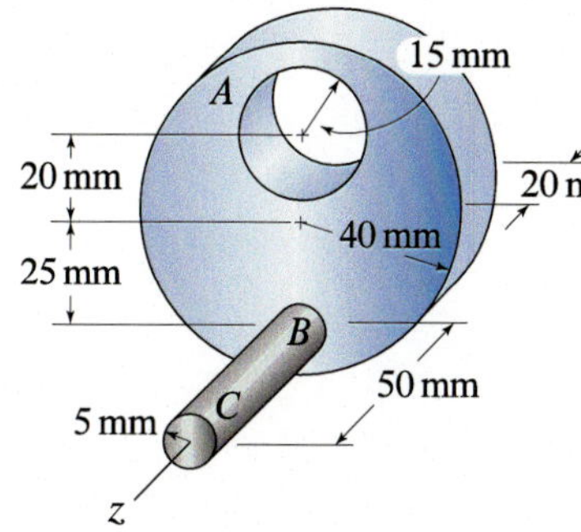

그림 P10.87

문제 10.87

캠은 관성모멘트와 캠을 회전시키는 원형 축 BC의 모멘트를 감소시키기 위해 원형 구멍을 가진 원통으로 구성되어 있다. 만약 캠이 밀도 7200 kg/m³인 주철로 만들어졌다면, z 축에 대한 질량관성모멘트를 구하라.

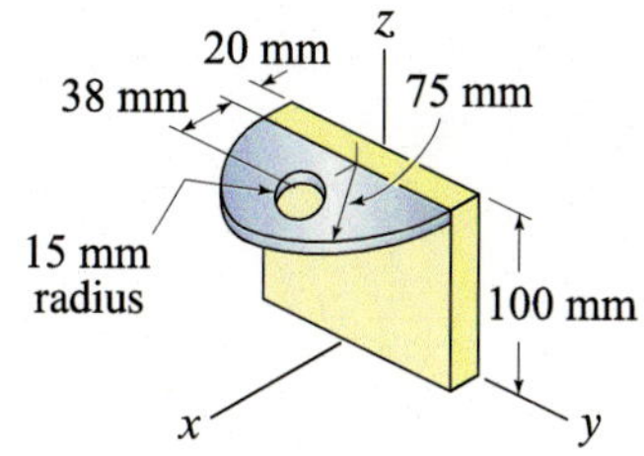

그림 P10.88-P.10.90

문제 10.88-10.90

브라켓이 비중량 345 N/m³인 균일두께의 얇은 반원 판과 67850 N/m³인 균일두께의 두꺼운 사각판으로 조립되어 있다. 브라켓은 xz 면에 대해 대칭이다. 지시된 축에 대한 물체의 질량관성모멘트를 구하라.

문제 10.88 x 축

문제 10.89 y 축

문제 10.90 z 축

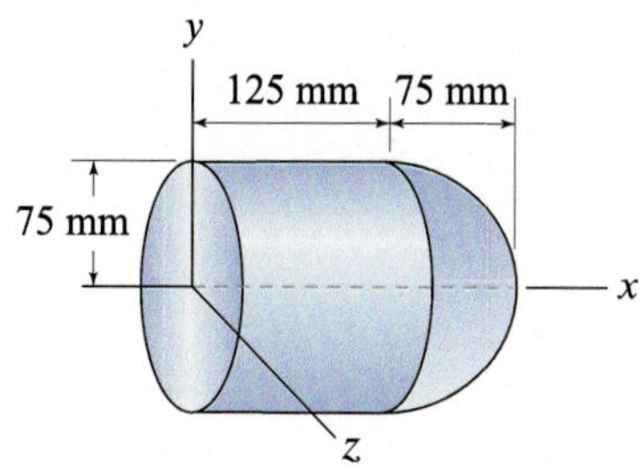

그림 P10.91, P10.92

문제 10.91-10.92

질량 2.8 kg의 물체가 원통과 같은 재료의 반구로 구성되어 있다. 지시된 축에 대한 물체의 질량관성모멘트를 구하라. kg과 mm 단위로 답하라.

문제 10.91 x 축

문제 10.92 y 축

문제 10.93-10.95

보여진 물체는 무게가 1 kg인 균일한 플라스틱으로 만들어졌다. 지시된 축에 대한 물체의 질량관성모멘트를 구하라.

문제 10.93 x 축

문제 10.94 y 축

문제 10.95 z 축

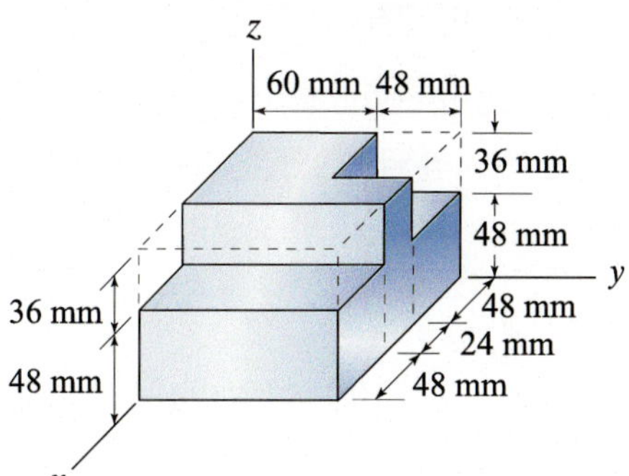

그림 P10.93-P10.95

10.4 장 복습

이 장의 중요한 정의, 개념 및 식들을 요약한다. 분명하지 않은 식 및/또는 개념에 대해, 최초의 식과 추가의 상세를 위해 인용된 페이지 번호를 참조하라.

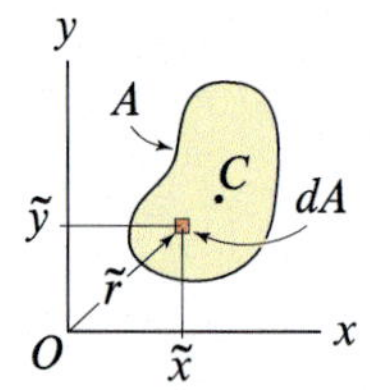

그림 10.17 도심 C인 면적A, $\tilde{x}$ 및 $\tilde{y}$는 각각 면적요소 dA의 도심의 x 및 y의 위치이다. $\tilde{r}$는 점에서 면적요소 dA까지의 거리.

면적관성모멘트 그림10.17에 보여진 면적의 면적관성모멘트는 다음과 같이 정의된다.

식 (10.1)-(10.4) p. 532

$$I_x = \int \tilde{y}^2\,dA$$

$$I_y = \int \tilde{x}^2\,dA$$

$$J_O = \int \tilde{r}^2\,dA \quad = \quad I_x + I_y$$

$$I_{xy} = \int \tilde{x}\,\tilde{y}\,dA$$

여기서

$\tilde{x}$, $\tilde{y}$, $\tilde{r}$는 그림 10.17에 정의되어 있다. 이 정의들은 7장에서 쓰였던 것과 동일하다는 것에 주목하라. 예를 들어, $\tilde{x}$는 y 축으로부터 면적요소 dA까지의 의 도심까지의 거리(즉, 모멘트 팔)이다.

I_x는 x 축에 대한 면적관성모멘트이다.

I_y는 y 축에 대한 면적관성모멘트이다.

J_O는 O 점에 대한 극관성모멘트이다.

I_{xy}는 O 점에 대한 관성적이다.

면적관성모멘트는 (길이)^{4}의 차원을 가진다.

면적회전반경 면적의 회전반경은 다음과 같이 정의된다.

식 (10.5) p. 534

$$k_x = \sqrt{\frac{I_x}{A}}, \qquad k_y = \sqrt{\frac{I_y}{A}}, \qquad k_O = \sqrt{\frac{J_O}{A}}$$

여기서

k_x는 x 축에 대한 면적의 회전반경이다.

k_y는 y 축에 대한 면적의 회전반경이다.

k_O는 O 점에 대한 면적의 극회전반경이다.

A는 형상의 면적이다.

회전반경은 길이의 단위를 가진다.

면적관성모멘트의 평행축 정리 그림 10.18에 보여진 도심 C인 면적 A를 고려하라. 원점 O'가 면적도심에 위치하는 도심 $x'y'$ 좌표계가 정의되었다. x와 y 축은 거리 간격이 각각 dx와 dy인 x'와 y' 축에 평행이다. 평행축 정리는 x와 y 축에 대한 면적관성모멘트와 다음과 같은 도심 면적관성모멘트와 관계가 있다.

식 (10.6)-(10.9), p. 543

$$I_x = I_{x'} + d_x^2 A$$
$$I_y = I_{y'} + d_y^2 A$$
$$J_O = J_{O'} + d^2 A$$
$$I_{xy} = I_{x'y'} + d_x d_y A$$

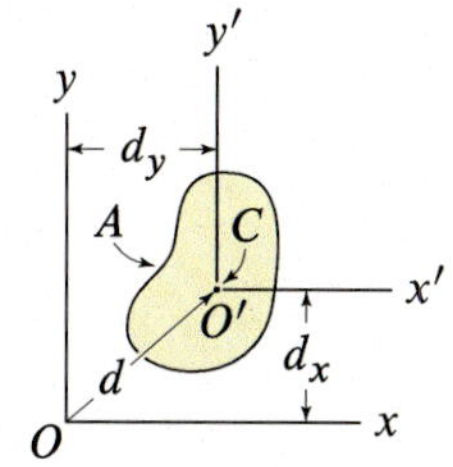

그림 10.18 점 C가 도심인 면적A. x와 x'축은 거리 간격 d_x로 평행이며, y와 y'은 거리간격 d_y로 평행이다.

복합형상에 대해 쓴 평행축 정리는

식 (10.14), p. 544

$$I_x = \sum_{i=1}^{n}\left(I_{x'} + d_x^2 A\right)_i$$

여기서 n은 형상의 개수, $I_{x'}$는 도심 축에 대한 형상 i의 면적관성모멘트, d_x는 형상의 이동거리(즉, 형상 i의 x 축과 x' 축에 대한 거리), 그리고 A는 형상 i의 면적이다. 비슷한 식을 I_y와 J_O에 대해 쓸 수 있다.

흔히 하는 실수는 도심축이 아닌 두 평행축 간의 관성모멘트를 계산하기 위해 평행축 정리를 사용하는 것이다.

질량관성모멘트 그림 10.19에 보여진 물체의 질량관성모멘트는 다음과 같이 정의된다.

식 (10.15)-(10.20) p. 551

$$I_x = \int \tilde{r}_x^2\, dm = \int (\tilde{y}^2 + \tilde{z}^2)\, dm$$
$$I_y = \int \tilde{r}_y^2\, dm = \int (\tilde{x}^2 + \tilde{z}^2)\, dm$$
$$I_z = \int \tilde{r}_z^2\, dm = \int (\tilde{x}^2 + \tilde{y}^2)\, dm$$
$$I_{xy} = \int \tilde{x}\tilde{y}\, dm$$
$$I_{yz} = \int \tilde{y}\tilde{z}\, dm$$
$$I_{xz} = \int \tilde{x}\tilde{z}\, dm$$

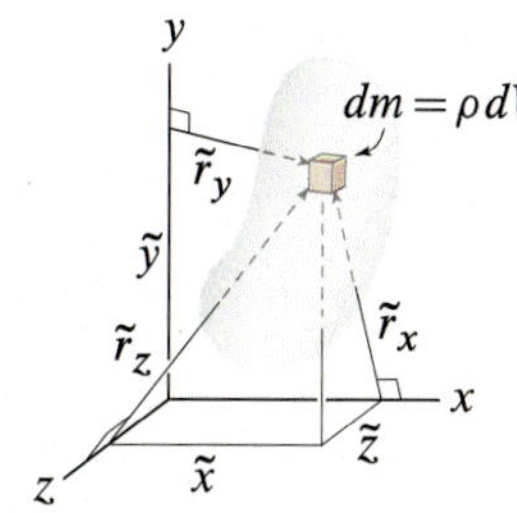

그림 10.19 질량 m, 밀도 ρ, 및 체적 V인 물체; $\tilde{r}_x$, $\tilde{r}_y$, $\tilde{r}_z$는 각각 x, y, z 축으로부터 질량요소 dm의 질량중심까지의 반경방향 거리.

여기서

$\tilde{r}_x$, $\tilde{r}_y$, $\tilde{r}_z$는 각각 x, y, z 축으로부터 질량요소의 질량중심까지의 반경방향 거리(즉, 모멘트 팔)로써 그림 10.19에서 정의된다.

$\tilde{x}$, $\tilde{y}$, $\tilde{z}$는 각각 질량요소 dm의 질량중심까지의 x, y, z 거리로서 그림 10.19에서 정의된다.

I_x, I_y, I_z는 각각 x, y, z 축에 대한 질량관성모멘트이다.

I_{xy}, I_{yx}, I_{xz}는 각각 xy, yz, xz 축에 대한 질량관성적이다.

질량관성적은 (질량)(길이)^{4}의 치수를 가진다.

질량회전반경 질량 m인 물체의 회전반경은 다음과 같이 정의된다.

식 (10.21) p. 553

$$k_x = \sqrt{\frac{I_x}{m}}, \qquad k_y = \sqrt{\frac{I_y}{m}}, \qquad k_z = \sqrt{\frac{I_z}{m}}$$

여기서 k_x는 x 축에 대한 질량회전반경이다.

여기서 k_y는 y 축에 대한 질량회전반경이다.

여기서 k_z는 z 축에 대한 질량회전반경이다.

m은 물체의 질량이다.

회전반경은 길이의 단위를 가진다.

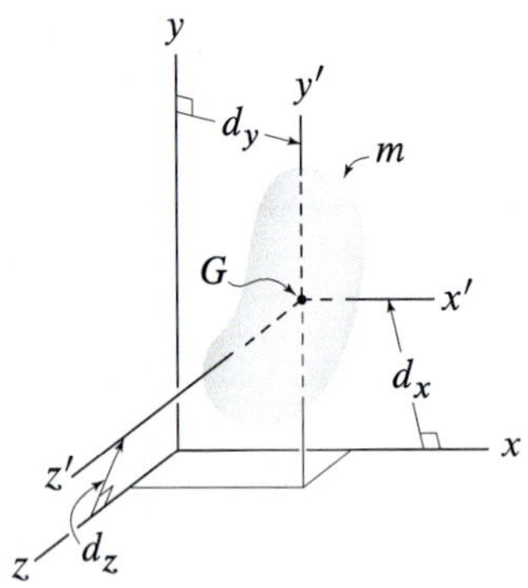

그림 10.20 질량이 m이고 점 G가 질량중심인 물체. x와 x' 축은 떨어진 거리 d_x로 평행하며, y와 y' 축은 떨어진 거리 d_y로 평행, 그리고 z와 z' 축은 떨어진 거리 d_z로 평행하다.

질량관성모멘트의 평행축정리 그림 10.20에 보인 질량 m과 질량중심이 G인 물체를 고려하라. 물체의 질량중심이 원점인 $x'y'z'$ 좌표계가 정의되었다. x, y, z는 각각 x', y', z'에 평행하며, 각각의 떨어진 거리가 d_x, d_y, d_z다. 평행축 정리는 x, y, z 축에 대한 질량관성모멘트를 다음과 같은 질량중심관성모멘트에 관계시킨다.

식(10.22)-(10.24) p. 554

$$I_x = I_{x'} + d_x^2 m$$
$$I_y = I_{y'} + d_y^2 m$$
$$I_z = I_{z'} + d_z^2 m$$

복합형상에 대해 쓰여진 평행축 정리는

식 (10.26) p. 555

$$I_x = \sum_{i=1}^{n} \left(I_{x'} + d_x^2 m\right)_i$$

여기서 n은 형상 개수, $I_{x'}$는 질량중심 x'에 대한 형상 i의 질량관성모멘트, d_x는 형상의 이동거리(즉, 형상 i의 x 축과 x' 사이의 거리) 그리고 m은 형상 i의 질량이다. 비슷한 식이 I_x과 I_z에 대해 쓰여질 수도 있다. 흔히 하는 실수는 질량중심축이 아닌 두 평행축 사이의 관성모멘트를 계산할 때 평행축 정리를 사용하는 것이다.

복습 문제

문제 10.96

바깥 반지름이 r_0이고 안쪽 반지름이 r_i인 동심 구멍을 가진 반원 면적이 있다. 점 O에 대한 면적극관성모멘트를 구하라.

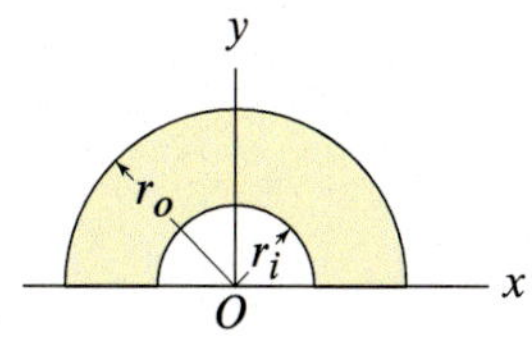

그림 P10.96

문제 10.97, 10.98

(a) y 축에 대한 면적관성모멘트를 산출하도록 적분한계를 포함한 완전한 적분식을 구하라.

(b) (a)의 적분을 계산하라.

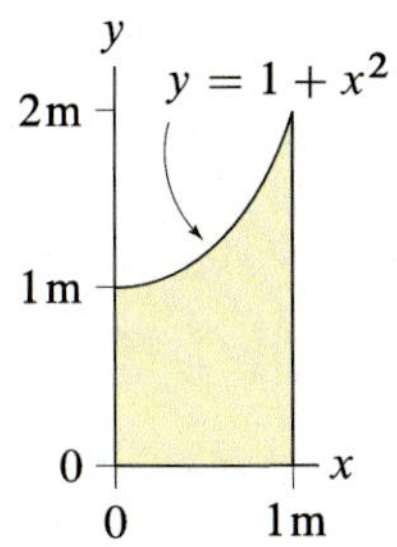

그림 P10.97

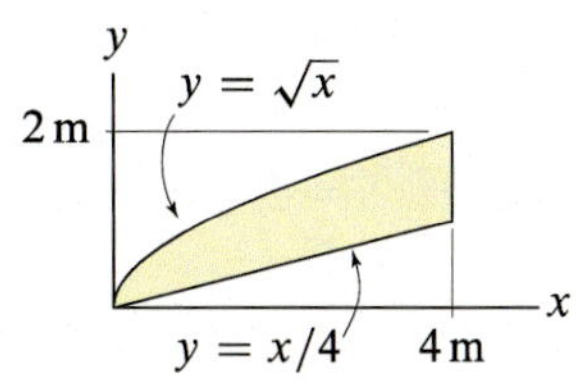

그림 P10.98

문제 10.99, 10.100

곡선이 보이는 있는 점을 통과하도록 c_1, c_2, c_3를 구하라.

문제 10.99

(a) x 축에 대한 면적관성모멘트를 산출하도록 적분한계를 포함한 완전한 적분식을 구하라.

(b) (a)의 적분을 계산하라.

문제10.100

(a) y 축에 대한 면적관성모멘트를 산출하도록 적분한계를 포함한 완전한 적분식을 구하라.

(b) (a)의 적분을 계산하라.

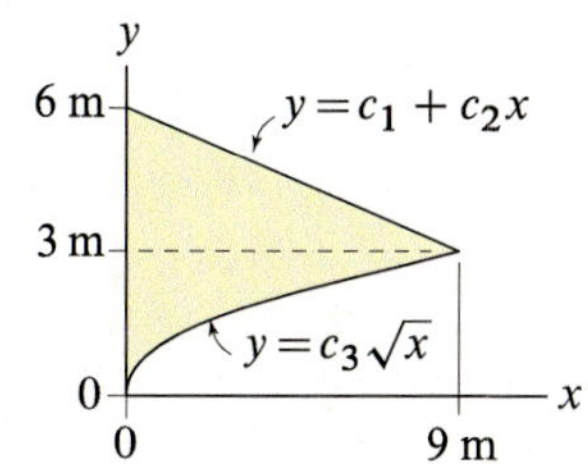

그림 P10.99, P10.100

문제 10.101

(a) x 축에 대한 면적관성모멘트를 산출하도록 적분한계를 포함한 완전한 적분식을 구하라.

(b) (a)의 적분을 계산하라.

문제 10.102

(a) y 축에 대한 면적관성모멘트를 산출하도록 적분한계를 포함한 완전한 적분식을 구하라.

(b) (a)의 적분을 계산하라.

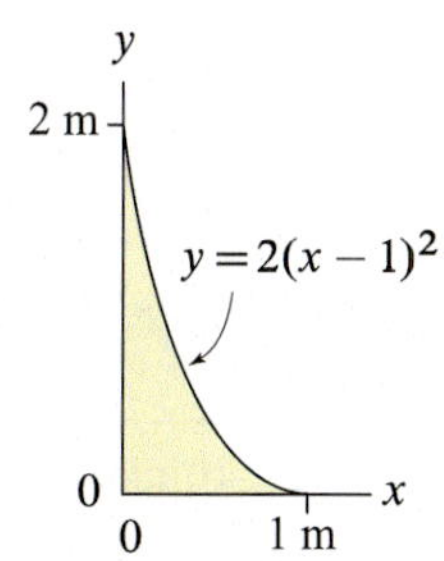

그림 P10.101, P10.102

문제 10.103, 10.104

관성모멘트 I_x와 I_y를 구하라.

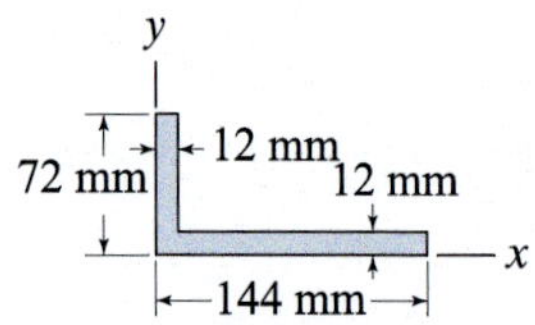

그림 P10.103

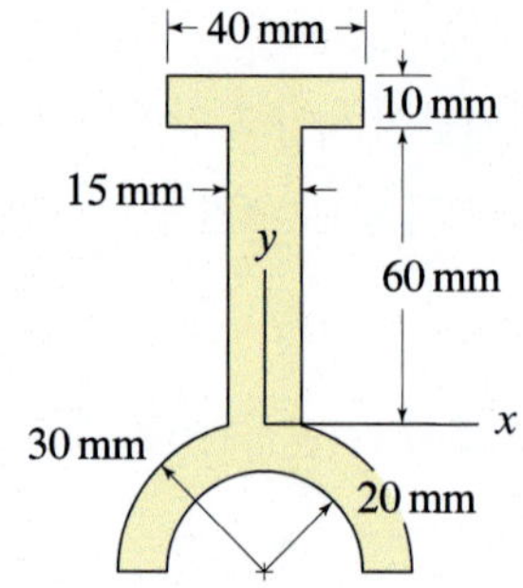

그림 P10.104

문제 10.105

대칭인 W200 × 22.5 와이드-플랜지 I 보의 단면은 $A = 28.6 \times 10^2 \text{mm}^2$ 면적이고 x_1 축에 대한 면적관성모멘트 $I_{x_1} = 5038 \times 10^4 \text{mm}^4$이다. x_2 축에 대한 I_{x_2}를 구하라.

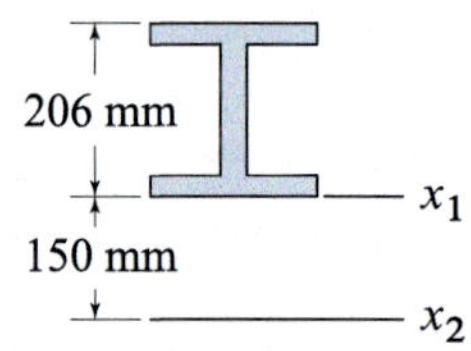

그림 P10.105

문제 10.106

(a) 좌표원점 O가 면적의 도심에 위치하도록 d를 구하라.

(b) x 축에 대한 면적관성모멘트를 구하라.

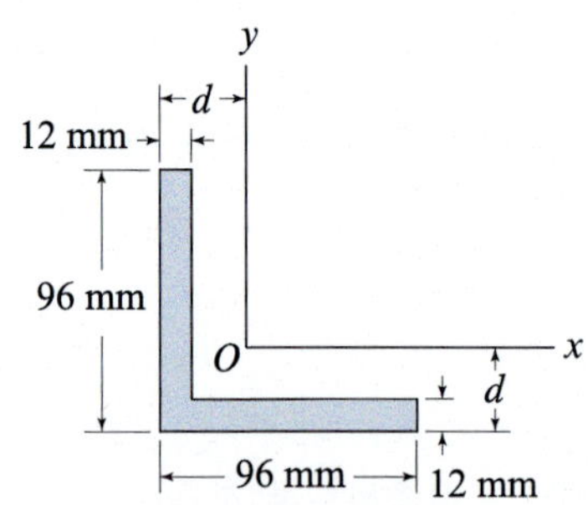

그림 P10.106

문제 10.107

막대의 단면이 x 축에 대해 대칭이다.

(a) 좌표원점 O가 면적의 도심에 위치하도록 d를 구하라.

(b) x 축에 대한 면적관성모멘트를 구하라.

(c) y 축에 대한 면적관성모멘트를 구하라.

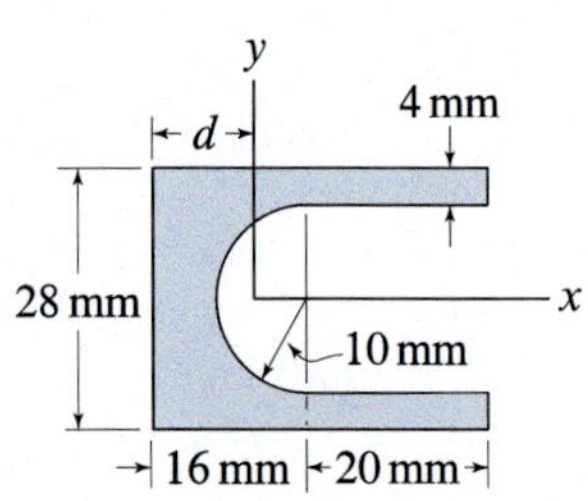

그림 P10.107

문제 10.108, 10.109

높이 h와 반경 r인 균일한 중실원뿔에 대해, 지시된 질량관성모멘트를 구하기 위해 적분을 사용하라. 원뿔의 질량 m의 항으로 답을 표현하라.

문제 10.108 I_z

문제 10.109 I_x

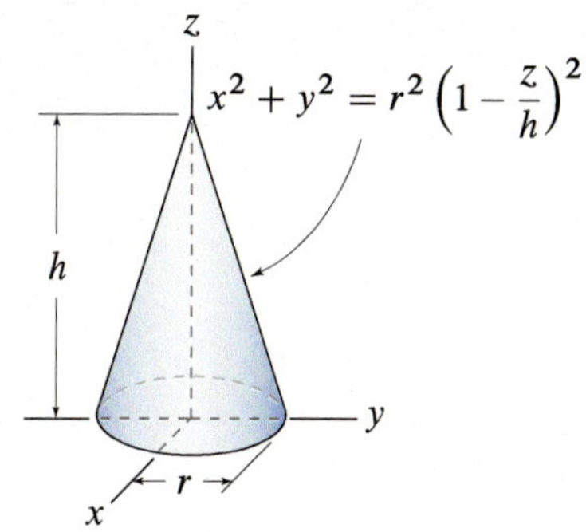

그림 P10.108, P10.109

문제 10.110-10.113

보여진 꼭대기가 잘린 원뿔의 밀도가 2000 kg/m^{3}이다. kg과 mm 단위를 사용하여 다음 문제의 답을 말하라.

문제 10.110 x 축에 대한 질량관성모멘트를 구하기 위해 적분을 사용하라.

문제 10.111 복합 형상을 사용하여 x 축에 대한 질량관성모멘트를 구하라.

문제 10.112 z 축에 대한 질량관성모멘트를 구하기 위해 적분을 사용하라.

문제 10.113 복합 형상을 사용하여 z 축에 대한 질량관성모멘트를 구하라.

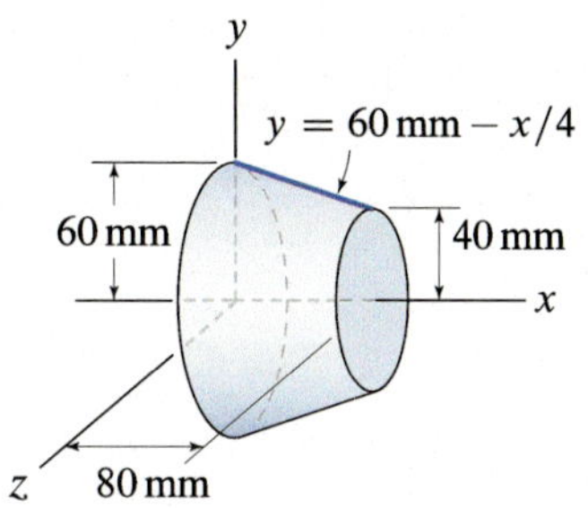

그림 P10.110-P10.113

문제 10.114, 10.115

보여진 물체는 밀도가 8000 kg/m^{3}이며 원뿔꼴의 구멍을 가지고 있다. 다음의 축에 대한 질량관성모멘트를 구하기 위해 적분을 사용하라.

문제 10.114 x 축

문제 10.115 y 축

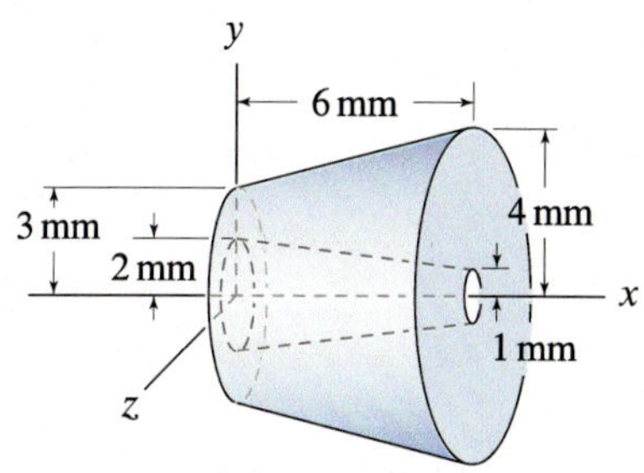

그림 P10.114, P10.115

문제 10.116, 10.117

회전체가 밀도 ρ_1과 ρ_2인 재료로 구성되어 있다.

문제 10.116 x 축에 대한 질량관성모멘트를 산출하도록 적분한계를 포함한 완전한 적분식을 만들라. 적분을 구할 필요는 없다.

문제 10.117 y 축에 대한 질량관성모멘트를 산출하도록 적분한계를 포함한 완전한 적분식을 만들라. 적분을 구할 필요는 없다.

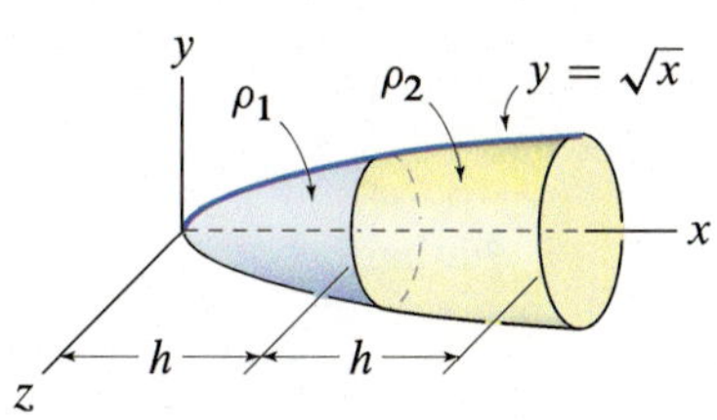

그림 P10.116, P10.117

문제 10.118, 10.119

회전체는 보여진 면적을 y 축 주위로 360° 회전시켜서 만들어진다. 회전체가 2000 kg/m^{3}의 균일한 밀도를 가지고 있다고 가정하고, 회전축에 대한 질량관성모멘트를 구하기 위해 적분을 사용하라.

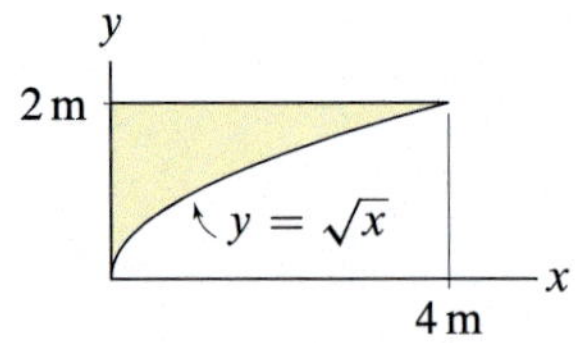

그림 P10.118

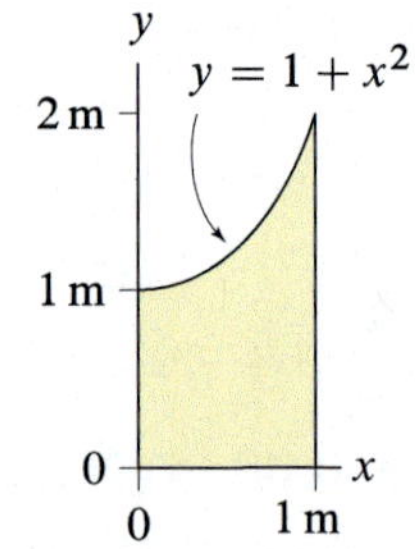

그림 P10.119

문제 10.120, 10.121

보가 세 개의 같은 나무 조각으로 조립되어 있고, 각 조각은 40 mm × 160 mm × 500 mm의 치수를 가지고 있으며, 균일하게 분포된 2 kg의 질량을 가지고 있다. 보의 단면적은 x와 y 축에 대해 대칭이다.

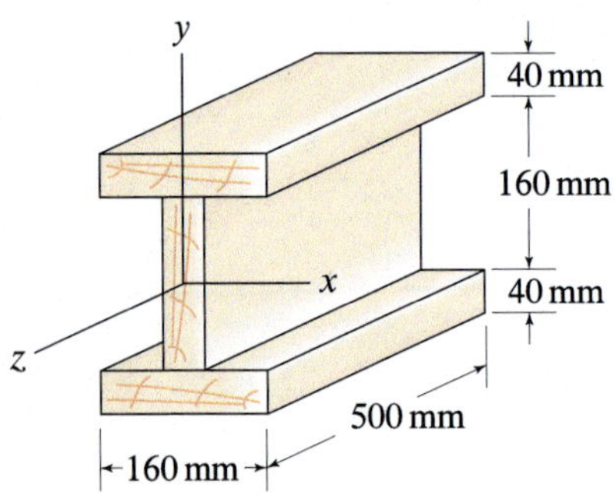

그림 P10.120, P10.121

문제 10.120

(a) x 축에 대한 단면의 면적관성모멘트를 구하라.

(b) y 축에 대한 보의 질량관성모멘트를 구하라.

문제 10.121

(a) y 축에 대한 단면의 면적관성모멘트를 구하라.

(b) y 축에 대한 보의 질량관성모멘트를 구하라.

문제 10.122-10.124

보인 물체는 비중량 77100 N/m^{3}인 얇은 판으로 만들어진다. 다음의 축에 대한 질량관성모멘트를 구하라.

문제 10.122 x 축

문제 10.123 y 축

문제 10.124 z 축

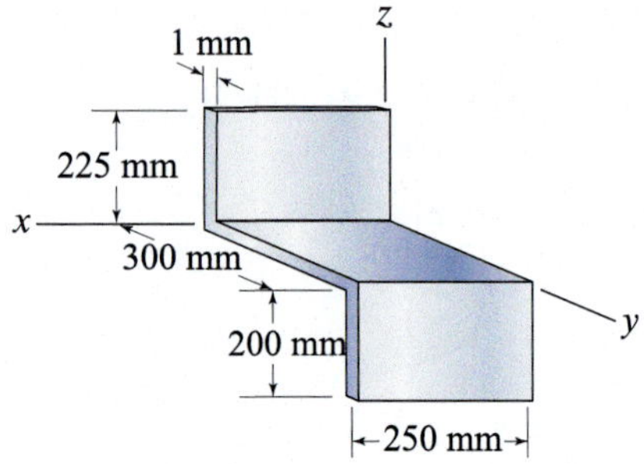

그림 P10.122-P10.124

A 기술 문서

이 부록에서 기술 문서를 논의할 예제로서 간단한 보고서를 사용한다. 이 보고서는 위스콘신-매디슨(Wisconsin-Madison)대학교의 마스코트(mascot)인 Bucky Badger에 의해 작성되었다.

기술 문서의 간단한 안내

2009년 1월 1일

저자: Bucky Badger

위스콘신-매디슨 대학교

공학물리학과

요약

이 문서는 기술 문서의 간단한 개략이다. 이것은 몇 페이지 정도 길이의 간단한 보고서의 모델로서 사용할 수 있는 형식으로 작성되었다. 요약은 고려하고 있는 문제를 간단하게 서술해야 하며 중요한 결과들을 요약해야 한다. 간단한 보고서에서 요약은 길이가 보통 몇 문장 정도이다.

1. 서론

효과적으로 작성된 보고서는 해석 또는 설계의 발표 및 문서로서 필요하며, 공학자로서의 연구의 필수부분이다. 가장 뛰어난 의견은 다른 연구자들에게 당신의 의견을 전달하는 당신의 능력과 마찬가지다. 더군다나, 보고서는 당신의 견해를 기록하며, 미래에 당신 또는 다른 연구자들이 설계가 개발되었던 방법을 확인하기 위해, 수정을 돕거나, 특허권을 지원하는 걸 돕거나, 소송에 사용하거나, 그리고 기타 등을 위해 필요할 수도 있다.

2. 기술 문서 비결

기술보고서는 적당하고, 정확한 문법, 구두법, 및 철자법을 가진 언어로 기술되어야 한다. 읽기 쉬운 폰트(font) 크기 및 선 간격을 사용하여 작성되어야 한다. 모든 페이지는 번호가 매겨져야 한다. 보고서는 한 개의 긴 이야기체가 되어서는 안 되고, 절 및 가능하면 더 작은 논리적인 단위로 나눌 수 있도록 세분하여 작성되어야 한다. 예상되는 청중을 평가하고 보고서의 기술적 수준을 그에 맞도록 해야 한다. 보고서의 본론은 설정한 가정, 해석방법 및 중요한 관찰을 분명하게 요약해야만 한다. 보고서는 가치 결정 및 필요한 경우 생산성 고려에 대해 검토해야 하며 당신의 설계 권고와 세부사항을 명확히 나타내야 한다. 당신의 발견 및/또는 권고가 정확하고 타당한 지를 독자에게 설득력 있게 증명해야만 한다. 만약 식이 보고서의 본문에 포함되어 있다면, 번호가 매겨져야 한다. 그러나 종종 식의 대부분, 상세한 계산, 및/또는 원본 자료는 보고서의 본문에서 인용되도록 부록에 두는 것이 최선이다. 연구에서 사용한 어떠한 기사, 책, 보고서 공표된 자료 등은 표준 서식을 사용하여 보고서 안에 인용되어야만 한다. 인터넷 웹사이트에서 참고문헌을 얻을 수 있으나, 주소 및 웹사이트가 자주 변경되므로 일시적일 수 있다. 기술 문서의 추가적인 상세는 Woodlever(2002)에서 발견할 수 있다. 철자를 검사하기 위해 워드프로세서 안의 철자 검색기를 사용하고, 제출하기 전에 최종 안을 포함한 보고서를 철저하게 교정을 보아야만 한다.

3. 그림, 그래프, 표

그림, 그래프, 표는 고려할만한 정보를 전달해야만 한다. 이것들은 보고서 안에서 쉽게 참고할 수 있도록 항상 번호가 매겨져야 하고, 그림, 그래프, 및 표를 나타내는 것을 설명하는 해석적인 제목을 가져야 한다.

3.1 그림 "한 개의 사진은 만 단어의 가치가 있다"는 유서깊은 중국속담을 여기에 적용한다. 그림 안에서 자명한 것을 서술하기 위해 문장의 절을 사용하는 것보다 그림을 사용하는 것이 훨씬 더 효과적이다. 예를 들면, 당신이 나무 옷핀을 설계하고 있고 비틀림 스프링의 치수와 강성을 정해야 된다고 상상해라. 그림 A.1에 보인바와 같이 치수와 중요한 부분이 표시되어 있는 옷핀의 스케치를 포함함으로써 논의가 훨씬 더 간단하고 이해하기가 더 쉽다.

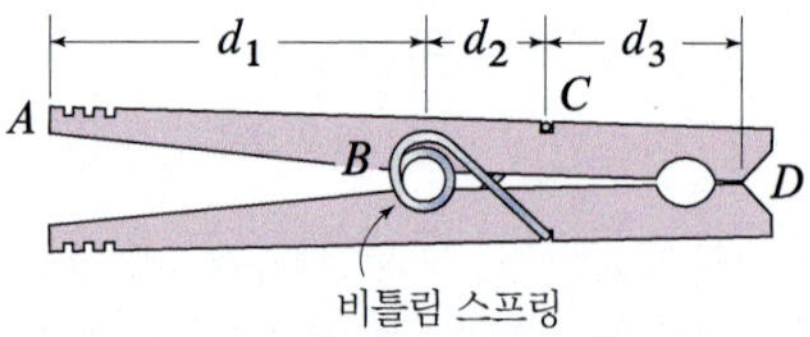

그림 A.1 중요한 부분과 치수가 표시된 옷핀의 설계.

3.2 그래프 그래프는 항상 적절한 단위를 포함하여 명칭이 붙은 축을 가져야 한다. 만약 그래프가 복합 곡선을 포함한다면, 이것의 각각은 범례를 사용하며 명칭이 붙여져야 한다.

3.3 표 표의 행과 열은 항상 적절한 단위를 포함하여 명칭이 붙여져야 한다.

4. 요약과 결론

보고서의 마지막 부문에서 당신의 발견과 결론에 도달한 방법을 매우 분명하게 요약해야만 한다. 하나의 길잡이로서, 만약 어떤 사람이 이 부문만을 읽는다면, 그 또는 그녀는 당신 연구에 대해 논리적인 의견을 가져야 한다.

참고문헌

Woolever, K. R., *Writing for the Technical Professions*, 2nd ed., Longman, 2002.

부록

부록은 상세한 계산, 원본 자료, 및 다른 부수적 정보를 포함한다. 이것은 독자가 참조하지 않을 수도 있는 정보이지만, 당신의 소견과 요구를 뒷받침하도록 포함되어야만 한다. 그것은 깨끗하게 손으로 작성될 수 있다.

절 요약

이 부록은 짧은 기술 보고서를 작성하기 위해 가이드라인과 비결을 나타내기 위해 한 예제를 사용하였다. 아래는 학생들이 기술보고서를 작성할 때 가장 보편적으로 하는 실수들의 요약이다.

기술적 작성 함정

- 당신의 보고서는 한 개의 긴 이야기가 되면 안 된다. 보고서를 논리적인 단위로 나누는 절 및 가능하면 세부 절을 사용하라.
- 보고서를 허구 회사이름, 기타, 혹은 정역학/공학도 등과 같은 자신에 대한 이야기로 꾸며서는 안 된다. 보고서를 전문적인 문서–짧은 요점으로 작성하라.
- 자료의 모든 원천에 대한 공식적인 참고문헌을 제공하라(예제 보고서에 주어진 형식에 따르라).
- 대부분(거의 항상!), 당신이 연구하고 있는 문제를 묘사하는 그림은 매우 효과적이다. 그것은 주요 보고서에 있어야 한다.
- 보고서의 본론에 있는 발견 및/또는 설계 권고를 매우 현저하고 간결하게 말하라. 독자는 이러한 정보를 찾을 필요가 없다.
- 부록은 과도하게 참조하지 마라. 몇 페이지 길이의 짧은 보고서에서, 필요 이상으로 부록을 참조할 필요가 없다. 논의 중심인 모든 사항은 보고서 본문(예를 들면, 표, 그래프, 식)에서 나타나야 한다.
- 그림, 그래프, 및 표는 항상 명칭이 있어야 한다.
- 만약 그래프가 여러 곡선을 포함한다면, 그래프는 단위를 포함한 명칭이 붙은 축, 및 범례를 가져야만 한다.
- 보고서는 읽기 쉽고 설득력이 있어야 한다. 이상적으로, 한 번 읽고 보고서를 이해할 수 있어야 한다.
- 보고서를 제출하기 전에 최종적으로 전체 보고서를 교정하라. 대부분의 컴퓨터 워드프로세서가 가지고 있는 철자 검색기에 너무 의존하지 마라.

B 선택된 문제의 해답

대부분의 짝수문제의 해답은 다운로드 받을 수 있는 PDF파일로 다음에서 제공되었다.

www.mhhe.com/plesha/em

이 방법으로 제공된 해답은 다른 방법으로 가능한 것보다 더 복잡한 정보를 제공한다. 최종 수치 또는 부호 해답에 더하여, 선택된 문제는 자유물체도 및/또는 전단 및 모멘트선도 같은 더 광범위한 정보를 제공한다. 예를 들면, 문제 6.60 및 대응하는 답은 아래에 나타나 있다.

문제 6.60

자전거의 핸드브레이크가 보여진다. *DE*와 *FG*부분은 자전거의 프레임 *BC*에 나사로 체결된 볼트 *A*의 둘레로 자유로이 회전한다. 브레이크는 T_1이 점 *E*에 가해지고 T_2는 점 *G*에 가해지는 차폐 케이블에 의해 작용된다. 50 N의 압축력을 가진 스프링은 사용되지 않을 때 브레이크가 열리도록 점 *E*와 *G* 사이에 놓인다. 브레이크가 점 *D*와 *F*에서 200 N을 가지도록 작동될 때 스프링의 힘의 변화는 무시할 수 있다고 가정하라.

1. *DE*와 *FG* 그리고 볼트 *A*의 각각의 힘들에 명칭을 붙인 자유물체도를 그려라.
2. 필요한 케이블 힘 T_1과 T_2를 구하라.
3. *DE*와 *FG*가 볼트 *A*에 작용하는 힘을 구하라.

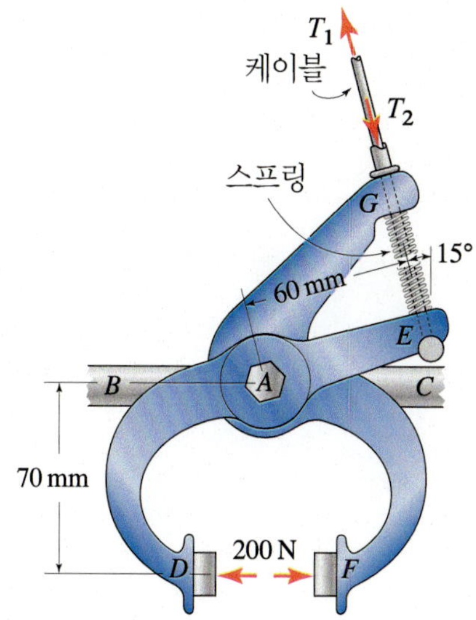

그림 P6.60

문제 6.60 (b) $T_1 = 283$ N, $T_2 = 283$ N; (c) $A_{1x} = 260$ N, $A_{1y} = -225$ N, $A_{2y} = -2260$ N, $A_{2y} = 225$ N

(a)

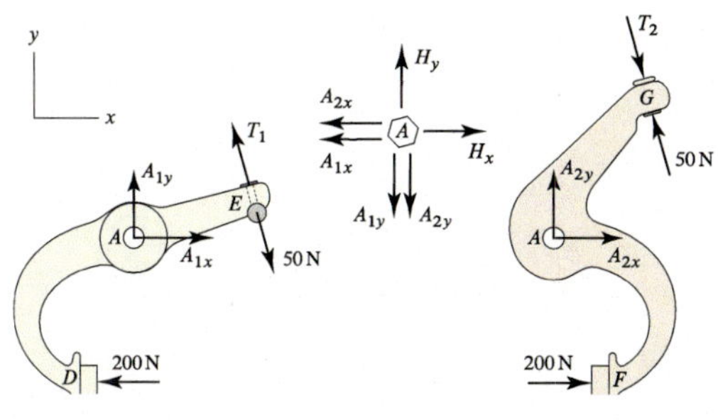

이 예제의 특징은 선택한 환경에서 더 완벽한 해답을 제공할 뿐만 아니라 어떤 숙제 문제를 시작할 때 필요한 시동(kick-start) 모델링을 제공한다. 게다가, 제공된 다수의 자유물체도의 해답은 추가 문제의 자유물체도를 구축하기 위해 실습해야 할 풍부한 기회를 제공하고 자유물체도를 그리는 능력을 향상시켜준다.

찾아보기

G

H

I

J

K

L

M

N

O

P

R

S

T

U

V

W

Z

기타